Erster Unterricht

des

PHARMACEUTEN.

Von

Dr. Hermann Hager.

Botanischer Theil.

Springer-Verlag Berlin Heidelberg GmbH

1869

Botanischer Unterricht

in 150 Lectionen.

Für angehende Pharmaceuten und studirende Mediciner

von

Dr. Herrmann Hager.

Mit 834 in den Text gedruckten Holzschnitten.

Springer-Verlag Berlin Heidelberg GmbH
1869

ISBN 978-3-662-01953-5   ISBN 978-3-662-02249-8 (eBook)
DOI 10.1007/978-3-662-02249-8

Softcover reprint of the hardcover 1st edition 1869

Vorwort.

In dem Vorworte zum „ersten Unterricht des Pharmaceuten" erklärte ich, dass, wenn die Form und die Einrichtung dieses Lehrbuches die Billigung meiner Fachgenossen finden sollte, ich daraus den Muth schöpfen würde, auch ein entsprechendes botanisches Werk in Arbeit zu nehmen. Zu der Ausführung dieses Versprechens wurde ich durch lobende Anerkennungen von hervorragenden Fachgenossen nur zu bald aufgefordert.

Da Form und Einrichtung des „ersten Unterrichts" dem Zwecke entsprachen, so habe ich auch in vorliegender Arbeit denselben Weg eingeschlagen. Der Unterrichtsstoff ist wiederum in Lectionen getheilt und in der Weise dargeboten, dass er von einem jungen Manne mit den Kenntnissen eines Tertianers oder Secundaners leicht aufgefasst und auch neben dem Studium der pharmaceutischen Chemie bewältigt werden kann.

Während der die Chemie lehrende „erste Unterricht" auf einen Zeitraum von $1\frac{1}{2}$ bis 2 Jahren bemessen ist, musste ich diesen botanischen Theil weiter ausdehnen, da es nothwendig war, die pharmaceutische Botanik in allen ihren Hauptumrissen vorzutragen. Der Unterrichtsstoff ist daher auf 150 Lectionen vertheilt, und dehnt sich auf die Dauer einer dreijährigen Lehrzeit aus, wenn nämlich eine Lection als das Pensum für je eine Woche aufgenommen wird.

Als ein Haupttheil eines botanischen Unterrichts erschien mir eine ausreichende Behandlung der morphologischen Verhältnisse der Pflanzentheile, ohne welche eine diagnostische Botanik, das Endziel der pharmaceutischen Botanik, nicht verstanden und geübt werden kann, dann aber auch der Unterricht in den nothwendigsten Punkten der Physiologie und Histologie, um für das Verständniss der Pharmakognostik eine Grundlage zu gewinnen.

In dem Unterricht glaubte ich die Behandlung der botanischen Kunstsprache als eine vornehmliche Aufgabe auffassen zu müssen, und da die Prosodie der Kunstausdrücke häufig eine Klippe ist, an welcher selbst tüchtige Botaniker Schiffbruch leiden, so habe ich es an der prosodischen Bezeichnung nirgends fehlen lassen. Aus eigener Erfahrung weiss ich, dass man sich von der allerersten Auffassung eines Kunstausdruckes mit falscher Accentuation oft das ganze Leben hindurch nicht frei machen kann.

Der Usus in prosodischer Beziehung hat in manchen Fällen im Widerspruch mit der geltenden Regel ein Recht erlangt. Im Deutschen accentuirt man z. B. die Penultima der botanischen Familiennamen auf „… een", wie Graminéen, Ranunculacéen, obgleich die richtigere Accentuation Gramíneen, Ranunculáceen ist, denn das „e" der Penultima ist im Deutschen eben so kurz wie in den entsprechenden lateinischen Namen. So halte ich auch die Accentuation: Sporodóchie, Sporángie für unrichtig, denn das „i" der Penultima ist lang; man sollte also stets Sporodochíe, Sporangíe betonen, und zwar mit demselben Rechte wie man andererseits Achaeníe, Spermogónie, Antherídie zu accentuiren pflegt. In der lateinischen Adjectivendung *ĕus*, *ĕa*, *ĕum* ist die Penultima in der Regel kurz, man accentuirt daher *Gramĭnĕae*, *Aconĭtĕae*. Einige Botaniker haben manche Pflanzennamen zur Bezeichnung der Unterfamilien in Adjective umgewandelt, welche die Endung *ieus*, *iea*, *ieum* haben, z. B. *Vicieae*, *Anacardieae*, *Artemisieae*. Analoge Adjectivendungen sind in der lateinischen Sprache nicht vorhanden, die Accentuation *íeae* oder *ĭĕae* ist überhaupt schwerfällig und hart. Dass in diesen Fällen eine Ausnahme gestattet sein dürfe, sollte man annehmen. Daher findet man auch S. 329 *Magnolīeae*. In anderen ähnlichen Fällen unterliess ich jedoch die Accentuation ganz, diese dem Gefühle des Lernenden überlassend. Die prosodische Regel fordert natürlich die Accentuation *ĭĕae*.

Die Terminologie, welche ich wählte, ist die jetzt gewöhnlich gebrauchte.

Wenn ich in den etymologischen Erklärungen die griechische Schrift mit lateinischer begleitete, so nahm ich damit Rücksicht auf eine etwaige Realschulbildung des Lehrlings.

In den Lectionen der Systemkunde ist nur das *Decandolle*'sche natürliche und das *Linné*'sche Sexual-System commentirt. Das beste aller Systeme, das *Endlicher*'sche, ist nur in seinen Umrissen angegeben und angewendet. Die beiden ersten Systeme trifft man in den botanischen Werken am häufigsten an, dagegen hat das von *Berg* für seine pharmaceutische Botanik aus dem *Link*'schen Systeme aufgebaute System keine Aufnahme gefunden. Eine pharmaceutische Botanik nach dem *Endlicher*'schen System geordnet existirt nicht. Der lernende Pharmaceut ist daher in seinen praktischen botanischen Beschäftigungen auf das Studium desjenigen Systems angewiesen, welches gerade die ihm zur Hand stehende Diagnostik acceptirt hat.

Von den pharmaceutisch-botanischen Werken steht in Rücksicht auf wissenschaftliche Fassung und Correctheit *Berg*'s pharmaceutische Botanik, resp. der zweite Abschnitt, die diagnostische Beschreibung der officinellen Pflanzen umfassend, oben an und ist desshalb gleichsam der Ausgangspunkt des botanischen Studiums eines Pharmaceuten. Dies ist auch der Grund, warum ich den diagnostischen Auffassungen *Berg*'s mehr oder weniger folgte und mich der Ausdrucksweise dieses Autors möglichst nahe hielt. Dadurch wird der angehende Pharmaceut für einen nutzbringenden Gebrauch der *Berg*'schen diagnostischen Botanik vorbereitet. Der Unterricht in der Diagnostik erstreckt sich in dem vorliegenden Werke im Uebrigen nur auf solche Familien, Geschlechter und Arten, welche zu studiren unsere heimische Flora auch Gelegenheit giebt.

In Betreff des Studiums der Lectionen halte ich es für nützlich, ein mechanisches Auswendiglernen möglichst zu vermeiden, etwaige Lücken aber in dem Wissen durch Repetition auszufüllen. Das Auffinden des speciellen Stoffes zu erleichtern, ist ein reichhaltiger Index angehängt.

In der diagnostischen Botanik ist die Auffassung einzelner Charaktere, auf welchen die Unterscheidung verwandter Familien und Gattungen beruht, durch das Gedächtniss zu unterstützen, und der Lernende sollte es soweit bringen, dass er die wichtigeren officinellen Pflanzen (wie *Hyoscyamus, Belladonna, Conium, Chamomilla*), ohne dass sie ihm vorliegen, in der Kunstsprache zu beschreiben versteht. Da in jeder Apotheke ein Herbarium vivum zur Hand ist, so fehlt es auch nie an Gelegenheit, die Diagnostik praktisch anzuwenden. Im Uebrigen ist hierbei, wenn es sein kann, die Benutzung der Illustrationen zur *Berg'*schen Charakteristik der Pflanzengattungen von grossem Werthe.

Officinelle Pflanzentheile sind gleichzeitig mit der Diagnostik der Pflanze zu studiren. Gemeinlich genügt es, den trocknen Pflanzentheil einen Tag oder eine Nacht über in Wasser einzuweichen, um ihn für die Prüfung seiner inneren Construction und anatomischen Verhältnisse verwendbar zu machen. Wenn also der Lernende z. B. in Lection 123 sich mit *Datura* und *Hyoscyamus* beschäftigt, so soll er einige Samen dieser Pflanzen einweichen und sich durch Durchschneiden in der Längs- und Querrichtung über die inneren Verhältnisse des Samens unterrichten.

Mein Bestreben war es, den Lehrstoff trotz seiner kurzen Fassung möglichst anziehend und anregend zu machen, und der Anschauung und Auffassung durch bildliche Darstellung entgegenzukommen. Da ich mich während der Bearbeitung der Lectionen stets in das Wesen eines mündlichen Vortrages vor angehenden Pharmaceuten versetzt dachte, so hoffe ich auch, das richtige Maass der Demonstration weder vernachlässigt noch überschritten zu haben.

Berlin, im März 1869.

Der Verfasser.

Lection 1.

Die Körper, welche wir in der Natur wahrnehmen, sind entweder leblos oder belebt. Die belebten, nämlich die Thiere und Pflanzen, nennen wir organisirte, denn sie sind mit verschiedenen Organen, d. h. zu gewissen Verrichtungen (Functionen) dienenden Theilen oder Werkzeugen ausgerüstet, durch welche sie zur Aufnahme von Nahrung, zum Wachsthum von innen nach aussen und zur Fortpflanzung befähigt sind. Leblose Körper, wie Steine, Metalle, Wasser, Luft, haben keine Organe, sie werden daher unorganische genannt und gehören dem Mineralreiche an. Es giebt aber auch leblose Körper, welche Produkte der Lebensthätigkeit sind und von belebten Wesen herstammen. Diese Körper nennt man zum Unterschiede von den unorganischen organische. Das Chinin, die Citronensäure, ein Stück Holz, Fleisch sind als Erzeugnisse organisirter Wesen organische Körper. Der unorganische Körper ist also nicht organisch entstanden, der organische dagegen durch organisirte Wesen erzeugt.

Die belebten oder organisirten Wesen, Pflanzen und Thiere, zeigen eine Verschiedenheit. Sie gleichen sich dadurch, dass sie Nahrung aufnehmen, dass sie wachsen und sich von innen nach aussen vergrössern, dass sie sich fortpflanzen und Wesen ihrer gleichen Art erzeugen, die Thiere besitzen aber dazu noch die Fähigkeit der äusseren willkürlichen Bewegung und der Empfindung. Die Pflanze vermag sich weder willkürlich zu bewegen, noch ist sie mit Sinnen ausgestattet, durch welche sie empfinden könnte. Die Pflanze lebt, das Thier lebt und empfindet. Das Thier kann nach eignem Willen Theile seines Körpers bewegen, seinem Willen unterthänig machen und den Ort, wo es sich befindet, verändern. Die Pflanze dagegen kann nicht den Ort, an welchem sie aufgekeimt ist und wächst, aus freiem Willen wechseln, die Bewegungen ihrer Theile überhaupt hängen nicht von ihrem Willen ab, sondern werden durch äussere Einwirkungen und Einflüsse, wie Luftzug, Wärme, Sonnenstrahlen, verursacht.

Diese Scheidung der Pflanze von dem Thiere gilt nur im Allgemeinen und lässt sich in manchen Fällen nicht mit aller Sicherheit aufrecht erhalten, denn es giebt Wesen, wie z. B. einige Wasseralgen, welche man in das Pflanzenreich verweist, obgleich sie Bewegung zeigen, so wie Thiere, z. B. die Koralle, der Meerschwamm, welche gleich der Pflanze ihren Standort nicht wechseln können und an derselben Stelle sterben, an welcher sie entstanden sind.

Die Verbindung verschiedener Organe unter sich zu einem Ganzen, dem Individuum, nennt man einen Organismus und das Resultat der Thätigkeit des Organismus die Lebensthätigkeit oder das Leben, welches sich bei dem Thiere und der Pflanze durch Aufnahme von Nahrung, durch Wachsen und durch Fortpflanzung, beim Thiere ausserdem noch durch äussere willkürliche Bewegung zu erkennen giebt. Nach kürzerer oder längerer Dauer der Erfüllung der naturgemässen Verrichtung der Organe hört diese auf, und das organische Wesen stirbt ab.

Der Inbegriff der Kenntnisse von der Natur ist Naturwissenschaft, deren erste Aufgabe es ist, die Naturkörper ihrem inneren und äusseren Wesen nach kennen und in ihrer Mannigfaltigkeit unterscheiden zu lernen. Diesen Zielpunkten entsprechend unterscheidet sie sich als Mineralogie, der Wissenschaft von den Mineralien oder unorganischen Körpern, als Zoologie oder Thierkunde und als Botanik oder Pflanzenkunde.

Derjenige Zweig der Naturwissenschaft also, welcher sich mit dem Pflanzenreiche beschäftigt und im Folgenden Gegenstand unseres Studiums sein wird, ist die Botanik *(Botanice)*. Dieselbe unterscheidet man als reine oder theoretische und als angewandte oder praktische Botanik.

Die theoretische Botanik ist Pflanzenbeschreibung, Phytologie, wenn sie die Pflanze nach ihren Formen beschreibt und nach bestimmten Eintheilungsgründen, welche die Systemkunde (Taxonomie) lehrt, schichtet und ordnet. Hierzu bedient sie sich bestimmter Ausdrücke, einer Kunstsprache, der Terminologie. Die theoretische Botanik erforscht auch die Verhältnisse der Pflanzen zur Erdoberfläche nach Verbreitung und Standort und ist dann Pflanzengeographie. Sie heisst Pflanzenphysiologie, wenn sie die Verrichtungen der Pflanzenorgane in Bezug auf Ernährung und Fortpflanzung erforscht und kennen lehrt, und unterscheidet sich als **Histologie**, Geweblehre, auch anatomische Botanik genannt, wenn sie ihre Kenntnisse speciell auf die Elementarorgane und die aus diesen zusammengesetzten Gewebe erstreckt. Die theoretische Botanik ist ferner **Morphologie**, wenn sie sich mit der Bildung und den Formen aller Entwickelungsstufen der zusammengesetzten Organe beschäftigt. Als **Pflanzenchemie**, Phytochemie, hat sie die Lehre von den einfachen und zusammengesetzten Stoffen und deren Veränderungen in den Pflanzen zum Zweck.

Die **angewandte** oder praktische Botanik stellt sich die Kenntniss derjenigen Pflanzen zur Aufgabe, welche für irgend eine Wissenschaft, Kunst, Gewerbe von Wichtigkeit sind. Man unterscheidet daher eine landwirthschaftliche, technologische, medicinische oder pharmakologische, pharmaceutische, Forst- etc. Botanik. Als medicinische lehrt sie die Pflanzen nach Wirkung und Heilkraft auf den Thierkörper kennen, die pharmaceutische Botanik beschäftigt sich dagegen mit der Kenntniss derjenigen Pflanzen, welche officinell d. h. in den Arzneischatz aufgenommen sind. Sie lehrt uns nicht allein die officinellen Pflanzen kennen, sondern auch von anderen ähnlichen unterscheiden, und nimmt dabei besondere Rücksicht auf die Theile der Pflanzen, welche allein medicinische Anwendung finden.

Bemerkungen. Organ von dem griech. ὄργανον (organon), Werkzeug, Vorrichtung. — Function (lat. *functio*), Verrichtung, v. d. latein. *fungor, functus sum, fungi*, verrichten, vollbringen. — Anorganisch, unorganisch, gebildet aus αν (an), dem alpha privativum vor Vokalen, und ὄργανον. — Individuum von d. lat. *individuus, a, um*, ungetrennt bleibend, ungetheilt. — Mineralogie, zusammengesetzt aus dem neulateinischen *minèra*, das Erz, und λόγος (logos) Wort, Lehre; *minera* soll aus dem hebräischen Min, aus, von, und erez, Erde, Erz, entstanden sein. — Zoologie, von d. griech. ζῶον (zōon), Thier, und λόγος. — Botanik, *botanice*, von dem griech. βοτάνη (botänä), Pflanze; βοτανική (botanikä) sc. τέχνη (technä), Pflanzenkunde. — Phytologie, von d. griech. φυτόν (phyton), Gewächs, und λόγος, Lehre. — Systemkunde, v. d. griech. σύστημα (systäma), ein aus mehreren Theilen zusammengesetztes Ganze, συνίστημι (synistämi), zusammenstellen, zusammen aufstellen. — Taxonömie oder Taxionomie, v. d. griech. τάξις (taxis), Ordnung. — Terminologie, v. d. griech. τέρμα (terma) oder d. lat. *terminus*, Grenzzeichen, die Mark. *Terminus technicus*, Kunstausdruck. — Histologie oder Histiologie, von dem griech. ἱστός (histos) oder ἱστίον (histion), Gewebe. — Morphologie, v. d. griech. μορφή (morphä), Gestalt, Form.

Lection 2.

Die Zelle.   Entstehung und Vermehrung der Zellen.

Die Zelle *(cellŭla)* ist das Elementarorgan der Pflanze, auf ihr beruht das Leben derselben. Sie ist kein Element im chemischen Sinne, sondern vielmehr ein complicirtes Gebilde, ein aus mehreren verschiedenen Theilen zusammengesetztes Wesen, aus welchem jeder pflanzliche Organismus seinen Anfang nimmt, durch welches die Pflanze Nahrung aufnimmt, wächst und sich fortpflanzt. Die Zelle ist ein vitales Element und das einfachste Organ, durch welches das Pflanzenleben zur Erscheinung kommt.

Es giebt Pflanzen einer sehr niedrigen Entwicklungsstufe, welche nur eine einzelne Zelle bilden, (Fig. 1—4), oder wenige Zellen sind aneinander gereiht (Fig. 5 u. 6).

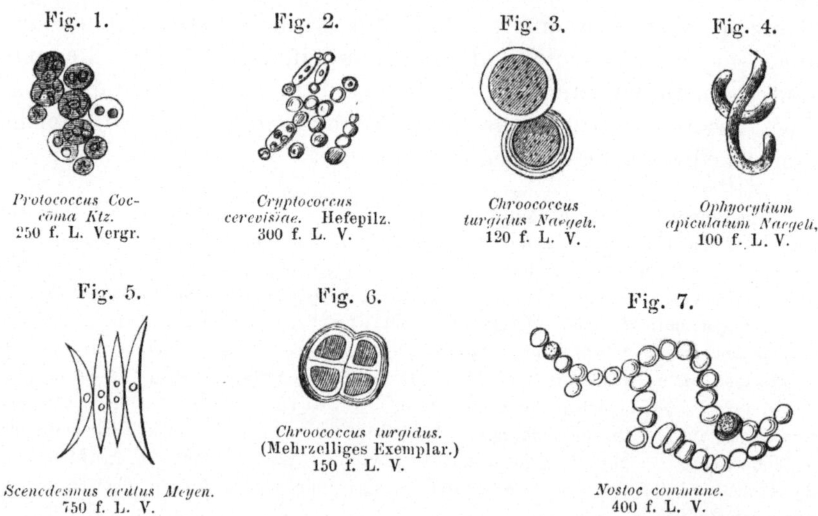

Fig. 1.

Protococcus Coccŏma Ktz.
250 f. L. Vergr.

Fig. 2.

Cryptococcus cerevisiae. Hefepilz.
300 f. L. V.

Fig. 3.

Chroococcus turgidus Naegeli.
120 f. L. V.

Fig. 4.

Ophyocytium apiculatum Naegeli,
100 f. L. V.

Fig. 5.

Scenedesmus acutus Meyen.
750 f. L. V.

Fig. 6.

Chroococcus turgidus.
(Mehrzelliges Exemplar.)
150 f. L. V.

Fig. 7.

Nostoc commune.
400 f. L. V.

Andere Pflanzen sind ein Aufbau aus unzähligen Zellen im innigen Zusammenhange, wie jede blühende Pflanze, der Strauch, der Baum.

Bezeichnen wir die Zelle mit Elementarorgan, so unterscheiden wir sie dadurch von einem zusammengesetzten Organ, z. B. einem Blatt, einer Blüthe, Frucht.

Die Zelle stellt im lebensthätigen Zustande ein kleines, meist mikroskopisch kleines Bläschen dar, bestehend aus einer zarten, durchsichtigen, farblosen Haut, erfüllt mit theils flüssigem, theils festem Inhalte. Im abgestorbenen Zustande enthält sie gewöhnlich nur Luft.

An der vollständigen Zelle unterscheidet man zunächst drei Theile:

1. die **Zellenmembran** oder Zellhaut *m* (*membrāna cellularia*), das äussere feste, aus Cellulose bestehende, also stickstofffreie Häutchen;

2. den **Primordialschlauch** *p* (*utricŭlus primordiālis*), ein weiches, stickstoffhaltiges Häutchen, welches der Zellenmembran dicht anliegt und die Zelle innen gleichsam auskleidet;

3. den **Zelleninhalt**. Dieser besteht in wässrigem Zellsaft *s* und einem darin schwimmenden oder dem Primordialschlauche anliegenden **Zellenkern**, **Cytoblast** (*cytoblasta; nuclĕus cellŭlae* R. Br.).

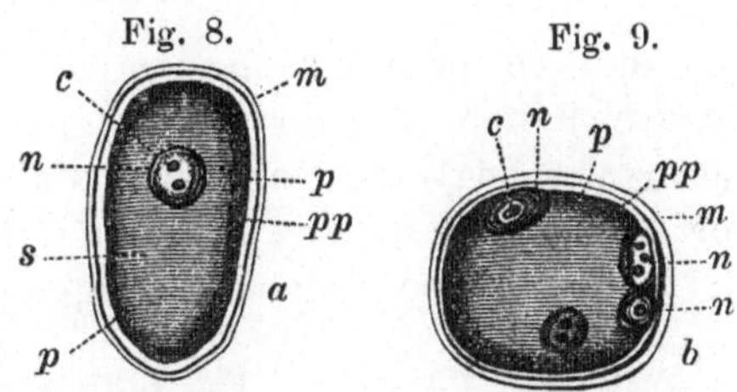

Zelle. *m* Zellenmembran, *p* Primordialschlauch, *pp* Plasma, *s* Zellsaft, *n* Zellenkern, *c* Kernkörperchen. (Schematische Figuren.)

Im Inneren des Zellenkerns, von welchem auch oft mehrere in der Zelle angetroffen werden, befinden sich ein oder mehrere **Kernkörperchen** *c* (*nucleŏli*).

In der jüngeren Zelle findet sich, die Innenwand des Primordialschlauches auskleidend, ein dickflüssiger stickstoffhaltiger, an der Luft gerinnender Schleim, **Plasma** oder **Protoplasma** (Fig. 8 u. 9 *pp*), welcher sich mit dem wässrigen Zellsafte nicht mischt und oft in einer strömenden Bewegung befindlich beobachtet wird. Die Zellkerne bestehen aus demselben Plasma.

Die Zellenmembran, von wirklichen Poren nicht durchbrochen, ist dennoch für Flüssigkeiten und Gase durchdringbar, **permeabel**, und zwar nach dem physikalischen Gesetze der Exosmose (Ausströmung) und Endosmose (Einströmung). Auf diesem Wege findet die Ernährung der Zelle statt.

Die Bildung der Zelle ist selten **primär**, wie z. B. die Bildung der Hefenzelle in einer gährenden Flüssigkeit, gewöhnlich erfolgt sie **secundär** in einer schon bestehenden Zelle, der **Mutterzelle** (*cellula matrix*), als **Tochterzelle**, und zwar auf zweierlei Weise, 1. ohne Theilung des Primordial-

schlauches als freie und 2. durch Theilung des Primordialschlauches als wandständige Zellenbildung.

Bei der freien Zellenbildung entsteht die Tochterzelle im
Inhalte der Mutterzelle,
indem sich um den
Zellkern Plasma lagert,
ein eigener Primordial-
schlauch und eine eigene
Zellenmembran entste-
hen. Mehrere Tochter-
zellen entstehen, füllen
nach und nach die Mut-
terzelle an und sprengen

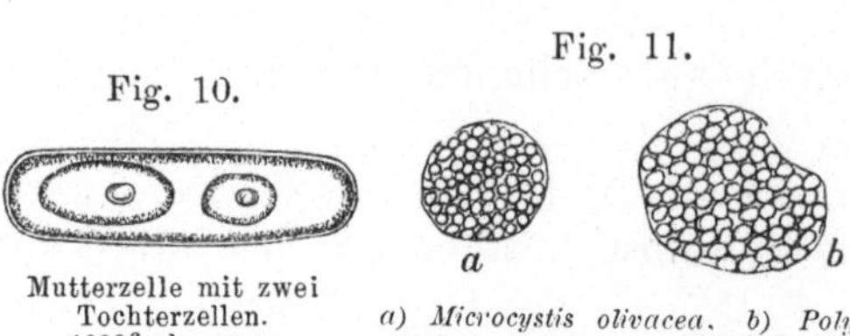

Fig. 10.

Mutterzelle mit zwei
Tochterzellen.
1000fach vergr.

Fig. 11.

a

b

a) *Microcystis olivacea*. b) *Poly-
coccus punctiformis*. (120 f. L. V.)
Algen, Mutterzellen bildend,
welche unzählige Tochterzellen
einschliessen.

diese endlich, oder sie bleiben (wie bei den Sporen der Pilze und
Flechten) in der Mutterzelle eingeschlossen und gelangen darin zu
einer gewissen Reife. Der Primordialschlauch der Mutterzelle nimmt
hier also keinen Antheil an der Bildung der Tochterzelle.

Dies letztere geschieht dagegen bei der wandständigen
Zellenbildung, indem ent-
weder der Primordialschlauch
in der Mitte der Zelle zunächst eine ringförmige Falte,
eine Einschnürung, bildet,
welche sich in die Zelle hinein
mehr und mehr ausdehnt,
bis ihre Ränder zusammen-
stossen, dann mit einander
verwachsen und eine Scheide-

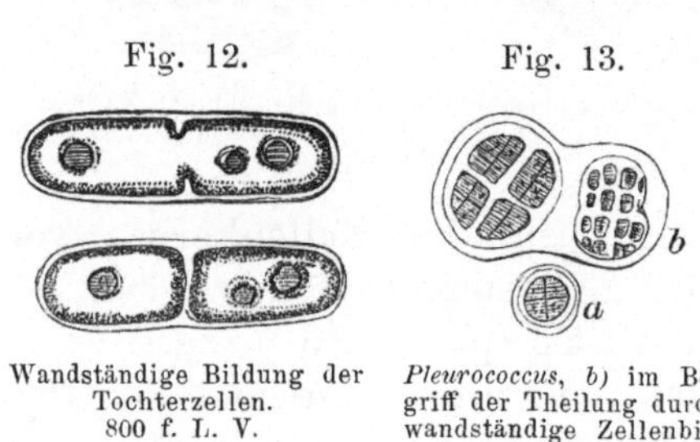

Fig. 12.

Fig. 13.

b

a

Wandständige Bildung der
Tochterzellen.
800 f. L. V.

Pleurococcus, b) im Be-
griff der Theilung durch
wandständige Zellenbil-
dung. Stark vergr.

wand bilden, oder häufiger, dass sich der Primordialschlauch
zwischen zwei oder mehreren Zellkernen faltenförmig einstülpt
und sich die Tochterzelle endlich durch völlige Abschnürung
bildet. In beiden Fällen bekleidet sich die Tochterzelle mit
ihrer eignen Membran (Zellhaut). Bei der wandständigen
Zellenbildung wird der Primordialschlauch der Mutterzelle ein
Bestandtheil der Tochterzelle.

Bemerkungen. Elementár-, den Anfang, das Wesen, die Grundlage bedin-
gend. — Primordiál- (latein. *primordiālis, e*, ursprünglich, zuallererst. *Primordium*,
der erste Anfang). — Cytoblást, *cytoblasta*, von dem griech. τό κύτος (to kytos),
Höhlung, Raum, und βλάστη (blastä), Keim, Trieb. — Plásma, Protoplásma,
von d. griech. πρῶτος (prōtos), der Vorderste, Erste, und τό πλάσμα (to plasma), das
Gebilde.

Lection 3.

Lebenslauf der Zelle.   Verschiedene Arten der Zellen.

Bei Entstehung der Zelle bildet sich zunächst der Primordialschlauch, und durch Ausschwitzung des im Zelleninhalte gebildeten Zellstoffes wird die Zellenmembran erzeugt. Diese letztere dehnt sich mit dem Wachsthum der Zelle aus, unter gleichzeitiger Verdickung, und hat sie ihren normalen Umfang erreicht, so nimmt sie nicht mehr Zellstoff auf, den aber der Primordialschlauch auszuschwitzen fortfährt. Dieser letztere Zellstoff lagert sich auf der Innenwand der Zellenmembran ab, und es entsteht auf diese Weise eine zweite, dritte, vierte etc. Membran. Diese Bildung von Verdickungschichten dauert so lange als das Leben der Zelle, d. h. so lange der Primordialschlauch mit Zellsaft erfüllt ist. Beim Absterben der Zelle schwindet auch der Primordialschlauch.

Die zuerst gebildete Zellenmembran bezeichnet man mit primär zum Unterschiede von den später oder secundär entstandenen Membranen.

Bei der Bildung der secundären Zellenmembranen oder der Verdickungsschichten findet selten die Auskleidung auf der ganzen Innenfläche der primären Zellenmembran statt; es bleiben vielmehr einzelne Stellen frei, selbst auch bei der späteren Bildung weiterer Zellenmembranen. Diese Stellen, welche von Zellstoffablagerung freibleiben, bilden entweder Punkte oder Ringe, oder Spiralen, oder Treppen oder Maschenräume. Auf diese Weise entstehen, wenn die freien Stellen Punkte bilden, die Tüpfelzellen, punktirte oder getüpfelte Zellen (*cellulae*

Fig. 14.

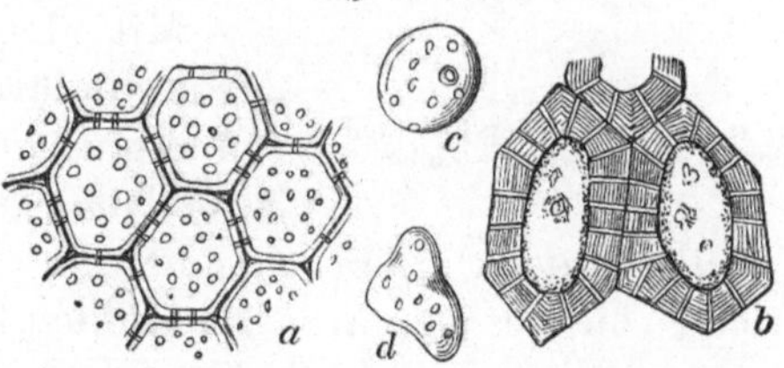

Tüpfelzellen, *a* polyedrische, *b* solche im Querschnitt (mit verdickter Wandung), *c* kuglige Zelle, *d* unregelmässige: *b)* ca. 800 f. V.

punctātae), wenn sie einfache parallel gestellte Ringe bilden, die Ringfaserzellen (*c. annulātae*), oder wenn sie zu einem spiralförmigen Bande zusammenfliessen, die Spiralzellen (*c. spirāles*). Wenn sich im letzteren Falle die Streifen der secundären

Membranen mannigfach verästeln und verzweigen, entstehen Netzfaserzellen *(c. reticulatae, c. retiferae).* Ist die secundäre Membran von parallelen Spalten durchbrochen, so wird dadurch die treppenförmige Zelle *(c. scalariformis)* dargestellt.

Fig. 15.

Netzfaserzellen.

Treppenzellen.

1. Ringfaserzellen.
2. Spiralfaserzellen.

Durch die erwähnte secundäre Bildung von Zellenmembranen nimmt die Dicke der Zellwand so wie die Härte und Dichtigkeit derselben mehr und mehr zu, dagegen wird der Primordialschlauch immer kleiner und mehr und mehr nach dem Mittelpunkt der Zelle gedrückt. Desshalb bezeichnet man die secundären Membrangebilde mit Verdickungsschicht. Nur im seltenen Falle kann man im Querschnitt unter dem Mikroskop die Verdickungsschichten unterscheiden. Sie zu trennen und dem Auge erkennbar zu machen, durchweicht man die Zelle mit concentrirter Schwefelsäure. In der Bildung der Verdickungsschichten beruht die Verholzung der Bäume.

Mit dem Fortschreiten der secundären Ablagerungsschichten verlängern sich die Tüpfel der Punkte nach dem Centrum der Zelle und bilden sogenannte Porenkanäle, welche nach aussen von der primären Zellenmembran geschlossen bleiben. Es correspondiren jedoch die Tüpfel aneinanderliegender Zellen stets miteinander, d. h. sie stossen aufeinander und ermöglichen die osmotische Bewegung des Zellensaftes aus einer Zelle in die andere. Schwindet nun an den Tüpfeln die primäre Zellenmembran, so entstehen dann wahre Porenzellen *(c. porōsae).* Siebzellen *(c. cribrōsae)* sind entweder an den Enden

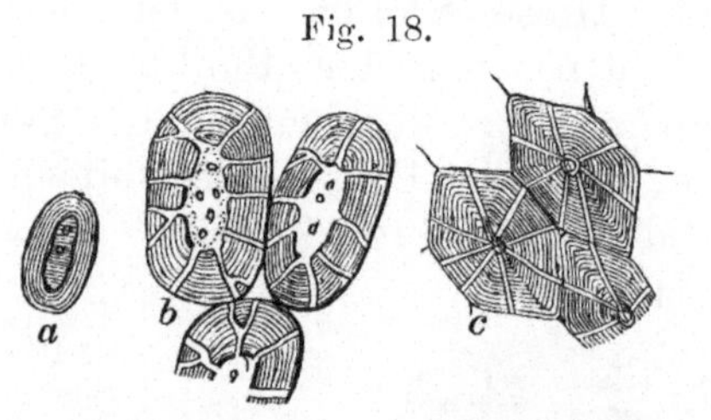

Fig. 18.

Querschnitt von Zellen, *a.* die Verdickungsschichten zeigend *b.* Tüpfelzellen, *c.* völlig verholzte Zellen.

abgeplattete und in Längsreihen zusammenhängende Zellen, deren Berührungsstellen Scheidewände bilden, welche siebartig durchbohrt sind, oder solche Zellen, welche an ihren Längsseiten ähnlich siebartig durchbrochene Platten haben. *Mohl* nannte sie Gitterzellen.

In einigen Fällen z. B. im Prosenchym der Coniferen, bildet sich zwischen den primären Zellenmembranen zweier aneinander liegender Zellen, an der Stelle, wo ihre Tüpfel sich begegnen, ein hohler, linsenförmiger, später mit Luft gefüllter Raum, Tüpfelraum genannt.

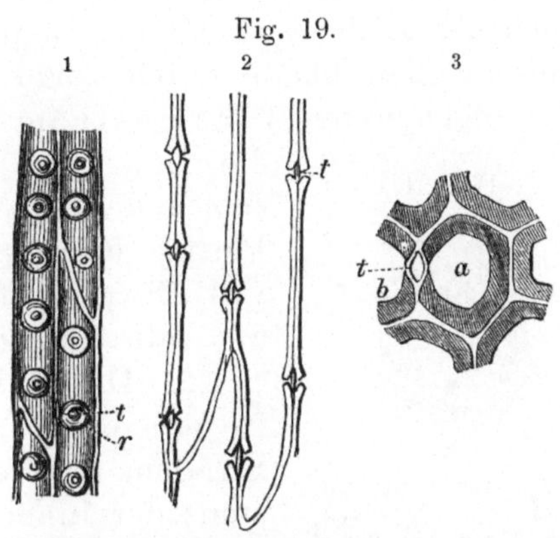

Fig. 19.

Getüpfelte Holzzellen aus dem Längsschnitt des Kiefernholzes; 1. die Tüpfel von vorn, 2. von der Seite gesehen, 3. Querschnitt einer Zelle in der Höhe des Tüpfels. *t* Tüpfelraum. Stark vergrössert.

Die Form der Zelle ist theils ein Erfolg des der Zelle inwohnenden Bildungsbestrebens, theils ist sie von der Raumbeschränkung abhängig, welche der Zelle durch benachbarte, sich mehr oder weniger anschliessende Zellen angewiesen wird.

Aus der ursprünglichen Form (*cellula globosa*) entstehen durch Ausdehnung nach einer oder mehreren Dimensionen oder durch ungleichmässiges Wachsthum an einzelnen Stellen der Zelle auch verschiedene Gestalten. Man unterscheidet gestreckte (*c. elongātae*), elliptische (*elliptĭcae*), röhrenförmige (*cylindrĭcae*), kegelförmige (*conĭcae*), spindelförmige

Fig. 20.

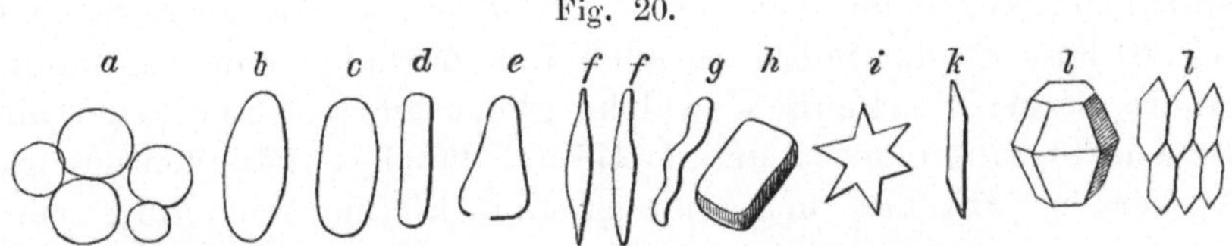

Zellen: *a*) kuglige, *b*) elliptische, *c*) ellipsoidische, *d*) röhrenförmige, *e*) konische, *ff*) spindelförmige, *g*) wellenförmige, *h*) tafelförmige, *i*) sternförmige, *k*) prismatische, *ll*) polyedrische.

(*fusiformes*), fadenförmige (*filiformes*), wellenförmige (*undātae*), tafelförmige (*tabŭlaeformes*), sternförmige (*stellatae*), prismatische, tetraëdrische, polyedrische etc. Zellen.

Der Inhalt der lebensthätigen Zelle lässt sich zum Theil

unter dem Mikroskop erkennen, und man unterscheidet mit diesem Instrument:

1. Das Plasma, Bildungsstoff (*protoplasma*), eine trübe, weissliche, dickflüssige, mit Körnchen durchsetzte, stickstoffhaltige Masse, aus welcher sich sowohl der Primordialschlauch als auch der Zellenkern bilden. In jungen Zellen findet man häufig diese beiden Theile durch zarte Fädchen aus derselben Masse, die sogenannten Plasmaströmchen, verbunden, in welchen die Bewegung des Plasmas von dem einen zum andern Theile der Zelle stattfindet. Das Plasma färbt sich mit Jod gelb, und da es viel Eiweiss enthält, gerinnt es mit Säuren und mit Weingeist.

Fig. 21.

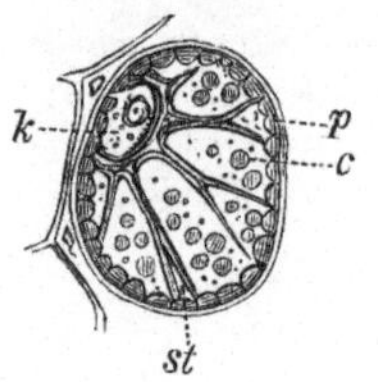

Junge Zelle mit Zellkern (*k*), Primordialschlauch (*p*). Chlorophyll (*c*) und Plasmaströmchen (*st*).

2. Das Blattgrün oder Chlorophyll in gelbgrünen Körnern, Kügelchen, Bändern, Streifen, regellos gruppirt und zerstreut, meistens der inneren Zellenwand anhängend. Es entsteht aus Plasmatheilen unter Einwirkung des Lichtes und ist die Ursache des Grüns der Pflanzen. In den grüngefärbten Pflanzenorganen ist es diejenige Substanz, welche unter Lichteinfluss die Zersetzung der eingeathmeten Kohlensäure und die Ausscheidung des Sauerstoffs besorgt. Die Chlorophyllkörner wachsen und theilen sich in mehrere Theilkörner. Werden die Pflanzen dem Lichte entzogen, so bleichen sie, und das Chlorophyll verschwindet. Es ist stickstoffhaltig und dem Wachse ähnlich.

3. Das Stärkemehl, Stärkekörnchen (*amȳlum*), abgesondert als kleine farblose durchsichtige Körnchen. Die Form ist sehr verschieden und gewöhnlich für einzelne Pflanzenfamilien charakteristisch. Unter dem Mikroskop betrachtet man die Stärkemehlkörnchen bei 300—600facher Vergrösserung. Sie lassen dann oft im völlig entwickelten Zustande eine bestimmte innere Structur erkennen, welche gleichsam aus einer Ineinanderschachtelung bläschenartiger Hautschläuche entstanden scheint. Ausserdem erkennt man häufig eine kleine Vertiefung oder Höhlung, Centralhöhle oder Vacuole (früher Kern) genannt, welche jedoch selten im Centrum des Körnchens, sondern in der Nähe der Peripherie desselben liegt.

Das Stärkemehl enthält keinen Stickstoff und gehört wie der die Zellwandung bildende Zellstoff (Cellulose) zu den sogenannten Kohlehydraten, d. h. den indifferenten Stoffen, in welchen Kohlenstoff, Wasserstoff und Sauerstoff in einem

Fig. 22.

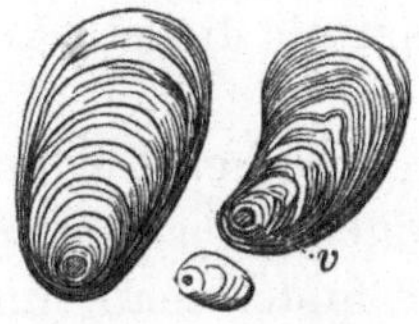

Kartoffelstärkekörnchen
(*Amylum Solāni tuberosi*).
r Vacuole.
500 f. V.

Fig. 23.

Arrow-Root. Stärkekörnchen von
Maranta Indica.
v Vacuole.
400 f. V.

Fig. 24.

Tapioca.
Stärkekörnchen von *Manihot
utilissima Pohl.*
400 f. V.

Fig. 25.

Tickmehl. Stärkekörnchen von
Curcuma angustifolia Roxb.
400 f. V.

Fig. 26.

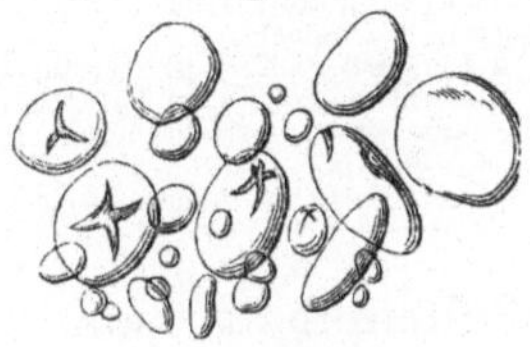

Roggenstärkemehl.
200 f. V.

Fig. 27.

Weizenstärkemehlkörnchen.
300 f. V.

Fig. 28.

Reisstärkemehl, einzeln und
zusammenhängend.
300 f. V.

Fig. 29.

Bohnenstärkemehl.
400 f. V.   200 f. V.

Verhältnisse verbunden sind, in welchem diese beiden letzteren
Wasser bilden würden (entsprechend der chemischen Formel
$C^{12}H^{10}O^{10}$). Zu diesen Kohlehydraten gehören auch Zucker,
Gummi. Die Stärkemehlkörnchen werden, wenn sie feucht
sind, durch Jodtinktur oder Jodwasser amethystroth bis schwarz-
blau gefärbt. Diese Reaction ist eine charakteristische.

4. Die Kleberkörnchen, Kle-
bermehl (*aleuron*) gehören den
Proteïnstoffen an, sind also stickstoffhaltig. Sie sind farblos oder
gefärbt, von rundlicher oder eckiger

Fig. 30.

Kleberkörnchen.
100 f. V.   600 f. V.

oder krystallähnlicher oder unregelmässiger Gestalt, häufig mit grubiger Oberfläche, auch meist bedeutend kleiner als die Stärkemehlkörnchen.

5. Krystalle, aus organischen und unorganischen Verbindungen bestehend. Sie findet man einzeln und auch zu Drusen vereinigt. Häufig trifft man die nadelförmigen Krystalle der oxalsauren Kalkerde zu Büscheln, Rhaphiden, vereinigt an.

Fig. 31.

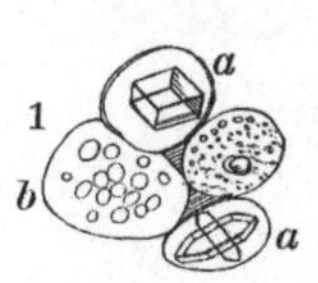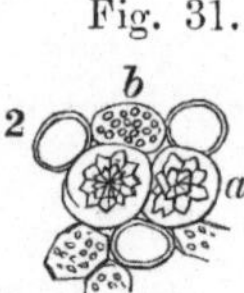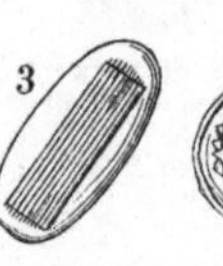

1. Zellen. *a*) mit Kalkspatkrystallen (Kalkspat oder kohlensaure Kalkerde), *b*) mit Stärkemehl.
2. Zellen aus der Rhabarberwurzel *a*) Krystallzellen mit oxalsaurer Kalkerde in Drusenform, *b*) Zellen mit Amylum.
3. Raphidenzelle aus einer Luftröhrenquerscheidewand im Blatte von *Musa Cavendishii L.*
4. Eine Zelle aus dem Blatte von *Hedëra Helix L.*, eine Krystalldruse einschliessend.

Der Zelleninhalt kann noch andere Stoffe umfassen, wie Gummi, Zucker, Mannit, Pflanzengallerte (Pectose), flüchtige und fette Oele, Wachs, Proteïnstoffe (wie Eiweiss), Pigmente etc., welche sich aber nur auf chemischem Wege erkennen lassen.

Bemerkungen. Póre vom griech. πόρος (poros), Durchgang, Oeffnung, Loch. — Chlorophýll, vom griech. χλωρός (chloros), grün, und φύλλον (phyllon), Blatt. — Vacuóle, Diminutiv von *vacūus, a, um*, leer, frei von etwas. — *Amÿlum*, ohne Mühle, erzeugt, gebildet a. d. griech. alpha privativum und μύλη (mylä), Mühle. — *Aleuron*, Kleber, Mehl, griech. ἄλευρον (aleuron), Mehl. — Rhaphíden, v. d. griech. ῥαφίς, ῖδος (raphis, gen. raphidos), Nadel. — Pektóse, v. d. griech. πηκτός, ή, όν, (päktos, ä, on) geronnen, πήγνυμι (pägnymi), gerinnen lassen.

Lection 4.

Gefässe. Gefässbündel.

Nachdem wir von dem hauptsächlichsten Elementarorgan, der Zelle, eine Vorstellung erlangt haben, hält es nicht mehr schwer, eine solche auch von den aus den Zellen hervorgehenden oder den daraus entstehenden Elementarorganen, den Gefässen, zu gewinnen. Die Kenntniss von diesen Elementarorganen, welche meist nur durch das Mikroskop zu erkennen sind, scheint dem Anfänger gewöhnlich von geringfügigem Nutzen, doch wird er während des Studiums sehr bald inne werden, dass sie ihm in der Erkennung und Bestimmung der Pflanze, ganz besonders aber bei der Erkennung der Pflanzentheile, welche

Arzneistoffe sind, hilfreich beispringt und er sie gar nicht entbehren kann.

Gefässe (*vasa*) sind mehr oder weniger verlängerte, geschlossene, in der Richtung des Wachsthums eines Pflanzentheils fortlaufende Röhren oder Canäle, welche neben Zellen oder von Zellen umgeben den Pflanzentheil constituiren. Sie entstehen aus Zellen, die mit ihren Enden aneinander gereiht sind, durch Verschwinden oder Resorption der Berührungsflächen. Ein Gefäss (*vas*) ist also gleichsam eine einfache Reihe Zellen, welche durch Verschwinden der Berührungsflächen eine Röhre bilden. Daher nennt man ein Gefäss auch wohl eine zusammengesetzte Zelle.

Die Gefässe sind in der Regel nur mit Luft gefüllt, enthalten indess in den jüngsten Pflanzentheilen oder zur Zeit der grössten Saftfülle, wie im Frühling sehr häufig Flüssigkeit. Durchschneidet man z. B. im Frühjahr einen Zweig des Weinstocks, so tritt aus der Schnittfläche, d. h. aus den Gefässen, Saft hervor. Mit der Entwickelung der Blätter findet durch dieselben eine grössere Verdunstung statt, und der Saft verschwindet aus den Gefässen, welche sich wieder mit Luft füllen. In den älteren Pflanzentheilen nimmt die Verdickung der Wandung der Gefässe mehr und mehr zu, und diese verholzen. Die primäre Zellenmembran des Gefässes nennt man Gefässschlauch.

Je nachdem die Zellen, aus denen sich Gefässe bilden, Spiral-, Ring-, Netzfaser-, Tüpfel- etc. Zellen sind, entstehen Spiral-, Ring- etc. Gefässe.

In den Spiralgefässen (*vasa spiralia*) ist die Verdickungsschicht in Gestalt einer Faser wie eine Spirale gewunden, welche sich selbst häufig aufrollen lässt. Die Faser erscheint als ein zartes weisses Fädchen, welches man oft schon mit dem blossen Auge erkennen kann. Die Spiralgefässe bilden z. B. die sogenannten Nerven der Blätter und Blüthen. Zerreisst man ein Eichenblatt oder ein Weinblatt, so treten die Spiralgefässe wie silberweisse dehnbare Fädchen an der Rissstelle sichtlich hervor.

Bei den Ringgefässen (*vasa annularia*) besteht die Faser aus getrennten

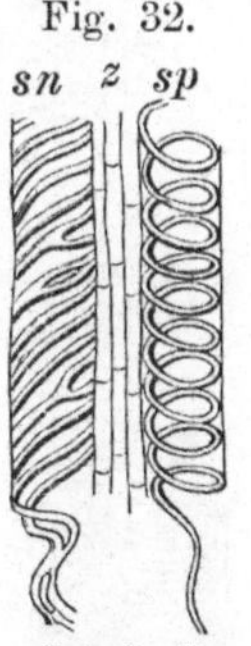

Fig. 32. *sp* Spiralgefässe aus dem Stengel der Balsamine, *z* langgestreckte Zellen, *sn* Spiralgefäss im Uebergange zum Netzfasergefäss. 150 mal vergr.

Fig. 33. *sp* Spiralgefäss aus dem Blattstiel der *Musa paradisiaca*, *z* langgestreckte Zellen. 150 mal vergr.

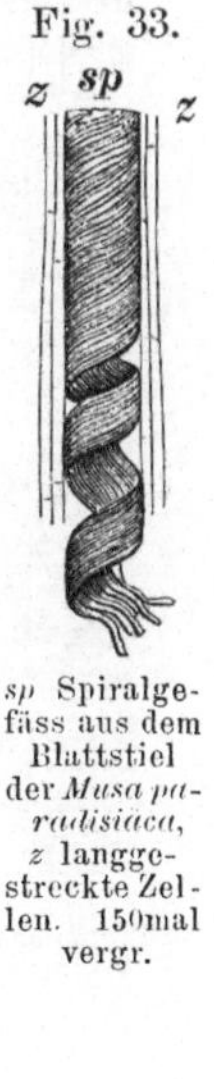

Fig. 34.

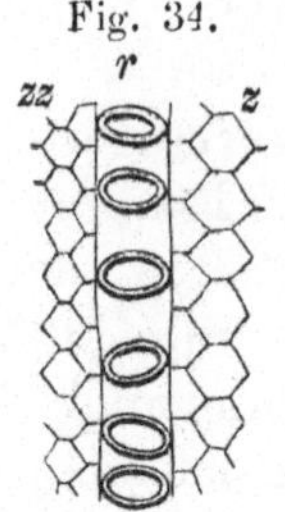

r Ringgefäss aus dem Stengel
der Balsamine, z Zellen.
150 mal vergr.

Fig. 35.

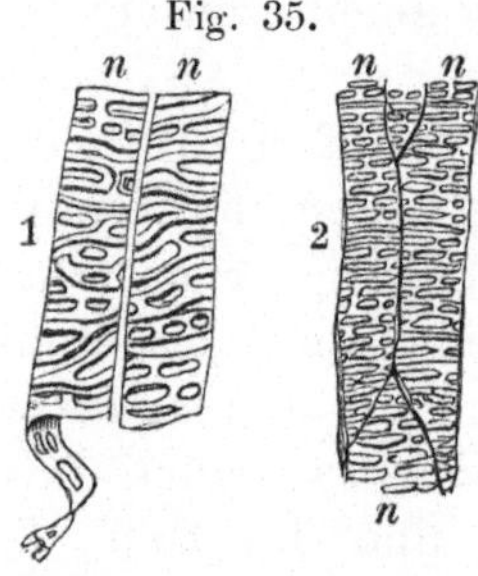

1) *n n* Netzfasergefässe aus dem
Stengel der Balsamine. 150 mal
vergr. 2) Netzfasergefässe aus dem
Holze der Wurzel des Löwenzahns
(*Taraxacum officinale*).
150 mal vergr.

Fig. 36.

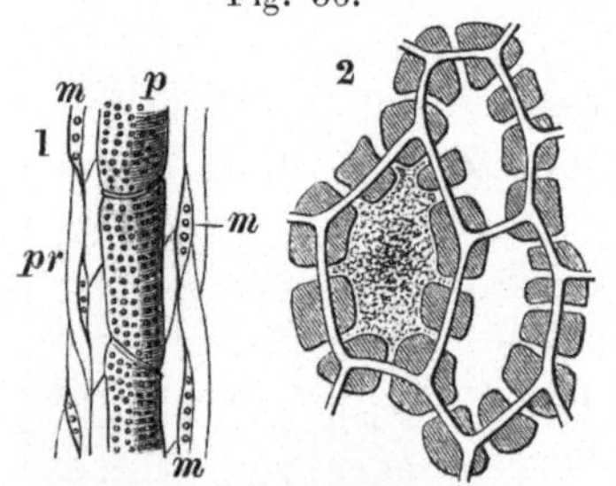

1. *p* Porengefäss aus *Lignum Guajäci, m* Markstrahl, *pr* Prosenchymzellen. 80 mal vergr.
2. Porengefässe im Querdurchschnitt.

Fig. 37.

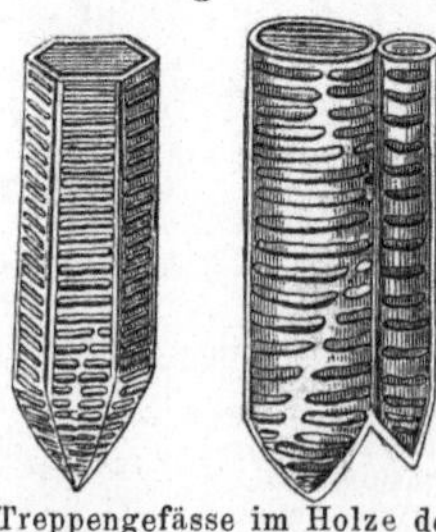

Treppengefässe im Holze des
Weinstocks (*Vitis vinifĕra*).

Rosenkranzförmige Gefässe aus
den Knoten der Balsamine.
150 mal vergr.

Ringen, welche übereinander liegen. Man
findet sie besonders in den Stengeln und
Wurzeln. Leicht erkennt man sie im
spanischen Rohr, im Stengel der Balsamine
(*Impatiens Balsamina*).

Das Netzfasergefäss oder Netz-
gefäss (*vas reticulātum*) entsteht aus dem
Ringgefäss durch Seitenverzweigung und
Verästelung der Ringfaser.

Tüpfel- oder punktirte- oder
Poren-Gefässe (*vasa punctata s. porōsa*)
sind walzige Röhren mit dunklen horizontal oder spiralig geordneten Punkten
(verdünnten Wandstellen), z. B. im Holz
der Eiche, der Nadelhölzer.

In den Poren-Gefässen und den folgenden erwähnten Gefässen findet man
häufig nicht vollständig resorbirte
Scheidewände, von den Zellen herrüh-
rend, aus welchen sich das Gefäss bildete,
es sind diese Scheidewände aber von
Spalten und Löchern durchbrochen.

In den Leiter- oder Trep-
pengefässen (*vasa scalaria*), ist
die Verdickungsschicht von Querspalten durchbrochen, welche in
gerader oder schiefer Reihe trep-
penstufen- oder leitersprossenartig
übereinanderliegen.

Mit Einschnürungen ver-
schiedener Art versehene Gefässe,
welche man früher je nach der
Form als rosenkranz-, wurm-,
halsbandartige Ge-
fässe unterschied,
fasst man mit dem
Namen kurzgeglie-
derte Gefässe zu-
sammen.

Langgestreckte, an
den Enden geschlos-
sene Zellen, deren

Wandungen eine Bildungsweise wie bei den Gefässen zeigen, nennt man Gefässzellen.

Die Gefässwände bestehen wie die Zellenwände aus Zellstoff, Cellulose. In Stelle der verholzenden Verdickungsschichten bezeichnet man ihn als Holzfaserstoff oder Lignin.

Die Gefässe kommen nur selten vereinzelt, wie z. B. in zarten Blumenblättern, vor, gewöhnlich zu mehreren und zugleich mit Zellen von gewisser Form zu Bündeln, Gefässbündeln, vereinigt. Diese Gefässbündel (*fasciculi vasōrum*), auch Fibrovasal-Stränge genannt, bilden ein zusammenhängendes, durch den ganzen Pflanzenkörper sich ziehendes und verzweigendes Geflecht, vergleichbar mit einem Gerippe. In den Blattnerven sehen wir mit blossem Auge nur die Zweige eines Fibrovasalstranges.

Es giebt Pflanzen, wie die Algen, Flechten, Pilze, welche nur aus Zellen bestehen und keine Gefässe besitzen. Solche Pflanzen werden in den botanischen Systemen, z. B. im *Decandolle*'schen, als Zellenpflanzen (*plantae celluläres sive acotyledonĕae*) abgeschichtet zum Gegensatze der auch mit Gefässen versehenen Pflanzen, der Gefässpflanzen (*pl. vasculares sive cotyledonĕae*).

Die Gefässe findet man auch (wie in *Berg*'s Schriften) als Spiroïden (*vasa spiroïdĕa*) und als eigene Gefässe (*vasa propria*) unterschieden, die Spiroïden sogar in echte und unechte gesondert.

Zu den echten Spiroïden, von denen man annimmt, dass sie nicht durch Resorption der Scheidewände einer Zellenlängsreihe entstehen, zählt man die Spiralgefässe, Ringgefässe und die Netzgefässe. Den unechten Spiroïden, von denen man annimmt, dass sie durch Resorption der Querwände einzelner Längsreihen von Zellen entstehen, die auch häufig gespaltene oder durchlöcherte Querwände zeigen, zählt man die getüpfelten oder Poren-Gefässe, die Treppen-Gefässe, die kurzgliedrigen Gefässe zu.

Die eignen Gefässe finden sich hauptsächlich in der Rinde, seltner im Mark oder dem Holze. Man sieht sie wie die unechten Spiroïden aus Zellenlängsreihen entstanden an, deren Querwände durch Resorption verschwunden sind. Sie haben daher auch einen eigenen Gefässschlauch. Zu den eignen Gefässen gehören die Milchgefässe und die Saftröhren.

Die Milchgefässe (*vasa lactescentia*), eigentlich den Bastzellen angehörend, enthalten einen Milchsaft, eine schleimige, mehr oder weniger undurchsichtige Flüssigkeit, in welcher Stärkemehlkörnchen, und in Form von Tröpfchen oder Kügelchen Kautschuk, Wachs, Harz, auch Oel, schwimmen oder suspendirt sind. Zerschneiden wir ein Blatt, Stengel oder Wurzel des Salats (*Lactūca satīva*), des Mohns (*Papāver somnifĕrum*), des Löwenzahns (*Taraxăcum officinale Web.*), des Schöllkrautes (*Chelidonĭum majus*), so fliesst aus vielen Stellen der Schnittfläche bei den drei ersteren ein weisser, bei dem letzteren ein gelber Milchsaft hervor, jedoch in begrenzter Menge, so viel eben die durchschnittenen Gefässe enthalten. Hört der Erguss des Milchsaftes auf, und wir durchschneiden an einer wenig von dem ersten Schnitte entfernten Stelle den Pflanzentheil, so theilen wir andere Milchsaftgefässe, und der Milchsaft tritt aufs Neue in Menge hervor. Ein Milchgefäss ist also nicht durch den ganzen Pflanzenkörper gleich einer Ader verzweigt. Durchschneidet man den Stengel des Schöllkrautes der Länge nach, so zeigen sich die Milchgefässe in Form von gelben, der Rinde anliegenden Bändern von ungleichem Durchmesser. In den Blättern erscheinen sie als starkverzweigte Gefässe.

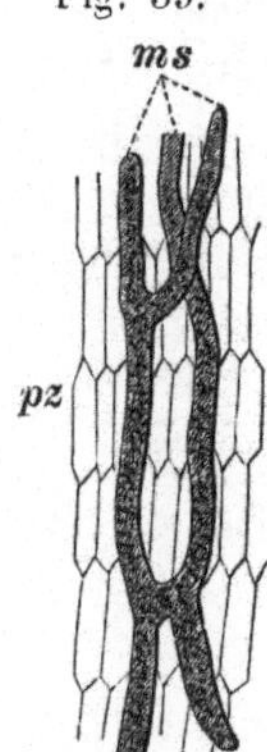

Fig. 39.

ms Milchsaftgefässe in der Wurzel von *Taraxacum officinale*. *pz* Zellen.

Der Milchsaft vieler Pflanzen liefert dem Arzneischatz eine Menge Stoffe. Die Gummiharze (*Gummi-resīnae*) *Asa foetida*, *Galbănum*, *Ammoniăcum*, *Euphorbium*, *Gutti*, *Myrrha*, *Olibănum*, *Scammonium*, ferner das *Opium* und *Lactucarium* sind eingetrocknete Milchsäfte.

Die Saftröhren (*vasa succi proprii*) gleichen den Milchsaftgefässen, enthalten aber keinen Milchsaft. Sie sind gewöhnlich durch siebförmige Scheidewände unterbrochen.

Bemerkungen. *Vas, vasis* (im Plural *vasa, ōrum*), ein Gefäss. *Vasculum*, ein kleines Gefäss. *Vascularis, e;* mit Gefässen versehen. — S p i r o i d e n. *Spiroïdēus, a, um*, von Gestalt einer Windung, von *spira* (griech. σπεῖρα, speira), die Windung, und τὸ εἶδος (to eidos), Gestalt, Beschaffenheit. — Der S t i n k a s a n d, *Asa foetida*, ist der eingetrocknete Milchsaft der Wurzel von *Scorodōsma foetidum* Bunge (*Ferŭla Asa foetida* Linné). — Das M u t t e r h a r z, *Galbănum*, (wahrscheinlich von *Ferŭla erubescens* Boissier); A m m o n i a k g u m m i h a r z, *Ammoniacum gummi-resina*, von *Dorēma Ammoniăcum* Don, sämmtlich Doldengewächse oder Umbelliferen Persiens. Das letztere Gummiharz kam früher aus Afrika, in Sonderheit aus der Libyschen Wüste, wo sich ein Tempel des Jupiter Ammon befand. Daher wurde auch der Salmiak, *sal ammoniacum*, gebracht, welchen man aus dem mit Kameeldünger gesättigten Sande (griech.

ἄμμος, ammos, Sand) durch Sublimation gewann. Daher die Uebereinstimmung der Namen für zwei ganz verschiedene Droguen.

Euphorbium kommt von einigen afrikanischen Euphorbiaceen, *Euphorbia Canariensis* L., *Euphorbia officinārum* L., das Gutti von verschiedenen *Garcinia-* und *Hebradendron*arten, welche auf Zeylon, Borneo, in Hinterindien heimisch sind.

Die Myrrha schwitzt aus *Balsamodendron Ehrenbergianum* Berg oder *Balsămodendron Myrrha* Nees, zweien Burseraceen Ostindiens. Der Weihrauch, *Olibănum*, wird von *Boswellia serrāta* Colebrooke, auch einer Burseracee Ostindiens, gesammelt.

Scammonium ist der eingetrocknete Milchsaft der Wurzel von *Convolvulus Scammonia* L., einer Convolvulacee Kleinasiens und Syriens. Das beste kommt über Aleppo, daher die Bezeichnung *Scammonium Halepense*.

Opium ist der durch Einschnitte hervorgelockte und an der Luft eingetrocknete Milchsaft der unreifen Samenkapseln des Mohns, *Papāver somnifĕrum*. Eine morphiumreiche und beste Sorte Opium kommt aus Smyrna in Kleinasien in den Handel, daher die Benennung Smyrna-Opium, *Opium Smyrnaïcum*. Das Lactucarium ist der eingetrocknete Milchsaft entweder von *Lactūca virōsa* L. oder *Lactuca satīva* L., zweien Cichoraceen. Von letzterer wird das französische Lactucarium, auch Thridax (von d. griech. θρίδαξ, thridax, Lattig; lat. *thridax, ăcis,* f.) genannt, gewonnen.

Lection 5.

Gewebe. Zellgewebe. Intercellularsubstanz. Intercellulargänge.

Durch die Vereinigung mehrerer Zellen über, unter und neben einander entsteht das Gewebe oder Zellgewebe (*contextus cellulōsus; tela cellulōsa*). Es bildet sich entweder durch Theilung oder Abschnürung einer Zelle zu zwei Zellen, welche sich wieder theilen, wie bei den Gewächsen der niedrigsten Stufe, z. B. vielen Algen, oder das Zellgewebe entsteht, indem sich im Innern einer Zelle (der Mutterzelle) neue Zellen (Tochterzellen) bilden, welche sich nach einer Richtung zu Fäden aneinanderreihen, oder welche sich in horizontaler Richtung zu einer Zellenschicht oder sich endlich zugleich nach allen Seiten hin aneinanderlegen.

Da jede Zelle ihre eigene Membran hat, so muss in dem entstandenen Zellgewebe die Scheidewand zwischen zwei benachbarten Zellen doppelt sein, dennoch erscheint dieselbe selbst für das bewaffnete Auge als eine einfache, indem die Membranen durch eine zarte dickschleimige, später erhärtende Substanz, die Intercellularsubstanz (Zwischen-Zellstoff) auf das Innigste miteinander verkittet sind.

Diese Intercellularsubstanz, welche aus einem der Cellulose verwandten Stoffe besteht, wird (nach *Schleiden*) als eine Ausschwitzung der Zellenmembranen, oder (nach *Wigand*) als ein

Auflösungsprodukt der Mutterzelle angesehen, in allen Fällen ist sie der Kitt, durch welche die Zellen aneinander geheftet, zu einem Komplex verbunden und erhalten werden.

Da sich die Gestalt der Zelle im Allgemeinen der kugeligen Form nähert, so ist es erklärlich, dass sich in einem Zellengewebe die Zellen selten mit ihren Flächen vollständig berühren,

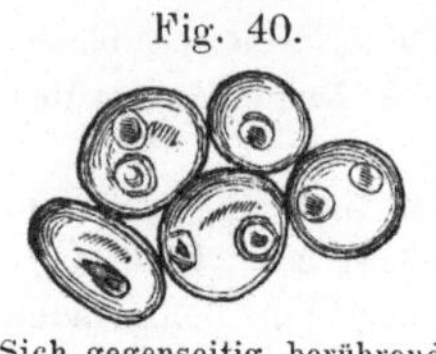

Fig. 40.

Sich gegenseitig berührende Zellen; stark vergrössert.

vielmehr Zwischenräume und Lücken bilden. Kuglige Zellen können sich gegenseitig nur in je einem Punkte berühren, und zwischen je drei dieser Zellen muss eine dreieckige Lücke bleiben, von welcher bei einer allseitigen Aneinanderlegung von vielen Zellen viele entstehen, die unter sich zusammenhängen. Solche im Zusammenhange stehende, also längs der Zellenwandungen verlaufende Lücken bilden gleichsam Kanäle oder Gänge, welche den Namen Intercellulargänge (*meatus s. ductus intercellulares*) erhalten haben. Sie sind am weitesten in den aus sternförmigen oder unregelmässig gestalteten Zellen

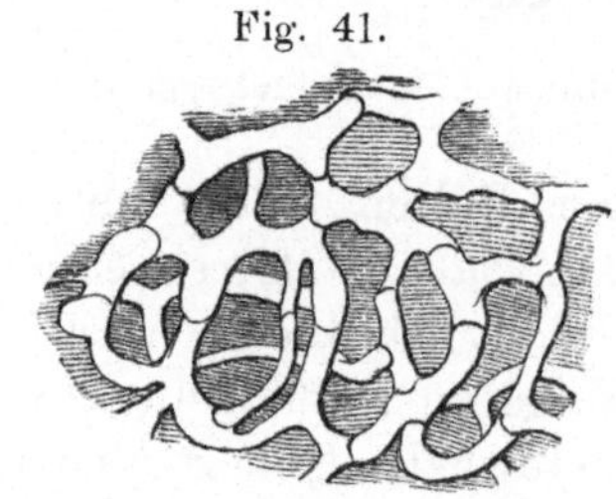

Fig. 41.

Schwammiges Zellgewebe. Die Intercellulargänge sind schattirt. Vergr.

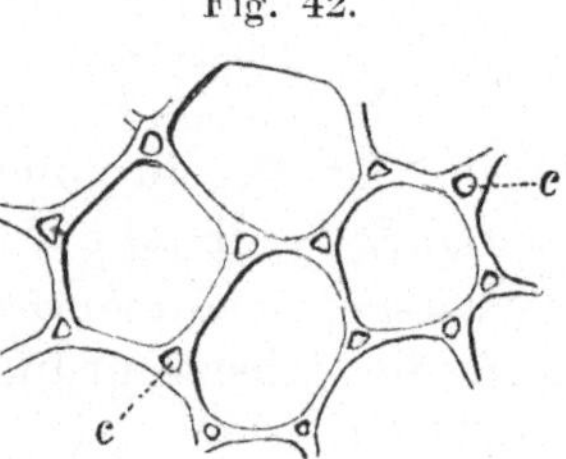

Fig. 42.

Zellgewebe. *c* Intercellulargänge.

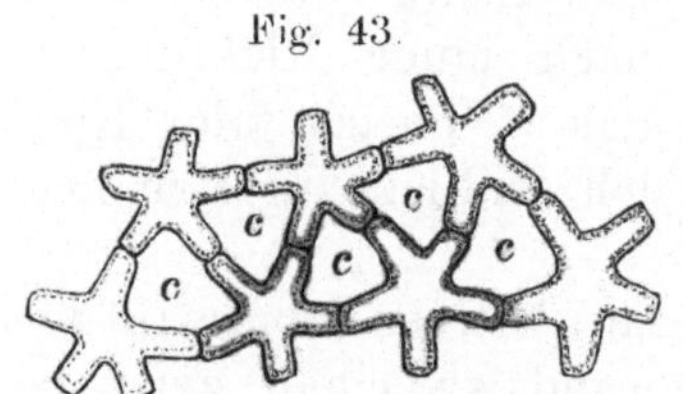

Fig. 43.

Sternförmiges Zellgewebe aus dem Stengel der Lilie. *c* Intercellulargänge.

zusammengesetzten Geweben, wie in den Stengeln und Blattstielen vieler Wasserpflanzen, am engsten aber zwischen den langgestreckten Holz- und Bastzellen.

Obgleich die Intercellulargänge einem durch das ganze Zellgewebe verzweigten Netze von unter sich verbundenen Kanälen gleichen, so sind sie dennoch nie von einer eigenen Membran umschlossen, sondern nur von den Wandungen der Zellen unmittelbar begrenzt. Da die Zellen jedoch, wie oben erwähnt ist, Intercellularsubstanz absondern, so sind auch die Intercellulargänge mit dieser Substanz ausgekleidet, sehr enge damit sogar ganz ausgefüllt. In dem in der Entwickelung noch befindlichen Gewebe sind die Intercellulargänge mit Saft oder festen Stoffen, oft auch nur mit Luft gefüllt.

Die Intercellulargänge erfahren häufig eine Erweiterung zu grösseren Räumen und Höhlungen oder langgestreckten Kanälen. Dadurch entstehen die sogenannten Intercellularräume (*interstitia intercellularia*), welche man je nach ihrem Inhalte entweder als Saftbehälter oder als Luftbehälter unterscheidet.

Die Saftbehälter (*receptacula succi proprii*) sind so mit ausgeschiedenem Safte, Schleim, Harzen, flüchtigen Oelen etc. erfüllte Intercellulargänge, dass dadurch die begrenzenden Zellen aneinander gedrängt werden und sich erweiterte Räume bilden. Entstehen dagegen Intercellularräume durch Resorption oder Aufzehrung des Zellgewebes, so nennt man sie Luftbehälter (*receptacula aërea*). Diese letzteren findet man häufig regelmässig durch Querwände in Fächer getheilt. Sehr schön sehen wir die Luftgänge in der Sandriedgraswurzel (*Rhizōma Carĭcis*), dem Rhizom der *Carex arenaria*, zwischen Rinde und Holz in Fächer geordnet. Solche regelmässig gefächerte Luftbehälter nennt man auch Luftkanäle, Luftgänge, Luftröhren (*canāles aërifĕrae*).

Fig. 44.

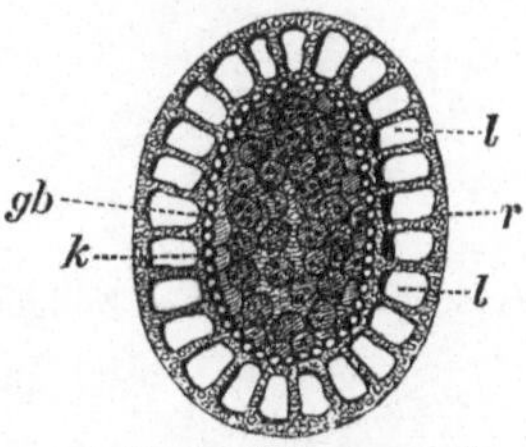

Querschnitt des *Rhizoms* von *Carex arenaria*, *l* Luftgänge, *r* Rinde, *k* Kernscheide, *gb* Gefässbündel.

Die Luftbehälter dürfen nicht mit den Luftlücken oder Lücken, welche durch Zerreissung oder Absterben des Zellgewebes z. B. im Innern des Stengels mancher Doldengewächse oder des Halmes der Gräser entstehen, verwechselt werden. Theils der Mangel an Scheidewänden, theils Unebenheit der Umgrenzung und Unregelmässigkeit lassen die Luftlücken leicht von den Luftbehältern und Luftkanälen unterscheiden.

Die Intercellulargänge sind nach aussen durch die Oberhaut (*epidermis*) des Pflanzentheils, welche ohne Zwischenräume ist, abgeschlossen und stehen nur da, wo die Oberhaut eine Spaltöffnung hat, mit der äusseren Luft in Verbindung.

Die Intercellulargänge und Intercellularräume fasst man mit der Bezeichnung Intercellularsystem zusammen.

Die Functionen des Zellgewebes bestehen in der Aufsaugung und Umbildung des Aufgesogenen, zur Bildung neuer und zur Ernährung und Vergrösserung bereits vorhandener Pflanzentheile. Die Bewegung des Pflanzensaftes durch die Zellen des

Gewebes, aus einer Zelle in die andere, ist eine osmotische, d. h. sie geschieht durch Diffusion oder, was im Grunde dasselbe sagt, durch Endosmose (Einströmung) und Exosmose (Ausströmung), jene bekannte Eigenschaft jedweder organischen Membran, gewisse Flüssigkeiten im mehr oder weniger beschränkten Maasse durch sich hindurch treten zu lassen. Neben der Bewegung oder dem Kreislauf des Saftes durch die Zellen eines Gewebes besteht auch, wie wir bereits aus der Lection 2 wissen, eine besondere Bewegung des Saftes in der Zelle, welche sich in Wassergewächsen mittelst des Mikroskopes als eine deutlich kreisende erkennen lässt.

Bemerkungen. Endosmóse, aus d. griech. ἔνδον (endon) darin, innerhalb, und ὠθέω (otheo), mit Gewalt von der Stelle drängen oder hinein- und hindurchgehen, davon ὠσμός (ōsmos) oder ὤσμωσις (ōsmōsis), das Stossen, Hindurchdringen. — Diffusión, eine Eigenschaft gasiger und auch tropfbar-flüssiger Körper, sich im Widerspruch mit den Gesetzen der Schwere, ohne äusseres Zuthun, selbst zu mischen, sich gegenseitig zu durchdringen. Von dem lat. *diffundĕre*, ausbreiten, *diffusio*.

Lection 6.

Verschiedenheit des Zellgewebes. Cambium. Parenchym. Prosenchym. Holzgewebe. Bastgewebe.

Je nach den Vegetationszwecken der Zelle findet ihre Entwickelung und Formbildung statt. Dadurch entstehen verschiedene Arten des Zellgewebes.

Einfach parenchymatisch nennt man jedes Gewebe, welches aus der freien Bildung von Tochterzellen hervorgeht und nach seiner Entwickelung aus kurzen oder nur wenig gestreckten Zellen besteht. Mit Ausnahme der Pilze, Flechten und Algen findet man es in allen Gewächsen, es bildet sogar in diesen in seinen ersten Anfängen die Grundform aller übrigen Zellgewebearten, denn diese entwickeln sich allein nur aus ihm. Dieses jugendliche und noch unentwickelte parenchymatische Gewebe bezeichnet man im Gegensatze zu dem entwickelten Parenchym mit Urparenchym oder Bildungsgewebe (*Cambium*). Es besteht aus zartwandigen, saftstrotzenden, grosse Zellenkerne enthaltenden Parenchymzellen und dient zur Zellenvermehrung (durch Tochterzellenbildung). Im entwickelten Parenchym hört dagegen die Tochterzellenbildung auf, dafür findet darin neben fortschreitender Verdickung der Zellenmembran nur die pflanzliche Umbildung der von der Pflanze von aussen aufgenommenen Stoffe statt.

Um uns auf geradem Wege mit den verschiedenen Gewebearten bekannt zu machen, wollen wir auch im Allgemeinen von diesem Bildungsgewebe ausgehen und seiner Entwickelung folgen. Man unterscheidet folgende Gewebe.

1. Das Cambium oder Bildungsgewebe *(cambium; contextus cambiālis)*. Daraus bilden sich:

2. das Parenchym oder Füllgewebe, aufzelliges Gewebe *(parenchȳma; contextus cellulōsus)*, welches sich durch seine Zellen mit flachen oder gerade abgestutzten Enden und durch Intercellulargänge von dem folgenden Gewebe unterscheidet;

3. das Prosenchym oder Fasergewebe, zwischenzelliges Gewebe *(prosenchȳma)*. Es besteht aus gestreckten Zellen mit mehr oder weniger zugespitzten Enden und ist ohne Intercellulargänge. Es geht über in

a. Holzgewebe; b. Bastgewebe *(pleurenchȳma)*.

4. Epidermalgewebe, Oberhautgewebe *(contextus epidermālis)*. Es ist gewöhnlich bedeckt von dem strukturlosen Oberhäutchen *(cuticŭla)* und bildet auf jungen und zarten Pflanzentheilen das Epithelium, auf grünen, vom Sonnenlicht berührten Theilen die Epidermis, auf den vom Wasser oder dem Erdboden bedeckten Theilen das Epiblema.

5. Korkgewebe *(contextus suberōsus)*. Es bildet die Korkschicht (Schwammkork), die äussere glatte Rindenhaut *(periderma)* und völlig abgestorben die Borke *(rhytidōma)*.

Nicht aus Bildungsgewebe, also nicht durch Tochterzellenbildung, sondern auf eine andere Weise, z. B. durch Abschnürung und durch Theilung der Zellen sich bildende Gewebe sind

6. das Gewebe der Pilze und Flechten;

7. das Gewebe der Algen.

Bemerkungen. Parenchym, Füllgewebe, Eingefülltes, gebildet aus d. griech. παρά (para), bei, neben, und ἔγχυμα (enchyma), Einguss. — Prosenchym, zwischenzelliges Gewebe, Dazu-, Dabeigegossenes, gebildet aus d. griech. πρός (pros) dazu, und ἔγχυμα. — Pleurenchym, Bastgewebe, zur Seite gegossenes, von dem griech. πλευρά (pleura), Seite. — Cámbium, *cambium*, neulateinisches Wort, bedeutet Wechsel, Veränderung; *cambiālis, e,* zum Wechsel gehörig. — Epidermis, Oberhaut; ἐπί (epi), auf, über; δέρμις (dermis), Nebenform für δέρμα (derma), Haut. — Epidermál, zur Epidermis gehörig. — Epithélium, Epithél, darauf blühendes, von ἐπί und θηλέω, blühen. — Epibléma, darauf gelagertes, von ἐπί und βλῆμα, (bläma), Niederwurf, Lagerung. — Peridérma, περί (peri), um, ringsum; δέρμα (derma), Haut. — *Rhytidoma,* Gerunzeltes, griech. ῥυτίδωμα (rhytidōma), Gerunzeltes

Lection 7.

Cambium. Parenchym.

I. Das **Cambium**, Bildungsgewebe, Fortbildungsgewebe (*cambium; contextus cambiālis*) besteht, wie schon oben zum Theil erwähnt ist, aus zartwandigen Zellen, welche von plasmareichem (proteïnstoffreichem) Safte strotzen. Es dient zur Zellenvermehrung und besonders zur Bildung des Parenchyms und Prosenchyms. Es fehlt nirgends, wo sich Zellen bilden sollen, ist also der Theil, auf welchem das Wachsthum der Pflanze beruht. Da es dem blossen, auch dem nur mit Loupe bewaffneten Auge als eine schleimartige Masse erscheint, nannte man es früher **Bildungssaft.** Man findet es besonders reichlich in den Knospen und bei unseren Holzgewächsen zwischen Rinde und Holzkörper, den sogenannten **Cambiumring** oder **Ver-**

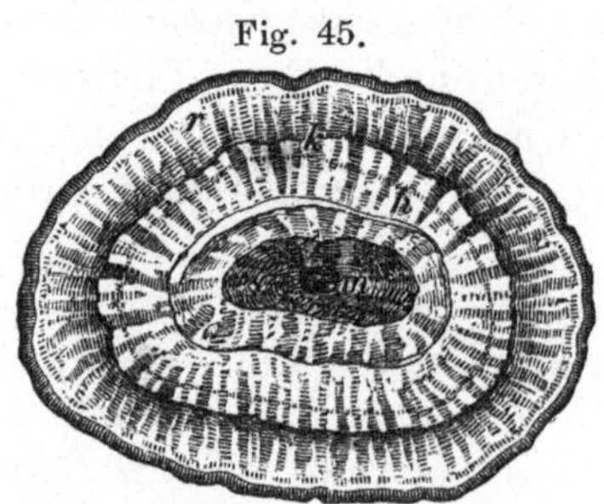

Fig. 45.

Querschnittfläche der *Radix Columbo* (von *Cocculus palmatus DC.*) *r* Rinde, *k* Cambiumring, *h* Holz.

dickungsring (*annŭlus cambiālis*) bildend; während es an seiner Peripherie fortwährend neue Rindensubstanz bildet, setzt es nach innen (nach dem Centrum des Gewächses hin) neue Holzsubstanz ab, so lange die Pflanze Nahrung und die nöthige Wärme erhält. Im Winter hört dieser Vorgang auf. Gleichzeitig erzeugt das Cambium auch nach oben neue Cambiumzellen, Holz- und Rindenschicht bildend. Es unterhält also nicht allein das peripherische, sondern auch das Spitzenwachsthum. *Schacht* unterscheidet Cambium und Verdickungsring, welche bei den Dikotyledonen zusammenfallen, bei den Monokotyledonen aber getrennt sind, und nennt dann den Verdickungsring **Kernscheide.**

II. Das **Parenchym** oder Füllgewebe, Würfelgewebe, aufzelliges Gewebe (*parenchўma*) ist das eigentliche Nahrungsgewebe. Es besteht aus Zellen, deren Gestalt in Folge ihrer dichten Aufeinanderschichtung meist eine polyëdrische ist, oder sich doch dieser Form mehr oder weniger nähert und welche meist auch gleiche Dimensionen haben. Gestreckte Parenchymzellen, deren verticaler Durchmesser also den horizontalen übersteigt, sind dennoch an ihren abgeplatteten Enden leicht von anderen gestreckten Zellen (z. B. den Holz- oder Prosenchymzellen) zu unterscheiden. Das Parenchym ist nicht frei von Intercellulargängen.

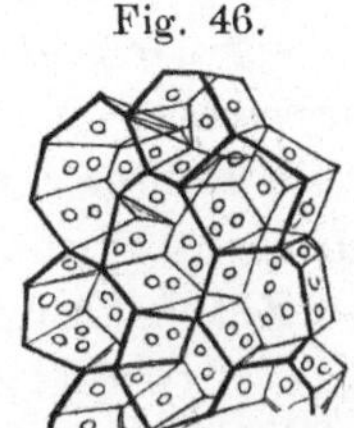

Parenchymatisches Zellgewebe aus dem Mark des Hollunders (*Sambücus nigra*.) Vergr.

Es ist das Parenchym die am meisten vertretene Gewebeform und findet sich mit Ausnahme der Pilze, Flechten und Algen bei allen Pflanzen. Daraus besteht das Mark, die Markstrahlen, die Rinde, der grösste Theil der Substanz der Blätter, Blumen, Früchte, Zwiebeln, Knollen, fleischigen Wurzeln.

Der Saft des Cambium ist reich an Proteïnstoffen und frei von Stärkemehl, hier im Parenchym wird auch noch Stärkemehl gebildet.

Nach der Gestalt oder besser nach dem Zusammenhange der Zellen nennt man das Parenchym unvollkommen oder vollkommen. Im unvollkommenen Parenchym (auch Merenchym genannt) berühren sich die Zellen, weil sie kugelig, ellipsoïdisch, schwammförmig oder strahlig sind, gegenseitig mit ihren Wänden nicht vollständig oder nur theilweise (Fig. 40, 41 u. 43), im vollkommenen dagegen möglichst vollständig (eigentliches Parenchym), und sie bilden in diesem Falle polyedrische Gestalten (Fig. 42, 46).

Fig. 47.

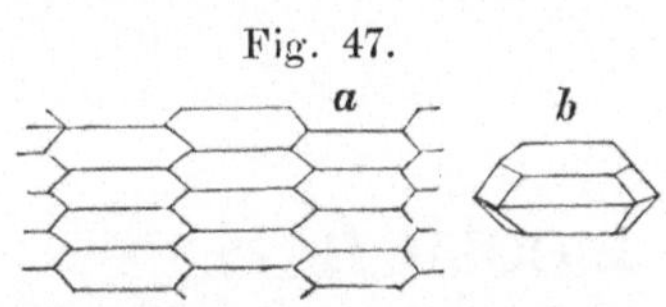

a. Verticalschnitt eines Zellgewebes der Markstrahlen. Zellen niedergedrückt. *b*. Einzelne Zelle dieses Gewebes. Die Form derselben ist ein Rhombendodekaëder, sehr gewöhnliche Form der Zellen in den Markstrahlen. Vergr.

Fig. 48.

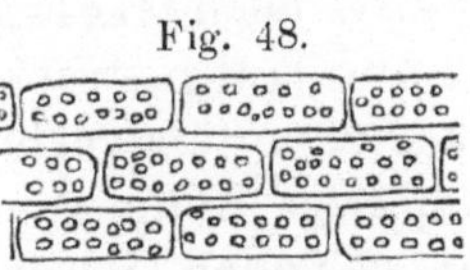

Mauerförmiges Zellengewebe der Markstrahlen in dem Holze der Birke (*Betüla alba*). Zellen sind getüpfelt. 80 mal vergr.

Fig. 49.

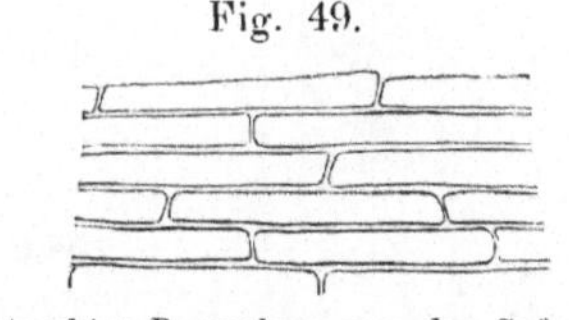

Gestrecktes Parenchym aus der Safrannarbe, Crocus. 60 mal vergr.

Seiner Form nach heisst das Parenchym polyëdrisch oder regelmässig (*polyëdrum s. reguläre*), wenn auf dem Durchschnitte die Schnittflächen der Zellen in Gestalt und Grösse

ziemlich gleich sind (Fig. 46). Im anderen Falle ist es unregelmässig (*irreguläre*). Es heisst prismatisch oder gestreckt
(*prismaticum s. elongātum*), wenn der verticale Durchmesser der
Zelle länger ist als der horizontale, diese also länger als dick
ist, niedergedrückt oder schlaff (*depressum s. laxum*), wenn
die Zellen kurz und weit sind. Im letzteren Falle ist es oft
mauerförmig (*muriforme*), wenn die niedergedrückten Zellen
zu deutlichen Querreihen geordnet sind. Da die letztere Form
ganz besonders in den Markstrahlen vorkommt, so nennt man
diese Zellen auch wohl Markstrahlenzellen.

Das Parenchym heisst straff (*strictum*), wenn die Zellen sehr
lang und eng sind, strahlig (*radiātum*), sternförmig (*stellā-
tum*), ellipsoïdisch (*ellipsoïdĕum*), wenn die Zellen die der Bezeichnung entsprechende Gestalt haben.

In Rücksicht auf Consistenz unterscheidet man ein elasti-
sches Parenchym (z. B. das Gewebe des Markes des Fliederbaumes (*Sambūcus nigra*), ein fleischiges (z. B. das Gewebe
saftiger Früchte, Knollen, Wurzeln), und ein holziges, ver-
holztes oder steinartiges (z. B. in den harten Kernschalen der
Früchte), wenn es aus sehr dickwandigen Zellen zusammengesetzt ist.

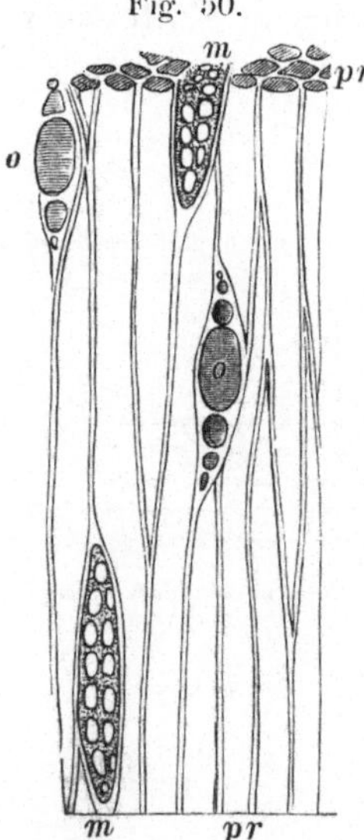

Fig. 50.

Holzgewebe aus der Sassafras-
wurzel (*lignum Sassafras*). *pr.*
Prosenchymzellen, *m* Parenchym
der Markstrahlen, *o* Oel- u. Harz-
gefässe. 150 mal vergr.

Bemerkung. Merenchym, unvollkommenes Füllgewebe, gebild. v. d. griech. μέρος (meros) Theil, und
ἔγχυμα (enchyma), Einguss.

Lection 8.

Prosenchym. Gefässbündel. Holzgewebe. Bastgewebe.

III. Prosenchym oder Fasergewebe (*prosenchўma*), auch Holzgewebe genannt, besteht aus langgestreckten, an den Enden zugespitzten engverbundenen Zellen. Da die spitzen Enden keilförmig ineinandergreifen, so finden sich in diesem Gewebe keine Intercellulargänge.

Das Prosenchym dient weder zur Bereitung noch zur Aufbewahrung der für das Wachsthum der Pflanze nöthigen Nahrungsstoffe.

Die Zellen des Prosenchyms unterscheiden sich hinreichend durch ihre zugespitzten Enden von den prismatischen und gestreckten Parenchymzellen, welche bekanntlich nur abgeplattete Enden haben.

Die Prosenchymzellen bilden im Bastgewebe die zähen, biegsamen Bastfasern, im Holze dagegen verdicken sie sich, werden hart und bilden das Holzgewebe.

Die Prosenchymzellen sind die häufigsten Begleiter der Gefässbündel oder Fibrovasalstränge (*fasciculi vasōrum*). Mit Gefässbündel bezeichnet man, wie auch in Lect. 4 erwähnt ist, überhaupt jede Partie dicht zusammenhängender Gefässe, da sie aber meist von langgestreckten Zellen begleitet oder umgeben sind, so versteht man unter Gefässbündel jede engere Verbindung von Gefässen (Spiroïden) mit gestreckten Zellen. Letztere sind gewöhnlich Prosenchymzellen.

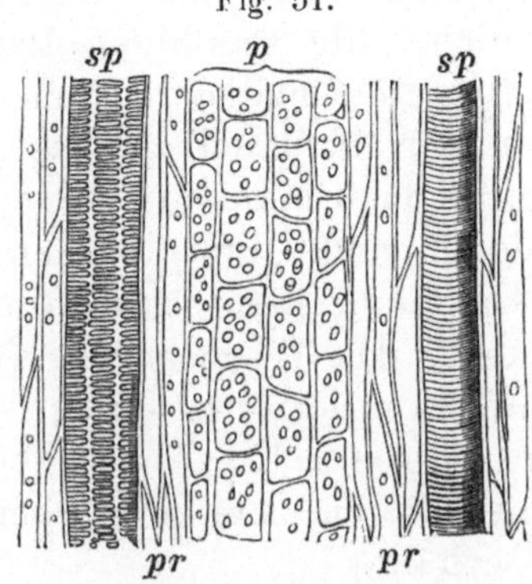

Fig. 51.

Gefässbündel aus dem Rhizom der *Carex arenaria* im Verticalschnitt. *p* Parenchym mit Stärkemehl. *pr* Prosenchym, Stärkemehl enthaltend, *sp* Gefässe oder Spiroïden. 200 mal vergr.

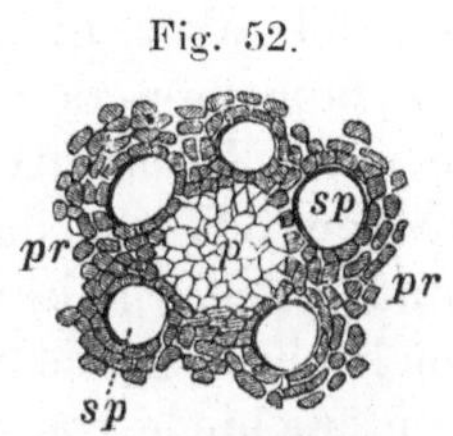

Fig. 52.

Dasselbe Gefässbündel im Horizontal- oder Querschnitt. *p* Parenchym, *pr* Prosenchym, *sp* Gefässe oder Spiroïden. 100 mal vergr.

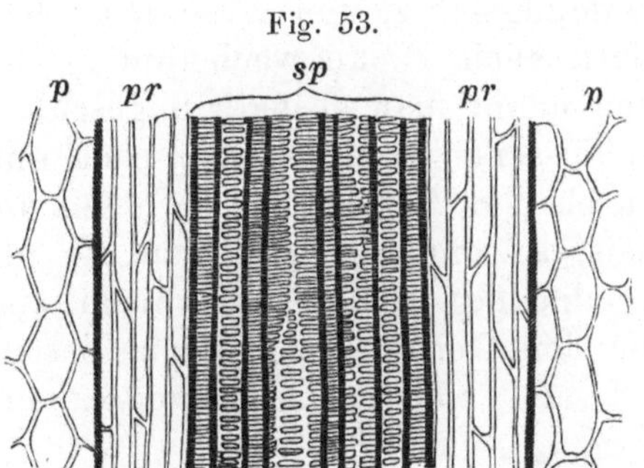

Fig. 53.

Vertikalschnitt eines kleinen Gefässbündels (simultanen) aus dem Rhizom von *Polystĭchum Filix mas* (*Rhizōma Filĭcis maris*). Hier liegen die Gefässe (*sp*) in der Mitte, in ihrer Gesammtheit von Prosenchym (*pr*) und dieses von Parenchym (*p*) umgeben. 60 mal vergr.

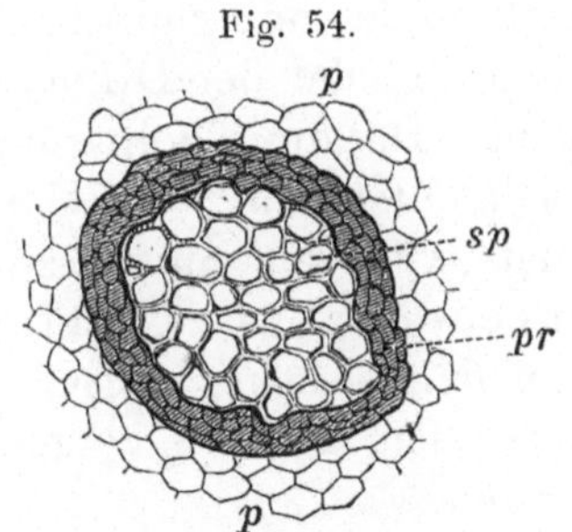

Fig. 54.

Querschnitt eines kleinen Gefässbündels aus *Rhizōma Filĭcis maris*. *sp* Gefässe, *pr* Prosenchym, *p* Parenchym. 40 mal vergr.

Die Gefässbündel bilden dünne, zähe, nach der Längerichtung der Pflanzentheile verlaufende Stränge. Im Querschnitt erscheinen sie dem Auge als rundliche oder keilförmige Stellen von dichtem Gefüge, welche sich von dem sie umgebenden Parenchym scharf unterscheiden. Die Gefässbündel einer Pflanze bilden ein einziges zusammenhängendes, durch den ganzen Pflanzenkörper sich hinziehendes Geflecht, von welchem die Rippen und Adern der Blätter eben nur Verzweigungen sind. Sie bilden gleichsam das Gerüst der Pflanze, durch welches diese ihre Festigkeit und Zähigkeit erhält. Sie entstehen aus dem Cambium und erhalten auch aus demselben ihre Nahrung. Es gehen nämlich nicht alle Cambiumzellen in Gefässbündel über, vielmehr begleitet ein Theil derselben das fertige Gefässbündel, aber nicht immer in derselben Lage. Bei den Gefässkryptogamen liegt z. B. das Cambium im Umfange des Bündels, bei den Monokotyledonen und Dikotyledonen in der Mitte desselben. Wenn das Cambium hier seine Bildungskraft verliert und die Verdickung oder das Wachsen des Gefässbündels nicht mehr besorgt, so nennt man letzteres ein geschlossenes, zum Unterschiede von dem ungeschlossenen Gefässbündel, welches aus seinem Cambiumtheile bis zum Absterben der Pflanze fortwährenden Zuwachs erhält.

Die geschlossenen Gefässbündel finden wir bei den Monokotyledonen, wo sie nur anfangs die Ernährung und das Dickenwachsthum besorgen, dann aber in dieser Richtung ihre Fortbildungsfähigkeit verlieren und nur noch nach oben wachsen. Daher wird z. B. der ältere Palmstamm höher, aber nicht dicker. Bei den Dikotyledonen bleibt das Cambium der Gefässbündel bis zum Tode der Pflanze fortbildungsfähig, und diese zeigt deshalb nicht nur Spitzen- sondern auch Dickenwachsthum. Die Gefässbündel der Dikotyledonen nennt man deshalb ungeschlossene. Da die Theile der geschlossenen Gefässbündel nach und nach entstehen, vom Stamm nach den Aesten und Zweigen, im Blatt von der Spitze zur Basis, so unterscheidet man sie als succedane (nach und nach folgende) zum Unterschiede von von den simultänen, welche den Gefässkryptogamen, besonders den Farnen, eigen sind und ziemlich gleichzeitig entstehen.

Die holzigen Pflanzentheile, das Holz, bestehen entweder selten aus nur verholzten Prosenchymzellen (wie bei den Coniferen oder Nadelhölzern), oder meist aus Gefässbündeln, welche aus verholzten Prosenchymzellen, verholzten Parenchymzellen (Holzparenchym) und Gefässen zusammengesetzt sind. Auf dem Querschnitt erscheinen dann die Gefässe als Poren, Gefäss-

poren. Die Gefässe (Spiroïden) des Holzes sind gewöhnlich Treppengefässe oder punktirte. In den jungen Pflanzentheilen sind dagegen die Ring- und Spiralgefässe vorwaltend. Die Verdickungs-
schichten der Holzzellen besitzen fast immer Porenkanäle (Fig. 14 und 18), welche bei den Nadelhölzern und auch bei vielen Laubhölzern die Bildung der schon früher erwähnten Tüpfelräume veranlassen. Vgl. Fig. 19, *a*.

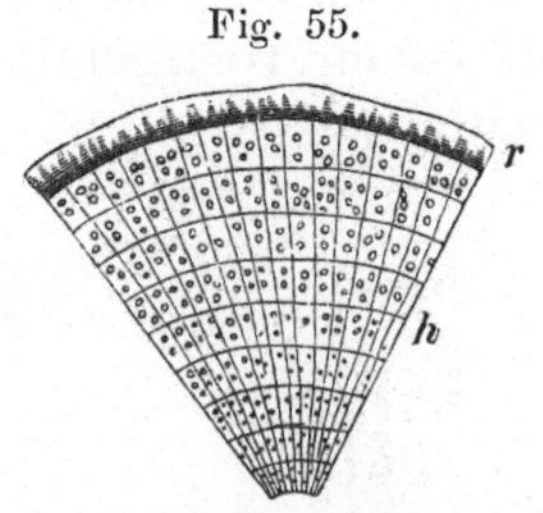

Fig. 55.

Querschnitt eines Stückes *Lignum Quassiae Surinamensis* (von *Quassia amara L.*). *r* Rinde, *h* Holz und in demselben die Gefässporen sichtbar. Vergr.

Von dem Grade der Verdickung und Verholzung der Prosenchymzellen hängt die Härte und Schwere des Holzes ab. Im Guajakholze (*Lignum Gua-
jăci*) sind die Zellen sehr hart und schwer, im Nadelholze weich und leicht. Die das Holz constituirenden Prosenchymzellen pflegt man Holzzellen zu nennen. Sie sind für die Ernährung der Pflanze nicht thätig. In der Jugend enthalten sie Saft, später nur Luft.

Das Bastgewebe besteht aus lang gestreckten (5—15 Centi-
meter und darüber langen) fadenförmigen, an den Enden stark verschmälerten, meist dickwandigen Prosenchymzellen (Bastzellen), welche ge-
wöhnlich die Gefässbündel begleiten oder selbst in paralleler Nebeneinanderlage zu Bündeln (Bastbündeln) vereinigt sind und die Bastfaser darstellen. Sie finden sich in der Rinde, den Blattstielen und Blattnerven. Im Marke kommen sie nur ver-
einzelt vor. Die hellen Adern auf dem Ceylonzimmt rühren von Bastbündeln her. Die Bastzellen zeichnen sich vor den Holzzellen gewöhnlich durch ihre grössere Länge aus, und dadurch dass sie mit feinen Porenkanälen, aber nie mit wirklichen Tüpfeln versehen sind. Die Tüpfelzellen sind allein dem Holzpros-
enchym eigen.

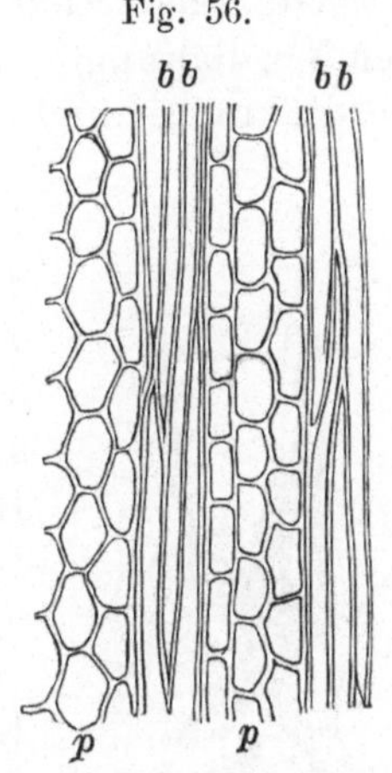

Fig. 56.

Bastgewebe des *Cortex Mezerēi* (von *Daphne Mezerēum L.*) *bb* Bastzellen, Bastbündel, *pp* Bastparenchym. 200 mal vergr.

Der Bast (*liber*) besteht aus Bastgewebe und bildet einen Ring, welcher durch die in die Rinde eintretenden mit Parenchym gefüllten Markstrahlen unterbrochen und vielfach durch-
brochen ist.

Die zu Gespinnsten und Geweben verwendbaren vegetabilischen Fasern, wie die Hanf-, Flachs-, Nessel-Faser (die Baumwolle jedoch ausgenommen) bestehen aus Bastfasern. (Die Baumwolle ist ein Haargebilde auf dem Samen der Baumwollenstaude, *Gossypium*).

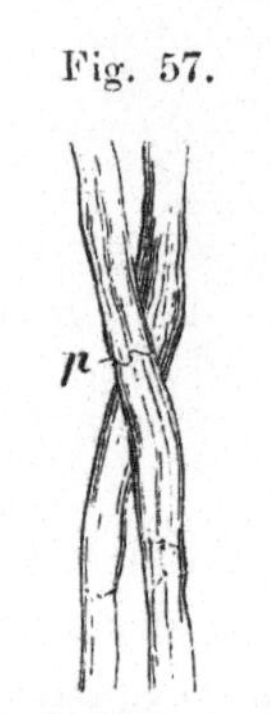

Fig. 57.

Leinenbastfaser (von *Linum usitatissimum*). *p* Porenkanal.
200 mal vergr.

Fig. 58.

Baumwollenfaser (keine Bastfaser), enthält keine Porenkanäle und ist pfropfzieherähnlich gewunden oder um ihre Axe gedreht.
250 mal vergr.

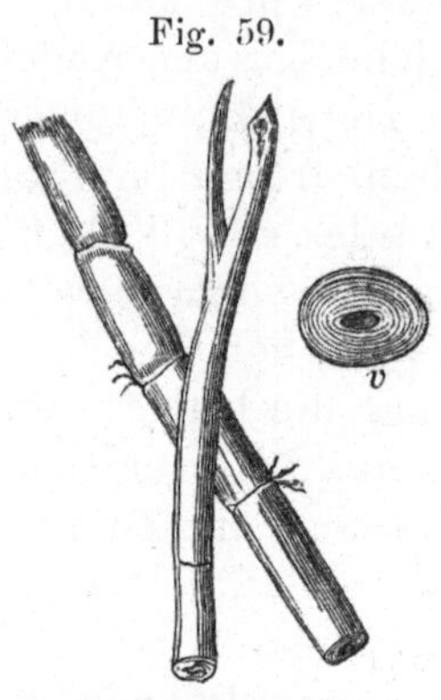

Fig. 59.

Hanfbastfaser (von *Cannăbis satīra*), am Ende gabelig gespalten. *v* Querschnitt einer Bastfaser, die Verdickungsschichten zeigend.
200 mal vergr.

Die Bastzellen der Dicotyledonen sind trotz der häufig starken Verdickungen ihrer Wandungen doch äusserst biegsam. Die Verdickungsschichten, welche gewöhnlich porös sind, haben eine solche Stärke, dass das Lumen der Zelle (die Höhlung) fast ganz schwindet. Die Bastzellen der Seidelbastrinde (*Cortex Mezerēi*) sind dagegen sehr dünnwandig. Gewöhnlich bilden die Bastzellen einfache Röhren, im Hanf sind sie an den Enden gabelig gespalten, in der Rinde der Nadelhölzer mannigfach verzweigt.

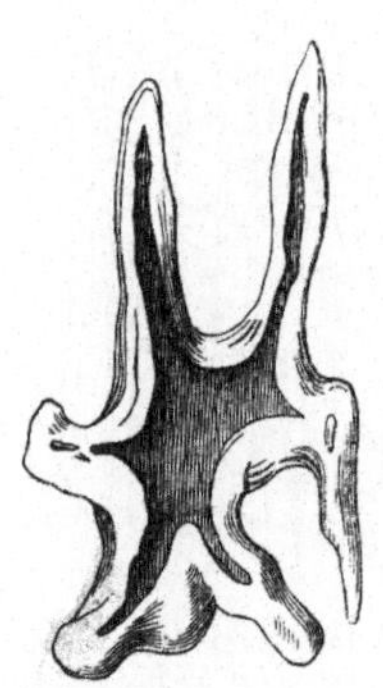

Fig. 60.

Eine Bastzelle aus der Rinde der Edeltanne (*Abies pectināta* DE.)

Den Monokotyledonen fehlt genau genommen der Bast, welcher bei ihnen öfters von einem Ringe prosenchymatischer Zellen, der Kernscheide, vertreten ist. In der Quecke, (*Agropÿrum repens Beauvais*), dem Sandriedgras (*Carex arenarĭa*), der Sarsaparille (*Smilax*) finden wir z. B. den Holzring durch eine Kernscheide von der Rinde getrennt. Diese parenchymatischen Zellen verholzen sehr bald, verlieren ihre Biegsamkeit, und damit hört zugleich das peripherische Wachsthum des monokotyledonischen Stammes auf.

Die Milchgefässe (*vasa lactescentia*) gehören, wenn sie besonders in spitze Enden auslaufen, dem Bastgewebe an. Sie begleiten die Gefässbündel und finden sich bei den Dikotyledonen in der Peripherie der Bastschichten, seltener im Mark, dem Holz und der Rinde.

Wenn wir den Durchschnitt eines Gefässbündels unter starker Vergrösserung betrachten, so unterscheiden wir darin mehrere Theile, und zwar einen nach aussen, d. h. nach der Peripherie des Stammes liegenden, aus den biegsamen Bastzellen zusammengesetzten Basttheil, dann den nach innen, d. i. nach dem Centrum des Stammes liegenden Holztheil mit seinen an dem weiten Lumen erkennbaren Gefässen (Spiroïden) und zwischen beiden Theilen den Cambiumtheil. Bei den Monokotyledonen ist der Basttheil, bei den Dikotyledonen der Holztheil überwiegend.

Wie wir aus dem Gesagten entnehmen können, sind sogenanntes Holzgewebe und Bastgewebe nur Modificationen des Prosenchyms. Während dieses das Gerüst oder das Skelet der Pflanze bilden hilft, dient das Parenchym als Füllgewebe.

Lection 9.

Epidermalgewebe. Spaltöffnungen. Athmungsprocess der Pflanzen.

IV. **Epidermalgewebe** oder **Oberhautgewebe** (*contextus epidermalis*) ist, obgleich auch aus Bildungsgewebe hervorgehend, durch Struktur und Vorkommen von den anderen Geweben verschieden. Es bedeckt zum Schutz gegen äussere Einflüsse alle jüngeren Theile der Gefässpflanzen ein feines abziehbares Häutchen, gemeinhin **Epidermis** oder **Oberhaut** (*epidermis*) genannt. Bei den Moosen findet man es nur auf Stengel und Frucht, bei den niederen Stufen der Pflanzenwelt (den Flechten, Pilzen und Algen) fehlt es ganz.

Die Epidermis besteht gewöhnlich nur aus einer Schicht niedergedrückter, seitlich fest mit einander verbundener Zellen, welche meist lufthaltig sind, aber auch farblose oder gefärbte Flüssigkeit, nie aber Chlorophyll und Stärkemehl enthalten. Sie verschwindet, wenn unter der Epidermalgewebeschicht die Bildung des Korkgewebes eintritt.

Die nach aussen liegenden Wandungen der Epidermalzellen verdicken sich oft sehr stark oder verkorken, wie z. B. bei den lederartigen und immergrünen Blättern. Diese Verdickungen heissen Cuticularschichten, welche sich übrigens durch ihre Porenkanäle von dem Oberhäutchen hinreichend unterscheiden. Mit der Epidermis oder

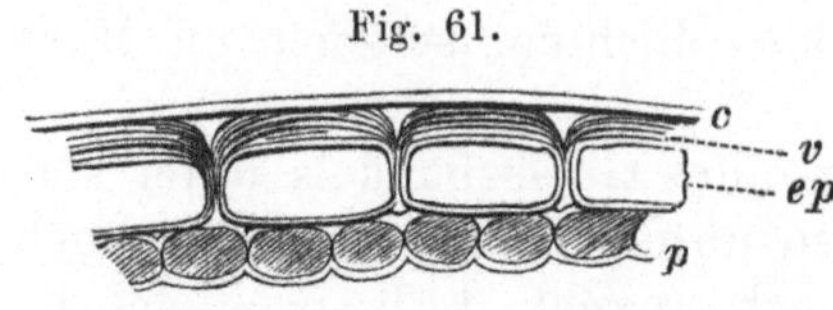

c Cuticula, v Verdickungsschicht der Epidermis, ep Epidermalzellen, p Parenchym (sehr stark vergr.).

Fig. 61.

Oberhaut darf man nämlich nicht das Oberhäutchen oder die Cuticula (*cuticŭla*) verwechseln, welche als eine zarte zusammenhängende, ganz strukturlose Membran die Epidermis und deren etwaige appendiculäre Theile (Haare, Warzen, Stacheln) bedeckt. Sie enthält nie Porenkanäle und ihre Masse scheint wie die der Cuticularschichten mit der Zellensubstanz identisch zu sein.

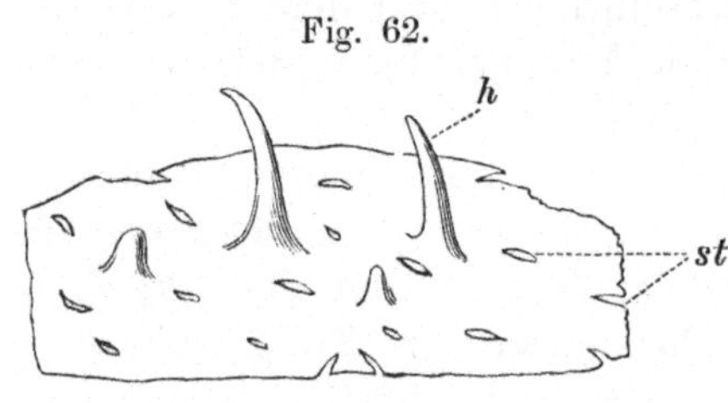

Fig. 62.

Die Cuticula von der unteren Seite eines Kohlblattes. st Oeffnungen für die Spaltöffnungen, h Cuticula des Haares.

Das Epidermalgewebe unterscheidet man (nach *Schleiden*) nach dreierlei Art, als Epithel, Epidermis und Epiblema.

Mit Epithel (*epithelium*) bezeichnet man das zartwandige Epidermalgewebe auf den allerjüngsten Pflanzentheilen. Am längsten erhält es sich auf zarten Theilen der Blumen. Hier ist es häufig, besonders aber auf den Samen von *Plantago*, *Linum*, *Cydonia* etc. ungemein reich an Schleim.

Die Zellen des Epithels treten sehr häufig gewölbt oder conisch zu Drüschen oder Papillen (*papillae*) verlängert hervor und er-

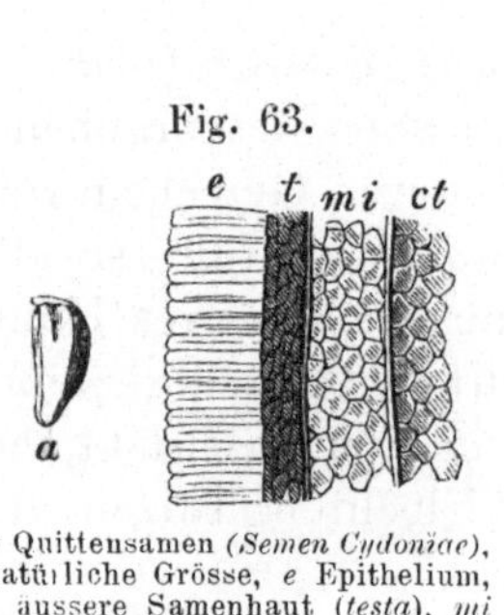

Fig. 63.

a Quittensamen (*Semen Cydoniae*), natürliche Grösse, e Epithelium, t äussere Samenhaut (*testa*), mi innere Samenhaut, ct Cotyledonen.

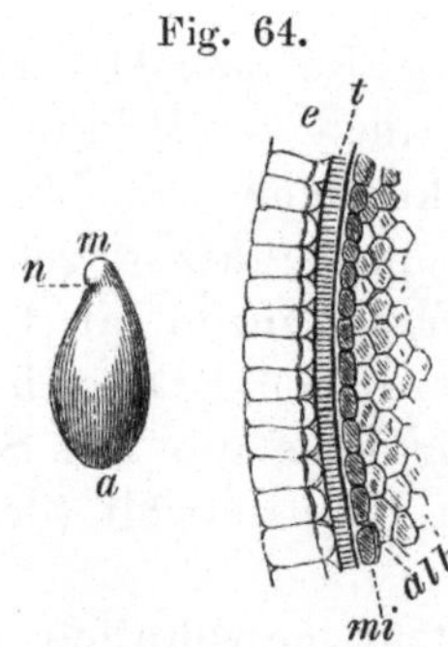

Fig. 64.

a Leinsamen (*Sem. Lini*) 2½ fach vergr., e Epithelium, t äussere Samenhaut (*testa*), mi innere Samenhaut, alb Eiweiss.

zeugen als ein drüsiges Epithel (*epithelium papillōsum*) in Folge der Brechung der darauf fallenden Lichtstrahlen jenes sammetartige Aussehen, welches wir an manchen Blumentheilen beobachten.

Das Epithel geht auf Stamm, Blättern, Wurzeln und den meisten Samen in die beiden folgenden Epidermalgewebe über.

Mit Epidermis, specieller genommen, bezeichnet man das an und für sich farblose, aus tafelförmigen, nach Aussen mehr oder weniger verdickten Zellen bestehende und stets von der Cuticula bedeckte Epidermalgewebe. Sie beschränkt die Verdunstung der Feuchtigkeit der Pflanze oder hemmt sie fast ganz, wenn zugleich die Cuticula aussen mit einer Absonderung eines wachsartigen Stoffes in Form kleiner Körnchen, dem Reif (*pruïna*), überzogen ist, welchen wir als einen Ueberzug von graugrüner Farbe (*colōris glauci*) auf vielen saftigen Pflanzen und besonders auf Früchten beobachten.

Als Epiblema oder Wurzeloberhaut (*epiblēma*) wird dasjenige Epidermalgewebe unterschieden, welches die unterirdischen Pflanzentheile bedeckt. Die Zellen dieses Epidermalgewebes liegen nicht selten in zweifacher Schicht und sind meist verholzt oder verkorkt. Sie treten oft nach aussen mehr oder weniger hervor und verlängern sich selbst zu einzelnen Wurzelhaaren (*pili radicāles*). An älteren Wurzeln findet man das Epiblema durch Kork verdrängt.

Das Epidermalgewebe finden wir als Epithel also im Allgemeinen an zarten Blumentheilen, als Epidermis an allen grünen Pflanzentheilen, wie den Stengeln und Blättern, und als Epiblema an den unterirdischen Pflanzentheilen. Die Epidermis bedeckt die von Luft und Licht berührten, das Epiblema alle von Wasser und Erdboden umgebenen Pflanzenorgane.

Von diesen drei Modificationen des Epidermalgewebes hat

Fig. 65.

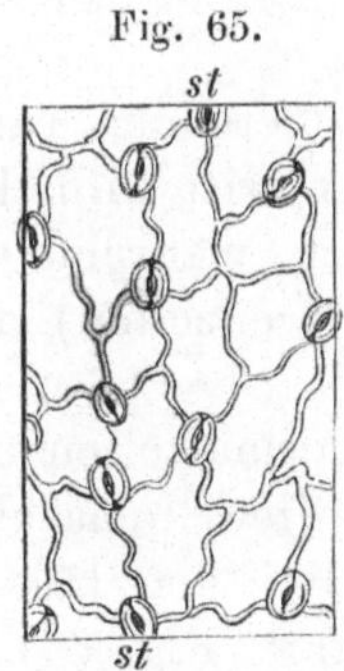

Epidermis der unteren Blattfläche von *Resēda odorāta*, einer dikotyledonischen Pflanze. *st* Spaltöffnungen. Sehr stark vergr.

Fig. 66.

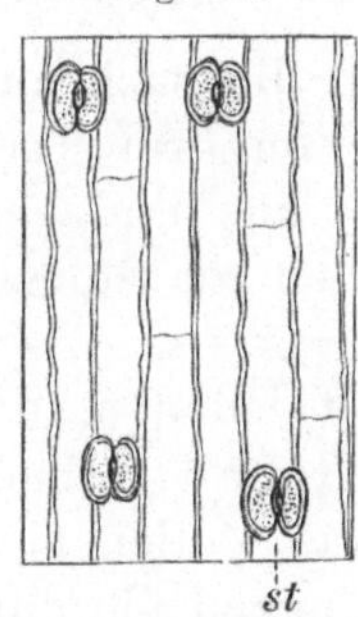

Epidermis von der unteren Blattfläche der Lilie (*Lilium candidum*). Monokotyledonische Pflanze. Sehr stark vergrössert.

Fig. 67.

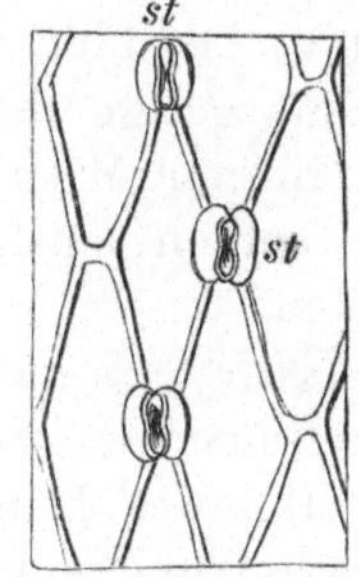

Epidermis von der unteren Blattfläche der Hirse (*Panicum miliaceum*). Monokotyledon. Pflanze. Sehr stark vergrössert.

nur allein die Epidermis sogenannte Spaltöffnungen (Poren). Während die Zellen des Epithels und Epiblema sich dicht aneinanderschliessen, ist die Epidermis mit bald mehr bald minder zahlreichen Spaltöffnungen (*stomatia s. stomăta*), welche sich natürlich nur durch ein Mikroskop erkennen lassen, versehen. Durch diese Oeffnungen verkehren die im Innern des Zellgewebes befindlichen Intercellulargänge mit der äusseren Luft, und sie bilden gleichsam die Athmungswege der Pflanze.

Die Spaltöffnung (*stoma*) wird von zwei gerundeten, mehr oder weniger mondförmig gekrümmten, saft- und chlorophyllhaltigen Zellen, Schliesszellen oder Stomazellen genannt, gebildet. Diese Zellen haben das Vermögen, die zwischen ihnen befindliche Spalte durch ihre Krümmung zu öffnen und durch Streckung theilweise oder ganz zu schliessen.

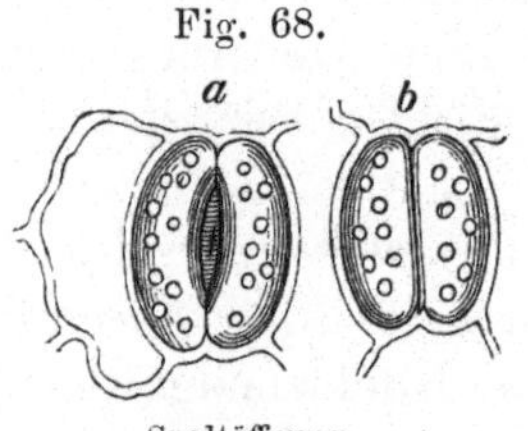

Fig. 68.

Spaltöffnung.
a geöffnet, *b* geschlossen.

Eine Spaltöffnung entsteht aus einer gewöhnlichen Zelle durch Theilung des Primordialschlauches in zwei oder drei Tochterzellen und unter Resorption der Mutterzelle, und zwar an der Stelle, wo sich unter der Epidermis eine Lücke (Athem-

Fig. 69.

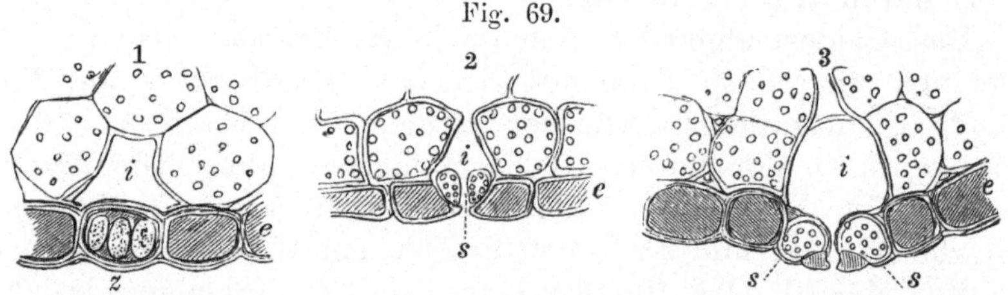

1. Verticalschnitt einiger Epidermiszellen *e*. In der Mutterzelle *z*, in welcher sich die Spaltöffnung ausbilden will, sind 3 Tochterzellen. Sehr stark vergrössert. 2 u. 3. ausgebildete Spaltöffnung. *ss* Schliesszellen, *i* Athemhöhle.

höhle) befindet, in welche die nach aussen hin tretenden Intercellulargänge münden. Von drei Tochterzellen tritt allmählig die in der Mitte liegende aus und verschwindet, während sich die beiden seitlichen Zellen zu Stomazellen (Porenzellen) ausbilden.

Nur bei den Monokotyledonen, deren Epidermalzellen eine regelmässige gestreckte Gestalt haben, liegen die Stomazellen parallel der Längenaxe der Zellen (Fig. 66). Bei den Dikotyledonen und den Farnen liegen sie ohne Ordnung (Fig. 65).

Spaltöffnungen kommen nur an grünen und von der Luft berührten Theilen vor, besonders an den Blättern, und an diesen meist nur auf der Unterfläche, bei den auf dem Wasser schwimmenden Blättern jedoch nur an der oberen, der Luft zugekehrten Fläche. Unter Wasser schliessen sie sich.

Zu dem Reichthum an Kohlenstoff gelangen die Pflanzen durch Aufathmen der atmosphärischen Kohlensäure, welche sie in ihren Geweben in Kohlenstoff und Sauerstoff zerlegen, indem sie den Kohlenstoff assimiliren und den Sauerstoff ausathmen. Dieser Athmungsprocess ist folgender. Durch die erwähnten Spaltöffnungen nehmen die grünen Pflanzentheile, jedoch nur allein unter Einwirkung des directen oder zerstreuten Sonnenlichtes, die in der atmosphärischen Luft befindliche Kohlensäure, welche durch das Athmen der Thiere und die Verbrennung in unendlichen Mengen erzeugt und in die Atmosphäre geschickt wird, auf und führen sie durch die Intercellulargänge in die Gewebe. Diese zersetzen die Kohlensäure, nehmen den reducirten Kohlenstoff in sich auf und senden den freigemachten Sauerstoff in die Atmosphäre zurück. Dadurch wird die Luft wieder regenerirt und zum Athmen für die Thiere und zur Verbrennung wieder geschickt gemacht. Während der Nacht ist dieser Process unterbrochen, es athmen dann sogar die grünen Pflanzentheile Kohlensäure, zwar nur in sehr beschränktem Maasse, aus. Alle nicht grüne Pflanzentheile, sowie auch keimende Pflanzen, ferner die Pilze, Flechten absorbiren dagegen noch Sauerstoff aus der Luft und geben ihn als Kohlensäure an dieselbe zurück; es ist aber diese Sauerstoffabsorption gegenüber den Mengen Sauerstoffs, welche die grünen Pflanzen aushauchen, sehr gering und von sehr untergeordneter Bedeutung.

Das Chlorophyll, dieser grüne wachsartige Stoff, welcher allein die Ursache der grünen Farbe der Pflanze ist, bildet sich aus Plasmatheilen unter Einfluss des Sonnenlichts, wobei übrigens die Gegenwart von Eisenoxyd eine nothwendige Bedingung zu sein scheint. Bei andauernder Entziehung des Lichtes findet keine Chlorophyllbildung statt, und die im Dunkeln wachsenden Pflanzen sind bleich oder farblos.

Bemerkungen. Epidérmis, von d. griech. ἐπί (epi), auf, darüber, darauf, und δέρμα (derma), Fell, abgezogene Haut. — Epitél, *epitelium* (häufiger Epithel) wurde von Schleiden, einem Mediziner, in die botanische Histologie als Kunstausdruck eingeführt. Der Mediziner versteht darunter jede flächenartig sich ausdehnende Zellenanhäufung, welche die äussere Haut und auch die Schleimhäute bedeckt. Das Wort ist gebildet aus ἐπί (epi) darauf, darüber, und τέλος (telos), Ende, die Grenze, das Aeusserste, also Epitelium, das was sich noch auf dem Aeussersten des organisirten Körpers befindet. Hiernach wäre es unrichtig, Epithelium zu schreiben, dennoch ist diese Schreibart die üblichere, welche man von ἐπί und ϑηλέω (thäleō), blühen, ableitet. — **Epibléma**, Daraufgelagertes, von ἐπί und βλῆμα (bläma), Niederwurf, Lagerung, Gewand. — *Stoma*, Mund, griech. στόμα, ατος (stoma, Gen. stomătos), Mund,

Lection 10.

Appendiculäre Theile der Epidermis. Haare, Warzen, Stacheln.

Aus den Zellen der Epidermis entstehen verschiedene appendiculäre Theile, Anhangsgebilde (*orgăna appendiculariă*), wie Haare, Schuppen, Drüsen, Warzen, Stacheln, welche wie die Epidermis selbst von der Cuticula überzogen sind.

Die Haare (*pili*) sind mehr oder weniger verlängerte Zellen des Epidermalgewebes, entweder nur einzellig, wie z. B. die Wurzelhaare (*pili radicăles*) auf jungen Wurzeln, oder sie sind mehrzellig und bilden theils einfache Zellenlängsreihen, theils

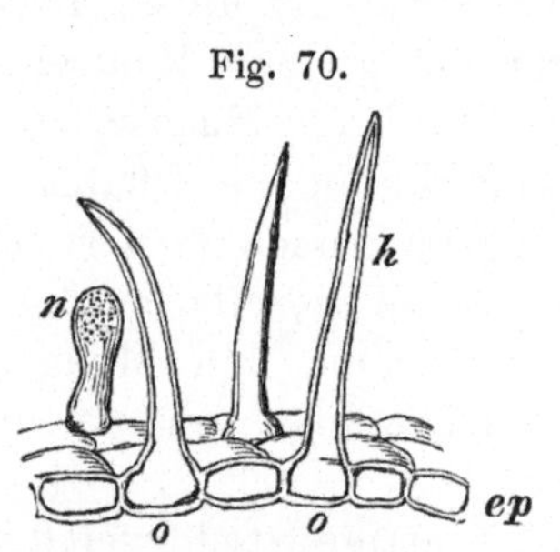

Fig. 70.

ep Epidermalgewebe des Blattes von *Oeno-thēra biennis*. o o zu Haaren verlängerte Epidermalzellen, n eine solche Verlänge-rung, Saft enthaltend (stark vergr.).

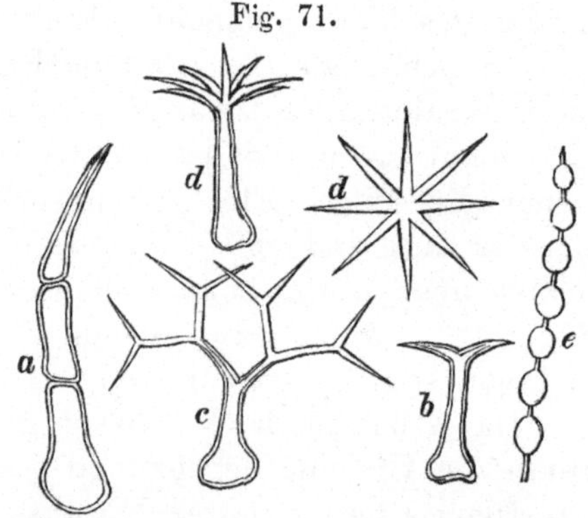

Fig. 71.

a mehrzelliges Haar vom Stengel von *Lamĭum album*, b gabelspaltiges Haar (von *Draba verna*, Hungerblümchen), c gabelästiges Haar, d sternförmiges Haar (sehr stark vergr.), e rosenkranzförmiges Haar (*pilus moniliförmis* auf Stängeln und Blättern der *Mirabĭlis Jalăpa*.

Verästelungen. Es giebt z. B. gabelspaltige (*furcăti*), gabelästige (d. h. wiederholt gabelspaltige, *dichotŏmi*), sternförmige (*stellăti*) etc. Haare. Durch seitliche Verwachsung der Strahlen büschelförmiger (*fasciculăti*) und sternförmiger Haare entstehen die Schülfern oder Schuppen (*lepĭdes*), wie auf den Blättern des Oleasters (*Elaeagnus*), des Olivenbaumes (*Olĕa*),

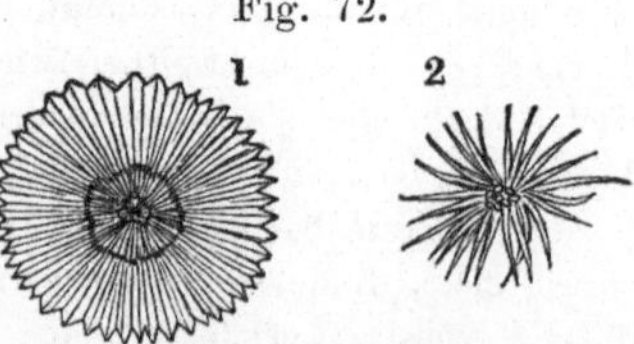

Fig. 72.

Schülfer und schuppenförmiges Haar auf *Elaeagnus*. Vergr.

der Alpenrose (*Rhododendron*). Dieselben liegen der Oberhaut mehr oder weniger dicht an.

Im Allgemeinen haben die im Wasser oder im Schatten wachsenden Pflanzen selten eine Haarbekleidung, dagegen aber meist die sonnige Standörter liebenden, die sogenannten Lichtpflanzen.

Befinden sich die Haare auf dem Rande eines flachen Pflanzentheils, so nennt man sie Wimpern (*cilĭa*).

Sind die Haare dick und steif, so nennt man sie Borsten (*setae*). Die Fruchtkapsel des *Papāver Argemōne* ist z. B. mit Borsten besetzt und eine *capsŭla setōsa*. Man darf diese Borstenhaare nicht mit den Trägern der Mooskapseln verwechseln, welche auch mit Borsten (*setae*) bezeichnet werden. An der Spitze hakenförmig umgebogene borstenartige Haare nennt man Haken (*hami; uncı*). Der Stengel des kletternden Laabkrautes (*Galĭum Aparīne*) ist ein *caulis hamōsus*.

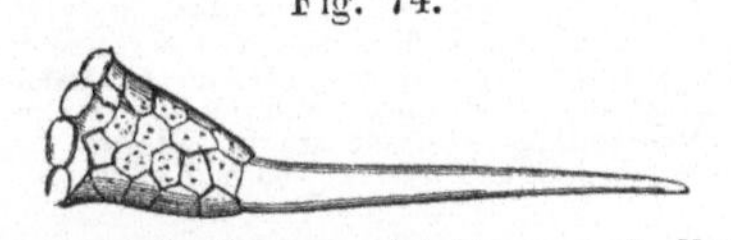

Fig. 73.

Die mit Borsten besetzte Fruchtkapsel von *Papāver Argemōne*. (natürl. Gr.).

Sonderbar gebaute Haare sind die Brennhaare (*pili urēntes; stimŭli*), wie solche besonders an vielen Arten der Nessel (*Urtĭca*), an der Schote der Kratzbohne (*Mucūna prurĭens DC.*), letztere als *Setae silĭquae hirsūtae s. Stizolobĭum* officinell, vorkommen. Die Brennhaare der Nessel sind im Bau einfach, nach oben dickwandig, steif, leicht zerbrechlich und spröde, an der Basis dagegen dickwandig und biegsam, mit einer zwiebelförmigen Erweiterung, welche mit warzenförmigen, sich über die Epidermalschicht erhebenden Zellen umgeben ist.

Fig. 74.

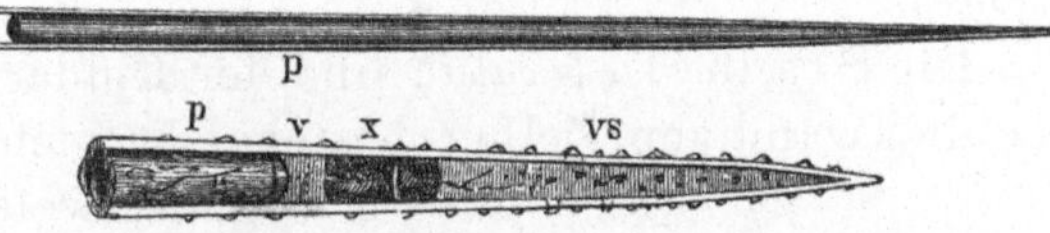

Brennhaar der Brennnessel (*Urtĭca urcns*). Vergr.

Fig. 75.

Haar von der Hülse der Kratzbohne (*Stizolobĭum prurĭens Pers. s. Mucūna pruriens DC.*). 1. Ein Haar (40fach vergr.). *p* von braunrothem Safte gefüllter, *v* davon befreiter Theil. 2. Eine Spitze des Haares stärker vergrössert, besetzt mit rückwärts gekrümmten Drüschen. *p* Theil mit Saft gefüllt, *v* und *vs* vom Saft entleert, *x* mit eingetrocknetem Saft.

Die Brennhaare enthalten einen brennendscharfen, selbst Entzündung erregenden Saft. (Hier bei der Brennnessel enthält der Saft freie Ameisensäure). Beim Berühren dringt die Spitze des Haares in die

Haut, bricht ab und ergiesst ihren Inhalt in die kleine Wunde, wodurch das empfindliche Brennen verursacht wird. Die Brennhaare der *Mucūna pruriens* enthalten einen braunrothen Saft.

Warzen (*verrūcae*) heissen halbkugelig über das Epidermalgewebe hervorstehende Zellen oder Zellengruppen. Enthalten sie klebrigen Saft oder ätherisches Oel, so unterscheidet man sie als Drüsen (*glandŭlae*). Nicht über die Epidermis hervorragende, aber gegen das Licht gehalten leicht erkennbare Drüsen finden wir in den Blättern des Johanniskrautes (*Hyperīcum perforātum*) und des Pomeranzenbaumes (*Citrus Aurantium*).

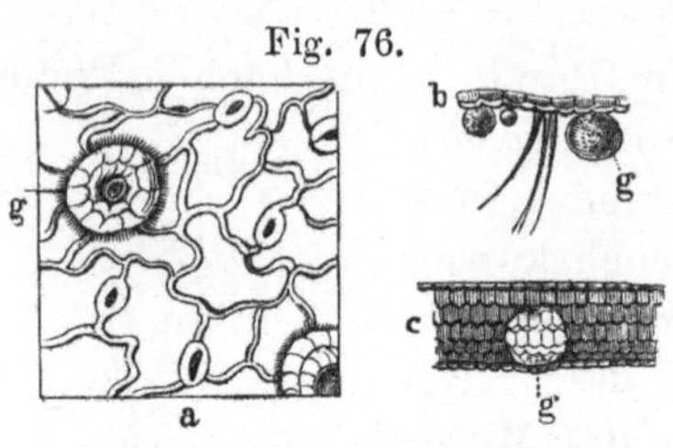

Fig. 76.

a Ein Stück der unteren Fläche des Blattes von *Glycyrrhiza glabra* mit Drüsen (*g*). Vergrössert. *b* Drüsen (*g*) und Haare an der unteren Fläche von einem Blatte des *Marrubium vulgare*. Vergr. *c* Querschnitt eines Stückes Blatt von *Citrus Aurantium* mit eingesenkter Drüse (*g*).

Trägt das Haar an seiner Spitze eine Drüse, d. h. eine oder mehrere mit Flüssigkeit gefüllte Zellen in Form eines Knöpfchens, so heisst es Drüsenhaar (*pilus glandulifĕrus*), wie bei der Rose und dem Bilsenkraut (*Hyoscyămus niger*).

Fig. 77.

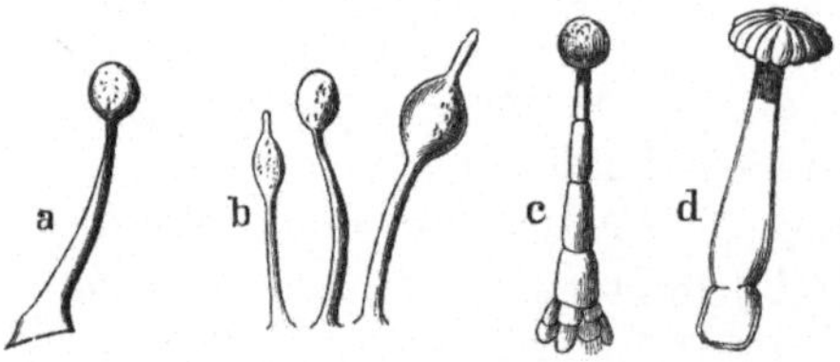

a Einzelliges Drüsenhaar von dem Kelche der *Salvia officinālis* (Salbei). *b* Einzell. Drüsenhaare von der inneren Fläche der Blumenröhre von *Antirrhīnum majus* (Löwenmaul). *c* Mehrzelliges Drüsenhaar von *Cucurbīta Pepo* (Kürbis). *d* Mehrzelliges Drüsenhaar des Blattes des Fettkrautes (*Pinguicŭla vulgaris*). 60 mal vergr.

Ein nicht mit Haaren besetzter Pflanzentheil heisst kahl (*glaber*), der damit besetzte behaart (*pilōsus*).

Ein von Drüsen und ähnlichen Unebenheiten freier Theil heisst glatt (*laevis*), im Gegentheil ist er rauh (*asper*) oder scharf (*scaber*).

Die Stacheln (*aculĕi*) sind der Epidermalschicht aufsitzende, aus dickwandigen Zellen bestehende mehr oder weniger spitze Organe, welche man nicht mit den Dornen (*spinae*) verwechseln soll, denn diese entspringen aus dem Holzkörper und werden für gleichsam verkümmerte Aeste gehalten.

Fig. 78.

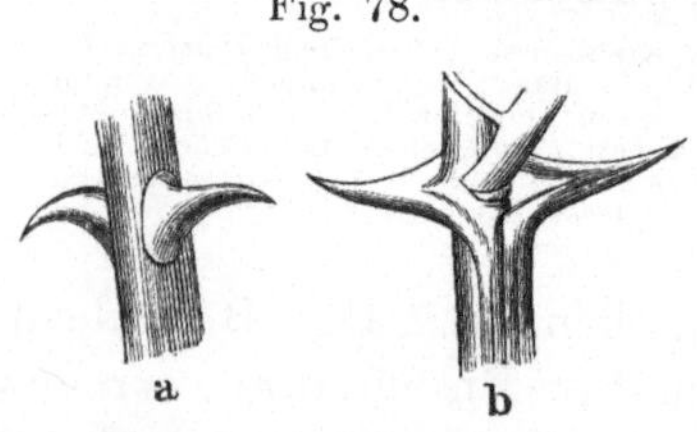

a Ein Stück des Stammes von *Rosa canīna* mit Stacheln. *b*. Ein solches von *Robinia Pseudacacia* mit Dornen.

Der Stachel (*aculĕus*) lässt sich leicht mit der Epidermis zugleich von dem Pflanzentheil abnehmen, nicht aber der Dorn (*spina*). Die

Rosensträucher (*Rosae*) haben Stacheln, man müsste daher botanisch sagen: keine Rose ohne Stacheln. Der Sauerdorn (*Berbĕris vulgāris*), die dornige Hauhechel (*Onōnis spinōsa*), die das Euphorbium liefernde *Euphorbĭa resinifĕra Berg.*, der Kreuzdorn (*Rhamnus cathartĭca*), der Bocksdorn (*Lycĭum barbărum*) haben Dornen. (Der verstorbene Botaniker Prof. *Berg* gebrauchte die deutsche Benennung Dorn für *aculeus* und Stachel für *spina*).

Bemerkungen. *Furcātus* von *furca*, die Gabel. — *Dichotŏmus* von d. griech. δίχα (dicha), zweifach, und τομός, ἡ, όν (tomos) schneidend, theilend, τέμνω (temnō), ich schneide. — *Stellātus* von *stella*, der Stern. — *Lepis*, *lepĭdis*, Acc. *lepĭda*, von λεπίς (lepis), Schuppe.

Lection 11.

Korkgewebe. Borke. Lenticellen.

Das Korkgewebe (*contextus suberōsus*) besteht aus dünnwandigen oder nur wenig verdickten Zellen, welche in ziemlich regelmässiger Stellung radiale Reihen bilden, nicht allein an älteren Theilen des Stammes und der Wurzel, sondern auch

Fig. 79.

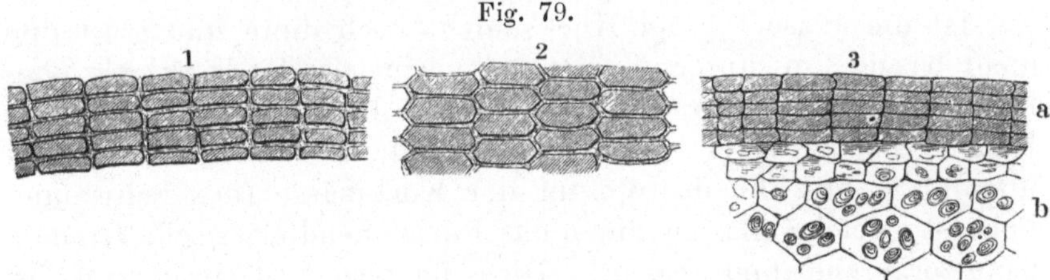

Korkgewebe. 1. Periderma oder Lederkork der Birke (*Betŭla alba*); 2. das der Cascarillrinde (*Cortex Cascarillae*). Stark vergr. 3. Korkgewebe der Kartoffelschale, *a* Korkgewebe, *b* Parenchym.

an anderen Pflanzentheilen, wie Knollen, Blättern, Früchten. In der Jugend enthalten die Korkzellen Plasmaflüssigkeit, nie jedoch Chlorophyll und Stärkemehl. Anfangs bestehen sie aus Cellulose, später aus Korkstoff (Suberin), welcher sich von der Cellulose durch seine Leichtlöslichkeit in Aetzkalilösung und seine Schwerlöslichkeit in Schwefelsäure unterscheidet.

Die Bildung des Korkgewebes beginnt in dem Epidermalgewebe und dem unter demselben liegenden Rindenparenchym. Da das Korkgewebe den Saftaustausch zwischen den innerhalb und ausserhalb liegenden Rindentheilen unterbricht, so wird die Epidermis nach und nach zerstört, und die Zellen derselben sterben ab. Die Wände der jungen aus Zellstoff bestehenden, Flüssigkeit, sowie körnige Stoffe und Zellkern enthaltenden Korkzellen verkorken nach und nach, d. h. die aus porösen Verdickungsschichten bestehenden Zellenwandungen werden von Korkstoff durchdrungen. Die Zellen sterben allmählig ab und enthalten dann nur Luft. Vor dem Absterben erfolgt in ihrem Inneren die Bildung neuer Korkzellen, welche tiefer und tiefer in die Rinde eindringen und diese endlich in Borke (*rhytidōma*) verwandeln. Borke ist die Bezeichnung für die rissige oder schuppige und völlig abgestorbene Kruste älterer Rinde.

Die stärkste Korkbildung finden wir bei der im südlichen Europa heimischen Korkeiche (*Quercus Suber L.*), welche uns das Material zu den Korkstopfen liefert. Sie findet nicht allein an Bäumen und Sträuchern, sondern auch an krautartigen Pflanzen und saftigen Theilen derselben statt, und endlich immer als Vernarbung an verletzten Stellen der Epidermis. Die mehr oder weniger rissigen braunen Stellen und Flecke an den Pflaumen, Aepfeln etc. sind durch Korkbildung der auf irgend eine Weise zerrissenen oder verletzten Epidermis entstanden. Wo ein Blatt weggenommen wird, bedeckt sich die Anhaftungsstelle mit Kork, und die Bäume und Sträucher werfen auch die Blätter eben durch Korkbildung an den Anhaftungsstellen ab.

Ist die äussere junge Korkschicht noch dünn und glatt und nicht rissig, so unterscheidet man sie als Lederkork oder Rindenhaut (*peridĕrma*). Dieselbe ist häufig nicht von langer Dauer, die darunter weiter fortschreitende Korkzellenbildung nimmt zu, mit ihr das Volum der Korkmasse (des Schwammkorkes), welche endlich die nicht hinreichend elastische Rindenhaut zersprengt und zerstört. Diese letztere wird rissig und löst sich als Borke (*rhytidōma*) in Schuppen, Streifen, Tafeln (Korkflügeln) etc. ab. Bei der Birke (*Betŭla alba*) schülfert sie, nach dem Absterben weiss geworden, in der einem Jeden bekannten Weise ab. Die junge Rindenhaut der Birke (das Periderm) ist braun. Bildet sich im Innern der Rinde das Periderm zu einer zusammenhängenden Ringschicht, so wird die ausserhalb liegende Rindenschicht als Ringelborke (*rhytidōma cyclĭcum*) abgestossen. Am Weinstock (*Vitis vinifĕra*) sondert sich diese Ringelborke in langen schmalen Bändern ab.

Bei der Linde (*Tilia*), Pappel (*Popŭlus*), Eiche (*Quercus*), der Kiefer ist die Bildung der Peridermschichten in der Rinde unregelmässig, und in Folge davon werden die abgestorbenen Schichten in Schuppen abgeworfen (*rhytidōma squamōsum*). So lange die Bildung von Periderm stattfindet, ist die Rinde glatt. Bei der Buche (*Fagus silvatĭca*) dauert sie am längsten an, oder es ist das Periderm zähe, vermehrt sich auch wohl in peripherischer Richtung und trennt sich daher nicht ab, weshalb dieser Baum stets eine glatte Rinde hat. Aehnliches glattes Periderm beobachtet man an der blassen Jaënchinarinde, der *China nova* u. a.

Zum Unterschiede von dem Lederkork (Rindenhaut) und der Borke wird die unter derselben liegende Korkschicht **Kork** oder **Schwammkork** (*suber; stratum suberōsum*) genannt. Diese Korkschicht bildet kleinere oder grössere **Zusammenhäufungen** von dünnwandigen länglich viereckigen oder polyëdrischen Korkzellen, welche entweder in Form kleiner Warzen aus der Rinde hervortreten und die sogenannten **Rindenhöckerchen, Korkwarzen, Lenticellen** (*lenticēllae*) bilden, oder welche zu unregelmässigen Massen auseinanderreissen oder sich in regelmässigen Längsfurchen spalten, oder wie bei der Korkeiche in dicken Schichten vereinigt bleiben. Ein hübsches Object für das Studium der Rinde ist übrigens ein junger Fliederzweig, dessen Epidermis von aschgrauer Farbe sich sehr bequem von dem grünen Rindenparenchym (Mittelrinde) abziehen lässt.

Fig. 80.

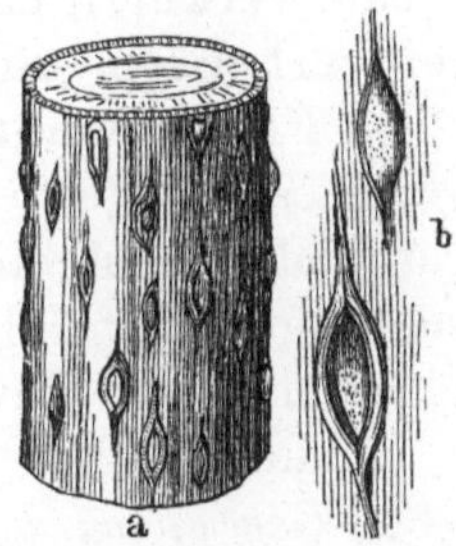

a Stück jungen Stammes des Fliederbaumes (*Sambūcus nigra*), besetzt mit Lenticellen, *b* etwas vergrösserte Lenticellen.

Die **Rindenhöckerchen** sind kleine braune, gewöhnlich von einer Längsfurche in zwei lippenförmige Wulste getheilte, warzenförmige Hervorragungen auf der Epidermis, z. B. auf der Rinde des Hollunders (*Sambūcus nigra*), des Haselstrauches (*Corylus Avellāna*). Sie bilden gewöhnlich die Ausgangspunkte der Korkwucherungen der Rinde und geben die Veranlassung des Aufreissens der Borke.

Bemerkungen. Rhytidóma, von dem griech. ῥυτίδωμα (rhytidōma), Gerunzeltes; ῥυτιδόω (rhytidoo) runzlig machen. — Peridérma, von d. griech. περί (peri), um, herum, und δέρμα (derma), Haut. — *Cyclĭcus, a, um*, das griech. κυκλικός, kreisförmig, ringförmig; κύκλος (kyklos), Kreis, Ring. — *Lenticella*, Diminutiv von *lens, lentis, f.* die Linse.

Lection 12.

Pilzgewebe, Flechtengewebe. Gewebe der Algen.

Ein besonderes Zellgewebe findet man bei einem grossen
Theil der Pilze (*fungi*), Flechten (*lichēnes*) und Algen (*algae*),
also bei den Kryptophyten oder Thallophyten, Zellenpflanzen
einer niederen Stufe mit unvollständigem Zellgewebe und ohne
Gefässe und Bastzellen. Das Trieblager (*thallus*) dieser Pflanzen,
welches die Stelle der verschiedenen Organe höher organisirter
Gewächse vertritt, ist eine einfache Gewebebildung. Die Zellen
(bei den Pilzen Flocken, Hyphen, *flocci*, *hyphae*, genannt),
sind bald verkürzt, bald verlängert, bald zusammengedrängt, bald
locker verbunden, und bilden bei den höher organisirten Pilzen
und den Flechten mit laubartigem Thallus das Pilz- oder Flechtengewebe (Filzgewebe), ein unregelmässiges Fasergewebe, aus
langen fadenförmigen verzweigten und unter einander vielfach
verschlungenen farblosen Zellen bestehend. Bei den meisten
Flechten ist das Gewebe (wergartiges Gewebe, *contextus stupacĕus*, genannt) starr und zähe, bei den Pilzen ist dagegen das
Gewebe (*mycelĭum; hyphasma; contextus floccōsus*) weich und sehr
vergänglich. Die Zellen der Pilze sind sehr stickstoffreich, die
der Flechten enthalten auch Stärkemehl.

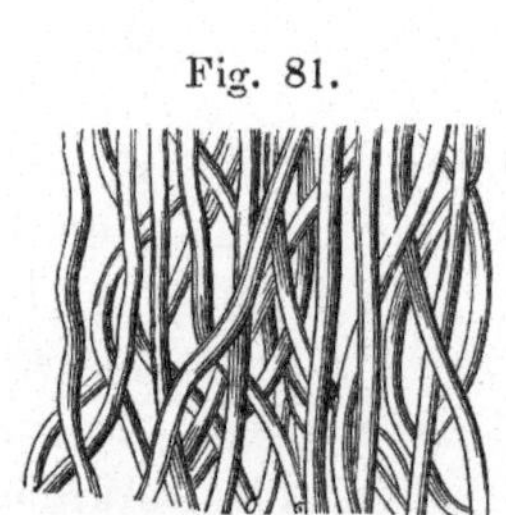

Fig. 81.

(Unvollständiges Gewebe). Pilzgewebe,
hyphasma. Ein Theil des Gewebes aus
dem Eichenschwamm (*Daedalĕa quercĭna
|Pers.*). (300 mal vergr.).

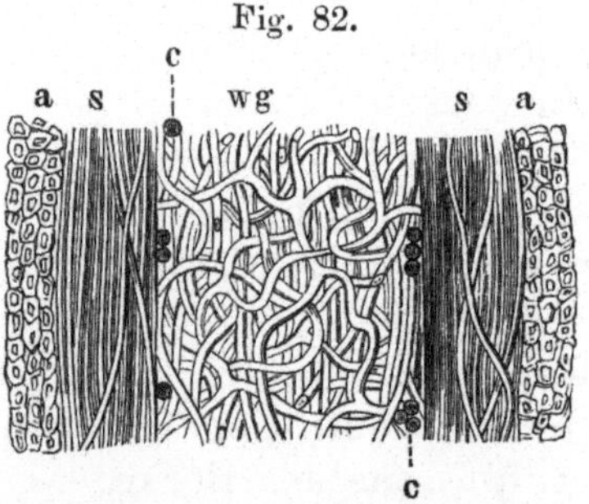

Fig. 82.

(Unvollständiges Gewebe). Flechtengewebe. Längsdurchschnitt eines Theiles des Thallus der Isländischen Flechte, des *Lichen Islandĭcus* (*Cetrarĭa
Islandica Achar.*). *a* Rindenschicht, *s*, *wg*, *s*, sogenannte Markschicht, *s s* straffes Gewebe (*contextus strictus*), *wg* wergartiges Gewebe, *c* Thallo-
chlorkörnchen. (150 mal vergr.).

Der Thallus der Flechten einer höheren Entwickelungsstufe
besteht aus drei Schichten, der Rindenschicht, der Mittelschicht und der Markschicht. Rinden- und Markschicht bestehen gewöhnlich aus dicht in einander verwebten Fadenzellen,

die Mittelschicht aus lockerem losen Fasergewebe. Das Gewebe der fucusartigen Algen unterscheidet sich von dem vorigen durch Chlorophyllgehalt, welcher den Pilzen ganz fehlt, bei den Flechten nur sparsam vertreten ist.

Bisher haben wir uns mit Anatomie oder Histologie der Pflanzen beschäftigt, also mit demjenigen Theile der Pflanzenkunde, welcher uns die Elementarorgane und die aus denselben zusammengesetzten Gewebe der Pflanze kennen lehrte. Da diese Kenntniss die erste Grundlage bildet, um später die Pharmakognosie und überhaupt Botanik studiren zu können, so ist es nothwendig, die Lectionen nochmals zu repetiren, um dann auf den anatomischen Bau der Achsenorgane überzugehen. Steht ein Mikroskop zur Hand, so wird durch Hilfe desselben die Kenntniss um so sicherer unterstützt.

Bemerkungen. *Alga, ae, f.* Meergras, Seetang. Die Algen und Tange bilden eine grosse Familie, und sind, wie die Pilze und Flechten, Thallophyten oder Lagerpflanzen. Sie haben chlorophyllhaltige Zellen und vegetiren im Wasser, die Flechten dagegen haben in ihren Geweben nur spärliche chlorophyllhaltige Schichten und vegetiren in der Luft, und die Pilze haben nur chlorophylllose Zellen und leben von organischen in Fäulniss oder Verwesung begriffenen organischen Substanzen — *Lichēn, lichēnis, m.* die Flechte. — *Fungus, i, m.* Pilz. — *Thallus, i, m,* griech. θάλλος, ein grüner Stengel oder Zweig. In der Botanik das Wurzel, Stengel, Blätter etc. der höheren Pflanzen ersetzende Trieblager der Kryptophýten, desshalb auch Thallophýten genannt. — *Cryptophy̆ta, orum n.* von d. griech. κρυπτός, ἡ, όν (kryptos) verborgen, und φυτόν, (phyton), Gewächs. — *Thallophy̆ta* etc. In *Berg's* Botanik ist unrichtig *Crypto-phýta* accentuirt. — Hyphen, *hy̆phae* (singul. *hypha*), von d. griech. ὑφή (hyphae), gesponnener Faden, Gewebe, — *Hyphāsma, ătis,* griech., ὕφασμα, τό, das Gewebte, Gewebe. — *Mycelĭum,* Pilzgewebe, von d. griech. μύκης (mykäs), Pilz. — Thallochlór (Flechtengrün), dem Chlorophyll verwandter Stoff, in der *Cetrarĭa Islandĭca* vorkommend, vom Chlorophyll durch seine Unlöslichkeit in Salzsäure unterschieden. — Anatomíe (lat. *anatomĭa*), Zergliederungskunst; von d. griech. ἀνά (ana) wiederholt, zer-, um-, und τέμνω (temnō) schneiden, theilen; ἡ ἀνατομή (anatŏmä), das Aufschneiden, Zergliedern. — Histologíe (lat. *histologĭa*), Gewebelehre, v. d. griech. ἱστός, (histos), Gewebe, und λόγιος, ία, ιον (logios, ia, ion), kundig, gelehrt (von λόγος, Wort).

Lection 13.

Entwickelungsstufen der Pflanzen. Axe. Axenorgane. Peripherische Organe.

In den vorhergehenden Lectionen ist öfter die Rede gewesen von Gewächsen einer höheren oder niederen Ordnung. Es ist nöthig, weil die Natur in ihrem Schaffen immer vollkommen ist, dass wir uns von diesem Unterschied ein Bild entwerfen.

Legen wir ein Samenkorn des Leins (*Linum usitatissĭmum*) in die feuchte Erde, so quillt es auf, die Samenschalen zersprengend. Sein verdünnter Theil (*r*) verlängert sich und dringt tiefer in die Erde, während der obere dickere Theil sich über die Erde erhebt und sich zunächst in Gestalt zweier Blättchen entfaltet. In mehreren Tagen ist ein Pflänzchen gebildet, an welchem wir zwei Theile unterscheiden, einen aufwärtssteigenden Theil oder aufwärtssteigenden Stock (*caudex ascēndens*) und einen abwärtssteigenden Stock (*caudex descēndens*). Beide Theile waren bereits in dem Keime (*embrўo*) des Samenkorns vorgebildet und erhielten durch das Wachsthum ihre Ausbildung. Betrachten wir die kleine Leinpflanze in ihrer Ausdehnung unter und über der Erde, so unterscheiden wir an ihr einen über der Erde befindlichen Theil, den oberirdischen Stock oder Oberstock, und einen unter der Erde befindlichen Theil, den unterirdischen Stock, Unterstock. Beide Theile fallen mit den vorhin erwähnten, dem aufwärts- und abwärtssteigenden Stocke, ziemlich zusammen. Den letzteren bildet die Wurzel (*radix*), den ersteren der Stamm oder Stengel (*truncus; caulis*) mit den Blättern (*folia*). Hier an der jungen Leinpflanze finden wir zwischen den beiden ersten Blättern (den Primordial- oder Herzblättern) auch eine Knospe (Hauptknospe, *gemma primarĭa*), welche in ihrer weiteren Entwickelung den Stengel verlängert, Blätter und zuletzt Blüthe und Frucht bildet.

Eine Entwickelung dieser Art, welche die Erzeugung aller zusammengesetzten Organe behufs der Ernährung und Fortpflanzung zur Folge hat, halten wir für die vollkommenste. Daher betrachten wir die Pflanzen als am höchsten organisirt, welche Stamm, Blätter, Wurzeln, Blüthe und Frucht entwickeln, und es gelten die Pilze, Flechten und Algen, welche sich nur aus einer Zellenart aufbauen und weder Stamm, noch Blätter,

Fig. 83.

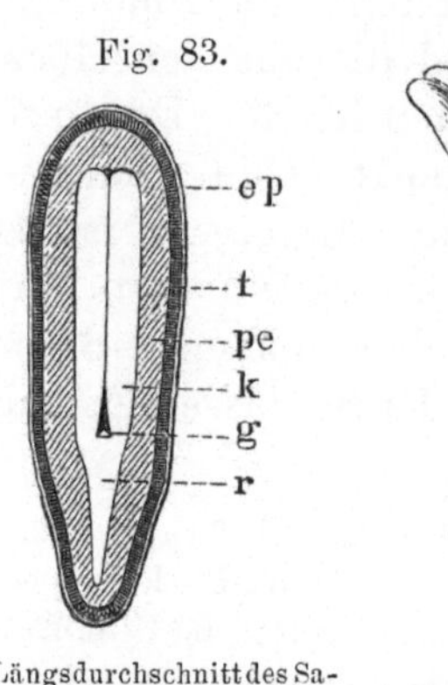

Längsdurchschnitt des Samens des Leins (*Linum usitatissĭmum*). *ep* Epithelium, *t* Samenhaut (*testa*), *pe* Ausseneiweiss (*perispermĭum*), *k* Samenblätter (*cotÿlae s. cotÿledōnes*), *g* Knöspchen (*gemmŭla*), *r* das Würzelchen (*radicŭla*) des Embryo.

Fig. 84.

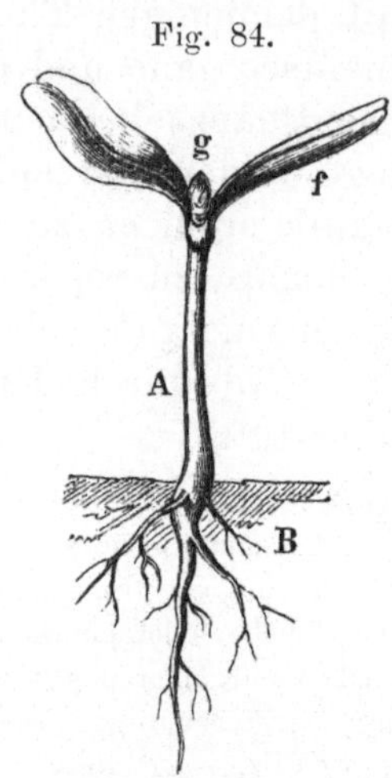

Junge Leinpflanze. *A* Stengel (Oberstock), *B* Wurzel (Unterstock), *f* Samenblätter, *g* Knospe (*gemma*).

noch Wurzeln entwickeln, als Pflanzen der niedrigsten Ordnung. Dagegen erreichen die Moose schon eine etwas höhere Stufe, denn sie entwickeln Stamm und Blätter. Den farnartigen Gewächsen, welche Stamm, Blätter und auch Wurzel bilden, und sogar von einem mehr oder weniger entwickelten Gefässbündelsystem durchzogen sind, weisen wir einen noch etwas höheren Platz an.

Mit Zugrundelegung des Entwickelungsganges und der Ausbildung mehr oder weniger vollkommener Organe lassen sich die Pflanzen (nach *Endlicher*) überhaupt auf zwei Entwickelungsstufen zurückführen und in folgende zwei grosse Reihen (*regiōnes*) scheiden:

1. **Thallophyten**, Lagerpflanzen (*Thallophўta*), welche ein aus Zellen zusammengesetztes Lager bilden, oder welche in Stelle von Wurzeln, Stamm und Blättern nur ein Lager (*thallus*) entwickeln.

2. **Kormophyten**, Stockpflanzen (*Cormophўta*), d. s. Achsenpflanzen, welche nämlich Wurzel, Stamm und Blätter ausbilden und entwickeln.

Die **Thallophyten** oder Lagerpflanzen entsprechen den **Kryptophyten** *Berg*'s. Sie umfassen die uns schon dem Namen nach bekannten Klassen: Algen (*Algae*), Flechten (*Lichēnes*) und Pilze oder Schwämme (*Fungi*), also Zellenpflanzen mit unvollständigem Gewebe.

Die **Kormophyten** umfassen in erster Linie die Moose (*Musci*) und Farne (*Filĭces*), Pflanzen mit vollkommenem Zellgewebe (nach *Berg* Mesophyten genannt), und in zweiter Linie die Phanerophyten (nach *Berg*), Gefässpflanzen mit succedanen Gefässbündeln, welche Klasse die sogenannten Monokotyledonen und Dikotyledonen einschliesst.

Während die Thallophyten die Pflanzen einer niederen Entwickelungsstufe umfassen, gehören zu den Kormophyten die Pflanzen einer höheren Entwickelungsstufe. Jede Reihe (*regio*) selbst beginnt wieder mit Pflanzen einer niederen, und endigt mit denen einer höheren Entwickelungsstufe.

Die Leinpflanze, welche wir Eingangs dieser Lection als Beispiel heranzogen, ist eine Dikotyledone, und als solche eine Pflanze, welche sich vollkommen entwickelt oder, mit anderen Worten, eine höhere Entwickelungsstufe erreicht.

Als wir vorhin an der entwickelten Pflanze einen auf- und einen abwärtssteigenden Stock unterschieden, so geschah dies nur, um uns diese früher von den Botanikern angenommenen

Bezeichnungen zu erklären. Da es eine Menge Pflanzen giebt, an denen man unter anderem z. B. unterirdische Stämme (Rhizome genannt) und oberirdische, im Verlaufe des oberirdischen Stammes entspringende Wurzeln (Luftwurzeln) antrifft, so ergab sich die Nothwendigkeit, der Wachsthumsausdehnung der Pflanze einen wissenschaftlicheren Eintheilungsgrund zu unterbreiten. Man dachte sich durch die Längsrichtung des Wachsthums der Pflanze eine Linie gezogen, nannte diese Linie die Axe der Pflanze, und entsprechend die in dieser Linie liegenden Organe, also Stamm und Wurzel und deren Verzweigungen, Axenorgane, die neben der Axe liegenden Theile aber, wie die Blätter, Nebenaxenorgane oder richtiger peripherische Organe (auch appendiculäre Organe der Axe, Blattorgane). Wie wir später sehen werden, können Blüthen und Früchte theils Axenorgane, theils peripherische oder Blattorgane sein.

Diese Eintheilung ist auf das Wachsthum der Organe basirt, denn während die Axenorgane an ihrer Spitze wachsen, also zuerst die Basis bilden und an ihrer Spitze durch Entwickelung neuer Zellen sich ausdehnen, wachsen die peripherischen oder Blattorgane an der Basis, nämlich sie bilden erst die Spitze und wachsen durch Zelleneinschiebung zwischen Spitze und Axe. Dies geschieht behufs ihrer Flächenausdehnung zuerst, dann bilden sie den Blattstiel, wenn ein solcher dazu gehört.

Die Formen der Blattorgane sind hier ganz unwesentlich. Die den Blättern ähnlich gestalteten Stämme der Cactusarten sind dennoch Axenorgane, weil sie Axenwachsthum zeigen und sie Blüthen entwickeln, was bekanntlich das Blatt nicht kann.

Bemerkungen. Einen an einer Pflanze etwa zwischen dem Unter- und Oberstock befindlichen knollig oder zwiebelartig ausgedehnten Theil unterschied man besonders und nannte ihn Mittelstock (*caudex intermedius*). Dieser Mittelstock gehört in allen Fällen dem Stamme an. Die Stelle, in welcher Wurzel und Stamm aufeinander treffen, nannte man den Wurzelhals (*collum radīcis*). — *Caudex, ĭcis, f.*, Stamm. — *Embrȳo, ōnis, m.*, Keim, die im Samen befindliche Anlage der Pflanze; von d. griech. ἐν (en), innen, und βρύω (bryō), keimen; ἔμβρυον (embryon), die ungeborene Frucht. — *Endlicher*, Prof. der Botanik in Wien, † 1849, gründete auf die natürliche Verwandtschaft der Pflanzen ein Pflanzensystem, das bis jetzt nicht übertroffen ist. — Kormophýten, von d. griech. κορμός (kormos), ein Stück Stamm.

Lection 14.

Eintheilung der Pflanzen im Allgemeinen.

Um die Auffassung des Inhaltes späterer Lectionen zu erleichtern, ist es nöthig, die in der vorhergehenden Lection angegebene Weise der Schichtung der Pflanzen in grössere Klassen, welche auch auf andere Pflanzensysteme, als die von *Endlicher* und *Berg*, Anwendung finden, fortzusetzen. Solche Schichtungen lassen sich mehrfach ausführen und zwar je nach der Wahl einzelner oder mehrerer zusammentreffenden charakteristischen Merkmale oder anderer Eintheilungsgründe.

Wenn *Endlicher* seinen Regionen Entwickelungsart und Wachsthumsrichtung zum Grunde legte und auf diese Weise die Pflanzen in Thalluspflanzen (*Thallophўta*) und Axenpflanzen (*Cormophўta*) schichtete, so kann man sie auch mit Rücksicht auf die Fortpflanzungs- oder Reproductionsorgane in zwei grosse Klassen sondern, nämlich in Sporenpflanzen und Samenpflanzen, also nach der Art derjenigen Organe, aus welchen eine der Mutterpflanze ähnliche Pflanze hervorgeht, der Sporen und der Samen.

Die Sporenpflanzen (*sporophўta*) vermehren sich durch Sporen, Keimkörner (*sporae*), Samen vertretende, aus einfachen Zellen oder aus mehreren Zellen zusammengesetzte Gebilde, welche nur von einer trüben Flüssigkeit erfüllt sind und keinen Embryo enthalten. Die Sporenpflanzen heissen daher auch embryolose (*plantae exembryonātae*). Die Sporen werden nicht in einer Blume, also nicht durch einen Befruchtungsakt entwickelt, sondern einfach in und aus dem Zellgewebe der Mutterpflanze erzeugt.

Zu den Sporenpflanzen gehören Pilze, Flechten, Algen, Moose und Farne, mithin alle die Pflanzen, an welchen *Linné* zwar Reproductionsorgane (die Sporen) entstehen sah, aber ohne Befruchtungsakt und die dazu nöthigen beiden Geschlechter, durch welche bei den Samenpflanzen der Same entsteht. *Linné* nannte deshalb die Sporenpflanzen verborgenehige (*plantae cryptogămae*) oder Kryptogamen. Späteren Botanikern glückte es auch bei den Kryptogamen, besonders bei den Moosen und Farnen, doppelte Geschlechter oder doch solche diesen entsprechende Organe nachzuweisen, so dass der Bezeichnung Kryptogamen in Bezug auf die *Linné*'sche Auffassung jede wissenschaftliche Berechtigung entzogen wurde.

Die Samenpflanzen (*Spermatophўta*) vermehren sich durch Samen (*semĭna*). Der Same ist immer ein in einer Blüthe, also durch Befruchtung entstandenes Reproductionsorgan, welches die junge Pflanze bereits als Keim (*embrўo*) vorgebildet enthält, wie wir dies an dem in vorhergehender Lection erwähnten Leinsamen kennen gelernt haben. Daher hat man die Samenpflanzen Embryopflanzen (*plantae embryonātae*) genannt. Sie umfassen die offenehigen oder Phanerogamen (*pl. phanerogămae*) *Linné*'s.

Die Samenpflanzen lassen sich wieder in zwei Gruppen theilen, in nacktsamige (*gymnospermae*) und in bedecktsamige (*angiospermae*). Die Samen der nacktsamigen sind von keiner Fruchthülle, die der bedecktsamigen von einer Fruchthülle umschlossen. Die Gymnospermen haben wenige Vertreter in der heutigen Pflanzenwelt (z. B. die Cycadeen und Coniferen), dagegen waren sie zahlreich in der vorweltlichen Flora repräsentirt.

Die Samenpflanzen lassen sich ferner eintheilen in

1) Monokotyledonen, Monokotylen oder einsamenlappige (*plantae monocotўledonĕae s. monocotylĕae*), und in

2) Dikotyledonen, Dikotylen oder zweisamenlappige (*pl. dicotўledonĕae s. dicotylĕae*).

Weichen wir einen Samen, z. B. eine Mandel (*Amygdăla*), welche ein Samen ohne Eiweisskörper (*semen exalbuminōsum*) ist, in heissem Wasser ein, so dass seine Umhüllungen erweichen, so erhalten wir ihn leicht in einem Zustande, welcher seine Zerlegung in die ihn zusammensetzenden Theile erlaubt. Nach Entfernung der äusseren Samenhaut (*testa*) kommen wir auf den inneren Samentheil, Samenkern (*nuclĕus seminis*), welcher hier den ganzen Keim (*embrўo*) darstellt. Der Samenkern lässt sich leicht von seinem breiteren Ende nach dem spitzeren in zwei dicke blattähnliche Theile spalten. Verfahren wir dabei mit Vorsicht, so bleiben diese beiden Hälften an dem spitzeren Ende zusammenhängend. Diese beiden Hälften sind die Samenlappen oder Kotyledonen (*Cotyledōnes*), und der Theil, mittelst welches sie zusammenhängen, ist die Axe des Keimes, ein gemeinlich in zwei Spitzen auslaufendes Gebilde. Das zwischen beide Kotyledonen hineinragende Spitzchen der Axe ist das Knöspchen oder Federchen (*gemmŭla s. plumŭla*), die Terminalknospe der jungen Pflanze und die Anlage zur künftigen oberirdischen Axe. Das nach aussen gerichtete Spitzchen ist dagegen die Anlage zur unterirdischen Axe, der Wurzel, und

Fig. 85.

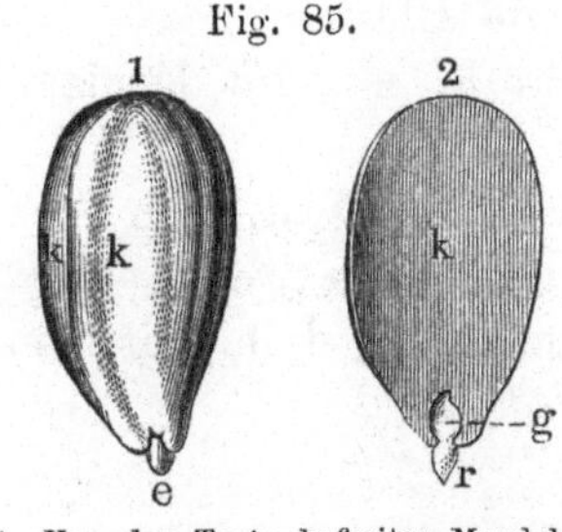

1. Von der Testa befreiter Mandelsamen (*Amygdăla*). *kk* Kotyledonen
oder Samenlappen, *e* Axe des Embryo.
2. Eine der beiden Kotyledonen mit
daranhängender Axe, *gr — g* Knöspchen (*gemmula*), *r* Würzelchen (*radi-
căla*). Natürl. Grösse.

Fig. 86.

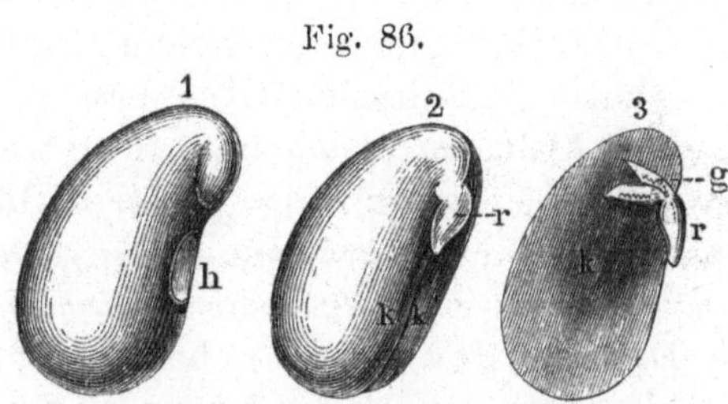

1. Same der Schminkbohne (*Phaseŏlus multiflŏrus*). *h* Nabel
(*hilum*). 2. Von der Samenhaut (*testa*) befreiter Same derselben Pflanze. *kk* Kotyledonen, *r* Würzelchen. 3. Eine
der Kotyledonen mit daranhängender Axe *gr — g* Knöspchen, *r* Würzelchen. Natürliche Grösse.

wird daher Würzelchen (*radicŭla*) genannt. Diese beiden grossen Hälften, die Kotyledonen, auch Kotylen (*cotўlae*), Samenlappen, Samenblätter, Keimblätter genannt, sind die ersten fleischigen Blätter, welche sich bei der Entwickelung des Embryo
zu einer Pflanze über den Erdboden erheben. Der Mandelbaum
(*Amygdălus commūnis*) ist wie die in der vorigen Lection uns bekannt gewordene Leinpflanze eine Dikotyledone. Die wenigen
Pflanzen mit mehr als zwei Kotyledonen, die Coniferen nämlich, hat man in den Pflanzensystemen
den Dikotyledonen beigezählt. Ist von
Polykotyledonen die Rede, so sind
damit auch nur die Nadelholzgewächse
gemeint, deren Embryo mehr als zwei
Samenlappen hat.

Fig. 87.

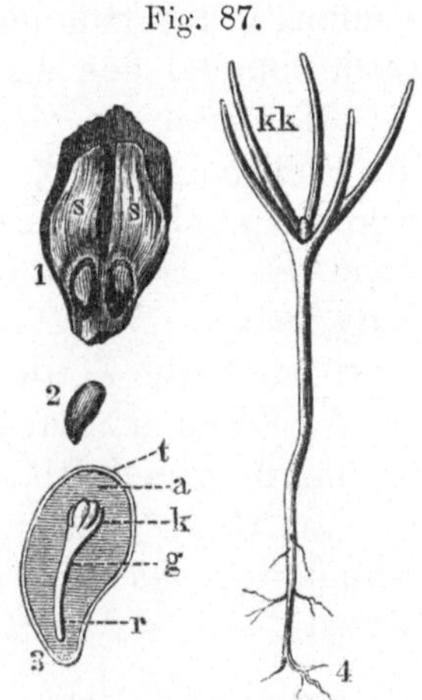

    Der Same der Monokotyledonen ent-
hält nur einen Samenlappen, gewöhnlich
in Form einer den Embryo schützenden
Scheide oder eines Schildes (*scutellum*).

    Die Monokotyledonen, zu wel-
chen z. B. die Gräser (*Graminĕae*), Binsen
(*Juncĕae*), Liliengewächse (*Liliacĕae*), Palmen (*Palmae*), Knabenkrautgewächse (*Or-
chidĕae*), Arongewächse (*Aroïdĕae*) gehören,
haben folgende vorläufig dem Gedächtniss einzuprägende Merkmale

  1) einen einsamenlappigen Embryo,

  2) eine Zaserwurzel,

  3) parallel- oder krumm verlaufende
nicht winklig sich verzweigende
Blattnerven,

1. Samenschuppe mit zwei aufliegenden Samen von der Innenseite,
der Kiefer, *Pinus silvestris*, angehörend. *ss* Samenflügel. Nat. Grösse.
2. Ein von dem Flügel befreiter
Same. Nat. Grösse. 3. Ein Same
im Durchschnitt vergr., *t* Samenhaut, *a* Sameneiweiss (der Same
ist *semen albuminosum*). *gr* Axe,
r Würzelchen, *k* Samenlappen, welche
das Knöspchen umschliessen, *kk* Samenlappen als erste Blätter.

4) meist einfache und scheidenbildende Blätter,

5) in der meist einfachen Blüthenhülle ist die Dreizahl vorherrschend (*flos trimĕrus*).

Die Aroïdeen (*Calla* und *Arum*) machen insofern eine Ausnahme, als sie netzförmig geaderte Blätter (*folia reticŭlato-venōsa*) haben, und die Orchideen sind samenlappenlos, d. h. der Embryo ist ohne Samenlappen (*embryo acotyledonĕus*).

Die Dikotyledonen haben

1) einen zweisamenlappigen Embryo,

2) eine Hauptwurzel (die aus der Axe des Embryo entwickelte Wurzel),

3) winkelnervige Blätter,

4) meist doppelte Blüthenhüllen, aus Kelch und Blumenkrone bestehend,

5) in den Blüthentheilen ist die Vier- und Fünfzahl vorherrschend.

Bei den Monokotyledonen (den mehrjährigen) geht das Wachsthum von der Mitte des Stammes aus und dann in Spitzenwachsthum über. Die Gefässbündel sind durch den Stamm meist ohne regelmässige Ordnung vertheilt.

Dagegen findet bei den Dikotyledonen das Wachsthum im Umfange des Stammes und an der Spitze zugleich statt. Die Gefässbündel der Axe sind in Kreise geordnet.

Hat man die obenstehenden Merkmale aufgefasst, besonders die Punkte unter 3, so können wir auch mit dem ersten Blicke erkennen, ob eine Pflanze eine Monokotyledone oder Dikotyledone ist. Das Maiblümchen (*Convallarĭa majālis*), die Wasserschwertlilie (*Iris Pseudacŏrus*), eine Kalmuspflanze (*Acŏrus Calămus*) oder eine Zeitlose (*Colchĭcum autumnāle*), eine Einbeere (*Paris quadrifolĭa*) u. a. würden wir schon an den parallelnervigen oder krummnervigen Blättern als Monokotyledonen erkennen.

Im Gegensatz zu den samenlappigen Pflanzen sind die Sporenpflanzen samenlappenlose oder Akotyledonen (*acotyledonĕae*).

Bemerkungen. *Spora, ae, f.*, Spore, von d. griech. σπορά, Saat. — *Sporophÿtum*, Sporenpflanze, von d. griech. σπορά und φυτόν (phyton), Gewächs, Pflanze. — *Cryptogămus, a, um*, verborgenehig, von κρυπτός (kryptos) verborgen, und γάμος (gamos), eheliche Verbindung. Kryptogámen. — *Spermatophÿtum*, Samenpflanze, von σπέρμα, ατος (sperma, Gen. atos), Same, und φυτόν, Pflanze. — *Phanĕrogămus, a, um*, offenehig, von φανερός (phaneros), sichtbar, deutlich. — *Gymnospērmus, a, um*, nacktsamig, von γυμνός (gymnos), nackt, und σπέρμα (sperma), Same. — *Angiospērmus, a, um*, bedeckt- oder verschlossensamig, von ἀγγεῖον (angeion), Gefäss, Behälter, und σπέρμα. — *Monocotyledonĕus, dicotyledonĕus, polycotyledoneus, acotyledonĕus (cotylĕus), a, um* zusammengesetzt aus μόνος (monos) einer, allein; δίς (dis) zweimal; πολύς (polys) viel; α (alpha privativum) entsprechend dem deutschen un-, ohne, -los, und κοτυληδών (kotylēdōn) Samenlappen; κοτύλη (kotÿlä), Samenlappen. — Monokotyledónen oder Monokotýlen.

Lection 15.

Stamm. Nebenstamm. Aeste. Zweige. Vegetationsdauer. Staude. Baum. Strauch.

Der beim Keimen des Embryo sich nach oben entwickelnde Theil ist der primäre Stamm oder Hauptstamm (*caulis primarĭus, truncus primarĭus*), der nach unten sich entwickelnde Theil ist die primäre Wurzel, Hauptwurzel (*radix primarĭa*). Hauptstamm und Hauptwurzel bilden zunächst die Axe der Pflanze.

In den Winkeln, welche die Blätter mit der Axe bilden, den Blattwinkeln (*axillae*), treten Knospen, Axillarknospen, hervor, welche sich später zu secundären Axen entwickeln. Findet diese Entwickelung an der Basis des Hauptstammes statt, so entsteht der Nebenstamm, secundäre Stamm (*caulis secundarĭus*), aus den höher an dem Hauptstamme gelegenen Axillarknospen entwickeln sich dagegen die Aeste (*rami*) und die Verästelungen derselben, die Zweige (*ramŭli*). Der also nicht unmittelbar aus der Axe des Embryo hervorgehende Stamm ist ein Nebenstamm, welcher aber unter gewissen Verhältnissen Nebenwurzeln treibt.

Die Stellen der Axe, aus welchen die Blätter, gleichviel ob einzeln, paarweise oder wirtelweise, entspringen, nennt man Knoten (*nodi*). Das Stück des Stammes zwischen je zwei Blättern oder Blattpaaren, also zwischen je zwei Knoten, bildet ein Axenglied, Stengelglied, Stammglied (*internodĭum*). Diese Axenglieder sind entweder verlängert d. h. entwickelt, oder verkürzt d. h. unentwickelt. Beim Veilchen (*Viŏla odorăta*) z. B. stehen die Blätter dicht übereinander, an demselben sind die Internodien also nicht entwickelt. Die Blätter erscheinen daher wurzelständig (*folĭa radicalĭa*), die Pflanze stengellos (*pl. acaulis*).

Der Stamm hat eine verschiedene Dauer, und er kann ein einjähriger, ein zweijähriger oder ein ausdauernder sein, je nach der Lebensdauer der Pflanze, welcher er angehört. Man theilt in letzterer Beziehung die Pflanzen in

    1) einfrüchtige (*plantae monocarpĕae s. haplobiotĭcae*) und

    2) wiederfrüchtige (*plantae polycarpĕae s. anabioticae*).

Die einfrüchtigen (einmalfrüchtigen) Pflanzen sterben ab, sobald sie einmal geblüht und Frucht getragen haben, die wiederfrüchtigen dagegen sind diejenigen, bei welchen sich Stamm-, Blüthen- und Frucht-Bildung mehrmals wiederholen.

Die einfrüchtigen Pflanzen sind entweder einjährige und Sommergewächse, oder zweijährige, oder vieljährige.

Die einjährigen oder Sommergewächse (*plantae annŭae*) entwickeln sich aus der Axe des Embryo, blühen und reifen Früchte in demselben Jahre und sterben dann mit der ganzen Axe, Stamm und Wurzel, ab. Hierher gehören z. B. der Flachs (*Linum usitatissĭmum*), der Hanf (*Cannăbis satīva*), der Sommerroggen (*Secāle cereāle annŭum*), der Mairan (*Origănum Majorāna*), das Pfefferkraut (*Satureja hortensis*). Das übliche Schriftzeichen für die einjährige Pflanze ist das Zeichen der Sonne ⊙ oder ①.

Die zweijährige Pflanze (*planta biennis*) vertheilt den Verlauf ihrer Entwickelung vom Embryo bis zur Fruchtreife auf zwei Jahre. Erst im zweiten Jahre entwickelt sie die Blüthe und reift sie die Frucht. Das Schriftzeichen ist entweder ⊙⊙ oder ② oder seltner das Zeichen des Mars ♂. Zweijährige Gewächse sind z. B. der Fingerhut (*Digitālis purpurĕa*), der gefleckte Schierling (*Conīum maculātum*), die Hundszunge (*Cynoglossum officināle*), ferner die sogenannten Wintergewächse, deren Samen im Herbst keimen und junge Pflanzen entwickeln, welche den Winter überdauern und im zweiten Jahre blühen und Frucht reifen, z. B. der Winterroggen (*Secāle cereāle bienne*), Winterreps (*Brassĭca Rapa biennis*).

Die vieljährige einfrüchtige Pflanze (*planta multennis*) vertheilt ihren Entwickelungsgang auf mehrere Jahre, blüht und stirbt dann mit der Reife der Früchte ab, wie z. B. die sogenannte hundertjährige Aloë (*Agāve Americāna*), welche in ihrem Vaterlande 5 bis 10 Jahre, bei uns 50 bis 100 Jahre zu ihrer Entwickelung fordert, der Hauslauch (*Sempervīvum tectōrum*). Das Schriftzeichen der vieljährigen Pflanze ist ⚭.

Die wiederfrüchtigen Gewächse (*pl. polycarpĕae*) sind diejenigen, deren bleibender Axentheil (Wurzel oder Stamm) alljährlich zur Blüthen- und Fruchtbildung gelangende Triebe hervorbringt. Je nach der Holzbildung des bleibenden Axentheils unterscheidet man sie als Stauden oder perennirende Gewächse und als Holzgewächse.

Die Staude oder perennirende Pflanze (*planta s. herba perennis, redivīva, rhizocarpĭca*) hat einen unterirdischen ausdauernden Stamm oder eine solche Wurzel, welche im Frühjahr oberirdische Triebe (Nebenstämme) entwickelt, die zum Blühen gelangen und mit der Fruchtreife wieder absterben. Das Schriftzeichen der perennirenden Pflanze ist das des Jupiter ♃. Hierher gehören z. B. der Spargel (*Asparăgus officinălis*), dessen junge Stocksprossen als beliebte Speise bekannt sind, die Tollkirsche (*Atrŏpa Belladonna*), die Gicht- oder Pfingstrose (*Paeonĭa officinălis*), die Quecke (*Agropўrum repens Beauvais*), die Sandsegge oder das Sandrietgras (*Carex arenarĭa*), der Kalmus (*Acŏrus Calămus*).

Die Holzgewächse (*plantae lignōsae*) haben einen verholzten Hauptstamm, welcher über der Erde ausdauert, jährlich Knospen, Blätter und auch Blüthen und Früchte treibt. Verliert ein Holzgewächs alljährlich die Blätter, so ist es ein laubwechselndes, dauern die Blätter zwei und mehrere Jahre, so ist es ein immergrünes (*planta sempervĭrens*).

Je nach der Dauer und Beschaffenheit der Axe und Nebenaxen sind die Holzgewächse (♄):

a. Bäume (*arbŏres*), deren Axe in einer gewissen Höhe über dem Erdboden Aeste treibt und dadurch eine Krone oder einen Wipfel (*cacūmen*) bildet. Ein grosser Baum (*arbor*) erlangt eine Höhe von mehr als 25 Fuss, ein kleiner (*arbuscŭla*) kaum 5 Fuss. Ohne Aeste bleibt der Palmstamm (*caulōma*), ein einfacher, aussen von abgestorbenen Blättern dicht benarbter oder entfernt geringelter Stamm mit einem Blattbüschel an der Spitze. Man findet ihn z. B. bei den Palmen, baumartigen Farnen etc. Das Symbol des Baumes ist ♄, das des Bäumchens ♄.

b. Der Strauch (*frutex*) unterscheidet sich vom Baume durch einen gleich von dem Boden an in Aeste sich theilenden Stamm, wie beim Haselstrauch (*Corўlus Avellāna*). Das Symbol des Strauches ist ♄.

c. Der Halbstrauch (*suffrŭtex*) unterscheidet sich vom Strauch dadurch, dass nur der untere Theil des Stengels verholzt und überwintert, während die jüngsten Zweige mit der Fruchtreife absterben. Das Symbol ist dafür ♄. Halbsträucher sind z. B. die Raute (*Ruta graveŏlens*), die Eberraute (*Artemisĭa Abrotănum*), die Gartensalbei (*Salvĭa officinălis*), die Heidelbeere (*Vaccinĭum Myrtillus*).

Nach der Lebensdauer theilen wir also die Pflanzen ein in:

1. einfrüchtige Gewächse (*pl. monocarpĕae*).
    1. einjährige (*annŭae*). ⊙ oder ①.
    2. zweijährige (*biennes*). ⊙⊙ oder ②.
    3. vieljährige (*multennes*). ♀.

II. **wiederfrüchtige Gewächse** (*pl. polycarpĕae*).

  1. Stauden oder perennirende Pflanzen (*perennes*). ♃.

  2. Holzgewächse. ♄.

    a. Bäume (*arbŏres*).

      α. grosser Baum. 5.

      β. Bäumchen. 5.

    b. Strauch (*frutex*). 5̄.

    c. Halbstrauch (*suffrŭtex*). ♄̟.

Bemerkungen. *Monocarpĕus, polycarpĕus, a, um,* einfrüchtig, vielfrüchtig, von d. griech. μόνος (monos) einer, allein, πολύς (polys), viel, καρπόω (karpoō) Frucht hervorbringen, Frucht tragen; καρπός (karpos), Frucht. — *Haplobiotĭcus, anabiotĭcus, a, um,* einfachlebend, wiederauflebend, von d. griech. ἁπλόος (haplöos), einfach; βιόω (bioō), leben; ἀναβιόω, wiederaufleben; ἀνα = dem lat. *re-.* — *Rhizocarpĭcus, a, um,* wurzelfrüchtig, v. d. griech. ῥίζα (rhiza), Wurzel, und καρπός (karpos), Frucht. — *Caulōma, ătis, n.,* Stengelgebilde, von d. griech. καυλός (kaulos), Stengel, *caulis.*

Lection 16.

Knospe. Terminal-, Axillar-, Adventivknospe.

Die **Knospe** (*gemma*) ist ein Reproductionsorgan, aber nicht wie der Same aus der Befruchtung hervorgegangen. Betrachten wir einen Baum mit Aufmerksamkeit, so finden wir an ihm sowohl am Ende der Zweige, als in den Blattwinkeln Knospen, im gewöhnlichen Leben **Augen** genannt. Hier und da sehen wir auch Knospen die Rinde durchbrechen, wo keine Blätter sitzen (Adventivknospen). Alle diese Knospen fallen im Herbst nicht wie die Blätter ab, sie überdauern vielmehr den Winter, schwellen im Frühling an, und es entwickelt sich aus ihnen ein neuer Trieb, der sich entweder zu einem blättertragenden oder zu einem blüthentragenden Spross ausbildet.

Die an der oberirdischen Axe entstehenden Knospen unterscheidet man als **Stammknospen** von den Knospen der Wurzeln, den **Wurzelknospen**, aus welchen sich die Nebenwurzeln (Adventivwurzeln) entwickeln. Den Unterschied zwischen Stammknospe und Wurzelknospe lernten wir bereits im Embryo, in der *Plumŭla* und *Radicula*, kennen. Im Innern einer Knospe unterscheidet man die Knospenaxe, den noch völlig verkürzten Stengeltheil, und die aufeinanderliegenden Blattorgane.

Die Stammknospe, sowohl am Keim wie an der entwickelten Pflanze, trägt ihr jüngstes Fortbildungsgewebe (Kam-
bium) unmittelbar an ihrer Spitze in Gestalt eines nackten, nur von Epidermis bedeckten, kegelförmigen, durchscheinenden Körpers, Terminalkambium oder nach *Schacht* Vegetationskegel genannt. Hier an diesem Theile findet fortwährend die Bildung neuer Zellen und das Spitzen- oder Längenwachsthum Statt.

Die Wurzelknospe, die junge Anlage der Wurzel, trägt abweichend von der Stammknospe das jüngste Fortbildungsgewebe nie an der Spitze, denn ihr Vegetationskegel ist nicht frei, sondern von einer zelligen Hülle, der Wurzelhaube, bedeckt. Diese Wurzelhaube umhüllt das jüngste Fortbildungsgewebe an jeder Haupt- und Nebenwurzel gleichsam wie ein Fingerhut die Spitze des Fingers, es ist also das Kambium im Grunde der Wurzelhaube gelegen. Das Wachsthum der Wurzel geschieht daher nicht unmittelbar an der Spitze, welche durch die Wurzelhaube gebildet ist, sondern unter derselben an der jüngsten Zellenlage. Die Wurzelhaube ist bei den Nadelhölzern besonders stark entwickelt. An der Wasserlinse (*Lemna*) mit ihren fadenförmigen Wurzeln kann man diese Art des Wachsthums im Glase Wasser beobachten. Früher nannte man die Wurzelhaube (*ocrĕa*) Wurzelschwammwülst-

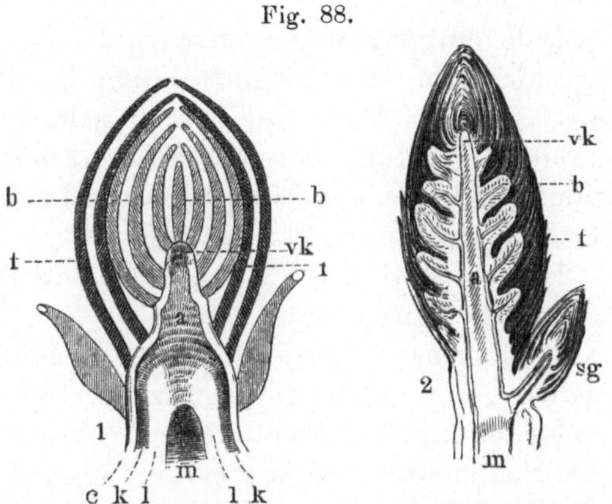

Fig. 88.

1. Längsdurchschnittfläche einer Knospe, schematische Form.
2. Längsdurchschnitt einer männlichen Blüthenknospe der Kiefer.
a Knospenaxe, *vk* Vegetationskegel, *b* vorgebildete Blätter in der Knospe, *t* Knospendecken, (*tegmenta*), *sg* secundäre oder Nebenknospe, *m* Mark, *l* Holz, *k* Kambium, *c* Rinde.

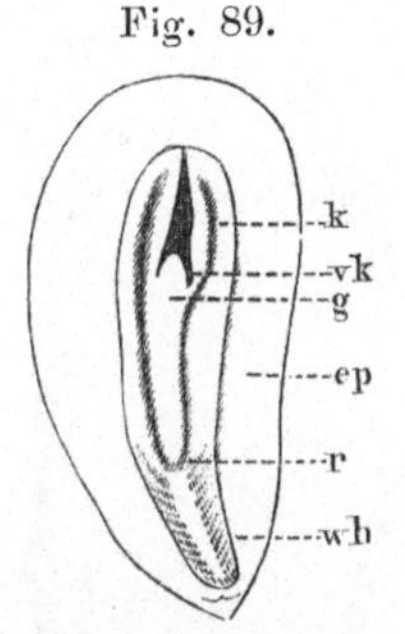

Fig. 89.

Samenkern der norddeutschen Kiefer (*Pinus silvestris*) im Längsdurchschnitt. *wh* Wurzelhaube (*ocrĕa*), *g* Gemmula, *r* Radicula, *k* Kotyledonen, *vk* Vegetationskegel oder Terminalkambium, *ep* Sameneiweiss (*endospermium*). Vergr.

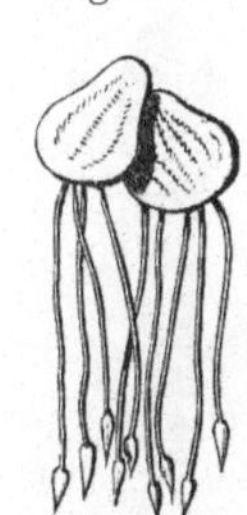

Fig. 90.

Vielwurzlige Wasserlinse (*Lemna polyrrhĭza*), daran die Wurzelhauben sichtbar.

chen (*spongiŏla s. papilla radicālis*) und man glaubte, dass durch dieses Organ die Wurzel hauptsächlich ihre Nahrung aus dem Boden ziehe.

Jede einigermaassen entwickelte Stamm- und Wurzelknospe zeigt auf dem Durchschnitt einen Kambiumring (Verdickungsring), welcher Mark und Rinde scheidet und in das Terminalkambium ausläuft, bei der Stammknospe in den freien Vegetationskegel, bei der Wurzelknospe in das von der Wurzelhaube bedeckte jüngste Fortbildungsgewebe.

Die Stammknospe ist je nach den Stellen des Stammes, an welchen sie entspringt:

1. Terminalknospe, Gipfel- oder Endknospe (*gemma terminālis*). Sie entsteht nur an der Spitze der Axe und in der Längsrichtung derselben. Beim Weissdorn (*Crataegus Oxyacantha*), beim Schlehdorn (*Prunus spinōsa*) und dem Kreuzdorn (*Rhamnus cathartĭca*) findet man in Stelle der Endknospe einen Dorn. Unterhalb des Terminalkambium verlängert sich abwärts das Kambium durch das Parenchym der Knospe in Gestalt dünner, heller, durchsichtiger Streifen, Kambialstränge, als jüngste Anlagen der Gefässbündel.

2. Axillarknospe, Achselknospe (*gemma axillāris*). Sie entspringt seitwärts der Axe und nur aus den Blattwinkeln. Eine aus dem obersten Blattwinkel entspringende ist scheinbar endständig (*subterminālis*). Treten in demselben Blattwinkel mehrere Knospen zugleich hervor, so bezeichnet man die am stärksten entwickelte mit Hauptknospe, die anderen mit Neben- oder Beiknospen (*gemmae secundarĭae s. accessorĭae*). Ist das Blatt (Stützblatt) der Knospe abgefallen, so findet man dicht unter letzterer die Blattstielnarbe (*cicatricŭla*), die Stelle, wo der Blattstiel aufsass, gewöhnlich getragen von einer kleinen Erhöhung, dem Blattkissen oder Wulst (*pulvīnus*). In der Blattstielnarbe sind die verschiedenen Grübchen und Knötchen

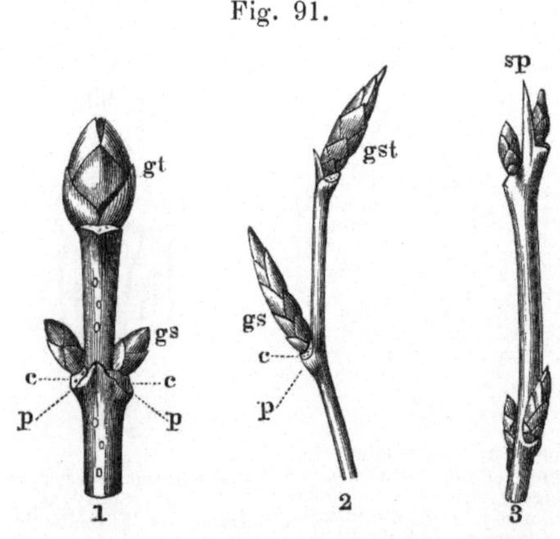

Fig. 91.

1. Zweigspitze des Bergahorns (*Acer Pseudoplatănus*) und 2. eine solche der Buche (*Fagus silvatica*): *gt* Terminalknospe, *gst gemma subterminālis*, *gs* Axillarknospe, *c* Blattnarbe (*cicatricŭla*), *p* Blattkissen (*pulvīnus*). 3. Zweigspitze von *Rhamnus cathartĭca*, in einen Dorn *sp* endigend.

Spuren der Gefässbündel, welche aus der Axe in den Blattstiel eintraten.

3. Adventivknospe, zufällige Knospe (*g. adventicĭa s. adventĭva s. fortuĭta*). Sie kann überall seitwärts der Axe entstehen, wo im Kambium Gefässbündel vorhanden sind, an der ober- und unterirdischen Axe, selbst am Blatte. Aus den Adventivknospen entwickeln sich die sogenannten Wasserreiser an älteren Axentheilen. Jede Knospe, welche überhaupt nicht Terminalknospe oder Axillarknospe ist, heisst Adventivknospe.

Alle drei Arten Knospen bieten zwei wesentliche Entwickelungsverschiedenheiten dar. Manche Knospen entwickeln sich von ihrem ersten Entstehen an ununterbrochen weiter, indem sie sich entfalten und eine neue Axe treiben. Zu diesen ununterbrochen sich fortentwickelnden Knospen gehören die der einjährigen Pflanzen. Andere verharren nach der Ausbildung eine Zeit hindurch im Zustande der Ruhe und entwickeln dann eine neue Axe oder setzen, wenn sie Terminalknospen sind, die bereits vorhandene Axe fort. Hierher gehören alle sogenannten Winterknospen, welche nämlich im Herbst entstehen und sich im Frühjahr entfalten. Die Winterknospe ist bedeckt oder geschlossen (*g. tecta s. clausa*), denn sie hat zum Schutz gegen die Winterwitterung besondere Knospendecken (*tegumenta*), gewöhnlich derbe lederartige Schuppen (*squamae*), welche bei der Entwickelung der Knospe abfallen. Die Knospe ist, wie beim Hollunder (*Sambūcus nigra*) nur halb bedeckt, wenn die Schuppen nicht lang genug sind. Auffallend ist es, dass die Decken beim Faulbaum (*Rhamnus Frangŭla*), welcher nur eine wie erfroren aussehende nackte Knospe (*gemma nuda*) trägt, sowie auch bei *Viburnum Lantāna* fehlen. Im Uebrigen haben die Bäume und Sträucher der wärmeren Himmelsstriche meist nackte Knospen, d. h. die vorgebildeten Blättchen stehen frei.

Fig. 92.

Nackte Knospe des kleinen Mehlbaumes, *Viburnum Lantāna*.

Die Knospen lassen sich ferner je nach dem Endziel ihrer Entwickelung unterscheiden als Laub- oder Triebknospen (*gemmae foliifĕrae*), als Blüthenknospen (*g. florifĕrae*), und, wenn sie sowohl Blätter als Blüthen entwickeln, als gemischte Knospen, Tragknospen (*g. mixtae s. folĭo-florifĕrae*).

Nun giebt es auch Axillarknospen, welche sich von der Mutterpflanze loslösen und getrennt von derselben eine neue Axe (und natürlich auch nur Adventivwurzeln) treiben. Solche

Axillarknospen heissen Brutknospen (*bulbilli*), und man rechnet sie je nach Beschaffenheit ihrer Decken zu den Zwiebelknospen (*bulbogemmae*), Knospenknöllchen (*tuberogemmae*) etc. Man findet sie in den Winkeln der Wurzelblätter von *Saxifrăga granulāta*, in den Blattwinkeln des gemeinen Scharbockkrautes (*Ficarĭa ranunculoīdes Mœnch*), der Feuerlilie (*Lilĭum bulbifĕrum*). Wenn sich die Brutknospen an der Mutterpflanze selbst entwickeln, ehe sie abfallen, so nennt man diese lebendig gebärende Pflanze (*planta vivipăra*), z. B. *Polygŏnum vivipărum*.

Fig. 93.

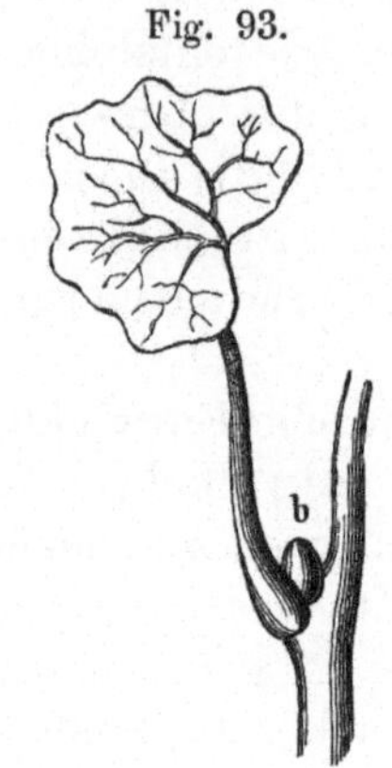

b Knöllchenknospe (*tuberogemma*) im Blattwinkel bei *Ranuncŭlus Ficarĭa* oder *Ficaria ranunculoīdes* Moench.

Die Zusammenfaltung der Blätter in der Knospe, und die gegenseitige Lage und Stellung dieser Blätter zu einander, die Knospenlage, Knospendeckung (*praefoliatio*) sind nicht nur verschieden, sondern auch für die Art der Pflanze nicht selten charakteristisch. Die Blätter in der Knospe sind bald in der Länge, bald in der Quere zusammengefaltet, oder zusammengerollt, die Falten liegen entweder in scharfer Kante oder mit abgerundeter Biegung, oder ohne alle Regelmässigkeit zusammengeknittert. Das Bild eines Horizontalschnittes (Diagramm) macht die Knospenlage dem Auge fasslicher. Die unten folgenden Figuren sind dergleichen Diagramme.

Die Knospenfaltung ist einfach (*praefoliatĭo duplicāta*), wenn die Blätter am Mittelnerven der Länge nach zusammen geschlagen sind, wie beim Kirschbaum (*Prunus Cerăsus*), die Blätter sind nach innen eingerollt (*praef. involūta*), wie beim Birnen- und Apfelbaum (*Pirus commūnis*, *Pirus Malus*), oder nach aussen umgerollt, zurückgerollt (*revolūta*), oder jedes Blatt ist für sich

Fig. 94.

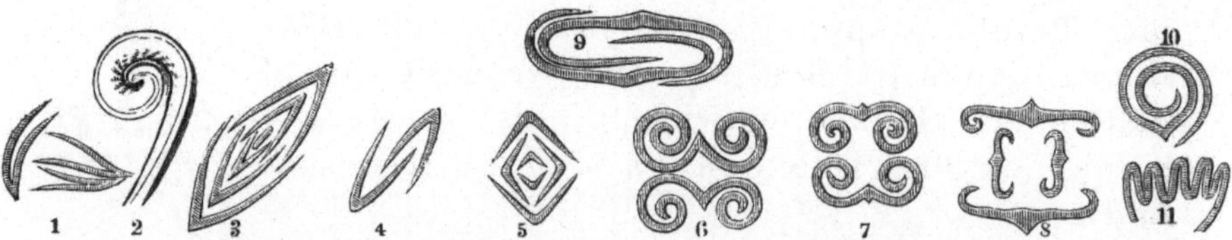

Praefoliato, Knospenlage. 3. halbdeckend (*alternativa*), übergreifend, zweischneidigreitend (*equitans*). 4. halbumfassend (*semiamplexa*). 5. übergreifend (*equitatīva*), ziegeldachförmig (*imbricatīva*). 8. gekreuzt (*decussāta*). 9. zwischengerollt (*obvolūtīva*). Die Knospenfaltung ist 1. zusammengelegt (*conduplicativa*). 2. schneckenförmig eingerollt (*circinālis, circināta*). 3. einfach gefaltet (*duplicatīva*). 6. zurückgerollt (*revolutīva*). 7. u. 8. eingerollt (*involutīva*). 10. übergerollt (*convolutīva*). 11. gefaltet (*plicatīva*).

spiralig eingerollt (*convoluta*). Sind die Blätter der Knospe (wie bei den Farnkräutern) von der Spitze gegen die Basis und von den Seiten zugleich eingerollt, so ist die Faltung schneckenförmig (*circinālis s. circināta*). In Betreff der Deckung liegen die Blätter umgefaltet aufeinander (*praefoliatĭo applicatīva*), oder sie decken sich ziegeldachartig (*p. imbricāta*) wie bei *Syringa*, oder sie decken sich abwechselnd (*p. alternativa*), reitend oder übergreifend (*equĭtans*), oder wenn sie von oben betrachtet über's Kreuz stehen, gekreuzt (*p. decussāta*).

Die Kiefernsprosse (*turĭo Pini, gemma Pini*), die Knospe der *Pinus silvestris*, wird als eine zusammengesetzte Knospe (*g. composĭta*) betrachtet. Sie enthält eine cylindrische Axe, aus welcher in gedrängter Spirale zahlreiche braunrothe schuppenförmige Blättchen entspringen, und in dem Winkel eines jeden dieser Blättchen ist in Form einer zarten häutigen Tute eine Nebenknospe entwickelt, welche die zu zweien aneinander stehenden jungen Nadelblätter (*folia acerōsa*) umfasst. Beim Auswachsen dieser Knospe verlängert sich zuerst die Hauptaxe und später erst die Nadelblätter der Nebenknospen. Bei Untersuchung der Kiefernknospe behufs Darstellung von Längs- und Querschnitten muss man wegen des Harzgehaltes das Messer mit Weingeist befeuchten.

Fig. 95.

a Endknospe der Kiefer (*Pinus silvestris*) im Frühjahr, *b* tutenförmiges Nebenknöspchen mit den beiden Nadelblättern.

Lection 17.

Anatomischer Bau der Axenorgane. Mark, Holz, Rinde. Jahresringe.

Durchschneiden wir horizontal einen Stamm, einen Ast, einen Stengel eines Dikotyledonengewächses in der Art, dass die Schnittfläche möglichst glatt ausfällt, so unterscheiden wir deutlich in der Mitte der Schnittfläche das Mark, dann einen äussersten concentrischen Ring, die Rinde, und zwischen Mark und Rinde einen zweiten dicken Ring, das Holz. In der Mitte liegt also das Mark, das Mark ist umgeben vom Holze und das Holz von der Rinde. Mark, Holz und Rinde sind die wesentlichsten Theile des Stammes.

Das Mark (*medulla*) besteht aus primärem Parenchym und ist unmittelbar aus dem Terminalkambium hervorgegangen. Es findet sich nur in der oberirdischen Axe und fehlt in der Wurzel in den allermeisten Fällen. In manchen Pflanzen schwindet es mit der Zeit, wodurch der Stengel hohl wird.

Das Holz (*lignum*) finden wir aus einem Ringe oder aus mehreren concentrischen Ringen bestehend. Bei perennirenden Gewächsen, Bäumen und Sträuchern erscheint es meist als ein vollständiger, d. h. geschlossener Ring, bei einjährigen Pflanzen dagegen aus einzelnen Holzbündeln, welche um das Mark in einen Kreis gestellt sind, zusammengesetzt.

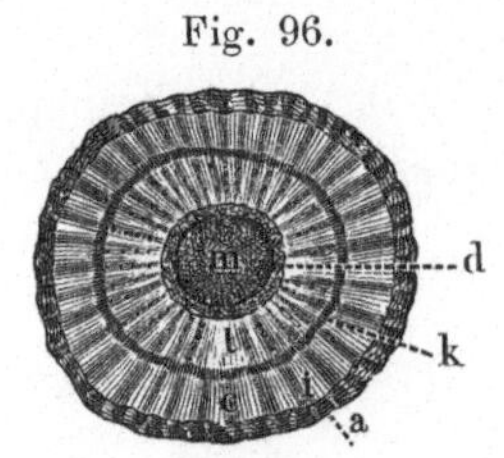

Fig. 96.

Querschnitt durch einen zweijährigen Bittersüssstengel (*Stipes Dulcamarae*). Schematische Figur. *m* Mark, *l* Holz, *c* Rinde. *a* Aussenrinde, *i* Innenrinde. *d* Markscheide, 10fach Vergr.

Die Rinde (*cortex*) erscheint dem Auge aus einigen oder mehreren Ringen zusammengesetzt, und sie besteht auch aus der Aussenrinde (*exophlœum*), der Mittelrinde (*mesophlœum*) und der Innenrinde oder dem Bast (*endophlœum*, *liber*).

Betrachten wir den Querschnitt eines einjährigen Dikotyledonengewächses mit einer guten Loupe, oder legen wir eine sehr feine Querschnitte unter das Objectiv eines Mikroskops, so beobachten wir eine Menge Gefässbündel (*f*) in einen Kreis um das Mark (*m*) gestellt. Dieser Kreis der Gefässbündel ist hier nicht geschlossen, denn letztere sind durch breite Markstrahlen (*rm*) von einander getrennt. Mark und Markstrahlen (*radii medulläres*) bestehen aus Parenchym. Eine Vereinigung der Gefässe mit Zellen stellt, wie wir wissen, ein Gefässbündel dar. Die im vorliegenden Beispiele in einen Kreis gestellten Gefässbündel stehen durch einen geschlossenen saftreichen Ring (*k*), den Kambium- oder Verdickungsring, im Zusammenhange. Der Verdickungsring besteht aus Fortbildungsgewebe (Kambium), welches hier das peripherische Wachsthum besorgt (daher die Bezeichnung Verdickungsring), und zwar sorgt der zwischen den Gefässbündeln liegende Theil des Kam-

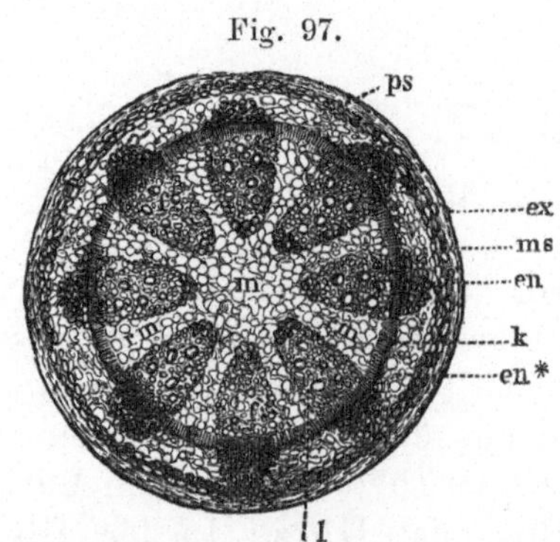

Fig. 97.

Schematische Figur eines einjährigen Dikotyledonengewächses. *m* Mark, *rm* Markstrahlen, *f* Gefässbündel, *k* Kambiumring, *ex* Aussenrinde, *ms* Mittelrinde, *en* und *en** Innenrinde, (*en* Bastbündel, *l* Holzbündel), *sp* Spiroïden oder Gefässporen.

biums für Neubildung und Wachsthum des Markstrahlengewebes, dagegen der innerhalb der Gefässbündel liegende Theil für das Wachsthum der Gefässbündel, indem er hier nach innen zu secundärem Holz (Splint), nach aussen zu secundärer Rinde (Bast) auswächst und sich in seinem Innern fortwährend neu ergänzt.

Die Kambiumschicht (*k*) theilt jedes Gefässbündel in zwei Theile, einen inneren oder Holztheil (*l*) und einen äusseren oder Basttheil (*en*), welcher einen Theil der Innenrinde (*endophlœum*) darstellt. Zuweilen unterscheidet man beide Theile in der Art, dass man den einen Holzbündel, den anderen Bastbündel nennt.

Die Mittelrinde (*ms*) bestcht aus primärem Parenchym. Sie ist nie von Markstrahlen durchschnitten. Die Aussenrinde (*ex*) ist gebildet aus Epidermis, oder später aus Korkgewebe.

Der älteste Theil des Holzes (die Markscheide) liegt dem Marke zunächst, der älteste Theil der Rinde an der Peripherie des Stammes, dagegen befindet sich das jüngste Holz innerhalb und die jüngste Rindenschicht ausserhalb am Verdickungsring.

Durchschneiden wir in horizontaler Richtung einen zwei oder mehrere Jahre alten dikotyledonischen Stengel oder Stamm, so zählen wir innerhalb des Holzringes mehrere concentrische Ringe, gewöhnlich so viele, als der Stamm Jahre vegetirte. Diese concentrischen Ringe hat man Jahresringe (*strata ligni concentrica*) genannt, weil sich nämlich alljährlich ein solcher Ring ansetzt. Ein dreijähriger Stamm, Stengel, Ast wird also auch drei Jahresringe aufweisen. Die Bildung der Jahresringe beruht auf dem periodischen Wachsthum, welches in unserem Klima durch den Winter bedingt wird. Die Thätigkeit des Kambiums ruht während der kalten Jahreszeit, und die neu gebildete Holzschicht hat ihren Abschluss gefunden. Mit dem Frühjahr beginnt die vegetative Thätigkeit des Kambiums auf's Neue und erzeugt nach innen neue Holz- und Gefässzellen, nach aussen neues Rindengewebe.

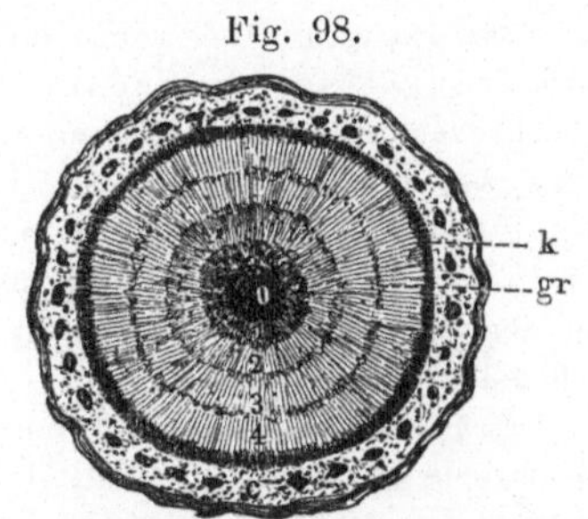

Fig. 98.

Querschnitt eines 4 jährigen Astes eines Nadelholzes. *o* Mark, 1, 2, 3, 4 Jahresringe, *gr* Jahresgrenze zwischen dem 3. und 4. Jahresringe, *k* Kambiumring, *c* Rinde.

Unter heissen Himmelsstrichen, wo eine wenig ausgeprägte Vegetationsruhe und daher ein periodisches Wachsthum nur unmerklich stattfindet, fehlt die regelmässige Bildung der Jahresringe, doch findet man dafür unechte oder Scheinringe.

Den zuerst gebildeten und das Mark zunächst umschliessenden Holzring nennt man die Markscheide (*corōna ligni*). Er bildet also den ältesten Holzring. Der letzte und jüngste, an die Rinde grenzende oder am Kambialringe liegende Holzring heisst Splint (*albūrnum*). Der Splint ist meist noch weich und saftig, das dem Mark näher liegende Holz ist fester und härter (Kernholz, *durāmen*). Letzteres besteht aus stark verholztem Gewebe und ist gleichsam abgestorben, während der Splint noch Saft leitet. Bei der Rinde findet, wie schon oben bemerkt ist, das umgekehrte Verhältniss statt. Die jüngste Rindenschicht (*endophloeum*) oder die Bastschicht bildet den innersten Ring, die älteste Rindenschicht (*exophloeum*) die äusserste.

Die Zahl der Holzringe an einem Stamme und Ast ist nicht eine gleiche, der ältere Trieb zeigt stets einen Jahresring mehr, als der im Jahre darauf entwickelte. Die zwei Jahr alte Gipfelspitze oder der zwei Jahr alte Ast eines 20 jährigen Baumes zeigt daher auch nur zwei Holzringe.

Auf der Thätigkeit des Kambiumringes beruht das peripherische, das Dickenwachsthum des Stammes, auf der des Terminalkambium das longitudinale oder Spitzenwachsthum. Ein peripherisches Wachsthum des Markes findet nicht statt. Das Gewebe desselben verharrt in seiner primären Ausbildung, nur seine Zellen verändern sich, indem sie sich mehr und mehr verdicken und verholzen, oder diese bleiben zartwandig oder sterben ganz ab und werden resorbirt.

Bemerkungen. Ueber die verschiedenen Schnittrichtungen ist zu bemerken, dass transversal, horizontal, quer, über Hirn (im rechten Winkel zur Axe) gleichbedeutend sind. Ebenso radial, longitudinal, vertical, senkrecht, Längs-, Spalt-, die Schnittrichtung längs oder in der Axe eines Cylinders (hier des Stammes). Ein Tangentialschnitt oder besser Secantenschnitt ist ein Spaltschnitt ausserhalb der Axe, und seine Richtung befindet sich im rechten Winkel zu dem Spaltschnitt. Secante ist eine gerade, einen Bogen in zwei Punkten durchschneidende Linie.

Exophloeum, Aussenrinde, von d. griech. ἔξω (exō), aussen, und φλοιός (phloios), Baumrinde. — *Mesophloeum*, Mittelrinde, und *Endophloeum*, Innenrinde, von μέσος (mesos) mitten; ἔνδον (endŏn) innerhalb.

Lection 18.

Anatomischer Bau des Stammes der Dikotyledonen.

Betrachten wir einen Querschnitt aus einem dikotyledonischen Stamme, welcher Querschnitt ein Gefässbündel umfasst, so zeigt uns die Schnittfläche (*I*) dasselbe (*mn*) seitlich von den Markstrahlen (*l,l*) eingefasst und sich von dem Mark (*k*) bis zur Mittelrinde (*c*) erstreckend. Die vor uns liegende Abbildung (Fig. 99) ist dem Gefässbündel eines zweijährigen Stammes entnommen, wie dies die aus engeren Zellen bestehende Jahresgrenze (*h*) beweist. In der Mitte des Gefässbündels finden wir einen secundären Markstrahl (*r*), welcher theils das Holzgewebe des zweiten Jahrringes (2), die Kambiumschicht (*e*), theils die Bastschicht (*d*) durchschneidet. Die Hauptoder primären Markstrahlen laufen stets in radialer Richtung vom Marke aus, die kleinen oder secundären Markstrahlen bilden sich in derselben Richtung innerhalb des Gefässbündels,

Fig. 99.

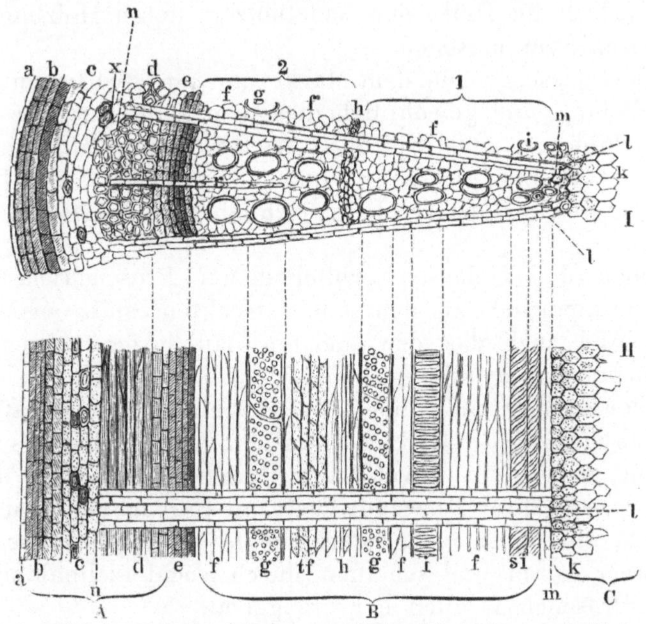

I. Schematisches Bild eines Gefässbündels einer zweijährigen Dikotyledonenaxe im Horizontalschnitt. 1. erster Jahresring, 2. zweiter. II. Dasselbe im Radialschnitt. *mn* Gefässbündel, *ll* Hauptmarkstrahlen, *r* secundärer Markstrahl, *k* Mark. *A* Rinde. *B* Holz, *C* Mark. *a* Epidermis, *b* Rindenkorkschicht, *c* Mittelrinde, Rindenparenchym, *d* Innenrinde oder Bastbündel, *e* Kambiumschicht, *f* Prosenchymgewebe, *g* Porengefäss, *tf* Holzparenchym, *h* Jahresgrenze, *i* Treppengefäss, *si* Spiralgefässe, *x* Steinzellen.

erstrecken sich jedoch einerseits nicht bis zum Mark (k), andererseits auch nicht bis zur Mittelrinde (c). Die Bastschicht (d) bildet die Innenrinde und wird nach Aussen von dem Rindenparenchym oder der Mittelrinde (c) begrenzt. Hier sehen wir zerstreut einige Steinzellen (x), d. h. verholzte Parenchymzellen, mit Verdickungsschichten völlig ausgefüllte Parenchymzellen. Die Mittelrinde (c), welche in ihrer Jugend gewöhnlich sich als eine äussere Rindenschicht aus dickwandigen chlorophyllhaltigen Zellen, und eine innere Rindenschicht aus mehr dünnwandigen stärkemehlhaltigen Zellen zusammengesetzt zeigt, wird nach aussen von der Aussenrinde, der Epidermis (a), welche bei der älteren Rinde zu fehlen pflegt und durch eine Korkschicht ersetzt ist, begrenzt.

Das Gefässbündel (mn) besteht aus Holzsubstanz (1 u. 2) und der Bastschicht (d). Man nennt den Holztheil auch Holzbündel, den Basttheil Bastbündel. Das Holzbündel besteht hauptsächlich aus Prosenchym und Gefässen, welche sich hier auf der Querschnittfläche als Gefässporen (g,i) dem Auge zu erkennen geben. Auf dem Querschnitt des Eichenholzes können wir diese Gefässporen selbst mit blossem Auge beobachten. Sie fehlen jedoch im Holze der Nadelhölzer, deren Holzbündel nur aus Prosenchym bestehen.

Die Gefässe, welche dem Marke am nächsten liegen (die der Markscheide), sind gewöhnlich dieselben geblieben, wie sie sich anfangs bildeten, meist Spiralgefässe (si). Hier im Radialschnitt sehen wir Treppengefässe (i) und punctirte Gefässe, Porengefässe (g), welche letzteren hauptsächlich alten Gefässbündeln angehören.

Neben den Gefässen erblicken wir Prosenchym (Holzgewebe f), kenntlich an den langgestreckten, spitz auslaufenden Zellen, und auch das den meisten Laubholzgewächsen eigene Holzparenchym (tf), bestehend aus kürzeren und weniger spitz oder stumpf endigenden Zellen, eine Uebergangsform der Prosenchymzellen in Parenchymzellen. Die Zellen des Holzparenchyms haben nie so verdickte Wandungen wie die des Prosenchyms, und ihrer Verwandtschaft mit Parenchym entsprechend enthalten sie meist auch Stärkemehl. Sie haben nie Tüpfel, dafür aber Poren und scheinen durch Tochterzellenbildung aus jungen Prosenchymzellen hervorzugehen.

Das Bastbündel (d), der nach aussen liegende Theil des Gefässbündels, geht aus dem peripherischen Theile des Kambiumringes (e) hervor. Es besteht gewöhnlich aus Bastzellen, denen

sich mehr oder weniger Bastparenchym, so wie auch Sieb-
röhren (*Mohl's* Gitterzellen) zugesellen. Die Zellen des Bast-
parenchyms entstehen in ähnlicher Weise wie die des Holzparenchyms und führen auch wie dieses Kohlenhydrate. Die Bildung der Bastzellen und Bastparenchymzellen scheint abwechselnd
zu erfolgen. Es entstehen in der Rinde übrigens ähnliche Jahresringe (Bastringe) wie im Holze, sie sind aber dünner und weniger
scharf begrenzt. Durch Maceration in Wasser oder Faulen-
lassen, wodurch das zwischen den jährlichen Bastringen gelagerte
Rindenparenchym zerstört wird, lässt sich die Bastschicht in
viele Lagen spalten.

Bei einigen Gewächsen findet nur im Anfange Bastzellenbildung statt, bei anderen entstehen dagegen wieder gar keine
Bastzellen (wie bei *Ribes*), sondern ausschliesslich nur Bastparenchym. In der Zimmtrinde, der Cascarillrinde und mehreren
Chinarinden finden sich nur im Bastparenchym zerstreute Bastzellen. Bei überwiegender Bastzellenbildung bildet das Bastbündel nach der Peripherie hin gewöhnlich einen Bogen (wie
oben in Fig. 99). Nennen wir die Mittelrinde primäres Rindenparenchym, so ist das Bastparenchym secundäres Rindenparenchym.

Das Parenchym, welches die ursprünglichen Gefässbündel
seitlich von einander trennt, bildet die primären und grossen
Markstrahlen (*l*). Dieselben verlaufen genau horizontal in
radialer Richtung und verbinden das Markparenchym mit dem
Rindenparenchym (Mittelrinde). Sie vermitteln den Säfteaus-
tausch zwischen Centrum und Peripherie der Axe, zwischen
Mark und Rinde, und sind in den mehrjährigen Gewächsen besonders die Bildungsstätten und Speicher von Stärkemehl, Harz
und anderen Stoffen für die folgende Vegetationsperiode.

Das Markstrahlengewebe entstammt nicht dem schlaffen
Markparenchym, sondern entspringt aus der Kambiumschicht
und besteht auch aus anders gestalteten Parenchymzellen. Im
radialen Längsschnitt erscheint es in Streifen von meist mauer-
förmigem Parenchym, im Secantenschnitt (Tangentialschnitt)
meist in rundlichen Zellen.

Mit zunehmender Entwickelung der Gefässbündel entstehen
secundäre oder kleine Markstrahlen (*r*), welche in schmäleren oder breiteren Bändern gleichfalls in horizontaler und radialer Richtung das Gefässbündel theilen, aber nicht mehr das
primäre Rindenparenchym und das Mark erreichen, sondern
noch innerhalb des Gefässbündels endigen. Die Markstrahlen-

zellen verdicken sich später, verholzen innerhalb des Holzbündels und bilden einen Theil desselben. Im Bastbündel bleiben sie dünnwandig und durchbrechen die Bastgewebeschichten vielfach.

Die Markstrahlen laufen, wohl zu bemerken, nicht senkrecht und ununterbrochen durch die Stengelglieder der Axe wie die Gefässbündel, sondern schieben sich in Streifen in die Stellen, wo die Gefässbündel nicht aneinanderliegen oder sich von einander abbiegen, ein. In ihrer Stellung und Stärke zeigen sie selten eine Regelmässigkeit, im Guajakholz (*lignum Guajăci*) sind sie jedoch sehr regelmässig vertheilt.

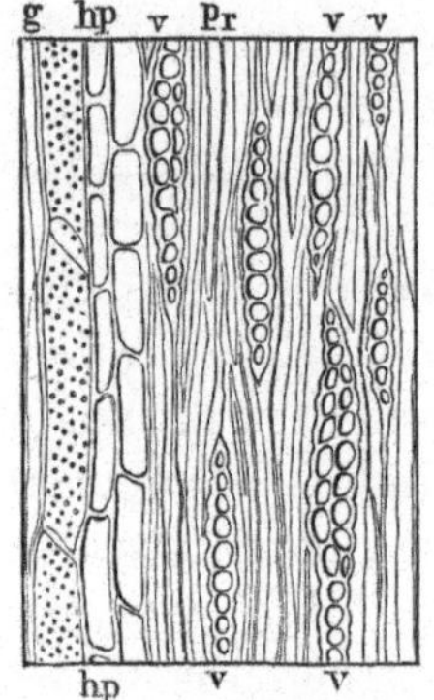

Fig. 100.

Secantenschnitt aus dem Quassienholze (*lignum Quassiae Surinamensis*). *g* Porengefäss, *hp* Holzparenchym, *pr* Prosenchym, *v* Markstrahlen. 80 mal vergr.

Manchmal spricht man auch von Rindenmarkstrahlen. Damit bezeichnet man die in den secundären Rindentheil sich erstreckenden Markstrahlen oder, wenn man will, die zwischen den wie Strahlen verlängerten Bastbündeln (Baststrahlen) sich ausdehnenden Rindenparenchymzipfel, welche an der Kambiumschicht auf die primären Markstrahlen (Holzmarkstrahlen) stossen. Die Rindenmarkstrahlen sind um so deutlicher, in je längere und spitzere Zipfel die Bastbündel sich in das Rindenparenchym einschieben. Auf dem Querschnitt einer aufgeweichten Cascarillrinde oder Angusturarinde können wir diese Rindenmarkstrahlen und Baststrahlen mit einer Loupe ganz gut unterscheiden.

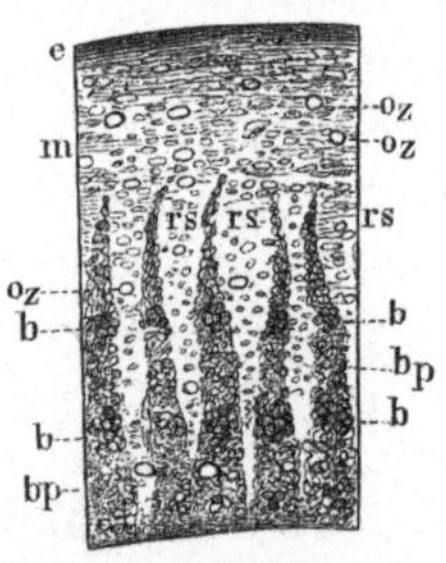

Fig. 101.

Ein Querschnitt eines Stückes Angusturarinde (*Cortex Angusturae*), *e* Aussenrinde, *m* Mittelrinde. *bbbp* Baststrahlen, *rs* Rindenstrahlen, *b* Bastzellen, *bp* Bastparenchym, *oz* Oelzellen. Vergr.

Im Stamm der Dikotyledonen finden wir, wie aus dem Gesagten hervorgeht, nur ungeschlossene Gefässbündel, denn das Kambium dieser Gefässbündel hört in seiner Thätigkeit nicht auf, das Dickenwachsthum der Axe fortzusetzen, natürlich bis zum Absterben der Pflanze. Bei den Monokotyledonen finden wir dagegen geschlossene Gefässbündel, welche zwar wie die vorhererwähnten entstehen, aber nur Anfangs nach aussen wachsen und dann durch Uebergang ihres trüben Kambiums in ein klares Zellgewebe aufhören, das Dickenwachsthum fortzusetzen.

Lection 19.

Anatomischer Bau des Stammes der Polykotyledonen. Anatomischer Bau des Stammes der Monokotyledonen.

Die Coniferen oder Zapfenbäume, gewöhnlich Nadelhölzer genannt, sind diejenigen Gewächse, welche mit wenigen Ausnahmen mit mehr als zwei Samenlappen keimen. Wenn man sie wie hier in Betreff des anatomischen Baues des Stammes den Dikotyledonen gegenüberstellt, nennt man sie auch wohl Polykotyledonen. Zu ihnen gehören unter anderen die bei uns vorkommenden Gattungen *Pinus* (Kiefer), *Picĕa* (Fichte), *Abĭes* (Tanne) und *Larix* (Lärche). Weil man diese Namen häufig mit einander verwechselt, so wollen wir uns schon bei dieser Gelegenheit die lateinischen und deutschen Gattungsnamen, wie sie zusammengehören, merken.

Die Entwickelung der Axe der Coniferen weicht von derjenigen der ausdauernden Dikotyledonen nur insofern ab, als sich die Holzbündel ausschliesslich aus Prosenchym (Holzzellengewebe) aufbauen, das Holz also weder Gefässe noch Holzparenchym enthält. In diesem Prosenchym der Coniferen, welches auch eine grosse Regelmässigkeit in der Anordnung seiner Zellen zeigt, finden sich ohne Ordnung zerstreut, auf dem Querschnitt weissen Nadelstichen ähnliche, haarfeine Harzgänge, welche jedoch in dem Tannenholze (dem Holze der *Abies pectināta DC.*) und im Eibenholze (dem Holze der *Taxus baccata*) fehlen.

Eine weitere Abweichung bietet der einzelne Jahresring für sich betrachtet, denn an einem Jahresring des Nadelholzes unterscheidet sich das Frühjahrsholz vom Herbstholze durch Farbe und Dichtigkeit. Das Frühjahrsholz (der innere Theil des Jahresringes), das Produkt einer überaus energischen Vegetation, hat weitere dünnwandige Zellen

Fig. 102.

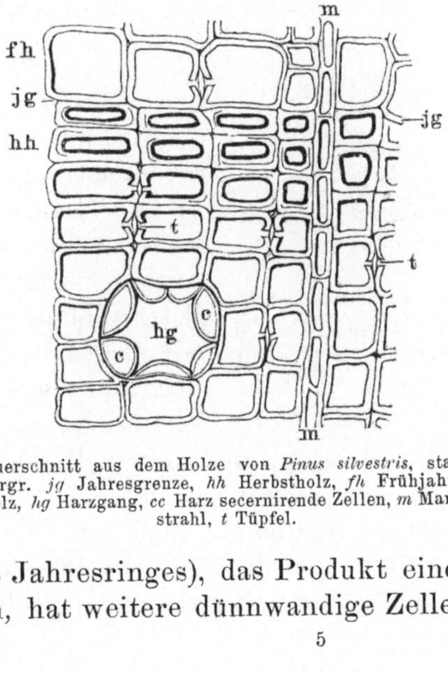

Querschnitt aus dem Holze von *Pinus silvestris*, stark vergr. *jg* Jahresgrenze, *hh* Herbstholz, *fh* Frühjahrsholz, *hg* Harzgang, *cc* Harz secernirende Zellen, *m* Markstrahl, *t* Tüpfel.

und ist daher der leichtere und weichere Theil. Die Prosenchymzellen sind getüpfelt, die Tüpfelräume stehen aber nur an denjenigen Seiten der Zellen, welche den gewöhnlich sehr dünnen Markstrahlen zugewendet sind.

Ganz verschieden von dem inneren Bau der Axe der Dikotyledonen und Polykotyledonen ist derselbe bei den Monokotyledonen.

In dem Stamme der Monokotyledonen sind die Gefässbündel nicht in einen concentrischen Kreis gestellt, sondern in dem Zellgewebe, womit der Stamm ausgefüllt ist, regelmässig oder nicht regelmässig zerstreut. Ferner sind die Gefässbündel geschlossen, und endlich sind Rinde, Holz und Mark gar nicht in der Anordnung vertreten, wie es bei den Dikotyledonen der Fall ist. Die monokotyledonische Axe hat weder concentrische Holzringe noch Markstrahlen.

Auf dem Querschnitt eines Monokotyledonenstammes (z. B. eines Galanga-, Zedoaria-, Zingiberrhizoms) erscheinen die Gefässbündel ohne regelmässige Anordnung durch das Parenchym zerstreut. Ausnahmen giebt es auch hier, denn auf dem Querschnitt des Mais (*Zea Mays*) finden wir die Gefässbündel ziemlich regelmässig gestellt.

Die Gefässbündel der Monokotyledonenaxe sind geschlossene. Das Kambium (Kambialstrang), welches jedes Gefässbündel in seiner Mitte und umgeben von Holz- und Bastzellen mit sich führt, ist nicht thätig und regenerirt sich nicht wie bei den Dikotyledonen bis zum Tode der Pflanze, sondern es ist nur eine gewisse Zeit lang fortbildungsfähig, und mit vollendeter Ausbildung des Gefässbündels verwandelt es sich in klares Parenchymgewebe. Damit hört es natürlich auch auf, die Funktionen des Kambiums zu erfüllen und das Dickenwachsthum fortzusetzen. Mit der Verwandlung des Kambiums in Zellgewebe ist somit die Fähigkeit

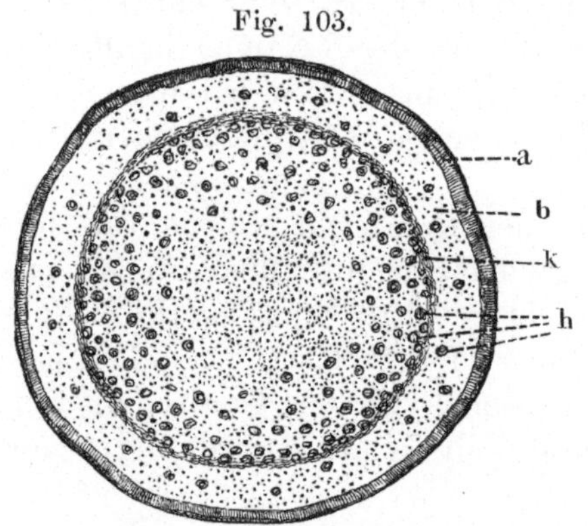

Fig. 103.

Querschnitt des *Rhizōma Zedoariae* (Zittwerwurzel). *a* Aussenrinde (hier Korkrinde), *b* Mittelrinde, *k* Innenrinde oder Kernscheide, *h* Holzbündel (Gefässbündel).

Fig. 104.

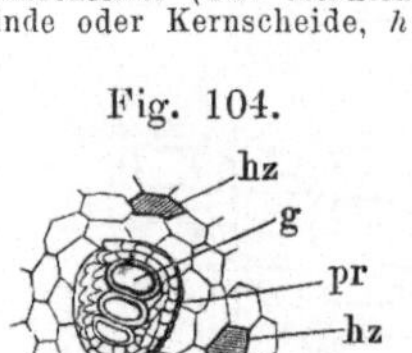

Ein Gefässbündel aus dem *Zedoariarhizom. g* Spiralgefässe, *pr* Prosenchymzellen, *pa* Parenchym, *hz* Harz- und Oelzellen.

des Gefässbündels zu wachsen abgeschlossen. Die Monokotyledonenstämme werden im Allgemeinen aus diesem Grunde mit zunehmendem Alter nicht dicker, sondern wachsen nur durch Auswachsen der Terminalknospe in die Länge. In einigen Fällen nimmt zwar der monokotyledonische Stamm, z. B. des Drachenbaumes (*Dracæna*), im Umfange zu, aber nicht durch Wachsthum primärer Gefässbündel, wie bei den Dikotyledonen, sondern theils durch Bildung neuer, von den primären unabhängiger Gefässbündel, theils durch Verzweigung primärer und noch Kambium führender Gefässbündel.

In der monokotylen Axe mit entwickelten Axengliedern (Internodien), wie z. B. bei den Gräsern (*Gramineae*), verlaufen die Gefässbündel in gerader Richtung parallel nebeneinander. In den Knoten spaltet sich ein jedes der Gefässbündel. Ein Zweig desselben tritt in das folgende Stengelglied über, der andere biegt sich nach aussen und tritt in das Blatt. Derselbe Verlauf findet in der Höhe einer Blattknospe statt.

Bei den monokotylen Stämmen mit unentwickelten Axengliedern verlaufen die Gefässbündel in anderer Anordnung, indem sie am dichtesten nach der Peripherie, am lockersten nach der Mitte des Stammes zusammenstehen. Die unten nach der Peripherie zu entspringenden Gefässbündel verlaufen anfangs gerade auf, hierauf in einem nach der Mitte des Stammes convexen Bogen und treten dann in die obersten Blätter, während die in der Mitte des Stammes aufsteigenden in die untersten Blätter eintreten. Beistehendes Schema erläutert diese Anordnung der Gefässbündel, wie wir sie in den Palmenstämmen (*caulomäta*) antreffen.

Rinde, Holz und Mark sind nicht in der Weise vorhanden wie bei den Dikotyledonen. Der die Innenrinde bildende Bast fehlt und ist nur zuweilen durch einen Ring prosenchymatischer Zellen,

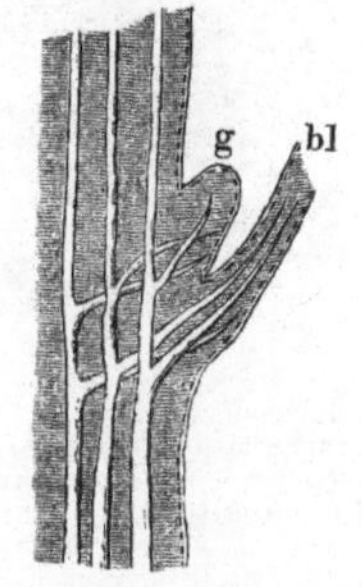

Fig. 105.

Ein ideales Schema eines verticalen Durchschnitts eines Knotens am Grashalme. (*g* Knospe, *bl* Blatt), die Spaltung der Gefässbündel zeigend.

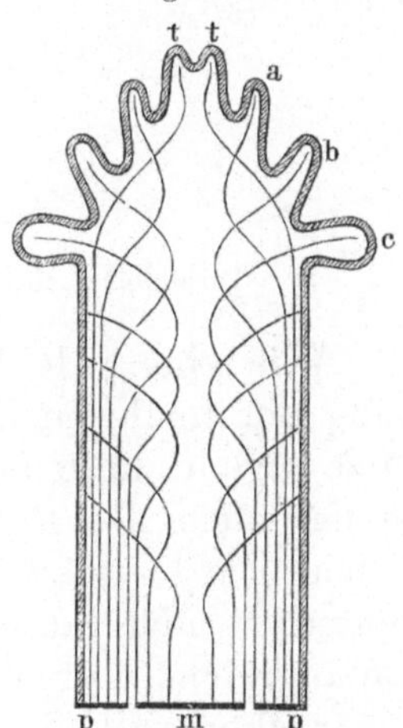

Fig. 106.

Schema eines Längsdurchschnittes einer Terminalknospe des Palmstammes, den Verlauf der Gefässbündel zu zeigen. *tt* jüngste Blätter, *a b c* ältere Blätter. *m* Gefässbündel der Mitte, *p* solche nach aussen stehend.

welchen *Schleiden* Kernscheide nennt, vertreten. Bald sind Rindenschichten vorhanden, bald nicht. Das Parenchym, welches die Stelle des Markes einnimmt, ist häufig mehr oder weniger von Gefässbündeln durchzogen, kann also in einem solchen Falle genau genommen auf die botanische Bezeichnung Mark keinen Anspruch machen, man pflegt es aber gewöhnlich mit Mark zu bezeichnen. Bei den Rhizomen der Zingiberaceen, wie *Rhizōma Zingibĕris*, *Zedoariae*, *Curcŭmae*, auch bei *Rhizōma Calămi* ist selbst das ausserhalb der Kernscheide liegende Parenchym von Gefässbündeln durchzogen. In den Fällen, in welchen ein geschlossener Holzring sich ausgebildet hat, wie bei der Sassaparilla, ist derselbe durch eine Kernscheide von der Rinde getrennt, und die Markstrahlen sind unentwickelt, d. h. sie erreichen nicht die Kernscheide. Die Bezeichnungen Kernscheide und Innenrinde sind im vorliegenden Falle gleichbedeutend.

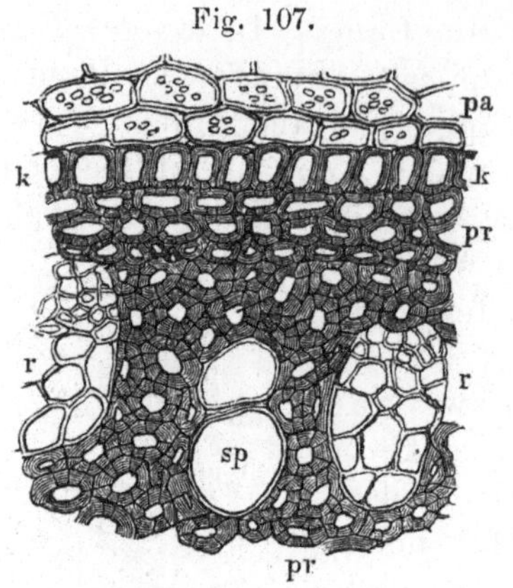

Fig. 107.

Honduras-Sassaparille. Ein kleiner Theil des Querschnitts, 200 mal vergr. *kk* Kernscheide, *pr* Prosenchym, *pa* Parenchym der Rinde, Stärkemehl enthaltend, *sp* Gefässe, *r* unentwickelte Markstrahlen.

Lection 20.

Terminologisches. Kunstausdrücke, *termĭni technĭci*. Die Linie.

Wie eine jede Wissenschaft und jede Kunst zur Bezeichnung der in ihrem Umfange vorkommenden Begriffe und Grundsätze eigenthümliche Ausdrücke angenommen hat und gebraucht, so hat auch die Botanik eine grosse Menge solcher Kunstausdrücke (*termĭni technĭci*), bei uns sogar in zwei Sprachen, der deutschen und lateinischen, sich eigen gemacht, und eine sehr umfangreiche Terminologie, d. h. die Lehre von den Kunstausdrücken und die Erklärung derselben, ausgebildet.

Es wäre für den Lernenden sehr ermüdend, wollte er hier die Erklärung eines jeden gebräuchlichen und gebräuchlich gewesenen Kunstausdruckes (*termĭnus technĭcus*) ohne Unterbrechung zu seinem Studium machen. Einen Theil lernt er bei der Beschreibung der Pflanzen und ihrer Theile kennen, ein anderer Theil, dem gewöhnlichen Leben entnommen, erklärt sich selbst. Es wäre hier also Allgemeines und einiges Besondere von den Kunstausdrücken und den Formen derselben zu erwähnen, wozu sich später nicht immer Gelegenheit finden dürfte.

Die intensiven Verhältnisse und Formen der Körper lassen sich auf Linie, Fläche und Körper zurückführen, und zwar fassen wir der Kürze halber die Pflanze, sowie jeden Theil derselben, in Rücksicht auf Längenausdehnung als Linie, in Rücksicht auf Längen- und Breitenausdehnung als Fläche, auf Längen-, Breiten- und Höhenausdehnung als Körper auf, ohne jedoch dieser Auffassung eine streng mathematische Bedeutung zu unterbreiten.

An der Linie unterscheiden wir die Basis, den Grund (*basis*), denjenigen der beiden Endpunkte, in welchem die Linie befestigt ist, die Endpunkte und die zwischen denselben liegende Mitte (*medium*), dann den Mittelpunkt (*centrum*), den Punkt, welcher innerhalb der Linie liegt und von beiden Endpunkten gleichweit entfernt ist. Die Spitze (*apex*) ist der der Basis oder dem Anheftungspunkte entgegengesetzte, also der zweite Endpunkt.

Die Linie (*linĕa*), worunter wir uns jeden Pflanzentheil in Bezug auf seine Längenausdehnung vorstellen können, kann an und für sich sein: gerade (*recta*); krumm (*curva*); gekrümmt (*curvāta*), wenn sie überhaupt in einem Bogen von der geraden Richtung abweicht; gekniet (*geniculāta*), in einen Winkel gebogen; hin- undhergebogen (*flexuōsa*), mehrere Winkel in abweichender Richtung bildend; wellenförmig (*undulāta*); S förmig (*sigmoïdĕa*); hakenförmig (*uncināta*), an der Spitze umgebogen (nicht zu verwechseln mit hakig, *hamōsus*, *hamātus*, mit an der Spitze zurückgekrümmten Haaren, Borsten, Stacheln ver-

Fig. 108.

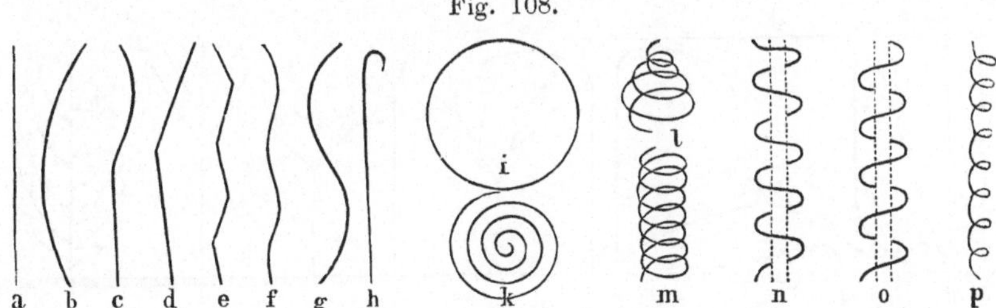

a Linie, gerade (*linĕa recta*), *b* krumme (*curva*), *c* gekrümmte (*curvāta*), *d* gekniete (*geniculāta*), *e* hinundhergebogene (*flexuōsa*), *f* wellenförmige (*undulāta*), *g* Sförmige (*sigmoïdĕa*), *h* hakenförmige (*uncināta*), *i* zirkelförmige (*circulāris*), *k* schneckenförmig aufgerollte (*circināta*), *l* schneckenförmige (*cochleāta*), *m* und *p* spiralige oder schraubenförmig gewundene (*spiralis*), *n* sich rechtswindende, *o* sich linkswindende.

sehen); zirkelförmig (*circulāris*), eine Zirkellinie beschreibend; kreiselnd oder schneckenförmig aufgerollt (*circināta, circinālis*), wenn die Windungen in einer Ebene liegen; schneckenförmig (*cochleāta*), wenn die Windungen übereinanderliegen und nach oben immer kleiner werden; spiralig oder schraubenförmig gewunden (*spirālis*), wenn die übereinanderliegenden Windungen gleich gross sind; gewunden, sich windend (*volubĭlis*), spiralig gedreht für sich oder um eine Axe und zwar, wenn sich der Beschauer in die Axe versetzt, rechts (*dextrorsum*), von der Linken zur Rechten aufwärts gewunden, und links (*sinistrorsum*), von der Rechten zur Linken aufwärts gewunden.

In Bezug auf die Richtung ist eine Linie: aufrecht (*erecta*), mehr oder weniger senkrecht und mit der Spitze nach dem Himmel gerichtet; straff aufrecht (*stricta*), wenn sie zugleich ohne Krümmung ist; verkehrt (*inversa*), mit der Spitze nach unten, mit der Basis nach oben; wagerecht (*horizontālis*); senkrecht (*perpendicŭlaris, verticalis*); schief (*oblīqua*), eine Richtung zwischen senkrecht und wagerecht habend; aufsteigend (*adscendens*), am Grunde einen Bogen bildend und dann aufwärtssteigend; abwärtssteigend (*descendens*), nach der Erde strebend; abwärts geneigt (*declināta*), in schiefer Richtung aufwärts und dann sich in einem flachen Bogen nach der Erde neigend; übergebogen (*cernŭa*), zuerst aufwärtssteigend und dann in einem sanften Bogen sich gegen den Horizont beugend; überhängend, nickend (*nutans*), in gerader Richtung aufwärtssteigend und dann mit der Spitze in einem Bogen sich abwärtsneigend; hingestreckt, niederliegend (*prostrāta, procumbens, humifūsa*), auf der Erde flach aufliegend; niedergebogen (*decumbens*), an der Basis anfangs etwas aufsteigend, dann auf die

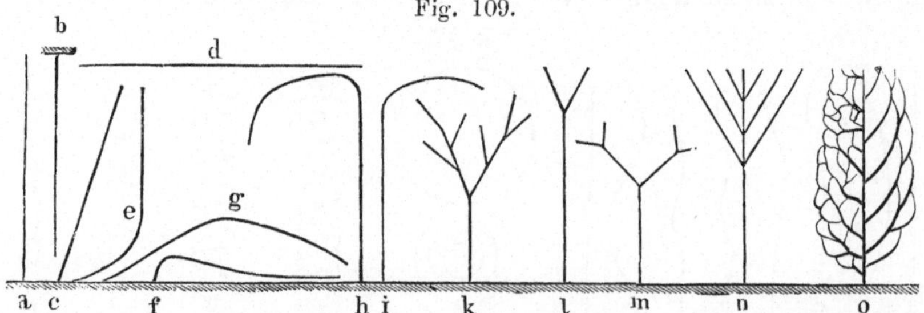

Fig. 109.

a Linie, aufrechte (*erecta*), einfache (*simplex*), senkrechte (*perpendiculāris*), *b* verkehrte (*inversa*), herabhängende, (*pendŭla*), *c* schiefe (*oblīqua*), *d* wagerechte (*horizontālis*), *e* aufsteigende (*ascendens*), *f* niedergebogene (*decumbens*), *g* abwärts geneigt (*declināta*), *h* überhängende (*nutans*), *i* übergebogene (*cernŭa*), *k, l, m, n* ästiggetheilte (*ramōsa*), *l* gabelästige (*furcāta*), *m* wiederholtgabelästige (*dichotŏma*), *n* gegipfelte (*fastigiāta*), *o* anastomosirende (*anastomōsans*).

Erde sich hinstreckend; herabhängend (*pendŭla*), schlaff von dem Anheftungspunkt abwärtshängend.

In Betreff der Theilung ist die Linie: einfach, ungetheilt (*simplex*); ästig (*ramōsa*), in Aeste sich spaltend; gabelig (*furcāta*), an der Spitze sich aus einem Punkte in zwei Aeste theilend; wiederholtgabelig, gabelästig (*dichotŏma*), wenn sich die gabelige Theilung an den ersten Gabelästen wiederholt; wiederholtdreigabelig (*trichotŏma*); strahlig (*radiāta*), an der Spitze sich strahlig theilend, die Strahlen liegen ziemlich in einer Ebene; gegipfelt (*fastigiāta*), wenn die Verzweigung in verschiedener Höhe stattfindet, die Spitzen oder die Gipfel der Aeste aber in einer gemeinschaftlichen Fläche liegen; aderästig (*anastomōsans*), wenn die Aeste mit ihren Spitzen in einander münden oder sich netzaderig verbinden. Anastomose (*anastomōsis*), das Ineinandermünden der Aeste.

Im Verhältniss zu einer anderen Linie oder einer Axe ist die Linie: einzeln (*solitarĭa*), wenn aus einem Punkte nur eine Linie entspringt. Die Linien sind zu zweien stehend (*binae, binātae*), zu dreien (*ternae, ternātae*), zu vieren (*quaternae, quaternātae*), wenn 2, 3, 4 Linien nebeneinander entspringen, dagegen gepaart (*gemĭnae, geminātae, ronjugātae*), zu zweien stehend und aus einem Punkte entspringend. Die Linie ist endständig, gipfelständig (*terminālis*), wenn sie auf der Spitze, grundständig (*basālis*), wenn sie aus der Basis einer Axe entspringt; seitenständig (*laterālis*), aus der Seite einer Fläche oder eines Körpers entspringend; mittelständig (*centrālis*), in der Mitte einer Fläche entspringend; winkelständig (*axillāris*), in einem Winkel entspringend. Sie ist aufgesetzt (*imposĭta*) oder eingefügt (*inserta*) an der Spitze (*apĭci*), am Grunde (*basi*), vorn (*antīce*), hinten (*postīce*), in der Mitte (*medĭo*), im Mittelpunkte (*centro*) einer Fläche oder eines Körpers, und steht vorwärts oder aufwärts (*sursum, prorsum, antrorsum*), mit der Spitze nach der Spitze der Axe zu, abwärts, rückwärts (*deorsum, retrorsum*), mit der Spitze nach der Basis der Axe zugekehrt.

Zwei Linien sind gegenüberstehend, gegenständig (*opposĭtae*), wenn sie auf entgegengesetzten Seiten einer Axe und in gleicher Höhe entspringen; kreuzständig (*decussātae*), wenn zwei Paare gegenständiger Linien so gestellt sind, dass sie von oben oder unten betrachtet ein Kreuz bilden. Die Linien sind wechselständig, abwechselnd (*alternae, alternantes*), wenn sie an entgegengesetzten Seiten einer Axe entspringen, aber in verschiedener Höhe; wirtelförmig (*verticillātae*), wenn mehrere wie

Fig. 110.

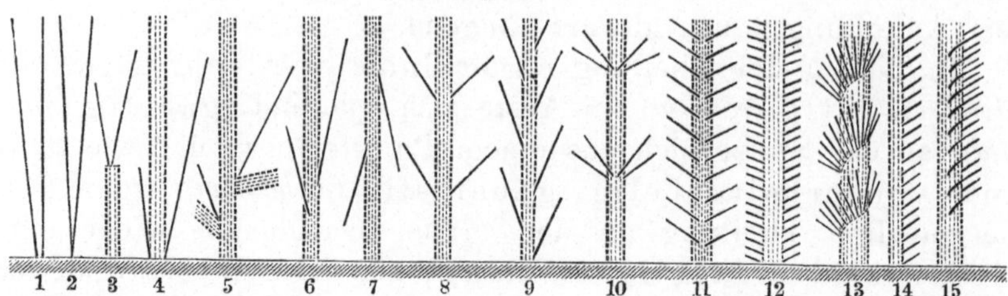

1. Linien, zu zweien *(lineae binae)*, 2. gepaarte *(geminae)*, 3. endständige *(termināles)*, 4. grundständige *(basāles)*, 5. winkelständige *(axillāres)*. 6. seitenständige *(laterāles)*, aufwärts aufgesetzt *(sursum impositae)*, 7. seitenständige *(laterāles)*, abwärts aufgesetzte *(deorsum impositae)*, 8. gegenständige *(oppositae)*, 9. wechselständige *(alternae)*, 10. wirtelförmig stehende *(verticillātae)*, 11. zweireihig stehende *(bifariae)*, 12. zweizeilig stehende *(distīchae)*, 13. spiralig stehende *(spiralīter posītae)*, 14. einseitig stehende *(unilaterāles)*, 15. einseitswendig stehende *(secundae)*.

die Aeste eines Quirls um eine Axe gestellt sind; **zweireihig** (*bifariae*, Adv. *bifariam*), in zwei Reihen stehend, **drei-, vier-, vielreihig** (*tri-, quadri-, multifariae*); **zweizeilig** (*distīchae*), wenn sie auf entgegengesetzten Seiten einer Axe entspringen, aber sämmtlich in einer Ebene liegen; **gereiht** (*seriātae*), in Reihen gestellt; **spiralig stehend** (*spiralīter posītae*), in einer Schraubenlinie um eine Axe entspringend; **einseitig** (*unilaterāles*), nur an einer Seite einer Axe entspringend und auch nach dieser Seite hingewendet; **einseitswendig** (*secundae, homomallae*), um eine Axe herum entspringend, aber nur nach einer Seite gerichtet; **zerstreut** (*sparsae*), ohne Ordnung um die Axe herum entspringend, und dann **gegipfelt, gleichhoch** (*fastigiātae*), wenn die Spitzen der höher und niedriger entspringenden Linien in einer Fläche liegen, **sparrig** (*squarrōsae*), wenn die Spitzen dabei in keiner gemeinschaftlichen Fläche liegen; **entfernt von einander stehend** (*remōtae*); **genähert** (*approximātae*); **zusammenneigend** (*conniventes*), getrennt stehend und mit dem oberen Theile sich nähernd; **auseinanderlaufend** (*divergentes*), sich mit dem oberen Theile mehr und mehr von einander entfernend; **dichtstehend**

Fig. 111.

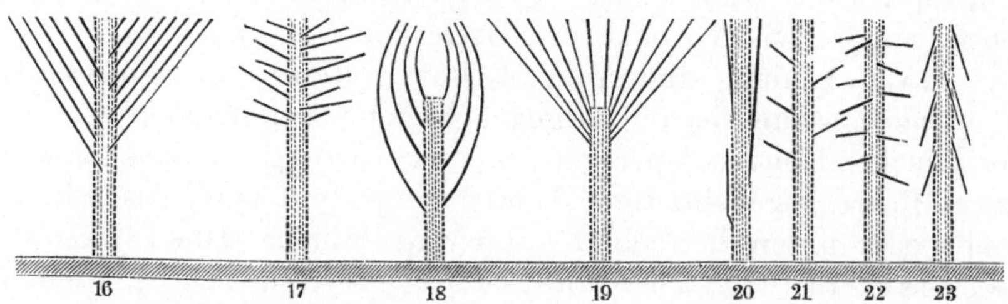

16. gegipfelte *(fastigiātae)*, 17. sparrigstehende *(squarrōsae)*, 18. zusammenneigend *(conniventes)*, 19. auseinander laufend *(divergentes)*, 20. angedrückt stehende *(adpressae)*, 21. abstehende *(patentes)*, 22. ausgespreizt stehende *(divaricātae)*, 23. zurückgebogen stehende *(reflexae)*.

(*densae, confertae*), weitläufig stehend (*laxae*), dünn oder locker stehend (*rarae*); verwebt (*intricātae, intertextae, contextae*), ohne Ordnung durch einander verflochten; verflochten (*implexae*), nach einer Richtung in einander verflochten; eingesenkt (*immersae*); hervorstehend (*exsertae*); umgebend (*cingentes*); umfassend (*amplectentes*); aufliegend (*incumbentes*); angedrückt (*adpressae*), einer Linie oder Axe anliegend mit nach oben gerichteten Spitzen; abstehend (*patentes*), in einem Winkel von 45 bis 60° abstehend; ausgespreizt (*divaricātae*), in einem stumpfen Winkel abstehend; zurückgeschlagen, zurückgebeugt (*reflexae*), von der Axe in einem oberen Winkel von 150 bis 170° abstehend. Die Linien sind ferner gleichgestaltet (*conformes*) oder ungleichgestaltet (*difformes*).

Bemerkungen. Ausdrücke für die Zahlenverhältnisse. Mit Worten, welche der alt-griechischen Sprache entnommen sind, werden in Zusammensetzungen auch nur die griechischen Zahlwörter verbunden.

In Zusammensetzungen.	latein.	griech.	In Zusammensetzungen.	latein.	griech.
½, ...	semi-	hemi-	10, zehn, *decem*	decem-	deca-
1, eins, *unus, a, um*	uni-	mono-	11, elf, *undĕcim*	undĕcim-	hendĕca-
2, zwei, *duo, ae, o*	bi-	di-	12, zwölf, *duodĕcim*	duodĕcim-	dodĕca-
3, drei, *tres, tria*	tri-	tri-	20, zwanzig, *viginti*	viginti-	icŏsi-
4, vier, *quatnor*	quadri-	tetra-	100, hundert, *centum*	centi-	hecăto-
5, fünf, *quinque*	quinque-	penta-	1000, tausend, *mille*	mille-	chilio-
6, sechs, *sex*	sex-	hexa-	viel, *multus, a, um*	multi-	poly-
7, sieben, *septem*	septem-	hepta-	wenig, *paucus, a, um*	pauci-	olĭgo-
8, acht, *octo*	octo-	octa-	spärlich, *parcus, a, um*	parci-	
9, neun, *novem*	novem-	ennea-			

Lection 21.

Terminologisches (Fortsetzung). Die Fläche.

In Rücksicht auf Längen- und Breitenausdehnung lassen sich die Pflanzen und ihre Theile als Flächen betrachten. Die für die verschieden gestalteten und geformten Flächen geltenden Kunstausdrücke finden meist Anwendung auf die Blätter der Pflanzen.

An einer Fläche (*superficies*) unterscheiden wir die Linie, welche sie einschliesst und Rand (*margo*) genannt wird. Denken wir uns die Fläche in irgend einem Punkte unmittelbar oder durch eine Linie einer Axe angeheftet, so unterscheiden wir den Anheftungspunkt als Basis, Grund (*basis*) und den der Basis gegenüberliegenden Punkt des Randes als **Spitze** (*apex*), dann eine **Unterseite** (*pagĭna inferĭor*), die Seite, welche, wenn die Spitze nach oben steht, nach aussen, wenn die Fläche wagerecht liegt, nach unten sieht, und wenn die Spitze nach unten steht, der Axe zugewendet ist, und eine **Oberseite** (*pagĭna superĭor*), die der Unterseite entgegengesetzte. Ferner unterscheidet man den der Axe zugekehrten Theil des Randes als **Hinterrand**

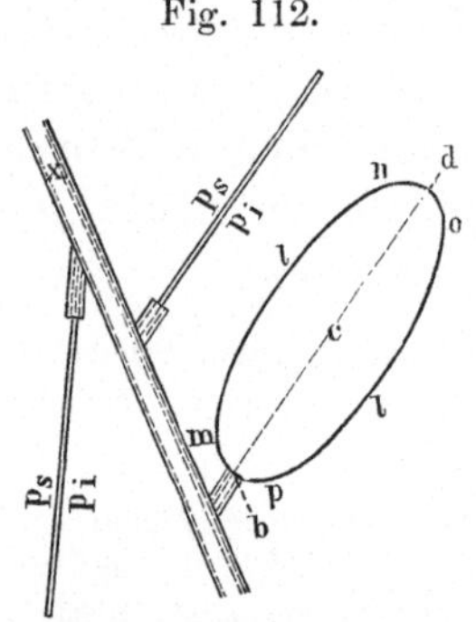

Fig. 112.

Schematische Figur eines flachen Pflanzenorganes (eines Blattes): *ll* von oben gesehen, *ps pi* von der Seite gesehen, *x* eine Axe, *b* Basis, *d* Spitze, *pi* Unterseite, *ps* Oberseite, *mp* Hinterrand, *no* Vorderrand, *ll* Seitenränder, *c* Mitte.

(*margo posterĭor*), den der Axe abgewendeten Theil als **Vorderrand** (*margo anterĭor*), und die zwischen Vorder- und Hinterrand liegenden Theile des Randes als **Seitenränder** (*margĭnes laterāles*). Je nachdem die Theile der Fläche von dem Vorder-, Hinter- oder Seitenrande begrenzt sind, unterscheiden wir einen **vorderen Theil** (*pars anterĭor*) der Fläche, einen **hinteren Theil** (*pars posterĭor*), und zwei **Seitentheile** (*partes laterāles*). Letztere sind, wenn der Hinterrand uns zugekehrt liegt, ein **rechter** (*dextra*) und ein **linker** (*sinistra*). Was von diesen Theilen umschlossen wird, bildet die **Mitte** (*medĭum*). Ein von allen Punkten des Randes gleichweit entfernter Punkt der Mitte ist der **Mittelpunkt** (*centrum*). Die Dimension zwischen Basis und Spitze bildet die **Länge** (*longitūdo*), diejenige zwischen den Seitenrändern die **Breite** (*latitūdo*) der Fläche.

Die Fläche ist nach dem Verhältniss ihrer Dimensionen: **kreisrund** (*orbiculāta, orbiculāris*); **rund** (*rotunda*), nicht völlig kreisförmig; **rundlich** (*subrotunda*), fast rund; **elliptisch** (*elliptĭca, ellipsoïdĕa*), rundlich, aber 1½ mal länger als breit. Von der elliptischen Form ausgehend heisst sie **oval** (*ovālis*), wenn die grösste Breite in der Mitte liegt und die Breiten nach Spitze und Basis sich gleich sind; **eiförmig** (*ovāta*), wenn die grösste Breite der Basis näher liegt; **verkehrt- oder umgekehrt-eiförmig** (*obovata*), wenn die grösste Breite der Spitze näher liegt.

Nach dem Dimensionenverhältniss ist die Flächengestalt ferner: **länglich** (*oblonga*), ungefähr 3 mal länger als breit; **lancettförmig** (*lanceolāta*), 3—5 mal länger als breit; **linienförmig** (*lineāris*), sehr schmal und so lang, dass die Seitenränder parallel zu laufen scheinen; **spatelförmig** (*spathulāta*), an der Spitze breit und nach der Basis stark verschmälert; **keilförmig**

Fig. 113.

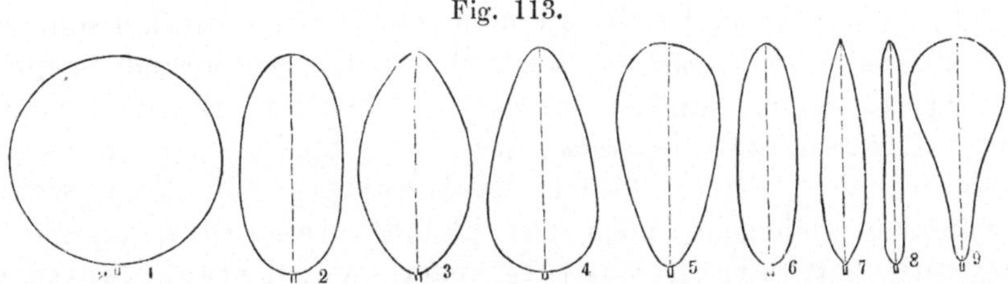

Blattformenschemata. *a* Basis oder Anheftungspunkt. 1. Blatt, kreisrundes (*folium orbiculare*), 2. elliptisches (*ellipticum*), 3. ovales (*ovāle*). 4. eiförmiges (*ovātum*), 5. umgekehrteiförmiges (*obovātum*), 6. längliches (*oblongum*), 7. lanzettförmiges (*lanceolātum*), 8. linienförmiges (*lineāre*), 9 spatelförmiges (*spathulātum*).

(*cuneāta*), umgekehrt eiförmig mit bis zur Basis in geraden Linien verlaufenden Seitenrändern; pfriemenförmig (*subulāta, subŭliformis*), fast linienförmig, aber nach der Spitze zu sich verschmälernd; rautenförmig (*rhombĕa, rhomboïdĕa*), der Form eines verschobenen Viereckes (Raute) gleichend oder sich nähernd; deltaförmig (*deltoïdĕa*), ein ziemlich gleichseitiges Dreieck mit stumpfen oder abgerundeten Ecken, und in der Mitte einer Seite liegt die Basis; spiessförmig oder spontonförmig (*hastāta*), schmal dreieckig mit an dem geradlinigen Hinterrand ausgezogenen spitzen Ecken.

Fig. 114.

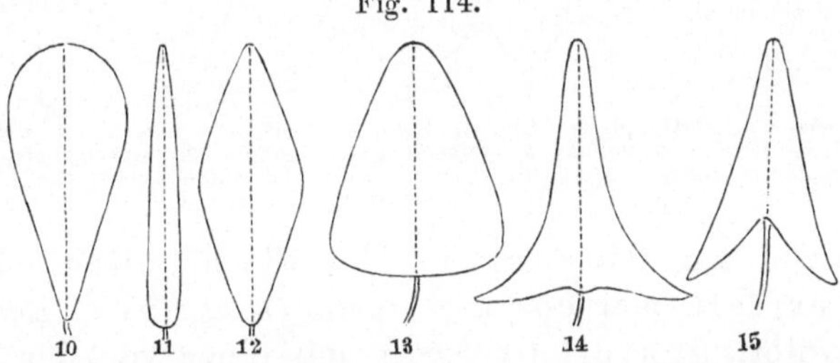

10. Blatt, keilförmiges (*cuneātum*), 11. pfriemenförmiges (*subulātum*), 12. rautenförmiges (*rhombĕum*), 13. deltaförmiges (dem griechischen Delta, *Δ*, ähnlich, *deltoïdĕum*), 14. spiessförmiges (*hastātum*), 15. pfeilförmiges (*sagittātum*), um den Unterschied vom spiessförmigen Blatte zu zeigen.

Die Bezeichnungen von Zwischenformen geschieht in folgender Art: lineal-lanzettlich (*lineāri-lanceolāta*), länglich-elliptisch (*oblongo-elliptica*), etc.

Lection 22.

Terminologisches. Die Fläche. (Fortsetzung).

Die Fläche ist in Betreff des Vorderrandes und der Spitze: spitz (*acūta*), wenn sich die beiden Seitenränder in einem spitzen Winkel treffen; gespitzt (*acutāta*), wenn sie gegen die Spitze geradlinig werden und sich in einem sehr spitzen Winkel schneiden; zugespitzt (*acuminäta*), wenn die beiden Seitenränder gegen die Spitze einen sanften einwärts gekehrten Bogen bilden, und feingespitzt (*cuspidäta*), wenn die Spitze zugleich einen langgezogenen Winkel bildet; kleinspitzig (*apiculäta*), wenn der Spitze gleichsam noch ein kleines Spitzchen (*apicŭlus*) aufgesetzt ist; stachelspitzig oder weichstachelspitzig (*mucronäta*), wenn dieses Spitzchen in einer kurzen stechenden oder spitzigen Verlängerung (Stachelspitze, *mucro*) besteht; stumpf (*obtŭsa*), wenn der Vorderrand eine Bogenlinie bildet; gestumpft (*obtusäta*), wenn die Seitenränder gegen die Spitze convexe Bogen bilden; abgestutzt (*truncäta*), wenn der Vorderrand eine gerade Linie bildet; ausgestutzt oder eingedrückt (*retŭsa*), wenn der Vorderrand eine seichte Bucht bildet.

Fig. 115.

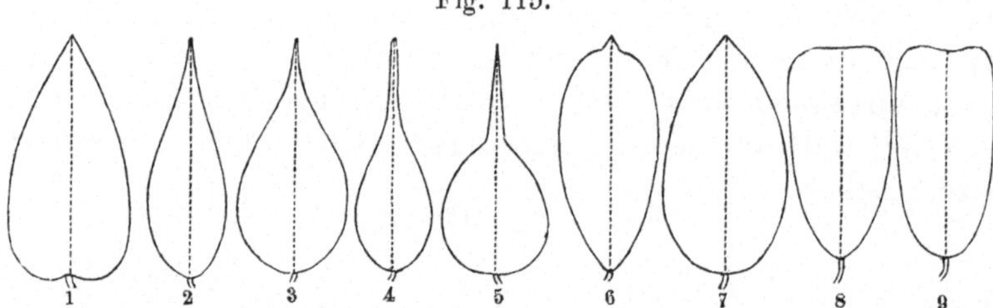

Blattformenschemata. 1. Blatt, spitzes (*folĭum acŭtum*), 2. gespitztes (*acutätum*), 3. zugespitztes (*acuminätum*), 4. feingespitztes (*cuspidätum*), 5. kleinspitzig (*apiculätum*), 6. weichstachelspitziges (*mucronätum*) und stumpfes (*obtusum*), 7. gestumpftes (*obtusätum*), 8. abgestutztes (*truncätum*), 9. ausgestutztes (*retŭsum*).

In Bezug auf Biegung ist die Fläche eben oder flach (*plana*); vertieft oder concav (*concäva*); convex (*convexa*), erhaben gewölbt; gekielt (*carinäta*), mit einer von der Basis zur Spitze verlaufenden hervortretenden Falte oder Kante (*carina*, Kiel) versehen; rinnenförmig (*canáliculäta*), von der Basis zur Spitze bogenförmig vertieft; zusammengelegt (*conduplicäta*), der Länge nach zusammen geschlagen, so dass die beiden Seitentheile aufeinander liegen; gefaltet (*plicäta*), in Falten gelegt; längs-, quer-, strahlenfaltig (*longitudinalĭter, transverse, radiätim plicäta*); wellig (*unduläta*); blasig (*bulläta*), mit blasenähnlichen Auftreibungen auf der Oberfläche; gerunzelt, runzlig (*rugŏsa*), wenn die Auftreibungen klein und unbedeutend sind, die Unterseite mehrere kleine Vertiefungen, die Oberseite ebenso viele entsprechende Wölbungen bildet: zurückgebogen (*apĭce reflēxa*), mit dem Vorderrande und der Spitze nach der Unterseite umgebogen; zurückgerollt (*revolŭta*), nach der Unterseite, und eingerollt (*involŭta*), nach der Oberseite mit Vorderrand und Spitze spiralig eingeschlagen; mit zurückgerolltem Rande (*margĭne revolūta*); mit eingerolltem Rande (*margĭne involūta*); zusammengerollt (*convolūta*), mit der Oberfläche von einem Seitenrande nach dem anderen spiralig umgeschlagen, und verkehrt zusammen-

Fig. 116.

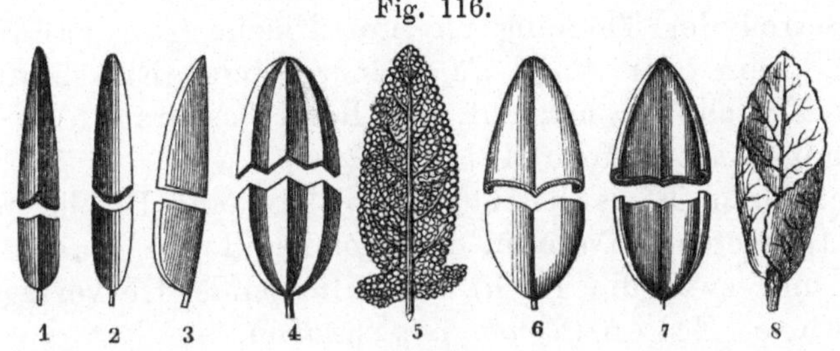

1. Blatt, gekieltes (*folĭum carinātum*), 2. rinnenförmiges (*canălĭculātum*), 3. zusammengelegtes (*conduplicātum*), 4. gefaltetes (*plicātum*), 5. runzliges (*rugōsum*), Blatt von *Salvĭa officinālis*, 6. mit zurückgerolltem Rande (*folĭum margĭne revolūtum*), 7. mit eingerolltem Rande (*margĭne involūtum*), 8. tutenförmiges (*cucullātum*).

gerollt (*obconvolūta*), mit der Unterfläche von einem Seitenrande nach dem anderen spiralig umgeschlagen; tutenförmig, kappenförmig (*cucullāta*), wenn die Einrollung sich zu einem konischen Cylinder gestaltet.

Ist die Fläche durchlöchert und sind die Löcher verschieden gross, so heisst sie durchstossen (*pertūsa*), dagegen siebförmig (*cribrōsa*), wenn die Löcher kleiner sind und dicht zusammenliegen; gefenstert (*fenestrāta*) oder gegittert (*cancellāta*), wenn die Löcher nicht klein, gleich gross sind und in gewisser Ordnung liegen. Ist die Fläche mit durchsichtigen Punkten besäet, welche gegen das Licht gehalten Nadelstichen ähnlich sehen, so nennt man sie durchsichtig punktirt (*pellucĭde punctāta*), und unrichtig zuweilen auch perforirt (durchlöchert, *perforāta*). Beim Blatte sind Oeldrüschen die Ursache dieser durchsichtigen Punkte. *Folium perforātum* ist ziemlich gleichbedeutend mit *fol. perfoliātum*.

Fig. 117.

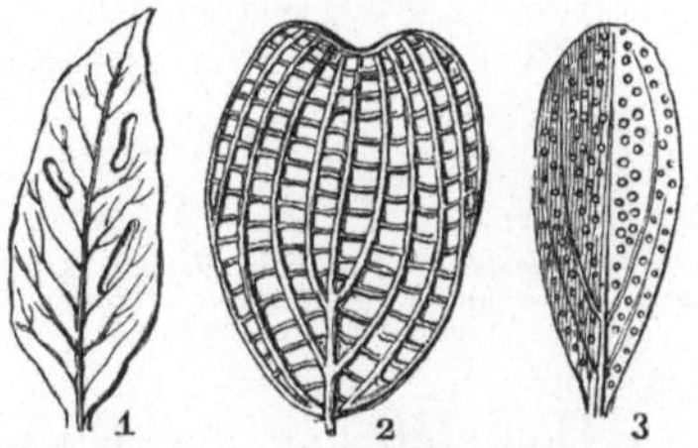

1. Blatt, durchstossenes (*folĭum pertūsum*), Blatt von *Dracontĭum pertūsum*, 2. gefenstertes oder gegittertes (*fenestrātum, cancellātum*). Blatt von *Hydrogēton fenestrāle* Pers., etwas verkleinert, 3. durchsichtig punktirtes (*pellucĭde punctātum*). 1 und 2 verkleinert.

Lection 23.

Terminologisches. Die Fläche. (Fortsetzung).

In Betreff der Theilung ist eine Fläche **ganzrandig** (*integerrĭma*), wenn der Rand in keiner Weise Einschnitte hat. Sind die Einschnitte nur auf den Rand beschränkt, so ist die Fläche immer noch **ungetheilt** (*intĕgra*).

Durch einen **Einschnitt** (*incisūra*) in eine Fläche entsteht ein einwärtstretender Winkel oder solcher Bogen, **Bucht** (*sinus*) genannt, und zwei die Bucht einschliessende Hervorragungen, **Vorsprünge, Ecken** (*angŭli, prominentĭae*).

Reichen die Einschnitte nicht bis zur Mitte, so heisst die Fläche **eingeschnitten** (*incisa*), reichen sie bis zur Mitte oder bis in die Mitte, so heisst sie **gespalten** (*fissa*), reichen sie aber bis über die Mitte, so heisst sie **getheilt** (*partīta*).

Reichen die Einschnitte nicht viel über den Rand hinaus und findet sich nur ein Einschnitt an der Spitze oder dem Vorderrande, so ist die Fläche: **gespalten** (*fissa*), mit spitzer Bucht zwischen spitzen Ecken; **angeschnitten** (*accīsa*), mit spitzer Bucht zwischen stumpfen Ecken, **zweizähnig** (*bidentāta*) mit stumpfer Bucht zwischen spitzen Ecken; **ausgerandet** (*emargināta*), mit stumpfer Bucht zwischen stumpfen Ecken.

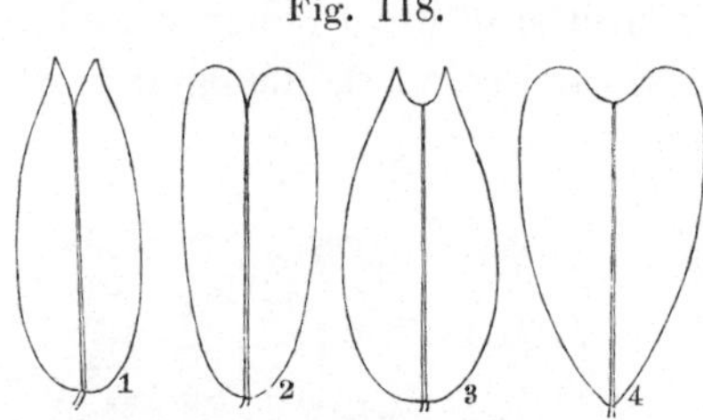

Fig. 118.

1. Blatt, gespaltenes (*folium fissum*), 2. angeschnittenes (*accīsum*), 3. zweizähniges (*bidentātum*), 4. ausgerandetes (*emarginātum*).

Befindet sich der Einschnitt an der Basis oder dem Unterrande, so ist die Fläche **pfeilförmig** (*sagittāta*), mit einer spitzen Bucht zwischen spitzen Ecken; **herzförmig** (*cordāta*), mit spitzer Bucht zwischen stumpfen Ecken; **halbmondförmig** (*lunāta*), mit stumpfer Bucht zwischen spitzen Ecken; **nierenförmig** (*renāta*), mit stumpfer Bucht zwischen stumpfen Ecken.

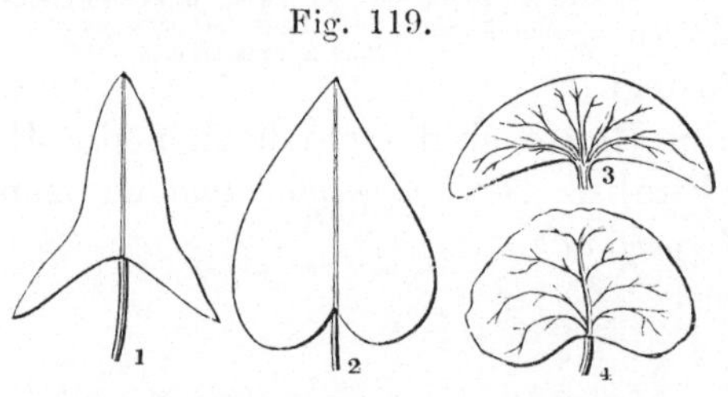

Fig. 119.

1. Blatt, pfeilförmiges (*sagittātum*), 2. herzförmiges (*cordātum*, 3. halbmondförmiges (*lunātum*), 4. nierenförmiges (*renātum*).

Befinden sich die Einschnitte am Rande, diesen kaum über-
schreitend, so heisst die Fläche: gesägt (*serrāta*), mit spitzen
Buchten zwischen spitzen Ecken; gekerbt (*crenāta*) mit spitzen
Buchten zwischen stumpfen Ecken; gezähnt (*dentāta*), mit
stumpfen Buchten zwischen spitzen Ecken; ausgeschweift (*re-
panda*), mit stumpfen Buchten und stumpfen Ecken; winkelig
(*angulāta*), mit seichten stumpfen Buchten und stumpfwinkligen
Ecken.

Fig. 120.

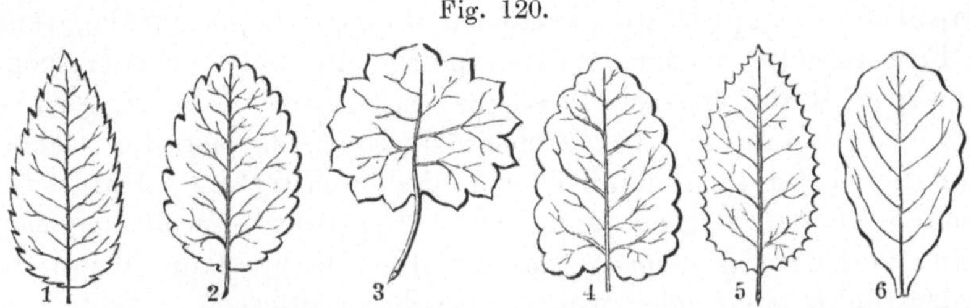

1. Blatt, gesägtes (*folium serrātum*), 2. gekerbtes (*crenātum*), 3. spitzgekerbtes (*acūte crenātum*), 4. stumpf-
gekerbtes (*obtūse crenātum*), 5. gezähntes (*dentātum*), 6. ausgeschweiftes (*repandum*).

Treten die Einschnitte bis zur Mitte oder in diese hinein,
so ist die Fläche eine gespaltene (*fissa*; in Zusammensetzungen
-*fĭda*), wenn spitze Buchten zwischen spitzen Ecken liegen;
2-, 3-, 4-, 5-, viel-spaltig (*bi-*, *tri-*, *quadri-*, *quinque-*, *multifĭda*), je nach der Zahl der Einschnitte. Die Ecken heissen hier
auch Zipfel (*laciniae*), die Buchten Spalten (*fissūrae*). Die
Fläche ist dann gelappt (*lobāta*), mit spitzen Buchten zwischen
stumpfen Ecken. Je nach der Zahl der Ecken, welche hier
Lappen (*lobi*) heissen, sagt man 2-, 3-, 4-, 5-, viellappig
(*bi-*, *tri-*, *quadri-*, *quinque-*, *multi-lŏba*); zipfeltheilig oder ge-

Fig. 121.

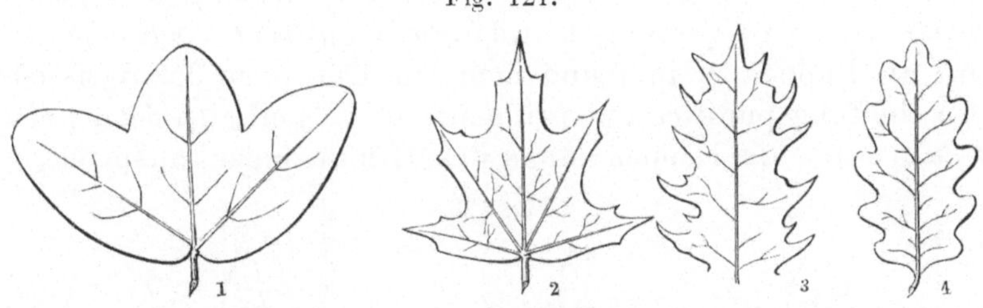

1. Blatt, dreilappiges (*folium trilŏbum*), 2. und 3. zipfeltheiliges, geschlitztes (*laciniātum*), 4. buchtiges
(*sinuātum*).

schlitzt (*laciniāta*), mit stumpfen Buchten zwischen spitzen
Lappen (*laciniae*); buchtig (*sinuāta*), mit stumpfen Buchten
zwischen stumpfen Ecken; fiederspaltig (*pinnāti-partīta*), wenn
die Lappen oder Zipfel, Fiederstücke (*pinnae*) genannt, längs

der geraden Linie, welche Spitze und Basis verbindet, der Spindel (*rachis*), entspringen, oder wenn die Buchten bis zur Spindel reichen; unterbrochen fiederspaltig (*interrupte pinnatifīda*), wenn kleine Fiederstücke mit grossen abwechseln; leierförmig (*lyrāta*), wenn das oberste Fiederstück gross und breit, diejenigen an der Seite kleiner sind und nach der Basis auch an Grösse abnehmen; schrotsägeförmig (*runcināta*), wenn die Fiederstücke spitz sind und sich mit ihren Spitzen nach der Basis zuneigen; doppeltfiederspaltig (*bipinnatifīda, decomposīto-pinnatifīda*), wenn die Fiederstücke wiederum fiederspaltig sind. Die Fiederstücke in zweiter Reihe heissen Fiederstückchen (*pinnŭlae*). Vielfachfiederspaltig (*supradecomposīto-pinnatifīda*) ist die Fläche, wenn die Fiederstückchen wiederum fiederspaltig sind. Die letzten Fiederstückchen heissen dann Fiederläppchen (*laciniae ultĭmae*). Fiederschnittig (*pinnatisecta*) ist die Fläche dann, wenn die Fiederstücke mehr oder weniger zusammenfliessen.

Fig. 122.

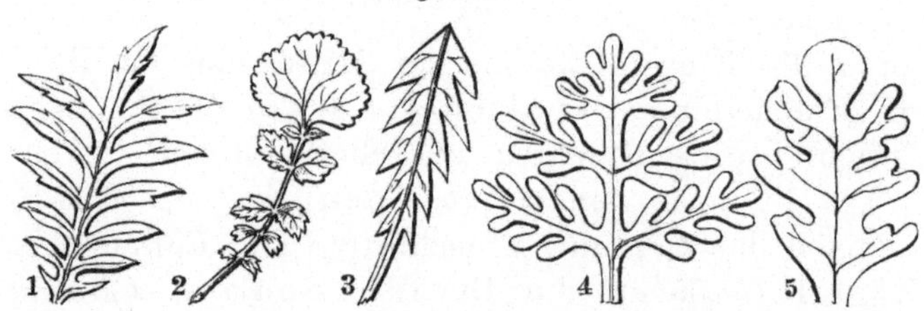

1. Blatt, fiederspaltiges (*pinnatifīdum*), 2. leierförmiges (*lyrātum*) und unterbrochen fiederspaltiges (*interrupte pinnatifīdum*), 3. schrotsägeförmiges (*runcinātum*), 4. doppeltfiederspaltiges (*bipinnatifīdum*), 5. fiederschnittiges (*pinnatisectum*).

Gehen die Einschnitte über die Mitte der Fläche hinaus, so entsteht eine getheilte (*partīta*) Fläche, und je nach der Zahl der Lappen ist dieselbe 3-, 4-, 5-, 6-, bis vieltheilig (*tri-, quadri-, quinque-, sex-, multi-partīta*); handförmig (*palmāta, palmatipartīta*), wenn die Lappen zu fünf und mehr im Umkreise der Basis oder des Anheftungspunktes entspringen; fussförmig (*pedāta, pedatipartīta*), wenn die Lappen längs des Hinterrandes entspringen.

Fig. 123.

1. Blatt, dreitheiliges (*folĭum tripartītum*), 2. vieltheiliges und handförmiges (*multipartītum palmātum*), 3. fussförmiges (*pedātum*).

Fiederspaltig (*pinnatifĭdus*) ist nicht zu verwechseln mit gefiedert (*pinnātus*), welcher letztere Ausdruck bei Beschreibung des zusammengesetzten Blattes (*folium composĭtum*) seine Erklärung finden wird.

Lection 24.

Terminologisches. Verhältnisse des Körpers.

Die Pflanze und ihre Theile sind Körper, und als solche kommen an ihnen alle drei Dimensionen, Länge, Breite und Dicke oder Höhe, in Betracht. Diese Dimensionen nehmen wir vorläufig als im vollständigen Maasse vorhanden an.

An einem Körper unterscheiden wir die Oberfläche (*superficĭes*), die allseitige Grenze desselben, welche zugleich das Bild der Gestalt des Körpers ist, und die Masse oder Materie (*materĭa*), das von der Oberfläche eingeschlossene Substantielle.

Ist der Körper einer Axe aufgesetzt oder auf einen anderen Körper gestellt, so ist seine Basis (*basis*) der Punkt, auf welchem er ruht oder in welchem er einer Axe angeheftet ist. Der der Basis entgegengesetzte Punkt ist die Spitze (*apex*). Eine Linie, welche wir uns zwischen Basis und Spitze gezogen denken, ist die Axe (*axis*) des Körpers. Grundfläche (*superficĭes basālis*) bezeichnet den Theil der Oberfläche, worauf der Körper ganz oder zum Theil ruht oder in welcher die Basis liegt, die Spitzenfläche (*superf. apicālis*) dagegen den Theil der Oberfläche, welcher der Grundfläche gegenübersteht, oder in welchem die Spitze liegt.

Zwischen Grund- und Spitzenfläche eines einer Axe angehefteten Körpers liegen die obere und die untere Fläche und die Seitenflächen.

Die obere Fläche (*superficĭes superior*) ist derjenige Theil der Oberfläche, welcher, wenn der Körper mit der Spitze nach oben steht, der Axe zugewendet ist, wenn seine Spitze nach dem Horizont sieht, oben liegt, und wenn die Spitze nach unten sieht, nach aussen gekehrt ist.

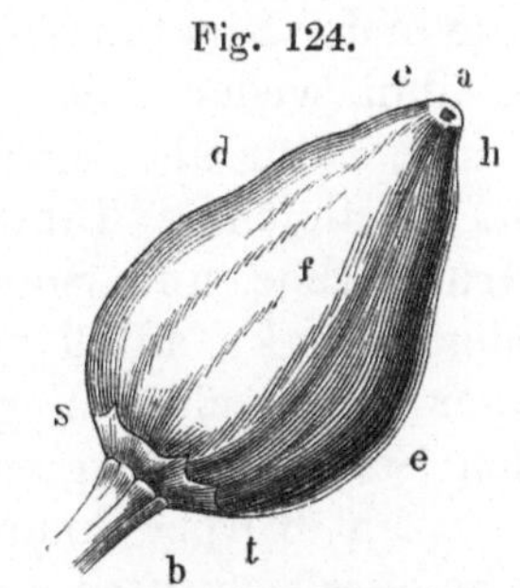

Die konisch-längliche Beerenfrucht (*bacca conico-oblonga*) des Spanischen Pfeffers (*Capsĭcum annŭum Fingh.*). *b* Basis, *a* Spitze, *st* Grundfläche, *ch* Spitzenfläche, *d* obere Fläche, *e* untere Fläche, *f* Seitenfläche (rechte), *ab* Längendimension, *de* Höhendimension.

Die untere Fläche (*superficĭes inferior*) des Körpers ist der der oberen Fläche entgegengesetzte Theil der Oberfläche.

Zwischen der oberen und unteren Fläche liegen die beiden Seitenflächen (*latĕra, superficĭes laterāles*) und zwar, wenn die Basis nach uns gekehrt ist und das Auge auf die obere Fläche blickt, eine rechte (*dextra*) und eine linke (*sinistra*).

Die Linie, in welcher sich zwei entgegengesetzte Flächen berühren, besonders die Linie, in welcher die obere und untere Fläche zusammenstossen, wird gewöhnlich mit Rand (*margo*) bezeichnet. Im Allgemeinen heisst übrigens jeder Winkel, welcher durch zwei zusammenstossende Flächen gebildet wird und nach aussen sieht, eine Kante (*acĭes*).

Die Längendimension wird durch die Linie, welche die Spitze mit der Basis verbindet, die Breitendimension durch den gegenseitigen Abstand der Seitenflächen, die Höhendimension durch den Abstand der oberen von der unteren Fläche angegeben. Unter Dicke oder Stärke (*crassitĭes, diamĕter crassitĭĕi*) versteht man bei einem mehr breiten Körper die Höhe, bei einem mehr hohen Körper die Breite.

Je nach der nächsten Begrenzung durch die Grund-, Spitzen-, obere oder untere Fläche unterscheidet man an dem Körper einen Grundtheil (*pars basālis*), Spitzentheil (*pars apicālis*), Obertheil (*pars superior*) und Untertheil (*pars inferior*). Umgrenzt von allen diesen Theilen ist der Mitteltheil (*pars medĭa*). Grundtheil und Untertheil, Obertheil und Spitzentheil werden nicht selten mit einander verwechselt.

Ist der Körper frei, also ein für sich bestehender und keiner Axe seitlich angehefteter, oder steht er auf der Spitze einer Axe in der Richtung der Verlängerung dieser letzteren, so kommen an ihm weder eine obere, noch eine untere Fläche in Betracht, dafür aber nur Seitenflächen. Seine Höhe wird dann durch diejenige Linie angegeben, welche man sich zwischen Grundfläche und Spitzenfläche gezogen denkt, und die Dicke oder Stärke durch die Linie, welche man sich unter rechtwinkliger Durchschneidung der Axe zwischen zwei gegenüberstehenden Seitenflächen gezogen denkt.

Ein Körper kann in verschiedenen Richtungen zu seiner Axe durchschnitten werden. In der Botanik und Pharmacognosie kommen nur folgende Durchschnitte in Betracht:

Längsdurchschnitt (*sectĭo longitudĭnis*), heisst ein Schnitt, wenn die Schnittfläche die Grund- und Spitzenfläche durchschneidet und mit der Axe des Körpers in gleicher Richtung liegt. Er ist zweierlei und zwar erstens Verticalaxenschnitt, Hauptschnitt, Spaltschnitt (*sectio axïlis, sectio longitudĭnis medĭa*), wenn die Schnittfläche mit der Axe zusammenfällt, jedoch nur

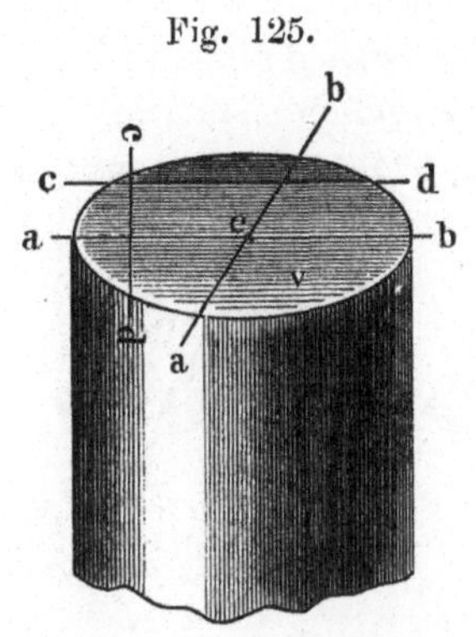

Fig. 125.

Block mit der Querschnittfläche *v.* — *ab* Lage der Verticalaxenschnittfläche, *cd* Lage der Secantenschnittfläche, *c* oberer Endpunkt der Axe des Blockes.

Radialschnitt, wenn die Schnittfläche zwischen Axe und Peripherie und in der Richtung eines Radius liegt. Er ist zweitens Secantenschnitt (*sectio axi parallēlos*), wenn die Schnittfläche nicht in der Axe liegt, sondern derselben nur parallel ist. Jeder Durchschnitt ist ein Secantenschnitt, wenn er zum Hauptschnitt in einem rechten Winkel steht und er selbst nicht Hauptschnitt ist. Tangentialschnitt ist zwar ein häufig gebrauchter, aber ganz falscher Ausdruck für Secantenschnitt.

Querschnitt, Horizontalschnitt, Transversalschnitt (*sectio tranversālis*) heisst ein Durchschnitt, wenn die Schnittfläche mit der Axe des Körpers einen rechten Winkel bildet.

Lection 25.

Terminologisches. Verhältnisse des Körpers. (Fortsetzung).

Die meisten Kunstausdrücke, welche für die Verhältnisse der Linie und Fläche bereits erwähnt sind, finden auch auf den Körper (*corpus*) Anwendung, weil ihm auch die Dimensionen der Linie und Fläche eigen sind.

In Betreff der Materie ist der Körper dicht (*densum*), voll, gefüllt (*plenum, replētum*), oder hohl (*cavum*), und mit Rücksicht auf die Dimensionen: dick (*crassum*), dicker als lang; dünn (*tenŭe*), über 3 mal länger als dick; etwas dick (*crassiuscŭlum*); etwas dünn (*tenuiuscŭlum*); hoch (*altum*); niedrig (*humĭle*); langgestreckt oder verlängert (*elongātum*), über 3 mal länger als breit oder dick.

Der Körper ist nach dem Umrisse der Querschnittfläche: stielrund (*teres*), wenn sie eine Kreisfläche ist; halbstielrund (*semitĕres*), wenn sie halbkreisförmig ist; zusammengedrückt (*compressum*), wenn sie oval oder elliptisch ist; zweischneidig

6*

(*anceps*), wenn sie lancettförmig ist; walzenförmig oder cylindrisch (*cylindrĭcum*), wenn sie in allen Höhen gleich und kreisförmig ist; kantig (*angulāre*, *acietātum*), wenn sie mehr als zwei Ecken bildet; scharfkantig (*acutangŭlum*, *acūte angulāre*); stumpfkantig (*obtusangŭlum*, *obtūse angulāre*); drei-, vier-, fünf-, vielkantig (*trianguläre*, *quadrangulare*, *quinquangulare*, *multangulare*); dreischneidig (*triquĕtrum*, auch *triquētrum*), wenn sie

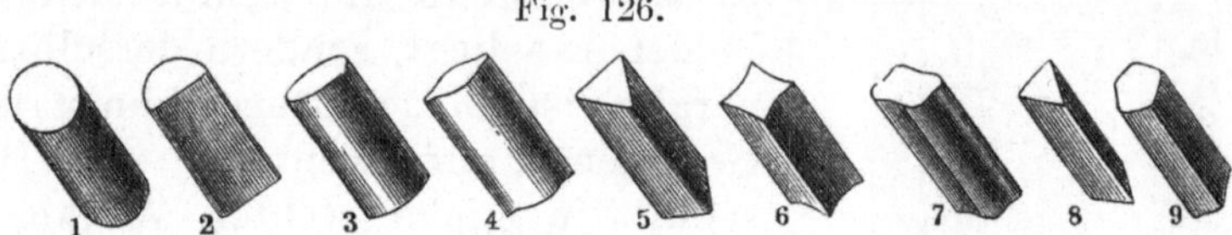

Fig. 126.

1. stielrund (*teres*), 2. halbstielrund (*semitĕres*), 3. zusammengedrückt (*compressum*), 4. zweischneidig (*anceps*), 5. dreikantig (*trianguläre*) und dreiseitig (*trilatĕrum*), 6. vierkantig und scharfkantig (*quadrangulāre*, *acutangulum*), 7. stumpfvierkantig (*obtūse quadrangulāre*), 8. dreischneidig (*triquētrum*), 9. fünfseitig (*quinquelatĕrum*).

ein geradliniges Dreieck mit spitzen Winkeln bildet; undeutlich dreischneidig (*obsolēte triquetrum*), wenn die Seiten des Dreiecks nach aussen sanfte Bogen bilden; drei-, vier-, fünf-, vielseitig (*tri-*, *quadri-*, *quinque-*, *multilaterāle* oder *tri-*, *tetra-*, *penta-*, *polygōnum*), wenn die Ecken stumpf, die Seiten geradlinig sind; gleichseitig (*aequilatĕrum*); gefurcht (*sulcātum*), wenn

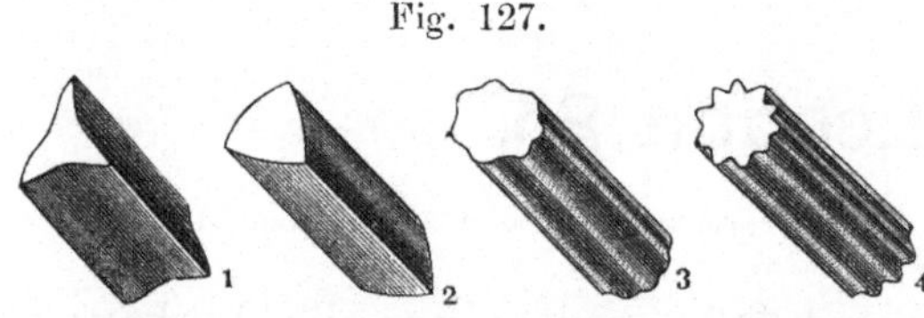

Fig. 127.

1. dreikantig (*triangulare*), 2. undeutlich dreischneidig (*obsolete triquetrum*), 3. gefurcht (*sulcatum*), gerippt (*costatum*).

die Seitenlinien wellenförmig sind; gerippt (*costātum*), wenn die Seitenlinien aus Buchten und schmalen Ecken zusammengesetzt sind. (*Sulcus*, Furche, *costa*, Rippe, *latus*, *ĕris*, Seite).

Eine Kante (*acĭes*) kann sein: vorstehend (*promĭnens*), wenn der Winkel durch einwärts gebogene Linien gebildet ist; scharf (*acutāta*, *argūta*), wenn der Winkel ein spitzer ist; gestumpft (*obtusāta*), wenn die Spitze des Winkels durch eine gerade Linie, und gerundet (*rotundāta*), wenn sie durch eine Bogenlinie abgeschnitten ist.

Fig. 128.

Kugelige Frucht (*fructus globosus*), vom Wachholder (*Junipĕrus communis*). (4fach vergrössert).

Nach der Form der ganzen Oberfläche ist der Körper: kugelig, kugelförmig (*globōsum*, *globuläre*, *sphaerĭcum*); halbkugelig (*hemisphaerĭcum*); sphäroïdisch (*sphaeroïdĕum*), kugelähnlich, an der Spitze und Basis etwas plattgedrückt; kopfförmig (*capitātum*), stark verlängert und an der Spitze kugelig erweitert; ellipsoïdisch (*ellipsoïdĕum*), Querschnittfläche kreisförmig, Längsschnittfläche elliptisch; eiförmig (*ovoïdĕum, ooïdĕum, oviforme*), Längsschnittfläche eirund, Querschnittfläche rund; verdünnt (*attenuātum*), nach der Spitze allmählig an Dicke abnehmend; verdickt (*incrassātum*), nach der Spitze allmählig an Dicke zunehmend; kegelförmig (*conĭcum*), Querschnittfläche rund, Längsschnittfläche bildet ein Dreieck, dessen Basis in der Grundfläche des Körpers liegt; umgekehrt kegelförmig (*obconĭcum*), wenn die Basis des Längsschnittflächendreiecks in der Spitzenfläche des Körpers liegt; herzförmig (*cordifōrme*), Längsdurchschnittfläche in der Richtung des grössten seitlichen Durchmessers herzförmig (*cordāta superficĭes*), an der Basis ein spitzer Einschnitt zwischen zwei stumpfen Ecken, umgekehrt herzförmig (*obcordifōrme*), wenn der Einschnitt an der Spitze liegt; nierenförmig (*nephroïdĕum*),

Fig. 129.

Nierenförmiger Same (*semen nephroïdĕum*) vom Stechapfel (*Datūra Stramonĭum*), *b* Basis. (3 fach vergr.).

die Längendurchschnittsfläche in der Richtung des grössten seitlichen Durchmessers ist nierenförmig (*reniformis*), mit stumpfer Bucht zwischen zwei stumpfen Lappen an der Basis; birnförmig (*pyriforme*), an der Spitze kugelig, nach der Basis sich verdünnend; bauchig (*ventricōsum*), in der Mitte kugelig verdickt und nach den Enden sich verdünnend; kolbenförmig, kolbig (*clavātum*), Querschnittfläche kreisförmig, Längenschnittfläche spatelförmig (*spathulata*); spindelförmig (*fusiforme*), länger als dick, Längenschnittfläche lanzettförmig (*lanceolāta*); gleich dick (*aequātum*), in der ganzen Längenausdehnung gleich dick; fadenförmig (*filiforme*), stielrund, gleich dick, viel länger als dick und von der Dicke eines Bindfadens; haardünn, haarförmig (*capillacĕum*), stielrund und von der Dicke und Biegsamkeit eines Haares; borstenförmig (*setiforme*), stielrund und von der Dicke und Steifigkeit einer Borste; pfriemenförmig (*subŭliforme*) und nadelförmig (*aciculāre*), stielrund, dünn, nach der Spitze sich verdünnend; pyramidal, pyramidenförmig (*pyramidāle, pyramidātum*), Querschnittfläche eckig, Längenschnittfläche ein Dreieck, dessen Basis in der Grundfläche des Körpers liegt; angeschwollen (*tumĭdum*), aufgetrieben (*turgĭdum*), mit stellenweisen sehr grossen Anschwellungen und Verdickungen; wulstig (*torōsum, torulōsum*), stellenweise mit weniger grossen Anschwellungen und Erhabenheiten; höckerig (*gibbum, gibbōsum*), mit stellenweisen höckerartigen Erhabenheiten auf der Oberfläche; knotig (*nodōsum*), rund, länger als dick mit rings umlaufenden Erhabenheiten;

ohne Knoten (*enōde*); zitzenförmig (*mammaeforme, mamillae-forme*), halbkugelig mit warzenförmiger Erhöhung in der Mitte; gebuckelt (*umbonātum*), mit gewölbter Erhöhung auf der Spitzen-fläche; kuchenförmig (*placentiforme*), in Gestalt eines runden oder nicht runden flachen dicken Kuchens, mit etwas eingedrückter Grund- und Spitzenfläche; scheibenförmig (*disciforme, discoï-dĕum*), sehr flach und rund; linsenförmig (*lenticulāre*), rund, aus zwei convexen Flächen, welche in einen scharfen Rand zu-sammenstossen, zusammengesetzt; gegliedert (*articulātum*), wie aus Gliedern (*articŭli*) oder aus übereinander gesetzten Stücken bestehend, an den Verbindungsstellen oft mehr oder weniger verdickt oder zusammengeschnürt. Verengte Verbindungsstellen der Glieder oder Gelenke (*genicŭla*), verdickte Verbindungs-stellen oder Knoten (*nodi*).

Lection 26.

Terminologisches. Hohle Körper.

Ist der Körper innen nicht mit Masse gefüllt, also hohl (*cavum*), so unterscheiden wir an ihm ausser den Theilen, welche wir an jedem Körper beobachteten, Wände (*pariĕtes*) und zwar eine Aussenwand (*pariĕs externus*), die äussere Fläche, und eine Innenwand (*pariĕs internus*), die innere Fläche, welche die Höhlung einschliesst; ferner den Boden (*fundus*), die Rückseite der äusseren Grundfläche oder die untere Fläche der Höhlung, und das Gewölbe (*fornix*), die Rückseite der Spitzenfläche oder die obere Fläche der Höhlung.

Ein hohler Körper ist: offen (*apĕrtum*), wenn er eine sicht-bare grössere oder kleinere Oeffnung in seiner Wandung hat, oder wenn zu seiner Höhlung ein freier Zugang ist; ungeöffnet (*inapertum*), wenn er völlig geschlossen, also ohne jede Oeffnung

Fig. 130.

Fruchtkapsel (*capsula*) des Bil-senkrautes (*Hyoscyămus niger*). *a* Capsŭla operculāte circumcisa s. operculāta, *b* dieselbe nach der Reife geöffnet.

ist; geschlossen (*clausum*), wenn er über-haupt geschlossen ist, aber seine Oeffnung durch einen anderen Körper verdeckt oder unwegsam (*invĭum, impervĭum*) gemacht wird. Die offene Stelle heisst der Schlund (*faux*).

Der hohle Körper ist in Betreff des Schlundes oder der Oeffnung: bedeckelt (*operculātum*), wenn die Oeffnung mit einem Deckel (*opercŭlum*) geschlossen ist; unwegsam (*invĭum, impervĭum*), wenn die Oeffnung sehr klein oder durch einen anderen Körper versperrt ist; gangbar (*pervĭum*), wenn die Oeffnung nicht oder nur theilweise von einem anderen Körper geschlossen ist; durchlöchert (*perforātum*), mit mehreren kleinen Oeffnungen versehen; klaffend (*hians*), mit grosser Oeffnung, deren Ränder weit auseinander stehen, oder mit einem Schlunde, der weiter als die Höhlung ist.

Der hohle, mit einem Schlunde sich öffnende Körper heisst Röhre (*tubus*), der nach aussen über den Schlund hinaus sich erweiternde Theil der Röhre bildet den Saum (*limbus*).

Der Saum ist entweder ganz (*limbus intĕger*), oder getheilt, eingeschnitten (*partītus, incīsus*). Die Theilungen heissen Lappen oder Zipfel (*lobi, lacinĭae*), wenn die Einschnitte tief in den Saum eindringen, dagegen Zähne (*dentes*), wenn sie den Rand des Saumes nicht oder wenig überschreiten.

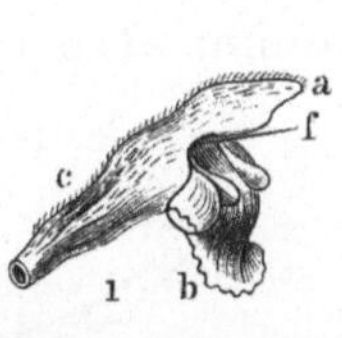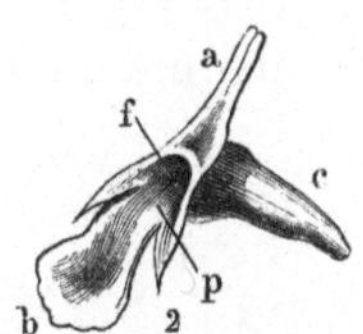

Fig. 131.

1. Einblättrige trichterförmige Blumenkrone der *Cinchōna micrantha*, 2. Einblättrige glockenförmige Blumenkrone der Tollkirsche (*Atrŏpa Belladonna*). *a* Saum (*limbus*), *c* Röhre (*tubus*), *f* Schlund (*faux*).

Theilt sich der Saum in zwei grössere Lappen, welche als Verlängerungen oder Fortsätze des unteren und des oberen Theiles des Schlundes erscheinen, so heisst der Körper zweilippig (*bilabiātum*), ist aber nur einer dieser Lappen vorhanden, einlippig (*unilabiātum*). In dem lippigen Zustande heissen die Lappen Lippen (*labĭa*), und man unterscheidet den oberen Lappen als Oberlippe (*labĭum superĭus*), auch wohl als Helm oder Haube (*galĕa*) oder gewölbte Oberlippe (*labium superius fornicatum*), wenn er hohl gewölbt ist, und den unteren Lappen als Unterlippe (*labĭum inferĭus*). Der an den Schlund grenzende Theil der Unterlippe ist der Gaumen (*palātum*), der Raum zwischen beiden Lippen der Rachen (*rictus*).

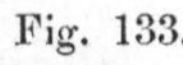

Fig. 132.

Lippenförmige Blumenkronen, 1. der *Galeopsis ochrolenca* Link, 2. des weissen Andorns (*Marrubĭum vulgāre*), *c* Röhre (*tubus*), *a* Oberlippe (*labĭum superĭus*), *b* Unterlippe (*labĭum inferĭus*), *p* Gaumen (*palātum*), *f* der Schlund (*faux*), Raum zwischen *a* und *b* der Rachen (*rictus*).

Ist der Rachen offen, so nennt man den lippenförmigen Körper rachenförmig (*ringens*), wird aber der Rachen durch eine Wölbung des Gau-

Fig. 133.

Zweilippige Blumenkrone mit gewölbter Oberlippe (*Lamĭum album*).

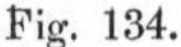

Fig. 134.

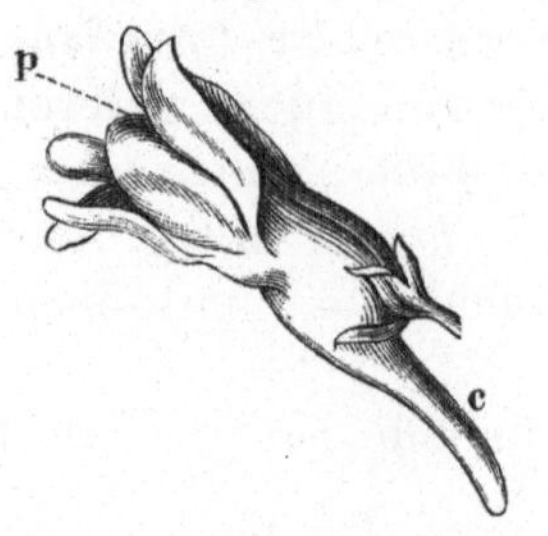

Maskirte Blumenkrone (*corolla personāta*) des Leinkrautes (*Linarīa vulgāris Mill.*), *p* Gaumen, *c* Sporn. Vergr.

mens geschlossen, so heisst er mas-kirt (*personātum*).

Der hohle Körper ist ferner röh-rig (*tubulōsum*), eine ziemlich gleich weite Röhre bildend; aufgeblasen (*inflātum*), stark bauchig erweitert; krug-förmig (*urceolātum*), bauchig mit ein-geschnürtem Schlunde; becherförmig (*cyathiforme, pyxidātum*), cylindrisch, von unten nach oben sich erweiternd und nicht mit umgeschlagenem Saume;

glockenförmig (*campanulātum*), mit becherförmiger oder mit bauchiger Röhre und nach aussen sich erweiterndem Saume;

Fig. 135.

Krugförmige Blumen-krone der Bären-traube (*Arctostaphȳlos Uva ursi Spr.*) Vergr.

Fig. 136.

Glockenförmige Blumen-krone (*corolla campanulāta*).

Fig. 137.

Radförmige Blumenkrone (*co-rolla rotāta*) des Boretsches (*Borrāgo officinālis*). Vergr.

Fig. 138.

Stieltellerförmige Blumenkrone (*coralla hypocraterimorpha*) einer *Phlox*.

radförmig (*rotātum*), mit kurzer Röhre und flachem rechtwink-lig abstehendem Saume; stieltellerförmig (*hypocratērimorphum, hypocratēriforme*), mit lan-

Fig. 139.

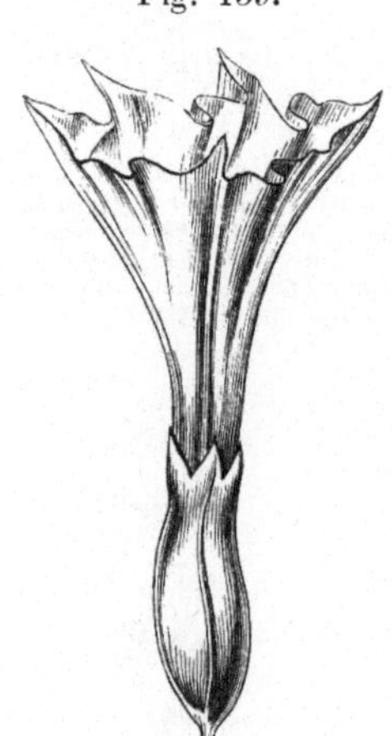

Trichterförmige Blumenkrone (*co-rolla infundibuliformis*) des Stech-apfels (*Datūra Stramonium*).

Fig. 140.

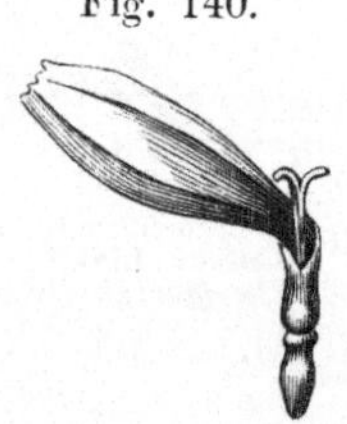

Zungenförmiges Blüthchen (*flos ligulātus*) aus dem Blüthenstande der Hunds-kamille (*Anthēmis arvensis*).

ger Röhre und flachem rechtwinklig abstehendem Saume; trichterförmig (*infundibuliforme*), mit einer Röhre, welche durch einen sich kegelförmig erwei-ternden Saum verlängert ist; zungenförmig (*ligu-lātum oder lingulātum*), so-viel wie einlippig, aber mit sehr lang ausgedehnter band- oder zungenförmiger Lippe; gespornt (*calcarātum*), mit einer am Grunde über den Anheftungspunkt hinausgehenden hohlen Verlängerung; höckerig (*gibbosum*), an der einen Seite der Basis wie ein Höcker erweitert.

In Betreff der Theilung des inneren Raumes ist der hohle Körper: **einfächerig** (*uniloculäre*), mit ungetheilter Höhlung; **längsfächerig** (*loculäre*), durch eine oder mehrere in der Richtung der Axe stehende Scheidewände (*dissepimenta*) in Längsfächer (*loculamenta, locŭli*) getheilt; **zwei-, drei-, vier-, vielfächerig** (*bi-, tri-, quadri-, multiloculare*); **querfächerig** (*septātum*), durch eine oder mehrere die Axe rechtwinkelig durchneidende Scheidewände in **Querfächer** (*septa*) oder Kammern getheilt; **zwei-, drei-, vier-, vielquerfächerig** (*bi-, tri-, quadri-, multiseptātum*).

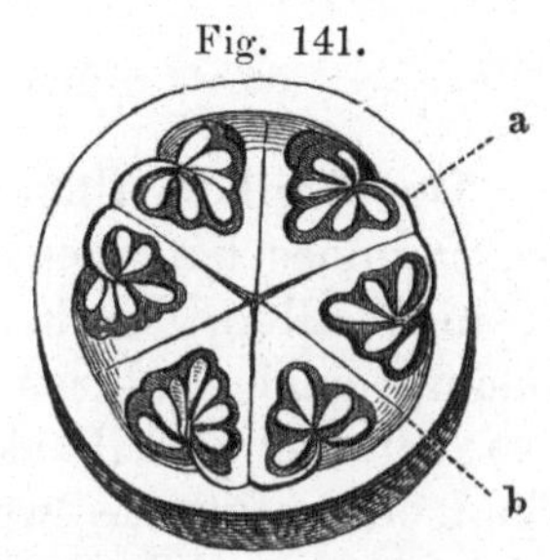

Fig. 141.

Querschnitt der Kürbisfrucht (*pepo*) von *Citrullus Colocynthis* Arnott. Sechsfächerige Frucht. Verkleinert.

Verbinden die Scheidewände nicht vollständig die Axe mit der Innenwand, so sind sie **unvollkommen** (*incomplēta dissepimenta*), und es heisst dann der Körper **halblängsfächerig** (*semiloculäre*) oder **halbquerfächerig** (*semiseptātum*). Die Querscheidewand wird nicht selten auch lateinisch mit *septum* oder *diaphragma* bezeichnet.

Die **Längsscheidewand** (*dissepimentum longitudināle*) ist **centrifugal** (*centrifŭgum*), wenn sie aus einer in der Axe des Körpers stehenden Säule entspringt, und **centripetal** (*centripĕtum*), wenn sie aus der Innenwand des hohlen Körpers entspringt.

Der **Köper** ist seiner Gestalt nach entweder **regelmässig** (*regulăre*) oder **unregelmässig** (*irreguläre*), im letzteren Falle kann er aber

Fig. 142.

Fig. 143.

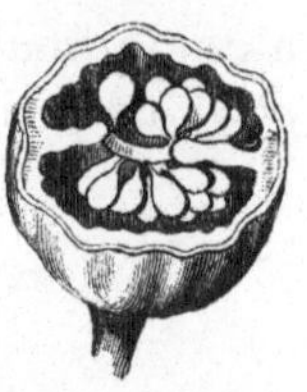

Querschnitt der halblängsfächrigen Beere von *Capsĭcum annŭum*.

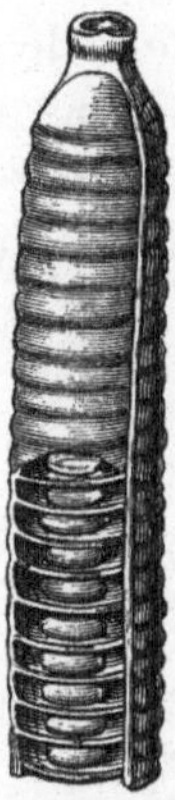

Ein Stück querfächrige Hülse (*legūmen septātum*) von *Cassĭa fistŭla*.

auch **symmetrisch** oder ebenmässig (*symmĕtron*) sein. Er ist regelmässig, wenn er durch jeden beliebigen Verticalaxenschnitt in zwei ähnliche Hälften getheilt werden kann, dagegen unregelmässig, wenn er sich nur durch einen Vertikalaxenschnitt in zwei ähnliche Hälften theilen lässt; er ist dann aber immer noch symmetrisch. Die oben erwähnte glockenförmige Gestalt ist eine regelmässige, die lippenförmige aber eine unregelmässige und zugleich symmetrische.

Lection 27.

Der Theil der Pflanze, dessen Wachsthumsrichtung derjenigen des Stammes entgegengesetzt ist, bildet die Wurzel (*radix*). Er ist nicht allein durch seine Wachsthumsrichtung charakterisirt, sondern auch dadurch, dass er unmittelbar keine Blattorgane, also auch keine Axillarknospen, hervorbringt. Jeder unterirdische Theil einer Pflanze, welcher unmittelbar Blattorgane trägt oder getragen hat, daher Blattnarben zeigt, ist keine Wurzel, gehört der Wurzel auch nicht an, sondern ist ein Stammorgan.

Die Basis der Wurzel liegt an der Basis des Stammes, die Spitze der Wurzel ist das ihrer Basis entgegengesetzte Ende.

Man unterscheidet Haupt- und Nebenwurzeln.

1. Die Hauptwurzel (*radix primaria*) entsteht unmittelbar durch Auswachsen des Würzelchens des Embryo, ist also die nach unten auswachsende Axe. Sie ist gewöhnlich gegen ihre Basis von vorwiegender Stärke und verläuft gegen ihre Spitze unter allmähliger Verjüngung. Sie ist entweder einfach (*simplex*) oder durch Verzweigung ästig (*ramōsa*). Die Wurzeläste, aus Adventivknospen sich entwickelnd, entspringen unmittelbar aus dem Holze der Hauptwurzel. Die dünnen Aestchen und Abzweigungen der Wurzeläste nennt man Wurzelfasern, Wurzelzasern (*fibrillae*), welche nicht mit den aus den jüngeren Wurzeltheilen hervortretenden Wurzelhaaren (*pili radicāles*), welche zarte einfache Schläuche bilden, zu verwechseln sind. Nur die Wurzel der Moose ist eine Haarwurzel (*radix capilläta*) und aus ähnlichen Wurzelhaaren, welche den Stamm bekleiden, zusammengesetzt.

Verläuft eine ästige Hauptwurzel wie bei unseren Waldbäumen in vorwiegender Stärke deutlich bis zur Spitze, so nennt man sie Pfahlwurzel (*radix palariä*) und ihre horizontalen Aeste Thauwurzeln.

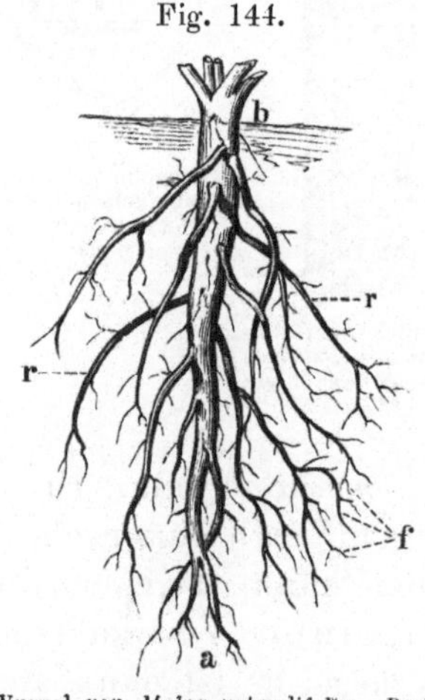

Fig. 144.

Wurzel von *Malva rotundifolia*. *Radix ramōsa*. *ab* Hauptwurzel, *r* Wurzeläste, *f* Wurzelfasern.

Die Wurzel ist verschieden gestaltet, z. B. **konisch** oder **möhrenförmig** (*conica, dauciformis*), wie eine Mohrrübe gestaltet; **spindelförmig** (*fusiformis*), wenn eine dicke Wurzel in ihrer Dicke nach der Basis und nach der Spitze zu abnimmt; **rübenförmig** (*napiformis*), kugelig oder eiförmig, nach der Spitze zu stark verdünnt; **vielköpfig** (*multiceps*), wenn aus ihrer Basis mehrere unterirdische unentwickelte Stengelglieder entspringen, oder wenn die im Erdboden verbleibende Axe an der Basis der Wurzel mehrfache Zweige

Fig. 145.

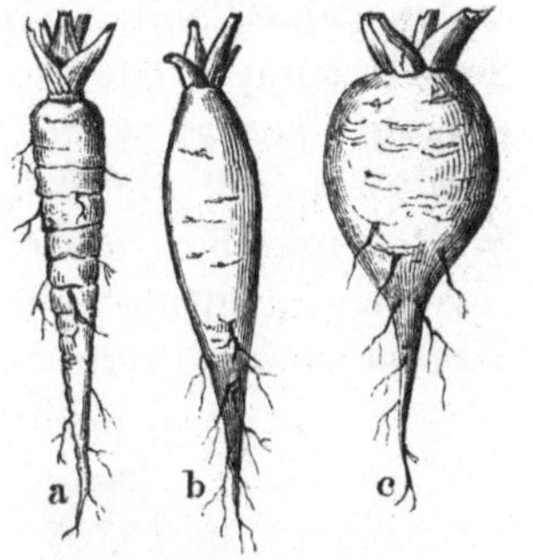

Einfache Primär-Wurzeln, stark verkl. *a* Konische Wurzel der Möhre (*Daucus Carōta*), *b* spindelförmige, *c* rübenförmige Wurzeln des Rettigs (*Raphănus*).

bildet, wie z. B. beim Löwenzahn (*Taraxăcum officinăle*), der Senega (*Polygăla Senĕga*) und dem Enzian (*Gentiāna lutĕa*); **schopfig** (*comōsa*), wenn ihre Basis mit einem Büschel haarförmiger Blatt-

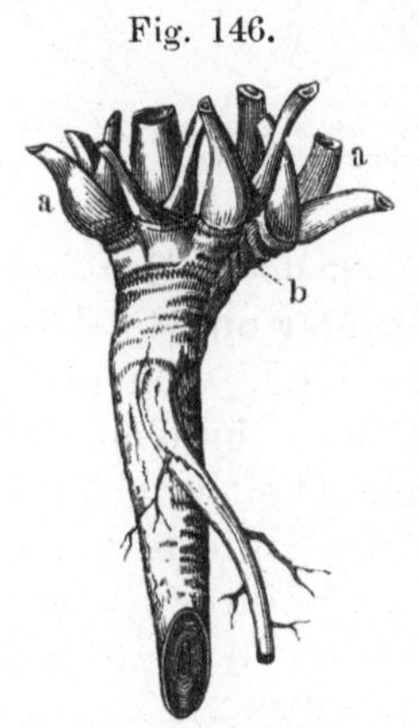

Fig. 146.

Obere Hälfte einer mehrköpfigen Wurzel des *Taraxăcum officinăle*. ½ Grösse. *a* Stamm und Blätterreste, *b* Wurzelkopf.

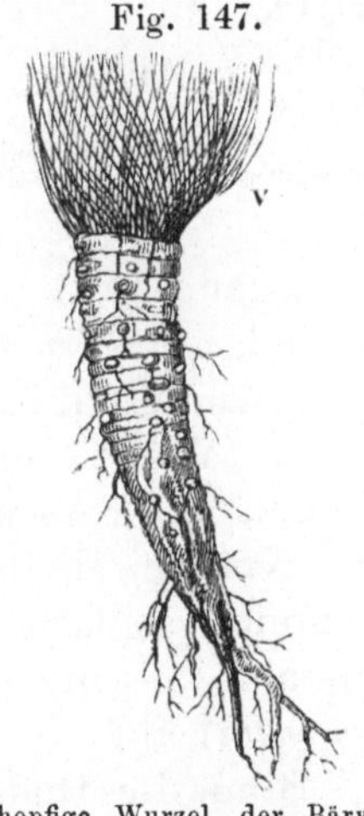

Fig. 147.

Schopfige Wurzel der Bärwurz (*Radix Mei*). Der Schopf *v* besteht aus Borsten, den Nerven der früheren Wurzelblattscheiden.

Fig. 148.

Radix praemorsa von *Succīsa pratensis Moench*.

reste besetzt ist, wie bei der Bärwurz (*Mēum Athamantĭcum*). Die sogenannte **abgebissene Wurzel** (*radix praemorsa*) ist nur ein unterirdischer wurzelähnlicher Grundtheil der aufsteigenden Axe, mit Nebenwurzeln besetzt. Der Teufelsabbiss (*radix morsus diabŏli*) ist ein solcher wurzelähnlicher Stengeltheil der *Scabiōsa Succīsa L.* oder *Succīsa pratensis Mœnch*.

2. **Nebenwurzeln** oder **Adventivwurzeln** (*radīces secundărĭae*) sind diejenigen wurzelähnlichen Gebilde, welche nicht aus

der Verlängerung des Embryowürzelchens hervorgehen, oder welche aus Theilen eines unter- oder oberirdischen Stammes an dessen Knoten oder Internodien hervortreten. Die Hauptwurzel gelangt häufig, wie z. B. bei den Monokotyledonen (wie *Calla palustris* u. a.), nicht zur Entwickelung, sie stirbt ab und in ihrer Stelle entstehen zahlreiche gleichdicke Nebenwurzeln, welche in ihrer Gesammtheit einen Wurzelschopf bilden. Die einzelnen Fasern oder Verlängerungen der Nebenwurzeln bezeichnet man

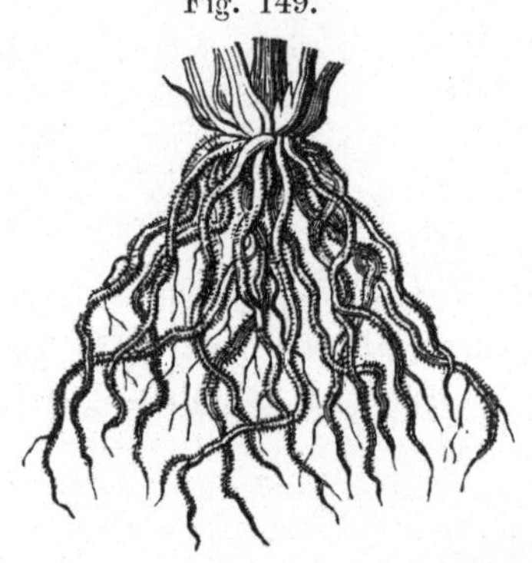

Fig. 149.

Faserwurzel der sechszeiligen Gerste (*Hordeum hexastichon*).

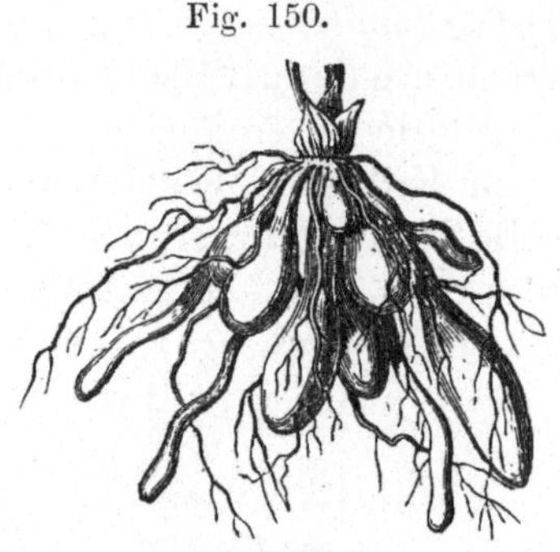

Fig. 150.

Büschlige Wurzel des Scharbockskrautes (*Ficaria ranunculoïdes*).

mit Wurzelfasern, Radicellen, (*radicellae*), doch nicht selten auch, aber ganz umpassend, mit *fibrillae*, worunter nur die dünnen Verästelungen der Hauptwurzel aufzufassen sind. Entspringen die die Wurzel einer Pflanze bildenden Radicellen aus verschiedenen Theilen, theils aus den Knoten, theils aus den Internodien des Stammes, so fasst man sie in ihrer Gesammtheit als zusammengesetzte Wurzel (*radix composita*) auf.

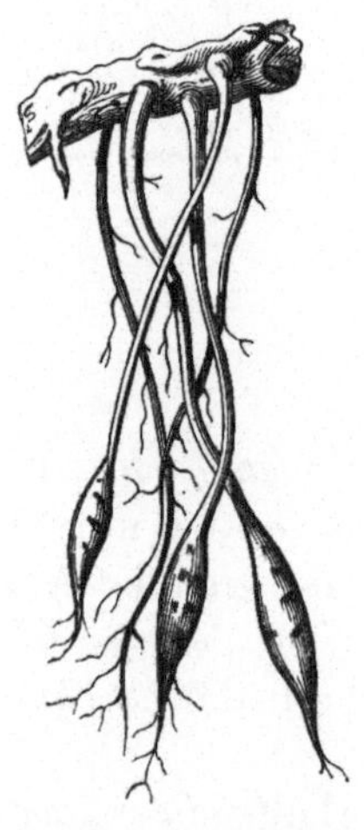

Fig. 151.

Ein Stück der Wurzel von *Spiraea Filipendula*.

Sind die Radicellen fadenförmig, so bilden sie eine Faserwurzel (*radix fibrosa*), sind sie aber fleischig verdickt und nicht lang, so bilden sie eine büschelige Wurzel (*r. fasciculata*), wie bei dem Scharbockskraut (*Ficaria ranunculoïdes*), sind dagegen nur die Spitzen der Radicellen knollig verdickt, so entsteht eine hängende Wurzel (*r. filipendula*), wie z. B. bei der knolligen Spierstaude (*Spiraea Filipendula*), der Georgine (*Dahlia variabilis*). Dies sind noch Bezeichnungen, welche aus einer Zeit stammen, in welcher man die Knollen (Lect. 29) unter die Wurzeln zählte.

Die aus einem oberirdischen Stamme entspringenden Nebenwurzeln nennt man Luftwurzeln (*radīces aërĕae*), wenn sie frei in die Luft hinausragen. Sie dringen bei vielen tropischen Gewächsen (*Pandănus*, *Rhizophŏra*) später in die Erde. Die Luftwurzel heisst Klammerwurzel (*radix adlĭgans s. allĭgans*), wenn sie sich zur Stützung des eigenen Stammes nur oberflächlich einem fremden Stamme, einer Mauer etc. anschmiegt und anklammert, ohne also in die Unterlage einzudringen, wie beim Epheu (*Hedĕra Helix*). Nur auf anderen Gewächsen mit solchen Klammerwurzeln aufsitzende Pflanzen unterscheidet man als falsche oder unechte Schmarotzer (*plantae epiphўtae*). Die Wurzeln der echten Schmarotzerpflanzen (*plantae parasitĭcae*) heissen falsche Wurzeln (*radīces nothae*). Dieselben senken sich in das Zellgewebe der Pflanze, welche dem Parasit als Nährpflanze dient, ein. Die Mistel (*Viscum album*) ist ein Schmarotzer, dessen Embryowürzelchen durch die Rinde der Nährpflanze (z. B. einer Kiefer) eindringt und in sèinem Entwickelungsverlauf später mit dem Holze völlig verwächst.

Die Saugwurzel (*haustorĭum*) ist nur eine zu einer konkaven Scheibe ausgedehnte Nebenwurzel, welche höchstens in die Rinde des fremden Gewächses dringt und daraus Nahrung aufsaugt. Sie ist die Nebenwurzel einer unechten Schmarotzerpflanze. Die Flachsseide (*Cuscŭta Europaea*) umschlingt andere Gewächse und senkt ihre Saugwurzeln in die Rinde derselben, während ihre unterirdische Wurzel abstirbt. Je nachdem die Parasiten auf einem Stamme, auf einer Wurzel zu wohnen pflegen, unterscheidet man sie als Stammparasiten (*Viscum*, *Cuscŭta*, *Loranthus*) und als Wurzelparasiten (*Lathraea*, *Orobanche*, *Neottĭa nidus avis*).

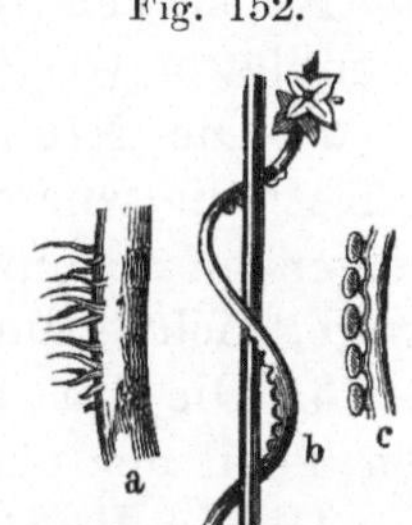

Fig. 152.

a Stück Stamm des Epheus mit Klammerwurzeln, *b* Stück des Stammes von *Cuscŭta Europaea* mit Saugwurzeln, *c* letztere vergrössert.

Der anatomische Bau der Wurzel gleicht im Ganzen dem des Stammes, es ist jedoch die Oberhaut desselben (*epiblēma*) ohne Spaltöffnungen (*stomăta*) und chlorophylllos, auch fehlt gewöhnlich das Mark (*medulla*), und ist dieses vorhanden, so nimmt seine beschränkte Ausdehnung nach der Spitze der Wurzel zu bedeutend ab und verschwindet ganz, während es im Stamme nach der Spitze an Ausdehnung zunimmt. Die Wurzel dient zur Befestigung der Pflanze und zur Aufnahme des rohen Nahrungssaftes, welcher aus der Wurzel in das Holz des Stammes eintritt, darin aufwärts steigt, zu den Blattorganen geleitet, dort assimilirt wird, und dann wieder in der Rindenschicht behufs Ernährung und Erzeugung von Pflanzentheilen abwärts steigt.

Lection 28.

Stamm. Blattregionen. Rhizom. Knollstock.

In den Lectionen 13 und 15 haben wir die Pflanze in der Richtung ihrer Axe, und die Zusammensetzung derselben in Beziehung zur Axe betrachtet. Der Stamm bildete das aufwärtssteigende, die Wurzel das abwärtssteigende Axenorgan, die Blätter die peripherischen Theile der aufwärtssteigenden Axe. Der Stamm lässt sich nun wiederum, je nach der Entwickelung und der Art und Beschaffenheit der Blätter, in vier die aufwärtssteigende Axe gleichsam rechtwinklig durchschneidende Regionen theilen.

1. Die Keimblattregion (*regio foliōrum primordialĭum*) umfasst das Knöspchen (*gemmŭla*, *plumŭla*) und die Samenblätter oder Keimblätter (*cotyledōnes*).

2. Die Niederblattregion (*regio foliōrum subterraneōrum*) umfasst die wurzelähnlichen unterirdischen Theile der aufwärtssteigenden Axe und Nebenaxen. In ihr finden sich nur schuppenartige, nicht grüngefärbte Blätter, Niederblätter.

3. Die Laubblattregion (*regio foliōrum viridĭum*) umfasst den Theil der oberirdischen Axe mit grünen Blättern.

4. Die Hochblattregion (*regio foliōrum flor_alĭum*) umfasst den Theil der oberirdischen Axe, welcher die Blätter trägt, über welchen sich Blüthe und Befruchtungswerkzeuge entwickeln, oder welcher Theil unmittelbar die Blüthe stützt.

Von der Ordnung und dem Maasse der Entwickelung, der Art der Vertheilung, dem Vorhandensein oder Fehlen einer oder der anderen Entwickelungsregion hängt die äussere Haltung und Gestalt, die Tracht (*habĭtus*), einer Pflanze ab.

Bei dem Uebergange von der Wurzel zum Stamme treffen wir zuerst auf die Niederblattregion, auf die Theile des Stammes, welche Niederblätter tragen. Die Niederblätter unterscheiden sich wesentlich von den Laubblättern. Sie haben eine breite stiellose Basis, geringe Länge, sind parallelnervig, ganzrandig und nie entschieden grün. Es fehlt ihnen auch die mit Spaltöffnungen (*stomăta*) versehene Epidermis. Nach dieser Definition gehören die Decken oder Schuppen oberirdischer Knospen zu den Niederblättern. Diese Consequenz ist auch eine ganz richtige, sobald wir die Knospe von der Mutterpflanze getrennt und als ein selbständiges Individuum betrachten.

Der Niederblätter tragende Stamm, Niederblattstengel, ist in der Regel ein unterirdischer (*caulis hypogaeus*) und hat ein wurzelähnliches Aussehen. Im jungen Zustande hängt er mit einer Hauptwurzel zusammen, welche später gewöhnlich abstirbt. Daher ist er meist durch Nebenwurzeln befestigt.

Zu den Niederblattstengeln rechnet man die Rhizome, Knollstöcke, Knollen, Knollzwiebeln und Zwiebeln, also alle die Theile, welche man früher mit der Bezeichnung Mittelstock (*caudex intermedĭus*) zusammenfasste.

Das Rhizom, der Wurzelstock (*rhizōma*), ist ein unterirdischer, seitlich fortwachsender, perennirender, Nebenwurzeln treibender und stets eine Terminalknospe tragender Niederblattstengel, eine Nebenaxe, welche in dem Maasse, als sie an ihrer Spitze wächst, an ihrem hinteren Ende abstirbt. Das Rhizom enthält Mark, wie der oberirdische Stamm, und ist entweder mit scheiden- oder schuppenartigen Niederblättern besetzt oder von den Ueberresten dieser Blätter geringelt oder genarbt. Es treibt aus Seitenknospen und der Terminalknospe als

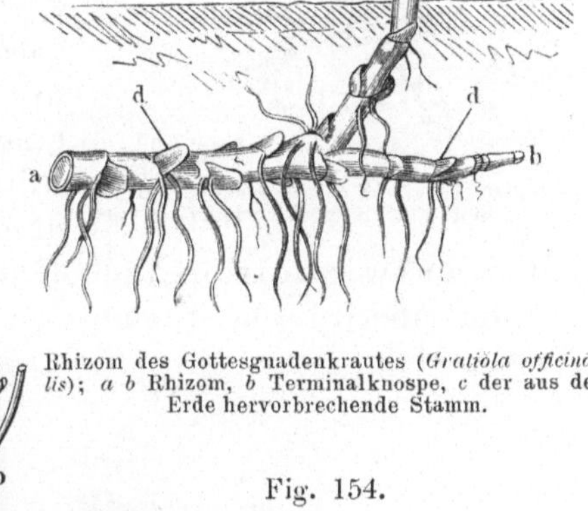

Fig. 153.

Rhizom des Gottesgnadenkrautes (*Gratiŏla officinălis*); *a b* Rhizom, *b* Terminalknospe, *c* der aus der Erde hervorbrechende Stamm.

Fig. 154.

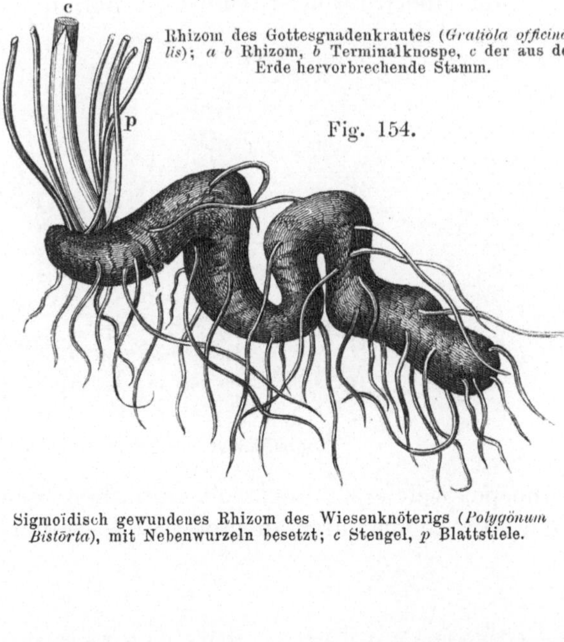

Sigmoïdisch gewundenes Rhizom des Wiesenknöterigs (*Polygŏnum Bistŏrta*), mit Nebenwurzeln besetzt; *c* Stengel, *p* Blattstiele.

Jahrestriebe der Mutterpflanze ähnliche Axen hervor, und setzt sich durch Entwickelung einer neuen Terminalknospe fort.

Die Wurzelköpfe (*rhizocephalĭdes*), welche eine Wurzel vielköpfig (*radix multĭceps*) machen und aus Axillarknospen eines unterirdischen unentwickelten Stengelgliedes entstehen, können nicht als Rhizome angesehen werden, denn sie haben eine bleibende Hauptwurzel, sterben also nicht an ihrem unteren Ende ab.

Die Rhizome von *Acŏrus Calămus* (Kalmus), *Zingiber officinale* Roscoe (Ingwer), *Curcŭma Zedoarĭa* Roscoe (Zittwerwurzel), *Polystĭchum Filix mas* Roth (*Rhizōma Filĭcis maris*, Johanniswurz, Wurmfarn) u. a. sind officinell.

Den Rhizomen reihen sich auch die sogenannten Stolonen, Wurzelausläufer, Stocksprossen, (*stolōnes, sobŏles*) an, denn diese sind unterirdische verlängerte Sprossen eines Rhizoms oder eines unterirdischen Stengelgliedes. Sie sind dünn, mit Niederblättern besetzt, mit unentwickelten Axengliedern oder kürzeren Internodien, als der überirdische Stamm sie hat, und mit einer Terminal-

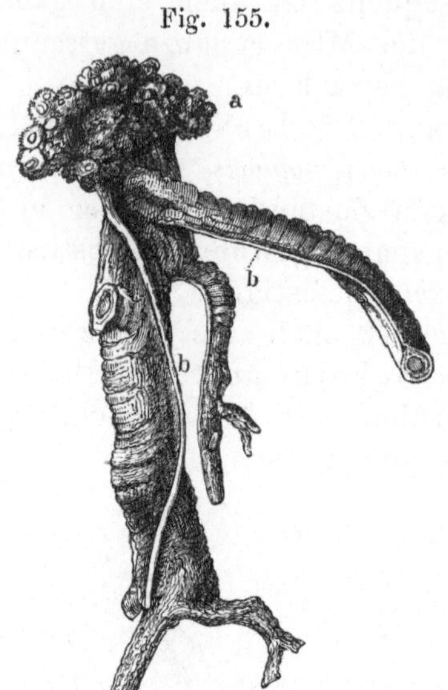

Fig. 155.

Senegawurzel (*Radix Senëgae*). Vielköpfiges Exemplar. Wurzelkopf *a*, Wurzel, auf der inneren Seite gekielt (*rad. carināta*), *b* Kiel.

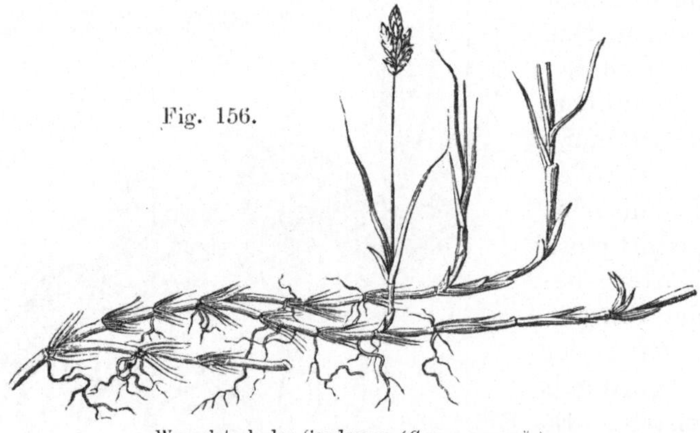

Fig. 156.

Wurzelstock der Sandsegge (*Carex arenarĭa*).

knospe, welche zu einem oberirdischen Stamme auswächst. Tritt der Wurzelausläufer an einer Stelle seiner Länge aus der Erde heraus, so entwickelt er hier nach oben Hochblätter, nach unten Nebenwurzeln. Solche Stolonen finden wir z. B. bei der Quecke (*Agropÿrum repens Beauvais*) und der Sandsegge oder dem Sandrietgrase (*Carex arenarïa*).

Die Stolonen dürfen nicht mit den oberirdischen Ausläufern, den zur Laubblattregion gehörenden Stengelausläufern (*flagellae, sarmenta*) verwechselt werden, jenen dünnen oberirdischen aus Axillarknospen entstandenen, auf der Erde hinkriechenden Nebenaxen mit entwickelten Stengelgliedern. In mässigen Abständen ihrer Längenausdehnung schicken sie Nebenwurzeln in die Erde und nach oben eine der Mutterpflanze ähnliche Axe. Hin und wieder findet man an den Stengelausläufern Niederblätter.

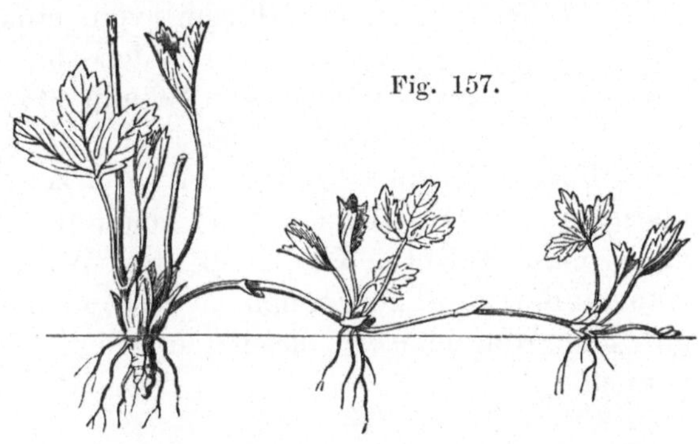

Fig. 157.

Stengelausläufer (*flagella*) der Erdbeere (*Fragaria vesca*).

Stengelausläufer beobachten wir z. B. an der Erdbeere (*Fragaria vesca*).

Die Rhizome sind Vermehrungs- und Erneuerungssprossen und sind zugleich wegen ihres Absterbens am hinteren Ende die Ursache, dass die Pflanze wandert und ihren Standort alljährlich verändert.

Der Knollstock (*cormus*), häufig auch Rhizom genannt, ist jeder unterirdische wurzelähnliche ausdauernde Stamm, welcher wohl Axillarknospen, aber keine Terminalknospe treibt und durch Absterben der Hauptwurzel ohne eine solche ist, dafür aber Nebenwurzeln treibt. Er entsteht durch Verdickung der aus unentwickelten Stengelgliedern bestehenden Basis des Hauptstammes und ist ausdauernd, denn während die oberen Stengelglieder und die Hauptwurzeln absterben, dauert er lebensthätig fort und treibt zur nächsten Vegetationsperiode Nebenwurzeln und aus Axillarknospen entweder Rhizome oder neue aufwärtssteigende Stämme.

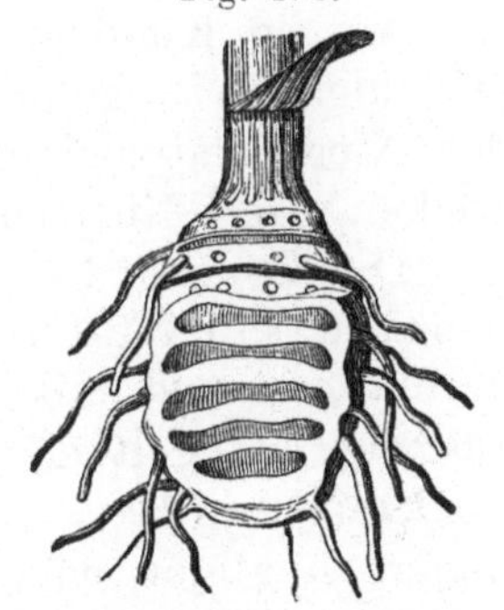

Fig. 158.

Fächeriger Knollstock des Wasserschierlings (*Cicuta virösa*). Längsdurchschnitt. Verkleinert.

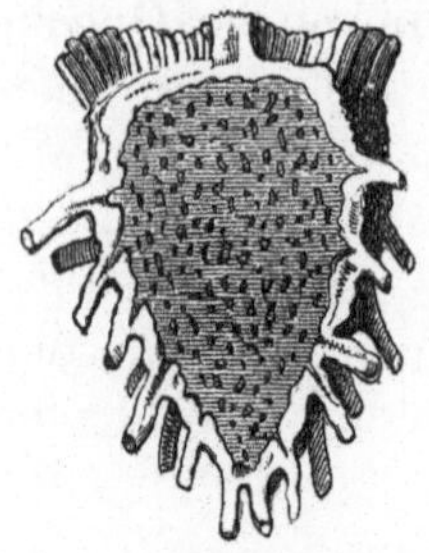

Verticaldurchschnitt des Rhizoms der weissen Niesswurz (*Verātrum album*).

Fig. 159.

Knollstöcke treffen wir z. B. beim Baldrian (*Valeriāna*), der Sassaparille (*Smilax medĭca*), der weissen Niesswurz (*Verātrum album*), dem Wasserschierling (*Cicūta virōsa*) an. Vom Knollstock unterscheidet sich der Wurzelkopf durch die Verbindung mit der nicht absterbenden Hauptwurzel.

Die Botaniker weichen über die Definition Rhizom von einander ab, und häufig findet man jeden der Niederblattregion angehörenden Stamm oder Stengeltheil, welcher nicht Knolle oder Zwiebel ist, mit Rhizom bezeichnet. Ebenso werden oft Wurzel- und Stengelausläufer überhaupt Ausläufer (*stolōnes*) genannt. In der Pharmacognosie pflegt man Rhizom, Knollstock und Wurzelausläufer unter dem Namen Rhizom zusammen zu fassen, und (nach *Berg*) den noch mit den Wurzelfasern besetzten Knollstock Wurzel (*radix*) zu nennen.

Bemerkungen. *Hypogaeus, a, um,* von ὑπό (hypo), unter, und γαῖα (gaia), Erde. — *Rhizōma, ătis, n.* griech. ῥίζωμα, Wurzel. — *Rhizocephālis, ĭdis, f.,* Wurzelköpfchen; ῥίζα (rhiza), Wurzel, und κεφαλίς, ίδος, (kephalis, idos), Köpfchen. — *Cormus, i, m.,* griech. κορμός, ein Stück vom Stamm.

Lection 29.

Zwiebel. Knolle. Knollzwiebel.

Ausser Knollstock (*cormus*), Rhizom (*rhizōma*) und Wurzelausläufer (*stolo*) gehören auch Zwiebel, Knolle und Knollzwiebel der Niederblattregion an, denn sie sind unterirdische, unentwickelte, mit Niederblättern besetzte Stengelglieder.

Die Zwiebel (*bulbus*) ist ein Niederblattstengel mit völlig unentwickelten Internodien, aber vorwiegend entwickelten Niederblättern und mit Terminal- oder Axillarknospen. Die Axe oder der Stengeltheil der Zwiebel, die Zwiebelscheibe, Zwiebelkuchen (*discus bulbi, lecus*) ist ein fleischiger, scheibenförmiger, kugliger oder konischer Körper, welcher nicht selbst zum Stengel auswächst, sondern verkürzt bleibt, aber nach oben einen oder mehrere Stengel treibende Knospen (Zwiebelkeime, *gemmae, turiōnes*), nach unten Wurzelfasern entwickelt. Die gewöhnlich fleischigen, die Zwiebelscheibe bekleidenden Niederblätter, die Tegmente der Zwiebel, nennt man Häute (*tunicae*) oder Schuppen (*squamae*). Eigentlich sind sie die übrig gebliebenen, aber noch lebensthätigen Grundtheile scheidiger Laubblätter, welche mit Ablauf der Vegetationsperiode abgestorben sind. Die am Rande der Zwiebelscheibe stehenden Niederblätter sterben als die ältesten auch zuerst ab und sind desshalb oft nur vertrocknete Häute.

Fig. 160.

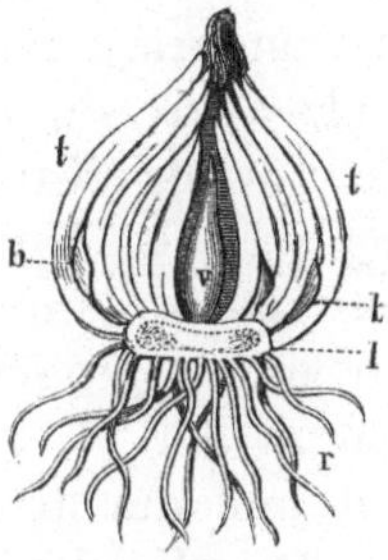

Längsschnitt einer schaligen Zwiebel. *l* Zwiebelscheibe, *r* Terminalknospe oder Keim, *b* Brutzwiebeln, *t* Häute (*tunicae*), *r* Wurzelfasern.

Schliessen die Schuppen sich concentrisch umfassend wie Scheiden oder Schalen die Knospe oder den Zwiebelkeim ein, so heisst die Zwiebel häutig oder schalig (*bulbus tunicātus*), sie heisst dagegen dachziegelig oder schuppig (*b. imbricātus s. squamōsus*), wenn die Schuppen nicht scheidig sind und sich ziegeldachartig decken. Die netzförmige Zwiebel (*b. reticulātus*) entsteht, wenn die verzweigten Gefässbündel der Schuppen nach dem Verschwinden oder Absterben des zwischen ihnen liegenden Parenchyms übrig bleiben und auf diese Weise eine netzförmige Decke bilden. Löst sich letztere strahlig in Fasern auf, so wird die Zwiebel gefranst (*b. fimbriātus*).

Die als Knospen in den Achseln oder Winkeln der Niederblätter erzeugten jungen Zwiebeln unterscheidet man als Brutzwiebeln (*bulbūli*) oder in ihrer Gesammtheit als Zwiebelbrut (*proles*).

Fig. 161.

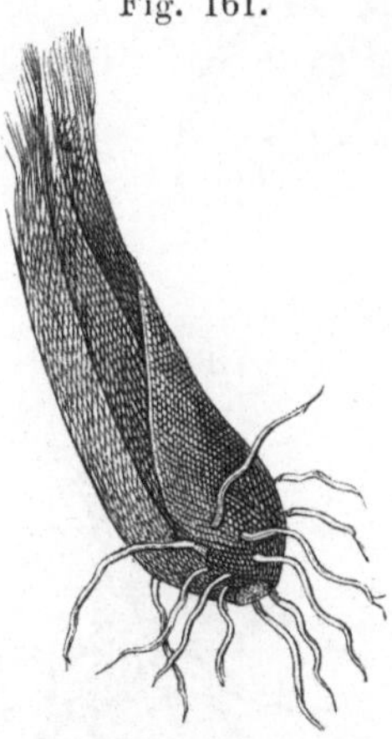

Allermannsharnisch, netzförmige Zwiebel von *Allium Victoriālis* (*bulbus Victoriālis longus*). Halbe Grösse.

Fig. 162.

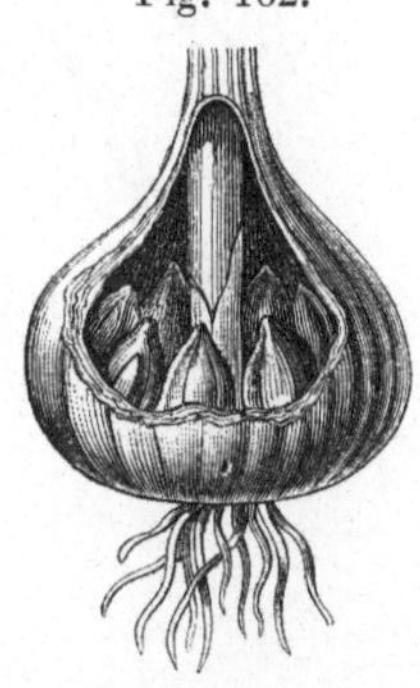

Zwiebel von *Allium satīvum* (Knoblauch), etwas verklein., zum Theil vom Tegment befreit, um die in einen Kreis gestellten Brutzwiebeln zu zeigen.

Sie absorbiren im zweiten Jahre die Schuppen der Mutterzwiebel (*bulbus parens*) in der Weise, dass sie von diesen wie von einer trocknen Hülle umschlossen sind. Mehrere Brutzwiebeln in einer Zwiebel lassen diese als zusammengesetzte (*bulbus composĭtus*) erscheinen. Sind die Brutzwiebeln in Menge und ohne Ordnung angehäuft, so nennt man die Zwiebel **nistend** (*nidŭlans*).

Die **Knolle** (*tuber*) ist ein fleischig verdickter, meist blattloser Niederblattstengel, oder ein solcher Ast desselben, mit unentwickelten Stengelgliedern, welcher auf seiner Oberfläche eine oder mehrere Knospen treibt. Die Niederblätter an der Knolle sind, wenn sie vorhanden, stets nur wenig ausgebildet; bei der Knolle der Kartoffel (*Solănum tuberosum*) fehlen sie in erster Jugend als Unterstützung der Augen (Knospen) nicht, verschwinden dann aber ganz. Mit Hilfe der Loupe beobachten wir an der jungen Kartoffelknolle kleine Vertiefungen, die Augen, und in der Mitte einer solchen Vertiefung eine kleine Erhabenheit und um dieselbe kleine schuppenförmige Niederblattansätze.

Die Knolle ist entweder ein fleischig verdickter unterirdischer Theil der Hauptaxe (wie bei *Cyclämen Europaeum, Ipomoea*

Fig. 163.

Fig. 164.

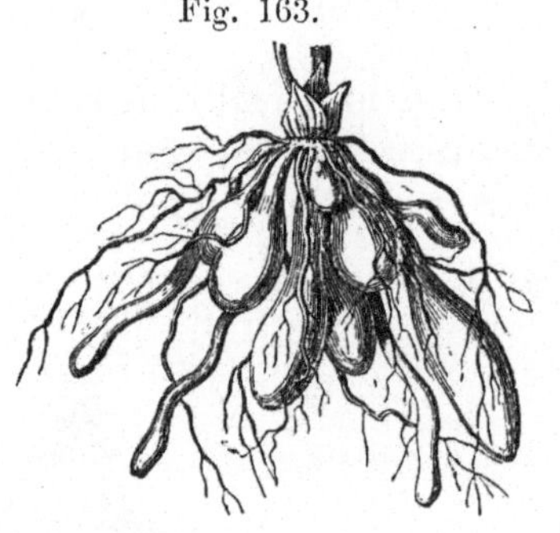

Knollen der *Ficaria ranunculoïdes.*

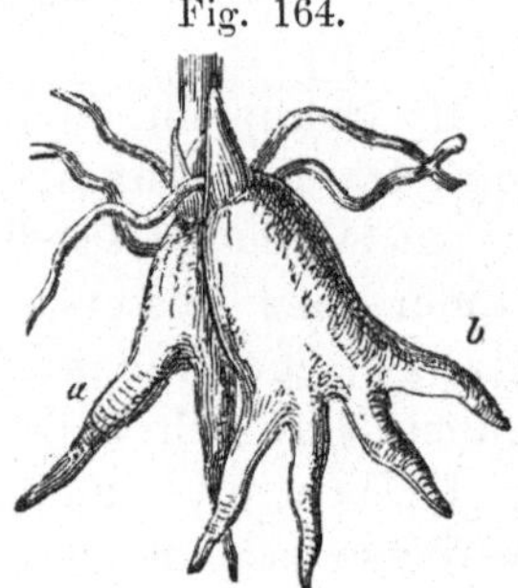

Doppelknolle von *Orchis odoratissima.* Handförmiggetheilte Knollen (*tubĕra palmata*). *a* alte Knolle.

Fig. 165.

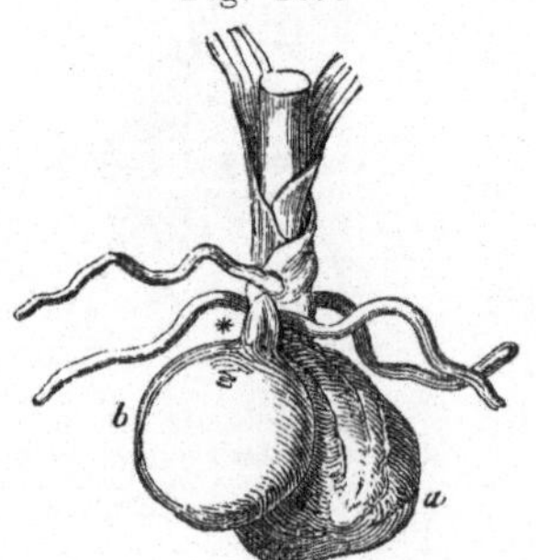

Doppelknolle von *Orchis Morio.* Hodenförmige Knollen (*tubĕra testiculăta s. scrotiformia*).

Purga), oder ein fleischig verdickter Zweig derselben (wie bei Salep, bei *Aconitum Napellus, Solanum tuberosum, Ficaria ranunculoides*). Bei den Orchideen entspringt gewöhnlich die Knolle aus der Achsel des zweiten Blattes, durchbohrt die Basis desselben und tritt an die Aussenseite oberhalb der alten Knolle hervor, mit dieser letzteren Doppelknollen (*tubĕra gemināta*) bildend. Die alte Knolle, welcher der Pflanzenstamm aufsitzt, ist leicht an der welken runzligen Oberfläche zu erkennen.

Die Knollzwiebel (*bulbodĭum, bulbo-tŭber*) ist eine Zwiebel mit fleischiger, stark verdickter Zwiebelscheibe, welche nur von einem aus einer einzigen Haut oder wenig Häuten bestehenden Tegment umhüllt ist. Knollzwiebeln finden wir beim Safran (*Crocus satīrus*) und der Herbstzeitlose (*Colchĭcum autumnāle*). Wäh-

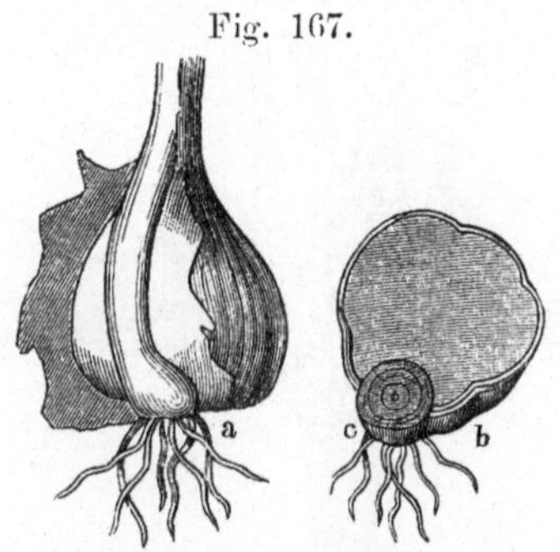

Fig. 166.

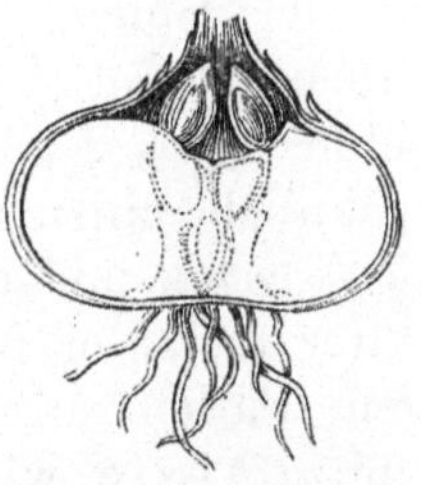

Knollzwiebel des Safrans (*Crocus satīrus*) im Längsdurchschnitt, über der Zwiebelscheibe die Brutzwiebeln. Halbe Grösse zeigend.

Fig. 167.

Knollzwiebel von *Colchĭcum autumnāle*. Seitenständige Knollzwiebel (*bulbodĭum laterāle*). *a* zum Theil von dem braunen Tegment befreit, *b* Querdurchschnitt, *c* die zur neuen Knollzwiebel auswachsende Axe.

rend die Terminalknospe oder die Axillarknospe der Knollzwiebel zu einem oberirdischen Stamm auswächst, bleibt das unterirdische Stengelglied unentwickelt, sich fleischig zu einer neuen Knollzwiebel verdickend.

Da Zwiebel, Knollzwiebel und Knolle als Reproductionsorgane der Knospe gleichen, so werden sie noch häufig als Knospen angesehen. In der Pharmacognosie nennt man die Knollzwiebel gemeinhin nur Zwiebel (*bulbus*).

Lection 30.

Stamm. Aeste. Zweige. Dornen. Ranken. Auswüchse.

Den Stamm haben wir in Lection 15 seiner wesentlichen Zusammensetzung nach kennen gelernt, wir wissen auch, dass er nicht ausschliesslich ein oberirdischer ist, sondern auch häufig unter der Erde in mannigfaltiger Gestalt vegetirt und im letz-

teren Falle der Niederblattregion angehört. Den oberirdischen
Stamm umfassen in der Regel die Laub- und die Hochblattregion.
In manchen grossen Pflanzenklassen zeigt er eine besondere
Form oder Beschaffenheit, so dass er verschiedene Namen er-
halten hat.

Palmstock (*caudex palmārum, caulōma*) heisst der Stamm
der baumartigen Monokotyledonen, wie der Palmen, Cycadaceen,
Dracaenaceen, Araceen etc. Er ist ein ausdauernder, vermittelst
Nebenwurzeln in der Erde sich befestigender, mit Blattnarben besetzter oder durch solche geringelter Stamm mit einem Blätterbüschel
an der Spitze. Seine Gefässbündel sind geschlossene. Er ist gewöhnlich einfach (*sim-plicissĭmus*), und nur im Alter treibt er in einigen Fällen an seiner Spitze Aeste, wie beim Drachenbaum (*Dracæna
Draco*), welcher das unter dem Namen Drachenblut bekannte rothe
Harz (*sanguis Dracōnis*) liefert.

Fig. 168.

Palmstamm. *Cycas circinālis,* Sagobaum. (In sehr verkleinertem
Maassstabe).

Stamm (*truncus*) ins Besondere bezeichnet den Holzstamm der Dikotyledonen. Er befestigt sich durch eine Hauptwurzel und bildet
Aeste und Zweige. Die Gefässbündel sind bei ihm in einen
Kreis gestellt. Wir finden ihn bei unseren Garten- und Waldbäumen.

Halm (*culmus, caulis graminĕus*) bezeichnet den mit vollständigen, d. h. äusserlich wahrnehmbaren und hervorstehenden Knoten versehenen Stengel der Gräser (*Graminĕae*). Innen
an jedem Knoten findet sich eine Scheidewand, und häufig ist
er durch Verschwinden des Markes hohl (*fistulōsus*), wie wir es
an dem Getreidehalm beobachten können. Den stets mit Mark
gefüllten (*farctus*) und mit unvollkommenen, d. h. äusserlich

wenig sichtbaren Knoten versehenen Stamm der Cypergräser und Simsen oder Binsen hat man auch als Binsen- oder Simsenhalm (*calămus*) unterschieden.

Stengel, Krautstengel (*caulis*) bezeichnet den nicht oder nur theilweise verholzenden, gewöhnlich grünen Stamm. Er ist selten baumartig wie bei dem Wunderbaum (*Ricĭnus*) und der Banane (*Musa*).

Diese Unterschiede in der Benennung werden nicht immer streng beachtet. Die meisten Botaniker nennen jeden der Laub- und Hochblattregion angehörenden Stamm *caulis* oder *truncus*, und erläutern ihn durch Beigabe der entsprechenden Adjective. Den Halm (*culmus*) bezeichnet z. B. *Berg*: *caulis fistulōsus, nodis protuberantĭbus, intus clausis*, ein röhriger Stengel mit vorstehenden, innen geschlossenen Knoten; den Binsenhalm mit *caulis farctus, nodis non protuberantĭbus*, ein gefüllter Stengel mit nicht vorstehenden Knoten.

Krautstamm. *Musa paradisiăca*, Banane.

Ein stammähnlicher, aus einem der Niederblattregion angehörenden Stamme entspringender, Laubblätter nicht tragender Blüthenstiel wird Schaft (*scapus*) genannt.

Der Stamm ist entweder ganz einfach (*simplicissĭmus*), ohne alle Aeste und nur mit einer endständigen Blüthe, oder einfach (*simplex*), ohne Aeste, aber mit mehreren Blüthenstielen, oder ästig (*ramōsus*), etwas ästig (*subramōsus*) und sehr ästig (*ramosissĭmus*).

Ast und Zweig gleichen in Betreff ihres anatomischen Baues dem Hauptstamme, sie zeigen natürlich auf dem Querschnitt weniger Holz- und Rindenschichten. Kambium und Gefässbündel treten ohne Unterbrechung aus dem Stamm in den Ast über, nur nicht das Mark, welches von dem des Astes durch eine Scheidewand getrennt bleibt.

Die Stellung der Aeste (*rami*) und Zweige (*ramŭli*) richtet sich nach der Stellung der Blätter, denn sie entstehen aus Knospen der Blattwinkel (*axillae*). Die Stellung ist daher gewissermaassen eine regelmässige. Nur in einzelnen besonderen Fällen, bei dem sprossenden Stamme (*truncus prolifer*), treten an der Spitze eines Astes rings um die Terminalknospe mehrere Zweige in wirtelförmiger Ordnung hervor, ohne von Blättern unterstützt zu sein, wie bei der Gattung *Pinus*. In einem Blattwirtel treten übrigens Aeste nur aus den Winkeln zweier gegenständiger Blätter hervor.

Der Stamm heisst ruthenförmig (*virgātus*), wenn die Aeste sehr dünn und lang sind; auslaufend (*excurrens*), wenn sich der Stamm bis zum Gipfel als Ganzes fortsetzt, aber verworren (*diffūsus*) oder verschwindend (*deliquescens*), wenn dies nicht geschieht und er sich durch Verästelung verliert; mit Ausläufern (*sarmentōsus*), Ausläufer, Schösslinge (*flagellae, sarmenta, stolones*) treibend.

Die Aeste wachsen entweder unter gewissen Verhältnissen der Ernährung oder nach Eigenthümlichkeit der Pflanzenart zu gewissen charakteristischen Formen aus, oder erleiden in ihrer Entwickelung Störungen. Daraus entstehen der Dorn, die Ranke und der Stammwulst.

Der Dorn (*spina*) ist, wie wir aus der Lection 10 wissen, kein Epidermalgebilde wie der Stachel (*aculĕus*), sondern ein Axenorgan und zwar ein durch Fehlschlagen verkümmerter Ast, dessen Terminalknospe, in welche ein normaler Ast bekanntlich endigt, ihre Entwickelungsfähigkeit verloren hat, so dass er sich verschmälert und zu einer Spitze auswächst. Bei manchen Gewächsen (z. B. dem wilden Apfel- und Birnbaum), welche in

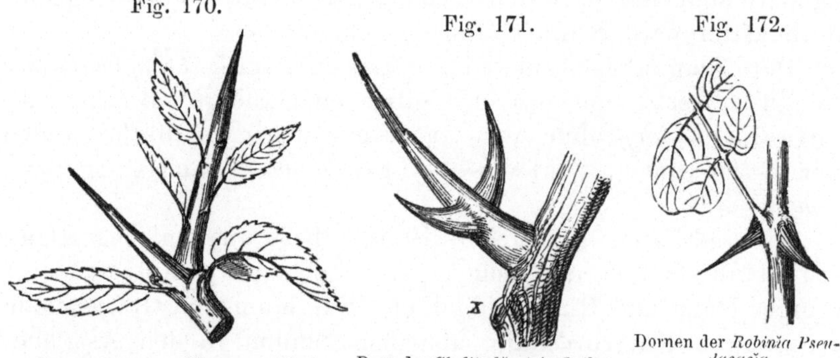

Fig. 170. Fig. 171. Fig. 172.

Ramus spinescens (*Prunus spinōsa*). Dorn der *Gleditschia triacānthos*. Dornen der *Robinia Pseudacacia*.

dürrem mageren Boden vegetiren, findet man häufig zu Dornen ausgebildete Aeste, und ebenso vermindert sich bei anderen

Pflanzen, bei welchen die Dornbildung Gesetz ist, diese letztere, wenn sie in fruchtbaren Boden versetzt werden. Von dieser Erscheinung macht unter anderen der amerikanische und auch bei uns gezogene Christusdorn (*Gleditschĭa triacanthos*) eine Ausnahme, denn selbst im besten Boden bringt er in gleichem Maasse seine langen starken, selbst dreispitzig verzweigten Dornen (*spinae tricuspidātae*) hervor.

Der Stachel (*aculĕus*) ist ein accessorisches Gebilde der Oberhaut und lässt sich mit der Epidermis ablösen, der Dorn dagegen ist wie der Ast von Gefässbündeln durchzogen und bildet einen Theil des Gefässbündelsystems der Pflanze. Steht der Dorn mit dem Holze in direkter Verbindung, so unterscheidet man ihn auch wohl als Zweigdorn, und erscheint er als Fortsetzung der Gefässbündel der Blätter (der Blattrippen, Blattnerven), so nennt man ihn Blattdorn. Hier bildet er die dornigen Blätter (*folia spinōsa*) z. B. der Stechpalme (*Ilex Aquifolĭum*), des Sauerdorns oder der Berberitze (*Berbĕris vulgāris*). Im letzteren Falle lässt sich übrigens der Uebergang der Blätter in handtheilige Dornen (*spinae palmātae*) leicht verfolgen. Bei unserer Robinie (im gewöhnlichen Leben Acacie genannt, *Robinĭa Pseudacacĭa*) treten die Dornen in Stelle der Nebenblätter (*stipŭlae*) auf.

Fig. 173.

Blätter und Dornen von *Berbĕris vulgāris*. *a* Dornen.

Zweigdornen (*rami spinescentes*) setzen wie die Aeste Jahresringe an und treiben Blätter und Blüthen, z. B. beim Schwarz- oder Schlehdorn (*Prunus spinōsa*), der dornigen Hauhechel (*Onōnis spinōsa*).

Die Ranke (*cirrus*) lässt sich häufig als ein fadenförmig verlängerter Ast oder Blüthenstiel (Stengelranke) auffassen, welcher benachbarte Gegenstände spiralig umschlingt und den Stamm befestigt und aufrecht erhält, wie bei den Kürbisgewächsen, Passifloren; im Allgemeinen erscheint sie jedoch als Fortsetzung einer Blattspindel (*rhachis folii composĭti*) oder eines

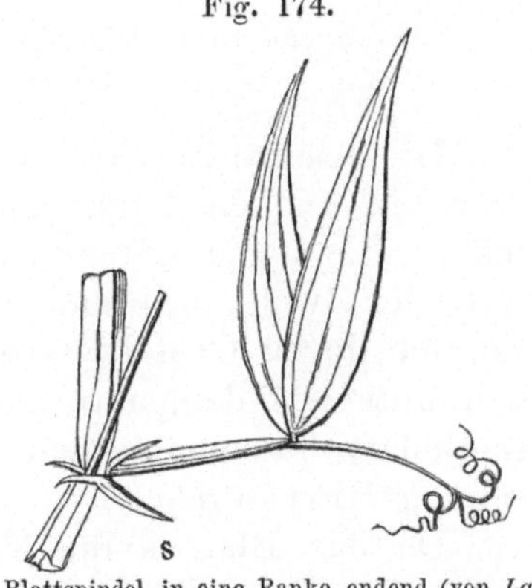

Fig. 174.

Blattspindel in eine Ranke endend (von *Lathʏrus silvēstris*).

secundären Blattstielchens (*petiolŭlus*), welches keine Blattsubstanz entwickelt (Blattranke), wie bei der Erbse (*Pisum satīvum*), oder als Verlängerung des Mittelnerven eines Blattes, wie
bei *Gloriōsa superba*, oder als Stellvertreter eines Nebenblattes
(*stipŭla*). Von interessanter Bildung ist die als
Verlängerung des Blattmittelnerven auftretende
Ranke bei *Nepenthes destillatorĭa* und *Nepénthes
Phyllamorpha* Willd. Diese Ranke erweitert
sich an ihrer Spitze in ein hohles Blattgebilde
von der Form eines mit Deckel versehenen
Schlauches, welcher des Nachts aufrecht stehend und geschlossen sich mit klarem süssen
wässrigen Safte füllt, welchen sie gegen Mittag sich senkend ausfliessen lässt.

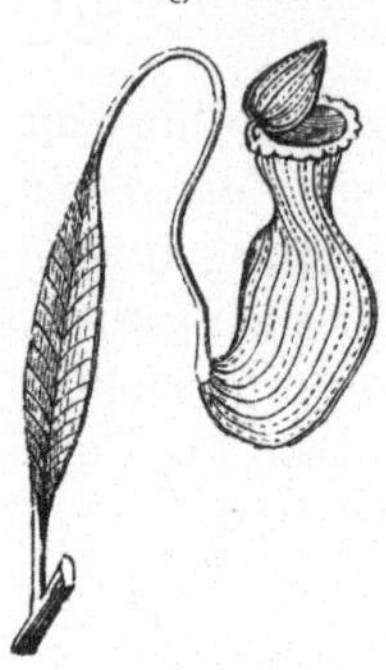

Fig. 175.

Blatt von *Nepenthes Phyllamorpha Willd.*

Die Auswüchse (*tumōres*) des Hauptstammes sind unentwickelt gebliebene Aeste. Sie
entstehen aus Knospen, welche nicht zur Entwickelung gelangend aus der Rinde nicht her-
austreten, aber dennoch wie in einem verkürzten Ast sich mit
Holzringen, welche ungleich dick sind, umgeben und zu flachen
Anschwellungen auf dem Stamme auswachsen. Durch die Auswüchse entsteht die sogenannte Maser (*exostōsis*).

Bemerkungen. *Calămus, i, m.,* griech. κάλαμος, das Rohr. — *Cirrus* (und nicht
cyrrhus), *i, m.,* krauses Haar, Haarlocke. — *Exostōsis, is, f.,* griech. ἐξόστωσις (exostōsis),
das Hervorstehen eines Knochens, Knochengeschwulst, Ueberbein.

Lection 31.

Laubblätter. Entwickelung und anatomische Zusammensetzung derselben.
Sie sind Ernährungsorgane.

Die Laubblätter sind die gewöhnlich flächenartig ausgebreiteten grünen Ernährungsorgane am Umfange der oberirdischen Axe. Sie unterstützen unmittelbar eine Knospe, einen
Ast oder Zweig, während die Hochblätter (Bracteen), von denen
sie sich durch Gestalt, Grösse und oft auch durch Farbe sichtlich unterscheiden, nur zur Stütze der Blüthen dienen. Das
Laubblatt bezeichnet man im Allgemeinen mit dem einfachen
Namen Blatt (*folĭum*).

Da das Blatt keine Terminalknospe treibt, so wächst es
nicht an seiner Spitze. Das Blatt in seinem ersten Anfange

bildet eine kleine aus Zellgewebe bestehende Erhabenheit, welche aus der Axe hervortritt und allmälig zu einer Fläche auswächst, während welcher Zeit sich aus dem Kambium die Gefässbündel als Abzweigung des Gefässbündelsystems des Stammes bilden und zu einer Schlinge (*ansa*) aneinanderlegen. Diese Schlinge bildet dann den Ausgangspunkt der Gefässbündel, welche das Blatt in Gestalt der sogenannten Nerven durchziehen.

Der Entwickelungsgang des Blattes ist nicht ein und derselbe und kann in vier verschiedenen Richtungen stattfinden. Bei der basifugalen Entwickelung findet das Wachsthum oder der Zellenansatz von der Basis nach der Spitze statt. Bei der basipetalen Entwickelung bildet sich erst die Blattspindel (Axe des Blattes), und die Lappen (*lobi*) oder Blättchen (*foliŏla*) bilden sich und wachsen von der Spitze nach der Basis, ebenso auch die Nervenzweige und Randeinschnitte. Die Spitze wird also zuerst gebildet und dann die Basis. Beide Entwickelungsgänge können auch gleichzeitig erfolgen. Der parallele Entwickelungsmodus erfolgt besonders bei den Blättern 'der Monokotyledonen; die Blattnerven wachsen unter sich parallel aus, die Blattscheide entsteht aber zuerst.

Bleiben die zu einem Blatte ausgewachsenen Gefässbündel nach dem Austritt aus dem Stamme noch eine Strecke weit verbunden, so bilden sie einen Blattstiel (*petiŏlus*), und das Blatt ist ein gestieltes (*folium petiolātum*), breiten sie sich aber beim Austritt aus dem Stamm alsbald aus, so entsteht das sitzende Blatt (*folium sessīle*).

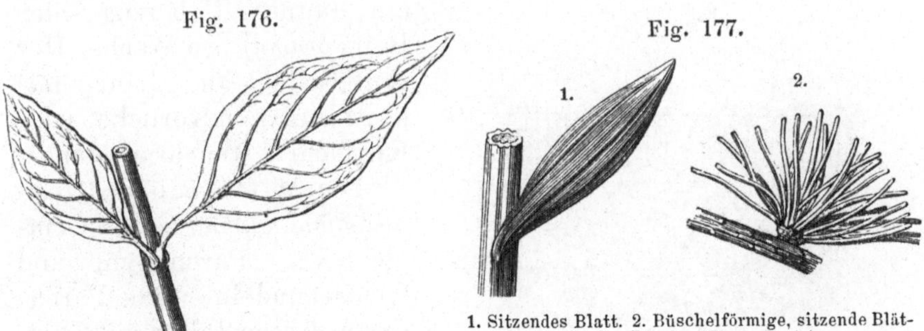

Fig. 176.

Gestieltes Blatt von *Atröpa Belladonna*, ⅓ Grösse.

Fig. 177.

1. Sitzendes Blatt. 2. Büschelförmige, sitzende Blätter der Lärche (*Pinus Larix*).

Der Blattstiel ist demnach ein Theil des Blattes und zwar eine verschmälerte langgezogene Basis des Blattes. Er unterscheidet sich meist genügend von einem Ast, Zweig oder Blüthenstiel durch eine mehr oder weniger dreiseitige Form mit einer nach oben gekehrten Seite.

Die Blattfläche entsteht durch seitliches Auseinander-
treten und Verzweigen der Gefässbündel, indem sich zugleich
die dadurch entstehenden Zwischenräume mit parenchymatischem
Zellgewebe ausfüllen. Die Gefässbündel bilden die Nerven (*nervi*)
des Blattes, welche entweder parallel die Blattfläche durchlaufen
oder anastomosiren, wenn sie nämlich mit ihren Enden und
Aesten zusammentreten und in einander verlaufen. In der Regel
besteht das Gefässbündel gegen die Basis des Blattes vorwiegend aus Bastzellen, gegen die Spitze vorwiegend aus Spiralgefässen.

Die Blattfläche oder Blattspreite (*lamĭna folĭi*) ist der
bald mehr bald weniger zu einer Fläche ausgebreitete Haupttheil des Blattes, von Nerven durchzogen. Sie besteht gewöhnlich aus drei Schichten, der oberen und unteren Fläche und der
Mittelschicht.

Die obere (*pagĭna superĭor*) und die untere Fläche (*p. inferĭor*) sind durch eine oder seltener durch einige Schichten Epidermalzellen gebildet, welche mit farblosem oder gefärbtem Saft
gefüllt sind, aber kein Chlorophyll enthalten. Die Epidermal-
zellenschichten sind gewöhnlich·von Aussen mit der Cuticula
überzogen. Gemeiniglich hat nur die untere Fläche Spaltöffnungen (*stomăta*), oder die obere Fläche, wenn die Blätter·mit der
unteren auf dem Wasser schwimmen, wie bei vielen Wasserpflanzen. Wenige Pflanzen haben Blätter, welche auf der oberen
und unteren Seite mit Spaltöffnungen versehen sind (z. B. die
Mistel, die Runkelrübe). Die Cuticula bedeckt nicht selten noch
ein dünner Ueberzug oder Reif (*pruīna*) von Wachs. Der
Reif besteht aus kleinen mikroskopischen Körnchen oder
Kügelchen Wachssubstanz.

Die Mittelschicht (*me-sophyllum, diplŏë*) ist ein Com-
plex von Parenchym und Gefässbündeln. Das Parenchym, dessen Zellen mit Chlorophyll angefüllt sind, bildet
in den flachen Blättern zwei Schichten, von welchen die
der oberen Fläche zunächst

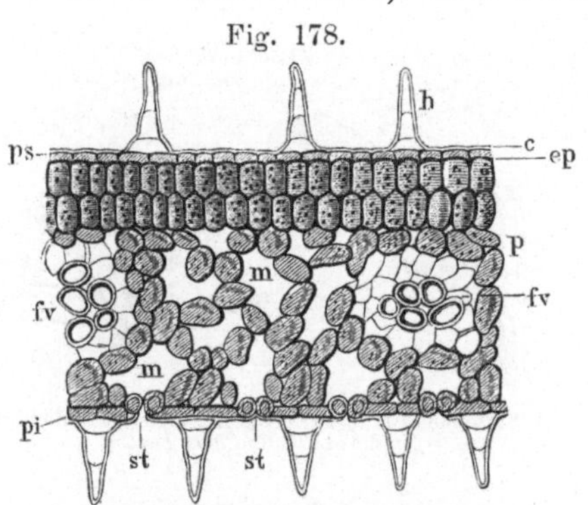

Fig. 178.

Verticalschnitt durch ein Blatt einer Dikotyledone. *p*
Parenchym, *fv* Gefässbündel, *m* Zellengänge, *st* Spalt-
öffnungen, *ep* Epidermis, *c* Cuticula, *h* Haare, *ps* obere
Fläche, *pi* untere Fläche, *ps pi* Mittelschicht.

liegende aus dichtverbundenen oblongen perpendiculär gestellten
Zellen und nur wenigen oder kleinen Intercellulargängen zu-

sammengesetzt ist. Die der unteren Seite aufliegende Parenchym-
schicht besteht dagegen aus irregulären, locker verbundenen
Zellen und vielen intercellularen Gängen und Höhlen, mit welchen die Spaltöffnungen correspondiren. Die Spaltöffnungen be-
dingen ein lockeres Parenchym, daher ist in Blättern mit Spaltöffnungen auf beiden Seiten auch das dichtere Parenchym mit
perpendiculär gestellten Zellen nicht vorhanden.

Die Laubblätter sind Ernährungs- oder Vegetationsorgane,
denn sie besorgen die Assimilation des Nahrungssaftes. Das
aus dem Boden durch die jüngeren Wurzeltheile (Wurzelspitzen,
Wurzelhaare) endosmotisch aufgesogene Wasser, welches verschiedene anorganische und organische Stoffe gelöst enthält, wird
als roher Nahrungssaft durch die Gefässe (Spiroïden) des
Holzes vermöge der Capillarität (Haarröhrchenanziehung) zu den
Blättern geleitet. Die Blätter athmen durch ihre Spaltöffnungen
unter Einfluss des Sonnenlichtes Luft und Kohlensäure auf. In
Folge der Wärme der Atmosphäre verdunstet ein Theil des
Wassers durch die Spaltöffnungen, während unter Mitwirkung
des Sonnenlichtes die eingeathmete Kohlensäure in den Chloro-
phyllzellen in ihre Bestandtheile (Kohlenstoff und Sauerstoff)
zerlegt wird. Der Sauerstoff tritt aus den Spaltöffnungen in die
Atmosphäre zurück, der Kohlenstoff aber vereinigt sich im *status
nascens* mit den Bestandtheilen des Wassers (Wasserstoff und
Sauerstoff), und es entstehen die sogenannten Kohlehydrate (Cellulose, Stärkemehl, Zucker, $C^{10}H^{10}O^{10}$) und andere Verbindungen
aus Kohlenstoff, Wasserstoff und Sauerstoff und aus Kohlenstoff
und Wasserstoff; genug, der rohe Nahrungssaft wird in den
Blättern assimilirt, d. h. zur Aufnahme in die Zellen der Pflanze
behufs der Ernährung geschickt gemacht. Der assimilirte Saft
findet alsbald Verwendung, theils zur Ernährung der Knospen
und anderer Theile, theils steigt er in die Rinde und durch diese
nach der Wurzel. Hier ernährt er die Theile, welche neue
Wurzeltheile treiben und entwickeln sollen, und was übrig bleibt,
tritt durch die Gefässe des jüngsten Holzes aufgesogen zurück
zur Ernährung und Bildung des Kambiums, aus welchem durch
den pflanzlichen Lebensprocess die Bildung der Organe ihren
weiteren Fortlauf nimmt. Mit dieser kurzen und unvollkommenen
Andeutung gewinnen wir ein ungefähres Bild von dem Werthe
der Blätter im Haushalte der Pflanze.

Bemerkungen. Anastomosiren, wiederholt in einander münden, sich wiederholt verästeln, ἀναστόμωσις (anastomōsis), Mündung, Ergiessung; ἀνά (ana), in Zusammensetzungen drückt es die Wiederholung aus; στομόω (stomoō), mit einer Mün-

ciliătum), wenn die Wimperhaare an ihrer Spitze Drüschen *(glandŭlae)* tragen; wellenrandig *(undulātum),* mit wellig gebogenem Rande; kraus *(crispum),* mit stark wellig und kraus gebogenem Rande, so dass die Falten sich gegenseitig drängen oder theilweise übereinanderliegen; am Rande zurückgerollt *(margĭne revolūtum),* bei Umbiegung des Randes nach der unteren Fläche, und am Rande eingerollt *(margĭne involūtum),* wenn die Biegung von der unteren nach der oberen Fläche gerichtet ist. Vergl. Fig. 116, 6 u. 7.

Ein zusammengesetztes Blatt *(folium composĭtum)* ist dasjenige, dessen Blattstiel mehrere (selten einzelne) Theilblätter, Blättchen *(foliŏla)* genannt, trägt, welche mit ihm durch Articulation (Gliederung) verbunden sind. Der Blattstiel eines zusammengesetzten Blattes wird primärer Blattstiel oder Blattspindel *(rhachis, petiŏlus commūnis),* die Stielchen der Blättchen secundäre Blattstiele oder Blattstielchen *(petiolŭli)* genannt. Ein zusammengesetztes Blatt ist also zusammengesetzt aus einer Blattspindel und durch Articulation eingefügten Blättchen.

Sind die Blättchen der Länge nach zu beiden Seiten der Spindel eingelenkt, so ist das Blatt ein gefiedertes *(folium pinnatum).* Die einzelnen Blättchen nennt man hier Fiedern *(pinnae).* Diese stehen einander entweder paarweise gegenüber (ein solches Fiederpaar heisst ein Joch, *jugum),* oder sie stehen

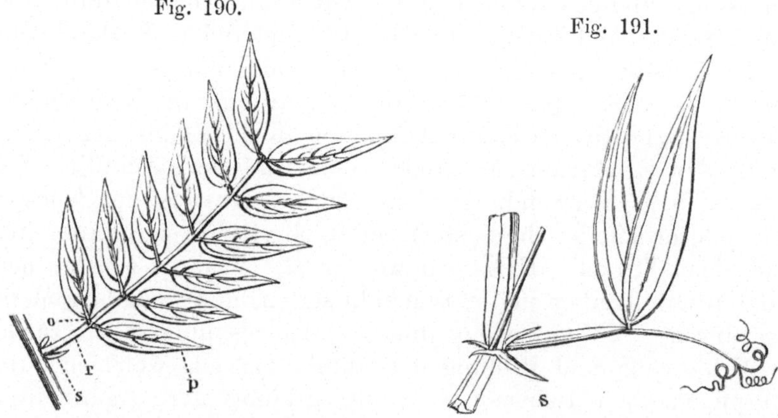

Fig. 190.

Fig. 191.

Einfach- und paarig gefiedertes, sechspaariges *(sejŭgum)* Blatt von *Cassia angustifolĭa. p* Fiedern *(pinnae), r* Blattspindel *(rhachis), o* Blattstielchen *(petiolŭlus), s* Nebenblättchen *(stipulae).*

Unpaarig gefiedertes Blatt *(fol. impăripinnatum)* von *Lathy̆rus silvestris,* Endfieder zu einer Ranke metamorphosirt.

abwechselnd *(pinnae alternantes).* Trägt die Blattspindel an ihrer Spitze noch ein einzelnes Blättchen, so ist das Blatt ein unpaarig-gefiedertes *(impăripinnātum),* fehlt dieses Blättchen (*f. parallelinērve*) oder **krummnervig** (*f. curvinerve*); **handnervig** (*palminerve*), wenn die Längsnerven fingerförmig in die Blattfläche verlaufen; **fasernervig** (*hinoïdĕum*), wenn die Längsnerven ohne Mittelnerven sich in Seitennerven verzweigend nach der Spitze des Blattes parallel verlaufen.

Ein Blatt mit Quernerven heisst **benervt** (*folium nervigĕrum*), und nach der Zahl der Quernerven unterscheidet man ein dreifach-, fünffach- etc. **nerviges** (*f. triplinervĭum, quintupli-, septupli-, multiplinervium*). Das benervte Blatt ist **gerippt** (*costatum*), wenn zahlreiche parallelverlaufende Quernerven aus der Mittelrippe entspringen; **gerippt-geadert** (*costāto-venōsum*), wenn die parallelen Quernerven sich verzweigen; **aderig** (*venōsum*), mit schwachen unregelmässig verzweigten Quernerven; **netzaderig** (*reticulato-venosum s. retinerve*) mit anastomosirenden zahlreichen Quernervenverzweigungen, welche einem Netze ähnlich sind.

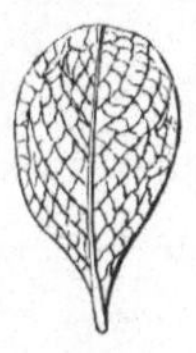

Fig. 180.

Netzadriges Blatt (*f. reticulāto-venōsüm*) von *Vaccinĭum uliginōsum.*

Fehlen die Nerven, so ist das Blatt **nervenlos** (*f. enerve*), und fehlen nur die Seitennerven, **aderlos** (*f. avenĭum*).

Der **Blattstiel** (*petiŏlus*) trägt an seiner Spitze die Blattfläche. Er ist verschieden gestaltet oder mit Anhängen ausgestattet. Er heisst **geflügelt** (*alatus*), wenn er mit Streifen der Blattsubstanz eingefasst ist; **blattartig** (*foliacĕus*) oder *phyllodĭum*, wenn er blattartig ausgebildet ist; **flach** (*dilatātus*); **rinnenförmig** (*canaliculātus*).

Die **Blattscheide** (*vagīna*) nennt man den den Stamm wie eine Röhre umschliessenden Grundtheil eines Blattes. Man findet sie am häufigsten bei den Monokotyledonen. Sie ist **Blattstielscheide** (*vagīna petiolāris*), wenn sie den Grundtheil eines Blattstiels bildet; **Blattflächenscheide** (*v. foliaris*), wenn sie bei Abwesenheit eines Blattstiels den Grundtheil der Blattfläche bildet. Ein Blatt, welches den Stamm scheidig umfasst, ist **scheidig** (*folium vagīnans*).

Fig. 181.

Fig. 182.

Blatt von *Citrus Aurantium. Petiŏlus alatus.*

Blatt von *Acacia heterophylla. Petiŏlus foliacĕus; phyllodium.*

Die Blattscheide ist frei (*vagīna lībĕra*), wenn sie nicht mit dem Stamm verwachsen ist (*cauli non accrēta*); geschlossen (*clausa*), wenn ihre Ränder zusammen gewachsen sind; mit Anhängseln versehen (*appendiculāta*); blattlos oder nakt (*aphylla, nuda*), ohne Blattfläche. Hierher gehörende Anhängsel sind das Blatthäutchen und die Tute.

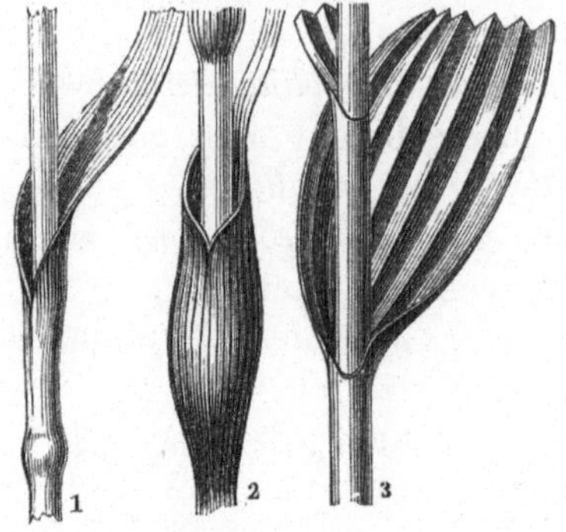

Fig. 183.

1. Blattscheide, gespaltene (*vagīna fissa*), 2. bauchige, an der Spitze gespaltene (*vag. ventricōsa, apice fissa*). 3. ganze oder geschlossene (*intĕgra s. clausa*) mit gefaltetem parallelnervigen Blatte (*folium plicatum parallelinerve*) von *Verātrum album*.

Das Blatthäutchen (*ligŭla*) ist ein kleines zartes häutiges ungefärbtes Blättchen an der inneren Seite des Blattes, wo Scheide und Blattfläche in einander übergehen.

Die Tute (*ochrĕa*) ist eine Nebenscheide (durch Verwachsung zweier Nebenblätter entstanden), oder eine Verlängerung der Scheide über die Stelle hinaus, an welcher die Blattfläche in die Scheide übergeht. Durch Entwickelung der Knospe oder des Blattstiels wird sie gewöhnlich gespalten, zerrissen, gefranst etc.

Fig. 184.

Fig. 185.

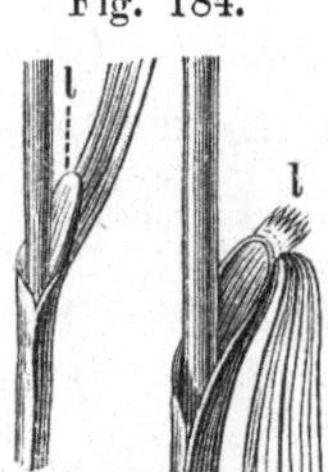

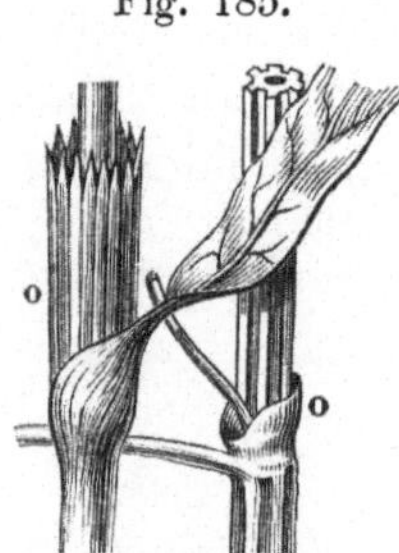

l Blatthäutchen (*ligŭla*).

o Tute (*ochrĕa*).

In Betreff der Consistenz ist ein Blatt: häutig oder krautartig (*folium membranacĕum, herbacĕum*), mit dünner Blattfläche und nicht sehr saftig, wie das Wallnussblatt; lederartig (*coriacĕum*), von fester dicklicher biegsamer Consistenz; saftlos (*exsuccum*); saftig (*succulentum, succōsum*); vertrocknet (*scariōsum*), chlorophyll- und saftlos; verwelkt (*marcescens, emarcidum*), durch Absterben saftlos geworden; starr, steif (*rigĭdum*); schlaff (*laxum*). Das Nadelblatt (*folium acerōsum*) ist ein nicht genervtes, doch mit einem Mittelnerv versehenes schmales steifes spitzes Blatt. Die Blätter der Kiefer sind Nadelblätter.

Je nach der Dauer ist das Blatt hinfällig (*cadūcum*), wenn es vor Ablauf der Vegetationsperiode abfällt; ausdauernd (*perenne*), mehrere Vegetationsperioden durchdauernd; abfal-

lend (*decidŭum, annuum*), nach Ablauf der Vegetationsperiode abfallend.

Pflanzen, deren Blätter zwei und mehrere Vegetationsperioden durchdauern, nennt man immergrüne (*plantae sempervirentes*).

Bemerkungen. *Hinoïdĕus, a, um,* (richtiger *inoïdĕus*) griech. ἰνοειδής (inoeidäs), nervig, faserig; ἴς, gen. ἰνός, (is, inos) Faser, Kraft, und εἶδος (eidos), Gestalt,

Lection 33.

Anheftung des Blattes.   Theilung der Blattfläche.   Zusammengesetztes Blatt.

In Betreff der Anheftung ist das Blatt herablaufend (*decurrens*), wenn die Blattfläche über den Anheftungspunkt des
Blattes bis zum nächsten Knoten am Stamme herabläuft, wie
beim Wollkraut (*Verbáscum thapsifōrme*); umfassend (*amplexicaule*)
und halbumfassend (*semiamplexicaule*), wenn die an der Basis
gespaltene Blattfläche den Stengel ganz oder nur theilweise umfasst, wie beim Mohn (*Papáver somnifĕrum*). Reitend (*folia equitantia*) nennt man die Blätter, welche mit ihren gekielten zu-
sammengelegten Grundtheilen den Stamm umfassen, wobei aber
auch das untere das gegenüberstehende obere Blatt am unteren
Theil zugleich umfasst, wie bei *Iris Germanica*; sie heissen verwachsen (*connata*), wenn zwei ·gegenüberstehende Blätter mit
ihren unteren Rändern zusammengewachsen sind. Ein Blatt ist

Fig. 186.

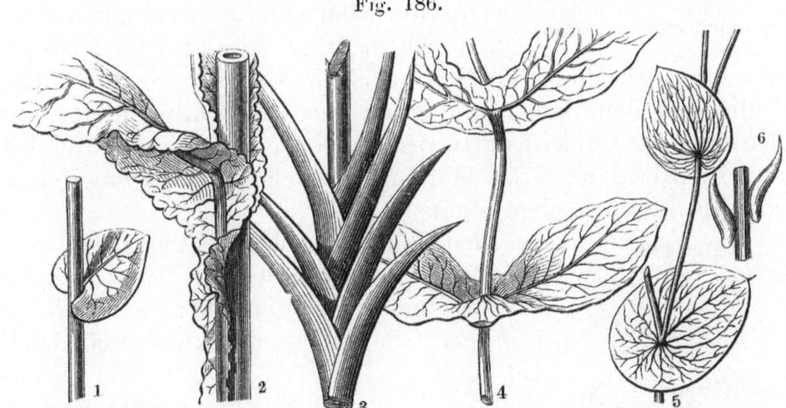

Blätter, 1. stengelumfassendes (*f. amplexicaule*). 2. herablaufendes (*decurrens*), von *Verbascum thapsiforme.* 3. reitende und schwertförmige Blätter (*f. equitantia et ensiformia*), von *Iris Germanica.*
4. verwachsene (*connāta*), von *Lonicĕra Caprifolium*). 5. durchwachsene (*perfoliāta*), von *Bupleurum
rotundifolium*). 6. ringsumgelöstes (*f. basi solūtum*), von *Sedum reflexum.*

ferner durchwachsen *(perfoliatum)*, wenn es mit seinem ungespaltenen Grunde den Stamm ganz umgiebt; rundum angewachsen *(circumnexum)*, wenn es dick und fleischig und an seiner ganzen Basis mit dem Stengel verwachsen ist, wie bei *Sedum sexanguläre*, ringsum gelöst oder frei *(circumscissum, basi solutum)*, wenn ein solches Blatt nur in einem Punkte über seiner Basis dem Stamm anhängt, wie bei *Sedum reflexum*.

Das gestielte Blatt *(folium petiolätum)* nennt man randstielig *(palacĕum)*, wenn die Blattfläche wie gewöhnlich mit dem Rande ihrer Basis dem Blattstiele aufsitzt, dagegen schildstielig oder schildförmig *(peltätum)*, wenn der Blattstiel über der Basis des Blattes in die Blattfläche tritt, wie bei *Tropaeŏlum majus, Ricĭnus communis*. Endlich ist das Blatt eingelenkt *(articulatione affixum)*, wenn entweder das Blatt mit der Basis der Mittelrippe oder mit der Basis des Blattstiels gelenkartig angeheftet ist oder einem Blattkissen *(pulvīnus)* aufsitzt. Unter Blattkissen oder Wulst versteht man eine mehr oder weniger wulstig erhabene Stelle am Stamme, welcher ein Blatt oder eine

Fig. 187.

Ein schildförmiges Blatt *(folium peltätum)*.

Knospe aufsitzt. Nach dem Abfallen des Blattes hinterbleibt an der Anheftungsstelle ein Grübchen, die Blattnarbe *(cicatricŭla)*. Vergl. Lect. 16 und 34.

Nach der Richtung ist ein Blatt horizontal oder wagerecht *(horizontale)*, wenn die Blattspreite in einer horizontalen Ebene liegt; senkrecht *(verticale)*, wenn unter Drehung der Blattbasis die Blattspreite aufgerichtet

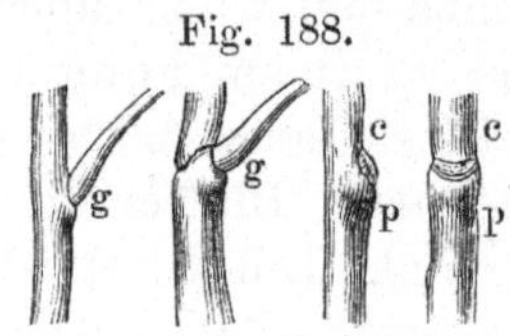

Fig. 188.

gg eingelenkte Blattstiele *(petiŏli articulatiŏne affixi)*; *c* Blattnarbe *(cicatricŭla)*, *p* Blattkissen *(pulvīnus)*.

ist und mit dem Horizonte einen rechten Winkel bildet; umgekehrt oder verkehrtflächig *(resupinätum)*, wenn unter Drehung des Blattstieles das horizontalgerichtete Blatt mit der unteren Fläche nach oben sieht.

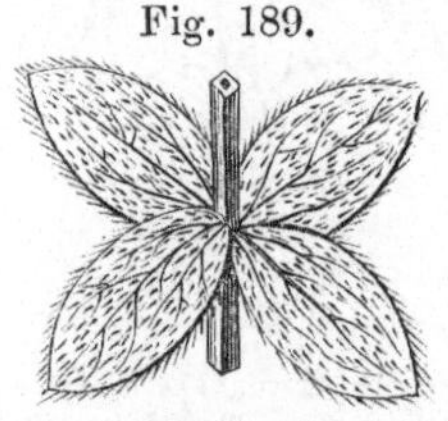

Fig. 189.

Gewimperte Blätter *(f. ciliäta)*, von *Galium cruciätum*.

Nach der Beschaffenheit des Randes ist ein Blatt: knorpelrandig *(margĭne cartilaginĕum)*, am Rande verdickt; randschwiclig *(margĭne callōsum)*, mit kleinen Schwielen am Rande; schärflich am Rande *(margĭne scabriuscŭlum)*, wie bei den meisten Gräsern; gewimpert *(ciliätum)*, mit steifen Haaren am Rande; drüsig gewimpert *(glandulōso-*

ciliātum), wenn die Wimperhaare an ihrer Spitze Drüschen *(glandŭlae)* tragen; wellenrandig *(undulātum)*, mit wellig gebogenem Rande; kraus *(crispum)*, mit stark wellig und kraus gebogenem Rande, so dass die Falten sich gegenseitig drängen oder theilweise übereinanderliegen; am Rande zurückgerollt *(margĭne revolūtum)*, bei Umbiegung des Randes nach der unteren Fläche, und am Rande eingerollt *(margĭne involūtum)*, wenn die Biegung von der unteren nach der oberen Fläche gerichtet ist. Vergl. Fig. 116, 6 u. 7.

Ein zusammengesetztes Blatt *(folium posĭtum)* ist dasjenige, dessen Blattstiel mehrere (selten einzelne) Theilblätter, Blättchen *(foliŏla)* genannt, trägt, welche mit ihm durch Articulation (Gliederung) verbunden sind. Der Blattstiel eines zusammengesetzten Blattes wird primärer Blattstiel oder Blattspindel *(rhachis, petiŏlus commūnis)*, die Stielchen der Blättchen secundäre Blattstiele oder Blattstielchen *(petiolŭli)* genannt. Ein zusammengesetztes Blatt ist also zusammengesetzt aus einer Blattspindel und durch Articulation eingefügten Blättchen.

Sind die Blättchen der Länge nach zu beiden Seiten der Spindel eingelenkt, so ist das Blatt ein gefiedertes *(folium pinnātum)*. Die einzelnen Blättchen nennt man hier Fiedern *(pinnae)*. Diese stehen einander entweder paarweise gegenüber (ein solches Fiederpaar heisst ein Joch, *jugum)*, oder sie stehen

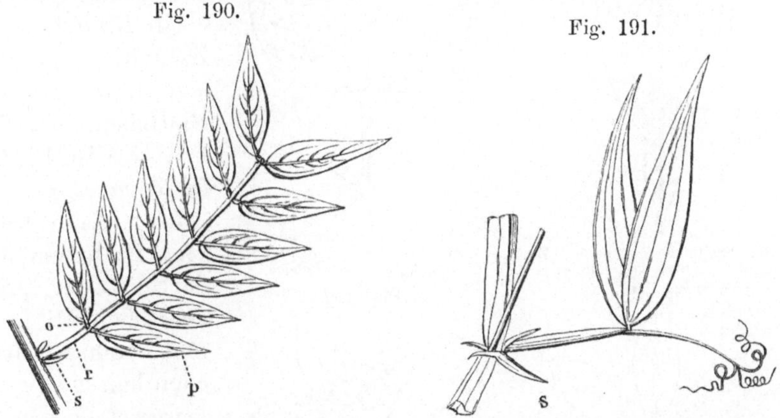

Fig. 190.

Einfach- und paarig gefiedertes, sechspaariges *(sejūgum)* Blatt von *Cassia angustifolia. p* Fiedern *(pinnae)*, *r* Blattspindel *(rhachis)*, *o* Blattstielchen *(petiolŭlus)*, *s* Nebenblättchen *(stĭpulae)*.

Fig. 191.

Unpaarig gefiedertes Blatt *(fol. impäripinnatum)* von *Lathy̆rus silvestris*, Endfieder zu einer Ranke metamorphosirt.

abwechselnd *(pinnae alternantes)*. Trägt die Blattspindel an ihrer Spitze noch ein einzelnes Blättchen, so ist das Blatt ein unpaarig-gefiedertes *(impäripinnātum)*, fehlt dieses Blättchen aber, so ist es paarig gefiedert (*pari-pinnātum, abrupte pinnā-tum*). An dem unpaarig-gefiederten Blatte wächst nicht selten

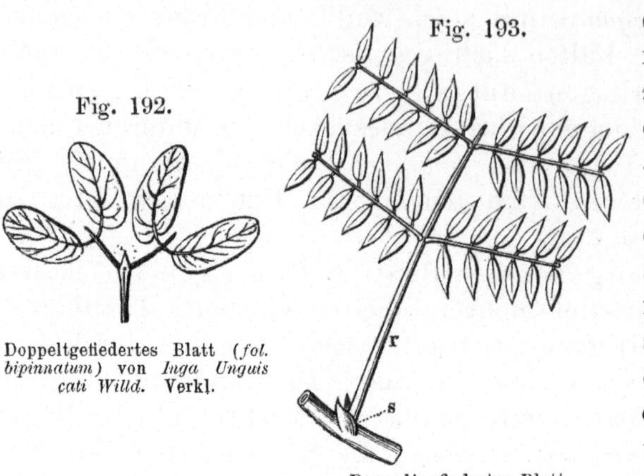

Fig. 192.

Doppeltgefiedertes Blatt (*fol. bipinnatum*) von *Inga Unguis cati Willd.* Verkl.

Fig. 193.

Doppeltgefiedertes Blatt.

das Blattstielchen in eine Ranke (*cirrus*) aus, wie bei der Erbse (*Pisum satīvum*), der Wicke (*Vicĭa satīva*). Trägt die Spindel Blattstielchen, welche mit Fiedern besetzt sind, so ist das Blatt doppelt-gefiedert (*f. bipinnātum*), und es entsteht ein dreifach-gefie-dertes Blatt (*tripinnātum*), wenn die Blattstielchen gefiederte Blätter tragen. Geht die Fiederung noch weiter, so entsteht das vielfach zusammengesetzte Blatt (*f. supra-decompositum*).

Sind die Blattstielchen der Spitze der Spindel eingelenkt, so nennt man das Blatt Einblatt (*folium unifoliolātum*), wenn ein Blättchen, Zweiblatt (*f. binatum*), wenn zwei Blättchen, Dreiblatt, Vierblatt (*f. ternātum, quaternātum*), wenn drei, vier Blättchen an der Spitze der Spindel stehen. Mit fünf und mehr Blättchen heisst es gefingert (*f. digitatum*); Doppeldreiblatt (*f. biternātum*), wenn die Blättchen des Dreiblatts wieder gedreit sind.

Fig. 194.

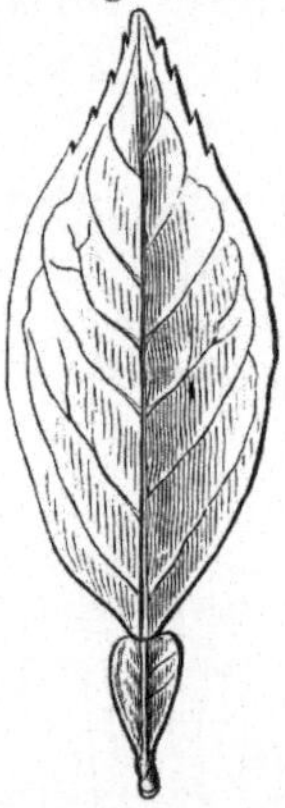

Blatt von *Citrus Aurantium*. Einblatt (*folium unifoliātum*).

Fig. 195.

Zweiblatt (*fol. binātum*) oder einpaariges Blatt (*f. unijūgum*). Blatt von *Zygophyllum Fabāgo*.

Fig. 196.

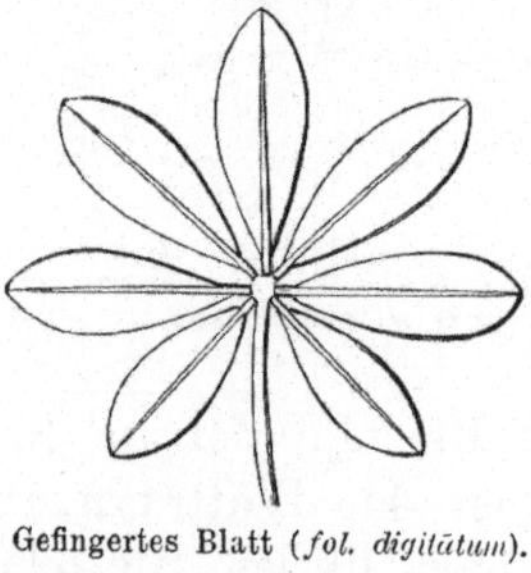

Gefingertes Blatt (*fol. digitātum*).

Fig. 197.

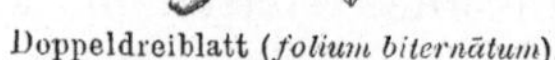

Doppeldreiblatt (*folium biternātum*).

Von dem zusammengesetzten Blatte ist die Gelenkbildung der Blattstielchen unzertrennlich. Finden wir ein Blatt mit mehreren strahlen- oder fingerförmig geordneten Blättchen an der Spitze eines Blattstieles, so ist es immer nur ein einfaches Blatt, wenn die Blättchen nicht durch Articulation mit dem Blattstiel verbunden sind. Das Blatt der Erdbeere ist daher kein zusammengesetztes Blatt, sondern ein dreischnittiges (*trisēctum, ternatisectum*), das Blatt der Brombeere (*Rubus fruticōsus*) ein fünfschnittiges (*quinquesectum, quinatisectum*).

Dreischnittiges Blatt (*fol. ternatisectum*) der Erdbeere (*Fragaria vesca*).

Das geschnittene und das fiederschnittige Blatt (*f. sectum et pinnatisectum*) haben viel Aehnlichkeit mit einem zusammengesetzten Blatte, denn die Fiedern (*pinnae*) hängen nicht durch Blattsubstanz zusammen und stehen auf einer Spindel (*rhachis*), sie sind aber nicht wie die Blättchen (*foliŏla*) des zusammengesetzten Blattes eingelenkt (*fōlia articulatiōne affixa*). Häufig machen einige Botaniker auch in dieser Beziehung keinen Unterschied, was übrigens nicht nachahmungswerth ist.

Von einem fiederschnittigen Blatte sagt man, es sei gleich- förmig-, abnehmend-, zunehmend fiederschnittig (*aequa-*

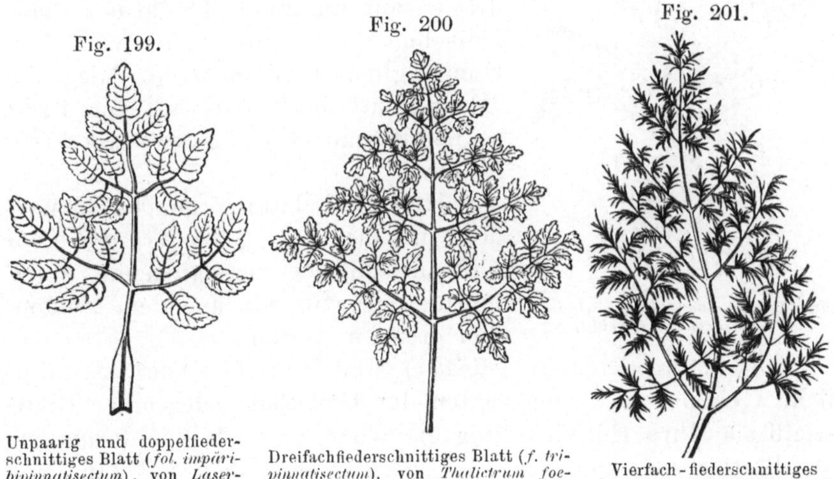

Fig. 199.

Fig. 200.

Fig. 201.

Unpaarig und doppelfieder- schnittiges Blatt (*fol. impari- bipinnatisectum*), von *Laser- pitium latifolium*. Stark verkl.

Dreifachfiederschnittiges Blatt (*f. tri- pinnatisectum*), von *Thalictrum foe- tidum*. Verkl.

Vierfach - fiederschnittiges Blatt (*f. quadripinnatisectum*) von *Laserpitium hirsūtum Lam.*

liter, decrescente, crescente pinnatisectum), wenn die Abschnitte oder Fiedern gleich gross sind, oder nach der Spitze zu an Grösse ab- oder zunehmen; doppelfiederschnittig (*bipinnatisectum*), wenn die Abschnitte wiederum fiederschnittig sind; dreifachfiederschnittig (*tripinnatisectum*); vierfachfiederschnittig (*quadripinnatisectum*).

Aber auch das fiederspaltige Blatt (*f. pinnatifidum*) wird nicht nur mit dem fiederschnittigen, selbst sogar mit einem gefiederten verwechselt, obgleich bei einem fiederspaltigen Blatte die Abschnitte an der Spindel durch Blattsubstanz verbunden sind. (Vergl. Lect. 23, Fig. 122).

Das fiederspaltige und das fiederschnittige Blatt gehören zu den einfachen Blättern, das gefiederte Blatt zu den zusammengesetzten.

Lection 34.

Blätter. Formenwechsel. Nebenblätter. Blattschlauch.

Die Laubblätter sind Stamm- oder Stengelblätter (*folia caulĭna*), wenn sie an der oberirdischen Axe aus den Knoten entwickelter Stengelglieder entspringen, im Gegensatz zu den Wurzelblättern (*folia radicalĭa*), welche gedrängt am untersten Theile der oberirdischen Axe aus unentwickelten Stengelgliedern entspringen. Liegt das Wurzelblatt horizontal auf der Erde, so nennt man es hingestreckt (*humifūsum*).

Fig. 202.

Wurzelblätter und Stock der Schlüsselblume (*Primŭla officinālis*).

Die Laubblätter kommen ausserdem in manchen Abänderungen vor und unterliegen verschiedenen Metamorphosen, wie wir aus dem Folgenden ersehen werden.

Die Nebenblätter (*stipŭlae*) sind Blättchen oder blattähnliche Gebilde an beiden Seiten der Blattbasis oder einer Blattstielbasis. Ihre Entwickelung erreichen sie noch vor derjenigen des Blattes. Gewöhnlich sind sie von derselben Substanz und Farbe wie das Blatt, so dass wir sie uns durch Theilung der Blattsubstanz entstanden denken können. Bei einigen Pflanzen erscheinen sie als zartere oder anders gefärbte Blättchen, in wel-

chem Falle sie weder Spaltöffnungen noch Gefässbündel zu haben
pflegen, oft findet man sie in Ranken (*cirri stipulanĕi*) oder wie

Fig. 203.

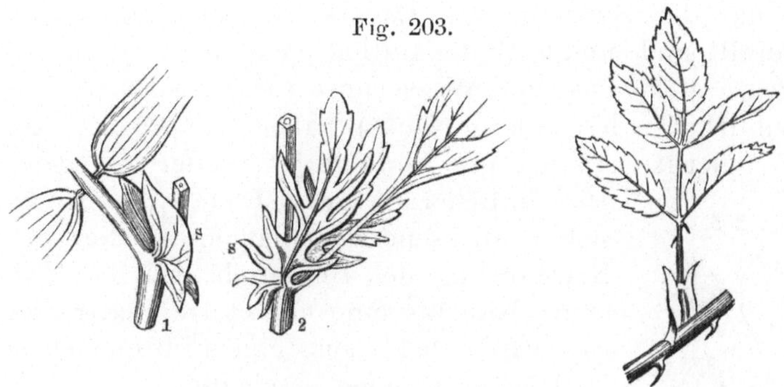

s Nebenblätter 1. einer *Orŏbus*, 2. der *Viŏla tricŏlor* (Stiefmütterchen), 3. der Rose (*Rosa*).

z. B. bei der Robinie (Fig. 172) in **Dornen** (*spinae stipulanĕae*)
verwandelt. Die Nebenblätter sind nicht allen Pflanzen eigen,
bei vielen fallen sie frühzeitig ab, wie z. B. bei der Eiche (*stipŭlae cadūcae*).

Bei einem zusammengesetzten Blatte unterscheidet man die
Nebenblätter (*stipŭlae*) des gemeinschaftlichen Blattstiels oder der
Blattspindel (*rhachis*) und die **Nebenblättchen** (*stipellae*) der Blatt-
stielchen (*petiolŭli*). Die Nebenblättchen stehen meist einzeln.

Es kommen selbst **gestielte** Nebenblätter (*stipŭlae petiolātae*)
vor, auch stehen sie nicht immer **seitlich** (*st. laterāles*) vom
Blatte, sondern auch scheinbar im Blattwinkel (*axillares*), wie bei
der Erbse, oder zwischen zwei gegenüberstehenden Blattstielen
(*intermediae*) wie bei *Zygophyllum Fabago* (vergl. Fig. 195), oder dem
Blattstiel gegenüber (*petiŏlo oppositae*), wie bei *Mercuriālis annŭa*.

Ein Blatt ist entweder mit Nebenblättern versehen (*folium sti-
pulātum*) oder ohne Nebenblätter, **nebenblattlos** (*f. exstipulātum*).

Zu den blattartigen Gebilden ist ferner die **Blase** (*ampulla*)
zu rechnen, ein hohler, lufthaltender geschlossener Sack bei Wasserpflanzen mit feintheiligen Blät-
tern, welcher den Zweck hat, die
Pflanze während der Blüthezeit auf
dem Wasser schwimmend zu erhalten, denn nach der Blüthe tritt die
Luft heraus, die Blase füllt sich mit
Wasser, und die Pflanze sinkt wieder unter (*planta submersibĭlis*). Eine
solche mit Blasen versehene Pflanze
(*planta ampullāta*) ist der Wasser-

Fig. 204.

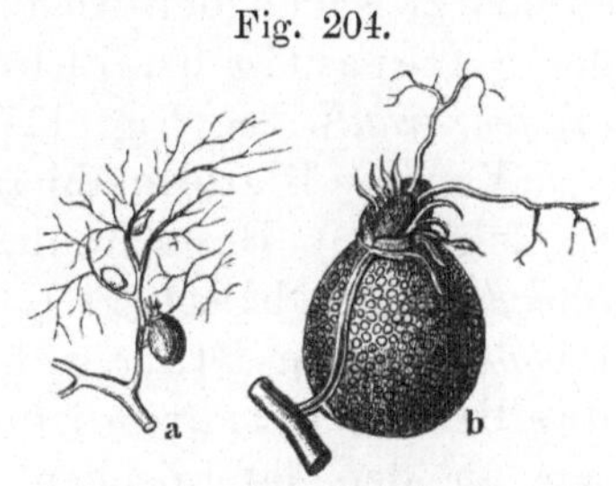

Blase von *Utricularia vulgāris*. a natürl.
Grösse, b vergrössert.

schlauch (*Utricularĭa vulgāris*). Dieser Blase schliessen sich die Blasen (*vesīcae*) mancher Seealgen (*Fucus, Sargassum* etc.) an, welche aus der Substanz des Lagers (*thallus*) gebildet und mit Luft gefüllt sind, und auch der lufthaltige aufgeblasene Blattstiel (*petiŏlus inflātus*) der Wassernuss (*Trapa natans*).

Den Blattschlauch (*ascidĭum*) haben wir schon (Lect. 30) kennen gelernt. Er ist ein blattartiger hohler röhriger oder' sackähnlicher, an einem Ende mit einem Deckel sich schliessender Schlauch, welcher bald als Erweiterung des Blattstiels (bei den Sarracenien), bald als eine erweiterte Blattranke (bei *Nepenthes*), bald aus einem Blumendeckblatt (*bractĕa*) entstanden erscheint.

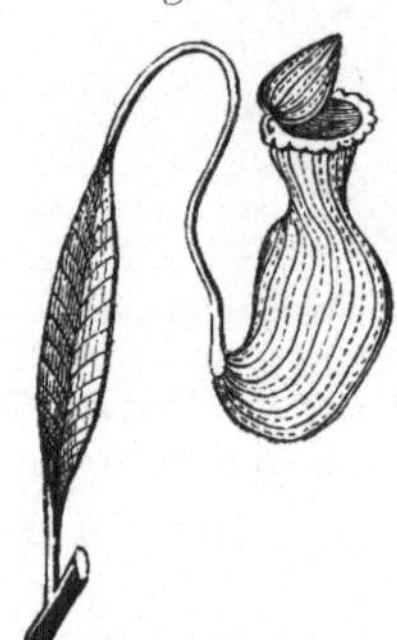

Fig. 205.

Blattschlauch (*ascidĭum*)
von *Nepenthes Phyllamorpha*
Willd.

Die Form des Blattes ändert sich häufig, und an manchen Pflanzen kommen neben ganzen Blättern getheilte vor, wie bei einigen Maulbeerarten, oder eine durchweg verschiedene Form der Blätter erzeugt Varietäten, wie z. B. *Sambūcus nigra, variĕtas laciniāta Koch* mit zweifach fiedertheiligen Blättern. Bei den Wasserpflanzen ist es sogar Regel, dass die untergetauchten Blätter (*folia submersa s. demersa*) eine andere Gestalt als die hervorgetauchten (*f. emersa*) oder schwimmenden Blätter (*f. natantĭa*) haben. Die untergetauchten Blätter haben bekanntlich gar keine, die schwimmenden haben nur auf ihrer oberen Fläche Spaltöffnungen. Jene Pflanzen nennt man verschiedenblättrige (*plantae hetĕrophyllae*). Bei *Ranuncŭlus aquatĭlis* sind die untergetauchten Blätter borstenförmig vielfach gespalten (*f. setacĕo-multifĭda*), die hervortauchenden und schwimmenden nierenförmig und lappig gespalten (*f. reniformĭa fissa lobāta*).

Interessant ist das charakteristische Schwinden des Parenchyms zwischen den Aesten der Blattnerven und die Erzeugung der gitterartig durchbrochenen oder gefensterten Blätter (*f. fenestrata*). S. Fig. 117, 2. Seite 77.

Von den Blättern abhängige Verhältnisse geben Veranlassung zu folgenden Bezeichnungen: beblättert (*foliātus*), blattlos (*aphyllus*), entblättert (*exfoliātus, defoliātus*), stark beblättert (*foliōsus*); zum Blatt gehörig (*foliāris*), blattartig (*foliacĕus*), das Blatt vertretend (*folianĕus*). Aus diesen Beispielen finden wir an den lateinischen Adjectiven die besondere Bedeutung der jedesmaligen Endung.

Bemerkungen. *Ascidium, i,* griech. ἀσκίδιον (askidion), kleiner Schlauch (Diminut. von ἀσκός, Schlauch). — *Heterophyllus, a, um,* von ἕτερος, α, ον (heteros, a, on), verschieden, und φύλλον, Blatt.

Lection 35.

Gelenkbildung. Articulation. Phyllotaxis. Stellung der wirtelständigen Blätter.

In der Lection 33 haben wir erfahren, dass die Gelenkbildung ein charakteristisches Merkmal an einem zusammengesetzten Blatte ist, wir müssen uns daher mit dem Wesen der Gelenkbildung näher bekannt machen. Unter Articulation, Gelenkbildung, Gliederung (*articulatio*) versteht man in der Botanik gewöhnlich keine bewegbare Aneinanderfügung zweier Gelenkenden, wie wir sie bei dem Thiere beobachten, sondern eine solche, in welcher zwei aneinandergefügte Pflanzentheile in der Jugend zwar fest und nicht beweglich zusammenhaften, später aber sich selbst trennen, oder wo eine Trennung mit geringer Kraft ausführbar ist. Häufig ist die Berührungsstelle beider Pflanzentheile an einer mehr oder weniger sichtbaren Einschnürung oder einer vertieften Linie zu erkennen. Wenn im Herbst die Blätter, Blüthenstiele, Früchte abfallen, so trennen sich diese eben in der Gelenkfuge und zwar entweder durch das frühere Absterben einer Querschicht zartwandiger Zellen oder durch Unterbrechung der Saftcirculation zwischen Blatt und Stamm in Folge einer querschichtigen Korkbildung. Die Blattnarben (*cicatrīces*) findet man gewöhnlich mit einer verkorkten Zellschicht überzogen. Bei der Kastanie und der Acacie (Robinie) können wir die Gelenke bequem beobachten, denn sie haben zusammengesetzte Blätter, deren primärer Blattstiel ebenfalls eingelenkt ist. Zuerst fallen im Herbst die Blättchen (*foliöla*), später der primäre Blattstiel ab. Nicht eingelenkte Blätter fallen nicht ab.

Es giebt einige Fälle einer scheinbar beweglichen Articulation, z. B. bei den Fiederblättchen der Sinnpflanzen, wie *Mimōsa pudīca, M. sensitīva, M. pudibunda,* welche durch Contractilität des doppelwulstigen Blattkissens bedingt ist. Eine ähnliche Beweglichkeit finden wir an den Pollinarien der Orchideenblüthen.

Blattstellung. Die Stellung der Blätter an der Axe ist keine zufällige, sie findet vielmehr in einer bestimmten Ordnung statt, welche wir bereits in der Knospe angelegt antreffen. Die

Gesetze dieser Ordnung lehrt die Blattstellung (*phyllotaxis*), welche die Botaniker *Schimper* und *Braun* zu einem besonderen Studium gemacht haben.

Die Anordnung der Blätter an der Axe zeigt sich in zweierlei Weise, entweder sind die Blätter alternirend, wechselständig (*folia altērna*), oder sie stehen zu zwei und mehreren in Wirteln, wie die gegenständigen (*f. opposita*) und die wirtelständigen (*f. verticillāta*).

Die Ordnung der wirtelständigen Blätter lässt sich am leichtesten übersehen. Nehmen wir eine Axe (in Gestalt eines runden Cylinders) mit gegenüberstehenden Blättern, mit zweiblättrigen Wirteln, und ziehen von den untersten Blättern beginnend zwei gerade senkrechte Linien (*ab* und *cd*) empor, so finden wir die Blätter des nächsten Blätterpaares (*ef*) genau in die Mitte zwischen zwei homologen Wirteln, jedoch senkrecht gegen deren Richtung gestellt. Die Blätter des dritten Paares *g h* liegen wieder genau auf den beiden gezogenen Linien und sind die Homologen zu *ac*; die Blätter des vierten Paares (*ik*) ebenso homolog zu *ef*. Legen wir nun durch die senkrecht über einander stehenden Anheftungspunkte der zwischenständigen Blätter auch Linien (*lm* und *no*), so finden wir, dass alle Blätter oder deren Anheftungspunkte auf 4 Linien, Blattzeilen (*orthostĭchi*), vertheilt sind, und diese Linien von einander gleichweit abstehen.

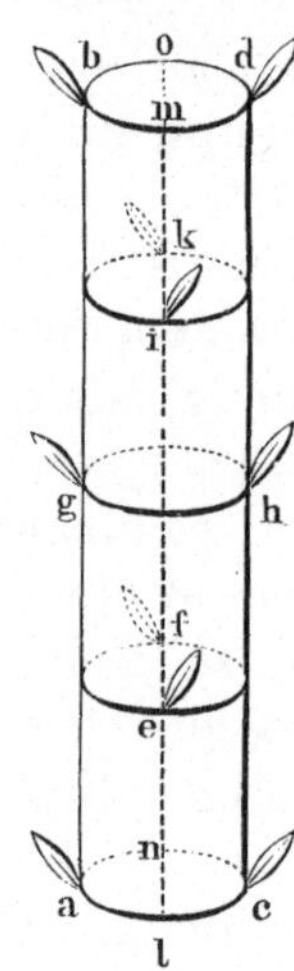

Fig. 206.

Denken wir uns durch die Spitzen eines oder des untersten Blattpaares einen Kreis gelegt und sehen wir senkrecht auf die Axe nieder, so werden wir den Kreis durch die Richtung der Blätter dieses Paares halbirt finden (Fig. 207, 1.). Die Blätter eines Paares stehen also in einem Winkel gleich der halben Kreisperipherie von einander entfernt. Ihre Divergenz oder ihr Abstandswinkel wäre also $= \frac{1}{2}$ Kreisperipherie.

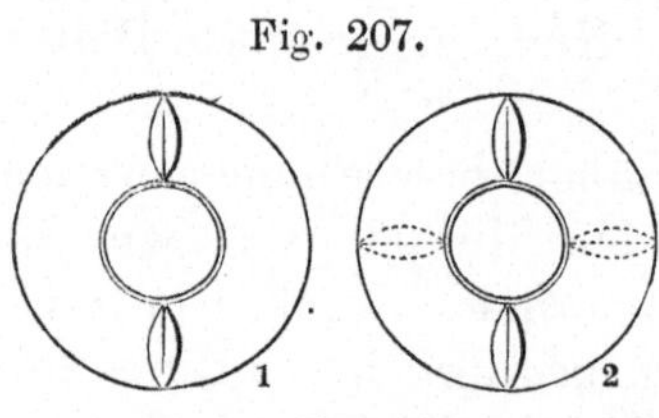

Fig. 207.

($\frac{1}{2}$) $\frac{1}{4}$ Blattstellung.

Denken wir uns nun den Kreis durch die Spitzen zweier oder auch aller aufeinander folgenden Blätterwirtel gelegt, und wir blicken wieder senkrecht auf die Axe nieder, so werden wir den Kreis in 4 gleiche Theile (Viertelkreise) gespalten sehen (Fig. 207, 2.). Die Grösse des Divergenzwinkels zwischen je zwei Blattzeilen ist also $= \frac{1}{4}$ Kreisperipherie.

In dem vorliegenden Beispiele würde die Blattstellung mit: ($\frac{1}{2}$) $\frac{1}{4}$ ausgedrückt werden. Die in Paranthese gestellte Zahl weist auf die Wirtelstellung hin und giebt die Divergenz oder den Abstand zwischen den Blättern des Wirtels an, sie nennt auch durch ihren Nenner die Anzahl der Blätter eines Wirtels. Die zweite Zahl giebt den Abstand der Blattzeilen von einander an.

($\frac{1}{2}$) $\frac{1}{2}$ Blattstellung ist gleich zweiblättrigen Wirteln, deren Blätter in zwei Blattzeilen stehen, also sämmtlich homolog sind.

Der wievielste Wirtel einem bestimmten Wirtel homolog ist, findet man, wenn man mit dem Nenner des Bruches der Parenthese in den Nenner des darauf folgenden Bruches dividirt. Da diese Division bei der Blattstellung ($\frac{1}{2}$) $\frac{1}{2}$ zum Quotient 1 ergiebt, so folgt, dass die Stellung der Blätter eines Wirtels dieselbe ist wie diejenige in dem darauf folgenden Wirtel.

Die Blattstellung ($\frac{1}{3}$) $\frac{1}{6}$ giebt an, das ($\frac{6}{3}$ $= 2$) je zwei dreiblättrige Wirtel in der Stellung ihrer Blätter abwechseln und erst der dritte Wirtel homolog zum ersten ist (vergl. Fig. 208). ($\frac{1}{4}$) $\frac{1}{8}$ bezeichnet zwei vierblättrige Wirtel, welche mit einander abwechseln, und wo sich erst der dritte Wirtel mit dem ersten in gleicher Stellung befindet.

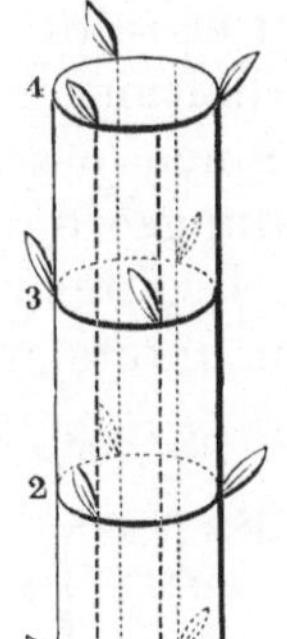

Fig. 208.

($\frac{1}{3}$) $\frac{1}{6}$ Blattstellung.

Bemerkungen. *Phyllotaxis* Blattordnung von d. griech. φύλλον, Blatt, und τάξις (taxis), Ordnung, Reihe.

Lection 36.

Stellung der alternirenden Blätter. (Phyllotaxis, Fortsetzung).

Bei den alternirenden und den zerstreut stehenden Blättern herrscht eine ähnliche mathematische Gesetzmässigkeit in der Stellung wie bei den wirtelständigen, jedoch bilden die Blätter in der Aufeinanderfolge ihrer Anheftungspunkte eine die Axe umwindende Spirale, auf welcher der Abstand oder die Divergenz je zweier aufeinander folgender Anheftungspunkte immer dieselbe ist. Nach einer gewissen Zahl der auf der Spirale stehenden Blätter wiederholt sich dieselbe Blattstellung oder, was dasselbe sagt, man stösst von einem Blatte ausgehend und aufwärtssteigend auf ein Blatt, welches senkrecht über dem als Ausgangspunkt gewählten ersten, das folgende senkrecht über dem zweiten u. s. f. steht, oder wenn man will, es steht das Blatt mit dem ersten Blatte, das darauf folgende mit dem zweiten u. s. f. in derselben Blattzeile, oder wir sagen, sie sind homolog.

Den Verlauf einer Spirale um die Axe von dem einen Blatte bis zu dem nächsten derselben Blattzeile oder dem nächsten homologen nennt man einen Cyclus oder Blattwirbel. Da in einem Cyclus eine gewisse Anzahl Blätter mit gleicher Divergenz vorhanden sind, so müssen auch ebensoviel senkrechte Blattzeilen oder Orthostichen vorhanden sein, als der Cyclus Blätter zählt. Cyclus und Divergenz stehen in einem bestimmten Verhältniss zu einander, welches sich durch einen Bruch bezeichnen lässt. Beispiele werden uns die Auffassung dieser Blattstellungsordnung erleichtern.

Beginnen wir bei der einfach alternirenden Blattstellung von dem untersten Blatt (a, Fig. 209) in der Richtung einer Spirale

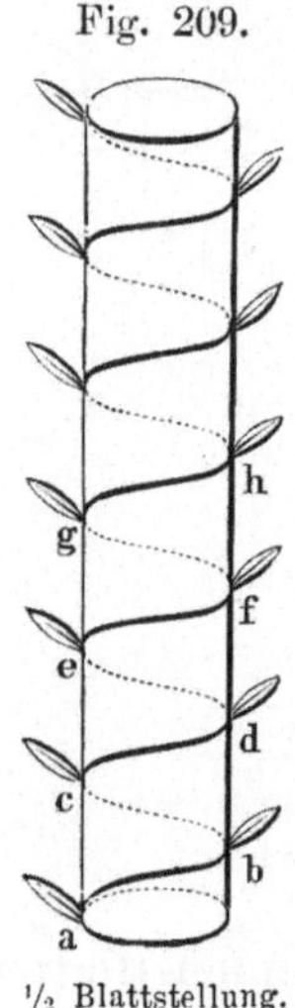

Fig. 209.

½ Blattstellung.

bis zum nächsten homologen oder in derselben Blattzeile liegenden Blatte (c) zu steigen, so gelangen wir über Blatt b nach c, indem wir die Axe einmal umgehen. Der Cyclus ist in diesem Falle gleich 1 Axenumgange, und da nur 2 Blätter (a und b) zum Cyclus gehören, ist die Divergenz oder der Abstand zwischen beiden Blättern gleich ½ Axenumgange, oder der Divergenzwinkel beträgt ½ Kreisperipherie. Diese Blattstellung bezeichnet man mit ½, welcher Bruch so viel bedeutet wie

$$\tfrac{1}{2} = \frac{\text{Cyclus} = 1 \text{ Axenumgang}}{2 \text{ Blätter im Cyclus.}}$$

Derselbe Bruch benennt auch zugleich die Divergenz, welche hier gleich der Grösse eines Winkels von ½ Kreisperipherie ist.

In Fig. 210 würden wir die Blattstellung mit ⅓ bezeichnen, denn die Divergenz beträgt ⅓ einer Kreisperipherie, oder um von dem Blatte a zu dem nächsten d derselben Blattzeile zu gelangen, würden wir auf der Spirale über b und c hinschreitend bei d anlangen, also nur 1 Umgang um die Axe machen und 3 Blätter, das Ausgangsblatt a dazu gerechnet, berühren. Wir hätten also als Cyclus einen (1) Umgang und den Cyclus mit 3 Blättern. Das Blatt d gehört dem folgenden Cyclus als erstes an.

Eine $\frac{2}{5}$-Stellung würde eine Divergenz von $\frac{2}{5}$ der Kreisperipherie, einen Cyclus aus 2 Umgängen um die Axe bestehend und 5 Blätter in einem Cyclus bezeichnen. Um von Blatt a (Fig. 211) über Blatt b, c, d, e zu dem nächsten homologen (f) zu gelangen, müssen wir zwei Umgänge um die Axe machen. Zwei Umgänge bilden hier also einen Cyclus. Eine $\frac{3}{8}$-Stellung besagt eine Divergenz von $\frac{3}{8}$ Kreis-

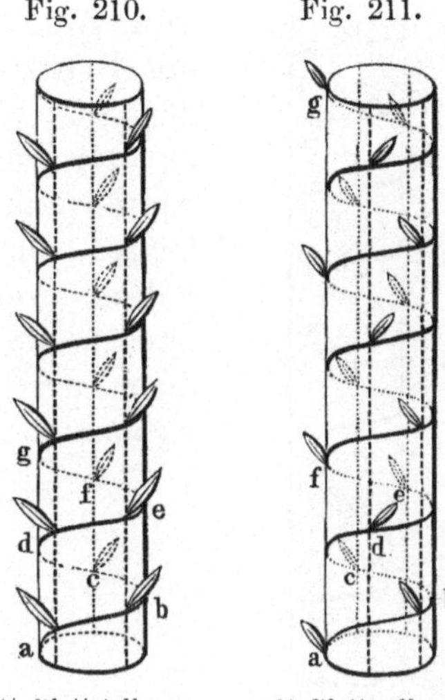

peripherie oder einen Cyclus von 3 Umgängen und 8 Blätter im Cyclus.

Nach Zählungen, welche gemacht sind, hat sich herausgestellt, dass nur gewisse Blattstellungsverhältnisse normal sind, wie

$$\tfrac{1}{2} \quad \tfrac{1}{3} \quad \tfrac{2}{5} \quad \tfrac{3}{8} \quad \tfrac{5}{13} \quad \tfrac{8}{21} \quad \tfrac{13}{34} \quad \tfrac{21}{55} \quad \tfrac{34}{89} \text{ etc.}$$

Die Regelmässigkeit ist sogar von der Art, dass man jede nach $\frac{1}{3}$-Stellung folgende findet, wenn man Zähler zum Zähler und Nenner zum Nenner der beiden vorhergehenden Positionen addirt. Die einfacheren Stellungen sind die häufigeren. Die

$\frac{1}{2}$ Stellung finden wir bei der Schwertlilie (*Iris*), der Linde (*Tilia*), den Gräsern;

$\frac{1}{3}$ Stellung bei den *Carex*-Arten, den Binsen (*Scirpus*), der Erle (*Alnus*);

$\frac{3}{8}$ Stellung bei der Stechpalme (*Ilex Aquifolium*), Wegerich (*Plantägo*);

$\frac{5}{13}$ Stellung beim Löwenzahn (*Taraxăcum officinale*), bei den Augen der Kartoffelknollen.

In den oben gegebenen Beispielen der Bestimmung der Blattstellung liessen wir die Spirale (uns in die Axe versetzend) von der Rechten zur Linken aufsteigen und wählten damit den

Fig. 212.

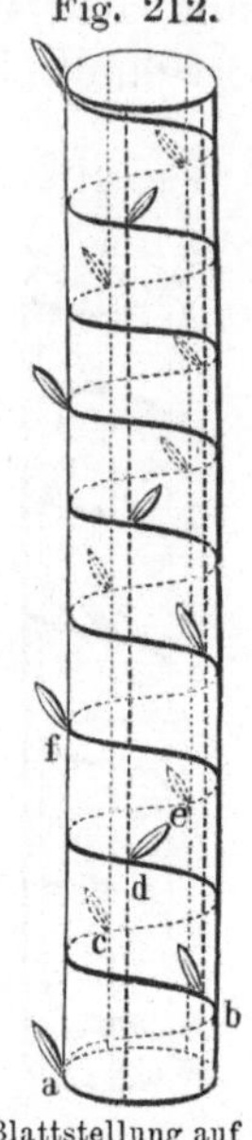

³/₅ Blattstellung auf langem Wege (²/₅ auf kurzem Wege).

sogenannten kurzen Weg, legen wir dagegen die Spirale in entgegengesetzter Richtung um die Axe, so würden wir zur Zählung den langen Weg betreten, und in diesem Falle würde die Blattstellung der Fig. 211 nicht $^2/_5$, sondern $^3/_5$ sein, wir würden also, um von Blatt a auf der von links nach rechts sich windenden Spirale nach Blatt f derselben Zeile zu gelangen, einen Cyclus von 3 Axenumgängen erhalten (vergl. Fig. 212). Beide Umgänge ergänzen sich, denn die Divergenz von $^2/_5$ auf dem kurzen Wege ist auf dem langen Wege $^3/_5$, zusammen also $(^2/_5 + {}^3/_5) = {}^5/_5$.

Lection 37.

Hochblätter. Bracteen.

Nachdem wir uns mit den Niederblättern und den Laubblättern bekannt gemacht haben, gehen wir zu der Region der Hochblätter über. Die Niederblätter fanden wir unter der Region der Laubblätter angeheftet, die Hochblätter stehen dagegen über den Laubblättern. Hochblätter sind alle die blattartigen Gebilde, welche nicht nur über den Laubblättern befindlich sind, sondern auch mit der Blüthe in gewisser örtlicher Beziehung stehen. Sie heissen auch, weil sie die Blüthe vor deren Entwickelung decken, Deckblätter, Bracteen (*bractěae*). Im Grunde sind sie Laubblätter, in deren Achseln sich statt eines Zweiges eine Blüthe entwickelt, sie zeigen sich aber häufig in Farbe, Gestalt, Consistenz oder Grösse wesentlich von den Laubblättern verschieden.

Fig. 213.

Blüthentraube (*racēmus*) von *Pulmonaria officinalis*. *h h* Hochblätter. Natürl. Grösse.

Ist das Deckblatt scheidenartig, so dass es eine oder mehrere Blüthen vor deren Entwickelung ganz umschliesst, so unterscheidet man es als Blüthenscheide (*spatha*). In dieser Gestalt treffen wir es bei vielen monokotylischen Gewächsen an.

Stehen die Deckblätter in einem Kreise um die Blüthe oder einen Blüthenstand, so bilden sie eine Hülle (*involucrum*), deren einzelne Blätter man im Lateinischen mit *phylla* (Singul. *phyllum*) bezeichnet. *Folium* bezeichnet vorzugsweise das Laubblatt.

Bei einem zusammengesetzten Blüthenstande, wo also mehrere Blüthen von einem gemeinschaftlichen Blüthenstiel getragen werden, ist die Hülle der einzelnen Blüthe ein Hüllchen (*involucellum*); die Hülle wird aber mit

Fig. 214.

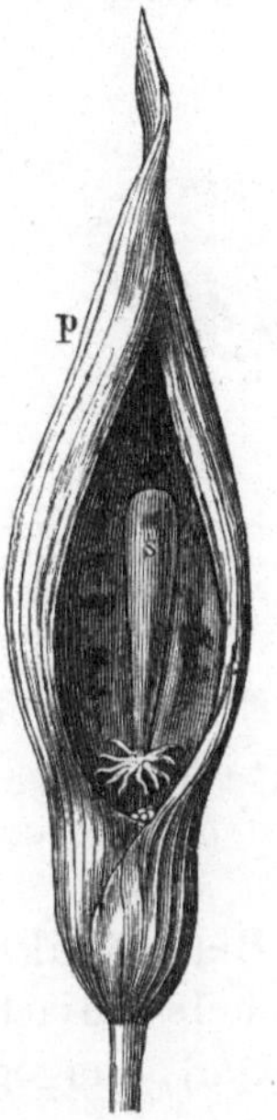

Blüthe von *Arum maculatum*. *p* Blüthenscheide, kapuzenförmige (*spatha cucullata*), *s* Blüthenkolben (*spadix*).

Fig. 215.

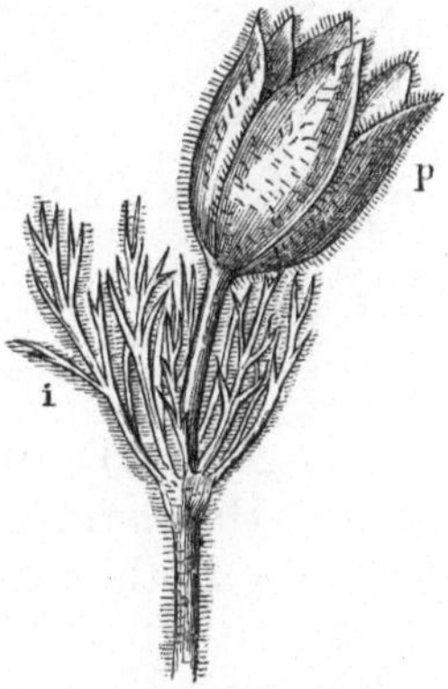

Blüthe der *Anemone Pulsatilla*. *i* Hülle (*involucrum*).

Hüllkelch (*peranthodium, pericalathium*) bezeichnet, wenn sie einen gemeinschaftlichen Blüthenboden, wie bei den Compositen (Korbblüthlern), z. B. der Kamille (*Matricaria Chamomilla*), dem Wohlverleih (*Arnica montāna*), dicht anliegend umschliesst. Die auf einem gemeinschaftlichen Blüthenboden in verschiedener, bald häutiger, bald haar- und borstenartiger Form vorhandenen Deckblättchen der einzelnen Blüthchen hat man Spreublättchen (*palĕae*) genannt. Ein solcher gemeinschaftlicher Blüthenboden mit Spreublättchen besetzt heisst spreuig (*receptacŭlum paleacĕum*).

Fig. 216.

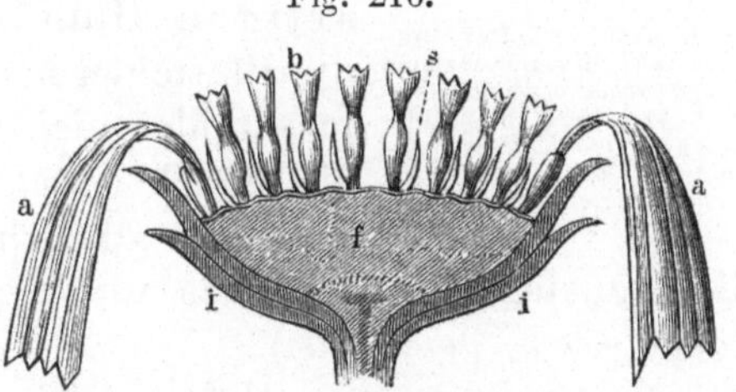

Durchschnitt des Blüthenstandes einer Composite. *f* gemeinschaftlicher Blüthenboden, *i* Hüllkelch (*peranthodium*), *s* Spreublätter (*paleae*).

Eine ganz besondere Form von Hülle entsteht aus den in einen Kreis gestellten oder ziegeldachartig sich deckenden Bracteen der weiblichen Blüthen vieler Kätzchen tragenden Bäume durch Verwachsung und weitere Entwickelung nach der Blüthe zugleich mit der Frucht. Dieser Hüllform hat man wegen der Becher- oder schüsselartigen Form den Namen Becherhülle, Fruchtschälchen (*cupŭla*) gegeben. Nach dieser Hüllform ist sogar eine Pflanzenfamilie benannt, die Cupuliferen (*Cupulifĕrae*), auf deutsch Fruchtschäl-

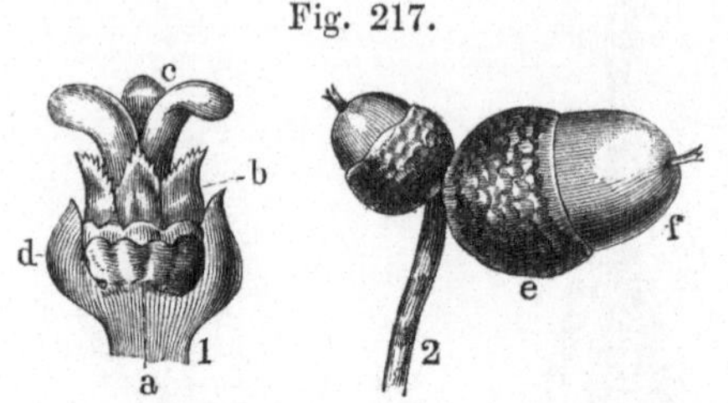

Fig. 217.

1. Weibliche Blüthe der Eiche (*Quercus*). *a* die Cupula, *b* Perigon (Blüthenhülle), *c* Narben (*stigmata*), *d* Deckblätter, in deren Axe die Blüthe sich entwickelt. 2. *e* Cupula, *f* Eichelfrucht (*glans*).

chenträger. Dieser Familie gehören an: die Eiche (*Quercus*), der Haselstrauch (*Corўlus Avellāna*), die Weissbuche (*Carpinus*), die Rothbuche (*Fagus*), die ächte Kastanie (*Castanĕa sativa*) etc.

Ein nur aus einem Blättchenkreise oder Wirtel bestehender Hüllkelch (*peranthodium*) heisst einfach (*simplex*) oder einreihig (*uniseriāle*), dagegen zweireihig (*biseriale*), wenn er aus zwei Wirteln zusammengesetzt ist, und doppelt (*duplex*), wenn die Blättchen (*phylla*) des einen Wirtels durch Farbe, Gestalt oder Grösse von denen des anderen sich unterscheiden. Umgiebt der äussere Blättchenwirtel den inneren in Gestalt eines Kelches, so heisst die Hülle kelchig umhüllt, gekelcht (*calyculātum*). Bei einer ziegeldachartigen Hülle (*invol. imbricatum*) decken sich die Blättchen nach Art der Ziegel eines Daches; man findet auch hiermit synonym schuppiger Hüllkelch (*invol. squamōsum s. squamātum*). Stehen die Blättchen nur auf einer Seite des Blüthenstandes, so ist das Involucrum halbirt oder einseitig (*dimidiātum, unilaterale*).

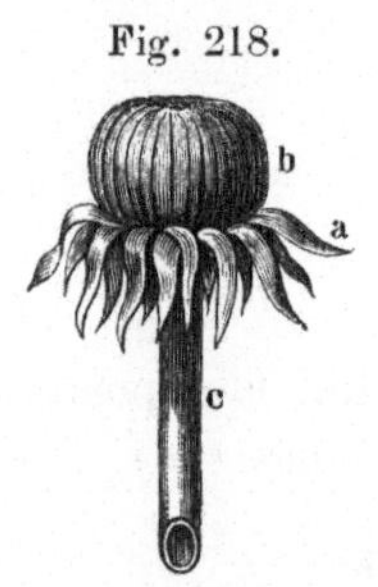

Fig. 218.

Noch unentwickelter Blüthenstand des Löwenzahns (*Taraxacum officinale Weber*). *a b* gekelchter Hüllkelch (*peranthodium calyculatum*), der äussere zurückgebogen (*reflexum*).

Je nachdem eine Hülle aus 3, 5 und mehr Blättchen besteht, heisst sie drei-, fünf-, vielblättrig (*involucrum triphyllum, pentaphyllum, polyphyllum*). Die Blättchen haben verschiedene Form und Beschaffenheit und sind z. B. dornig (*phylla spinōsa*), federig (*plumōsa*), zerschlitzt (*lacerāta*), und wenn sie saftlos und häutig trocken sind, vertrocknet (*scariōsa*).

Ist eine Blüthe oder ein Blüthenstand mit keinem Deckblatte versehen, so ist sie bracteenlos (*flos ebracteātus*), im anderen Falle deckblätterig (*bracteātus*).

Bemerkungen. Braktéen, Cupuliféren, Rosacéen etc. Obgleich in den lateinischen Benennungen die vorletzte Silbe kurz ist, so pflegt man dennoch bei der Umwandlung in ein deutsches Wort auf die kurze Silbe den Accent zu legen.

Peranthodĭum, *Pericalathĭum*, von d. griech. περί (peri), um, herum; ἄνϑος (anthos), Blume; χαλάϑιον (kalathion), Körbchen, χάλαϑος, Korb.

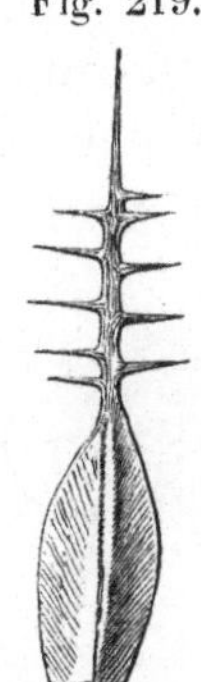

Fig. 219.

Hüllkelchblättchen vom Benediktenkraut (*Cnicus benedictus L.*). Es ist an der Spitze fiederartig dornig (*apice pinnato-spinosa*).

Lection 38.

Blüthe im Allgemeinen.   Blattstellung in der Blüthe.

Die Blüthe ist ein die Fortpflanzung vermittelndes Organ, denn sie hat die Bestimmung, den Samen zu bilden, durch welchen die Fortpflanzung der Art geschieht. Sie entsteht aus einer Stammknospe, welche Terminal- oder Axillarknospe sein kann, welche aber als Blüthenknospe sich äusserlich meist durch vollere rundere Form von der schmäleren und spitzeren Blatt- oder Laubknospe, aus welcher sich nur Aeste, Zweige und Blätter entwickeln, unterscheidet. Im Innern sind Blüthen- und Blattknospe nicht wesentlich verschieden, und die eine wie die andere enthält die Anlage zu einem Axentheil und den Blättern. Die Verschiedenheit tritt erst mit der Entwickelung hervor, indem bei der Blüthenknospe der Axentheil nicht zu vollkommenen Stengelgliedern auswächst, sondern den Blüthenboden (*receptacŭlum*) bildet, und die Blätter der Metamorphose in Kelchblätter (*sepăla*), Blumenblätter (*petăla*), Staubblätter (*stamĭna*) und Fruchtblätter (*carpophylla*) unterliegen. In der Axe des letzten Blätterkreises, der Fruchtblätter, entwickelt sich die Samenknospe (die Eichen), die Anlage zu den Samen.

Die Blüthe ist also ein Zweig mit sehr verkürzten Stengelgliedern, dessen Blätter in Kelch-, Blumen-, Staub- und Fruchtblätter umgewandelt sind.

Vergegenwärtigen wir uns diesen Verhalt durch ein bildliches Beispiel. Sehr vollkommen entwickelte Blüthen finden wir bei den Ranunkelgewächsen (*Ranunculacĕae*), welchen schon

Fig. 220.

der grosse Botaniker *Decandolle* wegen der Vollkommenheit der Blüthenverhältnisse den vornehmsten Platz im Pflanzenreich einräumte. Aus dieser Familie wollen wir einen Repräsentanten und zwar den sehr gemeinen scharfen Hahnenfuss (*Ranuncŭlus acer*) herausnehmen. An dieser Pflanze finden wir die Stengelglieder der Blüthenaxe oder des Blüthenbodens (*receptacŭlum*, *axis floralis*) unentwickelt und dicht zusammengedrängt. Denken wir uns die

Blüthe von *Ranuncŭlus acer*. Natürl. Grösse.

Axenglieder dieser Blüthe entwickelt oder verlängert, so gewinnen wir ein Bild, welches uns die einzelnen Blätterkreise der Blüthe von einander getrennt, aber um dieselbe Axe stehend zeigt, wie folgende Fig. 221 angiebt.

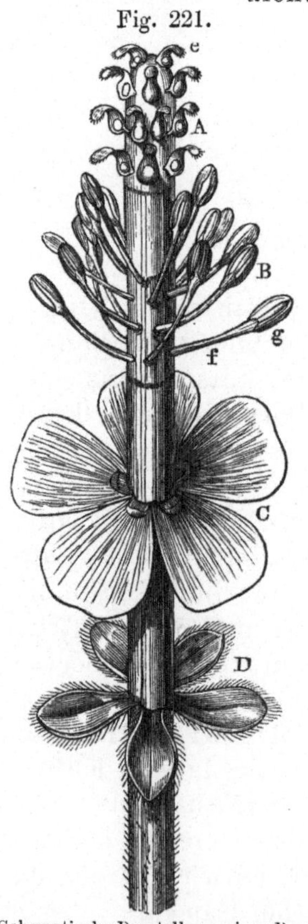

Fig. 221.

Der äusserste Blätterkreis *D* bildet den Kelch (*calyx*), bestehend aus 5 grünen Kelchblättern (*sepăla*), der zweite Blätterkreis *C* die Blumenkrone (*corolla*), bestehend aus 5 gelben glänzenden Blumenblättern (*petăla*), welche mit den Kelchblättern alternirend angeheftet sind. Der dritte Blätterkreis *B* wird von den Staubblättern oder Staubgefässen (*stamĭna*) gebildet. Das Staubblatt besteht aus dem Staubfaden (*filamentum*) und dem Staubbeutel (*anthēra*), welcher letzterer den Befruchtungsstaub oder das Pollen (*pollen*) entwickelt. Den vierten oder innersten Blätterkreis *A* bilden die Fruchtblätter (*carpophylla*) mit den Samenknospen, gewöhnlich Stempel (*pistilla*) genannt. Die Staubblätter und die Fruchtblätter bilden wegen ihrer grösseren Zahl mehrere Blätterkreise. Wie wir an der idealen Abbildung sehen, haben die Theile der vier Blätterkreise unter ein-

Schematische Darstellung einer Ranunkelblüthe mit fingirter Verlängerung der Blumenaxe. *A* Carpellen oder Pistille, *B* Staubgefässe, *C* Blumenkrone, *D* Kelch, *f* Staubfaden, *g* Staubbeutel, *i* die den Ranunkeln eigene Honigdrüse an den Blumenblättern.

ander eine alternirende, eine abwechselnde Stellung, überhaupt finden wir bei den Blüthen die mathematische Ordnung der Stellung der Blätter an der Blüthenaxe ebenso ausgeprägt wie die der Laubblätter am Stamme.

Den Bau der Blüthe in Betreff der Zahl und der Anordnung der Blattorgane pflegt man durch eine horizontale Projection, Blüthengrundriss oder Diagramm, dem Auge übersichtlich darzuthun. Ein gleiches Verfahren haben wir bereits bei Erwähnung und Beschreibung der Knospenlage (*praefloratĭo*) in Lection 16 kennen gelernt. Die Blüthenblätterkreise sind in Betreff der Zahl der Blätter am häufigsten 3- und 5-gliederig (*flos trimĕres, pentamĕres*), was auf eine Entstehung aus den einfacheren Cyclen der Blattstellung hinweist. Bei der oben als Beispiel angenommenen Blüthe des Hahnenfusses haben wir eine spiralige und $^2/_5$-Stellung der Blüthenblätter, zum wenigsten in den beiden äusseren Wirteln. Gewöhnlich sind Kelch- und Blumenblätterkreis gleichgliederig (*calyx et flos isomĕres*), indem jeder Kreis aus gleichviel Theilen, im obigen Beispiel aus 5 Blättern, besteht; dann pflegt die Zahl der Staubblätter zuzunehmen, die Zahl der Fruchtblätter aber bedeutend herunter zu gehen.

Fig. 223.

Fig. 222.

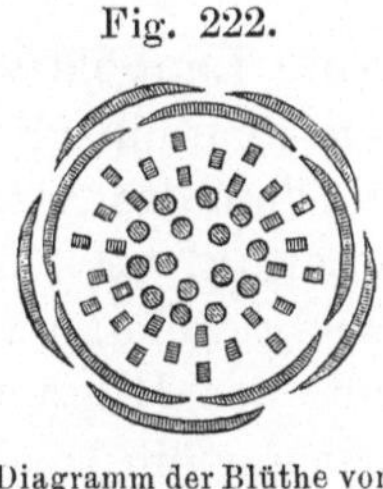

Diagramm der Blüthe von
Ranuncŭlus acer.

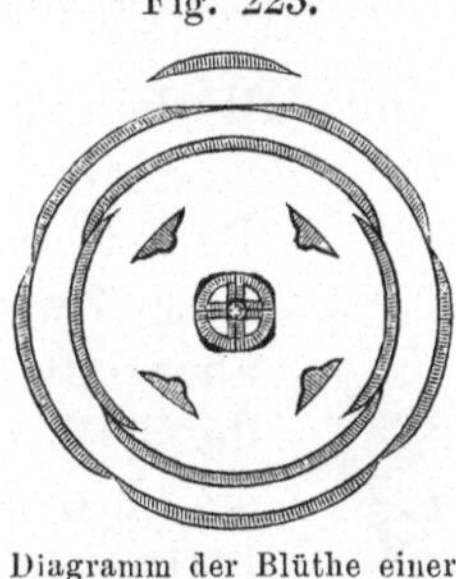

Diagramm der Blüthe einer
Labiate (*Lamĭum album*).

Fig. 224.

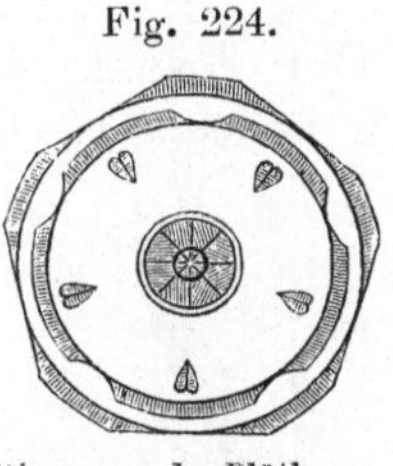

Diagramm der Blüthe von
Primŭla officinālis.

Gleichgliedrige Blüthenblätterwirtel alterniren gewöhnlich, so dass die Glieder des folgenden Wirtels über die Zwischenräume des vorhergehenden zu stehen kommen. Wo dieses Alterniren nicht stattfindet, lässt sich annehmen, dass zwischen den betreffenden Wirteln ein Wirtel fehlt, wie z. B. bei den Primelgewächsen (*Primulacĕae*).

Die Metamorphose der Laubblätter in Blüthenblätter in der Blüthe nach Zahl und Ordnung ist Regel, doch Boden und Ernährungsverhältnisse bewirken nicht selten Modificationen. Die Metamorphose schreitet dann vor, und wir sehen Laubblätter in

Deckblätter und Kelchblätter, Kelchblätter in Blumenblätter übergehen. Umgekehrt fehlt es nicht an Beispielen, wo die Metamorphose rückwärtsschreitet, und wir sehen Staubblätter in Blumenblätter (wie bei den gefüllten Blumen) verwandelt.

Bemerkungen. Unser grosser Dichter *Göthe* war es zuerst, der in seiner „Metamorphose der Pflanzen" die Umwandlung der Laubblätter in Blüthenblätter darlegte. Spätere Pflanzenphysiologen begründeten *Göthe's* Ansichten durch directe Forschungen. — *Receptacŭlum*, ein Behälter, Sammelort. — *Sepălum, i, n.*, Kelchblatt, neulateinisches Wort, gebildet aus *separ, separis*, getrennt, verschieden, weil das Kelchblatt zwar zur Blüthendecke gehört, aber von dem Blumenblatt verschieden ist. — *Petălum*, Blumenblatt, von d. griech. πέταλον (petălon), Blatt, Platte. — *Stamen, ĭnis, n.*, Faden. — *Carpophýllum*, von d. griech. καρπός (karpos), Frucht, und φύλλον (phyllon), Blatt, Laub. — *Phyllum* für sich und in Zusammensetzungen wird nur dann gebraucht, wenn es sich auf Blätter, welche nicht Laubblätter (*folia*) sind, bezieht. — *Corolla*, Kränzchen, Diminutiv von *corōna*. — *Anthēra, ae*, Staubbeutel, von d. griech. ἀνθηρός, α, ον (anthăros, a, on), blühend. — Diagramm, griech. διάγραμμα, Zeichnung, Riss. — *Trimĕres, trimĕrus, a, um*, von d. griech. μέρος (meros), Theil. — Zu bemerken ist, dass man im Deutschen Rosacéen, Ranunculacéen etc. sagt, dass aber im Lateinischen der Accent auf der Antepenultima liegt, also *Rosacĕae*.

Lection 39.

Blüthenstiel. Blüthenstand im Allgemeinen.

Der Zweig, welcher nur Blüthen und keine Laubblätter trägt, heisst Blüthenstiel (*peduncŭlus*). In seinem anatomischen Bau stimmt er mit dem des Astes oder Zweiges überein, er fällt aber mit der Frucht ab und ist desshalb ein Theil des Blüthenstandes. Da er ferner die Hochblätter trägt, so gehört er auch der Hochblattregion an, und ist er häufig ein Theil des Hochblattstengels.

Haben mehrere zu einem Blüthenstande vereinigte Blüthen einen gemeinschaftlichen Blüthenstiel, so bezeichnet man denselben einfach mit Blüthenstiel (*peduncŭlus*) oder auch mit Spindel

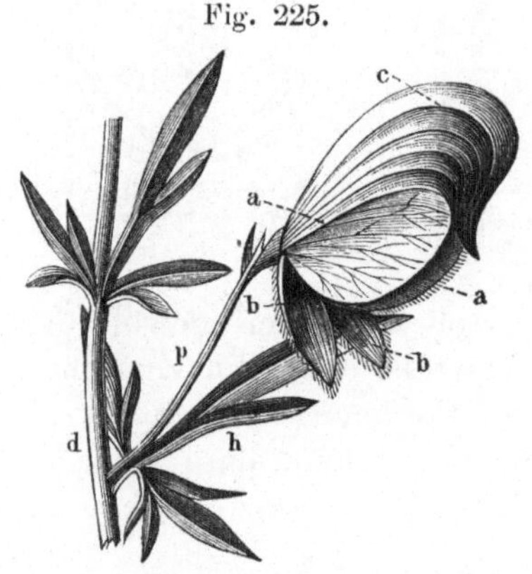
Fig. 225.

Blüthe von *Aconītum*. *a* Blüthe, *p* Blüthenstiel, *h* Hochblatt, *d* Hochblattstengel.

(*rhachis, peduncŭlus commūnis*) zum Unterschiede von den Blüthenstielen der einzelnen Blüthen, den Blüthenstielchen (*pedicelli*).

Der Blüthenstiel fehlt eigentlich nie, und jede Blüthe wäre eine gestielte (*flos pedunculātus*), jedoch ist er oft unentwickelt oder so verkürzt, dass die Blüthe sitzend (*sessĭlis*) erscheint.

Entspringt der Blüthenstiel aus der Fläche eines blattartig ausgebreiteten Astes, eines sogenannten Blattastes (*phyllocladĭum*), wie bei *Ruscus aculeātus*, so ist der Blattstiel blattartig (*peduncŭlus foliāris*), und ist er mit dem Deckblatte (*bractĕa*) verwachsen, wie bei der Linde (*Tilĭa*), so ist er deckblattständig (*ped. bracteālis*). Im Uebrigen nimmt der Blattstiel ähnliche Formen wie der Ast an, und wir haben einen spiraligen (*ped. spirālis*) bei der schraubenstieligen Vallisnerie (*Vallisnerĭa spirālis*), welcher die weibliche Blüthe trägt, einen rankenden (*cirriformis*) beim Weinstock (*Vitis vinifĕra*).

In Betreff seiner Stellung zu den Blättern steht er z. B. einem Blatte gegenüber (*peduncŭlus oppositifolĭus*), oder neben dem Blatte (*latĕrifolĭus*), oder zwischen Blattstielen oder ausserhalb der Blattachsel (*ped. extraaxillāris s. interfoliacĕus*) wie beim schwarzen Nachtschatten (*Solānum nigrum*), der Schwalbenwurz (*Vincetoxĭcum officināle Moench*).

Die Blüthe als metamorphosirte Blattknospe und der Blüthenstiel als Träger derselben verhalten sich in ihrer Stellung zum Stamm auch wie die Knospen, und man unterscheidet endständige (*flores termināles*) und winkelständige (*fl. axillāres*). Der aus der Achsel eines Wurzelblattes, wie beim Löwenzahn, hervortretende Blüthenstiel heisst wurzelständig (*peduncŭlus radicālis*), der aus einer unterirdischen Axe entspringende, wie beim Fieberklee oder Dreiblatt (*Menyanthes trifoliata*), wird Schaft (*scapus*) genannt.

Die Anordnung und gegenseitige Stellung der Blüthen an der Axe fasst man mit der Bezeichnung Blüthenstand (*inflorescentĭa*) zusammen. Wie die einzelne Blüthe kann auch der Blüthenstand endständig (*terminālis*) oder achselständig (*axillāris*) sein.

Fig. 226.

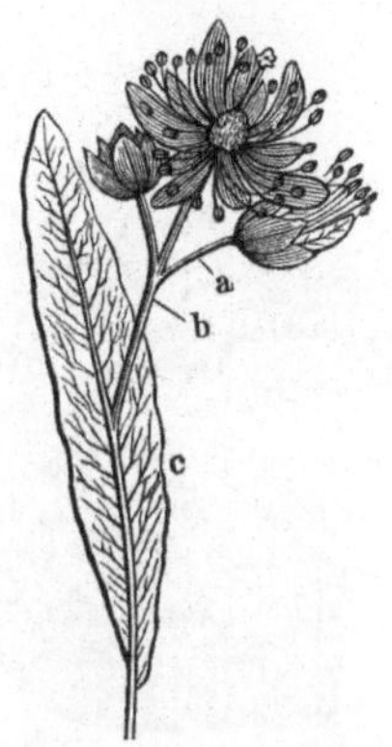

Blüthenstand der Linde.
c Bractee, *b* gemeinschaftlicher Blüthenstiel (*peduncŭlus*), *a* Blüthenstielchen (*pedicelli*).

Fig. 227.

Taraxăcum officināle. Der Blüthenkorb (*anthodium*) steht auf einem Schaft. ¹/₄ Grösse.

Ein Blüthenstand mit einzelnen endständigen Blüthen (*flores termināles solitarii*) beendet selbst die Axe oder Nebenaxe. Hierher gehören jedoch nicht jene Blüthen, welche von einem Schaft (*scapus*) oder einem sogenannten Wurzelblüthenstiel (*peduncŭlus radicālis*) getragen werden, denn diese Blüthenstiele entspringen, wie oben schon gesagt ist, aus Knoten oder Blattachseln eines Rhizoms oder Stockes. Einzelne endständige Blüthen finden wir bei der Herbstzeitlose (*Colchĭcum autumnāle*) und dem Safran (*Crocus*), wo sie allerdings wurzelständig zu sein scheinen; dagegen treffen wir beim Teufelsauge (*Adōnis vernālis*) und der vierblättrigen Einbeere (*Paris quadrifolĭa*) einen mit Laubblättern besetzten einblüthigen Stengel (*caulis uniflōrus*) an, bei anderen einblüthige Aeste (*rami uniflōri*), wie bei der Mispel (*Mespĭlus Germanĭca*).

Fig. 228.

Paris quadrifolia. Endständige Blüthe.

Die achselständigen Blüthen entspringen in den Achseln oder Winkeln der Hochblätter, welche jedoch nicht immer bleibende (*bractĕae persistentes*), sondern auch oft hinfällige (*caducae*) sind. Wenn nun auch zur Zeit der Blüthe das Hochblatt abgefallen ist, so ist nichts desto weniger die Blüthe achselständig (*flos axillāris*), doch bezeichnet man sie als seitenständige (*flos laterālis*) zum Unterschiede von der mit einer Bractee noch versehenen Blüthe (*flos bracteatus*).

Die achselständigen Blüthen, welche der oberirdischen Axe entspringen, stehen einzeln (*flores solitarii*), zu zweien (*gemini*), gehäuft (*aggregati*) oder, wenn sie zu mehreren in gleicher Höhe um die Axe entspringen, wirtelförmig (*verticillāti*).

Bemerkungen. *Pedunculus*, *pedicellus*, neulateinisch und Diminutiva von *pes*, *pĕdis*, der Fuss. — *Phyllocladium*, von d. griech. φύλλον (phyllon) Blatt, und χλαδίον (kladion), kleiner, junger Zweig.

Die oben erwähnte zur Familie der Hydrocharideen gehörende *Vallisneria spirālis* (benannt nach dem ital. Arzte und Naturforscher *Antonio Vallisnieri* [spr. vallisniäri], † 1730) ist eine Bewohnerin stiller Wässer des südlichen Europa's, wo sie nicht selten so wuchert, dass sie die Schifffahrt hindert. Die weiblichen Blüthen sitzen auf langen spiralig gewundenen Stielen. Zur Blüthezeit lösen sich die männlichen Blüthen von ihren kurzen Stielen und steigen an die Oberfläche des Wassers, zu welcher Zeit auch die Stiele der weiblichen Blüthen ihre Windungen soweit aufrollen, bis diese Blüthen gleichfalls an die Oberfläche des Wassers gelangen, um von den zwischen ihnen herumschwimmenden männlichen Blüthen befruchtet zu werden. Nach der Befruchtung ziehen sich die Stiele wieder spiralig zusammen, und die Frucht kommt unter dem Wasser zur Reife.

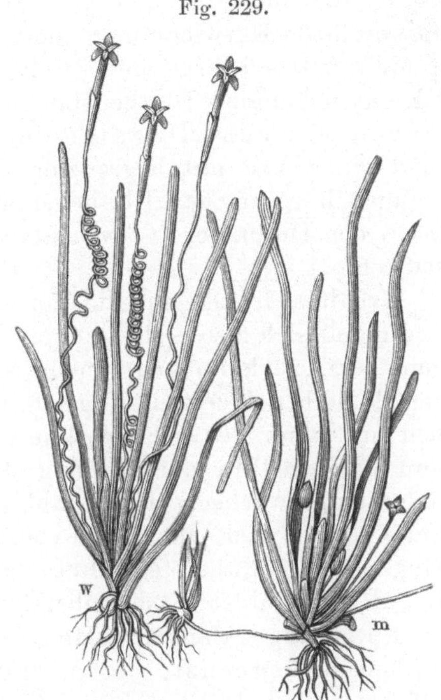

Fig. 229.

Vallisneria spiralis. *m* Pflanze mit männlichen, *w* mit weiblichen Blüthen.

Lection 40.

Entwickelungsfolge der Blüthenstände.

Betrachten wir Pflanzen, auf welchen sich mehrere Blüthen zu einem Blüthenstande vereinigt haben, so beobachten wir ein Aufblühen der Blüthenknospen, welches längs der Ausdehnung des Blüthenstandes in verschiedener Richtung erfolgt. Die Reihenfolge der Entfaltung der Blüthen findet hier von unten oder aussen nach der Spitze der Axe, dort umgekehrt von der Spitze der Axe nach aussen oder unten statt. Ist die Entwickelung einer Axe begrenzt, verwandelt nämlich die Axe ihre Terminalknospe in eine Blüthenknospe, also in eine Endblüthe, so schliesst sie damit auch ihr Wachsthum, ihre weitere Entwickelung ab, sie kann aber unter ihrer Endblüthe noch beliebig Blüthen hervorbringen. Die Endblüthe ist die zuerst entfaltete Blüthe, die unter ihr erzeugten Blüthen entfalten sich, in dem Maasse ihrer Entwickelung, zunächst der Endblüthe und dann in niederwärts schreitender Folge. Einen in dieser Richtung sich entwickelnden Blüthenstand nennt man einen niederblühenden oder centrifugalen (*florescentia centrifŭga*). Da er ein Theil einer Axe mit begrenzter Entwickelung ist, so hat man ihn auch begrenzten Blüthenstand genannt. An der Trugdolde (*cyma*) des Hollunders (*Sambūcus nigra*) können wir ihn bequem studiren.

Erhält sich dagegen die Terminalknospe lebensthätig, diese verwandelt sich also nicht in eine Blüthenknospe, und das Wachsthum der Axe kann ungehindert weiterschreiten, die Entwickelung derselben bleibt unbegrenzt, so können sich die Blüthen auch nur unter der Terminalknospe entwickeln. Die Axe kann dann ungestört in der Bildung der Blüthenknospen aufhören, weiter emporwachsen und Laubblätter aus Axillarknospen entwickeln und auch damit abwechselnd Blüthenknospen hervorbringen und Blüthen entfalten, bis sie sich erschöpft, so dass die zuletzt gebildeten oder obersten Blüthenknospen nicht mehr zur Entfaltung gelangen. Hier ist also die Entwickelung der Blüthen unbegrenzt, die untersten Blüthen sind die zuerst entfalteten und das Aufblühen findet von unten nach oben, von der Peripherie nach dem Centrum, dem Punkte, welchen die Terminalknospe einnimmt, statt. Ein solcher Blüthenstand heisst ein aufwärtsblühender oder centripetaler oder unbegrenzter (*inflorescentia centripĕta*). Besteht der Axentheil aus unentwickelten Internodien, so entfalten sich bei dieser Folge die am Rande des gemeinschaftlichen Blüthenbodens stehenden Blüthen zuerst. Geschieht es nun, dass in Folge der Erschöpfung die endständige Blattknospe in ihrer Entwickelung zurückbleibt, so erscheint die oberste Blüthe, von einem Hochblatt unterstützt, fast endständig (*flos subterminālis*).

Diese beiden verschiedenen Folgen des Aufblühens findet man oft an einer Pflanze zugleich, indem die Nebenaxen (Zweige und Aeste) eine andere zeigen als die Hauptaxe. In diesem Falle heisst der Blüthenstand ein gemischter (*inflorescentia mixta*). Es giebt jedoch auch Pflanzen, an denen weder die eine noch die andere Folge des Aufblühens sich deutlich ausprägt, so dass man den Blüthenstand als einen unbestimmten (*infl. vaga*) ansehen muss.

Durch die Folge des Aufblühens, welche zuerst der Botaniker *Röper* erkannte, wird der Charakter eines Blüthenstandes wesentlich bestimmt, und es lassen sich die Blüthenstände in drei Schichten vertheilen.

I. Zu den centripetalen oder aufwärtsblühenden Blüthenständen gehören

1. die Aehre (*spica*),
2. das Grasährchen (*spicula*),
3. das Kätzchen (*amentum*),
4. der Kolben (*spadix*),
5. die Traube (*racēmus*),
6. die Dolde (*umbella*),
7. die Doldentraube (*corymbus*),
8. die Rispe (*panicŭla*),
9. der Blüthenkopf (*capitŭlum*),
10. das Blüthenkörbchen (*anthodium*),
11. der Blüthenkuchen (*coenanthĭum s. hypanthodĭum*).

II. Zu den centrifugalen oder niederblühenden Blüthenständen gehören

1. die Trugdolde (*cyma*),
2. die Trugdoldentraube (*corymbus cymōsus*),
3. die Trugrispe (*panicula cymōsa*).
4. der Blüthenbüschel (*fascĭculus*).
5. der Knäuel (*glomerŭlus*).
6. das Kelchkätzchen (*cyathĭum*).

III. Den gemischten Blüthenständen rechnet man zu

1. den Blüthenschwanz (*anthurus*),
2. die gemischte Doldentraube (*corymbus mixtus*),
3. den Strauss (*thyrsus*).

Diese Blüthenstände wollen wir uns in den folgenden Lectionen näher betrachten.

Lection 41.

Centripetale oder aufwärtsblühende Blüthenstände.

Zu den centripetalen Blüthenständen, bei welchen also das Aufblühen von unten nach oben oder von aussen nach innen stattfindet, gehören:

1. Die Aehre (*spica*), der Blüthenstand, bei welchem dem verlängerten gemeinschaftlichen Blüthenstiele, der Spindel (*rhachis*), ungestielte oder nur kurzgestielte Blüthen aufsitzen, wie beim gewöhnlichen Wegebreit (*Plantāgo medĭa*), beim Eisenkraut (*Verbēna officinalis*). Da die Terminalknospe lebensthätig

bleibt, so findet man sie auch zuweilen über dem Blüthenstande Blätter und Aeste treibend, wie bei *Melaleuca, Lavandŭla Stæchas.*

Blüthenähre *(spica)* von *Ver-bēna officinālis.*

Zusammengesetzte Aehre von *Lavandula Stoechas.*

Zusammengesetzte Aehre der Quecke (*Agropȳrum repens Beauv.*)

Die Aehre ist eine zusammengesetzte, wenn, wie bei vielen Gräsern (Roggen, Weizen, Quecke), der Spindel ihrer Länge nach in Stelle der einzelnen Blüthen kleine aus zwei und mehreren Blüthen bestehende Aehrchen (*spicŭlae*) aufsitzen.

Zwei Aehrchen (*spicŭlae*) vom Taumellolch (*Lolĭum temulen-tum*), 3 fach vergr.

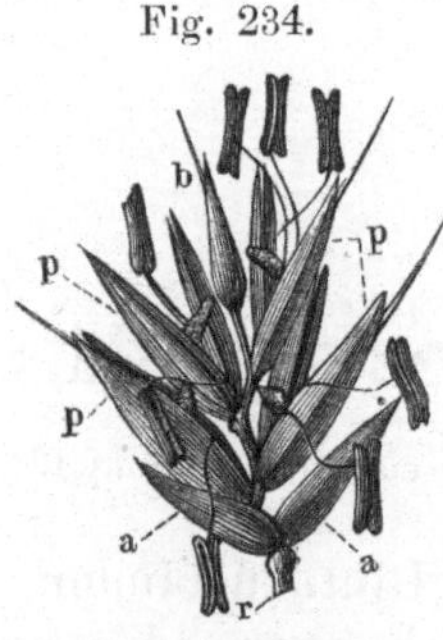

Ein blühendes Aehrchen des Hartschwingels (*Festūca du-riuscŭla*). *aa* Balgspelze (*glu-mae*), *b* unentwickeltes Blüth-chen, *p* die die Blüthchen scheidenartig umfassenden Blätter (*palĕae*), *r* Spindel.

2. Das Grasährchen (*spicŭla*) ist ein besonderer Blüthenstand der Gräser, indem einer kleinen Spindel (*rhacheŏla*) zwei-zeilig oder ziegeldach-artig Grasblüthen (*flo-res glumacĕi*) aufsitzen, wie z. B. beim Engli-schen Raygras (*Lolĭum perenne*), dem Taumellolch (*Lolĭum temulentum*), der Quecke (*Agropȳrum repens Beauv.*), dem Schwingel (*Festūca*) etc.

Die Grasährchen bestehen aus den Deckblättern des Aehr-chens, den Balgspelzen (*glumae*), und den Grasblüthchen. Die einzelnen Grasblüthchen (*floscŭli*, *glumellae*) in dem Aehrchen sind von zwei scheidenartigen Blättchen, den Spelzen (*palĕae*), umfasst.

Fig. 235.   Fig. 236.   Fig. 237.   Fig. 238.   Fig. 239.

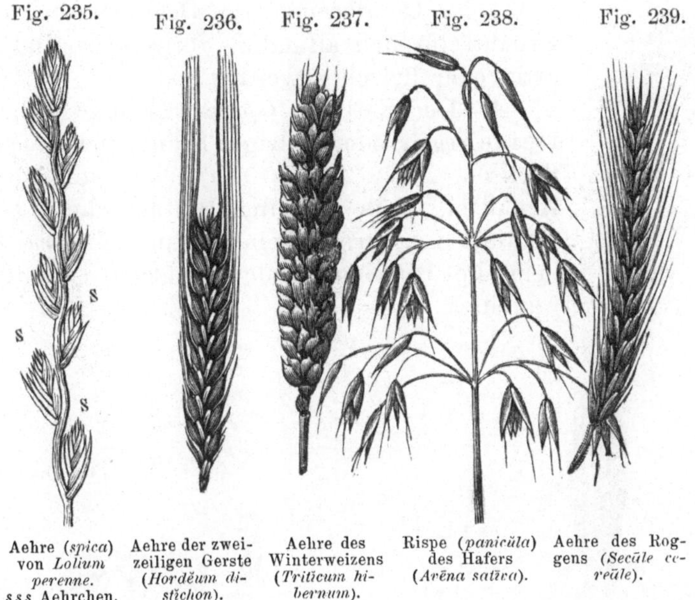

Aehre (*spica*) von *Lolium perenne*. *sss* Aehrchen. — Aehre der zweizeiligen Gerste (*Hordĕum distĭchon*). — Aehre des Winterweizens (*Trĭticum hibernum*). — Rispe (*panicŭla*) des Hafers (*Arēna satīva*). — Aehre des Roggens (*Secăle cereăle*).

3. Das Kätzchen (*amentum*) ist ein der Aehre ähnlicher Blüthenstand, welcher sich aber dadurch charakterisirt, dass seine Spindel nach dem Verblühen oder nach der Fruchtreife mit den Blüthen oder Früchten abfällt. Das Kätzchen ist also eine mit den Blüthen oder Früchten abfallende Aehre. Früher fasste man die Bäume und Sträucher, welche Kätzchenblüthler waren, in die Familie der Amentaceen zusammen (krautartige Gewächse tragen keine Kätzchen). Das Abfallen der Kätzchen erklärt sich aus dem Umstande, dass die Spindel

Fig. 240.

Blüthenstand des Hornbaumes oder der Hainbuche (*Carpīnus Betŭlus*). *a* Kätzchen mit weiblichen, *b* mit männlichen Blüthen, *cd* männliche Blüthen, *e* weibliche Blüthe.

durch Articulation der Axe angeheftet ist. Kätzchenblüthler sind die Weiden (*Salĭces*), die Pappeln (*Popŭli*), der Haselstrauch

(*Corўlus Avellāna*), Buche, Birke etc. Die Kätzchen der Laubhölzer unterscheidet man auch als Laubholzkätzchen (*juli*)

Fruchtzapfen der Erle
(*Alnus glutinōsa*).

von den ähnlich zusammengesetzten Zapfen (*coni*) der Coniferen, deren Deckblättchen in der Fruchtreife sich allmählig vergrössern und lederartig oder fleischig werden.

4. Der Kolben (*spadix*) ist eine Aehre mit fleischiger oder holziger Spindel, wie beim gefleckten Aron (*Arum maculātum*) und anderen Aroïdeen, wo er mit einer Blüthenscheide (*spatha*) umhüllt ist, ferner beim Kalmus (*Acŏrus Calămus*), wo er einem die Blüthenscheide ersetzenden Blatte (*folium spathanĕum*) aufsitzt.

Fig. 242.

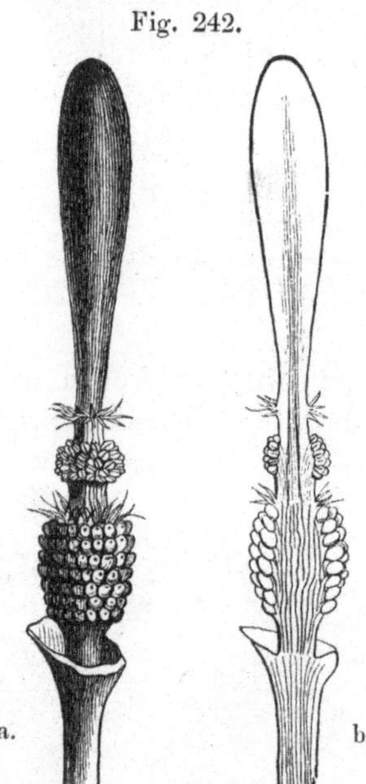

a.

b.

Der von der Blüthenscheide befreite Blüthenstand von *Arum maculātum*. *b* Längsdurchschnitt. — Der braunviolette obere Theil des Kolbens ist an seinem verschmälerten Theile mit einem Haarkranz, darauf folgend mit Kreisen von Staubblättern und dann wieder etwas weiter nach unten mit vielen gedrängten Kreisen dicht aneinander stehender Pistille umgürtet.

Fig. 243.

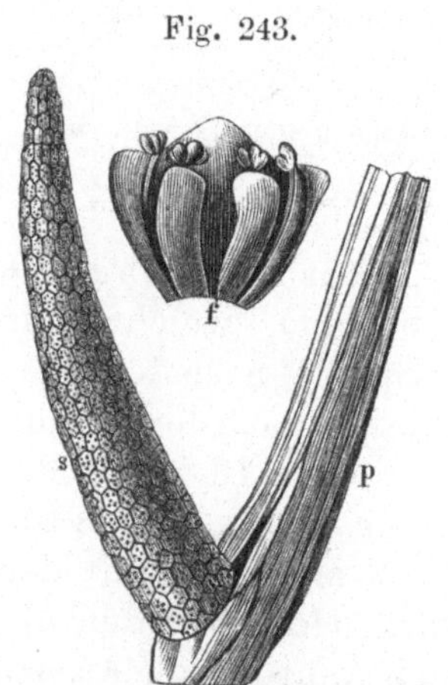

Blüthenstand von *Acŏrus Calămus*, *p folium spathanĕum*. *s* Kolben (*spadix*), *f* einzelne Blüthe (8 mal vergr.).

5. Die Traube (*racēmus*) ist ein der Aehre ähnlicher Blüthenstand, nur haben die Blüthen nicht kurze, aber gleichlange Blüthenstiele, oder die Traube ist eine Aehre, deren Blüthen mit nicht kurzen gleichlangen Stielen der Spindel aufsitzen,

wie z. B. beim Maiglöckchen (*Convallaria majalis*), dem Kirschlorbeer (*Prunus Lauro-Cerăsus*), dem Fingerhut (*Digitălis purpurĕa*).

Fig. 244.

Prunus Lauro-Cerasus. Aufrechtstehende Trauben (*racēmi erecti*).

6. Die Dolde (*umbella*) ist ein Blüthenstand, bei welchem die Blüthenstiele aus dem Endpunkte einer Axe oder aus einem Punkte an der Axe entspringen, und die Blüthen in einer Fläche, welche gewölbt, vertieft und gerade sein kann, liegen, wie z. B. bei der Blumenbinse (*Butŏmus umbellătus*), der Schlüsselblume (*Primŭla veris*), dem schierlingsblättrigen Reiherschnabel (*Erodĭum cicutarĭum* L'Heritier).

Tragen die Blüthenstiele an ihrer Spitze statt einer Blüthe kleine Dolden, Döldchen (*umbellŭlae*), so ist die Dolde eine doppelte oder zusammengesetzte (*umbella duplex, s. composĭta*). Die Blüthenstiele heissen dann Strahlen (*radĭi*), die Stielchen der Blüthen des Döldchens einfach Blüthenstielchen (*pedicelli*). Die Doldenträger (*Umbellĭfĕrae, Umbellātae*) bilden eine grosse Pflanzenfamilie, zu welcher auch der gefleckte Schierling (*Conīum*

Fig. 245.

Wasserschierling (*Cicuta virōsa*) *a c* Dolde mit Früchten, *d* blühende Dolde, *a* Strahl (*radius*), *b* Blüthenstielchen (*pedicelli*), *c* Hüllchen (*involucellum*), *e e e* Döldchen.

maculātum), der Fenchel (*Foenicŭlum officinālĕ Allione*), der Kümmel (*Carum Carvi*), die Mohrrübe (*Daucus Carōta*) gehören.

7. Die Doldentraube (*corymbus*) ist derjenige Blüthenstand, dessen Blüthenstiele in verschiedener Höhe an der Axe entspringen, welche aber nach der Spitze der Axe allmälig in der Länge abnehmen, so dass die Blüthen mehr oder weniger in einer Fläche liegen, wie z. B. beim Porst (*Ledum palūstre*), [siehe Fig. 246], der Schafgarbe (*Achillēa Millefolĭum*).

8. Die Rispe (*panicŭla*) ist der Blüthenstand, bei welchem die aus einer verlängerten Spindel entspringenden Blüthenstiele und deren Aeste nach oben allmälig an Länge abnehmen, so dass der ganze Blüthenstand die Form eines Kegels oder einer Pyramide hat, wie z. B. bei der Rosskastanie (*Aescŭlus Hippocastănum*), dem Hafer (*Avēna satīva*). Siehe oben Fig. 238.

9. Blüthenkopf (*capitŭlum*) nennt man den Blüthenstand, bei welchem einer verkürzten, häufig zugleich verdickten Spindel kurzgestielte oder ungestielte Blüthen dicht gedrängt aufsitzen, wie z. B.

Fig. 246,

Porst (*Ledum palustre*) mit Doldentrauben.

beim Nagelkraut (*Poterĭum Sanguisorba*), dem Klee (*Trifolĭum*), dem Hundsauge (*Plantāgo Cynops*), dem Hornklee (*Lotus cornicŭlātus*). Zuweilen ist das Köpfchen an seinem Grunde von einem

Fig. 247.

Blüthenkopf vom Hornklee (*Lotus cornicŭlātus*).

Fig. 248.

Blüthenkopf von *Scabiōsa atropurrēa*.

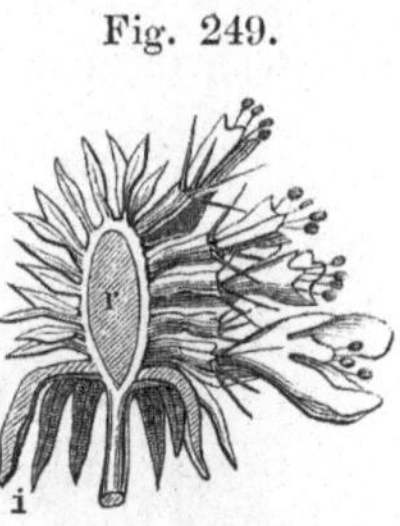

Fig. 249.

Derselbe im Durchschnitt. *i* Hüllkelch, *r* Spindel.

kelchähnlichen Blätterkreise, Hüllkelch (*involūcrum*), unterstützt (*capitŭlum involucrātum*); ein äusserster Blüthenwirtel mit vergrösserten Blüthen macht das Köpfchen strahlig (*capitulum radĭans s. radĭātum*) wie bei den Scabiosen. Mit letzterer Form geht das Köpfchen in den folgenden Blüthenstand über, nur haben seine Blüthchen (bis auf wenige Ausnahmen, z. B. Echinops) freie, nicht unter einander verwachsene Staubbeutel.

10. Das Blüthenkörbchen (*anthodĭum, calathĭum, calathĭdĭum*) ist ein Blüthenstand, bei welchem auf einer kurzen verdickten, mehr oder weniger scheibenartig sich ausdehnenden Spindel, welche von einem Hüllkelche umschlossen ist, zahlreiche ungestielte Blüthen sitzen, z. B. bei der Kamille (*Matricarĭa Chamomilla*), dem Rainfarn (*Tanacētum vulgāre*). Die von den Blüthen besetzte Fläche der Spindel, der gemeinschaftliche Blüthenboden, heisst hier Blüthenlager (*receptacŭlum commune, clinanthium*), der die Spindel einschliessende Blätterkreis

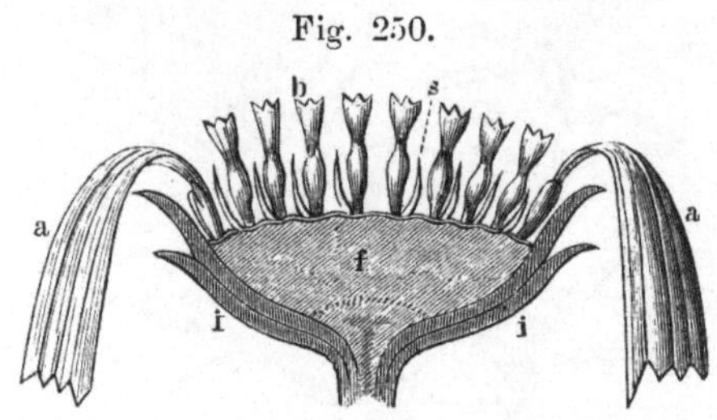

Fig. 250.

Durchschnitt eines Anthodium. *f* gemeinschaftlicher Blüthenboden (*clinanthĭum*), *i* Hüllkelch (*peranthodĭum*), *b* Scheibenblüthen (*flores disci*), *a* zungenförmige Randblüthen (*flores lingulāti radĭi*).

Hüllkelch (*peranthodĭum*). Dieser Blüthenstand, *Linné*'s zusammengesetzte Blume (*flos composĭtus*), charakterisirt die Pflanzenfamilie der Compositen (*Composĭtae*) oder Anthodiaten, welche die 19. Klasse (*Syngenesĭa*) des *Linné*'schen Sexualsystems füllen. Daher ist es auch ein unterscheidender Charakter eines Anthodium, wenn die Staubbeutel (*anthērae*) des einzelnen Blüthchens (*flos s. floscŭlus*) unter sich verwachsen sind (Verwachsenbeutliche, Syngenesisten).

Das Clinanthium oder auch Anthodium heisst scheibenförmig oder röhrenblüthig (*discoïdĕum, flosculōsum*), wenn alle

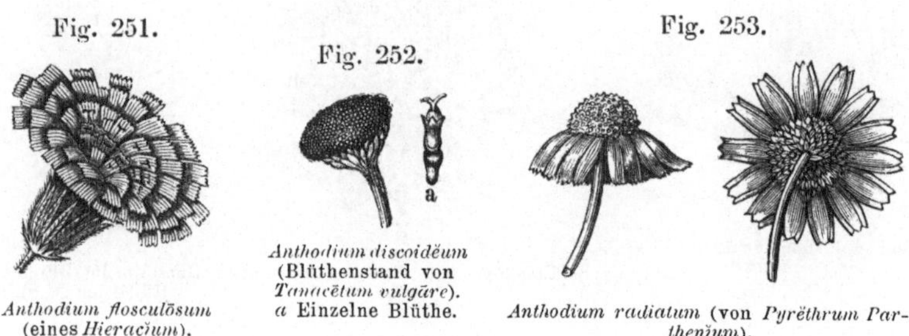

Fig. 251.

Fig. 252.

Fig. 253.

Anthodium flosculōsum (eines *Hieracĭum*).

Anthodium discoidĕum (Blüthenstand von *Tanacētum vulgāre*). *a* Einzelne Blüthe.

Anthodium radiatum (von *Pyrēthrum Parthenĭum*).

Blüthchen (*floscŭli*) röhrenförmig sind; zungenblüthig oder geschweift (*lingulātum, semiflosculōsum*), wenn alle Blüthchen band- oder zungenförmig sind; gestrahlt (*radiātum*), wenn die Blüthchen des Randes (*floscŭli radĭi*) zungenförmig, und die der Scheibe (*floscŭli disci*) röhrenförmig sind; gleichehig (*homogămum, hermaphrodītum*), wenn die Blüthchen sämmtlich Zwitter sind, ungleichehig (*hetĕrogămum*), wenn männliche oder weibliche Blüthchen neben Zwitterblüthchen auf dem Blüthenboden stehen.

11. Der Blüthenkuchen (*coenanthĭum, hypanthodĭum*) ist gleichsam ein Blüthenkörbchen ohne Hüllkelch. Das Clinanthium ist gewöhnlich sehr fleischig, und der Blüthenstand hat viel Aehnlichkeit mit einer Frucht, z. B. bei dem Feigenbaum (*Ficus Carĭca*), der Dorstenie (*Dorstenĭa*).

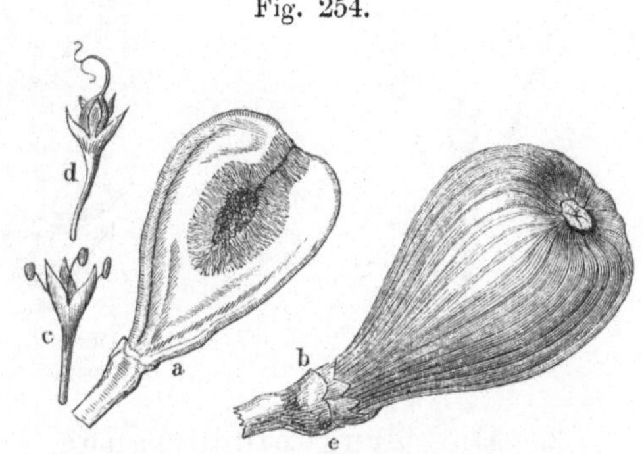

Fig. 254.

Coenanthium des Feigenbaums (*Ficus Carĭca*). *a* Durchschnitt, die darin sitzenden Blüthen zeigend, *b* ein ganzes *Coenanthium*, *be* Deckblätter; *c* männliche, *d* weibliche Blüthe, vergr.

Lection 42.

Centrifugale oder niederblühende Blüthenstände. Gemischte Blüthenstände.

Während wir an den centripetalen oder aufwärtsblühenden Blüthenständen an der Spitze oder in der Mitte der verdickten Axe noch unentfaltete Blüthen antreffen, finden wir bei den centrifugalen oder niederblühenden Blüthenständen an der Spitze eine oder mehrere entfaltete Blüthen, unter diesen abwärts oder nach aussen Blüthenknospen. Centrifugale Blüthenstände sind folgende.

1. Die Afterdolde oder Trugdolde (*cyma*) bildet einen doldenähnlichen Blüthenstand, bei welchem unter der gipfelständigen Blüthe der Hauptaxe dichotom oder trichotom (2 oder 3) Nebenaxen entspringen, unter deren Endblüthe sich in gleicher Weise wiederum Blüthenzweige entwickeln, so jedoch, dass die Endblüthen gewöhnlich niedriger stehen, die übrigen aber ziemlich in einer Ebene liegen, wie beim Waldmeister (*Asperŭla odorāta*), beim Ackerhornkraut (*Cerastĭum arvense*), dem Flieder (*Sambūcus nigra*).

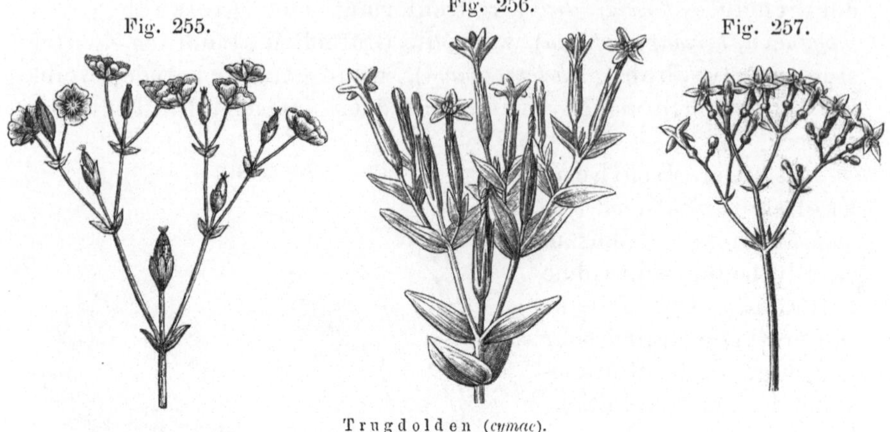

Trugdolden (cymae).

Cerastium arvense.

Erythraea Pulchella Fr.

Asperŭla odorāta.

2. Die Trugdoldentraube (*corymbus cymōsus*) ist eine niederblühende Doldentraube, wie z. B. bei der die Jalapenknollen liefernden *Ipomœa Purga* Hayne, der Linde (*Tilĭa*), dem Tausendgüldenkraut (*Erythrœa Centaurĭum* Persoon), dem Baldrian (*Valerĭāna*).

3. Trugrispe (*panicŭla cymōsa*) ist eine niederblühende Rispe, wie beim Steinbrech (*Saxifrăga*), der gemeinen Waldrebe (*Clemătis Vitalba*).

4. Der Blüthenbüschel (*fascicŭlus*) ist eine Trugdolde (*cyma*) mit sehr verkürzten Aesten und Blüthenstielen, so dass die Blüthen ziemlich gedrängt stehen, wie bei der Kart-

Fig. 258.

Trugdoldentraube, *corymbus cymosus, Ipomoea Purga* Hayne.

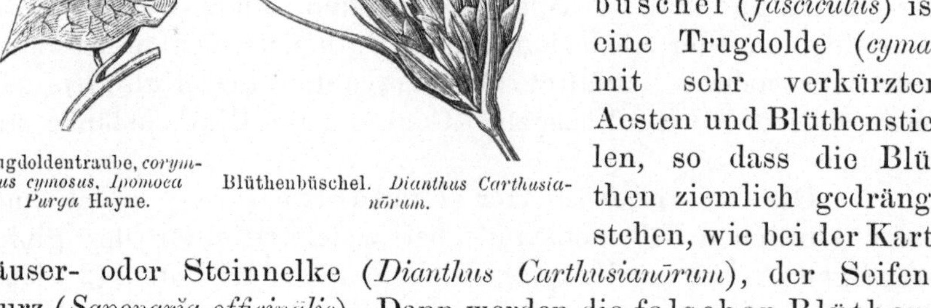

Fig. 259.

Blüthenbüschel. *Dianthus Carthusianōrum.*

häuser- oder Steinnelke (*Dianthus Carthusianōrum*), der Seifenwurz (*Saponarĭa officinālis*). Dann werden die falschen Blüthenwirtel (*verticilli spurii; verticillastri*) bei vielen Labiaten durch Blüthenbüschel gebildet, wie bei der Minze (*Mentha*), dem weissen Andorn (*Marrubĭum vulgāre*).

5. Den Knäul (*glomerŭlus*) bildet ein Köpfchen (*capitŭlum*) mit centrifugaler Entwickelung der Blüthen. Er ist ge-

wöhnlich eine achselständige Zusammenhäufung kleiner Blüthchen, wie beim Wand- oder Glaskraut (*Parietaria erecta* Koch), bei vielen Chenopodiaceen (*Chenopodium, Blitum*).

6. Den Namen Kelchkätzchen (*cyathǐum*) hat man dem besonderen Blüthenstand der Gattung *Euphorbǐa* gegeben. Derselbe besteht aus einer durch Verwachsung von Hochblättern entstandenen becherförmigen Hülle, deren Saum in 4—5 Zähne getheilt ist und zwischen je zwei Zähnen horizontal eingefügt fleischige Blättchen oder Schuppen trägt. *Linné* hielt die Hülle für einen Kelch, die Schuppen für Blumenblätter. Letztere nennt man Nectarien oder Honigschuppen (*nectarǐa*). Jene verwachsenblättrige Hülle trägt eine mittel-

Knäul (*glomerǔlus*). Erdbeerspinat (*Blitum capitatum*).

ständige, mit einem Blüthenstiele versehene weibliche Blüthe und in mehreren Kreisen um dieselbe gestellte einmännige, durch Gliederung Blüthenstielchen aufgesetzte männliche Blüthen (gegliederte Staubfäden, *filamenta articulǎta*).

Bei den gemischten Blüthenständen haben die Nebenaxen eine andere Blüthenentfaltungsfolge als die Hauptaxe. Dazu zählt man:

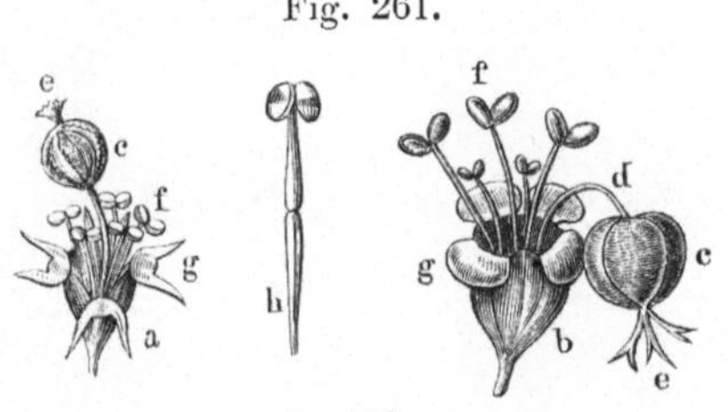

Fig. 261.

Cyathium.

a Tithymǎlus Peplus Gaertn. od. *Euphorbia Peplus, b Tithymǎlus helioscopǐus* od. *Euphorbia helioscopia, a* und *b* Hülle, *g* Nectarien, *c* weibliche, *f* männliche Blüthen, *h* gestielter Staubfaden.

1. den Blüthenschwanz (*anthǔrus*). Derselbe hat mehr oder weniger die Form einer Aehre oder Traube, deren Seitenblüthenstände Büschel oder Knäuel bilden, wie beim Wollkraut (*Verbascum thapsiforme*), beim Fuchsschwanz (*Amaranthus*).

2. Gemischte Doldentraube (*corymbus mixtus*) nennt man die Doldentraube, deren Axen eine centrifugale, deren äusserste Verzweigungen eine centripetale Blüthenentwickelung zeigen, wie z. B. bei der Schafgarbe (*Achillēa Millefolǐum*), der Kamille (*Matricarǐa Chamomilla*).

3. Der Strauss (*thyrsus*) ist eine Traube oder Rispe, deren Seitenblüthenstände Trugdolden oder Trugrispen sind, oder er ist eine Trugrispe, deren äusserste Verzweigungen centripetal aufblühen, wie z. B. das heidnische Wundkraut oder

die Goldruthe (*Solidāgo Virga aurĕa*), der Giftlattig (*Lactūca virōsa*).

Fig. 262.

Trugrispiger Strauss. *Lactuca virosa.*

Lection 43.

Blumendecken. Blüthendeckenlage. Paracorollen.

Die Blüthe, den durch Samenerzeugung die Fortpflanzung vermittelnden Apparat, betrachteten wir als eine Zusammensetzung mehrerer concentrisch gestellter Kreise oder Wirtel umgebildeter Blätter an einer verkürzten Axe (*receptacŭlum*). Nur die beiden innersten Blätterkreise, die Staubblätter oder Staubgefässe (*stamĭna*) und die Fruchtblätter oder Pistille (*pistilla*) sind die wesentlichen, jene die männlichen, diese aber die weiblichen Theile einer Blüthe. Sie allein sind die Befruchtungsorgane. Die äusseren Blätterkreise, die Blüthendecken (*tegumenta floralĭa*) sind unwesentliche Theile, denn sie können fehlen, ohne dass die Blüthe (*flos nudus*, nackte Blüthe) aufhört Fortpflanzungsorgan zu sein. Bildet die Blüthendecke nur einen

Blätterkreis, so nennt man sie Blüthenhülle, Perianthium (*perianthĭum, perigonĭum*), und ihre einzelnen Blätter Hüllblätter (*phylla*); sind dagegen zwei unter sich nicht ähnliche Blätterkreise als Blüthendecken vorhanden, dann unterscheidet man den äusseren, gewöhnlich aus Blättern von derberem Baue bestehend, als Kelch (*calyx, perianthium externum*) und die einzelnen Blätter desselben als Kelchblätter (*sepăla*). Der zweite Blätterkreis erhält dann die Namen Blume, Blumenkrone (*corolla, perianthium internum*).

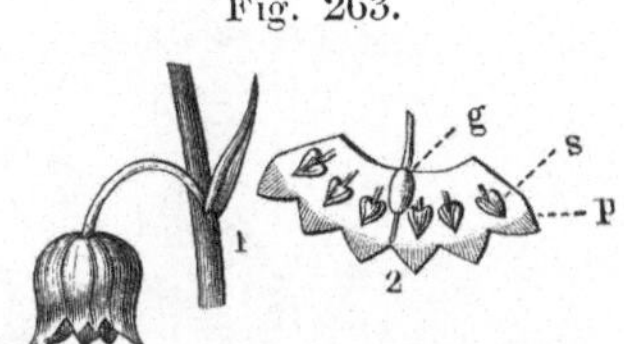

Fig. 263.

Convallaria majālis. 1. Glockenförmige, sechsspaltige Blüthenhülle, *perianthium campanulatum, sexfidum*; Blüthe nickend, *flos nutans.* 2. Blüthenhülle gespalten und auseinandergelegt, *p* Perianthium, *s* Staubblätter, *g* Pistill.

Die Blumenkronenblätter oder Blumenblätter (*petăla*) unterscheiden sich von den Kelchblättern meist nicht nur durch einen zarteren Bau, sondern auch durch andere Färbung.

Das Perianthium erscheint häufig gleichsam durch Verschmelzung der Kelch- und Blumenblätter entstanden, denn man findet in diesen Fällen die nach aussen gekehrte Fläche kelchähnlich grün und blattartig, die innere Fläche zarter und mit der Färbung der Blume. Be-

Fig. 264.

Blüthe einer Campanula mit Kelch und Blumenkrone.

trachten wir die Tulpenblüthe näher, so finden wir, dass das Perianthium aus zwei Blattkreisen, jeder Blattkreis aus drei Blättern besteht, dasselbe also keinen sechsblättrigen Kreis darstellt, dennoch unterscheiden wir hier keinen Kelch und keine Corolle, sondern nur ein Perianthium, weil die Blätter beider Kreise in Farbe und Bau völlig übereinstimmen. Nichts desto weniger zeigen die Blätter des äussersten Kreises vor der Entfaltung der Blüthe wegen Chlorophyllgehalts eine grüne Färbung, welche aber bei der Entfaltung (*inter anthēsin*) verschwindet und durch die Färbung der inneren Blätter ersetzt wird.

Hin und wieder findet man zwischen dem Kreise der Blumenkronenblätter und dem der Staubgefässe einen Blätterkreis, dessen Theile bald mehr den Blumenkronenblättern, bald mehr den Staubgefässen ähnlich sind und gleichsam Uebergangsformen der Blätter des einen Kreises in Blätter des anderen darstellen. Einen solchen Zwischenkreis nennt man Nebenblume, Paracorolle (*paracorolla*) und, sind seine Theile den Blumenblättern ähnlich, Nebenblumenblätter (*parapetăla*), gleichen sie aber mehr den Staubgefässen, Nebenstaubfäden (*parastemōnes*). In

Form von **Deckklappen** (*fornĭces*) treffen wir die Paracorolle bei der Ochsenzunge (*Anchŭsa officinālis*) und anderen Borragineen an. Sind die Theile einer Paracorolle unter einander ver-

Fig. 265.

Fig. 266.

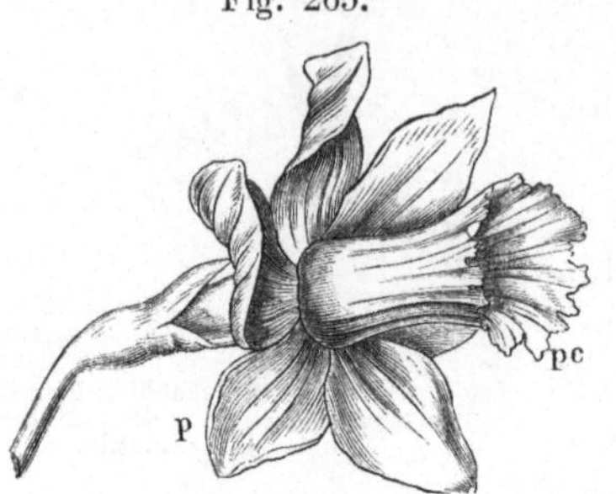

Narcissus Pseudonarcissus. *p* Perianthium, *pc* Nebenblume (*paracorolla*).

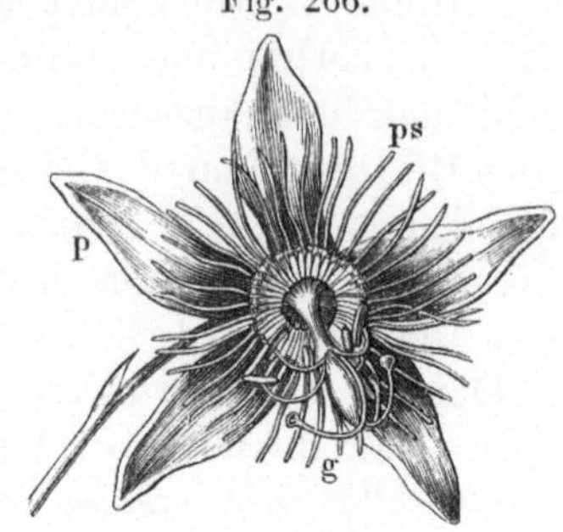

Passiflōra gracĭlis. *p* Perianthium, *ps* Nebenstaubfäden (*parastemŏnes*); *g* Pistill.

Fig. 267.

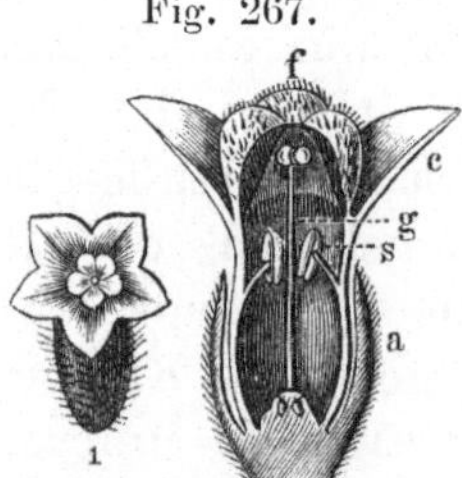

Anchŭsa officinālis. 1. Blüthe in natürl. Grösse. 2. Durchschnitt derselben, vergröss., *f* Deckklappen (*fornĭces*), *c* Blumenkrone, *a* Kelch, *s* Staubgefässe, *g* Pistill.

wachsen, so hat man sie auch Krone (*corōna*) oder Krönchen (*coronŭla*) genannt. *Linné* rechnete dergleichen accessorische

Fig. 268.

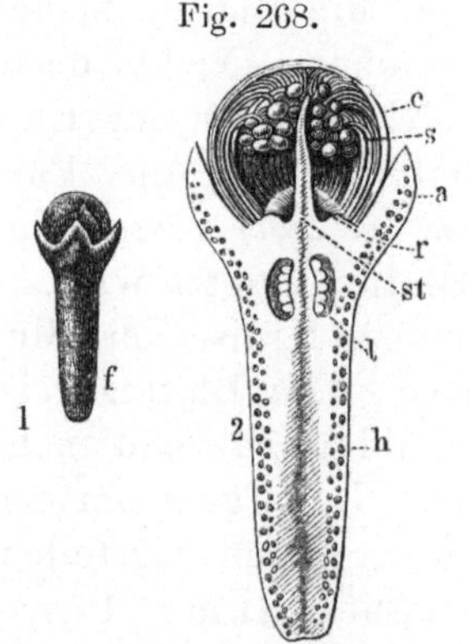

1. Blüthenknopf von *Caryophyllus aromaticus.* 2. Durchschnitt, vergrössert, *c Corolla*, *a Calyx quadripartitus*, *s stamina*, *st* Griffel (*stylus*).

Theile einer Blüthe zu den Honiggefässen, Nektarien (*nectarĭa*). Im Allgemeinen lassen sich diese Theile als umgewandelte oder verkümmerte Blüthentheile annehmen.

Die geschlossene Blüthe vor ihrer Entfaltung wird zum Unterschiede von der jungen Blüthenknospe (*gemma florifĕra*) Blüthenknopf (*alabaster, alabastrum*) genannt. Die Gewürznelke (*Caryophyllus*) ist ein Blüthenknopf (*alabastrum*).

Die Blüthendecken sind in einem Blüthenknopfe auf verschiedene Weise zusammengefaltet. Die Art nun, wie die

Blüthendecken vor dem Aufblühen (*ante anthēsin*) zusammengelegt sind, heisst die **Blüthendeckenlage** (*praefloratĭo*). Die Art der Lage und Stellung der Blätter einer Blattknospe nannten wir **Knospenlage** (*praefoliatio*). Vergl. Lect. 16.

Die Blüthendeckenlage, welche man durch Diagramme bildlich darstellt, ist eine verschiedene. Sie ist eine

1. **klappige** (*praefloratio valvacĕa s. valvāta*), wenn sich die Blätter nur mit den Rändern berühren, wie beim Weinstock (*Vitis vinifĕra*);

2. **ziegeldachartige** (*praefl. imbricāta*), wenn sich die Blätter gegenseitig decken. Sie ist dann **gedreht** (*contorta*) wie bei der Nelke (*Dianthus*), oder **gefaltet** (*plicativa*) wie bei der Glockenblume (*Campanula*). Die **fünfschichtige** Lage (*praefl. quincunciālis*) ist sehr häufig und diejenige, bei welcher unter 5 Blättern zwei äussere und zwei innere sind, das fünfte eines der inneren Blätter mit einem seiner Ränder deckt, auf der anderen Seite aber wieder von einem der äusseren bedeckt wird, wie z. B. die Kelchzipfel der Rose, die Kelchzähne der Nelke (*Dianthus*);

Blüthendeckenlagen.

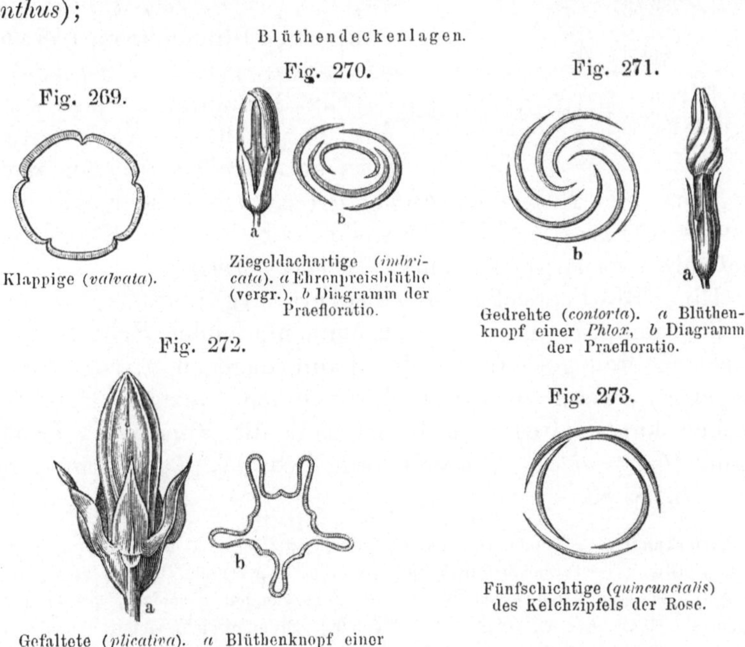

Fig. 269.

Klappige (*valvata*).

Fig. 270.

Ziegeldachartige (*imbricata*). *a* Ehrenpreisblüthe (vergr.), *b* Diagramm der Praefloratio.

Fig. 271.

Gedrehte (*contorta*). *a* Blüthenknopf einer *Phlox*, *b* Diagramm der Praefloratio.

Fig. 272.

Gefaltete (*plicativa*). *a* Blüthenknopf einer Campanula, *b* Diagramm etc.

Fig. 273.

Fünfschichtige (*quincuncialis*) des Kelchzipfels der Rose.

3. **zerknitterte** (*corrugatīva*) wie beim Mohn (*Papāver*).

Perianthium, Kelch und Blumenkrone bestehen ursprünglich aus freien Blättern. Man sagt ein **freiblättriges** Perianthium oder Perigon (*perianthium diälyphyllum*), ein freiblättriger Kelch (*calyx dialysepălus*), eine freiblättrige Blumenkrone (*cor. dialypetăla*). Durch Verwachsen der Blätter entstehen die verwachsenblättrigen oder einblättrigen Formen (*perianthium monophyllum s. symphyllum s. gamophyllum; calyx monosepălus s. synsepălus s. gamosepălus; corolla monopetăla s. sympetăla s. gamopetăla*).

Ist der Kelch noch von einem Kreise Deckblätter unterstützt, so nennt man letzteren auch wohl Aussenkelch (*exanthium; calyx exterĭor*). Einen Aussenkelch finden wir bei den Malven, bei der Erdbeere, der Nelke u. a.

Die Zahl der Blätter in einer Blüthendecke giebt man in folgender Weise an: ein 2-, 3-, 5-vielblättriges Perianthium (*perianthium di-, tri-, penta-, poly- s. pleiophyllum*), ein solcher Kelch (*calyx di-, tri-, penta-, poly- s. pleiosepălus*), eine solche Blumenkrone (*corolla di-, tri-, penta-, poly- s. pleiopetăla*).

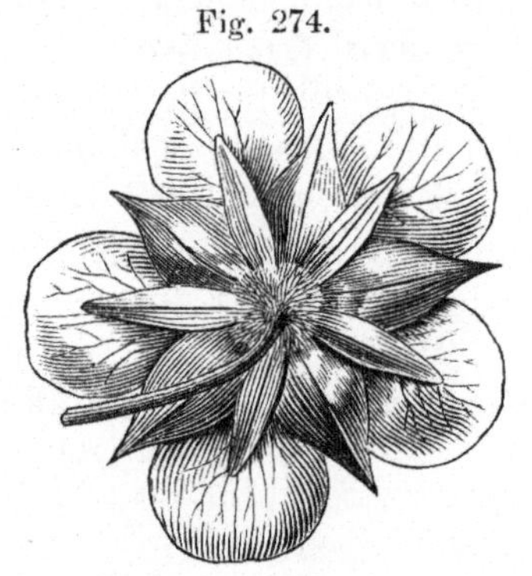

Fig. 274.

Blume der Erdbeere (*Fragaria vesca*) von der unteren Seite gesehen. 5 Blumenkronenblätter, 5-spaltiger Kelch, 5-spaltiger Aussenkelch. Vergr.

Ein Perianthium ist, wie bei der Tulpe, blumenkronenartig (*perianth. corollīnum*), oder wie bei der Ulme und Nessel kelchartig (*calycīnum*), oder wie bei der Binse spelzartig (*glumacĕum*) oder wie bei den Kätzchen der Laubhölzer schuppenförmig (*squamaeforme*).

Eine Blüthendecke ist regelmässig (*regulāre*), wenn. sie durch jeden mit ihrer Axe zusammenfallenden Schnitt in zwei gleiche Hälften getheilt werden kann, dagegen unregelmässig (*irregulāre*), wenn dies nur durch einen einzigen Schnitt geschehen kann. Regelmässig ist z. B. die Blüthe der Glockenblume (*Campanŭla*), unregelmässig jede Lippenblume. Vergl. Lect. 26, S. 89.

Bemerkungen. *Perianthĭum*, von d. griech. περί (peri) um, herum, und ἄνθος (anthos), Blume. — *Perigonĭum* und *perigonĭum*, περί (peri) um, herum, und γόνιος oder γονεῖος, α, ον (gonios oder goneios, a, on), zum Zeugen geschickt, γονεύω (goneuō), zeugen. — *Calyx, ўcis,* m. (nicht *calix,* Becher,), Blumenkelch, von d. griech. καλύπτω (kalyptō) umhüllen, bedecken. — Para-, griech. παρά, nebenbei, nebenher. — *Parastemŏnes,* Nebenstaubblätter, von παρά und στήμων (stämōn), der vorderste Theil der männlichen Ruthe. — *Nectarĭum,* Necktargefäss, von (νέκταρ) *nectar,* *nectăris,* Göttertrank. — *Alabastrum, alabaster* (ἀλάβαστρος, -ον), Salbenfläschchen. — *Anthēsis,* griech. ἄνθησις, Blüthe. — *Quincunciālis, e,* von *quincunx,* fünf vom Ganzen ($\frac{5}{12}$). — *Diäly* *phyllus, a, um,* mit freien Blättern; διαλύω (dialyo), trennen, freimachen. — *Symphyllus, gamophyllus, a, um,* mit zusammengewachsenen Blättern; σύν (syn), mit zusammen; γαμέω (gameo) heirathen, eheligen.

Lection 44.

Staubblätter, Staubgefässe (*stamina*).

In der Blüthe, betrachtet als eine Zusammensetzung mehrerer concentrisch gestellter Kreise eigenthümlich metamorphosirter Blätter, von welchen der Kelch den ersten und äussersten, die Blumenkrone den zweiten Kreis vertritt, bilden die Staubblätter oder Staubgefässe (*stamĭna*) den dritten Kreis. Sie sind die männlichen Geschlechtsorgane und zwar diejenigen, welche den befruchtenden Blüthenstaub (*pollen*) erzeugen. Nach der Befruchtung sterben sie ab.

Dass die Staubblätter nur metamorphosirte Blätter sind, wird uns durch die sogenannten gefüllten Blüthen (*flores pleni*) augenscheinlich, denn in diesen Blüthen nehmen die Staubblätter ganz oder zum Theil die Form und Substanz der Blumenblätter an. Beim Mohn (*Papāver somnifĕrum*) ist diese Erscheinung nicht selten, und man kann sie auch in seiner Blüthe am deutlichsten beobachten, indem die innersten Staubfäden oft der Umwandlung nicht unterliegen, einige Staubblätter sogar sich nur zur Hälfte in ein Blumenblatt umwandeln, mit der anderen Hälfte die Form des Staubblattes bewahren: Rose, Mohn, Lack (*Cheiranthus Cheiri*), Levkoie (auch ein *Cheiranthus*), Ranunkel u. a. verwandeln unter dem Einflusse der Gartenkultur die Staubblätter in Blumenblätter. Unterliegen sämmtliche Staubblätter einer Blüthe dieser Metamorphose, so ist natürlich eine Befruchtung nicht möglich. Pflanzen mit gefüllten Blüthen tragen daher keine Früchte. Die Metamorphose der Staubblätter schreitet sogar noch weiter, und es fehlt nicht an Beispielen, welche die Umwandlung der Staubblätter in Fruchtblätter darthun.

Das entwickelte Staubblatt oder Staubgefäss (*stamen*) besteht aus zwei Theilen, dem Staubbeutel (*anthēra*), welcher den Blüthenstaub (*pollen*) erzeugt und enthält, und dem Träger oder Staubfaden (*filamentum*). Letzterer ist mehr oder

Fig. 275.

Ein Staubblatt. *a* Anthere, *b* Staubfaden, *f* Träger, *s* Nath, in welcher die Anthere aufzuspringen pflegt.

weniger entwickelt, oft auch ganz mit der Blüthendecke verwachsen, in welchem Falle der Staubbeutel sitzend (*anthēra sessilis*) erscheint. Der Staubfaden entspricht dem Blattstiel, der Staubbeutel der Blattfläche.

Die Staubblätter entwickeln sich stets etwas später als die Blumenblätter. Die erste Anlage eines Staubblattes ist ein kleiner, mit Epidermis bedeckter, aus Parenchymzellen zusammengesetzter Kegel, welcher sich über seiner Basis allmälig erweitert und zunächst zu einem fleischigen Blatt (*a*) auswächst, welches gewöhnlich im Querschnitt (*b*) eine vierseitige oder viereckige Form erkennen lässt. Hierauf entwickeln sich in dem Innern des Blattes aus einer von *Naegeli* Urmutterzelle genannten Mutterzelle Stränge

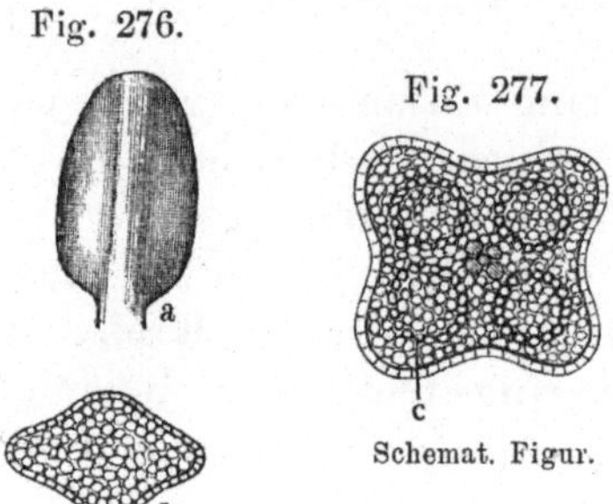

Fig. 276.

Fig. 277.

Schemat. Figur.

Schemat. Figur.

cambialen Gewebes (*c*), je einer gegen eine Ecke, welche sich zu grösseren, locker mit einander verbundenen Zellen mit dicker Membran, den Specialmutterzellen *Naegeli*'s, ausbilden. In jeder dieser Specialmutterzellen entstehen unter Theilung des Primordialschlauches vier Tochterzellen, Pollenzellen (*cellŭlae pollinariae*), welche (*d*) behufs ihrer weiteren Entwickelung die Membranen der Specialmutterzellen resorbiren. Durch diesen Vorgang wird an der Stelle eines jeden jener Cambialstränge eine Höhlung und somit vier Fächer (*locŭli*) gebildet, angefüllt mit Pollenzellen.

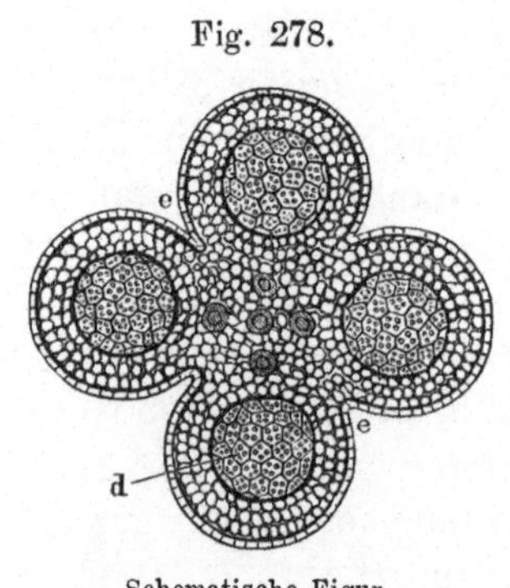

Fig. 278.

Schematische Figur.

In jeder Pollenzelle entwickelt sich durch freie Zellenbildung ein Pollenkorn, welches nach vollständiger Ausbildung aus seiner Mutterzelle hervortritt. Nachdem auch die Membran dieser Mutterzellen resorbirt ist, füllen endlich die Pollenkörner (*granŭla pollĭnis*) die Fächer des Staubblattes.

Der Uebergang der Parenchymzellen um die Fächer in Spiralfaserzellen und die Austrocknung veranlassen ein Zerreissen der Fächer in der rinnenartigen Nath (*ee*) in der Länge derselben, die Fächer (*vvvv*) öffnen sich, und die Pollenkörner

treten aus diesen heraus. Die noch zurückbleibende Scheidewand (*g*), welche eine bindende Rückwand der nun zwei Höhlungen darstellenden Fächer bildet,
heisst **Mittelband, Connectiv** (*con-*
nectīvum). Dasselbe ist der Theil, mit
welchem die Anthere dem Staubfaden
aufsitzt.

Das Mittelband entspricht der
Mittelrippe des Blattes, wie der Staubfaden dem Blattstiel.

Im Vorstehenden ist die Entwickelung des Staubblattes im Allgemeinen
dargestellt, denn in Bezug auf Form
und Zahl der Fächer kommen auch verschiedene Abänderungen vor.

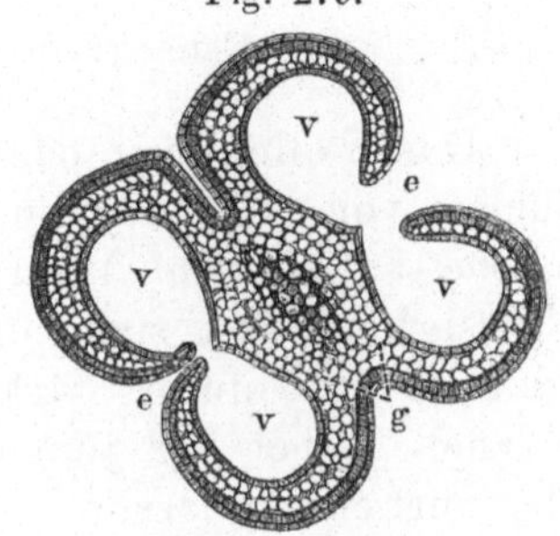

Fig. 279.

Schematische Figur.

Die Pollenkörner, die Körner des befruchtenden Blüthen-
staubes (*pollen*), sind, wie schon gesagt ist, Zellen, gewöhnlich
einfache, selten aus mehreren Zellen zusammengesetzte. Sie
haben eine mannigfaltige, für manche Pflanzengattung jedoch

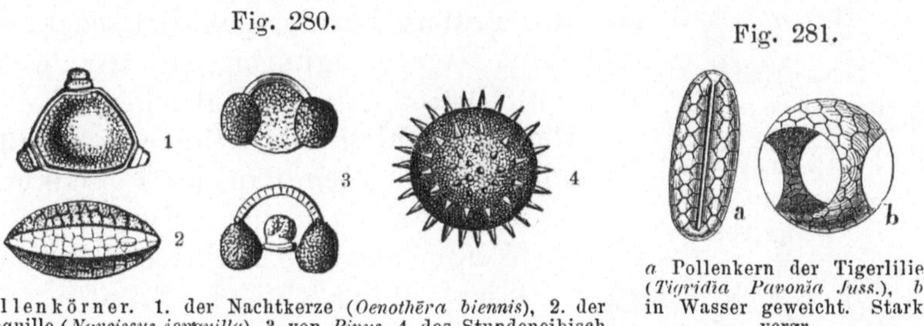

Fig. 280.   Fig. 281.

Pollenkörner. 1. der Nachtkerze (*Oenothēra biennis*), 2. der
Jonquille (*Narcissus jonquilla*), 3. von *Pinus*, 4. des Stundeneibisch
(*Hibiscus Triōnum*).

a Pollenkern der Tigerlilie
(*Tigridīa Pavonīa Juss.*), *b*
in Wasser geweicht. Stark
vergr.

charakteristische Gestalt. Die Erkennung der Gestalt ist nur
mit Hilfe des Mikroskops möglich, und zwar beobachtet man
die Körner sowohl trocken als auch mit Wasser befeuchtet. Im
Wasser quellen sie in Folge der Endosmose auf und verändern
ihre Form.

Bemerkungen. *Stamen, ĭnis, n.* (von *sisto*), Faden. — *Anthēra, ae, f.* von ἀνθηρός,
ά, όν (anthĕros, a, on), blühend, jung. — *Connectīrum*, von *connecto, nexui, nexum, ĕre,*
zusammenknüpfen, verbinden.

Lection 45.

Staubblätter (Fortsetzung). Befruchtungsstoff. Pollinarien.

Das Pollenkorn oder vielmehr die Pollenkornzelle ist zunächst von einer zarten, farblosen und strukturlosen Membran (*intĭna, sc. membrāna*) umschlossen und enthält eine schleimige Flüssigkeit, den sogenannten Befruchtungsstoff (*fovilla*), in welcher sich unter starker Vergrösserung kleine schwimmende Körnchen, bei der jungen Pollenkornzelle sogar Plasmaströmchen erkennen lassen.

Bei den meisten Pflanzen, die unter Wasser blühenden ausgenommen, findet man die Pollenkornzelle noch von einer zweiten derberen Membran, Aussenhaut (*extĭna*), umhüllt, welche eine ölige verschieden gefärbte Flüssigkeit secernirt (absondert) und die Ursache der Farbe der Pollenkörner ist. Diese zweite äussere Membran scheint zuweilen (wie bei der Lilie) durch netzadrige Ablagerungen wie aus Zellen zusammengesetzt, gewöhnlich ist sie strukturlos, aber grubig, körnig, punktirt, nackt oder auch mit Hervorragungen besetzt, welche Warzen, Haaren, Stacheln gleichen.

Der gewöhnlich nach innen eingefaltete Theil der oberen Membran des Pollenkornes erscheint nach dem Einweichen in Wasser unter dem Mikroskop als farbloser durchsichtiger Streifen oder Fleck. Diese obere Membran ist auch von einer (bei den Monokotyledonen) oder mehreren Poren (bei den Dikotyledonen) durchbrochen, welche aber von der Intina geschlossen sind, ist jedoch die Pore auch mit der Extina bedeckt, dann wird diese später an solcher Porenstelle wie ein Deckel abgeworfen.

Beim Befeuchten und Einweichen der Pollenkörner, besonders aber unter Einfluss der Narbenfeuchtigkeit, der von den Papillen der Narbe (*stigma*) des Fruchtblattes abgesonderten Feuchtigkeit, tritt aus den Poren die Fovilla, umkleidet von der Intina, dem

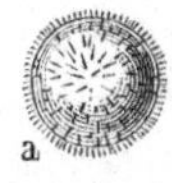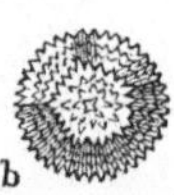

Fig. 282.

Pollenkörner: *a* der Stockrose (*Althaea rosĕa* Cav.), *b* des Löwenzahns (*Taraxăcum officināle* Web.) Stark vergr.

Fig. 283.

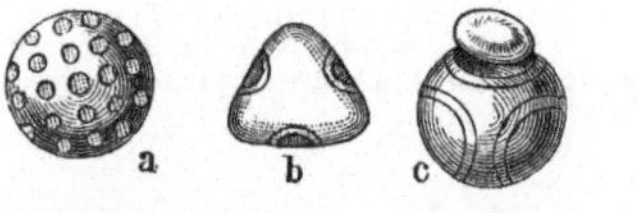

Pollenkörner mit Poren: *a* des guten Heinrichs (*Blitum bonus Henrĭcus* Koch), *b* der Linde (*Tilia*), *c* der Passionsblume (*Passiflŏra caerulĕa*), mit einer deckelig aufgesprungenen Pore. Stark vergr.

Fig. 284.

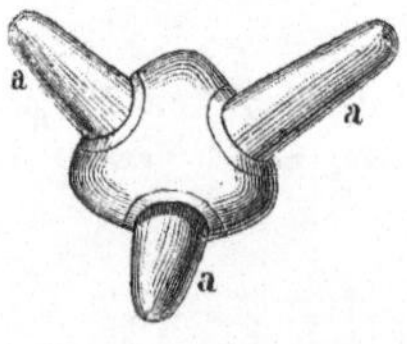

Pollenkorn der Linde mit herausgetretenen Pollenschläuchen in Folge der Einweichung in Zuckerwasser.

sogenannten Pollenschlauch (*tubus pollĭnis*), hervor. *Amici* entdeckte diesen Vorgang zuerst.

Da die Pollenkornzellen zu je 4 in den Specialmutterzellen entstehen, so findet man, wenn die Resorption der Mutterzelle durch die Tochterzelle nicht vollständig geschah, Pollenkörner aus 4 Zellen zusammengesetzt, und wenn mehrere Specialmutterzellen aneinander haften, selbst 8, 12, 16 Pollenzellen vereinigt, entweder durch zarte Fäden mit einander verbunden oder durch eine leimartige Substanz zusammengeklebt.

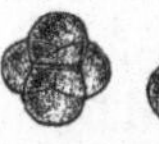

Fig. 285.

Zusammengesetzte Pollenkörner (*grana pollĭnis quaterna*) vom Haidekraut. (*Callūna vulgaris* Salisb.).

Bei den Orchideen findet man mehrere vierzählige Pollenkörnergruppen auf einem zelligen elastischen Gewebe, dem Klebnetz (*reticŭlum glutinōsum*), traubenartig zu keulenförmigen Massen, den Pollinarien (*pollinarĭa*), vereinigt. Diese Pollinarien sind entweder ungestielt (*pollinarĭa sessilĭa*) oder gestielt (*stipitāta, caudiculāta*). Ziehen wir vorsichtig mit einer Nadel aus dem Antherenfach ein gestieltes

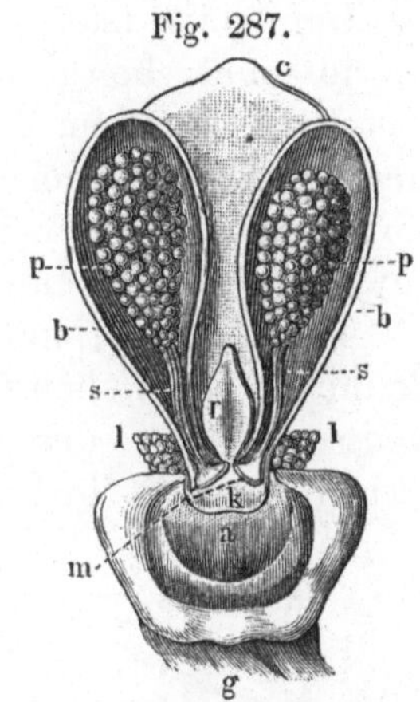

Fig. 286.

Fig. 287.

a Zu vier zusammengeballte Pollenkörner einer Orchidee. *b* ein Stück Klebnetz mit einigen daran sitzenden Pollenballen. 60 fach vergr.

Pollinarium hervor und betrachten wir es näher, so sehen wir als Basis des Stielchens (*caudicula*) ein dünnes scheibenförmiges Drüschen, Klebdrüschen, Halter (*retinacŭlum*) genannt. Mittelst dieses Drüschens haftet es an jedem Körper, auf welchen es zufällig auffällt, und noch dazu mit dem auffallenden Verhalten, dass es immer aufrecht zu stehen kommt. Das Klebdrüschen am spitzeren Ende der ungestielten (*mutĭca*) Pollinarien nannte *Claude Richard* Vorkleber (*proscolla*).

Ein Längsdurchschnitt der Antherenfächer von *Orchis militāris*. *b* Antherenfächer, *p p* Pollinarien *s s* Stielchen, *m* Halter oder Klebdrüse (*retinaculum, k* der Klebdrüsenbehälter (*bursicŭla*), *c* Connectiv der Antherenfächer.

Das Mittelband oder Connectiv entwickelt sich zu verschiedenen Formen, wodurch auch Form und Lage einer Anthere vielfach Abänderung erfahren. Bei der Salbei (*Salvĭa*) ist es z. B. fadenförmig

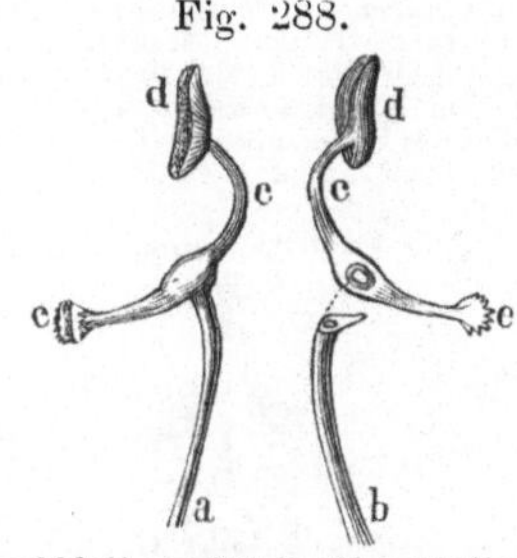

Fig. 288.

Staubblatt von *Salvĭa officinalis* (4 mal vergröss.). *a* von der Seite gesehen, *b* von hinten gesehen, das Connectiv *c* getrennt von dem Staubblattträger *b*. *d* das fruchtbare, *e* das sterile Antherenfach.

ausgedehnt und trägt gleich einem Balken an jedem Ende ein Fach (*loculus*), von welchen eines jedoch steril ist (*anthera loculum sterilem gerens*). Das Connectiv bildet durch Ausdehnung über und unter der Anthere (*in apice basique antherae*) verschiedene Anhängsel (*anthērae appendiculātae*).

Setzt sich das Gefässbündel des Staubfadens in das Connectiv fort, so heisst dieses angewachsen (*adnātum*), ist dagegen das Connectiv durch Gliederung mit dem Staubfaden verbunden, so ist die Anthere beweglich (*anthēra versatilis s. mobilis*).

Ist die Anthere in der Weise angewachsen, dass sie nach der Axe der Blüthe, das Connectiv aber nach der Peripherie der Blüthe sieht, so sagt man, sie ist nach innen angewachsen (*anthēra introrsa s. antīca*). Im umgekehrten Falle, in welchem das Connectiv nach der Blüthenaxe, die Anthere nach der Peripherie sieht, heisst sie nach aussen angewachsen (*extrorsa s. postīca*). Bei dem Zusammenhang des Connectivs mit dem Filament durch Gliederung liegt die Anthere mehr oder weniger horizontal auf dem Filament (*anthera incumbens*) oder umgewendet (*retroversa*), wenn die Basis der Anthere nach oben sieht.

Die Anthere heisst geschwänzt (*caudāta*), wenn sich das Connectiv nach oben fadenförmig fortsetzt; zweihörnig (*bicornis*), wenn es über der Anthere zwei gebogene Fortsätze bildet; kammförmig, bekammt (*cristāta*), wenn der Fortsatz des Con-

Fig. 289.

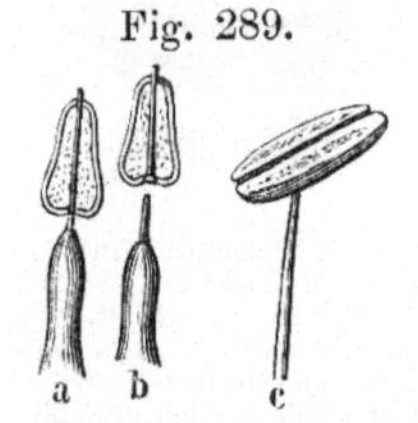

Anthērae mobiles; *ab* der *Tulipa Gesneriāna*. *b* die Anthere vom Filament getrennt. Die Anthere hat an der Basis eine Vertiefung, in welche die Spitze des Filaments eingefügt ist. *c* von *Lilium candidum*.

Fig. 290.

Anthēra bicornis von *Arctostaphylos Uva ursi* Spr., vergr.

Fig. 291.

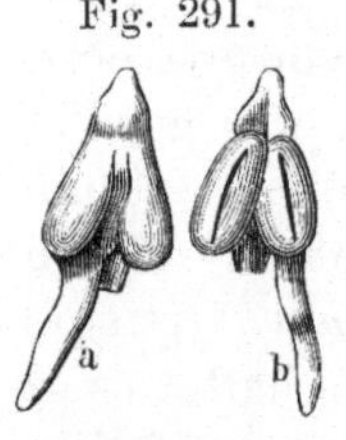

Anthera calcarata. Von 5 Staubblättern der *Viöla tricölor* sind zwei gespornt. *a* Anthere von hinten, *b* von vorn gesehen. (Vergr.).

Fig. 292.

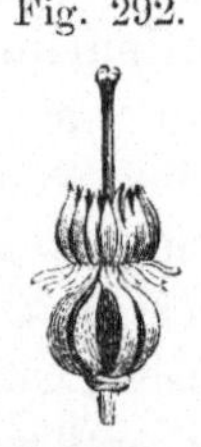

Staubblätterkreis der *Callūna vulgaris*, vergr.

Fig. 293.

Verticalschnitt des Pistills von *Callūna vulgāris*, an den Seiten 2 Staubblätter (*anthērae cristātae*).

Fig. 294.

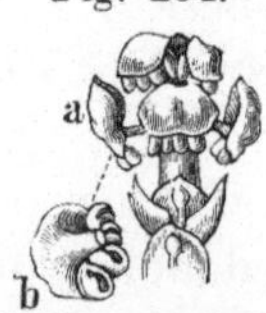

Thuja occidentālis. *a* männliche Blüthe, *b* schildförmiges Connectiv mit den Antherenfächern von unten oder der inneren Seite gesehen.

Fig. 295.

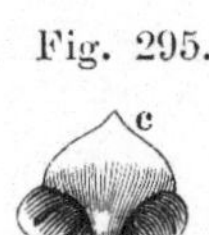

Juniperus communis. Schildförmiges Connectiv *c*, Fächer *l*, Staubfaden *f*.

nectivs breit und am Rande eingerissen ist; **gespornt** (*calcarāta*), wenn das Connectiv unter der Anthere spornartig ausgedehnt ist; **schildförmig** (*peltāta*), wenn es über den Fächern der Antheren horizontal ausgedehnt ist, wie bei den Cypressen- und Taxusgewächsen.

Die Antherenfächer sind unter sich **parallel** (*locŭli parallēli*); **divergirend** (*divergentes*), wenn das Connectiv nach oben allmählig breiter oder dicker wird, **convergirend** (*cōnvergentes*), wenn es sich nach oben verjüngt, **verbunden** (*concrēti*), wenn es von unscheinbarer Ausdehnung ist, **zusammenfliessend** (*confluentes*), wenn es beim Aufspringen der Fächer ganz verschwindet.

Bemerkungen. *Fovilla*, von *fovēo, fōvi, fotum, ēre*, nähren, warmhalten, bähen. — *Reticŭlum*, kleines Netz, Demin. von *rete*, Netz. — *Retinacŭlum*, Halter, von *retineo, ēre*, zurückhalten, festhalten. — *Proscolla*, von πρός (pros), an, zu, bei, und κόλλα (kolla) Leim; προσκολλάω (proskallaō), daranleimen. — *Amici*, ein Italiener, sprich amihtschi. — *Claude Richard* († 1821), franz. Botaniker, spr. clohd rischar.

Lection 46.

Staubblätter. Aufspringen der Staubbeutel. Ihr Verhältniss unter sich und zu den Blumenblättern. Staminodien.

Das **Aufspringen** der Antheren (*dehiscentĭa antherārum*) findet entweder vor dem Aufblühen (*ante anthēsin*) oder zur Zeit der völligen Entfaltung der Blüthe (*inter anthēsin, sub anthēsi*) statt. Es erfolgt in den Näthen (*sutūrae*) der Fächer (*locŭli*) in Folge des durch Austrocknen verursachten Zusammenziehens gewisser Zellen. (Seite 154).

Zur Zeit des Stäubens, des Ausfallens des Pollen, ist das Staubblatt **reif** (*stamen pubes*), nach dem Stäuben **ausgestäubt** (*deflorātum*).

Aus den aufgesprungenen Fächern (*locŭli hiantes*) fällt der Pollen heraus, was durch Auseinanderspreitzen, oder durch Zusammenziehen, oder spiralige Drehung der Fachwände unterstützt wird. Das Aufspringen geschieht:

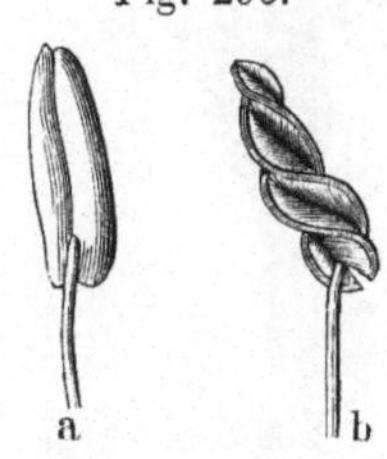

Fig. 296.

Erythraea Centaurĭum Pers. *a* reifes Staubblatt (*stamen pubes*); *b* ausgestäubtes und spiralig gewundenes Staubblatt. Vergrössert.

der Länge nach, in Längsnäthen (*anthērae longitudinalĭter dehiscentes*), wenn sich die Fächer in ihren ganzen Näthen
öffnen, und in Spalten (*rimis dehiscentes*), wenn
sich nur ein Theil der Nath öffnet, und zwar nach
innen (*introrsum*), der Axe der Blüthe zugewendet, oder nach aussen (*extrorsum*), der Axe der
Blüthe abgewendet, oder an der
Spitze (*apĭce*);

in Querspalten (*anthērae
transversim dehiscentes*);

in Löchern (*anthērae poris
dehiscentes*) und zwar an der Spitze
ein-, zwei- oder vierlöcherig
(*anthērae uni-, bi-, quadriporōsae*),
oder

bienenzellig (*anthērae favōse
dehiscentes*), wenn die Antheren
vielfächerig sind und sich jedes
Fach mit einem Loche öffnet, oder

deckelartig (*anth. operculāte
dehiscentes*), wenn sich die äussere
Fachwand ablöst und abfällt; oder
in Klappen (*anth. valvis de-
hiscentes*), zwei- und vierklappig (*anth. bi-,
quadrivalves*), wenn sich die äussere Fachwand
löst und von unten nach oben zurückschlägt,
wie bei den Laurineen und Berberideen.

Die Staubblätter sind unfruchtbar (*stamĭna
sterilĭa*), wenn die Anthere nicht oder nur unvollkommen entwickelt ist. Haben sie unvollkommen entwickelte, verkümmerte Antheren, so
heissen sie rudimentär (*stamĭna effoeta s. rudi-
mentarĭa*). Fehlt dagegen die Anthere ganz und
gar und ist der Staubfaden zugleich verschieden von dem Träger des fruchtbaren Staubblattes gestaltet, so nennt man ihn Staminodie
(*staminodĭum*), Fig. 287 *ll*, ist aber der Staubfaden nicht abweichend gestaltet, so heisst er
nur entmannt oder antherenlos (*filamentum
anantherātum*).

Befinden sich in seiner Blüthe 1—10 Fruchtblätter, so bestimmt man sie nach der Zahl;

Fig. 297.

In der Längsnath auf-
gesprungene Anthere
einer Lilie. Vergr.

Fig. 298.

In Spalten aufgesprun-
gene Antheren der *Cal-
luna vulgāris* Salisb. verg.
d quer aufspringende Anthere von *Alchemĭlla*.
Vergrössert.

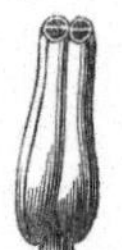

Fig. 299.

Viersprossig aufge-
sprungene Anthere
von *Solănum*. Vergr.

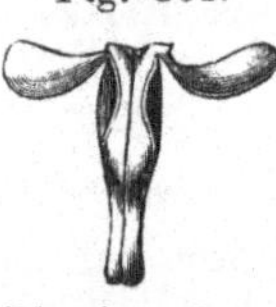

Fig. 300.

Bienenzellig aufge-
sprungene Anthere
von *Viscum album*
Vergr.

Fig. 301.

Zweiklappig aufgesprun-
gene Anthere von *Ber-
bĕris vulgāris*. Vergr.

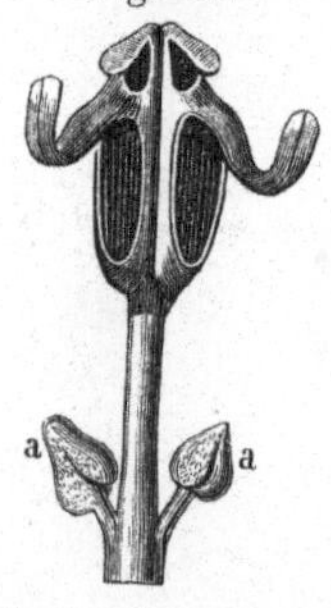

Fig. 302.

Vierklappig aufgesprun-
genes Staubgefäss von
Cinnamōmum acūtum. aa
Staminodien.

circa 20 Fruchtblätter sind **zahlreich** (*stamĭna crebra*), mehr als zwanzig **sehr zahlreich** (*creberrĭma*). In Betreff ihrer Anzahl mit der Zahl der anderen Blüthentheile verglichen sind sie **gleichzählig** (*stamĭna isomĕra*), wenn ihre Zahl z. B. mit der Zahl der Blumenblätter übereinstimmt (*stamĭna tot quot petăla*). Die Staubblätter können auch zwei-, dreimal etc. mehr sein (*stamĭna petălis dupla, tripla*). Sie sind **ungleichzählig** (*st. anisomĕra*), wenn sie nicht mit der Zahl der übrigen Blüthentheile übereinstimmen.

Die Staubblätter stehen entweder mit den Blumenblättern oder den Zipfeln der Blumenkrone **abwechselnd** (*stamĭna petălis alterna*), oder sie stehen denselben **gegenüber** (*st. petălis opposĭta*). Letzteres findet gewöhnlich da statt, wo der äussere Staubblätterkreis fehlgeschlagen ist.

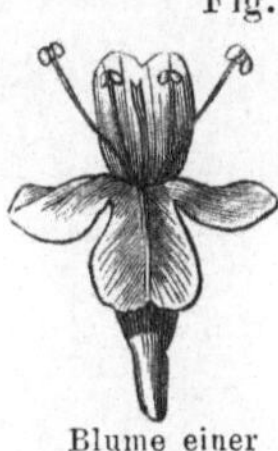

Fig. 303.

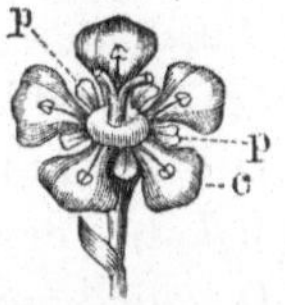

Blüthe von *Ribes rubrum* (Johannisbeere). *p* Blumenblätter, *c* der fünfspaltige Kelch. Die Staubgefässe alterniren mit den Blumenblättern. Vergr.

Fig. 304.

Männliche Blüthe des Maulbeerbaumes (*Morus*). Viertheiliges Perigon; die Staubgefässe stehen den Zipfeln des Perigons gegenüber. Etwas vergr.

In Betreff ihrer Länge sind die Staubblätter **gleichlang** (*stamĭna aequalia*) oder **ungleichlang** (*inaequalĭa*), und zwar **zweimächtig** (*stamĭna didynăma*), wenn wie bei den Labiaten von 4 Staubblättern 2 länger sind, oder **viermächtig** (*tetradynăma*), wenn wie bei den Cruciferen von 6 Staubblättern 4 länger sind. Im *Linné*'schen Sexualsystem heisst die 14. Klasse *Didynamĭa*, die 15. *Tetradynamia*.

Die Staubfäden findet man bei vielen Pflanzenfamilien unter sich **verwachsen** (*filamenta connata*), wie z. B. am Grunde, an der Spitze (*basi, apĭce connata*), die Staubge-

Fig. 305.

Blume einer Labiate.

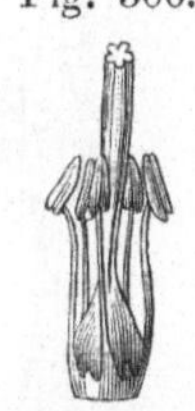

Fig. 306.

Eine von Blumenkrone und Kelch befreite Cruciferenblüthe.

Blüthe von *Linum usitatissĭmum*, von Kelch und Blumenkrone befreit. Staubgefässe am Grunde zu einem Ringe verwachsen. Vergrössert.

Fig. 307.

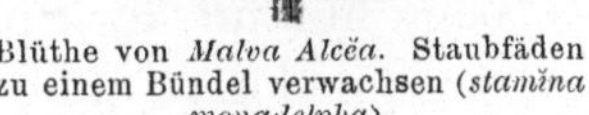

Blüthe von *Malva Alcëa*. Staubfäden zu einem Bündel verwachsen (*stamĭna monadelpha*).

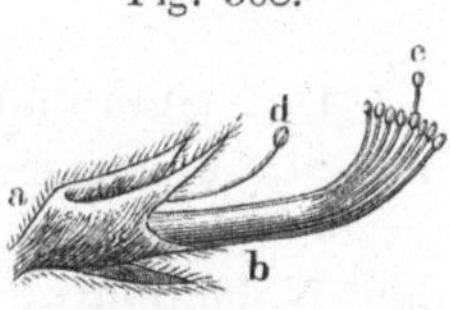

Fig. 308.

Von der Blumenkrone befreite Blüthe einer Leguminose. Staubgefässe bilden 2 Bündel (*b* nnd *d*). *a* Kelch, *c* Pistill.

fässe heissen aber **brüderig** (*stamĭna adelpha s. adelphĭca*) und zwar ein-, zwei- und vielbrüderig (*st. monadelpha, diadelpha,* *polyadelpha*), wenn die Filamente zu einer, zwei oder mehr Röhren oder Gruppen verwachsen sind, wie bei den Leguminosen.

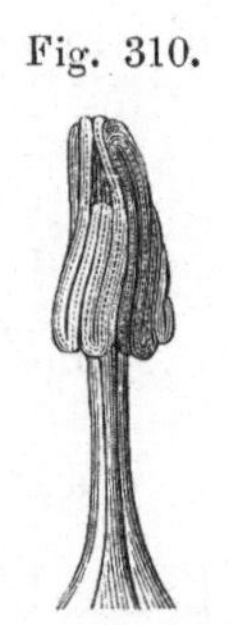

Strahlenblüthe einer Composite. *e* verwachsene Antheren, *f* Pistill. Vergr.

Sind dagegen die Filamente frei, die nach innen liegenden Antheren (*anthērae introrsae*) mit ihren Rändern zu einer Röhre verwachsen, so sind die Staubblätter synantherisch (*stamĭna syngenesĭa s. synantherĕa*). Diese Verwachsung der Antheren (*syngenesĭa*) unterscheidet man als unecht, wenn die Staubbeutel nach aussen liegen (*anthērae extrorsae*). Die Syngenesia bildet die 19. Klasse des *Linné*'schen Sexualsystems und umfasst die Korbblüthler oder Compositen.

Die Staubblätter mit dem Griffel oder Stempel (*stylus*) verwachsen oder demselben aufgewachsen (*stamĭna gynandra*) finden wir bei den Orchideen, welche der 20. Klasse (*Gynandrĭa*) des erwähnten Sexualsystems angehören.

Fig. 310.

Unechte Verwachsung der Antheren. (*Cucurbĭta Pepo*).

Fig. 311.

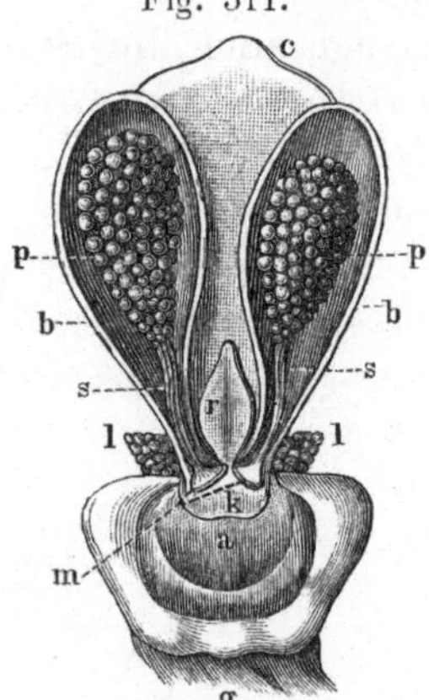

pp Staubgefässe (Pollinarien). *a* Narbenfleck (*gynĭxus*), Theil einer Orchideenblüthe. Vergr.

Fig. 312.

Pistill von *Aristolochia Clematitis*. *Filamenta cum stylo ad columnam connata*.

Der Staubfaden als ein dem Blattstiel entsprechender Theil des Staubgefässes nimmt auch wie dieser verschiedene Formen an oder ist mit Nebentheilen (Anhängseln) versehen, welche den Nebenblättern (*stipŭlae*) entsprechen. Er ist verbreitert (*filamentum dilatatum*), oder nur an der Spitze, am Grunde (*apĭce, basi dilatatum*), wenn er sich blattartig ausdehnt; blumenblattartig (*petaloïdĕum*), wenn er sich an Gestalt und Farbe dem Blumenblatte nähert; geflügelt (*alātum*); zweispaltig (*bĭfĭdum*); dreispitzig, dreispaltig (*tricuspidātum*); mit einem

Zahne versehen (*denticulo laterali instructum*); mit einem Anhängsel versehen (*appendiculatum*); mit einem Fortsatze versehen (*processu instructum*) etc.

Fig. 313.

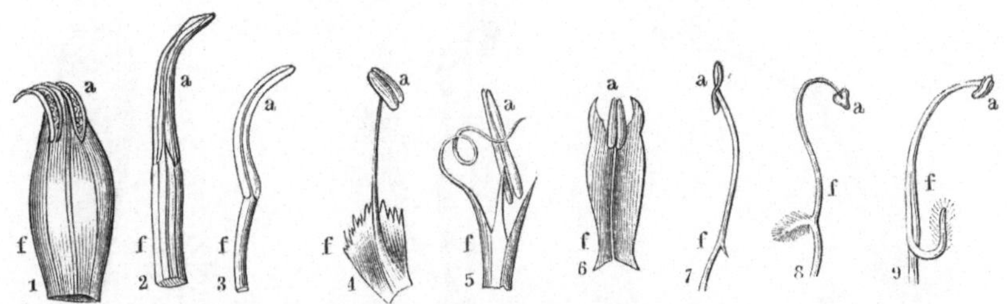

a Anthere. *f* Staubfaden. 1. Staubfäden der äusseren, 2. der mittleren, 3. der innersten Staubblätter-
kreise von *Nymphaea alba*, 1 *Filament. petaloïdéum* (natürl. Grösse). 4. *Fil. alatum* (*Zygophyllum foetidum*),
vergr. 5. *Fil. apice dilatatum et tricuspidatum* (*Allium satīvum*), vergr. 6. *Fil. bifidum* (*Ornithogalum
nutans*). 7. *Fil. denticulo instructum* (*Rosmarīnus officinālis*), vergr. 8. *Fil. processu instructum* (*Ocimum
basilicum*), vergr. 9. *Fil. basi appendiculātum* (*Phlomis tuberōsa*), vergr.

Bemerkungen. *Anantherātus, a, um,* zusammengesetzt aus α (Alpha privativum),
vor Vokalen αν (an), und *antheratus,* mit einer Anthere versehen. — *Didynāmus, tetra-
dynāmus, a, um,* zusammengesetzt und gebildet aus δι- (di-) zwei, τέτρα (vier) und
δύναμις (dynämis), Macht, Mächtigkeit. — *Adelphus, a, um,* von d. griech. ἀδελφός
(adelphos), Bruder. — *Syngenesius, a, um,* gebildet aus σύν (syn), zusammen, und
γεννάω (gennaō) erzeugen. — *Synantherĕus, a, um,* von σύν und ἀνθηρός, ά, όν (anthäros,
a, on) blühend. *Anthēra,* der Staubbeutel. — *Gynāndrus, a, um,* zusammengesetzt aus
γυνή (gynä) Weib, und ἀνήρ, Genitiv ἀνδρός (anär, andros) Mann.

Lection 47.

Der Stempel.

Den innersten und letzten Blattwirtel einer vollständigen
Blüthe nehmen die Fruchtblätter ein. Dieselben bilden den
Stempel oder das Pistill (*pistillum*), das weibliche Befruchtungsorgan, welches nach der Befruchtung zur Frucht auswächst.
An dem Stempel unterscheidet man zwei wesentliche Theile,
den Fruchtknoten (*germen, ovarium*), den untersten hohlen,
mehr oder weniger verdickten Theil, welcher die Anlage zu den
Samen, die Eichen (*ovŭla*), umschliesst, und die Narbe (*stigma*),
den obersten Theil, welcher von dem in die Höhlung des Fruchtknotens führenden Narbenkanal (*canālis stigmatĭcus*) durchbohrt
ist und welchen Papillen, zur Aufnahme des Pollen bestimmt,
bedecken. Am häufigsten sind Fruchtknoten und Narbe durch

11*

eine röhrenförmige Verlängerung des Fruchtknotens, den Griffel (*stylus*), verbunden. Der Griffel stellt eine einfache Verlängerung

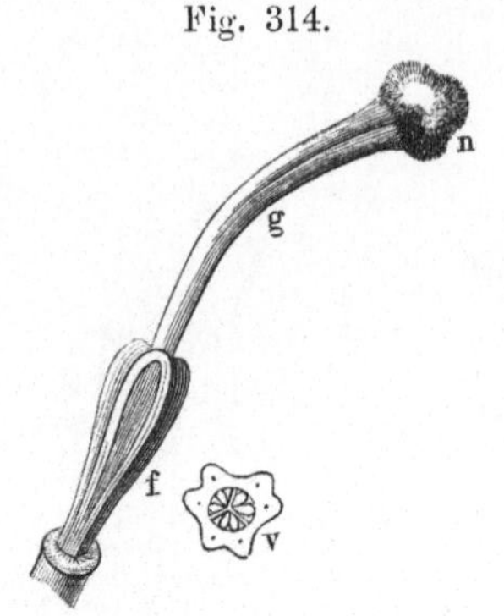

Fig. 314.

Pistill von *Lilium Martagon*. *n* Narbe, *g* Griffel, *f* Fruchtknoten, *v* Querdurchschnitt des Fruchtknotens.

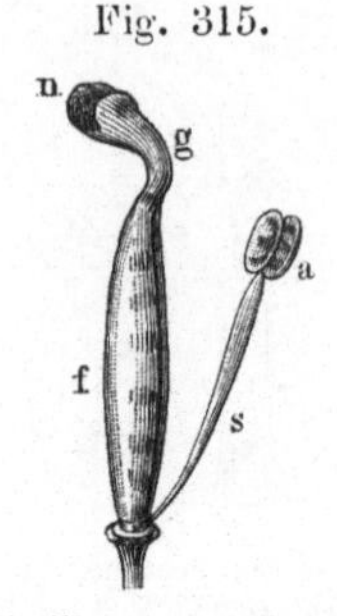

Fig. 315.

Pistill von *Chelidonium majus*. *n* Narbe, *g* kurzer Griffel, *f* Fruchtknoten, *s* Staubfaden, *a* Anthere. Vergr.

Fig. 316.

Pistill von *Papaver dubium*. *n* sitzende Narbe (*stigma sessile*).

des Narbenkanals dar und wird daher auch einfach Staubweg genannt. Fehlt der Griffel oder ist er so verkürzt, dass die Narbe dem Fruchtknoten aufzusitzen scheint, so bezeichnet man die Narbe als sitzende (*stigma sessile*).

Das Pistill ist in Rücksicht auf seine Entwickelung entweder ein reines Blattgebilde, oder ein Axengebilde, oder zum Theil Axen-, zum Theil Blattgebilde, und man unterscheidet Blattpistille, Axenpistille und Axenblattpistille.

Das Blattpistill entsteht aus der Umwandlung eines oder mehrerer Blattorgane. Besteht es aus einem einzigen Fruchtblatte, so ist es ein eingliedriges (*pistillum monomĕrum*), besteht es aus mehreren unter sich verwachsenen Fruchtblättern, so heisst es mehrgliederig (*pleiomĕrum*). An dem eingliedrigen Pistill lässt sich eine Bauch- und Rückennath unterscheiden. Die erstere (*sutūra ventrālis*) entsteht durch die Vereinigung der beiden Blattränder, die andere, die

Fig. 317.

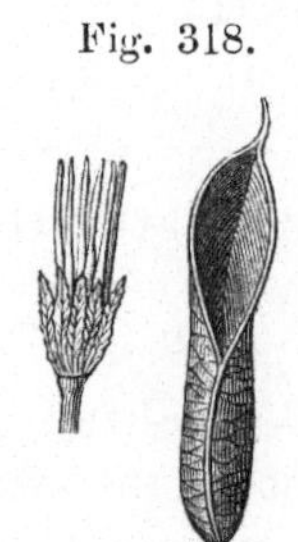

Fig. 318.

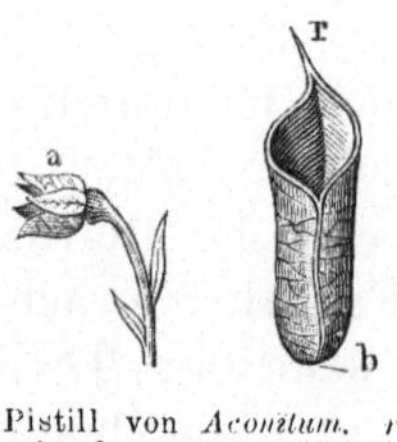

a Pistill von *Aconitum*, *rb* ein einzelnes ausgewachsenes aufgesprungenes Carpell, die Bildung aus einem Blatte zu zeigen, *r* Rückennath, *b* Bauchnath.

Pistill von *Aquilega vulgaris* mit den sterilen Staubfäden, daneben ein aufgesprungenes, aus einem Fruchtblatte gebildetes Carpell.

Rückennath (*sutūra dorsalis*), wird durch die Mittelrippe (*costa media*) des Blattes dargestellt und ist, da sie nicht durch Verwachsung zweier Ränder entsteht, genau genommen auch keine Nath.

Das mehrgliedrige Pistill entsteht, wenn mehrere Frucht-blätter einfach mit ihren Rändern verwachsen oder wenn in einen Kreis gestellte Fruchtblätter sich an ihren Rändern einrollen

Fig. 319.

Durchschnitt eines drei-gliedrigen Pistills (ideale Figur).

Fig. 320.

Durchschnitt des Pistills von *Papaver somniferum*, als Bei-spiel eines vielgliedrigen Pistills.

Fig. 321. u. 322.

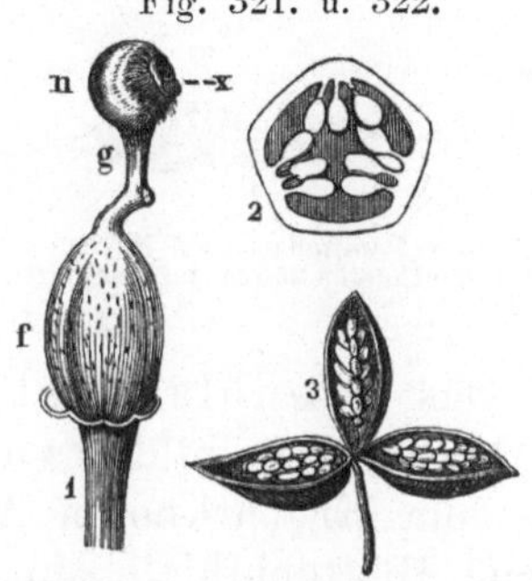

1. Dreigliedriges Pistill von *Viola odorata.* *n* Narbe, *g* Griffel, *f* Fruchtknoten. Vergr. 2. Durchschnitt des Fruchtknotens. 3. Fruchtkapsel, aufgesprungen.

und mit den sich berührenden Flächen verwachsen. In diesem Falle entstehen echte Scheidewände (*dissepimenta vera*). Die echten Scheidewände sind stets schon im Fruchtknoten vor-handen, die unechten bilden sich später.

Die Zahl der verwachsenen Fruchtblätter entspricht ge-wöhnlich der Zahl der Griffel und Narben, und wenn diese ver-wachsen sind, der Zahl der Lappen oder Strahlen der Narbe. Siehe oben Fig. 316.

Das Axenpistill (Stengelpistill) bezeichnet schon durch seinen Namen, dass es nicht aus Blattorganen hervorgeht. Es unterscheidet sich vom Blattpistill, welches entsprechend der Ent-wickelung eines Blattes die Spitze erst bildet und an der Basis wächst, dadurch, dass es die Basis zuerst bildet und an der Spitze wächst. Während beim Blattpistill zuerst Narbe und Griffel zur Entwickelung gelangen und dann der Fruchtknoten, ent-wickelt sich beim Axenpistill zuerst der Fruchtknoten, und dann folgt die Bildung von Griffel und Narbe.

Das Axenpistill findet man wie das Blattpistill mehrgliederig, aus mehreren Blattorganen gebildet. Daraus folgt, dass die Axe innerhalb der Blüthe in blattartige Formen übergeht, sich also die Terminalknospe der Länge nach in so viel blattartige Stengel theilt, als das Pistill Glieder enthalten soll. Durchschneiden wir den Fruchtknoten eines Liliengewächses, so finden wir denselben dreigliederig (*pist. trimĕrum*), drei in Blätter (Axenblätter) verwandelte Axentheile an ihren Rändern eingerollt und mit den sich berührenden Flächen verwachsen, echte Scheidewände bildend. (Vergl. oben Fig. 213). Bei den Schmetterlingsblüthlern (Papilionaceen) finden wir zweigliedrige Axenpistille, aus zwei Axenblättern gebildete Pistille. Hauptsächlich hat man bisher nur bei den Liliaceen und Papilionaceen Axenpistille angetroffen.

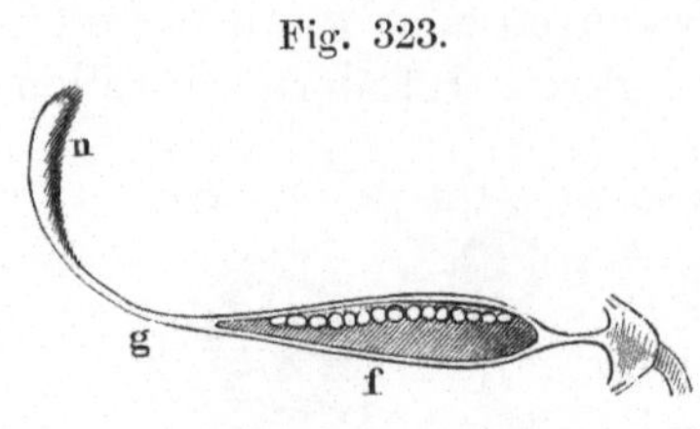

Fig. 323.

Pistill einer Papilionacee. *n* Narbe, *g* Griffel, *f* Fruchtknoten längs durchschnitten.

Das Axenblattpistill ist am unteren Theile Axengebilde, oberhalb Blattgebilde, wie bei den Blüthen der Compositen z. B. mit dem Fruchtknoten Axengebilde, mit dem Griffel und der Narbe Blattgebilde. Man erkennt es daran, dass der Fruchtknoten die Blüthenblätterkreise trägt. Da aus einem Fruchtknoten, welcher aus Blattorganen gebildet ist, sich auch keine Blattorgane entwickeln können, so folgt daraus, dass er, wenn er die anderen Blüthenblätterkreise entwickelt, Axenorgan sein muss.

Fig. 324.

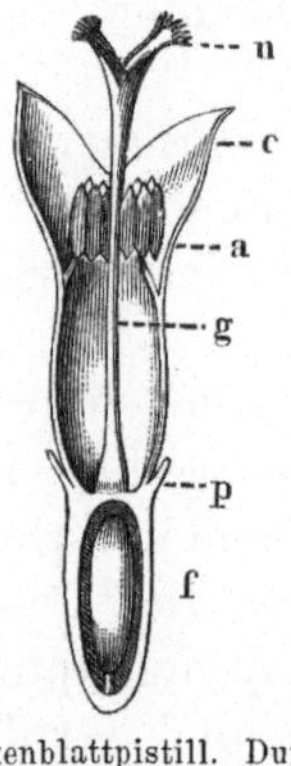

Bei dem Blattpistill und Axenpistill finden wir die übrigen Blüthenblätterkreise an der Basis oder unterhalb des Fruchtknotens eingefügt, die Blüthenblätterkreise stehen also unterhalb des Fruchtknotens, oder dieser steht über den Anheftungspunkten der Blüthenblätterkreise. Das Pistill oder der Fruchtknoten dieses Pistills ist also stets oberständig (*pistillum vel germen supĕrum*). Beim Axenblattpistill, bei welchem die übrigen Blüthenblätterkreise über dem Fruchtknoten hervortreten, heisst es dagegen unterständig (*pist. v. germen infĕrum*). Eine Mittelform des Axenblattpistills ist der halbober- oder halbunterständige Fruchtknoten (*germen semiinfĕrum s. semisupĕrum*), wenn der untere Theil des Fruchtknotens aus der Axe, sein oberer Theil aus Blattorganen gebildet ist.

Axenblattpistill. Durchschnitt einer Scheibenblüthe von *Pyrĕthrum Parthenĭum*. *f* Fruchtknoten, *g* Griffel, *n* Narbe, *a* die um den Griffel in eine Röhre verwachsenen Antheren, *c* Blumenkrone, *p* Pappus.

Lection 48.

Entwickelung des Blüthenbodens. Stellung des Pistills und der anderen Blattkreise der Blüthe. Insertion.

In der vorigen Lection war beiläufig die Rede von oberständigen, unterständigen und halbunterständigen Pistillen. Blattpistill und Axenpistill waren immer oberständig, das Axenblattpistill ganz oder halb unterständig. Sehen wir uns diese Verhältnisse näher an.

Nachdem der Frucht- oder Blüthenboden (*receptacŭlum, thalămus*), den wir als eine unentwickelte Axe betrachten, aus seinen untersten Knoten die Blüthenblattkreise (Perigon, Kelch-, Blumenblätter, Staubblätter) entwickelt hat, wächst er noch oben zu einem Säulchen (*columella*) aus. Unten oder am Grunde des Säulchens geht gleichzeitig die Entwickelung der Fruchtblätter (*carpophylla*) vor sich, welche um das Säulchen, das als Axenorgan die Samenknospen, die Eichen (*ovŭla*), entwickelt und trägt, mit ihren Rändern verwachsen und ein Gehäuse, den Fruchtknoten oder den einfachen Stempel (*pistillum simplex*), bilden. Das Säulchen steht entweder in der Mitte der Stempelhöhle und bildet einen freien mittelständigen Samenträger (*sporophŏrum centrāle libĕrum*), oder es theilt sich in mehrere Theile (Gefässbündel), deren Zahl gewöhnlich mit der der Fruchtblätter übereinstimmt. In diesem Zustande können mehrere Verhältnisse obwalten. Die Säulchentheile stehen frei in der Mitte, Eichen entwickelnd, als mittelständige Samenträger (*sporophŏra centralĭa*), oder je ein Theil (Gefässbündel) verwächst zum Theil oder ganz mit einem Fruchtblatt und bildet einen wandständigen Samenträger (*sporophŏrum parietāle*), oder um je einen Theil des Säulchens legt sich damit verwachsend ein Fruchtblatt, welches mit seinen Rändern verwächst, und es entstehen soviel Einzelfrüchte (*carpella*), als Säulchentheile oder Fruchtblätter zur Entwickelung kamen. In diesem Falle ist der Stempel ein vielfacher (*pistillum multĭplex*),

Fig. 325.

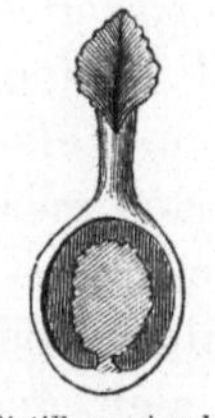

Pistillum simplex. Sporophŏrum centrale libĕrum. (Wasserschlauch, *Utricularĭa vulgāris*). Am Fruchtknoten vertical durchschnitten. Vergr.

Fig. 326.

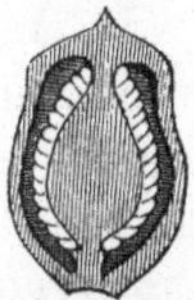

Sporophŏrum centrale, dissepimento adnātum. (*Hyoscyămus niger*). Längsdurchschnitt des Fruchtknotens.

es können aber die Einzelfrüchte gesondert (*carpella distincta*) bleiben, oder sie verwachsen zu einem Stempel, welcher dann

Fig. 327.

Fig. 328.

Fig. 329.

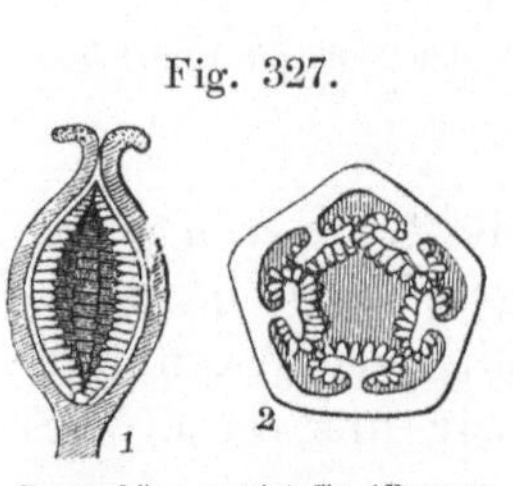

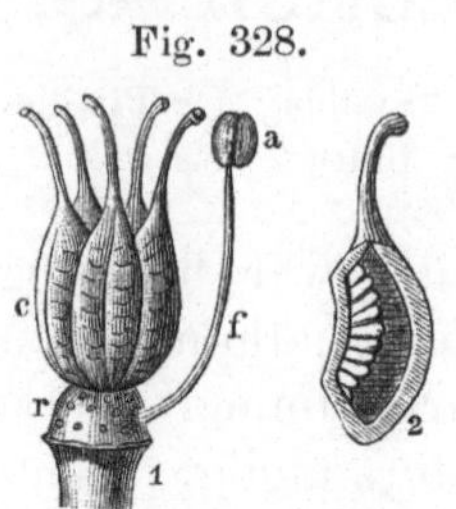

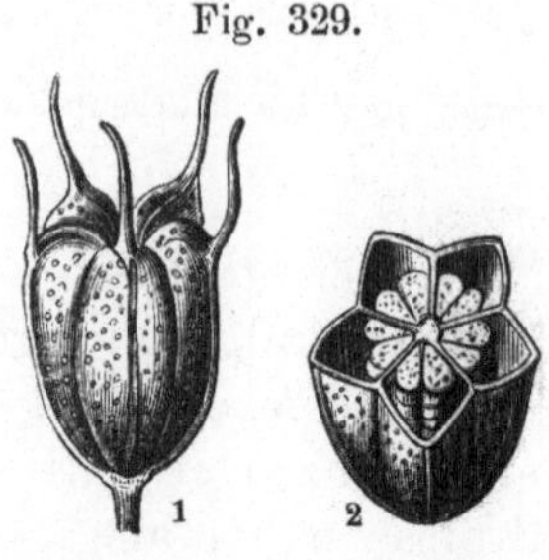

Sporophŏra parietalia (*Parnassia palustris*), 1. Verticaldurchschnitt des Stempels (Vergr.). 2. Horizontaler Durchschnitt des Fruchtknotens.

1. Pistill von *Hellebŏrus niger*. *r* Blüthenboden. *f* Staubfaden, *a* Staubbeutel, *c pistillum multĭplex e carpellis distinctis compositum.* 2. Einzelnes Carpell im Verticalschnitt.

Pistillum multĭplex, pluriloculāre. (*Nigella satīva*). 1. *Carpellae connatae.* 2. Querschnitt durch die verwachsenen Carpellen, das *sporophŏrum centrāle adnātum* zeigend. Echte Scheidewände.

so viele Fächer (*locŭli*) zählt, als die Zahl der verwachsenen Carpellen beträgt. Ein solcher Stempel ist ein mehrfächriger (*pistillum pluriloculāre*).

Da die Gefässbündel des Säulchens stets der Axe der Blüthe zugekehrt sind, so fliessen sie bei der gedachten Verwachsung der Carpellen zusammen und bilden einen mittelständigen Samenträger, welcher mit den Scheidewänden verwachsen ist, einen angewachsenen Samenträger (*sporophŏrum centrāle, adnātum*). Insofern hier jede Scheidewand durch Verwachsung zweier benachbarter Fruchtblätter gebildet wird, so ist sie auch eine doppelte (*dissepimentum duplum*). Die in dieser Art gebildeten Scheidewände, also die aus Fruchtblättern entstandenen, nennt man echte (*dissepimenta vera*).

In manchen Pistillen sehen wir auch Scheidewände entstehen, indem das mittelständige Säulchen flügelartige Fortsätze nach der Peripherie ausschickt, welche hier mit den Fruchtblättern verwachsen, also centrifugale Scheidewände (*dissepimenta centrifŭga*) bilden, oder es geschieht, dass die Mittelnerven der Fruchtblätter sich gegen das Mittelsäulchen einbiegen und damit verwachsen, also centripetale Scheidewände (*dissep. centripĕta*) darstellen. Diese Scheidewände nennt man unechte (*spuria*). Sie sind nicht doppelt, sondern einfach (*simplicĭa*).

Das Axenblattpistill ist zum Theil Axen-, zum Theil Blattorgan. Gewöhnlich entwickeln sich die übrigen Blüthenblattkreise an ihm ungefähr in der Höhe, in welcher die Fruchtblätter entspringen. Wenn der Fruchtknoten ganz Axenorgan ist, die Fruchtblätter nur seine oberste Decke, oder nur den

Griffel oder die Narbe bilden, so ist das Pistill auch ein unterständiges (*pistillum inferum*), d. h. ein Pistill, dessen Fruchtknoten (*germen*) unterhalb der anderen Blüthenblattkreise steht. Nehmen aber die Fruchtblätter einen solchen Antheil an der Bildung der Fruchtknotenhöhe, dass der Fruchtknoten zu einem beträchtlichen Theil in die Blüthenblattkreise hineinragt, so ist das Pistill ein halbunterständiges (*p. semiinferum*). Die oberständige Scheibe (*discus epigynus*) entsteht, wenn die Fruchtblätter zu einer Scheibe verwachsen und einen unterständigen oder halbunterständigen Fruchtknoten bedecken oder gleichsam krönen.

Da der unterständige Fruchtknoten nicht aus Fruchtblättern gebildet ist, so kann er auch nie echte Scheidewände enthalten, doch können sich in ihm unechte, sowohl centrifugale wie centripetale Scheidewände ausbilden.

Zu bemerken ist noch, dass die Samenträger auch Samenleisten und lateinisch *placentae* genannt werden.

Bemerkungen. *Sporophŏrum*, Samenträger, von σπορά (spora) Same, Saat, und φορός, όν (phoros, on) tragend; φέρω oder φορέω (phero oder phoreo), tragen. — *Carpellum, i*, Einzelfrucht, Früchtchen, Diminutiv von καρπός (karpos), Frucht. — *Epigynus, a, um*, oberhalb des Fruchtknotens, des Stempels befindlich; von ἐπί (epi), darauf, über, oberhalb, und γυνή (gynä), Weib.

Lection 49.

Stellungsverhältnisse der Fruchtblätterkreise. Insertion. Verschiedene Entwickelung des Blüthenbodens. Unterkelch.

Die gegenseitigen Stellungsverhältnisse der Blüthenblattkreise bezeichnet man mit Insertion (*insertio, modus insertiōnis*). Das wichtigste unter den Stellungsverhältnissen ist dasjenige der Blüthenblattkreise zu dem Pistill oder Fruchtknoten, als dem weiblichen und wichtigsten Befruchtungsorgane der Blüthe.

Der Fruchtboden oder Blüthenboden (*receptacŭlum, thalămus*) bildet sich verschieden aus und nimmt verschiedene Gestalten an, welche auf die Stellung der Blüthentheile von wesentlichem Einflusse sind.

Der Blüthenboden ist z. B. scheibenförmig, halbkugelig oder kugelförmig, und sämmtliche Blüthenblattkreise sind ihm durch Gliederung eingefügt, wie wir es z. B. beim Hahnenfuss (*Ra-*

nunculus), Fig. 221, gesehen haben. *De Candolle* nennt die Pflanzen mit solchen Blüthen **fruchtbodenblüthige** (*thalămiflōrae*). Hier nimmt das Pistill den höchsten und mittelsten Platz ein, Kelch-, Blumen- und Staubblätter sind zugleich unterhalb des Pistills eingefügt, und man sagt von ihnen, dass sie eine **unter-**

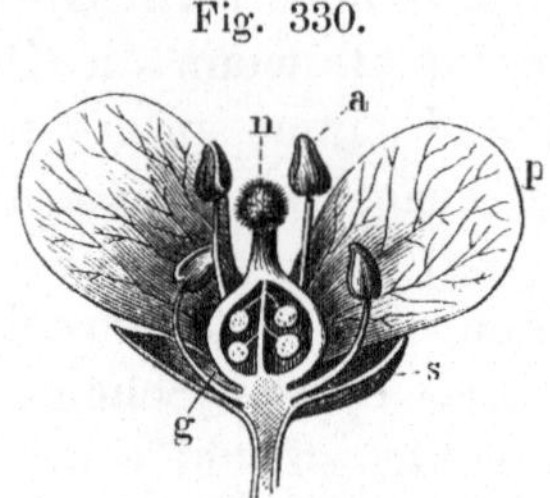

Fig. 330.

Hypogynische Insertion, Blüthe einer Crucifere (*Cochlearia officinălis*) im Secantenschnitt. *germen supĕrum*; *corolla, stamĭna hypogȳna*. *g* Fruchtknoten, *n* Narbe und Griffel, *a* Staubbeutel, *s* Kelchblätter, *p* Blumenblätter. (4fache Linearvergr.).

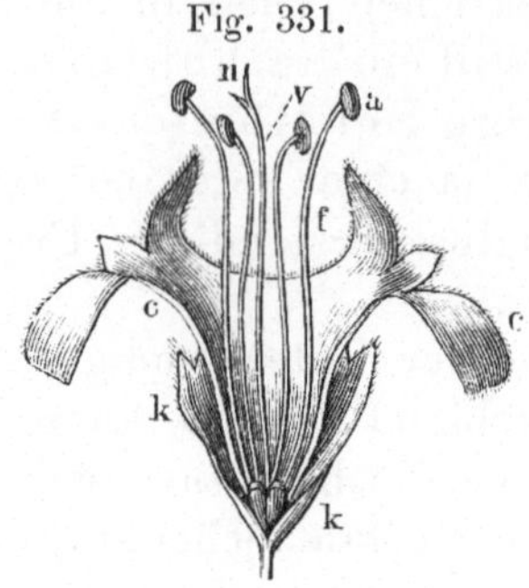

Fig. 331.

Hypogynische Insertion. Blüthe einer Labiate (*Teucrium Marum*) aufgeschlitzt und die monopetale Blumenkrone auseinandergelegt. (4fache Lin.-Vergr.). *k* Kelch, *c* Blumenkrone, *r* Griffel, *n* Narbe, *a* Anthere, *f* Staubfaden.

weibige, unterständige Insertion (*insertio hypogȳna*) haben. Eine ähnliche hypogyne Stellung der Blüthenblattkreise finden wir bei der Lilie (*Lilium*), der Maiblume (*Convallaria*), den Gräsern, den Kreuzblüthlern etc.

Die Entwickelung der einzelnen Stengelglieder des Blüthenbodens ist oft eine ganz abweichende. Es entwickelt sich z. B.

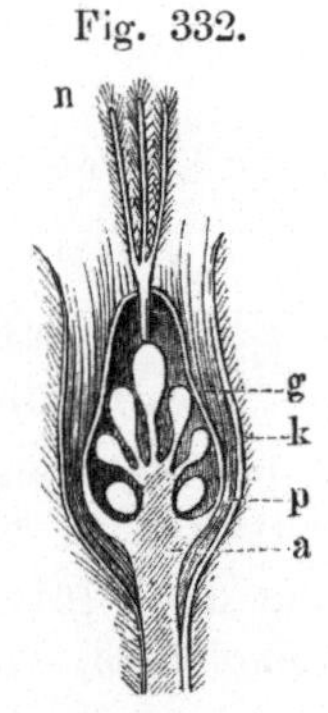

Fig. 332.

Pistill der Rade (*Agrostemma Githăgo*). *g* Fruchtknoten, *n* Narbe, *k* Kelch, *p* Blumenkrone, *a* anthophŏrum. (Vergr.).

das Stengelglied zwischen den Kreisen der Kelchblätter und Blumenblätter vorwiegend in der Länge und erzeugt den sogenannten **Blüthenträger** (*anthophŏrum*, von einigen Botanikern auch *gynophŏrum* genannt), welcher als ein innerhalb des Kelches befindlicher, Blumen- und Staubblätter tragender Stiel erscheint. Man findet den Blüthenträger besonders bei den Caryophyllaceen (Sileneen).

Wenn der Blüthenboden an seinem obersten Stengelgliede, welches das Pistill trägt, zu einer Scheibe auswächst, so stellt dieser verbreitete Theil eine **hypogynische Scheibe** (*discus hypogȳnus*) dar. Wächst dasselbe Stengelglied aber in die Länge aus, so entsteht ein **Stempelträger** (*gynophŏrum*). Ein ähnlich verlängertes Stengelglied zwischen Blumen- und Staubblattkreis, welches also die Staubblätter trägt, hat man Staubblattträger (*androphŏrum*) genannt.

Fig. 333.

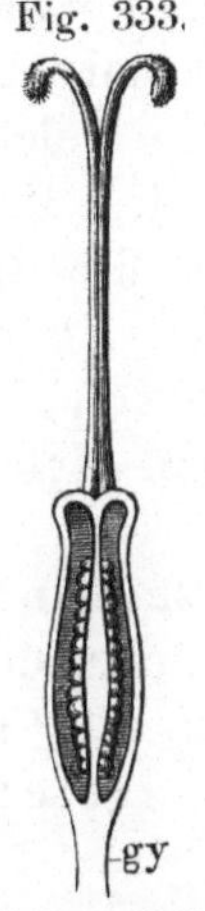

Pistill mit vertical durchschnittenem Fruchtknoten des Seifenkrautes (*Saponaria officinalis*). *Sporophŏrum centrale.* *gy* Gynophŏrum, eigentlich ein *Anthophŏrum* wie bei *Agrostemma Githago*. (Vergr.).

Fig. 334.

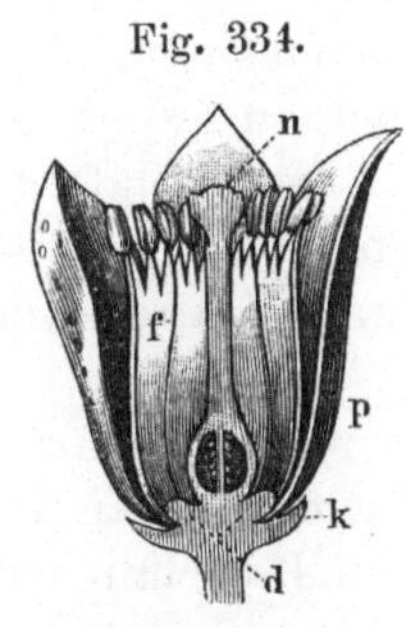

Blüthe von *Citrus vulgaris* im Verticalschnitt. *d discus hypogynus*, *k* Kelch, *p* Blumenblätter, *n* Narbe, *f* verwachsene Staubblätter.

Fig. 335.

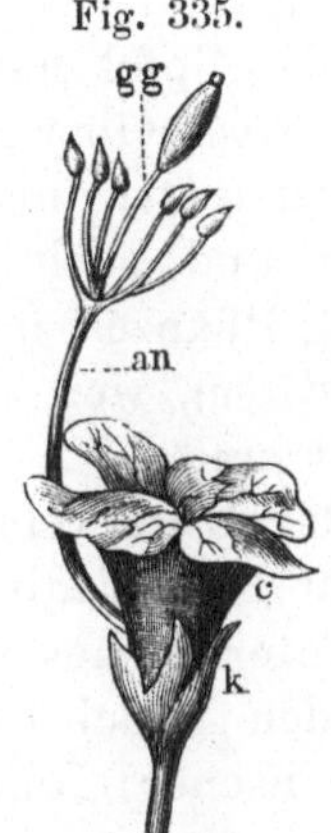

Blüthe von *Cleŏme palmipes* Schult. *gg Gynophŏrum, an Androphŏrum, c* Blumenkrone, *k* Kelch.

Wenn der Blüthenboden, welchen wir in seiner einfachsten Form als einen unentwickelten, aus verkürzten Internodien bestehenden Axentheil ansehen, sich zu einer concaven Scheibe, oder zu einem becher-, krug- oder röhrenförmigen Körper ausbildet und zugleich mit dem Kelche in der Art verwächst, dass Kelch und Blüthenboden nur einen Körper zu bilden scheinen,

Fig. 336.　　　　　　　　Fig. 337.

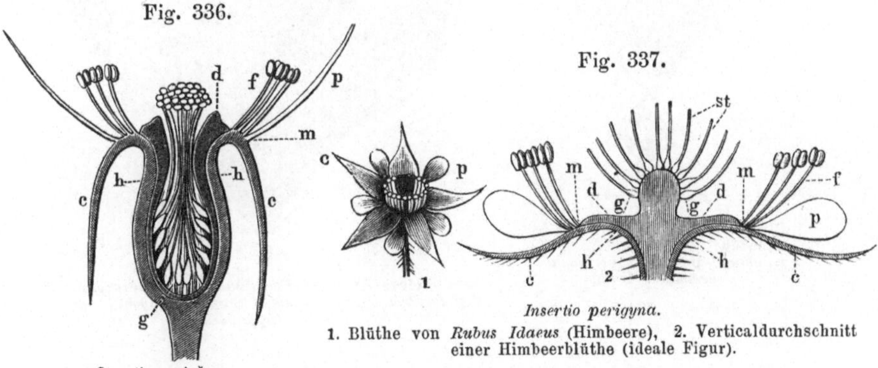

Insertio perigyna.

Verticaldurchschnitt einer Rose (*Rosa canina*). (Ideale Figur.)

Insertio perigyna.

1. Blüthe von *Rubus Idaeus* (Himbeere), 2. Verticaldurchschnitt einer Himbeerblüthe (ideale Figur).

h Unterkelch (*hypanthium*), *c* Kelchblätter, Oberkelch (*perianthium*), *m* Rand (freier) des Unterkelchs, *p* Blumenblätter, *d* Scheibe (*discus*), durch Verwachsung der Fruchtblätter entstanden, *g* Fruchtknoten, Carpellen, *st* Griffel, *f* Staubblatt.

so stellt er ein Organ dar, welches man (nach *Link*) Unterkelch (*hypanthĭum*) nennt. Der Rand (*margo*) des Unterkelchs ist da, wo die Kelchblätter frei werden, wo ihre Verwachsung unter einander und mit dem Blüthenboden aufhört und sie sich als Zipfel nach aussen biegen. Hier, wo die Kelchblätter (nach *Link* Oberkelch, *perianthĭum*) dem Rande des Unterkelches zu entspringen scheinen, sind gewöhnlich die Blumenblätter und auch oft die Staubblätter eingefügt. *De Candolle* nannte Pflanzen mit einem solchen Unterkelch kelchblüthige (*calÿciflōrae*), weil die Blumenblätter scheinbar dem Kelche aufgesetzt sind.

Der Unterkelch ist entweder ganz oder bis zu seinem äussersten Rande mit dem Fruchtknoten verwachsen, oder der Rand des Unterkelches erhebt und verlängert sich mehr oder weniger über den Fruchtknoten hinaus und erscheint als freier (nicht verwachsener) Rand (*margo liber hypanthii*).

Bei diesem mit Unterkelch (*hypanthĭum*) verwachsenen Blüthenboden treffen wir auf unterständige und halbunterständige Stempel. Da der Fruchtboden Axenorgan ist, so können auch die Eichen in der Höhle des Unterkelches unmittelbar der Wandung aufsitzen, es giebt jedoch auch hier mittelständige und wandständige, Eichen tragende Ausbreitungen oder Samenträger.

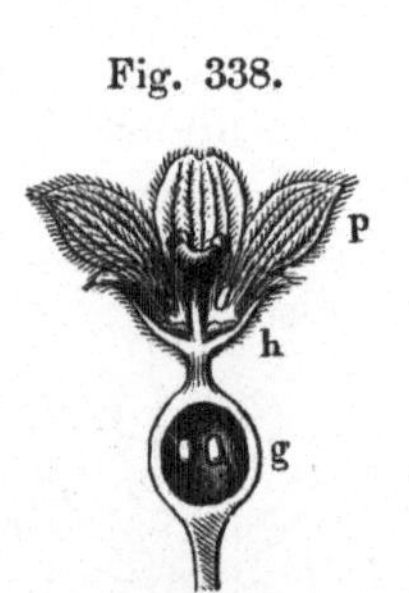

Fig. 338.

Blüthe im Verticalschnitt von der Zaunrübe (*Bryonia alba*). *h* Hypanthium. *p corolla perigÿna, g germen infĕrum.*

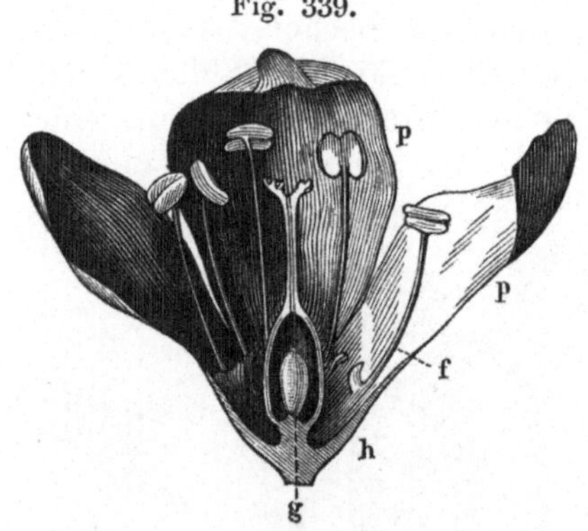

Fig. 339.

Blüthe eines Knöterig (*Polygŏnum*), stark vergrössert. *h p Perigonium hypogÿnum, f stamina perigÿna, g germen supĕrum.*

Blumenblätter und Staubblätter sind umständig oder perigynisch (*corolla perigÿna, stamina perigÿna*), wenn sie aus dem freien Rande oder der inneren Wand des Unterkelches entspringen. Sie sind aber oberständig oder epigynisch (*corolla, stamĭna epigy̆na*), wenn sie dem äussersten, nicht freien Rande des Unterkelches eingefügt sind.

Fig. 340.

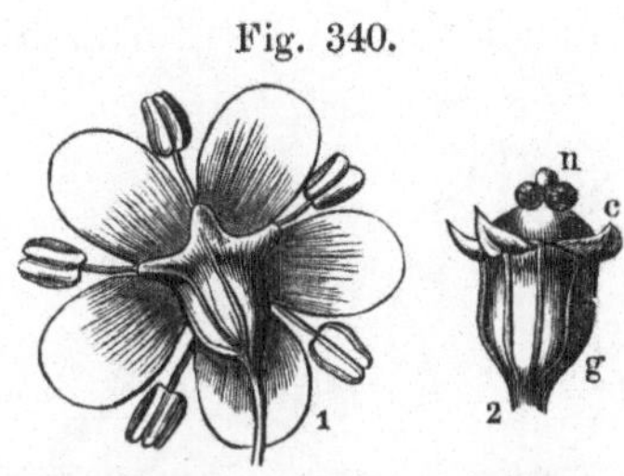

(*Sambŭcus nigra*). *Insertio epigy̆na.* 1. Blüthe von unten gesehen (4fache Lin. Vergr.). 2. *Germen semiinferum, c calyx epigynus, n stigma,* (Vergrössert).

Fig. 341.

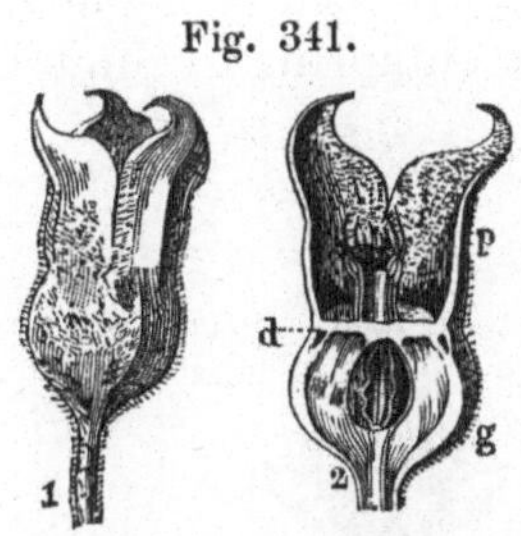

(*Asărum Europaeum*). *Insertio epigy̆na.* 1. Blüthe, 2. Verticaldurchschnitt derselben. *p Perigonĭum epigy̆num, g germen inferum. Stamina disco epigyno (d) inserta.*

Bemerkungen. Insertión; lat. *insĕro, serŭi, sertum, ĕre,* hineinfügen, einfügen; *insertus, a, um,* eingefügt. — *hypogy̆nus, perigy̆nus, epigy̆nus, a, um,* griech. ὑπό (hypo), unter; περί (peri), um, herum; ἐπί (epi) auf, über, oberhalb; γυνή (gynä), Weib. — *Anthophŏrum, Gynophŏrum, Androphŏrum,* (Blumen-, Weib-, Mannträger), griech. ἄνϑη oder ἄνϑος (anthä oder anthos), Blume, φορός, φορόν (phoros, phoron), tragend, φέρω (phero), tragen; γυνή, Weib; ἀνήρ, ἀνδρός (anär, Gen. andros), Mann. — *Hypanthĭum* (unter der Blüthe befindliches), von ὑπό unter, und ἄνϑος (anthos), Blüthe. — *Perianthium* (um die Blüthe herum befindliches); περί (peri), um, herum.

Lection 50.

Griffel. Narbe.

Der Griffel (*stylus*) ist eine Röhre, entweder aus der Verwachsung von Fruchtblättern entstanden, oder beim Axenpistill eine Verlängerung der Axe, welche die Fruchtknotenhöhle mit der Narbe verbindet. Beim einfachen Pistill sind meist die aus den einzelnen Fruchtblättern entspringenden Griffel zu einem einzigen verwachsen, oft aber auch gesondert. Wo das Pistill aus freien Carpellen besteht, hat gemeinlich auch jedes Carpell seinen Griffel, mitunter jedoch findet man die Griffel unter sich auch zu einem Griffel verwachsen, welcher sich dann wieder an seinem oberen Ende theilt.

Fig. 342.

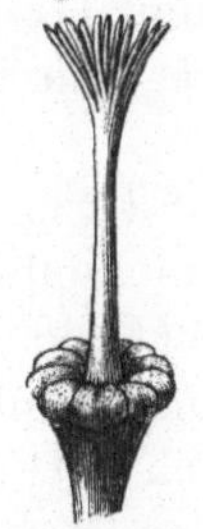

Althaea officinālis. Griffel der Carpellen verwachsen und oberhalb wieder getheilt. (Etwas vergr.).

Der Griffel ist endständig (*stylus terminalis s. apicālis*), wenn er auf der Spitze des Fruchtknotens steht (Fig. 343), seitenständig (*lateralis*), wenn er neben oder unter der Spitze des Fruchtknotens, und grundständig (*basilāris, basalis*), wenn er am Grunde des Fruchtknotens entspringt. Sind im letzteren Falle die Griffel mehrerer

Fig. 343.

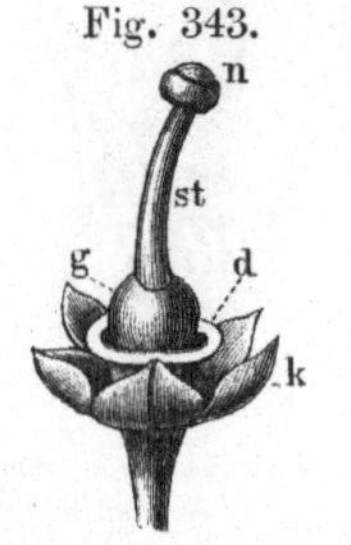

Citrus vulgāris st. stylus apicālis, n stigma umbilicatum (genabelt), *g germen, d discus hypogÿnus, k calyx.*

Fig. 344.

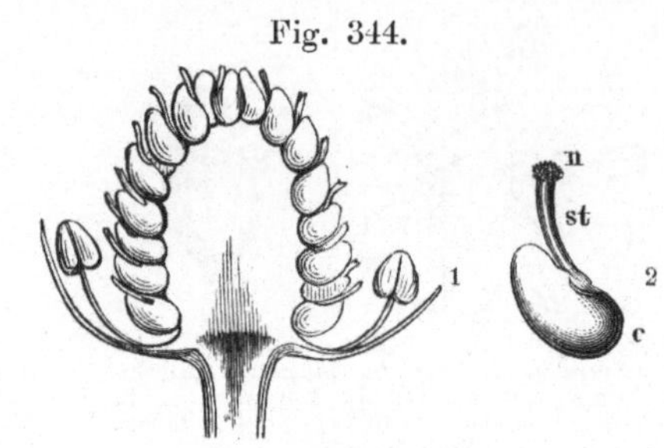

Fragaria vesca. 1. Unterkelch mit convexem Boden im Durchschnitt, vergr., Griffel sitzen seitlich auf den Carpellen. 2. Einzelnes Carpell. *st* Griffel, *n* Narbe.

Fig. 345.

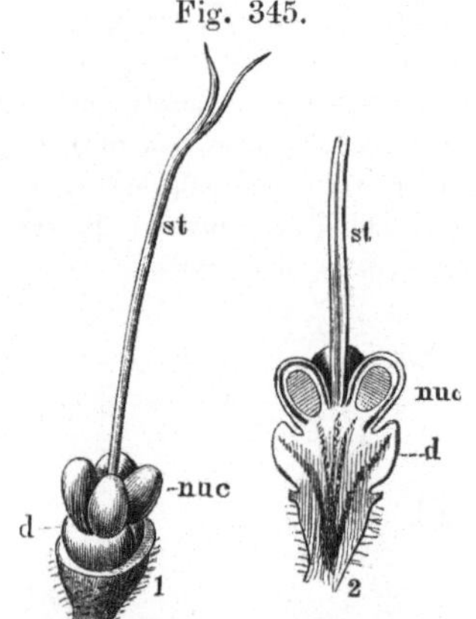

Fig. 346.

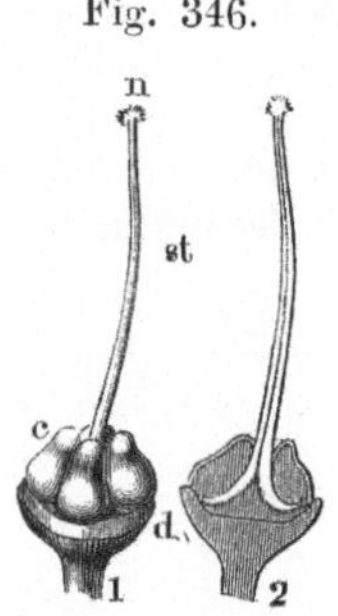

Salvia officinālis. 1. Fruchtboden mit (*d*) hypogynischer Scheibe und vier Carpellen, in deren Mitte der gynobasische Griffel mit zweispaltiger Narbe steht. Vergr. 2. Verticalschnitt um die Verbindung des Griffels mit dem Fruchtboden und den Carpellen zu zeigen. Vergr.

Symphÿtum officināle. Vier Carpellen auf hypogynischer Scheibe mit grundständigem Griffel. 2. im Verticalschnitt. Vergr.

freier Carpellen mit einander verwachsen, so dass der Griffel scheinbar dem Blüthenboden entspringt, so bezeichnet man ihn mit gynobasisch (*stylus gynobasĭcus*).

Eine besondere Bekleidung der Griffel sind die Sammelhaare (*pili collectōres*), welche den Zweck haben, beim Oeffnen der Antheren die Pollenkörner aufzufangen. Man findet sie bei den Leguminosen, der Glockenblume (*Campanŭla*) und vielen anderen. Der damit bekleidete Griffel wird gewöhnlich bärtig (*stylus barbātus*) genannt. Die Sammelhaare sind Zellen, jedoch keine Epidermalgebilde, sondern ihre Basis erstreckt sich tief bis in das Parenchym des Griffels. Hat die Narbe ihre Geschlechtsreife erreicht, so stülpen sich gewöhnlich die Spitzen ein und treten in das untere Lumen der Zelle theilweise oder ganz herab.

Die zarte Röhre, welche den Griffel, häufig mit Papillen ausgekleidet, durchzieht und Narbe und Fruchtknotenhöhle verbindet, ist der Nar-

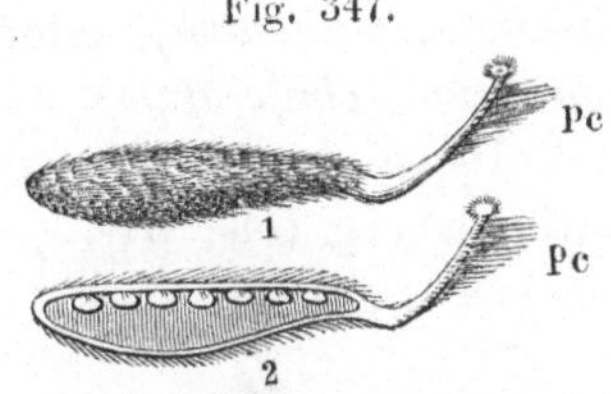

Vicia sativa. 1. Stempel, 2. im Durchschnitt. Vergr. *pc* Sammelhaare.

benkanal (*canalis stygmaticus, canalis stylinus*). Derselbe ist von zartwandigem lockerem, aber saftreichem Parenchym, leitendem Zellgewebe (*tela conductrix*), gebildet, welches beim Befruchtungsvorgange durch die zahlreich eindringenden Pollenschläuche oft zerrissen und auseinander gedrückt wird, so dass es sich in Längsleisten spaltet.

Wie schon früher erwähnt ist, bildet der Griffel keinen nothwendigen Theil des Pistills, denn er kann auch fehlen, dagegen sind Fruchtknoten und Narbe die wesent-

Fig. 348.

lichsten Theile. Die Narbe (*stigma*) befindet sich gewöhnlich an der Spitze des Griffels oder des Fruchtknotens, jedoch findet man sie auch zuweilen seitlich (*stigma laterale*) aufsitzend (wie bei den Orchideen). Man erkennt die Narbe an

Eine mit Papillen besetzte Narbe, (100fach vergr.).

den Drüschen, Papillen oder Saughärchen, womit sie bekleidet ist, und welche zur Zeit der Befruchtung mit Narbenfeuchtigkeit überzogen sind. Sie ist gross, sehr gross

Fig. 350.

Fig. 349.

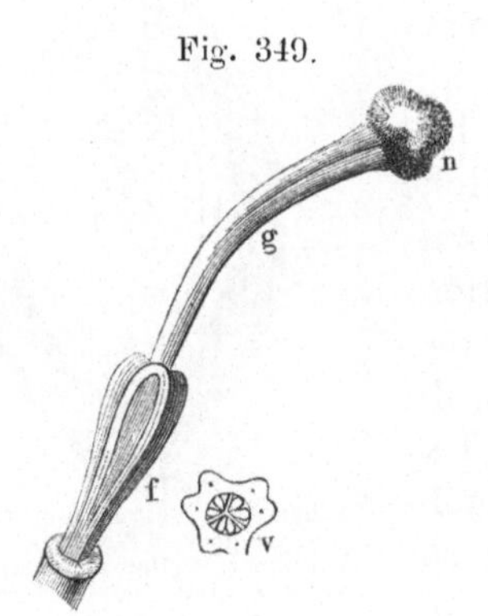

n dreilappige Narbe von *Lilium Martagon.*

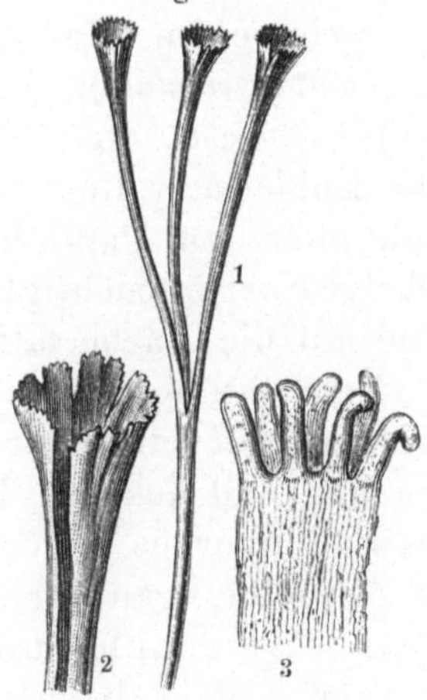

Crocus sativus (Safran). 1. Narbe (*stigma trifidum cum laciniis incisis*), 1½ mal vergr. 2. Narbe 4 fach vergr. 3. Ein Stück des Narbenrandes mit Papillen besetzt, 120 fach vergr.

(*magnum, maxĭmum*), oder klein (*minūtum*), oder unkenntlich (*obsolētum, obliterātum*), einfach (*simplex*), zwei-, drei-, vier- und mehrlappig (*bi-, tri-, quadri-, quinque-lŏbum*), zwei-, drei-, vier-, fünfspaltig (*bi-, tri-, quadri-, quinquefĭdum*), oder wie bei *Crocus*

Fig. 351.

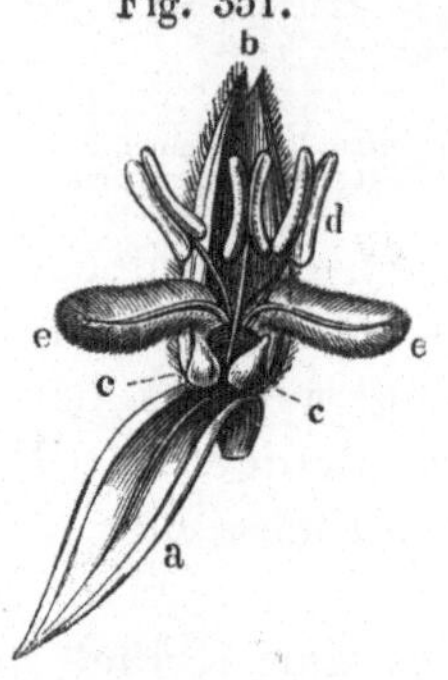

Agropȳrum repens. Blüthe, *a* äussere Spelze, *b* innere Spelze, *c* Saftschuppen (*squamulae*), *d* Staubgefässe, *e* fedrige Narbe.

Fig. 352.

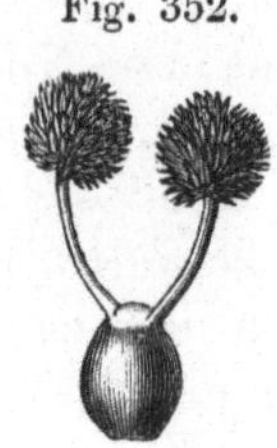

Eine pinselförmige, zweispaltige Narbe.

Fig. 353.

Lobelia inflāta. *Stigma corōna ciliāta cinctum.*

eingeschnitten (*lacinĭis incīsis instructum*), wie bei *Papāver* strahlig (*radiātum*), wie bei *Citrus* genabelt (*umbilicātum*), wie bei den Gräsern federig (*plumōsum*), pinselförmig (*penicilliforme*), sammethaarig (*velutĭnum*), zottig (*villōsum*), kahl (*glabrum*), schmierig, mit Narbenfeuchtigkeit bedeckt (*viscōsum*), verschleiert (*indusiātum*), mit einem Schleierchen (*indusĭum*) bedeckt oder überzogen, mit einem gewimperten Häutchen umgeben (*corōna ciliātā cinctum*), blumenblattartig (*petaloïdĕum*), etc.

Die Epidermalzellen der Narbe bilden sich meist zu Papillen aus, welche die klebrige Narbenfeuchtigkeit ausschwitzen. Die auf die Narbe fallenden Pollenkörner (Befruchtungsstaub, *pollen*) werden von der Narbenfeuchtigkeit aufgeschwellt und ernährt, und aus den Poren der Extine des Pollenkornes treten die schlauchartigen Ausdehnungen der Intine, die sogenannten Pollenschläuche (*tubi pollĭnis*) hervor, welche in den Narbenkanal (*canālis stigmatĭcus*) eindringen und vom leitenden Zellgewebe fortgeleitet sich bis

Fig. 354.

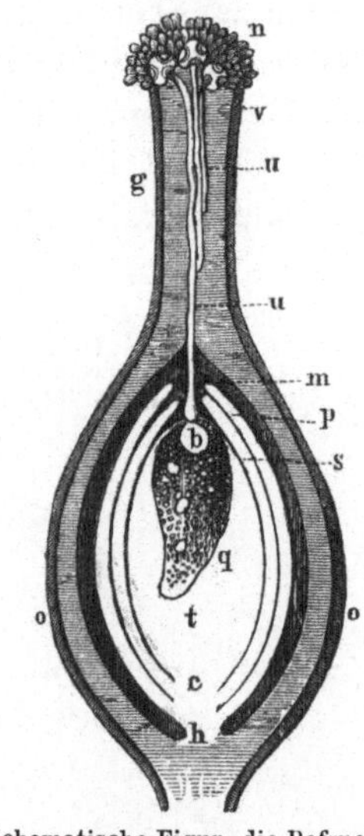

Schematische Figur, die Befruchtung zeigend. *n* Narbe, *v* Pollenkörner, *u* Pollenschläuche, von welchen einer bereits durch das Keimloch (*m*) eingedrungen ist und sich an den Keimsack (*q*) angelegt hat, in welchem ein Keimbläschen (*b*) schon zu einem Embryokügelchen umgebildet ist. *p* äussere, *s* innere Eihaut, *t* Perisperm, *c* innerer, *h* äusserer Nabel.

zum Keimloch (*micropўla*) des Eichens verlängern, in das Keimloch eindringen und die Entwickelung des Embryo veranlassen.

Bemerkungen. *Stylus* und *stilus* (griech. στύλος) Stiel, Stengel. — *Gynobasĭcus,*
a, um, am Grunde des weiblichen Befruchtungswerkzeuges (des Weibes) stehend, von
γυνή (gynä) Weib, und βάσις (basis) Grund, Basis. — *Stigma, ătis, n.* (στίγμα),· Narbe,
Fleck. — *Stigmatĭcus, a, um,* zur Narbe gehörig.

Lection 51.

Die Eichen (*ovŭla*) und ihre Entwickelung.

Das Eichen (*ovŭlum*) ist die Samenknospe (*gemmŭla*), die
erste Anlage des Samens. Es erscheint bei seinem ersten Auftreten als eine kleine stumpfe rundliche Warze auf dem Samenträger (*sporophŏrum*) und bildet sich zu einem aus gleichförmigem Parenchym bestehenden, mit Epidermalzellen bekleideten
Kegel aus. Dieser Kegel stellt den Knos-
penkern oder Kern (*nuclĕus ovuli, nucella*)
dar. Bleibt er auf dieser Entwickelungsstufe, wie z. B. bei den Rubiaceen, *Viscum,*
stehen, und bleibt er ohne Eihülle, so erscheint er als nacktes (*ovŭlum nudum*) und
auch als sitzendes Eichen (*ov. sessĭle*). Eine

Fig. 355

o nacktes Eichen. *w* Stück
eines Samenträgers (vergr.).

stielartig verschmälerte Ausdehnung der Eibasis, vermittelst
welcher das Eichen dem Samenträger aufsitzt, ist der Nabelstrang, Samenstrang (*funicŭlus um-*
bilicalis). Derselbe besteht aus mit
Epidermalzellen bedecktem Parenchymgewebe, welches in seiner Mitte
von einem Gefässbündel, das nicht
bis in den Kern eindringt, durchzogen ist.

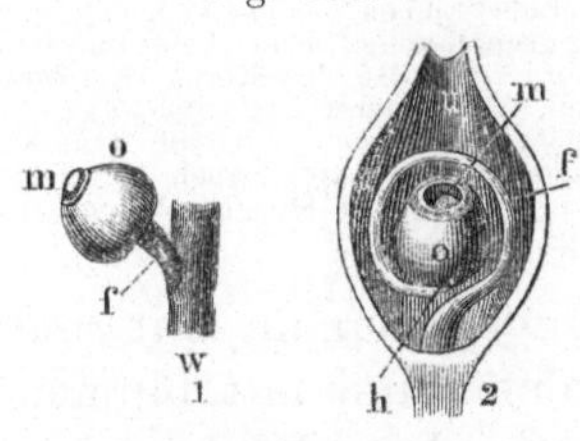

Fig. 356.

1. *o* Eichen, *f* Nabelstrang, *w* Stück Samenträger. 2. *u* Fruchtknoten, *o* Eichen,
f Nabelstrang, *m* Eimund, *h* äusserer Nabel.

An dem Eichen unterscheidet
man den Nabel, äusseren Nabel (*hi-*
lum, umbilĭcus), den Punkt, in welchem
es dem Samenträger oder dem Nabel-
strange angeheftet ist, und die Kernwarze (*mamilla nucellae*),
die Spitze des Kernes.

Unter der Spitze des Kernes, rings um denselben, bildet sich in den meisten Fällen aus der Epidermis eine Falte, in welche sich auch wohl Parenchym eindrängt, in Form eines Wulstes, welcher allmählig zu einer den Kern überziehenden Haut, der

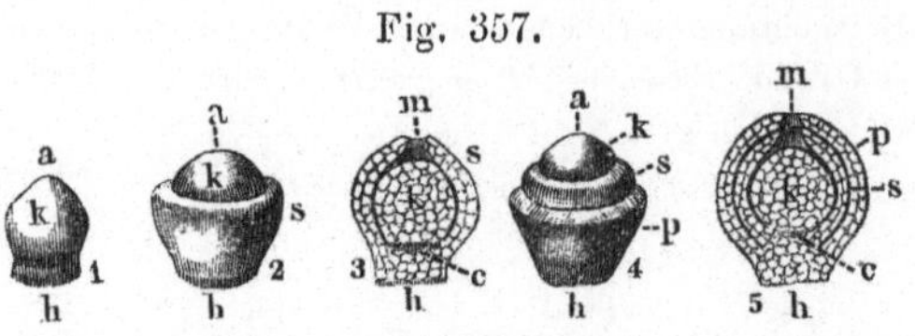

Fig. 357.

1. nacktes Eichen, *k* Kern, *h* Nabel, *a* Spitze oder Kernwarze des Eichens. 2. Eichen mit Kreisfalte oder Wulst, *s* welche zur Eihaut auswächst, *k* Kern, *s* Kreisfalte, *h* Nabel, *a* Kernwarze. 3. Ein Eichen mit entwickelter Eihaut (*s*) im Verticalschnitt, *k* Kern, *s* Eihaut, *m* Eimund, *h* äusserer, *c* innerer Nabel. 4. Eichen mit zwei Kreisfalten, (*s* u. *p*), von welchen *s* zur inneren, *p* zur äusseren Eihaut auswächst. 5. Eichen mit beiden entwickelten Eihäuten im Verticaldurchschnitt. *k* Kern, *s* innere, *p* äussere Eihaut, *c* innerer. *h* äusserer Nabel (*chaloza*), *m* Mikropyle.

Eihaut (*membrāna nucellae; secundina*) auswächst und sich an der Spitze des Kerns bis auf eine kleine Oeffnung, aus welcher der Kern hervorsicht, schliesst. Diese Oeffnung hat man Knospenmund, Eimund, Keimloch (*micropÿla*) genannt. Jene Eihaut fliesst an der Stelle, wo sie in dem erwähnten Wulste ihren Anfang nahm, mit dem Kerne zusammen, und diese Stelle heisst der Knospengrund, Kerngrund, innerer Nabel, auch Hagelfleck (*chalāza*). Verwächst der Nabelstrang seitlich seiner Länge nach

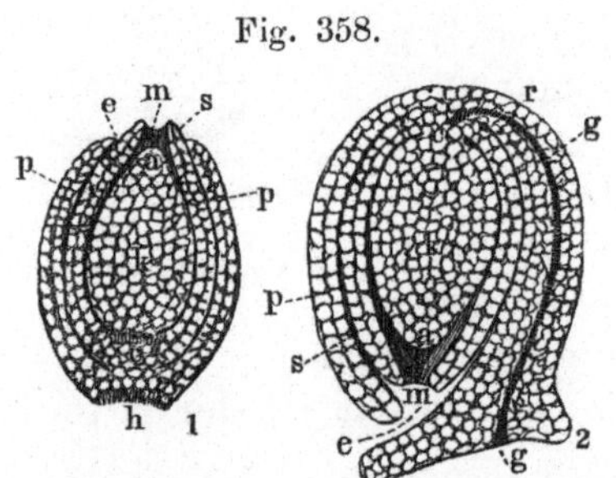

Fig. 358.

1. gerades Eichen (*ovulum atröpum*), 2. umgekehrtes oder gegenläufiges Eichen, beide im Verticalschnitt. *k* Kern. *a* Spitze des Kerns (Kernwarze), *m* Eimund, hier innerer (*endostomīum*), *e* äusserer Eimund (*exostomīum*), *s* innere, *p* äussere Eihülle, *c* innerer, *h* äusserer Nabel, *g* Gefässbündel der Nath, *r* Samennath (*raphe*).

mit der Eihaut, so bildet das im Nabelstrang befindliche Gefässbündel nach aussen einen erhabenen Streifen, Samennath oder Nabelstreifen (*raphe*). Das betreffende Gefässbündel zieht sich nur bis zum inneren Nabel (*chalāza*) und tritt nicht in den Kern.

Mit nur einer Eihaut bekleidet sind die Eichen der Coniferen und der meisten Dikotyledonen mit verwachsenblättrigen (synpetalen) Blumenkronen. Bei den Monokotyledonen und bei Dikotyledonen mit getrenntblättrigen (dialypetalen) Blumenkronen und mit blumenblattlosen (apetalen) Blüthen bildet sich unter dem Wulste, aus welchem sich die Eihaut entwickelt, aus der Epidermis ein zweiter um den Kern laufender Wulst, welcher zu einer äusseren Eihaut auswächst (*membrāna externa s. primīna*), so dass zwei Eihäute den Kern bis auf die Oeffnung an der Spitze, der Mikropyle, einschliessen. *Mirbel* zählte die

Häute und Theile des Eichens von aussen nach innen gehend, daher nannte er diese äussere Eihaut *primīna* (*sc. membrāna*), und die eigentliche oder innere Eihaut *secundīna*. Der Eimund (*micropӱla*) wird nun durch zwei Knospendecken oder Eihäute gebildet, und man unterscheidet ihn an der äusseren Eihaut als **Aussenmund** (*exostomĭum*), an der inneren Eihaut als **Innenmund** (*endostomĭum*).

Wie schon erwähnt ist, besteht der Kern (*nucella*) anfangs aus gleichförmigem Parenchym, im Laufe seiner ferneren Entwickelung dehnt sich aber in seinem Innern eine Zelle auf Kosten der anstossenden ungemein stark aus und bildet einen strukturlosen, scheinbar mit gewöhnlichem Zellsafte gefüllten Schlauch, den sogenannten **Keimsack**, **Embryosack** (*saccŭlus embryonālis; quintīna*). Der zurückbleibende, oft nur noch eine Haut bildende Theil des Kernes heisst dann die **Kernhaut** (*perispermĭum; tercīna*).

Der Keimsack wird zum wesentlichsten Theile des Eikernes, denn in ihm bilden sich durch freie Zellenbildung an seiner Spitze gewöhnlich zwei, selten mehrere Zellen, die **Keimbläschen** oder **Keimzellen** (*cellulae embryonāles*), von denen aber nur eine befruchtet zu werden pflegt. Dieses eine Keimbläschen wird durch die Befruchtung zum **Keim**- oder **Embryokügelchen** und entwickelt sich endlich unter Resorption der übrigen Keimbläschen durch Tochterzellenbildung zu dem eigentlichen **Keime** (*embrӱo*), der Anlage zu der neuen Pflanze.

Das Parenchym, welches nach der Entwickelung des Keimes im Keimsacke übrig bleibt oder auf's Neue erzeugt wird und den jugendlichen Embryo umgiebt, ist das **Endosperm** oder **Eiweiss** (*endospermĭum; albūmen*), welches entweder die Fruchtreife überdauert, oder von dem sich vergrössernden Embryo (wie z. B. bei den Cruciferen und Papilionaceen) resorbirt wird. Durch Verschwinden des Eiweisses in der angegebenen Weise entsteht der **eiweisslose Samen** (*semen exalbūminōsum*). Wo neben Endosperm noch Perisperm vorhanden ist, fasst man beide als **Eiweiss** (*albūmen*) zusammen.

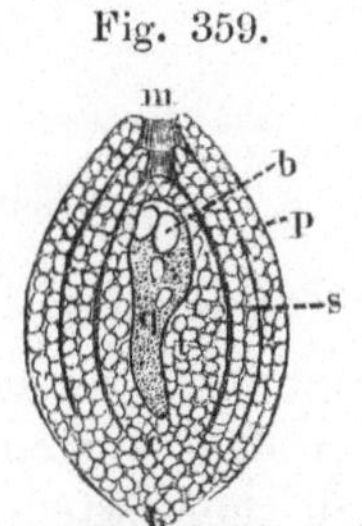

Fig. 359.

Geradläufiges Eichen mit entwickeltem Keimsack (*q*), mit Keimbläschen (*b*), *t* Perisperm (*tercīna*), *m* Keimmund, *s* innere, *p* äussere Eihaut. *c* innerer *h* äusserer Nabel.

Bemerkungen. Der Knospenkern wird lat. mit *nuclĕus* und *nucellus* bezeichnet. *Nuclĕus* ist, da auch damit der Zellkern, der Samenkern und der Kern in dem Schüsselchen der Lichénen bezeichnet werden, allein nicht genügend, und man sagt richtiger *nucléus ovŭli*. *Nucellus* hat auch *Bery* acceptirt, obgleich diese Wortform nicht lateinisch ist. *Mirbel* nannte den Eikern *nucelle*, womit er jedenfalls in seiner Sprache das lateinische *nucella* wiedergab, wofür der Botaniker *Bischoff* irrthümlich *nucellus* setzte. — Wie schon oben erwähnt ist, zählte *Mirbel* die Theile des Eikerns von aussen nach innen und daher ist seine

Primine = *membrāna nucellae externa*
Secondine = *membrāna nucellae interĭor*
Tercine = *perispermĭum* (Schleiden)
Quartine = *endospermĭum* (Schleiden)
Quintine = *saccŭlus embryonālis.*

Mikropýle, *micropÿla* (kleine Oeffnung) von μικρός, ά, όν (mikros, a, on) klein, und πύλη (pylä) Oeffnung, Thür. — Chaláze, *chalāza*, griech. γάλαζα, Hagel, Gerstenkorn im Auge. — Exostóm, Endostóm, *exostomĭum*, *endostomĭum*, von d. griech. ἔξω (exo), aussen, ἔνδον (endon) innerhalb, und στόμα (stoma), Mund. — Períspérm, Endospérm, *perispermĭum*, *endospermĭum*, von d. griech. περί (peri), um, herum, ἔνδον (endon), darin, und σπερμεῖον (spermeion), Same. Die gebräuchliche Accentuation „*spermĭum*" ist schwer zu vertheidigen. — *Raphe* oder *rhaphe*, Gen. *es*, *f.*, griech. ῥαφή, Nath.

Lection 52.

Befruchtungsakt.   Stellungsverhältnisse des Eichens.

Am Ende des 17. Jahrhunderts waren es *Grew*, ein Engländer, und *Camerarius* in Tübingen, welche zuerst an den Pflanzen das Vorhandensein zweierlei Geschlechter oder geschlechtlich verschiedener Befruchtungsorgane nachwiesen. Nach der Mitte des vorigen Jahrhunderts stellte der grosse Naturforscher *Linné* auf Grund der Geschlechter in der Pflanzenblüthe sein bekanntes Sexualsystem auf, doch auch er kannte den Befruchtungsvorgang nicht und hielt dafür, dass die Pollenkörner auf der Narbe platzten und ihren Inhalt, den Befruchtungsstoff, auf diese ergössen. In neuerer Zeit erst studirten zwei deutsche Botaniker, *Schleiden* und *Schacht*, den Gegenstand mit besonderem Eifer, aber auch sie wurden von dem Astronomen, Prof. *Amici* in Florenz, überholt, dessen Theorie der Pflanzenbefruchtung bis heute als die richtigste erkannt ist.

Zur Zeit der Befruchtung bilden sich gegen die Spitze des Keimsackes (*saccŭlus embryonalis*) zwei oder mehrere Zellen, die Keimbläschen. Unterdess gelangen Pollenkörner auf die Narbe, welche von der Narbenfeuchtigkeit genährt aus ihren Poren Pollenschläuche austreten lassen. Die Pollenschläuche treten in den Narbenkanal ein, schieben sich unter Mithilfe des hier vorhandenen leitenden Zellgewebes (*tela conductrix*) vorwärts und gelangen bis zur Fruchtknotenhöhle. Einer der Pollenschläuche tritt mit seinem äussersten Ende in den Eimund (*micropȳla*) ein, durchbricht die Kernwarze und gelangt zum Keimsack, welchem er sich in Nähe der Keimbläschen einfach anlegt oder welchen er mehr oder weniger einstülpt. Durch Endosmose des Befruchtungsstoffes wird gewöhnlich nur eines der Keimbläschen befruchtet. Das befruchtete Keimbläschen entwickelt sich dann zum Embryokügelchen oder dem Vorkeim, indem es gleichzeitig zu einem kürzeren oder längeren Schlauche, dem Keimträger (*suspensor*), auswächst, welcher sich allmählig am äusseren Ende durch Zellenbildung vergrössert und anschwillt. Diese Zellen vergrössern sich auf Kosten der Mutterzelle und wachsen zum Embryo an.

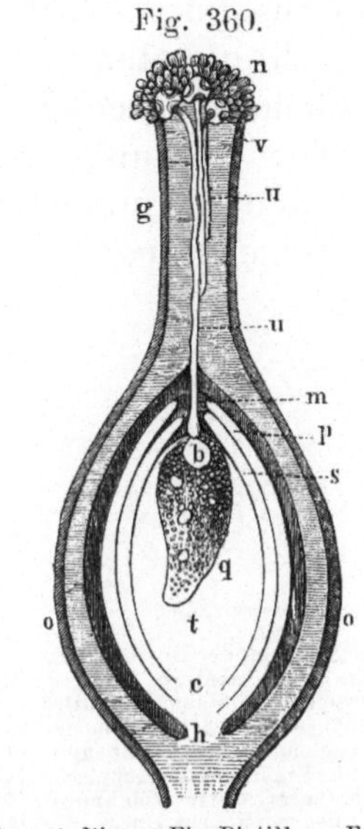

Fig. 360.

Schemat. Figur. Ein Pistill. *oo* Fruchtknoten, *g* Griffel, *n* Narbe, *v* Pollenkörner, welche ihre Pollenschläuche (*n*) durch den Stigmakanal herabschicken. Ein Pollenschlauch ist durch die Mikropyle, unter Durchbrechung der Kernwarze, bis zum Keimsack vorgedrungen und hat sich an den Scheitel desselben angelegt, um die Befruchtung des Keimbläschens (*b*) zu bewerkstelligen.

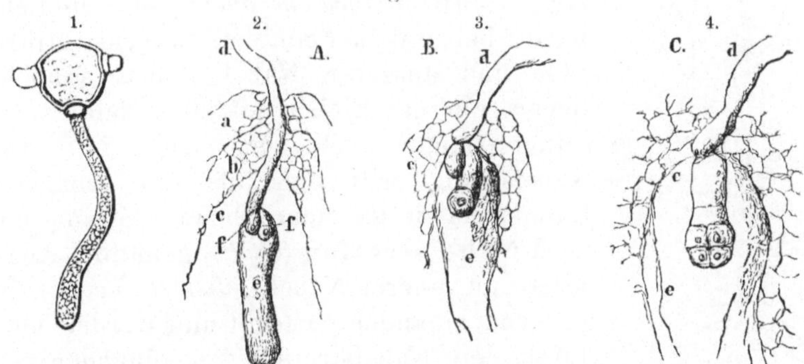

Fig. 361.

1. Pollenkern der Nachtkerze (*Oenothēra biennis*). 2. Befruchtungsprocess. Der Pollenschlauch (*d*) ist bis zum Keimsack (*c*) unter Durchbrechung der Keimwarze (*c*), vorgedrungen und hat sich demselben in der Nähe der darin vorhandenen Keimbläschen (*ff*) angelegt. 3. Die Befruchtung eines der Keimbläschen hat stattgefunden, welches zu einem Keimträger (*suspensor*) ausgewachsen ist und an seiner Spitze eine Zelle als Vorkeim trägt. 4. Die Vorkeimzelle hat sich bereits zu einem vierzelligen Embryokügelchen entwickelt. (Stark vergr.). *a* der äussere, *b* der innere Eimund, *c* der Kern.

Die *Schleiden*'sche Ansicht wich von der *Amici*'schen darin ab, dass der Pollenschlauch die Wand des Keimsackes durchbreche, in diesen eindringe, hier sein gewöhnlich kolbig angeschwollenes Ende abschnüre, und dieses letztere sich zum Embryo ausbilde. Nach dieser Ansicht wurde also der Pollen, der Befruchtungsstaub des männlichen Geschlechtsapparats, zum weiblichen Geschlechtsapparat, dem Eibildner, gemacht.

Die Stellungsverhältnisse des Eichens werden mit vieler Bestimmtheit unterschieden. Sie haben unstreitig den Zweck, die Befruchtung und zwar das Eindringen des Pollenschlauches in den Eimund zu erleichtern. In folgenden Stellungsverhältnissen ist der Kern des Eichens nicht gekrümmt.

1. Das einfachste, obgleich seltnere Stellungsverhältniss ist das gerade oder ungekrümmte oder ungebogene oder geradläufige (*ovŭlum orthotrŏpum s. atrŏpum*). Dem Nabel (der Basis) eines geradläufigen Eichens steht die Mikropyle senkrecht gegenüber, oder Nabel und Mikropyle liegen in der Axe des Eichens. Fig. 257, 358. 1, 359 sind orthotrope Eichen. Wir finden es z. B. bei *Acŏrus, Taxus, Juglans, Urtīca, Cistus*. Oft ist das Eichen nur anfangs orthotrop und verändert mit dem Fortgang seiner Entwickelung diese Stellung.

2. Das umgekehrte oder gegenläufige Eichen (*ovŭlum anatrŏpum*) entsteht, wenn bei ungekrümmtem Eikerne Mikropyle und äusserer Nabel neben einander liegen, und das Eichen mit dem Nabelstrang seiner Länge nach verwachsen ist. Der Nabelstrang tritt hier als ein erhabener Längsstreifen an dem Eichen hervor und wird Nabelstreifen (*raphe*) genannt. Aeusserer und innerer Nabel (*hilum et chalaza*) liegen von einander entfernt und werden eben durch den Nabelstreifen mit einander verbunden.

3. Das halbumgekehrte oder halbgegenläufige Eichen (*ovŭlum hemĭanatrŏpum*) entsteht, wenn nur der untere und kleinere Theil des Eichens mit dem Nabelstrange verwächst, der Nabel unterhalb

Fig. 362.

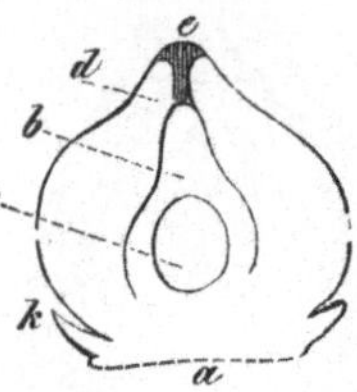

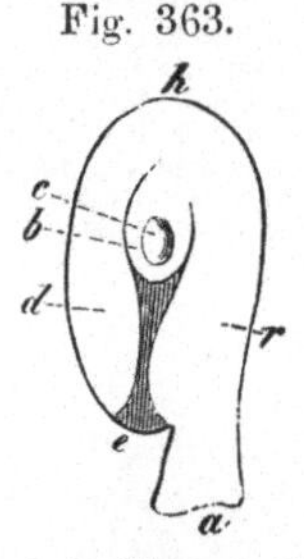

Atropes Eichen der Eibe (*Taxus baccāta*). *a* Nabel, *b* Kern, *c* Keimsack, *d* einfache Eihülle (Eihaut), *e* Mikropyle, *k* Ansatz zum Samenmantel. Diese und folgende Figuren sind schematische, vergrösserte Zeichnungen des verticalen Durchschnitts.

Fig. 363.

Anatropisches Eichen des Bisamkrautes (*Adōxa Moschatellīna*). *a* Nabel, *b* Kern, *c* Keimsack, *d* Eihaut, *e* Mikropyle, *r* Nabelstreifen.

Fig. 364.

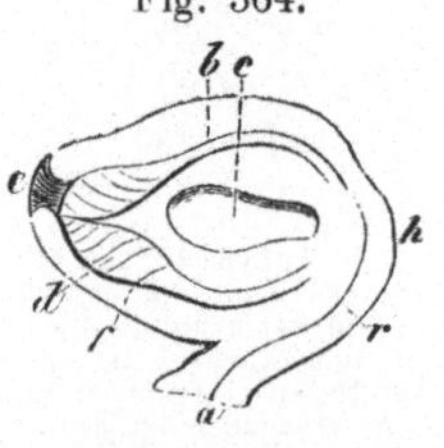

Hemianatropes Eichen von *Lemna trisulca*. *a* Nabel, *b* Kern, *c* Keimsack, *d* innere, *f* äussere Knospenhülle, *r* Nabelstreifen, *e* Mikropyle.

der Mitte der geraden Linie zwischen Chalaza und Mikropyle liegt.

Der Kern des Eichens ist in folgenden Stellungsverhältnissen **gekrümmt**.

4. Das **gekrümmte** oder **krummläufige Eichen** (*ovŭlum campÿlotrŏpum*) entsteht, wenn die Axe des Eichens krummlinig ist, eine dem Samenträger abgewendete Seite des Eichens ungleich mehr auswächst, so dass Nabel und Chalaza zusammenfallen und die Mikropyle neben dem Nabel zu liegen kommt.

5. Das **halbgekrümmte** Eichen (*ovŭlum hemitrŏpum*) entsteht, wenn ein kampylotropes Eichen mit seinem Nabelstrange (*funicŭlus umbilicālis*) verwächst und dadurch Nabel und Chalaza von einander entfernt und durch einen Nabelstreifen (*raphe*) verbunden sind.

6. Das **gebogene** Eichen (*ovŭlum camptotrŏpum*) ist ein kampylotropes, aber langgestrecktes und in der Weise gebogen, dass die beiden in der Biegung verwachsenen Schenkel wie bei einem Hufeisen neben einander liegen. Nabel und Chalaza fallen hier also zusammen. Von dieser Stellungsform unterscheidet man

7. das **hufeisenförmige** (*ovŭlum lycotrŏpum*), dessen Schenkel in der Biegung nicht verwachsen sind.

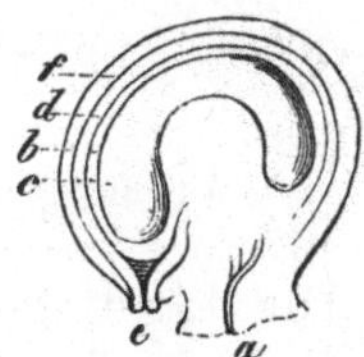

Fig. 365.

Kampylotropes Eichen von *Spergŭla pentandra*. *a* Nabel und Chalaza, *b* Kern, *c* Keimsack, *d* innere, *f* äussere Eihaut, *e* Mikropyle.

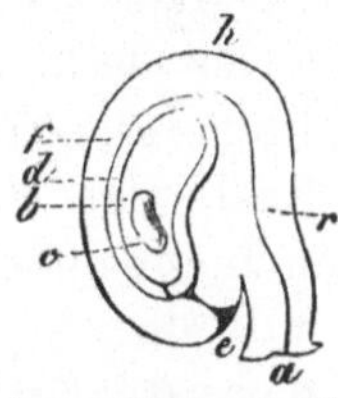

Fig. 366.

Hemitropes Eichen des Blasenstrauches (*Colutĕa arborescens*). *a* Nabel, *h* Chalaza, *b* Kern, *c* Keimsack, *e* Mikropyle, *r* Nabelstreifen.

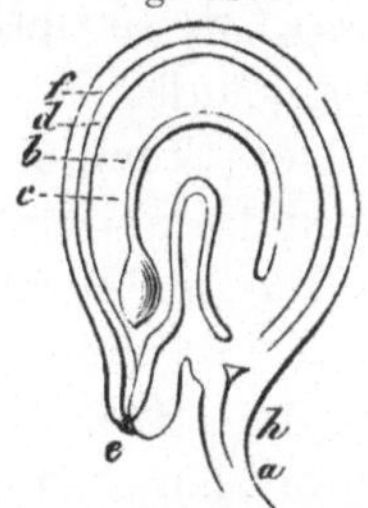

Fig. 367.

Kamptotropes Eichen von *Galphimĭa mollis*. *a* äusserer, *h* innerer Nabel, *b* Kern, *c* Keimsack, *e* Mikropyle, *d* innere, *l* äussere Samenhaut.

Bemerkungen. *Grew* (spr. ghruh), ein Englischer Botaniker, † 1711, war der erste, der mittelst des Mikroskops den Fortpflanzungsvorgang der Pflanzen untersuchte. — *Rudolph Jacob Camerarius*, Prof. und Director des botanischen Gartens zu Tübingen, unterschied zuerst männliche und weibliche Befruchtungsorgane der Pflanzen. Geb. 1665, starb in der Mitte des vorigen Jahrhunderts. — *Amici* (spr. amítschi). —

Orthotrŏpus, *a*, *um*, aufrecht gerichtet, von d. griech. ορθός, ή, όν (orthos, ä, on) gerad, aufrecht, und τρόπος (tropos), Wendung, Richtung; τρέπω (trepó), drehen, wenden. — *Anatrŏpus*, *hemianatrŏpus*, *a*, *um*, umgewendet, von ανα- (ana), um-; ήμι (hämi), halb. — *Campÿlotrŏpus* etc., krumm gerichtet, von καμπύλος, η, ον, (kampylos), krumm, gebogen. — *Camptotrŏpus* etc. von καμπτός, ή, όν, (kamptos) gekrümmt, eingebogen. — *Lycotrŏpus* etc., von λύκος (lykos), Wolf, eiserner Haken.

Lection 53.

Anheftung und Lage des Eichens. Griffelsäule. Griffeldecke.

Die Lage des Eichens in Rücksicht auf die Anheftung ist eine verschiedene. Bemerkenswerth ist das dem Samenträger eingesenkte Eichen (*ovŭlum sporophŏro immersum*), das schildförmig angeheftete (*ov. peltātum*), wenn es breit ist und mit der Mitte seiner Basis dem Nabelstrange (*funicŭlus umbilicālis*) aufsitzt; das aufrechte (*erectum*), wenn seine Spitze nach der Spitze des Fruchtknotens, seine Basis nach der Basis desselben gerichtet ist; das umgekehrte (*inversum*), wenn seine Spitze der Basis des Fruchtknotens und seine Basis der Spitze desselben zugewendet ist; das wagerechte (*horizontāle*), wenn seine Axe mit der Axe des Samenträgers einen rechten Winkel bildet; das aufsteigende (*adscendens*) und das abwärtssteigende (*descendens*), wenn es aus seiner wagerechten Richtung heraustretend mit seiner Spitze nach der Spitze oder im zweiten Falle nach der Basis des Fruchtknotens sieht; das hängende (*pendŭlum*), wenn das umgekehrte Eichen einem längeren Nabelstrange aufsitzt.

Der Stempel der Blüthen der Orchidaceen und Asclepiadaceen steht zu den Staubblättern in eigenthümlichen Verhältnissen.

Bei den Orchidaceen wird durch Verwachsung der Staubblätter mit dem Griffel und der Narbe ein Organ gebildet, welches man Griffelsäule, Pistillsäule (*gynostemium, columna*) genannt hat. Dieses Organ ist zugleich mit der Lippe des Perigons (der sogenannten Honiglippe) verwachsen. Die Griffelsäule ist von den Blättern des Perigons umschlossen und sitzt

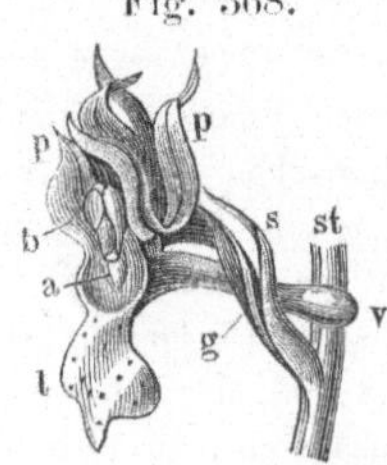

Fig. 368.

Blüthe von *Orchis mascŭla*. *st* Stamm (*caulis*), *s* Deckblatt (*bractea*), *g* Fruchtknoten (*germen*), *pp* 5 Perigonblätter, *l* Honiglippe, *r* Sporn (*calcar*), *a* Narbenfleck (*gynixus*), *b* Staubblatt mit 2 Antherenfächern.

entweder unmittelbar auf dem unterständigen Fruchtknoten (*gynostemĭum sessĭle*), oder ist gestielt, mit dem Fruchtknoten durch einen Stiel oder Griffeltheil verbunden (*g. stipitātum*). Am Grunde der sitzenden oder am oberen Ende der gestielten Säule, überhaupt am obersten Rande der Honiglippe, befindet sich die Narbe in Form eines Fleckes, des Narbenfleckes (*gynixus*), welcher mit einer glänzenden Narbenfeuchtigkeit überzogen ist und durch einen Narbenkanal (*canālis stigmatĭcus*) mit dem Fruchtknoten communicirt. Dieser

Narbenfleck dehnt sich an seinem oberen Rande zu einem häufig schnabelförmigen Fortsatz, dem Schnäbelchen (*rostellum*) aus, zuweilen auch in Form eines breiteren Plättchens (*lamĭna*).

An jeder Seite des Schnäbelchens oder des Plättchens oder auch an der Spitze des letzteren befinden sich eine oder zwei Drüschen, Klebdrüschen (*proscollae*) oder auch Pollenhalter (*retinacŭla*) genannt. Diese Drüschen sind entweder nackt (*retinacŭla nuda*), oder werden von ein- oder zweifächrigen Falten der Narbe, dem Beutelchen (*bursicŭla*), bedeckt oder umfasst.

Es sind nur drei Staubgefässe vorhanden, eine Anthere in der Mitte und zwei an den Seiten. Die Anthere, welche die sitzenden oder gestielten Pollinarien einschliesst und sich mit einer Längs- oder Querspalte oder auch deckelartig öffnet, ist mit der Griffelsäule total verwachsen, und ihre Fächer sind durch ein verschieden gestaltetes Connectiv verbunden. Von den Staubgefässen kommt gewöhnlich nur das mittlere zur Entwickelung, während die seitlichen als verkümmerte die Form von Warzen oder kleinen Flügeln annehmen. Man zählt diese fehlgeschlagenen Staubgefässe zu den Staminodien. Beim Frauenschuh (*Cypripedĭum*) kommen gerade die seitlichen Staubgefässe mit zweifächrigen Antheren zur Entwickelung, über welche sich das Connectiv hornähnlich verlängert. Das mittlere Staubgefäss mit seinem grossen cirunden Connectiv schlägt fehl und wird als Staminodie angesehen.

Zuweilen verwachsen die fehlgeschlagenen Staubgefässe mit ihren Rändern und wachsen zu einem gewölbten Helme, der Antherengrube (*androclinĭum*) aus, welcher die entwickelten Staubgefässe bedeckt.

Die Befruchtung wird gewöhnlich durch Insecten vermittelt, welche die Pollinarien auf die Narbe übertragen. Der Fruchtknoten erscheint bei den meisten Orchisgewächsen als Blüthenstiel, ein Durchschnitt belehrt aber bald, dass man es mit einem

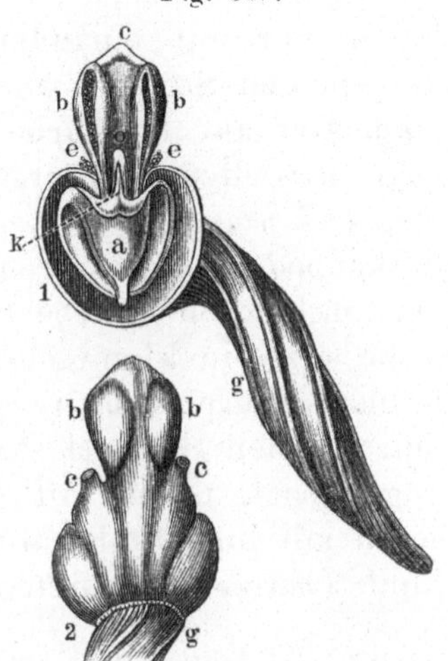

Fig. 369.

Griffelsäule (*gynostemĭum*) mit Fruchtknoten (*g*) von *Orchis mascŭla*. Sie ist von den Perigonblättern befreit. *a* Narbenfleck (*gynixus*), *bb* die beiden Antherenfächer, *c* Connectiv, *o* Schnäbelchen (*rostellum*), *k* Beutelchen (*bursicŭla*), *ee* Staminodien. 2. die Griffelsäule von hinten gesehen. 3 fache Lin.-Vergr.

Fruchtknoten zu thun hat. Die Blüthe ist also in einem solchen Falle eine sitzende.

Die Griffeldecke oder Stempeldecke (*stylostegĭum*, *gynostegĭum*) der Asclepiadaceen wird durch die Staubgefässe, deren Träger nur mit einander verwachsen sind, dadurch gebildet, dass sie den Stempel einschliessen und sich ihre verlängerten Connective auf die Narbe legen und so gleichsam eine Stempeldecke darstellen. Untersuchen wir eine Blüthe der Schwalbenwurz (*Vincetoxĭcum officināle*), so finden wir auf der Mitte des Blüthenbodens zwei Carpelle, welche oben eine breite fünfeckige gemeinschaftliche Narbe tragen. An jeder der fünf Ecken der Narbe sitzt ein kleines braunes zweischenkeliges oder quersackähnliches Körperchen (*corpuscŭlum*). Um die Carpelle oder vielmehr um den Stempel stehen fünf epipetale Staubblätter, deren Träger nach unten mit einander verwachsen, und deren Antheren mit blumenblattähnlichen Anhängen, welche eine Nebenblume (*paracorolla*) bilden, versehen sind. Die Connective der

Fig. 370.

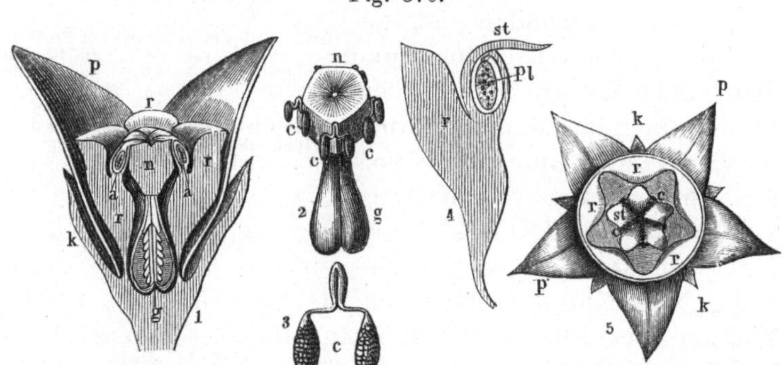

1. Blüthe von *Vincetoxĭcum officināle* (Schwalbenwurz) im Verticaldurchschnitt. 2. Stempel. 3. Corpusculum. 4. Verticaldurchschnittfläche eines Staubblattes. 5. Blüthe von oben gesehen. Letztere Sechsf. Lin.-Vergr. *g* Fruchtknoten, *n* Narbe, *c* Corpuscula, *r* Staubblätter, *a* Antherenfach mit Pollinarien (*pl*), *st* das Connectiv.

dicht an einander stossenden Antherenfächer liegen, wie schon erwähnt ist, auf der Narbe wie eine Decke. Die zweifächrigen Antheren enthalten Pollinarien und stehen abwechselnd mit den Corpuscula, welche eigentlich die Narbe ersetzen. Wenn sich die Antherenfächer öffnen, hängen sich die Pollinarien an die Schenkel der Corpuscula und zwar in der Ordnung, dass je ein Corpusculum zwei benachbarte Pollinarien von zwei Antheren auffängt. Die fünfeckige Narbe hat desshalb auch ihr leitendes Zellgewebe (*tela conductrix*) am Grunde ihrer Seitenwandung.

Nach der Befruchtung lösen sich die Staubblätter mit der Blumenkrone ab und die Carpelle stehen frei, um zu Kapseln auszuwachsen.

Die Orchidaceen verlegte *Linné* wegen der mit dem Pistill verwachsenen Staubblätter in die *Gynandria* (die 20. Klasse seines Sexualsystems). Bei den Asclepiadaceen findet eine solche Verwachsung nicht statt. *Linné* verwies sie daher in die *Pentandria* (die 5. Klasse).

Bemerkungen. *Gynostemium*, von d. griech. γυνή (gynä). Weib, und στῆμα oder στήμων (stäma oder stämōn), der vorstehende Theil der männlichen Ruthe. — *Gynixus, i, m.*, von γυνή und εἴκω, εἶξω (eikō eixō) zurückweichen, nachgeben, daher εἶξις (eixis) das Weibchen, das Nachgeben. — *Androclinium*, Mannsbette, von ἀνδρός (andros) Mann, und πλίνη (klinä), Bett. — *Stylostegium*, Säulendecke, *gynostegium*, Frauendecke, στῦλος (stylos), Säule, und στέγω (stego), bedecken.

Lection 54.

Die Blüthe in Beziehung zu den Blüthenblattkreisen. <s>Dichogamie.</s>

Die Blüthe ist **nackt** (*flos nudus*), wenn sie ohne Blüthenhülle ist, also nur die wesentlichen Theile einer Blüthe, die Staub- und Fruchtblätter, enthält. Sie ist **apetal** oder **blumenblattlos** (*apetālus*), wenn sie nur von einem Hüllblätterkreis (*perigonium*) eingeschlossen ist; **zwitterig, monoclinisch** oder **einbettig** (*hermaphroditus, monoclinis,* ⚥),

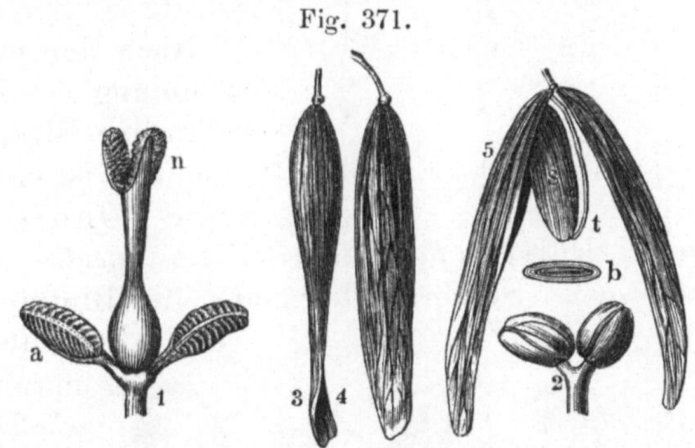

Esche (*Fraxinus excelsior*). 1. nackte Zwitterblüthe. 2. nackte männliche Blüthe. 3. u. 4. Fruchtkapsel. 5. geöffnete Frucht. 6. Querdurchschnitt des Samens.

wenn sie Staub- und Fruchtblätter zugleich enthält; **eingeschlechtig** oder **diclinisch** (*unisexuālis, diclīnis*), wenn sie entweder nur Staubgefässe oder nur Pistille enthält. Die nur Staubgefässe, die männlichen Geschlechtsorgane, enthaltende Blüthe heisst eine **männliche** (*masculus; mas;* ♂), und enthält sie nur ein oder mehrere Pistille, die weiblichen Geschlechtsorgane, so heisst sie eine **weibliche**

(*feminĕus*; ♀). Findet man männliche und weibliche Blüthen
auf demselben Pflanzenindividuum, so nennt man sie monö-
cisch oder einhäusig (*flores monoeci s. monoici*); sind jedoch
auf dem einen Individuum nur männliche, auf einem anderen
derselben Gattung nur weibliche Blüthen, so heissen diese diöcische oder zweihäusige (*dioeci s. dioici*); findet man aber
neben monöcischen und diöcischen Blüthen auch noch Zwitterblüthen, so nennt man die Blüthen polygamische, vielehige
(*polygămi*).

Häufig ist der in einer Blüthe fehlende Geschlechtsblätter-
kreis verkümmert oder fehlgeschlagen. Dieses Fehlschlagen
kann sich selbst auf Staubgefässe und Pistill zugleich erstrecken
und die Entstehung sogenannter ge-
schlechtsloser Blüthen (*flores neutri*)
veranlassen. Es wird in einigen Fällen sogar zur Regel, wie bei den Randblüthen der Trugdolde (*cyma*) vom
Schneeball (*Vibŭrnum Opŭlus*), den
strahligen Randblüthen (*flores margi-
năles rădiantes neutri*) des Blüthenkörb-
chens (*anthodĭum*) der Kornblumen-
arten (*Centaurēa Cyănus, Centaurēa Ja-
cēa* etc.).

Nach der gegenseitigen Uebereín-
stimmung der Zahl der Theile (*morĭa,
mĕra*) der Blüthenblätterkreise unter-
einander ist eine Blüthe zwei-, drei-,
vier-, fünf-, sechs etc. -zählig

Fig. 372.

Centaurēa Cyănus. a Anthodium, *b* geschlechtslose Randblüthe, *c* Scheibenblüthe.

oder theilig (*flos di-, tri-, tetra-, penta-, hexa-mĕrus s. -mĕres s.
-morĭus*). Selten findet man eine Blüthe aus nur einem Theile
bestehend, wie z. B. die
männlichen Blüthen von
Euphorbĭa (Fig. 261, *h*) und
Lemna, aus einem Staub-
blatte bestehend, und die
weiblichen Blüthen der Eibe
(*Taxus*), aus nur einem Stempel bestehend. Dergleichen
Blüthen hat man auch wohl
einzählige oder eingliedrige
(*flores monomĕri*) genannt.
Gewöhnlich sind die Blüthen

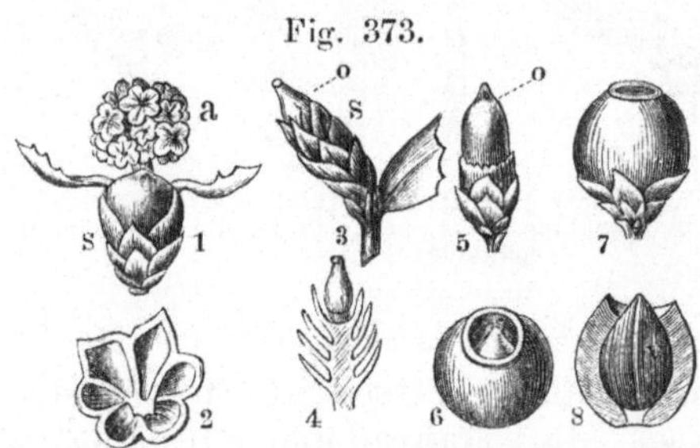

Fig. 373.

Taxus baccata. 1. Männlicher Blüthenstand, 2. Anthere
von unten gesehen, 3. weiblicher Blüthenstand, *o* aufrechtes Eichen, *s* ziegeldachförmig gestellte Schuppen,
4. Verticalschnittfläche der weiblichen Blüthe, 5. mehr
entwickeltes Eichen, 6. u. 7. Frucht, 8. Verticalschnitt
durch die Fruchthülle.

mehrzählig, wobei die einblättrige Blumenkrone (*corolla mono-petăla*), der einblättrige Kelch (*calyx monosepălus*), die einblätt-rige Blüthenhülle (*perigonĭum monophyllum*) als verwachsen-blätterig angesehen werden, indem die Zahl der Zipfel des Saumes (*limbus*) gleich der Zahl der verwachsenen Blätter an-zunehmen ist. Statt einer *corolla monopetăla* hat man eine *corolla gamopetăla s. gamomĕra*.

Die vierblättrige Einbeere (*Paris quadrifolĭa*) hat eine vier-zählige Zwitterblüthe (*flos hermaphrodītus tetramĕrus*), denn sie besteht aus 8 Perigonblättern (4 äusseren breiteren und 4 inne-ren linienförmigen), 8 Staubblättern, 4 sitzenden Narben auf einem 4-fächrigen Fruchtknoten. Nur ausnahmsweise findet man die Blüthe 5-zählig und die Zahl der Perigon- und Staub-blätter durch 5 theilbar, nämlich zu 10. Die Herbstzeitlose (*Colchĭcum autumnăle*) hat eine drei- oder sechszählige Blüthe und zwar ein Perigon mit 6-theiligem Saume, 6 Staubblätter, 3 Griffel, 3 Carpellen. Besonders bei den Monokotyledonen findet man diese einfachen Zahlenverhältnisse der Blüthentheile.

Bemerkungen. *Hermäphrodītus* (ἑρμαφρόδιτος), Zwitter, zusammengesetzt aus Her-mes (Mercurius) und Aphrodite (Venus). — *Monoclīnis, diclīnis, e*, von μόνος (monos) einer, δίς (dis), doppelt, κλίνη (klinä), Bett, Lager. — *Monoecus, dioecus, a, um*, von μόνος, δίς und οἶκος (oikos), Wohnung, Haus. — *Polygămus, a, um*, von πολύς, πολλή, πολύ (polys, pollä, poly) viel, und γάμος (gamos) eheliche Verbindung. — *Monomĕ-res, monomĕrus, monomorĭus, a, um*, von μέρος oder μερίς (meros, meris), Theil; μοῖρα (moira), Antheil. — *Gamopetălus, a, um*, γάμος, eheliche Verbindung, πέταλον (pe-talon) Blatt.

Lection 55.

Pelorisation. Dimorphismus. Trimorphismus.

Man beobachtet nicht selten bei manchen Blüthen eine ab-sonderliche, gewöhnlich ebenmässige, aber zuweilen auch zur Monstrosität ausartende Formentwickelung theils durch Verlän-gerung der Axe, theils durch Vervielfältigung der Blüthentheile oder Umwandlung eines Blüthenblattkreises in den anderen oder durch Entwickelung neuer Blüthen- und Blattknospen in der entwickelten Blüthe. Bei manchen unregelmässigen, aber sym-metrischen Blüthen ist sogar die Gestaltveränderung von der Art, dass sie sich zu regelmässigen Blüthen umbilden.

Als Ursache dieser seltsamen Umgestaltung der Form gilt die durch Kultur oder durch die Ernährung auf gutem Erdreich erzeugte Ueppigkeit (*luxurĭa*). Die Erscheinung selbst nannte schon *Linné* Peloric (*pelorĭa*) und wird auch heute noch mit Pelorienbildung oder Pelorisation bezeichnet.

Ganz besonders trifft man die Pelorienbildung beim Leinkraut (*Linarĭa*), beim Löwenmaul (*Antirrhīnum*), beim Fingerhut (*Digitălis*), beim Veilchen (*Viŏla*), der Balsamine (*Impatiens*), dem Rittersporn (*Delphinĭum*) etc.

In Fig. 374 sehen wir in 1 die Blüthe des gemeinen Leinkrautes (*Linarĭa vulgāris*) und in 2 eine Pelorienbildung derselben Blüthe. Es sind mehrere Blumenblätter verwachsen, und jedes ist gespornt. Aus der unregelmässigen Blumenkrone ist eine regelmässige entstanden, welche sich sogar durch Samen fortpflanzt. In 3 sehen wir einen Theil der pelorisirten Blüthe des Akeleys (*Aquilegĭa vulgaris*) durch Kultur veranlasst.

Fig. 374.

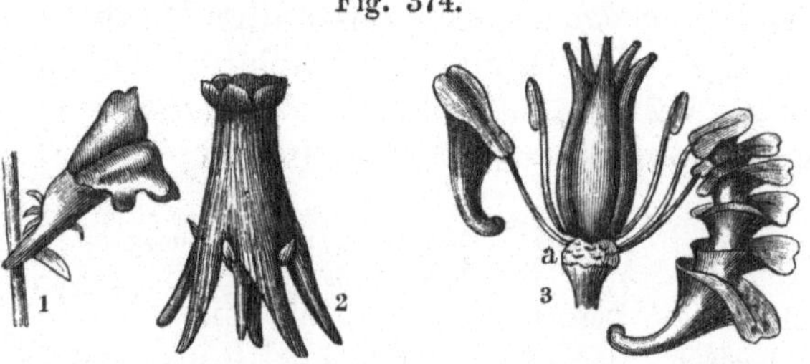

1. Gewöhnliche Blüthe des Leinkrautes (*Linarĭa vulgāris*), 2. Pelorisation derselben. 3. Pelorische Blüthe von *Aquilegĭa vulgāris*.

Die fünf kapuzenförmigen gespornten Blumenkronenblätter schliessen mehrere ähnliche ein, von denen reihenweise eines in das andere eingeschoben scheint. Ausser diesen fünf Reihen der Blumenblätter zeigen die Kelchblätter eine ähnliche Umwandlung. Dagegen ist die Zahl der Staubblätter eine geringere, die Pelorie geschieht hier auf Kosten des Staubblattkreises und selbst des Fruchtblattkreises, welcher nicht selten zu gar keiner Entwickelung gelangt.

Es ist hier keine ungewöhnliche, meist aber normale Erscheinung, dass die Entwickelung der Staub- und Fruchtblätter einer Blüthe nicht gleichen Schritt hält, und die Reife dieser Befruchtungswerkzeuge in verschiedene Zeiten fällt. Diese Erscheinung hat man Dichogamie genannt. Man unterscheidet eine androgynische (männlich-weibliche), wenn die Antheren, eine gynandrische (weiblich-männliche), wenn die Narben früher zur Reife kommen. Bei der Binsengattung (*Juncus*) z. B. erreicht das Pistill die zur Befruchtung nöthige Reife früher, als die Antheren ihren Staub ausstreuen. Bei *Delphi-*

nĭum, *Digitālis*, *Geranĭum* öffnet sich die Narbe, nachdem sich die Antheren bereits ihres Pollens entledigt haben. Die Befruchtung geschieht in diesen Fällen theils durch Blüthenstaub anderer Pflanzen derselben Art, gewöhnlich durch Vermittelung der honigsaugenden Insecten, oder bei der androgynischen Dichogamie auf die Weise, dass etwa vorhandene Sammelhaare des Griffels (*pili collectōres*) den Pollen auffangen, welcher durch Erschütterung oder durch die Insecten auf die Narbe übertragen wird.

Ein anderes nicht immer günstiges Verhältniss für die Befruchtung wird durch den **Di-** und **Trimorphismus** des Befruchtungsapparats erzeugt. Beim Himmelschlüsselchen (*Primŭla officinalis* und *elatĭor Jacq.*) findet man dimorphe Blüthen und zwar mit langem Griffel und tief stehenden Antheren, oder mit kurzem Griffel und weit über demselben angehefteten Antheren. Aehnliches trifft man bei vielen Leinarten (*Linum*), dem Lungenkraut (*Pulmonarĭa officinalis*) an. Bei langem Pistill und niedrig stehenden Antheren ist die Befruchtung erschwert und wird entweder durch die honigsaugenden Insecten vermittelt, oder sie geschieht nach *Charles Darwin* durch die gegenseitige Befruchtung beider Formen. Der genannte Naturforscher

Fig. 375.

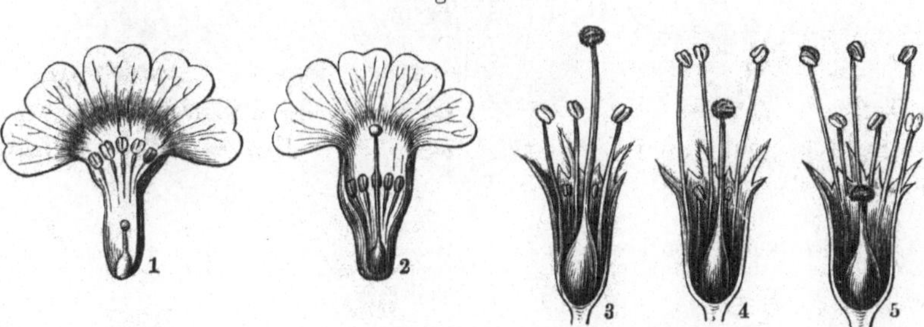

Schematische Figuren. 1. u. 2. Dimorphismus der Blüthe von *Primŭla elatior*. 3. 4. 5. Trimorphismus der Blüthe von *Lythrum Salicarĭa*. (Vergr.).

erkannte auch den **Trimorphismus** beim Weiderich (*Lythrum Salicarĭa*), bei welchem zwischen der lang- und kurzgriffligen Form noch eine Mittelform vorkommt. Nach den angestellten Beobachtungen geschieht hier die Befruchtung einer Blüthe nur durch diejenigen Antheren einer anderen Blüthe, welche mit der Narbe des betreffenden Pistills in gleicher Höhe stehen. Das kleine Pistill der Form 5 (Fig. 375) wird z. B. nur durch die niedrigstehenden Antheren der Form 3 befruchtet.

Bemerkungen. *Peloria*, von πέλωρ (pelōr) Ungeheuer, πελώριος, ία, ιον (pelōrios), ungeheuer gross, riesenhaft. — Dichogamie, von δίχα (dicha) zweifach und γαμέω (gameō), zum Weibe nehmen. — Dimorph, trimorph von μορφή (morphä) Gestalt. — *Charles Darwin* (spr. tscharls daŗhuinn), engl. Naturforscher,

Lection 56.

Charakteristische Blüthenformen.

Nachdem wir die anatomischen und morphologischen Verhältnisse der Blüthen näher kennen gelernt haben, ist es ganz am Orte, auch mehrere für uns wichtige charakteristische Blüthenformen zu betrachten, um dann auf die Entwickelung der Blüthe zur Frucht und auf die Frucht in morphologischer und anatomischer Beziehung überzugehen.

1. Die Malvenblüthe (*flos malvacĕus*) ist eine regelmässige Blüthe, deren fünf Blumenblätter an der Basis mit den zu einer monadelphischen Röhre verwachsenen Staubgefässen so innig

Fig. 376.

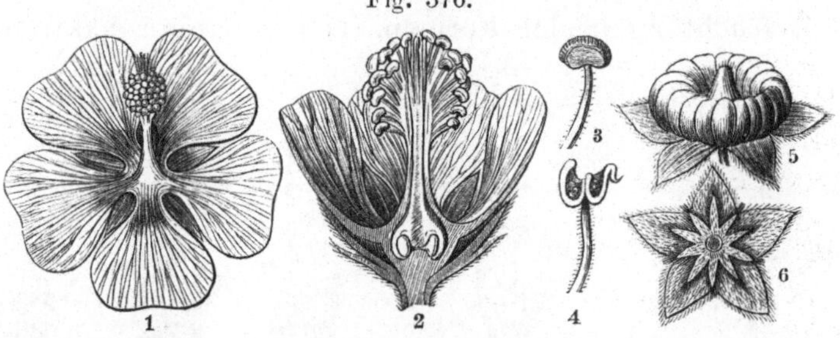

Althaea officinalis (Eibisch). 1. *Flos malvacĕus*. Blüthe, ausgebreitet und von oben gesehen (Natürl. Grösse), 2. dieselbe im Verticaldurchschnitt, 3. Staubgefäss (vergr.), 4. dasselbe entleert, 5. Frucht (vergr.), 6. Doppelkelch.

verwachsen sind, dass sie mit diesen ein und dasselbe Organ zu bilden scheinen. Von oben betrachtet erscheint desshalb die Blume verwachsenblätterig, von unten freiblätterig. Durch die erwähnte Verwachsung werden die zahlreich um eine Scheibe in einen Kreis zusammengestellten Fruchtknoten dem betrachtenden Auge entzogen. Um zu denselben zu gelangen, müssen die Blumenblätter mit dem damit verwachsenen Staubblattcylinder entfernt werden.

2. Die Lippenblüthe (*flos labiatus*) ist eine einblättrige, d. h. verwachsenblättrige, ferner unregelmässige, aber symmetrische Blumenkrone, deren Saum (*limbus*) in zwei einander

gegenüberstehende Hauptlappen, Lippen (*labĭa*) genannt, getheilt ist, und auf diese Weise die Form eines geöffneten Rachens zeigt oder rachenförmig (*ringens*) erscheint. Der obere Hauptlappen wird als Oberlippe oder Helm (*labĭum superĭus; galĕa*) von dem unteren, der Unterlippe (*labĭum inferĭus*) unterschieden. Der Kelch der Lippenblüthe ist gleichfalls gelippt und erscheint aus der Verwachsung von fünf Kelchblättern entstanden zu sein, denn sein Saum ist in fünf Zipfel oder Zähne getheilt, welche sich in verschiedener Zahl auf die beiden Lippen vertheilen. Diese Vertheilung pflegt man der Kürze halber durch einen Bruch auszudrücken, dessen Zähler die Zahl der Zipfel der Oberlippe, dessen Nenner die Zahl der Zipfel der Unterlippe angiebt. Z. B. Kelch $\frac{3}{2}$-lippig besagt: die Oberlippe des Kelches ist in 3 Zipfel, die Unterlippe in 2 Zipfel getheilt. Kelch $\frac{1}{1}$-lippig würde andeuten,

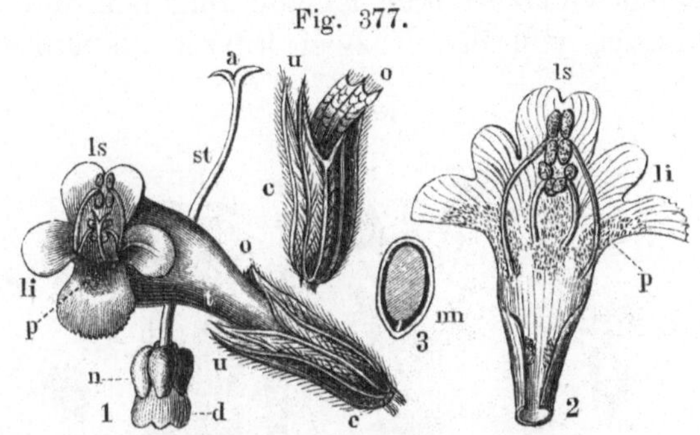

Fig. 377.

Melissa officinālis (Melisse). *Flos labiātus.* *t* Blumenröhre (*tubus*), *ls li* Saum der Blumenkrone, $\frac{2}{3}$ gelippt, *ls* Oberlippe, *li* Unterlippe, *c* Kelch $\frac{3}{2}$ lippig, *o* Oberlippe und *u* Unterlippe desselben, — 3 fache Linear-Vergr. 2. Blumenkrone aufgeschlitzt und ausgebreitet. *ad* Stempel. *a* Narbe, *st* Griffel, *n* Fruchtknoten (*germen quadripartītum*), *d* Scheibe (*discus*). 3. Verticaldurchschnitt eines Carpells.

dass Oberlippe wie Unterlippe des Kelches ungetheilt sind. Diese Bezeichnung überträgt man selbst auf die lippige Blumenkrone, wenn die Lippen derselben getheilt sind. Blumenkrone $\frac{2}{3}$-lippig (*corolla $\frac{2}{3}$-labiata*) besagt, dass die Oberlippe in zwei, die Unterlippe in 3 Lappen (*lobi, lacinĭae*) getheilt ist.

Blumenkrone und Kelch hören nicht auf, lippig zu sein, wenn auch eine oder die andere Lippe unentwickelt ist oder fehlt.

Der Raum zwischen Ober- und Unterlippe heisst der Rachen (*rictŭs*), der Raum oberhalb der Blumenröhre, welcher gleichsam die Basis des Rachens ist, bildet den Schlund (*faux*), und der Theil der Unterlippe, welche den Schlund berührt, wird Gaumen (*palatum*) genannt.

Ist die Theilung des Saumes einer verwachsenblättrigen Blumenkrone in zwei Hauptlappen oder Lippen nicht deutlich ausgeprägt, so nennt man die Blüthe fast lippenförmig (*sublabiatus*), wie z. B. bei *Gratiŏla* und *Mentha*. Auch giebt es Fälle, in welchen durch Drehung des Blüthenstieles die Oberlippe die

Stellung der Unterlippe, und die Unterlippe die der Oberlippe einnimmt. Die Blüthe heisst dann umgekehrt (*flos resupinātus*).

Wird der Rachen der Lippenblüthe durch einen stark gewölbten Gaumen geschlossen, so nennt man die Blüthe maskirt (*flos personātus*), wie z. B. beim Löwenmaul (*Antirrhīnum*) und den übrigen Personaten.

3. Die kreuzförmige oder Kreuzblüthe (*flos cruciātus*) besteht aus vier Blumenblättern, welche deutlich genagelt (*petăla unguiculāta*) und so gestellt sind, dass ihre Platten (*lamĭnae*), von oben betrachtet, ein Kreuz bilden. Sie sind zugleich von einem vierblättrigen Kelche umgeben und umstehen sechs Staubblätter, von denen zwei kürzer als die übrigen sind. An der

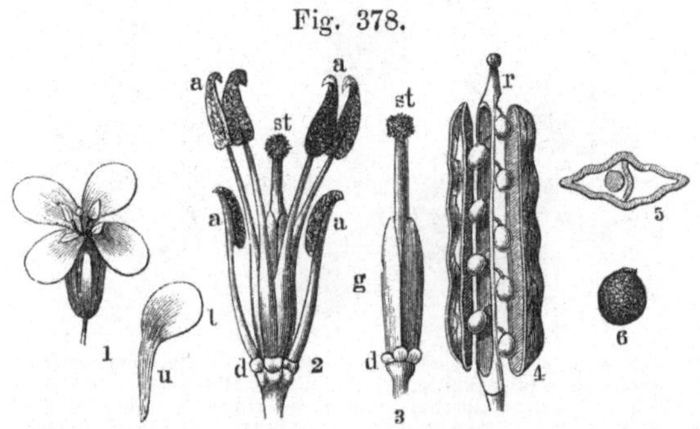

Fläche eines freien Blumenblattes unterscheidet man zwei Theile, den Nagel (*unguis*) und die Platte (*lamĭna*). Der Nagel ist der nach der Basis des Blattes verlaufende, verschmälerte, die Platte der nach der Spitze verlaufende, sich verbreiternde Theil. Bei den Blumenblättern der

Brassĭca nigra (schwarzer Senf). *Flos cruciātus.* 1. Blüthe (natürl. Grösse). *lu* Blumenblatt, *l* Platte, *u* Nagel. 2. Blüthe von Kelch- und Blumenblättern befreit, *aa* 4 lange und *aa* 2 kurze Staubgefässe, *st* Stempel, *d* hypogyne Scheibe. 3. Stempel, *g* Fruchtknoten. 4. Schote (*silĭqua brevirostrata*) zweiklappig aufgesprungen. 5. Querschnittfläche einer Schote, 6. ein Samen, vergrössert.

Kreuzblüthe ist der Nagel meist stark verlängert, so dass die Platte gleichsam gestielt erscheint.

4. Das Kelchkätzchen (*cyathĭum*), aus den Blüthen der Gattung *Euphorbĭa* gebildet, wurde von *Linné* als Blüthe aufgefasst, ist aber, wie schon S. 147 erwähnt ist, ein Blüthenstand, denn in einer verwachsenblättrigen becherförmigen Hülle entspringen nackte weibliche und männliche Blüthen, und sind sowohl das Pistill wie die Staubblätter durch Articulation besondern Blüthenstielen aufgesetzt. *Linné* hielt die Hülle für den Kelch, die

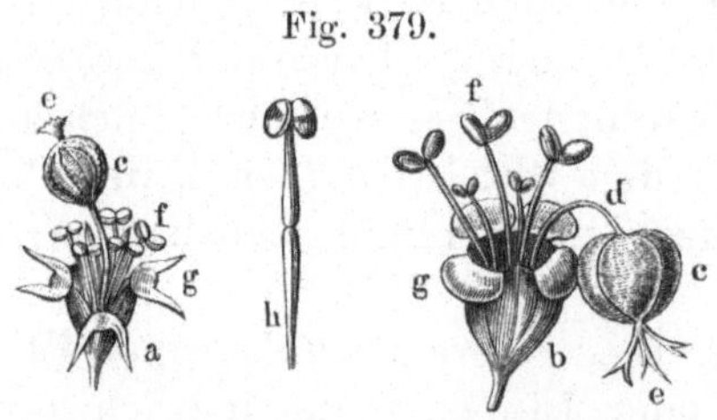

Cyathĭum, Kelchkätzchen, *a* von *Tithymālus Peplus Gaertner*, *b* von *Tithymālus helioscopius*. *a* und *b* becherförmige Hülle (*involucrum*), *g* Schuppen des Hüllrandes (Nectarien), *f* Staubgefässe oder nackte männliche Blüthen, *h* eine solche vergrössert, *c* weibliche Blüthe, aus gestieltem Pistill bestehend.

am Saume der Hülle sitzenden fleischigen Schuppen für Blumenkronenblätter, die männlichen Blüthen für gegliederte Staubgefässe, die weibliche Blüthe für ein gestieltes Pistill.

Lection 57.

Charakteristische Blüthen (Fortsetzung).

5. Die Schmetterlingsblüthe (*flos papilionacĕus*) ist eine
unregelmässige fünfblättrige Blüthe. Das oberste, meist grössere und oft zurückgeschlagene Blumen-
blatt heisst die Fahne (*vexillum*), die

Fig. 380.

Flores papilionacei von *Lotus cornicu-
lātus.*

beiden unteren der Fahne gegenüberstehenden Blumenblätter bilden das Schiff-
chen oder den Kiel (*carīna*), und die
zwischen Fahne und Kiel angehefteten
bilden die Segel oder Flügel (*alae*).
Die beiden Blätter des Kiels sind nicht
selten mehr oder weniger mit ihren Rändern unter einander verwachsen und
schliessen die Geschlechtstheile ein. Letztere sind meist zwei-
brüdrig (diadelph). Der Kelch ist verwachsenblättrig und am

Fig. 381.

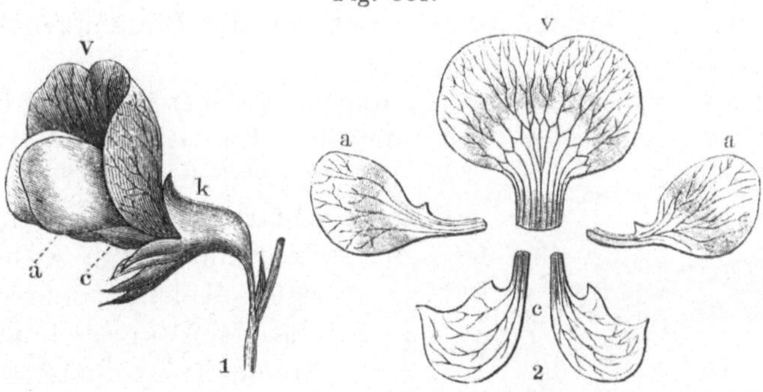

Flos papilionaceus. Pisum satīvum (Erbse). 1. Blüthe von der Seite gesehen, 2. die Blumenblätter
nach ihrer Stellung aus einander gelegt. *v* Fahne (*vexillum*), *c* Kiel (*carīna*), *a* Flügel (*alae*), *k* Kelch.

Saume lippig getheilt mit wieder in Zipfel oder Zähne getheilten Lippen. Die Zahlen der Theilungen der Lippen werden hier
wie beim Kelch der Lippenblüthen ebenfalls durch einen Bruch
angedeutet. Während der Kelch der Labiaten am häufigsten
$= {}^3\!/_2$ ist, finden wir ihn bei den Schmetterlingsblüthen gewöhn-

lich zu ²/₃. Die Blumenkronenblätter der Schmetterlingsblüthe sind sämmtlich genagelt (*petäla unguiculäta*).

6. Die Polygalablüthe (*flos polygalïnus*) findet sich nur bei wenigen Pflanzenarten (Polygalaarten). Sie ist unregelmässig, meist lippig und gespalten und besteht aus einem fünfblättrigen Kelche, dessen drei äussere Blätter unter sich gleich und grüngefärbt sind, deren beide innere Blätter (Flügel, *alae*) aber seitlich die Blumenkrone einschliessen und gross und blumenblattartig gefärbt sind. Die Blumenkrone ist zweilippig und zugleich fünftheilig, in der Mitte der Oberlippe bis zur Basis gespalten. Der mittlere Lappen der Unterlippe ist kammförmig geschlitzt und bildet einen Kamm (*crista*). Die seitlichen

Fig. 382.

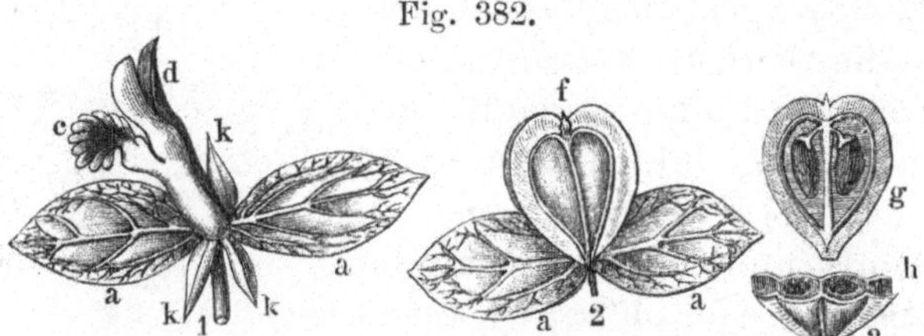

Flos polygalïnus. 1. Blüthe von *Polygäla vulgäris*, vergrössert. *k k k* äussere Kelchblätter, *a a* innere Kelchblätter oder Flügel (*alae*), *d* bis zur Basis gespaltene Oberlippe. *c* Unterlippe mit Kamm (*crista*). 2. Zusammengedrückte Fruchtkapsel (*capsäla compressa*), mit den beiden Flügeln. 3. geöffnete Frucht, *h* dieselbe im Querschnitt.

Lappen der Unterlippe verwachsen mit dem mittleren gewöhnlich in der Weise, dass sie eine Kappe (*cucullus*) bilden, welche die epipetalen, oberhalb diadelphisch verwachsenen Staubgefässe einschliesst. In diesem Falle erscheint die Blumenkrone nur dreitheilig.

7. Die Corydalisblüthe, erdrauchartige Blüthe (*flos corydalïnus s. fumarioïdëus*) ist nur den Fumariaceen (*Fumarïa, Corydälis*) eigen. Sie ist lippenartig (*labiösus*) und besteht aus einem zweiblättrigen Kelche, einer vierblättrigen unregelmässigen Blumenkrone und erscheint wie eine Mittelform zwischen den Kreuzblüthen und Schmetterlingsblüthen. Die Blumenblätter stehen sich kreuzweis gegenüber. Das obere und untere Blumenblatt bilden die beiden äus-

Fig. 383.

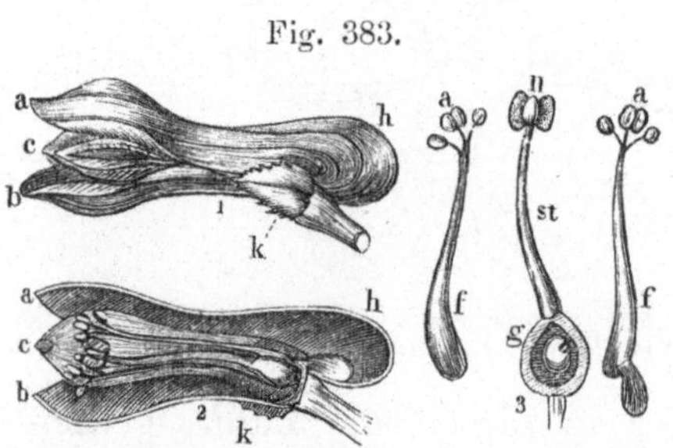

Flos fumarioïdëus s. corydalïnus. 1. Blüthe von *Fumarïa officinälis* (Erdrauch). Vergr. *a* oberes, *b* unteres Blumenblatt, *k* Kelch, *h* der höckrige Theil (*pars gibbösa*) des oberen Blumenblattes, *c* seitliche Blumenblätter. 2. Die Blüthe im Verticalschnitt. 3. die diadelphischen Staubgefässe (*f. f*), von welchen eines (das obere) am Grunde einen Sporn trägt, und *g* Stempel.

seren Blumenblätter und laufen meist in einen hohlen Höcker oder einen Sporn aus. Die beiden seitlichen oder inneren Blumenblätter sind an ihrer Spitze durch eine Drüse zusammengeklebt und schliessen die Befruchtungsorgane ein. Die Staubgefässbündel, deren jedes einen mittleren zweifächrigen und zwei seitliche einfächrige Staubbeutel trägt, sind entweder mit den Rändern der äusseren oder der inneren Blumenblätter verwachsen.

8. Die Grasblüthe, Balgblüthe (*flos glumacĕus s. graminĕus*). Was man unter dieser Bezeichnung versteht, ist nicht eine einzelne Blüthe, sondern ein Grasährchen (*spicŭla*), ein Blüthenstand, der aber manches Eigenthümliche hat, so dass wir ihn wie das Kelchkätzchen (*cyathium*) hier nach der Zusammensetzung seiner Theile erwähnen müssen.

Die Grasblüthe besteht aus zweizeilig gestellten, sich scheidenartig umfassenden Hüllblättern, den Balgspelzen (*glumae*), welche die eigentlichen, einer kleinen Spindel (*racheŏla*) zweizeilig angehefteten Blüthen einschliessen.

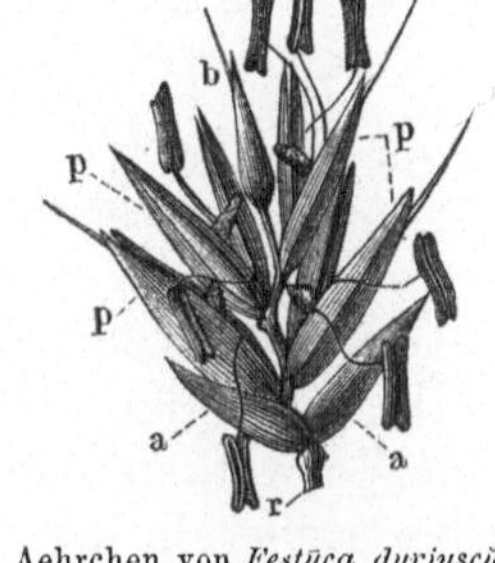

Fig. 384.

Aehrchen von *Festūca duriuscŭla*, Hartschwingel: *aa* Balgspelzen (*glumae*). *r* Spindel (*racheŏla*), *p* Spelze, *b* unentwickeltes Blüthchen.

Das einzelne Grasblüthchen (*floscŭlus, glumella*) besteht aus zwei, in ähnlicher Weise sich scheidenartig umfassenden Hüllblättchen, den Spelzen (*palĕae*), welche *Linné* für Blumenblätter hielt. Diese beiden Spelzen schliessen die Befruchtungsorgane und 2 oder 3 kleine zarte häutige Schuppen, Schüppchen, Honigspelzchen (*squamŭlae; glumellŭlae; lodicŭlae; nectaria* nach *Linné*) ein. Die äussere und gewöhnlich derbere Spelze ist

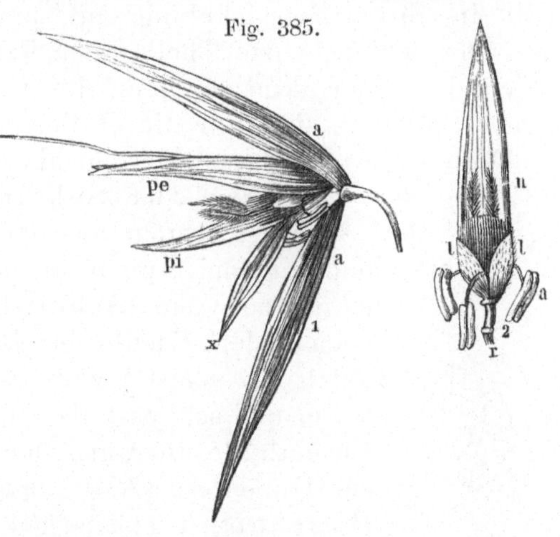

Fig. 385.

Aehrchen von *Avēna satīva* (Hafer). 1. Aehrchen, *spicŭla biflōra*, *aa* Balgspelzen (*glumae*), *pe, pi, x* Spelzen (*palĕae*), *x* steriles Blüthchen, *pe* äussere auf dem Rücken gegrannte Spelze (*palĕa dorso aristāta*). Vergr. 2. Ein Blüthchen ohne die äussere Spelze. *r* Spindel, *n* fedrige Narbe (*stigma plumōsum*), *l* Schüppchen (*squamulae s. lodiculae*).

nervig und ihr mittlerer Nerv ist oft zu einer Granne (*arista*) verlängert. Die innere Spelze ist häutig, und häufig kielartig eingeschlagen und an der Spitze zweizähnig (*palea interior bidentata*). Sie ist nach *Schleiden* aus der Verwachsung zweier Blätter entstanden. Das Aehrchen wird nach der Zahl der Blüthchen mit ein-, zwei-, drei- etc. vielblüthig (*spicŭla uni-, bi-, tri-, multiflōra*) bezeichnet. Männliche oder geschlechtslose Blüthchen werden nur als halbe gerechnet, daher auch wohl die Bezeichnung anderthalbblüthig (*spicŭla sesquiflōra s. subbiflōra*).

Lection 58.

Frucht, Scheinfrucht. Einfache, vielfache, zusammengesetzte Frucht.

Die Blüthe hat nach geschehener Befruchtung des Eichens ihre Bestimmung erfüllt, ihre Entwickelung ist beendigt, und durch Verwelken oder Abfallen der Blüthendecken und Staubblätter giebt sie den Zustand an, welchen wir das Verblühen (*defloratio*) nennen. Nur die befruchteten Samenknospen und die sie umschliessenden Fruchtblätter, also der Stempel, hören nicht in ihrer Entwickelung auf und wachsen zur Frucht aus. Der wesentlichste Theil einer Frucht ist die zum Samen ausgebildete Samenknospe, denn die Fruchtblätter, welche den Stempel bildeten, sind nur die Hüllen des reifen Samens.

Die Früchte (*fructus*) werden als echte (*veri*) und als unechte (*spurii s. involucrāti*) oder Scheinfrüchte unterschieden.

Die echte Frucht besteht aus dem zur Frucht entwickelten Fruchtknoten mit dem Samen, an der Zusammensetzung der

Fig. 386.

unechten oder Scheinfrucht dagegen nehmen noch andere Theile der Blüthe Theil. Der Unterkelch (*hypanthium*) wird z. B. fleischig, wie bei der Rose, und schliesst als eine falsche beerenähnliche Fruchthülle die Carpellen ein. Die Scheinfrüchte der Hundsrose (*Rosa canīna*) sind die sogenannten Hagebutten (*Cynosbăta, Cynorrhŏda, fructus Cynosbăti*). Bei den Pomaceen verschmelzen Unterkelch und Fruchtboden völlig mit der Frucht, d. h. mit dem Stempel, und bilden fleischige Früchte

Frucht von *Rosa canīna*. Scheinfrucht im Längsdurchschnitt.

(Apfel, Birne). Bei *Anacardīum occidentāle* schwillt der Blüthenstiel (*peduncŭlus*) fleischig und birnenförmig an und dient als

Stütze der nierenförmigen Nuss, dagegen wächst und dehnt sich bei *Semecārpus Anacardĭum* der Stempelträger (*gynophŏrum*) zu einem die fast herzförmig gestaltete Nuss stützenden **Fruchtträger** (*carpophŏrum*) aus. Bei der Erdbeere (*Fragarĭa*) wird der Stempelträger zu einem fleischigen Fruchtträger, welchem die kleinen Carpellen aufgesetzt sind. Die Frucht des Feigenbaums (*Ficus Carĭca*) ist der fleischig gewordene gemeinschaftliche Fruchtboden (*receptacŭlum commūne*), welcher ein fruchtähnliches Gehäuse bildet, in dessen innere Wandung die kleinen einsamigen Steinfrüchtchen eingesenkt sind. Beim Hopfen (*Humŭlus Lupŭlus*) wachsen die Deckblätter zu einem Zapfen (*strobĭlus*), bei der Eiche zu

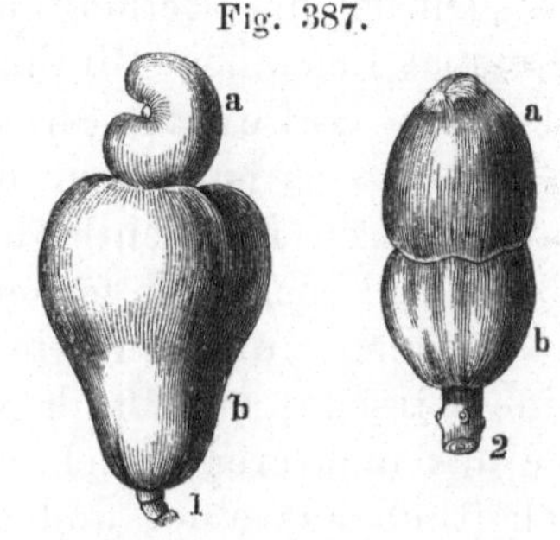

Fig. 387.

1. Frucht von *Anacardĭum occidentāle. a* Nussartige Steinfrucht, *b* der fleischig angeschwollene Blüthenstiel. 2. Frucht von *Semecarpus Anacardĭum. a* Nussartige Steinfrucht, *b* der Fruchtträger.

Fig. 388. a.

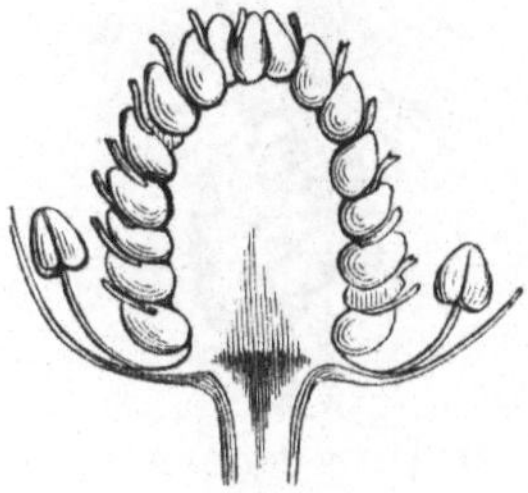

Erdbeere. Verticaldurchschnitt. Vgr.

Fig. 388. b.

Erdbeere.

Fig. 390.

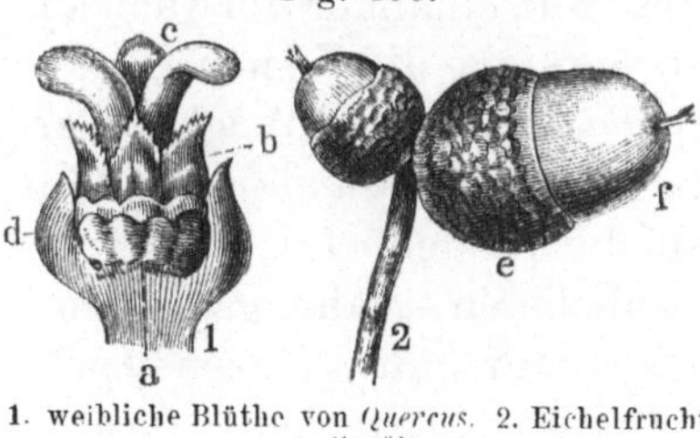

1. weibliche Blüthe von *Quercus.* 2. Eichelfrucht. *c Cupŭla.*

Fig. 389.

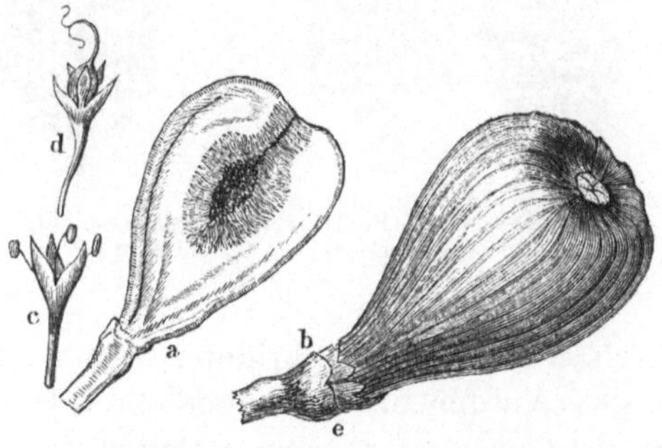

Ficus Carĭca. a Coenanthium. *b* dasselbe zur Frucht gereift.

Fig. 391.

Hopfenzapfen.

Fig. 392.

Frucht von *Papāver somnĭfĕrum.*

einer Becherhülle (*cupŭla*) aus. Beim Mohn (*Papāver*) bildet die Narbe (*stigma*) einen Theil der Frucht.

Durch die Betheiligung eines oder mehrerer ausser dem Stempel liegenden Blüthentheile an der Fruchtbildung entsteht also die **Scheinfrucht** (*fructus spurius*). Eine echte Frucht (*fructus verus*) ist immer nur der gereifte Fruchtknoten, welcher mit anderen Blüthentheilen in keiner Weise verwachsen ist.

Die Frucht ist ferner **einfach** (*fructus simplex*), wenn sie aus einem einfachen Stempel entstanden ist, z. B. ein Apfel, eine Kirsche; sie ist dagegen eine **vielfache** (*multĭplex*), wenn sie aus mehreren Früchten zusammengesetzt ist, welche gemeinschaftlich aus einer und derselben Blüthe entstanden sind, z. B. die Himbeere, die Frucht der Herbstzeitlose (*Colchĭcum*), die Frucht der Labiaten. Sie ist endlich eine **zusammengesetzte** (*compositus*), wenn sie sich aus den Stempeln verschiedener Blüthen

Fig. 393.

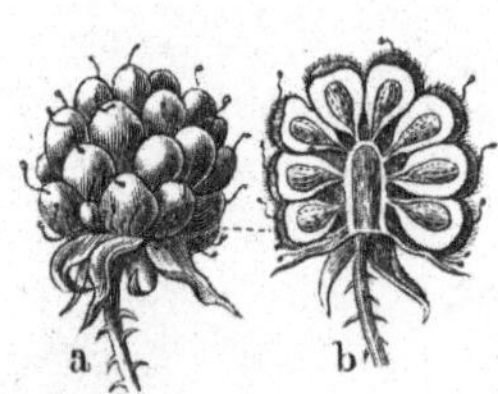

Vielfache Frucht. *a* Himbeere.
b Dieselbe im Verticalschnitt.

Zusammengesetzte Frucht.
Maulbeere (*Morus nigra*).

Frucht von *Anănas satīvus*.

durch Verwachsung bildete, wie z. B. die Maulbeere, Ananas, Feige. An der zusammengesetzten Frucht, welche auch **Sammelfrucht** (*syncarpĭum*) genannt wird, sehen wir verschiedene Formen.

Fig. 394.

Zapfen (*strobĭlus*) von *Cupressus sempervĭrens*.

Fig. 395.

Zapfenbeere (*galbŭlus*)
von *Juniperus commūnis*.
3 fache Vergr.

Verholzen z. B. die Fruchtschuppen, wie bei den Coniferen, so bildet sich der **Zapfen** (*strobĭlus; conus*), oder sind die Fruchtschuppen fleischig und mit einander verwachsen, so entsteht die **Zapfenbeere** (*galbŭlus*). Die Wachholderbeere (*fructus Junipĕri*) ist eine solche Zapfenbeere.

Die Früchte sind oft mit verschiedenen Anhängseln ausgestattet. Eine Frucht kann besetzt sein mit Haaren (*pili*), Borsten (*setae*), einer Haarkrone (*pappus*), Stacheln (*aculĕi*),

Warzen (*verrūcae*), Schüppchen (*lepĭdes*) oder Panzerschüppchen, Schildern (*lorīcae*), mit Leisten (*costae*), d. s. linienförmigen Hervorragungen, etc.

Eine Frucht heisst gestielt (*stipitātus*), wenn sie sich in einen Stempelfuss (*gynopodium*) verschmälert. Je nach der Beschaffenheit des Griffels, womit sie gekrönt ist, oder in welchen sich ihre Spitze endigt, ist sie geschnäbelt (*rostrātus*), wenn der Griffel lang und starr ist; geschwänzt (*caudātus*), wenn dieser schlaff ist; oder sie ist ungeschnäbelt (*erōstris*), ungeschwänzt (*ecaudātus*). Sie ist geflügelt (*alātus*), wenn das Fruchtgehäuse flügelartig ausgebreitet ist. Die geflügelte Frucht

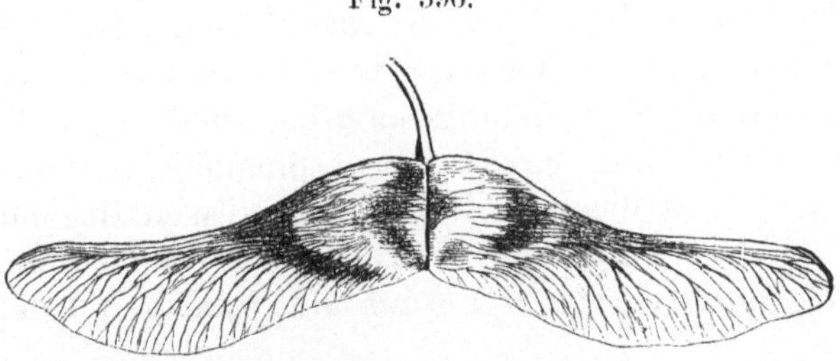
Fig. 396.

Die an den Seiten geflügelte Spalt-Frucht (*fructus laterĭbus alātus*) vom Feldahorn (*Acer campestre*).

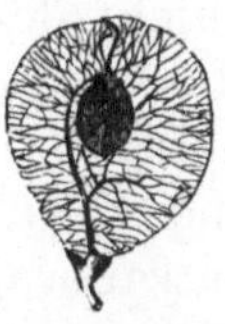
Fig. 397.

Rundumgeflügelte Frucht (*fructus peripterigĭus* der Feldrüster (*Ulmus campestris*).

wird gewöhnlich Flügelfrucht (*samăra*) genannt. Sie kann je nach der Flügelzahl ein-, zwei-, drei-, vier- etc. flügelig sein (*uni-*, *bi-*, *tri-*, *quadri-* etc. *alātus* oder *monopterigĭus*, *diptĕrus*, *triptĕrus*, *tetraptĕrus*).

Bemerkungen. *Cynosbătus*, von κύων, genit. κυνός (kyòn, kynos), Hund und βάτος (batos) Dornstrauch. — *Cynorrhŏdum*, Hundsrose, κύων, Hund, und ῥόδον (rrhodon), Rose. — *Samăra*, *ae*, *f.* Flügelfrucht der Ulme, richtiger ist *samārum*, *i*, *n.*, wie es auch *Plinius* gebraucht. — *-pterigĭus*, *-ptĕrus*, *a*, *um*, flügelig, von πτέρυξ, υγος (pteryx, ygos) und πτερόν (pteron) Flügel.

Lection 59.

Bestandtheile der Frucht ausser dem Samen.

Eine Frucht besteht aus dem Samen und den Umhüllungen desselben. Die Umhüllungen fasst man mit der Bezeichnung Fruchtgehäuse (*pericarpĭum*) zusammen.

An dem Fruchtgehäuse kommen folgende Theile in Betracht:

1. Die Schale (*peridĭum*) und die Schichten, aus denen sie besteht, 2. die Näthe oder Fugen (*sutūrae*), 3. die Regionen (*regiōnes*), 4. die Klappen (*valvae s. valvŭlae*), 5. die Scheidewände (*dissepimenta*), 6. die Fächer (*locŭli; locŭlamenta*), 7. der Samenträger (*spermophŏrum*), 8. der Nabelstrang (*funicŭlus umbilicālis*).

1. Die Schale (*peridĭum*) besteht aus drei Schichten, nämlich der äusseren Fruchthaut (*epicarpĭum, exocarpĭum*), der inneren Fruchthaut (*endocarpĭum*) und der zwischen diesen beiden liegenden Schicht, der mittleren Fruchtschale, Mittelschicht (*mesocarpĭum*). Ist die Mittelschicht fleischig, so nennt man sie auch wohl Fleischschale (*sarcocarpĭum*). Bei der Frucht von *Tamarīndus Indĭca* ist die nach aussen liegende Schicht der Mittelschicht in ein lockeres musartiges Parenchym (Mus, *pulpa*) verwandelt. Sehr häufig nämlich theilt sich das Mesocarp in zwei, durch ihre Struktur von einander verschiedene Gewebeschichten, von denen z. B. die nach aussen liegende aus zartwandigen saftreichen Zellen, die an die innere Fruchthaut grenzende oder damit verwachsene aus dickwandigen leder-

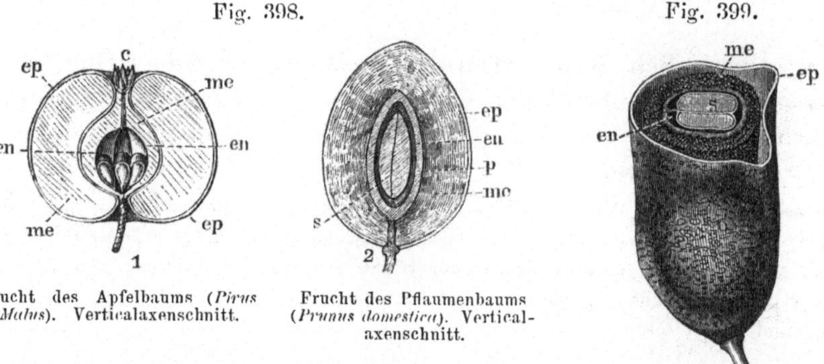

Fig. 398.

1

Frucht des Apfelbaums (*Pirus Malus*). Verticalaxenschnitt.

2

Frucht des Pflaumenbaums (*Prunus domestica*). Verticalaxenschnitt.

Fig. 399.

Hülsenfrucht von *Tamarīndus Indĭca*.

ep Epicarpium, *en* Endocarpium, *me* Mesocarpium, *s* Sarcocarpium, *c* Kelchrudiment, *p* Steinschale, dem Mesocarp angehörend.

artigen, oder holzigen, oder steinartigen Zellen besteht und bei den Steinfrüchten (*drupae*) die sogenannte Steinschale (*putāmen*) bildet. Epicarp und Endocarp sind aus einer oder mehreren Lagen Epidermalzellen zusammengesetzt.

Die Stelle, mit welcher ein Epicarp dem Fruchtboden aufsass und welche sich durch andere Färbung, mindere Glätte oder wulstige Erhabenheit kenntlich macht, nennt man gewöhnlich den Nabel (*hilum; umbilĭcus*), besser aber wegen der Verwechslung mit dem Nabel am Samen Höfchen, Plätzchen (*areŏla*). Vergl. Fig. 447, 2. *h.*

2. Die Nähte (*sutūrae*) sind vertiefte oder erhabene Streifen am Fruchtgehäuse. Man unterscheidet die Naht, wenn sie durch Verwachsung der Ränder der Fruchtblätter entstanden ist, als Bauchnaht (*sutūra ventrālis*) oder als Samen tragende Naht (*sutūra seminiferā*); wenn sie durch den Mittelnerv des Fruchtblattes gebildet wird, als Rückennaht (*s. dorsālis*); und wenn sie aus der seitlichen Verwachsung zweier Carpellen hervorgeht, als Wandnaht (*s. parietālis*).

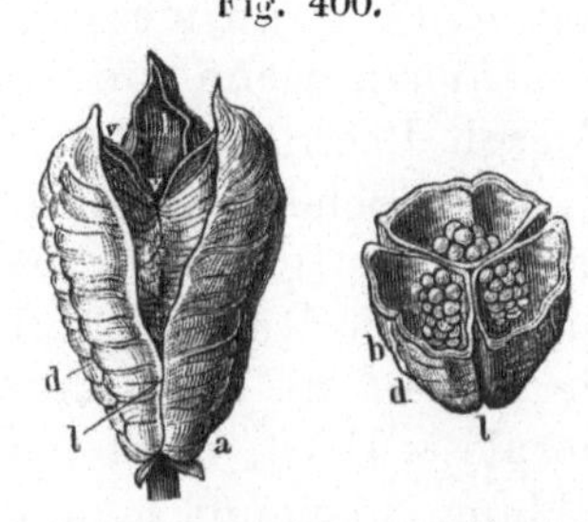

Fig. 400.

Frucht der Herbstzeitlose (*Colchĭcum autumnāle*), aus 3 Carpellen bestehend. *r* Bauchnaht, *d* Rückennaht, *l* Wandnaht.

Diejenige Seite des Carpells oder Fruchtblattes, auf welcher die Ränder desselben zusammentreffen, pflegt man den Bauch (*venter*) des Carpells zu nennen, daher die Bezeichnung Bauchnaht. Diese ist immer, wenn durch Drehung des Frucht- oder Stempelfusses die Lage keine Veränderung erlitten hat, stets der Axe des Fruchtknotens zugewendet. Die dem Bauche entgegengesetzte Seite bildet den Rücken (*dorsum*) des Carpells, welcher demnach der Fruchtaxe abgewendet liegt. Ein Fruchtgehäuse ist ein-, zwei-, drei- etc. nähtiges (*pericarpĭum uni-, bi-, tri- etc. suturātum*).

3. Die Regionen der Frucht (*regĭōnes fructus*) sind die Basis (*basis*) oder die Anheftungsstelle, die Spitze (*apex*), die Stelle, auf welcher sich der Griffel oder dessen Rudimente befinden, die Bauchfläche (*venter*) oder die der Fruchtaxe zugewendete Seite des Carpells, die Rückenfläche (*dorsum*) oder die der Bauchfläche entgegengesetzte Seite, die Seitenflächen (*latĕra*) oder die von Rücken- und Bauchfläche begrenzten Flächen. Stossen diese in einer Kante zusammen, so bilden sie einen Rand (*margo*).

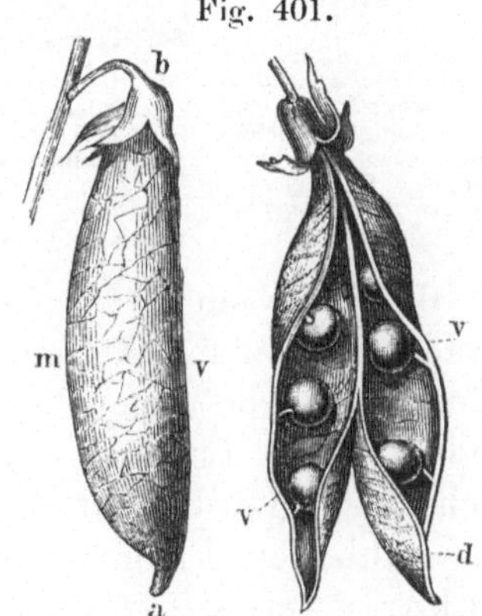

Fig. 401.

Frucht (Hülsenfrucht, *legūmen*) von *Pisum satīvum* (Erbse). *a* Spitze, *b* Basis, *r* Bauchnaht, *m* Rand, *d* Rückennaht. Frucht zweiklappig (*legūmen bivālve*).

4. Die Klappen (*valvae*) nennt man die Theile der Fruchtblätter, welche sich bei der Reife der Frucht in den Nähten trennen. Eine Frucht

kann zwei-, drei-, vier-, fünf- etc. klappig (*bi-*, *tri-*, *quadri-*, *quinquevălvis*) sein.

5. Die Scheidewände (*dissepimenta*) sind entweder doppelt, wenn sie von aneinanderliegenden Carpellwänden gebildet werden, oder einfach, im letzteren Falle centripetal (*dissepimenta centripěta*), wenn sie von den Fruchtblättern, und centrifugal (*centrifŭga*), wenn sie von der mittelständigen Säule ausgehen. (Vergl. Lect. 48).

Die Scheidewände stehen entweder am Rande der Klappen, randklappige (*diss. marginantĭa*), wie bei Colchĭcum, Fig. 400, oder in der Mitte derselben, mittelklappige (*medivalvĭa*). Sind sie schon im Fruchtknoten ausgebildet, so unterscheidet man sie als wahre, entstehen sie dagegen erst während der Fruchtbildung, so nennt man sie falsche.

Die Scheidewände nennt man vollständige (*complēta*), wenn sie die Axe der Frucht mit der Wand des Pericarps verbinden. Im anderen Falle sind sie unvollständig (*incomplēta*). Laufen sie mit der Axe der Frucht parallel, so bilden sie die Längsscheidewände (*longitūdinalĭa*), und stehen sie zu der Axe der Frucht in einem rechten Winkel, so bilden sie Querwände (*dissepimenta transversalĭa; septa*).

Fig. 402.

Fig. 403.

Fig. 404.

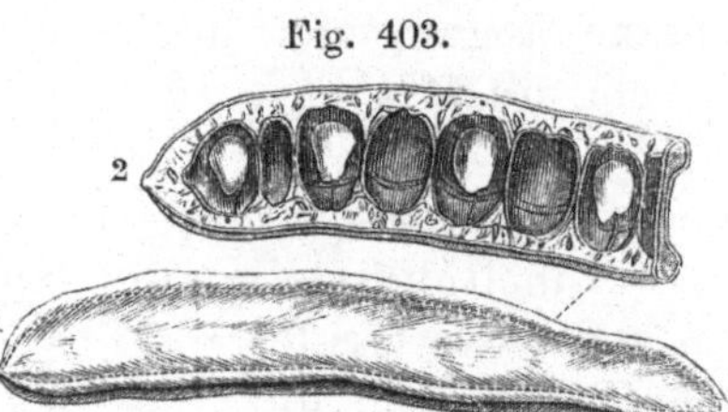

Frucht des Spanischen Flieders (*Syringa vulgāris*). Längsfächrig mit mittelklappiger Scheidewand. Fachspaltig zweiklappig aufspringende Frucht (*capsŭla loculicĭdobivalvis*).

1. Frucht des Johannisbrodbaums (*Ceratonĭa Silĭqua*). Verkleinert. 2. Verticalschnitt, die Querscheidewände zu zeigen. (*legumen septātum*).

Querdurchschnittene Frucht von *Capsĭcum annŭum*. Unvollkommene Scheidewand. Eine aufgeblasene, saftlose, 2—3fächrige Beere (*bacca inflata, exsucca, 2—3-locularis*).

6. Die Fächer (*locŭli, locŭlamenta*) sind die durch die Scheidewände begrenzten Räume oder, bei Abwesenheit der Scheidewände, die von dem Pericarp gebildete Höhlung. Die Fächer sind unecht (*spurĭa*), wenn sie keine Samen enthalten oder auch schon im Fruchtknoten kein Eichen enthielten. Je nach der Zahl der Fächer ist die Frucht zwei-, drei-, vier- etc. fächerig (*bi- tri- quadri- etc. loculāris*).

7. Der Samenträger (*spermophŏrum; sporophŏrum; placenta*) bildet den Theil der Frucht, welchem die Samen angeheftet sind.

Er ist **mittelständig** (*centrāle*) und wird dann auch **Säulchen** (*columella*) genannt. Der **Samenträger ist freistehend** (*sporo-phŏrum libĕrum*), wenn er nicht mit Scheidewänden verbunden ist, oder **angewachsen** (*adnātum*), wenn er mit den Scheidewänden verwachsen ist, oder er ist **wandständig** (*parietāle*), wenn er mit der Wandung des Pericarps verwachsen ist. Der angewachsene Samenträger wird oft durch Lostrennung beim Aufspringen der Frucht frei (*sporophŏrum centrāle vel parietāle, demum libĕrum*).

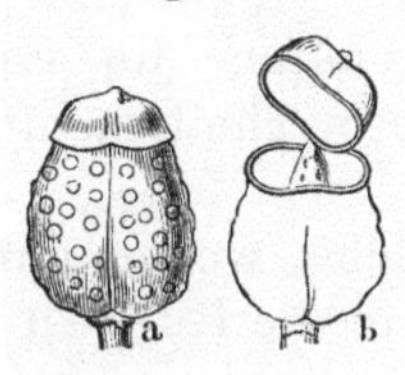

Fig. 405.

Frucht des Bilsenkrautes (*Hyoscyămus niger*). Mittelständiger Samenträger.

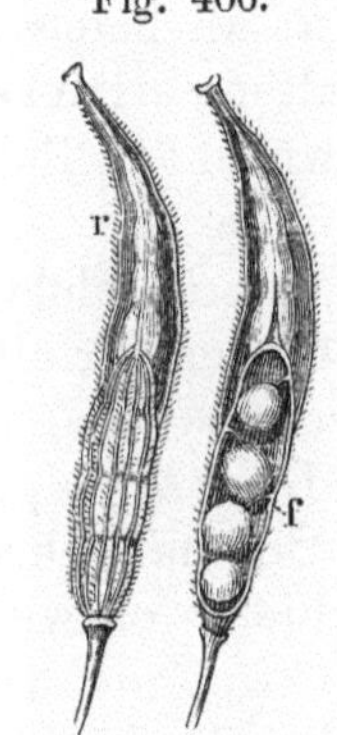

Fig. 406.

Frucht des weissen Senfes (*Sināpis alba*). (Etwas vergr.), *f* geöffnet, um die wandständigen Samenträger zu zeigen. Eine mit einem Schnabel versehene, wulstige Schote (*sĭlĭqua rostrāta torulōsa*). *f* Nabelstrang, *r* Schnabel.

8. Der **Nabelstrang** (*funiculus umbilicālis*) wird durch das den Samen mit dem Samenträger verbindende Gefässbündel gebildet.

Bemerkungen. *Exocarpĭum, pericarpĭum, mesocarpĭum, endocarpĭum;* ἔξω (exo), aussen; περί (peri), um, herum; μέσος, η, ον (mesos, ä, on), in der Mitte, mitten; ἔνδον (endon), darin, innerhalb, und καρπός (karpos) Frucht. — *Sarcocarpĭum,* von σάρξ, gen. σαρκός (sarx, sarkos), Fleisch. — *Spermophŏrum, sporophŏrum,* Samenträger, von σπέρμα (sperma), Same; σπορά (spora), Saat; σπείρω (speirō) säen; φορός, ον (phoros, phoron), tragend; φέρω (pherō), tragen. *Peridĭum* (und nicht *peridĭum*), Hülle, Schale (περιδέω, umbinden, herumlegen).

Lection 60.

Das Aufspringen der Früchte.

Die Früchte, deren Gehäuse sich bei der Reife behufs der Ausstreuung des Samens öffnet, sind **aufspringende Früchte** (*fructus dehiscentes*), im Gegensatz zu denen, welche nicht aufspringen, deren Gehäuse also geschlossen bleibt (*fructus indehiscentes*). Einige vielfache Früchte zerfallen zur Zeit der Reife in die einzelnen Früchtchen, welche nicht selten geschlossen bleiben.

Aus dem Gesagten ergiebt sich, dass sich die Früchte in drei Gruppen theilen lassen, nämlich:

1. in solche, welche zur Zeit ihrer Reife aufspringen und die Samen ausstreuen. Hierher gehören die sogenannten **Kapselfrüchte** (*capsulae; fructus capsulāres*).

2. in solche, welche in einzelne Theilfrüchtchen (*mericarpĭa*) zerfallen. Hierher gehören die **Spaltfrüchte** (*schizocarpĭa*). Entweder bleiben diese Theilfrüchtchen geschlossen, oder sie springen auf.

3. in solche, welche weder aufspringen noch in Einzelfrüchtchen zerfallen, wie die **Beeren** (*baccae*), die meisten **Steinbeeren** (*drupae*) und die **Schliessfrüchte** (*achaenia*).

Das **Aufspringen der Frucht** (*dehiscentia fructus*) ist von der Beschaffenheit des Zellgewebes des Gehäuses abhängig. Es geschieht entweder erstens in Nähten oder nicht in Nähten, und zweitens **der Länge nach** (*dehiscentia longitudinalis*), d. h. in der Richtung der Fruchtaxe, oder **der Quere nach** (*deh. transversālis*), d. h. in einer Richtung, welche die der Fruchtaxe rechtwinklig durchschneidet, oder **in Löchern** (*deh. in poris vel in foraminibus*).

Das **Aufspringen in der Länge** geschieht **klappig oder in Klappen** (*dehiscentia valvāris*), wenn es regelmässig nach dem Verlauf der Nähte erfolgt, und zwar durch Trennung der Bauchnaht (*deh. intrōrsa*) oder durch Trennung der Rückennaht (*deh. extrōrsa*). Es ist **vollständig** (*complēta*), wenn sich die

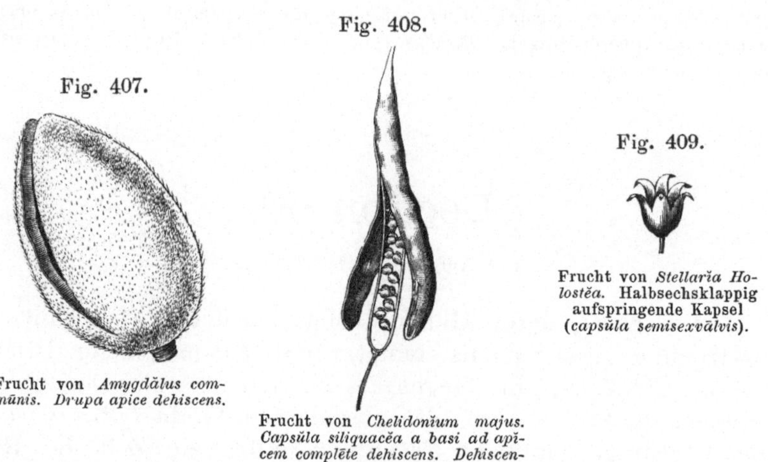

Fig. 408.

Fig. 407.

Fig. 409.

Frucht von *Amygdālus commūnis. Drupa apice dehiscens.*

Frucht von *Chelidonĭum majus. Capsŭla siliquacĕa a basi ad apĭcem complēte dehiscens. Dehiscentĭa fenestrālis.*

Frucht von *Stellarĭa Holostĕa.* Halbsechsklappig aufspringende Kapsel (*capsŭla semisexvālvis*).

Klappen ihrer ganzen Länge nach trennen, entweder von der **Spitze** (*ab apĭce*) oder von der **Basis der Frucht** (*a basi*) beginnend. Die Frucht springt ein-, zwei-, drei- etc. **klappig** auf (*fructus bi-, tri-, quadri-, quinque-valvis*). Wenn sich hierbei die Klappen von den Nähten trennen und diese letzteren wie Rahmen stehen bleiben, so nennt man das Aufspringen **fenster-artig** (*deh. fenesträlis*).

Unvollständig (*incompléta*) ist das Aufspringen, wenn die Klappen theilweise verbunden bleiben. Man unterscheidet dann ein **halbklappiges** (*semivälvis*), ein halb-dreiklappiges, ein halb-vierklappiges etc. Aufspringen (*deh. semitrivälvis, semiquadrivälvis etc.*),

Fig. 410.

Frucht von *Oxälis Acetosella. Capsüla pentagöna, fissuraliter dehiscens.* Vergr.

und geschieht die Trennung der Klappen nur in der Mitte, so dass sie an ihren Enden verbunden bleiben, so heisst das Aufspringen **spaltig** (*deh. fissuralis*) oder in Spalten (*fissüris s. rimis*), geschieht es aber nur an einem Ende der Klappen, so heisst es **zähniges** Aufspringen (*deh. dentälis*) oder ein Aufspringen in Zähnen (*dentibus*). Trennen sich die Klappen schnell wie mit Federkraft, so nennt man die Frucht **elastisch aufspringend** oder **Springfrucht** (*fructus elastice dehiscens*).

Das Aufspringen ist **scheidewandspaltig** (*deh. septicïda*), wenn bei einer durch Verwachsung von mehreren Carpellen gebildeten Frucht die Scheidewände, welche doppelt sind, sich spalten, sich von der Mittelsäule losreissen und an den Rändern der Klappen hängen bleiben; es ist dagegen **scheidewandab-reissend, scheidewandbrüchig** (*deh. septifräga*), wenn die

Fig. 411.

Dehiscentia septicïda. Frucht von *Colchïcum autumnäle* (verkleinert).

Fig. 412.

Frucht von *Oenothëra biennis. De-hiscentia loculicïda. Capsüla lo-culicido-quadrivälvis.*

Fig. 413.

Frucht von *Calluna vulgäris. Dehiscentia septifräga. Capsula quadrivalvis, septi-fräge dehiscens.* Vrgr.

Scheidewände sich von den Rändern der Klappen lösen und an der Mittelsäule stehen bleiben. Findet das Aufspringen in den Rückennähten statt, so dass die Spalte zwischen zwei Scheidewänden liegt, so nennt man das Aufspringen **fachspaltig** (*deh. locülicïda*).

Das Aufspringen in der Quere ist in einem rechten Winkel zur Fruchtaxe gerichtet. Es ist ringsumschnitten (*deh. circumscissa*), wenn es rings um das Fruchtgehäuse nur an einer Stelle stattfindet, so dass dieses gleichsam horizontal durchschnitten scheint. Liegt die Stelle über der Mitte (*supra medium*) des Fruchtgehäuses, so erscheint diese bedeckelt (*capsŭla operculāta*); wenn hierbei Scheidewand und Samenträger über den Quersprung hinaus bis in die Deckelhöhlung

Fig. 414.

Fig. 415.

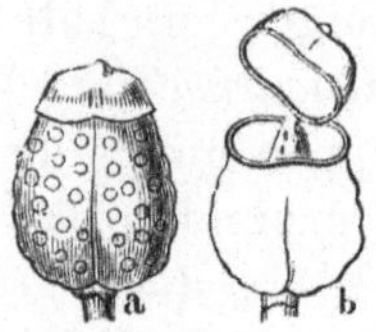

Frucht von *Hyoscyamus niger.* Capsula operculāte circumscissa. b aufgesprungen.

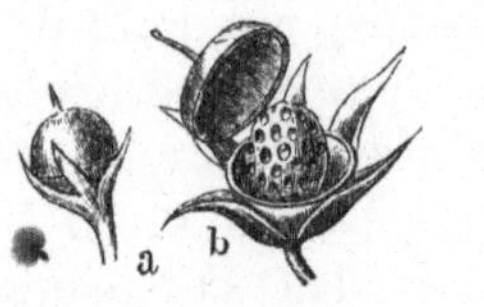

Frucht von *Anagallis arvensis.* Capsula circumscissa. a natürl. Grösse, b vergrössert und aufgesprungen.

hineinragen, so nennt man auch wohl die Fruchtkapsel deckelartig-umschnitten (*capsŭla operculate circumscissa*), wie z. B. bei *Hyoscyamus.* Der obere abspringende Theil wird Deckel (*opercŭlum*), der untere grössere Krug (*amphŏra*) genannt.

Fig. 417.

Fig. 416.

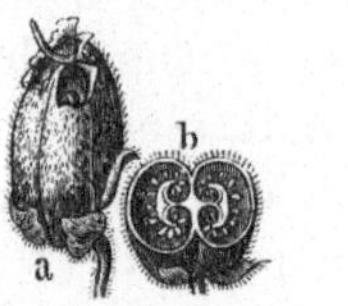

Frucht von *Antirrhinum majus. Capsŭla in apice poris tribus dehiscens.* b Querdurchschnitt.

Frucht von *Campanŭla Trachelium. Capsŭla in basi poris dehiscens.*

Das Aufspringen in Löchern geschieht gleichsam durch Zurückschlagen oder zahnähnliche Ablösung der Spitzen- oder Grundenden der Fruchtblätter, es kommt aber auch an der Seite vor (*deh. laterālis*).

Das bei der Reife erfolgende Zerfallen einer vielfachen Frucht in einzelne Theilfrüchtchen oder Knöpfe (*mericarpia*

Fig. 418.

Fig. 419.

Fig. 420.

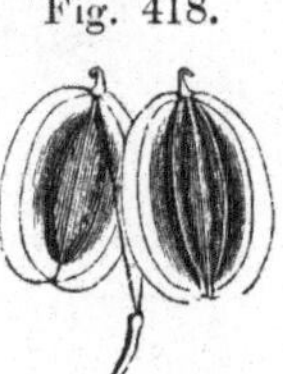

Frucht von *Anēthum graveŏlens (Dill). Fructus ex mericarpiis duŏbus, a basi dehiscentibus, constans. Mericarpia clausa.*

a Frucht von *Ornithŏpus perpusillus* (kleinster Vogelfuss). *Legumen articulātum (lomentum).* b einzelne Glieder vergrössert, in der Trennung begriffen.

Kapselfrucht von *Ricĭnus communis. a Capsula echinata tricocca.*

s. cocci) bezeichnet man mit Aufspringen in Knöpfen (*deh. in coccis*) oder in Carpellen (*deh. carpellāris*). Es geschieht entweder in der Länge oder wie bei der Gliederhülse (*lomentum*) in der Quere. Die Theilfrüchtchen selbst bleiben dann geschlossen oder öffnen sich in den Näthen, welches letztere zugleich in den Bauch- und Rückennäthen stattfinden kann (*cocci introrsum et extrorsum dehiscentes*).

Bei einigen Früchten findet gar kein regelmässiges Aufspringen statt, ihre Gehäuse bersten oder reissen vielmehr auf (*capsŭlae diruptione dehiscentes*).

Fig. 421.

Frucht von *Trientālis Europaea*. *Capsŭla diruptiōne dehiscens*. *a* natürl. Grösse.

Bemerkungen. *Mericarpĭum*, Theilfrucht, von μέρος (meros), Theil, und καρπός (karpos), Frucht.

Lection 61.

Arten der Scheinfrüchte.

In Lection 58 unterschieden wir Scheinfrüchte und echte Früchte. Die Scheinfrucht entsteht aus dem reifenden Pistill, welchem sich noch andere Theile der Blüthe anschliessen, dagegen bildet sich die echte Frucht nur allein aus dem Pistill.

Die Scheinfrüchte lassen sich wiederum in drei Gruppen theilen, in Samenstände, Fruchtstände und Fruchtbehälter. Die Samenstände entstehen aus mehreren Blüthen und in denjenigen Fällen, in welchen die zu einem Blüthenstande vereinigten Blüthen ohne Pistille sind und nur von bracteenartigen Fruchtblättern gestützte unverhüllte nackte Ei'chen tragen, wie bei den Coniferen (Gymnospermen). Aus dem Blüthenstande entsteht hier ein Samenstand.

Zu den Samenständen gehören die Zapfen, Zapfenfrucht (*conus*) und der Beerenzapfen (*galbŭlus*). Der Zapfen erscheint wie eine Aehre mit holziger Spindel und verholzten Deckblättern (Zapfenschuppen, zuweilen auch Pericarpien genannt), in deren Achseln sich nackte, meist am Rande mit einem Flügel versehene Samen befinden. Den Zapfen finden wir besonders bei der Gattung *Pinus*. Den Beerenzapfen, welchen wir bereits kennen gelernt

Fig. 422.

Cupressus sempervĭrens. *Strobĭlus s. conus subglobōsus, ex pericarpiis crassis, dorso umbonātis, compositus*.

14

haben (Seite 200), ist dem Zapfen verwandt, nur sind die Schuppen nicht verholzt, sondern fleischig und mit einander zu einer der Beere ähnlichen Frucht verwachsen.

Zu den Fruchtständen gehören der Fruchtzapfen (*strobĭlus*), die Feigenfrucht (*sycōne s. syconĭum*), die Haufenfrucht (*sorōsis*). An der Bildung jeder dieser Früchte nehmen stets wie bei den vorhergehenden mehrere Blüthen Theil.

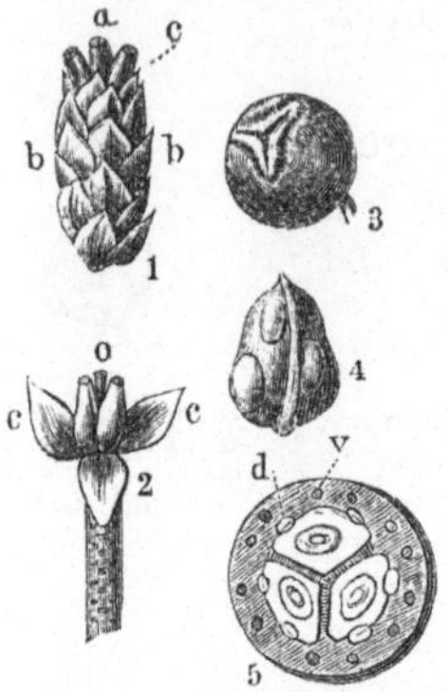

Der Fruchtzapfen (*strobĭlus*) bildet eine Fruchtähre, er unterscheidet sich aber von der Zapfenfrucht (*conus*), denn er trägt in den Achseln der Schuppen oder Deckblätter keine nackten Samen, sondern Schliessfrüchte (*achaenĭa*). Mit Schliessfrucht (*achaenĭum*) bezeichnet man eine einsamige, nicht aufspringende Frucht, an welcher die Samenhülle den Samen eng und dicht umschliesst. Den Fruchtzapfen finden wir bei der Birke (*Betŭla*), der Erle (*Alnus*) und anderen Kätzchenträgern (*Amentaceae*). Gemeiniglich machen die Botaniker keinen Unterschied zwischen *conus* und *strobĭlus*.

Die Feigenfrucht (*syconĭum*) besteht aus einem fleischig gewordenen gemeinschaftlichen Fruchtboden, welcher bei der Feige birnförmig geschlossen, bei *Dorstenĭa* flach und wenig concav ist, und die kleinen Schliessfrüchte in seine Fleischmasse eingesenkt trägt.

Die Haufenfrucht (*sorōsis*), auch Scheinbeere genannt, entsteht aus dicht aneinander stehenden Deckblättern und Blüthenhüllen, welche sich fleischig entwickeln und die kleinen Schliessfrüchte einschliessen. Die Scheinbeere scheint an ihrer Oberfläche aus dicht an einanderhängenden kleinen Beeren zu bestehen. Maulbeere und Ananasfrucht (Fig. 394 und 395) sind solche Scheinbeeren.

Fig. 423.

Junipĕrus communis. 1. weibliches Kätzchen (vergr.). 2. dasselbe von den Deckblättern befreit, mit den ausgebreiteten Carpellblättern. 3. Zapfenbeere. 4. ein mit Oeldrüsen besetzter Same (vergr.). 5. Querdurchschnitt der Zapfenbeere (vrgr.). *a* Ei'chen, *c* Carpellblätter, *b* Bracteen. An der Spitze der reifen Frucht (3) sind die Spitzen der verwachsenen Carpellblätter noch zu erkennen.

Fig. 424.

Fruchtzapfen der Erle (*Alnus glutinōsa*).

Fig. 425.

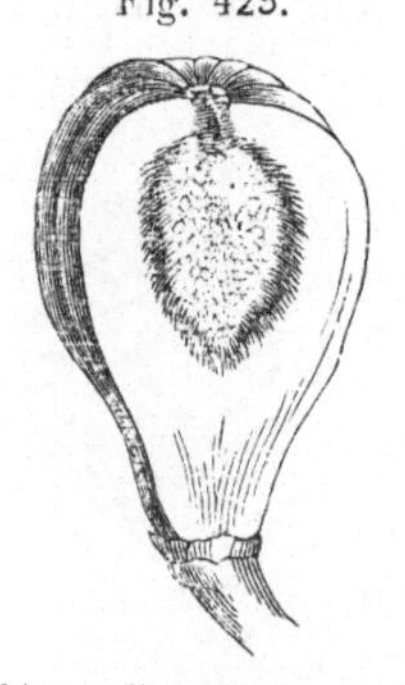

Frucht von *Ficus Carica*, im Verticaldurchschnitt.

Die Fruchtbehälter sind Scheinfrüchte, welche nur aus einer einzigen Blüthe entstehen. Zu denselben rechnet man die Apfelfrucht (*pomum*), die Rosenfrucht (*stegocarpus, cynorrhödon*), die Erdbeerfrucht, Granatapfel (*balausta*), Corollenbeere (*sphalĕrocarpĭum*), Corollenkapsel (*diclesĭum*), die Früchte von *Semecarpus, Anacardĭum* und *Hovenia*.

Die Apfelfrucht (*pomum*) ist eine aus dem fleischig entwickelten Unterkelch gebildete, völlig geschlossene Scheinfrucht, welche ein pergamentartiges, aus 5 Carpellen zusammengesetztes Samengehäuse einschliesst. An der Spitze ist sie gewöhnlich mit den vertrockneten Zipfeln des Kelches gekrönt. Sie ist den Pomaceen (Apfelbaum, Birnbaum, Mispel, Quitte, Eberesche) eigen. Nach Consistenz des Samengehäuses unterscheidet man den Kernapfel (*pomum capsulatum*), wenn es häutig oder pergamentartig ist, und den Steinapfel (*pomum pyrenatum*), wenn es hart und steinig ist. Der gewöhnliche Apfel ist ein Kernapfel, dagegen sind die Früchte von *Mespĭlus* und *Crataegus* (Mispel und Weissdorn) Steinäpfel.

Fig. 426.   Fig. 427.

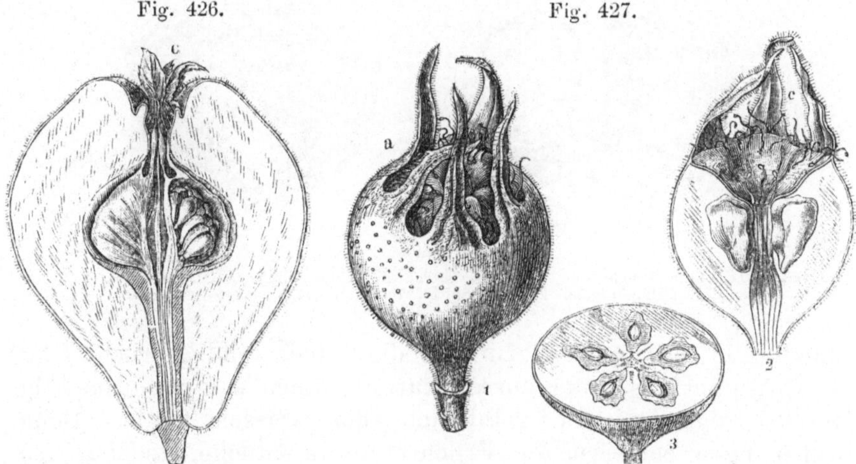

Apfelfrucht. *Fructus piriformis* der *Cydonia vulgaris* (Quitte). c Kelchüberbleibsel. Verticalschnitt.

Mespĭlus Germanĭca. Apfelfrucht, deren Spitze von einer verbreiterten Scheibe begrenzt ist (*pomum in vertice disco dilatato*). 2. Dieselbe. Verticaldurchschnitt. 3. Querschnitt, die 5 knochenharten Steinkerne (*pyrēnae*) zu zeigen.

Die Rosenfrucht oder Hagebutte (*stegocarpus*) ist ein fleischig gewordener Unterkelch, in Form eines offenen Gehäuses, welches die mit steifen Borsten besetzten Schliessfrüchtchen einschliesst und gewöhnlich mit den Kelchzipfeln gekrönt ist. Die Rosenfrucht ist der Gattung Rosa und einigen anderen Rosaceen eigen.

Die Erdbeerfrucht, der Fruchtstand von *Fragaria*, ist ein nach der Befruchtung fleischig und kegelförmig entwickelter Fruchtboden (Stempelträger), welchem die zu kleinen Schliessfrüchten gereiften Fruchtknoten bis zur Hälfte eingesenkt sind. Man hat diese Frucht auch Kelchbeere (*polychorion*) genannt.

Fig. 428.

Erdbeerfrucht (*Fragaria vesca*).

Der Granatapfel (*balausta*) ist eine durch einen fleischig-lederartig entwickelten Unterkelch entstandene trockene Scheinfrucht von ganz besonderem Baue. Sie ist dem Granatbaum (*Punica Granātum*) eigen. Sie erscheint als eine grosse, kuglige, mit dem Kelche gekrönte Beere, deren Innenraum durch eine Querwand (*diaphragma*) in zwei Kammern von ungleicher Grösse getheilt ist. Die obere grössere Kammer ist in 4 bis 8 Fächer, die untere in 2—4 Fächer getheilt. Die beerenähnlichen Schliessfrüchtchen sind in der oberen Kammer wand-

Fig. 429.

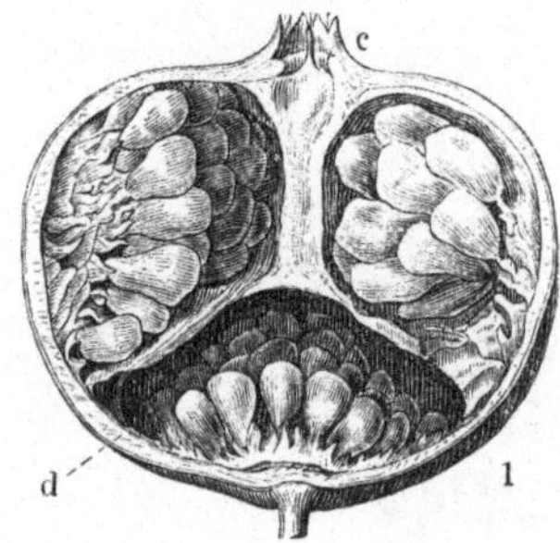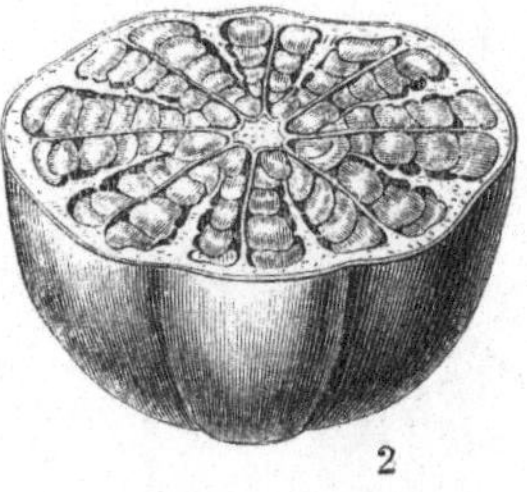

Granatapfel (*balausta*) Frucht der *Punica Granātum*. 1. Verticaldurchschnitt, *c* Krönung mit dem Kelche, *d* Diaphragma. 2. Querschnitt durch die obere Kammer. ¹/₄ Grösse.

ständig, in der unteren grundständig. Jede Schliessfrucht (Samen) besteht aus einer aussen harten, innen saftigen, glasartig durchsichtigen, rothen, gelblichen oder weissen Hülle. Beim Aufspringen zerreisst die Fruchthülle in Stücke, welche sich klappenartig zurückschlagen.

Die Corollenkapsel (*diclesium*) wird aus den holzig oder lederartig gewordenen ausdauernden Blumenblättern, welche in Form einer Kapsel die Schliessfrüchte einschliessen, gebildet, wie bei dem Spinat (*Spinacia*), der Mirabilis (*Mirabilis*). Entwickeln sich dagegen die Blumenblätter fleischig, so dass die Scheinfrucht beerenartig und saftig wird, wie bei der Eibe (*Taxus*, Fig. 373, Seite 188) und dem Sanddorn (*Hippophäe rhamnoïdes*), dann nennt man sie Corollenbeere (*sphalěrocarpium*).

Endlich sind die Früchte von *Semecārpus*, von *Anacardĭum*, von *Hovenĭa* charakteristische Scheinfrüchte. Bei *Semecarpus* wächst der Stempelträger, bei *Anacardĭum* und *Hovenĭa* der Blüthenstiel zu fleischigen Fruchtträgern (*carpophŏra*) aus.

Ein grosser Theil der im Vorstehenden erwähnten lateinischen Benennungen der Früchte ist nicht allgemein von den Botanikern angenommen, man findet daher diese Scheinfrüchte in den botanischen Werken nach ihrer besondern Beschaffenheit beschrieben. Z. B. **Anacardien-frucht** (*nux pedunculo aucto piriformi carnōso insĭdens*); **Corollenkapsel** des Spinats (*fructus cum hypanthĭo indurāto connātus*); **Granatapfel** (*bacca corticāta, calўce coronāta, diaphragmăte transversāli inaequalĭter biscamerāta etc.*); **Erdbeerfrucht** (*nicŭlae carpophŏro aucto succulento imposĭtae*).

Fig. 430

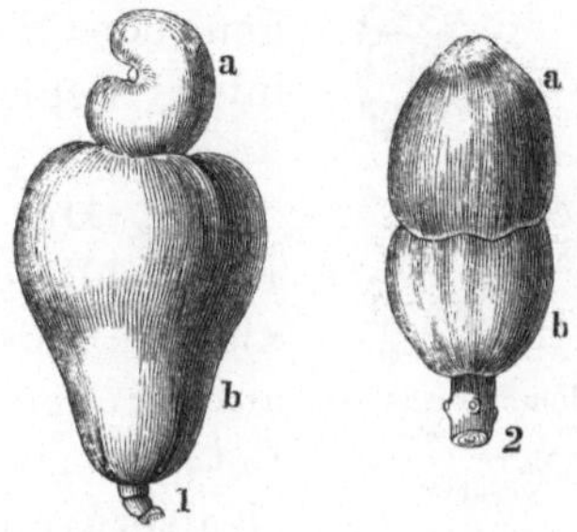

1. Frucht von *Anacardĭum occidentāle* mit angeschwollenem Blüthenstiel. (¼ Gr.).
2. Frucht von *Semecārpus Anacardĭum* mit verdicktem Stempelträger. (½ Gr.).

Bemerkungen. *Syconĭum*, von σῦϰον (sykon), Feige. — *Sorōsis, is, f.*, Anhäufung, von σωρός (sōros), Haufe; σωρεύω (soreuō), anhäufen. — *Achaenĭum*, Nichtgeöffnetes, gebildet aus αprivativum und χαίνω (chainō), klaffen. — *Stegocarpus*, Fruchtdecke, von στέγη (stegae), Decke, Dach, oder στέγω (stegō), bedecken, und ϰαρπός (karpos), Frucht. — *Cynorrhŏdon*, Hundsrose, von ϰύων, ϰυνός (kynos); Hund, und ῥόδον (rhodon), Rose. — *Balausta, ae, f.*, von βαλαύστιον (balaustion), Blüthe des wilden Granatbaumes. — *Sphalērocarpĭum*, schlüpfrige Frucht, von σφαλερός, ή, όν (sphaleros, ä, on), schlüpfrig. — *Diclesĭum*, Zweimalverschlossenes, von δίς (dis), zweimal, und ϰλῄζω (kläzō), ϰλείω (kleiō), verschliessen, ϰλῆσις (kläsis) das Verschliessen.

Lection 62.

Arten der echten Früchte. Kapselfrüchte.

Die echte Frucht entwickelt sich aus einem Stempel, und es betheiligen sich an ihrer Bildung weder andere Theile der Blüthe, noch entsteht sie aus einer Vereinigung mehrerer Blüthen.

Man unterscheidet die echten Früchte als **Trockenfrüchte** (*fructus exsucci*) und als **Saft-** oder **Fleischfrüchte** (*fructus succōsi s. carnōsi*).

Die Trockenfrüchte sind entweder Kapselfrüchte (*fructus capsulāres*), d. h. aufspringende Früchte, oder Spaltfrüchte (*fructus chizocarpĭci*), d. h. in ein- oder wenigsamige Theile zerfallende Früchte, welche nicht aufspringen, oder Schliessfrüchte (*achaenĭa*), d. h. einsamige, nicht aufspringende Früchte.

Zu den Kapselfrüchten gehören:

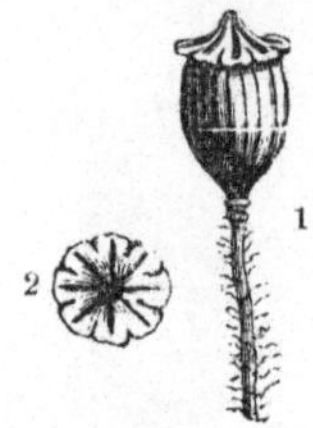

Fig. 431.

1. Kapselfrucht von *Papāver Rhoeas*. 2. die Narbe von oben gesehen.

1. Die Kapsel (*capsŭla*), eine aus mehreren Fruchtblättern gebildete, ein- bis mehrfächrige vielsamige (oder durch Verkümmerung einsamige) aufspringende Trockenfrucht. Die Früchte von *Colchĭcum, Sabadilla, Hyoscyämus, Lilĭum, Fritillaria* (Kaiserkrone) sind Kapselfrüchte.

2. Die Schotenfrucht (*silĭqua, fructus siliquōsus*) ist eine zweiklappige zweifächrige Kapsel mit zwei wandständigen Samenträgern, welche beim Abspringen der Klappen an der Scheidewand sitzen bleiben. Ist die Schotenfrucht zweimal länger als breit, so unterscheidet man sie als Schote (*silĭqua*), dagegen als Schötchen (*silĭcŭla*), wenn sie wenig oder kaum länger als breit ist. Ist die Schotenfrucht auf den Breitenseiten der Scheidewand zusammengedrückt, so nennt man sie *silĭqua latisepta* (wie bei *Cardamīne*), dagegen *sil. angustisepta*, wenn sie auf den Seiten

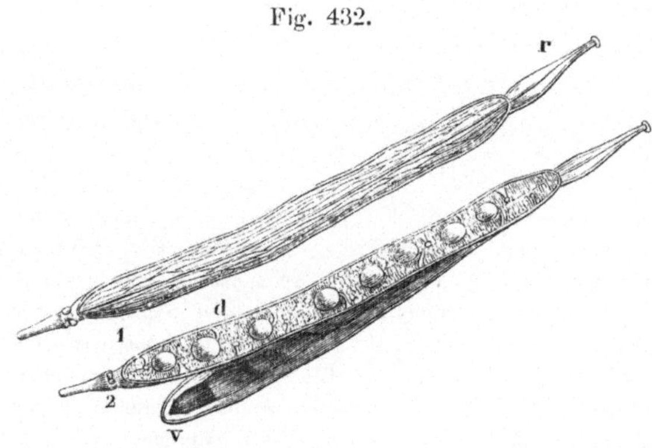

Fig. 432.

1. Schote (*silĭqua*) des Kohls (*Brassĭca oleracĕa*). 2. dieselbe aufgesprungen und eine Klappe davon entfernt, um die Scheidewand und die daran sitzenden Samen zu zeigen.

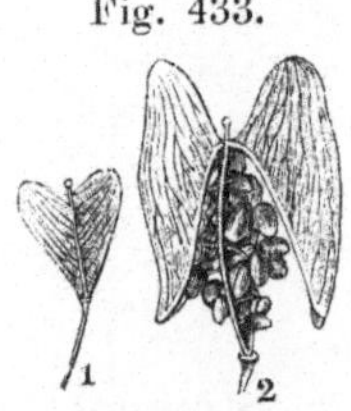

Fig. 433.

1. Schötchen (*silĭcŭla*) des Hirtentäschleins (*Thlaspi bursa pastōris*. 2. Dasselbe aufgesprungen und vergrössert.

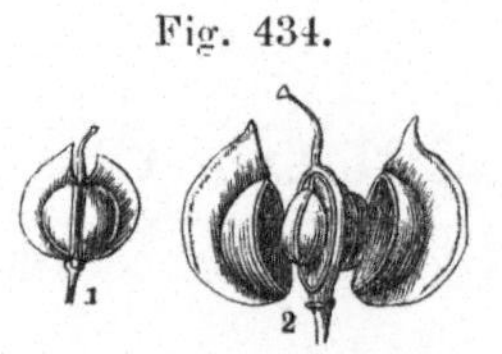

Fig. 434.

Schötchen von *Ibēris amāra*. 2. Dasselbe aufgesprungen und vergrössert.

zusammengedrückt ist, an welche die Seiten der Scheidewand stossen. Die Schotenfrucht ist den Kreuzblüthlern (*Crucifĕrae*) eigenthümlich.

Eine schotenartige Kapsel (*capsŭla siliquacĕa*) treffen wir bei *Chelidonĭum* und *Corydălis* an. Sie ist äusserlich der Schote ähnlich, aber einfächerig und springt fensterartig auf.

3. Die Hülsenfrucht, Hülse (*legūmen*), ist eine meist einfächrige, zweiklappige Kapselfrucht mit einem zweitheiligen Samenträger, dessen Hälften bis auf einige Ausnahmen beim Aufspringen an den Rändern der Klappen sitzen bleiben. Die Hülse ist eine aus einem Axenpistill entwickelte Frucht und den Schmetterlingsblüthlern (*Leguminōsae*) eigen. Beim Traganth (*Astragălus*) erscheint die Hülse zweifächerig, indem die Rückennaht nach innen gegen die Bauchnaht vorspringt (*legūmen spurĭe biloculäre*).

4. Die Balgkapsel (*follicŭlus*) ist eine einfächrige, mehrsamige, aus einem Fruchtblatte (Karpellblatte) entstandene Kapselfrucht, welche an der Bauchnaht, mit deren Rändern die Samenträger verwachsen sind, aufspringt, wie bei den Ranunculaceen, Asclepiadaceen. Diese Fruchtart nannten wir in den früheren Lectionen gewöhnlich Carpell (*carpellum*). Sie steht meist zu zweien oder mehreren und zwar mit einander zugewendeten Bauchnähten auf einem Fruchtboden zusammen.

5. Die Schlauchfrucht (*utricŭlus*) ist eine einsamige Kapselfrucht, deren Hülle den Samen nur locker umschliesst. Gewöhnlich springt sie in der Quere und unregelmässig auf. Wir finden sie bei den Chenopodiaceen, Amarantaceen etc. Wenn sie aus einem oberständigen Stempel entsteht, so wird sie nicht selten Caryopse (*caryopsis*) genannt.

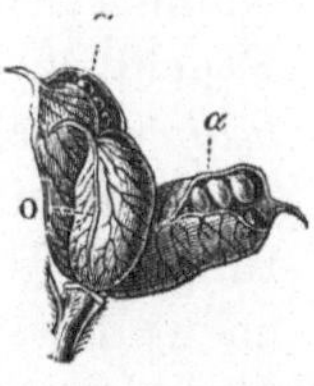

Fig. 435.

Schotenartige Kapselfrucht (*capsŭla siliquacĕa*) von *Corydălis cava*.

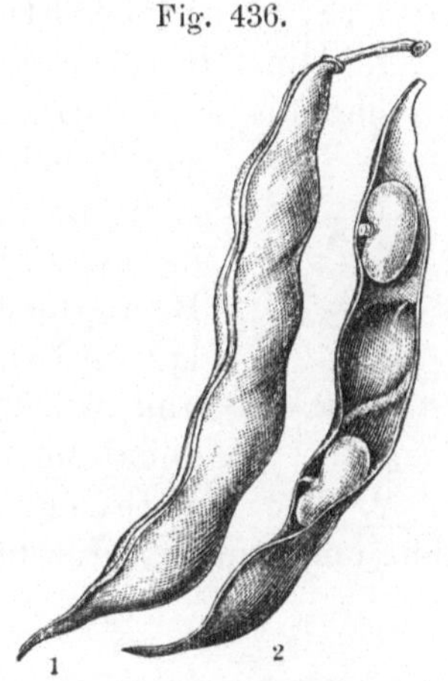

Fig. 436.

1. Hülsenfrucht von der Bohne (*Phaseŏlus vulgaris*). 2. Eine Klappe derselben mit dem daransitzenden Samen.

Fig. 437.

Balgkapsel (*follicŭlus*) von *Aconītum Napellus*.

Fig. 438.

Balgkapsel von *Illicĭum anisātum* Lour. (*Sternanis*).

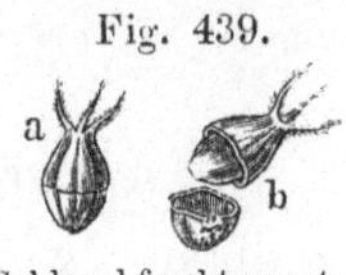

Fig. 439.

Schlauchfrucht von *Amarantus caudātus*.

Bemerkungen. *Schizocarpĭum*, gespaltene Frucht, von σχίζω (schizö) spalten, σχίζα, Spaltung. — *Caryŏpsis*, von dem griech. κάρυον (karyon), Steinfrucht, und ὄψις (opsis) Aussehen, Ansehen.

Lection 63.

Arten der echten Früchte. Spaltfrüchte.

Die Spaltfrüchte (*schizocarpĭa*) im weiteren Sinne bilden die zweite Gruppe der Trockenfrüchte. Sie entstehen aus einem Stempel, der zur Frucht entwickelt bei der Reife in einzelne, gewöhnlich einsamige und meist geschlossene Theile, Theilfrüchte, Gliedfrüchte (*mericarpĭa*), zerfällt. Spaltfrüchte sind:

1. Die Spaltfrucht im engeren Sinne (*schizocarpĭum*). Sie entsteht aus einem oberständigen Fruchtknoten, welcher sich

Fig. 440.

zur Frucht reifend in verticaler Richtung in zwei oder mehrere Früchtchen, Nüsschen (*nucŭlae*) genannt, theilt, wie bei den Labiaten, Malvaceen, Borragineen. Das Nüsschen ist ein von einem harten Fruchtgehäuse dicht eingeschlossener Same und wurde von *Linné* für einen nackten Samen gehalten.

Spaltfrucht von *Malva silvestris.*

2. Die Doldenfrucht, Doppelachäne (*diachaenĭum*), entsteht aus einem unterständigen Fruchtknoten, welcher sich zur

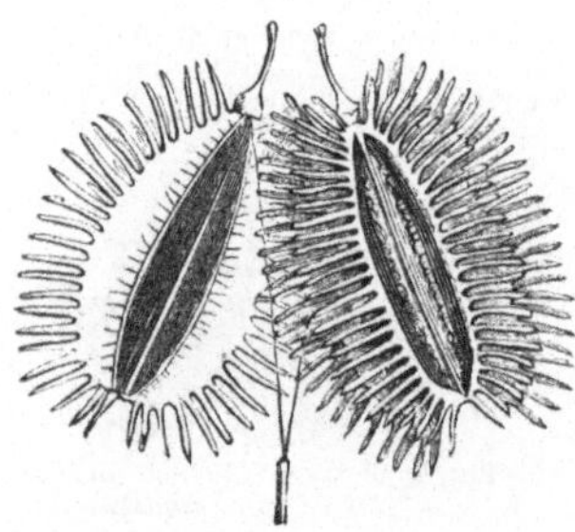

Fig. 441.

Frucht reifend in verticaler Richtung in zwei Theilfrüchtchen (*mericarpĭa*) spaltet. Letztere bleiben an dem zweitheiligen Fruchtträger oder Säulchen (*columella*) hängen, daher auch der Name Hängefrüchtchen. Da diese Fruchtart für die Doldenträger (*Umbellifĕrae*) charakteristisch ist und besonders zur Unterscheidung der Gattungen dieser Pflanzenfamilie dient, so wollen wir uns dieselbe nach ihrer Entwickelung, Form und ihren Verhältnissen näher betrachten.

Spaltfrucht (*diachaenĭum*) der Mohrrübe (*Daucus Carōta*). (5fach Lin.-Vergr.).

Die Spaltfrucht der Doldenträger entsteht aus einem unterständigen zweifächrigen und zweieiigen Stempel. Sie ist an ihrer Spitze von den beiden zu einer epigynischen Scheibe in Form eines Kissens verwachsenen Fruchtblättern, dem Griffelpolster (*stylopodĭum*), gekrönt. Letzterer trägt anfangs die beiden Griffel, welche später meist abfallen. Zur Zeit der völligen Reife spaltet sich die Frucht von der Basis aus in zwei Theilfrüchte, welche an einem zwischen ihnen befindlichen fadenähnlichen, der Länge nach gespaltenen Fruchtträger oder Säulchen (*carpophŏrum s. columella*) hängen bleiben.

An der Theilfrucht unterscheidet man die Bauchfläche oder Berührungsfläche (*commissūra*), in welcher sie der anderen Theilfrucht anlag, und den Rücken (*dorsum*), die der Berührungsfläche entgegengesetzte Seite. Die Linie, welche die Berührungsfläche umschreibt, heisst Fugennaht (*raphe*), welche mit dem Rande der Frucht nur da zusammenfällt, wo die Theilfrüchte mit ihrer ganzen Bauchfläche aneinanderliegen.

Auf dem Rücken der Theilfrucht treten meist fünf erhabene Längsstreifen hervor, von welchen der mittelste die Rückenfläche halbirt. Diese Längsstreifen heissen Hauptrippen oder Hauptjoche (*costae primarĭae, juga primarĭa*). Befindet sich zwischen je zwei Hauptrippen noch ein erhabener Längsstreifen, im Ganzen also vier, so werden diese als Nebenrippen oder Nebenjoche (*costae secundarĭae, juga secundaria*) unterschieden.

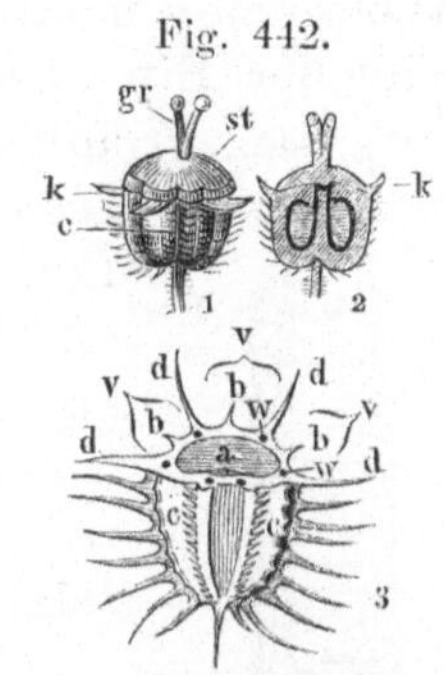

Fig. 442.

Daucus Carŏta. 1. Der Stempel mit dem Kelche, ohne Blumenkronenblätter. 2. derselbe im Längsdurchschnitt. 3. Eine Achäne querdurchschnitten. Sämmtl. vergröss. a *Albümen* c *commissūra*, dbd *dorsum*, b *costae primarĭae*, d *costae secundariae*, v *sulci sire vallecŭlae*, w *vittae* (Oelstriemen).

Die Zwischenräume zwischen den Hauptrippen heissen Furchen oder Thälchen (*sulci; vallecŭlae*).

In den Furchen und auch auf der Berührungsfläche verlaufen von der Spitze zur Basis meist dunklere, mit einer Loupe

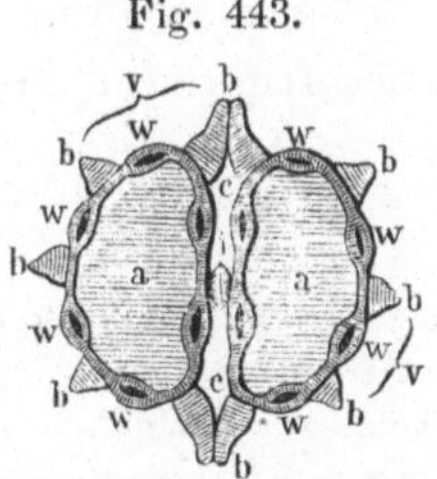

Fig. 443.

Spaltfrucht von *Foenicŭlum officinăle All.* Querdurchschnittfläche. Vergr.

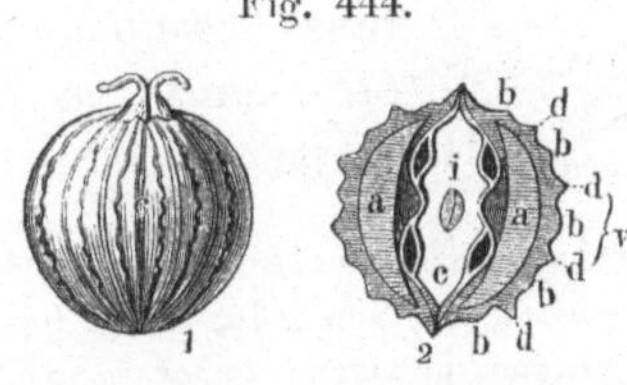

Fig. 444.

1. Spaltfrucht von *Coriandrum satīvum*. 2. Querschnittfläche. Beide vergr.

a *Albümen*, c *commissūra*, i *columella*, b *costae primariae*, d *costae secundariae*, v *sulci s. valleculae*, w *vittae*.

leicht zu erkennende, nicht oder wenig erhabene Striemen oder Striche (*vittae*), einzeln oder zu mehreren (*sulci univittāti, multi-*

vittāti). Seltener fehlen sie (*sulci evittāti*). Diese dunkleren Striemen sind mit flüchtigem Oele oder Gummiharz gefüllte Kanäle. Fehlen sie, so sind die Früchte geruchlos (z. B. bei *Aegopodĭum, Anthriscus*).

Wichtig ist ferner für die Unterscheidung der Früchte der Gattungen der Doldenträger die Form des Eiweisskörpers (*albūmen*), welches längs der Berührungsfläche gelagert ist. Die Frucht heisst nämlich geradsamig (*fructus orthospērmus*, Fig. 443), wenn der Eiweisskörper der Berührungsfläche gerade oder flach anliegt; krummsamig (*fr. campÿlospērmus*), wenn das Eiweiss nach der Berührungsfläche seiner Länge nach wie eine Rinne gekrümmt ist und im Querschnitt nierenförmig erscheint; hohlsamig (*fr. coelospērmus*, Fig. 444), wenn das Eiweiss so nach dem Rücken zu gebogen ist, dass es im Querschnitt die Form einer Mondsichel zeigt.

3. Die querfächerige Hülse (*legūmen septātum*) ist eine durch Querscheidewände (*septa*) in Fächer getheilte, hülsenähnliche, nicht aufspringende Frucht, wie z. B. beim Johannisbrot (*Ceratonĭa*), bei der Tamarinde (*Tamarindus*), der *Cassia*.

4. Die Gliederhülse (*legumen articulātum; lomentum*) ist eine nicht aufspringende Hülse, welche bei der Reife der Quere nach in einsamige Glieder zerfällt. Die Abtheilungen der einzelnen Glieder sind von aussen sichtlich markirt. Wir finden diese Fruchtart z. B. bei der Kornwicke (*Coronilla*), dem Hufeisenklee (*Hippocrēpis*), dem Vogelfuss (*Ornithŏpūs*), dem Ackerrettig oder Hederich (*Raphanīstrum Lampsāna Gaertner*), einigen Acaciaarten.

Fig. 445.

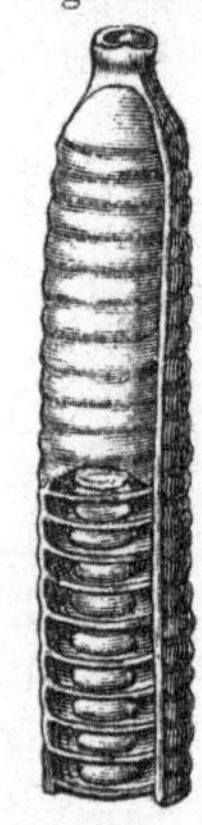

Ein Stück der querfächrigen Hülse von *Cassia fistŭla.* ½ Gr.

Fig. 446.

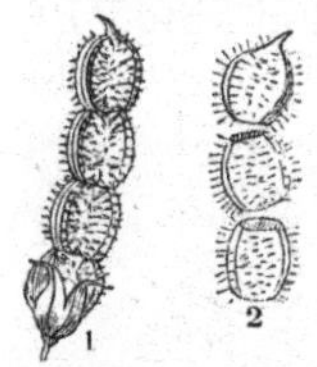

1. Gliederhülse von *Hedysārum coronarĭum*; 2. in Glieder getrennt.

Bemerkungen. *Rhaphe, es, f.*, griech. ῥαφή, Naht. — *Orthospermus, campÿlospermus, coelospermus, a, um,* von ὀρθός, ή, όν (orthos, ä, on) gerade; καμπύλος, η, ον (campylos, ä, on), krumm, gebogen; κοῖλος, η, ον (koilos, ä, on), hohl, ausgehöhlt. — *Lomentum,* eigentlich Bohnenmehl, ist von λειόω (leioō), glätten, zerreiben, abzuleiten und nicht von *lavo, are,* waschen, wenngleich die alten Römerinnen schon das Bohnenmehl mit Reissmehl gemischt (*lomentum*) zum Waschen benutzten.

Lection 64.

Arten der echten Früchte. Schliessfrüchte.

Schliessfrüchte im weiteren Sinne sind alle einsamige, nicht aufspringende Trockenfrüchte. Dazu gehören:

1. Die Schliessfrucht im engeren Sinne oder die Achäne (*achaenĭum*), welche aus einem unterständigen einfächrigen Fruchtknoten entsteht. Sie ist entweder nackt (*nudum*), frei von allem Besatz und Anhängseln, oder die mit dem Unterkelch (*hypanthĭum*) verwachsenen Fruchtblätter (*carpophylla*) nehmen an ihrer Bildung Theil, und sie ist auf ihrer Spitzenfläche mit Kelchtheilen in Gestalt einer Feder- oder Haarkrone (*pappus*) besetzt, welche wie beim Löwenzahn (*Taraxăcum*) und beim Lattig (*Lactūca*) z. B. gestielt (*stipitātus*), beim Habichtskraut (*Hieracĭum*) ungestielt und sitzend (*sessĭlis*) ist, beim Wegwart (*Cichorĭum*) nicht aus Haaren (*pappus pilōsus*) sondern aus Spreublättern besteht (*pappus paleacĕus*), und bei der Kamille (*Matricarĭa Chamomilla*) ganz fehlt (*achaenĭa ecoronulāta*).

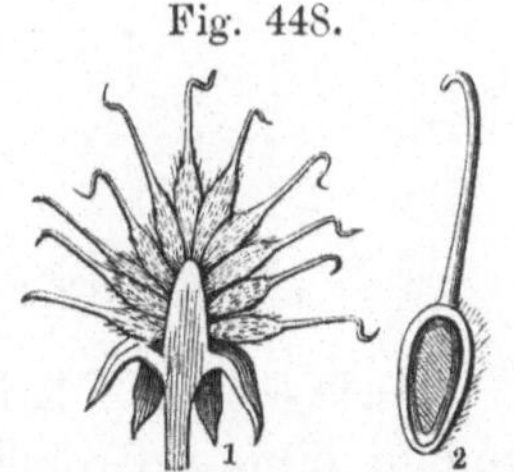

Fig. 447.

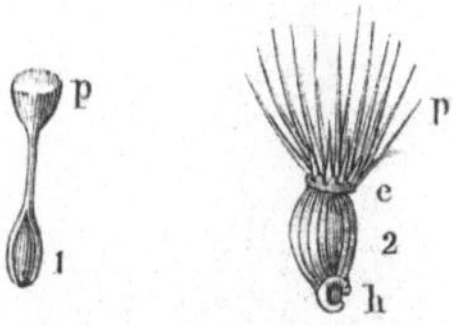

1. Achaene von *Lactūca virōsa*, mit gestielter Haarkrone *p.* 2. Achaene von *Cnicus benedictus Gaert.* (Vergr.). e *Pappus exterior dentatus*, p *interior setōsus*, h *arĕola*.

Wie wir sehen, ist die mit dem Pappus gekrönte Achäne besonders den Korbblüthlern oder Compositen eigen und genau genommen eine Scheinfrucht.

2. Die Caryopse (*caryōpsis*), auch Schalfrucht, Grasfrucht genannt, ist eine einsamige, nicht aufspringende, aus einem oberständigen Fruchtknoten entstandene Frucht, deren Pericarp innig mit dem Samen verwachsen ist. Sie ist die Fruchtform der Gräser (*Gramĭnĕae*) und Cyperaceen, daher man sie auch Grasfrucht genannt hat. Hat die Caryopse ein sehr hartes Fruchtgehäuse, wie z. B. die Schliessfrüchtchen in der Frucht der Rose, so nennt man sie auch wohl Nüsschen (*nucŭla*). Die Caryopse ist z. B. beim Hafer (*Avēna satīva*) mit den bleibenden Spelzen umgeben, berindet (*caryōpsis palĕis corticāta*), bei der Nelkenwurz (*Geum*) durch den bleibenden Griffel geschwänzt (*caudāta*).

Fig. 448.

Fruchtstand der Nelkenwurz (*Geum urbānum*). 1. Verticaldurchschnitt. 2. Durchschnitt einer einzelnen Caryopse (*nucŭla caudāta*). Vergr.

Mit *amphispermïum* (Samenhülle) bezeichneten der verstorbene Botaniker *Link* und später *Berg* die einsamige, nicht aufspringende, kleinere Frucht. Dieser Ausdruck umfasst so ziemlich die im Vorstehenden erwähnten Fruchtarten Achäne und

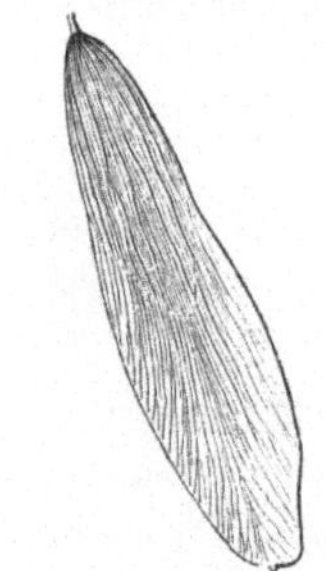

Fig. 449.

Frucht (*nux*) vom Haselstrauch (*Corylus Avellāna*). n *nux*, c *cupula*.

Fig. 450.

Flügelfrucht von *Fraxïnus excelsïor*.

Caryopse und auch die Spaltfrüchte der Umbelliferen und die Früchte der Korbblüthler (*Compositae, Anthodiätae*).

3. Die Nuss (*nux*) ist eine mehrsamige, oder durch Fehlschlagen einsamige, oberständige, nicht aufspringende Frucht mit holzigem oder lederartigem Fruchtgehäuse, welches mit dem Samen nicht verwachsen ist. Sie ist häufig von einer becherförmigen, durch Verwachsung von Bracteen entstandenen Hülle, Becherhülle oder Fruchtschälchen (*cupŭla*), zum Theil umgeben, wie beim Haselstrauch (*Corylus Avellāna*), der Eiche (*Quercus*) und den anderen Cupuliferen. Die Frucht der Eiche nennt man gewöhnlich Eichel (*glans*).

4. Die Flügelfrucht (*samăra*) ist eine einsamige, nicht aufspringende, oberständige Frucht, deren Fruchthülle blatt- oder flügelartig erweitert ist, wie z. B. bei der Ulme (*Ulmus campestris*). Die Frucht des Ahorns ist eine geflügelte Spaltfrucht.

Lection 65.

Arten der echten Früchte. Saft- oder Fleischfrüchte.

Saft- oder Fleischfrüchte nennt man alle die Früchte, welche eine saftreiche oder fleischige Fruchthülle haben. Die Apfelfrucht, Erdbeerfrucht, Feigenfrucht etc., welche den Saft- oder Fleischfrüchten zugezählt werden müssen, sind Scheinfrüchte und haben als solche bereits in Lection 61 Erwähnung gefunden. Zu den Fleischfrüchten, welche echte Früchte sind, gehören folgende:

1. **Die Steinfrucht** (*drupa*) ist eine nicht aufspringende fleischige Frucht mit einer oder mehreren Steinschalen. Die **Steinschale** (*putamen*) ist mit einer dünnen glänzenden Haut innen ausgekleidet, welche das Endocarp darstellt. Die Steinschale selbst ist die verholzte oder hart gewordene Schicht des **Mesocarps**, dessen weicher Theil das Fleisch oder Sarcocarp bildet. Enthält die Steinfrucht mehrere Samen, von denen jeder von einer Steinschale umhüllt ist, so nennt man diese Samen mit Einschluss ihrer Steinschale Steinkerne (*pyrēnae*), womit man auch die pergamentartigen oder steinharten Wände bezeichnet findet, welche in der Apfelfrucht die Samen zunächst einschliessen.

Die Steinfrucht heisst nach Beschaffenheit des Mesocarps fleischig oder saftig (*drupa succōsa*) wie bei der Kirsche (*Prunus Cerăsus*) und der Pflaume (*Prunus domestĭca*); saftlos oder trocken (*d. exsūcca*) beim Mandelbaum (*Amygdălus commūnis*); faserig (*fibrōsa*) bei der Cocospalme (*Cocos nucifĕra*). (Vergl. Fig. 398, 2 und 407).

2. **Beere** (*bacca*) nennt man eine nicht aufspringende mehrfächrige, innen fleischigsaftige Kapselfrucht, deren Fächer die im Fruchtbrei (*pulpa*) eingebetteten Samen oder Steinkerne einschliessen. Nur die aus einem oberständigen Fruchtknoten entstandene ist eine echte Beere, wie bei der Berberitze (*Berbĕris vulgāris*), Kartoffel (*Solānum tuberōsum*), dem Bittersüss (*Solānum Dulcamāra*), dem Citronenbaum (*Citrus Medĭca*), dem Pomeranzenbaum (*Citrus Aurantĭum*).

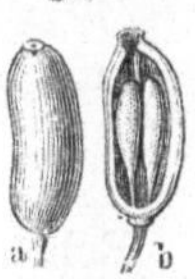

Beere von *Berbĕris vulgāris* (Berberitze). *b* Verticaldurchschnitt.

Die aus einem unterständigen Fruchtknoten entstehende unechte Beere hat eine grosse Aehnlichkeit mit der echten und wird daher gemeiniglich nicht von dieser unterschieden, also auch *bacca* genannt. Die mit dem Kelche gekrönten Früchte der Heidelbeere (*Vaccinĭum Vitis Idaea*), der Stachel- und Johannisbeere (*Ribes Grossularĭa et rubrum*), des Hollunders (*Sambūcus nigra*) sind den unechten Beeren beizuzählen. Da die Hollunderfrucht Steinkernen (*pyrēnae*) ähnliche Samen einschliesst, wird sie nicht selten mit Steinfrucht (*drupa*) bezeichnet.

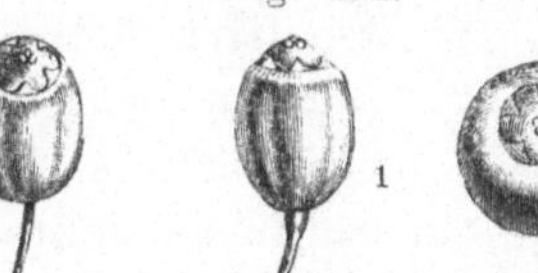

1. Unreife Beeren von *Sambūcus nigra*. 2. Reife Beere. Etwas vergr.

Die Cycasbeere (Frucht von *Cycas circinālis*) erscheint als ein nackter beerenähnlicher Samen, die Beere der Mistel (*Viscum album*) ist eine unechte Beere und besteht aus nackten, nur mit dem Unterkelch verwachsenen Samen.

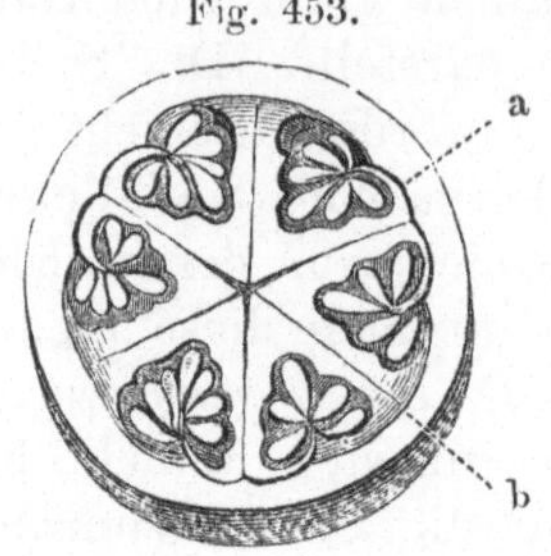

Fig. 453.

Querdurchschnitt einer Kürbisfrucht, der Colocynthe (*Citrullus Colocynthis* Arn.). ½ Grösse.

3. Die Kürbisfrucht (*pepo*) ist eine unterständige, fleischige, gewöhnlich sechsfächrige (selten dreifächrige oder einfächrige) Beere mit wandständigen Samen. Sie ist durch drei centripetale Scheidewände zunächst in 3 Längsfächer, und jedes dieser Fächer durch eine centrifugale Scheidewand getheilt, so dass sie sechsfächrig erscheint. Die centrifugalen Scheidewände tragen die Samen. Die Kürbisfrucht ist den Cucurbitaceen eigen.

Die Fruchtkarten haben wir in den Lectionen 61—65 nach folgender Ordnung zusammengestellt:

I. **Scheinfrüchte**, unechte Früchte (*fructus spurii s. involucrati*).
   1. Samenstände. Zapfenfrucht (*conus*). Beerenzapfen (*galbŭlus*).
   2. Fruchtstände. Fruchtzapfen (*strobĭlus*). Feigenfrucht (*syconĭum*). Haufenfrucht (*sorōsis*).
   3. Fruchtbehälter. Apfelfrucht (*pomum*). Rosenfrucht (*stegocārpus*). Erdbeerfrucht (*fragum*). Granatapfel (*balausta*). Corollenbeere (*sphalĕrocarpĭum*). Corollenkapsel (*diclesĭum*). Anacardienfrüchte (*anacardĭa*).
II. **Echte Früchte** (*fructus veri*).
   1. Trockenfrüchte (*fructus exsucci*).
     a. Kapselfrüchte oder aufspringende Früchte (*fructus capsulāres*). Kapsel (*capsŭla*). Schotenfrucht (*silĭqua*). Schotenartige Kapsel (*capsŭla siliquacĕa*). Hülsenfrucht (*legūmen*). Balgkapsel (*follicŭlus*). Schlauchfrucht (*utricŭlus*).
     b. Spaltfrüchte (*fructus schizocarpĭci*). Doldenfrucht (*diachaenĭum*). Querfächrige Hülse (*legūmen septātum*). Gliederhülse (*legūmen articulātum s. lomēntum*).
     c. Schliessfrüchte (*achaenĭa*). Achäne (*achaenĭum*). Caryopse (*caryōpsis*). Nuss (*nux*). Flügelfrucht (*samăra*).
   2. Saft oder Fleischfrüchte (*fructus succōsi s. carnōsi*). Steinfrucht (*drupa*). Beere (*bacca*). Kürbisfrucht (*pepo*).

Bemerkung. *Pyrēna, ae,* griech. πυρήν, ῆνος (pyrän, änos) Kern des Steinobstes.

Lection 66.

Der Samen. Samenhülle. Sameneiweiss.

Der Samen (*semen*) ist das in Folge der Befruchtung zur Reife gelangte Eichen (*ovŭlum*). Der Stempel, das weibliche Befruchtungsorgan der Blüthe, entwickelt sich zur Frucht, und die in ihm befindlichen Eichen (Samenknospen) reifen zu Samen.

An dem Samen unterscheidet man, wie an jedem anderen Körper, eine Basis und Spitze, und zwar bildet die Basis der Nabel (*hilum; umbilĭcus*), der Punkt, in welchem der Same angeheftet ist oder der Samenstrang (*funicŭlus umbilicālis*) in den Samen tritt, und die Spitze der dem Nabel diametral gegenüber liegende Punkt.

Betrachtet man den Samen als vollendetes Pflanzenorgan, so würde dessen Basis durch die Chalaza, die Stelle, in welcher die Samenhaut mit dem Kern verwachsen ist, gebildet werden, und die Spitze in der Mikropyle (dem Keimloch) zu suchen sein. Hier würde man von einer organischen Basis und Spitze reden müssen. Der Samen, in seinem Verhältnisse zum Fruchtgehäuse, hat sein oberes Ende der Fruchtspitze, sein unteres Ende der Fruchtbasis zugewendet.

Der Samen besteht zunächst aus dem Samenkern, dem wesentlicheren Theile, und der Samenhülle.

Die Samenhülle (*integumentum s. tunĭca semĭnis*) besteht aus einer oder mehreren Häuten, von welchen die äussere von derber Structur als äussere Samenhaut oder Samenschale (*testa; epispermĭum; tunĭca extērna*), die innere, den Kern zunächst einschliessende, zartere als innere Samenhaut oder Kernhaut (*tunĭca s. membrāna interna; endopleura*) unterschieden wird. Diese Samenhäute entstehen meist aus den entsprechenden Hüllen des Eichens.

Die Testa oder äussere Samenhaut ist von verschiedener Consistenz und verschieden bekleidet. Beim Samen der Bohne (*Phaseŏlus*) ist sie lederartig, beim Samen der Granatfrucht fleischig, beim Samen der Baumwollenstaude (*Gossypĭum*) und der Pappel (*Popŭlus*) mit Haaren, beim Samen der Quitte (*Cydonĭa*) und des Leins (*Linum*) mit schleimreichem Epithel bedeckt.

Bei einigen Samen entwickelt sich in Gestalt einer Wucherung des Nabelstranges (*funicŭlus umbilicālis*) eine hautähnliche Hülle, welche mehr oder weniger locker den Samen umgiebt.

Man hat dieselbe Samenmantel (*arillus*) genannt. Wir finden ihn bei der *Myristica fragrans Houtt.*, als welcher er die sogenannte Muskatblüthe (*Macis*) liefert und einen zerschlitzten Arillus (*arillus lacĕrus*) darstellt. Beim Pfaffenköpfchen (*Evonўmus Europaea*) ist er vollständig und saftig.

An dem Samen finden sich häufig noch Anhängsel anderer Art, wie z. B. auf seiner Bauchseite dicht am Nabel der zu einem Wulste, wulstigen oder sonst ·hervortretenden Streifen ausgebildete Nabelstreifen (*raphe*), welchen man auch Fadenschwiele (*strophiŏla*) nennt. Ferner ist oft der Eimund oder

Fig. 454.

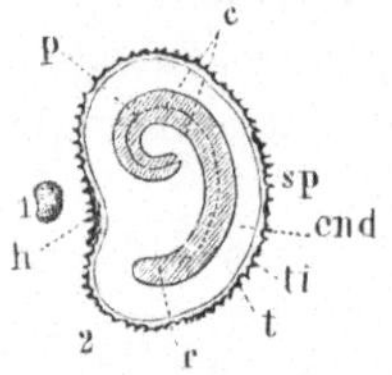

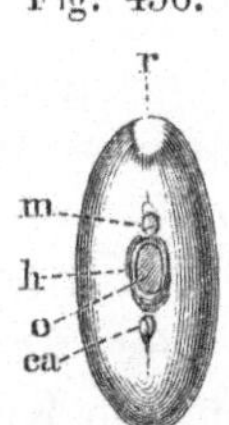

Samen von *Hyoscyamus niger*. 1. Der Same, 1½ fache Lin.-Vergr. 2. Längsdurchschnitt. *h* Basis oder Nabel, *sp* Spitze, *p c r* Embryo, *c* Cotyledonen, *r* Würzelchen, *end* Inneneiweiss, *t* äussere Samenhaut, *ti* innere Samenhaut.

Fig. 455.

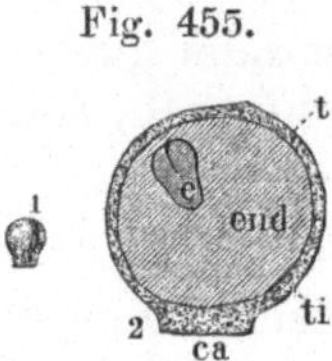

Samen von *Colchĭcum autumnale*. 1. Samen, natürliche Grösse. 2. Längsdurchschnitt. *e* Embryo, *end* Inneneiweiss, *t* äussere, *ti* innere Samenhaut, *ca* Samenschwiele (*caruncŭla*).

Fig. 456.

Eine Bohne, Samen von *Phaseolus vulgaris*. Basalfläche. *h* Nabel (*hilum*), *o* Nabelgrund (*omphalodium*), *m* Samenmund (*micropyla*), *ca* innerer Nabel (*chalaza*) und Samenschwiele (*caruncŭla*), *r* Wurzelchen.

Fig. 457.

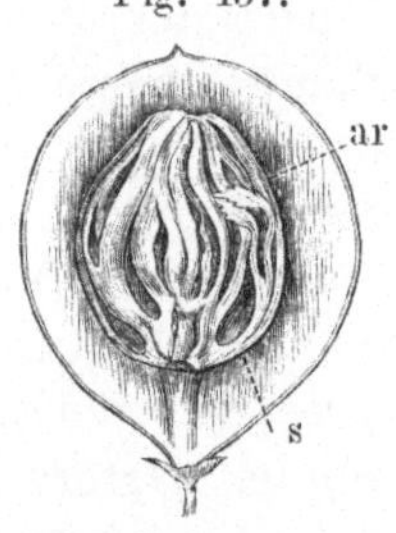

Beerenartige Frucht der *Myristica fragrans Houtt.* ¾ Grösse des Pericarps im Längsdurchschnitt. *ar* Samenmantel (*arillus*), *s* Samen.

auch der innere Nabel (*chaläza*) zu einer schwammigen Warze oder einem Wulste, der Samenschwiele (*caruncŭla*, *strophiŏla*) angeschwollen. Endlich ist bei einigen Pflanzenarten (*Salix*, *Popŭlus*) der Nabel oder die Micropyle mit einem Haarschopf (*coma*) bekleidet.

Den Punkt innerhalb des Nabels, in welchem das Gefässbündel des Samenstranges in die Samenhaut eintritt, und welcher bei einigen Samen besonders zu erkennen ist, hat man Nabelgrund (*omphalodĭum*) genannt.

Der Samenkern (*nuclĕus semĭnis*) ist der von der Samenhülle umschlossene Theil des Samens und besteht entweder
aus dem Keim, Keimling (*embryo*) allein, oder aus dem Keimling und dem Eiweisskörper (*albūmen*). Im ersteren Falle
ist der Same eiweisslos (*semen exalbuminōsum*). Die Samen
des Mandelbaumes (*Amygdălus*), der Hülsenfrüchte, der Kreuzblüthler (*Crucifĕrae*) sind z. B. eiweisslos, denn die Samenhaut
umschliesst nur den Embryo mit den Samenlappen. Die Samen

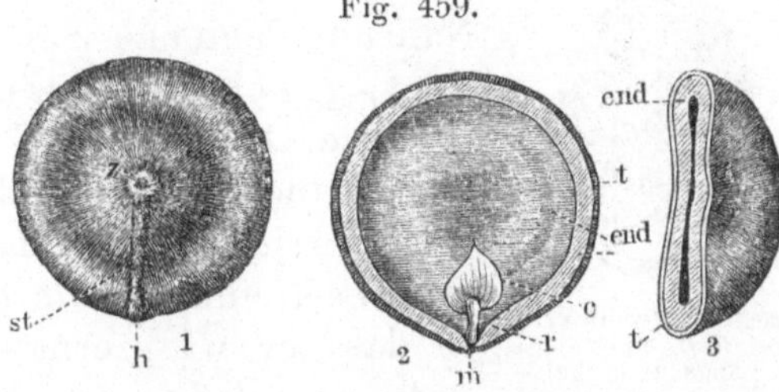

Fig. 458.

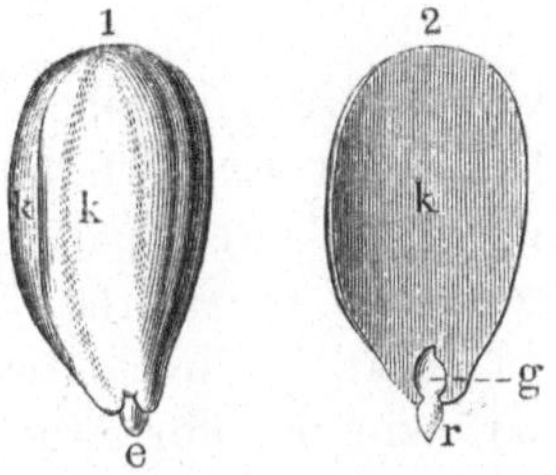

Fig. 459.

1. Mandelsamen von der Testa befreit. *Semen exalbuminōsum.* 2.
Ein Keimblatt mit daran sitzendem
Embryo. *r* Würzelchen, *g* Federchen.

Samen von *Strychnos nux vomica.* 1. Samen in natürl. Grösse
(*semen albuminōsum*). *h* Nabel (*hilum*), *st* Samenschwiele (*stro-
phiŏla*), *z* innerer Nabel (*chalāza*). 2. Der Same im Längsdurchschnitt. *m* Nabel und Micropyle, *r* Würzelchen, *c* Cotyledonen,
t Testa, *end* Inneneiweiss (*endospermium*). 3. Querdurchschnitt.
t Testa, *end* Inneneiweiss.

der meisten Monokotyledonen sind eiweisshaltend. Zwar enthält der Embryo mit seinen Samenlappen in seiner chemischen
Zusammensetzung reichlich Eiweissstoff, es darf dieser aber
nicht mit dem Eiweiss, dem besonderen und
begrenzten Theile eines Samens, verwechselt
werden.

    Der Eiweisskörper ist entweder Endosperm
oder Perisperm, oder aus Endosperm und Perisperm zusammengesetzt. Der innere Eiweisskörper (*endospermĭum*) bildet sich aus einem im
Inhalte des Keimsackes neu entwickelten Parenchym, dagegen besteht der äussere Eiweisskörper (*perispermĭum*) aus der Kernhaut des Eikerns oder erscheint als ein Rest des ursprünglichen Parenchyms des Keimsackes.

    Das Endosperm ist gewöhnlich reich an
Stärkemehl und Fett, wodurch es geeignet ist,
der aus dem Embryo sich entwickelnden jungen Pflanze als erste Nahrung zu dienen. Das
Perisperm ist gewöhnlich dünnwandig oder häutig und birgt in seinen Zellen Stärkemehl.

Fig. 460.

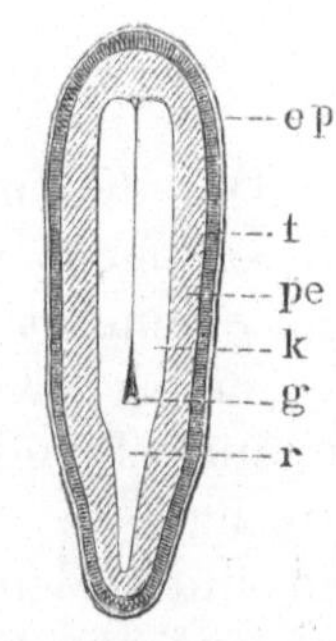

Längsdurchschnitt des
Samens des Leins (*Linum
usitatissĭmum*). Vergröss.
Schematische Figur. *ep*
Epithelium, *t* Samenhaut
(*testa*), *pe* Ausseneiweiss
(*perispermĭum*), *k* Samenblätter (*cotȳlae s. cotyledŏnes*), *g* Knöspchen
(*gemmula*), *r* das Würzelchen (*radicŭla*) des
Embryo.

Die Consistenz des endospermischen Eiweisses ist verschieden, bald flüssig, bald weich, mehlig, hornartig, knochenhart. In der Cocosnuss (Frucht von *Cocos nucifĕra*) ist das Endosperm in seinem äusseren Umfange erhärtet und innen flüssig und milchähnlich; in den Tagua- oder Elfenbeinnüssen (Früchte von *Phytelĕphas macrocārpa* Rz. & Pav.) ist es anfangs milchig flüssig und erhärtet später zu einer harten elfenbeinähnlichen Substanz.

Fig. 461.

Samen von *Myristĭca fragrans Houtt.*, Muskatnuss, im Längsdurchschnitt. *Albūmen ruminātum.* e Embryo.

Im Uebrigen ist das Eiweiss im ersten Stadium der Bildung des Keimes, als die dem Keime Nahrung bietende Substanz, als Keimflüssigkeit, gewöhnlich flüssig.

Die Gestalt des Eiweisskörpers zeigt ebenfalls manche Mannigfaltigkeit. Ist er zerlappt oder zerrissen, und haben sich in die Spalten und Vertiefungen die Samenhäute eingedrängt, so dass er wie zernagt erscheint, so heisst er gekaut (*albūmen ruminātum*), wie bei der Muskatnuss (dem Samen von *Myristĭca fragrans* Houttuyn), oder er ist gespalten, wie bei der Brechnuss (dem Samen von *Strychnos nux vomĭca*, Fig. 459, 3).

Lection 67.

Der Samen. Der Embryo und seine Theile.

Der Keim oder Embryo (*embrўo*), der Hauptbestandtheil eines Samens und die Anlage zu einer neuen Pflanze derselben Art, erscheint als eine Pflanze in kleinster Form. Er besteht aus einer Axe, dem Stengelchen (*cauliсйlus*), welche oberhalb zu einer Terminalknospe sich ausgebildet hat und Blätter trägt, unterhalb in das Würzelchen (*radicŭla*) ausläuft. Oberhalb um und unter dem Vegetationskegel der Terminalknospe entspringen mehrere Blättchen. Die untersten derselben, durch Grösse und Gestalt sich auszeichnend, sind die Samenblätter, Keimblätter oder Kotyledonen (*cotyledŏnes; cotỹlae*), die über den Kotyledonen entspringenden kleineren Blättchen bilden das Federchen (*plumŭla*), auch Blattfederchen, Knöspchen (*gemmŭla*) genannt. Das Federchen bildet die Terminalknospe der neuen Pflanzenanlage und wächst bei der Entwickelung des

Embryo zur oberirdischen Axe aus. Der unterhalb der Kotyledonen hervorragende und ungetheilte kleine Kegel wird theils

Fig. 462.

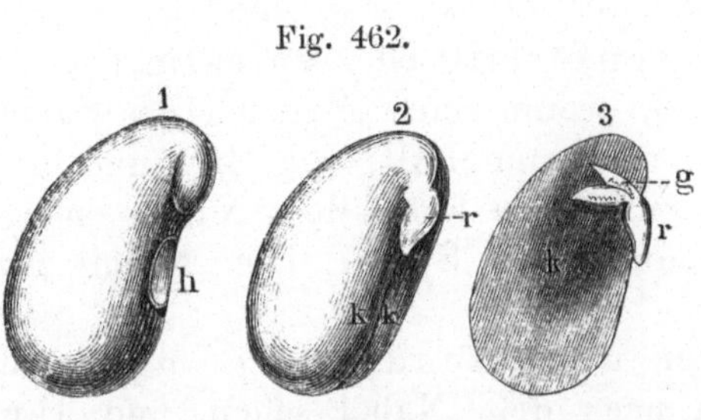

Fig. 463.

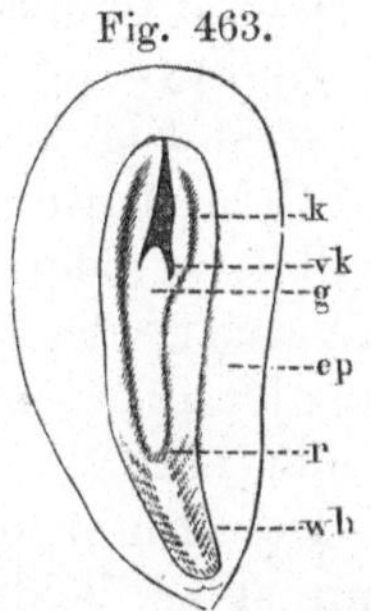

1. Same der Schminkbohne (*Phaseŏlus multiflōrus*). *h* Nabel (*hilum*). 2. Von der Samenhaut (*testa*) befreiter Same derselben Pflanze. *kk* Kotyledonen, *r* Würzelchen. 3. Eine der Kotyledonen mit daranhängender Axe *gr — g* Knöspchen, *r* Würzelchen. Natürl. Grösse.

Samen der norddeutschen Kiefer (*Pinus silvestris*) im Längsdurchschnitt. *wh* Wurzelhaube (*ocrĕa*), *g gemmula*, *r radicula*, *k* Kotyledonen, *vk* Vegetationskegel oder Terminalkambium, *ep* Sameneiweiss (*endospermium*). Vergr.

Stengelchen, theils Würzelchen (*radicŭla*), auch Schnäbelchen genannt. Letzterer ist der Theil des Embryo, welcher in einer Wurzelhaube endigt und zur Wurzel auswächst.

Fehlt dem Samen der Embryo, was durch Fehlschlagen vorkommt, oder ist der Embryo unvollkommen entwickelt, so heisst der Samen taub (*fatuum*) oder Windsamen. Im Allgemeinen findet man in einem Samen nur einen Embryo und nur ausnahmsweise, wie bei der Mistel (*Viscum*) und bei der Citrone, mehrere zugleich (*semĭna pleioembryonäta*).

Bei den Orchidaceen kommt das Samenblatt nicht zur Entwickelung, diese den Monokotyledonen oder Ein-Samenlappigen beigezählten Pflanzen haben also einen *embryo acotyledonĕus*. Bei den Gräsern, welche den Monokotyledonen angehören, also nur ein Keimblatt entwickeln, breitet sich dieses aus und bedeckt das Knöspchen (*gemmŭla*) wie ein Schild. Man hat es desshalb hier auch Schildchen (*scutellum*) genannt. Bei den Dikotyledonen finden wir zwei Samenblätter an dem Stengelchen gegenüberstehend, seltener nur ein Blättchen, wie bei *Corydălis*, oder mehrere, wie bei den Abietinen

Fig. 464.

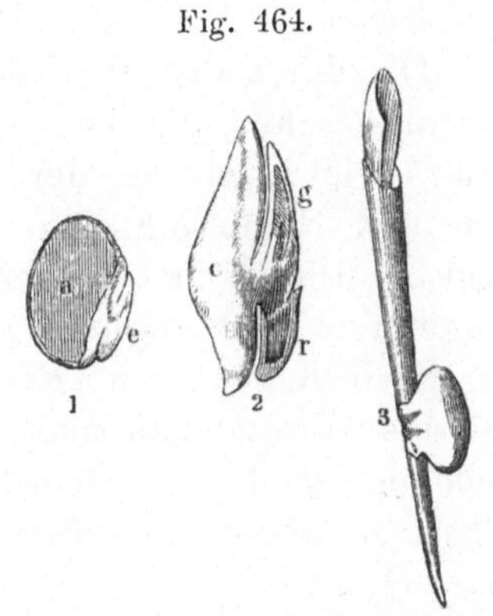

1. Längsdurchschnitt des Samens des Mais (*Zea Mays*). *e* Embryo, *a* Eiweiss. Vergr. 2. Der Embryo. *g* Federchen, *r* Würzelchen. *c* Cotyledone (*scutellum*). 3. Keimender Samen.

15*

(einer Abtheilung der Coniferen), oder gar keine, wie bei der Flachsseide (*Cuscŭta*).

Die Axe des Embryo hat eine verschiedene Richtung, und der Embryo ist gerade (*embrўo rectus*) Fig. 458; gekrümmt (*curvātus*) Fig. 454; schneckenförmig oder spiralig (*spirālis*); gleichlaufend (*homotrŏpus*), wenn seine Axe der des Samens parallel ist oder mit dieser zusammenfällt, Fig. 460, und er ist dann aufrecht (*erectus*), wenn seine Basis dem Nabel, dagegen umgekehrt (*invērsus*), wenn seine Spitze dem Nabel zugewendet ist.

Der Embryo ist ferner umlaufend (*embrўo amphitrŏpus*), wenn seine beiden Enden nach dem Nabel sehen, und abgewendet (*hetĕrotrŏpus*), wenn er quer im Samen liegt und keines seiner Enden dem Nabel zugewendet ist.

Embryo und Eiweisskörper haben gegenseitig verschiedene Lagen. Der Embryo wird entweder vom Eiweiss umschlossen (*embrўo albumĭne inclūsus*) Fig. 463, oder er umfasst selbst den Eiweisskörper (*embr. peripherĭcus*), oder er liegt ausserhalb des Eiweisses (*embr. albumĭni apposĭtus*) Fig. 464.

Der Embryo liegt im erstgenannten Falle in der Axe des Eiweisses (*embrўo axĭlis*) und dabei in der Spitze (*apicālis*), in der Mitte (*centrālis*) oder in der Basis (*basilāris*), oder er liegt ausserhalb der Axe des Eiweisses (*extraaxĭlis*), am Rücken (*dorsālis*) oder in der Richtung der Peripherie des Eiweisses (*subperipherĭcus*). Der ausserhalb des Eiweisses liegende Embryo (*embrўo albumĭni apposĭtus*) befindet sich entweder an den Seiten (*laterālis*) oder nur an einem Ende desselben (*embrўo albumĭni incumbens*).

Die Lage des Würzelchens (*radicŭla*) ist oft auch eine charakteristische. Es ist gerade (*recta*) und hervorragend (*promĭnens*), wie z. B. bei der Mandel (*Semen Amygdăli*), oder es ist von den Samenblättern schildförmig (*cotўledŏnes peltătae*) überdeckt. Liegt das Würzelchen nach der Seite gekrümmt der Fuge der Samenlappen zugewendet (*radicŭla laterālis*), so heisst der Embryo seitenwurzlig (*embrўo pleurorrhizĕus*; Symbol ◯═). Ist das Würzelchen nach dem Rücken eines Samenlappens umgebogen, so dass es dem Rücken desselben aufliegt (*radicŭla dorsālis*), so heisst der Embryo rückenwurzlig (*embrўo notorrhizeus*; Symbol ◯‖). Das Würzelchen hat eine verschiedene Lage zum Nabel des Samens und blickt mit seiner Spitze nach dem Nabel (*radicŭla hilum spectans*) oder blickt nach einer andern Seite des Nabels hin, es ist dem Nabel abgewendet (*radicŭla ab hilo avērsa*). In beiden Fällen unterscheidet man seine Richtung nach der Fruchtspitze (*radicŭla supēra*) oder nach der Fruchtbasis (*radicŭla infĕra*).

Fig. 465.

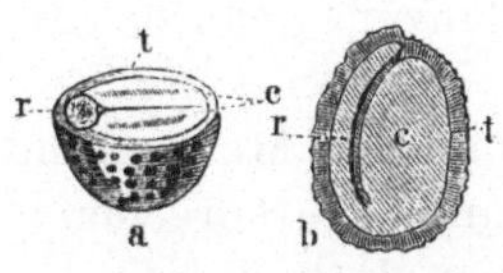
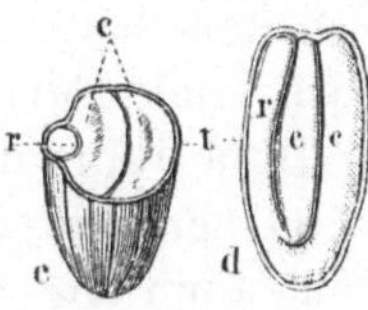
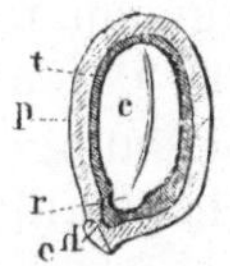
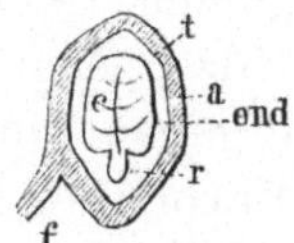

a b Samen von *Cochlearia off.* Vergr. *Embryo pleurorrhizĕus*, ○=; *r radicula*, *c cotyledŏnes*, *t testa*, *a* Querschnitt, *b* Längsschnitt.

c d Samen von *Alliaria vulgāris.* Vergr. *Embryo notorrhizĕus*, ○||; *r radicula*, *c cotyledŏnes*, *t testa*, *c* Querschnitt, *d* Längsschnitt.

e Samen der *Salvia officinālis* im Längsdurchschnitt. *Embryōnis radicŭla hilum spectans*. *p* Pericarp, *t testa*, *c cotyledŏnes*. *r radicula*, *h hilum.*

f Samen von *Evonўmus Europaea.* Vergröss. *Embryōnis radicŭla ab hilo aversa*. *a arillus*, *t testa*, *end* Eiweiss, *r radicula*, *c cotyledŏnes.*

Die Samenblätter sind nicht immer gleich gestaltet, sind von verschiedener Consistenz und haben gleich den Blättern einer Knospe oft eine verschiedene Faltung. Sie sind z. B. fleischig (*cotyledŏnes carnōsae*); blattartig (*foliacĕae*); anstehend, aneinanderliegend (*contigŭae*), wenn sie mit den inneren Flächen auf einanderliegen; auseinanderstehend (*patentes*); anliegend (*accumbentes*), wenn sie ihre Flächen (Rückenflächen) den Seiten des Samens zuwenden; aufliegend (*incumbentes*), wenn ihre Flächen der Lage der Bauch- und Rückenfläche des Samens homolog sind. Sie heissen zusammengelegt (*conduplicātae*; Symbol ○≫); übereinandergerollt (*convolūtae*); ineinandergefaltet (*contortuplicātae*); zerknittert (*corrugātae*) etc., je nach der Faltung, wie wir solche von der Knospenlage kennen gelernt haben.

Lection 68.

Samenpflanzen. Sporenpflanzen. Paläontologie. Bernsteinkiefer.

Bisher beschäftigten wir uns mit dem Bau und den Organen der Samenpflanzen (*spermatophўta*) oder der Pflanzen mit sichtbaren Geschlechtswerkzeugen, welche *Linné* Phanerogamen (Offenehige) nannte und welche in den verschiedenen Pflanzensystemen die Klasse der Phanerophyten, Cotyledonengewächse,

Embryonaten, Gefässpflanzen etc. ausfüllen. Den Samenpflanzen stehen die Sporenpflanzen (*sporophȳta*) gegenüber, d. h. Gewächse, welche sich nicht durch Samen, sondern durch Sporen fortpflanzen. *Linné* konnte an den Sporenpflanzen keine doppelten Geschlechter wahrnehmen, und er nannte sie desshalb Cryptogamen (Verborgenehige). Zu den Sporenpflanzen gehören die Pilze, Algen, Flechten, Moose und Farne. Nach *Linné's* Zeit ergaben die Forschungen der Botaniker, dass an den Moosen und Farnen sich gleichfalls den Geschlechtsorganen entsprechende Organe entwickeln, und sich auch in vielen Fällen bei den übrigen Sporenpflanzen solche Organe annehmen lassen. Damit verlor die Bezeichnung Cryptogamen wesentlich an Werth, und ihre Einschränkung auf einen kleineren Kreis Pflanzen der niedrigsten Entwickelungsstufe war eine nothwendige Folge. Nichtsdestoweniger hat sie sich durch die Länge des Gebrauchs erhalten, und wenn von Cryptogamen die Rede ist, so versteht man darunter alle jene Pflanzen, welche *Linné* seinen Cryptogamen zuzählte.

Die Cryptogamen oder Sporenpflanzen treffen wir in den verschiedenen Pflanzensystemen ganz oder theilweise als Cryptophyten, Acotyledonen, Exembryonaten, Ehelose (*agămae*), Zellenpflanzen, Thallophyten etc. an, welche Benennungen andeuten, dass die Geschlechtsorgane unvollkommen oder undeutlich entwickelt sind, Embryo und Keimblätter fehlen, der Aufbau eines Theiles nur aus Zellen und nicht aus Gefässen besteht, ein anderer Theil statt Wurzel, Stamm und Blätter einen Thallus (Lager) bildet etc.

Bereits bei einer früheren Gelegenheit war erwähnt, dass sich die Phanerogamen oder Samenpflanzen in zwei Klassen schichten lassen, in Nacktsamige oder Gymnospermen und in Bedecktsamige oder Angiospermen. Die Gruppe der Gymnospermen ist den Angiospermen gegenüber von sehr geringem Umfange, denn die heutige Vegetation weist nur wenige Repräsentanten derselben auf, wie die Arten der Familie der Coniferen und Cycadeen. Die urweltliche Zeit war dagegen überaus reich an Gymnospermen, und es scheinen die wenigen heutigen als Vermächtnisse der vorweltlichen Zeit auf die jetzige überkommen zu sein, es scheint sogar, dass einige Gymnospermen (z. B. *Taxus*) sich allmählig aus dem Vegetationskreise verlieren wollen.

Die Geschichte der Pflanzenwelt von ihren ersten Anfängen an finden wir in den Rindenschichten der Erde verzeichnet und lässt sich daselbst in ihrer stufenweisen Entwickelung verfolgen, indem sie sich theils durch Abdrücke von Pflanzen auf Steinschichten, theils durch Versteinerungen (Petrefacten, Phytolithen), theils durch massenhafte Ablagerungen in Gestalt der Stein- und Braunkohlen den Forschungen darlegt. Mit der Erforschung dieser Geschichte und der Naturgeschichte der vorweltlichen oder besser urweltlichen Gewächse beschäftigt sich die Palaeontologie des Pflanzenreiches oder die Palaeophytologie.

Die Erdoberfläche hat vor unserer Zeitrechnung eine Reihe grosser Umwälzungen (Revolutionen) erfahren und mit denselben ihre klimatischen und atmosphärischen Verhältnisse verändert. Diese Umwälzungen veranlassten bald im grösseren, bald im geringeren Umfange den Untergang der Geschlechter der Erdbewohner, der Pflanzen und der Thiere, und neue höher entwickelte Geschlechter kamen zum Vorschein.

Den paläontologischen Forschungen gemäss umfasst die Geschichte der Entwickelung des Pflanzenreiches drei grosse Perioden, deren Grenzen muthmaasslich viele Hunderttausende von Jahren auseinanderliegen.

In der ersten Periode, welche bis zur Bildung der Steinkohlenlager reicht, erzeugte die Erdrinde vorwiegend Sporenpflanzen, also Pflanzen der niedrigsten Entwickelungsstufe. In der zweiten Periode, welche die geologische secundäre Periode, die Bildung des Trias, die Jura- und Kreideformation bis zur Bildung der Braunkohlenlager umfasst, entstanden vorwiegend Gymnospermen, und die dritte oder heutige Periode, welche mit dem Diluvium und Alluvium beginnt, gab den Angiospermen das Uebergewicht.

Die zweite Periode hat für uns in sofern ein Interesse, als wir in sie die Bildung des Bernsteins verlegen müssen. Der Bernstein (*Succinum*) ist ein fossiles Harz, welches seine Entstehung einer Gymnosperme (*Pinites succinifer Göppert*) verdankt. Diese Conifere scheint in mächtigen Wäldern den Boden bedeckt zu haben, welchen jetzt die Wogen des baltischen Meeres bespülen.

Die Sporenpflanzen lassen sich, wenn man will, wie die Samenpflanzen in zwei Hälften theilen, in Angiosporen (verhülltsporige Sporenpflanzen) und in Gymnosporen (nacktsporige), indem bei den Angiosporen die Sporen bis zu ihrer Trennung von der Mutterpflanze in ihrer Mutterzelle eingeschlossen bleiben, bei den Gymnosporen aber frühzeitig, durch

Resorption der Mutterzelle freiwerdend, ausser Verbindung mit der Mutterpflanze treten, wenngleich sie bis zur Reife in einer Sporenkapsel eingeschlossen bleiben. Eine weniger gezwungene Eintheilung ist diejenige in Lagerpflanzen (*thallophўta*) oder blattlose (*sporophўta aphylla*) und in blattbildende (*sporophўta foliosa*). Die Lagerpflanzen entsprechen den Gymnosporen, die anderen den Angiosporen. *Berg* belegte diese Abtheilungen mit den Namen Cryptophyten und Mesophyten. Der letztere Name deutet auf die Mittelstufe hin, welche die blattbildenden Sporenpflanzen zwischen Cryptophyten und Phanerophyten (Samenpflanzen) einnehmen. Mit den Organen der Sporenpflanzen wollen wir uns in den folgenden Lectionen beschäftigen.

Bemerkungen. Gymnospérmen, Angīospérmen, Gymnospóren, Angīosporen, griech. γυμνός, ή, όν (gymnos, ä, on), nackt; ἀγγεῖον (angeion), Gefäss, Behältniss; σπέρμα (sperma), Same oder σπέρμειος, ον (spermeios, on), den Samen betreffend; σπορά (spora) Saat. — Phytolithen, versteinerte Pflanzen, von d. griech. φυτόν (phyton) Pflanze; λίθος (lithos), Stein. — Paläontologie, Lehre von dem Vormalsgewesenen; παλαιός, ή, όν (palaios), vormalig; ὄντα (onta), was da ist; λόγος (logos), Wort, Lehre. — Thallus, griech. θαλλός, junger Zweig, Schössling. — Cryptophýten, Mesophýten (*cryptophўta, mesophўta*); griech. κρυπτός, ή, όν (kryptos), verborgen; μέσος, η, ον (mesos), mitten, in der Mitte; φυτόν, Pflanze. Die lateinischen Namen der Gattungen der vorweltlichen Flora, wenn diese Aehnlichkeit mit noch lebenden haben, bildet man gewöhnlich in der Weise, dass man die Endung des Gattungsnamens in *ītes* verwandelt, z. B. *Cupressus, Cupressītes: Taxus, Taxītes.*

Lection 69.

Allgemeines über Sporenpflanzen.

Die Sporenpflanzen nehmen im Pflanzenreiche die niedrigste Stufe ein und weichen in ihrem anatomischen Bau, in der Form ihrer Organe wesentlich von den Samenpflanzen ab. Ihrer Gemeinschaft gehört sowohl diejenige Pflanze an, deren Aufbau nur in einer einzigen Zelle besteht, welche Zelle die Funktionen der Ernährung und Fortpflanzung gleichzeitig besorgt, als auch die Pflanze, welche Sporen erzeugend Wurzeln und Blätter entwickelt. Zu ihnen zählen Pflanzen verschiedener niedriger und höherer Entwickelungsstufen, welche in den weitesten und auch wieder kleinsten Abständen von einander liegen, und in der Form und dem Wesen ihrer vegetativen Theile die mannigfaltigsten Abweichungen aufweisen.

Wollen wir eine einigermaassen befriedigende Uebersicht über Entwickelung, Formen und Organe der Sporenpflanzen gewinnen, so müssen wir diese in Gruppen ordnen und eine Gruppe nach der anderen mustern. Daher theilen wir die Sporenpflanzen (*Sporophўta*) ein in:

I. Thallophyten (*Thallophўta*) oder blattlose Sporenpflanzen (*Sporophўta aphylla*).
    1. Pilze (*Fungi*),
    2. Flechten (*Lichēnes*),
    3. Tange oder Algen (*Algae*).
II. Blattbildende Sporenpflanzen (*Sporophўta foliōsa*).
    1. Moose (*Musci*),
    2. Farne (*Filĭces*).

Die Thallophyten entwickeln in Stelle der Wurzel, des Stammes und der Blätter ein Lager, Thallus (*thallus*), gebildet aus unvollständigem Zellgewebe; Geschlechtsorgane sind theils nicht vorhanden, theils unvollkommen.

Der Thallus repräsentirt alle vegetativen Theile und Organe der höher entwickelten Pflanzen, denn er versieht dieselben Verrichtungen, er nimmt Nahrung auf, assimilirt dieselbe, wächst und besorgt die Fortpflanzung. In einzelnen Fällen lässt der Thallus nichts desto weniger ein Bestreben der Nachbildung der Organe der Pflanzen einer höheren Ordnung erkennen, indem er die Formen von Wurzel, Blatt und Stamm mehr oder weniger nachahmt. Der Thallus der Sporenpflanzen der untersten Ausbildungsstufe besteht nur in einer einzigen oder einigen wenigen Zellen, die zugleich die Bestimmung der Spore übernehmen.

Ein geschlechtlicher Gegensatz der Fortpflanzungsorgane ist nicht oder nur unvollkommen ausgeprägt, und die von der Mutterzelle sich trennende Keimzelle (*spora; sporidĭum*) wächst unmittelbar zu einem neuen Individuum oder zu einem flockigen Lager (*prothallĭum imperfectum; protonēma*) aus. Das Organ mit dem sporenerzeugenden Gewebe wird Keimfrucht, Sporengehäuse (*sporangĭum; sporocarpĭum*) genannt.

Die Spore unterscheidet sich wesentlich vom Samen dadurch, dass sie keinen Embryo enthält.

Den männlichen Geschlechtsorganen, den Antheren, in physiologischer Hinsicht analog zeigen sich bei einigen Familien (z. B. den Characeen) die Antheridien, in welchen sich die eigentlich befruchtenden männlichen Organe, die Schwärmfäden (*fila spiroïdĕa mobilĭa; phytozōa*), bilden.

Bei den Flechten und vielen Pilzen entdeckte man kleine Körperchen oder Zellen in unendlicher Zahl, Spermatien genannt, eingeschlossen von besonderen Behältern, den Spermogonien, welche unter Wasser eine Bewegung zeigen, und als männliche Geschlechtsorgane betrachtet werden.

Pringsheim beobachtete bei der Gattung *Oedogonium* (einer Fadenalge) eine geschlechtliche Fortpflanzung, und zwar die Entwickelung zweierlei Arten Schwärmsporen, kleinere und grössere. Die kleineren sah er sich nach Austritt aus der Mutterzelle eine Zeitlang frei bewegen und sich dann unmittelbar an die grössere Spore festsetzen und zu einem wenigzelligen Gebilde sich entwickeln. Da die grösseren Sporen sich zu einem Individuum entwickeln, so lag es nahe, das aus den kleineren Sporen entstehende, wenigzellige Gebilde als einen Ersatz des männlichen Geschlechtsapparates anzuschen. *Pringsheim* nannte die kleineren Sporen daher Androsporen oder Männchenbilder. Bei *Oedogonium ciliātum Pringsh.* besteht die Sporangie (Oogonie *Pringsh.*) aus einer chlorophyllhaltigen, in der Continuität des Gliederfadens liegenden, angeschwollenen Zelle,

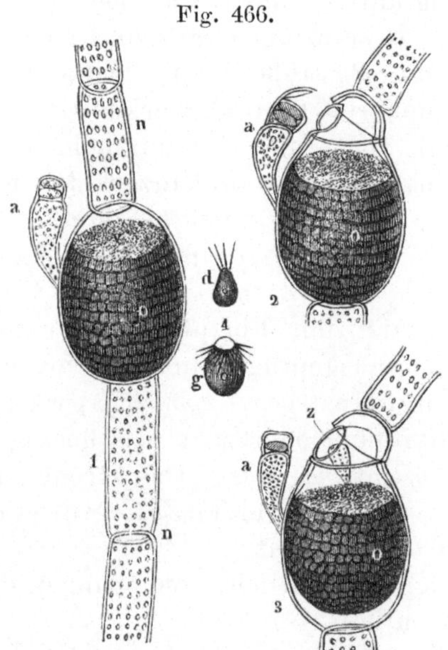

Fig. 466.

welche an ihrer Aussenwand die Antheridie in Form eines farblosen zweizelligen Organs trägt. In jeder der beiden Zellen dieser Antheridie bildet sich ein Spermatozoïd oder Schwärmfaden in Gestalt eines keilförmigen Körperchens. Wenn die Zeit der Reife eintritt, drückt das Spermatozoïd gegen den Deckel der Antheridie, hebt denselben und verweilt oft in dieser Lage mehrere Stunden, die Oeffnung des weiblichen Organs (der Oogonie *Pringsheim*'s) erwartend. Letzteres ist zu dieser Zeit mit einer grünen grobkörnigen Masse gefüllt, welche oberhalb mit einem farblosen feinkörnigen

1. Ein Stück eines Fadenpilzes (*Oedogonium ciliatum Pringsh.*). *n* Gliederfaden, *o* Sporangie od. Oogonie, *a* Antheridie, *v* Schleimmasse über dem Inhalt der Sporangie. Mehrf. vergr. 2. Die Antheridie hat sich längst, die Sporangie so eben geöffnet. 3. Ein Spermatozoïd dringt durch die Oeffnung *z*, welche sich in der von dem Schleime *v* gebildeten Membran befindet, in den Inhalt der Sporangie. 4. *d* Spermatozoïd, *g* Schwärmspore.

Schleim bedeckt ist. Die Membran am Scheitel der Oogonie reisst nun ein, und durch Anschwellung des Zelleninhaltes wird der Fadenfortsatz über dem Scheitel wie ein Deckel aufgekippt, und die erwähnte farblose schleimige Masse bildet eine blasenähnliche Zellhaut, welche aber an der der Antheridie zugekehrten Seite eine breite Oeffnung lässt. In diesem Augenblicke fällt der Deckel der Antheridie ab, und das mit zarten Wimpern versehene keilförmige Spermatozoïd tritt heraus, bewegt sich einige Mal um die Oogonie und schlüpft, mit seiner Spitze voran, in die Oeffnung der farblosen Zellenhaut. Anfangs sieht man es noch innerhalb der Oogonie sich bewegen, um dann für das Auge des Beobachters zu verschwinden. Jene Oeffnung schliesst sich nun, und die Entwickelung einer ruhenden Spore nimmt ihren Anfang.

Lection 70.

Pilze (*Fungi*).

Der Pilz in einfachster und niedrigster Form besteht aus mehr oder weniger rundlichen oder länglich runden einzelnen Zellen, wie die Gährungspilze (Hefepilz, *Mycodĕrma cerevisĭae*, *M. vini* etc. Desmazières oder *Saccharomўces cerevisĭae*, *S. vini* Meyen), welche einzeln bleiben oder sich zu Reihen vereinigen und sich einfach durch Abschnürung vermehren.

Die höher organisirten Pilze constituiren sich aus fadenförmigen einfachen oder sich in Zweige theilenden Zellen, Flocken, Hyphen (*flocci; hyphae*), welche sich zu einem Trieblager (*mycelium; thallus floccōsus; hyphāsma*) verflechten und verwachsen. Die Hyphen dringen nach allen Richtungen in die Erdkruste, in das Innere fremder Pflanzentheile, in die Stomatien, Intercellulargänge, selbst durch die Porenkanäle in die Zellen, während sie ausserhalb weiter wachsen und Fortpflanzungsorgane erzeugen. Das

Fig. 467.

Hefepilze, 300 fache Lin.-Vergr. Einige in Theilung begriffen.

Trieblager oder Mycelium entspricht dem Hypothallus der Flechten. Seine Fäden (fadenähnliche Zellen) bilden bald ein lockeres Gewebe (*hyphasma*), oder ein verfilztes Gewebe, bald keulenförmige, straussähnliche, kuglige, schüsselförmige, hutförmige Gebilde. Das Mycelium oder Trieblager der Staubpilze (*Conio-*

mycētes) bildet meist in dem Zellgewebe der Nährpflanze ein Fruchtlager (*stroma*); bei den Faden- eder Schimmelpilzen (*Hyphomycētes*) bilden die Hyphen ein lockeres Fasergeflecht (*hyphae libĕrae*), an dessen Aesten sich die Sporen entwickeln; bei den Bauchpilzen (*Gastĕromycētes*) bildet sich aus dem Trieblager um die sporenzeugenden Aeste desselben (*capellitium*) eine einfache oder doppelte Hülle, Sporangiumschale (*peridium*), welche regelmässig oder unregelmässig aufspringt, und bei den Kernpilzen (*Pyrēnomycētes*) sich zu einem napfförmigen oder kugeligen, oben offenen Gehäuse (*perithecium*) gestaltet. Bei den Hautpilzen (*Hymĕnomycētes*) und Scheibenpilzen (*Discomycētes*) entwickelt sich das Trieblager zu einem Hut (*pilĕus*) von verschiedener Consistenz, welcher unmittelbar auswächst (*pilĕus sessĭlis*) oder von einem Stiel, Strunk (*stipes*), gestützt wird (*pilĕus stipitätus*). An dem unteren Theile des Hutes findet die Bildung der Sporen statt und zwar an bestimmten Trägern, welche entweder wie Blätter oder Lamellen (*lamellae*), oder wie vorstehende Spitzen oder Säulchen oder Röhren gestaltet sind.

Die Hautpilze (*Hymĕnomycētes*) bilden die vollkommenste Pilzfamilie. Ihren Familiennamen verdanken sie einer eigenen Haut (*hymenium*), welche aus Sporen erzeugenden Zellen zusammengesetzt ist. Den jugendlichen Pilz schliesst eine häutige Hülle, allgemeiner Schleier, Wulsthaut (*volva*) genannt, ein, welche beim Auswachsen des Hutes zersprengt wird und ge-

Fig. 468.

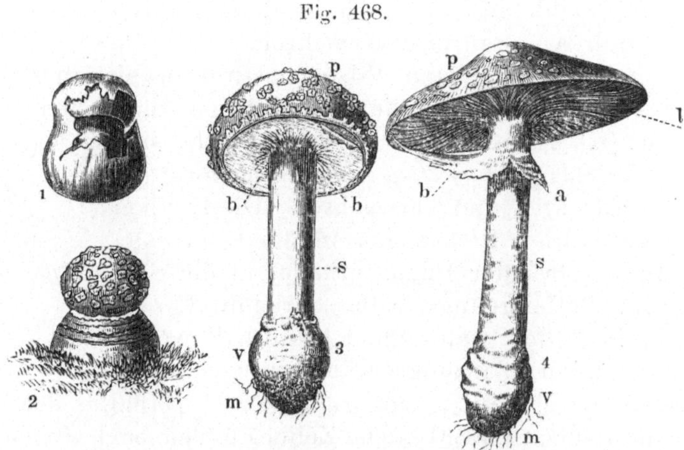

1. Ein junger Hymenomycet die Wulsthaut sprengend. 2. Der in der Wulsthaut noch eingeschlossene Fliegenpilz (*Amanīta muscaria Pers.*). 3. Derselbe mehr entwickelt. *m* Mycelium, *v* Wulst (*volva*), *s* Strunk (*stipes*), *p* Hut (*pilĕus*), *b* Schleier (*velum*) an der einen Seite sich ablösend. 4. Derselbe Pilz noch mehr entwickelt. *a* Ring (*annülus*), der Schleier hängt in einem Punkte noch an dem Pilzrande, *l* Lamellen.

meinlich zum Theil am Grunde des Pilzstieles hängen bleibt, den Wulst (*volva; torus*) bildend. Rudimente dieser Hülle bleiben nicht selten auf der oberen Fläche des Hutes hängen, (wie z. B. beim Fliegenpilz (*Amanīta muscarĭa Pers.* oder *Agarĭcus muscarĭus*).

An dem Stiele unterhalb des Hutes finden wir bei dem entwickelten Pilze gewöhnlich ein zweites häutiges Gebilde, welches den Stiel wie einen Ring (*annŭlus*) umgiebt. Die an der unteren Seite des Hutes befindlichen Lamellen sind anfangs an dem Pilze von einer Haut, dem Schleier (*velum*) überspannt und von aussen verdeckt. Wenn der Hut, dessen Rand anfangs dem Stiele sehr genähert liegt, sich auszubreiten und flacher zu werden anfängt, so dehnt sich jener Schleier nicht mit aus, zerreisst, und bleibt entweder am Stiele hängen, jenen Ring (*annŭlus*) bildend, oder er bleibt auch am Hutrande sitzen und bildet eine herabhängende Franse (*cortīna*). Diese Anhängsel finden wir besonders bei der Gattung *Amanīta*.

Auf der unteren Seite des Hutes finden wir bei den Blätterpilzen (*Agarĭci*) jene Blätter oder Lamellen (*lamellae*), welche die Funktion als Sporenträger erfüllen. Mit Hilfe des Mikroskops finden wir eine solche Lamelle auf ihren beiden Seiten mit einer Faserschicht bekleidet, deren Fasern dicht aneinander liegen und nach aussen sehen. Diese Faserschicht, Keimhaut (*hymenĭum*), bildet in folgender Weise die Sporen. Einige der Zellen, aus welchen das Hymenium zusammengesetzt ist, verlängern sich über die Fläche desselben und wachsen an diesem Ende zu vier Spitzen aus. An dem Ende einer jeden Spitze entwickelt sich durch freie Zellenbildung eine blasige Zelle, welche die Mutterzelle für die von ihr umschlossene Spore ist. Bei der Reife der Spore schnürt sich die Mutterzelle ab, ohne dass die Spore aus derselben heraustritt.

Solche Zellen, welche auf vorhergehend angegebene Weise aus dem Hymenium hervortreten und an dem äussersten Ende Sporen erzeugen, nennt man Basidien (*basidĭa*), und die von ihnen entwickelten Sporen Basidiensporen, zum Unterschiede von den Schlauchsporen, welche in Schläuchen, Sporenschläuchen (*asci*), entstehen und bei der Reife aus diesen austreten.

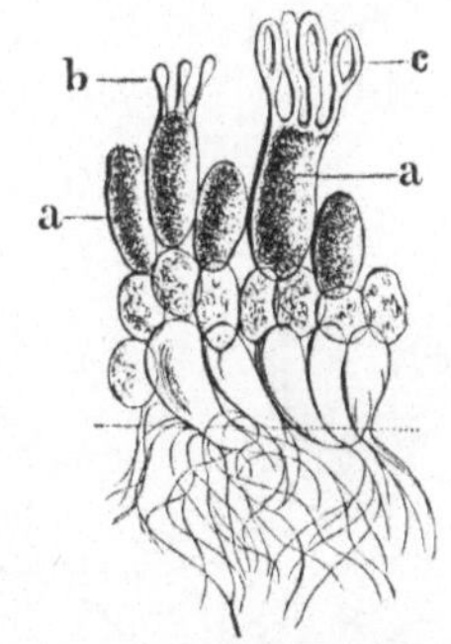

Fig. 469.

Ein Theil des Hymenium von *Agaricus campestris*. *a* Basidien, *b* dieselben im Begriff der Sporenbildung, *c* solche mit vollständig entwickelten Sporen.

Den Kernpilzen (*Pyrēnomycētes*) und den Scheibenpilzen (*Discomycētes*) fehlt die Keimhaut (*hymenĭum*). Die Hyphen des

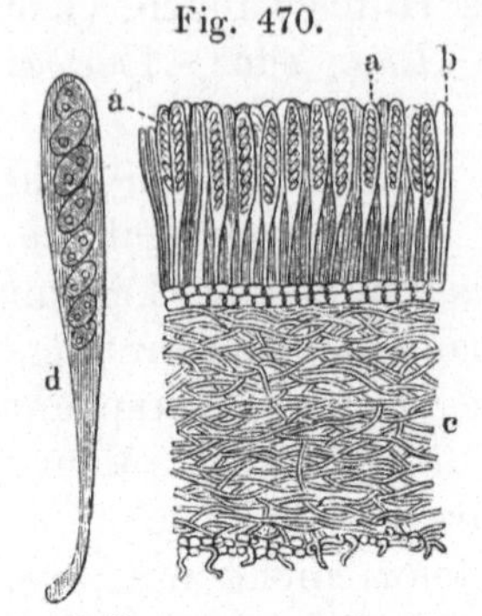

Fig. 470.

Trieblagers (*mycelĭum*) schliessen sich dicht aneinander und bilden einen begrenzten Körper, das Fruchtlager (*stroma*). Die Endglieder der Hyphen dieses Thallus bilden die Sporenbehälter, welche als Sporenschläuche (*asci*) oder Asken gewöhnlich 8, seltner mehr oder weniger Sporen entwickeln. Die Sporen liegen in diesen Schläuchen regelmässig in eine Längsreihe geordnet oder unregelmässig übereinander. Bei der Reife öffnet sich der Schlauch an seiner Spitze, und die Sporen treten aus. Bei einigen Kernpilzen treten

Querscheibe (vergr.) aus dem Hut eines Becherpilzes (*Pezīza*). *a* Sporenschläuche (*asci*), *d* ein solcher noch mehr vergrössert, *b* Paraphysen, *c* Pilzgewebe.

aus dem Fruchtlager Basidien hervor, welche an einer fadenförmigen Spitze nur eine Spore entwickeln. Die Sporenschläuche der Kernpilze sind von einer Hülle umgeben, welche anfangs geschlossen ist, sich später aber zu einem offenen Behälter erweitert. Diese Art Sporangiumschale wird als *Perithecium* unterschieden.

In einzelnen Fällen finden sich neben den Sporenschläuchen Paraphysen (*paraphýses*), welche hier als fehlgeschlagene oder verkümmerte Sporenschläuche zu betrachten sind.

Bei den Bauchpilzen (*Gastĕromycētes*) sind die aus dem Trieblager (*mycelĭum*) aufsteigenden, Sporen erzeugenden und

Fig. 471.

Fig. 472.

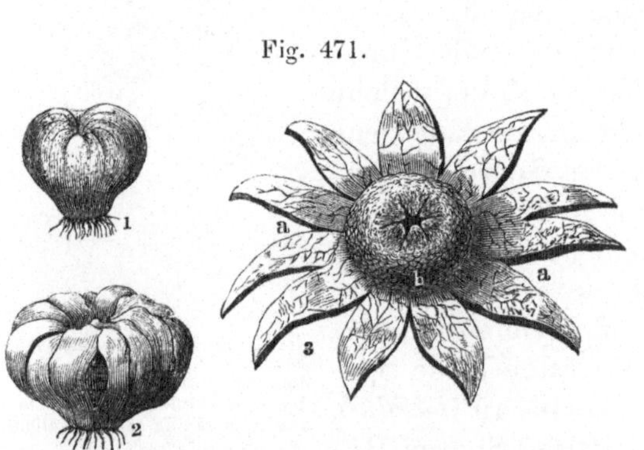

Geaster hygrometrĭcus Persoon, (ein Bauchpilz). 1. Junger Pilz. 2. Derselbe entwickelt mit gespaltener Sporangiumschale (*peridium*) bei trockner Witterung. 3. Derselbe bei feuchter Witterung. *a* äusseres, *b* inneres Peridium.

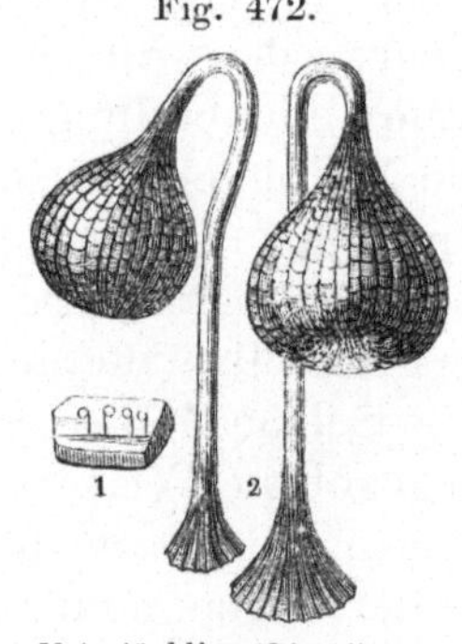

1. Netzstäubling (*Dictydium umbilicātum Schrad.*) in natürl. Grösse auf altem Holze. 2. Das unter dem Peridium befindliche Capillitium, aus feinen parallelen Fäden bestehend, welche durch Querfäden mit einander verbunden sind.

sterilen Aeste, welche ein Haargeflecht (*capillitium*) darstellen, von einer einfachen oder doppelten Hülle, der Sporangiumschale (*peridium*) eingeschlossen, welche sich regelmässig spaltet oder unregelmässig zerplatzt. Die innere Hülle zerreisst gewöhnlich nur an ihrer Spitze. Das von der Sporangiumschale umschlossene Geflecht gleicht in den meisten Fällen einem grobmaschigen Netz, aus dessen Maschen sich nach innen einzelne Basidiensporen entwickeln. Bei der Reife der Sporen zerfliessen die Zellenmembranen zu eintrocknendem Schleim, und nach dem Eintrocknen findet man die Sporen als dunkelbraunes oder schwarzes Pulver.

Die Fadenpilze (*Hyphomycētes*) sind besonders jene uns bekannten Schimmelpilze, zu deren Studium man gewöhnlich das Mikroskop zu Hilfe nehmen muss, welche aber auch oft durch ihre mannigfachen zierlichen und schönen Formen die grössere Mühe des Studiums belohnen. Im Allgemeinen erscheinen die Fadenpilze als einzellige oder mehrzellige, oft verzweigte Fäden, welche an ihren Enden einzelne oder ganze Ketten Sporen durch Abschnürung oder endständige grosse

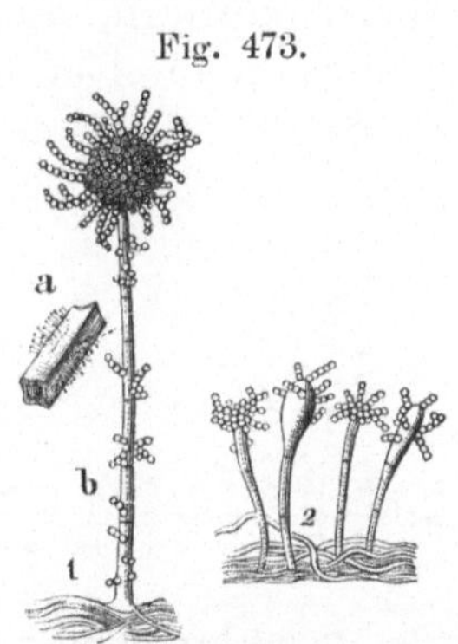

Fig. 473.

1. *a* Sporentragende Hyphen des *Aspergillus glaucus Link.* auf einem abgestorbenen Labiatenstengel, *b* dieselben vergrössert. 2. Sporentragende Hyphen von *Aspergillus flavus Link.*

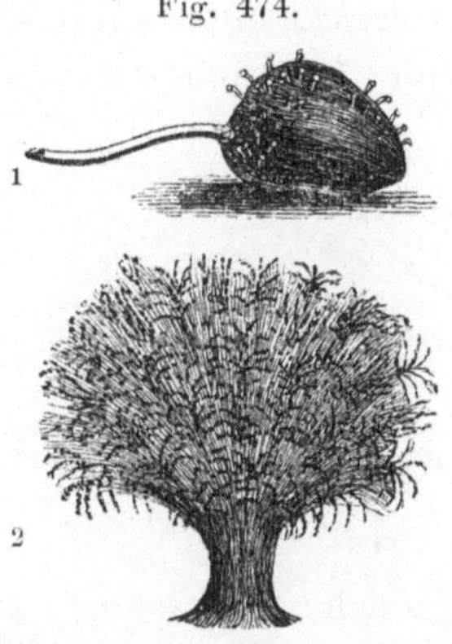

Fig. 474.

1. Gemeiner Besenschimmel (*Coremium vulgare Corda*), auf einer Kirsche. 2. Die Hyphen (Flocken) sind zusammengedrängt, erweitern sich oben pinselförmig und entwickeln an den Spitzen zierliche Sporenketten (*sporisoria*).

Mutterzellen (Sporangien) bilden, welche zahlreiche Sporen bei der Reife austreten lassen. Nach *de Bary* entstehen bei den Schimmelpilzen, welche Sporenketten (*sporisoria*) bilden, rings um die kopfförmig angeschwollene Spitze eines Hyphenastes zellige Ausstülpungen (Sterigmen), welche in Form länglicher Zellen sich nach oben zuspitzen, dann sich an der äussersten

Fig. 475.

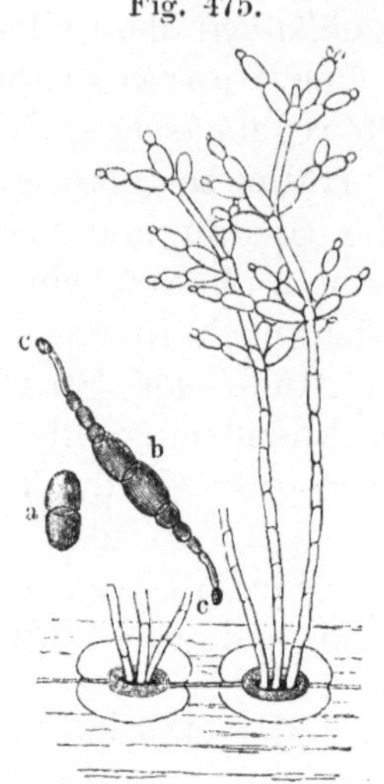

Fruchtbare Hyphen von *Cladosporium*, aus den Spaltöffnungen eines Kiefernblattes hervorwachsend. (Stark vergr.). Daneben drei stark vergrösserte Glieder (*a b*) der Sporenkette, von denen *b* keimt und bei *c* sporidienähnliche Endglieder entwickelt.

Spitze zu einer kugligen Zelle gestalten, welche später abgeschnürt die erste Spore bildet. Das Sterigma bildet immer wieder an seiner Spitze neue Zellen, welche die früher entstandenen vor sich hin schiebend endlich eine Sporenkette (*sporisorium*) darstellen.

Die Staubpilze (*Coniomycētes*) nehmen eine niedrige Stufe unter den Pilzen ein. Der Landmann fürchtet sie sehr, denn sie sind die Gebilde, welche man mit Rost, Flugbrand, Schmierbrand etc. zu bezeichnen pflegt. Sie vegetiren in lebenden Pflanzen, deren Gewebe sie mit ihrem Mycelium durchdringen und auf diese Weise zerstören. Ihre Sporen sind meist dunkelfarbig oder schwarz. Der Flugbrand (*Ustilago Carbo Tulasne*) vegetirt in der Frucht des Getreides und anderer Gräser. Der Schmierbrand (*Tilletia caries*) entwickelt sich in den Weizenkörnern, dieselben mit einem bläulich-schwarzen schmierigen Sporenbrei anfüllend,

Fig. 476.

1. Sporen des Flugbrandes (*Ustilago Carbo Tulasne*) mit Myceliumfäden durchmischt. 200 mal vergr.

2. Die Flugbrandsporen 400 mal vergr.

3. *a* Schmierbrand (*Tilletia caries*). Sporentragende Micelienfäden. 100 mal vergr. *b* Eine Spore 400 mal vergr.

ohne jedoch die Schale der Frucht zu durchbrechen. Haftet eine Spore an dem gesunden keimenden Weizenkorn, so dringen die sich aus ihr entwickelnden Mycelienfäden in dieses ein, durchwachsen die ganze aufschiessende Pflanze und finden endlich in den Fruchtknoten der Weizenähren den günstigen Boden zur Sporenbildung.

Auf der unteren Seite des Blattes der Rose treffen wir einen Staubpilz in Form eines braunen oder schwärzlichen Staubes an, welcher aus aufrechten farblosen Stielchen besteht, welche an der Spitze braune mehrzellige, mit Wärzchen besetzte Sporen tragen und in ein kleines Spitzchen endigen.

Bei vielen Coniomyceten bilden sich die Sporen in Ascobasidien. Es entwickelt sich nämlich eine Basidienspore, welche sich durch Einschnürung abgliedert. Damit ist jedoch die Thätigkeit der Basidienzelle nicht beendigt, dieselbe erzeugt vielmehr ununterbrochen an ihrer Spitze neue Sporen, welche die vorher erzeugten vor sich hinschieben und damit Sporenketten oder einen mit Sporenlängsreihen gefüllten Schlauch darstellen.

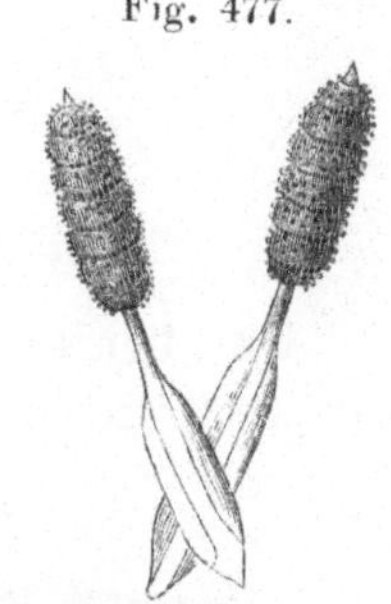

Fig. 477.

Rosenbrand (*Phragmidium incrassatum Link*). Zwei Fäden, mehrzellige Sporen tragend. Stark vergröss. Siehe vorige Seite, unten.

Die meisten Pilze finden nur auf den in der Zersetzung begriffenen organischen Körpern einen günstigen Boden zu ihrer Entwickelung oder sind wirkliche Parasiten der Pflanzen und Thiere. Ihre Lebensdauer ist mit Ausnahme der holzigen nur kurz. Lichtmangel und Feuchtigkeit begünstigen ihre Entstehung. Sie athmen Sauerstoff aus der Luft auf und hauchen Kohlensäure aus, wie alle nicht Chlorophyll enthaltenden Pflanzen. Die Zellwand der Mycelienfäden zeigt keine Verdickungsschichten und besteht nicht aus Cellulose. Der Zelleninhalt ist gewöhnlich frei von Stärkemehl, aber reich an Stickstoff.

Bemerkungen. Hýphe, *hypha, ae*, die fadenförmigen Zellen eines Myceliums, griech. ὑφή (hyphä), Gewebe. — *Hyphasma, ătis, n.*, griech. ὕφασμα, Gewebe. — *Mycelium*, Trieblager, Pilzlager, gebildet aus dem griech. μύκης, gen. μύκητος (mўkäs, mykätos), Pilz. Das *mўces, ētis*, griech. μύκης, ητος, Pilz, darf nicht verwechselt werden mit *mucus*, griech. μῦκος, in lateinischen Zusammensetzungen *myco-* oder *-mўcus*, Schleim, Schwamm, Pilz. In dem ersteren Worte ist das *y* kurz, in dem letzteren lang. — *Strōma, ătis, n.*, griech. στρῶμα, Lager, Bett.

Hyphomўces, Coniomўces, Gastĕromўces, Hymĕnomўces, Discomўces, Pyrĕnomўces, Gen. ētis, von dem griech. μύκης, Pilz; ὑφή, Gewebe; κόνις, ιος, (konis, ios) Staub; (γαςτήρ, ερος, (gastär, ëros), Bauch; ὑμήν, ένος (hymän, ёnos), Haut, Häutchen; δίσκος (diskos), Scheibe; πυρήν, ῆνος, (pyrän, änos), Kern des Steinobstes. —

Perithecium, von d. griech. περί (peri), um, herum; θήκη (thäkä), Behältniss. — *Hymenium*, vom griech. ὑμήν, ένος (hymän, ёnos), Haut, Gewebe. — *Basidium*, von βάσις (basis), Grundlage. — *Ascus, i*, griech. ἀσκός, Schlauch. — *Paraphўsis, is*, griech. παράφυσις, Nebenwuchs, Nebenschössling. — *Sporisorium*, Sporenhaufen, v. d. griech. σπορά, Saat, und σωρός (soros), Haufe. —

Lection 71.

Flechten (*Lichēnes*).

Der Thallus der Flechten bietet in seinen äusseren Formen, wie auch in seiner anatomischen Zusammensetzung eine mannigfache Verschiedenheit dar. Der blattartige Thallus (*thallus foliaceus*) zeigt lappige oder blattartige, laubähnliche Formen und ist seiner anatomischen Zusammensetzung nach vor anderen Flechtenformen am vollkommensten entwickelt. Der Verticalschnitt zeigt drei Zellenschichten, eine untere, eine mittlere und eine obere. Die obere und die untere Schicht bilden die Rindenschicht, die mittlere die Markschicht. Die erstere besteht aus unregelmässigen Zellen, die Markschicht aber aus einem wergartigen Gewebe, Filzgewebe (*contextus stupacĕus*), aus trocknen ineinander verwebten fadenförmigen Zellen zusammengesetzt, und sehr häufig noch aus einer Schicht straffen Gewebes (*contextus strictus*), gebildet aus dicht und gleichmässig aneinander liegenden fadenförmigen Zellen. Dieses straffe Gewebe hat man auch gonimische Schicht (*stratum gonimĭcum*, d. i. zeugungskräftige Schicht) genannt, weil es nicht nur die Assimilation der aufgenommenen Nahrungsstoffe besorgt, sondern auch als Reproductionsorgan dient. Es können nämlich einzelne Zellen des Gewebes aus ihrem Verbande austreten und sich unter günstigen Verhältnissen zu neuen Organismen umgestalten. Solche Zellen hat man Brutkörner, Gonidien (*gonidĭa*), und die Häufchen, unter welcher Form sie bei vielen Flechten die Rindenschicht durchbrechen, Bruthäufchen, Soredien (*soredĭa*) genannt.

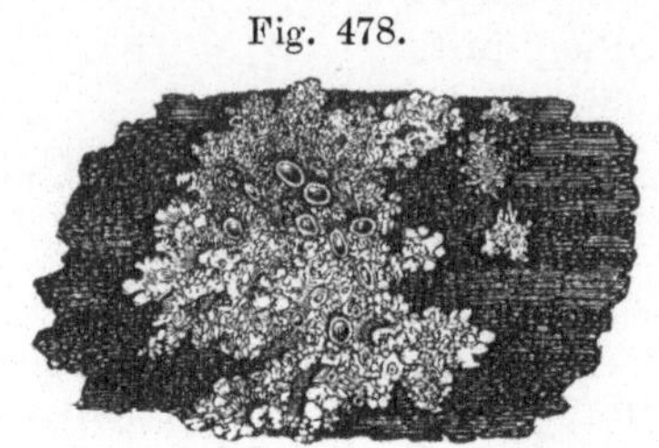

Fig. 478.

Wandflechte (*Parmelĭa parietĭna Acharius; Physcĭa parietina Schreber*). *Thallus foliacĕus, laciniätus. Apothecia sessilia, e rufo flava.*

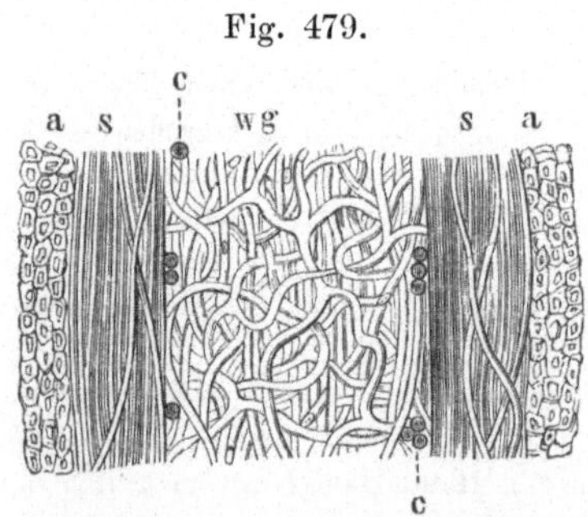

Fig. 479.

Flechtengewebe. Längsdurchschnitt eines Theiles des Thallus der Isländischen Flechte, des *Lichen Islandĭcus (Cetrarĭa Islandica Achar.). a* Rindenschicht, *s, wg, s,* sogenannte Markschicht, *s s* straffes Gewebe (*contextus strictus*), *wg* wergartiges Gewebe, (*contextus stupacĕus*), *c* Gonidien.

Die Rindenschichtzellen haben einen farblosen Inhalt, dagegen enthält die gonimische Schicht Chlorophyll, öfters durch verschiedene Flechtenfarbstoffe modificirt. Dieser letztere Umstand ist die Ursache der verschiedenen Farben der frischen oder angefeuchteten Flechten. Im feuchten Zustande wird nämlich die Rindenschicht durchsichtig und lässt dann die Farben der Markschicht durchscheinen. Beim Austrocknen wird die Rindenschicht trübe und undurchsichtig, wodurch die Farbe der Flechte ein schmutziges Aussehen erhält.

Finden die austretenden Gonidien nicht die zu ihrer Entwickelung nöthigen Bedingungen, so wuchern sie auf eine eigenthümliche Weise und bilden dann an trocknen Felsen und Baumstämmen pulvrige Ueberzüge der verschiedensten Farben, ohne sich zu normalen Flechten ihrer Art je auszubilden. Diese Gonidienwucherungen hielt man früher für besondere Flechtengattungen, wie Pulverarien, deren Thallus natürlich ein staubartiger (*thallus pulverulentus*) war.

Den dem Nährboden aufliegenden Flechten (Krustenflechten) fehlt gewöhnlich die untere Rindenschicht, und einzelne Fasern des Filzgewebes treten als falsche Wurzeln, Haftfasern (*rhizĭnae*) hervor. Andere Flechten haften ihrer Unterlage ohne alles Zwischenorgan einfach an, oder sie sind an dieselbe durch eine kleine Scheibe, Haftscheibe (*patella allĭgans*), befestigt.

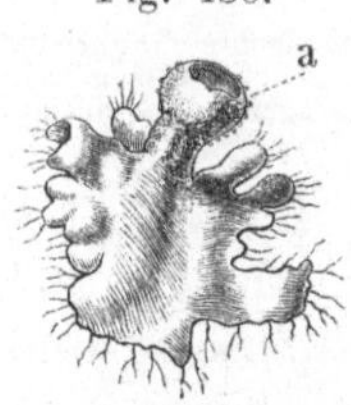

Fig. 480.

Krugflechte (*Parmelia urceolata*), die Haftfasern zu zeigen. *a* Apothecie.

Bei den Flechten mit aufrechtem Thallus (den Strauchflechten) ist das Markgewebe ringsum von der Rindenschicht umgeben. Sind straffes und wergartiges Gewebe zugleich vorhanden, so kann bald das eine, bald das andere in der Mitte liegen.

Nach der Gestalt des Thallus pflegt man die Flechten in Krustenflechten (*Lichēnes crustacĕi*), Laubflechten (*L. frondōsi*) und Strauchflechten (*L. fruticulōsi*) einzutheilen, mit Rücksicht auf den anatomischen Bau in heteromerische und homöomerische (oder heteromalle und homomalle). Die heteromerischen zeigen deutliche Gewebeschichten, die anderen und letzteren sind aus einem gleichförmigen Gewebe zusammengesetzt, das wie eine Gallerte erscheint, in welche perlschnurartig aneinander gereihte chlorophyllhaltige Gonidien eingebettet sind, wie bei den Gallertflechten (*Collemacĕae*).

Nachdem der Thallus sich genügend entwickelt hat, wozu er oft selbst Jahre gebraucht, geht er zur Bildung der Apothecien oder Flechtenfrüchte, Sporenträger, Keimfrüchte (*apothecia*) über.

Die Apothecie (*apothecium*) besteht aus den Sporen oder Sporenschläuchen und ihren Umhüllungen. Ist sie kreisrund, vertieft, und hat sie zugleich einen erhabenen Rand, so nennt man sie auch Schüsselchen (*scutella; apothecium scutelliforme*). Sie ist entweder auf der oberen (vorderen) Fläche des Thallus befindlich, vorderständig (*apothecium anticum*), oder auf der unteren (hinteren) Fläche, hinterständig (*postīcum*); von dem Thallus eingeschlossen (*thallo inclusum*); eingesenkt (*immersum*); sitzend (*sessīle*); von einem Gestell, Fruchtstiel (*podetīum*), unterstützt (*podetīo suffūltum*) oder gestielt (*podicellātum*); strichförmig (*lirellaefōrme*), nämlich schmal, in die Länge gezogen, mit einer Längsritze etc.

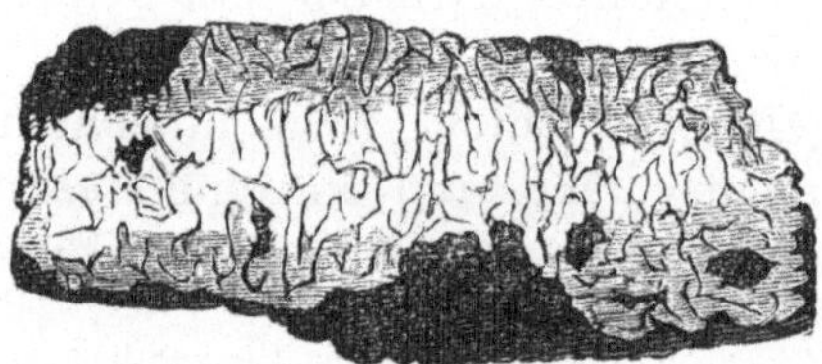

Fig. 481.

Krustenflechte. Schriftflechte (*Graphis scripta Acharius*), mit schwarzen, zu strichförmigen Streifen langgezogenen Apothecien (*apothecia lirellaeformïa*).

Fig. 482.

Knotenschwammflechte (*Baeomÿces rosëus P.*), wächst auf sterilem Haideboden. Grauweisser Thallus und rothe gestielte Apothecien (*apothecia podetio suffulta*).

Die Apothecien kommen wesentlich unter zwei Hauptformen vor, als geschlossene oder Kernfrüchte (*apothecïa clausa s. nucleiformïa*) und als offene oder Scheibenfrüchte (*apoth. apērta s. disciformïa*). Letztere sind mitunter in ihrer Jugend geschlossen. Der Kern der Kernfrüchte (*nuclĕus apothecii s. proligĕrus*) bildet eine mehr oder weniger kuglige Masse und ist nackt (*nudus*), wenn er ohne besonderes Gehäuse dem Thallus einge-

Fig. 483.

Fig. 484.

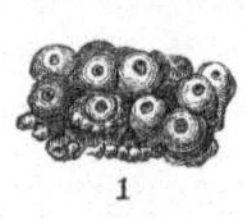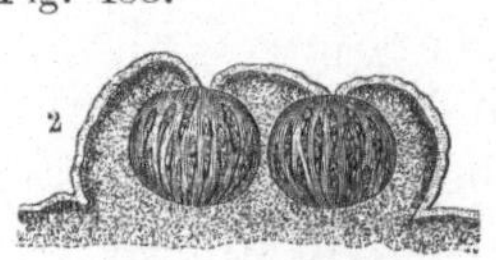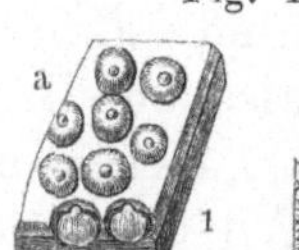

1. *Pertusaria communis Fr.* Lager mit eingesenkten Apothecien. 2. Verticaldurchschnitt zweier Apothecien (vergröss.), um den nackten Kern zu zeigen.

1. *Verrucaria aspistëa Ach.* Geschlossene Apothecien. 2. Eine Apothecie im Verticalschnitt (vergr.), um den in ein Gehäuse (*excipŭlum*) eingeschlossenen Kern zu zeigen.

senkt ist, oder umhäuset (*excipulātus s. excipŭlo receptus*), von einem besonderen Gehäuse (*excipŭlum*) umschlossen, dessen

Structur von dem des Thallus verschieden ist. In den meisten
Fällen bildet der Thallus selbst den Rand oder eine gehäuse-
ähnliche Hülle (*excipŭlum thallŏdes*).

Den wesentlichen Theil der Apothecie bildet der **Frucht-
körper**, das **Keimlager** (*thalamĭum; lamĭna ascigĕra*), welche
sehr häufig eine von dem Thallus abweichende Färbung zeigt.
Im Verticalschnitt findet man das Keimlager aus zahlreichen,
mehr oder weniger dicht parallel an einander und aufrecht
stehenden Fäden, **Saftfäden**
(*paraphÿses*), bestehend. Zwischen diesen Paraphysen stehen
einzelne keulig angeschwollene
Zellen, die **Sporenschläuche**
(*asci*). Die Sporen selbst sind
oft gefärbt, verschieden gestaltet und ein- bis mehrzellig. Die
Zellen der letzteren Sporen sind
oft wie Mauerziegel an einander
gelegt (mauerförmige Sporen).

In neuerer Zeit hat man
(*Micheli, Tulasne*) an vielen Flechten früher für eigene Gattungen angesehene kleine Behälter
(*spermogonĭa*), mit Tausenden
kleiner Körperchen (*spermatĭa*)
angefüllt, beobachtet, welche mit
den Apothecien in Beziehung stehend und als männliche Geschlechtsorgane angesehen worden sind. Ob mit Recht, ist ferneren Forschungen vorbehalten.

Fig. 485.

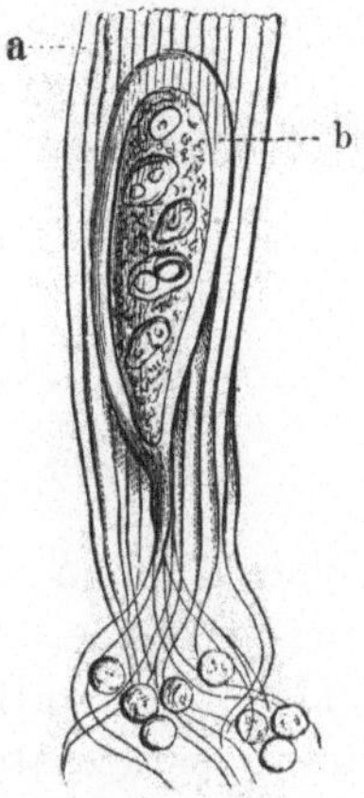

Fig. 486.

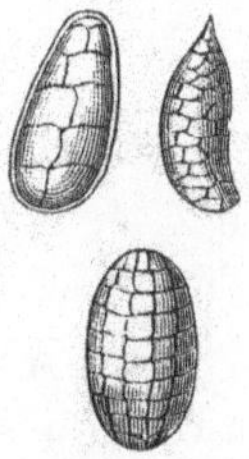

Mehrzellige Sporen
der Flechten. Mauer-
sporen. Stark vergr.

Ein Theil aus dem Keim-
lager der *Parmelia parietina*. *a* Paraphysen oder
Saftfäden, *b* Sporenschlauch
(*ascus*). (Vergr.).

Die Sporen keimen zuerst unter Bildung eines unvollkommenen Thallus (*protonēma*), indem (nach *Tulasne*) die innere
Sporenhaut zu einem oder mehreren sich verästelnden Fäden
auswächst, welche sich in einander verschlingen und verflechten.

Die Flechten haben im Allgemeinen eine sehr lange Lebensdauer, die man bei einigen Krustenflechten sogar bis auf 200 Jahre
gezählt hat. Dieselbe entspricht auch ihrer sehr langsamen Entwickelung. Sie entwickeln sich auf Bäumen, Baumstämmen,
Steinen, an der Erde, selten unter Wasser, und besonders da,
wo andere Pflanzen kaum gedeihen können, und zeigen überhaupt ein zähes Leben. Sie ziehen meist ihre Nahrung aus der
Luft und nehmen die Feuchtigkeit auf ihrer gesammten Oberfläche auf. Sie können austrocknen und ihre Vegetation ab-

brechen, leben aber wieder auf, sobald ihnen Feuchtigkeit dargeboten wird und sie dieselbe aufnehmen.

Bemerkungen. Gonímisch, *gonimĭcus, a, um,* zeugungskräftig, griech. γόνιμος, ον, von γονή (gonä), das Erzeugende, der Samen. — Gonídien, von d. griech. γονοειδής (gonoeidäs) samenähnlich. — *Rhizĭna, ae. f.* Würzelchen; ῥίζα (rhiza), Wurzel. — Heteromérisch, homöomerisch; ἕτερος, α, ον (hetĕros) verschieden; ὅμοιος, α, ον. (homoios), gleich; μέρος (meros) Theil. — *Apothecĭum,* Behältniss; ἀποϑήκη (apothäkä), ein Ort, wo etwas niedergelegt wird, Speicher, von ἀποτίϑημι (wegsetzen). — *Podetĭum,* Fussgestelle; πούς, Gen. ποδός (pūs, pŏdos), Fuss. — *Lirella,* enge kleine Furche, *lira,* Furche. — *Thalamĭum,* Wohnungsraum; ϑάλαμος (thalämos), Wohnung, Schlafzimmer. — *Thallōdes* für *thalloïdes,* thallusähnlich.

Lection 72.

Algen, Tange (*Algae*).

Die Algen oder Tange (*Algae*) sind meist Wasserbewohner und umfassen wie die anderen Sporophytenklassen Gebilde einer niedrigen und einer vollkommneren Stufe. Auf der niedrigsten Entwickelungsstufe stehen die einzelligen Algen. Trotz der einzigen Zelle, welche die Art auf zweierlei Weise fortzupflanzen vermag, in sofern sie Vegetations- und Reproductionsorgan sein kann, sehen wir bei den Algen sich Formen von ausserordentlicher Schönheit und bewunderungswürdiger Symmetrie entwickeln. Da die meisten dieser Wesen von solcher Kleinheit sind, dass sie sich nur mit Hilfe des Mikroskops erkennen lassen, so entgehen uns auch im gewöhnlichen Leben diese wunderbaren Schöpfungen der Natur.

Die Vermehrung vieler einzelligen Algen geschieht durch einfache Theilung, oft nach allen Richtungen des Raumes. Die Figuren 487—494 stellen mehrere Arten Algen vor.

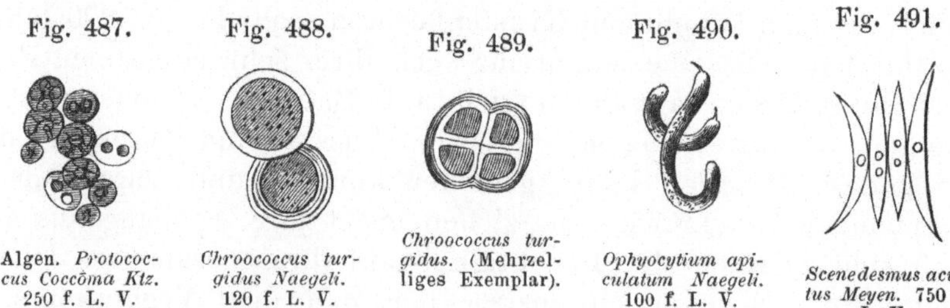

Fig. 487.

Fig. 488.

Fig. 489.

Fig. 490.

Fig. 491.

Algen. *Protococcus Coccŏma Ktz.* 250 f. L. V.

Chroococcus turgidus Naegeli. 120 f. L. V.

Chroococcus turgidus. (Mehrzelliges Exemplar).

Ophyocytium apiculatum Naegeli. 100 f. L. V.

Scenedesmus aculus Meyen. 750 f. L. V.

Fig. 492.

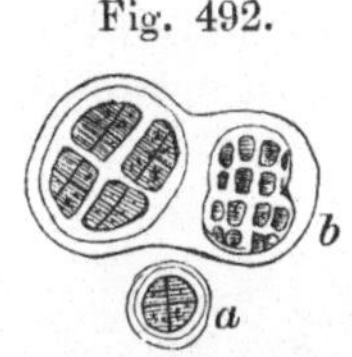

Pleurococcus, b) im Be-
griff der Theilung durch
wandständige Zellenbil-
dung.

Fig. 493.

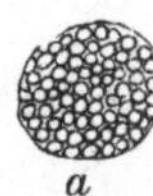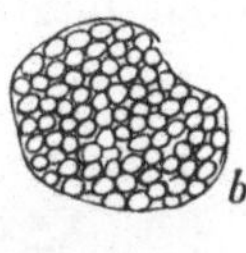

a) *Microcystis olivacea*, b) *Poly-
coccus punctiformis*. (120 f. L. V.)
Algen, Mutterzellen bildend,
welche unzählige Tochterzellen
einschliessen.

Fig. 494.

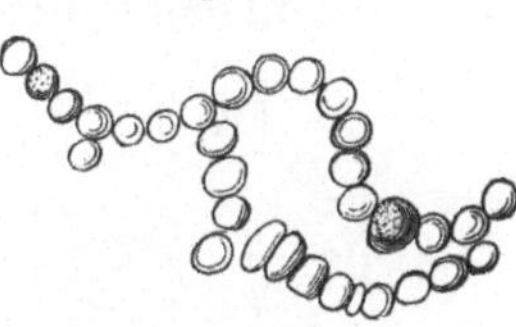

Nostoc commune.

Bei den Desmidiaceen ist die Zelle durch eine mehr oder
minder tiefe Einschnürung in zwei symmetrische Hälften abgetheilt. An der Verbindungsstelle dieser beiden Hälften erfolgt
eine dieser Familie eigenthümliche Vermeh-
rung, indem sich die Stelle allmählig seitwärts ausdehnt und die Hälften dadurch
mehr und mehr von einander entfernt. Dann
bildet sich in der Mitte des ausgedehnten
Theiles eine Einschnürung, wodurch dieser
Theil wieder zu zwei Hälften gestaltet wird,
von denen jede Hälfte mit der benachbarten ursprünglichen Hälfte zusammenhängt.
Eine jede dieser neuen Hälften wächst nun in derjenigen Weise
fort, bis sie die Gestalt und Form der alten unveränderten

Fig. 495.

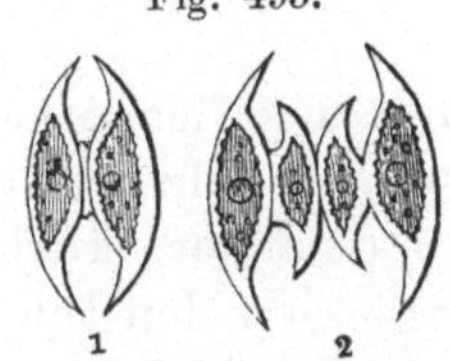

1. *Arthrodĕsmus convergens* (Desmidiacee). 350 f. Lin.-Vergr.
2. Ein Exemplar im Vermehrungsakt.

Fig. 496.

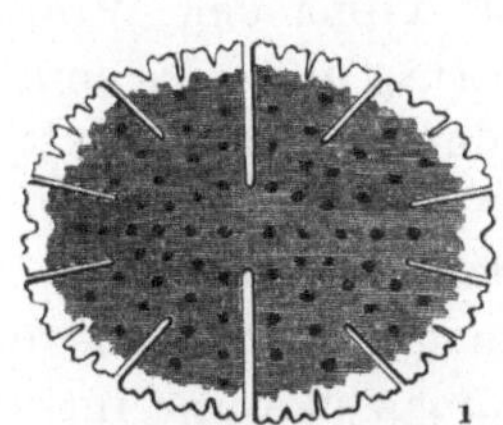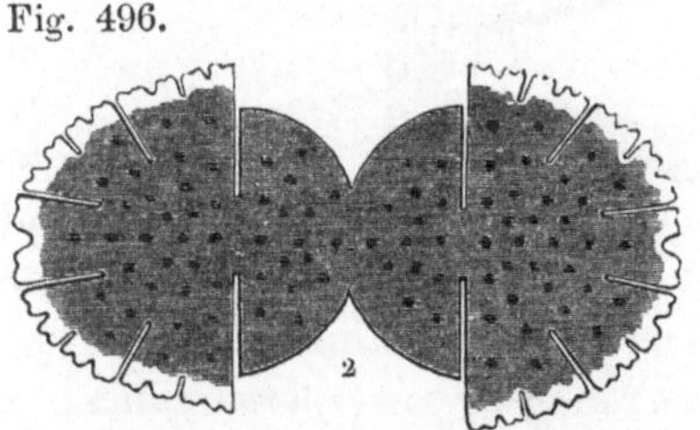

1. *Micrasterias Agarth* (Desmidiacee). 2. Ein Exemplar im Vermehrungsakt begriffen.

Hälfte erreicht hat. Endlich trennen sich die neuen Hälften an
der Stelle ihrer Einschnürung, und aus einem Individuum sind
nun zwei von gleicher Form entstanden. Bei anderen Desmidiaceen findet noch eine andere Vermehrungsweise, welche nur
die Erhaltung der Art bezweckt, statt. Je zwei Individuen derselben Art, einzellige oder aus einer Zellenreihe bestehende,
nähern sich gegenseitig in der Weise, dass sie aus ihren sich
gegenüberliegenden Zellengliedern seitliche Fortsätze treiben,
welche auf einander treffen, sich mit einander vereinigen und

eine Communication zwischen beiden Zellengliedern herstellen.
Alsdann mischen die beiden letzteren ihren Inhalt mit einander,

Fig. 497.

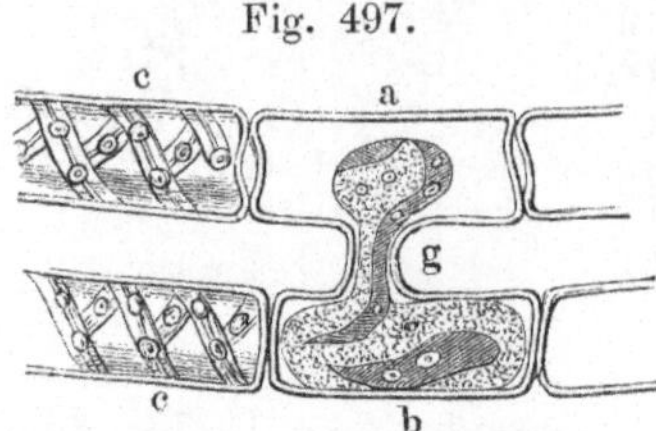

Spirogyra. Vergr. Zwei Individuen in
der Copulation befindlich. Der Inhalt
der Zelle *a* ist schon zum grössten Theil
in die Zelle *b* übergetreten. *g* Der beide
Zellen verbindende Kanal; *c* vegetirende
Zellen mit Chlorophyllbändern.

Fig. 498.

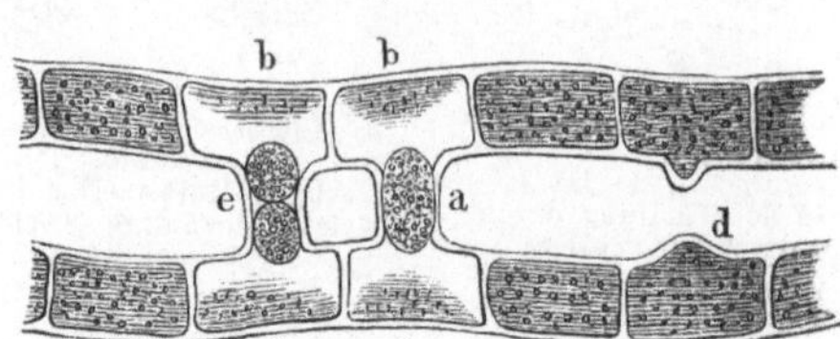

Zygogonium didymum. Vergr. Zwei Individuen in Copulation befindlich. Der Zellinhalt der Zellen *b* und *c*
hat sich mit dem Primordialschlauch kugelig zusammengezogen, ist in den Verbindungskanal getreten, und
hat in *e* zwei, in *a* eine Spore erzeugt. *d* Aussackung
zur Copulation.

und aus der Mischung entsteht eine Spore. Oder zwei Individuen nähern sich, biegen sich knieförmig, die Knie stossen
an einander, klaffen an der Berührungsstelle aus einander und
ergiessen den Inhalt der betreffenden Zellen, welcher sich mischt
und zu einer kugligen Spore gestaltet, die sich mit einer feste-
ren Membran umgiebt. Diese Art der Vereinigung zweier Individuen heisst Copulation oder Copuliren, Conjugation,

Fig. 499.

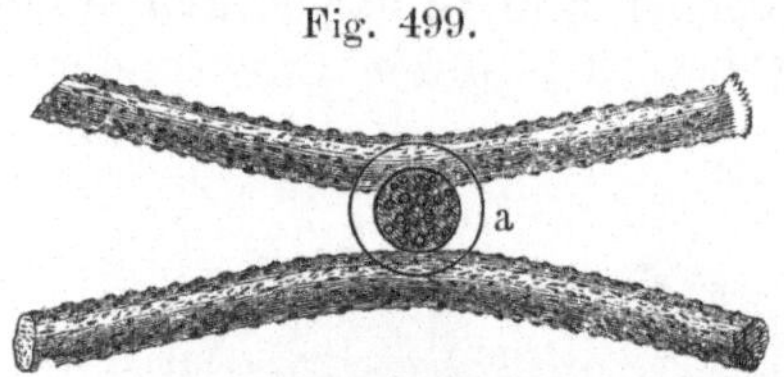

Gonätozygon Ralffii. Vergr. *a* Jochspore.

die daraus entstehende Spore
Jochspore (*zygospŏra*).

Die Jochspore bleibt in unserem Klima den Winter über
unthätig und wird zum Unterschiede von der Schwärmspore
als ruhende Spore (*spora
tranquilla*) bezeichnet.

Ausser den ruhenden Sporen erzeugen andere Algen auch
Schwärmsporen (*sporae agĭles; zoospŏrae*), äusserst interessante
Reproductionsgebilde, welche die engere Beziehung der Algen
zu den niederen Wesen der Thierwelt andeuten. Es giebt zwei
Arten Schwärmsporen, von welchen die einen gewöhnlich kleineren die männlichen, die anderen und gewöhnlich grösseren
die weiblichen Reproductionsorgane darstellen. Die ersteren
nicht keimenden nennt *A. Braun* Mikrogonidien. Sie entstehen aus dem Zellinhalt und meist innerhalb einer Zelle und
zugleich in grosser Anzahl gehäuft, selten einzeln, und werden
zur Zeit der Reife durch Bersten der Mutterzelle entleert. Eine
halbe bis zwei Stunden, selbst Tage lang schwärmen dann die
ausgetretenen Sporen munter in dem Wasser herum, und setzen

sich dann an einen Gegenstand an, um sich zu einem der Mutterpflanze ähnlichen Individuum auszubilden. Die Schwärmsporen bestehen übrigens nur aus einfachen Zellen, sind aber mit Wimpern besetzt, welche die schwingende Bewegung verursachen und ihnen eine Aehnlichkeit mit den Infusionsthierchen, wofür sie auch früher gehalten wurden, verleihen. Letzterer Umstand gab Veranlassung die Schwärmsporen Zoosporen (*zoospŏrae*) zu

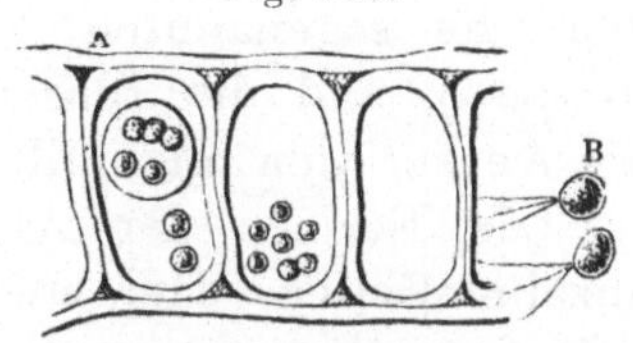

Fig. 500.

Ulothrix zonăta Ktz. (Ulothrichee). 500 f. Lin.-Vergr. *A* Mutterzellen mit jungen Sporen, *B* Schwärmsporen.

nennen. Antheridien, welche Schwärmfäden (*phytozōa*) mit schwingenden Wimpern auf ihren spiralen Windungen erzeugen, finden sich nur bei Armleuchteralgen (*Characĕae*). Seite 233.

Der Befruchtungsakt durch die in den Antheridien erzeugten Mikrogonidien ist schon oben in Lection 69, Seite 234, näher beschrieben worden.

Eine andere Art Reproductionsorgane sind die Gonidien (*gonidĭa*), welche sich, wie z. B. bei *Ophyocytĭum* und *Sciadĭum*, in den Zellen entwickeln. Die Mutterzelle hebt sich am oberen Ende deckelförmig ab, die Gonidien treten aus und keimen. Dieselben sind kleine kuglige Zellen, meist mit Chlorophyll gefüllt.

Die unter dem Namen Brutzellen bekannten Reproductionsorgane mancher Algen entstehen durch Abschnürung von der Mutterzelle.

Endlich ist die Vermehrung durch Sprossbildung zu erwähnen.

Bei dem Meertange (*Fucus*) bildet sich in den Endzellen der gegliederten Fäden, womit die innere Fläche der Fructificationsgruben ausgekleidet ist, die ruhende Spore, welche sich in mehrere Sporen theilend Sporenschläuche bildet, die von Paraphysen (fehlgeschlagenen Sporenschläuchen) begleitet sind. Sie befinden sich in den erwähnten Gruben mit den Antheridien entweder vereint oder auf verschiedenen Individuen getrennt. Bei dem Blasentange (*Fucus vesiculōsus*) befinden sich die Fruchtstände an den Spitzen der Zweige und bestehen aus vielen ge-

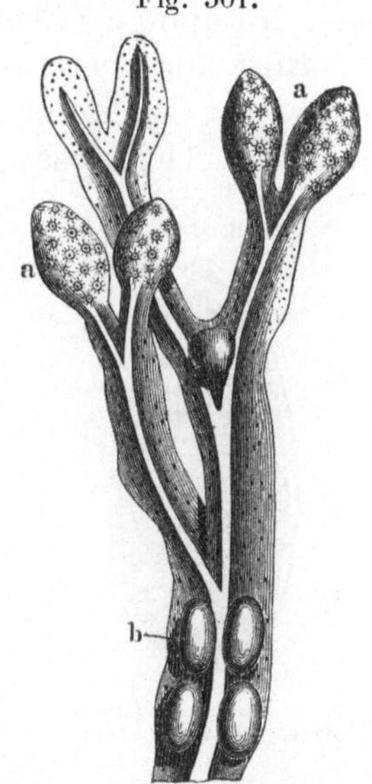

Fig. 501.

Fucus vesiculosus. *a* angeschwollene Spitze mit den Fructificationsgruben oder Höhlen. *b* Blasen.

nähert stehenden, geschlossenen und nur an der Spitze durchbohrten Sporangien. Bei den Blüthentangen (*Floridĕae*) finden sich zweierlei, auf verschiedene Individuen vertheilte Sporangien, die sogenannten **Vierlingsfrüchte** (*tetrachocarpĭa; asci tetraspŏri*), und die Blasenfrüchte (*cystocarpĭa*), welche letzteren mit Antheridien angefüllt sind.

Die Formen der Algen sind mannigfaltig, bald sind sie einzelne Zellen, oder solche zu Gruppen oder zu Längsreihen vereinigt, oder zu einem gegliederten, oder wirtelförmig ästigen, oder stammartigen, oder blattartigen Thallus ausgebildet, an welchem man Rindenschicht und Mittelschicht unterscheidet, und welcher von der Cuticula überzogen ist. Die Zellen der höher ausgebildeten Algen zeigen Verdickungsschichten und Porenkanäle.

Die Färbung der Algen bietet viel Verschiedenheiten dar und wird zur Begründung einer Classification der Algen benutzt. Bei den Diatomaceen ist ein gelber Farbstoff (**Diatomin**), bei den Phycochromaceen ist ein spangrüner oder orangegelber Farbstoff (**Phycochrom**), bei den Chlorophyllaceen das Chlorophyll vorherrschend.

Natürliche Familien der Algen sind:

Spaltalgen (*Diatomĕae*), Gallertalgen (*Nostochĭnae*), Wasserfäden (*Confervacĕae*), Armleuchter (*Characĕae*), Grüntange (*Ulvacĕae*), Rothtange (*Floridĕae*), Tange (*Fucacĕae*).

Eine überaus interessante Algenfamilie bilden die **Diatomaceen**. Die Zellmembran (*cytioderma* nach *Rabenhorst*) besteht nicht aus Cellulose, sondern aus Kieselerde und bildet daher

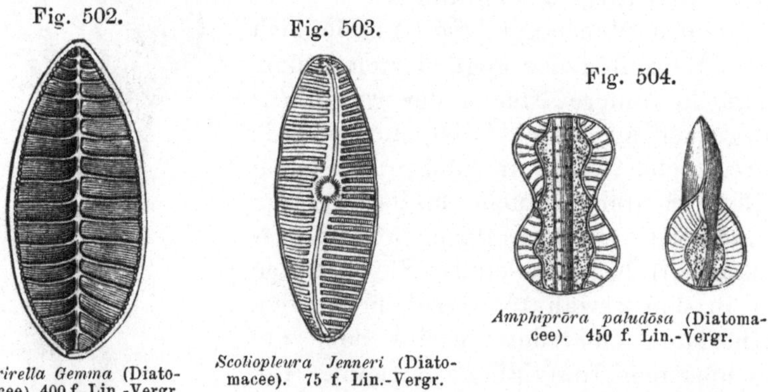

Fig. 502.

Fig. 503.

Fig. 504.

Surirella Gemma (Diatomacee), 400 f. Lin.-Vergr.

Scoliopleura Jenneri (Diatomacee). 75 f. Lin.-Vergr.

Amphiprōra paludōsa (Diatomacee). 450 f. Lin.-Vergr.

einen weder durch Hitze noch durch Fäulniss zerstörbaren Kieselpanzer (*lorīca; cytioderma silicĕum*). Dieser Panzer zeigt die merkwürdigsten Gestalten, eine strenge Symmetrie und runde, scheibenförmige, cylindrische, viereckige, spindelförmige, sichelförmige, keilförmige, nachenförmige etc. Formen. Ihre Fortpflanzung geschieht theils durch Theilung (daher der Name *Diatomĕae*), theils durch Jochsporen, jedoch entstehen aus letzteren nicht selten der Mutteralge mehr oder weniger unähnliche Individuen.

Viele Algenarten, besonders aber die Naviculaceen und Synedreen, erfreuen sich im Wasser schwimmend einer freiwilligen Bewegung. Man beobachtet sie, wie sie im Wasser unter etwas zitternder Bewegung ruhig vorwärts und rückwärts schwimmen. Stossen sie hierbei auf ein Hinderniss, so schwimmen sie zurück und zwar in einer um einen spitzen Winkel veränderten Richtung, sie versuchen aber mehrmals wiederum vorwärts zu dringen. Stossen sie dabei immer wieder auf dasselbe Hinderniss, so schwimmen sie zuletzt denselben Weg zurück, von wo sie herkamen, ohne sich jedoch umzudrehen. Die Infusorienerde der Lüneburger Haide, das schwedische Bergmehl, besteht aus Diatomeenpanzern.

Bemerkungen. *Alga, ae*, Meergras, bei den alten Griechen φῦκος (phykos), daher *fucus, i, m.*, womit die Römer die rothfärbende Orseilleflechte (spr. orseljĕ), *Roccella tinctoria* bezeichneten. — *Zygospŏra, ae*, von d. griech. ζυγόν (zygon), Joch (in welchem 2 Rinder gehen), und σπορά (spŏra) Saat. —

Gonidĭum, Microgonidĭum, Macrogonidĭum, von d. griech. γονή (gonä), das Erzeugende, der Samen; γονοειδής, ες (gonoeidäs, es) samenähnlich; μικρόν (mikron), klein, μακρόν (makron), gross. — *Zoospŏra*, von d. griech. ζῶον (zoon), lebendes Wesen, Thier. —

Teträchocarpĭum, cystocarpĭum v. d. griech. τέτραχα (teträcha), in 4 Theile getheilt; κύστη (kystä), Blase; καρπός (karpos) Frucht. — *Diatomĕae, Diatomacĕae*, von dem griech. διάτομος, ον (diatŏmos, on), getheilt, durchschnitten, διατέμνω (diatemno), durchschneiden, theilen. —

Phycochrōma, ătis, n., Flechtenfarbe, φῦκος und χρῶμα (chrōma), Farbe. — *Cytioderma, ătis, n.*, von d. griech. κυτίς (kytis), Büchse, Behälter, δέρμα (derma) Haut. — *Synedrĕae*, v. d. griech. συνεδρία (synedria) Versammlung, oder σύνεδρος, ον, gesellig, weil die Synedreen immer in Gruppen zusammenleben.

Lection 73.

Laubmoose.

Die Gymnosporen oder blattbildenden Sporophyten oder Mesophyten unterscheiden sich von den in den vorhergehenden Lectionen besprochenen Angiosporen oder Thallophyten durch ein vollkommenes Zellgewebe und durch eine mehr oder weniger vorgeschrittene Entwickelung von Stamm und Blättern. Die Wurzeln sind Wurzelhaare. Statt der Staubblätter finden wir Antheridien, und statt der Stempel Archegonien.

Die Mesophyten bilden zwei Hauptgruppen, Moose und Farne. Die Moose entwickeln Antheridien und Archegonien am Laube oder Stengel, und das Archegon zur Sporenkapsel, die Farne entwickeln dagegen die Archegonien, meist auch die Antheridien, auf dem Vorkeim und sind Gefässpflanzen.

Die Moose werden als Moose, Laubmoose (*musci frondōsi*) und als Lebermoose (*musci hepatici; hepaticae*) unterschieden. Der Name Lebermoose ist ein empirischer und aus früherer Zeit übernommen, als man noch viele Moosarten (z. B. die Marchantien) als Heilmittel gegen Leberkrankheiten gebrauchte.

Bei den Moosen entwickelt sich aus der Spore nicht unmittelbar ein der Mutterpflanze ähnliches Individuum, sondern zuvor mehr oder weniger deutlich ein dem Vorkeim entsprechendes Gebilde in Gestalt algenartiger Fäden, Protonema (*protonēma; sporophyllum*) genannt. Letzteres schwillt an einer Stelle an und entwickelt hier aus einer Zellengruppe die junge Pflanze, welche Blüthenorgane erzeugt, aus denen die Sporenfrucht hervorgeht.

Laubmoose. Der Stengel besteht aus gestreckten Parenchym- und Kambiumzellen, welche letzteren sich zu einem spiroïdenlosen Gefässbündel vereinigen. Das Gefässbündel liegt entweder central, also in der Mitte des Parenchyms, oder es bildet einen Cylinder, welcher das Parenchym in eine centrale und peripherische Schicht scheidet.

Die Blätter, aus einer einfachen oder doppelten Schicht tafelförmiger Zellen gebildet, sind nie gestielt und nie tief getheilt. Häufig läuft ihre Spitze in ein Haar aus (*folia pilifĕra*), auch sind sie von einem oder zwei Längsleisten (Nerven) durchzogen und auf der Unterfläche mit Lamellen besetzt.

Die männlichen Blüthen bestehen aus einfächrigen, sehr kleinen Behältern, den Antheridien (*antheridĭa*), welche in Tochterzellen bewegliche Samenfäden (*phytozōa; fila spiralĭa*) entwickeln. Die Antheridien stehen stets zu mehreren beisammen und sind von Saftfäden (*paraphȳses*), jenen gegliederten fadenähnlichen Gebilden, umgeben.

Antheridien und Archegonien stehen entweder in einer Umhüllung zusammen (einhäusige Moose) oder auf verschiedene Individuen vertheilt (zweihäusige Moose). Die männliche Blüthe

oder vielmehr den männlichen Blüthenstand findet man in den
Blattwinkeln und gleich einer Knospe von Hüllblättchen (*perigonia*) umgeben (*flores gemmiformes*), oder
am Ende des Stengels in den Achseln rosettenförmig gestellter, meist farbiger Hüllblättchen (*flores discoïděi*) oder zu einem
Köpfchen vereinigt (*flores capitŭliformes*).
Wo Antheridien und Archegonien zusammenstehen, nennt man die Hüllblättchen
Perichaetium. Aus der Mitte einer endständigen Perigonrosette schiesst nach der
Befruchtung nicht selten ein junger Trieb
als Fortsetzung des Stengels hervor, der
abermals im nächsten Jahre an seiner
Spitze einen männlichen Blüthenstand ent-

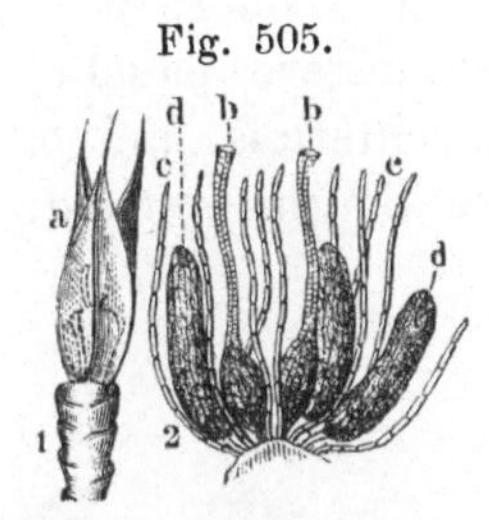

Fig. 505.

Gipfelständiger Blüthenstand von *Pohlia inclinăta Schwartz.* 1. *a* Hüllblättchen (*perichaetium*). 2. derselbe von den Hüllblättchen befreit, *b* Archegonien, *d* Antheridien, *c* Saftfäden oder Paraphysen. Vergr.

wickelt. Eine solche Prolification oder Durchsprossung ist
hier eine normale Erscheinung.

Die Antheridien der Moose bilden kleine rundliche, längliche oder cylindrische, mehr oder weniger deutlich gestielte
Säckchen, aus chlorophyllhaltigen Zellen gebildet, und angefüllt
mit klebriger Flüssigkeit, welche die kleinen, die Samenfäden
enthaltenden Tochterzellen umgiebt und bei der Reife aus einer
Oeffnung in der Spitze der Antheridie ausgestossen wird.

Die weibliche Blüthe besteht aus mehreren ungestielten
Fruchtanfängen, Archegonien (*archegonĭa*), kleinen gegen
die Basis bauchig erweiterten, nach oben verengten Cylindern
(*perigynĭa Link*), ähnlich den Stempeln der phanerogamischen
Gewächse und umgeben von häutig-durchsichtigen Hüllblättchen,
dem Hüllkelch (*perichaetĭum*). Der verengte, zu einem nar-
benartigen Trichter sich erweiternde Theil des Archegons wird
auch Griffel genannt. Wenn sich derselbe zur Zeit
seiner Reife öffnet, öffnen sich auch die Antheridien, und der Befruchtungsakt wird vollzogen.

Fig. 506.

Das Archegon umschliesst in seiner Erweiterung eine centrale Zelle (Keimzelle), welche nach
der Befruchtung zu einem grösseren Zellenkörper
auswächst und endlich die Decke des Archegons
ringsherum absprengt. Der abgesprengte obere
und grössere Theil wird von dem sich entwickelnden Fruchtstiele, der Borste (*seta*), emporgehoben
und bleibt als Haube oder Mütze (*calyptra*) hängen. Der untere stehenbleibende Archegontheil

Sporenkapsel mit Haube von *Ceratödon.* Haube mützenförmig und halbirt (*calyptra mitraeformis et dimidiata.*

umgiebt die Basis des Fruchtstiels in Gestalt einer Scheide als Scheidchen (*vaginŭla*).

Der obere verengte Theil der Mütze verwelkt und fällt ab, der untere bauchige Theil aber verwächst mit der Spitze des Fruchtstiels und bildet sich zur Sporenkapsel oder Moosfrucht, der Büchse (*theca; pyxidĭum*), aus.

Fig. 507.

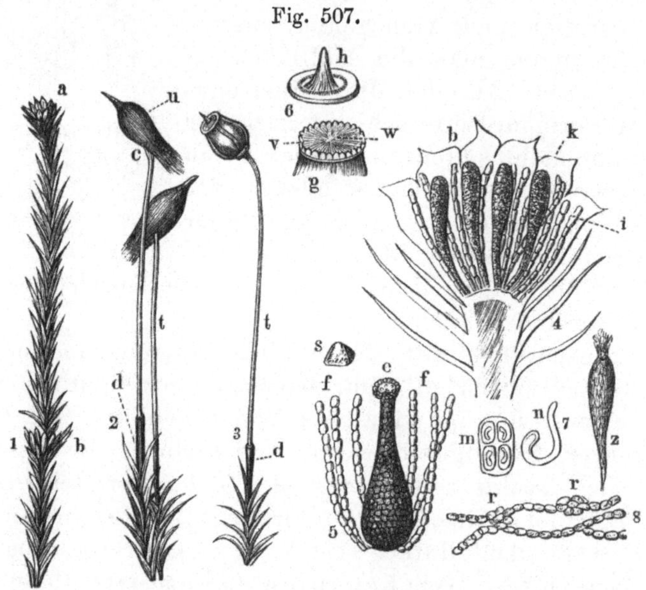

Gemeine Feldmütze, *Polytrĭchum commune*. 1. Der obere Theil der zweijährigen männlichen Pflanze. *a* diesjähriger, *b* vorjähriger Trieb, an der Spitze der männliche Blüthenstand (*flores discoïdĕi*). 2. Der obere Theil der weiblichen fruchttragenden Pflanze. *t* Fruchtstiel oder Borste (*seta*), *u* Haube (*calyptra*), *d* Scheidchen (*vaginŭla*), Rudiment des Archegons. Natürl. Grösse. 3. Die Frucht oder Büchse (*theca*) von der Haube befreit. Natürl. Grösse. 4. Männlicher Blüthenstand im Verticalschnitt. *k* Antheridien, *i* Saftfäden (*paraphȳses*), *b* Perigonia. Vergr. 5. Ein Archegon von Saftfäden umgeben. 6. Oberer Theil der Büchse, *v* äusserer Mundbesatz (*peristomĭum simplex*) aus 64 Zähnen bestehend, *w* das Zwergfell (*epiphragma*), *h* der Deckel (*opercŭlum*), 7. *z* eine Antheridie sich öffnend und ihren Inhalt ausstreuend, *m* Querschnitt einer Antheridie, jede Zelle schliesst ein Phytozoon ein, *n* ein Phytozoon oder Samenfaden. 8. Ein Vorkeim (*protonēma*). Verschied. Vergr.

Die bei vielen Moosarten vorkommende Anschwellung oder Verdickung des Fruchtstiels (*seta*), da wo dieser in die Sporenkapsel übergeht, hat man Ansatz (*apophȳsis*) genannt. Fehlt die Apophyse, so bezeichnet man den entsprechenden Theil als Hals (*collum*). Die Apophyse ist sehr verschieden gestaltet, kropfförmig (*apophȳsis strumarĭa*), flaschenartig (*ampullacĕa*), regenschirmartig (*umbracŭliformis*) etc.

Die Mooskapsel oder Büchse (*theca*) ist mit einem gewöhnlich sich gut markirenden Deckel (*opercŭlum*) geschlossen, also bedeckelt (*operculāta*), selten unbedeckelt (*exoperculāta*). In der Mitte des Deckels erhebt sich ein kleiner Kegel, der je nach seiner Form **Schnabel** (*rostrum*) oder **Buckel** (*umbo*) genannt wird.

Der Deckel wird meist bei der Reife der Mooskapsel abgeworfen, welchen Vorgang ein ringförmiger Streifen, der **Ring** (*annŭlus*), welcher sich innerhalb der Kapsel elastisch ablöst, befördert.

Nach Entfernung des Deckels findet man die Kapsel zuweilen noch einmal durch ein zartes Häutchen, das **Trommelfell** (*epiphragma*), eine häutige Ausdehnung des **Mittelsäulchens** (*columella*), geschlossen. Das Säulchen ist ein frei in der Mitte der Kapselhöhle stehender Zellenkegel, der anfangs oft selbst mit dem Deckel verwachsen ist, später aber verwelkt, zu einem dünnen Faden eintrocknet oder zusammenschrumpft, so dass er der Wahrnehmung gänzlich entgeht.

Der **Rand** der von dem Deckel befreiten Mooskapsel bildet die **Mündung**, den **Büchsenmund** (*stoma*).

Fig. 508.

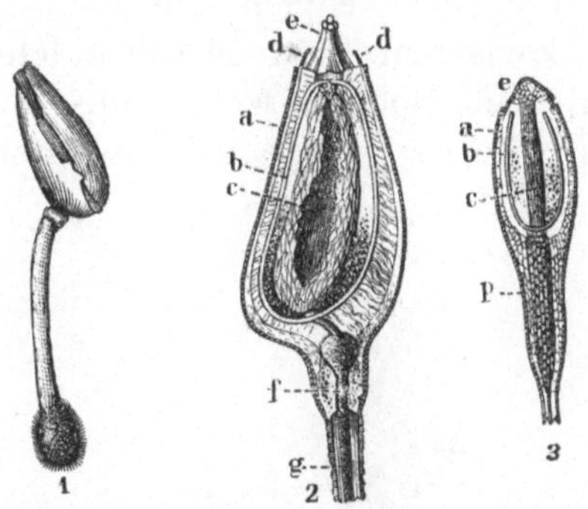

1. *Buxbaumia aphylla.* 2. Eine Büchse (*theca*) vergr. im Secantenschnitt. *a* Aussenhaut (*tunica exterior*), *b* Innenhaut (*tunica interior*), *c* Säulchen (*columella*). *d* äusserer Besatz (*peristomium exterius; dentes*), *e* innerer Besatz (*perist. interior: ciliae*), *f* Stielchen des Sporenbehälters oder der Samenhaut, *g* ein Theil des Fruchtstiels oder der Borste und bei *f* der Ansatz (*apophŷsis*). 3. Sporenkapsel von *Systylium.* Verticalschnitt. Vergr. *a* Aussenhaut, *b* Innenhaut, *c* das Säulchen mit dem Deckel *e* zusammenhängend.

Diese ist entweder nackt oder mit einem zierlichen Besatze, dem **Mundbesatze** (*peristomium*), geziert. Die aus der Aussenhaut der Kapselwandung hervortretenden zahnähnlichen Hervorragungen unterscheidet man als **Zähne** (*dentes*) von den etwa

Fig. 509.

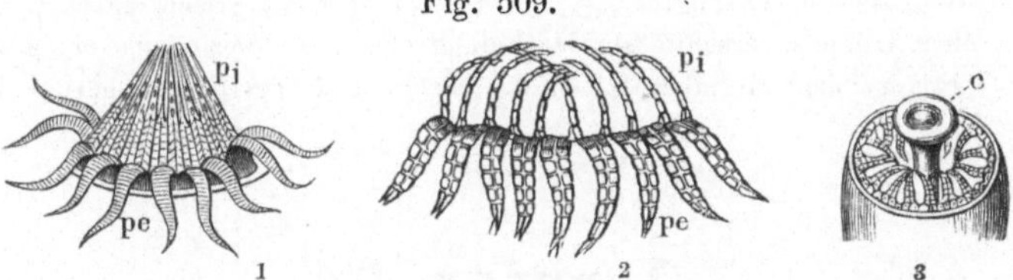

1. *pi* innerer, *pe* äusserer Mundbesatz der Büchse von *Hypnum praelongum.* 2. Aeusserer und innerer Mundbesatz vom Goldhaarmoose (*Orthotrichum*). 3. Mundbesatz der Büchse von *Eremodon splachnoïdes. c* das Säulchen (*columella*). Sämmtlich vergr.

der inneren Kapselhaut entspringenden, meist zarteren Zähnen, den **Wimpern** (*cilia*). Sind beide Besätze (ein doppelter Mundbesatz) zugleich vorhanden, so wechseln sie in ihrer Stellung unter einander ab, ähnlich wie die Kelch- und Blumenblätter. Die Zahl der Zähne ist 4 oder ein Vielfaches von 4. In der Fläche des Zahnes bemerkt man oft Querbalken (*trabecŭlae*), gebildet durch die verdickten oberen und unteren Wände der Zellen.

Die Wandung der Kapsel besteht aus zwei Membranen, der Aussenhaut (*tunĭca exterĭor*) und der Innenhaut (*tunĭca interĭor*), welche als Sporensack unterschieden locker in der Aussenhaut liegt oder damit durch schwammiges Zellgewebe verbunden ist, und aus welcher sich auch der innere Mundbesatz erhebt.

Zwischen dem Mittelsäulchen und der Innenhaut lagern zahlreiche Sporen, welche aus tetraëdrischen Zellen und, wie die Pollenkörner, aus einer doppelten Membran bestehen.

Fig. 510.

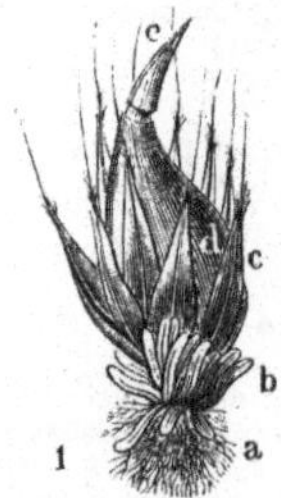 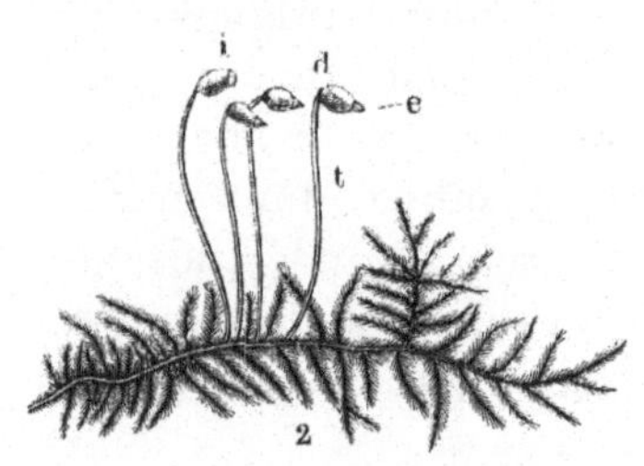

1. Fruchtstand von *Diphyscium foliosum*. *a* Wurzelhaare. *b* Laub, *c* Perichaetĭum, *folĭa perichaetialĭa*, *d Theca*, *e Calyptra*.

2. Ein Ast des Astmooses (*Hypnum*). *t* Borste, *d* Büchse, *e* Deckel, *i* Büchse, welche den Deckel abgeworfen hat.

Bemerkungen. *Antheridĭum, i, n., antherĭdes, is, n.*, der Anthere Aehnliches; *anthēra n.* -ειδής, ες (-eidäs, es) gestaltet, ähnlich. — *Archegonĭum, i*, gebildet aus dem griech. ἀρχή (archä), Anfang, das Obenanstehende; ἀρχε- (arche-), entspricht dem deutschen Erz-, Ur-; γονή (gonä), das Erzeugte. — *Phytozóon i*, Pflanzenthier; φυτόν (phyton) Pflanze, Gewächs; ζῶον (zōon), Thier. — *Paraphÿsis*, Daneben-, Nebenbeierzeugtes; *hypophÿsis*, Daruntererzeugtes; παρά (para), nebenbei; ὑπό (hypo), unter; φύσις (physis), Wesen, Erzeugtes. — *Epiphragma, ătis, n.*, griech. ἐπίφραγμα, das, womit man oben Offenes verschliesst, Deckel, Stöpsel. — *Stoma, ătis, n.*, griech. στόμα Mund. — *Peristomĭum*, Mundbesatz, v. d. griech. περί (peri), um, herum, und στόμα.

Lection 74.

Lebermoose.

Die Lebermoose stehen auf einer niederern Organisationsstufe als die Laubmoose, denn sie entwickeln keine eigentlichen Blätter, und wo bei ihnen (z. B. den Jungermannien) ähnliche

Gebilde auftreten, so fehlt an denselben jede Andeutung einer Nervatur. Diese Blätter, welche eine sehr mannigfaltige Formbildung zeigen, bestehen nur aus einer einzigen chlorophyllhaltigen Parenchymzellenschicht. Die zweilappigen Blätter bilden häufig zwei ungleich grosse Lappen und sind in der Trennungslinie der Zipfel zusammengefaltet. Den kleineren Lappen nennt man das O e h r c h e n (*auricŭla*). Uebrigens haben viele Lebermoosarten zweierlei Blätter. Die e i g e n t l i c h e n Blätter stehen nämlich an der oberen Seite des gewöhnlich niederliegenden Stengels zweireihig-ziegeldachförmig, und an der unteren, der Erde zugewendeten Seite des Stengels findet sich eine Reihe kleinerer und auch anders gestalteter Blättchen, B e i b l ä t t e r (*amphigastrĭa*) oder Unterblätter (*hypophyllĭa* nach *Link*). Zu

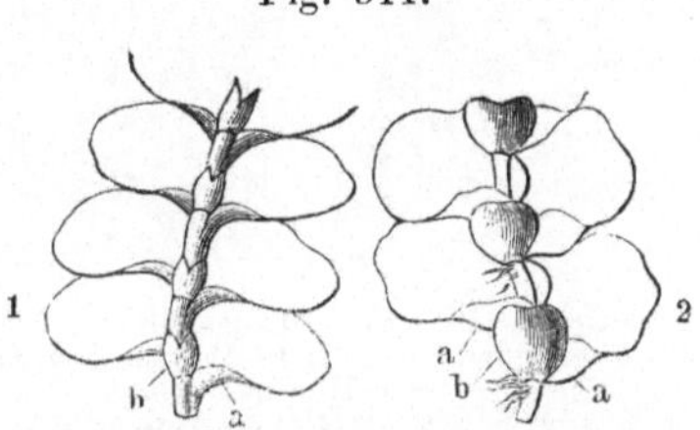

Fig. 511.

1. Stengelstück von *Jungermannĭa serpyllĭfolia Dicks.* 2. Von *Jungermannĭa Mackaii Hook*; von der unteren Seite gesehen. *a* Blätter, *b* Beiblätter (*amphigastrĭa*).

beiden Seiten der Beiblätterzeile finden sich zuweilen noch kleinere Blätter, S e i t e n b l ä t t e r (*paraphyllĭa* nach *Link*), welche aber nur als jene Oehrchen (*auricŭlae*) von besonderer Form erscheinen.

Die Wurzel besteht aus ungegliederten Wurzelhaaren (*pili radicāles*), welche aus der unteren Seite des Stengels hervortreten. Der Stengel ist bald beblättert und meist sich verzweigend, bald laubartig (*caulis frondōsus*) ausgebreitet. Wenn der laubartige Stengel einen Mittelnerven aufweist, so fasst er auch ein centrales, aus langgestreckten Parenchymzellen bestehendes Gefässbündel, welches dem beblätterten Stengel stets fehlt. Das Absterben des Stengels erfolgt von unten nach oben, welche Erscheinung auch bei den Torfmoosen (*Sphagnum*), die aber den Laubmoosen angehören, beobachtet wird.

Die M a r c h a n t i e n haben einen laubartig sich ausbreitenden Stengel, durchzogen von einem spiroïdenlosen Gefässbündel, auf der oberen Fläche mit Epidermalgewebe, auf der unteren längs der Mittellinie, die mit Wurzelhaaren besetzt ist, mit schuppenförmigen Blättern bekleidet. Der männliche Blüthenstand (die Antheridien) und der weibliche (die Archegonien) werden von T r ä g e r n (*sporodochĭa; receptacŭla*) unterstützt. Die Sporodochie ist entweder gestielt (*pedunculātum*) und schildförmig, oder sitzend und scheibenförmig, letztere gewöhnlich in einem Spalt zwischen den Seitenlappen des vorderen Laubendes liegend. Die Arche gonien sind von einer Hülle (*perichaetium*) eingeschlossen. Die Fruchtkapsel umgiebt auch eine Hülle (*calÿptra*), welche zerreisst

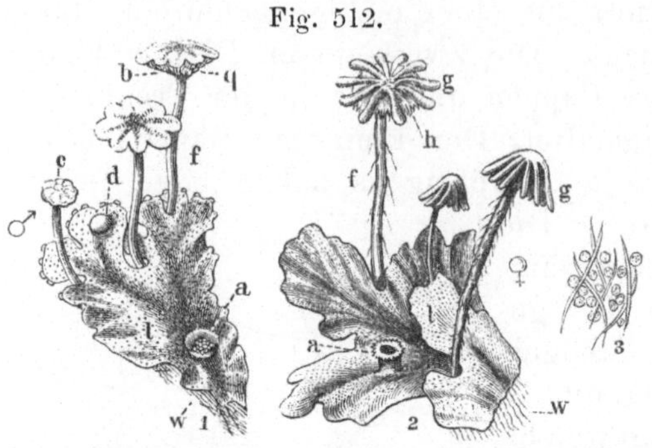

Fig. 512.

Marchantia polymorpha. 1. männliche, 2. weibliche Pflanze. *l* Laub, *w* Wurzelhaare, *a* Brutbecher (*scypha*). *f b*, *f g* Träger (*sporodochēa*); *c* ein halb ausgewachsenes, *d* ein hervortreibendes Sporodochium, *q* Sitz der Antheridien, *h* Sitz der Archegonien. 3. Die Schleuderer (*elatēres*) mit den Sporen. Vergr.

und wie eine Scheide hängen bleibt. Die Kapsel springt mit Zähnen ringsum auf und enthält neben den Sporen schlauchförmige, innen mit Spiralfasern ausgekleidete Zellen, Schleuderer (*elatēres*) genannt. Die Schleuderer, welche den Laubmoosen stets fehlen, scheinen das Ausstreuen der Sporen zu unterstützen.

Marchantia polymörpha ist zweihäusig, hat schildförmige Antheridienträger (*sporodochīa mascŭla*), welche kürzer gestielt sind als die strahligen Archegonienträger (*sp. feminĕa*).

Ausser den geschlechtlichen Fortpflanzungsorganen finden sich auf der Oberfläche des laubartigen Stengels schüssel- oder becherförmige Gebilde, mit Brutzellen gefüllt, welche Brutbecher, Keimbecher (*scyphae*) genannt werden, weil sich durch dieselben die Art des Mooses ebenso wie aus Sporen fortpflanzt.

Fig. 513.

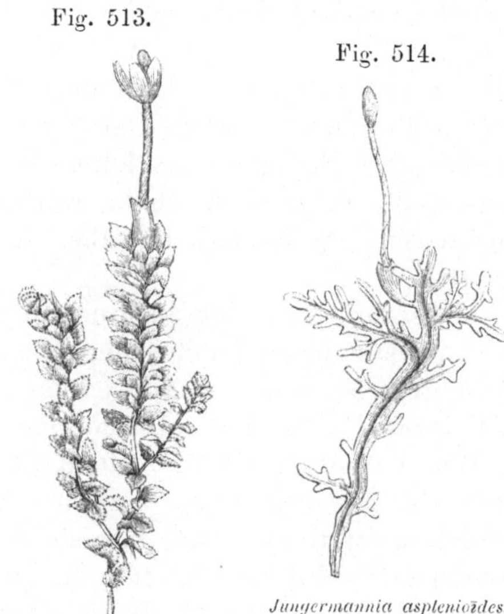

Fig. 514.

Jungermannia asplenioïdes.

Jungermannia furcata.

Die Jungermannien haben theils einen laubartigen, theils von den anderen Lebermoosen abweichend einen mit Blättern besetzten Stengel, der von keiner Epidermis bedeckt ist. Die Antheridien sind gewöhnlich in das Laub eingesenkt, oder auch unter einem Blatte angeheftet. Die Archegonien stehen in besonderen Hüllen (*perianthia*) auf den jungen Trieben des Laubes oder an der Spitze des beblätterten Stengels. Das Sporangium ist eine schwarzbraune, kuglige, in vier

Klappen aufspringende Kapsel, von einer Borste unterstützt.
Bei den Jungermannien findet man auch Brutbecher (*scyphae*),

Fig. 515.

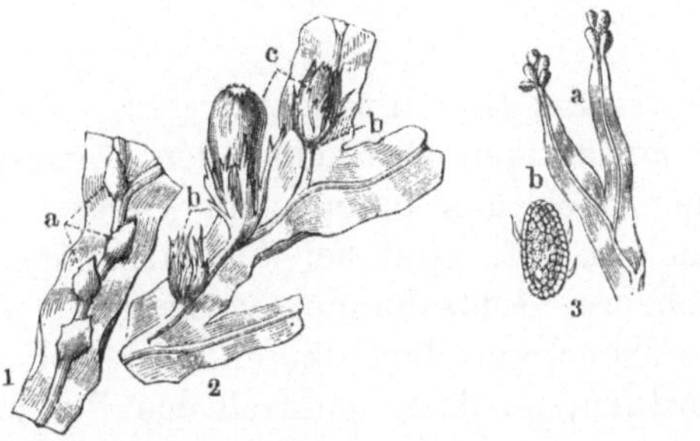

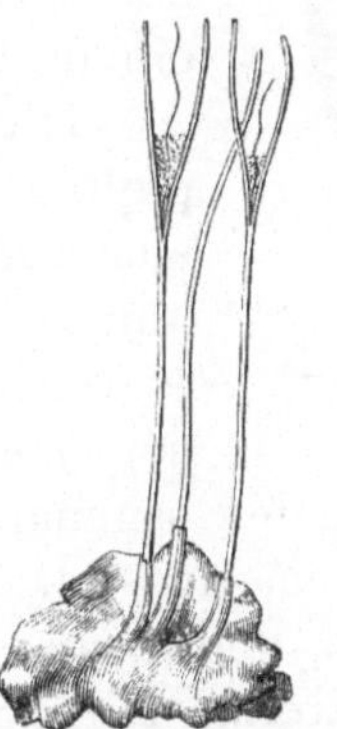

Fig. 516.

Jungermannia hibernica Hook. 1. Unfruchtbares Laub, *a* Beiblätter (*amphigastria*). 2. Fruchttragendes Laub. *b* äussere Hülle der Fruchtkapsel (*perianthium externum*), *c* innere Hülle (*perianth. internum*). 3. Laubzipfel von *Jungermannia violacéa* mit Brutbecher an der Spitze. *b* Ein Brutbecher (Brutköpfchen) vergrössert.

Ein Schleuderer oder eine Schleuder (*elater*) von *Jungermannia platyphylla*. Vergr.

entweder auf dem Laube, oder demselben eingesenkt, oder an den Spitzen der Blätter.

Die Gattung *Anthocĕros* trägt in das Laub eingesenkte Antheridien und Archegonien, deren schotenähnliche gestielte Sporangien sich hoch über das Laub erheben, zweiklappig aufspringen, ein fadenförmiges Säulchen und neben den Sporen von Spiralfäden freie Schleuderer (*elatēres*) bergen.

Die unterste Stufe unter den Lebermoosen nehmen die Riccieen ein. Das Laub derselben ist ohne Gefässbündel, und ihre Sporangien sind meist dem Laube eingesenkt.

Fig. 517.

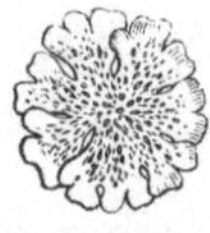

Fig. 518.

Riccia crystallina.

Anthocĕros laevis.

Bemerkungen. *Amphigastrĭum,* um den Bauch befindliches; ἀμφί (amphi) um, herum, und γαστήρ, Bauch, Unterleib. — *Sporodochĭum,* Samenbehälter, von σπορά und δοχεῖον (docheion), Behälter. — *Perichaetĭum,* um die Borste befindliches; περί und χαίτη (chaitä), Borste. — *Calyptra, ae,* griech. καλύπτρα, Hülle, Mütze, Decke. — *Elăter, ēris, m.* griech. ἐλατήρ, ῆρος, Treiber, Beweger. — *Scypha, ae,* od. *scyphus, i,* griech. σκύφος, Becher, Pokal.

17*

Lection 75.

Farnartige Gewächse.

Während die Moose als Zellenpflanzen auftreten, schliessen sich die Farne oder die farnartigen Gewächse den Gefässpflanzen an, denn diese bauen sich aus einem von Gefässbündeln durchzogenen Parenchym auf. Es sind bei den farnartigen Gewächsen gewöhnlich mehrere Gefässbündel vorhanden, welche in Schlangenlinien das Parenchym durchlaufen und sich nicht selten in einen Kreis ordnen, so dass dadurch das Parenchym in eine centrale und eine peripherische Schicht (Mark- und Rindenschicht) gesondert wird. Die grösseren Gefässbündel findet man meist rinnenförmig gestaltet und so gestellt, dass die concave Seite nach der Peripherie, die convexe Seite nach dem Centrum gerichtet ist. Das ist auch die Ursache, dass man auf der Querschnittfläche einiger Farne eigenthümliche Zeichnungen beobachtet. Der Adlerfarn (*Pteris aquilīna*) verdankt seinen Namen einem solchen Querschnittbilde seines Wedelstieles, welches Aehnlichkeit mit einem Doppeladler hat.

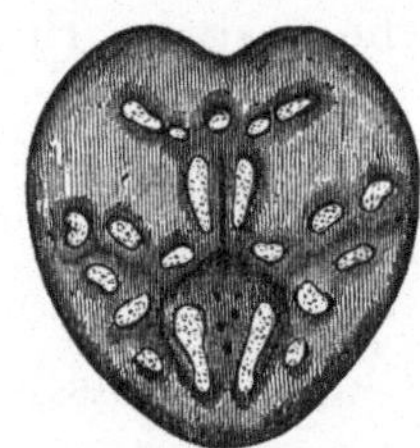

Fig. 519.

Schräger Querschnitt gegen die Basis eines Wedelstieles des Adlerfarns (*Pteris aquilīna*). 3—4fach. Lin.-Vergr.

Die Sporen der Thallo- oder Kryptophyten (Pilze, Flechten, Algen) entwickeln sich unmittelbar zu einem der Mutterpflanze ähnlichen Gebilde, dagegen entwickeln die blattbildenden Sporophyten oder die Mesophyten (Moose und Farne) zuvor ein Zwischengebilde, den sogenannten Vorkeim (*protonēma; prothallīum*), aus welchem das der Mutterpflanze ähnliche Individuum hervorgeht. Bei den farnartigen Gewächsen sind die Archegonien dem Vorkeime eingesenkt, und erst aus einer Centralzelle, welche sich innerhalb eines Archegons dieser Art erzeugt und befruchtet wird, entwickelt sich die Pflanze. Viele dieser Vorkeime sind früher irrthümlich für selbstständige kryptogamische Gewächse gehalten und mit eigenen Gattungs- und Artnamen belegt worden.

Die Farne im Allgemeinen oder die farnartigen Gewächse theilen sich je nach dem Stande der Sporangien in Farne (*filīces*), Pelticarpeen (*pelticarpĕae*), Rhizocarpeen (*rhizocarpĕae*) und Maschalocarpeen (*maschălocarpĕae*). Bei den Farnen im engeren Sinne finden wir die Sporangien auf der Rückseite oder am Rande der Wedel (Blätter); bei den Pelticarpeen (Schildfrüchtigen) sind die Sporangien schildförmigen Sporodochien (Sporenträgern) angeheftet; bei den Rhizocarpeen (Wurzelfrüchtigen) sammeln sich die Sporangien in besonderen Gehäusen in der Nähe der Wurzel, und bei den Maschalocarpeen (Achselfrüchtigen) in den Achseln der Blätter.

Unter den Farnen im engeren Sinne steht die Familie der Polypodiaceen obenan. Bei denselben finden wir bereits eine Wurzel, deren Spitze mit einer Wurzelhaube versehen ist. Bei unseren heimischen Polypodiaceen ist der Stamm meist ein Wurzelstock (wie z. B. die Engelsüsswurz, *Rhizoma Polypodii*) und oft mit den Ueberresten der Wedelstiele besetzt (z. B. die Johanniswurzel, *Rhizōma Filĭcis maris*). Die tropischen Farne wachsen zu einem baumartigen Cauloma aus.

Die blattartigen Gebilde der Farne nennt man Wedel (*frondes*). Sie sind im Knospenzustande schneckenförmig oder spiralfederartig eingerollt (*vernatĭo circināta*), ausgenommen bei den Ophioglossiaceen. Als Blätter lassen sich die Wedel nicht ansehen, denn, wie bekannt, bilden die Blätter bei ihrer Entwickelung zuerst die Spitze und dann die Blattfläche. Hier bei den Wedeln findet ein entgegengesetzter Entwickelungsmodus statt, so dass wir in ihnen Axengebilde (Aeste, Zweige) erkennen, wozu noch kommt, dass die Wedel die Reproductionsorgane (die Sporen) hervorbringen und tragen. Blätter sind sie also trotz ihrer Aehnlichkeit mit denselben nicht. Wenn man dennoch nach Blättern sucht, so lassen sich dafür die häutigen Schuppen oder spreuartigen Blätter nehmen, womit häufig das Rhizom und die Wedelbasen bedeckt sind. *A. Braun* hält die Wedel für wahre Blätter, *Hofmeister* für Axenorgane und die braunen Schuppen derselben für die Blätter.

Die Wedel durchziehen Gefässbündel als Verzweigungen des Gefässbündelsystems der Hauptaxe. In den blattartigen Ausdehnungen der Wedel

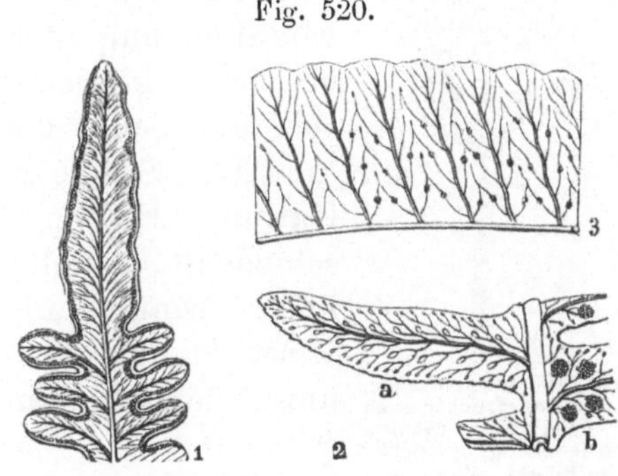

Fig. 520.

1. Ein fruchttragender Wedeltheil von *Pteris aquilīna*. 2. Stück eines Wedels von *Polypodium vulgare*, *b* mit Fruchthäufchen besetzt, *a* von denselben befreit, um die Wedelnerven zu zeigen. 3. Ein Stück aus der Wedelfläche von *Polypodium crenātum Sw.*

erscheinen diese Verzweigungen als Nerven mit so charakteristischen Verzweigungen, dass sich danach einzelne Gattungen abgrenzen lassen.

Die blattartige, stets mit Epidermis überzogene Wedelausbreitung besteht meist nur aus zwei Zellenschichten. Die obere Zellenschicht besteht aus kurzen, cylindrischen, senkrecht auf die Wedelfläche gestellten Zellen, die untere aus lockeren kugeligen oder schwammförmigen Zellen. Die untere Fläche ist mit zahlreichen Spaltöffnungen versehen.

Die Fruchtstände bestehen aus Sporangienhaufen (*sori*) entweder auf der Unterfläche der Wedel, oder an dem Rande derselben, selten an der Oberfläche. Der Fruchthaufen (*sorus*) ist bei den meisten Farnarten von einer Falte der Epidermis, dem Schleierchen (*indusium*), bedeckt oder umgeben. Bei einigen Arten ist durch Bildung von Fruchthaufen die blattartige Parenchymmasse so zusammengezogen, dass die Fruchthaufen ähren- oder traubenförmig die übriggebliebene Spindel bekleiden.

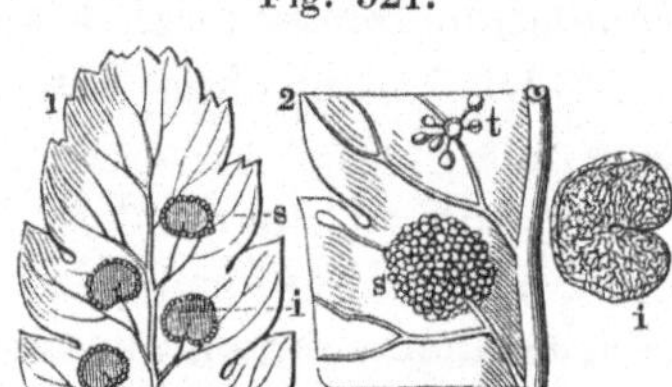

Fig. 521.

1. Ein Stück Fieder eines fruchttragenden Wedels von *Polystichum Filix mas Roth.* Doppelt vergr. *s* Fruchthaufen, *i* Schleierchen. 2. Stärker vergr. und ein Fruchthaufen (*s*) von dem Schleierchen befreit. *i* Ein Schleierchen von der unteren Seite gesehen. *t* Ein Fruchthaufen von einem Theil der Sporangien befreit.

Jedes Fruchthäufchen ist aus zahlreichen Sporangien (Sporenfrüchten) zusammengesetzt, von denen jede von einem Stielchen getragen und zum grössten Theil von einem Gliederringe (*gyrōma*; *annŭlus*) umfasst ist. Jede Sporangie enthält tetraëdrische Sporen, welche mit einer Cuticula bedeckt sind. Der Ring reicht gewöhnlich nur zum Theil um das Sporangium; bei der Reife reisst er quer ein, oder er streckt sich und reisst die Sporangie auf.

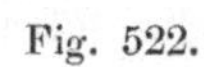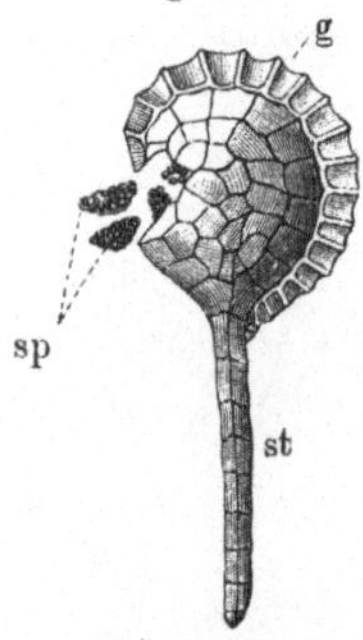

Fig. 522.

Das Schleierchen, welches nur der Gattung Polypodium fehlt, hat eine verschiedene Gestalt. Es ist bald schildförmig, nierenförmig, linienförmig etc. Ist es durch Umschlagung des Wedelrandes gebildet, so unterscheidet man es als unechtes (*indusium spurium*).

Sporangie, aufspringende, aus einem Fruchthaufen von *Polypodium vulgare*. *g* Gliederring, *st* Stiel, *sp* Sporen. Vergr.

Die Sporenfrüchte oder Sporangien gehen nicht aus einem Befruchtungsakt zweier Geschlechter hervor, sondern erscheinen als Epidermalgebilde, gleich wie die Haare,

Fig. 523.

Fig. 524.

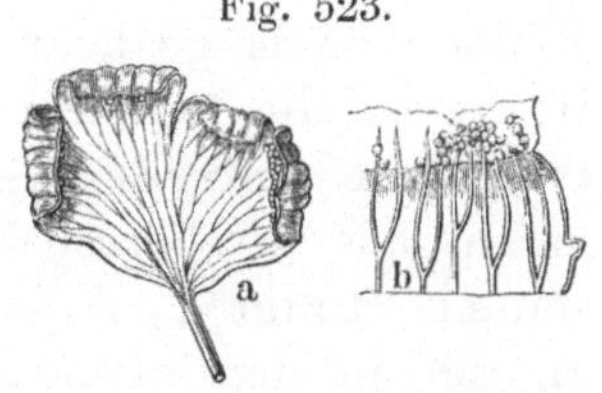

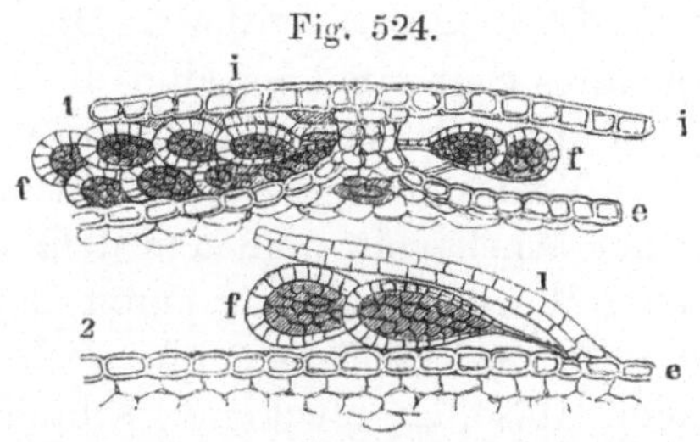

a Ein fruchttragendes Wedelstück von *Adiantum Capillus Venĕris* (dopp. vergr.), die unechten Schleierchen zu zeigen. *b* ein Theil desselben mit aufgeschlagenem Schleier, die Sporangien zu zeigen.

1. Verticalschnitt durch einen Fruchthaufen von *Polystĭchum Filix mas Roth*, stark vergr. *i* schildförmiges Schleierchen. *f* Sporangien, *e* Epidermis der Wedelfläche. 2. Verticalschnitt durch einen Fruchthaufen von *Asplenĭum Trichomănes*, stark vergr. *i* seitlich angeheftetes Schleierchen, *f* Sporangien, *e* Epidermis des Wedels.

Drüsen. Es entwickeln sich nämlich mehrere Oberhautzellen zu doppelten Zellenreihen, welche die späteren Stiele der Sporangien bilden. Die Endzelle eines Stieles schwillt an, und unter Tochterzellenbildung bildet sie sich zu einer Sporenkapsel aus.

Um zu keimen, sprengt die innere anschwellende Sporenhaut die Cuticula, tritt anfangs als Ausbauschung aus dem Riss hervor und wächst dann zu einem Zellenfaden aus, dessen Endzellen sich zu einer grünen, blattartigen, nierenförmigen oder zweilappigen, aus nur einer Zellschicht bestehenden Fläche ausbreiten und den Vorkeim (*prothallium; proëmbrўo*) bilden. Zuerst in der Nähe der Spore, dann auf der ganzen Unterfläche des Vorkeims treten Wurzelhaare hervor, aber auch mehrere halb-kugelige Zellen, welche sich zu den männlichen Befruchtungsorganen (Antheridien) ausbilden, indem sie durch Tochterzellenbildung zu einer Gruppe würfliger Zellen auswachsen, von denen jede Zelle innerhalb eines Bläschens einen spiralig gewundenen platten Körper, den Samenfaden, Antherozoïd, Spermatozoïd (*phyto-*

Fig. 525.

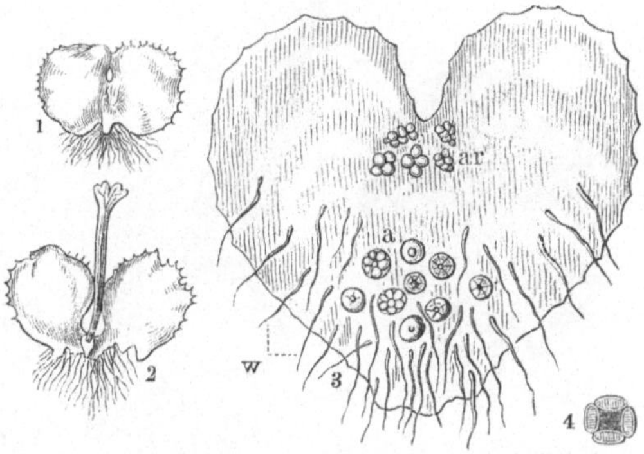

Vorkeim (*prothallĭum*) von *Polystĭchum Filix mas Roth*. 1. Vorkeim von der oberen Seite. 2. Derselbe mit sich entwickelndem Wedel. 3. Ein Vorkeim, mehrfach vergr., von der unteren Seite gesehen. *a* Antheridien, *ar* Archegonien, *w* Wurzelhaare. 4. Ein Archegon von oben gesehen, stark vergr.

Fig. 526.

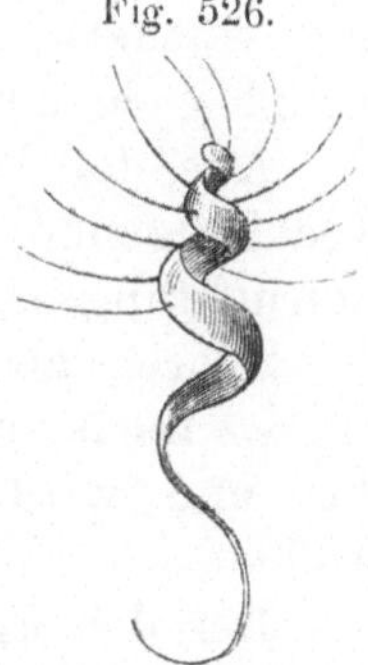

Ein Antherozoïd oder Spermatozoïd (*phytozŏon*), vielfach vergrössert.

zōon; anthĕrozoidĕum), enthält. Die Windungen an dem vorderen
Ende eines Samenfadens sind mit langen zahlreichen schwingenden Wimpern besetzt, das hintere Ende bildet eine lange haar-
förmige Verlängerung. Zur Zeit der Reife reisst die Scheitel-
zelle der Antheridie auf, aus dem Spalt treten die Antherozoïd-
bläschen hervor, endlich platzt das Bläschen, das Antherozoïd
wird frei und schiesst, oft noch mit seinem hinteren Ende
in dem Bläschen steckend, schnell davon, um in den offenen
Kanal eines Archegons, des weiblichen Befruchtungsorgans, zu
dringen.

Nahe am Randausschnitt des Prothallium, ebenfalls auf der
Unterseite, bildet sich ein aus mehreren Zellschichten zusammengesetztes Kissen, aus wel-
chem sich die Archegonien
entwickeln. Das Archegon
ist ein kegelförmiges Zel-
lengebilde, innen hohl und
nach Aussen mit einem Ka-
nal mündend. In der Höh-
lung bildet sich aus dem
Zellkern einer Centralzelle
eine kuglige Zelle, welche
als die Mutterzelle der künftigen Pflanze zu betrachten
ist und befruchtet wird.

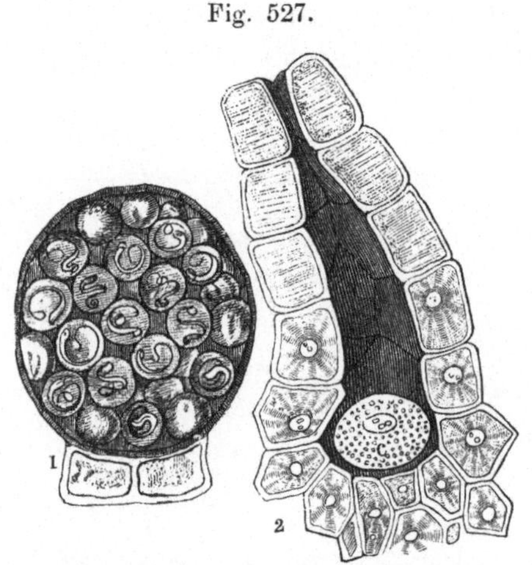

Fig. 527.

1. Eine Antheridie, und 2. ein Archegon mit der Mutterzelle *c*, vielfach vergr. und im Verticaldurchschnitt.

Gewöhnlich wird ein ein-
ziges oder nur wenige Ar-
chegonien befruchtet. Sehr
viele Prothallien bleiben sogar ohne alle Befruchtung
und wuchern unter Erzeugung von verkümmerten Archegonien
fort, bis sie untergehen.

Aus der befruchteten Mutterzelle entwickelt sich nun die
wedeltragende Pflanze. Auf dem Vorkeim also bilden sich die
Befruchtungsorgane und findet auch der Befruchtungsakt statt,
die Sporen aber sind nicht das Ergebniss eines Befruchtungs-
aktes. Es ist ein solcher Fortpflanzungvorgang einzig in seiner
Art und wird bei keiner der übrigen Pflanzenklassen angetroffen.

Bei der Familie der Ophioglosseen finden wir den jugendlichen Wedel nicht spiralfederartig aufgerollt, den fruchttragenden Wedel zu einer Aehre oder Traube gestaltet, die Sporangien

ohne Ring (*sporangĭa non gyrāta*), aber lederartig und quer halbzweiklappig aufspringend. Die Mondraute (*Botrychĭum Lunarĭa Sw.*), welche die früher officinelle *Herba Lunariae* lieferte, hat einen Wedel, dessen Stiel sich in der Mitte in einen fruchttragenden und einen unfruchtbaren Wedel theilt.

Bemerkungen. *Maschālo-*, von dem griech. μασχάλη (maschalä), Achsel. — *Gyrōma, ătis, n.*, γύρωμα, Gerundetes, Rundgedrehtes; γῦρος (gyros), Ring, Kreis. — *Sporangĭum*, Sporengefäss; ἀγγεῖον (angeion) Gefäss.

Fig. 528.

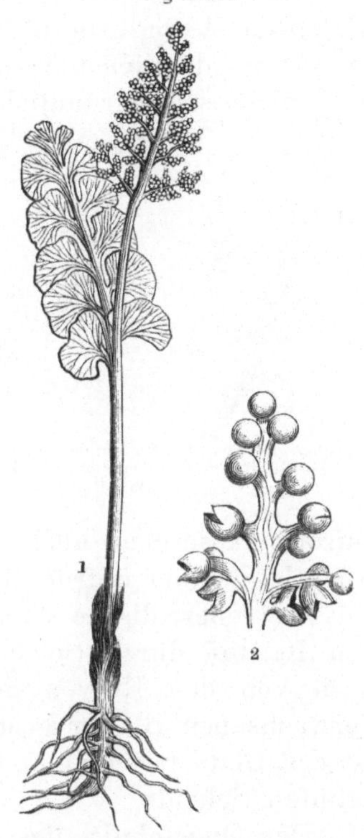

1. Mondraute *Botrychĭum Lunarĭa, Swartz.*
2. Ein Zipfel des fruchttragenden Wedels, vergr.

Fig. 529.

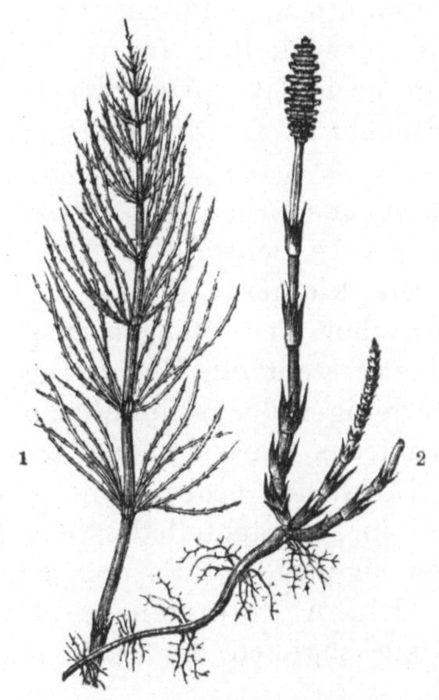

Equisētum arvense. 1. Unfruchtbarer Stengel, 2. fruchtbarer. ¹/₂ Gr.

Lection 76.

Schachtelhalmgewächse.

Die Pelticarpeen, so genannt, weil sie die Sporangien auf schildförmigen Trägern bilden, umfassen die Schachtelhalmgewächse oder Equisetaceen. Die Repräsentanten dieser Familie haben zwar nicht die geringste Aehnlichkeit mit den Farnen, dennoch stehen sie diesen ausserordentlich in Rücksicht ihrer Reproduction nahe, denn sie entwickeln sich in gleicher Weise aus der keimenden Spore und durchlaufen dieselben Entwickelungsstufen.

Die Schachtelhalme treiben kriechende, innen feste, aus entwickelten Axengliedern bestehende Rhizome, an welchen sich
da, wo um den Knoten ein Kranz von Adventivwurzeln hervortritt, nicht selten rundliche grubige schwarze Knöllchen bilden,

Fig. 530.

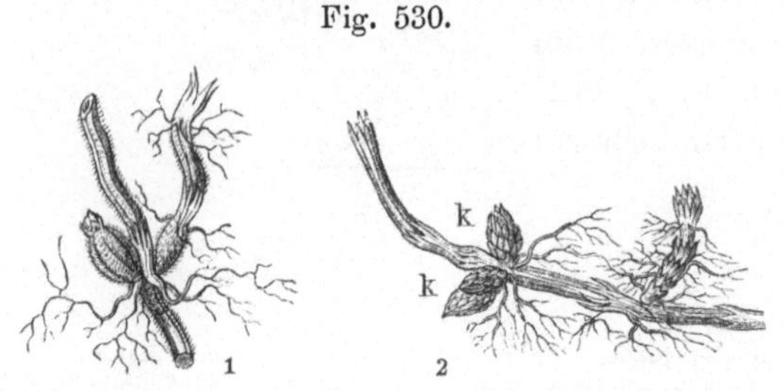

Equisētum arvēnse. 1. Stück eines Rhizomes mit Knollen, von welchen die Knolle *c* zu einem Stengel ausgewachsen ist. 2. Rhizom
mit Knospen *k k.*

aus welchen Knospen
hervortreten, die sich
zu neuen Pflanzen
entwickeln können.
Diese Knöllchen sind
also Reproductions-
organe wie die in den
Blattachseln der *Fi-
caria ranunculoïdes.* Im
Uebrigen entstehen
am Schachtelhalm-
rhizom ausserdem noch zwiebelähnliche Knospen, welche zu
fruchtbaren und unfruchtbaren Stengeln auswachsen.

Der oberirdische Stengel ist gegliedert und hohl, aber an
den Knoten durch Scheidewände geschlossen, und der Länge
nach von den Nerven der mit den entwickelten Internodien
verwachsenen Blätter gestreift oder gefurcht. An jedem Knoten
ist das Blatt frei und umfasst den Stengel in Gestalt einer gezähnten Scheide.

Der Querschnitt des Stengels lässt uns schon mit blossem
Auge, besser unter der Loupe, eine grosse centrale Luftlücke
und einen peripherisch gestellten Kreis kleiner Luftlücken erkennen, welche mit den äusseren Furchen des Stengels übereinstimmen. Um die centrale Luftlücke steht ein Kreis succe-
daner Gefässbündel, deren Zahl mit derjenigen der peripherischen
Luftlücken übereinstimmt. Im Innern jedes Gefässbündels lässt
sich endlich wieder eine sehr enge Lüftlücke beobachten. Im
Uebrigen steigen die Gefässbündel im Schachtelhalmstengel
nicht in Schlangenlinien, wie bei den eigentlichen Farnen, empor, sondern in gerader Richtung. Die Aeste treten an den
Knoten wirtelförmig hervor, indem sie zugleich die Basis der
Blattscheide durchbrechen.

In den Zellen des Schachtelhalmstengels findet sich in grosser
Menge Kieselerde (Kieselsäure) in Form kleiner Schüppchen
abgelagert, wodurch der Stengel eine gewisse Härte und Schärfe
erlangt, dass man ihn getrocknet zum Glätten und Poliren von
Holz und zum Scheuern von Metallgefässen (als Scheuerkraut)
benutzt.

Der Bau der endständigen Fruchtähre ist ein ganz eigenthümlicher. An einer centralen Spindel stehen quirlförmig kleine Aestchen, deren ein jedes auf seiner Spitze eine schildförmig aufsitzende vieleckige Scheibe, Sporangienträger (*sporidochīum; sporangiophŏrus*), trägt. Am Rande der unteren oder inneren Seite jeder Sporidochie hängen die kleinen einfächrigen, nach innen aufspringenden, häutigen Sporangien oder Sporenbehälter (*sporangĭa*), welche die zahlreichen Sporen einschliessen.

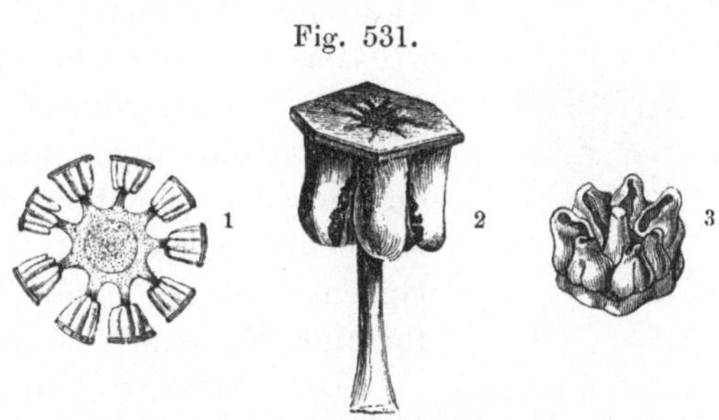

Fig. 531.

Equisētum arvēnse. 1. Ein aus der Mitte der Fruchtähre quer herausgeschnittener Quirl Sporidochien. Vergr. 2. Ein Sporidochium, an seiner unteren Seite mit Sporangien. 3. Eine Sporidochie von unten gesehen, um die aufgesprungenen Sporangien zu zeigen.

Jede Spore ist von zwei hygroskopischen, am Ende spatelförmig ausgedehnten Spiralfäden, Schleuderern (*elatēres*), umschlungen, und über diese Spiralfäden hinweg zieht sich noch ein äusserst zartes feines Häutchen.

Klopfen wir zur Zeit der Reife, wo sich der Sporenbehälter öffnet, die Sporen auf unsere Hand, oder auf ein Stück weisses, schwach feuchtes Papier aus, so können wir in dem staubähnlichen

Fig. 532.

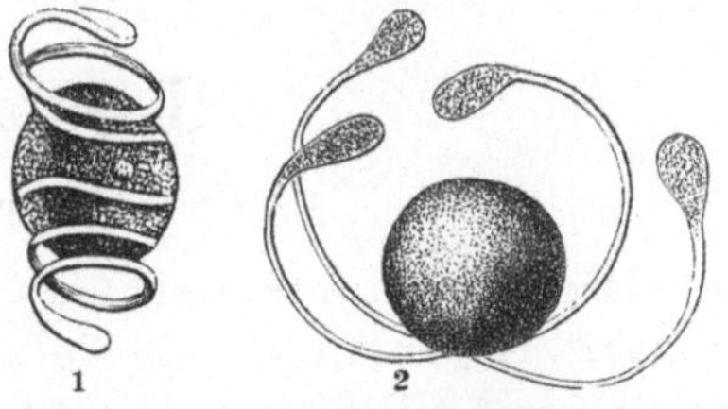

1. Eine Equisetenspore mit Schleuderern, welche im Begriff sind sich zu strecken. 2. Eine solche mit den noch daranhängenden Schleuderern.

Sporenhaufen eine hüpfende Bewegung wahrnehmen. Die Schleuderer ziehen nämlich Feuchtigkeit an und sprengen das sie deckende Häutchen, indem sie sich strecken.

Die Spore ist kugelig und enthält neben zahlreichen Chlorophyllkügelchen einen centralen Kern. Dieser Kern theilt sich in zwei Kerne durch Einschiebung einer Scheidewand, die die Spore in zwei ungleiche Hälften theilt. Die kleinere Hälfte entwickelt sich zu einem Wurzelhaar, die grössere und alle Chlorophyllkügelchen enthaltende aber durch Tochterzellenbildung zum Vorkeim (*prothallĭum; proëmbrўo*). Auf dem Vorkeim entwickeln sich wie bei den Farnen Antheridien und Archegonien (was *Thuret* und *Hofmeister* zuerst beobachteten), je-

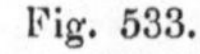

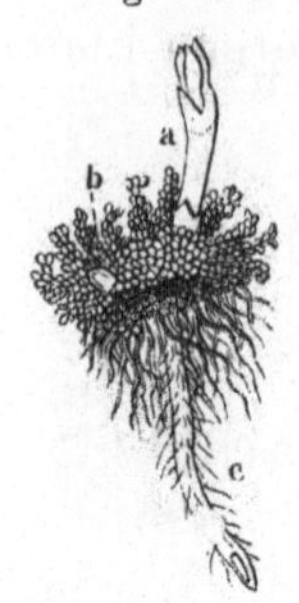

Vorkeim mit Stengel-
sprossen (*a*) von *Equi-
sētum palustre.*

doch mit dem Unterschiede, dass der Schachtel-
halmvorkeim zweihäusig ist, indem ein Vorkeim nur Antheridien, ein anderer, gewöhnlich
grösserer, nur Archegonien erzeugt.

Die Antheridien und auch die Archegonien, welche sich später als die Antheridien
entwickeln, gleichen den entsprechenden Geschlechtswerkzeugen der Farne, und nur die
Spermatozoïden sind bis fast auf das fadenförmige Ende mit Wimpern besetzt.

Die Schachtelhalmgewächse sind zwergige
Nachkommen untergegangener Riesengeschlech-
ter, welche vor der Steinkohlenbildung in Gemeinschaft mit den Sigillarien, Lepidodendren und riesigen Farnen die Wälder auf der Erdfläche bildeten. Aeusserlich zwar
ähnlich den Schachtelhalmen sind die in Australien heimischen
Casuarinen, doch sind die Repräsentanten dieser Familie
Bäume mit hartem Holze und dikotyledonischem Stamme, zur
Klasse der Kätzchenblüthler (*Juliflōrae*) gehörend.

Lection 77.

Rhizocarpeen und Maschalocarpeen.

Die Wurzelfrüchtler (*Rhizocarpĕae*), auch Wasserfarne (*Hydropterĭdes*) genannt, weil sie als farnartige Gewächse auf feuchten Ufern stillfliessender oder stehender Gewässer oder im

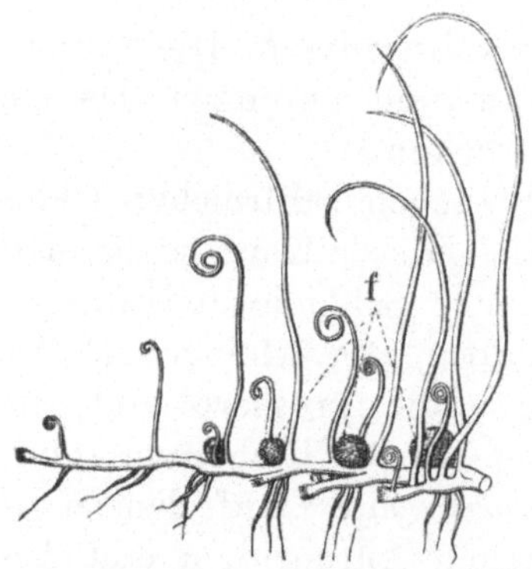

Pillenkraut, *Pilularia globulifĕra. f* Früchte
(*conceptacŭla communia*) (natürl. Gr.).

Wasser selbst leben, stehen bezüg-
lich ihres Befruchtungsprocesses und
der Entwickelung den Samenpflanzen am nächsten. An, oder in der
Nähe ihrer Wurzeln, oder zwischen
den Wurzelfasern müssen wir ihren
Fruchtstand suchen, welcher aus Gehäusen (*conceptacŭla*) besteht, welche
die Antheridien und die Sporenbehälter gemeinschaftlich oder auch
getrennt einschliessen.

Die Fruchtgehäuse der Rhizocarpeen enthalten zweierlei Sporen,
Macrosporen und Microsporen.

Die Macrosporen oder grösseren Sporen sind die eigentlichen Sporen, aus welchen sich ein Vorkeim entwickelt, welcher eine oder doch nur wenige Archegonien, aber keine Antheridien hervorbringt.

Die Antheridien werden durch die kleineren Sporen oder Microsporen dargestellt, denn es sind dieselben Behälter (*antherīdangīa*), welche zur Zeit ihrer Reife platzen und zahlreiche kleine Zellen ausschütten, worin sich die Spermatozoïde oder Samenfäden befinden.

Die Rhizocarpeen sind bei uns nur durch wenige Gattungen und Species vertreten, von welchen wir das Pillenkraut (*Pilularĭa globŭlifĕra*) und die schwimmende Salvinie (*Salvinĭa natans*) häufiger antreffen dürften.

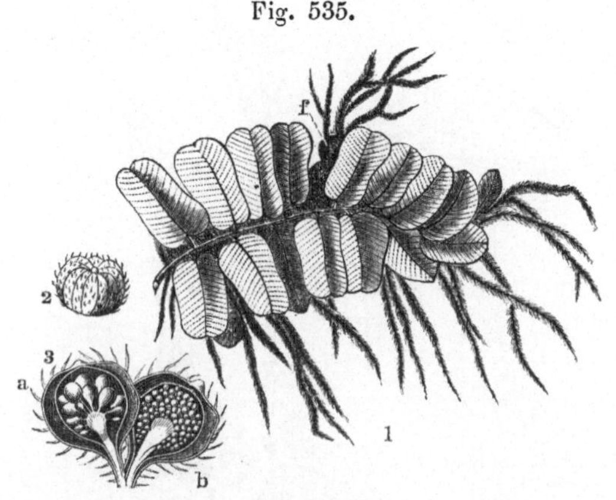

Fig. 535.

Salvinia natans. 1. Ein Zweig (natürl. Gr.). *f* Früchte (*conceptacŭla*). 2. Eine Frucht (zweifache Vergr.). 3. Zwei Fruchtbehälter im Verticalschnitt. *a* mit Macrosporen (oder Sporangien), *b* mit Microsporen (*antherĭdangīa*). Vergr.

Die Achselfrüchtler (*Maschălocarpĕae*), die letzte Abtheilung der farnartigen Gewächse, bieten uns ein grösseres Interesse, indem ihnen die Bärlappgewächse (*Lycopodiacĕae*) angehören, von welchen *Lycopodĭum clavatum* den sogenannten Bärlappsamen, oder das Hexenmehl (*Lycopodĭum*) liefert.

Die Wurzel der Bärlappgewächse ist eine zusammengesetzte mit einem centralen Gefässbündel. Der Stengel ist aufrecht oder kriechend, oft der Länge nach bewurzelt, mit centralem simultanen Gefässbündel. Die stets ungestielten Blätter sind oft an demselben Stengel von verschiedener Gestalt. Sie bestehen aus mehreren Lagen lockeren Parenchyms, durch welches sich ein Gefässbündel zieht. An Wurzel und Stengel ist die dichotome Verzweigung vorwaltend.

In den Achseln der Blätter an den sogenannten Fruchtähren findet man die Sporenfrucht in Gestalt nierenförmiger Behälter, welche zur Zeit der Reife an ihrer Spitze in einer Querspalte aufreissen und sich der zahlreichen Sporen entledigen. Bei der Gattung *Lycopodĭum* vermag man den Zweck der Sporen nur zu vermuthen, da man diese bisher nicht zum

Keimen bringen konnte. Man glaubt, dass sie Antheridien seien, jedoch hat man bei derselben Gattung bisher noch keine Sporangien aufgefunden. Die den Bärlappgewächsen angehörende Gattung *Selaginella* lässt uns die Fortpflanzung klarer verfolgen,

Fig. 536.

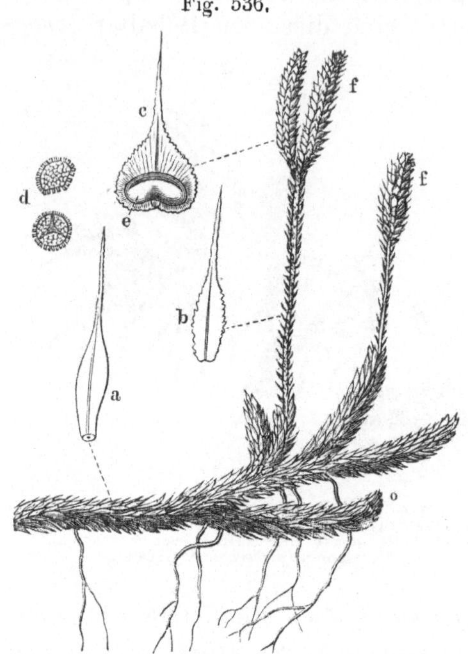

Lycopodium clavatum. o Ein Stück des Stengels mit Fruchtähren (*f*). ½ Grösse. — *a* Ein Stengelblatt, *b* ein Blatt des Fruchtahrenstiels (beide vergross.), *c* Deckblatt aus der Fruchtähre mit der quer zweiklappig aufspringenden Antheridangie (*e*). — *d* Microsporen (?) aus der Antheridangie von verschiedenen Seiten gesehen, welche Sporen das pharmaceutische *Semen Lycopodii* darstellen. (Vergr.).

Fig. 537.

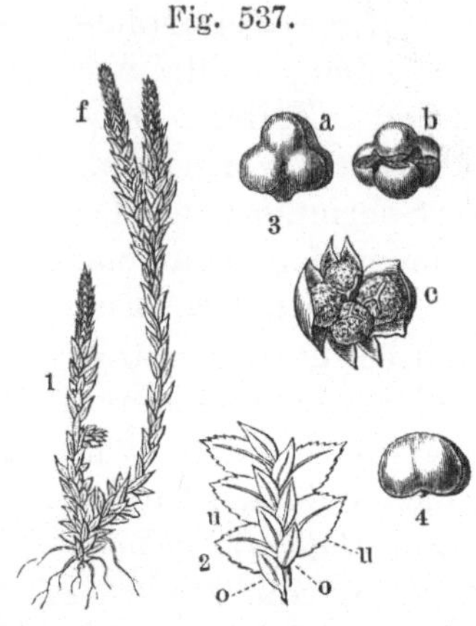

Selaginella Helvetica Springer. (*Lycopodium Helveticum L.*). 1. Ast des Stengels (nat. Gr.) mit Fruchtahren (*f*). — 2. Ein Stück des Stempels, vergr. um die verschiedene Gestalt und Grosse der Blatter zu zeigen. *o* Oberblatter (an der oberen Seite des Stengels), *u* Unterblatter (an der unteren Seite des Stengels). — 3. Die 4 köpfigen Sporangien, (vergr.). *a* geschlossene. *b* aufspringende von oben gesehen, *c* geöffnete mit den vier Macrosporen. — 4. Eine Antheridangie (vergr.).

denn ihre Fruchtähren tragen in den Winkeln der Blätter Behälter, von denen die grösseren (Sporangien, *oophoridia*) Macrosporen, die kleineren (Antheridangien) Microsporen enthalten. Die letzteren keimen (nach *Hofmeister*'s Untersuchungen) nicht, sondern entwickeln während der Keimung der Macrosporen in ihrer Zellflüssigkeit die Spermatozoïdzellen, welche zur Zeit der Reife entleert werden. Die vierknöpfigen Sporangien enthalten vier tetraëdrische einzellige Macrosporen, welche schon in dem Sporangium einen Vorkeim entwickeln, der von der Mutterpflanze endlich getrennt die Archegonien hervorbringt. Die Antheridien entwickeln sich hier also an der Mutterpflanze, die Archegonien auf dem Prothallium. Im Uebrigen ist die Befruchtung und vegetative Entwickelung ganz so wie bei den Farnen.

Sind die sogenannten Sporen der blattachselständigen Behälter am *Lycopodĭum* wirklich nur Antheridien oder Microsporen, so bleibt noch die Aufgabe, die Macrosporen und Archegonien derselben Gattung aufzufinden.

Bemerkungen. *Hydropterĭdes*, Plural von *hydroptĕris*, von d. griech. ὕδωρ (hydōr) Wasser, und πτέρις, ίδος (pteris, idos), Farnkraut. — *Anthĕridangĭum*, Antherengefäss; ἀγγεῖον, Gefäss. — *Oophoridĭum*, von Gestalt eines Eierträgers, von d. griech. ὠόν (ōon), Ei; φορός, όν (phoros, on) tragend.

Lection 78.

Parthĕnogenĕsis. Urzeugung. Hibridität.

Ehe wir zur Pflanzencharakteristik übergehen, mögen einige besondere, in den vorhergehenden Lectionen nicht erwähnte physiologische Erscheinungen erörtert werden. Zu diesen letzteren zählen wir die Parthenogenesis und Hibridität.

Parthenogenesis (*parthĕnogenĕsis*), ins Deutsche übersetzt Jungfernzeugung, Jungferngeburt, hat man die bei Insecten und anderen Thieren einer niederen Ausbildungsstufe beobachtete Erscheinung genannt, welche darin besteht, dass Weibchen, ohne durch Männchen zuvor befruchtet zu sein, dennoch Junge zur Welt bringen, oder Eier legen, oder Keime entwickeln, aus welchen wieder Individuen derselben Gattung hervorgehen. Ein längst bekanntes Beispiel ist die Gattung Blattlaus (*Aphis*). Aus den Eiern, welche dieses Insect im Herbst legt, geht im folgenden Frühjahr eine Generation hervor, welche nur aus Weibchen besteht. Die Männchen werden erst gegen Ende des Sommers geboren. Jene Weibchen bringen kurze Zeit nach ihrer Geburt lebendige Junge zur Welt und zwar nur Weibchen, welche sehr bald wiederum nur Weibchen gebären. In dieser Weise entstehen im Laufe von fünf bis sechs Monaten zehn bis zwölf Blattlausgenerationen ohne jede vorhergegangene Befruchtung, aber alle erzeugten Weibchen sind fruchtbar. Sobald am Ende des Sommers die Männchen erscheinen, hören die Weibchen auf lebendige Junge zu erzeugen, sie legen dann aber Eier, welche den Zweigen ankleben und ohne Nachtheil in der Winterkälte, welche die lebenden Thierchen tödtet, bis zum Frühling dauern.

Diese absonderliche Weise der Fortpflanzung wurde schon im Anfange des vorigen Jahrhunderts durch einen Arzt *Albrecht* zu Hildesheim erkannt und ist in neuerer Zeit vom Professor *von Siebold* in München bei der Honigbiene, der Maulbeerseidenraupe und anderen Insecten, von dem Dänen *Steenstrup* auch bei den auf einer niederern Stufe stehenden Geschlechtern des Thierreichs, wie bei den Eingeweidewürmern, Quallen, Polypen etc., als sehr verbreitet nachgewiesen. Bei den letztgenannten Thieren ergiebt sich noch dazu ein Génerationswechsel, d. h. die Brut ist dem Mutterthiere ganz unähnlich, und erzeugt, ohne mit Geschlechtsorganen ausgestattet zu sein, wiederum Thiere, welche erst in der zweiten Generation sich zu ihren Mutterthieren ähnlichen Wesen entwickeln. Der geschlechtslose Kopf des Bandwurms entwickelt Glieder (Proglottiden, Ammen), deren jedes ein selbstständiges Wesen ist, welches in seinem Innern Eier erzeugt, die das Thier der folgenden Generation embryonisch enthalten. Zur Reife gelangt trennt sich das Glied von den übrigen und wird durch den Darmkanal abgeführt. Kommt nun ein Ei desselben in den Darmkanal eines anderen Thieres (z. B. des Schweines), so entwickelt sich der Embryo zu einem mit Häckchen versehenen Bläschen von mikroskopischer Grösse, welches die Wand des Darmkanals durchbohrend in das Zellgewebe der Muskel wandert und hier sich zur Finne oder zum Blasenwurm (*Cysticercus*) ausbildet. Der Blasenwurm verharrt in dieser Form, bis er durch einen günstigen Umstand in den Magen oder Darmkanal eines Menschen gelangt und hier wieder zum Bandwurm auswächst.

Wie im Thierreiche hat man auch im Pflanzenreich Parthenogenesis beobachtet, welche man eben solange als vorhanden annehmen muss, als nicht entgegenstehende Beobachtungen gemacht werden. Prof. *Alex. Braun* in Berlin fand, dass *Chara crinīta* jährlich Früchte erzeuge, ohne dass man bisher in Deutschland die männliche Pflanze gefunden hätte. Andere Botaniker wollen parthenogenetische Fortpflanzung bei *Cannăbis satīva, Bryonĭa dioica, Mercuriālis* etc. beobachtet haben. Aufsehen machte vor ungefähr 30 Jahren die von *J. Smith* und *Hooker* im botanischen Garten zu *Kew* (an der Eisenbahn von London nach Windsor) beobachtete Parthenogenesis einer australischen diöcischen Euphorbiacee, *Coelĕbogўne ilĭcifolĭa Smith*. Diese Pflanze brachte alljährlich keimfähige Samen hervor, obgleich man die männliche Pflanze noch nicht einmal in ihrem Vaterlande entdeckt hatte. Später fanden andere Botaniker jedoch zwischen den achselständigen Blüthenhaufen dieser Euphorbiacee männliche, von Hüllblättchen verdeckte Blüthen, die man früher für verkümmerte Hüllblättchen gehalten hatte. Damit wurde die Lehre von der Parthenogenesis bei Samenpflanzen ziemlich über den Haufen geworfen, und wo noch Beobachtungen zu Gunsten ihrer Existenz gemacht werden sollten, dürften spätere Forschungen die Gegenbeweise liefern. Nur der oben erwähnte und bei einigen Thiergattungen mit Sicherheit verfolgte Generationswechsel findet Parallelen in der Pflanzenwelt, zu denen wir die Fortpflanzung und Entwickelung der Lycopodiacee *Selaginella* und auch der Brandpilze rechnen können.

Ganz unhaltbar ist ferner die den niedrigsten Pflanzengattungen früher vindicirte Urzeugung (*generatĭo aequivŏca s. spontanĕa*), welcher die Ansicht zum Grunde liegt, dass organisirte Wesen aus unorganischen Elementen entstehen können. In welchen Fällen man diese Ansicht glaubte aufrecht halten zu müssen, hat sich auch jedesmal die Entstehung aus Keimen, welche man nicht geahnt hatte, erwiesen. Die Erzeugung eines belebten, eines organischen Wesens ohne Vermittelung eines Organismus scheint nicht stattzufinden. Auch die Gährungspilze entstehen, wie sicher nachgewiesen ist, aus Keimen, welche unter Vermittelung der atmosphärischen Luft den gährungsfähigen Flüssigkeiten zugeführt werden. Den Forschungen des Prof. *Ehrenberg* in Berlin verdanken wir besonders die Beweise für die Unhaltbarkeit der Ansicht von der Urzeugung.

Hybridität (*hybridĭtas* oder *hibridĭtas*) oder Kreuzung, Bastarderzeugung, ist die Befruchtung des Pistills mit dem Pollen einer anderen Art oder Spielart. Im Allgemeinen werden die Pistille einer Species durch den Pollen derselben Species befruchtet, und eine Generation folgt auf die andere, ohne dass die charakteristische Form der Species eine Veränderung erleidet. Durch künstliche Uebertragung des Pollens einer Species auf die Narbe einer verwandten Species lässt sich in vielen Fällen eine Befruchtung erzielen, aus welcher eine Mischlingsspecies hervorgeht, welche Eigenschaften und Formen sowohl der einen wie der anderen Species aufweist. *Johannes Leunis*, Professor der Naturgeschichte in Hildesheim, erzählt in seiner Synopsis der drei Naturreiche, dass er von dem jetzt verstorbenen Apotheker *Wiegmann* in Braunschweig Samen einer Hybride (*planta hybrĭda*), eines Mischlings von Erbse und Linse, erhalten habe, welche auf der einen Seite convex waren, auf der anderen eine Halbkugel bildeten. Die Zierpflanzen *Pelargonĭum*, *Fuchsĭa*, *Verbēna*, *Calceolaria* etc. in unseren Gärten und Gewächshäusern sind sämmtlich Hybriden oder Bastarde, durch künstliche Kreuzung hervorgebracht. In der Natur sind Kreuzungen im Allgemeinen seltnere Erscheinungen, kommen aber bei einzelnen Gattungen häufig vor, wie bei den Weiden (*Salĭces*), den Minzen (*Menthae*), den Labkräutern (*Galĭa*), den Ampfern (*Rumĭces*). Wo *Galĭum verum* mit seinen gelben Blumen und *Galĭum Mollūgo* mit seinen weissen Blumen zusammenstehen, findet man auch verschiedene Mischlinge beider, wie *Galĭum ochroleucum Wolf*, *Galĭum verosimĭle*. Der Habitus entspricht gewöhnlich der Art, welche den Pollen lieferte, die secundären Charaktere aber der Art, welche befruchtet wurde.

Die hybridische Pflanze bringt selten fruchtbare Samen hervor. Sind auch ihre Pistille gewöhnlich normal entwickelt, so sind die Staubblätter unvollkommen, verkümmert, oder der Pollen ist ohne Befruchtungsstoff (*fovilla*). Die Gärtner erzielen die Fortpflanzung der hybridischen Pflanzen entweder durch Knospen oder durch Ableger.

Man macht zuweilen zwischen hybridischen und Bastardpflanzen noch einen Unterschied. Letztere (Mischlinge, Mittelschlag) entstehen aus der Kreuzung zweier Varietäten derselben Art, erstere aus der Kreuzung zweier verschiedenen Species. Tinctur oder Umschlag nennt der Gärtner die aus der Kreuzung eines Bastards und der Mutterpflanze hervorgehende Form.

Bemerkungen. *Parthĕnogenĕsis*, von d. griech. παρθένος (parthĕnos), Jungfrau, Mädchen, und γένεσις (genĕsis), Zeugung, Geburt. — *Smith* (spr. smish), *Hooker* (spr. huhker). — *Kew* (spr. kjuh). — *Coelĕbogȳne*, ungeschickt gebildetes Wort aus *coelebs* (od. *caelebs*), Gen. *coelĭbis*, ehelos, und γυνή (gynä), Weib. — *Hybridĭtas*, von dem lat. *hibrĭda* od. *hybrĭda, ae, c.* von zweierlei Abkunft, Blendling.

Lection 79.

Pflanzenphysiologie. Pflanzenchemie. Kohlehydrate.

Unter Physiologie versteht man die Lehre von den Lebenserscheinungen organisirter Wesen und von den Gesetzen, nach welchen diese Erscheinungen erfolgen. Die Kenntniss von der Entstehung, der Beschaffenheit und den Verrichtungen der Pflanzenorgane, von den Gesetzen, nach welchen Ernährung,

Wachsthum und Fortpflanzung der Pflanzen erfolgen, ist Gegenstand der Pflanzenphysiologie. In den vorhergehenden Lectionen beschäftigten uns hauptsächlich die anatomischen, organographischen und morphologischen Verhältnisse der Pflanze und nur wenige physiologische Erscheinungen, welche sich behufs bequemerer Auffassung hier und da einflechten liessen. Was uns nun in den folgenden Lectionen in dieser Beziehung noch beschäftigen wird, ist entweder früher unzureichend oder noch gar nicht erwähnt.

Ein Theil der Pflanzenphysiologie umfasst die Pflanzenchemie, die Lehre von den einfachen und zusammengesetzten Stoffen, aus welchen sich der Pflanzenkörper constituirt, welche diesen ernähren, und welche durch die Lebensthätigkeit der Pflanze erzeugt werden.

Die Pflanze nimmt, so lange sie lebt, ununterbrochen Stoffe aus der Aussenwelt auf, dieselben assimilirend, d. h. sie in Bestandtheile ihres Körpers verwandelnd, und sie scheidet ebenso beständig aufgenommene und veränderte Stoffe aus, welche sie nicht mehr zu ihrer Ernährung und ihrem Wachsthum verwenden kann. Dieser Stoffwechsel ist durch die Ernährung und das Wachsthum der Pflanze bedingt.

Von den circa 66 einfachen Grundstoffen oder Elementen, welche die Chemie aufzählt, scheint ein sehr beschränkter Theil einen Werth für das Pflanzenleben zu haben, denn in den Pflanzen hat man bisher nur folgende angetroffen:

Sauerstoff (O)	Chlor (Cl)	Aluminium (Al)
Wasserstoff (H)	Jod (J)	Magnesium (Mg)
Stickstoff (N)	Brom (Br)	Calcium (Ca)
Kohlenstoff (C)	Eisen (Fe)	Lithium (Li)
Schwefel (S)	Mangan (Mn)	Natrium (Na)
Phosphor (P)	Kupfer (Cu)	Kalium (Ka).
Silicium (Si)	Zink (Zn)	

Diese Stoffe finden wir im Pflanzenreich in binären, ternären und quaternären Verbindungen, es sind aber Sauerstoff, Wasserstoff, Stickstoff und Kohlenstoff die vier wesentlichsten Elemente, welche den Pflanzenkörper aufbauen und die Organe desselben constituiren. Von gleichem Werthe treffen wir dieselben vier Elemente in dem Thierreiche an, wesshalb man sie auch organische Grundstoffe zu nennen pflegt. Die übrigen Elemente nehmen genau genommen eine secundäre Stellung im Pflanzenreich ein.

Die organischen Elemente liefert die Natur als binäre Verbindungen, nämlich als Wasser (HO), als Kohlensäure (CO^2) und als Ammon (H^3N). Das Wasser ist eine chemische Verbindung von Wasserstoff (H) und Sauerstoff (O), die Kohlensäure eine Verbindung von Kohlenstoff (C) und Sauerstoff (O), und das Ammon oder Ammoniak eine Verbindung von Wasserstoff (H) und Stickstoff (N). Diese drei binären Verbindungen bilden die Grundlage der Pflanzennahrung, und die sie constituirenden Elemente finden wir in den Stoffen wieder, welche die Pflanze als Produkt der Lebensthätigkeit erzeugt. Diese letzteren Stoffe haben aber eine complicirtere Zusammensetzung.

Die Cellulose oder Zellstoff, welche man als ein Kohlehydrat, d. h. als eine Verbindung von Kohlenstoff mit Wasser betrachtet und welche die chemische Formel $C^{12}H^{10}O^{10}$ beansprucht, ist eine in Wasser unlösliche Substanz, woraus sich die Wände der Zellen, Fasern und Gefässe constituiren. Auflösungsmittel der Cellulose sind concentrirte Schwefelsäure und Kupferoxydammonlösung. Unter Einwirkung von conc. Schwefelsäure und Jodlösung, oder von Chlorzink und Jodlösung, wird sie blau gefärbt, in Aetzkalilösung quillt sie nur auf.

Modificationen der Cellulose sind das Gelin, die Zellgewebesubstanz der Tange, und das Xylogen, der incrustirende Stoff der Zellen. Letzteres wird aber von conc. Schwefelsäure nicht gelöst, färbt sich bei Einwirkung von Schwefelsäure und Jod nicht blau, wird jedoch von Aetzkali vollständig aufgelöst.

Der Cellulose physiologisch verwandt, jedoch von abweichender chemischer Zusammensetzung, ist das Suberin oder der Korkstoff, das Material, aus welchem sich Cuticula, Epidermis, die Cuticularschichten, das Korkgewebe und die Intercellularsubstanz bilden. Suberin ist wie das Xylogen in Aetzkalilösung leicht löslich, sehr langsam löslich in conc. Schwefelsäure, es färbt sich aber bei Einwirkung von Schwefelsäure und Jod nicht blau. Durch Behandlung mit Salpetersäure geht das Suberin zum Theil in Korksäure und Bernsteinsäure über.

Das Stärkemehl, die Stärke (*Amÿlum*), findet sich in Form von Körnchen oder Kügelchen in den Zellen angehäuft. Da es in kaltem Wasser unlöslich ist und sich daher aus den wässrigen Flüssigkeiten, welche mit stärkemehlhaltigem Zellgewebe gemischt sind, absetzt, so hat es auch den Namen Satzmehl erhalten. Das spec. Gewicht der Stärkemehlkörnchen ist 1,500 bis 1,600. Die Gestalt und Grösse der Körnchen lässt sich nur mit Hilfe des Mikroskops erkennen. Charakteristisch für die Stärke ist die Reaction mit Jod, womit sic eine blaue oder violettblaue Farbe annimmt.

Das Stärkemehlkorn ist aus mehreren concentrisch übereinander gelagerten Schichten zusammengesetzt (vergl. S. 10 und 11), von welchen die äusseren wasserärmer und dichter sind.

Das Stärkemehl ist von derselben elementaren Zusammensetzung wie die Cellulose und wie diese ein Kohlchydrat, denn seine chemische Formel lautet $C^{12}H^{10}O^{10}$. Mit Jod färbt es sich, wie vorher erwähnt ist, blau, mit kochendem Wasser bildet es Kleister, und durch Einwirkung von verdünnter Schwefelsäure, welche dabei keine Veränderung erleidet, geht es in **Dextrin** und **Stärkezucker** über, welche beide Substanzen in ihrer chemischen Constitution von derjenigen des Stärkemehls nicht abweichen, also auch Kohlehydrate sind. Wie Schwefelsäure wirken auch eine erhöhte Temperatur, so wie **Diastase**, eine beim Keimen der Getreidesamen entstehende eiweissartige Substanz.

Dem Stärkemehl chemisch ähnlich ist das **Lichenin** oder die **Flechtenstärke**, aus welcher im Thallus der *Cetraria Islandica* die Faserschicht besteht, welche zwischen Rinde und dem centralen heedeartigen Gewebe liegt. Das Lichenin färbt sich mit Jod blau und geht durch Contacteinwirkung verdünnter Schwefelsäure in Stärkezucker über.

Ein dem Stärkemehl analoger und in gleicher Weise chemisch zusammengesetzter Stoff, also auch ein Kohlehydrat, ist das **Inulin**, welches ausschliesslich in den Wurzeln der Compositen die Stelle des Stärkemehls ausfüllt. Es kommt hier jedoch in der lebenden Zelle nicht in Körnern vor, sondern im gelösten Zustande. Aus den Abkochungen der Wurzeln setzt es sich beim Erkalten als ein weissliches Pulver ab. Es unterscheidet sich vom Stärkemehl hinreichend dadurch, dass es von Jod nicht blau, sondern gelb gefärbt wird. Durch Einwirkung verdünnter Schwefelsäure geht das Inulin in Fruchtzucker über, nur Diastase ist ohne Einfluss darauf.

Dextrin oder **Stärkegummi**, ein Kohlehydrat, entsteht im lebenden Pflanzenkörper aus dem Stärkemehl. Es ist in Wasser leicht löslich.

Gummi oder **Arabin**, ein gleiches Kohlehydrat und dem Dextrin ähnlich, ist theils frei, theils an Kalkerde oder andere Basen gebunden im Pflanzenreich sehr verbreitet.

Dem Gummi und Dextrin schliesst sich **Pflanzenschleim**, **Pflanzengallerte** an. Es scheint dieser Körper aus Cellulose zu entstehen. Durch längeres Kochen mit Wasser geht er in Dextrin und Zucker über. In Wasser ist er unlöslich, quillt aber darin zu einer gallertartigen Masse auf.

Cellulose, Stärkemehl, Flechtenstärke, Inulin, Dextrin, Gummi und Pflanzenschleim sind Kohlehydrate von der Formel $C^{12}H^{10}O^{10}$. Von ihnen dreht das Dextrin allein die Polarisationsebene nach rechts, daher auch der Name Dextrin. Die anderen der genannten und in Wasser löslichen Kohlchydrate drehen die Polarisationsebene nach links.

Der Zucker (*Sacchărum*) ist in verschiedenen Modificationen im Pflanzenreich verbreitet. Diese Zuckerarten bilden eine besondere Gruppe unter den Kohlehydraten, indem ihre elementare Zusammensetzung ein anderes Verhältniss als die der vorhergehenden Kohlchydrate aufweist.

Der Zucker tritt in den Pflanzen in zwei Hauptformen auf, nämlich als Rohrzucker ($C^{12}H^{11}O^{11}$) und als Glucose oder Glycose ($C^{12}H^{12}O^{12}$). Die Glycose unterscheidet man wieder als Stärkezucker, Traubenzucker oder Dextrose (weil sie die Ebene des polarisirten Lichtes nach rechts lenkt) und als Fruchtzucker, Schleimzucker oder Laevulose (weil sie die Ebene des polarisirten Lichtes nach links lenkt).

Der Rohrzucker ($C^{12}H^{11}O^{11}$) findet sich im Zuckerrohr (*Sacchărum officinārum*), im Zuckerahorn (*Acer saccharīnum*), in der Runkelrübe (*Beta vulgāris rapacĕa*), im Mark des Mays (*Zea Mays*) und Zuckersorgho (*Sorghum saccharātum*), der Palmen, im Johannisbrod, in der Ananas, den Erdbeeren, Apricosen, Aepfeln, Orangen etc. Er krystallisirt, dreht die Ebene des polarisirten Lichtes nach rechts, ist an und für sich nicht gährungsfähig, und wird durch Hefe oder verdünnte Säuren in Stärke- und Fruchtzucker übergeführt, welche gährungsfähig sind. Aus einer alkalischen Kupferoxydlösung scheidet Rohrzucker kein Kupferoxydul ab. Er schmilzt bei 160° C. zu einer durchsichtigen Flüssigkeit, welche zu einer amorphen Masse (Gerstenzucker) erstarrt und allmälig wieder eine krystallinische Textur annimmt. Beim Schmelzen soll er (nach *Gélis*) in Saccharid und Traubenzucker umgewandelt werden.

$$\underset{\text{2 Aeq. Rohrzucker.}}{C^{24}H^{22}O^{22}} = \underset{\text{Saccharid.}}{C^{12}H^{10}O^{10}} + \underset{\text{Traubenzucker.}}{C^{12}H^{12}O^{12}}.$$

Rohrzucker sind: Trehalose, Mycose, Melezitose, Melitose.

Trehalose wurde von *Berthelot* in der *Trehăla* oder dem Nestzucker, einem in Syrien gebräuchlichen Nahrungsmittel, welches auf den Zweigen einer *Echīnops* durch die Larve einer Coleoptere (*Larīnus nidifīcans*) erzeugt wird, gefunden. Die Mykose fand *Mitscherlich* im Mutterkorn (*Secāle cornūtum*). Melezitose entdeckte *Berthelot* in der Briançonmanna (Mannaausschwitzung der *Pinus Larix*) und die Melitose in der Eucalyptusmanna (einer australischen Drogue).

Der Fruchtzucker ($C^{12}H^{12}O^{12}$) und der Stärkezucker oder Traubenzucker ($C^{12}H^{12}O^{12}$ und $C^{12}H^{12}O^{12} + 2HO$) finden sich in den meisten Fruchtsäften und im Honig. Sie reduciren die alkalische Kupferoxydlösung. Der Stärke- oder Traubenzucker krystallisirt und dreht die Ebene des polarisirten Lichtes nach rechts. Der Fruchtzucker krystallisirt nicht und dreht die Polarisationsebene nach links.

Lection 80.

Pflanzenbestandtheile, welche nicht Kohlehydrate sind.

Pectinstoffe, Pectinkörper (Gerinnung erzeugende Stoffe) hat man diejenigen, den Kohlehydraten verwandten Stoffe genannt, welche sich im Safte der meisten Früchte und vieler fleischigen Wurzeln und Knollen finden und die Ursache sind, dass der Pflanzensaft allein, oder nachdem Zucker darin gelöst ist, gallertartig gerinnt. In den unreifen Früchten sind sie in unlöslicher Form (Pectose) vorhanden, und durch die Reife der Früchte gehen sie in die lösliche Form (Pectin) über. In Aether und Weingeist sind sie nicht löslich, durch Jod werden sie nicht gefärbt, durch verdünnte Schwefelsäure nicht in Zucker übergeführt, und gegen die Ebene des polarisirten Lichtes verhalten sie sich indifferent. Wegen ihrer Eigenschaft zu gelatiniren, besonders bei Gegenwart von Zucker, lässt man die Pflanzensäfte, aus welchen Syrupe bereitet werden sollen, gähren, wodurch sie theils zerstört, theils in Metapectinsäure übergeführt werden. Das Ferment, welches die Umwandlung des Pectins in Metapectinsäure bewirkt und die Pectinkörper begleitet, hat man Pectase genannt. Die Zusammensetzung des Pectins soll der Formel $C^{64}H^{46}O^{36}$ entsprechen.

Mannit, (Mannazucker, *Mannītes*) ($C^{12}H^{14}O^{12}$) ist ein krystallisirbarer, süss schmeckender Körper, welcher sich von dem Zucker hinreichend dadurch unterscheidet, dass er nicht gährungsfähig ist und sich gegen die Ebene des polarisirten Lichtes indifferent verhält. In grösster Menge ist der Mannit in der Manna, jener zuckerartigen Absonderung der Manna-Esche (*Fraxinus Ornus*) enthalten, wird aber auch in dem Safte vieler Pomaccen, Amygdaleen, Coniferen, Fucusarten und Pilze angetroffen. Der sogenannte Pilzzucker ist ein Gemenge aus Mannit und Traubenzucker. Die Absonderung des Mannits ist nicht schwierig, weil er in heissem Weingeist leicht, in kaltem Weingeist sehr wenig löslich ist.

Glycoside oder Glucoside sind eigenthümliche, meist krystallisirbare und indifferente Erzeugnisse des pflanzlichen Lebens, welche man als gepaarte Verbindungen betrachtet, in welchen Zucker die Stelle eines Paarlings übernimmt, denn wenn man sie mit verdünnten mineralischen Säuren oder mit Alkalien behandelt, zerfallen sie unter Aufnahme von Wasser in ein oder zwei neue Stoffe und in gährungsfähigen Zucker. Sie erscheinen als wirkliche Verbindungen mit Saccharid ($C^{12}H^{10}O^{10}$), welches beim Austritt aus der Verbindung Wasser aufnehmend in Glycose oder Traubenzucker ($C^{12}H^{12}O^{12}$) übergeht. Sie schmecken übrigens nicht süss, sehr viele sogar bitter. Der grösste Theil der sogenannten vegetabilischen Bitterstoffe gehört den Glycosiden an. Dergleichen sind: Amygdalin (aus den bitteren Mandeln), Salicin (aus der Weidenrinde), Populin (aus der Rinde und den Blättern der *Popŭlus tremŭla*), Phloridzin (aus der Wurzelrinde der Pflaumen-, Aepfel- und Kirschbäume), Arbutin (in den Blättern der Bärentraube, *Arctostaphўlos Uva Ursi*). Auch einige andere Stoffe, wie z. B. das alkaloïdische Solanin (in den farblosen Sprossen der Kartoffelknolle), die Gallusgerbsäure (Tannin), das Jalapenharz u. a. reihen sich den Glycosiden an. Um den Spaltungsmodus eines Glycosids zu veranschaulichen diene das Salicin ($C^{26}H^{18}O^{14}$), welches unter Einfluss verdünnter Mineralsäuren und Zutritt von $2HO$ zerfällt: in Saligenin ($C^{14}H^{8}O^{4}$) und Zucker ($C^{12}H^{12}O^{12}$).

Organische Säuren sind in grosser Mannigfaltigkeit im Pflanzenreich vertreten. So weit sie Erzeugnisse des Pflanzenlebens sind, nennt man sie Pflanzensäuren. Einige derselben sind allgemein, andere sind nur gewissen Pflanzen eigen. Die wichtigsten Pflanzensäuren sind:

Oxalsäure oder Kleesäure, *Acĭdum oxalĭcum*, ($C^{4}H^{2}O^{8}$ oder $C^{4}O^{6} + 2HO$). Sie hat ihren Namen vom Sauerklee (*Oxălis Acetosella*) erhalten, in welchem sie in grösster Menge an

Kali gebunden vorkommt, und aus dessen Safte sie früher auch dargestellt wurde. Gewöhnlich ist sie an Kali und Kalkerde gebunden. In der Rhabarberwurzel finden wir sie als oxalsaure Kalkerde.

Aepfelsäure, *Acidum malicum* ($C^8 H^6 O^{10}$) findet sich besonders in den sauren Aepfelfrüchten, der Vogelbeere (*Sorbus aucuparia*), überhaupt in fast allen sauren Pflanzensäften in Gesellschaft mit anderen Pflanzensäuren.

Citronensäure, *Acidum citricum* ($C^{12} H^8 O^{14}$ oder $C^{12} H^5 O^{11}$ $+ 3 HO$) wird in Gesellschaft der Aepfelsäure, in grösster Menge in der Citronenfrucht (*Citrus Medica Limonum Risso*), der Frucht der Preisselbeere (*Vaccinium Vitis Idaea*), den Stachelbeeren, Johannisbeeren etc. angetroffen.

Weinsäure, Weinsteinsäure, *Acidum tartaricum* ($C^8 H^6 O^{12}$ oder $C^8 H^4 O^{10} + 2 HO$) findet sich in vielen Früchten, theils frei, theils an Kali oder Kalkerde gebunden, wie z. B. in der Frucht der Tamarinde (*Tamarindus Indica*). Der rohe Weinstein (*Tartarus crudus*) ist eine saure Kaliverbindung, mehr oder weniger gemischt mit weinsaurer Kalkerde, welche sich aus dem Weine absetzt.

Gerbsäuren oder Gerbstoffe. Dieselben bilden eine grosse Familie der verschiedenartigsten Säuren, welche insofern einander ähnlich sind, als sie sich durch einen zusammenziehenden oder adstringirenden Geschmack auszeichnen, mit Eisenoxydlösungen blaue oder grüne Niederschläge bilden und Leimlösung fällen. Den Namen Gerbsäure verdanken sie der Eichenrindengerbsäure, welche man zuerst kannte und welche die Eigenschaft zu gerben, d. h. die thierische Haut in Leder zu verwandeln, besitzt. Diese letztere Eigenschaft besitzen jedoch nur sehr wenige der Gerbsäuren. Je nach dem Vorkommen werden sie benannt, wie z. B. Eichengerbsäure (*Acidum quercitannicum*), Galläpfelgerbsäure (*A. gallotannicum*), Catechugerbsäure (*A. mimotannicum*), Kaffeegerbsäure (*A. coffëotannicum*), Moringerbsäure (*A. morintannicum*), Chinagerbsäure (*A. cinchotannicum*) etc. Früher unterschied man die Gerbsäuren als eisenblaufällende und eisengrünfällende.

Die Ameisensäure, *Acidum formicicum* ($C^2 H^2 O^4$ oder $C^2 HO^3 + HO$), kommt spärlich vor. Man hat sie z. B. in den Kiefernadeln und in den Brennhaaren der Nessel angetroffen. Die Mekonsäure findet sich im Opium, die Bernsteinsäure im Bernstein, in manchen Braunkohlen, im Terpenthin, im Giftlattig (*Lactuca virosa*), im Wermuth (*Artemisia Absinthium*), die

Zimmtsäure in der Zimmtrinde, im Storax, Tolubalsam, Perubalsam, in der Penang-Benzoë, Nelkensäure (Eugensäure) im Nelkenöl, Zimmtblätteröl, Pimentöl, in der weissen Zimmtrinde.

Feste bemerkenswerthe Kohlenwasserstoffe, welche als natürliche Erzeugnisse im Pflanzenkörper vorkommen, sind Kautschuk oder Kaoutschuk (*Resīna elastĭca*), Guttapercha. Diese und ähnliche Substanzen sind häufig Bestandtheile der Milchsäfte. Kautschuk entstammt tropischen Euphorbiaceen und Urticeen (*Jatrŏpha elastĭca, Ficus elastĭca, Siphonĭa elastĭca* Persoon), Guttapercha der *Isonāndra Gutta* Hooker.

Dem Kautschuk nahestehend ist Viscin, die klebrige Substanz im Vogelleim (*viscum aucuparĭum*). Es findet sich in den Beerenfrüchten der Mistel (*Viscum album*) und in der Rinde der Stechpalme (*Ilex Aquifolĭum*).

Fette, fette und flüchtige Oele sind in grosser und in ausserordentlich mannigfaltiger Menge in der Pflanzenwelt verbreitet.

Der bläuliche oder graugrüne Anflug oder Duft (*pruīna*) auf den Pflanzentheilen wird durch eine dünne, aus mikroskopisch kleinen Wachskügelchen bestehende Schicht gebildet. In reichlichen Mengen wird Wachs von den Früchten der Wachsbeere (*Myrīca cerifĕra*), von dem Stamme der Wachspalme (*Ceroxўlon andicŏla*), von den Blättern der *Corўpha cerifĕra* etc. abgesondert.

Mehr oder weniger starre Fette liefert der Samen des Cacao (*Theobrōma Cacāo*), des Muskatbaums (*Myristĭca fragrans* Houttuyn), die Frucht der Wein- und Butterpalme (*Cocos butyracĕa*). Flüssige Fette sind in vielen Früchten und in den meisten Samen enthalten.

Flüchtige Oele (*Olea aetherĕa*) sind meist Absonderungsprodukte, welche sich in besonderen Zellen und Schläuchen (Oeldrüsen) ausgeschieden finden. Die Oeldrüsen findet man entweder im Zellgewebe, oder an der Oberfläche der Pflanzenorgane, oder als Endzellen der Haare. Einige Pflanzenfamilien zeichnen sich durch Reichthum an flüchtigem Oele aus, wie z. B. die Umbelliferen und Labiaten. Gemeiniglich sind die flüchtigen Oele Gemische mehrerer Oele von verschiedener Zusammensetzung, verschiedener Consistenz und verschiedenem Kochpunkte. Den festen Theil nennt man Stearoptén oder Kampfer, den flüssigen Elaeoptén. Je nach der elementaren Constitution theilt man die flüchtigen Oele in sauerstofffreie und sauerstoffhaltige ein, dann die sauerstofffreien in Camphéne (= $C^5 H^4$ oder Multipel dieser Formel), wie Terpenthinöl, Citronenöl, und in Camphénhydrate (= C^5H^4 + nHO), wie Bergamottöl, Pomeranzenblüthenöl, Lavendelöl, Rosmarinöl. Die sauerstoffhaltigen Oele unterscheidet man je nach der Art des Kohlenwasserstoffs, den sie enthalten, z. B. Oele, welche Camphén (C^5H^4), Cymén ($C^{10}H^7$), Menthén ($C^{10}H^9$) oder CH enthalten.

Das Cumarin ist ein wohlriechendes Stearoptén im Waldmeister (*Asperŭla odorāta*), Tonkagras (*Anthoxănthum odorātum*), der Tonkabohne (der Frucht von *Diptĕrix*), dem Steinklee (*Melilōtus officinālis*), dem Fahamthee. Einem Stearoptén ähnlich erscheint das Vanillin auf den Vanillenfrüchten.

Die Harze (*Resīnae*) findet man von mannigfaltiger Beschaffenheit. Zum Theil sind sie Oxydationsprodukte der flüchtigen Oele und besitzen saure Eigenschaften. Harze sind Bernstein, Benzoë, Colophon, Mastix, Sandarach, Jalapenharz, Guajakharz. Harze sind im Wasser unlöslich, in Weingeist meist löslich.

Halbflüssige oder flüssige natürliche Gemische aus flüchtigen Oelen und Harzen nennt man Balsame (*Balsăma*), wie Terpenthin, Copaïvabalsam, Perubalsam.

In dieser und der vorigen Lection haben wir Pflanzenkörper kennen gelernt, welche binär oder ternär zusammengesetzt sind, aber keinen Stickstoff enthalten. Zu den stickstoffhaltigen wollen wir in der nächsten Lection übergehen.

Lection 81.

Stickstoffhaltige Pflanzenbestandtheile.

Die Proteïnkörper bilden eine Gruppe indifferenter stickstoffhaltiger Substanzen, welche in keinem lebensthätigen Gewebe eines Pflanzenkörpers fehlen. Sie bestehen aus Kohlenstoff, Wasserstoff, Stickstoff und Sauerstoff, denen sich in kleiner Menge Schwefel, zuweilen auch noch Phosphor zugesellt. Sowohl der Schwefel wie der Phosphor sind hier so innig mit den organischen Elementen verbunden, dass sie durch die gewöhnlichen Reagentien nicht zu erkennen sind.

Der Schwefel- und Phosphorgehalt dieser stickstoffhaltigen Körper verleitete *Mulder*, einen holländischen Chemiker, zu der Annahme eines schwefel- und phosphorfreien Radicals, welches, von diesem Chemiker Proteïn genannt, durch Verbindung mit verschiedenen Mengen Schwefel und Phosphor die verschiedenen Proteïnkörper constituire. Bisher ist das Proteïn nur ein hypothetisches Radical geblieben, es gab aber Veranlassung, jenen stickstoffhaltigen indifferenten Substanzen, welche dem pflanzlichen und thierischen Leben unentbehrlich sind und gleichsam die materielle Basis organisirter Wesen bilden, den Namen Proteïnkörper zu geben.

In den jungen Zellen befinden sich die Proteïnkörper in gelöster und halbgelöster Form, *Mohl's* Protoplasma. Später lagern sie sich theils in fester amorpher, nur selten auch in krystallisirter Form in der Zelle ab, theils durchdringen sie die Zellwand. Sie kommen im Allgemeinen in zweierlei Zuständen vor, als eine in Wasser lösliche und eine in Wasser unlösliche Modification. Durch Einwirkung von Weingeist, Säuren, Siedehitze geht die lösliche in die unlösliche Modification über, in den wässrigen Lösungen der Alkalien sind sie dagegen löslich.

Die Proteïnkörper werden durch Jod braun, durch Schwefelsäure bei Gegenwart von Zucker rosenroth, durch eine salpetrige Säure enthaltende Lösung von salpetersaurem Quecksilberoxyduloxyd (dem *Millon's*chen Reagens) roth, durch concentrirte Chlorwasserstoffsäure violettblau gefärbt. Von den Leim gebenden Substanzen unterscheiden sie sich dadurch, dass sie mit Wasser gekocht keinen Leim geben und dass sie durch Ferrocyankalium und Ferridcyankalium gefällt werden.

Die Nahrhaftigkeit der Vegetabilien für die Thiere ist von dem grösseren Gehalt derselben an Proteïnkörpern abhängig. Die Hülsenfrüchte enthalten durchschnittlich 30 Proc. Proteïnstoffe, der Weizen 20, der Reis 3, die Kartoffel 2,3 Proc.

Vegetabilische Proteïnstoffe sind:

1. Das Pflanzeneiweiss oder Albumin. Es findet sich in allen Pflanzensäften. Bei einer Wärme von 70º C. coagulirt es und geht in die unlösliche Modification über. Weingeist und Salpetersäure fällen es aus seiner Lösung, es coagulirt aber nicht bei Gegenwart von Essigsäure.

2. Pflanzenfaserstoff oder Pflanzenfibrin, welches den in kochendem Weingeist unlöslichen Theil des Klebers (*gluten*) bildet. Den Kleber, einen Hauptbestandtheil der Cerealienfrüchte, stellt man aus dem Weizenmehl dadurch her, dass man letzteres in einem Leinwandtuche unter Wasser anhaltend knetet. Das Stärkemehl geht mit dem Wasser durch das Tuch, und der Kleber bleibt in dem Tuche als weiche zähe Masse zurück. Den

in kochendem Weingeist löslichen Theil des Klebers hat man Pflanzenleim, Gliadin, genannt. Der Kleber des Getreidesamens liegt in den Zellen dicht unter der Samenhaut, und bildet daher einen hauptsächlichen Bestandtheil der Kleie (*furfur*).

3. Pflanzencaseïn oder Legumin findet sich in allen Samen, welche fettes Oel enthalten, und besonders in den Hülsenfrüchten (Erbsen, Linsen, Bohnen, Wicken). Es ist im Wasser löslich und scheidet sich aus der Lösung beim Erhitzen in Gestalt von dünnen Häutchen gleich dem thierischen Caseïn aus. Es unterscheidet sich vom Albumin dadurch, dass es durch Essigsäure coagulirt und in die unlösliche Modification verwandelt wird.

Diese drei Proteïnstoffe haben eine grosse Aehnlichkeit mit denen des Thierreiches, dem Albumin, Fibrin und Caseïn.

4. Im keimenden Getreidekorn, wie in dem Gerstenmalz, bildet sich eine proteïnische Substanz, welche sich durch die Eigenschaft auszeichnet, Stärkemehl in Dextrin und Stärkezucker überzuführen, und desshalb die Namen Diastas, Diastase, erhalten hat.

Den Proteïnkörpern schliesst sich das Blattgrün oder Chlorophyll (Phyllochlor) an, welchem die grünen Pflanzentheile ihre Farbe verdanken. Es bildet sich aus Protoplasma unter Einwirkung des Lichts und einer gewissen Temperatur, es scheint aber nur unter Gegenwart von Eisenoxyd entstehen zu können. Es befindet sich nie im aufgelösten Zustande in den Zellen, sondern meist in Gestalt kleiner Kügelchen oder Körnchen, bei einigen Algen sogar in ringförmigen oder schraubenförmigen Bändern. Keineswegs sind aber die Chlorophyllkügelchen oder Bänder das Chlorophyll selbst, sondern nur die Träger desselben, denn wenn man sie mit Weingeist oder Aether behandelt, so nehmen diese Lösungsmittel den grünen Farbstoff auf und hinterlassen die Kügelchen in Gestalt und Beschaffenheit farbloser Protoplasmakörperchen. Was Aether und Weingeist löst, ist nur zu einem geringen Theile grüner Farbstoff, denn ein grösserer Theil ist eine wachsähnliche Substanz. Anfangs sind die Chlorophyllkörner frei von Stärkemehlkörnchen, später treten diese darin auf. *Mulder* gab dem Chlorophyll die Formel $C^{18}H^{18}NO^5$. Das in der Isländischen Flechte (*Lichen Islandĭcus*) vorkommende Thallochlor ist wesentlich vom Chlorophyll verschieden.

Unter gewissen Verhältnissen und besonders nach der Fruchtreife, wie im Herbst, geht das Chlorophyll in Blattgelb oder

Xanthophyll, auch wohl in Blattroth oder Erythrophyll über.

Die Abstufungen der Färbung der Pflanzen werden theils durch die grössere oder geringere Menge des Chlorophylls, theils durch Beimischung von mehr oder weniger Xanthophyll oder Erythrophyll, theils durch die Dicke der Epidermis, Beharung etc. verursacht.

Die nicht grünen Pflanzenfarben befinden sich meist im gelösten Zustande in den Zellen, besonders in denen der Epidermis, seltener in besonderen Bläschen eingeschlossen, wie in der Fruchtschale von *Capsĭcum annuum*, oder die Zellhäute sind selbst gefärbt. Der Indigo ist ein eigenthümlicher Farbstoff, dessen Chromogen (sogenanntes Indigoweiss) in *Indigofĕra*, *Isătis tinctoria* (Waid), *Polygŏnum tinctorium* und einigen anderen Pflanzen vorkommt und durch Aufnahme von Sauerstoff aus der Luft, welche durch Gährenlassen des entsprechenden Pflanzensaftes befördert wird, in Indigoblau (*Indĭcum*), einen stickstoffhaltigen Farbstoff, übergeht.

Es giebt auch stickstofffreie Pflanzenfarbstoffe, wie das Alizarin in der Krappwurzel, das Haematoxylin in dem Campecheholz, die Farbstoffe der Rhabarberwurzel.

Die Pflanzenalkaloïde sind besondere stickstoffhaltige Pflanzenbestandtheile, welche für die Therapie und Pharmacie von der grössten Wichtigkeit sind, und zum Theil die kräftigst wirkenden Arzneimittel, zum Theil aber auch die stärksten Gifte darstellen.

Da diese stickstoffhaltigen Pflanzenbestandtheile alkalisch reagiren und wie die Alkalien mit Säuren Salze bilden, hat man sie Alkaloïde genannt. In den Pflanzen sind sie an organische Säuren gebunden vorhanden, meist in sehr geringer Menge, dennoch wird durch sie gewöhnlich die medicinische Wirksamkeit der Pflanze bedingt. Die Geschlechter einer Pflanzenfamilie enthalten entweder dasselbe Alkaloïd oder doch solche in chemischer oder medicinischer Hinsicht unter sich ähnliche, es kommt aber auch manches Alkaloïd in Pflanzen vor, welche weder einer und derselben Familie angehören, noch irgend eine Aehnlichkeit mit einander haben.

Bei den Solanaceen treffen wir das Nicotin, Atropin, Daturin, Hyoscyamin an (das Solanin, welches früher für ein Alkaloïd gehalten wurde, ist ein Glycosid), bei den Colchicaceen das Colchicin, Veratrin, Sabadillin, bei den Ranunculaceen das Aconitin, Napellin, Delphinin, bei den Strychnaceen das Strychnin, Brucin, bei den Rubiaceae - Cinchonaceae das Chinin, Cinchonin, Aricin. Das Coffeïn oder Theïn findet man bei Pflanzen verschiedener Familien, wie in *Coffĕa Arabĭca* (den *Rubiaceae - Coffeacĕae* angehörend), in *Thēa* (einer Theaceo oder Camelliacee), im Paraguaythee, *Ilex Paraguayensis* Saint-Hilaire (einer Aquifoliacee), in der Kolanuss, der Frucht von *Cola acumināta* Schott. oder *Sterculĭa acumināta* Beauvais (einer Sterculiacee). Das dem Coffeïn sehr nahe stehende Theobromin findet sich in dem Cacaosamen, dem Samen von *Theobrōma Cacāo* (einer Büttneriacee). Das Opium, der eingetrocknete Milchsaft der unreifen Fruchtkapseln von *Papāver somnifĕrum*, ist der Träger einer grossen Reihe ganz besonderer Alkaloïde wie Morphin, Codeïn, Thebaïn, Papaverin, Narcotin, Narceïn.

Die Alkaloïde bestehen aus Kohlenstoff, Wasserstoff, Stickstoff und Sauerstoff, nur einige wenige wie Nicotin und Coniin, sind sauerstofffrei und zugleich flüssig, während die sauerstoffhaltigen fest, theils fest und amorph, theils krystallisirbar sind.

Bemerkungen. Proteïn, Protein, von d. griech. πρῶτος (protos), der erste, πρωτεύω (proteuo), ich nehme den ersten Platz ein, weil diese indifferenten stickstoffhaltigen Substanzen die Ausgangspunkte des pflanzlichen und thierischen Lebens bilden und unter den organischen Substanzen für die Ernährung der Thiere den ersten Platz einnehmen. — Albumin, Eiweissstoff (lat. *albūmen*, das Weisse, Eiweiss). — Fibrín, Faserstoff, (lat. *fibra*, die Faser). — Cascín, Käsestoff (lat. *casĕus*, Käse). — Gliadin, von dem griech. γλία (glia), Leim. — Legumín, weil es in den Samen der Leguminosen in grösster Menge vorkommt. — *Diastas, Diastáse*, griech. διάστασις (diastăsis), Spaltung, Trennung. — Thallochlor, Thallusgrün, zusammengesetzt aus θαλλός (thallus) junger Zweig, hier Flechtenlager, und χλωρός, ά, όν, (chloros, a, on) grün, hellgrün, gelbgrün. — Xanthophýll, Blattgelb, von ξανθός, ή, όν, (xanthos, a, on), gelb, und φύλλον (phyllon), Blatt. — Erythrophýll, Blattroth; ἐρυθρός, ά, όν (erythros, a, on) roth. — Alkaloïd, alkaliähnlicher Stoff, gebildet aus Alkali und εἶδος (eidos) Gestalt.

Lection 82.

Pflanzennahrung. Wärme- und Lichtentwickelung der Pflanzen.

Nahrungsmittel ist alles das, was der Organismus von aussenher aufnimmt und assimilirt, d. h. in seine Eigensubstanz verwandelt. Natürlich müssen die Nahrungsmittel der Pflanze alle die Stoffelemente enthalten, welche sich an der Zusammensetzung ihrer Substanz betheiligen. Da die Pflanze sich nicht freiwillig bewegt, sie also ihre Nahrung nicht aufsuchen kann, so muss der Boden, der sie trägt und in welchen sie ihre Wurzeln sendet, so wie die Atmosphäre, welche sie umgiebt, ihr auch die Stoffe darbieten, welche sie zu ihrer Entwickelung und Ernährung nöthig hat. Die Nahrungsmittel sind überdies dem Pflanzenorganismus nur in gelöster flüssiger oder luftähnlicher Form zugänglich, weil die Aufnahme nicht wie bei dem Thiere durch eine Mundöffnung geschieht, sondern vielmehr durch endosmotische Aufsaugung oder durch die mikroskopisch kleinen Stomaöffnungen.

Die vier einfachen, sogenannten organischen Elemente sind **Kohlenstoff, Wasserstoff, Stickstoff, Sauerstoff (C, H, N, O)**, denen sich in den Proteïnkörpern noch **Schwefel** und **Phosphor** anreihen. Die organischen Elemente finden wir im **Wasser (HO)**, der **Kohlensäure (CO^2)** und im **Ammon (H^3N)**, und diese drei Verbindungen bilden auch die nothwendigsten und wesentlichsten Nahrungsmittel der Pflanze. Der **Kohlenstoff**, hier die von ihrem Sauerstoff befreite Kohlensäure, verbindet sich mit dem Wasser, und daraus entstehen die Kohlehydrate, wie Cellulose, Stärkemehl, Dextrin, Glucose, Zucker. Durch Hinzutritt von mehr Kohlenstoff und Sauerstoff entstehen die organischen Säuren, durch Hinzutritt von Kohlenstoff und Wasserstoff die Oele, durch Hinzutritt der Ammonbestandtheile die Proteïnkörper.

Wasser entnimmt die Pflanze dem Erdboden und der atmosphärischen Luft, welche stets mehr oder weniger wasserhaltig ist, die Kohlensäure in Wasser gelöst oder im gasförmigen Zustande aus der Luft, welche davon circa $\frac{1}{1000}$ enthält. Es erscheint eine solche Kohlensäurequantität zwar sehr gering, dennoch reicht sie aus, die ganze Vegetation des Erdkreises mit Kohlenstoff zu versehen. Drückt auf jeden Quadratfuss der Erdoberfläche eine Luftsäule im Gewichte von circa 1100 Kilogramm, und beträgt die Kohlensäure nur $\frac{1}{1000}$ dieser Luftmasse, so berechnet sich daraus für die ganze Atmosphäre ein Gehalt von circa 1400 Billionen Kilogramm Kohlenstoff.

Das Ammon ist ein Zersetzungsprodukt stickstoffhaltiger thierischer und pflanzlicher Substanzen. Es findet sich theils im Erdboden, theils in der Atmosphäre, hauptsächlich mit Kohlensäure verbunden, und wird aus der Atmosphäre durch die wässrigen Niederschläge der Erde zugeführt. Es reicht aus, die Pflanzen der Erde mit dem nöthigen Stickstoff zu versehen. Zwar ist die atmosphärische Luft ein Gemisch aus 77 Gewichtsth.

Stickstoff und 23 Gewichtsth. Sauerstoff, dennoch verhält sich dieser Stickstoff der Luft zur Pflanzenernährung ganz indifferent und tritt zu derselben nur insofern in Beziehung, als der electrische Funken der Gewitter aus den Bestandtheilen der Luft die Bildung unbedeutender Mengen Salpetersäure veranlasst, welche, durch die wässrigen Niederschläge dem Erdboden zugeführt, ihren Stickstoff der Pflanzenwelt darbietet.

Den Schwefel und Phosphor, welche zur Bildung der Proteïnkörper nöthig sind, liefern die schwefelsauren und phosphorsauren Salze des Erdreichs.

Aus der Verwesung der organischen Substanz resultirt eine kohlenstoffreichere Verbindung, welche an der Oberfläche der Erde den Humus oder die sogenannte Dammerde darstellt. Die Produkte der Verwesung sind besonders gasige Kohlensäure und Wasser. Die Kohlensäure wird theils von der Pflanze aufgeathmet, theils geht sie in Wasser gelöst, theils an Basen gebunden in die Pflanzenwurzel auf endosmotischem Wege über. Der Humus selbst ist in Wasser unauflöslich, ist also selbst keine Pflanzennahrung, er theilt aber mit der Kohle die Eigenschaft, Feuchtigkeit, Luft, Kohlensäure und Ammon in seinen Poren und an der Oberfläche seiner Theilchen zu condensiren, und bietet auf diese Weise der Pflanzenwurzel ohne Unterlass Nahrung dar.

Die mineralischen Stoffe, wie die Alkalien und Erden, sind unentbehrliche Nahrungsstoffe der Pflanze. Sie bilden meist kohlensaure Salze, welche in Wasser gelöst von der Wurzel aufgenommen werden, und in der Pflanze die Verbindung zwischen Wasser und Kohlensäure und damit die Bildung organischer Säuren veranlassen, um sich mit diesen zu verbinden. Die Pflanze erfordert sogar eine ganz bestimmte Menge dieser mineralischen Basen zu ihrer Entwickelung, es können sich dieselben theilweise sogar vertreten, aber immer nur nach dem Maasse ihrer chemischen Aequivalente. Man hat z. B. das Holz von Kiefern analysirt, welche von verschiedenen Standorten genommen waren. Die Asche derselben ergab eine übereinstimmende Anzahl Aequivalente mineralischer Basen. Obgleich in dieser Asche Magnesia, in der anderen Kali, in der dritten Kalkerde vorwiegend vertreten waren, so war die Summe der Aequivalente in jeder Asche dieselbe oder, mit anderen Worten, die Quantität des Sauerstoffs, welcher an die Metalle dieser Basen gebunden war, ergab sich in jeder Asche gleich gross. Daher schreibt sich die Ansicht des grossen Chemikers *Liebig*, dass die Mengen der Salze mit fixer Basis in der Pflanze zu den Organen derselben in einem bestimmten Verhältnisse stehen und sie aus diesem Grunde den Functionen der Organe unentbehrlich seien. Die Pflanze müsse z. B. Kaliumoxyd, Natriumoxyd oder Calciumoxyd aufnehmen, und wenn sie von dem einen nicht so viel, als sie bedarf, vorfinde, so ersetze sie das Fehlende durch eine entsprechende Menge von der anderen Base. Werde der Pflanze keine der nöthigen Basen oder dieselben in unzureichender Menge dargeboten, so gehe sie unter. Sei endlich die Pflanze gezwungen, eine Base aufzunehmen, welche sich für sie nicht eignet, so gebe sie dieselbe dem Erdboden zurück.

Kali und Natron liefern die Feldspathgesteine, jene Verbindungen von kieselsaurer Thonerde und kieselsaurem Kali, gemischt mit wechselnden kleinen Mengen kieselsauren Natrons und kieselsaurer Kalkerde. Die Kohlensäure zersetzt diese Gesteine, es entstehen kohlensaure Salze und freie Kieselsäure, welche mit den Salzen vom Wasser gelöst in die Wurzeln übergeht. Ein Theil des Natrons rührt von dem Chlornatrium her, welches in der Ackerkrume und im Dünger niemals fehlt.

Die Kalkerde ist theils als kohlensaure Kalkerde, theils als kieselsaure Kalkerde (Mergel, Dolomit), theils als schwefelsaures Salz (Gyps) ein Bestandtheil des Erdbodens.

Mangan- und Eisenoxyde sind in geringer Menge in dem Erdboden der Vegetation nicht hinderlich, die Eisenoxyde sogar nothwendig, es erweisen sich aber die Oxydule dieser Metalle und eine zu grosse Menge der Oxyde derselben der Vegetation feindlich.

Je nachdem eine Pflanze diesen oder jenen mineralischen Stoff vorzugsweise zur Vegetation bedarf, gedeiht sie auch nur auf einem solchen Boden, welcher ihr die nöthigen Stoffe darbietet. Auf dem ungünstigen Boden kommen daher viele Pflanzen entweder gar nicht zur Entwickelung, oder diese ist eine zwergige oder verkümmerte. Manche Pflanzen gedeihen wieder auf dem einen Boden ganz besonders, auf einem anderen weniger, doch giebt es auch Pflanzen, denen jede Bodenart recht ist. Nach diesem Verhalten unterscheidet man die Pflanzen als bodenstete, bodenholde, bodenvage. Die bodenstete Pflanze findet man nur auf einem bestimmten Boden, die bodenholde zieht einen Boden dem anderen vor, und die bodenvage gedeiht auf vielen Bodenarten.

Die chlorophyllhaltigen Pflanzentheile nehmen, wie wir aus Lection 9 wissen, durch Stomaöffnungen die Kohlensäure aus der Luft auf, zerlegen dieselbe unter Einfluss des Sonnenlichtes in Kohlenstoff und Sauerstoff, assimiliren den Kohlenstoff und hauchen den Sauerstoff aus. Die dem Lichte entzogenen chlorophyllhaltigen Pflanzen, dann alle diejenigen Gewächse, welche nicht grün sind, also nicht Chlorophyll enthalten, athmen atmosphärischen Sauerstoff auf und scheiden Kohlensäure aus. Dies geschieht auch beim Keimen der Samen, so lange die Entwickelung grüner Organe nicht stattgefunden hat. Dieser Process gleicht einem langsamen Verbrennungsprocess und ist Ursache der Wärmeentwickelung, welche sich bei manchen Pflanzen in auffallender Weise kundgiebt. Beim Keimen der Gerste, der Malzbereitung, findet eine bedeutende Wärmeentwickelung statt, so dass die Gerstenhaufen durch öfteres Umschaufeln abgekühlt werden müssen. Die Blüthen des *Arum maculātum*, der *Victoria Regia*, der *Colocasia odōra* entwickeln eine reichliche Menge Wärme, besonders in der Region der Staubgefässe. Dieser Process ist an gewisse Tageszeiten gebunden oder zu gewissen Stunden besonders lebhaft, anfangs steigend und dann wieder herabgehend.

Lichtentwickelung, Phosphorescenz, welche an einigen wenigen Pflanzen beobachtet wird, verdankt demselben Processe ihr Entstehen. Die Blumen von *Tropaeŏlum majus*, *Calendŭla officinālis* (Ringelblume), *Dianthus Caryophyllus*, sollen zu gewissen Zeiten phosphoresciren. Der an den hölzernen Bauen in den Bergwerksschachten vegetirende wurzelähnliche Pilz, *Rhizomōrpha subterraněa* phosphorescirt lebhaft an seinen Spitzen, ebenso der im südlichen Europa heimische *Agaricus oleariůs*. Die Lichterscheinung verschwindet, wenn man diese Pilze in Stickstoff- oder Kohlensäuregas senkt, und tritt sofort wieder lebhaft hervor, wenn man sie in Sauerstoffgas zurückversetzt.

Lection 83.

Pflanzensystem. Kurzer geschichtlicher Ueberblick.

Theophrast, ein griechischer Naturforscher und Philosoph, geb. 370 zu Eresos auf Lesbos, Lieblingsschüler des *Aristotěles*, beschrieb 350 Pflanzenarten. *Linné*, der grosse Botaniker Schwedens, geb. 1707, zählte in der ersten Ausgabe seiner *Species plan-*

tarum 5800, in der zweiten Ausgabe (1759) bereits 10,000 Pflanzenarten auf. Im Jahre 1800 kannte man schon 25,000, heute mehr denn 100,000 Pflanzenarten. Um einen Ueberblick über diese schnell sich mehrende, grosse Zahl von verschiedenen Pflanzen zu gewinnen, die einzelnen zu erkennen und von den übrigen zu unterscheiden, ist eine wissenschaftliche, auf gewisse Grundsätze sich stützende Eintheilung der Pflanzenarten in grössere und kleinere Rotten unumgänglich· nothwendig. Eine solche Eintheilung ist ein Pflanzensystem (*systēma plantārum*).

Cesalpini (*Caesalpīnus*), geb. 1519, gest. 1603, Mediciner und Aufseher des botanischen Gartens zu Pisa, scheint der erste gewesen zu sein, welcher eine botanische Classification versuchte und ein Pflanzensystem aufstellte. Er theilte nämlich die Pflanzen in Bäume und Kräuter und unterschied sie nach ihren wesentlichen Theilen, der Blüthe und den Samen. Ehe wir jedoch auf das Kapitel der Pflanzensysteme übergehen, wollen wir einen Augenblick bei der Geschichte der Botanik verweilen, deren neuere Periode die Aufstellung von Pflanzensystemen als wichtigste Aufgabe anstrebte.

Die ersten Anfänge einer wissenschaftlichen Botanik finden sich in den Philosophenschulen Griechenlands, welche die Wurzelgräber und Kräutersucher (Rhizotomen), sowie die Arzneimittelverkäufer (Pharmakopolen) ausbildeten. Der erste und hervorragendste Lehrer der Botanik scheint der Stagirite *Aristotéles* gewesen zu sein, welchem dessen Schüler *Theophrastos* folgte. Letzterer, ein Begleiter der Feldzüge *Alexanders*, sammelte auch Kenntnisse über Pflanzen Asiens und Afrikas und machte treffliche botanische Beobachtungen, ohne jedoch in seiner „Pflanzengeschichte" und „den Ursachen der Gewächse" eine wissenschaftliche Anordnung oder Classification darzuthun. Nach *Theophrast* scheint die Botanik sehr vernachlässigt zu sein und nur das Bestreben, Gifte und Gegengifte aufzusuchen, blieb nicht ohne einigen Einfluss auf das botanische Wissen. Die Könige *Mithridátes Eupător* von Pontus (100 v. Chr.) und *Attălus Philomētor* von Pergămum (135 v. Chr.) unterhielten Gärten für giftige Pflanzen, machten Versuche mit Gegengiften und hielten gelehrte Rhizotomen an ihren Höfen. Nach der Unterjochung Griechenlands ging die botanische Wissenschaft auf die Römer über, bei welchen zuerst *Dioscorĭdes*, ein griechischer Arzt, aus Anazarbus in Cilicien (50 n. Chr.), als Pflanzenkenner hervortrat. Im Gefolge der Römischen Heere auf deren Feldzügen machte er treffliche Beobachtungen in Botanik und Medicin, und sein „Lehrbuch der Arzneimittellehre" galt bis an das Ende des christlichen Mittelalters als das beste botanische Werk. Nach ihm ist es *Plinius* der Aeltere, Feldherr, Staatsmann und Naturforscher (geb. 23 v. Chr. und gest. 79 n. Chr.), welcher in seiner *Historia naturalis s. mundi* die bekannten Pflanzen in alphabetischer Ordnung abhandelte. Nach dem Verfall des Römischen Reiches ging die Naturwissenschaft zu den Arabern über, welche zunächst aus den Schriften des *Dioskorides* schöpften. Die Arabischen Aerzte *Alrāsi* (Rhazes), st. 923, *Avicenna*, st. 1036, *Eben Beitar* aus Malaga (1200 n. Chr.) waren für ihre Zeit hervorragende Botaniker. Eine Erweiterung erfuhr die Pflanzenkenntniss durch den Venetianischen Patricier *Marco Polo* (1300), welcher im Dienste des Tartaren-Khans *Kublai* das innere Asien und China bereiste, seltene Früchte und Samen sammelte und die Gewächse Indiens beschrieb.

Nach dem Mittelalter waren es besonders Deutsche, welche Botanik pflegten, unter ihnen *Otto Brunfels*, ein Schullehrer von Strassburg, später Arzt in Bern (st. 1534). Derselbe beschrieb die Pflanzen seines Vaterlandes und bildete sie ab. Sein wichtigstes Werk ist *Herbarum vivae icönes*, deutsch „contrafayt Kräuterbuch". Nach ihm gab *Leonhard Fuchs* (st. 1566) ungefähr 400 xylographische Pflanzenabbildungen und ein Verzeichniss botanischer Kunstausdrücke heraus, ebenso dessen Zeitgenosse *Conrad Gessner*, Arzt und Professor in Zürich, welcher bereits auf die Befruchtungsorgane sein Augenmerk richtete. Am Ende des 16. Jahrh. erhob sich ein Antwerpener, mit Namen *Carl Clusius (Charles l'Ecluse)*, als der grösste Botaniker seiner Zeit. Er bereiste fast ganz Europa und beschrieb nicht nur die Pflanzen Deutschlands, Spaniens, Portugals, Frankreichs, sondern lieferte auch vortreffliche Abbildungen.

Durch die Entdeckung Amerikas (1494) hatte sich dem botanischen Studium ein weiteres Feld eröffnet, und das 16. Jahrh. weist eine reiche Liste Italienischer und Spanischer Gelehrten auf, welche die botanische Wissenschaft förderten.

Die Zahl der Pflanzen, welche man kannte, war schon auf 2500 herangewachsen, aber jeder Schriftsteller war der Gewohnheit gefolgt, der von ihm gefundenen Pflanze einen beliebigen Namen zu geben. Dadurch war die botanische Synonymik zu einem schrecklichen Chaos angeschwollen. Die Sichtung dieser Synonymik übernahm zuerst der Franzose *Caspar Bauhin*, Prof. zu Basel (st. 1624), indem er in seiner *Phytopinax* die Idee einer Synopsis aller bekannten Pflanzen aufstellte. Sein Bruder

Jean Bauhin, Arzt in Würtemberg, gab auch treffliche botanische Schriften heraus. *Cesalpini* stellte zu derselben Zeit das erste Pflanzensystem auf.

Im ersten Drittel des 17. Jahrhunderts erhielt die wissenschaftliche Botanik durch die Erfindung des Mikroskops einen bedeutenden Aufschwung, indem dieses Instrument die Naturforscher anregte, genauere Untersuchungen des Pflanzenbaues anzustellen. Von dieser Zeit datirt genau genommen erst die anatomische und physiologische Botanik. Die fruchtbringendste Anwendung des Mikroskops in der Botanik wurde durch den Italienischen Arzt *Malpighi* (1675) und den Engländer *Grew* (spr. gruh) gemacht, welche man auch als die Begründer der Histologie, Morphologie und Physiologie der Pflanzen betrachtet. Das Mikroskop war damals aber noch sehr unvollkommen und selten.

Je mehr die Zahl der neu entdeckten Pflanzen anwuchs und die botanische Wissenschaft Anhänger fand, desto dringender stellte sich das Verlangen nach einer besseren Pflanzenbeschreibung und Pflanzeneintheilung ein. Diesem Verlangen genügte *Tournefort* (spr. turnfor), Prof. der Botanik in Paris (1700), welcher ein Pflanzensystem mit 22 Klassen aufstellte, dessen Eintheilung sich auf Beschaffenheit und Bau der Blüthe gründete, und welches bis über die Mitte des 18. Jahrhunderts seine Herrschaft ausübte. Ein Fehler des *Tournefort*'schen Systems war die Haupteintheilung in 1. Kräuter und Halbsträucher und 2. Bäume und Sträucher. Obgleich den Pflanzensystemen des Schotten *Morison* (spr. márris'n) 1670, des Engländers *Ray* oder *Wray* (spr. reh) 1700, *Rivinus*, Prof. in Leipzig (1700) und Anderer Habitus und Blüthenformen zum Grunde gelegt und so die Anfänge zu natürlichen Pflanzensystemen vorgearbeitet waren, so überwog dennoch gegen die Mitte des 18. Jahrhunderts das Aufsuchen künstlicher Pflanzensysteme, nämlich solcher Systeme, in welchen die Pflanzen nach willkürlich ausgewählten Kennzeichen ohne Rücksicht auf Aehnlichkeit und Verwandtschaft in Klassen eingetheilt werden. Zunächst war es *Gleditsch*, Custos des botanischen Gartens in Berlin (st. 1786), welcher ein System von 5 Klassen nach der Stellung der Staubgefässe aufstellte und den Ordnungen die Zahl der Staubbeutel unterlegte. Auch versuchte schon *Heinrich Burghard*, ein Arzt zu Wolfenbüttel, 1750, die Pflanzen nach der Zahl der Staubfäden zu ordnen, ohne jedoch damit zum Ziele zu gelangen. Ferner arbeiteten *Dilenius*, Prof. in Giessen, und *Micheli* (spr.

mikähli), Custos der herzoglichen Gärten in Florenz, zu Gunsten eines künstlichen Systems, wie es *Linné* der Zeit entsprechend in bewunderungswürdiger Vollkommenheit aufstellte.

Als der Schöpfer der systematischen Botanik tritt gegen Mitte des vorigen Jahrhunderts der grosse Schwedische Naturforscher *Linné* (geb. 1707, gest. 1778) auf. Er sichtete und regelte die botanische Kunstsprache, stellte sichere Begriffe von Gattung (*genus*) und Art (*species*) auf, gab den Gattungsnamen Trivialnamen und entwickelte in seinem künstlichen Systeme feste Gesetze der Classification. *Linné* gründete sein künstliches Pflanzensystem, welches er im Jahre 1735 in seinem *Systema naturae* zuerst bekannt machte, auf Zahl und Verhältniss der Geschlechtsorgane, und nannte es desshalb auch Sexualsystem. Es gruppirt die Pflanzen in Phanerogamen, d. h. Pflanzen mit deutlich sichtbaren Geschlechtsorganen, und in Cryptogamen, d. h. Pflanzen mit undeutlichen oder nicht deutlich sichtbaren Geschlechtsorganen. Die Phanerogamen vertheilt es in 23 Klassen, die Cryptogamen bilden die 24. Klasse. Im Uebrigen stellte *Linné* sein Sexualsystem keineswegs als das beste hin, sondern erkannte die Aufstellung natürlicher Familien als die wesentlichste Aufgabe der systematischen Botanik. Er machte in letzterer Beziehung selbst den Versuch, wenn auch mit wenigem Glücke, und stellte 58 natürliche Pflanzenfamilien auf.

In Aufstellung natürlicher Pflanzensysteme folgte auf *Linné* der Franzose *Bernhard de Jussieu* (spr. 'schüssiö), dessen System das ältere *Jussieu*'sche System (System von Trianon) genannt wurde, und später *Antoine Laurent de Jussieu* (spr. antŏān lorang dĕ 'schüssiö), der Gründer des sogenannten neuen *Jussieu*'schen Systems, welches auf reinen natürlichen Principien beruhte. Mit diesem Systeme machte sich *A. L. de Jussieu* zum Reformator der natürlichen Methode, und leitete er die botanische Systematik in eine Bahn, auf der sie auch grossartige Fortschritte machte. Den Systemen von *Decandolle*, *Achille Richard* (spr. aschihl rischár), *Bartling*, *Link*, *Lindley* (spr. lindli), *Fries*, *Perleb*, *Willbrand* diente das neue *Jussieu*'sche System als Ausgangspunkt. Die natürlichen Systeme von *Agardt*, *Oken*, *Reichenbach*, *Schultz*, *Martius*, *Ungar*, *Endlicher* beruhen auf anderen Eintheilungsgründen, das *Endlicher*'sche System wird sogar als das vollständigste und vorzüglichste angesehen, dennoch aber wenig von den Botanikern, und gar nicht von den schriftstellernden pharmaceutischen Botanikern befolgt. Letztere stellen in ihren Lehrbüchern gewöhnlich irgend ein gegebenes System auf und versehen ein solches nach eignem Ermessen mit Modificationen. Es thut dieses Verfahren übrigens dem botanischen Studium keinen Eintrag, da doch im Ganzen die natürlichen Familien dieselben bleiben und nur die Schichtung dieser Familien eine veränderte Gestalt erhält.

In den letzten 40 Jahren, als die Construction der Mikroskope zu einer ausserordentlichen Vervollkommnung gediehen war, fing man an, weniger einen hohen Werth auf die systematische Botanik als auf die Pflanzenphysiologie zu legen. Zur Ausbildung dieser Disciplin haben besonders *Amici*, *Schwann*, *Hugo von Mohl*, *Franz Unger*, *Turpin*, *Brisseau-Mirbel*, *Schleiden*, *Nägeli*, *Kützing*, *Herm. Schacht* wesentlich beigetragen.

Lection 84.

Individuum. Art. Gattung. Familie. Ordnung. Klasse. Pflanzensystem.

Bei Aufstellung eines Pflanzensystems bildet die richtige Auffassung von Individuum (Einzelpflanze), Art, Abart, Gattung, Rotte oder Gruppe, Familie, Ordnung, Klasse die wesentlichste Grundlage.

Das Pflanzenindividuum, die Einzelpflanze (*individuum vegetatīvum*), ist jeder von seiner Mutterpflanze getrennte und selbstständig vegetirende Pflanzenorganismus. Hiernach ist also jeder Theil eines Individuums, wenn ihm auch die Fähigkeit innewohnt, nach der Abtrennung selbstständig fortzuwachsen, kein Individuum, sondern immer nur ein Theil eines solchen. Knospe, Zwiebelknospe, Knolle, Rhizom, Samen sind keine Individuen, so lange sie mit der Mutterpflanze noch in einem Zusammenhange stehen.

Die Art (*species*) umfasst die Pflanzenindividuen, welche in der Gestalt aller oder gewisser mehrerer Theile so übereinstimmen, als ob sie alle von einem Individuum abstammten, und welche das Gepräge ihres Ursprunges auch durch die Fortpflanzung bewahren.

Die Art als Haupt- oder Stammart (*species primitīva*) umfasst die Individuen der ursprünglichen Form, es kommen aber bei den Individuen derselben Art nicht selten in der Gestalt gewisser Theile Abweichungen (*deviatiōnes*) vor. Dadurch entsteht die Abart, Spielart oder Varietät (*variĕtas*). Kommen bei einer Art mehrere verschiedene Abweichungen vor, so lassen sich dieselben ordnen in Unterart (*subspecĭes*), Unterspielart (*subvariĕtas*), Abänderung (*variatĭo*).

Giebt es zwischen zwei Abarten Abänderungen, welche den Uebergang der einen Abart in die andere andeuten, so unterscheidet man solche als Zwischen- oder Uebergangsformen (*formae intermedĭae s. transitorĭae*).

Mit den Abweichungen einer Pflanzenart hat die Missbildung und Bastardbildung (*hybridĭtas*) nichts gemein.

Unter Missbildung (*monstrosĭtas*), Monstrosität, versteht man die von dem normalen Entwickelungsgange abweichende Gestaltung eines oder mehrerer Pflanzenorgane. Bastarde, Mischlinge (*hybrĭdae*) gehen aus der Befruchtung (Kreuzung) zweier verschiedener Pflanzenarten hervor.

Die Rangstufen der Varietäten werden in der botanischen Schriftsprache durch die kleinen Buchstaben des griechischen Alphabets angegeben, z. B.

(Art.) **Raphanus sativus,** Gartenrettig.
(Varietät.) α. *hiemālis*, Winterrettig.
   β. *aestīvus s. niger*, Sommerrettig.
   γ. *Radicŭla*, Radieschen.
   δ. *gongyloïdes*, Korinthischer Rettig.

(Art.) **Citrus medica** Linnaei.
(Varietät.) α. *medĭca* Risso, Citrone.
   β. *Limōnum* Risso. Limonie.
   γ. *Limetta* Risso, Bergamotte.

Die Limonienfrucht ist die Frucht, welche in der Pharmacognosie *Fructus Citri*, im gewöhnlichen Leben „Citrone" genannt wird, und von *Citrus medĭca, variĕtas Limōnum* Risso, herstammt.

Die Gattung (*genus*) umfasst einige oder viele Arten, welche in ihren allgemeinen morphologischen Verhältnissen, besonders in Bau und Gestaltung ihrer Befruchtungsorgane übereinstimmen. Stimmt eine Art in dieser Beziehung mit keiner anderen Pflanzenart überein, so kann sie allein schon eine Gattung bilden.

Mit der Uebereinstimmung der Befruchtungsorgane ist gewöhnlich auch eine Aehnlichkeit in der Tracht (*habĭtus*) verbunden, so dass sich aus derselben die Zusammengehörigkeit der Arten einer Gattung auf den ersten Blick ergiebt, wie bei der

Gattung *Viŏla* (Veilchen), *Rumex* (Ampfer), *Veronĭca* (Ehrenpreis), *Equisētum* (Schachtelhalm). Bei einigen Arten einer Gattung kann die Tracht auch wiederum sehr verschieden sein, wie bei der Gattung *Euphorbĭa* (Wolfsmilch). Gattungen, welche nur aus einer Art bestehen, sind z. B. *Cannăbis* (Hanf) und *Humŭlus* (Hopfen).

Umfasst eine Gattung viele Arten, von denen ein Theil besondere unter sich ähnliche Merkmale der Befruchtungsorgane an sich trägt, so sondert man denselben als Untergattung (*subgĕnus*) ab. Sind diese Merkmale anderen Pflanzentheilen entlehnt, so unterscheidet man die Abtheilung auch wohl als Rotte (*sectio*). Gewöhnlich machen die Botaniker zwischen Untergattung und Rotte keinen Unterschied. Als Beispiel mag die Gattung *Pimpinella* dienen.

(Gattung.) **Pimpinella** (Bibernell).
   (Rotte.) a. *Tragoselīnum*. (*Radix perennis, fructus glaber*; ausdauernde Wurzel, unbehaarte Frucht).
     (Art.) *Pimpinella magna*.
     (Art.) *Pimpinella Saxifrăga*.
       (Varietät.) α. *Pimp. major*.
       (Varietät.) β. *Pimp. nigra*.
   (Rotte.) b. *Anīsum*. (*Rad. annua, fructus puberulus*; jährige Wurzel, etwas flaumhaarige Frucht).
     (Art.) *Pimpinella Anīsum*.

Die Familie (*familĭa*) ist eine Vereinigung einiger oder mehrerer Gattungen, welche in den wichtigeren Verhältnissen der Befruchtungswerkzeuge übereinstimmen und auch mehr oder weniger in ihrer äusseren Gestaltung oder in ihrer Tracht (*habĭtus*) eine Verwandtschaft erkennen lassen. Den anderen Gattungen gegenüber kann auch eine einzige Gattung eine Familie bilden.

Die Verwandtschaft im Blüthen- und Fruchtbau und im Habitus ist häufig so deutlich ausgeprägt, dass sie beim ersten Blick erkannt werden muss, wie z. B. bei den Doldenpflanzen (*Umbellifĕrae*), den Kreuzblüthlern (*Crucifĕrae*), den Lippenblüthlern (*Labiātae*), den Korbblüthlern (*Anthodiātae*), den Hülsenfrüchtigen (*Leguminōsae*), den **Malvenähnlichen** (*Malvacĕae*).

Die Gattung *Punĭca* (*Punĭca Granātum*) füllt allein eine Familie, die Granateen (*Granatĕae*), aus, sie lässt sich aber auch als eine Gruppe (*tribus*) in die Familie der Myrthengewächse (*Myrtacĕae*) einschieben. Es lassen sich nämlich die Gattungen gattungsreicher Familien nach Maassgabe gewisser übereinstimmender Merkmale wiederum in Unterfamilien oder Gruppen (*tribus*), die Gruppen zu Untergruppen (*subtribus*) abschichten. Als Beispiel mögen uns die Hahnenfussgewächse, *Ranunculaceae*, dienen.

(Familie.) **Ranunculaceae.**

(Gruppe I.) I. *Anemonideae* (der Anemone ähnliche Gewächse).

(Untergruppe.) 1. *Clematideae* (Waldrebengewächse).

2. *Anemoneae* (Anemonengewächse).

3. *Adonideae* (Adonisähnliche).

4. *Ranunculeae* (Hahnenfussgewächse).

(Gruppe II.) II. *Aconiteae* (Sturmhutgewächse).

(Untergruppe.) 1. *Helleboreae* (Christwurzgewächse).

2. *Paeoniaceae* (Pfingstrosenartige Gewächse).

Eine Ordnung (*ordo*) geht aus der Vereinigung mehrerer solcher Familien hervor, welche in irgend einer Beziehung eine gewisse Aehnlichkeit haben. *Ranunculaceae, Malvaceae, Violaceae, Cruciferae, Tiliaceae, Papaveraceae* u. v. a. sind z. B. eine Menge Familien, welche unter sich wenig Verwandtes haben, aber dennoch in eine Ordnung gebracht werden können, deren Charakter mit „*Thalamiflorae*" oder „*plantae dialypetalae cum corolla hypogyna et staminibus hypogynis*" (d. h. Getrenntblätterig-fruchtbodenblüthige oder mit freien Blumenblättern und Staubgefässen, welche dem Fruchtboden eingefügt sind) bezeichnet wird.

In Ordnungen theilt man eine Klasse (*classis*) ein. Z. B. sind *Thalamiflorae, Calyciflorae, Corolliflorae* Ordnungen der Klasse der *Exogeneae* oder *Dicotyledoneae*.

Der ganze wissenschaftliche Name einer Pflanze besteht immer aus wenigstens zwei Namen, nämlich dem Gattungsnamen (*nomen genericum*) und dem Artnamen (*nomen specificum s. triviale*). *Solanum tuberosum, Solanum nigrum, Solanum Dulcamara* sind 3 Arten der Gattung *Solanum. Solanum* ist der Gattungsnamen, und die Bezeichnungen *tuberosum, nigrum, Dulcamara* zeigen die Art an, sind also die Art- und Trivialnamen. Die Varietät wird nicht selten durch eine dritte Benennung angedeutet, z. B. *Citrus Aurantium* α. *amara, Citrus Aurantium* β. *Bergamia. Tournefort* war der erste, welcher eine Sichtung und sorgfältige Bestimmung der Gattungsnamen vornahm, und *Linné* hat das Verdienst der Aufstellung und einer vortrefflichen Auswahl der Artnamen und der Beigabe derselben zu den Gattungsnamen.

Durch Verknüpfung und Aneinanderreihung von Gattungen, Familien, Ordnungen und Klassen zu einem in sich zusammenhängenden Ganzen entsteht das natürliche Pflanzensystem (*systema naturale*). Die Systeme *Jussieu*'s, *Decandolle*'s, *Link*'s, *Endlicher*'s sind natürliche Systeme.

Das sogenannte künstliche System nimmt in seinem Bau keine Rücksicht auf die Verknüpfung der Gattungen zu Familien, und ist desshalb stets das unvollkommnere. Wenn *Linné*'s künstliches oder Sexual-System von den Botanikern alsbald nach seinem Bekanntwerden angenommen wurde, und es bis in die Mitte dieses Jahrhunderts Geltung behaupten konnte, so ist der Grund davon nur in seiner grossen Einfachheit und der übersichtlichen Gliederung, welche nichts mehr als eine mechanische Auffassung von Seiten des Lernenden beansprucht, zu suchen, und in der Gewissheit, jede neue· Pflanze diesem Systeme einreihen zu können. Durch die Länge der Zeit des Gebrauches, aber auch durch manche Vortheile, welche es bei Bestimmung der Pflanzen gewährt, indem es zufällig und auch absichtlich hier und da in seinem Schema eine Verknüpfung unter natürlichen Merkmalen erreicht, hat dies System ein gewisses Ansehen gewonnen, so dass der Pharmaceut nicht umhin kann, sich damit, wenigstens in den Hauptabtheilungen, genau bekannt zu machen.

Lection 85.

Linné gründete die Eintheilungen seines Sexualsystems auf die Verhältnisse der Staubgefässe und der Pistille, also auf die Geschlechtsorgane der Pflanzen und unterschied zwei grosse Gruppen, nämlich Pflanzen mit deutlich sichtbaren Befruchtungsorganen oder deutlich blühende (*plantae phanĕrogămae*) und Pflanzen mit undeutlichen oder nicht sichtbaren Befruchtungswerkzeugen, verborgen blühende (*plantae cryptogămae*). Die ersteren ordnete er in 23 Klassen, die letzteren bildeten nur eine Klasse und zwar die 24ste. Im Folgenden ist eine Uebersicht gegeben und mit Beispielen ausgestattet.

Sichtbarblühende, Phanerogamae.

I. Zwitterblüthige, Hermaphroditae s. Monoclinae.

A. Staubgefässe von einander getrennt.

a. Staubgefässe gleichlang oder ohne bestimmtes Längenverhältniss.

α. Nach der Zahl der Staubgefässe ohne Rücksicht auf deren Insertion.

1. Klasse. *Monandria* (Einmännige), mit 1 Staubgefäss in einer Zwitterblüthe. (In dieser Klasse finden sich *Zingiberacĕae, Marantacĕae*).

2. „ *Diandria* (Zweimännige), mit 2 Staubgefässen. (*Salvia, Veronica*).

3. „ *Triandria* (Dreimännige), mit 3 Staubgefässen. (*Valeriāna, Iris*, der grösste Theil der *Graminĕae*).

4. „ *Tetrandria* (Viermännige), mit 4 Staubgefässen (einheimische *Rubiacĕae*).

5. „ *Pentandria* (Fünfmännige), mit 5 Staubgefässen (exotische *Rubiacĕae*, die meisten *Solanacĕae; Umbellifĕrae; Campanŭla*).

6. „ *Hexandria* (Sechsmännige), mit 6 Staubgefässen. (*Liliacĕae*).

7. „ *Heptandria* (Siebenmännige), mit 7 Staubgefässen. (*Aescŭlus*).

8. „ *Octandria* (Achtmännige), mit 8 Staubgefässen. (*Paris, Erica*).

9. „ *Enneandria* (Neunmännige), mit 9 Staubgefässen. (*Laurus*, ein Theil der *Polygonĕae*, z. B. *Rheum*).

10. „ *Decandria* (Zehnmännige), mit 10 Staubgefässen. (Die meisten *Rutacĕae*, wie *Ruta; Simarubacĕae*, wie *Quassĭa; Zygophyllacĕae*, wie *Guajăcum*).

11. „ *Dodecandria* (Zwölfmännige), mit 12 bis 19 Staubgefässen. (*Asărum, Agrimonia*).

β. Nach der Zahl der Staubgefässe mit Rücksicht auf deren Insertion.

12. Klasse. *Icosandria* (Zwanzigmännige), mit 20 oder mehr perigynischen Staubgefässen. (*Rosacĕae, Amygdalĕae*).

13. „ *Polyandria* (Vielmännige), mit 20 oder mehr hypogynischen Staubgefässen (*Ranunculacĕae, Papaveracĕae*).

b. Staubgefässe ungleich lang.

14. Klasse. *Didynamia* (Zweimächtige), mit 4 Staubgefässen, von denen 2 länger und 2 kürzer sind. (*Labiătae* zum grössten Theile, *Personătae* zum grössten Theile).

15. „ *Tetradynamia* (Viermächtige), mit 6 Staubgefässen, von denen 4 länger sind. (*Crucifĕrae*).

B. Staubgefässe mit einander verwachsen.

a. Staubfäden (*filamenta*) verwachsen.

16. Klasse. *Monadelphia* (Einbrüdrige). Staubfäden zu einer Röhre verwachsen. (*Malvacĕae*).

17. „ *Diadelphia* (Zweibrüdrige). Staubfäden zu 2 Bündeln verwachsen. (*Papilionacĕae*).

18. „ *Polyadelphia* (Vielbrüdrige). Staubfäden zu 3 und mehr Bündeln verwachsen. (*Citrus, Hyperīcum*).

b. Staubbeutel (Antheren) zu einer Röhre verwachsen. (Fäden frei).

19. Klasse. *Syngenesia* (Vereintzeugende). (*Composĭtae*).

C. Staubgefässe mit dem Pistill verwachsen.

20. Klasse. *Gynandria* (Weibermännige). (*Orchidacĕae*).

II. Staubgefässe und Pistille in verschiedenen Blüthen, Diclinae (Zweibettige).

21. Klasse. *Monoecia* (Einhäusige). Männliche und weibliche Blüthen auf demselben Individuum (*Euphorbĭa, Quercus, Pinus, Juglans*).

22. „ *Dioecia* (Zweihäusige). Männliche und weibliche Blüthen auf verschiedenen Individuen derselben Species (*Cannăbis, Humŭlus, Salix, Junipĕrus*).

23. „ *Polygamia* (Vielehige), mit männlichen, weiblichen und Zwitter-Blüthen auf demselben Individuum oder auf verschiedene Individuen vertheilt (einige Palmen. *Acer*).

Verborgenblühende, Cryptogamae.

24. Klasse. *Cryptogamia* (Verborgenehige). (*Filices, Musci, Algae, Fungi*).

Jede dieser Klassen ist wiederum in Ordnungen (*ordĭnes*) getheilt und zwar von der

1.—13. Klasse, *Monandria* bis *Polyandria*.

a. Nach der Anzahl der Pistille, Narben oder Fruchtknoten, wie

Ord. 1. *Monogynia* (Einweibige).
  „ 2. *Digynia* (Zweiweibige).
  „ 3. *Trigynia* (Dreiweibige).
  „ 4. *Tetragynia* (Vierweibige).
  „ 5. *Pentagynia* (Fünfweibige).
  „ 6. *Hexagynia* (Sechsweibige).
  „ 7. *Heptagynia* (Siebenweibige).
  „ 8. *Polygynĭa* (Vielweibige).

---

14. Klasse, *Didynamia*.

b. Nach Art der Frucht.

Ord. 1. *Gymnospermia* (Nacktsamige), mit 4 Nüsschen (*nucŭlae*) in der Blüthe. (*Labiātae*).

  „ 2. *Angiospermia* (Bedecktsamige), mit mehrsamiger Kapselfrucht (*fructus capsulāris*). (Ein grosser Theil *Personātae*).

15. Klasse, *Tetradynamia*.

Ord. 1. *Siliculōsa* (Schötchenfrüchtige). Frucht ein Schötchen (*silicŭla*). (*Cochlearĭa*).

  „ 2. *Siliquōsa* (Schotenfrüchtige). Frucht eine Schote (*siliqua*). (*Sināpis*, *Brassĭca*).

16., 17., 18. Klasse, *Monadelphia, Diadelphia, Polyadelphia*.

c. Nach der Zahl der Staubgefässe.

Ord. 1. *Triandria*.
  „ 2. *Pentandria*.
  „ 3. *Hexandria*.
  „ 4. *Heptandria*.
  „ 5. *Octandria*.
  „ 6. *Decandria*.
  „ 7. *Dodecandria*.
  „ 8. *Polyandria*.

---

19. Klasse, *Syngenesia.*

d. Nach dem Geschlecht.

Ord. 1. *Polygamĭa aequalis* (gleichmässige Vielehigkeit). Alle Blüthen sind zwitterig. (*Taraxăcum, Lactūca, Cichorĭum,* also *Cichorieae*).

„ 2. *Polygamĭa superflŭa* (überflüssige Vielehigkeit). Scheibenblüthen zwitterig und fruchtbare weibliche Randblüthen. (*Arnĭca, Matricarĭa, Artemisĭa, Tanacētum, Achillēa*).

„ 3. *Polygamia frustranĕa* (vergebliche Vielehigkeit). Scheibenblüthen zwitterig, Randblüthen unfruchtbare weibliche oder geschlechtslose. (*Centaurēa*).

„ 4. *Polygamia necessarĭa* (nothwendige Vielehigkeit). Scheibenblüthen unfruchtbare zwittrige oder männliche, Randblüthen fruchtbare weibliche. (*Calendŭla*).

„ 5. *Polygamia segregata* (getrennte Vielehigkeit). Jedes Blüthchen mit einer besonderen Hülle (*involucellum*), jedoch alle Blüthchen mit einer gemeinschaftlichen Hülle (*involūcrum*) versehen. (*Echīnops*).

Anmerk. *Linné* hatte der *Syngenesia* noch eine 6. Ordnung, *Monogamia* beigegeben, welche z. B. *Viŏla* und *Lobelĭa* umfasste, welche aber von späteren Botanikern in die *Pentandria* verlegt wurden. Auf diese Weise ist die Ordnung *Monogamia* (Einehige) verlassen und der Gegensatz (*Polygamia*) gegenstandslos geworden. Desshalb sagt man auch jetzt einfach *Syngenesia aequalis, Syngenesia superflŭa, Syngenesia frustranĕa,* etc.

---

20. Klasse, *Gynandria.*

e. Nach der Zahl der Staubgefässe, also

Monandria, Diandria, Triandria etc.

---

21. und 22. Klasse, *Monoecia, Dioecia.*

f. Nach der Zahl, der Insertion und Verwachsung der Staubgefässe.

Wie bei Bestimmung der Klassen 1 bis 13 und 16 bis 19.

---

23. Klasse, *Polygamia.*

g. Nach dem Vorkommen der Blüthen von verschiedenem Geschlecht, also

Monoecia, Dioecia, Trioecia.

Anmerk. Die Botaniker haben die Pflanzen der 23. Klasse in die Klassen vertheilt, in welche sie nach ihren zwittrigen Blüthen gehören. Die *Polygamia* existirt also jetzt nicht mehr.

---

24. Klasse, *Cryptogamia*.

h. Nach der natürlichen Verwandtschaft.

Ord. 1. *Filices* (Farne).
„ 2. *Musci* (Moose).
„ 3. *Algae* (Algen).
„ 4. *Fungi* (Pilze).

So lange es an guten natürlichen Pflanzensystemen gebrach, war das *Linné*'sche Sexualsystem für den Gebrauch das bequemste und beste. Den grössten Mängeln und Fehlern dieses Systems halfen nach *Linné*'s Tode mehrere deutsche Botaniker so viel als möglich ab, doch konnten sie die natürliche Unbeständigkeit in der Zahl der Staubgefässe, den Hauptmangel dieses Systems, nicht beseitigen. Um einige Beispiele anzuführen, sei die *Linné*'sche Gattung *Convallaria* erwähnt, welche in die *Hexandria* gehört. Von dieser Gattung zweigte man die viermännigen Arten als Gattung *Majanthēmum* ab und verlegte dieselben nach der *Tetrandria*. Bei einem centrifugalen Blüthenstande wird die Zahl der Staubgefässe der endständigen Blüthe als die maassgebende angesehen. Die Gattungen *Ruta*, *Adŏxa*, *Paris* haben 4- und 5zählige Blüthen. Die endständige Blüthe von *Ruta* hat gewöhnlich 10 Staubgefässe, daher *Ruta* in die *Decandria*, *Adoxa* aber wegen ihrer 8 männigen endständigen Blüthe in die *Octandria* verlegt sind. Bei *Paris* ist die 5zählige Blüthe nur eine Ausnahme, und sie muss in der *Octandria* gesucht werden.

Die nur theilweise adelphisch verwachsenen Staubfäden hat *Linné* für freie gerechnet. Daher finden wir *Linum* in der *Pentandria*, *Oxălis* in der *Decandria*, *Thĕa* in der *Polyandria*. Obgleich einige *Geranium*-Arten nicht adelph verwachsene Staubfäden haben, so gehört dennoch *Geranium* zur *Monadelphia*.

Linné liess sich mitunter, aber immer nur ausnahmsweise, verleiten, im Widerspruch mit den Principien seines Systems natürlich verwandte Gattungen nicht von einander zu trennen. Daher warf er die Gattungen *Genista*, *Cytĭsus*, *Onōnis*, *Melilōtus* und andere Leguminosen in die *Diadelphia*, obgleich die Staubfäden bei den genannten Gattungen nur monadelphisch verwachsen sind.

Die Einschiebung der Pflanzen mit getrennten Geschlechtern in die 21. und 22. Klasse (*Monoecia*, *Dioecia*) ist ohne Trennung der Arten einer Gattung oft gar nicht möglich. *Valeriāna dioica* hat zweihäusige Blüthen, andere *Valeriana*arten nicht, dennoch gehört sie mit diesen letzteren zur *Triandria*. Die Gattung *Rumex* zählt zur *Hexandria*, also auch *Rumex Acetosella* mit seinen diöcischen Blüthen. Die Gattungen *Carex*, *Urtĭca*, *Bryonĭa* zählen zur *Monoecia*, obgleich Arten derselben auch diöcische Blüthen tragen.

Verbesserungen am Sexualsystem wurden unter anderen von *Thunberg* (einem Schweden, geb. 1743, gest. 1828) ausgeführt. Er vertheilte die Pflanzen der 20. bis 23. auf die übrigen Klassen. *Persoon* (spr. persuhn, gest. 1836, von Geburt ein Engländer) elidirte die 18. und 23. Klasse, *Polyadelphia* und *Polygamia*. *Hornemann* (dänischer Botaniker, gest. 1841) elidirte die 11. und 23. Klasse, *Dodecandria* und *Polygamia*. *Willdenow*, (Prof. in Berlin, geb. 1756, gest. 1812) verschmelzte die Ordnung *Monogamia* der 19. Klasse (*Syngenesia*) mit der *Pentandria*, die Ordnung *Syngenesia* der 21.—22. Klasse mit der Ordnung *Monadelphia*, und theilte die 24. Klasse, *Cryptogamĭa*, in 15 Ordnungen. *Sprengel* (Prof. in Halle, geb. 1766, gest. 1833) schaltete in die 15. Klasse, *Tetradynamia*, die Ordnung *Synclistae* (Gattungen mit nicht aufspringenden Früchten) ein, und veränderte die Ordnungen der 19. Klasse *Syngenesia* in 6 natürliche Gruppen etc.

Die künstlichen Systeme von *Gleditsch*, *Mönch*, *Allioni*, sind zu keiner Geltung gekommen, ebenso das carpologische System *Gärtner*'s, eine systematische Zusammenstellung der Pflanzen nach der Lage, Gestalt, Consistenz der Frucht und der Zahl der Fruchttheile.

Das wäre dasjenige, was man von dem *Linné*'schen Sexualsysteme wissen muss. Das Studium der Botanik nur nach diesem System ist heute nicht mehr zu empfehlen. Der Anfänger erleichtert sich sein Studium, wenn er sich anfangs eine empirische Bekanntschaft mit einer grösseren Anzahl Pflanzen verschafft und dann sich in ein natürliches System hineinarbeitet, es jedoch nicht unterlässt, hin und wieder auch einige Pflanzen nach dem Sexualsystem zu bestimmen. Alle solche Fälle, in welchen Sexual- und natürliches System coincidiren, sucht man durch das Gedächtniss aufzufassen. Wie leicht behält man z. B., dass die Rosaceen meist zur *Icosandria* (12. Kl.), die Ranunculaceen zur *Polyandria* (13. Kl.), die Laurineen zur *Enneandria* (9. Kl.) *Linné*'s gehören.

Lection 86.

Decandolle's natürliches System.

Von den natürlichen Systemen finden wir am meisten das *Decandolle'*sche angewendet, wesshalb wir uns dasselbe näher ansehen wollen.

Augustin Pyrame Decandolle (auch *De Candolle*, spr. dekang-dohl), geb. 1778, gest. 1841, war Professor der Botanik in Monpellier, später in Genf. Er veröffentlichte sein System 1813 und Verbesserungen desselben 1819.

Decandolle bringt die Pflanzen in zwei Hauptabtheilungen, in

I. Gefässpflanzen oder Samenlappige,

Vasculares s. Cotyledoneae,

Pflanzen mit vollständigem Zellgewebe und Gefässen; der Embryo hat einen oder mehrere Samenlappen.

II. Zellenpflanzen oder Samenlappenlose.

Cellulares s. Acotyledoneae,

Pflanzen mit unvollständigem Zellgewebe, nur aus Zellen bestehend; Fortpflanzung geschieht durch Sporen.

Die erste Hauptabtheilung zerfällt in zwei Klassen:

1. Klasse. Exogene oder Zweisamenlappige,

Exogĕnae s. Dicotyledonĕae;

Gefässbündel der Axe in zusammenhängend concentrischen Kreisen stehend; das Wachsthum erfolgt an dem Umfange des Stammes (daher *Exogĕnae*); Embryo mit gegenständigen oder quirlständigen Samenlappen.

2. Klasse. Endogene oder Einsamenlappige,

Endogĕnae s. Monocotyledonĕae;

Gefässbündel meist ohne regelmässige Anordnung durch den Körper der Axe zerstreut, die jüngsten in der Mitte des Stammes stehend; das Wachsthum geht von der Mitte der Axe aus und ist später nur Spitzenwachsthum; Embryo mit nur

20*

einem Samenlappen oder mit abwechselnd stehenden Samenlappen.

Diese Eintheilungen sind keine correcten und lassen viele Einwendungen zu. Die Unterscheidung der Gefässpflanzen in Exogene (nach aussen wachsende) und in Endogene (nach innen wachsende) entspricht einer irrthümlichen Auffassung von dem Wachsthum der monokotylen Pflanzen, denn *H. Mohl's* Untersuchungen über diesen Gegenstand (1831) ergeben mit Sicherheit, dass bei beiden Pflanzenklassen sich die jüngeren Gefässbündel im Umfange der älteren bilden, dass es also Endogenen im *Decandolle*'schen Sinne nicht giebt.

Dann ist es ein Fehler, Endogene mit Monokotyledonen als gleichbedeutend hinzustellen, weil sich die zu den Endogenen gehörenden Gefässkryptogamen durch Sporen fortpflanzen, also keine Samenlappen haben und Akotyledonen sind.

Folgendes Schema wird uns eine Uebersicht über *Decandolle*'s System geben: *Plantae*

I. Vasculares s. Cotyledoneae.	**I.** Gefässpflanzen oder Samenlappige; d. h. Gefässe im Zellgewebe. Samenlappen.
1. Classis. Exogenae s. Dicotyledoneae.	**1. Exogene** oder **Zweisamenlappige;** Gefässbündel in concentrischem Kreise stehend. Samenlappen gegenständig oder quirlständig.
A. Corolla et calyce instructae.	**A. Mit doppelter Blüthendecke, aus Blumenkrone und Kelch bestehend.**
1. Subclassis. *Thalämiflōrae.* Ord. *Ranunculaceae, Berberideae, Papaveraceae, Fumariaceae, Cruciferae, Violariēae, Polygaleae, Caryophyllеae, Lineae, Malvaceae, Tiliaceae, Aurantiaceae, Oxalideae, Rutaceae.*	**1.** Fruchtbodenblüthige, getrenntblättrige Blumenkrone nebst Staubgefässen auf dem Fruchtboden (*thalämus*) befestigt. *Polypetälae staminĭbus hypogӯnis.*
2. *Calyciflōrae.* Ord. *Rhamneae, Terebinthaceae, Leguminosae, Rosaceae, Granateae, Myrtaceae, Cucurbitaceae, Crassulaceae, Ficoïdeae, Cacteae, Grossularieae, Umbelliferae, Caprifoliaceae, Rubiaceae, Valerianeae, Compositae etc.*	**2.** Kelchblüthige, Blumenkrone verwachsen oder getrenntblätterig, dem Kelch eingefügt. *Corolla gamopetäla vel diälypetäla, perigӯna vel epigyna; stamĭna perigyna vel epigyna.*

3. *Corolliflōrae.* Ord. *Strychneae, Gentianeae, Sesameae, Convolvulaceae, Boragineae, Solaneae, Antirrhineae, Labiatae, Primulaceae etc.*	3. Blumenkronenblüthige, unterständige verwachsenblättrige Blumenkrone. Staubgefässe meist der Blumenkrone inserirt. *Corolla gamopetăla hypogўna.*
B. Perigonio simplice instructae.	**B. Mit nur einer Blüthendecke.**
4. *Monochlamydĕae.* Ord. *Plantagineae, Chenopodiēae, Polygoneae, Laurineae, Aristolochiēae, Urticeae, Amentaceae, Coniferae, etc.*	4. Einblüthendeckige, mit einem einfachen Perigon.
2. Classis. **Endogenae s. Monocotyledoneae.**	2. **Endogene** oder **Einsamenlappige;** Zerstreute Gefässbündel, ein einzelner oder wechselständige Samenlappen, oder ohne Samenlappen.
1. Subclassis. *Phanerogämae.* Ord. *Cycadeae, Orchideae, Irideae, Liliaceae, Colchicaceae, Junceae, Palmae, Aroideae, Gramineae etc.*	1. Phanerogamische, mit beiderlei Geschlechtsorganen und einem Embryo.
2. *Cryptogamae.* Ord. *Equisetaceae, Lycopodinĕae, Filices etc.*	2. Kryptogamische; Befruchtung nicht deutlich, verborgen, Embryo fehlt.
II. Cellulares s. Acotyledoneae.	**II.** Zellenpflanzen oder Samenlappenlose. Zellgewebe gefässlos, Embryo fehlt.
3. Classis.	**3.**
1. Subclassis. *Foliātae.* Ord. *Musci, Hepaticae.*	1. Beblätterte; mit blattähnlichen Ausbreitungen.
2. *Aphÿllae.* Ord. *Lichēnes, Hypoxÿla, Fungi, Algae.*	2. Blattlose; ohne blattähnliche Ausbreitungen.

Die natürlichen Systeme von *Achilles Richard* (spr. rischar), *Bartling, Lindley* (spr. lindli), *Fries, Perleb, Agardh, Oken, Reichenbach, Schultz, Martius, Link* hat man zwar für besser als das *Decandolle*'sche befunden, dennoch hat man sie nicht angenommen, so dass sie nur ein rein wissenschaftliches Interesse bieten. Dem Systeme *Endlicher*'s räumt man heute den ersten Platz unter den anderen natürlichen Systemen ein.

Clavis Systematis naturalis Decandollei (Schlüssel zu *Decandolle*'s System.)

Plantae
- Vasculares seu Cotyledoneae
  - Exogenae seu Dicotyledones
    - Perigonium duplex
      - Corolla polypetala
        - Petala calyci non inserta. Thalamiflorae . . . . Subcl. I.
        - Petala calyci inserta. Calyciflorae . . . . Subcl. II.
      - Corolla monopetala . . .
        - Corolla calyci inserta . . . . Subcl. II.
        - Corolla calyci non inserta Corolliflorae . Subcl. III.
    - Perigonium simplex . . . . Subcl. IV.
  - Endogenae seu Monocotyledones . . . .
    - Phanerogamae . . . . Subcl. V.
    - Cryptogamae . . . . Subcl. VI.
- Cellulares seu Acotyledoneae . . . .
  - Foliatae . . . . Subcl. VII.
  - Aphyllae . . . . Subcl. VIII.

Clavis Systematis sexualis Caroli Linnaei

(Schlüssel zu *Linné*'s Sexualsystem.)

Plantae
- Phanerogamae
  - flores monoclini seu stamina cum pistillis in eodem flore
    - stamina distincta s. stamina nulla sua parte inter se connata
      - stamina longitudine non determinata
        - stamina I.—XI.
          - stamine I. . . . . . . Monandria.
          - staminibus II. . . . . . Diandria.
          - staminibus III. . . . . Triandria.
          - staminibus IV. . . . . Tetrandria.
          - staminibus V. . . . . . Pentandria.
          - staminibus VI. . . . . Hexandria.
          - staminibus VII. . . . . Heptandria.
          - staminibus VIII. . . . . Octandria.
          - staminibus IX. . . . . Enneandria.
          - staminibus X. . . . . . Decandria.
          - staminibus XI.—XIX. . Dodecandria.
        - staminibus XX.—C.
          - calyci affixis . . . . Icosandria.
          - receptaculo insertis . . Polyandria.
      - stamina duo semper reliquis breviora
        - staminibus 2 longioribus . . . . . Didynamia.
        - staminibus 4 longioribus . . . . . Tetradynamia.
    - stamina vel inter se vel pistillo cohaerentia
      - filamentis connatis
        - ad phalangem unam . . . . Monadelphia.
        - ad phalanges duas . . . . Diadelphia.
        - ad phalanges plures . . . . Polyadelphia.
      - antheris in cylindrum connatis . . . . Syngenesia.
      - filamentis cum stylo connatis . . . . Gynandria.
  - flores diclini seu flores masculi et feminei in eadem specie
    - flores masculi et feminei in eadem planta . . . . Monoecia.
    - flores masculi in diversa planta a femineis . . . . Dioecia.
    - flores hermaphroditi et masculi et feminei in eadem specie . . . . . Polygamia.
- Cryptogamae seu flores oculis nostris nudis vix conspicui . . . . Cryptogamia.

Lection 87.

Endlicher's natürliches System.

Stephan Endlicher, Prof. der Botanik in Wien, st. 1849, legte seinem Systeme als vornehmsten Eintheilungsgrund die Verhältnisse des anatomischen Baues und die Art und Hauptrichtung des Wachsthums zum Grunde. Auf diese Weise vertheilt sich das Pflanzenreich in zwei Hauptabtheilungen, **Regionen**, nämlich in **Lagerpflanzen** oder **Axenlose**, *Thallophÿta*, und in **Stengelpflanzen** oder **Axenpflanzen**, *Cormophÿta*. Die Schichtung der Regionenglieder geschieht in Sectionen, Cohorten, Klassen und Ordnungen. Im Folgenden finden wir eine kurze Uebersicht des Systems und die dazu gehörigen Erläuterungen.

Regio I. Thallophyta.

Thallophÿta, pantachobrÿa, arrhīza.

Lagerpflanzen, ringsumsprossende, wurzellose.

Zellenpflanzen, deren Wachsthum nach allen Seiten hin stattfindet, ohne Stamm und Wurzel, einen Thallus bildend.

Sectio I. Protophyta.

Ursprosser.   Ursprüngliche Gewächse.

Wachsen ohne Erde und nehmen ihre Nahrung aus allen Medien.

Classis I. *Algae* (Algen).	Classis II. *Lichēnes* (Flechten).
Protophÿta aquatĭca.	*Protophÿta aërĕa.*
Wasserpflanzen.	Luftpflanzen.

Sectio II. Hysterophyta.

Nachsprosser.   Secundäre oder parasitische Gewächse auf zersetzten Organismen.

Classis III. *Fungi* (Schwämme, Pilze).

Regio II. Cormophyta.

Cormophÿta, chorobrÿa, phyllophŏra.

Stengelpflanzen, Axensprosser, Blattträger.

Pflanzen aus Zellen und Gefässen zusammengesetzt, aus einer Axe und appendiculären Theilen bestehend. Das Wachsthum findet an der Peripherie und an der Spitze statt (*chorobrÿa*).

Sectio III. Acrobrya.

Endsprosser, an der Spitze wachsend.

Cohors 1. *Acrobrya anophyta.*

Gefässlose Endsprosser.

Classis IV. *Hepatĭcae* (Leber- | Classis V. *Musci* (Moose).
moose).

Cohors 2. *Acrobrya protophyta.*

End- und Ursprosser. Ursprüngliche Endsprosser.

Mit mehr oder weniger vollkommenen Gefässbündeln.

Clss. VI. *Calamariae* (Schachtel- | Clss. VIII. *Hydropterĭdes* (Was-
halme). | serfarne).
„ VII. *Filĭces* (Farne). | „ IX. *Selagĭnes*.

Classis X. *Zamĭae* (Zapfenfarne).

Cohors 3. *Acrobrya hysterophyta.*

Parasitische Endsprosser.

Classis XI. *Rhizanthĕae* (Wurzelblumige).

Sectio IV. Amphibrya.

Umsprosser.

Das Wachsthum der Gefässbündel geschieht von der Peripherie des Stammes nach
der Spitze des Stammes. Blätter meist parallelnervig. Einsamenlappig.

Clss. XII. *Glumacĕae* (Balgspel- | Clss. XVIII. *Gynandrae* (Mann-
zenblüthige). | weibige).
„ XIII. *Enantioblāstae* (Gegen- | „ XIX. *Scitaminĕae* (Bana-
keimer). | nengewächse).
„ XIV. *Helobĭae* (Sumpflilien). | „ XX. *Fluviales* (Flusspflan-
„ XV. *Coronarĭae* (Kronen- | zen).
blüthige). | „ XXI. *Spadīciflōrae* (Kol-
„ XVI. *Artorrhīzae* (Brotwurz- | benblüthige).
lige). | „ XXII. *Princĭpes* (fürstliche
„ XVII. *Ensātae* (Schwertblätt- | Gewächse, Palmen).
rige).

Sectio V. Acramphibrya.

End- und Umsprosser.

Peripherisches und Spitzen-Wachsthum; Gefässbündel in concentrische Kreise gestellt;
netzadrige Blätter, zwei oder mehrere Samenlappen.

Cohors 1. *Gymnospermae.*

Nacktsamige.

Classis XXIII. *Conifĕrae* (Zapfenträger).

Cohors 2. *Apetalae.*
Blumenblattlose.

Clss. XXIV. *Piperītae* (Pfeffer-
pflanzen).

„ XXV. *Aquatĭcae* (Wasserpflanzen).

„ XXVI. *Juliflorae* (Kätzchenblüthige).

Clss. XXVII. *Oleracĕae* (Krautartige).

„ XXVIII. *Thymelaeae* (Keller-
halsartige).

„ XIX. *Serpentariae* (Schlangenwurzartige).

Cohors 3. *Gamopetalae.*
Einblumenblättrige; mit verwachsenen Blumenblättern.
Kelch und Blumenkrone.

Clss. XXX. *Plumbagĭnes* (Schlip-
pen).

„ XXXI. *Aggregātae* (Haufenblüthige).

„ XXXII. *Campanulĭnae* (Glok-
kenblüthige).

„ XXXIII. *Caprifoliacĕae* (Geis-
blattartige).

„ XXXIV. *Contōrtae* (Gedrehtblüthige).

Clss. XXXV. *Nucŭlifĕrae* (Nüss-
chentragende).

„ XXXVI. *Tubiflōrae* (Röhrenblüthige).

„ XXXVII. *Personātae* (Lar-
venblüthige).

„ XXXVIII. *Petalanthae* (Epi-
petalstaubblattblüthige).

„ XXXIX. *Bicōrnes* (Zwei-
hörnige).

Cohors 4. *Dialypetalae.*
Mehrblumenblättrige; mit nicht verwachsenen Blumenkronen-
blättern.

Class. XL. *Discanthae* (Schei-
benblüthige).

„ XLI. *Corniculātae* (Gehörntfrüchtige).

„ XLII. *Polycarpicae* (Viel-
früchtige).

„ XLIII. *Rhoeădes* (Mohnblü-
thige).

„ XLIV. *Nelumbĭa* (Lotosge-
wächse).

„ XLV. *Parietāles* (Wandständige Samenträger haltende).

„ XLVI. *Pepŏnifĕrae* (Kürbis-
fruchtträger).

Clss. XLVII. *Opuntĭae* (Feigendisteln).

„ XLVIII. *Caryophyllĭnae* (Nel-
kenartige).

„ XLIX. *Columnifĕrae* (Säulenträger).

„ L. *Guttifĕrae* (Harzsaft-
haltige).

„ LI. *Hesperĭdes* (Hesperiden).

„ LII. *Acĕra* (Ahornpflan-
zen).

„ LIII. *Polygalĭnae* (Kreuz-
blumenartige).

<table>
<tr><td>Clss. LIV. Frangulacĕae (Faulbaumartige).</td><td>Clss. LVIII. Calўciflōrae (Kelchblüthige).</td></tr>
<tr><td>„ LV. Tricoccae (Dreiknöpfigfrüchtige).</td><td>„ LIX. Myrtiflōrae (Myrthenblüthige).</td></tr>
<tr><td>„ LVI. Terebinthinĕae (Terebinthusgewächse).</td><td>„ LX. Rosiflōrae (Rosenblüthige).</td></tr>
<tr><td>„ LVII. Gruināles (Schnabelfrüchtige).</td><td>„ LXI. Leguminōsae (Hülsenfrüchtige).</td></tr>
</table>

Hat man sich mit den fremdartigen Bezeichnungen und der Haupteintheilung dieses Systems befreundet, so hat man auch den schwierigsten Theil daran überwunden, und man wird die Vortrefflichkeit dieses Systems beim Gebrauch, besonders bei dem Bestimmen der Pflanzen, mehr und mehr erkennen. Da die neueren botanischen Schriftsteller sich diesem Systeme werden anschliessen müssen, so dürfte es nicht überflüssig sein, es hier mit seinen Ordnungen (Familien) zusammen zu stellen.

Systematische Ordnung des natürlichen Systems

von

Endlicher.

(Die Subordĭnes sind wegen Raumersparniss weggelassen.)

Regio I. Thallophyta.

Thallophyta pantachobrya, arrhiza.

Sectio I. Protophyta.

Classis I. Algae.

Protophyta aquatica.

Ordo 1. Diatomaceae.
„ 2. Nostochinae.
„ 3. Confervaceae.
„ 4. Characeae.
„ 5. Ulvaceae.
„ 6. Floridae.
„ 7. Fucaceae.

Classis II. Lichenes.

Protophyta aërea.

Ordo 8. Coniothalami.
„ 9. Idiothalami.
„ 10. Gasterothalami.
„ 11. Hymenothalami.

Sectio II. Hysterophyta.

Classis III. Fungi.

Ordo 12. Gynomycetes.
„ 13. Hyphomycetes.
„ 14. Gasteromycetes.
„ 15. Pyrenomycetes.
„ 16. Hymenomycetes.

Regio II. Cormophyta.

Cormophyta, chorobrya, phyllophora.

Sectio III. Acrobrya.

Cohors I. Acrobrya anophyta.

Classis IV. Hepaticae.

Ordo 17. Ricciaceae.
„ 18. Anthoceroteae.
„ 19. Targioniaceae.
„ 20. Marchantiaceae.
„ 21. Iungermanniaceae.

Uebersicht des im botanischen Garten zu Breslau angenommenen Pflanzensystems.

Vom Prof. *Göppert* mit Rücksicht auf die Systeme *Jussieu's*, *Decandolle's* und *Endlicher's* geordnet.

Vegetabilia.

A. Thallophyta. (Endl.)
(Cryptogamar. et Linnaei et Acotyledonum pars Juss.; Plantae cellular. aphyllae et esexuales DC.)

B. Cormophyta. (Endl.)
(Cryptogamar. Linnaei et Acotyledonum pars, Monocotyled. et Dicotyledones Juss.)

a. Cryptogamae.

aa. Cryptogamae foliosae.
(Cryptog. Linaei, Acotyled. Juss. pars, Acrobrya Endl.)

b. Phanerogamae.

bb. Phanerogamae monocotyled.
(Amphibr. Endl., Endog. DC.)

cc. Phanerogamae dicotyledoneae.
(Acramphibrya Endl., Dicotyledones Juss., Exogenae DC.)

Cl. I. Thalloideae.	Cl. II. Cryptogamae cellulares foliosae.	Cl. III. Cryptogamae vasculosae.	Cl. IV. Monocotyledones.	Cl. V. Dicotyledones gymnospermae.	Cl. VI. Dicotyledones apetalae.	Cl. VII. Dicotyledones monopetalae.	Cl. VIII. Dicotyledones polypetalae.
Cryptogamae cellulosae subaphyllae.	Plantae cellular. sexual. et foliosae DC; Anophyta E.	Protophyta Endl.; Endogenae cryptogamae DC.	Endogenae phanerogamae DC.	Apetalarum et monochlamydear. pars Juss. et DC.	Apetalae Juss. Monochlamydeae DC.	Monopetalae Juss.; Corolliflorae DC.	Polypetalae Juss. Thalamiflor. et calyciflor. DC.
Ordines: 1. Fungi L. 2. Lichenes Achar. 3. Algae L. ex parte, Agardh.	Ordines: 4. Musci hepatici Hedw. 5. Musci frondosi Hedw.	Ordines: 6. Filices L. ex parte 7. Calamariae Endl. Fossil.: Calamitaceae. 8. Selagines Endl. Fossil.: Lepidodendreae. 9. Hydropterides Will.	Ordines: 10. Glumaceae Bartl. 11. Enantioblastae Mart. 12. Helobiae Endl. 13. Coronariae L. Endl. 14. Artorrhizae Endl. 15. Ensatae L. 16. Gynandrae Endl. 17. Scitamineae L. 18. Fluviales Vent. 19. Spadiciflorae Fr. Meissner. 20. Principes L. Fossil.: Noeggerathieae.	Ordines: Fossil.: Calamiteae. Sigillarieae. 21. Cycadeae Rich. 22. Coniferae Juss.	Ordines: 23. Rhizantheae Blume. 24. Piperitae L. 25. Inundatae L. (Aquaticae Endl.) 26. Juliflorae Endl. 27. Oleraceae L. 28. Thymeleae Endl. 29. Serpentariae E.	Ordines: 30. Plumbagineae E. 31. Aggregatae Endl. 32. Campanulaceae L. 33. Caprifoliaceae Endl. 34. Contortae Endl. 35. Nuculiferae E. 36. Tubiflorae Bartl. 37. Personatae Endl. 38. Petalanthae Endl. 39. Bicornes L.	Ordines: 40. Discanthae Endl. 41. Corniculatae E. 42. Polycarpicae B. 43. Rhoeades L. 44. Hydropeltideae B. 45. Parietales Endl. 46. Peponiferae E. 47. Cacteae L. 48. Caryophyllinae E. 49. Columniferae L. 50. Guttiferae Bartl. 51. Hesperides L. 52. Acera Endl. 53. Polygalinae E. 54. Frangulaceae E. 55. Tricoccae L. 56. Terebinthineae E. 57. Gruinales L. 58. Calyciflorae E. 59. Myrtiflorae Endl. 60. Rosiflorae Endl. 61. Leguminosae E.

Bemerkungen. Thallophȳten, *thallophȳta*, von d. griech. θαλλός (thallus), junger grüner Zweig (Trieblager, Lager, Laub), und φυτόν (phyton) Gewächs. — *Pantachobrȳa*, *ōrum*, Ringsumsprosser, von πανταχοῖ (pantachoi), überallhin, nach allen Seiten, und βρύω (bryō), sprossen. —

Arrhīzus, *a*, *um* (*arhizus*), wurzellos, zusammengesetzt aus α privativum und ῥίζα (rhiza), Wurzel. — *Protophȳta* (Urpflanzen), von πρῶτος, η, ον (prōtos, ä, on) d. erste, vorzüglichste, und φυτόν, Gewächs. —

Cormophȳta, Stamm- oder Stengelpflanzen, von κορμός (kormos), Stamm. — *Chorobrȳus*, *a*, *um* (kreisförmig sprossend), von χορός (choros), Reigen, Kreis, und βρύω, sprossen; (in Bezug auf die concentrische Stellung der Gefässbündel).

Hysterophȳta (hinterher sprossende Pflanzen), von ὕστερος, α, ον (hysteros, a, on), hinterher, darauf folgend, und φυτόν, Gewächs. — *Phyllophŏrus*, *a*, *um*, blatttragend, von φύλλον (phyllon) Blatt, und φορός, όν (phoros, on), tragend. —

Acrobrȳa, Spitzensprosser von ἄκρον (akron) Spitze, und βρύω, sprossen. — *Hydropterĭdes*, *ium*, Wasserfarn, von ὕδωρ (hydōr), Wasser und πτερίς, ίδος, (pteris, pteridos), Farnkraut. — *Rizanthĕus*. *a*, *um*, wurzelblüthig, von ῥίζα (rhiza), Wurzel; und ἄνθος (anthos), Blume.

Enantioblastae, *herbae* (Gegenkeimer), von d. griech. ἐναντίος α, ον (enantios), gegen, entgegen, und βλάστη (blastä), Keim, weil der Embryo ausserhalb des Eiweisses liegt. — *Helobĭae* (im Sumpf lebende), von ἕλος (helos), Sumpf, und βίος (bios), Leben; βιόω (bioō), leben.

Artorrhīzae, *artorhīzae* (Brodwurzlige), von ἄρτος (artos), Brod, und ῥίζα (rhiza), Wurzel: wegen des Stärkemehlreichthums der Wurzel. — *Petalanthae* (Blumenblattblüthige), von πέταλον (petalon) Blatt, und ἄνθος, Blume; wegen der epipetalen Staubgefässe.

Hesperĭdes (goldne Aepfel). Αἱ Ἑσπερίδες (hai hesperĭdes), die Hesperiden, Töchter der Nacht, welche auf einer Insel des Oceans jenseits des Atlas goldene Aepfel bewachten, die später vom Herkules geraubt wurden.

Monochlamydĕae (Einhüllige), von μόνος (monos), einer, und χλαμύς, ύδος (chlamys, chlamydos), weites Oberkleid, Hülle, Decke.

Lection 88.

Ranunculacĕae.

In dieser und den folgenden Lectionen finden wir Gelegenheit, uns mit den diagnostischen Merkmalen solcher Pflanzen und Pflanzenfamilien zu beschäftigen, welche vorzugsweise ein pharmaceutisches und pharmacologisches Interesse bieten.

Die Ranunculaceen (*Ranunculacĕae*) bilden eine Pflanzenfamilie, welche nach *Decandolle* zur Klasse der Dicotyledonen und der Unterklasse der *Thalămiflōrae*, nach *Endlicher* zur Region der Cormophyten, der Cohorte der *Dialypetălae* und der Klasse der *Polycarpĭcae* gehören. Hieraus ergiebt sich, dass wir bei den Pflanzen dieser Familie sichtbare deutliche Geschlechtsorgane (Staubgefässe und Pistille), einen Samen mit Embryo und zwei gegenständigen Kotyledonen, einen Stamm mit in einen Kreis gestellten Gefässbündeln, aus Mark, Holz und Rinde bestehend, und netzadrige Blätter antreffen. Dies sind also Merkmale, welche die Familien der Klasse der Dicotyledonen oder der Region der Cormophyten gemein haben. Da die Blumenkrone dialypetal d. h. freiblättrig ist, die Blumenkronenblätter dem Fruchtboden (*receptacŭlum; thalămus*) eingefügt und die Staubgefässe hypogynisch sind, so ergiebt sich daraus der Charakter der *Thalămiflōrae* (Fruchtbodenblüthigen). Die Frucht besteht aus zahlreichen Carpellen, und desshalb gehört die Familie zu den *Polycarpĭcae*. Im *Linné*'schen Sexualsystem haben die Ranunculaceen ihren Platz in der *Polyandria*, der 13. Klasse.

Wesentliche Merkmale der Ranunculaceen, durch welche diese Familie sich von anderen verwandten Familien (z. B. den Papaveraceen, Nymphaeaceen etc.) unterscheidet, sind

Ranunculaceae.

Kräuter, selten Halbsträucher.	*Herbae, rarĭus suffrutĭces.*
Saft wässerig (nicht Milchsaft).	*Succus aquōsus.*
Blätter meist zerstreut, nebenblattlos, am Grunde oft scheidig.	*Folĭa plerumque sparsa, exstipulăta, basi saepe vaginata.*
Blüthe: Kelch und Blumenkrone oder nur ein **Perigon**.	*Flos calўcem et corollam exhibens vel perigonĭum unum.*
Blumenkrone 5- oder 2- bis 15 blättrig oder fehlend (0).	*Corolla pentapetăla aut bina ad quina dena petăla, interdum nulla.*
Kelch 5 blättrig, selten 3- bis 6 blättrig, sehr häufig gefärbt und hinfällig.	*Calyx pentasepălus, raro tri-, tetra- vel hexasepălus, saepe colorătus et cadūcus.*
Staubgefässe unterständig, zahlreich und frei; die Staubbeutel angewachsen, häufig nach aussen gewendet.	*Stamĭna hypogўna, multa, libĕra, anthĕris adnatis (connectivo continuo cum filamento), saepe extrorsis (extra versis).*
Stempel: Carpellen zahlreich, frei, seltener verwachsen, 1- bis vieleiig; **Eichen** gegenläufig.	*Pistillum. Carpella plurĭma, rarĭus connata, uni- vel multiovulata; ovŭla anatrŏpa.*
Früchte saftlos (trocken), entweder nicht aufspringende (*caryopses*), oder vielsamige Kapseln, in der Bauchnath aufspringend.	*Fructus exsucci, aut indehiscentes (caryopses), aut capsulae polyspermae, sutură ventrali dehiscentes.*

Embryo sehr klein, am Grunde des Eiweisses, dem Nabel zugewendet.	*Embryo minutus in basi albuminis (embryo basilaris), radicula hilum spectante.*

Diese Reihe Merkmale erscheint lang und desshalb für das Gedächtniss schwerfällig, sobald man aber einige Arten aus der Familie kennen gelernt und durch eigene Anschauung studirt hat, hält das Gedächtniss ohne Schwierigkeit das eine wie das andere Merkmal fest. Man hat also stets erst einige Arten zu studiren und kennen zu lernen, um dann die Merkmale der Gattung und dann die Merkmale der Familie mit aller Sicherheit aufzufassen und dem Gedächtniss anzuvertrauen.

Die Ranunculaceen zerfallen in zwei Unterfamilien oder Tribus, in *Anemoniděae* (Anemonenähnliche) *Link* und *Aconitěae* (Sturmhutartige) *Link.*

I. *Anemonideae.*

Früchte einfächerig, einsamig und nicht aufspringend (Schalfrüchte).	*Fructus uniloculāres, monospērmi, indehiscentes (caryōpses).*

Die Anemonideen lassen sich wieder schichten in

Clematiděae (Clemātis).
Anemoneae (Thalictrum, Anemōne, Hepatǐca).
Adoniděae (Adōnis).
Ranunculeae (Ranuncŭlus, Ficarǐa).

II. *Aconiteae.*

Früchte sind vielsamige Kapseln.	*Capsŭlae polyspermae.*

Die Aconiteen zerfallen in

Helleboreae (Caltha, Trollǐus, Hellebōrus, Nigella, Aquilegǐa, Delphinǐum, Aconitum).
Paeoniaceae (Actaea, Paeonǐa).

Von den Anemonideen ist die Gattung *Anemōne* zu erwähnen, denn *Anemone pratensis* (*Pulsatilla pratensis* Mill.), Wiesenküchenschelle, und *Anemone Pulsatilla* (*Pulsatilla vulgaris* Mill.) liefern *Herba Pulsatillae*, welches Kraut mit den Blüthen nur im frischen Zustande heilkräftig ist und daher auch nur frisch zur Darstellung des Extraktes verwendet wird.

In Betreff der arzneilichen Wirkung ist die Küchenschelle ein den narkotischen Substanzen nahestehendes *Acre*. Es enthält ein durch Destillation abscheidbares krystallisirendes flüchtiges Oel, Anemonenkampfer oder Anemonine.

Der Gattungscharakter der *Anemōne* ist

Küchenschelle.	*Anemōne.*
Blätter zerstreut angeheftet.	*Folia sparsa.*
Hülle von der Blume entfernt-stehend.	*Involūcrum a flore distans.*
Perigon 5- und mehrblättrig.	*Perigonium pentaphyllum vel pleiophyllum.*
Früchtchen zahlreich, kopfförmig auf dem verdickten Fruchtboden zusammenstehend, bisweilen geschwänzt.	*Carpella numerōsa, capitātim in receptacŭlo incrassāto congesta, interdum caudata.*

Fig. 538.

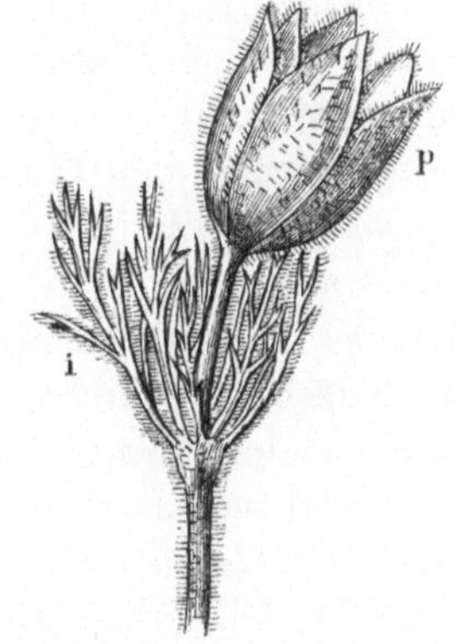

Anemōne Pulsatilla. Flos erectiusculus. p Phylla perigonii apice non revoluta. i Hülle (involucrum).

Bei den *Clematideae* sind nämlich die Blätter gegenüberstehend, bei der Leberblume, *Hepatica trilŏba* DC., ist die dreilappige Hülle (*involucrum trilŏbum*) der Blume genähert, bei *Thalictrum* das Perigon nur 4- bis 5blättrig und die Carpellen sitzen einem kleinen Fruchtboden auf. Bei der *Hepatica* sind die Carpellen nicht geschwänzt.

Es unterscheiden sich:

Anemone pratensis.	*Anemone Pulsatilla.*
Hängende Blüthe (*flos pendŭlus*).	Ziemlich aufrechte Blüthe (*flos erectiusculus*.
Perigonblätter an der Spitze zurückgerollt (*phylla perigonii apĭce revoluta*).	Perigonblätter an der Spitze nicht zurückgerollt (*phylla perigonii apĭce non revoluta*.

Aus der Abtheilung der *Adonidĕae* ist *Adōnis vernālis* (Teufelsauge) in sofern zu erwähnen, als die Wurzel dieser Pflanze mit der *Radix Hellebŏri nigri* verwechselt werden kann.

Zu der Abtheilung *Ranunculĕae* gehört die artenreiche Gattung *Ranuncŭlus* (mit 5 Kelch- und 5 Blumenblättern) und die

Gattung *Ficaria* (mit 3 Kelchblättern und 7—12 Blumenblättern). Beide Gattungen haben das Merkmal, an der Basis der Blumenblätter mit einer Honigdrüse oder Honiggrube versehen zu sein (*petäla in basi foveä nectariferä instructa*). Siehe Fig. 221, *i*, S. 130.

Die Kräuter und Blüthen der Abtheilung der *Ranunculĕae* sind heute nicht mehr officinell. Einige Arten der Gattung *Ranunculus* im frischen Zustande rechnet man zu den scharfen Giften, besonders aber *Ranunculus scelerātus*, Gift-Hahnenfuss. Durch das Trocknen scheint das scharfe Princip verloren zu gehen.

Fig. 539.

Fig. 540.

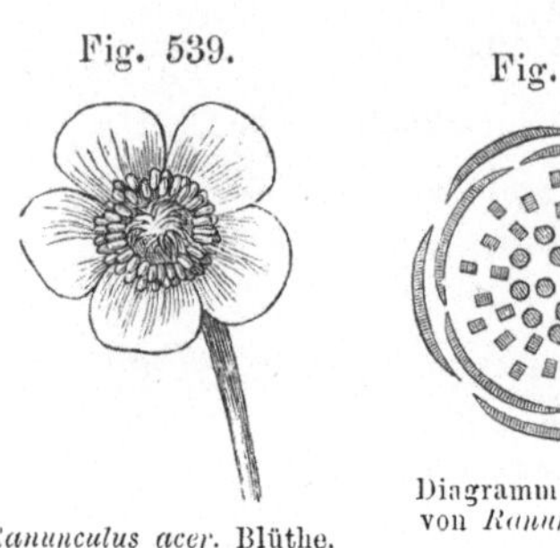

Ranunculus acer. Blüthe.

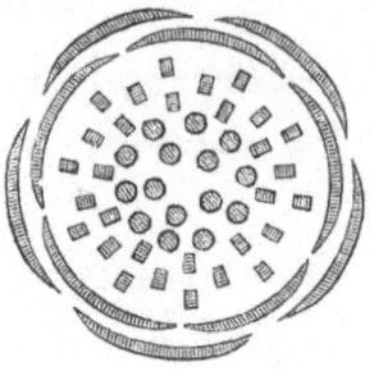

Diagramm der Blüthe von *Ranunculus acer.*

Wichtige Arzneimittel liefert die Unterfamilie *Aconitĕae*, welche man in zwei Gruppen theilt, in *Helleborĕae* (mit nicht flachen Blumenblättern, *petäla non plana*) und in *Paeoniacĕae* (mit flachen Blumenblättern, *corolla planipetäla*). Letztere verdankt ihren Namen der Gattung *Paeonia* (Pfingstrose), deren Art *Paeonia peregrīna* Mill. (Gichtrose) früher Wurzeln, Blumenblätter und Samen in den Arzneischatz lieferte. Die im südlichen Europa heimische *Paeonia corallĭna* Retz liefert nur Samen, welche in Wasser geweicht, auf Fäden gezogen den kleinen Kindern (zur Erleichterung des Zahnens) um den Hals gehängt werden.

Wichtige narkotischscharfe Arzneimittel liefert die Abtheilung der *Helleboreae*.

Der Charakter des *Hellebörus* (Christwurz) bietet folgende wesentliche Merkmale:

Hellebörus.

Kelchblätter 5, oft blumenblattähnlich, bleibend.	*Sepäla quina, saepe petaloïdĕa, persistentia.*
Blumenblätter klein und röhrig.	*Petäla parva et tubulōsa.*
Kapseln frei und kaum mehr denn 5.	*Capsulae libĕrae, vix quinas excedentes.*
Samen zweireihig angeheftet.	*Semina biseriälia.*

Die Gattung *Caltha* (Kuhblume) hat nur ein einfaches und hinfälliges Perigon, *Trollïus*, hinfällige Kelchblätter, kleine, aber genagelte Blumenblätter mit linienförmiger Platte, *Nigella* kleine zweispaltige, *Aquilegia* gespornte, *Delphinïum* 4 ungleiche Blumenblätter, von welchen zwei obere gespornt sind. *Aconĭtum* hat nur 2 Blumenblätter. Man bemerke wohl, dass die Kelchblätter dieser Abtheilung den Blumenblättern ähnlich sind, der Kelch also nicht für die Blumenkrone gehalten werden darf.

Von den Arten des *Helleborus* sind *H. niger* und *H. viridis* für uns wichtig, denn ihre Wurzeln sind im getrockneten Zustande officinell. Die Wurzel der grünen Art ist nur unter dem einfachen Namen *Radix Hellebŏri* von der Preussischen Pharmacopoë aufgenommen. Damit die Wurzeln beider Arten nicht mit einander oder mit anderen ähnlichen aus der Reihe der Ranunculaceen verwechselt werden, sollen an der Handelswaare stets die Blätter sitzen. Beide Arten haben fussförmige wurzelständige Blätter, deren Blättchen (*foliŏla*) bei *H. niger* nur gegen die Spitze entfernt gesägt (*ad apicem remōte serrāta*), bei *H. viridis* aber bis gegen die Basis scharf gesägt (*usque ad basin argūte serrāta*) sind.

Fig. 541.

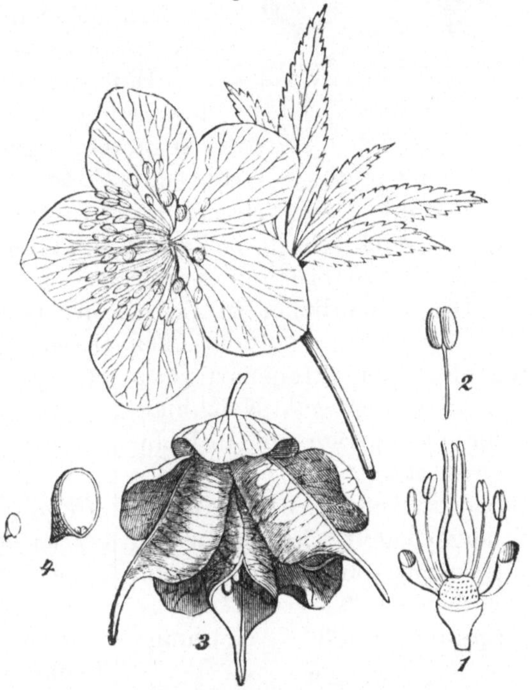

Hellebŏrus virĭdis, grüne Niesswurz. Obere Fig. Blüthe, von oben gesehen. 1. Blüthenboden mit den drei Pistillen in der Mitte, daneben einige Staubgefässe, und aussen auf jeder Seite ein rohriges Blumenblatt. 2. Staubgefäss. 3. Reife Frucht, aus der Kapsel bestehend, schon aufgesprungen. 4. Durchschnitt des Samens in natürlicher Grósse und vergrossert.

Helleborus foetĭdus hat keine Wurzelblätter. Fig. 123, 3, Seite 80, giebt die Gestalt eines fussförmigen Blattes an.

Die Gattung *Hellebŏrus* ist in Gebirgswäldern zu Hause und wird auch von den Gärtnern gezogen, weil viele ihrer Arten im Winter um die Weihnachtszeit blühen (daher auch der Name Christwurz). Aus der Wurzel hat man giftige krystallisirbare Glykoside, Helleborine und Helleboreïne, dargestellt. Die Wirkung ist scharf-drastisch.

Die Gattung *Nigella* (Schwarzkümmel) hat kleine zweispaltige genagelte Blumenblätter (*petala parva, unguiculata, bifĭda*), mit

Fig. 542.

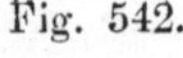

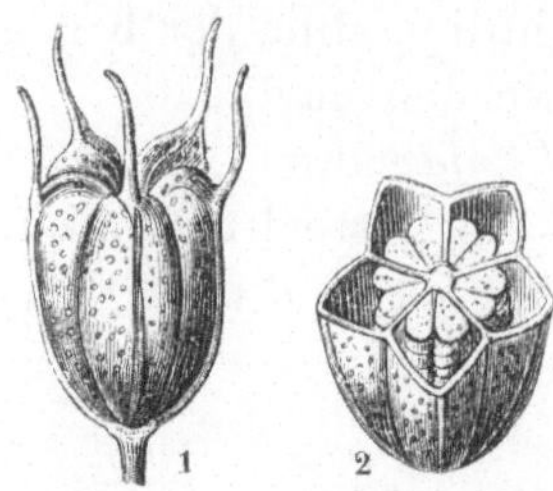

Nigella satīva. 1. *Carpellae connatae.*
2. Querschnitt durch die verwachsenen Carpellen, das *sporophŏrum centrāle adnātum* und die zweireihig gestellten Samen zeigend.

einer Honiggrube am Grunde der Platte,
welche Honiggrube mit einer Schuppe
bedeckt ist (*basis lamĭnae instructa foveā
nectarifĕrā, squamā tectā*). *Nigella satīva*
liefert den schwarzen Kümmel (*Semina Nigellae*), welcher dreikantige Samen nicht mit dem officinellen und nierenförmigen Samen des Stechapfels (*Datūra Stramonĭum*) zu verwechseln ist.

Eine für die Medicin ganz besonders wichtige Gattung ist *Aconītum*, deren in Gebirgen wildwachsende, blau-
und violettblüthige Arten die *Herba Aconīti*, dagegen *Aconītum
Napellus* die *Tubĕra Aconīti* liefern. Beide, Kraut und Wurzel-
knollen, sind scharf narkotisch und enthalten zwei giftige Alkaloïde, Aconitin und Napellin.

Die wesentlichen Merkmale der Gattung sind:

Aconītum.

Kelch blumenkronenartig; 5 unter sich unegale Kelchblätter, das oberste wie ein Helm gewölbt.

Calyx corollacĕus; sepăla quina, inaequalia, summum fornicatum (galĕa, cassis).

Blumenkronenblätter 2, langgenagelt, kappenförmig, gespornt, unter dem Helm verborgen.

Petala bina, longe unguiculăta, cuculliformĭa, calcarāta, sub cas-side occŭlta.

Kapseln, frei, 3—5, vielsamig.

Capsŭlae libĕrae, ternae vel qui-nae, polyspermae.

Fig. 543.

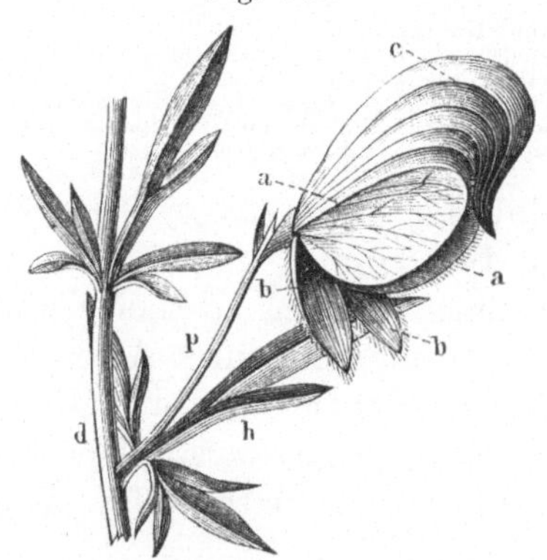

Aconitum Napellus. a c a b der gefärbte blumenartige Kelch; *b b* untere, *a a* seitliche Kelch-
blatter, *c* oberes Kelchblatt oder der Helm
(*galĕa, cassis*).

Die Blüthe von *Aconītum* ist
von einer Gestalt, dass diese Gattung mit keiner andern verwechselt werden kann. Die Gattung
Delphinĭum hat zwar auch unegale
blumenblattähnliche Kelchblätter,
von denen aber das oberste gespornt ist, und 4 ungleiche Blumenblätter, von denen die zwei oberen gespornt sind. Die Spornen
der beiden Blumenblätter werden
von dem Sporne des obersten
Kelchblattes eingeschlossen.

Fig. 544.

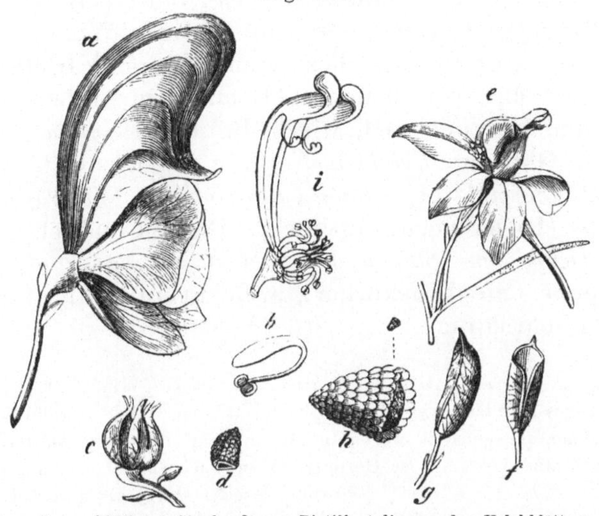

a *Aconītum Cammărum*, Blüthe. *b* Staubgefäss, *c* Pistill, *i* die von den Kelchblättern befreite Blüthe, die zwei Blumenblatter (früher für Nectarien gehalten) zeigend, *d* Same. — *e Delphinium Consolĭda*, Blüthe, *f* Frucht von der Bauchseite, *g* von der Rückenseite gesehen, *h* Same in natürlicher Grösse und vergrossert.

Die für die Pharmacie wichtigsten Aconitarten mit violetten Blüthen (eigentlich violetten Kelchen) sind:

Aconītum Cammărum Jacq. Sehr hoher Helm, an der Stirn unterhalb der Spitze buchtig eingedrückt (*cassis altior, fronte infra apĭcem sinuāto-intrūsa*). Blätter matt oder ohne Glanz.

Aconītum Stoerkeānum Reichenb. Hoher Helm mit convexer Stirn; Blätter auf beiden Seiten glänzend, mit oberer dunkler und unterer heller grün gefärbter Fläche (*cassis alta, fronte convexa; folia utrinque nitĭda, supra profunde viridĭa, subtus pallidiōra*). Karpellen zusammenneigend (*carpella conniventia*).

Aconītum Napellus L. Niedriger Helm; Karpellen divergirend (*carpellae divergentes*).

Diese drei Arten haben Knollenwurzeln, es sollen aber nur die Knollen von *Aconītum Napellus* gesammelt werden, welche auf der Querschnittfläche einen strahligen Holzring mit sehr vorgestreckten Strahlen zeigen. Die Knollen von *A. Cammărum* sind kleiner und die Strahlen des Holzringes sind weniger vorgestreckt. Bei den Knollen des *A. Stoerkeānum* ist der Holzring stumpfkantig, nicht sternförmig. Die Aconitknollen werden besonders im südlichen Deutschland gesammelt.

Fig. 545.

Frucht von *Aconītum Napellus. Carpellae divergentes.*

Gelbblühende Arten sind *Aconītum Anthōra* L. mit rübenförmiger Wurzel), *A. Lycoctŏnum* (mit fasriger Wurzel).

Durch Hybridität entstehen eine Menge Varietäten und Unterarten, welche von manchen Botanikern als eigne Arten aufgestellt und benannt sind, wie z. B. *A. variegātum.*

Von der Gattung *Delphinĭum* waren früher die blauen Blüthen von *D. Consolĭda* als *Flores Calcatrippae s. Calcitrăpae s. Consolĭdae regālis* (Rittersporn) officinell. Das im südlichen Europa heimische *Delphinĭum Staphisagrĭa* liefert *Semĭna Staphisagriae s. Staphĭdis agriae* (Stephanskörner), welche ein giftiges Alkaloïd, D e l p h i n i n, enthalten.

Bemerkungen. *Anemōne*, Gen. *es*, *f.* griech. ἀνεμώνη, (Windröschen), abgeleitet von ἄνεμος (anemos), Wind, weil die Blüthe leicht vom Winde entblättert wird. — *Ranuncŭlus*, Hahnenfuss genannt wegen der handförmig getheilten Blätter, von *rana*, der Frosch, weil die Arten dieser Gattung da zu wachsen pflegen, wo die Frösche sich aufhalten. — *Hellebŏrus*, *i*, *m.*, Nieswurz, griech. ἐλλέβορος, galt bei den Alten als Mittel bei wenigem Verstand, gegen Wahnsinn und Epilepsie. — *Aconītum*, griech. ἀκόνιτον, nach der Sage aus dem Schaume des Cerberus entstanden, war ein den Alten bekanntes Gift. Der Name ist entweder von ἀκονάω (akonaö), schärfen, abgeleitet, um die Schärfe des Giftes zu bezeichnen, oder von dem Standorte: ἐν ἀκόναις (en akonais), auf schroffen Felsen. — *Cammārum*, von κάμμαρος, Hummer. *Napellus*, Deminutiv von *napus*, die Rübe. — *Delphinĭum*, Rittersporn, wegen des Spornes an der Blüthe; δελφίν (delphin), ein Delphin, auch ein spornähnliches Instrument an den Schiffen, die feindlichen in den Grund zu bohren. — *Nigella*, von *niger*, schwarz. — *Hepatĭca* wurde diese Pflanze schon von den Römern genannt, welche in den dreilappigen leberfarbigen Blättern eine Andeutung als Lebermittel zu erkennen glaubten.

Die Blumenkronenblätter sind der Kürze halber bald B l u m e n b l ä t t e r, bald K r o n e n b l ä t t e r genannt, ein Unterschied zwischen beiden sonst gebräuchlichen Bezeichnungen findet also nicht statt.

Lection 89.

Magnoliaceen. Menispermaceen.

Den Ranunculaceen stehen die Magnoliaceen (*Magnoliacĕae*) am nächsten. Diese Pflanzenfamilie verdankt ihren Namen der Gattung *Magnolĭa*, deren Arten herrliche Zierden der Wälder der südlichen Freistaaten Nordamerika's sind. Viele der Magnolien sind mächtige Bäume mit breiten pyramidalen Kronen, und erreichen eine Höhe von 60 bis 80 Fuss. An den Enden der dünnen Aeste stehen grosse ovale, oberhalb glänzende, immergrüne Blätter und dazwischen oft tellergrosse, blendendweisse, gelbliche oder röthliche Blüthen. An den zapfenförmigen Früchten hängen zur Zeit der Reife beerenartige Samen an zolllangen weissen Fäden aus den zweiklappig aufgesprungenen Kapseln heraus. Eine bei uns in Gärten zuweilen gezogene, in Nordamerika heimische Magnoliacee ist der sogenannte Tulpenbaum (*Liriodendron tulipifera*), dessen Rinde (*Cortex Liriodendri*) tonisirende Kräfte zugeschrieben werden.

Fig. 546.

Fruchtstand der *Magnolia grandiflora*. *a* Eine einzelne Kapsel, *b* im Langsschnitt die Samen zeigend. (Verkl.)

Die Magnoliaceen sind Sträucher oder Bäume und unterscheiden sich ausserdem noch von den Ranunculaceen, dass sie z. B. abfallende Nebenblätter und wechselständige fiedernervige Blätter haben. Die Ranunculaceen sind dagegen Kräuter oder Halbsträucher, ferner nebenblattlos und haben an der Basis scheidige Blätter.

Die Magnoliaceen zerfallen in zwei Unterfamilien, in Magnolieen und Wintereen. Bei den Magnolieen sind die Carpellen in einen Zapfen oder eine Achre zusammengestellt, und die Blätter sind ohne drüsige Punkte,

Fig. 547.

Frucht von *Illicium anisatum*, Sternanis.

bei den Wintereen (*Winteraceae* Lindley) stehen die Carpellen in einem Wirtel, und die Blätter sind drüsig punktirt.

Magnolieae.	*Winteraceae.*
Carpella multa spicatim disposita.	*Carpella verticillatim disposita. Fo-*
Folia non pellucido-punctata.	*lia pellucido-punctata.*

Nur die Wintereen bieten ein pharmakologisches Interesse, denn erstens verdanken sie ihren Namen einer vor Zeiten einmal in den Handel gekommenen aromatischen Rinde (*Cortex Winteranus verus*), welche einem südamerikanischen Baume, *Drimys Winteri Forster*, entnommen war, jetzt aber nicht mehr in den Handel kommt. Die Droguisten substituiren dieser Rinde entweder die weisse Zimmtrinde (*Canella alba*) oder die Rinde von *Cinnamodendron corticosum*, gewöhnlich falsche *Winter*'sche Rinde (*Cortex Winteranus spurius*) genannt. Zweitens liefert eine Winteree, *Illicĭum anisatum Loureiro*, in ihren Früchten den Sternanis oder Badian (*Fructus Anīsi stellati*).

Illicĭum anisātum Loureiro ist ein in China einheimischer Baum, von der Grösse unseres Kirschbaumes. Seine Früchte bestehen aus circa 8 horizontal in einen Wirtel gestellten, der Länge nach aufspringenden, steinfruchtartigen Carpellen, von denen ein jedes Carpell einsamig ist. Die Samen sind von einer schaligen harten glänzenden Samenhaut eingeschlossen. Die Carpellschalen enthalten flüchtiges anisartig schmeckendes Oel, die Samen nicht.

Den Ranunculaceen entfernter stehend ist die Familie der Menispermaceen (*Menispermaceae*), obgleich sie im *Endlicher'*schen System auch zu der Cohorte der *Dialypetälae* und der Klasse der *Polycarpicae* gehören.

Die sehr kleinen Blüthen sind diclinisch oder diöcisch, die Gattungen der Familie zählen also zur *Linné'*schen *Dioecia* (22. Klasse), während die Ranunculaceen und Magnoliaceen ihren Platz in der *Polyandria* (13. Klasse) haben. Bei einigen Menispermaceen sind die den Blumenblättern gegenüberstehenden Staubgefässe zum Theil adelphisch oder alle zu einer centralen Säule verwachsen. In der Zahl stimmen Kelchblätter, Blumenblätter und Staubblätter überein, oder letztere sind ein Multiplum von der Zahl der Blumenblätter. Carpellen sind zahlreich, entweder am Grunde mit einander verwachsen, oder einzeln. Die Eichen sind campylotrop (krummläufig). Die Frucht bildet eine einsamige Beere oder Steinfrucht.

Menispermaceen sind *Coccŭlus palmātus* und *Anamīrta Coccŭlus Wight et Arnott*.

Coccŭlus palmatus DC. oder *Menispermum palmātum Lamark*, handförmigblättrige Columbo, ist eine strauchartige, in den Wäldern von Mozambique wildwachsende, auf Ceylon angebaute Pflanze, welche die Columbowurzel (*Radix Columbo s. Colombo s. Calumbae*) liefert. Diese Wurzel ist sehr bitter und besitzt kräftig tonische Eigenschaften, welche sie besonders einem Gehalt an krystallisirbarem Bitterstoff, Columbine, und einem gelben Alkaloïd, dem Berberin, verdankt. Das Berberin wurde zuerst in

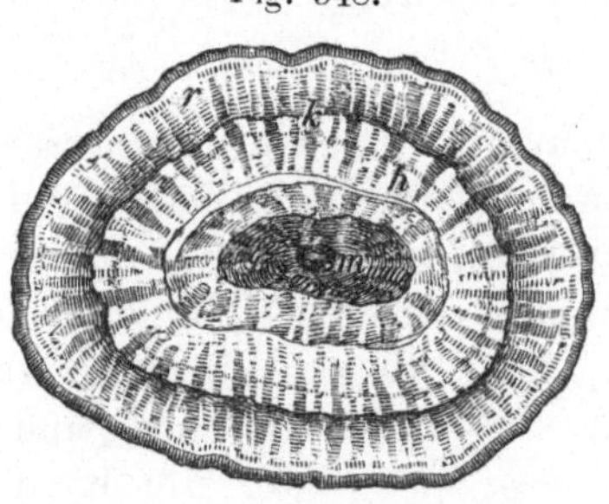

Fig. 548.

Oberfläche einer trocknen Querscheibe der *Radix Columbo* (von *Cocculus palmatus DC.*). *r* Rinde, *k* Cambiumring, *h* Holz.

der Wurzel des Berberitzenstrauches (*Berbĕris vulgaris*) aufgefunden.

Anamīrta Coccŭlus Wight et Arn, s. Menispermum Coccŭlus L., ein Schlingstrauch Südasiens und der Sundainseln, liefert in seinen Früchten die sogenannten Kokkelskörner, Fischkörner (*Fructus Coccŭli*), welche einen zu den tetanischen Mitteln gehörenden giftigen Bitterstoff, Pikrotoxine, enthalten, und von englischen Brauern zur Schärfung des Bieres, auch hin und wieder als Betäubungsmittel der Fische angewendet werden.

Früher wurden *Coccŭlus palmatus* und *Anamīrta Coccŭlus* in die Gattung *Menispērmum* zusammengelegt, doch die sechs freien Staubgefässe bei *Coccŭlus* und die zu einer an der Spitze sich verbreiternden Säule verwachsenen zahlreichen Staubgefässe der Anamirta machten eine Trennung in zwei Gattungen nothwendig.

Bemerkungen. Jeder krystallisirbare organische Stoff, welchen die deutschen Chemiker aus einer Pflanze abschieden, er mochte nun ein indifferenter Bitterstoff, ein Glykosid oder ein Alkaloid sein, erhielt seinen Namen mit der Endung „in". Ein solches Verfahren ist aber keineswegs lobenswerth und der wissenschaftlichen Behandlung des Gegenstandes entsprechend. Desshalb sind in dem vorliegenden Werke diese auf „in" sich endigenden Namen, wenn sie indifferente Stoffe, Bitterstoffe, Glykoside bezeichnen, mit der weiblichen Endung „ine" versehen, und haben alle Alkaloïde die sächliche Endung „in" beibehalten. Diese Aenderung in dem gewohnten Gebrauch ist unerheblich, da auch die französischen Chemiker die Endung „ine" für die Namen indifferenter und alkaloïdischer Stoffe gebrauchen, diese also keine neue ist.

Drimys, Gewürzrindenbaum, d. griech. ὀριμύς, scharf, stechend. — *Illicium*, abgeleitet von *illicio, illexi, illectum, ĕre*, anlocken, lüstern machen, wegen des süsslichen angenehmen Anisgeschmackes der Früchte. — *Menispermum*, mondförmiger Same, gebildet aus μηνίς, ίδος (mänis, idos) mondförmiger Körper, und σπέρμα (sperma), Same, weil der Samenkern sowohl im Längs- wie im Querschnitt eine halbmondförmige Schnittfläche zeigt. —

Coccŭlus ist das Deminutiv von *coccus* (Beere) und desshalb gewählt, weil die purpurrothen Steinfrüchte der *Anamirta* zu 200 - 300 in einer Traube zusammensitzen. — *Tetānus*, Starrkrampf.

Lection 90.

Berberideen.

Die Berberideen (*Berberidacĕae*) zählen zu der Cohorte der *Dialypetălae* und der Klasse der *Polycarpĭcae* des *Endlicher*'schen Systems. Die wesentlichsten Merkmale sind:

Berberidaceae.

Dornige Sträucher oder perenirende Krautgewächse.	*Frutĭces spinōsi vel herbae perennes.*
Kelchblätter farbig, in doppelter Reihe und abwechselnd stehend.	*Sepăla colorata, in seriem duplicem alternatim disposita.*
Blumenblätter soviel wie Kelchblätter, diesen gegenüberstehend, an der Basis mit Nectardrüsen.	*Petăla tot quot sepala, his opposita, in basi glandŭlis vel parapetălis instructa.*
Staubgefässe soviel als Blumenblätter, diesen gegenüberstehend.	*Stamĭna tot quot petala, iisdem opposita.*
Staubbeutel mit zwei von einanderstehenden Fächern, zweiklappig aufspringend.	*Antherae loculos duos distantes continentes, valvulis duabus dehiscentes.*
Fruchtknoten, einfächerig, frei.	*Germen (ovarium) uniloculare. liberum.*
Eichen gegenläufig, 2—12, aufrecht oder aufsteigend.	*Ovŭla anatrŏpa, bina ad duodena, erecta vel adscendentia.*
Griffel sehr kurz oder Narbe fast sitzend.	*Stylus brevissimus vel stigma fere sessĭle.*
Frucht eine 1—3samige Kapsel oder Beere.	*Fructus capsula vel barca mono-, bi- vel trisperma.*

Diese Familie hat also eine Menge sehr charakteristischer Merkmale, dazu kommt noch die Stellung der Blätter in Büscheln und eine auffallende Sensibilität der Staubgefässe, welche berührt sich gegen die Narbe neigen und ihre Klappen aufspreitzen.

Eine bei uns heimische Berberidee ist *Berbĕris vulgaris*, gemeiner Sauerdorn, Berberitze, deren Wurzel das alkaloïdische Berberin enthält. Aus dem Safte der Beerenfrüchte wird ein Syrup (*Syrŭpus Berberĭdum*) bereitet.

Gattungsmerkmale der Berberitze sind:

Berbĕris.

Kelch 6blättrig.	*Calyx hexaphyllus.*
Blumenblätter 6, innen gegen die Basis zweidrüsig.	*Petala sena, intus ad basin biglandulōsa.*
Fruchtknoten 2eiig.	*Germen biovulatum.*
Beere 1—2samig.	*Bacca mono- vel disperma.*

Die wesentlichen Merkmale der Species sind:

Berbĕris vulgăris, Berberitze.

Stengel mit dornigen Aesten; Dornen dreitheilig, unter den Blattbüscheln stehend, aus Blättern entstehend.

Caulis ramis spinescentibus, spinis tripartītis, sub fasciculis foliōrum, e foliis abortīvis.

Blätter verkehrt-eirund-länglich, feindornig-gesägt, in Büschel gestellt.

Folĭa obováto-oblonga, spinulōso-serrulata, fasciculos formantĭa.

Blüthentrauben vielblüthig, aus der Mitte der Blattbüschel hervortretend und hängend.

Racēmi multiflōri, ex medio fasciculōrum singulorum exstantes et pendŭli.

Blüthen gelb. Beeren länglich und scharlachroth, von säuerlichem Geschmack.

Flores flavi. Baccae oblongae coccinĕae, saporis acidŭli.

Fig. 548.

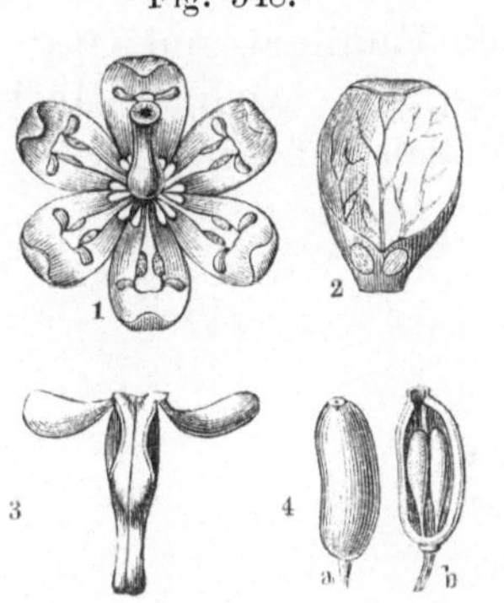

Fig. 549.

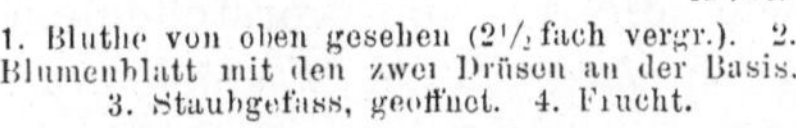

Berberis vulgăris.

1. Bluthe von oben gesehen (2½ fach vergr.). 2. Blumenblatt mit den zwei Drüsen an der Basis. 3. Staubgefass, geoffnet. 4. Frucht. — Blätterbüschel, unter demselben der dreitheilige Dorn (*a*).

Eine amerikanische Berberidee ist *Podophyllum peltatum*, schildförmiges Fussblatt, aus dessen Wurzeln ein harzähnlicher Stoff, Podophylline, ausgezogen wird, welcher schon in Gaben von 3 bis 5 Centigramm heftig brechenerregend und abführend wirkt, und in Nordamerika und in England officinell ist.

Ueberblicken wir die Familien, welche wir in den vorhergehenden Lectionen kennen lernten, und welche zu der *Endlicher*'schen Cohorte der Freiblumenblättrigen oder *Diälypetälae* und zur Classe der Vielfrüchtigen oder *Polycarpĭcae*, in dem *Decandolle*'schen System aber zu den Fruchtbodenblüthigen oder

Thalämiflörae gehören, so finden wir auch in Betreff des Habitus unterscheidende Charaktere.

Die Ranunculaceen haben z. B. zerstreut stehende, an der Basis scheidige, nebenblattlose Blätter, die Magnoliaceen dagegen abwechselnd stehende (*folia alterna*) Blätter und Nebenblätter, die Menispermaceen zwar auch wie die Ranunculaceen zerstreut stehende nebenblattlose, aber am Grunde nicht scheidige Blätter. Ranunculaceen und Magnoliaceen haben polyandrische Zwitterblüthen, dagegen die Menispermeen diclinische oder diöcische und dazu noch sehr kleine Blüthen.

Dies ist ein kurzes Beispiel, um die Weise zu zeigen, in welcher man die diagnostische Botanik studiren soll. Durch wiederholte Vergleichung der Charakteristik der verwandten Familien und Arten allein lassen sich Erfolge im Studium erzielen. Es ist gerade nicht nothwendig, jedes allgemeine Merkmal einer Familie und Pflanze zu kennen, man lege aber einen besonderen Werth auf die Kenntniss der wesentlichen Merkmale, durch welche sich nahestehende Familien und Gattungen von einander unterscheiden, und suche die einzelnen Merkmale an eingelegten oder abgebildeten Pflanzen aufzufinden.

Lection 91.

Papaveraceen, Mohngewächse.

Die Papaveraceen gehören wie die in den vorstehenden Lectionen besprochenen Familien zu *Decandolle*'s *Thalämiflörae*, in dem *Endlicher*'schen System gehören sie zwar auch noch zu der Cohorte der Dialypetalen, aber in die Klasse der *Rhoeädes* (*Rhoeadĕae*), welche sich durch vollständige Blüthen mit freiem abfallendem Kelch, dem Fruchtboden eingefügte freie Blumenblätter, hypogynische, freie oder einbrüdrige Staubgefässe und durch einen 1—2 fächrigen, ein- bis vieleiigen Fruchtknoten von den anderen Klassen unterscheidet. In der Klasse der *Rhoeades* finden wir auch die grosse Familie der Cruciferen (Kreuzblüthler).

Die wesentlichen Merkmale der Familie der Mohngewächse sind folgende:

Papaveraceae.

Krautartige Gewächse mit weissem oder gefärbtem Milchsaft.	*Herbae lactescentes cum succo albo aut colorato.*
Blätter zerstreut.	*Folia sparsa.*
Kelchblätter 2 und hinfällig.	*Sepăla bina, cadūca.*
Blumenblätter 4, seltner 6, 8 oder 12; Blumenkrone regelmässig; Blüthendeckenlage gedreht-zusammengefaltet.	*Petăla quaterna, rarius sena, octona vel duodena; corolla regularis; praefloratio contortuplicata.*
Staubgefässe meist zahlreich, frei.	*Stamĭna plerumque numerŏsa, libĕra.*
Fruchtknoten einfächerig, vieleiig.	*Germen uniloculare, multiovulatum.*
Eichen gegenläufig oder halbgekrümmt an wandständigen Samenträgern, welche an Zahl den Narben gleich mit diesen abwechselnd stehen.	*Ovŭla anatrŏpa vel hemitrŏpa, affixa sporophŏris parietalibus, numero stigmata aequantibus. Sporophora stigmatĭbus alterna.*
Frucht meist eine 1fächrige Kapsel oder schotenförmig.	*Fructus plerumque capsularis unilocularis vel siliquaceus.*
Samen klein, eiweisshaltend, mit sehr kleinem vom Eiweisse umschlossenen Keime.	*Semĭna parva, albuminosa; embryo minĭmus albumĭni inclusus.*

Papaveraceen von pharmacologischem Werthe sind *Papăver somnifĕrum*, *Papaver Rhoeas* und *Chelidonĭum majus*, also zwei Gattungen mit sehr charakteristischen Unterscheidungsmerkmalen.

Papăver.

Narbe sitzend strahlig.	*Stigma sessĭle, radĭans.*
Kapsel einfächerig, vielsamig; die wandständigen Samenträger bilden echte Scheidewände. Kapsel häufig unter der Narbe mit Löchern aufspringend.	*Capsula unilocularis, polysperma; sporophŏra parietalia, formantia dissepimenta vera. Capsula saepe sub stigmăte poris dehiscens.*

Die Samenträger sind bei der Mohnfrucht zugleich die Ränder der mit einander verwachsenen Karpellblätter, aus denen sich das Pistill bildete. Scheidewände, welche durch Verwachsung von Karpellblättern entstehen, sind stets echte. Die Zahl der Fächer entspricht der Zahl der Strahlen der Narbe. Zur Zeit der Reife schlagen sich bei einigen Mohnvarietäten dicht

Fig. 551.

Durchschnitt des Pistills von *Papaver somniferum*, als Beispiel eines vielgliedrigen Pistills und echter Scheidewände.

unter der Narbe die Spitzen der ursprünglichen Karpellblätter zurück, und es entstehen dadurch so viele Löcher, als die Kapsel Fächer hat. Aus den Löchern fällt der Same heraus.

Die Arten der Gattung *Papaver* lassen sich je nach Beschaffenheit der Kapsel eintheilen in eine Gruppe mit glatter kahler Kapsel (*capsula glabra*), und mit borstenhaariger Kapsel (*capsula hispida*).

Die kahle und glatte Kapsel findet man bei *Papaver somniferum*, *P. Rhoeas*, *P. dubium*, die borstenhaarige bei *P. Argemone*, *P. hybridum*.

Papaver somniferum unterscheidet sich von anderen Arten durch einen glatten Stengel, stengelumfassende Blätter, mit abstehenden Haaren besetzte Blüthenstiele und eine kahle, mehr oder weniger kugelige Kapsel.

Papaver somniferum differt a reliquis speciebus sui generis: caule glabro, foliis amplexicaulibus, pedunculis pilis patentibus obsitis et capsulä subglobōsä glabrä.

Fig. 552.

Frucht von *Papaver somniferum*, *Variet. nigrum*. Links die Narbe.

Diese im Orient heimische, bei uns viel cultivirte Mohnart kennt man in zwei Varietäten.

Variëtas α. nigrum trägt kugelige Kapseln, welche sich unter der Narbe in Löchern öffnen, hat schwarze oder schwarzbläuliche Samen und meist purpurrothe Blüthen (*capsulae globosae, sub stigmäte foraminibus dehiscentes; semina nigra vel e caeruleo nigra; petala plerumque purpurëa*).

Variëtas β. album trägt kugelig-eiförmige Kapseln mit keinen oder doch undeutlichen Löchern unter der Narbe; Blumenblätter und Samen sind weiss (*capsulae ovato-globosae; foramina sub stigmäte nulla aut obliterata; petäla et semina alba*).

Die Varietät *Papaver somniferum album* liefert in den Arzneischatz die nicht völlig reifen Fruchtkapseln als sogenannte **Mohnköpfe** (*Capita Papaveris*) und den Samen, **Mohnsamen** (*Semen Papaveris*). Erstere werden zu Cataplasmen, letztere zu Emul-

sionen und zur Darstellung des Mohnöls (*Olĕum Papavĕris*) ver-
braucht. Das Mohnöl ist ein trocknendes Oel und wird durch
Auspressen der Samen gewonnen.

Das wichtigste Medicament, welches die Mohnpflanze liefert, ist das *Opĭum*, welches in grossen Massen im Orient gewonnen wird, indem man in die unreifen Fruchtkapseln wiederholt mit einem vielschneidigen Messer Einschnitte macht und
am anderen Tage den aus den Wunden hervorgetretenen und
halbgetrockneten Milchsaft sammelt. Dieser wird in Kuchen
geformt in den Handel gebracht. Das aus Smyrna kommende,
Smyrnaopium, auch das Constantinopolitanische, welche Sorten
10—14 Proc. Morphin enthalten, sind allein zum Arzneigebrauch
geeignet. Die anderen schlechteren Sorten, das Aegyptische, Per-
sische, Ostindische Opium, bilden einen bedeutenden Handels-
artikel Asiens, wo sie als Aufregungsmittel theils genossen,
theils geraucht werden. Das im südlichen Frankreich und Algier
gewonnene Opium (*Aff'ium* genannt) enthält circa 10 Proc., das in
England gewonnene sogar bis 18 Proc. Morphin. Letztere Sorte
wird zur Verbesserung schlechter Sorten verwendet. Das Opium
enthält mehrere Alkaloïde, unter welchen Morphin das medici-
nisch wichtigste ist, dann Narcotin, Co-
deïn, Thebaïn, Pa-
paverin, Narceïn,
Pseudomorphin etc.
Eine besondere Säure
im Opium ist die Me-
consäure.

Das Klima hat auf
die Beschaffenheit des
Opiums einen we-
sentlichen Einfluss,
denn die in Klein-
asien angebaute Mohn-
pflanze und die in
Persien, Aegypten,
Deutschland, Nord-
Frankreich angebaute
sind eine und dieselbe.

Papaver Rhoeas, des-
sen Blumenblätter
frisch und trocken

Fig. 553.

Fig. 554.

Papaver Rhoeas.
1 Blüthe im Aufbre-
chen. *Praefloratio
contorto-plicata.*

Fig. 555.

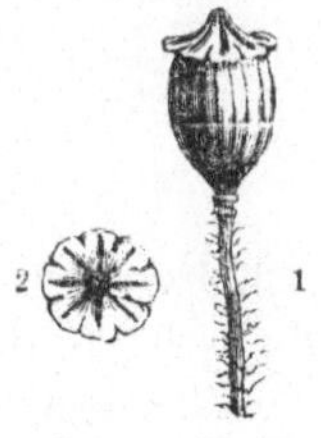

Papaver Rhoeas.
1. Kapselfrucht.
2. Narbe von oben
gesehen.

Papaver Rhoeas. *a* Blüthe von oben gesehen, *b* Blüthenknospe. (½ Gr.).

officinell und unter dem Namen Klatschrosenblätter (*Petála Rhoeados; Flores Rhoeadis s. Papavéris erratĭci*) bekannt sind, unterscheidet sich durch Stengel und Blüthenstiel, welche mit abstehenden Borsten besetzt sind, und durch eine kleine, verkehrt eirunde, krugförmige, kahle Kapsel. (*Caules et pedunculi setis patentibus obsĭti; capsula obovato-urceolata glabra*).

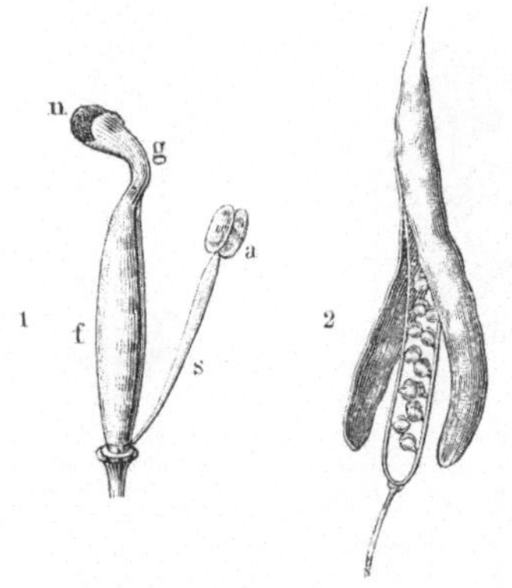

Fig. 556.

Fig. 557.

Papaver dubĭum. Capsula clavata glabra. Pedunculi setis adpressis obsĭti.

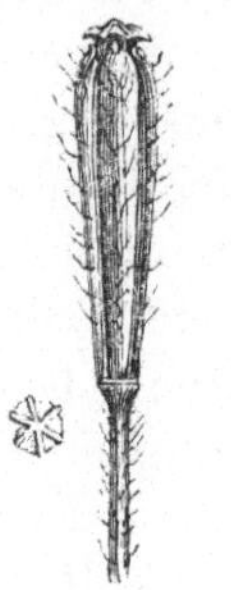

Papaver Argemōne Capsula elongato-clavata setis arrectis hispĭda. Pedunculi adpresso-hispĭdi.

Fig. 558.

Chelidonium majus. 1. Pistill mit zweilappiger Narbe. *s* Staubgefäss. 2. *Capsula siliquacéa a basi ad apicem complēte dehiscens. Dehiscentĭa fenestrālis.* (1 und 2 vergr.)

Papaver dubĭum hat dagegen Blüthenstiele mit anliegenden Borsten und keulenförmige Kapseln (*pedunculi setis adpressis obsĭti et capsulae clavatae glabrae*), und *Papaver Argemōne* (Sandmohn) hat Blüthenstiele mit anliegenden steifen Haaren und eine durch aufwärtsstehende steife Borsten rauhe, lange, keulenförmige Kapsel (*pedunculi adpresso-hispĭdi; capsula elongato-clavata, setis arrectis hispĭda*).

Die Klatschrosenblumenblätter sind scharlachblutroth, am Grunde schwarzviolett, den Blumenblättern des Sandmohns ähnlich, aber weit kleiner.

Chelidonĭum majus, Schöllkraut, wächst durch ganz Europa an wüsten Stellen. Der Saft wird zu einem Extrakt (*Extractum Chelidonii*) verarbeitet, oder aus dem frischen Kraute eine Tinktur gemacht.

Die Gattung *Chelidonĭum* unterscheidet sich von der Gattung *Papaver* hinreichend durch die schotenförmige Frucht und das fensterartige Aufspringen derselben.

Chelidonĭum.

Narbe zweilappig.
Frucht einfächrig, mehrsamig, schotenförmig, zweiklappig. Beim Aufspringen lösen sich die Klappen von der Basis

Stigma bilŏbum.

Fructus unilocularis, pleiospermus, siliquaceus, bivalvis, dehiscens valvis a basi ad apicem se revellentĭbus, sporophora duo post

zur Spitze, und die Samenträger
bleiben nach dem Aufspringen
wie ein Rahmen stehen.

*dehiscentiam repli instar persi-
stentia.*

Fig. 559.

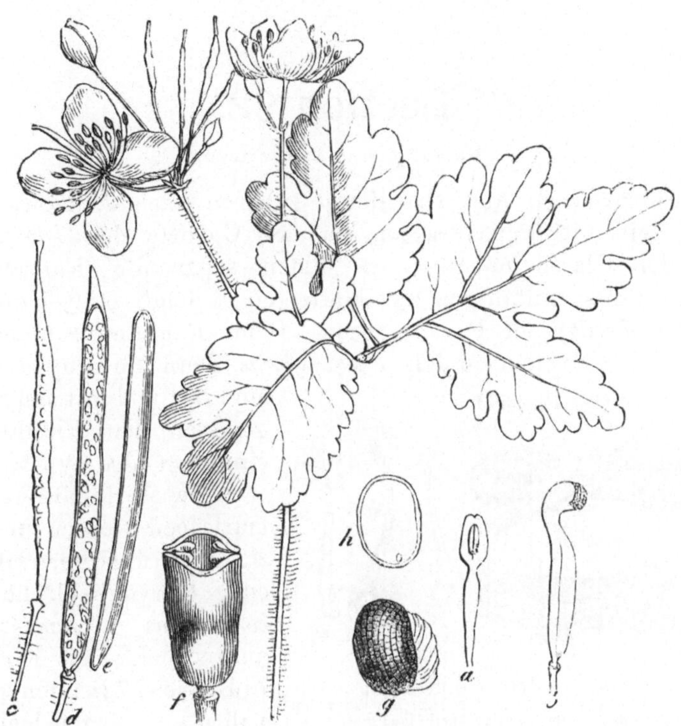

Chelidonium majus. Zweig mit Blüthenstand. *a* Staubgefass, *b* Pistill, *c* Frucht, *d* Frucht nach Entfernung der Klappen, *e* eine Fruchtklappe, *f* Querschnitt einer Frucht (vergr.), *g* Samen (vergr.) mit
der (rechts) daran sichtbaren kammformigen Fadenschwiele (*strophiola cristata*), entstanden aus einer
Wucherung des Nabelstranges, *h* Langsdurchschnitt des Samens, den sehr kleinen geraden Embryo
zeigend.

Die Art *Chelidonium majus* ist an ihren gelben Blüthen, dem
doldenartigen Blüthenstande, den fiedertheiligen Blättern und
dem safrangelben Milchsafte zu erkennen. *Flores lutei pedunculis umbellatis; folia pinnatipartīta; planta croceo-lactescens.* ♃ (d. i.
Staudengewächs, *planta perennis; herba redivīva*).

Der gelbe Milchsaft des frischen Schöllkrautes enthält zwei
alkaloidische Stoffe, Chelidonin und Chelerythrin, einen
gelben Bitterstoff Chelidoxanthine, Chelidonsäure etc. Das
Chelerythrin hat narkotische Eigenschaften.

Papaver somnifĕrum ist auf seiner ganzen Oberfläche, bei
Chelidonium majus nur die Unterfläche der Blätter bläulich grün
(*glaucum*) oder gleichsam bläulich grün bereift (*glauco-pruinōsum*).

Diese Färbung wird hier nicht durch einen wachsartigen Ueberzug veranlasst, sondern durch eine aussergewöhnlich dicke und weniger durchsichtige Cuticula, denn unter der Epidermis befindet sich eine lebhaft dunkelgrüne Zellschicht.

Lection 92.

Fumariaceen. Cruciferen.

Fumariaceen und Cruciferen gehören nach *Endlicher*'s System wie die Papaveraceen zu der Cohorte der *Dialypetălae* und der Klasse *Rhoeădes*, es bilden sogar die Fumariaceen wegen ihres hinfälligen zweiblättrigen Kelches eine Unterordnung (*subordo*) der Papaveraceen. Beide Familien zählen nach *Decandolle*'s System zu den *Thalamiflorae*, denn die Blumenblätter sind frei und mit den Staubgefässen dem Fruchtboden eingefügt, also hypogynisch.

Die Merkmale der Fumariaceen werden im Ganzen durch die Fumariablüthe oder Corydalisblüthe (*flos corydalĭnus s. fumarioŭdĕus*) ausgedrückt, wie wir diese in Lection 57 kennen gelernt haben, es mag jedoch hier ein vollständigeres Signalement der Familie folgen.

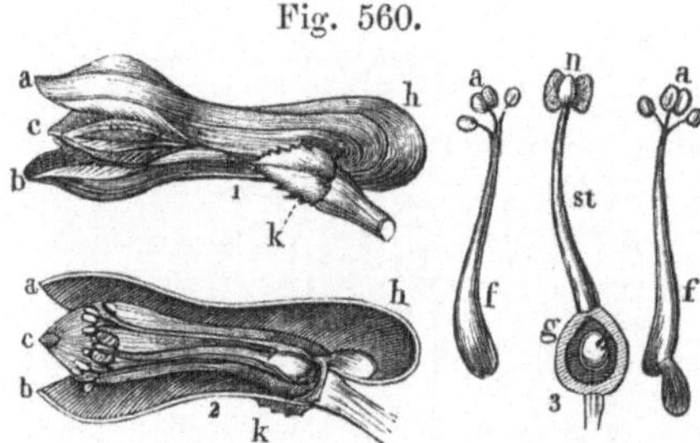

Fig. 560.

Flos fumarioïdëus s. corydalĭnus. 1. Blüthe von *Fumaria officinālis* (Erdrauch). Vergr. *a* oberes, *b* unteres Blumenblatt, *k* Kelch, *h* der höckrige Theil (*pars gibbōsa*) der äusseren Blumenblätter, *e* seitliche oder innere Blumenblätter. 2. Die Blüthe im Verticalschnitt. 3. Die diadelphischen Staubgefässe (*f.f*), von welchen das obere Bündel am Grunde einen Sporn trägt, und *g* Stempel.

Fumariaceae.

Krautpflanzen mit wässrigem Safte.	*Herbae succum aquaticum praebentes.*
Blätter zerstreut stehend, getheilt.	*Folia sparsa, partīta.*
Kelch 2-blätterig, abfallend.	*Calyx diphyllus, deciduus.*
Blumenkrone unregelmässig, 4-blätterig, lippig; 2 äussere Blätter die grösseren, oft mit einem Höcker oder Sporn; 2 innere Blätter an ihrer Spitze durch eine Drüse zusammengeklebt.	*Corolla irregulāris, tetrapetăla, labiosa; petala duo exteriōra majōra, saepe gibbosa vel calcarata; petăla duo interiōra in apĭce glandŭlā conglutināta.*

Staubgefässe 6, zweibrüderig; Bündel gleich, den äusseren Blumenblättern gegenüberstehend. Die seitlichen Staubbeutel der Bündel 1 fächerig.	*Stamina sena, diadelpha, phalanges aequales constituentĭa, quae sunt petalis exterioribus oppositae. Antherae cujusque phalangis laterales sunt uniloculares.*
Pistill, 1-fächriger Fruchtknoten; Eichen einzeln oder mehrere, halbgekrümmt oder krummläufig; Griffel fadenförmig.	*Pistillum. Germen uniloculare; ovula solitaria aut plura, hemitrŏpa, aut campÿlotrŏpa; stylus filiformis.*
Frucht saftlos, vielsamig, zweiklappig, oder 1-samig und nicht aufspringend.	*Fructus exsuccus, polyspermus, bivalvis, aut monospermus et non dehiscens.*
Samen mit Eiweiss und meist mit einer Fadenschwiele.	*Semina albuminosa, plerumque strophĭŏlā munīta.*

Die diadelphischen Staubgefässe und die Zahl der Staubbeutel zeigen an, dass die Glieder der Familie der Fumariaceen der *Linné*'schen *Diadelphia Hexandria* (Kl. XVII, Ord. 3) angehören.

Unter den Fumariaceen liefert nur noch der **Erdrauch** (*Fumarĭa officinālis*) einen arzneilich gebrauchten Stoff, das getrocknete blühende Kraut (*Herba Fumariae*), welches Bitterstoff (Fumarine) und Fumarsäure enthält. Von der Gattung *Corydălis*, welche ausnahmsweise einen monokotylen Embryo hat, gaben früher *C. cava Schweigg.* und *C. fabacĕa Pers.* die **Osterluzeiwurzel, Hohlwurz** (*Tubĕra s. Radix Aristolochĭae cavae*) und die **Bäumchenhohlwurzel, runde Hohlwurzel** (*Tubĕra s. Radix Aristolochĭae fabaceae*).

Die Gattung *Fumaria* unterscheidet sich durch ein 1-samiges, nussartiges, nicht aufspringendes Schötchen (*silicŭla monosperma nucamentacĕa indehiscens*), die Gattung *Corydălis* durch eine einfächrige, 2klappige vielsamige Schote (*silĭqua unilocularis, bivalvis, polysperma*).

Fumaria officinālis hat einen ästigen Stengel mit graugrünen vielfach getheilten (doppelt-gefiederten) Blättern mit äussersten spathelförmigen Lappen, mit lockeren Blüthentrauben und fast kugeligen Schötchen (Nüsschen). Die rothen Blumen sind an der Spitze blutroth-schwarz. Wegen der graugrünen Farbe des Krautes hat die Pflanze den Namen Erdrauch und *Fumaria* (*fumus*, Rauch) erhalten.

Die Cruciferen (*Cruciferae*) oder Kreuzblüthler verdanken ihren Familiennamen der Stellung ihrer 4 Blumenblätter, denn wenn man die Blüthe einer Crucifere von oben betrachtet, so findet man diese Blumenblätter in einer kreuzweisen Stellung (*flos cruciatus*). Diese Stellung der 4 Blumenblätter, ein vierblättriger Kelch, und als Frucht eine Schote bilden schon die wesentlichsten Merkmale einer Crucifere. Da diese Familie eine ziemlich grosse ist und auch für den Arzneistoff verschiedenes Material liefert, so mögen hier ihre vollständigen Merkmale einen Platz finden.

Cruciferae.

Kräuter, Halbsträucher, Sträucher.	*Herbae, suffrutĭces, frutĭces.*
Blätter zerstreut oder abwechselnd.	*Folia sparsa vel alterna.*
Blüthen bracteenlos, anfangs in Doldentrauben, später in Trauben.	*Flores ebracteati, primum corymbosi, postremo racemosi.*
Kelch 4 blättrig, abfallend.	*Calyx tetrasepălus, decidŭus.*
Blumenblätter 4, sehr selten fehlend.	*Petăla quaterna, rarissĭme nulla (0).*
Staubgefässe 6, viermächtig, sehr selten durch Fehlschlagen 4 oder 2. Die inneren 4 längeren sind paarweise den Samenträgern, die 2 äusseren kleineren einzeln den Klappen des Fruchtknotens gegenübergestellt.	*Stamĭna sena, tetradynăma, rarissime abortu quaterna vel bina. Stamina quattuor interiŏra atque longiora sunt bina opposĭta sporophoris, et exteriora duo singula valvis germĭnis.*
Drüschen 4 oder 2 im Grunde der Blüthe.	*Glandŭlae quaternae vel binae in fundo floris.*
Fruchtknoten 2fächerig, frei, mit krummläufigen Eichen.	*Germen bẽloculāre, libĕrum; ovŭla campylotrŏpa.*
Pistill. Griffel 1 oder 0; Narbe ganz oder 2lappig.	*Pistillum. Stylus unus vel nullus; stigma intĕgrum vel bilŏbum.*
Frucht entweder schotenartig, meist 2fächerig, 2klappig, 2 od. vielsamig, mit von der Scheidewand sich lösenden Klappen, od. nussähnlich und 1samig. 2 Samenträger, dem Rande der Scheidewand angewachsen.	*Fructus aut siliquacĕus, plerumque bilocularis, bivalvis, bi- vel polyspermus, valvis a dissepimento se sejungentibus, aut nucacĕus atque monospermus. Sporophŏra duo, margini dissepimenti adnata.*

Samen meist hängend, eiweisslos; Embryo gekrümmt, selten spiralig.

*Semina plerumque pendula, exal-
buminosa; embryo curvatus, rarius spiralis.*

Linné theilte seine *Tetradynamia* (Kl. XV.) in zwei Gruppen, in *Siliquōsae* (Schotentragende) und *Siliculōsae* (Schötchentragende), welchen sich später die Gruppe der *Nucamentacĕae* (nussartige Früchte tragende) anschloss, denn die Gattung *Isătis* und besonders die Species *Isătis tinctoria*, welche den Waid oder deutschen Indigo liefert, hat eine einsamige, nussartige, nicht aufspringende Hülse. *Decandolle* theilte die Cruciferen nach den Verhältnissen des Embryo in fünf Unterabtheilungen:

1. *Pleurorrhizeae* (Seitenwurzlige), Würzelchen des Embryos auf den Rändern der Kotyledonen liegend (○═).
2. *Notorrhizeae* (Rückenwurzlige), Würzelchen dem Rücken einer Kotyledone aufliegend (○∥).
3. *Orthoploceae* (Aufrechtgefaltete), Kotyledonen der Länge nach zusammengelegt (*cotyl. conduplicatae*), das Würzelchen dem Rücken einer Kotyledone aufliegend (○≫).
4. *Spirolobĕae* (Gewundenlappige), die aufeinander liegenden Kotyledonen schneckenförmig zusammengerollt.
5. *Diplecolobĕae* (Zweifachgefaltetlappige), Kotyledone zwei- bis dreimal quergefaltet.

Nur die drei ersteren Unterabtheilungen enthalten officinelle Pflanzen.

Die *Pleurorrhizeae* mit den Gattungen *Nasturtĭum* und *Cochlearĭa*. *Nasturtium* hat eine Schote, *Cochlearia* ein Schötchen. *Nasturtium officinale* R. Br. oder *Sisymbrĭum Nasturtium* L., Brunnenkresse, liefert in seinem frischen Kraute die *Herba Nasturtii aquatici*.

Cochlearia zählt zu seinen Gattungsmerkmalen:

(Gatt.) Cochlearia.

Schötchen aufgedunsen, stiel-
rundlich, mit sehr convexen
Klappen.

*Silicŭla turgĭda teretiuscŭla, val-
vis maxime convexis.*

Griffel auf der Scheidewand
nach dem Aufspringen stehen
bleibend.

*Stylus in dissepimento post de-
hiscentĭam persistens.*

Drüschen, 2 od. mehrere auf
dem Blüthenboden neben den
äusseren Staubfäden.

*Glandŭlae duo vel plures in re-
ceptaculo juxta stamina exteriora.*

Fig. 561.

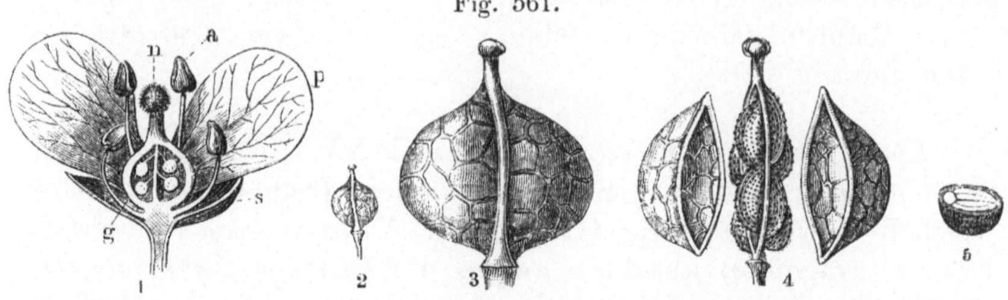

Cochlearia officinalis. 1. Blüthe, Secantenschnitt, 4fache L.-Vergr. 2. Schötchen (*silicula*), natürl. Gr.
3. Dieselbe in 4facher L.-Vergr. 4. Dieselbe aufgesprungen, in der Mitte die Wand mit den Samen.
5. Ein Same, Querschnitt vergrössert. *Embryo pleurorrhizeus* (○=).

(Art.) *Cochlearia officinalis*, Löffelkraut.

Blätter, die grundständigen gestielt, herzförmig; Stengelblätter eiförmig und winkeliggezähnt; die oberen tief herzförmig, stengelumfassend.	*Folia radicalia petiolata cordata; caulǐna ovata et dentato-angulata; superiora profunde cordata, amplexicaulia.*
Schötchen eiförmig-kugelig.	*Silicula ovato-subglobosa.*

(Art.) *Cochlearia Armoracia*, Meerrettig.

Blätter, grundständige gestielt, länglich, gekerbt; Stengelblätter sitzend, die unteren fiederspaltig, die oberen lanzettförmig, gesägt, die höchsten linienförmig und fast ungetheilt.	*Folia radicalia petiolata oblonga crenata; caulǐna sessilia, inferiǒra pinnatifǐda, superiora lanceolata serrata, summa linearia subintěgra.*
Schötchen fast kugelig.	*Silicula subglobosa.*
Wurzel fleischig, cylindrisch, meist vielköpfig.	*Radix carnosa, cylindracea, plerumque multiceps.*

Das Löffelkraut wächst im nördlichen Europa an den Meeresufern, im Binnenlande in der Nähe der Salinen, der Meerrettig ebenfalls an den Meeresküsten des nördlichen Europa's, beide werden aber cultivirt. Das frische Löffelkraut und die Meerrettigwurzel (*Radix Armoraciae*) entwickeln zerrieben oder zerquetscht ein scharfes flüchtiges schwefelhaltiges Oel, und wird das Löffelkraut als Antiscorbuticum, die Meerrettigwurzel als Rubefaciens äusserlich angewendet.

Unter den Orthoploceen finden wir *Brassǐca nigra Koch*, schwarzen Senf (*Sināpis nigra L.*), und *Sināpis alba L.*, weissen Senf.

Fig. 562.

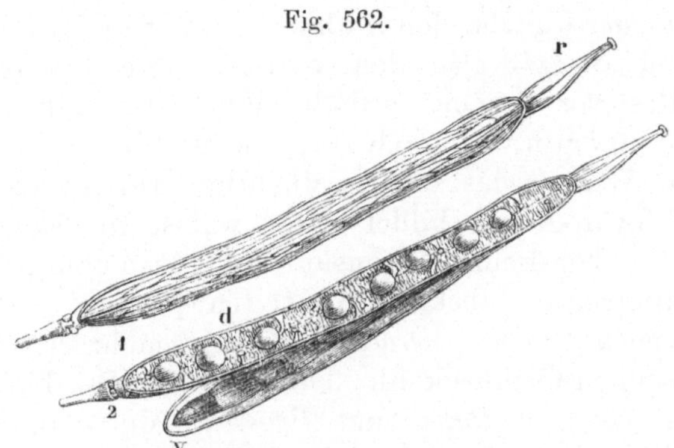

Schote von *Brassica oleracea*.

Die Gattung *Brassĭca* unterscheidet sich von *Sināpis*

Brassĭca.	*Sināpis.*
Schote lang, geschnäbelt; Klappen mit einem vorstehenden geraden Rückennerven; Schnabel kurz.	Schote lang, geschnäbelt; Klappen mit 3 bis 5 geraden starken Nerven; Schnabel einsamig.
Siliqua elongata, rostrata; valvae nervo dorsali recto prominente instructae; rostrum breve.	*Siliqua elongata, rostrata; valvae nervis ternis, quaternis vel quinis rectis validis instructae; rostrum longius monospermum.*

Fig. 563.

Fig. 564.

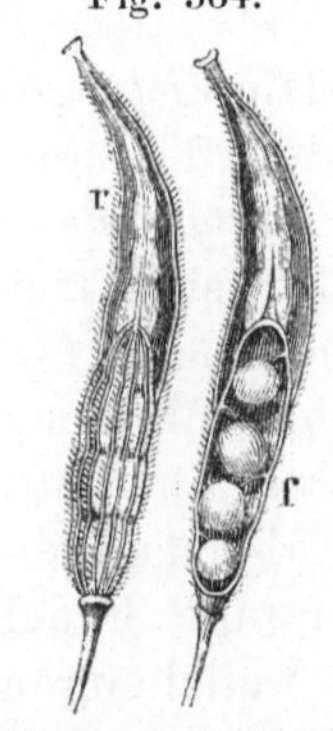

Brassĭca nigra. 1. Blüthe (natürl. Grösse). *lu* Blumenblatt, *l* Platte, *u* Nagel. 2. Blüthe von Kelch- und Blumenblättern befreit, *a* 4 lange und *a* 2 kurze Staubgefässe, *st* Stempel, *d* hypogyne Scheibe. 3. Stempel, *g* Fruchtknoten. 4. Schote (*siliqua brevirostrata*), zweiklappig aufgesprungen. 5. Querschnittfläche einer Schote. 6. Ein Samen vergrössert.

Frucht von *Sināpis alba.* (Etwas vergr.). *f* geöffnet, um die wandständigen Samenträger zu zeigen. Eine mit einem Schnabel versehene wulstige Schote (*siliqua rostrāta torulosa hispida. r* Schnabel.

Brassica nigra (schwarzer Senf) hat kahle, der Achse anliegende Schoten (*siliquae glabrae, adpressae*), dagegen *Sināpis alba* (weisser Senf) borstenhaarige und abstehende Schoten (*siliquae hispĭdae patentes*).

Brassica nigra giebt den schwarzen Senfsamen (*Semen Sināpis*), und *Sināpis alba* den weissen Senfsamen (*Semen Erūcae*). Ersterer Samen enthält Myrosin (einen Eiweisskörper) und myronsaures Kali, aus welchen sich unter Berührung mit Wasser das scharfe flüchtige Senföl (*Oleum Sināpis*; Schwefelcyan-Allyl) bildet. Der weisse Senfsamen enthält wohl Myrosin, aber keine Myronsäure, dagegen eine schwefelhaltige krystallisirbare Substanz, Sulfosinapisine.

Die Species *Brassica oleracĕa* liefert in mehreren Varietäten die verschiedenen Gemüsekohle, *Var. ε gongylōdes*, den Kohlrabi; die Species *Brassica Rapa* und *Brassica Napus* in Varietäten Rübsen und Gemüserüben, es sind aber das Radieschen und der Rettig Varietäten von *Raphănus satīvus*.

Die Samen aller Cruciferen enthalten reichlich fettes Oel. Das Rüböl (*Oleum Rapārum*) wird aus den Samen von *Brassica Rapa oleifĕra* und *Br. Napus oleifĕra* gewonnen.

Lection 93.

Violarien (Veilchengewächse).

Die *Violariĕae* oder *Violariacĕae* zählen nach *Decandolle*'s System zu den Thalamifloren, nach *Endlicher*'s System zu der Cohorte der *Dialypetalae* und der Klasse der *Parietāles*, denn die Blumenblätter sind frei, und in dem Fruchtknoten sind wandständige Samenträger (*sporophŏra parietalĭa*) mit zahlreichen Eichen. Besondere Merkmale der Familie sind je 5 Kelchblätter, Blumenblätter und Staubgefässe, der häutige Fortsatz an der Spitze der abgeflachten, nach innen gewendeten Staubbeutel und die 3klappige Fruchtkapsel mit den wandständigen Samenträgern. Die Veilchengewächse gehören zur *Pentandria Monogynia* (Kl. V, Ord. 1) des Sexualsystems.

Violariaceae s. Violaceae.

Kräuter oder Sträucher.	*Herbae v. frutĭces.*
Blätter mit Nebenblättern, meist zerstreut.	*Folia stipulata, plerumque sparsa.*
Kelchblätter 5, bleibend.	*Sepăla quina, persistentĭa.*
Blumenblätter 5, oft unegal.	*Petăla quina, saepe inaequalĭa.*

Staubgefässe 5, mit flach verbreiterten, an der Spitze durch einen häutigen trocknen Fortsatz verlängerten, nach innen gewendeten Antheren.	*Stamĭna quina; anthērae complanatae, in apice processu membranaceo arido productae, introrsae.*
Fruchtknoten frei, 1-fächerig; Eichen gegenläufig, 3 wandständigen Samenträgern angeheftet. Griffel 1.	*Germen libĕrum uniloculare; ovula anatrŏpa, sporophŏris tribus affixa. Stylus unus.*
Frucht eine einfächrige, dreiklappige Kapsel.	*Fructus capsula unilocularis trivalvis.*
Samen zahlreich, mit geradem in der Axe des Eiweisses liegendem Embryo mit nach dem Nabel gewendeten Würzelchen.	*Semina plurima; embryo rectus axilis, radicŭlā hilum spectante.*

Von den Violaceen, deren Wurzeln meist Emetiu oder einen ähnlichen brechenerregenden Stoff enthalten, kommen nur die Gattungen *Viola* und *Ionidĭum* in Betracht. Letztere, deren Antheren nicht gespornt sind, zählt zwei Arten, *Ionidĭum Ipecacuanha Hilaire* und *Ionidĭum Poaya Hilaire*, welche in ihren Wurzeln eine falsche Ipecacuanha, *Radix Ipecacuanhae alba*, liefern.

Die Gattung *Viŏla* hat als wesentliche Merkmale 2 an der Basis gespornte Antheren und einen oberhalb hakig-ge-

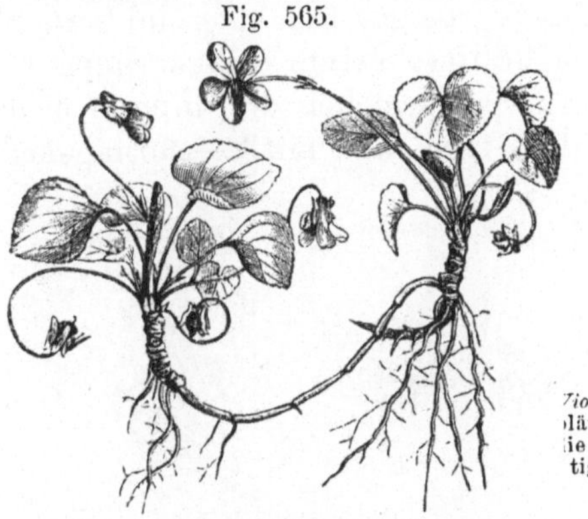

Fig. 565.

Viŏla odorāta. ⅓—½ fache L.-Vergr.

Fig. 566.

Viola odorāta. Blüthe von den 5 Blumenblättern befreit. *c* Kelch, *a* Antheren, *b* die beiden gespornten Antheren, *p* häutige Fortsätze der Antheren, *st* Narbe. 3½fache L.-Vergr.

krümmten Griffel. Dann nennt man auch die Blüthen umgekehrt (*flores resupināti*), indem die oberen Theile der Blüthe nach unten, die unteren nach oben stehen.

Die Sporne der Antheren bergen sich in dem Sporn des unteren Blumenblattes. Der Gattungscharakter ist folgender:

Viola.

Kelchblätter am Grunde in ein Anhängsel verlängert.	*Sepăla basi in appendĭcem producta.*
Blumenkrone lippig, das untere Blumenblatt in einen hohlen Sporn verlängert.	*Corolla labiosa, petalo inferiore in calcar cavum producto.*
Staubbeutel fast sitzend und die zwei unteren derselben an der Basis gespornt.	*Anthērae subsessĭles, quarum binae inferiores in basi calcaratae.*
Griffel oberhalb hakenförmig.	*Stylus superne uncinatus.*

Die wohlriechenden tief violet blauen Blumenblätter des im Frühjahr blühenden **Veilchens**, *Viŏla odorāta*, werden zur Darstellung eines blauen Syrups (*Syrŭpus Violārum*) gebraucht, und das getrocknete blühende **Freisamkraut**, *Viola tricŏlor*, ist der **Stiefmütterchenthee** (*Herba Viŏlae tricolōris s. Jacēae*), welcher als ein Hausmittel gegen Hautausschläge Ruf hat.

Viola odorata ist stengellos, treibt Ausläufer, hat rundlich-herzförmige gekerbte weichbehaarte Blätter, längliche gefranste kahle Nebenblätter, abwärtsgebogene Fruchtstiele und eine fast kugelige steif-behaarte Kapsel.

Viola odorata, acaulis, stolonifĕra; folia subrotundo-cordata crenata pubescentia; stipulae oblongae fimbriatae glabrae; pedunculi fructifĕri declinati; capsula subglobōsa, hirta.

Die Blüthen von *Viola hirta* sind blassblau und geruchlos, von *Viola canīna* und *V. palustris* weniger tief blau und geruchlos.

Viola tricŏlor treibt ausgebreitete ästige eckige Stengel mit sägezähnig-gekerbten Blättern, von welchen die unteren eirund-herzförmig, die oberen länglich sind, und mit leierförmig-fieder-

Fig. 567.

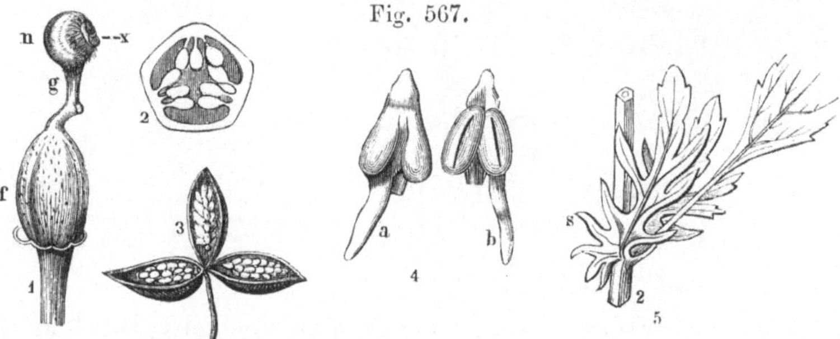

Viŏla tricŏlor. 1. Dreigliedriges Pistill. *n* Narbe, *g* Griffel, *f* Fruchtknoten. 5fache L.-Vergr. 2. Durchschnitt des Fruchtknotens. 3. Fruchtkapsel, aufgesprungen. 4. Die beiden unteren an der Basis gespornten Antheren. Vergr. *a* von hinten, *b.* von vorn gesehen. 5. Nebenblätter. Natürl. Grösse.

theiligen Nebenblättern mit mittleren gekerbten Lappen. Narbe urnenförmig-kugelig oder kopfförmig. Kapseln kahl.

Viola tricŏlor. Caules diffusi ramosi angulati, foliis serrato-crenatis, inferioribus ovato-cordatis, superioribus oblongis, atque stipulis lyrato-pinnatifĭdis, laciniis mediis crenatis. Stigma urceolato-globosum vel capitatum. Capsulae glabrae.

Viola odorata hat weichbehaarte Blätter und kurzsteifhaarige Kapseln, *Viola hirta* kurzsteifhaarige Blattstiele, *Viola canīna* weichbehaarte Blätter, aber kahle Kapseln, *Viola palūstris* kahle Blätter und kahle Kapseln, *Viola tricŏlor* kahle Kapseln. Sehr häufig ergeben sich aus der Bekleidung mit appendiculären Theilen unterscheidende Merkmale für die Arten und Varietäten, daher ist es wohl am Orte, hier die technischen Ausdrücke in dieser Beziehung zu erklären.

Rauh (*asper*), gleichförmig mit erhabenen, scharf anzufühlenden und sichtbaren Punkten (Wärzchen) besetzt. (*Symphўtum officinale, Cucurbita*);

scharf (*scaber*), wenn die scharf anzufühlenden Punkte oder Unebenheiten (Wärzchen) nur durch das Gefühl wahrnehmbar sind (Blätter von *Helianthus annuus*);

glatt (*laevis*), weder rauh noch scharf;

behaart (*pilōsus*), locker mit längeren weichen Haaren besetzt;

weichhaarig (*pubēscens*), dicht mit kurzen geraden abstehenden weichen Haaren besetzt (Blätter von *Viola canīna*);

seidenhaarig (*sericĕus*), mit kurzen, aber anliegenden geraden und auch glänzenden Haaren bedeckt;

filzig (*tomentōsus*), mit weichen, krausen oder in einander verwebten Haaren besetzt (Blätter von *Tussilāgo Farfăra*);

kurzsteifhaarig (*hirtus*), mit kurzen steifen abstehenden Haaren besetzt (*Chaerophyllum temŭlum*);

rauchhaarig oder struppig (*hirsūtus*), mit weniger kurzen, jedoch biegsamen abstehenden Haaren besetzt (*Mentha aquatica*);

borstenhaarig oder hakrig (*hispĭdus*), mit steifen langen, nicht dichtstehenden Haaren besetzt (Stengel von *Borrago officinalis*, Kapsel von *Papāver Argemōne*);

borstig (*setōsus*), dicht mit steifen langen Haaren besetzt;

wollig (*lanātus*), dicht mit krausen weichen Haaren besetzt (*Marrubĭum vulgare*).

striegelig (*strigōsus*), dicht mit dicken steifen anliegenden Haaren bedeckt (*Semen Strychni*);

zottig (*villōsus*), dicht mit langen weichen abstehenden Haaren bedeckt (Blüthenkopf von *Trifolium arvense*);

spinnewebeartig (*arachnoïdĕus*), mit locker stehenden feinen langen angedrückten Haaren besetzt (Blüthenkopf von *Arctĭum Bardăna s. Lappa tomentosa* Lamark);

kahl (*glaber*), in keiner Weise behaart;

gewimpert, wimperig (*ciliātus*), nur am Rande mit Haaren bedeckt (Blätter von *Fagus silvatica*);

gefranst (*fimbriatus*), mit fein und tief zerschlitztem Rande (Nebenblätter von *Viola odorata,* untere Blumenblätter von *Tropaeŏlum majus*);

bärtig (*barbātus*), nur an einer Stelle dicht mit längeren Haaren besetzt (das Innere der Blumenkrone von *Menyanthes trifoliāta,* Staubfäden von *Atrŏpa* und *Verbascum*).

Papillen (*papillae*) die verlängerten Ausdehnungen der Epithelzellen auf zarten Blumentheilen. Mit Papillen besetzt (*papillōsus*).

Blattern (*papŭlae*), mit durchsichtiger Flüssigkeit gefüllte Epidermalzellen, wie z. B. bei den Saxifrageen und Mesembrineen.

Bemerkung. *Jonidĭum,* v. d. griech. ἴον (Veilchen). — Die Endigung *ieae* kann mit *ē* oder *ĕ* ausgesprochen werden. Siehe Vorrede.

Lection 94.

Caryophyllaceen.

Die nelkenartigen Gewächse oder *Caryophyllacĕae* bieten uns nur in der *Saponarĭa officinālis* (Seifenkraut) eine Pflanze, deren Wurzel unter dem Namen Seifenwurzel (*Radix Saponariae rubrae*) officinell ist. Die *Caryophyllaceae* gehören im *Decandolle'*schen System den *Thalamiflōrae,* im *Endlicher'*schen System der Klasse der *Caryophyllĭnae* an.

Caryophyllaceae.

Stengel krautartig oder Halbsträucher, mit durch vorstehende Knoten gegliedertem Stengel.	*Caulis herbacĕus vel suffruticōsus, nodis protuberantĭbus articulatus.*
Blätter gegenständig, ganzrandig, meist sitzend, sehr selten mit Nebenblättern.	*Folia opposĭta, integerrĭma, plerumque sessilĭa, rarius stipulata.*
Kelch 4—5-blätterig oder am Grunde röhrig verwachsen	*Calyx tetra- vel pentasepălus, petălis basi ad tubŭlum connātis*

und 5zähnig, bleibend (auch noch nach der Fruchtreife vorhanden). Blüthendeckenlage geschindelt.

et quinquedentatus, persistens. Praefloratio calycĭna imbricāta.

Blumenkronenblätter 4—5, meist genagelt und zugleich mit den Staubgefässen einem mehr oder weniger verlängerten Griffelträger eingefügt, sehr selten 0. Blüthendeckenlage gedreht.

Corolla tetra- vel pentapetăla, petalis plerumque unguiculatis, una cum staminibus gynophoro plus minusve elongato insertis, rarissime corolla nulla. Praefloratio corollĭna contorta.

Staubgefässe gewöhnlich in doppelter Zahl der Blumenblätter, die inneren dem Grunde der Blumenblätter angewachsen.

Stamĭna duplo numĕro petalōrum, interiōra basi petalorum adnata.

Pistill mit 2—5 gesonderten Griffeln, 1fächrigem vieleiigem Fruchtknoten. Eichen krummläufig, selten halbgegenläufig.

Pistillum stylis duobus, tribus, quatuor vel quinque distinctis, germĭne multiovulato uniloculari. Ovŭla campŷlotrŏpa, raro hemianatrŏpa.

Frucht eine mehrklappige Kapsel, seltner eine Beere.

Fructus capsula plurivalvis, rarius bacca.

Samen eiweisshaltig, nierenförmig, einem mittelständigen, meist freien Samenträger angeheftet. Embryo meist um das Eiweiss gekrümmt.

Semĭna albuminōsa reniformĭa, sporophŏro centrāli, plerumque libĕro, affixa. Embrÿo plerumque peripherĭcus.

Diese Familie ist in mehrere Unterfamilien getheilt, von denen für uns die *Alsinĕae* und *Silenĕae* die bemerkenswerthesten sind.

Subordo Alsineae.

Gesonderte Kelchblätter, kaum genagelte Kronenblätter, sitzende Kapsel.

Sepăla distincta, petăla vix unguiculāta, capsŭla sessĭlis.

Subordo Sileneae.

Röhriger Kelch, meist genagelte Kronenblätter, oft über dem Nagel mit einer Kranzschuppe besetzt; Fruchtknoten gestielt.

Calyx tubulōsus, petala plerumque unguiculata, saepe supra unguem coronulata; germen stipitatum.

Zu den Silenen zählen z. B. die Gattungen *Dianthus* (Nelke), *Lychnis*, *Saponaria*. *Dianthus Carthusianōrum* (Karthäusernelke) mit ihren purpurfarbenen Blüthen ist der Schmuck sonniger Hügel. *Lychnis Githāgo* Lamark (*Agrostemma Githāgo* Linn., Kornrade)

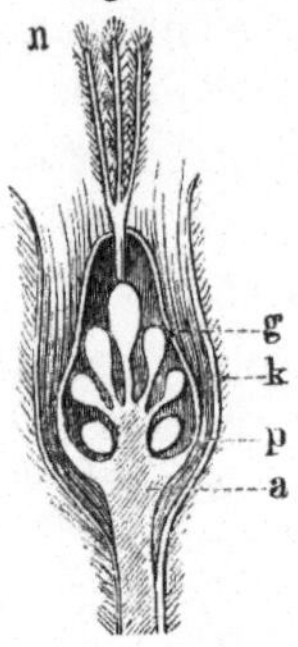
Fig. 568.

Verticaldurchschnitt des Pistills von *Lychnis Githāgo. n* 3 Griffel von 5, *k* Kelch, *a Gynophŏrum.* Vergrössert.

ist das von dem Landwirth gehasste Unkraut der Getreidefelder, dessen schwarze Samen mit dem Getreidesamen vermahlen ein graues Mehl und ein blaues Brod liefern, das auch wegen des Saponingehalts verdächtig ist, gesundheitsschädlich zu sein.

Die Rade, *Lychnis Githāgo*, ist kenntlich an der fünfzähligen Blüthe (10 Staubgefässe), an den 5 langen blattartigen Kelchzipfeln, den ganzrandigen genagelten purpurfarbenen, selten weissen Blumenblättern, den linienförmigen lancettförmig-zugespitzten Blättern, den einzeln stehenden Blüthen und dem rauchhaarigen aufrechten gabelästigen Stengel.

Lychnis Githago. Flos pentamĕrus (cum staminĭbus decem); laciniae calўcis quinae foliacĕae longissĭmae, petăla unguiculata intĕgra purpurĕa, rarissĭme alba; folia linearĭa lanceolato-acuminata; flores solitarĭi; caulis hirsūtus erectus dichotŏmo-ramōsus.

Fig. 569.

Blüthenbüschel. *Dianthus Carthusianōrum.*

Die Gattung *Dianthus* unterscheidet sich durch den trocknen, an seinem Grunde mit Deckblättern ziegeldachförmig umgebenen Kelch, die schildförmigen Samen und den rückenständigen Embryo. (*Calyx scariōsus, in basi bractĕis imbricatis cinctus; semĭnă peltāta; embryo dorsālis*).

Die Gattung *Saponaria* hat keine Deckblätter am Grunde des Kelches, fast nierenförmige Samen und einen 'den Eiweisskörper umschliessenden Embryo. (*Calyx ebracteātus; semĭna subreniformia; embryo periphericus*).

Saponaria officinalis hat einen kriechenden Wurzelstock, aufrechten Stengel, länglich lanzettförmige spitze 3-nervige Blätter, zu Büscheln gestellte blassfleischfarbene Blüthen und ausgestutzte (am oberen Rande ein wenig eingedrückte), mit Kranzschuppen besetzte Kronenblätter.

Saponaria officinalis. Rhizoma repens; caulis erectus; folia oblongo - lanceolata, acūta, trinervĭa; flores fasciculati, pallĭde

carnĕi; petala retūsa, coro-
nulata.

Kranzschuppen oder Kränzchen (*coronŭla*), von *Linné* gewöhnlich mit *nectarium* bezeichnet, bestehen bei einigen Nelkenarten aus feinen Zasern, so dass man die Kronenblätter bärtig nennt (*petāla supra unguem barbata*). Bei der Gattung *Saponaria* besteht dieser appendiculäre Theil aus nur zwei spitzen Schüppchen auf jedem Kronenblatte (*petala supra unguem biappendiculata*).

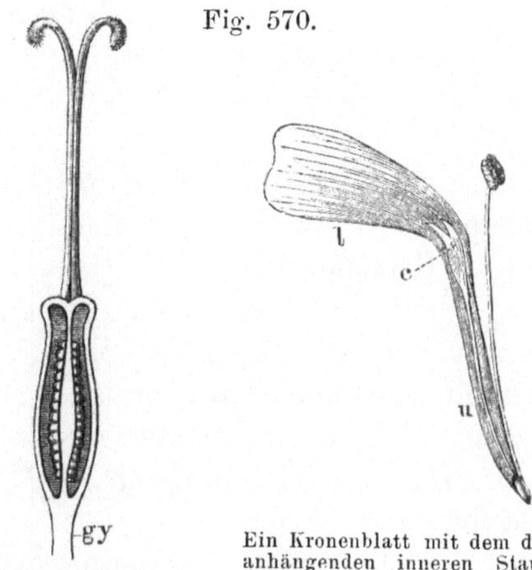

Fig. 570.

Pistill mit vertical durchschnittenem Fruchtknoten des Seifenkrautes (*Saponaria officinālis*). *Sporophŏrum centrāle. gy Gynophŏrum.*

Ein Kronenblatt mit dem daranhängenden inneren Staubgefäss von *Saponaria officinalis*, l *lamĭna*, u *unguis*, c *coronŭla*.

Das officinelle Seifenkraut wächst an Ufern, Hecken, Zäunen. Die Wurzel ist reich an Saponine, einem nicht krystallisirenden Glukosid, von anfangs süsslichem, hinterher kratzendem Geschmack, welches mit Wasser eine schäumende Lösung giebt und sich zu denselben Zwecken wie Seife verwenden lässt. Es findet sich auch in der Wurzel der *Gypsophĭla Struthium*, welche Caryophyllacee die *Radix Saponariae Levantĭcae s. Aegyptiacae* liefert, und am reichlichsten in der Quillayarinde (*Cortex Quillajae*), welche jedoch einer südamerikanischen Rosacee, *Quillaja Saponarĭa* (nach *Molina*) entnommen wird.

Lection 95.

Malvaceen. Tiliaceen.

Die malvenartigen Gewächse, *Malvacĕae*, sind Thalamifloren, gehören aber im *Endlicher*'schen System zu der Klasse der *Columnifĕrae* (Säulenträger). Diese Familie liefert dem Arzneischatze nur einige schleimreiche Stoffe aus der Gattung *Malva* und *Althaea*, es ist jedoch die Baumwollenstaude (*Gossypĭum*) ebenfalls eine Malvacee, deren Samenhaare bekanntlich die Baumwolle darstellen.

Malvaceae.

Bäume, Sträucher, Kräuter.	*Arbŏres, frutĭces, herbae.*
Blätter zerstreut, mit Nebenblättern, einfach.	*Folia sparsa, stipulata, simplicĭa.*
Kelch verwachsenblättrig, oft doppelt, mit klappiger Deckenlage (Knospenlage).	*Calyx gamosepălus, saepe duplex; praefloratio valvacea (calŷcis laciniae ante anthēsin valvatae).*
Blumenkronenblätter 5, unter sich gleich, in der Blüthendeckenlage spiralig gedreht, über ihrem Grunde mit der Basis der Staubgefässsäule verwachsen.	*Petala quina, aequalia, ante anthēsin spiraliter contorta, supra basim cum basi tubi staminĕi connata.*
Staubgefässe zahlreich, monadelphisch; mit 1 fächrigen nierenförmigen, querspaltig aufspringenden Staubbeuteln.	*Stamĭna numerōsa monadelpha, anthēris unilocularĭbus, reniformĭbus, rimä transversāli dehiscentibus.*
Pistill. Fruchtknoten vielfächrig. Griffel zusammengewachsen. Narben einfach.	*Pistillum. Germen multiloculare. Styli connati. Stigmăta simplicĭa.*
Frucht eine 3—5fächrige oder mehrklappige, fachspaltige Kapsel oder 5—vielknöpfig, mit um eine centrale Säule gestellten Theilfrüchten, welche oft 2klappig aufspringen.	*Fructus capsula tri-, quadri-, quinquelocularis vel multivalvis, loculicīdo-dehiscens aut penta- vel polycocca, coccis circa columnam centralem dispositis atque saepe bivalvibus.*
Samen nierenförmig, an der Fruchtaxe befestigt. Embryo gekrümmt, mit in einander gefalteten Samenlappen u. fehlendem od. sehr dünnem Eiweiss.	*Semina reniformia, centralia. Embryo curvatus, cotÿlis contortuplicatis. Albumen nullum vel tenuius.*
Bekleidung weichhaarig, gewöhnlich aus Sternhaaren bestehend.	*Pubes plerumque stellulata.*

Gattung *Malva.*

Aussenkelch dreiblättrig.	*Calyx externus triphyllus.*
Griffel soviel als Fächer der Frucht, unterhalb zusammengewachsen.	*Styli tot quot loculi, infra connati.*
Kapsel vielknöpfig; Theilfrüchte in einen Kreis gestellt, einsamig und nicht aufspringend.	*Capsula polycocca; cocci in orbem dispositi, monospermi, non dehiscentes.*

Gattung *Althaea.*

Aussenkelch 6—9 theilig. Das Uebrige wie bei *Malva.*

Calyx exterior sex- vel novempartitus. Cetĕra ut in Malva.

Von der Gattung *Malva* liefert *Malva silvestris,* welche sich durch längere oder spitzere Lappen ihrer 5- bis 7 lappigen herzförmig - rundlichen Blätter kennzeichnet, die Pappelblumen (*Flores Malvae silvestris*), die *Malva neglecta* Wallroth (*Malva rotundifolĭa*), deren Blätterlappen stumpf sind, die Pappelblätter (*Folia Malvae*).

Malva silvestris, insignis lobis porrectis vel acutatis foliorum quinque-, sex- vel septemloborum, cordato-rotundatorum, praebet Flores Malvae silvestris; Malva neglecta Wallrothii, quae differt lobis foliorum obtusis, praebet Folia Malvae.

Aus der Gattung *Althaea* geben *Althaea officinālis* Eibischkraut und Eibischwurzel (*Herba, Radix Althaeae*), und die in unseren Gärten gezogene *Althaea rosĕa Cavanilles* die Stockrosenblüthen (*Flores Malvae arborĕae*).

Fig. 571.

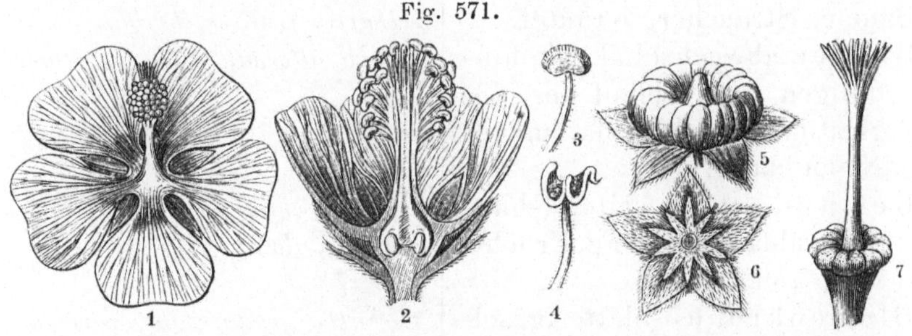

Althaea officinālis (Eibisch). 1. Blüthe, ausgebreitet und von oben gesehen (natürl. Grösse). 2. Dieselbe im Verticaldurchschnitt. 3. Staubgefäss (vergr.). 4. Dasselbe entleert. 5. Frucht (vergr.). 6. Doppelkelch. 7. Pistill (vergr.).

Althaea officinalis hat einen aufrechten filzigen Stengel, auf beiden Seiten weichfilzige spitzlappige eiförmige Blätter, davon die unteren 5 lappig, die oberen dreilappig und ungetheilt sind. Die Blüthenstiele sind achsel- und endständig, vielblüthig, aber weit kürzer als die Blätter. Weisse, kaum röthliche Blüthen.

Althaea officinalis: Caulis erectus tomentosus. Folia utrinque molliter tomentosa ovata, lobis acutis, inferiŏra quinquelŏba, superiŏra trilŏba et intĕgra. Pedunculi axillares et terminales, multiflŏri, foliis multo breviores. Flores albi, vix rosei.

Althaea rosĕa hat einen sehr geraden rauchhaarigen Stengel, runzlige, herzförmige, 5—7- und stumpflappige Blätter. Die

23*

Blüthen sind sitzend und achselständig, oberhalb mehr oder weniger in einer Aehre stehend. Die Kronenblätter sind schwach gekerbt und am Nagel zottig. Die Varietät mit dunkelpurpurrothen Blumenkronen liefert die officinellen Stockrosenblüthen.

Althaea rosĕa: Caulis strictus hirsutus. Folia rugosa, cordata, quinque-, sex-, septemlŏba, lobis obtūsis. Flores sessĭles, axillares, superne subspicati. Petala subcrenata, in ungue villōsa. Variĕtas corollis atro-purpureis praebet Flores Malvae arboreae.

In die Klasse der Columniferen hat *Endlicher* auch die Lindengewächse (*Tiliacĕae*) verlegt, obgleich in dieser Familie die freien Staubblätter vorwalten. Die Linde in verschiedenen Arten und Varietäten (*Tilia parvifolia, grandifolia, platyphyllos*) liefert die Lindenblüthe (*Flores Tiliae*) und zwar sowohl ohne Bracteen (*sine bractĕis*) als auch mit Bracteen (*cum bractĕis*).

Der Charakter der Tiliaceen mag hier mit wenigen Worten angegeben werden.

Tiliaceae.

Bäume, Sträucher, Kräuter.	*Arbŏres, frutices, herbae.*
Blätter abwechselnd mit hinfälligen (vor Ablauf der Vegetationsperiode abfallenden) Nebenblättern.	*Folia alterna, stipulis caducis.*
Kelch 5-blätterig, selten 4-blätterig, abfallend (vor d. Fruchtreife abfallend).	*Calyx pentasepălus, raro tetrasepalus, deciduus.*
Blumenkrone 5-blätterig, selten 4-blätterig, Kronenblätter unter sich gleich.	*Corolla pentapetăla, raro tetrapetala, petalis aequalibus.*
Staubgefässe zahlreich, frei, selten am Grunde verwachsen.	*Stamĭna numerōsa, libera, raro in basi connata.*
Drüschen den Kronenblättern gegenüberstehend, oft fehlend.	*Glandŭlae petalis opposĭtae (oppositipetalae), saepe nullae.*
Pistill mit 2- bis 5-fächrigem Fruchtknoten. 1 Griffel, selten 0.	*Pistillum germine bi- vel quineloculari styloque uno vel nullo.*
Frucht eine Kapsel od. Beere. Samen mit Eiweisskörper; Embryo ziemlich gerade, in der Axe liegend; Samenlappen blattartig.	*Fructus capsula vel bacca. Semen albuminosum: embryo rectiusculus, axilis: cotylae foliaceae.*

Die Gattung *Tilia* zeichnet sich durch eine grosse Bractee aus, bis zu deren Mitte der Blüthenstiel angewachsen ist, und an Stelle der Drüschen durch 5 Schuppen, welche oft auch fehlen. Frucht eine Nuss mit lederartigem Gehäuse.

Tilia: Bractea magna, cui pedunculus usque ad medium adnatus est. Loco glandularum squamae quinae, saepius nullae. Fructus nux coriacěa.

Fig. 572.

Blüthenstand der Linde.
c Bractee, b gemeinschaftlicher Blüthenstiel (*peduncŭlus*), a Blüthenstielchen (*pedicelli*).

Fruchtstand der Linde.

Lection 96.

Ternstroemiaceen. Buettneriaceen. Sapindaceen. Erythroxylaceen. Acerineen. Hippocastaneen.

Zwei wichtige Familien aus der Abtheilung der Thalamifloren und der Klasse der *Columnifěrae* sind die *Ternstroemiaceae* und *Buettneriacěae*, denn in der ersteren Familie finden wir die Art, welche den Chinesischen Thee liefert, in der anderen die Mutterpflanze des Cacao.

Die Ternstroemiaceen findet man im *Endlicher*'schen System häufig in der Klasse der *Guttifěrae* verzeichnet, dennoch gehören sie zu der Klasse der *Columnifěrae*, da die Staubgefässe ihrer Gattungen oft am Grunde monadelphisch (und auch polyadelphisch) verbunden sind. Eine Unterfamilie der Ternstroemiaceen sind die Camellieen oder Theaceen, zu denen der Theestrauch (*Thěa (Tinensis*) mit seinen vielen Varietäten zählt, aus dessen Blättern der Thee des Handels bereitet wird. Bestandtheile des Thees sind Coffeïn oder Theïn, Gerbstoff, wenig flüchtiges Oel etc. Diese Familie ist nach der Gattung

Fig. 573.

Blühender Zweig des Chinesischen Thee-
strauches.

Ternstroemïa benannt, welche ihren Namen wiederum dem Namen eines schwedischen Naturforschers *Ternström* verdankt. Der Theestrauch gehört zur *Monadelphia Polyandrïa* des *Linné'*schen Sexualsystems.

Die Buettneriaceen verdanken ihren Namen der Gattung *Buettnerïa*, welche zum Andenken des Prof. *Büttner* (st. 1768 zu Göttingen) so genannt wurde. Sie sind exotische, d. h. in fernen überseeischen Ländern heimische Bäume oder Sträucher und in Betreff ihrer Blüthe den Malvaceen sehr nahe stehend, zu denen sie auch *Jussïeu* rechnete. Die wichtigste Gattung ist *Theobrōma*, zur *Monadelphia Pent-andria* gehörend, in Südamerika heimisch. *Theobrōma Cacao* liefert in seinem Samen die Caracas-Cacao. Im Uebrigen giebt es eine Menge Arten und Abarten, welche die verschiedenen Cacaosorten des Handels liefern, wie *Theobrōma bicŏlor, speciōsum, subincānum, acutifolïum.* Die Cacaosamen enthalten ein dem Caffeïn sehr ähnliches Alkaloid, das Theobromin.

Wegen des bedeutenden Coffeïngehalts ist hier eine chocoladenähnliche, aus dem Samen von *Paullinïa sorbĭlis Martius* bereitete Masse (Guarana, *Paullinia*) zu erwähnen. Der genannte Brasilianische Strauch zählt jedoch zur *Endlicher'*schen Klasse *Acěra* (Ahorngewächse) und der Familie der *Sapindacěae*, welche ihren Namen der Gattung *Sapindus* verdankt. Die Samen von *Sapindus Saponaria*, einem westindischen Baume, enthalten wahrscheinlich Saponine und werden wie Seife zum Waschen gebraucht.

In der Klasse der *Acěra* finden wir auch die Familie der Erythroxylaceen. Das in Peru heimische *Erythroxÿlon Coca Lamark*, dessen Blätter als Coca (*Folia Coca*) in den Handel kommen und von den Peruanern als Kaumittel gebraucht werden, enthält ein Alkaloïd, Cocaïn. *Erythroxÿlon suberōsum* liefert ein rothes Färbeholz, daher der Name.

Die Klasse *Acěra* verdankt ihre Bezeichnung dem Ahorn, *Acer*, welcher zu der Familie der *Acerĭněae* und in die *Octandria*

Monogynia Linné's gehört. Bei uns finden sich häufig die Arten *Acer Pseudoplatănus, platanoīdes, campestre* (Massholder). Der Zuckerahorn (*Acer saccharĭnum*) ist in den nordamerikanischen Freistaaten zu Hause. Sein Saft ist reich an Zucker und wird bis zum Erstarren eingekocht als Ahornzucker, *maple-sugar* (spr. mäppl'-schugger), in den Handel gebracht.

Aescŭlus Hippocastănum, Rosskastanie, gehört zu der Familie der *Sapindacĕae* und der Unterfamilie *Hippocastanĕae*, also auch zur Klasse der Ahorne (*Acĕra*). Die Rinde dieses bekannten Baumes war als *Cortex Hippocastăni* officinell. Sie enthält Gerbstoff.

Hippocastaneae Decand.

Bäume oder Sträucher.	*Arbŏres vel frutĭces.*
Blätt. gegenständig, gefingert, nebenblattlos; Blättch. gesägt.	*Folia opposĭta, digitata, foliolis serratis, exstipulata.*
Blüthen polygamisch in Rispen oder Trauben.	*Flores polygămi, paniculati vel racemosi.*
Kelch 5- oder 4-theilig, mehr oder weniger ungleich.	*Calyx quinque- vel quadripartitus, plus minusve inaequalis.*
Blumenkrone 5- oder 4-blättrig; Blätter ungleich, unterhalb einer hypogynischen Scheibe eingefügt, mit abstehenden Platten.	*Corolla penta- vel tetrapetăla; petăla inaequalia, sub disco hypogўno inserta, laminis patentibus.*
Staubgefässe häufiger 7 od. 8, ungleich.	*Stamĭna saepius septena vel octona, inaequalia.*
Pistill mit 3-fächrigem 2-eiigem Fruchtknoten; unteres Eichen aufrecht, oberes hängend, krummläufig. 1 Griffel mit einfacher spitzer Narbe.	*Pistillum germine triloculari, ovulis binis, quorum inferius erectum, superius pendulum, campylotrŏpis. Stylus unicus stigmăte simplici acuto.*
Frucht eine 1- bis 3-fächrige, 1- bis 3-samige, fachspaltig aufspringende Kapsel.	*Fructus capsŭla uni- vel trilocularis, mono- vel trispērma, loculicīde dehiscens (valvis medio septiferis).*
Samen gross, mit glänzender lederartiger Samenhaut, ohne Eiweiss, mit breitem, am Grunde befindlichen, glatten Nabel; Embryo gekrümmt, mit sehr grossen verwachsenen, beim Keimen unterirdisch bleibenden Samenlapp. Würzelchen dem Nabel zugewendet.	*Semen magnum integumento coriaceo nitĭdo, exalbuminosum, hilo lato basilari deraso; embryo curvatus, cotўlis maximis, conferruminatis, in germinatione hypogaeis, radicŭlā hilum spectante.*

Gattung Aescŭlus.

Kelch glockenförmig, 5-lappig.	*Calyx campanulatus, quinquelŏbus.*
Kronenblätt. abstehend, 4—5.	*Petala patentia quaterna vel quina.*
Staubgefäss. niedergebogen, 7.	*Stamina declinata septena.*
Kapselfrucht igelstachelig.	*Capsula echinata.*

Art Aescŭlus Hippocastănum.

Blättchen 7, oder weniger, verkehrtei-keilförmig, gespitzt, gesägt.	*Foliŏla septena vel pauciora, obovato-cuneata, acuminata, serrata.*
Blüthen 5-blättrig, fast 7-männig, in pyramidalen rispigen Trauben, mit oberen männlichen Blüthen.	*Flores pentapetali, subheptandri, in racēmos paniculatos pyramidales dispositi, superne floribus masculis.*

Die Rosskastanie, ursprünglich im warmen Asien zu Hause und von da nach Europa verpflanzt (*Clusius* zog den ersten Baum aus Samen in Wien 1588), ist nicht ohne Variationen ihrer Organe geblieben, denn man trifft die Blätter auch aus 3 und 5 Blättchen zusammengesetzt, kegelförmige und halbkuglige Blüthenrispen, an der Spitze des Blüthenstandes meist männliche Blüthen, weniger oder mehr als 7 Staubgefässe, Früchte mit mehr oder weniger Stacheln besetzt.

Aescŭlus Hippocastănum variat foliolis ternis vel quinis, paniculis conoïdĕis et semiglobōsis, floribus superioribus paniculae plerumque masculis, staminĭbus septenis, pluribus aut paucioribus, fructibus magis minusve echinatis (echīnis [Igelstacheln] munitis).

Bemerkungen. *Theobrōma, ătis, n.* (Götterspeise), von θεός (theos), Gott, und τὸ βρῶμα (to brōma) Speise, oder ἡ βρώμη, im letzteren Falle hat *Theobrōma* im Genitiv *theobromae* und ist Femininum. Gewöhnlich ist es als Neutrum im Gebrauch.

Erythroxȳlon (Rothholz) von ἐρυθρός (erythros), roth, und ξύλον (xylon) Holz. — *Aescŭlus, i, f.* eine dem Jupiter heilige Eichenart. — *Hippocastănum* (Rosskastanie) von ἵππος (hippos), Pferd, und κάστανον (kastănon), Kastanie. — *Echīnus, i, m.,* Igel (ἐχῖνος); *echīni,* Igelstacheln, dicht stehende und mit den Spitzen von einanderstrebende Stacheln. — *Sapindus (sapo Indicus).*

Lection 97.

Dipterocarpeen. Clusiaceen. Hypericineen. Polygaleen.

Die 50. *Endlicher'*sche Klasse, *Guttifĕrae,* sind Bäume oder Sträucher, selten Kräuter, meist mit gefärbtem oder dünnflüssigem Milchsafte, und mehrbrüdrigen Staubgefässen, und nach

Decandolle Thalamifloren. In dieser Klasse finden wir mehrere Familien, welche für die Pharmacie von Wichtigkeit sind.

An der Spitze der *Diptĕrocarpĕae* (Zweiflügelfrüchtigen) steht *Diptĕrocārpus* (Flügelfruchtbaum). *Dipterocarpus turbinatus Roxb.* in Ostindien liefert den Gurjunbalsam (Woodoil), eine dem Copaivabalsam ähnliche und gleichwirkende Flüssigkeit.

Dryobalănops Camphŏra ist ein majestätischer Baum auf Bornēo und Sumātra, dessen junge Exemplare ein flüchtiges kampferhaltiges Oel ausgeben, dessen ältere Stämme aber zwischen Fasern und Spalten den sogenannten Borneokampfer aufgespeichert enthalten. Dieser Kampfer kommt nicht in den Handel. Der officinelle Kampfer (*Camphŏra*) kommt bekanntlich von einer in China und Japan heimischen Laurinee, *Camphora officinārum Nees.*

Von den *Clusiacĕae* nach *Lindley* oder den *Guttifĕrae Jussieu's* liefert *Garcinĭa elliptĭca Wall.* das drastisch wirkende Gummigutt (*Gutti, Gummi-resīna Gutti*). Dasselbe ist der gelbe eingetrocknete Milchsaft. *Calophyllum Inophyllum,* aus derselben Familie, giebt das Tacamahācaharz, welches nur noch in der Lackfabrication Verwendung findet.

Von den *Hypericinĕae* war früher das blühende Kraut des bei uns heimischen *Hyperīcum perforātum* (Johanniskraut) officinell. Es enthält einen rothen, in fettem Oele löslichen Farbstoff. Daher ist das mit dem Kraute gekochte Oel, Johannisöl (*Oleum Hyperīci*), von rother Farbe.

In der *Endlicher'*schen Klasse *Polygalĭnae* ist die Familie der *Polygalĕae* in sofern wichtig, als *Polygăla amara* in der Gestalt der getrockneten blühenden Pflanze mit Wurzel (*Herba Polygălae amārae*), und die Wurzel von *Polygăla Senĕga,* die Senegawurzel (*Radix Senĕgae*), officinell sind.

Polygaleae.

Kräuter oder Sträucher.	*Herbae vel frutĭces.*
Blätter zerstreut, einfach, ohne Nebenblätter.	*Folia sparsa, simplicia, exstipulata.*
Blüthen von 3 Deckblättern unterstützt, meist in Trauben.	*Flores tribracteati, plerumque racemosi.*
Kelch 5-blätterig; meist mit 2 inneren grösseren blumenblattartigen Blättern (sogenannten Flügeln).	*Calyx pentasepălus, plerumque sepalis binis interioribus majoribus petaloïdĕis (alis).*
Blumenkrone unregelmässig, meist gespalten.	*Corolla irregulāris, plerumque fissa.*

Staubgefässe der Blumenkrone angewachsen (epipetal), in eine nach oben 2-bündelige Röhre verwachsen, mit 8 einfächerigen, mit einem Loche aufspringenden Staubbeuteln.	*Stamina epipetăla, connata, supra diadelpha, antheris octonis unilocularibus, poro dehiscentibus.*
Pistill mit 2-fächrigem Fruchtknoten, einzelnen hängenden gegenläufigen Eichen.	*Pistillum germine biloculari et ovulis solitariis pendŭlis anatrŏpis.*
Frucht eine 1- oder 2-fächerige Kapsel, meist fachspaltig 2-klappig aufspringend.	*Fructus capsula uni- vel bilocularis, plerumque loculicīdo-bivalvis.*
Samen mit Eiweiss, meist mit Nabelwulst versehen, mit geradem Embryo und nach der Fruchtspitze gerichtetem Würzelchen.	*Semen albuminosum, plerumque carunculatum, embryone recto et radiculā supĕrā.*

Gattung Polygäla (Kreuzblume).

Kelch bleibend; 2 innere grössere flügelförmige gefärbte Kelchblätter.	*Calyx persistens. Sepăla bina interiora majora alaeformia colorāta.*
Blumenkrone ⅔-lippig, die Lappen d. oberen Lippe durch eine Längsspalte gesondert, der mittlere Lappen der unteren Lippe kammförmig, die Lappen an der Seite oft verwischt und zu einer die Staubgefässe bergenden Kappe verbunden.	*Corolla labiata, lobis duobus superioribus atque tribus inferioribus; lobi labii superioris rimā longitudinali separati, lobus intermedius labii inferioris cristatus, lobi laterales saepe obliterati et in cucullum stamina foventem coalĭti.*
Pistill 1, mit zweilippiger Narbe.	*Pistillum stigmate bilabiato.*
Kapselfrucht zusammengedrückt; Samen mit einer 2- bis 3-lappigen Samenschwiele versehen.	*Capsula compressa; semen carunculā (micropȳlā incrassatā) bi- vel trilobā instructum.*

Die officinelle *Polygäla amāra* variirt in vielen verschiedenen Abarten, es soll aber nur die Pflanze von trocknen Standorten gesammelt werden, denn die von feuchten Stellen gesammelte ist stets weniger bitter. Ueberhaupt scheinen diejenigen Arten vorzugsweise Bitterstoff zu enthalten, welche rosettenförmig gestellte Wurzelblätter *(folia radicalia rosulantia s. rosulata)* haben. *Diadelphia Octandria.*

Art *Polygăla amāra (s. amarella Crantz).*

Blätter, die grundständigen sind die grösseren, verkehrt eirund, eine Rosette bildend, Stengelblätter zerstreut und lancettförmig.	*Folia radicalia atque majora, obovata, in modum rosae concinnata (rosulantĭa), caulĭna sparsa et lanceolata.*
Kelch. Ovale 3-nervige Flügel mit nur aderigästigen Seitennerven.	*Calyx. Alae ovāles, trinervĭae, nervis lateralibus ramuloso-venōsis.*
Staubfäden bis zur Spitze verwachsen.	*Staminum filamenta ad apicem connata.*
Kapsel verkehrtherzförmig.	*Capsula obcordata.*
Samen: 3mal kürzere Samenschwiele als der Samen.	*Seminis caruncŭla ipso triplo brevior.*

Fig. 574.

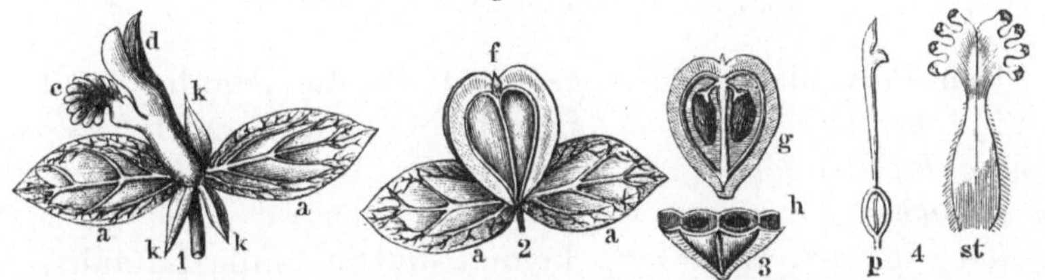

Polygăla vulgāris. 1. Blüthe (1½fache L.-Vergr). *kkk* äussere Kelchblätter, *aa* innere Kelchblätter oder Flügel (*alae*), *d* bis zur Basis gespaltene Oberlippe, *c* Unterlippe mit Kamm (*crista*). 2. Zusammengedrückte Fruchtkapsel (*capsŭla compressa*), mit den beiden Flügeln (2 f. L.-Vergr.). 3. Geöffnete Frucht, *h* dieselbe im Querschnitt. 4. *p* Pistill, *st* Staubgefässe.

Fig. 575.

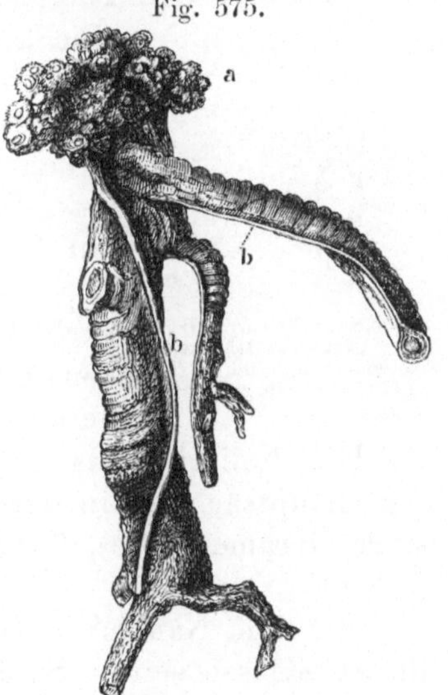

Polygala vulgaris unterscheidet sich durch den Mangel an Bitterstoff, durch die zerstreut stehenden Blätter und die sich nur nach aussen hin netzadrig verzweigenden Seitennerven der Kelchflügel.

Polygala vulgaris differt defectu amaritiēi, folĭis omnibus sparsis, atque nervis lateralibus alarum tantum extrinsĕcus reticulato-venosis.

Die in Virginien und Pensylvanien heimische *Polygăla Senĕga* liefert in ihrer Wurzel die officinelle *Radix Senegae*, welche Polygalasäure (Senegin, Polygalin), Virginiasäure, etwas Gerbsäure und fettes Oel als besondere Bestandtheile enthält. Die oft mit einem Wurzelkopf versehene

Senegawurzel, Wurzel der *Polygăla Senĕga. Radix in curvaturis carināta. a* Wurzelkopf, *b* Kiel.

Wurzel ist wurmförmig gebogen und in den Krümmungen einseitig mit einem Kiele versehen. *Radix vermiculari-flexuosa, in curvaturis carina unilaterali instructa.*

Bemerkungen. *Diptĕrocārpus* (Doppelflügelfrucht), von δίπτερος, ον (dipteros, on), zweiflügelig und καρπός (karpos), Frucht. — *Dryobalānops, ōpis, f.,* von δρῦς, δρυός (drys, dryos), Eiche; βάλανος (balanos), Eichel; ὦψ (ōps), Auge. — *Calophyllum,* (Schönblatt), *Inophyllum.* von καλός (kalos), schön; ἴς, ἰνός (is, inos), Faser; φύλλον, Blatt. — *Hyperĭcum,* griech. ὑπερεικον und ὑπερικον, Johanniskraut; ὑπό und ἐρείκη. — *Polygăla, ae,* (Milchkraut?), griech. πολύγαλον; πολύ (poly), viel; γάλα, ακτος, τό (gala, galaktos, to), die Milch.

Lection 98.

Krameriaceen. Aurantiaceen. Ampelideen.

Den Polygalaceen sehr verwandt ist die Familie der Krameriaceen (*Krameriacĕae*), in welcher ein Strauch, *Krameria triandra Ruiz et Pavon,* die Peruanische Ratanhawurzel (*Radix Ratanhae Peruviāna*) giebt. Von *Krameria Ixīna Roemer et Schultes* oder *Kr. arĭda Berg* kommt die Savanilla-Ratanha, von *Krameria secundiflora DC.* die Texas-Ratanha.

Die Krameriaceen, und besonders die Gattung *Krameria,* sondern sich von den Polygaleen hauptsächlich durch ihre Frucht,

Fig. 576.

a Frucht der *Krameria triandra.* Längsschnittfläche, *b* eine widerhakige Borste (*seta glochidata*), vergrössert.

eine kuglige holzig-lederartige, aussen ganz mit widerhakigen Borsten besetzte, einsamige Steinfrucht, also eine nicht aufspringende Frucht (*drupa globosa, ligneo-coriacĕa, undique setis glochidatis obsĭta*); dann zählt *Krameria* nur 3—4 Staubgefässe und gehört der *Tetrandria Monogynia Linné*'s an. Die Gattung wurde nach *Kramer,* einem österreich. Militairarzte, benannt, welcher 1744 ein *Tentamen botanices* herausgab.

Die tonische adstringirende Wirkung der Ratanhawurzel liegt hauptsächlich in der Rinde. Bestandtheile sind Krameriasäure (Kramersäure), Gerbstoff, Farbstoff, Gummi etc.

Mit dem Namen *Hesperĭdes* (Orangengewächse) hat *Endlicher* die 51. Klasse seines Systems belegt. In derselben finden wir die Familie der Aurantiaceen, *Aurantiacĕae,* deren Gattung *Citrus* mehrere Arzneimittel liefert.

Aurantiaceae.

Bäume oder Sträucher, überall mit drüsigen Oelbehältern versehen.	*Arbores vel frutices, undique glanduloso-punctati (glandulis oleiferis in cotylis, foliis, calyce, petalis, filamentis, pericarpio).*
Blätter abwechselnd, zusammengesetzt (Einblätter), ohne Nebenblätter.	*Folia alterna, composita (unifoliata), exstipulata.*
Kelch einblättrig, 5- od. 3-zähnig, abwelkend.	*Calyx monosepălus, quinque- vel tridentatus, marcescens.*
Blumenkrone. Soviel Kronenblätter als Kelchzipfel, mit diesen abwechselnd.	*Corolla petalis tot quot dentes calỹcis sunt, iisdem alternantibus.*
Staubgefässe soviel als Kronenblätter od. mehr, mit diesen unterhalb einer Scheibe eingefügt, bisweilen vielbrüderig.	*Stamĭna tot quot petăla vel plura, una cum petalis sub disco inserta, interdum polyadelpha.*
Pistill. Griffel einfach und kopfförmig.	*Pistillum stylo simplici et capitato.*
Frucht eine Beere, trocken od. saftig, 1- oder vielfächerig, mit meist 1-, seltener vielsamigen Fächern. Samen ohne Eiweiss, mittelständig. Embryo gerade.	*Fructus bacca sicca vel succosa, uni- vel multilocularis, loculis plerumque monospermis, rarius polyspermis. Semĭna exalbuminosa, centralia. Embryo rectus.*

Eine Unterordnung oder Unterfamilie sind die *Citrĕae.*

Subordo *Citrĕae.*

Staubgefässe in doppelter od. vielfacher Menge von der Zahl der Kronenblätter.	*Stamĭna petalis numero dupla vel multĭpla.*
Ei'chen zu mehreren und 2-reihig in den Fächern.	*Ovula plurima et biserialia in loculis.*
Samen oft mehrere Keime enthaltend.	*Semen saepe pleioembryonatum.*

Gattung *Citrus.*

Kelch 5-zähnig.	*Calyx quinquedentatus.*
Blumenkronenblätt. meist 5.	*Petala plerumque quina.*
Staubgefässe vielbrüderig.	*Stamĭna polyadelpha.*
Beere vielfächerig, Fächer mit saftreichem Mus angefüllt, ein- oder mehrsamig.	*Bacca multilocularis, loculis pulpa succulenta farctis, mono- vel pleiospermis.*
Blattwinkelständige Dornen.	*Spinae axillares.*

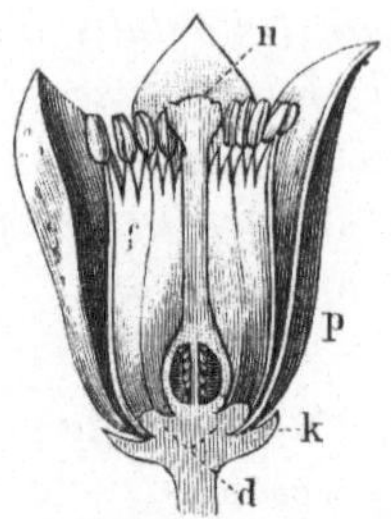

Fig. 577.

Blüthe von *Citrus vulgāris* im Verticalschnitt. *d discus hypogȳnus*, *k* Kelch, *p* Blumenblätter, *n* Narbe, *f* verwachsene Staubblätter.

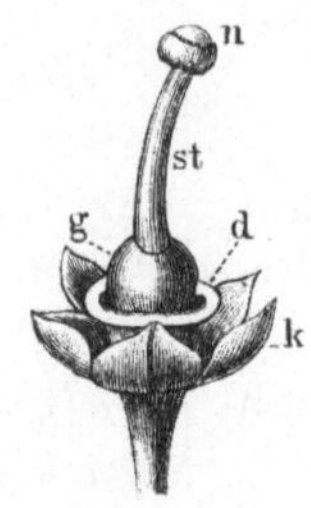

Citrus vulgāris, st *stylus*, n *stigma capitatum umbilicatum*, g *germen*, d *discus hypogȳnus*, k *calyx quinquedentatus*.

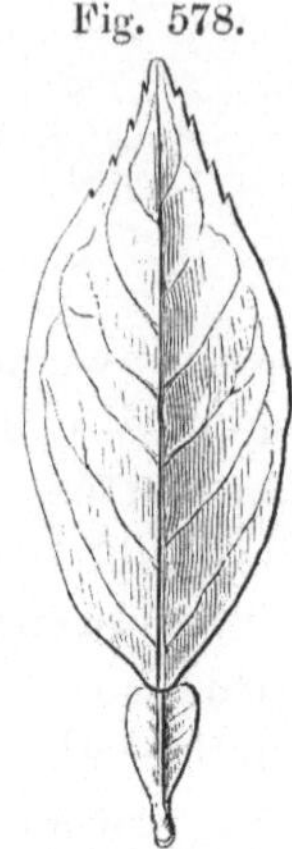

Fig. 578.

Blatt von *Citrus Aurantium*. *Petiŏlus alatus, articulatione cum folio conjunctus sive folium unifoliolatum.*

Citrus zählt eine Menge Arten und die Arten eine Menge Varietäten. Die wichtigsten Arten sind

Citrus Medĭca L.	*Citrus Aurantium L.*
(Citrone).	(Pomeranze).
Blattstiel wenig od. gar nicht geflügelt.	Blattstiel geflügelt.
Frucht länglich, gebuckelt.	Frucht fast kugelig, nicht gebuckelt.
Petiŏlus parum alatus vel exalatus.	*Petiŏlus alatus.*
Fructus oblongus, umbonatus.	*Fructus subglobosus, non umbonatus.*

Von *Citrus Medĭca, varietas Limonum Risso*, ist der Blattstiel nur wenig mehr als 1 Millimeter breit geflügelt, und die Frucht, Citrone oder Limonie (*Fructus Citri*) genannt, enthält im Perikarp viel flüchtiges Oel, Citronenöl (*Oleum Citri*), was durch Auspressen gewonnen wird, und im Mus der Fruchtfächer einen an Citronensäure reichen Saft (*Succus Citri*). *Citrus Medica var. Limetta* Risso, Bergamotte, hat süssmarkige Früchte, aus deren Perikarp durch Pressen das Bergamottöl (*Oleum Bergamottae*) gesammelt wird.

Citrus Aurantium, varietas vulgaris (Pomeranze) hat 5 bis 7 Millim. breit geflügelte Blattstiele und eine Frucht mit bitterem Marke. Sie liefert die Pomeranzen- oder Orangenblüthen (*Flores Aurantii s. Naphae*), das flüchtige Oel derselben (*Oleum florum Aurantii s. Nerŏli*), die Fruchtschalen als Pomeranzenschalen (*Cortex Aurantii*), die unreifen Früchte, unreife Pomeranzen (*Fructus Aurantii immatūri s. Poma Aurantii immatūra*), und auch die Pomeranzenblätter (*Folia Aurantii*).

Eine zweite Varietät *Citrus Aurantium*, β *Aurantium Risso* (Apfelsine, Orange) oder *Citrus dulcis Link* hat süsses Fruchtmark.

Alle diese Aurantiaceen stammen aus Asien, werden aber im südlichen Europa allgemein cultivirt.

Lection 99.

Lineen. Rutaceen. Diosmaceen. Zygophylleen.

Die Leingewächse (*Linĕae*), die Sauerkleegewächse (*Oxalidĕae*) und Storchschnabelgewächse (*Geraniaceae*) sind drei Familien aus der *Endlicher*'schen Klasse der *Gruinales* (Kranichschnäbelähnliche) und aus der Ordnung der *Thalamiflorae DC.*, welche dem Pharmakologen kein weiteres Interesse bieten, als dass sie meist obsolete Arzneimittel liefern, und nur unter den Leingewächsen ist *Linum usitatissĭmum* die bemerkenswertheste Pflanze, deren schleimreiche Samen als Leinsamen (*Semen Lini*) officinell sind, aus welchem auch durch Pressen ein trocknendes fettes Oel, Leinöl (*Oleum Lini*), gewonnen wird. Aus der Bastfaser der Leinpflanze wird bekanntlich die Leinwand dargestellt.

Fig. 579.

Linum usitatissimum.
1. Blüthe von Kelch und Kronenblättern befreit. Vergrössert. 2. Kapselfrucht mit dem bleibenden Kelche.

Lineae s. Linaceae.

Kräuter und Halbsträucher.	*Herbae vel suffrutĭces.*
Blätter nebenblattlos, ganzrandig.	*Folia exstipulata, integerrĭma.*
Kelch bis zur Basis getheilt, bleibend (noch an der reifen Frucht vorhanden).	*Calyx ad basin partitus, persistens.*
Blumenkronenblätter 5 od. 4, unter sich gleich, in der Knospe gedreht.	*Petăla quina vel quaterna aequalia, in praefloratione (proanthĕsi) contorta.*
Staubgefässe doppelt soviel als Kronenblätter, am Grunde zu einem Ring verwachsen. Die inneren den Kronenblättern gegenüberstehend und	*Stamĭna petalis dupla, in basi ad annŭlum connata, interiora petalis opposĭta sterilia. (Stamĭna quina, in basi ad annulum connata, interjectis dentibus pe-*

unfruchtbar; (oder 5 Staubgefässe am Grunde zu einem Ringe verwachsen mit dazwischen gestellten und den Kronenblättern gegenüberstehenden Zähnen).

Pistill mit 5 oder 4 Griffeln; Fruchtknoten 5- oder 4-fächerig, jedes Fach durch eine unvollständige wandständige Scheidewand wiederum zweifächerig. Eichen zu zweien, gegenläufig, durch die unvollkommene Scheidewand getrennt.

Samen eiförmig, zusammengedrückt, glänzend, angefeuchtet an der Oberfläche schleimig, fast ohne Eiweisskörper; Embryo gerade, mit nach oben gerichtetem Würzelchen.

talis oppositis vel dentibus oppositipetalis).

Pistillum stylis quinis vel quaternis; germen quinque- vel quadriloculare, singŭli loculi dissepimento incompleto parietali bilocellati. Ovula gemina anatropa, septo illo incompleto separata.

Semina ovata, compressa, nitĭda, humectata in superficie mucilaginosa, subexalbuminosa; embryo rectus cum radicula supera.

Gattung *Linum.*

Blüthe 5-zählig, bisweilen jedoch nur 3 Griffel.

Flos pentamĕrus, interdum styli terni.

Pentandria Pentagynia.

Linum usitatissĭmum (Flachs).

Stengel aufrecht einzeln; Blätter zerstreut und kahl.

Caulis erectus solitarius; folia sparsa glabra.

Linum catharticum (Purgirlein).

Stengel gabelästig; Blätter gegenüberstehend, kahl, am Rande scharf.

Caulis dichotŏmus; folia opposita, glabra, in margĭne scabra.

Der *Endlicher*'schen Klasse *Terebinthinĕae*, welche besonders Gewächse mit balsam- oder harzartigem Safte, Milchsaft oder flüchtigem Oele umfasst, gehören unter anderen an: *Rutacĕae, Zygophylleae, Diosmeae, Simarubeae.* Die Anacardiaceen haben zwar ihren Platz in derselben *Endlicher*'schen Klasse, gehören aber im *Decandolle*'schen System zu den Calÿcifloren.

Rutaceae.

Kräuter, Halbsträucher, Sträucher.

Blätter zerstreut, drüsig-punktirt, ohne Nebenblätter.

Herbae, suffrutĭces, frutĭces.

Folia sparsa, glanduloso-punctata, exstipulata.

Blüthen regelmässig, 4- od. 5-zählig, in Trauben oder Trugdolden stehend, meist gelb.

Flores regulares, tetra- vel pentaměri, racemosi vel cymosi, plerumque lutei.

Kelch frei, bleibend.

Calyx liber persistens.

Blumenkronenblätter dem untersten Grunde eines sehr kurzen Stempelträgers eingefügt, soviel wie Kelchlappen.

Petăla basi imae gynophori brevissimi inserta, tot quot laciniae calycis.

Staubgefässe 2- od. 3-mal so viel als Kronenblätter, Antheren nach innen gewendet.

Staměna duplo vel triplo plura quam petala, antheris intus versis.

Pistill bestehend aus 1 Griffel und 4 oder 5 freien oder mit ihrem Grunde verbundenen, dem kurzen Stempelträger aufsitzenden, 2- und mehreiigen Carpellen.

Pistillum. Stylus unicus cum carpellis quaternis vel quinis liběris aut in basi coalescentibus, gynophoro brevi impositis, bi- vel pluriovulatis.

Früchte: aufspringende, durch Fehlschlagen wenigsamige Kapseln.

Fructus capsulae dehiscentes, abortu olĭgospermae.

Samen nierenförmig-gekrümmt, hängend; Embryo in d. Axe des Eiweisses, mit nach oben gerichtetem Würzelchen.

Seměna reniformi-arcuata, pendula; embryo in axi albuminis atque radiculā superā.

Gattung *Ruta.*

Blüthe im Centrum frühzeitiger und 5-zählig, seitenständige Blüthen 4-zählig.

Flos centralis praecocior pentaměrus, flores laterales tetraměri.

Blumenkronenblätter concav, kurz-genagelt.

Petăla concăva brevi-unguiculata.

Staubgefässe doppelt soviel als Kronenblätter, gerade.

Staměna numero petalorum duplo plura, recta.

Stempelträger mit so vielen Drüsen- (Nectar-) Grübchen als Staubgefässe versehen.

Gynophŏrum glandŭlis (foveĭs nectariferĭs) impressis tot quot staměna sunt instructum.

Pistill: 1 Griffel mit 4- oder 5-lappiger Narbe und an der Basis zusammengewachsenen, mehreiigen Carpellen.

Pistillum stylus unus cum stigmăte quadri- vel quinquelŏbo et carpellis ad basin connatis, pluriovulatis.

Kapseln an der Spitze nach innen aufspringend.

Fructus capsulae in apice introrsum dehiscentes.

Fig. 580.

Ruta graveölens. *a* Blüthe, genagelte concave Blumenblätter. Vergr. *b* Blüthe von
Kronenblättern und Staubgefässen befreit,
den Fruchtknoten mit dem von Drüsen-
grübchen besetzten Stempelträger (*g*) zu
zeigen.

Ruta ist von *Linné* in die *Decandria Monogynia* verlegt.

Ruta graveölens (Raute, Gartenraute), eine im südlichen Europa
heimische, bei uns in Gärten gezogene Krautpflanze, liefert *Herba
Rutae,* welche flüchtiges, etwas scharfes Oel, wenig Bitterstoff und Gerbsäure enthält.

Art *Ruta graveölens,* Gartenraute.

Blätter fast 3-fach fiederspal- tig mit äussersten verkehrt- eiförmig-spatelförmigen, vorn fein gekerbten Lappen.	*Folia subtripinnatifĭda, laciniis ultimis obovato-spathulatis, in margine antīco crenulatis.*
Trugdoldentraube m. schmut- zig-gelben Blüthen.	*Corȳmbus cymōsus, floribus luteis.*

Die Diosmeen, *Diosmacĕae,* sind den Rutaceen sehr verwandt, und unterscheiden sich von diesen durch die über der
Basis zusammengewachsenen Griffel, 2-klappig aufspringende
Kapseln und durch das elastische Abspringen der inneren Fruchthaut von der mittleren.

*Diosmaceae a Rutaceis diffĕrunt stylis supra basin connatis, capsu-
lis bivalvibus atque endocarpio chartaceo elastice dissiliente a mesocarpio.*

Folgende Diosmeen liefern Arzneimittel:

Galipĕa officinalis Hanc., in Südamerika, giebt die gerbstoffhaltige echte Angusturarinde (*Cortex Angusturae verus*). Die
giftige, sogenannte falsche Angusturarinde ist die Wurzelrinde
von *Strychnos Nux vomica.*

Barōsma crenulāta, crenata, betulĭna, serratifolĭa etc. liefern die
Buchu- oder Buccublätter (*Folia Bucco*). Dieselben sind fein-
gesägt, zwischen den Sägezähnen mit einer grösseren Oeldrüse
und auf beiden Flächen durchsichtig punktirt. (Capsträucher).

Dictamnus albus, im mittleren Europa zu Hause, lieferte die
Diptamwurzel (*Radix Dictāmni albi s. Fraxinellae*). Diese Pflanze
hat 5 etwas ungleiche Kronenblätter, dann 10 zugleich mit dem
Pistill niedergebogene Staubgefässe und unpaarig gefiederte Blätter. *Petala quina subinaequalia; stamina dena, unā cum pistillo declināta; folia impari-pinnata.*

Die Blüthen des Diptam (besonders die mit Oeldrüsen besetzten Staubfäden) dunsten bei heiterer warmer Witterung so-

viel flüchtiges Oel aus, dass sie dann mit einer entzündbaren Atmosphäre umgeben sind.

Die Zygophylleen (*Zygophyllaceae*, Jochblättergewächse) unterscheiden sich von den Rutaceen durch gegenständige, nicht drüsig punktirte Blätter mit Nebenblättern. *Zygophyllaceae a Rutaceis discrepant foliis oppositis, non glandulose punctatis, stipulatis.* Aus dieser Familie giebt:

Guajăcum officinale, 5 (arbor), Westindien, das Pocken-, Guajak- oder Franzosenholz (*Lignum Guajăci*), ein sehr schweres harzreiches Holz.

Zu den Simarubeen (*Simarubeae*) gehört *Quassĭa amara*, ein kleiner Baum (*arbuscŭla*, 5) des heissen Amerikas, welcher das durch seine Bitterkeit bekannte Quassienholz (*Lignum Quassĭae Surinamense*) giebt. Das nicht officinelle, obgleich auch sehr bittere *Lignum Quassĭae Jamaicense* kommt von einem westindischen Baume (5), *Picrasma excelsa Planch.* s. *Simarūba excelsa DC.* Der Quassienbitterstoff ist Quassiine genannt worden.

Lection 100.

Rhamneen. Anacardiaceen.

Die zweite Unterklasse der Dicotyledonen im System *Decandolle*'s bilden die *Calÿciflŏrae* (Kelchblüthler), welche sich dadurch charakterisiren, dass die Blumenkronenblätter dem Kelche inserirt sind. Die Staubgefässe sind perigynisch oder epigynisch.

Die Familie der Rhamneen (*Rhamnĕae*, *Rhamnacĕae*) gehört den Calycifloren, im *Endlicher*'schen System aber der Klasse der *Frangulaceae* und der Cohorte der *Diălypetălae* an.

Rhamnaceae.

Bäume, Sträucher, Halbsträucher.	*Arbŏres, frutĭces, suffrutĭces.*
Blätter meist zerstreut, einfach und mit Nebenblättern versehen.	*Folĭa plerumque sparsa, simplicia, stipulata.*
Blüthen klein, zwitterig oder durch Fehlschlagen diclinisch, mit einem bleibenden, dem Fruchtknoten anhängenden Unterkelch.	*Flores parvi, hermaphroditi aut abortu diclini, cum hypanthĭo persistente, germini adhaerente.*

Kelch 4- bis 5-spaltig, ringsumschnitten abfallend, in der Knospe klappig.	*Calyx quadri- vel quinquefĭdus, circumscissus, praefloratione valvaceä.*
Blumenkronenblätter 4 od. 5, perigynisch, kleiner als die Kelchblätter, schuppen- oder kappenförmig, bisweilen 0.	*Petăla quaterna vel quina, perigўna, sepălis minōra, squamiformĭa vel cucullata, interdum nulla.*
Staubgefässe soviel als Kronenblätter, diesen gegenüberstehend.	*Stamĭna tot quot petăla, petalis opposĭta.*
Pistill. 1 Griffel mit 2, 3 oder 4 Narben; Fruchtknoten frei oder dem Unterkelch anhängend, 2- bis 4 fächerig, mit einzelnen aufrechten gegenläufigen Eichen.	*Pistillum. Stylus cum stigmatibus binis, ternis vel quaternis. Germen liberum aut hypanthĭo adhaerens, bi-, tri- vel quadrilocülare; ovula solitarĭa erecta anatröpa.*
Frucht fleischig oder trocken, gestützt von einem runden scheibenähnlichen Unterkelch (unterständigem Discus).	*Fructus carnosus vel siccus, suffultus hypanthĭo discoïdĕo orbiculari (disco hypogўno).*
Samen mit Eiweiss; Keim gerade, Würzelchen abwärtsgerichtet; Samenlapp. blattartig.	*Semen albuminosum; embryo rectus, radicula infera; cotyledŏnes foliacĕae.*

Gattung Rhamnus.

Unterkelch glockenförmig.	*Hypanthĭum campanulatum.*
Griffel 2, 3 oder 4, mehr od. weniger mit einander verwachsen.	*Styli bini, terni vel quaterni, plus minusve connati.*
Steinfrucht mit 1—4-papierartigen, meist mit einer Spalte aufspringenden Steinkernen.	*Drupa pyrēnis 1, 2, 3, 4 chartacĕis, plerumque rimā dehiscentibus.*
Samen länglich, auf der inneren Seite meist mit tiefer Furche.	*Semen oblongum, ad latus interius plerumque sulco exaratum.*

Pentandrĭa Monogynĭa.

Rhamnus cathartĭca, Kreuzdorn.	*Rhamnus Frangŭla,* Faulbaum.
Aeste gegenständig.	Aeste abwechselnd.
Dornen endständig und astachselständig.	Unbewaffnet.
Blätter meist gegenständig, fein gesägt.	Blätter zerstreut, ganzrandig.

Blüthen 2-häusig, 4-zählig.	Blüthen zwitterig.
Frucht mit 4 Steinkernen.	Frucht mit 2 od. 3 Steinkernen.
Rami oppositi.	*Rami alterni.*
Spinae terminales et alares.	*Inermis.*
Folia plerumque opposita, serrulata.	*Folia sparsa integerrima.*
Flores dioeci, tetraměri.	*Flores hermaphroditi.*
Drupa tetrapyrēna.	*Drupa di- vel tripyrēna.*

Rhamnus cathartica liefert in ihren Früchten die Kreuzbeeren (*Fructus Spinae cervīnae s. Rhamni catharticae*). Aus den unreifen Früchten wird das Saftgrün bereitet.

Fig. 581.

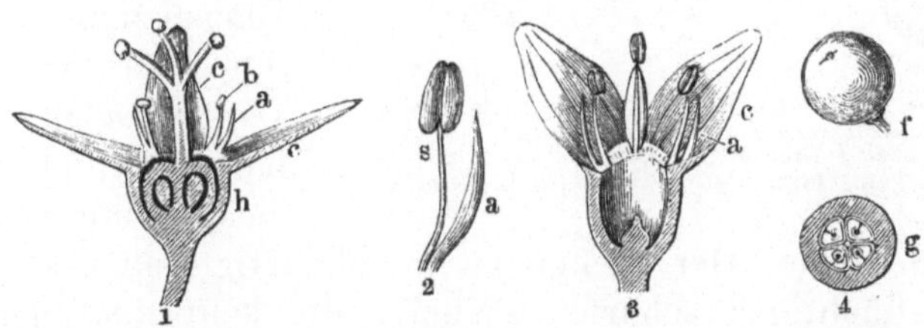

Rhamnus cathartica. 1. Weibliche Blüthe. *a petala, b stamina sterilia vel staminodia, c calyx, h hypanthium.* (Längsdurchschnitt, 8 f. L.-Vergr.). 2. *Stamen (s) cum petalo (a).* 3. Männliche Blüthe. *a petala, c calyx.* (Längsdurchschnitt, 9 f. L.-Vergr.). 4. *f* Frucht, *g* im Querschnitt. Natürl. Gr.

Rhamnus Frangŭla liefert die Faulbaumrinde (*Cortex Frangŭlae s. Rhamni Frangŭlae*), welche frisch emetisch wirken soll, welche Eigenschaft sich aber nach längerem Liegen verliert.

Kreuzbeeren und diese Rinde wirken purgirend. Bestandtheile sind Rhamnin, Rhamnoxanthin (Farbstoffe), Bitterstoff, Cathartin etc.

In die Unterklasse der Calycifloren DC. und zur *Endlicher'*schen Klasse der *Terebinthinĕae* gehören die *Anacardiacĕae Lindley's* oder *Terebinthacĕae Jussieu's.* Diese Familie umfasst unter anderen die Gattungen *Semecarpus, Anacardĭum, Rhus, Pistacĭa.*

Semecarpus Anacardĭum, ein ostindischer Baum, hat zur Frucht eine fast herzförmige zusammengedrückte Nuss, die von einem fleischig-verdickten, niedergedrückten, aus dem Unterkelch entstandenen Stempelträger getragen wird (*nux compressa subcordiformis, gynophoro depresso aucto suffulta*). Die Früchte kommen ohne den Stempelträger als Orientalische Anacardien (*Anacardĭa orientalĭa*) in den Handel. Die Lücken der mit ihrer Steinschale verbundenen Mittelschicht sind mit einem ätzenden scharfen, an der Luft schwarz werdenden Balsam gefüllt, welcher zum Zeichnen der Wäsche, zum Färben etc. benutzt wird.

Die sogenannten Elephantenläuse oder occidentalische Anacardien sind die von dem birnförmig angeschwollenen Stiel befreiten Früchte von *Anacardium occidentale*, welche aus Südamerika in den Handel kommen und in der Mittelschicht einen sehr ätzenden, Hautentzündung erzeugenden und Blasen ziehenden, dunklen Balsam (Cardol, *Cardolĕum pruriens*) enthalten, welcher als Vesicans und Causticum gebraucht wird. Der Samen ist mandelartig und süss.

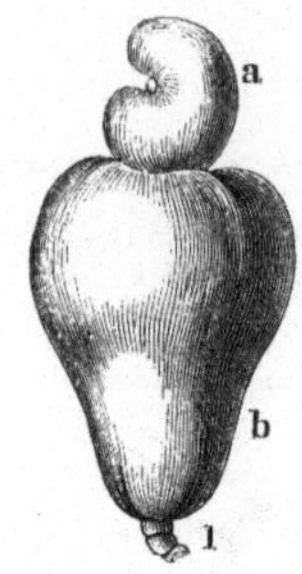

Fig. 582.

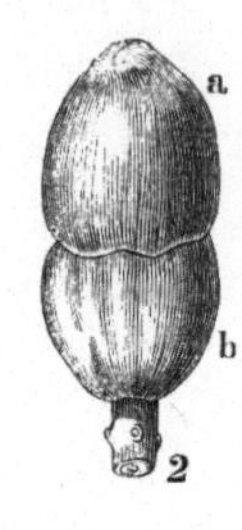

1. *Anacardium occidentale.*
a Nux sinu laterali reniformis, pedunculo aucto pyriformi (b) insĭdens. (¹/₄ L.-Vergr.).

2. *Semecarpus Anacardium.*
a Nux compressa, subcordiformis gynophŏro aucto insĭdens. (¹/₂ L.-Vergr.).

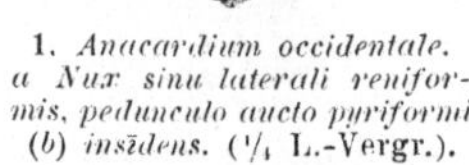

Ein flüchtiges scharfes Prinzip (die sehr flüchtige Toxicodendronsäure nach *Maisch*) finden wir bei der Gattung *Rhus* (Sumach). Beim Einsammeln der Giftsumachblätter (*Folĭa Toxicodendri, Folĭa Rhoïs radicantis*) ist es nöthig, da die Ausdünstung der frischen Blätter pustulöse Hautausschläge und Fiebersymptome erzeugt, die Hände und das Gesicht zu bedecken.

Rhus hat eine trockne Steinfrucht, polygamische oder zwitterige Blüthen, einen bleibenden 5-theiligen Kelch, 5 Kronenblätter, einem kreisförmigen Unterkelch (Stempelträger) eingefügt, 5 Staubgefässe, drei Griffel mit stumpfen oder kopfförmigen Narben. *Drupa sicca; flores polygămi vel hermaphrodĭti, calyx quinquepartītus persistens; sepăla quina hypanthio (gynophŏro) orbiculari inserta; stamĭna quina, styli terni cum stigmatĭbus obtūsis vel capitatis.*

Rhus Toxicodendron (Giftsumach) hat langgestielte dreizählige eirunde Blätter, armblüthige achselständige Blüthenrispen und glatte gefurchte Früchte. *Folĭa longe petiolata ternata ovata; paniculae axillares pauciflōrae; fructus glabri sulcati.* ♄ (*suffrŭtex*).

Varietäten sind:

1. *Rh. Toxicod. vulgare Michaux* oder *Rhus radīcans L.* mit wurzelndem Stamme und ganzen glatten Blättchen. (*Caulis radīcans; foliŏla intĕgra glabra*), dann

2. *Rh. Toxicod. quercifolĭum M.* oder *Rhus Toxicodendron L.* mit aufrechtem Stamme und eckig eingeschnittenen, unterhalb weichhaarigen Blättchen (*Caulis erectus; folĭola inciso-angulata, subtus pubescentia*).

Zu den Anacardiaceen zählen ferner *Pistacĭa vera*, ein im südlichen Europa kultivirter Baum Persiens, dessen Samen als Pistazien in den Handel kommen, und *Pistacĭa Lentiscus*, ein baumartiger Strauch des südlichen Europa's, von welchem Mastix (*Mastĭche, Resīna Mastix*) gewonnen wird.

Fig. 583.

Rhus radīcans L. oder *Rhus Toxicodendron vulgare Michaux.*

Bemerkungen. *Semecārpus* (bildsäulenähnliche Frucht) v. d. griech. σημεία (sämeia), Bildsäule, Zeichen. — *Anacardĭum* (auf das Herz gelegtes) von ἀνα (ana) auf, an, und καρδία (kardia) Herz, weil die Nuss als sympathetisches Mittel auf der Herzgrube getragen wurde.

Lection 101.

Papilionaceen. Leguminosen.

Die Papilionaceen, *Papilionacĕae* (Subclassis *Calȳciflorae DC.*, Classis 61: *Leguminōsae Endl.*) sind sehr verbreitet und zahlreich. Theils sind sie Nahrungspflanzen, theils liefern sie Arzneimittel, welche adstringirende, purgirend-wirkende oder gewürzhafte Bestandtheile enthalten. Einen wichtigen Farbstoff (Indigo) liefert die Gattung *Indigofĕra*.

Papilionaceae.

Bäume, Sträucher, Kräuter.

Arbŏres, frutĭces, herbae.

Blätter zerstreut, meist mit Nebenblatt.

Folĭa sparsa, plerumque stipulata.

Blüthen zwitterig, traubig, ährig, seltner rispig oder einzeln.

Flores hermaphrodīti, racemosi, spicati, rarĭus paniculati vel solitarĭi.

Kelch bleibend, mit 5-theiligem Saume, der fünfte Lappen von der Axe abgewendet, in der Knospe geschindelt.

Calyx persistens, limbo quinquedivīso, lacinĭa quinta divisurae ab axi aversa, ante anthēsin imbricatus.

Unterkelch sehr kurz.

Hypanthium brevissimum.

Blumenkrone schmetterlingsartig, perigynisch, in der Knospe (Blüthendeckenlage) geschindelt.

Corolla papilĭonacea, perigўna, ante anthesin imbricata (praefloratione imbricatā).

Staubgefässe 10, meist zweibrüderig (und dann das oberste frei, die anderen zu einem Bündel verwachsen), oft einbrüderig oder alle frei.

Stamĭna dena, plerumque diadelpha (et stamen superĭus liberum, relĭqua ad phalangem connata), saepe monadelpha aut omnĭa libĕra.

Pistill. Griffel endständig; Narbe einfach; Fruchtknoten 1-fächerig, seltner scheinbar 2-fächerig oder querfächerig, 1- bis vieleiig; Eichen der Bauchnath angeheftet.

Pistillum. Stylus terminalis; stigma simplex; germen uniloculāre, rarĭus spurĭe biloculare vel septatum, uni- vel multiovulātum; ovula sutūrae ventrali affixa.

Frucht eine Hülse.

Fructus legumen.

Samen meist ohne Eiweiss.

Semĭna plerumque exalbuminosa.

Keim wegen des hakenähnlich zurückgebogenen Würzelchens gekrümmt oder auch gerade; Samenlappen blattartig oder dick, beim Keimen aus der Erde hervortretend, seltner nicht hervortretend.

Embryo radiculae uncinato-reflexae causā curvatus, aut rectus; cotyledŏnes foliaceae vel crassae, in germinatione epigaeae, rarĭus hypogaeae.

Den Hauptcharakter der Papilionaceen bildet die Schmetterlingsblüthe (*flos papilionacĕus*), denn die Caesalpiniaceen und Mimosaceen haben wohl Hülsenfrüchte, aber keine Schmetterlingsblüthen. Die Leguminosen *Jussieu's* umfassen jene drei Familien wegen der gleichen Frucht. Mit Rücksicht auf die

Blüthe hat man denn auch die Leguminosen in Papilionaceen, Caesalpiniaceen und Mimosaceen gesondert.

Fig. 584.

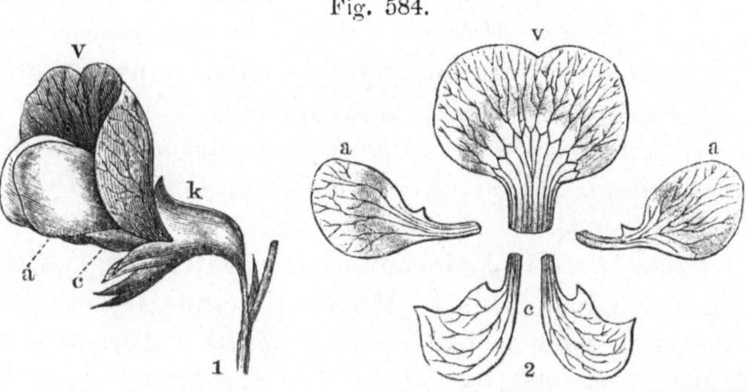

Flos papilionacĕus. Pisum satīvum (Erbse). 1. Blüthe von der Seite gesehen. 2. Die Blumenblätter nach ihrer Stellung auseinander gelegt. *v* Fahne (*vexillum*), *c* Kiel (*carīna*), *a* Flügel (*alae*), *k* Kelch.

Fig. 585.

Von den Kronenblättern befreite Blüthe einer Papilionacee. Staubgefässe bilden 2 Bündel (*b* und *d*). *a* Kelch, *c* Pistill.

Fig. 586.

Pistill einer Papilionacee. *n* Narbe, *g* Griffel, *f* Fruchtknoten längs durchschnitten.

Fig. 587.

Fig. 588.

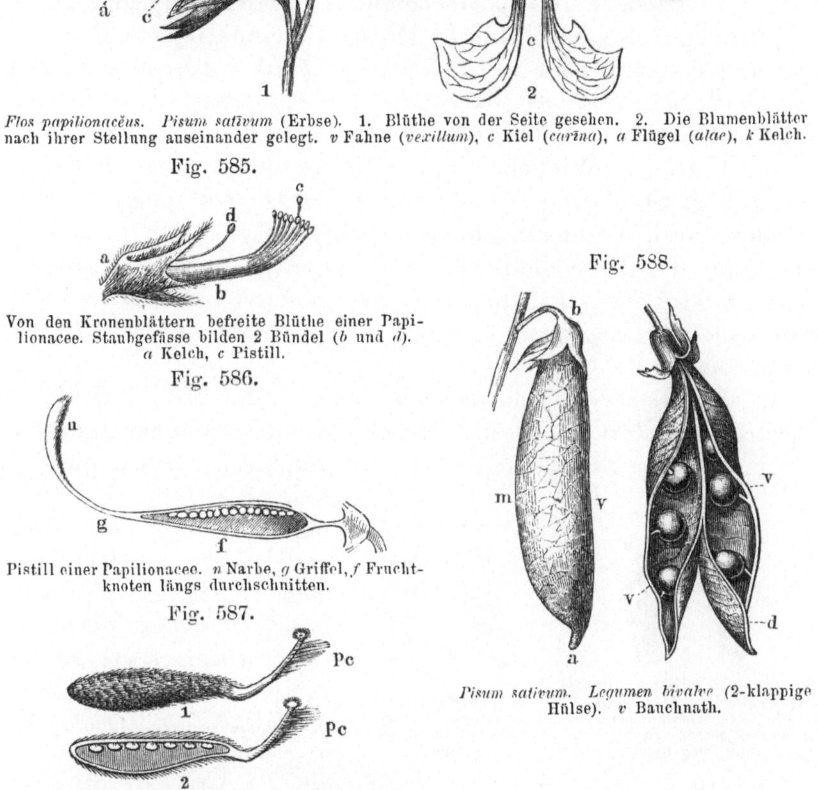

Pisum satīvum. Legumen bivalve (2-klappige Hülse). *v* Bauchnath.

Vicĭa satīva. 1. Stempel mit behärtetem Griffel; 2. im Durchschnitt. Vergr. *pc* Sammelhaare.

Die Familie der Papilionaceen ist reich an Gattungen; zur besseren Uebersicht hat man dieselben in mehrere Unterfamilien geordnet, z. B. in

1. *Genisteae* (Ginsterartige). Blätter einfach oder Dreiblätter; Staubgefässe monadelphisch; Hülse 2-klappig. *Folĭa simplicĭa vel ternata; stamĭna monadelpha; legumen bivalve. (Genista, Onōnis, Cytīsus, Sarothamnus, Spartium).*

2. *Lotĕae* (*Trifoliaceae*, Kleeartige). **Blätter meist Dreiblätter; Staubgefässe diadelphisch; Hülse 1-fächerig, 2-klappig.** *Folia plerumque ternata; stamĭna diadelpha; legumen uniloculare bivalve. (Lotus, Trifolĭum, Melilōtus, Trigonella, Medicāgo).*

3. *Galegeae* (Geissrautenartige). **Blätter unpaarig gefiedert, vieljochig; Staubgefässe meist diadelphisch; Hülse einfächerig.** *Folia impări-pinnata, multijŭga; stamĭna plerumque diadelpha; legumen uniloculare. (Galēga, Glycyrrhiza, Indigofĕra, Colutĕa, Drepănocarpus, Pterocarpus, Diptĕrix, Andīra).*

4. *Astragalĕae* (Bocksdornartige). **Blätter unpaarig gefiedert; Staubgefässe diadelphisch; Hülse mit eingebogener Rückennath und daher 2- oder fast 2-fächerig.** *Folia impări-pinnatā; stamĭna diadelpha; legumĭnis sutūra dorsalis introflexa, itaque legumen bi- vel subbiloculare. (Astragălus).*

5. *Vicieae.* (Wickenartige). **Blätter meist paarig gefiedert und rankig; Staubgefässe diadelphisch; Hülse 2-klappig, 1-fächerig oder durch Verengung querfächerig; Kotyledonen beim Keimen unter der Erde bleibend.** *Folia plerumque paripinnata et cirrifĕra; stamĭna diadelpha; legumen bivalve, uniloculare vel isthmis transverse septatum; cotÿlae in germinatione hypogaeae. (Vicĭa, Ervum, Pisum, Cicer).*

6. *Hedysareae.* **Blätter Ein-, Zwei- oder Dreiblätter oder unpaarig gefiedert, meist mit Nebenblättchen; Staubgefässe diadelphisch; Hülse quer in 1-samige Glieder zerfallend; Keimlappen blattartig.** *Folia unifolĭolata, binata vel ternata, plerumque stipellata; stamĭna diadelpha; legumen transversim in articulos monospermos secēdens; cotylae foliacĕae. (Onobrÿchis, Esparsette).*

Fig. 589.

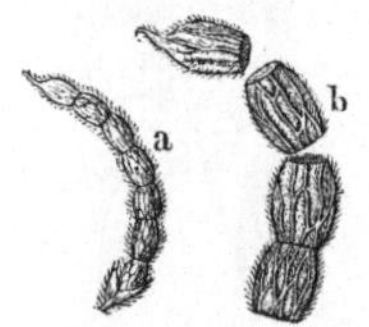

a Frucht von *Ornithŏpus perpusīllus* (kleinster Vogelfuss). *Legūmen articulātum (lomentum). b* einzelne Glieder vergrössert, in der Trennung begriffen.

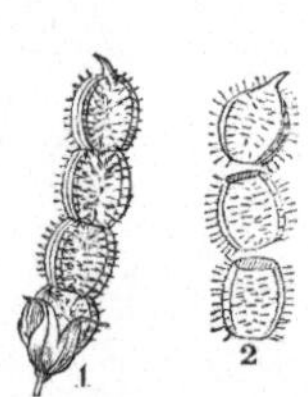

1. Gliederhülse von *Hedysārum coronarĭum*; 2. in Glieder getrennt.

7. *Phaseoleae* (Bohnengewächsartige). **Blätter meist gedreit und mit Nebenblättchen; Staubgefässe meist diadelphisch; Hülse 2-klappig, gleich (fortlaufend) oder durch Verengerungen unterbrochen. Samenlappen treten aus der Erde hervor oder nicht.** *Folia plerumque ternata et stipellata; stamĭna plerumque diadelpha; legumen bivalve, continuum vel isthmis interceptum; cotylae epigaeae vel hypogaeae. (Phaseŏlus, Lupīnus, Mucūna, Physostigma).*

8. *Sophorĕae* (Schnurstrauchartige). **Blätter unpaarig gefiedert oder einfach; Staubgefässe 10, seltner 8 oder 9, frei;**

Hülse nicht oder 2-klappig aufspringend. *Folĭa impări-pinnata vel simplicĭa; stamĭna dena, rarĭus octona vel novena; legumen indehiscens vel bivalve. (Myroxÿlon).*

Lection 102.

Papilionaceen (Forts.).

Unter den Genisteen giebt *Sarothamnus scoparius Koch* die Besenstrauchblüthen (*Flores Spartĭi scoparĭi*). Die Gattung unterscheidet sich durch den schneckenförmig gewundenen, sehr langen Griffel (*stylus longissĭmus circinalis*).

Onōnis spinōsa giebt die Hauhechelwurzel (*Radix On~nĭdis spinōsae*). Sie ist ein auf Wegen und trockenen Wiesen häufiger Halbstrauch (♃).

Fig. 590.

Onōnis spinōsa. *a Vexillum, b carina, cc alae, d* die von den Kronenblättern befreite Blüthe (etwas vergr.), *e* Pistill mit dem langen Griffel, *f* ein Staubgefäss von vorn und von hinten gesehen (vergr.), *g* eine Hülse, *h* dieselbe geöffnet (natürl. Grösse).

Onōnis (Hauhechel).

Kelch glockenförmig, 5-spaltig.	*Calyx campanulatus, quinquefĭdus.*
Kiel geschnäbelt.	*Carīna rostrata.*
Griffel fadenförmig, aufsteigend, glatt.	*Stylus filiformis, adscendens, glaber.*
Hülse aufgetrieben.	*Legumen turgĭdum.*

Diadelphĭa Decandria Linn.

Ononis spinosa unterscheidet sich durch 1- oder 2-reihig drüsig behaarte, dornige Stengel und die Hülsen, welche ebenso lang oder länger als der Kelch sind. *Caules uni- vel bifariam glanduloso-pilosi, spinosi; legumina calўcem aequantĭa vel superantĭa.*

Ononis arvensis unterscheidet sich durch die zottig behaarten unbewaffneten Stengel und durch eine Hülse, welche kürzer als der Kelch ist. *Differt caulibus undique villosis inermibus et leguminibus calyce brevioribus.*

Ononis repens hat niederliegende, am Grunde wurzelnde Stengel und meist dornige Aeste. *Differt caulibus procumbentibus, in basi radicantibus, ramis plerumque spinosis.*

Unter den **Loteen** giebt *Melilōtus officinalis* die blühenden **Steinkleespitzen** (*Summitātes Melilōti citrĭni*). Die Gattung *Melilōtus* unterscheidet sich durch einen gestielten Fruchtknoten (*germen stipitatum*), eine wenigsamige, den Kelch überragende Hülse und in lockeren Trauben stehende Blüthen (*legumen oligospermum, calycem superans, flores laxe racemosi*).

Melilotus officinalis unterscheidet sich von den anderen Arten durch einen aufrechten Stengel und gelbe Blumenkronen.

Unter den **Galegeen** sind bemerkenswerth: *Glycyrrhīza glabra* und *echinata*, welche in ihren Wurzeln das bekannte Süssholz (*Radix Glycyrrhīzae s. Liquiritĭae*) geben.

Unter den **Astragaleen** sind es *Astragălus gummifer, verus, Cretĭcus*, Halbsträucher im Orient, welche durch Ausschwitzung den **Traganth** (*Tragacantha*) liefern.

Unter den **Phaseoleen** liefert *Mucūna pruriens DC.* die Borsten der **Kratzbohne** (*Stizolobĭum; Setae siliquae hirsūtae*).

Phaseŏlus (Bohne).

Kelch mit 2 Bracteen, ⅔-lippig.	*Calyx bibracteatus, bilabiatus, labĭo superiore bidentato, inferiore tridentato.*
Kiel so lang wie die Fahne, mit den Staubgefässen u. dem Griffel spiralig eingerollt.	*Carīna vexillum aequans, cum staminibus et stylo spiralĭter involuta.*
Staubgefässe diadelphisch.	*Stamĭna diadelpha.*

Pistill. Griffel unterhalb der Narbe gebärtet; Fruchtknoten am Grunde von einem Scheidchen umgeben.	*Pistillum.* Stylus infra stigma barbatus; germen in basi vaginulā cinctum.
Hülse 2-klappig, durch Verengerungen fast querfächerig.	*Legumen* bivalve, isthmis subseptatum.
Samen länglich, mit länglichem, flachem, kleinem Nabel.	*Semina* oblonga, hilo oblongo plano parvo.

Diadelphĭa Decandrĭa.

Phaseŏlus vulgaris hat einen sich windenden Stengel (*caulis volubĭlis*), *Phaseŏlus nanus* (Zwergbohne) einen niedrigen, sich nicht windenden Stengel. Die Samen beider sind die weissen Bohnen (*Fabae albae*).

Im Habitus hat *Physostīgma venenōsum Balfour* mit der vorhergehenden Gattung *Phaseolus* viele Aehnlichkeit.

Physostīgma weicht von *Phaseolus* ab durch einen mit den Geschlechtsorganen nur stark eingebogenen Kiel, durch eine schief mit einer Kappe bedeckte stumpfe Narbe, und einen den Samen halb umfassenden, breit gefurchten Nabel. *Physostīgma a genere Phaseolo differt: carīna cum genitalibus tantum maxime incurvā, stigmăte obtuso, cucullo oblīque tecto, atque hilo late sulcato, semen dimidium cingente.*

Physostīgma venenōsum (Gottesgerichtsbohne) ist im heissen Afrika zu Hause. Seine Samen kommen als Calabarbohnen (*Semina Physostigmătis, Fabae Calabaricae*) in den Handel. Diese Samen enthalten ein giftiges Al-

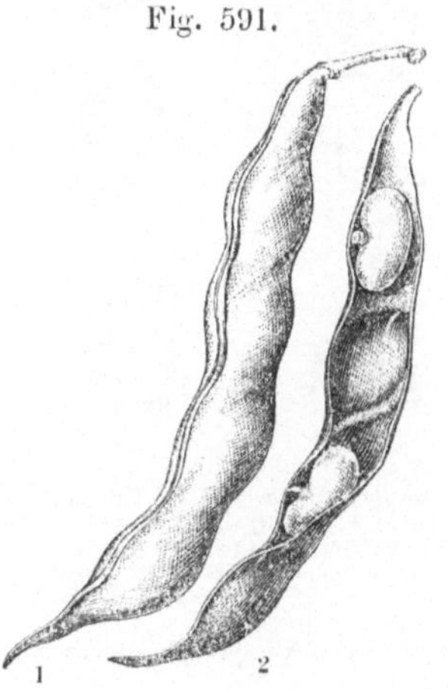

Fig. 591.

1. Hülsenfrucht von der Bohne (*Phaseŏlus vulgaris*). 2. Eine Klappe derselben mit dem daransitzenden Samen.

Fig. 592.

Physostīgma venenōsum. Ein blühender Zweig mit einer jungen Hülse.

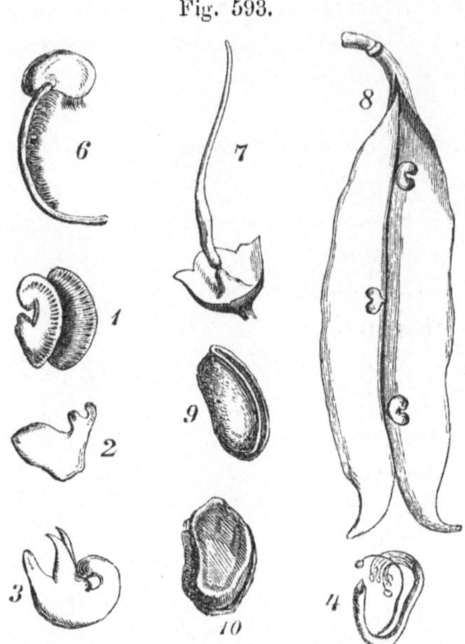

kaloid, **Physostigmin,** welches auf die Pupille verengend wirkt.

Unter den Sophoreen sind mehrere *Myroxylon*-Arten, aus deren Stämmen freiwillig und unter Beihilfe gelinder Schwelung der Perubalsam (*Balsămum Peruviānum*) gewonnen wird.

Bemerkungen. *Physostigma, ătis, n.*, von φῦσα (physa), Blase; *stigma,* Narbe; wegen des wie eine Blase gestalteten Anhängsels der Narbe. Die Calabarbohne wird aus dem Lande Dahomeh an der Küste von Ober-Guinea (Afrika) gebracht. Dort wächst die Mutterpflanze besonders am Flusse *Calabary* (daher der Name *Faba Calabarica*). Die Eingeborenen der dortigen Landstriche gebrauchen die Samen zu Gottesurtheilen, d. h.

Physostigma venenōsum. 1. *Vexillum separatum;* 2. *ala separata;* 3. *carina;* 4. *stamina diadelpha;* 6. *pars superior styli, pilis ordĭnem constituentibus, stigmate cucullato;* 7. *calyx cum legumine novello;* 8. *legumen novellum cum ovulis tribus;* 9. *et* 10. *semina* (in halber Lin.-Vergr.).

wenn der Angeklagte nach Genuss von mehreren Samen nicht stirbt, so gilt er für unschuldig.

Lection 103.

Caesalpinien. Mimoseen. Burseraceen. Myrtaceen.

Die Caesalpinien (*Caesalpiniacĕae*) haben mit den Papilionaceen die Hülsenfrucht gemein, unterscheiden sich aber von denselben dadurch, dass sie zwar eine mehr oder weniger unregelmässige Blumenkrone, aber keine Schmetterlingsblüthe haben und circa 10 freie Staubgefässe zählen.

Die Mimoseen (*Mimosacĕae*) haben gleichfalls eine Hülsenfrucht, aber keine Schmetterlingsblüthe, dagegen eine mehr oder weniger 1-blättrige Blumenkrone mit unter sich gleichen Blumenblättern und zahlreiche freie oder monadelphische Staubgefässe. Die Gattungen beider Familien liefern Arzneistoffe mit vielem Gerbstoff, mit Schleimgummi, oder auch kathartinhaltige, und daher abführend wirkende.

Caesalpiniaceae a *Papilionaceis differunt*: *corollā irregulari vel fere regulari, nunquam papilionaceā, staminĭbus circiter denis liberis.*

Mimosaceae a *Papilionaceis et Caesalpiniaceis differunt*: *corollā plus minusve gamopetălā vel petălis aequalibus, staminĭbus creberrĭmis, saepe monadelphis.*

Die Mimoseen zählen Gattungen, bei denen man blattartige Blattstiele (*phyllodĭa*) antrifft, und welche eine eigenthümliche Irritabilität ihrer zierlich gebauten Blätter äussern. (Vergleiche Lection 32, S. 111).

Aus der Familie der Caesalpinien liefert *Caesalpinĭa Brasiliensis* das Fernambukholz (*Lignum Fernambuci*), *Haematoxўlon Campechianum* (Mexiko, Westindien) das Campecheholz (*Lignum Campechiānum*), *Ceratonĭa Silĭqua* das Johannisbrod (*Silĭqua dulcis*), *Copaïfĕra multijŭga* Mart. (Brasilien) den Copaivabalsam (*Balsămum Copaïvae*), *Tamarīndus Indĭca* (Südasien, Aegypten) die Tamarindenfrüchte (*Tamarīndi, Fructus Tamarīndi*), *Cassĭa lenitīva* Bischoff die Alexandrinischen, *Cassĭa obovata* Collad. die Aleppischen Sennesblätter (*Folĭa Sennae Alexandrīna, Halepensĭa*).

Unter den Mimoseen liefern *Stryphnodendron Barbatīmam* Mart. (Brasilien) eine gerbstoffreiche Rinde (*Cortex adstringens*), *Pithecollobĭum Auaremotēmo* Martius *Cortex adstringens Brasiliensis*, *Acacĭa Catĕchu* (Ostindien) einen eingetrockneten gerbstoffreichen braunen Saft, Catechu (*Catĕchu*), und *Acacĭa Seyal* Delile Oberaegypten) das Arabische Gummi (*Gummi Arabĭcum*).

Die Burseraceen, *Burseraceae*, benannt nach *Joachim Burser*, vor mehr als 200 Jahren Prof. der Medicin, sind *Calўciflorae* DC., gehören aber nach *Endlicher* in die Klasse der *Terebinthineae*. Sie enthalten einen balsamisch-harzigen Saft, den sie freiwillig oder aus Einschnitten reichlich ausschwitzen. Aus dieser Familie liefert *Boswellĭa serrāta* Colebr. den Weihrauch (*Olibănum*), *Balsămodendron Myrrha* Nees oder *B. Ehrenbergiānum* Berg (Arabien) die Myrrhe (*Myrrha*), und *Icĭca Icicarība* DC. (Südamerika) das brasilianische Elemi (*Resīna Elĕmi*).

Die Myrtengewächse (*Myrtacĕae*) zählen wie die vorstehenden Familien zu der dicotylischen Unterklasse *Calўciflorae*, also zu den Pflanzen mit Kronenblättern, welche dem Kelche inserirt sind, im *Endlicher*'schen System zur Klasse der *Myrti-*

384

flōrae (Myrtenblüthigen). Ihr Vaterland ist das tropische Amerika und Neuholland. Bei uns kommt nur eine Art, die gemeine Myrte (*Myrtus communis*), in Töpfen fort.

Myrtaceae.

Bäume, Sträucher, sehr selten Kräuter.	*Arbŏres, frutĭces, rarissime herbae.*
Blätter meist gegenständig, ungetheilt, sehr häufig ganzrandig, meist lederartig und durchsichtig-punktirt, in den Blattstiel sich verschmälernd.	*Folĭa plerumque opposĭta, integra, saepissime integerrĭma, plerumque coriacea et pellucĭdo-punctata, basi in petiolum angustatā.*
Kelch in der Knospe geschlossen, in der Blüthe deckelartig geöffnet od. unregelmässig aufbrechend, häufig bleibend.	*Calyx aestivatione clausus, sub anthēsi operculatim apertus vel irregularĭter rumpens, saepius persistens.*
Kronenblätter soviel als Kelchzipfel, mit den ziemlich zahlreichen freien oder adelphisch-verwachsenen Staubgefässen perigynisch, d. h. dem Schlunde des Kelches od. dem Rande d. Unterkelchs eingefügt.	*Petăla tot quot laciniae calycis, cum staminĭbus plerumque plurimis nunc liberis nunc mono- vel polyadelphis perigyna, i. e. (id est) fauci calycis sive margĭni hypanthĭi inserta.*
Pistill. 1 Griffel, einfache Narbe, Fruchtknoten unterständig od. halbunterständig, mit einer fleischigen Scheibe bedeckt, 1- od. mehrfächerig od. 2- u. 3-kammerig; Eichen gegenläufig, meist einer centralen Ecke schildförmig eingefügt.	*Pistillum. Stylus unus; stigma simplex; germen infĕrum vel semiinferum, disco carnoso tectum, uni- vel pluriloculare aut bi- vel tricameratum; ovula anatrŏpa, plerumque angulo (sporophoro) centrali peltatim inserta.*
Frucht mit dem Kelchrande gekrönt, 1-, 2-, 3-kammerig od. 1- bis mehrfächerig, 1- bis mehrsamig, beerenartig oder eine Kapsel.	*Fructus limbo calycis coronatus, uni-, bi- vel tricameratus aut uni- vel plurilocularis, mono- vel pleiospermus, baccatus vel capsularis.*
Samen meist eiweisslos, mit geradem oder gekrümmtem Keime; Samenlappen seltner blattartig, zusammengerollt od. mit dem Würzelchen zu einer dicken homogenen Masse verwachsen.	*Semĭna plerumque exalbuminosa; embryo rectus vel curvatus; cotylae rarius foliaceae, convolutae vel cum radicula in massam crassam homogeneam coalescentes.*

Die Myrtaceen werden in mehrere Unterfamilien gesondert, in *Granateae, Leptospermeae, Myrteae, Lecythideae*. Die Granateen, welche oft als eine selbstständige Familie hingestellt werden, sind an den 2-reihig gestellten, mit dem Unterkelch verwachsenen Fruchtblättern, besonders aber an der zweifachgekammerten beerenartigen Frucht zu erkennen. Von dem Granatbaum, *Punica Granātum*, sind die Rinde des Stammes und auch der Wurzel, sowie die Schale der Frucht (*Cortex fructus Granāti*) und die Blüthen (*Flores Granāti s. Balaustii*) officinell. Jene Droguen enthalten reichlich Gerbstoff. Zum Studium der trocknen Blüthe weicht man diese vorher in Wasser ein.

Fig. 594.

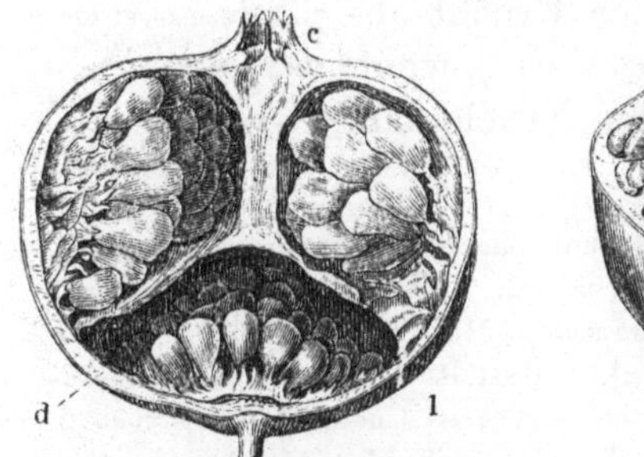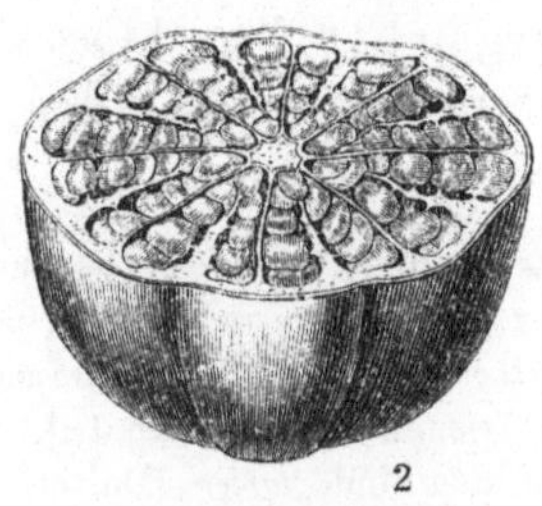

Granatapfel (*balausta*), Frucht der *Punica Granātum*. 1. Verticaldurchschnitt, *c* Krönung mit dem Kelche, *d* Diaphragma. 2. Querschnitt durch die obere Kammer.

Bei den Leptospermeen finden wir die Fruchtblätter 1-reihig gestellt und eine meist fachspaltig aufspringende Kapsel. Aus dieser Unterfamilie giebt *Melaleuca Leucadendron* (Sundainseln) das Cajeputöl (*Oleum Cajapūti*), *Eucalyptus resinifĕra Sm.* (Australien) das australische Kino (*Kino australe*), einen gerbstoffreichen eingetrockneten Fruchtsaft.

Bei den Myrteen ist die Frucht eine Beere. Den Charakter finden wir immer Gelegenheit zu studiren, da die Myrte (*Myrtus commūnis*) bei uns in verschiedenen Varietäten in Blumentöpfen gezogen wird, und die blühenden Zweige als Schmuck der Bräute dienen. Die Beerenfrüchte gebrauchten die alten Römer wie wir den Pfeffer zum Würzen der Speisen. *Myrtus Pimenta* (*Pimenta officinalis Berg*) liefert in ihren getrockneten Früchten das Englische Gewürz, Piment (*Semen s. Fructus Amomi*) und *Caryophyllus aromaticus* in seinen Blüthenknospen (*alabāstri*) die Gewürznelken (*Caryophylli*), in seinen Früchten die Mutternelken (*Anthophylli*). Um den inneren und äusseren Bau und den Charakter der Früchte und Blüthen beider Arten zu studiren, weicht man einige Exemplare der genannten

Droguen in lauwarmem Wasser ein, bis sie weich geworden sind und sie sich mit einem scharfen Messer leicht durchschneiden lassen.

———

Die Ausdrücke *caducus, decidŭus, persĭstens* sind schon einige Male vorgekommen. Der Unterschied ist folgender:

Ein Organ heisst **hinfällig** (*cadūcum*), wenn es schon vor dem Aufbrechen der Blüthe sich freiwillig ablöst und abfällt. Es heisst **abfallend** (*decidŭum*), wenn es vor der Reife der Frucht abfällt, dagegen **bleibend** (*persistens*), wenn es selbst noch zur Zeit der Fruchtreife angeheftet bleibt.

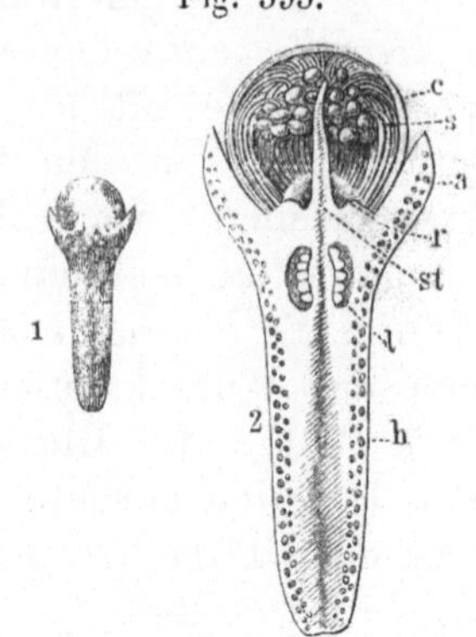

1. Blüthenknopf (*alabaster*) von *Caryophyllus aromatĭcus*. 2. Durchschnitt vergr., *c Corolla, a Calyx quadripartitus, s stamina, st* Griffel (*stylus*), *l* Fruchtknoten (*germen*), *r* Fruchtblätter (*carpophylla*), *h* Unterkelch (*hypanthium*).

Bemerkungen. *Caesalpinia*, benannt nach *Caesalpino*, † 1603, Prof. in Pisa. — *Haematoxÿlon* (Blutholz) von αἷμα (haima), Blut; ξύλον (xylon), Holz. — *Ceratonĭa*; κέρας, κέρατος, Horn; κεράτιον (keration), Hörnchen, Johannisbrot, davon κερατωνία (keratonia), wegen der hornähnlichen Gestalt der Hülse. — *Tamarindus* (Indische Dattel) von dem ind. *tamer* (Dattel) und *hindi* (indisch). — *Stryphnodēndron* (herber Baum), στρυφνός (stryphnos), von zusammenziehendem Geschmack, herb, und δένδρον (dendron) Baum. — *Pithēcollobium* (Affenhülsenbaum), πίθηκος (pithäkos), Affe, und λοβός (lobos) Hülse. — *Boswellĭa*, benannt nach *Boswell* (spr. bassäel), ein engl. Arzt. Dergleichen Pflanzennamen werden so ausgesprochen, wie sie geschrieben sind, es kommt dabei die fremdländische Aussprache nicht in Betracht.

Balsämodendron (Balsambaum), βάλσαμον (balsämon), Balsam, δένδρον (dendron), Baum. — *Leptospermĕae* (Zierlichsamige), λεπτός (leptos) zierlich, dünn. — *Caryophyllus* (Nussblatt), κάρυον (karyon) Wallnuss. — *Anthophylli* (Blumenblätter), ἄνθος (anthos), Blume. — *Lecythidĕae* (Topfbaumgewächse) benannt nach *Lecÿthis*, von λήκυθος (läkythos), lat. *lecythus*, Flasche, Oelgefäss, weil die Früchte ölhaltige Samen einschliessen. *Lecythis Ollaria* (gemeiner Topfbaum) ist z. B. ein Riesenbaum der brasilianischen Wälder, mit Früchten von der Grösse eines Kinderkopfes mit grossen Samen vom Geschmack der Pistacien. Aus der Fruchtschale macht man Trinkgeschirre.

Lection 104.

Rosaceen. Unterfam. Dryadeen.

Die *Endlicher*'sche Klasse *Rosiflōrae* (Rosenblüthige) umfasst die Familien *Rosacĕae, Amygdalĕae, Pomacĕae* etc. Dieselben Familien gehören nach *Decandolle*'s System in die Unterklasse der *Calyciflōrae*, d. h. die Blumenblätter sind dem Kelche eingefügt.

Rosaceae.

Kräuter, Sträucher, Bäume, m. zerstreuten Blättern. Nebenblätter meist unten d. Blattstiel angewachsen.

Herbae, frutices, arbores, foliis sparsis. Stipulae plerumque petiolo inferne adnatae.

Blüthe vollkomm., regelmässig.

Flores perfecti, regulares.

Kelch gewöhnl. mit 5-theiligem Saume, in der Knospe klappig und m. dem 5. Zipfel der Axe zugewendet. Der Unterkelch nicht mit den Fruchtblättern verwachsen.

Calyx plerumque limbo quinquefido, praefloratione valvacea, laciniā quinta axim spectante. Hypanthium (pars inferior vel tubus calycis) a carpellis discretum.

Kronenblätter meist 5, perigynisch (dem äussersten Rande des Unterkelchs eingefügt), in der Knospe geschindelt.

Petala plerumque quina, perigўna (summo tubo calycis inserta), praefloratione imbricata.

Staubgefässe 20 u. mehr, frei, mit d. Kronenblätt. eingefügt.

Stamina vicena vel plura, libera, cum petalis inserta.

Pistille. Griffel seiten- oder gipfelständig, den einzelnen Carpellen aufgesetzt; Carpelle 1-fächerig, viele, selten nur 1.

Pistilla. Styli laterales vel terminales, singuli in carpellis singulis; carpella unilocularia, plerumque plurima, rarius solitaria.

Frucht bestehend aus Carpellen, vom Unterkelch umschlossen oder einem vermehrten Fruchtboden aufgesetzt, oder aus mehreren Kapseln zusammengesetzt, seltner ein einzelnes od. 2 Carpelle in einem erhärteten Unterkelch. Samen eiweisslos m. gerad. Embryo.

Fructus ex carpellis (achaeniis) hypanthio inclusis aut receptaculo saepe aucto impositis constans, vel ex capsulis pluribus compositus, rarius sistens carpellum unum vel bina intra hypanthium induratum. Semina exalbuminosa embryone recto.

Die Rosaceen werden in einige Unterfamilien gesondert, z. B.

Dryadeae unterscheiden sich durch krautartigen oder harten Unterkelch oder einen convexen oder stielförmigen Fruchtboden und 1-eiige, nicht aufspringende Carpelle (Achänien);

Roseae durch 1-eiige, nicht aufspringende Carpelle (Achänien) von einem fleischigen, zuletzt saftigen Unterkelch eingeschlossen;

Spiraeaceae durch 2—4-eiige Karpelle und nach innen aufspringende Kapseln (Gattung *Spiraea*).

Quillajaceae durch die Kapselfrucht mit geflügelten Samen. (*Quillaja Saponarĭa* Molina, ein Baum in Chili und Peru, liefert die saponinereiche Quillajarinde).

Die Pomaceen und Amygdaleen sind den Rosaceen sehr verwandt, doch weichen die Amygdaleen ab durch einen hinfälligen Unterkelch und eine Steinfrucht (*drupa*), die Pomaceen durch einen mit dem Fruchtknoten verwachsenen Kelch und eine Apfelfrucht.

1. *Dryadeae*. *Hypanthium herbaceum vel induratum vel receptaculum convexum sive stipitiforme; carpella uniovulata, non dehiscentia.* Gatt. *Hagenia, Rubus, Fragaria, Potentilla, Geum etc.*

Gatt. *Hagenĭa* mit den Merkmalen: Blüthen nicht gross, durch Fehlschlagen diclinisch, 2-deckblätterig; Kelch mit 8 oder 10 zweireihig gestellten, häutigen, netzadrigen Zipfeln, von welchen in der männlichen Blüthe die der inneren Reihe, in der weiblichen Blüthe die der äusseren Reihe die längeren und grösseren sind; Unterkelch kreiselförmig, häutig, zottig; Kelchzipfel nach dem Aufblühen zurückgeschlagen; Kronenblätter 4—5, lancettlich, klein; Pistill 2 Carpelle, vom Unterkelch umschlossen, mit gipfelständigen Griffeln und grosser fransiger Narbe (*stigmate fimbriato*). *Dodecandria Digynia.*

Hagenia Abyssinica Willd. (*Brayera anthelminthica* Kunth), ein hoher Baum der abyssinischen Hochebene, trägt 1½—2 Spannen lange Trugrispen (*paniculae cymosae*). Diejenigen mit weiblichen Blüthen kommen als Kusso, Kosso (*Flores Brayerae*) in den Handel. Sie sind ein Bandwurmmittel, welches seine Wirkung einem harzartigen Stoffe (Kussine) verdankt. Zum pharmaceutischen Gebrauch sind nur die von den Stielen befreiten Blüthen zu verwenden.

Rubus unterscheidet sich von *Fragaria* durch einen einfachen Kelch und nicht saftigen Fruchtboden. Bei *Fragaria* ist der Kelch doppelt, der Fruchtboden ein saftiger Fruchtträger, welchem die kleinen Carpelle eingesenkt sind.

Gattung Rubus.

Blüthe: 5 Kronenblätter, Kelch 5-spaltig mit ziemlich flachem Unterkelch.	*Flos: petala quina; calyx quinquefidus hypanthio planiusculo.*
Pistill: Griffel fast gipfelständig.	*Pistillum; styli subterminales.*
Frucht: mehrere Carpelle (Steinfrüchten), ein. halbkugligen saftlosen Fruchtboden aufgesetzt, in der Reife eine abfallende Scheinbeere bildend.	*Fructus: carpella (drupellae) plurima, receptaculo exsucco hemisphaerico imposita, maturescentia baccam spuriam deciduam formantia.*

Icosandria Polygynia.

Rubus Idaeus liefert die Himbeeren (*Fructus Rubi Idaei*), *Rubus fruticōsus* die Brombeeren (*Fructus Rubi fruticōsi*).

Fig. 596.

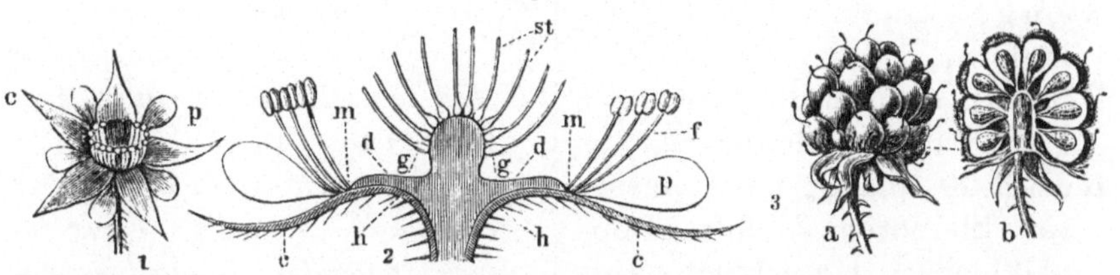

Rubus Idaeus, Himbeere. 1. Blüthe (natürl. Gr.). 2. Schematische Figur. Verticalschnitt der Blüthe, um den Fruchtboden, den Unterkelch und die Insertion der Staubblätter und Kronenblätter zu zeigen. *h* Unterkelch (*hypanthium*), *c* Kelchblätter (Oberkelch, *perianthium*), *m* Rand (freier) des Unterkelchs, *p* Blumenblätter, *d* Scheibe (*discus*), durch Verwachsung der Fruchtblätter entstanden, *g* Fruchtknoten, Carpellen, *st* Griffel, *f* Staubblatt. 3. Frucht, *b* im Verticalschnitt (natürl. Gr.).

Rub. Idaeus, Himbeerstrauch.	*Rub. fruticosus*, Brombeerstrauch.
Stämme strauchartig, aufrecht, stielrund, mit ziemlich geraden Stacheln.	Stämme strauchartig, bogig abwärts gekrümmt od. hingestreckt, 5-eckig, mit zurückgekrümmten Stacheln.
Blätter, obere 3-zählig, untere 5-zählig; Blättchen gesägt.	Blätter 5- od. 3-zählig; Blättchen doppelt-gesägt.
Blüthen in Doldentrauben.	Blüthen in Rispen.
Kronenblätter keilförmig, kürzer als die abstehenden Kelchblätter.	Kronenblätter oval, grösser als die später zurückgebogenen Kelchblätter.
Früchte aus Steinfrüchtchen zusammengesetzt, zart flaumhaarig, roth.	Früchte aus Steinfrüchtchen zusammengesetzt, glänzend, schwarz.
Caules fruticosi erecti terĕtes, aculĕis rectiuscŭlis.	*Caules fruticosi arcuato-recurvi vel prostrati, quinquangulares, aculeis recurvis.*
Folia superiōra ternāta, inferiora quināta, foliŏlis (subduplicato-) serrātis.	*Folia quinata vel ternata, foliolis duplicato-serratis.*
Flores subcorymbōsi.	*Flores paniculati.*
Petăla cuneiformia, sepălis patentibus breviōra.	*Petala ovalia, sepalis postea reflexis majora.*
Fructus e drupellis compositi, puberuli, rubri.	*Fructus e drupellis compositi, nitidi, nigri.*

Der Himbeerstrauch wird bei uns in Gärten gezogen, dagegen ist der Brombeerstrauch allenthalben auf Hügeln, in Gebüschen, Hecken und Wäldern häufig und blüht im Anfange des Sommers. (*Rubus Idaeus apud nos in hortis colitur, et Rubus fruticosus in*

*collibus, fruticētis, dumētis, silvis passim frequens, primā aestate flo-
rescens).*

Gattung Fragarĭa.

Stengel krautartig, mit Aus-läufern.	*Caulis herbaceus, stolonifer.*
Blätter dreischnittig, an der Unterfläche seidenhaarig.	*Folia ternatisecta (ternata), sub-tus sericea.*
Kelch 10-spaltig, mit 5 äusse-ren kleineren Zipfeln (Dop-pelkelch); Unterkelch mit convexem Boden.	*Calyx decemfĭdus, laciniis quinis exterioribus minoribus (calyx du-plex), hypanthio fundo (recepta-culo) convexo.*
Kronenblätter 5, weiss.	*Petala quina, alba.*
Griffel seitenständig.	*Styli laterales.*
Carpellen saftlos, einem ver-mehrten fleischig-saftigen, zu-letzt abfallenden Fruchttra-ger eingesenkt.	*Carpella exsucca carpophoro (re-ceptaculo) aucto carnoso-suc-culento, postremo decidŭo, im-mersa.*

Es giebt mehrere Arten, welche sämmtlich. Erdbeeren
(*Fructus Fragariae*) geben, z. B. *Fragaria vesca,* welche sich unterscheidet durch die zurückgebogenen Zipfel des fruchttragenden
Kelches, durch die weiche Behaarung und zwar an den Blattstielen mit divergirenden, an den Blüthenstielen mit abstehenden
und an den Blüthenstielchen mit angedrückten Haaren. *Fragaria
vesca differt ab reliquis speciebus laciniis calycis fructifĕri reflexis,
pubescentiā et quidem pilis petiolorum divergentibus, pedunculorum patentibus, pedicellorum adpressis.*

Fig. 597.   Fig. 598.

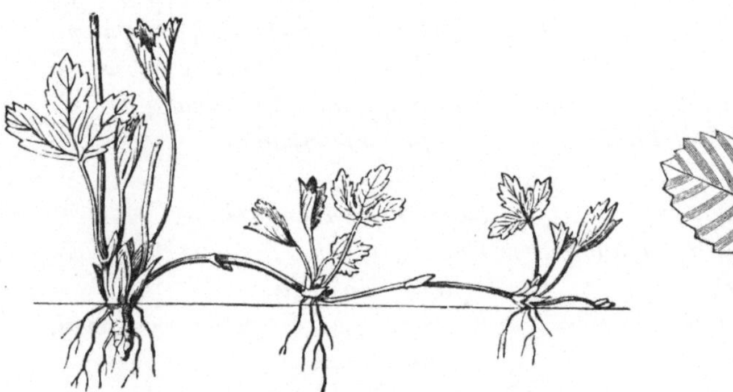

Stengelausläufer (*stolo, flagella*) der *Fragaria.*

Dreischnittiges Blatt (*fol. ternatisectum, ternatum*) der *Fragaria.*

*Fragaria collīna differt laciniis calycis fructiferi adpressis et
pilis pedicellorum plerumque patentibus.*

Fragarĭa elatior differt pubescentiā pilis patentissĭmis et lacĭnĭis calycis fructiferi patentissimis vel reflexis.

Fig. 599.

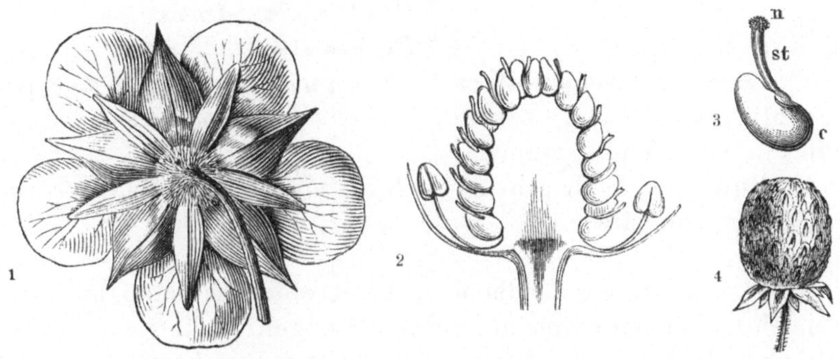

1. Blüthe der *Fragaria* von der unteren Seite gesehen, den Doppelkelch zu zeigen (etwas vergrössert).
2. Verticalschnittfläche der Erdbeerblüthe (etwas vergr.).   3. Ein einzelnes Carpell (*c*) mit dem seitlichen Griffel (*st*), *n* Narbe.   4. Reife Erdbeerfrucht (natürl. Grösse).

Die Gattung *Potentilla* unterscheidet sich von den vorhergehenden durch einen concaven (nicht oder wenig convexen) Unterkelchboden und einen behaarten saftlosen Fruchtboden, welchem die Nüsschen aufgesetzt sind. *Potentilla ab alĭis generibus Dryadearum discrĕpat: fundo hypanthĭi concăvo (minĭme vel parum convexo), receptaculo piloso, cui nuculae impositae sunt.* Im Uebrigen hat *Potentilla* seitenständige Griffel und einen Doppelkelch. (*Icosandria Polygynia*).

Potentilla Tormentilla liefert die Tormentillwurzel, welche Gerbstoff enthält. Sie hat 4-zählige Blüthen, sitzende Stengelblätter und gestielte Wurzelblätter, alle Blätter gedreit. *Flores tetramĕri; folia ternatisecta (ternata), caulina sessilia, radicalia petiolata.*

Die Gattung *Geum* hat gleichfalls einen concaven Unterkelchboden, aber gipfelständige, meist in ihrer Mitte hakig-gegliederte Griffel und endlich geschwänzte Nüsschen dem trocknen Fruchtboden aufgesetzt. *Geum ab aliis generibus Dryadearum discrĕpat: fundo hypanthii concăvo, atque stylis in medio uncinate articulatis et nuculis caudatis, receptaculo sicco affixis.*

Von *Geum urbānum* wird die an Gerbstoff reiche Nelkenwurzel (*Radix Caryophyllātae*) gesammelt. *Geum urbānum* ist von *Geum rivāle* zu unterscheiden. Beide haben unterbrochen-leierförmige Wurzelblätter (*folia interrupte lyrata*). Vergl. Fig. 122, 2, S. 80.

Fig. 600.

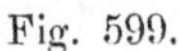

Fruchtstand der Nelkenwurz (*Geum urbānum*). 1. Verticaldurchschnitt. 2. Durchschnitt einer einzelnen Caryopse (*nucula caudāta*). Vergr.

Art Geum urbanum, Nelkenwurz.

Knollstock fast senkrecht.	*Cormus subverticalis.*
Stengel aufsteigend.	*Caules adscendentes.*
Blüthen aufrecht.	*Flores erecti.*
Schwanz des Nüsschens über der Mitte gegliedert, später wie ein Haken gekrümmt.	*Cauda niculae supra medium articulata, demum uncinata.*
Fruchtboden cylindrisch-kegelförmig und sitzend.	*Receptaculum cylindrico-conicum, sessile.*

Geum rivale unterscheidet sich durch einen schiefen und längeren Wurzelstock, einen aufrechten Stengel, nickende Blüthen, einen unterhalb seiner Mitte gegliederten Fruchtschwanz und einen kolbenförmig-cylindrischen gestielten Fruchtboden.

Geum rivale a praecedente differt: cormo oblīquo longiōre, caule erecto, floribus nutantibus, caudā fructus infra medium articulatā, receptaculo fructus clavato-cylindrico, stipitato.

Geum urbanum reperitur in nemoribus (weidereichen Gehölzen), *dumētis* (wilden Hecken), *aliisque locis umbrosis. Floret prima aestate* (in erster Sommerzeit).

Geum rivale reperitur in pratis humentibus (feuchten Wiesen) *locisque umbrosis humidiusculis silvarum et nemŏrum. Floret in fine veris et ineunte aestate.*

Eine Mischlingsart der beiden vorhergehenden ist *Geum intermedium* **Ehrh. mit nur im schwachen Bogen überhängenden Blüthen** (*floribus cernuis*).

Bemerkungen. *Rosa* von ῥόδον (rhodon), Rose. — *Dryadĕae* (Waldnymphenartige) von *Dryas*, dem Namen einer Pflanzengattung. *Dryas octopetăla* (achtblättrige Waldnymphe), ein Alpengewächs, liefert die gerbstoffhaltige *Herba Chamaedryos alpīnae.* Δρυάς, άδος, (dryas, ados), Baumnymphe. — *Spiraea*, von σπεῖρα (speira), Gewundenes, Gedrehtes.

Hagenia, benannt nach Gottfried Hagen, Professor der Pharmacie in Königsberg, geb. 1749, st. 1829. — *Brayēra*, benannt nach Dr. *Brayer*, von welchem der Botaniker Prof. *Kunth* in Berlin die Blüthen der Pflanze erhielt. Men kann *Brayēra* und *Brayĕra* accentuiren, es dürfte aber die erstere Accentuation die dem Ohre gefalligere sein. — *Fragaria*, von *fragum*, Erdbeere. — *Rubus Idaeus*, von *rubor*, die Röthe (wegen der Farbe der Frucht) und *Ida*, einem Berge auf Creta, wo die Himbeere in grosser Menge wuchs und noch wächst.

Lection 105.

Rosaceen (Fortsetzung). Amygdaleen.

2. *Rosĕae.* *Carpella plurima, uniovulata, ossĕa, indehiscentia, in hypanthio carnoso, demum succulento inclūsa. Ad hoc folia impāripinnata.* Karpelle mehrere, eineiig, steinighart, nicht aufspringend, in einem fleischigen, später saftreichen Unterkelch. Ausserdem unpaarig-gefiederte Blätter. Dazu die Gattung *Rosa. Icosandria Polygynia.* Die Kronenblätter sind gerbstoffhaltig.

Gattung *Rosa.*

Blätter abwechselnd, mit Nebenblatt.	*Folia alterna, stipulata.*
Unterkelch krugförmig, am Rande enger zusammengezogen.	*Hypanthium urceolatum, in margine constrictum.*
Kelch 5-spaltig.	*Calyx quinquefĭdus.*
Kronenblätter 5, zugleich mit den sehr zahlreichen Staubgefässen dem zusammengezogenen und drüsigen Rande des Unterkelches eingefügt.	*Petala quina, unā cum staminibus permultis margini constricto glandulosoque hypanthĭi inserta.*
Griffel gipfelständig.	*Styli terminales.*
Früchtchen Caryopsen mit knochenharter Schale.	*Nuculae osseae (caryopses amphispermio osseo munītae).*

Die Rosengewächse, *Roseae genuīnae*, unterscheiden sich also wesentlich von den Dryadeen. Die Arten der Gattung *Rosa* variiren ausserordentlich. *Rosa Gallĭca* (Essigrose), liefert in ihren Blumenblättern *Flores Rosae rubrae s. Rosae Gallĭcae*, und *Rosa centifolĭa* (Centifolie) die Rosenblätter (*Flores Rosae incarnatae*). Die Hundsrose, *Rosa canīna*, liefert in ihren reifen Fruchtkelchen die Hagebutten (*Cynosbäta*).

Rosa Gallĭca hat einwärts gekrümmte (fast sichelförmige) ungleiche Stacheln, aufrechte Blüthen, Kelchblätter mit blattartigen fiederspaltigen Anhängseln, sitzende Karpelle, freie Griffel, Blumen von wenigem Geruch, meist von dunkler Purpurfarbe.

Rosa Gallĭca. Aculĕi adunci (subfalcati), inaequales; flores erecti; sepala appendĭce foliaceā pinnatifĭdā; carpella sessilia; styli liberi; flores vix odōri, plerumque saturate purpurei.

Rosa canīna (Hundsrose) hat entfernt auseinander stehende feste zusammengedrückte sichelförmige Stacheln, fiederspaltige, nach dem Aufblühen zurückgeschlagene, abfallende Kelchblätter, gestielte Karpelle und freie Griffel.

Rosa canīna. *Aculei distantes, valĭdi, compressi, falcati; sepala pinnatifĭda, post anthēsin deflexa, decidua; carpella stipitata; styli liberi.*

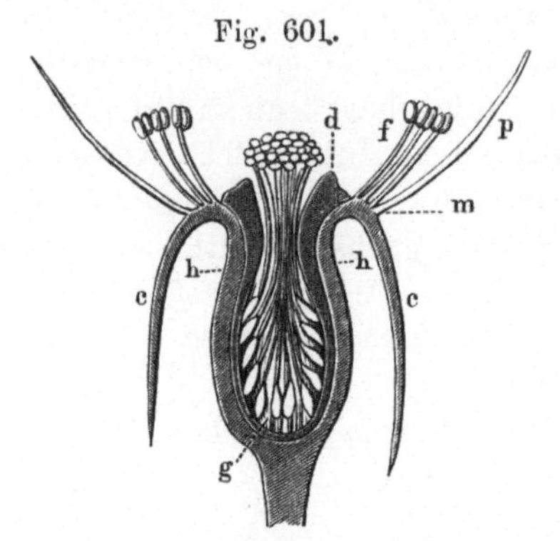

Fig. 601.

Fig. 602.

Fig. 603.

Verticaldurchschnitt einer Rosenblüthe (*Rosa ca-nīna*); schematische Figur. *h* Unterkelch (*hypan-thium*), *c* Kelchblätter (*sepăla*), *m* Rand des Unter-kelches, *p* Blumenblätter (*petala*), *d* Scheibe (*di-scus*), *g* Fruchtknoten (*germĭna*), Karpelle, *f* Staubgefässe.

Frucht von *Rosa ca-nīna* im Längsdurch-schnitt.

Blatt des Rosenstrauches *folium stipulatum, impări-pinnatum.*

Rosa centifolĭa unterscheidet sich durch die mehr geraden Stacheln, durch am Rande drüsige Blättchen, die aussen schmie-rigen Unterkelche und die fleischfarbenen wohlriechenden Blüthen.

Rosa centifolĭa differt aculeis (inaequalĭbus) rectiusculis, fo-liŏlis in margĭne glandulosis, hypanthĭis viscosis atque florĭbus carnĕis odoratis.

Die Varietät *muscosa* unterscheidet sich durch mit drüsig-moos-artigem Haar bedeckte Kelche und Blüthenstiele (*differt calycĭbus pedunculisque glanduloso-muscosis*). Daher der Name Moosrose.

Rosa moschata, aus deren Kronenblättern im Orient das Ro-senöl (*Oleum Rosae*) destillirt wird, unterscheidet sich durch dünne rückwärts gekrümmte Stacheln, glatte (unbehaarte), auf der Unterfläche verschiedenfarbige Blätter und sehr wohl-riechende weisse Blüthen.

Rosa moschata differt aculeis tenuĭbus recurvis, foliolis glabris, subtus discolorĭbus, florĭbus odoratissĭmis albis.

Den Rosaceen schliessen sich zunächst die Amygdaleen, *Amygdaleacĕae,* an, welche sich durch Blüthe und Frucht genü-gend unterscheiden, denn in ihren Blüthen finden wir nur ein einziges Pistill, und zwar ein oberständiges, denn es steht frei auf dem innersten Grunde des Unterkelches. Das alleinige

Karpell ist einfächerig, mit 2 gegenläufigen Eichen, welche neben einander aus der Spitze der Fachhöhlung herabhängen; es wächst zu einer 1- oder 2-samigen Steinfrucht aus.

Amygdaleae a *Rosacĕis diffĕrunt: pistillo solitario supĕro, carpello solitarĭo uniloculari, ovulis binis anatrŏpis, collateralĭbus, suspensis infra apĭcem cavitātis locularis, drupā mono- vel dispermā.*

Gattungen sind *Amygdălus, Persĭca, Prunus* etc.

Amygdalus unterscheidet sich durch eine saftlose, schwach löcherige oder glatte Steinfrucht, mit unregelmässig berstendem Fleische, *Persĭca* (Pfirsich) durch eine saft-volle, (nicht aufspringende) Steinfrucht und eine unregelmässig tief-gefurchte runzlige oder löchrige Steinschale, und *Prunus* durch eine saftige Steinfrucht, aber eine glatte oder undeutlich gefurchte und nicht löcherige Steinschale, welche dazu an beiden Kanten scharf gerandet ist.

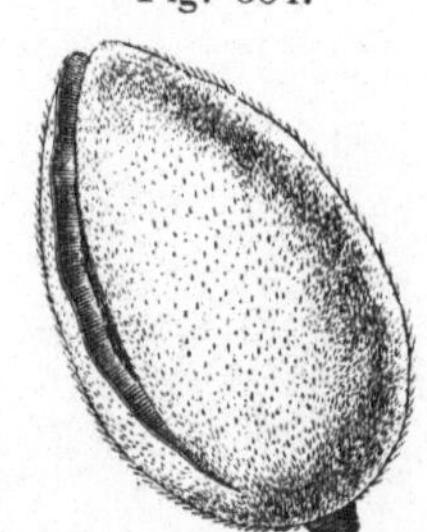

Fig. 604.

Frucht von *Amygdălus communis. Drupa irregularĭter dehiscens.*

Amygdalus dignoscitur: drupā exsuccā (epicarpio, quod maturitate plerumque irregularĭter rumpitur), et putamĭne foraminuloso aut laevi, non marginato.

Persica differt: drupā succosā (non dehiscente), putamĭne rugoso vel foraminuloso, sulcis irregularĭter exarato, non marginato.

Prunus differt; drupā succosā, putamĭne laevi vel obsolēte sulcato, foraminŭlis destitūto, utrimque argūte marginato.

Amygdalus communis (Mandelbaum) wird in verschiedenen Varietäten im nördlichen Africa und südlichen Europa gezogen, und liefert sowohl s üsse Mandeln (*Semina Amygdăli dulcĭa*) als wie auch die bitteren (*Semina Amygdali amara*).

Prunus spinōsa (Schlehdorn) ist ein Strauch mit in Dornen übergehenden Aesten (*frutex ramis spinescentibus*) und aufrechten kugligen Früchten. Sie liefert die Schlehenblüthen (*Flores Acaciae*).

Prunus domestica (Pflaumbaum) hat sehr selten dornige Aeste, aber nickende (*fr. nutantes*) ovale bereifte Früchte.

Prunus Cerăsus (Kirschbaum) zeichnet sich durch die eirunden, fast lederartigen, glänzenden kahlen Blätter, einen drüsenlosen Blattstiel und die nicht bereiften runden Früchte aus. Man unterscheidet die Varietäten *acida* mit ungefärbtem Safte und kurzen Fruchtstielen, und *austēra* (Morelle, schwarze Kirsche) mit dunkelrothem Safte und längeren Fruchtstielen. Der Saft der letzteren (*Succus Cerasōrum*) ist officinell, auch wohl die getrockneten Früchte (*Cerăsa acĭda siccāta*).

Prunus Lauro-Ceräsus (Kirschlorbeer) hat immergrüne, länglichc, lederartige, entfernt gesägte, kahle, unterhalb gegen die Basis mit 2 bis 4 Drüschen besetzte Blätter, drüsenlose Blattstiele, weisse Blüthen in aufrechten Trauben und herzförmigkugelige schwarze Früchte. *Folia sempervirentia, oblonga, coriacea, remōte serrata, glabra, subtus ad basin bi- vel quadriglandulosa; petioli eglandulosi; racemi erecti; flores albi; fructus cordato-globosi nigri.*

Fig. 605.

Blühender Zweig von *Prunus Lauro-Ceräsus*. Aufrechtstehende Trauben (*racēmi erecti*).

Die bitteren Mandeln (auch die Samen der anderen Prunusarten) und die Kirschlorbeerblätter enthalten Amygdalinc (*Amygdalīna*), welches unter Einwirkung von Wasser und Emulsin (Eiweissstoff) sich in Cyanwasserstoff (Blausäure), ätherisches Bittermandelöl und Zucker spaltet.

Prunus Armeniäca (Aprikosenbaum) hat doppelt gesägte Blätter, die jüngeren zusammengerollt, drüsige Blattstiele und sammethaarige Steinfrüchte (*drupae velutīnae*).

Persica vulgaris Mill. (*Amygdalus Persica*, Pfirsich), hat feinge-
sägte Blätter, auf den beiden untersten Sägezähnen mit einer
Drüse. Blattstiel nicht drüsig.

Bemerkungen. *Cerăsus*, nach der Stadt Κερασοῦς, lat. *Cerăsus*, Stadt am schwarzen
Meere, benannt, von wo *Lucullus* (100 vor Chr.) den Kirschbaum nach Rom gebracht
haben soll. 150 Jahre später wurde der Kirschbaum in England angepflanzt.

Lection 106.

Pomaceen.

Eine dritte den Rosaceen und Amygdaleen sehr verwandte
Familie bilden die Pomaceen (*Pomaceae*). Die allgemeinen Verhältnisse im Bau und Habitus ihrer Blüthen haben grosse Aehnlichkeit, daher auch *Endlicher* diese Familien in die Klasse der
Rosenblüthigen, *Rosiflōrae*, aufnahm. Der hauptsächliche Unterschied ergiebt sich aus der Verschiedenheit der Frucht. Bei
den Rosaceen finden wir *carpella unilocularia plurima libera*, bei
den Amygdaleen ein *carpellum solitarium uniloculare superum*, welches zu einer Steinfrucht (*drupa*) auswächst. Bei den Pomaceen
ist der Fruchtknoten mit dem Unterkelch eng verwachsen und
wächst mit diesem zu einer mit dem Kelche gekrönten Apfelfrucht (*pomum*) aus. Bei den Rosaceen finden wir also mehrere freie Karpelle (Hagebutte), bei den Amygdaleen
eine Steinfrucht (Pflaume, Kirsche), bei den Pomaceen eine
Apfelfrucht (Apfel, Birne).

Pomaceae.

Bäume oder Sträucher.	*Arbŏres vel frutĭces.*
Blätter zerstreut, mit Neben-blättern; Nebenblätter abfal-lend.	*Folia sparsa, stipulata, stipulis deciduis.*
Blüthen endständig oder ein-zeln, in Trauben oder in Doldentrauben.	*Flores terminales, aut solitarii, aut racemosi, aut corymbosi.*
Kelch 5-theilig, der fünfte Zip-fel ist nach der Axe gewen-det, verwelkend, Kelchröhre (Unterkelch) mit dem Frucht-knoten verwachsen.	*Calyx quinquepartitus, laciniā quintā ad axim spectante, mar-cescens; tubus calycis (hypan-thium) germini adnatus.*
Kronenblätter 5, perigynisch.	*Petăla quina, perigȳna.*

Staubgefässe ungefähr 20, perigynisch.

Stamĭna circiter vicēna, perigyna.

Pistill. Griffel 1 bis 5; Narbe einfach; Fruchtknoten mit dem Unterkelch verwachsen; Carpelle 1 bis 5, meist 2-eiig; Ei'chen gegenläufig, centralständig, aufsteigend.

Pistillum. Stylus unus ad quinos; stigma simplex; germen hypanthio adnatum; carpella tot quot styli, plerumque biovulata; ovula anatrŏpa centralia adscendentia.

Frucht ein Apfel mit dem vertrockneten Kelchsaume gekrönt; mit häutigen pergamentartigen, knorplichen od. beinharten Fächern (*pyrēnae*).

Fructus pomum, limbo calўcis marcĭdo coronatum, pyrēnis membranaceis, cartilagineis aut osseis.

Samen eiweisslos; Keim gerade, Würzelchen nach unten gekehrt.

Semĭna exalbuminosa; embryo rectus, radicŭla infĕra.

Mespĭlus und *Crataegus* haben beinharte, *Pirus* und *Cydonĭa* pergamentartige, *Sorbus* häutige Fächer (Kerngehäuse).

Fig. 606.

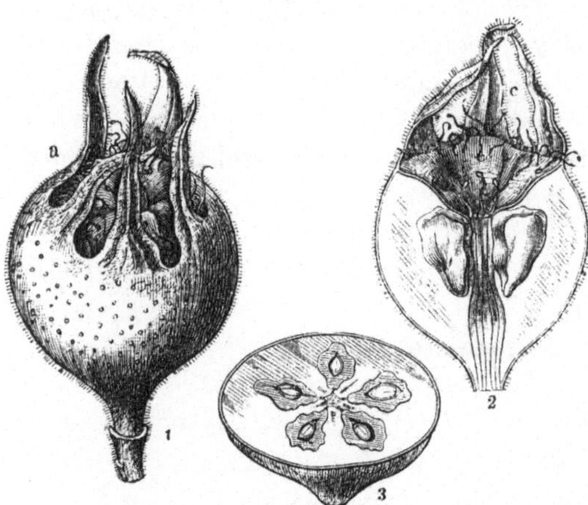

Mespĭlus Germanica. Apfelfrucht, deren Spitze von einer verbreiterten Scheibe begrenzt ist (*pomum in vertĭce disco dilatato*), 2. Dieselbe. Verticaldurchschnitt. 3. Querschnitt, die 5 knochenharten Steinkerne (*pyrēnae*) zu zeigen.

Mespĭlus (Mispel) unterscheidet sich von *Crataegus* (Hagedorn) durch eine Scheibe an der Spitze der Frucht, welche ebenso breit als die Frucht selbst ist; bei *Crataegus* hat diese Scheibe nur eine geringe Ausdehnung.

Mespilus. Pomum in vertĭce disco dilatato, latitudinem fructus fere adaequante.

Crataegus. Pomum in vertĭce disco, latitudĭne fructus multo angustiore.

Arten sind: *Crataegus Oxyacantha*, Weissdorn, Sauerdorn; *Mespĭlus Germanica*, Mispel. Beide haben dornige Aeste.

Pirus unterscheidet sich von *Cydonĭa* durch 2- oder auch nur 1-samige Kerngehäuse und eine knorplige Samenhaut, dagegen hat *Cydonia* vielsamige Kerngehäuse und eine schleimreiche Samenhaut.

Pirus differt a Cydonia pyrēnis di- vel monospermis et testā cartilagineā, Crataegus a Piro pyrēnis polyspermis et testā mucilaginosā.

Arten sind: *Pirus Malus* (Apfelbaum), *Pirus communis* (Birnbaum), *Cydonia vulgaris Pers.* (Quittenbaum).

Pirus Malus ist kenntlich an den eiförmigen gesägten, unterhalb oft weichfilzigen Blättern, an den Blattstielen, welche um die Hälfte kürzer als das Blatt sind, an den an ihrer Basis verwachsenen Griffeln und der kugeligen, an der Anheftungsstelle vertieften Frucht (Apfel, *malum*).

Pirus commūnis hat ebensolche, meist kahle Blätter, aber einen Blattstiel, ziemlich so lang wie das Blatt, freie Griffel und eine kreiselförmige, an der Anheftungsstelle nicht vertiefte Frucht (Birne, *pirum*).

Cydonia vulgaris Pers. hat ganzrandige, auf beiden Seiten filzige, zuletzt auf der oberen Seite unbehaarte Blätter, gesägte Nebenblätter, filzige Kelche, gesägte Kelchzipfel. Die Frucht ist bald ein Apfel, bald eine Birne, mit zartem Filz bedeckt.

Pirus Malus (Apfelbaum) *differt ab aliis speciebus ejusdem genĕris: foliis ovatis, serratis, glabris, saepe subtus mollĭter tomentōsis, petiŏlis dimidio folio brevioribus, stylis basi connatis, fructu subgloboso, ad locum insertionis pedunculi impresso (malo).*

Pirus communis (Birnbaum) *differt foliis ovatis, serratis, plerumque glabris, petiolo folium subadaequante, stylis libĕris, fructu turbinato, ad locum insertionis pedunculi non impresso (piro).*

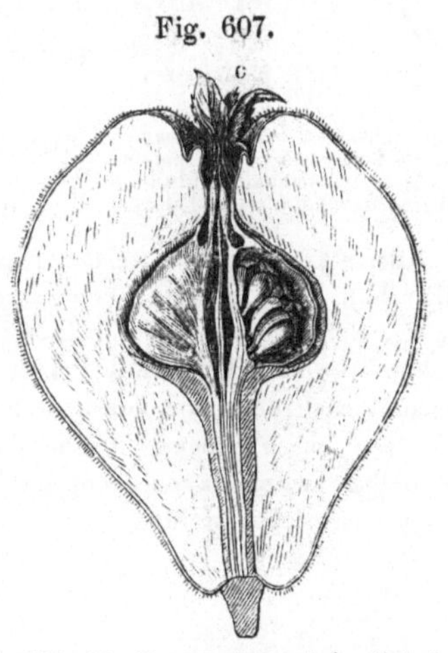

Fig. 607.

Apfelfrucht. *Fructus piriformis* der *Cydonia vulgaris* (Quitte). Verticalschnitt, um die vielsamigen Fächer (*pyrēnae polyspermae*) zu zeigen. *c* Kelchzipfel.

Cydonia vulgaris (Quittenbaum) *dignoscitur: foliis integerrimis, utrīnque tomentosis, tandem supra glabratis, stipulis serratis, calycĭbus tomentosis, laciniis calycis serratis, fructu aut maliformi, aut piriformi, tomento tenĕro-vestīto.*

Sorbus aucuparia (Eberesche) ist zu erkennen an den unpaarig gefiederten Blättern mit den lanzettförmigen gesägten Blättchen, an den endständigen zusammengesetzten (d. h. aus mehreren Trugdöldchen zusammengesetzten) Trugdolden und den 3- oder 4-fächrigen kugligen scharlachrothen Früchten. Die Blumen sind weiss und wohlriechend.

Sorbus aucuparia (Eberesche) *dignoscĭtur: foliis impări-pinnatis, foliolis lanceolatis serratis, cymis terminalibus composĭtis, fructibus tri- vel quadrilocularibus, coccineis. Flores albi odōri.*

In Betreff des Blüthenstandes finden wir bei *Crataegus Oxyacantha, Pirus Malus, Pirus communis* Doldentrauben (*corymbi*), bei *Sorbus aucuparia* eine Trugdolde (*cyma*), bei *Cydonia vulgaris* einzeln stehende Blüthen (*flores solitarĭi*).

Die Samen der Cydoniafrucht sind wegen ihres Schleimgehalts als Quittenkerne (*Semĭna Cydoniorum*) officinell. Die Samenhaut an diesem Samen ist nämlich mit einem ausserordentlich schleimreichen Epithel überzogen, welches sich leicht in Wasser unter Schütteln löst und grosse Mengen Wasser schleimig macht (*Mucilāgo Cydoniae*). Zur Darstellung dieses Schleimes darf man also die Samen nicht zerstossen anwenden.

Fig. 608.

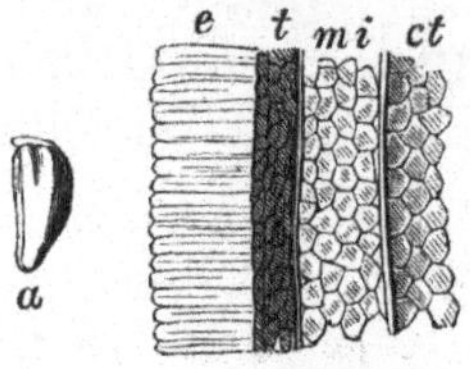

a Quittensamen (*Semen Cydonĭae*), natürliche Grösse, *e* Epithelium, *t* äussere Samenhaut, (*testa*), *mi* innere Samenhaut, *ct* Cotyledonen.

Bemerkungen. *Oxÿacantha* (Spitzdorn, Sauerdorn), ὀξύς (oxys), sauer; ἄκανθα (akantha), Dorn, Stachel. — *Crataegus* (der starke) von κραταιός (krataios), stark, gewaltig, daher κραταιγός (ein kräftiger Baum), wegen der dornigen Bewaffnung. — *Cydonĭa* (Cydonischer Baum); κυδώνιον μῆλον (kydōnion mälon), cydonischer Apfel, benannt nach der Stadt Κύδων auf Kreta, wo die Quitte zu Hause war.

Pirus, nach einigen, welche das Wort von πῦρ (pyr) ableiten, auch *pyrus*. Unzweifelhaft ist *pirus* ein rein lateinisches Wort und demnach sollte es auch nicht mit *y* geschrieben werden.

Lection 107.

Cucurbitaceen.

Die Kürbisartigen, *Cucurbitacěae*, zählen nach *Decandolle* zu den Calycifloren, denn auch bei dieser Familie ist die hier allerdings nicht mehr freiblättrige, vielmehr verwachsenblättrige Blumenkrone dem Kelche eingefügt. Im *Endlicher*'schen Systeme finden wir diese Familie in der Klasse der *Peponiferae*, welche sich der Cohorte IV, *Diălypetălae* (Blüthige mit freien Blumenblättern), unterreiht. Es hätten demnach die *Peponiferae* besser einen Platz in der Cohorte der *Gamopetalae* gefunden. Hier haben wir ein Beispiel, dass selbst auch das beste Pflanzensystem nicht ohne gewisse Ausnahmen, welche wie Fehler erscheinen, bleibt. *Endlicher* wollte die natürliche Zusammengehörigkeit der Kürbisfrüchtler nicht zerstören und verlegte die Cucurbitaceen, trotz der bei dieser Familie häufigeren gamopetalen Blumenkrone, mit den *Nhandirobeae*, deren Gattungen meist freiblätterige Blumenkronen haben, in die Cohorte der Dialypetalen.

Cucurbitaceae.

Kräuter, kletternde oder kriechende mit zerstreuten rauhen einfachen nebenblattlosen Blättern, oft mit seitlichen Ranken.	*Herbae scandentes vel repentes, foliis sparsis asperis simplicibus exstipulatis, saepe cirris ad foliorum latĕra.*
Blüthen diclinisch. Kelch 5-theilig; Blumenkrone 5-lappig, perigynisch.	*Flores diclini. Calyx quinquepartitus; corolla quinqueloba perigўna (suā basi calyci adnata).*
Männl. Blüthe: Staubgefässe 5, der Corolle od. dem Unterkelch zu unterst eingefügt, selten frei, meist zu Bündeln verwachsen. Antheren 1- od. 2-fächerig, nach aussen gewendet, mit linienförmigen Fächern, oft auf- und abwärtsgebogen und dem fleischigen Connectiv angewachsen.	*Mas staminibus quinis, imae corollae vel hypanthio insertis, rare liberis, plerumque ad phalanges connatis, anthĕris uni- vel bilocularibus, extroversis, loculis linearibus, saepe sursum et deorsum flexis, connectivo carnoso adnatis.*
Weibl. Bl.: Griffel 1, etwas kurz; Narbe gelappt, verdickt od. gefranst; Fruchtknoten unterständig, meist sechsfächerig.	*Femina stylo uno breviore, stigmate lobato, incrassato vel fimbriato, germine infero, plerumque sexloculari.*
Frucht berindet, innen saftig, nicht aufspringend; Samen wandständig, horizontal, mehr oder weniger zusammengedrückt, eiweisslos; Keim gerade. (Kürbisfrucht).	*Fructus corticosus, intus succosus, non dehiscens, seminibus parietalibus horizontalibus, plus minusve compressis, exalbuminosis, embryone recto. (Pepo).*

Die **Kürbisfrucht** (*pepo*) erscheint anfangs 3-fächerig, später 6-fächerig, indem 3 wandständige (centripetale), je 2-schenklige Hauptscheidewände (*b*) im Centrum zusammentreffen und mit jedem Schenkel wiederum zu einer centrifugalen secundären Scheidewand auswachsen, an welcher sich der Samenträger (*a*) befindet. *Berg* sagt in dieser Beziehung: *germen sex-*

Fig. 609.

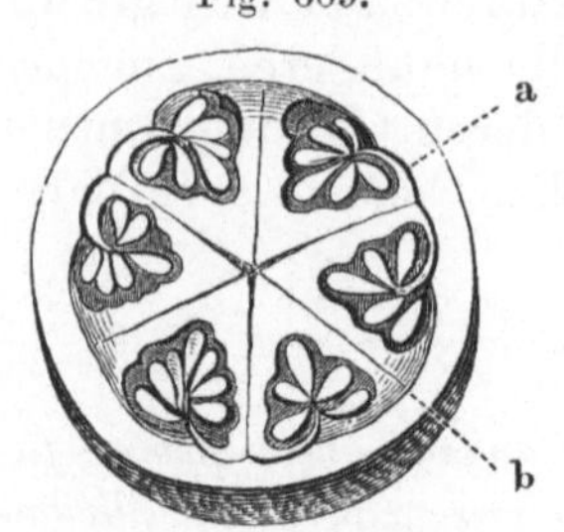

Querschnitt der Kürbisfrucht (*pepo*) von
Citrullus Colocynthis Arnott. 6-fächerig,
b primäre Scheidewände, *a* parietaler
Samenträger, als Zweig der secundären
(centrifugalen) Scheidewand.
¹/₂ Lin.-Vergr.

loculare, dissepimentis primariis simplicibus centripĕtis, secundariis duplicatis centrifŭgis, pariĕte furcatis, ovulifĕris.

Von den Gattungen der Cucurbitaceen unterscheiden sich *Cucurbita, Cucŭmis, Citrullus* und *Ecbalium* durch eine vielsamige, *Bryonia* durch eine wenig- (3 — 6-) samige Frucht. Bei *Cucurbita* haben die Samen einen verdickten, bei *Cucŭmis* einen scharfen, bei *Citrullus* einen stumpfen Rand.

Gattung *Cucurbita.* (Kürbis).

Pflanze einhäusig.	*Planta monoeca.*
Blumenkrone trichterglokkenförmig.	*Corolla campanulato-infundibuliformis.*
Männliche Blüthe. Staubgefässe 3-brüderig. Die 5 Antheren verwachsen (synantherisch), mit Fächern, welche einem abgestutzten Connectiv in mehreren Längswindungen angewachsen sind. Das rudimentäre Pistill (Pistillansatz) wie ein Schildchen gestaltet.	*Flos masculus staminibus triadelphis (quattuor diadelphis, quinto libero), antheris quinis connatis, loculis connectivo mutico per longitudinem anfractibus pluribus adnatis. Pistillum rudimentarium scutŭliforme.*
Weibliche Blüthe. Die fehlgeschlagenen Staubfäden in einen Ring vereinigt; Griffel 3-spaltig, Narben 2-lappig.	*Flos femineus: filamentis abortivis ad annŭlum coalescentibus, stylo trifido, stigmatibus bilobis.*
Kürbisfrucht mit vielen zusammengedrückten, von einem verdickten Rande eingefassten Samen.	*Pepo seminibus multis, compressis, margine incrassato vel tumido amplexis.*

Monoecia Polyadelphia.

Arten sind *Cucurbĭta Pepo* (Pfebenkürbis, gewöhnlicher Kürbis) mit rundlicher oder ovaler glatter Frucht; und

Cucurbita Melopĕpo (Türkenbundkürbis), mit runder, etwas niedergedrückter, unter dem Scheitel mit einem vorstehenden knotigen Rande umgebener Kürbisfrucht. Beide liefern Kürbis-

samen (*Semĭna Cucurbitae*), welche als Bandwurmmittel empfohlen sind.

Die Gattung *Cucŭmis* unterscheidet sich von
der vorhergehenden durch eine radförmig-trichter-
artige Blumenkrone, dreibrüdrige Staubgefässe,
sehr kurze Staubfäden, durch ein drüsenförmiges
Pistillrudiment und die scharfgerandeten Samen.

*Cucŭmis differt a praecedente genere: corollā
infundibulari-rotatā, staminibus triadelphis, filamentis
brevissimis, rudimento pistillari glanduliformi et seminĭbus argute marginatis.*

Arten sind: *Cucŭmis satīvus* (Gurke) und *Cu-
cumis Melo* (Melone). Die Frucht der Gurke ist
länglich, höckerig, die der Melone rundlich, meist mit knotigen
oder netzartigen Erhabenheiten.

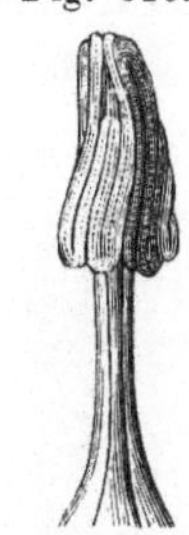

Cucurbita Pepo. An-
theren dem Connectiv
in Längswindungen
angewachsen. (Un-
echte Verwachsung
der Antheren).

Die Gattung *Citrullus* hat eine fast radförmige Corolle, kurze
Filamente, Antheren, welche dem Rande eines 3-lappigen Connectivs in Windungen angewachsen sind, nierenherzförmige Narben auf kurzem Griffel und Samen mit stumpfem Rande.

*Genus Citrullus differt: corollā rotatā, filamentis brevibus, an-
thēris margini connectivi trilobati gyrose adnatis, stigmatibus cordato-
renatis, stylo brevi, seminĭbus in margĭne obtusis.*

Arten sind: *Citrullus vulgaris Schrad.* (*Cucurbita Citrullus* Was-
sermelone) mit glatter sternförmig-gefleckter Frucht, und

Citrullus Colocynthis Arn. (Koloquinte), in Egypten zu Hause.
Sie hat sehr bittere Kürbisfrüchte, Koloquinten (*Colocynthĭdes*),
deren Mittelschicht als starkes Drasticum medicinische Anwendung findet.

Die Gattung *Ecbalĭum* unterscheidet sich durch ein S-för-
miges Connectiv, dessen Rande die Antheren der Länge nach
angewachsen sind. Die Frucht ist länglich-rund, warzig-weich-
stachelig, springt bei der Reife am Fruchtstiele ab und schleu-
dert aus dem dadurch in der Basis entstandenen Loche Samen
und schleimigen Saft elastisch heraus. Das Kraut ist ohne
Ranken, am Boden hingestreckt. ♂ Blüthen in Trauben,
☿ einzeln. (Siehe Fig. 611).

*Ecbalĭum ab alĭis generĭbus differt: connectivo sigmoïdeo, cujus
margini antherae longitudinaliter adnatae sunt, fructu oblongo, verru-
culoso-muricato, sub maturitatem a pedunculo se disjungente et ex poro in
basi hoc modo exorto semina et succum elastĭce ejaculante (fructu basi
elastĭce dissiliente). Herba ecirrosa (non cirrosa) humifusa. Flores
masculi racemosi, feminei solitarii.*

26*

Die Art *Ecbalium Elaterium Rich.* (*Momordica Elaterium*) liefert in ihrem eingetrockneten Fruchtsafte eine drastisch wirkende Substanz, *Elaterium*, wovon es ein durch Eintrocknen bereitetes weisses satzmehlreiches, *Elaterium album s. Anglicum*, und ein schwarzes durch Abdunsten des ausgepressten Saftes bereitetes, *Elaterium nigrum s. Germanicum*, giebt.

Die Gattung *Bryonia* hat eine glocken-trichterförmige Corolle. Die Frucht hat die Form einer kugligen Beere, welche 3- oder 6-samig ist und nicht aufspringt. Die Samen sind weniger zusammengedrückt und nur schmal gerandet.

Bryonia differt: corolla infundibulari-campanulata, fructu bacciformi globoso, tri-vel hexaspermo indehiscente, seminibus subcompressis, anguste marginatis.

Die Arten *Bryonia alba L.* und *dioica Jacq.* geben die **Zaunrübe** (*Radix Bryoniae*).

Bryonia alba ist kenntlich an dem monöcischen Blüthen, dem der Corolle der weiblichen Blüthe fast gleichlangen Kelche, den glatten Narben und den schwarzen Beeren.

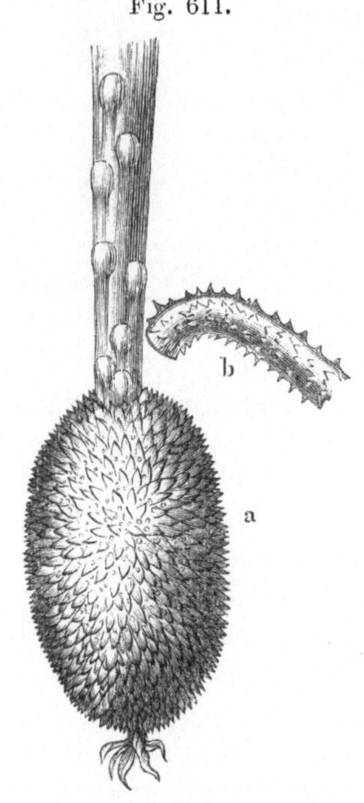

Reife Frucht von *Ecbalium Elaterium* in dem Augenblicke des elastischen Aufspringens. *a* Frucht. *b* Stiel.

Bryonia alba differt a Bryonia dioica: floribus monoecis, calyce corallam floris feminei subaequante, stigmatibus glabris et baccis nigris. (Confer. Fig. 338).

Bryonia dioica unterscheidet sich durch zweihäusige Blüthen, den Kelch von der halben Länge der Blumenkrone, die rauchhaarigen Narben und die scharlachrothen Beeren.

Bryonia dioica differt: floribus dioecis, calyce corollā floris feminei dimidio breviore, stigmatibus hirsutis, baccis coccineïs.

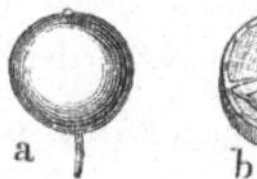

Beerenartige Kürbisfrucht von *Bryonia alba. b* querdurchschnitten.

Bemerkungen. *Ecbalium* (auch *Ecballium*), wegen des Aufspringens der Frucht so benannt, ἐκ (ek), aus, und βάλλω (ballo), schleudern. — *Elaterium*, griech. ἐλατήριον (elatärion), treibend, Abführmittel. — *Citrullus*, Dimin. von *Citrus*. — In *dioïcus, a, um* wird der Diphthong *oi* ausgesprochen, also nicht *dioïcus* oder *dioïcus*.

Lection 108.

Umbelliferen.

Die Doldengewächse, Doldenträger, *Umbellätae, Umbellifĕrae*, sind Calycifloren nach *Decandolle*'s System, im *Endlicher'*schen System gehören sie zur Cohorte *Diălypetălae* und der Klasse *Discanthae* (Scheibenblüthler), so genannt, weil die freiblättrige Corolle einer epigynischen Scheibe (*discus epigӯnus*) eingefügt ist.

Die Umbelliferenfamilie hat so charakteristische Merkmale, dass die Erkennung der Zugehörigkeit ihrer Gattungen niemals Schwierigkeiten macht. Hauptmerkmale sind: Blüthenstand eine Dolde; unterständiger zweifächriger Fruchtknoten mit epigynischer Scheibe; Kelch durch den Rand der Fruchtknotens gebildet; 5 epigynische Kronenblätter und ebensoviel epigynische Staubgefässe; 2 Griffel; Frucht 2 Theilfrüchtchen.

Wegen der 5 Staubgefässe und 2 Griffel gehören alle Umbelliferen zur *Pentandria Digynia* (V, 2) des *Linné*'schen Sexualsystems, nur *Lagoecĭum cuminoïdes*, ein in Spanien heimisches Doldengewächs mit Samen von kümmelartigem Geschmack, hat 1 Griffel, und müsste daher genau genommen zur *Pentandria Monogynia* gezählt werden.

Die Umbelliferen zeichnen sich bis auf wenige Ausnahmen durch einen vorwiegenden Gehalt flüchtigen Oels in den Früchten, einige durch Gummi-Harzbestandtheile oder Schleim- und Zuckergehalt der Wurzel aus, wenige wie z. B. *Conīum*, enthalten ein giftiges Alkaloïd.

Umbelliferae.

Kräuter oder Sträucher.	*Herbae vel frutices.*
Blätter abwechselnd, sehr selten gegenüberstehend, am Grunde scheidig.	*Folĭa alterna, rarissĭme opposĭta, in basi vaginantia.*
Blüthen in einer Dolde stehend.	*Flores in umbellam disposĭti.*
Fruchtknoten unterständig, zweifächerig oder aus 2 Carpellen bestehend, mit einer epigynischen Scheibe, (dem Griffelpolster) gekrönt.	*Germen infĕrum, biloculare vel carpella gemĭna exhĭbens, disco epigӯno (stylopodio) coronatum.*

Kelchröhre mit dem Fruchtknoten verwachsen, mit 5-zähnigem od. undeutlichem Rande.

Kronenblätter 5; epigynisch, ganzrandig, ausgerandet oder zweilappig, oft in ein eingebog. Zipfelchen verlängert.

Staubgefässe 5, mit den Kronenblättern abwechselnd und unter dem Rande der epigynischen Scheibe eingefügt.

Pistill. Griffel 2, aus der epigynischen Scheibe herausstehend.

Frucht 2 Theilfrüchtchen, welche mit der Berührungsfläche an einander liegen, zuletzt meist sich trennen und an der Spitze eines meist zweitheiligen Säulchens (Fruchtträgers) herabhängen. Der Rücken des Theilfrüchtchens ist gewöhnlich mit 5 erhabenen Hauptrippen und oft auch mit 4 Nebenrippen gezeichnet.

Samen hängend, mit sehr kleinem, von der Spitze des fleischigen Eiweisses eingeschlossenem Embryo.

Cal̆ycis tubus germini adnatus, limbo quinquedentato aut obsoleto.

Petala quina, epiğyna, intĕgra, in apĭce emarginata vel bilŏba, saepe in lacinulam inflexam producta.

Stamĭna quina, cum petalis alternantĭa, sub margine disci epiğyni inserta.

Pistillum. Styli bini, e disco epiğyno exserti.

Fructus. Mericarpĭa gemĭna, commissūrā sibi applicata, postrēmo plerumque discedentia et de apĭce columellae (carpophori) bipartītae dependentia. Mericarpĭi dorsum plerumque costis quinis primarĭis et saepe costis quaternis secundarĭis ab apĭce ad basin distinctum.

Semĭna pendŭla; embryo minutus, in apĭce albumĭnis carnosi inclusus.

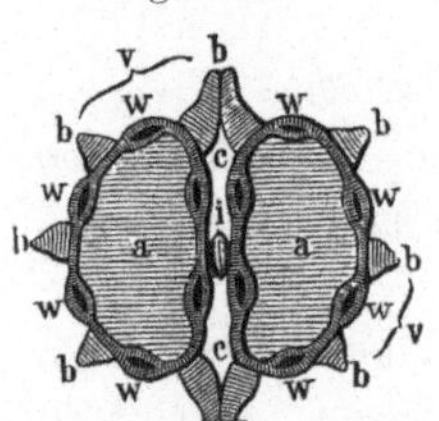

Fig. 613.

Fructus orthospermus. Spaltfrucht von *Foenicŭlum officinăle All.* Querdurchschnittfläche. Vergr. a *Albŭmen*, c *commissūra*, i *columella*, b *costae primariae*, d *costae secundariae*, v *sulci s. valleculae*, w *vittae* (Striemen, Oelstriemen).

Die Umbellaten umfassen eine sehr grosse Anzahl nicht ohne Schwierigkeit von einander zu unterscheidender Gattungen, wesshalb sie in mehrere Unterordnungen und diese wieder in Gruppen oder Unterfamilien abgetheilt sind. *Koch* ging hierbei von der Form des Sameneiweisses und des Samens aus und stellte zunächst 3 Unterabtheilungen auf.

Tribus I. **Orthospermae,** Geradsamige. Eiweiss an der Berührungsfläche (*commissūra*) gerade und eben, oder ziemlich eben, oder convex. *Albumen ad commissūram rectum et planum vel planiuscŭlum vel convexum.*

Gruppen: *1. Saniculeae, 2. Hydrocotyleae, 3. Ammineae, 4. Seselineae, 5. Angeliceae, 6. Peucedaneae, 7. Silerineae, 8. Thapsieae, 9. Daucineae, 10. Cumineae.*

Tribus II. ***Campylospermae,*** Krummsamige. Eiweiss an der Berührungsfläche mit einer Längsfurche und daher im Querschnitt nierenförmig. *Albumen ad latus commissurāle sulco longitudinali exaratum, qua re transverse sectum reniforme.*

Gruppen: *11. Scandicineae, 12. Smyrneae.*

Trib. III. ***Coelospermae,*** Hohlsamige. Eiweiss an der Berührungsfläche concav, daher im Querschnitt sichel- oder mondförmig. *Albumen ad latus commissurale concăvum, qua re transvērse sectum falcatum vel lunatum.*

Gruppe: *13. Coriandreae.*

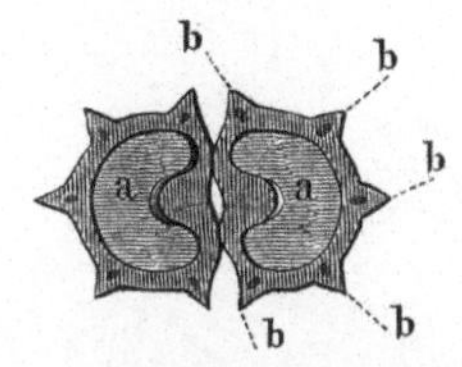

Fig. 614.

Fructus campÿlospermus. Querschnitt der Spaltfrucht von *Conīum maculatum. a* Eiweiss, *b Costae primariae.* (Vergr.).

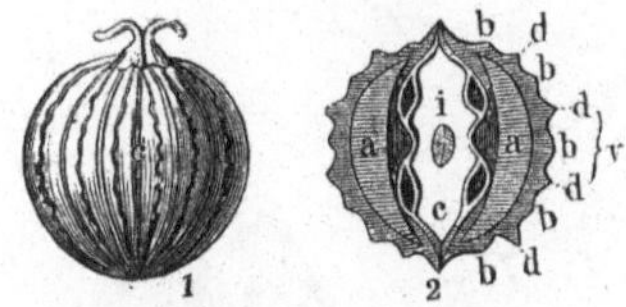

Fig. 615.

Fructus coelospermus.
1. Spaltfrucht von *Coriandrum satīvum.*
2. Querschnittfläche. Beide vergr. a *Albūmen,* c *commissūra,* i *columella,* b *costae primariae,* d *costae secundariae,* v *sulci s. valleculae.*

Die Orthospermigen, die grösste der Unterordnungen, schichten sich in Gruppen je nach der vollständigen oder unvollständigen Doldengestalt. Bei den *Saniculeae* und *Hydrocotyleae* ist die Dolde unvollständig, bei den übrigen Gruppen vollständig.

Unter einer unvollständigen Dolde (*umbella imperfecta*) versteht man den Blüthenstand, bei welchem die Blüthenstiele aus der Spitze der Spindel entspringen und die Blüthen ziemlich in einer Ebene liegen. Sie ist also eine einfache Dolde (*umbella simplex*). Mit einer vollständigen Dolde (*umbella perfecta*) bezeichnet man die zusammengesetzte (*umbella composita s. duplex*), die Dolde, deren Blüthenstiele (Strahlen, *radĭi*) an der Spitze Döldchen (*umbellulae*) tragen. (Vergl. S. 141 u. 142).

Die anderen Gruppen, und zwar mit vollständiger Dolde, schichten sich in solche, deren Früchte nur Hauptrippen (*costae primarĭae*) haben (*Ammineae, Seselineae, Angeliceae, Peucedaneae*) und in solche, deren Früchte mit Haupt- und auch mit Nebenrippen (*costae secundarĭae*) versehen sind (*Silerineae, Thapsieae, Daucineae, Cumineae*).

Die Campylospermigen sind nach denselben Grund-
sätzen, nach der Berippung der Frucht, eingetheilt. Nur Hauptrippen finden sich bei den *Scandicineae* und *Smyrneae*, bei den
ersteren eine geschnäbelte, bei den letzteren eine nicht geschnäbelte Frucht.

Fig. 616.

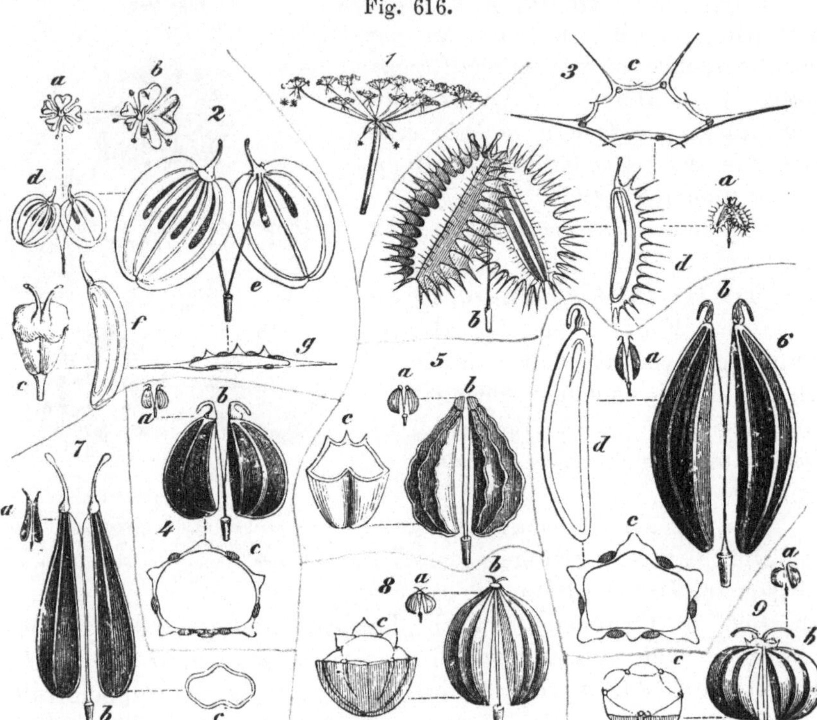

Umbelliferae. 1. Vollständige Dolde (*umbella perfecta s. composita*), mit einer Hülle (*involūcrum* *) und
mit Hüllchen (*involucella* **) an dem Döldchen (*umbellŭla*). — 2. *Heraclēum Sphondylium* (Bären-
klau). *Petala exteriora saepe radiantia bifida.* a *flos medius umbellulae,* b *flos exterior radians umbellulae,* c *germen,* d *fructus,* e *idem graphĭde amplificatus* (vergr.), f *mericarpium per longitudinem sectum
et* g *idem transverse sectum.* — 3. *Daucus Carōta* (Mohrrübe). a *fructus,* b *idem graphĭde amplificatus,* d *mericarpium per longit. sectum et e transverso sectum.* — 4. *Petroselīnum sativum* (Petersilie).
a *fructus,* b *idem graphĭde amplificatus,* c *mericarpium transverse sectum.* — 5. *Conīum maculatum*
(gefleckter Schierling). a, b, c, *ut antea.* — 6. *Carum Carvi* (Kümmel, Garbe). a, b, c, *ut antea.* —
7. *Chaerophyllum temŭlum* (betäubender Kälberkropf). a, b, c *ut antea.* — 8. *Aethūsa Cynapĭum* (Hundspetersilie). a, b, c *ut antea.* — 9. *Cicūta virōsa* (Wasserschierling). a, b, c *ut antea.*

Subfam. *Ammineae*: Frucht von der Seite zusammengc-
drückt und nur mit Hauptrippen; Eiweiss vorn ziemlich flach
oder überhaupt stielrund. *Fructus a latĕre compressus, costis tantum primarĭis; albumen antīce planiusculum vel undīque teres.*

Die Gattungen dieser Unterfamilie scheiden sich wiederum, je nachdem das Döldchen ein Hüllchen (*involucellum*) hat

oder nicht. Mit einem Hüllchen (*involucellum sub umbellula*) sind z. B. *Cicūta, Petroselīnum*, ohne Hüllchen *Apĭum, Carum, Aegopodĭum, Pimpinella*.

Gattung *Cicūta*.

Döldchen mit einer Hülle.	*Umbellula involucellata.*
Kelch 5-zähnig, bleibend.	*Calyx quinquedentatus, persistens.*
Kronenblätter verkehrt-herzförmig, mit einwärtsgebogener Spitze (Zipfelchen, *lacinŭla*).	*Petăla obcordata cum lacinula inflexa.*
Frucht fast kugelig, mit etwas flachen, innen holzigen Rippen, von denen die seitlichen etwas breiter sind; mit 1-striemigen Thälchen und vorstehenden Striemen. Eiweiss stielrund. Fig. 616, 9.	*Fructus subglobosus; costae planiusculae, intus lignosae, laterales paulo latiores; sulci univittati; vittae prominentes; albumen teres.*
Säulchen (Fruchtträger) 2-theilig.	*Columella (carpophorum) bipartīta.*

Art *Cicūta virōsa*, Wasserschierling.

Knollstock quergefächert.	*Cormus septatus.*
Stengel stielrund, hohl.	*Caulis teres fistulōsus.*
Blätter 2- u. 3-fach fiederschnittig, Fiederschnitte (Blättchen) lang-lancettlich, gesägt.	*Folĭa bi- et tripinnatisecta; pinnae (foliŏla) elongato-lanceolatae, serratae.*
Dolden blattgegenständig oder ausser-achselständig; ohne Hülle, aber mit mehrblättrigen Hüllchen.	*Umbellae oppositifolĭae sive extraaxillares; involucrum nullum; involucella pleiophylla.*

Vom Wasserschierling giebt es zwei Varietäten: α *Cicuta virosa latifolĭa*, β *angustifolĭa*. Erstere hat breit-lancettförmige, letztere linien-lancettförmige Fiederschnitte oder Blättchen. Erstere wächst in tiefen Sümpfen, Gräben, an schlammigen Flussufern, letztere Varietät kommt besonders in torfigen Sümpfen vor. Blüthezeit am Ende des Sommers. Fig. 616, 9.

Cicuta virosa, α. latifolĭa, folĭolis lato-lanceolatis habĭtat in paludibus profundis, fossis et limosis ripis fluviorum, varietas β. angustifolia praesertim in paludibus turfosis provenit. Florent exeunte aestate.

Fig. 617.

Wasserschierling (*Cicūta virōsa*). *a b* Dolde mit Früchten, *d* blühende Dolde, *a* Strahl (*radius*), *b* Blüthenstielchen (*pedicelli*), *c* Hüllchen (*involucellum*), *e e e* Döldchen. ¹/₃ L.-Vergr.

Der hohle quergefächerte Knollstock treibt aus den Knoten Adventivwurzeln (Wurzelfasern), welche daher in Wirteln stehen. Er enthält einen weissen scharfen narkotischen, an der Luft gelb werdenden Saft. Die Pflanze lieferte früher die *Herba Cicutae aquaticae s. virosae.* Sie ist nicht mit dem gefleckten Schierling zu verwechseln.

Cormus ex nodis radīces secundarias (fibrillas), ideōque verticillatim positas, emittit. Cormus cum radicibus succum album acrem narcoticum, attactu aëris flavescentem, continet.

Fig. 618.

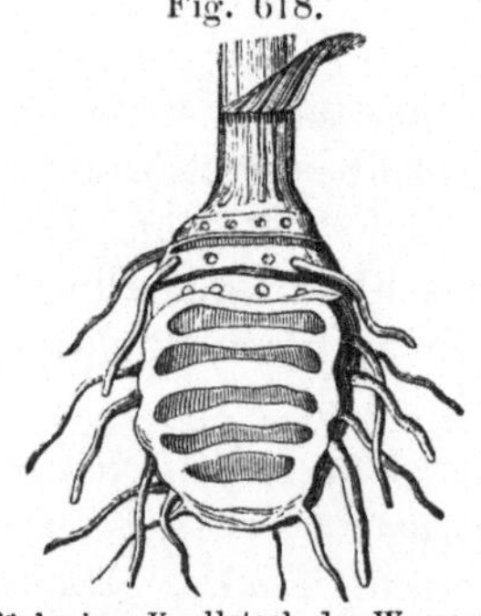

Fächeriger Knollstock des Wasserschierlings (*Cicūta virōsa*). Längsdurchschnitt Verkleinert.

Die Gattungen der Unterfamilie *Ammineae* unterscheiden sich:

Bupleurum durch einfache parallelnervige Blätter (vergl. S. 113, Fig. 186, 5) und eine längliche Frucht. Die folgenden Gattungen haben fiederschnittige Blätter. Die Frucht von *Sium* hat dreistriemige Furchen, dagegen *Cicuta*, *Petroselīnum*, *Ammi* eiförmige Früchte mit Furchen, die in der Mitte erhaben sind. Nur *Cicuta* hat einen deutlichen Kelch und eine mit dem Kelche gekrönte Frucht. *Ammi* ist an seiner fiederspaltigen Doldenhülle kenntlich. *Petroselīnum* würden wir an den ungetheilten Kronenblättern, an den 5 fadenförmigen Hauptrippen der eiförmigen Frucht und an dem gleichzeitigen Vorhandensein einer wenigblättrigen Doldenhülle und einer vielblättrigen Döldchenhülle erkennen.

Petroselīnum satīvum Hoff., Petersilie, hat einen eckigen Stengel, langgestielte, 3-fachfiedertheilige, kahle, auf der unteren Seite matte Blätter, mit unteren ei-keilförmigen, dreispaltig gezähnten, weich-stachelspitzigen Fiedern, und oberen gedreiten, lanzettförmigen, ziemlich ganzrandigen Fiedern. Grünliche Blüthen mit Hüllchen, kürzer als das Döldchen. Fig. 616, 4.

Petroselīnum satīvum differt: caule angulato, foliis inferioribus longe petiolatis, tripinnati-partītis, glabris, subtus opacis, pinnis (foliolis) inferioribus ovato-cuneatis, trifīdo-dentatis, mucronatis, superioribus ternatis lanceolatis integriusculis. Flores virescentes, involucellis umbellulā brevioribus.

Das Kraut der Petersilie hat Aehnlichkeit mit dem Kraute der Hundspetersilie (*Aethūsa Cynapĭum*), der Stengel dieser Art ist aber rund, die Blätter sind auf der Unterfläche glänzend und haben lanzettförmige Fiedern, im Uebrigen hat die Hundspetersilie weissblüthige Döldchen mit halbirten oder einseitigen herabhängenden Hüllchen, deren Blätter länger als das Döldchen sind.

Petroselīnum satīvum ne commutetur cum Aethūsā Cynapio, quae differt: caule terĕte, foliis utrinque nitĭdis, lacinĭis vel pinnis lanceolatis, atque involucellis dimidiatis pendulis, umbellula longioribus et floribus albis.

Bemerkungen. *Petroselīnum* (Steineppich) von πέτρος (petros) Stein, und σέλινον (selinon) Eppich.

Lection 109.

Umbelliferen (Forts.).

Die Gattungen der *Umbelliferae-Ammineae* hat man, wie wir aus der vorigen Lection wissen, eingetheilt in solche mit einem Hüllchen unter dem Döldchen, und in solche ohne dasselbe. Zu den letzteren gehören z. B. *Apĭum, Carum, Aegopodĭum, Pimpinella,* sämmtlich mit undeutlichem Kelch (*calyx obsoletus*).

Von diesen Gattungen hat nur *Apĭum* verkehrt eiförmige, an der Spitze eingerollte Kronenblätter, die anderen Gattungen verkehrt herzförmige. *Apĭum* unterscheidet sich ferner durch 2- oder 3-striemige Furchen zwischen fadenförmigen Hauptrippen und durch ein ungetheiltes Säulchen.

Apĭum differt: petalis obovatis, in apĭce involūtis, sulcis bivel trivittatis inter costas filiformes, atque columella indivisa.

Die Art *Apĭum graveölens*, Sellerie, wird kultivirt und hat dann eine kuglige fleischige Wurzel, Selleriewurzel (*Radix Apĭi*).

Carum wird erkannt an den verkehrt-herzförmigen Kronenblättern mit eingebogenem Endläppchen, an der länglichen Frucht, dem niedergedrückten Griffelfuss, dem herabgebogenen Griffel, den fadenförmigen Hauptrippen, der flachen schmalen Berührungsfläche, den striemigen Furchen, dem freien, an der Spitze gabelig getheilten Säulchen. Fig. 616, 6.

Carum dignoscĭtur: petalis obcordatis cum lacinulā inflexā, fructu oblongo, stylopodĭo depresso, stylis deflexis, costis filiformĭbus, commissurā planā angustā, sulcis univittatis, columellā liberā, in apĭce furcatā.

Carum Carvi, Kümmel, Garbe. Spindelförmige Wurzel; gefurchter Stengel; zweifachfiederspaltige Blätter mit vieltheiligen Fiedern, von denen die untersten sich kreuzen (kreuzweise stehen, *decussatae pinnae*); Fiederzipfel linienförmig. Weder Hülle, noch Hüllchen. Blätter mit bauchigen Scheiden.

Carum Carvi. Radix fusiformis; caulis sulcatus; folĭa bipinnatifĭda, pinnis multifĭdis, infĭmis decussatis (horizontalĭbus Lk); lacinĭae liniares. Involucrum utrōque nullum. Vagīnae foliorum ventricosae.

Die kreuzweise Stellung der der Blattspindel zunächst stehenden Fiedern ist für die Art *Carum Carvi* ein leicht in die Augen fallendes Kennzeichen. Die Kümmelfrucht finden wir oben in Fig. 616, 6.

Obgleich bisher von ungetheilten Kronenblättern die Rede war, so finden wir dennoch bei der Beschreibung der Doldenblüthe die Bezeichnung „*lacinŭla inflexa*", eingebogenes Zipfelchen, Endläppchen. Mit *lacinŭla* hat man nämlich die mehr oder weniger ausgezogene Spitze der Kronenblätter der Umbelliferen benannt, welche gewöhnlich nach innen gebogen ist.

Die Gattung *Pimpinella* (Bibernell) hat man in zwei Untergattungen a. *Tragoselīnum* und b. *Anīsum* getheilt.

Pimpinella unterscheidet sich von anderen hüllchenlosen Gattungen derselben Unterfamilie durch einen polsterartigen Griffelfuss, vielstriemige Furchen und ein freies z w e i t h e i l i ges Säulchen.

Pimpinella ab aliis Ammineis involucellis carentĭbus dignoscenda est: stylopodĭo pulvinato, sulcis multivittatis, columellā libĕrā bipartitā.

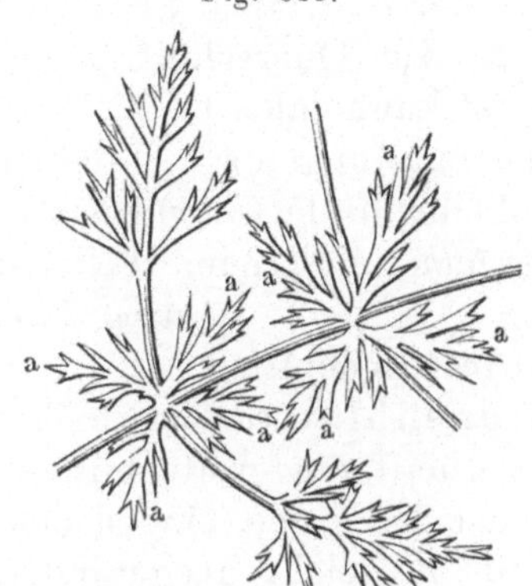

Fig. 619.

Theil eines Blattes von *Carum Carvi. Pinnae infimae ad rhachim decussatae.*

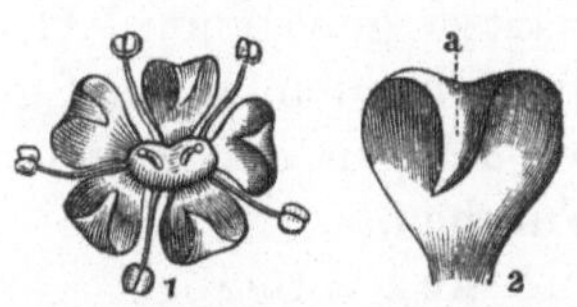

Fig. 620.

Carum Carvi. 1. Eine Blüthe von oben gesehen. Vergr. 2. Ein Kronenblatt dieser Blüthe von verkehrt-herzförmiger Gestalt mit dem eingebogenen Endläppchen (*a*).

a. *Tragoselīnum. Radix perennis; fructus glaber.*

Art: *Pimpinella Saxifrăga* liefert *Radix Pimpinellae albae,* eine Varietät: *Pimpinella nigra Willd. Radix Pimpinellae nigrae,* welche frisch einen blauen Milchsaft hat.

b. *Anīsum. Radix annua; fructus puberulus* (schwach weichhaarig).

Art: *Pimpinella Anīsum* unterscheidet sich: durch grundständige, rundlich herzförmige, ungetheilte oder dreiblättrige Stengelblätter und durch oberste dreispaltige ungetheilt-linienförmiglappige Blätter, durch eine weichbehaarte Frucht.

Pimpinella Anīsum differt foliis radicalĭbus cordato-subrotundis, indivīsis vel tripartītis inciso-serratis, foliis caulinis biternatis, summis trifĭdis, pinnis indivīsis linearĭbus, fructu puberŭlo.

Die Unterfamilie *Ammineae* hat zum Charakter: an den Seiten zusammengedrückte Früchte (*fructus a latĕre compressi*). An einer solchen Frucht stehen die Seiten zu der Commissuralfäche (*commissūra*) in einem rechten Winkel. Dann findet man bei den Ammineen nur primäre Rippen an der Frucht. Letzteres ist auch bei der geschwisterlichen Unterfamilie der *Seseli-*

neae der Fall, aber diese haben fast oder ganz stielrunde Früchte, d. h. die Querschnittfläche der Frucht ist rund, die Frucht selbst kann dabei breit, lang oder gestreckt sein. Auch die Seselineengattungen schichten sich je nach dem Vorhandensein einer Döldchenhülle (*involucellum*). *Foenicŭlum* ist z. B. ohne Hüllchen, *Oenänthe* mit einem Hüllchen versehen.

Gattung Foeniculum (Fenchel).

Kelch undeutlich.	*Calyx obsolētus.*
Kronenblätter fast rund, ungetheilt, eingerollt, mit einem fast 4-eckigen eingedrückten (d. h. seicht ausgerandeten) Endzipfel.	*Petăla subrotunda, intĕgra, involūta, lacinŭlā subquadratā retūsā (i. q. paullum emargĭnata).*
Frucht länglich, auf dem Durchschnitt rund, mit abwärts gebogenen Griffeln, vorstehenden, stumpf-gekielten Rippen und 1-striemigen Furchen.	*Fructus oblongi, sectūrā transversā terĕtes, stylis deflexis, costis prominŭlis, obtūse carinatis et sulcis univittatis.*
Säulchen 2-theilig.	*Columella (carpophŏrum) bipartīta.*

Art Foenicŭlum officinale All.

Stengel rund, gestreift, graugrün bereift.	*Caulis teres, striatus, pruïna glauca obtectus.*
Blätter vielfach zusammengesetzt, mit fadenförmigen langen gabelig-gespaltenen Abschnitten (Zipfeln).	*Folĭa supradecomposĭta, laciniis filiformĭbus, elongatis, dichotŏmis.*
Blüthen gelb od. grünlich-gelb.	*Flores flavi vel e virĭdi flavi.*
Dolde 10- bis 20-strahlig.	*Umbella decem- vel multiradiata.*
Hülle 0.	*Involucrum nullum.*

Linné nannte diese Art *Anēthum Foeniculum,* sie unterscheidet sich aber von *Anēthum* durch die Frucht, welche nämlich bei *Anēthum* vom Rücken zusammengedrückt ist (*fructus a dorso compressus*). An einer solchen Frucht sind Berührungsfläche und Rückenflächen mit einander ziemlich parallel.

Foeniculum officinale liefert den Fenchel (*Fructus Foeniculi*), eine an süsslich schmeckendem flüchtigen Oele reiche Frucht.

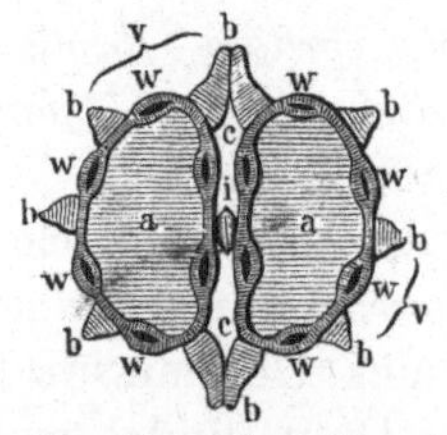

Fig. 621.

Spaltfrucht von *Foenicŭlum officinale All.* Querdurchschnittfläche. Vergr. b *Costae prominulae, obtuse carinatae,* w *vittae singulae in sulcis.*

Der sogenannte Wasserfenchel, Pferdesamen (*Fructus Phellandrii; Fructus Foeniculi aquatici*) kommt von *Oenänthe Phellandrĭum Lam.*, ebenfalls eine Seselinee, welche sich aber durch viele Merkmale von *Foeniculum* unterscheidet.

Gattung *Oenanthe.*

Kelch 5-zähnig.	*Calyx quinquedentatus.*
Kronenblätter verkehrt-eiförmig, ausgerandet, mit eingebogenem Endzipfel.	*Petăla obovata, emarginata, lacinulā inflexā.*
Frucht cylindrisch, fast kreiselförmig oder länglich, mit langen aufrechten Griffeln gekrönt.	*Fructus cylindracĕus, subturbinatus vel oblongus, stylis longis erectis coronatus.*
Rippen convex, stumpf, die seitlichen etwas breiter; Furchen 1-striemig.	*Costae convēxae, obtūsae, laterales paullo latiōres; sulci univittati.*
Säulchen nicht abgesondert (d. h. mit den Theilfrüchtchen verwachsen).	*Columella indistincta (i. q. non libera, sed cum mericarpĭis connata).*

Art *Oenanthe Phellandrĭum Lam.* Wasserfenchel.

Stengel glatt, röhrig, sehr ästig, mit ausgespreiteten Aesten.	*Caulis glaber fistulosus, ramosissĭmus, ramis divaricatis.*
Wurzeln fadenförmig, an den untersten Stengelknoten wirtelständig.	*Radīces filiformes, in infĭmis caulis nodis verticillatae.*
Blätter vielfach-fiederspaltig, die untergetauchten (unter der Wasseroberfläche stehenden) mit haarförmigen Fiederlappen, die auftauchenden (ausserhalb des Wassers befindlichen) m. zurückgebogenem Blattstiele, mit eiförmigen fiedertheiligen, aus einander gespreitzten Fiederstücken.	*Folĭa supradecomposĭta, bi-, tri- vel quadripinnatĭfida, submersa lacinĭis capillarĭbus, emersa petiŏlo refracto, pinnis ovatis pinnatifĭdis divaricatis.*
Dolden blattgegenständig und gipfelständig, mit weissen Blumen.	*Umbellae oppositifolĭae et terminales, florĭbus albis.*

Der Wasserfenchel wird häufig an schlammigen Stellen um die Seen, in Gräben, an überschwemmten Orten und in stehenden Wässern angetroffen. (*In locis limosis circa lacus, in fossis, locis inundatis et aquis stagnantĭbus copiose occurrens*).

Die Gattung *Aethūsa* gehört auch zu den Seselineen und unterscheidet sich durch eine fast kugelige Frucht mit dicken erhabenen gekielten Rippen und ein zweitheiliges Säulchen (Fig. 613, 8), die Art *Aethusa Cynapĭum*, Hundsgleisse, Hundspetersilie, ein giftiges Unkraut, durch die auf beiden Seiten glänzenden Blätter mit lanzettförmigen Fiederstücken, und durch ein 3-blättriges hängendes Hüllchen, welches länger als das Döldchen ist.

Bemerkungen. *Oenanthe, es, f.* (Weinblüthe). Eine von den Griechen so genannte Pflanze hatte Blüthen mit dem Geruch der Weinblüthe. Von οἶνος (oinos), Wein und ἄνθη (anthä), Blume. — *Aethūsa* (die Sonnige); αἴθουσα (aithusa), Vorhalle am Hause der Griechen, welche nach dem Morgen oder Mittag lag und wo man sich sonnte; von αἴθω, brennen, flammen; denn *Aethusa Cynapium* liebt sonnige Standorte, oder auch vielleicht wegen des Glanzes ihrer Blätter. — *Cynapium* (Hundseppich); κύων, κυνός (kyōn, kynos), Hund, und ἄπιον (apion) Eppich.

Lection 110.

Umbelliferen (Forts.).

Die Umbelliferen-Unterfamilie *Angelicĕae* (Angelikaartige) kennzeichnet sich durch vom Rücken zusammengedrückte Früchte, d. h. Commissural- und Rückenfläche sind unter sich parallel. Weitere Merkmale sind: Früchte mit erweitertem Rande, auf beiden Seiten zweiflügelig und zwar mit divergirenden Flügeln, ferner nur mit Hauptrippen. Hierher gehören *Angelĭca, Archangelĭca, Levistĭcum.*

Angeliceae: Umbella perfecta; fructus a dorso compressus, margine dilatatus, bialatus alis divergentibus; costae tantum primariae.

Angelĭca unterscheidet sich durch eine flache Frucht mit fadenförmigen Rückenrippen, breitgeflügelten Seitenrippen, und einstriemigen Furchen.

Archangelĭca durch dicke gekielte Rückenrippen und breitgeflügelte Seitenrippen, vielstriemige Furchen und einen mit dem Pericarp nicht zusammenhängenden Samen.

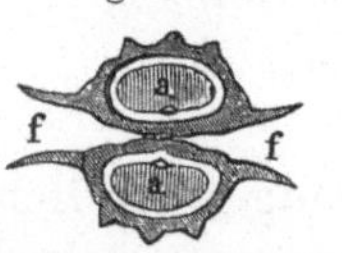

Fig. 622.

Vergröss. Querschnittfläche der Frucht v. *Archangelĭca officinālis, a* der nicht mit dem Pericarp verwachsene Samen, *f* die divergirenden Flügel.

Levistĭcum durch schmalgeflügelte Rückenrippen, breitgeflügelte Seitenrippen und einstriemige Furchen.

Archangelĭca officinālis Hoffm. (*Angelĭca Archangelĭca* L.) liefert die Engelwurz (*Radix*

Angelĭcae), *Levisticum officināle* Koch (*Ligusticum Levisticum* L.) die Liebstöckelwurz (*Radix Levistĭci*).

Die Unterfamilie *Peucedaneae* unterscheidet sich von *Angeliceae* dadurch, dass die Flügel der Seitenrippen nicht divergiren, sondern zusammenneigen (*alae conniventes*). Die Frucht erscheint daher 1-flügelig.

Peucedaneen sind z. B.: *Pastināca, Heraclēum, Tordylĭum, Anēthum, Opopănax, Ferŭla, Narthex, Scorodōsma, Ferulāgo, Peucedănum, Thysselīnum, Imperatorĭa, Dorēma*. Ein grosser Theil derselben enthält Milchsaft oder liefert Gummiharze (*Gummi-resīnae*). Letztere sind nämlich eingetrocknete Milchsäfte.

Ferŭla erubescens Boissier giebt das Mutter-Gummiharz (*Galbănum*), *Ferŭla Persĭca* Willd. Stinkasant in Körnern (*Asa foetĭda in granis*), *Narthex Asa foetĭda* Falcon und *Scorodosma foetĭdum* Bunge gewöhnliche Sorten Stinkasant. Diese Arten sind in Persien und dem mittleren warmen Asien zu Hause.

Die Art *Dorēma Ammoniăcum* Don., auch in Persien zu Hause, giebt das Ammoniakgummiharz (*Gummi-resīna Ammoniăcum*).

Galbănum officināle Don, zu der Unterfamilie der *Silerinĕae* gehörend und in Persien heimisch, liefert nach *Don*'s Angabe vorzugsweise *Galbănum*.

Unter den Peucedaneen wäre noch *Anethum graveŏlens*, Dill, welches bei uns in Gärten gezogen wird und im südlichen Europa einheimisch ist, zu erwähnen. Die Früchte, Dillsamen (*Fructus Anethi*), waren früher officinell.

Gattung Anēthum.

Kelch undeutlich.	*Calyx obsolētus.*
Kronenblätter fast rund, ungetheilt, eingerollt, mit fast quadratischem, ausgestutztem (seicht ausgerandetem) Endläppchen.	*Petăla subrotunda intĕgra involūta, lacinulā subquadratā retūsa.*
Frucht vom Rücken aus linsenförmig zusammengedrückt, umgeben von einem erweiterten ebenen Rande, mit fadenförmigen, gleichweit von einander stehenden und mit	*Fructus a dorso lenticulari-compressus, margĭne dilatato complanato cinctus, costis filiformibus aequidistantibus et lateralibus obsoletioribus, in margĭnem abeuntibus, vittis singulis latis,*

seitlichen weit undeutlicheren, in den Rand verlaufenden Rippen, mit Furchen, deren jede von einer einzigen breiten Strieme ausgefüllt ist.	*totum sulcum (valleculam) implentibus.*
Säulchen zweitheilig.	*Columella bipartīta.*
Weder eine Hülle, noch ein Hüllchen.	*Involucrum utrumque nullum.*

Art Anethum graveŏlens, Dill.

Stengel rund, weisslich, mit dunkelgrünen Streifen und bläulich bereift.	*Caulis teres albens, strĭis intense viridibus percursus, pruĭna caerulescente adspersus.*
Blätter 2- und 3-fiederspaltig, mit linienförmigen ganzrandigen Lappen.	*Folĭa bi- et tripinnatifĭda, lacinĭis linearĭbus integerrĭmis.*
Blüthen dunkelgelb.	*Flores intense lutei.*
Frucht elliptisch, von weitem ebenem Rande umgeben.	*Fructus elliptĭcus, margĭne dilatato plano cinctus.*

Fructus margĭne dilatato complanato cinctus, eine mit einem verbreiterten und ebenen Rande umgebene Frucht, findet sich bei den meisten Peucedaneen, dagegen ist bei *Tordylĭum* z. B.

Fig. 623.

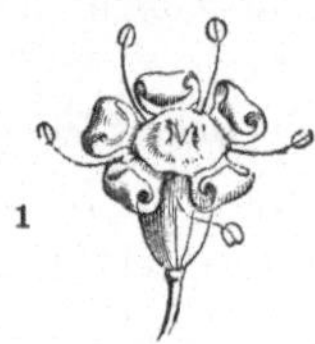 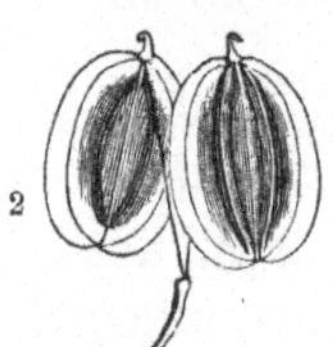 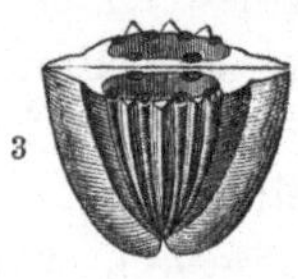

Anēthum graveŏlens. 1. Blüthe. 2. Frucht, Mericarpien getrennt. 3. Frucht, Querschnitt. Sämmtlich vergrössert.

die Frucht von einem runzelig-höckrigen Rande eingefasst *(fructus Tordylĭi margĭne incrassato, rugōso-tuberculato cinctus)*. *Complanatus* heisst hier also nicht abgeflacht oder geebnet, sondern eben d. h. ohne Runzel oder Höcker.

Am meisten fällt der Charakter der Frucht der Mohrrübenartigen, *Umbellifĕrae-Daucinĕae,* in die Augen. Hier ist die Frucht vom Rücken aus zusammengedrückt oder ziemlich stielrund. Die Hauptrippen sind fadenförmig und mit kleinen Borsten besetzt, und die beiden seitlich stehenden Hauptrippen liegen auf der Berührungsfläche. Die Nebenrippen stehen mehr hervor und sind mit Stacheln besetzt. Unter jeder Nebenrippe befindet sich eine Strieme.

Daucineae: Fructus a dorso compressus vel subtĕres; costae primariae filiformes setulifĕrae, laterales commissūrae impositae; costae secundariae magis prominentes, aculeatae; vittae singulae sub costis secundariis.

Die Gattung *Daucus* ist theils durch die im Vorstehenden beschriebene Frucht, dann aber auch noch durch eine vielblättrige Doldenhülle, mit 3-fachfiederspaltigen Blättern und oft auch durch ein Hüllchen mit 3-spaltigen Blättchen charakterisirt. Die Art *Daucus Carōta*, Möhre, Mohrrübe, hat die auffallende Eigenthümlichkeit, dass die Dolde während der Blüthe ausgebreitet ist unter Bildung einer wenig convexen Fläche, dagegen aber die fruchttragende Dolde eine zusammengezogene Form mit einer tief concaven Fläche aufweist. Eine andere auffallende Verschiedenheit ist, dass in der Mitte der fruchtbaren weissen Blüthen der Dolde sich meist eine einzige unfruchtbare, gewöhnlich dunkelpurpurrothe Blüthe befindet.

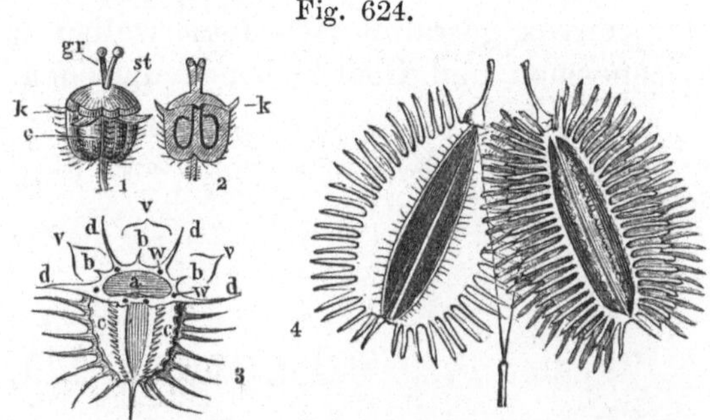

Fig. 624.

Daucus Carōta. 1. Der Stempel mit dem Kelche, ohne Blumenkronenblätter. 2. Derselbe im Längsdurchschnitt. 3. Eine Theilfrucht querdurchschnitten. Sämmtlich vergr. a *Albūmen*, c *commissūra*, b *costae primariae ternae*, *et* (cc) *binae laterales commissurae impositae*, d *costae secundariae*, v *sulci sive vallecŭlae*, w *vittae* (Oelstriemen). 4. Eine reife Frucht, Mericarpien getrennt und an dem zweitheiligen Säulchen hängend.

Die sonst bei uns wildwachsende *Daucus Carōta* wird in Gärten gebaut und hat im kultivirten Zustande grosse saftige zuckerhaltige, rothe, weisse oder gelbe Wurzeln. Die Wurzel der wildwachsenden Art ist etwas holzig, blassgelb und von scharfem Geschmacke.

Bei der Unterfamilie der Mutterkümmelartigen, *Cumineae*, ist die Frucht von der Seite zusammengedrückt; die Hauptrippen sind fadenförmig, die seitlichen randend und wie die Nebenrippen mehr vorspringend, alle aber ungeflügelt.

Cuminĕae: Fructus a latĕre compressus; costae primariae filiformes, laterales marginantes et secundariae magis prominŭlae, omnes aptĕrae.

Cumīnum Cymīnum, Mutterkümmel, Römischer Kümmel, hat längliche gelbbräunliche Früchte mit Hauptrippen, welche mit kurzen Weichstacheln besetzt sind (*costis primariis muriculatis*), und mit kleinstachligen vorstehenden Nebenrippen (*costis secund. aculeolatis*). Die Blüthen sind röthlich oder roth. Diese Umbellifere ist im nördlichen Afrika zu Hause, wird aber ihrer Früchte halber (*Fructus Cumīni*) auch bei uns angebaut.

Die bis hierher besprochenen Umbelliferen gehören sämmtlich der Ordnung *Orthospermae* an, also denjenigen mit solchen Spaltfrüchten, deren Eiweiss gegen die Berührungsfläche flach oder convex gestaltet ist. Jetzt wollen wir uns nach den Campylospermen und Coelospermen umsehen.

Bemerkungen. *Angelĭca, Archangelĭca; angĕlus*, Engel, *archangĕlus*, Erzengel. — *Scorodŏsma* (nach Knoblauch riechende); σκόροδον (skorŏdon), Knoblauch; ὀσμή (osmä), Geruch.

Lection 111.

Umbelliferen. (Forts.).

Die zweite Unterordnung der Umbelliferen, die Krummsamigen, *Campȳlospermae*, unterscheiden sich durch Spaltfrüchte, deren Eiweiss auf der Querschnittfläche eine nierenförmige Gestalt zeigt, welches also auf der Seite der Berührungsfläche eine Längsrinne hat.

Eine campylospermische Unterfamilie bilden die *Scandicineae* (von der Gattung *Scandix* so benannt). Die Frucht derselben ist augenscheinlich von der Seite zusammengezogen und geschnäbelt; sie hat ferner nur fadenförmige Hauptrippen, die sämmtlich unter einander gleich sind, und an der Fruchtbasis oft ganz verschwinden, aber an der Fruchtspitze deutlich hervortreten. Die seitlichen Rippen sind randend (bilden den Rand der Theilfrucht). Dazu die Gattungen *Anthrīscus, Chaerophyllum*.

Scandicinĕae: Fructus a latĕre evidenter contractus atque rostratus; costae tantum primariae filiformes, omnes aequales, saepe ad basin fructus obliteratae, ad apĭcem autem conspicuae. Costae laterales marginales (margini mericarpĭi incubantes).

Anthrīscus giebt sich zu erkennen durch eine deutlich geschnäbelte, aber rippen- und

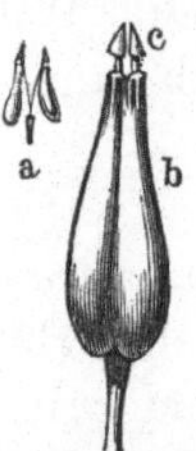

Fig. 625.

Frucht von *Anthriscus silvestris. a* in natürl. Gr., Mericarpien getrennt an dem zweitheiligen Säulchen hängend, *b* dieselbe vergr. *c* Schnäbel.

striemenlose Frucht und einen gefurchten, von der Frucht verschiedenen Schnabel; und

Chaerophyllum durch eine undeutlich geschnäbelte Frucht, durch einen von der Frucht nicht verschiedenen Schnabel, durch stumpfe Rippen und 1-striemige Furchen. (S. 408, Fig. 616, 7).

Anthriscus dignoscitur: fructu rostrato, ecostato, evittato; rostro sulcato, a fructu diverso, et

Chaerophyllum: fructu obsolēte rostrato; rostro a fructu non diverso; costis obtūsis; vallecŭlis univittatis.

Anthriscus silvestris Hoffm. *(Chaerophyllum silvestre* L.*)*, Kälberkropf, hat einen gefurchten Stengel und einen Schnabel von der Viertellänge der Frucht, dagegen *Anthriscus Cerefolĭum* (Körbelkraut) einen gestreiften Stengel und einen Schnabel von der halben Länge der Frucht.

Arten von *Chaerophyllum* sind *Ch. temŭlum* und *Ch. bulbosum.* Beide haben einen gefleckten, unter den Gelenken aufgeblasenen Stengel und sind an den Blattnerven auf der unteren Seite der Blätter behaart. Bei *Ch. temŭlum* ist der Stengel gegen die Basis borstenhaarig, oberhalb kurzhaarig (*hirtus*), bei *Ch. bulbosum* gegen die Basis rückwärts borstenhaarig (*reverse hispĭdus*), oben kahl. Beide Kräuter können mit dem völlig kahlen und unbehaarten Kraute von *Conĭum maculatum* kaum verwechselt werden.

Eine zweite campylospermische Unterfamilie der Umbelliferen bilden die Smyrneen, *Smyrnĕae*, welche sich von der vorhergehenden Unterfamilie, den Scandicineen, hauptsächlich durch eine ungeschnäbelte Frucht unterscheiden.

Zu den Smyrneen gehört *Conĭum*, von deren Art *Conĭum maculātum* das frische blühende Kraut (*Herba Conĭi s. Cicūtae*), Schierlingskraut, officinell ist. Dasselbe gehört zu den narcotischen Giften, denn es enthält ein sauerstofffreies, flüssiges, sehr giftiges Alkaloïd, das Coniin, in den Blüthen Conhydrin. Die alten Athener verwendeten diese Pflanze zur Tödtung der zum Tode Verurtheilten. *Socrates* starb durch *Conĭum*.

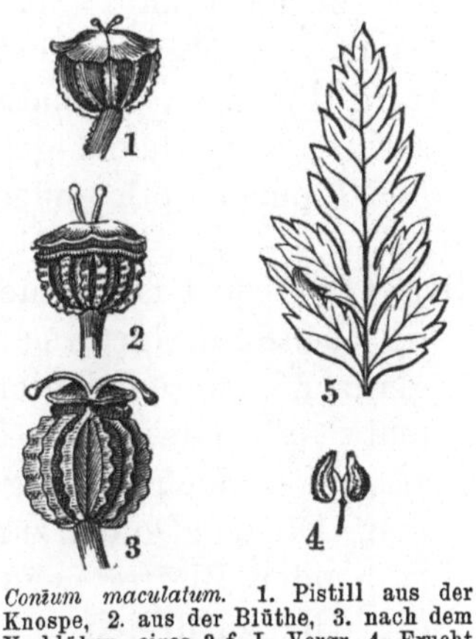

Die Hauptcharaktere des gefleckten Schierlings sind ein völliges Un-

Fig. 626.

Conĭum maculatum. 1. Pistill aus der Knospe, 2. aus der Blüthe, 3. nach dem Verblühen, circa 3-f. L.-Vergr. 4. Frucht mit getrennten Theilfrüchtchen, natürl. Grösse. 5. Eine Fieder des Blattes. Durchschnittsfläche der Frucht s. Fig. 616.

behaartsein, ein grüner (also nicht bereifter), röhrig-hohler, runder, nur leicht gestreifter Stengel, meist mit rothen Flecken gezeichnet, ein mäuseartiger Geruch, ein halbirtes Hüllchen, kürzer als das Döldchen, die zuerst feingekerbten, später welligen Rippen der Frucht, und die in ein sehr kleines weissliches Stachelspitzchen auslaufenden Fiederzipfel der Blätter.

Conīum.

Kelch undeutlich.	*Calyx obsolētus.*
Kronenblätter verkehrt-herzförmig, mit sehr kurzem eingebogenem Endläppchen.	*Petala obcordata, lacinulā brevissimā inflexā.*
Frucht eiförmig, von der Seite zusammengedrückt, mit etwas vorstehenden, welliggekerbten, gleichen Rippen, davon die seitlichen am Rande stehen. **Furchen** vielstreifig, aber striemenlos.	*Fructus ovatus, a latĕre compressus, costis prominŭlis, undulato-crenatis, aequalibus, lateralibus marginantibus. Sulci (valleculae) multistriati, evittati.*
Eiweis mit einer tiefen engen Furche.	*Albumen sulco profundo angusto excisum.*
Säulchen an der Spitze zweitheilig.	*Columella in apĭce bifĭda.*
Hülle 3- bis 5-blättrig, Hüllchen halbirt.	*Involucrum tri-, tetra- vel pentaphyllum, partiale (involucellum) dimidĭatum.*

Conīum maculātum, gefleckter Schierling.

Pflanze ganz kahl und unbehaart, von Mäusegeruch.	*Planta glaberrima, odōrem murīnum exhālans.*
Stengel rund, oberhalb sehr ästig, röhrig, leicht gestreift, meist purpurroth gefleckt.	*Caulis teres, superne admŏdum ramosus, fistulosus, leviter striatus, saepius maculis purpureis notatus.*
Blätter 3- u. 4-fach fiederspaltig, oben dunkelgrün schwachglänzend, unten heller und matt, mit äussersten ovalen stumpfen stachelspitzig. Lappen. Die den Dolden zunächst stehenden Blätter gegenständig oder zu dreien.	*Folĭa tri- et quadri-pinnatifĭda, glabra, supra saturate viridĭa, subnitĭda, subtus pallidiōra opāca, lacinĭis ultimis ovalibus, obtusis, mucronatis. Folia floralĭa opposĭta vel terna.*
Hülle 5-blätterig, abfallend.	*Involucrum pentaphyllum decidŭum.*

Hüllchen halbirt, mit lancettlichen herabgebogenen Blättern, kürzer als das Döldchen.	*Involucellum dimidiatum, phyllis lanceolatis umbellula brevioribus.*
Blüthen weiss.	*Flores albi.*
Wurzel spindelförmig, faserig.	*Radix fusiformis fibrosa.*
Wächst auf Aeckern und Schutthaufen.	*Habitat in agris ruderibusque.*

Eine Verwechselung des Schierlingskrautes mit dem Kraute von *Anthriscus silvestris* Hoffm. oder *Chaerophyllum bulbōsum, Chaerophyllum temŭlum* ist nicht möglich, da diese Pflanzen mehr oder weniger behaart sind, und eine Verwechselung mit dem Kraute von *Aethūsa Cynapĭum* ist ebenso leicht zu erkennen, denn die Hundspetersilie hat Blätter, welche auch auf der Unterseite deutlich glänzen, und deren äusserste Lappen lancettförmig sind, und halbirte Hüllchen länger als das Döldchen.

Die dritte Unterordnung der Umbelliferen bilden die *Coelospermae* (Hohlsamige), d. h. mit einem im Querschnitt eine mond- oder sichelförmige Form zeigenden Eiweiss oder mit meniscoïdischem Eiweiss. Die Coelospermen umfassen nur die Unterfamilie *Coriandrĕae* mit nur wenigen Gattungen, unter denen *Coriandrum* insofern bemerkenswerth ist, als *C. satīvum* in seinen Früchten den **Koriandersamen** (*Fructus Coriandri*) liefert.

Die **Coriandreen** haben eine kugelige Frucht, niedergedrückte und hin- und hergebogene Hauptrippen, von denen die seitlichen vor dem Rande stehen, und mehr hervorstehende Nebenrippen. Alle Rippen sind ungeflügelt.

Fig. 627.

 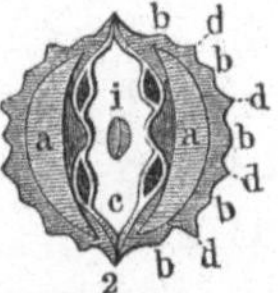

1. Frucht von *Coriandrum satīvum.* 2. Querschnittfläche. Beide vergr. a *Albumen,* c *commissura,* i *columella,* b *costae primariae,* d *costae secundariae.*

Coriandrĕae: Fructus globosus, costis primarĭis depressis et flexuosis, lateralibus ante marginem posĭtis, secundarĭis magis prominulis. Omnes costae exalatae.

Gattung *Coriandrum.*

Kelch 5-zähnig.	*Calyx quinquedentatus.*
Kronenblätter verkehrt herzförmig mit eingebogenem Endläppchen, die äusseren 2-spaltig und strahlend (d. h. die äusseren vom Mittelpunkt der Dolde abgewendeten grösser und länger).	*Petăla obcordata, lacinŭlā inflēxā, exteriora bifĭda et radiantia (i. q. ad peripherĭam umbellae spectantia majōra et longiōra).*

Frucht kugelig mit wenig hervortretenden geschlängelten Hauptrippen, kaum mit unbewaffnetem Auge zu erkennen, und mehr vorspringenden geraden Nebenrippen; auf der Berührungsfläche 2-striemig; die Furchen striemenlos.

Fructus globosus, costis primariis parum eminentibus, flexuosis, oculo arte non adjuto vix conspicŭis, secundariis magis prominulis rectis; in commissura vittis duabus; sulci (valleculae) evittati.

Säulchen frei in der Mitte, am Grunde und an der Spitze angewachsen.

Columella in suo medio libera, in basi et apĭce adnata.

Eiweiss vorn ausgehöhlt und daselbst mit einer losen Membran bedeckt.

Albumen antĭce excavatum, ibi membranā solutā tectum.

Hülle 0, Hüllchen halbirt, fast 3-blätterig.

Involucrum nullum, involucellum dimidiatum, subtriphyllum.

Eine strahlige Dolden-Randblüthe (von *Heraclēum Sphondylĭum*) finden wir in Fig. 616, 2, *b.*

Art *Coriandrum sativum*, Koriander.

Pflanze unbehaart, wanzenartig riechend.

Planta glabra, odorem cimicīnum spargens.

Stengel rund.

Caulis teres.

Blätter, die grundständigen ganz und 3-lappig, mit eingeschnitten-gesägten Lappen, die oberen vielspaltig mit linien-lanzettförmigen Lappen.

Folĭa radicalia intĕgra et trilŏba, laciniis inciso-serratis, superiōra multifĭda, laciniis lanceolato-linearibus.

Dolden 3 bis 5-strahlig, ohne Hülle.

Umbellae tri-, quadri- vel quinqueradiatae, non involucratae.

Blumen weiss oder blass rosenroth.

Flores albi vel pallĭde rosei.

Früchte kaum theilbar, frisch von wanzigem Geruch.

Fructus vix partibĭles, recentes odōris cimicīni.

Wächst auf den Saatfeldern Griechenlands, Italiens, Spaniens, und wird bei uns angebaut.

Habitat in segetĭbus Graeciae, Italiae, Hispaniae, apud nos culta.

Bemerkungen. *Chaerophyllum, Cerefolium,* Kerbel, sind von Χαίρέφυλλον (chairephyllon) abgeleitet. — *Coriandrum,* griech. κορίαννον (koriannon); κορίς (koris) Wanze.

Lection 112.

Rubiaceen.　Caprifoliaceen Juss.　Lonicereen Endl.

Der DC'schen Unterklasse *Calÿciflōrae* gehören die Familien *Caprifoliacĕae* und *Rubiacĕae* an. *Endlicher* benannte seine
33. Klasse *Caprifoliacĕae* und theilte derselben die *Lonicerĕae* und
Rubiacĕae zu, es sind aber *Lonicerĕae* Endl. und *Caprifoliacĕae* Juss.
eine nnd dieselbe Familie.

Die Klasse *Caprifoliacĕae* des *Endlicher*'schen Systems zählt
zu der Cohorte *Gamopetălae* (Einblumenblättrige). Den Charakter
dieser Klasse finden wir in unserem Hollunder, *Sambūcus nigra*,
oder in dem bekannten Geissblatt, *Lonicĕra Caprifolĭum*, ausgeprägt. Unterscheidungsmerkmale sind: gegen- oder quirlständige
Blätter, Verwachsung des Kelches mit dem Fruchtknoten, eine
oberständige Blumenkrone mit darauf befestigten Staubgefässen,
ein 2- und vielfächriger Fruchtknoten.

Die Rubiaceen sind für die Pharmakologie von grosser Wichtigkeit, denn aus ihrer Mitte erhalten wir die Chinarinden, die
Ipecacuanhawurzel und den Kaffeesamen. Ihren Namen erhielt
sie von der Gattung *Rubĭa* (Röthe), von deren Art *Rubĭa tinctōrum* man auch die Wurzel (*Radix Rubĭae tinctorum*) als Arzneimittel und als Farbematerial verwendet. Der Charakter ist:

Rubiaceae.

Blätter gegenständig mit Ne-benblättern, oder wirtelstän-dig ohne Nebenbfätter.	*Folĭa opposĭta stipulata, vel ver-ticillata exstipulata.*
Kelch meist regelmässig, 4- oder 5-theilig.	*Calyx plerumque regularis, quadri-vel quinquedivīsus.*
Blumenkrone oberständig, ge-wöhnlich regelmässig und mit 4- oder 5-spaltigem Saume.	*Corolla epigўna, plerumque re-gularis, limbo plerumque quadri-vel quinquefĭdo.*
Staubgefässe der Blumen-krone angewachsen und mit den an Zahl gleichen Saum-zipfeln derselben abwechselnd.	*Stamina totĭdem epipetala et cum limbi lacinĭis corollae alternantia (alternipetăla).*
Pistill mit 1 Griffel; Frucht-knoten unterständig, 2-fäche-rig, gekrönt mit einer epigy-nischen (oberständigen), flei-schigen Scheibe.	*Pistillum; stylus unus; germen inferum, biloculare, coronatum disco epigyno carnoso.*

Eichen viele, einer Mittelaxe angeheftet oder einzeln, gegenläufig, aufsteigend.

Frucht eine Steinfrucht oder Kapsel; Samen mit geradem oder gekrümmtem Embryo in der Axe eines fleischigen oder hornartigen Eiweisses, mit einem dem Nabel zugewendeten Würzelchen und blattartigen Samenlappen.

Ovŭla plurima, axi centrali affixa vel solitarĭa, anatrŏpa, adscendentia.

Fructus drupaceus vel capsularis; semĭna embryone recto vel curvato in axi albuminis carnōsi vel cornĕi, radiculā hilum spectante et cotyledonibus foliacĕis.

Unterfamilien sind unter anderen die *Cinchonacĕae* mit den Merkmalen: gegenständige Blätter und geflügelte Samen (Gatt. *Cinchōna, Ladenbergĭa, Exostemma*); ferner die *Coffeacĕae* mit den Merkmalen: Steinfrucht mit zwei einsamigen Steinkernen, Samen auf dem Rücken convex, an der vorderen Seite flach mit in der Mitte befindlicher Längsfurche (Gatt. *Coffĕa, Psychotria, Cephaēlis*); *Stellatae* mit den Merkmalen: wirtelständige Blätter, 2 kopfförmige Narben, 2-knöpfige Früchte, Theilfrucht einsamig (Gatt. *Asperŭla, Rubĭa, Galĭum*).

(Subfam.) *Cinchonaceae: Folĭa opposĭta, semĭna alata (Cinchōna, Ladenbergĭa, Exostemma). Plerumque Pentandria Monogynia* (V, 1).

(Subfam.) *Coffeaceae: Drupa pyrēnis duābus monospermis; semĭna in dorso convexa, antīce plana et sulco longitudinali exarāta (Coffĕa, Psychotrĭa, Cephaēlis). Plerumque Pentandria Monogynia* (V, 1).

(Subfam.) *Stellatae: Folĭa verticillata, stigmata bina capitata; fructus bicoccus, coccis monospermis (Rubĭa, Asperŭla, Galĭum). Plerumque Tetrandria Monogynia* (IV, 1).

Die Gattung *Cinchōna* (aus der Familie der *Rubiaceae-Cinchonaceae*) liefert die echten Chinarinden. Ihre Arten sind zum Theil herrliche Bäume und bilden am östlichen Abhange der Anden in Südamerika, vom 10. Grad nördlicher bis zum 20. südlicher Breite, in einer Höhe von 700 bis 2700 Meter über der Meeresfläche grosse zusammenhängende Wälder. In neuerer Zeit hat man mehrere Cinchonaarten auf Java, in Ostindien und Algier mit Glück angebaut.

Cinchōna Calisaÿa Weddell (in Bolivia) giebt z. B. die Calisayarinde (*Cortex Chinae Calisayae*), *Cinchona umbellifĕra Pav.* und *C. micrantha R. & Pav.* die Huanokorinde (*Cort. Chinae Huanoco*), *China succirubra Pav.* die rothe China (*Cort. Chinae ruber*).

Die echten Chinarinden pflegt man gewöhnlich als gelbe,

als braune oder graue und als rothe zu unterscheiden. Die gelben oder Bolivia-Rinden, an deren Spitze die Calisayarinde steht, zeichnen sich durch einen vorwiegenden Chiningehalt, die braunen Rinden (Huanoko-, Huamalies-, Jaën-, Loxa-Rinde) durch vorwiegenden Cinchoningehalt aus. In der rothen Rinde halten sich beide Alkaloïde ziemlich das Gleichgewicht. Chinidin und Cinchonidin findet man in den gelben Rinden aus Neugranada, Cusconin (Aricin) in der Cusco-China. Andere Bestandtheile sind Chinaroth, Chinasäure, Chinagerbsäure, Chinovasäure, Harz etc. *Weddell* hält dafür, dass die Mittelrinde Cinchonin, der Bast Chinin enthalte, und dass besonders die Rinden am alkaloïdreichsten seien, bei welchen das Bastgewebe durch nur sehr schmale Parenchymgewebestreifen durchbrochen ist. Von der Borke befreite und nur aus Bast bestehende Rinden nennt man unbedeckte Rinden.

Sogenannte falsche Chinarinden kommen von anderen *Rubiaceae-Cinchonaceae*, wie *Ladenbergia magnifolia*, *Lad. Riedeliana* Klotzsch.

Von den *Rubiaceae-Coffeaceae* sind *Coffea*, *Psychotria* und *Cephaëlis* bemerkenswerth.

Coffea Arabica liefert uns in ihrem Samen die sogenannten Kaffeebohnen. Sie ist ein kleiner Baum (5); ursprünglich im mittleren Afrika und besonders Aethiopien zu Hause, wurde sie über Mochha (Mocca, im Süden Arabiens) nach Arabien gebracht, dann selbst nach Ost- und Westindien und Südamerika verpflanzt. Bestandtheile des Kaffeesamens sind Coffeïn, Kaffeegerbsäure, Kaffeesäure, Viridinsäure, Fett etc. Der Gebrauch des Kaffees scheint sich erst im 15. Jahrhundert eingeführt zu haben.

Cephaëlis Ipecacuanha Willd., ein in Brasilien heimischer Halbstrauch (♄), liefert die officinelle, geringelte oder graue Ipecacuanhawurzel *(Radix Ipecacuanhae)*, welche circa 15 Proc. Emetin, ein brechenerregendes Alkaloïd, enthält. Die

Fig. 628.

Zweig vom Kaffeebaum, *Coffea Arabica*.

schwarze oder gestreifte Ipecacuanhawurzel, mit einem Gehalt von circa 9 Proc. Emetin, kommt von einer anderen *Rubiacea-Coffeacea*, der *Psychotria emetica Mutis*, einem Halbstrauch in Neu-Granada, die mehlige Ipecacuanha von einer brasilianischen *Rubiacea-Spermacoccea*, der *Richardsonia scabra Hil.*

Von den *Rubiaceae-Stellatae* wird *Asperŭla odorata* (Waldmeister) wegen ihres Gehaltes an Cumarine (Tonkasäure) als Würze des Weines zur Bereitung des Maitrankes benutzt. Die Wurzel der Färberröthe, *Rubia tinctōrum*, wird als Medicament gebraucht. Sie enthält Farbstoffe, wie Alizarin, Purpurin, Ruberythrinsäure, Rubichlorsäure etc. Die Labkräuter, *Galium verum*, *G. Mollūgo*, *G. Aparīne* u. a. sind bekannte, bei uns heimische Kräuter. Sie enthalten kein Alkaloïd.

Die Loniceren, *Lonicerĕae* Endl., *Caprifoliaceae* Juss., zu denen unter anderen die Gattungen *Viburnum*, *Sambucus*, *Adoxa*, *Lonicĕra*, *Linnaea* gehören, sind für uns wegen der *Sambūcus nigra*, Hollunder oder Flieder, wovon die Blüthen und die Früchte officinell sind, von Interesse.

Fig. 629.

Blüthenstand von *Asperŭla odorăta.*

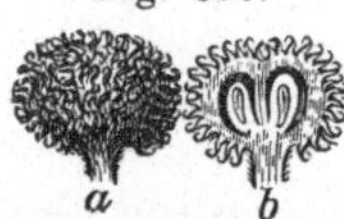

Fig. 630.

a   *b*

Frucht von *Asperŭla odorăta.* 3 f. Lin.-Vergr. *b* dieselbe im Verticaldurchschnitt.

Lonicereae Endl. (*Caprifoliaceae Juss.*).

Blätter gegenständig, meist ohne Nebenblätt., einfach od. gefiedert.	*Folia opposĭta, plerumque exstipulata, simplicia vel pinnata.*
Blüthen eine endständige Trugdolde (centrifugal aufblühend) bildend oder achselständig.	*Flores terminales cymosi (inflorescentia centrifŭga) vel axillares.*
Kelch 4- oder 5-theilig.	*Calyx quadri- vel quinque-divīsus.*
Blumenkrone oberständig, meist 5-spaltig, bisweilen unregelmässig, in der Knospe geschindelt.	*Corolla epigyna, plerumque quinquefĭda, interdum irregularis; praefloratio imbricata.*
Staubgefässe 5, sehr selten 4 und zweimächtig.	*Stamĭna quina, rarissime quaterna didynăma.*
Pistill mit ganz- oder halbunterständigem, gewöhnlich 3-fächrigem Fruchtknoten, gegenläufigen Eichen und so vielen Narben als Fächern.	*Pistillum: germen infĕrum vel semiinferum, plerumque triloculare; ovula anatrŏpa; stigmăta tot quot loculi.*

Frucht eine Beere oder Stein- | *Fructus baccatus vel drupaceus,* frucht, nur selten saftlos, durch | *rarius exsuccus, abortu saepe* Fehlschlagen oft 1-fächerig, | *unilocularis, loculis mono- vel* mit 1- oder wenigsamigen | *oligospermis.* Fächern.

Diese Familie wird in Unterfamilien getheilt z. B. *Sambucineae, Viburneae, Lonicereae.*

Die *Sambucineae* haben als Unterscheidungsmerkmale eine regelmässige radförmige Blumenkrone, einen 3- bis 5-fächrigen Fruchtknoten mit 1-eiigen Fächern,

die wahren *Lonicereae* eine unregelmässige Blumenkrone, und mehreiige Fächer in dem 3—5-fächrigen Fruchtknoten,

die *Viburneae* bei einer regelmässigen radförmigen Blumenkrone nur einen 1-fächrigen, 1-eiigen Fruchtknoten.

Sambucineae: corolla regularis rotata; germen tri- vel quinque-loculare, ovulis solitariis (Sambūcus, Adōxa).

Lonicereae: corolla irregularis; germen tri- vel quinque-loculare, loculis pluriovulatis (Lonicĕra, Linnaea).

Viburneae: corolla regularis rotata; germen uniloculare, uniovu-latum (Vibūrnum).

Gattung Sambucus.

Blätter fiedertheilig. | *Folia pinnatipartita.*

Kelch 4- oder 5-spaltig, klein. | *Calyx quadri- vel quinquefidus, parvus.*

Blumenkrone 4- oder 5-lap-pig, radförmig. | *Corolla quadri- vel quinquelŏba, rotata.*

Pistill: Griffel fehlt; 3, sehr selten 5 sitzende Narben. | *Pistillum: stylus nullus; stigmăta terna, rarissime quina, sessilia.*

Frucht saftig, mit 3, selten 5 knorpelartigen einsamigen Steinfächern. | *Fructus succulentus, pyrēnis tri-bus, rarius quinque, cartilagineis, monospermis.*

Fig. 631.

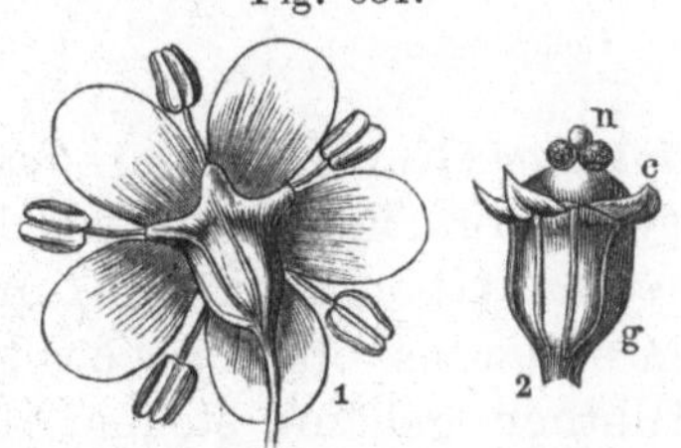

Sambucus nigra. Blüthe von unten gesehen (3fache Lin.-Vergr.). 2. *Germen semiinferum,* c *calyx epigynus,* n *stigma* (5fache Lin.-Vergr.).

Fig. 632.

Sambucus nigra. 1. unreife Frucht, 2. reife Frucht, 2fache Lin.-Vergr.

Art *Sambucus nigra*, Hollunder, Flieder.

Kleiner Baum (5) mit weissem Mark.	*Arbuscula* (5); *medulla alba.*
Blättchen länglich, gekerbt-gesägt; Nebenblätter pfriemenförmig oder fehlend.	*Foliola oblonga, crenato- serrata; stipulae subulatae vel nullae.*
Trugdolden 5-strahlig.	*Cymae quinquies radiatae.*

Sambucus Ebŭlus hat einen krautartigen Stengel, und dreistrahlige Trugdolden, *Sambucus racemōsa* ein braungelbes Mark, dann einen eiförmigen Strauss (*thyrsus ovatus*) und Blätter mit 2 Drüsen am Grunde.

Viburnum Opŭlus (Schneeball) und *Lonicĕra Caprifolium* (Geissblatt, Je-länger-je-lieber) sind gewöhnliche in Gärten gezogene Gewächse.

Bemerkungen. *Caprifolium,* Geissblatt; *capra,* Ziege, Geiss. — *Rubia,* Färberröthe, von *rubeus* oder *ruber,* roth. — *Cinchōna,* nach der Gräfin *Cinchon,* der Gemahlin des Vicekönigs von Peru, so benannt. Den eifrigen Bemühungen dieser Frau, welche 1632 nach Spanien zurückkehrte, verdankte man besonders die Einführung des Gebrauchs und die Verbreitung des medicinischen Rufes der Rinde. — Da man die Abstammung der Chinarinden wenig kannte, so unterschied man sie nach den Gegenden und Provinzen, wo sie gesammelt oder von wo sie in den Handel gebracht wurden. Huanoco, Calisaya, Huamalies, Loxa, Jaën, Uritusinga, Chahuarguera, sind Provinzen oder Städte der Republiken Peru und Bolivia. — *Ladenbergia,* nach dem Preussischen Staatsminister *Ladenberg* benannt. — *Coffēa,* benannt nach Kaffah, Distrikt und Stadt in der Tunesischen Berberei in Afrika. *Cephaëlis,* von d. griech. κεφαλή (kephălä) Kopf, und εἴλω (eilō), drängen, treiben, wegen des kopfförmigen Blüthenstandes. — *Ipecacuanha,* gebildet (?) aus dem portugiesischen *i* (klein), *pe* (am Wege), *coa* (Kraut). — *Asperŭla,* von *asper,* (rauh). — *Lonicĕra,* benannt nach *Lonitzer,* Stadtphysikus in Frankfurt a. M.; (starb 1586).

Lection 113.

Valerianaceen. Dipsaceen. Compositen.

Valerianaceae (Baldrianartige), *Dipsaceae* (Kardenartige), *Compositae* (Zusammengesetztblüthige) sind drei Familien, welche sich der *Endlicher*'schen Klasse *Aggregatae* (Haufenblüthige) und der Cohorte *Gamopetălae* unterordnen. Daraus ergiebt sich der gemeinsame Charakter, dass ihre Blüthen gehäuft stehen, die einblättrige Blumenkrone einem unterständigen Fruchtknoten aufsitzt, der Fruchtknoten 1-eiig und gewöhnlich auch nur 1-fächrig ist. Die *Aggregatae* unterscheiden sich also genügend von den Caprifoliaceen *Endl.* (*Rubiaceae, Lonicereae*), deren Blüthenstände nicht gehäuft sind, und welche eincn mehreiigen, 2- und mehrfächrigen Fruchtknoten haben. Jenc im Eingange genannten drei Familien zählen zur Unterkl. *Calÿciflōrae* DC.

Valerianaceae.

Kräuter mit geruchloser, oder Halbsträucher meist mit aromatischer Wurzel.	*Herbae annuae radīce inodōra, vel suffrutĭces* (*pl. perennes*) *radīce plerumque aromatica.*
Blätter gegenständig ohne Nebenblätter.	*Folia opposĭta, exstipulata.*
Kelch. Röhre m. d. Fruchtknoten verwachsen, Rand gezähnt od. in eine Haarkrone auswachsend.	*Calyx tubo cum germine connato, limbo dentato vel in pappum excrescente.*
Blumenkrone verwachsenblättrig, oberständig, 3- bis 5-spaltig, unregelmässig, am Grunde mit einem Höcker oder einem Sporn.	*Corolla gamopetăla, epigўna, tri-, quadri- vel quinquefida, irregularis, in basi gibbosa (s. gibba) vel calcarata.*
Staubgefässe 1 bis 5, der Blumenkrone inserirt (epipetal), alternipetal u. frei: Filamente hervorstehend.	*Stamĭna solitaria, bina, terna, summum quina, epipetala atque altērnipetăla, libera; filamenta exserta.*
Pistill mit einfachem Griffel, 3-spaltiger Narbe; Fruchtknoten unterständig, immer 3-fächrig, aber nur mit einem fruchtbaren Fache, 1-eiig.	*Pistillum: stylus simplex; stigma trifidum; germen infĕrum, semper triloculare, loculo uno tantum fertĭli, uniovulatum.*
Frucht saftlos, nicht aufspringend, vom Kelchsaume gekrönt.	*Fructus exsuccus, non dehiscens, limbo calycis coronatus.*
Samen eiweisslos, mit geradem Keim u. nach d. Fruchtspitze gerichtetem Würzelchen.	*Semen exalbuminosum, embryone recto, radiculā supĕrā.*

Gattung: Valeriăna, Baldrian.

Kelchsaum anfangs eingerollt, später in eine Federkrone auswachsend.	*Calycis limbus primum involutus, postea in pappum plumosum excrescens.*
Blumenkrone trichterförmig, vorn am Grunde mit Höcker, mit 5-spaltigem Saume.	*Corolla infundibuliformis, in basi antĭce gibbosa, limbo quinquefĭdo.*
Staubgefässe 3.	*Stamĭna terna (Triandria L.).*

Frucht, eine 1-fächrige, von einer Federkrone gekrönte Schliessfrucht.	*Fructus: achaenium uniloculare, limbo calycis papposo coronatum.*

Von der Art *Valeriāna officinālis* wird die **Baldrianwurzel** (*Radix Valerianae*) gesammelt, deren wichtigste Bestandtheile aetherisches Oel, Harz und Baldriansäure sind. Weniger wirksam ist die grosse Baldrianwurzel (*Rad. Val. major*), welche früher von *Valeriāna Phu* gesammelt wurde.

Art Valeriana officinalis.

Stengel aufrecht, gefurcht, bisweilen mit Ausläufern.	*Caulis erectus sulcatus, interdum stolonĭfer.*
Blätter unpaarig-fiedertheilig, Fiederblättchen lancettlich, entfernt gesägt oder fast ganzrandig.	*Folĭa impări-pinnati-partita; folĭola (pinnae) lanceolata, remōte serrata vel subintegerrima.*
Blüthen Zwitter, rispig-doldentraubig, fleischfarben.	*Flores hermaphrodīti, corymboso-paniculati, carnei.*
Früchte kahl.	*Fructus glabri.*

Es kommt diese Art in mehreren Varietäten vor, von welchen α *altissima* an den tiefgesägten, β *angustifolĭa* an den schmäleren, fast ganzrandigen Fiederblättchen zu erkennen ist. Die letztere Varietät giebt die kräftigere Baldrianwurzel.

Valeriana Phu unterscheidet sich durch einen nicht gefurchten glatten Stengel, *Valeriana dioica* durch einen 4-kantigen Stengel und zweihäusige Blüthen, *Valeriana Celtica* (auf den Alpen des mittleren Europas) durch ganzrandige Blätter, linienförmige, fast zu 2 stehende Stengelblätter und zweihäusige Blüthen.

Valeriana Phu differt caule terĕte laevi, Valeriana dioica caule tetragōno et floribus dioecis, Valeriana Celtica folĭis integerrimis, caulĭnis linearibus subbīnis, floribus dioecis.

Der hochwachsende Baldrian, *Valeriāna officinalis, Variet. altissĭma*, wächst häufig bei uns auf Graben- und Wiesenrändern, in feuchten Gebüschen, überhaupt auf gutem feuchtem Boden, die Varietät *angustifolia* aber auf trocknem kalkigem und steinigem Boden. Die Blüthezeit fällt in den Anfang des Sommers.

Valeriana officinalis, varietas altissima, satis frequens crescit ad fossārum pratorumque margines, in fruticētis humentibus, ubique obvia in solo meliore humido, varietas autem angustifolia in locis siccis calcareis inter lapĭdes. Florescit initio aestatis.

Zu den Valerianeen gehört auch die häufig als Salat benutzte **Rapunzel**, *Valerianella olitorĭa* Moench (*Fedia olitoria*)

Valerianella a Valeriana differt calyce dentato, fructu triloculari, (loculo unico fertili.)

Die Dipsaceen, *Dipsaceae, Dipsacaceae,* unterscheiden sich von den Valerianeen durch einen dichten kopfförmigen Blüthenstand, indem die Blüthen einem gemeinschaftlichen, von einer Hülle umschlossenen Blüthenboden aufgesetzt sind, und wiederum die einzelne Blüthe von einem membranösen Hüllchen umgeben ist, und durch eine von dem Hüllchen noch bedeckte Schliessfrucht.

Dipsacaceae a Valerianaceis discrĕpant floribus in capitulum dispositis, receptaculo communi atque involucro incluso impositis, singulis involucello cinctis, achaenio involucello adhuc obtecto.

<table>
<tr><td align="center">Fig. 633.</td><td align="center">Fig. 634.</td><td align="center">Fig. 635.</td></tr>
</table>

 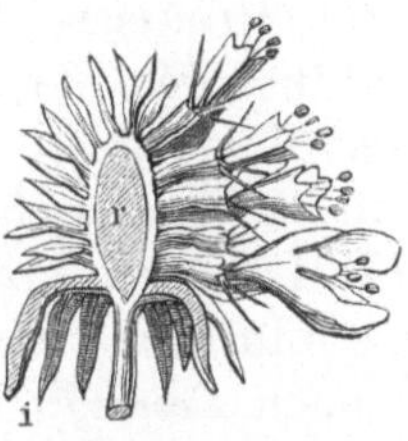 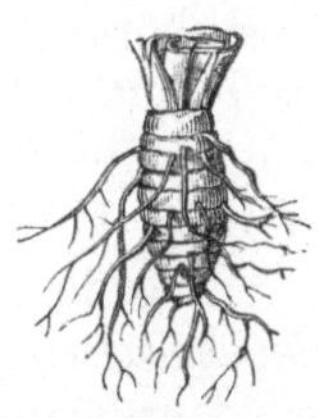

Blüthenkopf von *Scabiŏsa atropurpurĕa.*

Derselbe im Durchschnitt. *i* Hüllkelch, *r* Spindel.

Radix praemorsa von *Succīsa pratensis* Moench. (½ Lin.-Gr.)

In dieser Familie finden wir z. B. die Gattungen *Trichĕra, Scabiŏsa, Succīsa. Succīsa pratensis* Moench gab die früher officinelle Teufelsabbisswurz (*Radix Morsus diabŏli s. Succīsae*).

Eine sehr grosse Familie bilden die Compositen, *Compositae,* deren Hauptcharakter in einem Blüthenstande besteht,

<table>
<tr><td align="center">Fig. 636.</td><td align="center">Fig. 638.</td></tr>
<tr><td align="center">Fig. 637.</td><td></td></tr>
</table>

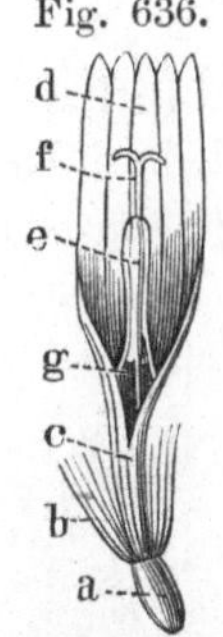 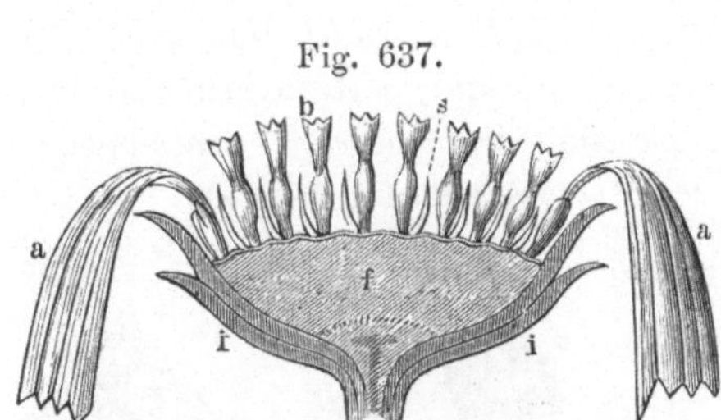 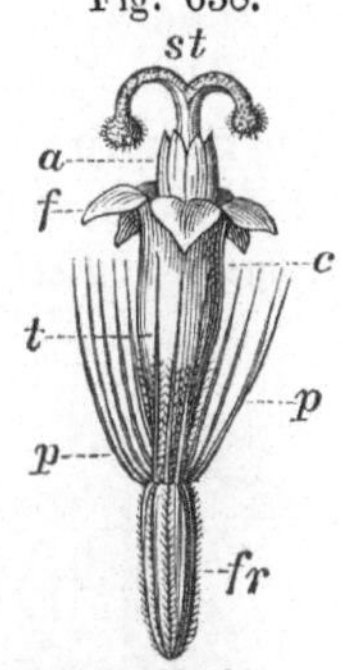

Zungenblüthe einer Composite. a *Achaenium,* b *pappus,* g *stylus,* e *anthĕrae connatae,* f *stigma,* d *ligula,* c *tubus corollae ligulatae.*

Durchschnitt des Blüthenstandes einer Composite. *f* gemeinschaftlicher Blüthenboden (*receptaculum*), *i* Hüllkelch (*peranthodium*), *s* Spreublätter (*paleae s. bracteolae*). *a* Randblüthen, Strahlblüthen (*flores radii*), *b* Scheibenblüthen (*flores disci*).

Scheibenblüthe von *Arnĭca montāna.* fr *Achaenium,* p *pappus,* f c *corolla,* t *tubus corollae,* a *antherae connatae,* st *stigma.* Vergr, welchen *Linné* mit *flos composĭtus*, *Mirbel* mit *calathidium*, *Ehrhart* so wie *Link* mit *anthodium* bezeichneten. Der Kelch ist mit dem Fruchtknoten verwachsen, die Blumenkrone gamopetal und oberständig, und die Staubbeutel sind einwärtsgerichtet und zu einer Röhre verwachsen. Die Compositen füllen also die *Linné*'sche 19. Klasse, *Syngenesia*, aus. Zur leichteren Uebersicht finden wir von *Linné* bereits die *Syngenesia* nach dem Geschlecht in 5 Ordnungen abgetheilt. Siehe S. 304. *Jussieu* theilte die Compositen nach dem Habitus in 3 Gruppen, in *Cichoraceae*, *Cynărocephalĕae* und *Corymbifĕrae*, *Decandolle* und *Endlicher* in folgende Unterordnungen:

Subordo I. *Ligŭliflōrae*. *Omnes flores hermaphrodīti* (☿), *ligulati*. Zungen- oder Bandblüthige. Alle Blüthen sind zwitterig und zungenförmig. Unterfamilie: *Cichorieae*.

Subordo II. *Labiātiflōrae*. *Flores hermaphrodīti* (☿), *saepissime labiati*. Lippenblüthige. Zwitterblüthen gewöhnlich zweilippig. Unterfamilie. *Mutisiaceae*, *Nassauvieae*, Gattungen dieser Familien kommen in Europa nicht vor.

Subordo III. *Tubŭliflorae*. *Flores hermaphrodīti* (☿), *tubulosi quinquedentati*. Röhrenblüthige. Zwitterblüthen röhrig und 5-zähnig. Unterfamilien nach *Lessing: Eupatorieae*, *Cynareae*, *Tussilagineae*, *Helichryseae*, *Artemisieae*, *Anthemidĕae*, *Senecioneae*, *Heliantheae*; *Eclipteae*, *Asteroïdeae*, *Calenduleae*.

Für uns ist die *Jussieu*'sche Eintheilung oder eine derselben entsprechende die bequemste:

I. *Flores omnes ligulati*. Blüthen sämmtlich zungenförmig (*Cichoraceae* Juss.).

II. *Flores omnes tubulosi*. Sämmtliche Blüthen röhrig (*Cynărocephalĕae* Juss.). Unterfam. nach *Lessing: Eupatorieae*, *Cynareae*, *Tussilagineae*, *Helichryseae*, *Artemisieae*.

III. *Flores disci tubulosi, radii ligulati*. Röhrenblüthen auf der Scheibe und zungenförmige Randblüthen (*Corymbifĕrae* Juss.). Unterfam. nach *Lessing Anthemideae*, *Senecioneae*, *Heliantheae* (*Bidenteae*), *Eclipteae*, *Asteroïdeae*, *Calenduleae*.

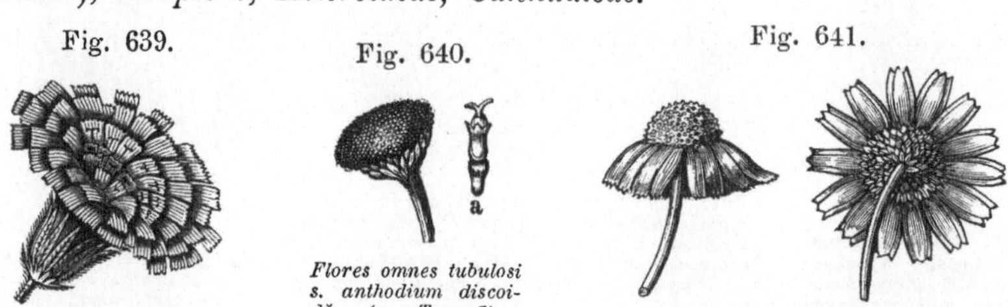

<table>
<tr><td>Fig. 639.</td><td>Fig. 640.</td><td>Fig. 641.</td></tr>
</table>

Fig. 639. *Flores omnes ligulati s. anthodium flosculosum. Peranthodium duplex.*

Fig. 640. *Flores omnes tubulosi s. anthodium discoidĕum* (von *Tanacētum vulgāre*). Natürl. Gr. a Einzelne Blüthe.

Fig. 641. *Flores disci tubulosi, radii ligulati s. anthodium radiatum* (von *Pyrēthrum Parthenĭum*). *Peranthodium imbricatum.*

Compositae.

Stauden oder Sträucher.

Blätter meist zerstreut, seltner gegenständig, ohne Nebenblätter.

Blüthen in einem Blüthenkörbchen zusammenstehend, einem gemeinschaftlichen Blüthenboden aufgesetzt und von einem Hüllkelch umgeben.

Kelch gewöhnlich eine Haarkrone, meist strahlig, seltner einen kronenförmigen Rand bildend.

Blumenkrone oberständig, bei den Zwitterblüthen mit 5-zähnigem, bei den weiblichen Blüthen mit 3-zähnigem Saume, in der Knospe klappig.

Staubgefässe 5, der Blumenkrone eingefügt und mit den Zahnzipfeln derselben abwechselnd; Staubbeutel nach innen gewendet und in eine Röhre verwachsen, an der Spitze immer mit häutigem Anhängsel.

Pistill: Griffel 1; Narben 2; Fruchtknoten unterständig, endigend in eine epigynische Scheibe, 1-fächerig, 1-eiig. Eichen aufrecht, gegenläufig.

Frucht eine Schliessfrucht mit eiweisslosem Samen. Keim gerade, das Würzelchen nach der Basis der Frucht gerichtet.

Herbae perennes vel frutices.

Folia plerumque sparsa, rarius opposĭta, exstipulata.

Flores in anthodium composĭti, receptaculo communi impositi, peranthodio cincti.

Calyx plerumque pappus, saepius radiatus, rarius marginem coroniformem sistens.

Corolla epigyna, in floribus hermaphrodītis limbo quinquedentato, in floribus feminèis tridentato; praefloratio valvacea.

Stamina quina, epipetala atque alternipetala; anthērae introrsae, in tubum connatae, semper in apĭce appendĭce membranaceā munitae.

Pistillum: stylus unus; stigmăta bina; germen infĕrum, disco epigȳno terminatum, uniloculare, uniovulatum. Ovulum erectum, anatrŏpum.

Fructus achaenium semine exalbuminoso. Embryo rectus, radicula infĕra.

Lection 114.

Compositae-Cichorieae.   Compositae-Cynareae.

Die erste Gruppe der Compositen bilden die *Compositae-Ci-choraceae* oder diejenigen mit Blüthen, welche sämmtlich zungenförmig sind.

Cichoraceae. *Flores omnes ligulati.*

Allgemeine Merkmale sind: milchsaftführend; zerstreute Blätter, Blüthen zwitterig, zungenförmig, 5-zähnig; Griffel cylindrisch; Narbe zurückgerollt, linienförmig.

Plantae lactescentes; folia sparsa; flores hermaphrodīti ligulati quinquedentati; stylus cylindricus, stigmata revoluta, linearia. Syngenesĭa aequālis, Cl. XIX., 1, *Linn.*

Die Gattungen schichten sich, je nachdem der Blüthenboden nackt oder mit Spreublättern bedeckt ist, und danach, ob die Samenkrone *(pappus)* haarig und gestielt (*Lactūca, Taraxăcum*), oder haarig und sitzend (*Crepis, Hieracium, Sonchus*), oder federig und gestielt (*Tragopōgon*), oder federig und sitzend (*Scorzonēra*), oder spreuartig ist (*Cichorĭum*). Die Unterscheidung der Gattungen dieser Unterfamilie ist demnach nicht schwierig. Die für uns wichtigsten Gattungen sind *Lactūca, Taraxacum* und *Cichorĭum.*

Lactuca.

Hüllkelch walzig, ziegeldachförmig.	*Peranthodium cylindricum imbricatum.*
Blüthenboden nackt.	*Receptaculum nudum.*
Schliessfrüchte flach zusammengedrückt, vielmals gerippt, mit gestielt. Haarkrone.	*Achaenia plane compressa, multicostulata; pappus pilosus stipitatus.*

Lactūca virōsa, Giftlattig.

Stengel rispig, unterhalb stachelig. ②.	*Caulis paniculatus, inferne aculeatus. Herba biennis.*
Blätter horizontal gerichtet, an der Basis pfeilförmig-stengelumfassend, länglich oval, stumpf, weichstachelspitzig-gezähnelt, untere buchtig, obere ganz; mit einer mit Stacheln besetzten Mittelrippe.	*Folia horizontalia, in basi sagittata, amplexicaulia, ovali-oblonga, obtusa, mucronato-denticulata, infĭma sinuata, superiora intĕgra; carinā aculeatā.*
Blumen gelb. Achänien schwarz, breit gerandet und an der Spitze kahl.	*Flores flavi. Achaenia atra, latiuscule marginata, in apice glabra.*

Lactūca Scariŏla differt: *foliis verticalibus acutis, runcinato-pinnatifidis* (durch verticalstehende spitze, schrotsägeförmig-fiederspaltige Blätter); *Lactūca satīva* (Gartensalat, Kopfsalat) *differt*: *caule corymboso, foliis basi cordatis, carīna plerumque lēvi* (durch doldentraubigen Stengel, am Grunde herzförmige Blätter mit meist glatter Mittelrippe).

Fig. 642.

Lactuca virosa. c pappus stipitatus.

Von *Lactūca virōsa* wird das frische Kraut zur Extractbereitung gebraucht, und in England der aus den Einschnitten fliessende getrocknete Saft als *Lactucarium* gesammelt. In ähnlicher Weise wird das französische Lactucarium, *Thridax*, von *Lactūca satīva* gesammelt. Der Milchsaft der einen wie der anderen Species ist narkotisch.

Taraxăcum.

Hüllkelch umhüllt, äusserer Blattkreis zurückgebogen od. abstehend.	*Peranthodium calyculatum, phyllis exterioribus reflexis vel patentibus.*
Blüthenboden nackt.	*Receptaculum nudum.*
Schliessfrüchte etwas zusammengedrückt, gerieft, oberhalb höckerig.	*Achaenia subcompressa, costata, superne tuberculata.*
Samenkrone haarig gestielt.	*Pappus pilosus stipitatus.*

Taraxacum officinale Web., Löwenzahn.
Leontŏdon Taraxăcum L.

Blätter nur grundständig, schrotsägeförmig.

Blüthenschaft röhrig, 1-köpfig; Blüthen gelb; Achänien eckig-riefig.

Folia tantum radicalĭa, runcinata.

Scapus fistulosus, monocephălus; flores lutei; achaenia costato-angulata.

Fig. 643.

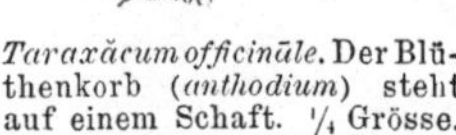

Taraxăcum officināle. Der Blüthenkorb (*anthodium*) steht auf einem Schaft. ¹/₄ Grösse.

Fig. 644.

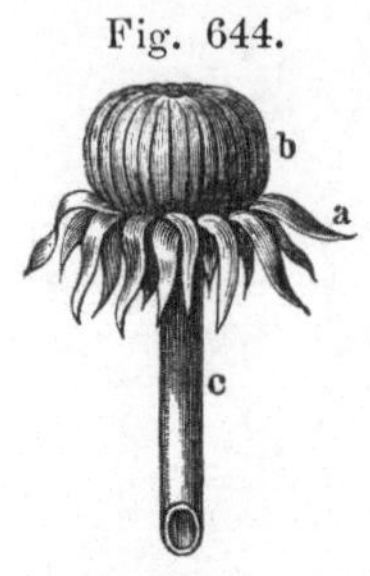

Noch unentwickelter Blüthenstand von *Taraxacum officinale Weber. a b* gekelchter Hüllkelch (*peranthodium calyculatum*), der äussere zurückgebogen (*reflexum*).

Der Löwenzahn, ein Staudengewächs (♃). wächst fast überall auf trocknen und feuchten Grasplätzen, auf sandigen und unfruchtbaren Stellen. Blüthezeit im Frühling und im Anfange des Sommers. (*Herba rediviva* (♃); *ubique in locis graminosis siccis et humidis, in arenosis et sterilibus crescens. Floret vere et prima aestate*). Sowohl Kraut wie Wurzel sind officinell. (*Herba et Radix Taraxăci*).

Die Gattung *Cichorium* hat als Merkmale: einen doppelten, äusseren 5-blättrigen, inneren 8-theiligen Hüllkelch; zusammengedrückte vierkantige Achaenien; eine sehr spreublättrige Samenkrone. *Cichorium discrĕpat peranthodio duplici, exteriŏre pentaphyllo, interiŏre octopartīto; achaeniis compressis tetragōnis; pappo multipaleaceo.*

Cichorium Intŷbus (Wegwart, Cichorie) mit schrotsägeförmigen Wurzelblättern mit hackerig scharfer Mittelrippe, eilancettförmigen Hochblättern, winkelständigen Blüthenkörbchen. Blüthen blau, selten weiss. Die Wurzel *Radix Cichorii* war früher officinell, wird aber jetzt geröstet und als Kaffeesurrogat gebraucht.

Cichorium Endivia Willd. (Endivie) hat am Grunde breitgeöhrte oder herzförmige Hochblätter.

Cynărocephaleae Juss. *Flores omnes tubulosi.*

Cynareen, *Cynareae*, eine Unterfamilie der Compositen mit den Merkmalen: Blätter zerstreut, Blüthenboden meist borstig; alle Blüthen röhrig und ☿ (seltner zweihäusig, oder geschlechtslose Randblüthen); Griffel oberhalb knotig-verdickt; Narben zusammenneigend, nach aussen etwas flaumhaarig.

*Composĭtae-Cynareae: Folia sparsa; receptaculum plerumque se-
tosum; flores omnes tubulosi hermaphrodīti (☿), (rarius dioeci vel marginales neutri); styli superne nodoso-incrassati; stigmata conniventia,
extus puberula.*

Die Gattungen dieser Unterf. gruppiren sich je nach der
Samenkrone, ob diese vorhanden ist, oder vor der Fruchtreife
abfällt oder ausdauert, je nach der Beschaffenheit des Hüll-
kelches etc. Einen ziegeldachartigen Hüllkelch haben *Cirsium,
Cynăra, Carthămus, Lappa, Silўbum,* einen doppelten Hüllkelch
Carlīna. Unbewaffnete oder nur einfach dornige Hüllkelchblätter haben *Cirsium, Cynăra*; am Rande und an der Spitze dornige
Hüllkelchblätter haben *Carthămus, Silўbum, Lappa.* Eine bleibende vielreihige Haarkrone findet sich bei *Centaurēa* und *Ser-
ratŭla,* und zugleich in doppelter borstenartiger Form bei *Cnicus.*

Centaurēa.

Hüllkelchblätter verschie-den (nämlich bald unbewaff-net, bald dornig).	*Peranthodĭi phylla varia (aut inermia, aut spinosa).*
Blüthenboden spreuartig-borstig.	*Receptaculum setoso-paleaceum.*
Randblüthen 1-reihig, strah-lend, geschlechtslos, Schei-benblüthen ☿.	*Flores marginales uniseriales, ra-diantes, neutri, disci hermaphro-diti.*
Schliessfrüchte zusammen-gedrückt, mit einem seitlichen Höfchen (seitlichen Nabel).	*Achaenia compressa, areŏlā la-terali (hilo laterali).*
Samenkrone mehrreihig, blei-bend, borstig, mit einer in-nersten Reihe aus kürzeren zusammenneigenden Borsten bestehend; fehlt zuweilen.	*Pappus pluriserialis, persistens, setosus, serie intĭmā setarum bre-viorum conniventium, rarius nullus.*

Syngenesia frustranĕa Linn.

Art *Centaurēa Cyănus,* Kornblume.

Stengel aufrecht, ästig.	*Caulis erectus ramosus.*
Blätter wie der Stengel dünn-spinnewebig-filzig; unterste Blätter fiederspaltig und ge-gen die Basis gezähnt, obere ungetheilt oder mit ganzran-digen, linienförmigen Lappen.	*Folia et caulis tenuĭter arachnoï-dĕo-tomentosa, infĭma pinnati-fĭda, ad basin dentata, superiora integra vel lacinĭis linearibus in-tegerrimis.*

Hüllkelchblätter am Rande fransig - gesägt, brandfleckig (mit rostfarbenen Flecken.) | *Peranthodii phylla margine serrato-fimbriato, sphacelata (maculis ferrugineis).*

Fig. 645.

Centaurēa Cyănus. a *Anthodium,* b geschlechtslose Randblüthe, c Scheibenblüthe.

Von *Centaurēa Cyănus* werden zuweilen die Blüthen, Kornblumen (*Flores Cyăni*), gesammelt. Sie bewahren beim Trocknen ihre blaue Farbe sehr gut. Wirksame Bestandtheile enthalten sie nicht. ① oder ②, auf allen Getreidefeldern.

Die Gattung *Cnicus* unterscheidet sich von *Centaurēa* durch die mit fiederdorniger Spitze versehenen inneren Hüllkelchblätter und durch eine doppelte Samenkrone, deren äussere Reihe aus kürzeren Borsten besteht. (*Syngenesia frustranea*). *Cnicus a Centaurea discrepat peranthodii phyllis interioribus in apĭce pinnato - spinosis, et pappo duplĭci, exteriōre breviore.*

Die Art *Cnicus benedictus* (*Carduus benedictus* Cam.) aus dem Orient stammend, liefert das bitterstoffhaltige Benedicten- oder Kardobenedictenkraut (*Folĭa Cardŭi benedicti*). Sie hat stengelumfassende, buchtig - halbgefiederte, dornig-gezähnte, zottige Blätter und endständige, von Hochblättern umschanzte Blüthenköpfe. *Differt: folĭis amplexicaulibus, sinuato-semipinnatifidis, villosis, spinoso - dentatis et capitŭlis terminalibus bracteis obvallatis.*

Die Klettenwurzel (*Radix Bardănae*) wird von den Arten *Lappa officinalis, minor* und *tomentosa* gesammelt.

Fig. 646.

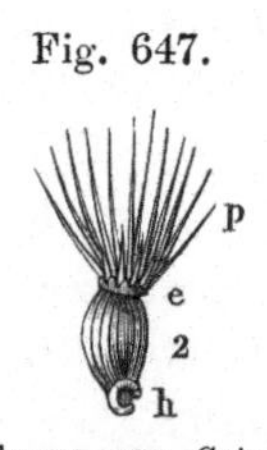

Fig. 647.

Achaene von *Cnicus benedictus Gaert.* (Vergröss.). e *Pappus exterior dentatus,* p *interior setōsus,* h *arĕola.*

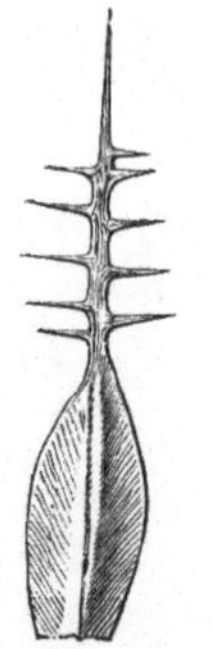

Hüllkelchblättchen v. *Cnicus benedictus L.*

Lappa unterscheidet sich von den vorhergehenden Arten durch pfriemförmige, an der Spitze hakig gebogene Hüllkelchblätter, ganz kahle Achänien und durch eine kurze abfallende Haarkrone. (*Syngenesia aequalis*).

Lappa a generibus antecedentibus differt: phyllis paranthodii subulatis, in apĭce uncinatis, achaenĭis glabris et pappo brevi deciduo piloso.

Lappa officinalis All. (*Arctium Lappa L.*) unterscheidet sich durch grüne Hüllkelchblätter, *Lappa tomentosa Lmk* (*Arctium Bardăna Willd.*) durch dicht-spinnenwebig-filzige Hüllkelchblätter, von welchen die innersten stumpf und mit gerader krautartiger Stachelspitze versehen sind, *Lappa minor DC.* durch die nur schwach-spinnenwebig-filzigen Hüllkelchblätter, von denen die innersten an der Spitze purpurfarbig sind. *L. off. diff. phyllis peranthodii viridibus, L. tomentosa Lmk phyllis dense arachnoïdeo-tomentosis, intĭmis obtusis, mucrōne recto munītis, L. minor DC. phyllis subarachnoïdeis, intĭmis in apĭce purpureis. Plantae biennes.* ②.

Silўbum mariānum Gaert. (Mariendistel), im südlichen Europa, liefert in seinen Früchten die Stechkörner, Stichelkörner (*Fructus Cardŭi Marīae*). *Silўbum* hat äussere blattartige, rinnenförmige, am Rande und an der Spitze dornige Hüllkelchblätter, monadelphische Staubfäden und die Strahlen der Haarkrone an ihrem Grunde zu einem Ringe verwachsen. Die Art unterscheidet sich durch glänzende, weiss-gefleckte, dornig-gezähnte Blätter. (*Syngenesia aequalis*).

Silўbum discrepat: peranthodii phyllis exterioribus foliaceis canaliculatis, in margĭne et apĭce spinosis, filamentis monadelphis, atque radŭis pappi pilosi in basi ad annulum coalescentibus. Species S. mariānum differt: foliis nitĭdis, albo-maculatis, spinoso-dentatis.

Bemerkungen. *Lactūca* (Milchkraut) von *lac, lactis*, Milch, wegen des Milchsaftes, daher auch der Name Lattich. — *Taraxăcum*, von τάραξις (taraxis), Beunruhigung, und ἄκος (akos), Heilmittel. — *Leontödon* (Löwenzahn), λέων (leōn), Löwe, und ὀδών (odōn), Zahn. — *Cynĕrocephalĕae, cynarocephaleae* (Artischockenköpfige), κυνάρα (kynăra), Artischocke, und κεφαλή (kephalä), Kopf. — *Centaurēa*, griech. κενταύρειον, nach *Chiron Centaurus* so benannt. — *Cyănus*, griech. κύανος, blaue Farbe. — *Cnicus*, von κνίζω (knizō), durch Berührung der Haut einen unangenehmen Reiz, Jucken, hervorbringen, eine Hindeutung auf die dornige Blätterzahnung. — *Lappa*, von λαμβάνω (lambanō), fassen, packen, wegen der hakigen Hüllkelchblätter.

Lection 115.

Compositae-Helichryseae.   Compositae-Anthemideae.

Unter der Ueberschrift *Flores omnes ligulati* findet auch die Unterfamilie *Helichryseae* ihren Platz. Ihre abweichenden Merkmale sind: Randblüthen sehr dünn und ♀, 3-zähnig, Scheibenblüthen ☿, 5-lappig; Antheren am Grunde 2-borstig.

Compositae-Helichryseae: Flores marginales tenuissimi, feminei tridentati, disci hermaphrodīti, quinquelŏbi; anthērae ad basin bisētae (Syngenesia superflŭa L.)

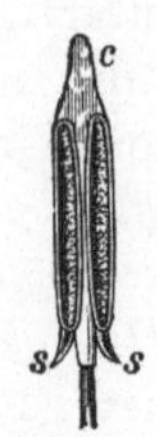

Staubgefäss von *Helichrysum arenarium. Anthera biseta, s setae, c connectivum.*

Hierher die Gattungen *Helichrȳsum, Gnaphalĭum, Antennarĭa* etc. *Helichrȳsum* mit den Merkmalen: ziegeldachförmiger, rasselnder, gefärbter Hüllkelch, mit 1-reihigen oder fehlenden Randblüthen; *Gnaphalium:* mehrreihige Randblüthen; *Antennaria:* 2-häusige Blüthen, Strahlen des Pappus der männlichen Blüthe an der Spitze verdickt. Wegen dieser keulenförmigen Pappusstrahlen gab man der Gattung auch den Namen (*antenna,* Fühlhorn).

Helichrȳsum ab aliis Helichryseis differt: perianthio imbricato scarioso colorato, floribus marginalibus uniserialibus vel nullis; Gnaphalium floribus marginalibus pluriserialibus; Antennaria floribus dioecis, radiis pappi florum masculorum in apice incrassatis.

Die Blüthen von *Helichrysum arenarium* DC. (*Gnaphalium arenarium L.*), Immortelle, Katzenpfötchen, waren früher officinell (*Flores Stoechădis citrĭnae.*)

Die Unterfamilie *Artemisiaceae* unterscheidet sich von den *Helichryseae* nur durch an der Basis stumpfe Antheren. Gatt. *Artemisĭa, Tanacētum.*

Compositae-Artemisiaceae ab Helichryseis differunt antheris in basi muticis (Syngenesia superflua).

Gattung Artemisia.

Hüllkelch ziegeldachförmig.	*Peranthodium imbricatum.*
Blüthenboden nackt, mitunter zottig.	*Receptaculum nudum, interdum villosum.*
Randblüthen fadenförmig, 1-reihig und weiblich, schwach gezähnelt, oder 0.	*Flores marginales filiformes, uniseriales, feminei, subdenticulati, vel nulli.*
Schliessfrüchte ohne Pappus, unbehaart.	*Achaenia epappōsa, glabra.*

Artemisia Absinthĭum, Wermuth, ist ein bei uns häufiges Staudengewächs (♃), von welchem die Blätter und blühenden Spitzen gesammelt und getrocknet das officinelle Wermuthkraut (*Herba Absinthii*) geben. Unterscheidende Merkmale sind: ein sehr bitterer Geschmack, ein weisslichgrauer Ueberzug, auf beiden Seiten weissgrau-seidenglänzende Blätter, 3-fach fiederspaltige Wurzelblätter, zweifach- oder einfach-fiederspaltige Stengelblätter, obere ungetheilte Blätter, mit lancettförmigen stumpfen oder spathelförmigen Fiederlappen; fast kugelige, nickende filzigbehaarte Blumenköpfchen. Die Blüthen dieser Art sind gelblich oder röthlich-gelb.

Artemisia vulgaris (Beifuss) weicht durch die nur auf der unteren Fläche weissfilzigen Blätter, spitze lancettförmige Fiederlappen, längliche aufrechte filzigbehaarte Blumenköpfchen und den Mangel des bitteren Geschmacks ab;

Artemisia campestris (Feldbeifuss) durch die beinahe unbehaarten, unteren geöhrten Blätter, linienfadenförmige Fiederlappen und unbehaarte eiförmige Blüthenköpfchen;

Artemisia Abrotănum (Eberraute) durch ihre fast anliegenden Aeste, unbehaarte Blätter, fadenförmig - borstenartige Fiederlappen und fast kuglige nickende weissgraue Blüthenköpfchen.

Artemisia Absinthium a reliquis speciebus differt: sapore amarissimo, canitie sericea, foliis utrinque sericeo-incanis, radicalibus tri-, caulinis bi-pinnatifidis pinnatifidisve, summis indivisis, laciniis lanceolatis obtusis sive spathulatis, capitulis (anthodiis) subglobosis nutantibus tomentosis;

A. vulgaris: foliis subtus albo-tomentosis, laciniis lanceolatis acutis, capitulis oblongis erectis, tomentosis;

A. campestris: foliis glabriusculis, inferioribus auriculatis, laciniis lineari-filiformibus, capitulis ovatis glabris;

A. Abrotănum ramis subadpressis, foliis glabris, laciniis filiformi-setaceis, capitulis subglobosis nutantibus incanis.

Die Eberraute (*Herba Abrotăni*) wird von der *Artemisia Abrotănum*, die Beifusswurzel (*Rad. Artemisiae*) von *Artemisia vulgaris* gesammelt. Der Filz der Blätter von *Artemisia Moxa* Lindl. (in China) wird zu Moxen (Brenncylindern, Brennbäuschchen) angewendet.

Aus der Abtheilung *Seriphidium* (nackter Blüthenboden und alle Blüthen ☿) liefern einige Artemisiaarten, wie *Art. pauciflōra* (Südrussland), *Art. Lercheāna* Stechm. u. a., in ihren nicht völlig aufgeblühten Köpfchen den sogenannten Zittwer- oder Wurmsamen (*Flores Cinae*).

Tanacētum: mit ziegeldachförmigem halbkugligem Hüllkelch, nacktem convexem Blüthenboden, fadenförmigen einreihigen weiblichen Randblüthen, kantigen, an der Spitze mit feingekerbtem Krönchen berandeten Schliessfrüchten, und mit grosser epigynischer Scheibe, welche so breit als die Frucht ist (bei *Artemisia* ist die epigynische Scheibe sehr klein).

Tanacētum vulgare, Rainfarn, hat doppelt fiederspaltige, *T. Balsamīta* längliche gesägte Blätter.

Tanacetum: Peranthodium imbricatum; receptaculum nudum; flores marginales feminei filiformes uniseriales, disci hermaphroditi; achaenia angulata, in apice coronulā crenulatā marginata; discus epigy̆nus magnus, fructūs latitudĭnem aequans.

Flores disci tubulosi, radii ligulati

(*Corymbifĕrae* Juss.)

bilden die dritte Section der Compositen, welcher sich die Unterfamilien *Anthemideae, Senecioneae, Heliantheae, Eclipteae, Asteroideae,* und *Calenduleae* unterordnen. Die gemeine Kamille (*Matricaria Chamomilla*), die Schaafgarbe (*Achillēa Millefolĭum*), die Sonnenblume (*Heliānthus annŭus*), die Aster (*Aster*) sind von Jedermann gekannte Gewächse, in deren Habitus und Blüthenbau sich die äusseren Merkmale der Abtheilung „*flores disci tubulosi, radii ligulati*" leicht kenntlich ausgeprägt vorfinden.

Unter den erwähnten Unterfamilien treffen wir bei den *Heliantheae* und *Eclipteae* gegenständige Blätter an, bei diesen beiden und bei *Anthemĭdeae* und *Senecioneae* cylindrische Griffel mit Narben, welche an der Spitze entweder pinselförmig, oder abgestutzt sind, oder in Gestalt eines borstigbehaarten Kegels auslaufen, einen *pappus pilosus* bei den *Senecioneae, Asteroïdeae.*

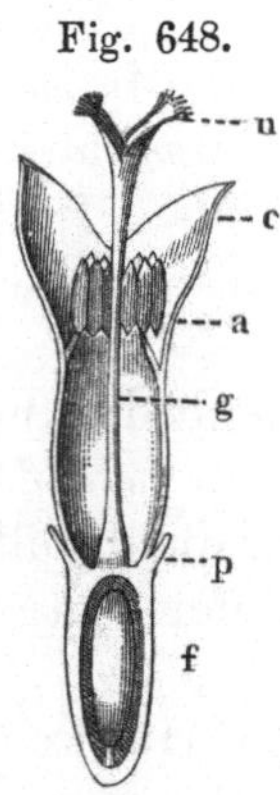

Verticaldurchschn. einer Scheibenblüthe von *Pyrĕthrum Parthenium.* (10f. L.-Vergr.). f *Achaenium*, g *stylus*, n *stigma apice penicillato*, a *antherae ad tubum connatae*, c *corolla*, p *pappus.*

Unterfam. *Anthemidĕae* (*Chrysanthemoïdeae*) nach *Lessing* mit den Merkmalen: Blätter zerstreut; Blüthen des Strahls 1-reihig, zungenförmig (3-zähnig), ♀, seltener geschlechtslos, die der Scheibe ☿, röhrig (5-zähnig); Griffel cylindrisch; Narben an der Spitze pinselförmig, abgestutzt oder in einen borstig-rauhbehaarten Kegel endigend; Samenkrone 0 oder klein und kronenförmig. Meist *Syngenesia superflua.*

Compositae-Anthemideae: Folia sparsa; flores radii uniseriales, ligulati, (tridentati), feminei, rarius neutri; flores disci hermaphrodīti, tubulosi, (quinquedentati); stylus cylindraceus; stigmăta in apice penicillata, truncata vel cono hispĭdo terminata; pappus nullus v. parvus coroniformis. Antherae basi muticā.

Die Gattungen lassen sich schichten, je nachdem sie einen nackten Blüthenboden (*Bellis,*

Chrysanthĕmum, Matricaria, Pyrĕthrum) oder einen spreublättrigen Blüthenboden haben (*Achillēa, Anthĕmis, Anacyclus*).

Gattung Anthĕmis.

Hüllkelch ziegeldachförmig.	*Peranthodium imbricatum.*
Blüthenboden spreublättrig (kleindeckblättrig), convex oder conisch.	*Receptaculum paleaceum (bracteolatum), convexum vel conicum.*
Blüthen des Strahles weiblich, zungenförm.; Zunge länglich.	*Flores radii feminei, ligulati; ligula oblonga.*
Achänien (ungeflügelt), abgestutzt, in ein häutiges Krönchen oder eine ringartige Scheibe endigend.	*Achaenia (exalata), truncata, coronulā membranaceā vel disco annulari terminata.*

Von den Arten ist *Anthĕmis nobĭlis*, Römische Kamille, für den Pharmaceuten die vornehmste Art, denn ihre Anthodien (*Flores Chamomillae Romānae*) sind von allen Pharmacopöen aufgenommen und gelten als ein Ersatz der gemeinen Kamille (*Flores Chamomillae vulgaris*). Gewöhnlich kommen in den Apotheken nur die gefüllten Blüthen vor, wo sie nicht selten mit den Anthodien der *Achillēa Ptarmĭca* verwechselt werden.

Die Anthodien von *Anthĕmis nobĭlis* sind zu erkennen an den weissen Strahl- und gelben Scheibenblüthen, den länglichen, stumpfen, nicht stachelspitzigen, an Rand und Spitze trocknen Spreublättern und den fast 3-kantigen glatten Achänien. *Dignoscūntur: floribus radii albis, disci luteis, paleis (bracteŏlis) oblongis, obtūsis, mutĭcis, in margine et apĭce scariosis, achaeniis subtrigōnis laevibus.*

Die Gatt. *Anacȳclus* unterscheidet sich von *Anthĕmis* durch geflügelte Achänien, deren Flügel an der Spitze in einen Lappen auslaufen. *Anacȳclus ab Anthemĭde differt: achaeniis alatis, alae apĭce in lobum producto.*

Anacyclus officinārum Hayne ist die Mutterpflanze der deutschen dünneren Bertramwurzel (*Rad. Pyrĕthri*), *Anacyclus Pyrĕthrum* Link die der römischen oder italienischen dickeren Wurzel. Letztere ist die kräftigere, und wegen ihres Gehaltes an flüchtigem Oele, scharfem Harzstoff, scharfem fettem Oele, ein die Speichelabsonderung beförderndes Mittel.

Die Gatt. *Achillēa* unterscheidet sich von *Anthĕmis* durch eine fast runde, kurze Zunge der Strahlblüthe. Die Schliessfrucht ist zusammengedrückt, nackt oder mit einem vorstehenden Rande gekrönt. *Achillēa ab Anthemĭde differt: ligulā subrotunda brevi, achaeniis compressis, nudis vel margine prominŭlo terminatis.*

Achillēa Millefolium, Schaafgarbe, giebt *Herba et Flores Millefolii*. Sie unterscheidet sich durch einen eckigen, zottigen Stengel, lancettförmige, 2-fach-fiederspaltige Blätter mit kurzen Fiedern und lancettförmigen gezähnten stachelspitzigen Lappen, einen 4- bis 5-blüthigen Strahl, weisse, seltner röthliche Strahlblüthen. *Achillēa Ptarmĭca* hat unbehaarte linien-lancettförmige, scharf-doppeltgesägte Blätter und 8—10 Blüthen im Strahl.

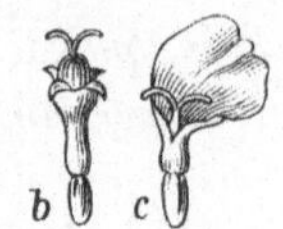

Achillēa Millefolium. a *Anthodium,* b *flos disci* (vergr.), c *flos radii* (vergr.).

Achillēa Millefolĭum differt: caule angulato villoso, foliis lanceolatis, bipinnatifidis, pinnis brevibus et laciniis lanceolatis dentatis mucronatis, radio quadri- vel quinquefloro, floribus radii albis, rarius purpurescentibus. Achillēa Ptarmica differt: foliis lanceolato-linearibus, argute duplicato-serratis, glabris, radio octo- vel decemfloro.

Bemerkungen. *Helichrȳsum* (Goldranke), ἕλιξ (helix), gewunden, χρυσός (chrȳsos), Gold. — *Artemisia*, benannt nach *Artemisia*, Gemahlin des Königs *Mausŏlus* von Karien, welche durch Wermuth wieder gesund wurde. — *Achillēa* (Achilleskraut), das Kraut, womit der Sage nach *Achill* den *Telĕphos* heilte. — *Millefolium* (Tausendblatt). — *Ptarmĭca*, πταρμική, Niesswurz, πταρμικός, ή όν (πταίρω), niesen machend.

Lection 116.

Compositae-Anthemideae (Forts.), *Senecioneae, Heliantheae, Eclipteae, Asteroideae.*

Gattungen der *Compositae-Anthemideae* mit nacktem Blüthenboden sind *Matricarĭa, Chrysanthĕmum, Pyrĕthrum, Bellis* etc.

Gattung *Matricaria*.

Hüllkelch ziegeldachförmig.	*Peranthodium imbricatum.*
Blüthenboden nackt, innen hohl.	*Receptaculum nudum, intus cavum.*
Blüthen des Strahls zungenförmig, weiss, der Scheibe röhrig, 5-zähnig.	*Flores radii ligulati, albi, disci tubulosi, quinquedentati.*
Achänien (ungeflügelt) ungekrönt, vielriefig, in eine grosse epigynische Scheibe endigend. (Ohne Pappus).	*Achaenia (exalata), ecoronulata, multicostata, disco magno epigyno terminata. (Pappus nullus).*

Das wesentlichste Merkmal der Matricaria ist ein nackter, konischer, innen hohler Blüthenboden, welches sich in ganzer Form bei keiner anderen Gattung derselben Abtheilung wiederholt.

Die Art *Matricaria Chamomilla* hat einen ausgebreiteten ästigen vielköpfigen Stengel, unbehaarte, 2-fach-fiedertheilige Blätter mit schmalen linienförmigen, spitz-stachelspitzigen Lappen, strahlende Randblüthen. *Dignoscitur caule ramoso, diffuso, polycephălo (polyanthodiato); foliis glabris bipinnatipartītis; laciniis anguste linearibus, acute mucronatis; floribus marginalibus radiantibus.*

Fig. 650.

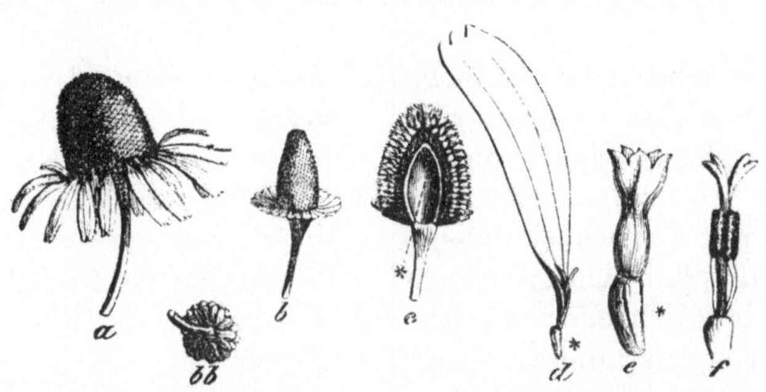

Matricaria Chamomilla. a *Anthodium,* b *receptaculum conicum cum peranthodio,* bb *peranthodium basin praebens,* c *receptaculum cum floribus disci longitudinaliter persectum, cavum (*) praebens,* d *flos radii cum germine (*),* e *flos disci cum germine (*),* f *pistillum cum staminibus floris disci.* — d e f *magnitudinem naturalem 6-tuplo superantes.*

Eine Verwechselung der Kamillenblumen mit den Anthodien von *Anthĕmis arvensis* (Ackerkamille) und *Anthĕmis Cotŭla* (Hundskamille) ist zu erkennen an dem spreublättrigen Blüthenboden, eine Verwechselung mit *Pyrethrum inodōrum* und *Chrysanthĕmum Leucanthĕmum* an dem zwar nackten, aber innen nicht hohlen Blüthenboden.

Chrysanthemum a Matricaria differt: receptaculo planiusculo intus solĭdo; Pyrĕthrum: receptaculo hemisphaerico intus solĭdo, achaeniis calycŭlo membranaceo continŭo coronatis (gekrönt mit einem mit der Frucht gleichförmig zusammenhängenden Kelchlein); *Bellis peranthodio biseriali.*

Pyrĕthrum Parthenĭum, Mutterkraut giebt *Herba Matricariae, Bellis perennis,* Maasslieb, Gänseblümchen, *Flores Bellĭdis.*

Compositae-Senecioneae unterscheiden sich von den Anthemideen durch Früchte, welche mit einer Haarkrone versehen sind. *Differunt ab Anthemideis pappo piloso.* Gattungen sind *Arnĭca, Dorŏnĭcum, Senecio.* Meist *Syngenesia superflua* L.

Gattung *Arnica*.

Hüllkelch mit gleichen in 2 Reihen stehenden Blättern.	*Peranthodii phylla biserialia aequalia (peranthodium aequale biseriale).*
Blüthenboden etwas behaart.	*Receptaculum pilosiusculum.*
Blüthen des Strahls weiblich, oft mit unfruchtbaren Staubgefässen.	*Flores radii feminei, saepe staminibus sterilibus.*
Narben oberhalb verdickt, mit kegelförmiger weichbehaarter Spitze.	*Stigmata superne incrassata, apĭce conico pubescente terminata.*
Achänien ziemlich cylindrisch, striemig, etwas rauchhaarig, mit einreihiger Haarkrone.	*Achaenia subcylindracea, striata, hirsutiuscula; pappus pilosus, uniserialis.*

Art *Arnĭca montāna*, Wohlverlei.

Stengel mit 1 bis höchstens 5 Blüthenköpfen (Anthodien) ♃.	*Caulis mono- vel summum pentacephalus. Herba rediviva.*
Blätter länglich oder lancettförmig, fast ganzrandig, zottigweichbehaart; Wurzelbl. fast 5-nervig, Stengelbl. 2 oder 4, gegenständig, 1-, 2- oder 3-nervig.	*Folia oblonga vel lanceolata, subintegerrima, villoso-pubescentia, radicalia subquinquenervia, caulĭna bina vel quaterna opposita, uni-, bi- vel trinervia.*
Blüthenköpfe gross und gelb, und Blüthenstiele mit dem Hüllkelch drüsig-weichhaarig.	*Anthodia magna lutea; pedunculi cum peranthodio glandulosopubescentes.*
Zungenblüthen 3-zähnig, 4 Millim. breit.	*Ligŭlae tridentatae, quatuor millĭmetra latae.*
Wurzelstock fast wie abgebissen, mit einseitsständigen Adventivwurzeln (Wurzelzasern).	*Rhizōma subpraemorsum, radicibus adventivis (fibris) unilateralibus.*

Vom Wohlverlei sind die vom Hüllkelch befreiten Blüthen (*Flosculi a peranthodio liberati*) als *Flores Arnicae*, der Wurzelstock mit den Nebenwurzeln gewöhnlich als *Radix Arnicae* officinell. Wesentliche Kennzeichen der Arnikablumen sind: *pappus pilosus, ligulae tridentatae, 4 vel 5 millim. latae.* Eine Verwechselung der Blüthen mit denen von *Doronicum Pardaliānches* und *Dor. scorpioīdes* ist an dem Fehlen eines Pappus der Strahlblüthen, mit denen von *Anthĕmis tinctoria* an dem Fehlen des Pappus aller Blüthen zu erkennen. Die Zungenblüthen von *Inŭla Britannica* und anderen ähnlichen Inulaarten sind nur halb so breit, ähnlich sind Blüthen der Gatt. *Hypochoeris* und *Scorzonēra*, aber 5-zähnig. Die Larve der Arnikafliege (*Trypēta arnicivŏra*) zerstört nicht selten die Arnikablüthe.

Trotz des Trivialnamens *montana* wächst der Wohlverlei auf moorigen Wiesen des flachen Landes, zuweilen auch auf Alpenwiesen.

Der Name *Senecioneae* ist der Gattung *Senecĭo* (Kreuzkraut) entnommen, von welcher *Senecĭo Jacobaea* und *vulgaris* bekannte Arten sind.

Compositae-Heliantheae unterscheiden sich von den vorhergehenden Unterfamilien durch meist gegenständige Blätter, spreuigen Blüthenboden, (dreizähnige Zungenblüthen), schwärzliche Antheren und gegrannten Pappus, der jedoch auch kronenförmig sein oder ganz fehlen kann. Gattungen *Helianthus, Spilanthes, Bidens*.

Heliantheae a subfamiliis praecedentibus diffĕrunt foliis plerumque oppositis, receptaculo paleaceo (bracteolato), (ligulis tridentatis), anthēris nigricantibus, pappo aristato, coroniformi vel nullo.

Die sogenannte, oft angebaute Sonnenblume, *Helianthus annuus*, ist ein Beispiel, an welchem wir den Charakter dieser Unterfamilie am bequemsten studiren können. *Helianthus tuberōsus* (Erdapfel), in Brasilien zu Hause und bei uns angebaut, liefert in seinen Knollen (Topinambur) ein Nahrungsmittel.

Spilanthes oleracĕa Jacqin, Parakresse, in Süd-Amerika, wird bei uns cultivirt. Man benutzt sie als Zahnmittel. In dem *Paraguay-Roux* war ein spirituöser Auszug dieser Pflanze ein Hauptbestandtheil.

Compositae-Eclipteae unterscheiden sich von den vorhergehenden Unterfamilien durch Narben, welche oberhalb nach aussen flaumhaarig besetzt, aber weder pinselförmig, noch abgestutzt sind; (*stigmatibus extrinsĕcus superne puberulis, nec penicillatis, nec truncatis*).

Hierher gehört *Dahlia*, von welcher die Art *Dahlia variabĭlis*, Georgine, in unzähligen Spielarten bei uns als Zierpflanze gezogen wird. Der Name *Eclipteae* ist der Gattung *Eclipta* (in Asien vorkommend) entnommen.

Compositae-Asteroïdeae unterscheiden sich von den Eclipteen durch eine Haarkrone, von den Heliantheen durch zerstreut stehende Blätter und durch Narben, welche oberhalb nach aussen flaumhaarig, aber weder pinselförmig noch abgestutzt sind,

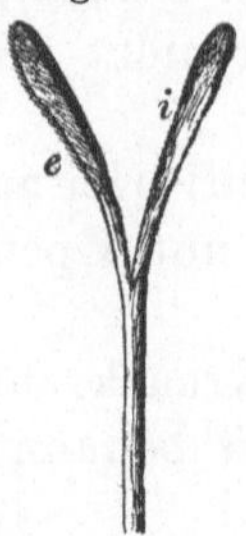

Fig. 651.

Inula Helenium. Stigmata extus superne puberula. e äussere, i innere Seite. 10fach. Lin.-Vergr.

und durch eine Haarkrone, von den Anthemideen durch die Narben und die Haarkrone. Meistens der *Syngenesia superflua* angehörend.

Asteroideae ab Eclipteis differunt: pappo piloso, ab Heliantheis: foliis sparsis et stigmatibus extrinsĕcus superne puberŭlis, nec truncatis, nec penicillatis, atque pappo piloso, ab Anthemideis: stigmatibus notatis et pappo piloso.

Gattungen und Arten dieser Unterfamilie sind *Aster* (Aster), *Inŭla* (Alant), *Solidāgo Virga aurĕa* (Goldruthe), *Erigĕron acre* (Berufskraut) etc.

Gattung *Inŭla.*

Hüllkelch ziegeldachförmig.	*Peranthodium imbricatum.*
Blüthenboden nackt.	*Receptaculum nudum.*
Blüthen des Randes 1-reihig, gleichfarbig, gelb.	*Flores radii uniseriales, concolōres, flavi.*
Antheren an der Basis mit 2 Borsten.	*Antherae in basi bisētae.*
Haarkrone gleichförmig, 1-reihig, bleibend.	*Pappus pilosus, conformis, uniserialis, persistens.*

Art *Inula Helenium,* Alant.

Stengel aufrecht doldentraubig, ♃.	*Caulis erectus corymbosus,♃ (herba perennis).*
Blätter gekerbt, runzlig, unten sammetartig-filzig; Wurzelblätter länglig, lang gestielt, Stengelblätter herzförmig-eirund, stengelumfassend.	*Folia crenata, rugosa, subtus velutĭno-tomentosa, radicalia oblonga, longe petiolata, caulĭna cordato-ovata, amplexicaulia.*
Hüllkelch: Blätter eirund, sparrig. Grosse Blüthenköpfe.	*Peranthodium: phylla ovata squarrosa. Anthodia magna.*

Davon sind die Wurzeln officinell (*Radix Helenii s. Enŭlae*).

Inula Britannica weicht ab durch zottig-wollige Blätter, von welchen die unteren in den Blattstiel sich verschmälernd verlaufen, und durch lanzettförmige zottige Hüllkelchblätter.

Die Gattung *Pulicaria* unterscheidet sich von *Inula* durch einen doppelten Pappus, dessen äusserer Kreis spreuartig-borstenartig oder becherförmig und der kürzere, der innere haarig, lang und abfallend ist. *Pulicaria ab Inula differt: pappo duplici, exteriore setoso-paleaceo vel cupuliformi et breviore, interiore piloso, elongato deciduoque. Pulicaria dysentĕrica* Gaertn. (Ruhrkraut) ist die *Inula dysenterica* L.

Die Gattung *Solidāgo* weicht hauptsächlich durch den Mangel der beiden Borsten am Grunde der Antheren, und durch längliche Zungen der Strahlblüthen, welche oft unter sich von einander entfernt stehen, ab. *Solidago differt ab Inula: defectu setarum binarum in basi antherarum (itaque anthēris muticis), et ligulis florum radii, saepe inter se distantium (ab invĭcem remotiusculorum, Berg).* Früher war *Solidago Virga aurea*, Goldruthe, officinell.

Die Gattung *Aster* unterscheidet sich von *Solidago* durch verschiedengefärbte und eng aneinander stehende, *Erigĕron* durch mehrreihige, sehr schmale Strahlblüthen. *Aster a Solidagine differt: floribus radii discoloribus, approximatis, Erigeron floribus radii pluriserialibus angustissimis (angustissĭme ligulatis).*

Bemerkungen. *Chrysanthĕmum;* χρυσός (chrysos), Gold; ἄνθεμον (anthemon), Blume. — *Leucanthĕmum* (glänzende, leuchtende Blume), λευκός (leukos), leuchtend, glänzend, weiss. — *Matricaria* (Mutterkraut), von *mater*, Mutter, wegen ihrer Wirkung auf das Uterinsystem der Frauen. — *Pyrĕthrum* (hitziges, feuriges Kraut), πῦρ (pyr), Feuer. — *Parthenĭum* (Jungfrauenkraut), παρθένιος, α, ον, zur Jungfrau gehörig, weil das *Pyrethrum Parthenium* (Mutterkraut) hauptsächlich von jungen Mädchen gebraucht wurde. — *Pardaliānches* (Parderwürger), πάρδαλις (pardălis), Parder; ἄγχω (anchō), würgen. — *Senecĭo* (Greisenkraut), von *senex*, Greis, weil das Kraut beim Reifen des *pappus* ein greises Aussehen annimmt. — *Spilanthes* (Fleckenblume), σπῖλος (spilos), Fleck; ἄνθος, Blume.

Helianthus (Sonnenblume), ἥλιος (hälios), Sonne; ἄνθος, Blume. — *Dahlia*, nach *Andreas Dahl*, einem finnländ. Botaniker, benannt. — *Georgíne*, nach *Georgi*, Prof. in St. Petersburg, benannt. — *Aster*, griech. ἀστήρ, Stern, wegen der Gestalt des Anthodium. — *Helenium*, aus den Thränen der *Helĕna* (nach *Plinius*) entstandene Pflanze. — *Arnĭca* (sc. *herba*, den Lämmern gedeihliches Kraut), ἀρνίον (arnion), Lämmchen. — *Erigĕron, ontis* (Frühgreiskraut), ἠριγέρων (ärigerōn), im Frühling greisend. Der Name ist aus demselben Grunde wie bei *Senecio* gegeben.

Lection 117.

Compositae-Calenduleae.

Compositae-Calenduleae unterscheiden sich von den vorhergehenden Unterfamilien durch fruchtbare weibliche Strahlblüthen und unfruchtbare Scheibenblüthen mit verwachsenen sterilen Narben (*Syngenesia necessaria*), durch die an der Basis stumpfen Antheren und das Fehlen einer Samenkrone.

Calenduleae ab reliquis subfamiliis differunt floribus radii ligulatis femineis (fertilibus), floribus disci sterilibus, stigmatibus connatis sterilibus, (itaque referuntur in ordĭnem Syngenesiae necessariae), anthēris in basi muticis et achaeniis epapposis.

29*

Gattung Calendŭla.

Hüllkelch gleichblättrig, zweireihig.	*Perianthium aequale biseriale.*
Blüthenboden nackt und flach.	*Receptaculum nudum, planum.*
Achänien verschieden oder ungleichförmig.	*Achaenia forma varia vel inaequalia.*

Art Calendula officinalis, Ringelblume.

Stengel aufrecht ①.	*Caulis erectus. Planta annua.*
Blätter zerstreut (abwechselnd), unterste spathelförmig, in den Blattstiel verschmälert, die oberen herzförmig-stengelumfassend, lancettförmig, schwach gezähnt.	*Folia sparsa (vel alterna), inferiora spathulata, in petiolum attenuata, superiora cordato-amplexicaulia, lanceolata, subdentata.*
Achänien 2- bis 3-reihig, alle einwärtsgekrümmt u. nachenförmig und auf dem Rücken weichstachelig, äussere geschnäbelt, die in der Mitte stehenden ringförmig, die in der Mitte beider geflügelt.	*Achaenia bi- vel triserialia, omnia incurva, cymbiformia et in dorso muricata, exteriora rostrata, media annularia, in media inter utrăque affīna alata.*
Blumenköpfe gross und meist goldgelb.	*Anthodia magna, plerumque aurea (fulva).*
Auf Aeckern des südlichen Europas wild wachsend, bei uns als Zierpflanze gezogen.	*Habitat in arvis Europae australis, apud nos flos topiarius colitur.*

Einen auffallenden Charakter dieser Art bilden die verschieden gestalteten Achänien desselben Fruchtbodens (*achaenia differmia*). Kraut und Blumen waren officinell (*Herba, Flores Calendulae*). Sie enthalten flüchtiges Oel, einen schleimigen Stoff, Calenduline genannt etc. Man hält sie für schwach narkotisch.

Fig. 652.

Petasītes officinalis. Stigmata bina conniventia, extrinsecus superne papillosa (12 f. Lin.-Vergr.).

Compositae-Tussilagineae haben den Charakter der *Syngenesia superflua*, zerstreute Blätter, oberhalb knotig-verdickte, an dem Knoten behaarte Griffel, zusammenneigende Narben, welche oberhalb nach aussen mit Papillen besetzt sind, und ziemlich stielrunde Achänien mit Haarkrone.

Tussilagineae charactēris Syngenesiae superfluae, et foliis sparsis, stylis superne nodoso-incrassatis, in nodo pilosis, stigmatibus conniventibus, extrinsĕcus superne papillosis, achaeniis teretiusculis, pappo piloso coronatis.

Gattung *Tussilāgo*.

Hüllkelch einfach, am Grunde durch Schüppchen vermehrt (fast 2-reihig).	*Peranthodium simplex, in basi squamulis auctum (subbiseriale).*
Blüthenboden nackt.	*Receptaculum nudum.*
Blumen des Randes weiblich, zungenförmig, ganzrandig, mehrreihig, sehr schmal, Blüthen der Scheibe wenig, zwitterig, röhrenförmig, 5-zähnig.	*Flores marginis feminei, ligulati, integerrimi, pluriseriales, angustissimi, flores disci pauci, hermaphroditi, tubulosi, quinquedentati.*
Haarkrone.	*Pappus pilōsus.*

Art *Tussilāgo Farfăra*, Huflattig.

Wurzelstock lang und kriechend.	*Rhizōma longum, repens.*
Blüthenschaft 1-köpfig, schuppig, wollig-filzig, vor den Blättern erscheinend.	*Scapus monocephălus, squamōsus, lanato-tomentosus, ante folia prorumpens (praecox).*
Blätter nur Wurzelblätter, nach der Blüthe erscheinend, rundlich-herzförmig, buchtigeckig, gezähnt, unten weissgrau-filzig.	*Folia tantum radicalia, floribus seriora, subrotundo-cordata, sinuato-angulata, dentata, subtus incano-tomentosa.*
2̸. (Staudengewächs). Wächst auf lehmigen und mergeligen Aeckern u. Hügeln; blüht im Anfange des Frühlings, und die Blätter kommen mit Anfang des Sommers zum Vorschein.	*Planta rediviva, crescit in agris collibusque argillaceis et margaceis, florescit primo vere, tum folia aestate ineunte proveniunt.*

Die Blätter (*Folia Farfărae*) sind officinell und werden wegen ihres Schleimgehaltes als reizmilderndes Mittel gegen Husten (*tussis*, daher der Name *Tussilago*) gebraucht. Verwechselt können sie werden mit den Blättern einer anderen Tussiliginee, des *Petasītes officinalis* Mnch. (*Tussilago Petasītes* L.), es nähern sich aber diese Blätter mehr der Nierenform (*folia reniformi-cordata*) und sind die Lappen an der Blattbasis abgerundet und gegenseitig genähert (*lobi baseos rotundati, approximati*).

Häufig wurde von zerstreuten Blättern (*folia sparsa*) gesprochen. Damit sind, wohl zu bemerken, keineswegs alternirende Blätter gemeint, sondern $\frac{1}{3}$, $\frac{2}{5}$, $\frac{3}{8}$ etc. Blattstellungen. (Vergl. S. 224 und 225).

Mit *ligŭla*, Blatthäutchen, bezeichnet man gewöhnlich bei den Gräsern die zwischen Scheide und Blattbasis befindliche Membran, doch pflegt man auch der Kürze halber den bandförmigen Blüthentheil der Compositen damit zu bezeichnen und mit Zunge zu übersetzen.

Die Compositen, zuweilen auch Syngenisten oder Synanthéren genannt, bilden die grösste Pflanzenfamilie, und dürfte ihre Zahl mehr als den 10. Theil aller Phanerogamen ausmachen. Man hat 900 Gattungen gezählt. Sie sind über den ganzen Erdkreis verbreitet. Die Cichoraceen sind vorzugsweise in kalten und gemässigten Erdkreisen, die Corymbiferen reichlicher in den wärmeren Erdstrichen, die Labiatifloren meist im südlichen Amerika verbreitet. Die Tubulifloren sind besonders reich an flüchtigem Oel, bei den Cynareen überwiegt der Bitterstoff, bei den Ligulifloren ist der Milchsaft vorherrschend. Viele dienen als Nahrungsmittel und als Zierpflanzen. Scharf ausgeprägte Alkaloïde scheinen kaum vorhanden zu sein.

Bemerkungen. *Calendŭla* (*herba singulis calendis florescens*), in den ersten Tagen jedes Monats blühende Pflanze; *calendae*, die ersten Tage des Monats. — *Farfära*, von *Farfärus*, einem Fluss im Sabinerlande, an dessen Ufern die Blätter wachsen. — *Petasītes* (von der Form eines vor Sonne schützenden Hutes); πέτασος (petasos), Hut mit breiter Krempe, πετασίτης, hutförmig (wegen der breiten Blätter).

Lection 118.

Lobeliaceen. Campanulaceen. Ericaceen.

In *Endl.*'s Cohorte der Einblumenblättrigen, *Gamopetalae*, zählen zu der Kl. *Aggregatae* (Haufenblüthigen) die Valerianeen, Dipsaceen und Compositen, welche wir in den vorigen Lectionen kennen lernten. Eine andere Kl. derselben Cohorte, die Glockenblüthigen, *Campanulīnae*, umfasst unter anderen Familien die *Campanulaceae* und *Lobeliaceae*, von welchen nur die letzteren ein pharmaceutisches Interesse bieten, die ersteren aber ein reichliches Contingent bei uns heimischer Gattungen und Arten umfassen. Die Glockenblüthigen erkennt man an der einblättrigen perigynischen Blumenkrone und den perigynischen Staubgefässen. Sie gehören zu den Calycifloren DC.

Campanulaceae und *Lobeliaceae* unterscheiden sich gegenseitig dadurch, dass die Campanulaceen eine regelmässige Blumenkrone, einen von Sammelhaaren kurzsteifhaarigen Griffel, die Lobeliaceen dagegen eine meist unregelmässige Blumenkrone, verwachsene Antheren und eine von einer Wimperkrone umgebene Narbe haben.

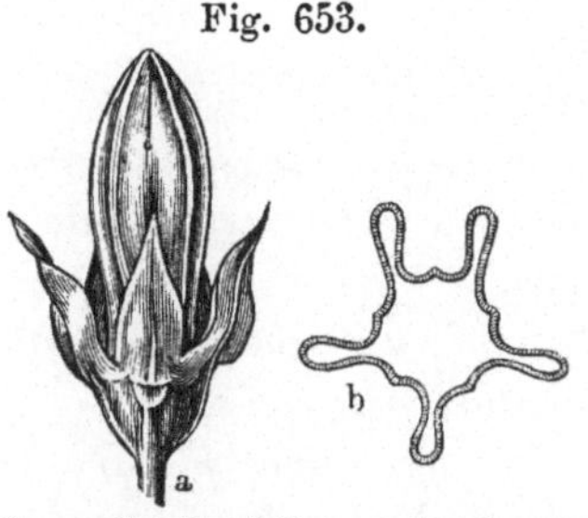

Fig. 653.

Campanŭla Trachelium. a Praefloratio plicativo-valvacea. b Diagramm.

Fig. 654.

Blüthe einer Campanŭla.

Fig. 655.

Campanŭla Trachelium. Capsŭla in basi poris dehiscens.

Campanulaceae a Lobeliaceis differunt: corollā regulāri; stylo pilis collectoribus hirto. Campanula. Lobeliaceae a Campanulaceis diffĕrunt: corollā plerumque irregulari, antheris connatis et stigmăte coronā ciliatā cincto. Lobelĭa.

Gemeinschaftliche Charaktere sind: *Plantae lactescentes, folia plerumque sparsa exstipulata; germen inferum s. semiinferum, bi- vel pluriloculare; calyx persistens, corolla perigyna, stamina perigyna, in Campanulaceis alternipetala. Praefloratio valvacea.*

Die Gatt. *Campanula:* 5-, seltner 4-spaltiger Kelch, glockenförmige, am Rande 4—5-lappige Blumenkrone, 5 oder 4 Staubgefässe, am Grunde häutig-verbreiterte Staubfäden, mit Löchern aufspringende 3—5-fächrige Kapseln. *Calyx quinquefĭdus, rarius quadrifidus; corolla campanulata, limbo quadri- vel quinquefido, stamina quina vel rarius quaterna, filamenta in basi membranaceo-dilatata; capsula poris dehiscens, tri-, quadri- vel quinquelocularis. Pentandria Monogynia.*

Lobelia: 5-spaltiger Kelch, unregelmässige, $^2/_3$-rachenförmige, längs-gespaltene Blumenkronenröhre, gebärtete Antheren, eine 2- bis 3-fächrige Kapsel, an ihrer Spitze mit 2- bis 3-fachspaltigen Klappen aufspringend. *Calyx quinquefĭdus; corolla irregularis limbo $^2/_3$-ringente (labio superiore bilŏbo, inferiore trilobo), tubo longitudinaliter fisso; anthērae barbatae; capsula bi- vel trilocularis, in apice loculicīdo- bi- vel trivalvis. Pentandria Monogynia.*

Fig. 656.

Lobelĭa inflāta. Stigma corŏna ciliāta cinctum (vergr.).

Lobelia inflata (mit aufgeblasener Kapsel, *capsula inflata*) in Nordamerika, liefert *Herba Lobeliae inflatae.* Sie gehört zu den narkotisch-scharfen Arzneimitteln und ist ein beliebtes Antiasthmaticum.

Die Zweihörnigen, *Bicornes*, bilden im *Endlich.*-System eine (die letzte) Klasse der Cohorte der Gamopetalen mit den Familien *Ericaceae* (Haidekräuter) und *Epacrideae*, von denen nur die erstere Arzneipflanzen einschliesst.

Ericaceae.

Meist immergrüne Sträucher.	*Plerumque frutices sempervirentes.*
Blätter einfach, ohne Nebenblätter, ungetheilt.	*Folia simplicia, exstipulata, integra.*
Kelch unterständig, 4—5-theilig, bleibend.	*Calyx inferus, quadri- vel quinquepartītus, persistens.*
Blumenkrone unterständig, meist regelmässig, mit 4—5-spaltigem Saume, seltener 5-blätterig.	*Corolla hypogўna, plerumque regularis, limbo quadri- vel quinquefido, rarius pentapetala.*
Staubgefässe unterständig, zugleich mit der Corolle oder am Grunde derselben eingefügt, mit den Lappen der Corolle abwechselnd od. doppelt soviel; Antheren am Rükken angeheftet, mit Löchern oder einer Spalte aufspringend, am Rücken nackt oder mit Anhängseln versehen. Pollenkörner meist sphärisch, zu 4 vereinigt.	*Stamina cum corolla vel basi corollae inserta, ejusdem laciniis alterna, aut dupla; anthērae dorso affixae, poris vel rima dehiscentes, in dorso nudae vel appendiculatae (apendīce setiformi instructae). Granula pollinaria sphaerica, quaterna conglutinata.*
Pistill. Griffel 1, Narbe 1; Fruchtknoten frei, 4—5-fächerig, einer hypogynischen Scheibe aufgesetzt.	*Pistillum. Styli singuli, stigmata singula; germen liberum, quadri- vel quinqueloculare, disco hypogyno impositum.*
Eichen gegenläufig, einem mittelständigen gerippten Samenträger angeheftet.	*Ovŭla anatrŏpa, sporophoro centrali costato affixa.*
Frucht eine Beere, Steinfrucht oder Kapsel mit sehr kleinen eiweisshaltigen Samen.	*Fructus baccatus, drupaceus vel capsularis, seminibus minutis albuminosis.*
Embryo in der Axe des Eiweisses liegend, gerade, mit 2, seltner ohne Samenlappen.	*Embryo axilis, rectus, dicotyledoneus, interdum rarius acotyledoneus.*

Die Ericeen zerfallen in mehrere Unterfamilien, davon sind z. B. *Ericeae-Andromedeae* gamopetal, *Hypopityĕae* dialypetal, *Rhodoreae* gamo- oder dialypetal. Die *Ericeae* haben nackte Knospen,

Rhodoreae grosse Knospendecken, die anderen beiden schuppenförmige Knospendecken. Die *Ericeae* haben tetramerische, die anderen pentamerische Blüthen.

Ericaceae-Ericeae (nach *Klotzsch*): nackte Knospen, verwachsenblättrige Blumenkrone, Staubbeutel, welche vor dem Aufblühen durch unter der Spitze befindliche und seitliche Löcher verbunden sind, eine 4-fächrige Frucht mit einfachen Scheidewänden, und Samen mit eng anliegender Samenhaut.

Ericeae: Gemmae foliǐfěrae et florāles tegmentis destitūtae; corolla gamopetǎla; anthērae ante anthēsin foraminibus infraapicalibus lateralibusque conjunctae; fructus quadrilocularis cum dissepimentis simplicibus; seminis testa arcta. Octandria Monogynia. Erīca, Callūna.

Beide Gattungen, *Erīca* und *Callūna*, haben 4-zählige Blüthen *(flores tetramĕri)*, d. h. einen 4-blättrigen Kelch, 4-theilige Blumenkrone, 8 Staubgefässe, einen aus 4 Fruchtblättern bestehenden Fruchtknoten.

Erīca unterscheidet sich von *Callūna* durch 2-porige Antheren und fachspaltiges Aufspringen der Fruchtkapsel; letztere markirt sich durch 2-spaltige Antheren mit 2 kammförmigen Fortsätzen und durch scheidewandspaltiges Aufspringen der Frucht. *Erīca differt: antheris biporōsis et dehiscentiā capsulae loculicīda, Callūna: antheris birimatis (sulcatis), bicristatis, et dehiscentiā septifrǎga capsulae.*

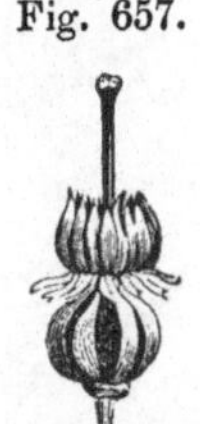

Fig. 657.

Staubblätterkreis der *Callūna vulgaris*, vergr.

Fig. 658.

Verticalschnitt des Pistills von *Callūna vulgaris*.

Fig. 659.

Frucht von *Callūna vulgaris. Dehiscentia septifrǎga. Capsula quadrivalvis, septifrage dehiscens.* Vergr.

Bei *Erīca* findet das Aufspringen auf der Mitte (dem Mittelnerven) jedes Karpellblattes, bei *Callūna* in den 4 Näthen statt.

Bei *Erīca Tetrǎlix* sind die Blätter linienförmig, am Rande umgerollt, zu 3 oder 4 stehend, bei *Callūna vulgaris* Salisb. (gemeinem Heidekraut) gegenständig, 4-reihig ziegeldachartig, linienförmig, 3-schneidig und pfeilförmig *(folia opposĭta, quadrifariam imbricata, linearia, triquetra, sagittata). Erīca Tetrǎlix* (mit blutrothen Blüthen) findet sich hier und da in Sümpfen und Brüchen, *Callūna vulgaris* ist sehr gemein und besonders in der Lüneburger Haide.

Das wahre Vaterland der schönblühenden *Erīca*-Arten, wie viele in unseren Gewächshäusern gezogen werden, ist das.Cap der guten Hoffnung. Bei uns sind ausser den erwähnten nur wenige Arten heimisch, wie *Erīca arborĕa* (Alpen; weissblühend), *E. cinerĕa* (bei Bonn), *E. carnĕa* (auf den süddeutschen Voralpen).

Ericaceae-Rhodoreae Klotzsch (*Rhododendreae*) haben grosse Knospendecken, verwachsen- und freiblättrige Blumenkronen, stumpfe Antheren mit 2 Poren an der Spitze, eine scheidewandspaltig aufspringende Kapsel, eine den Samen locker umhüllende netzartige Samenhaut.

Rhodoreae (*Rhododendreae*): *Tegmenta magna gemmarum; corolla gamo- vel diălypetala; anthērae muticae, in vertice biporosae; capsula septicīdo-dehīscens; testa seminis laxa, reticulata, nucleo multo amplior.* (*Decandria Monogynia*). *Rhododendron, Ledum.*

Beide Gattungen tragen 5-zählige Blüthen (*flores pentamĕri*), unterscheiden sich aber von einander dadurch, dass bei *Rhododendron* (Alpenrose) die Staubgefässe herabgebogen sind und die Kapsel von der Spitze aus aufspringt, bei *Ledum* aber die Kapsel von der Basis aus aufspringt und die Samenträger herabhängen.

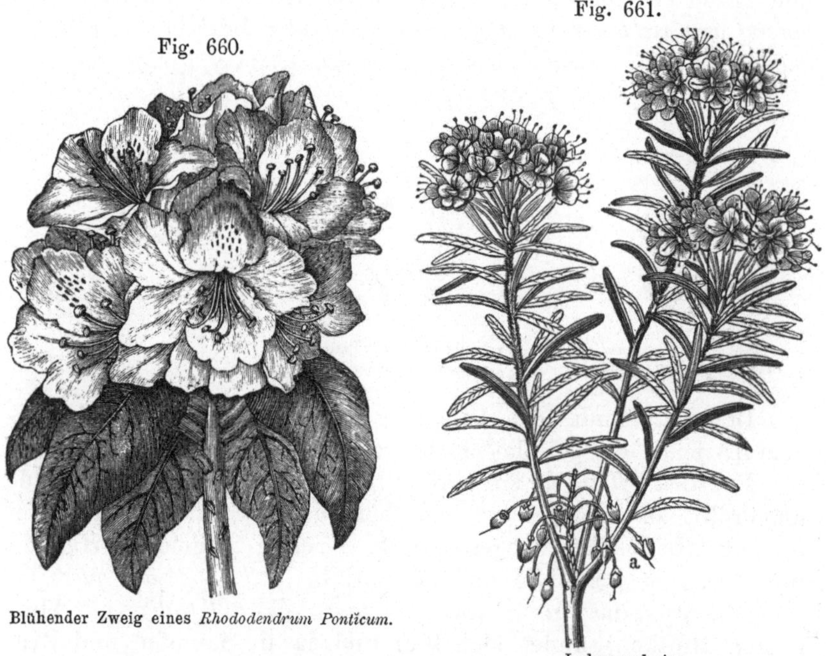

Fig. 660.

Fig. 661.

Blühender Zweig eines *Rhododendrum Pontĭcum.*

Ledum palustre.

Rhododendrum differt: staminibus declinatis et capsulā ab apĭce dehiscente; Ledum: capsulā a basi dehiscente et sporophoris dependentibus.

Rhododendrum Chrysanthum Pall., in Sibirien, liefert *Folia Rhododendri Chrysanthi*, andere Rhododendren sind auf den Alpen zu Hause, daher der Name Alpenrose. Die officinellen Blätter sind länglich, ganzrandig, lederartig, netzartig geadert, oberhalb kahl, unterhalb mit rostfarbenen Nerven.

Ledum palustre, Porst, wilder Rosmarin, in Torfmooren wachsend, giebt *Herba Ledi palustris*. Die Blätter sind linien-lancettförmig, am Rande zurückgerollt, netzförmig, unten rost-farben filzig (*folia lineari-lanceolatā, in margĭne revolūta, reticulata, subtus ferrugineo-tomentosa*).

Beide Droguen sind scharfe narkotische Mittel.

Ericaceae-Andromedeae Endl. haben schuppig bekleidete Knos-pen, synpetale Blumenkronen, 2-porige Antheren, eine engan-schliessende Samenhaut, und als Frucht eine Beere, Steinfrucht oder eine fachspaltig aufspringende Kapsel.

Andromedeae: Gemmae squamis vestītae; corolla gamopetala; antherae biporosae; testa seminis arcta; bacca, drupa vel capsula loculi-cīdo-dehiscens. (Decandria Monogynia). Andromĕda, Gaultheria, Ar-bŭtus, Arctostaphȳlos.

Arctostaphȳlos; 5-zählige Blume, krugförmige Corolle mit 5-spaltigem zurückgebogenem Saume, an ihrer Spitze dem Filament angeheftete 2-hörnige Antheren, eine Steinfrucht mit 5 einsamigen Steinfächern.

Arctostaphȳlos dignoscitur: flore pentamĕro, corolla urceolata limbo quinquefido, antheris apice suo affixis, bicornibus, drupā pentapyrēna, pyrē-nis monospērmis.

Fig. 662.

Arctostaphȳlos Uva ursi Spr. Corolla ur-ceolata cum calyce et bracteis. 5fache Lin.-Vergr.

Fig. 663.

Arctostaphȳlos Uva ursi Spr. Stamen cum anthēris bicornibus et filamento. (Vergr.).

Arbŭtus weicht von der vori-gen Gattung durch eine 5-fäch-rige Beerenfrucht mit 4—5-samigen Fächern, *Andromĕda* durch eine 5-fächrige Kapselfrucht, welche 5-klappig-fachspaltig auf-springt, ab.

Arbŭtus ab Arctostaphȳlo differt: bacca quinqueloculari, loculis tetra- vel penta-spermis.

Andromĕda differt: capsulā quinqueloculari, loculicīdo-quinquevalvi.

Arctostaphȳlos Uva ursi Spr. (*Arbŭtus Uva ursi* L.), Bären-traube, liefert die officinellen *Folia Uvae ursi*, welche Gallus-säure, Gerbsäure, ein Glycosid Arbutine, ferner Ericoline, Ur-son etc. enthalten. Der auf Haiden und in Nadelwäldern häufig wachsende kleine Strauch (♄) ist zu erkennen an den niedergestreckten Stämmen, den länglichen verkehrt-eirunden, ganzrandigen, auf beiden Seiten netzadrigen, lederartigen, glänzenden, ausdauernden Blättern, dem kurzen endständigen niedersehenden Trauben-Blüthenstande, den fleischfarbenen Blüthen und den scharlachrothen kugligen Steinfrüchten. *Frutex in silvis acerōsis frequens caulibus prostratis, foliis obovata-oblongis, integerrimis, utrinque reticulato-venosis, coriaceis, nitidis, perennantibus (persistentibus), racēmis brevibus, terminalibus, cernuis, floribus carneis, fructibus drupaceis globosis coccineis (scarlatīnis).*

Bemerkungen. *Campanŭla* (Glöcklein), von dem neulatein. *campāna*, Glocke. — *Lobelĭa*, nach *Mathias de l'Obel*, einem niederländischen Botaniker († 1616), benannt. — *Erīca*, griech. ἐρείχα (ereika), Heide, Heidekraut. — *Calluna* (Kraut zum Schmücken), von χαλλύνω (kallyno), putzen, schmücken. — *Rhodoreae* (Rosenartige), von ῥόδον, Rose, oder *rhodora*, einem alten, gallischen Worte. — *Rhododendrum* (Rosenbaum), ῥόδον, Rose, und δένδρον (dendron), Baum. — *Andromĕda*, Tochter des äthiop. Königs *Cepheus* und der *Cassiŏpe*, welche von *Perseus* befreit und zur Gemahlin genommen wurde. — *Arctostaphȳlos* (Bärentraube), von ἄρχτος, Bär, und σταφυλή (staphylä), Traube.

Lection 119.

Oleaceen oder Oleïnen.

In der *Endl.* Cohorte *Gamopetalae* schliesst die Klasse *Contortae* einige für die Pharmacie wichtige Familien, wie die *Oleaceae*, *Loganiaceae*, *Asclepiadeae* und *Gentianeae* ein. Dieselben Familien gehören nach DC. in die Unterklasse *Corolliflōrae*, also zu den Pflanzen, welche einen Kelch, eine synpetale hypogynische Blumenkrone und meist epipetale Staubgefässe zu gemeinsamen Merkmalen haben.

Die Kl. *Contortae* (Gedrehtblüthige) bezeichnet Pflanzen mit einer Blumenkrone, welche etwas schiefgestellte oder etwas gedrehte Lappen hat und in der Knospe meist eine gedrehte Faltung zeigt.

Von den Oleaceen finden wir unter unserem Himmelsstriche die Gattungen *Ligustrum* (Hartriegel) und *Fraxĭnus* (Esche); die wichtigste Gattung, *Olĕa* (Olivenbaum), welche uns das Olivenöl liefert, ist im Orient und dem südlichen Europa zu Hause.

Oleaceae.

Bäume oder Sträucher.	*Arbores vel frutices.*
Blätter nebenblattlos, gegenständig, einfach oder unpaariggefiedert.	*Folia exstipulata, opposita, simplicia vel impăripinnata.*
Blüthen zwitterig oder durch Fehlschlagen polygamisch, sehr selten nackt.	*Flores hermaphrodīti vel abortu polygămi, rarissime nudi.*
Kelch viertheilig, mitunter 0.	*Calyx quadridivīsus, interdum nullus.*
Blumenkrone verwachsenblätterig, unterständig, regelmässig, seltner 4-blätterig, in der Knospe klappig gefaltet, seltner 0.	*Corolla synpetala, hypogўna, regularis, rarius tetrapetăla vel nulla, praefloratione valvatā.*
Staubgefässe 2, epipetal oder hypogynisch, mit den Kronenblättern abwechselnd.	*Stamina bina, epipetăla vel hypogyna, alternipetăla.*
Pistill. Griffel 1, Narbe meist 2-spaltig; Fruchtknoten 2-fächerig, Fächer 2-eiig; Eichen aneinderliegend, hängend, gegenläufig.	*Pistillum. Stylus unus; stigma plerumque bifĭdum; germen biloculare; loculi biovulati; ovula collateralia, pendŭla, anatrŏpa.*
Frucht eine Kapsel, Steinfrucht oder Beere, oft durch Fehlschlagen einfächerig, ein- und mehrsamig.	*Fructus capsularis, drupaceus vel baccatus, saepe abortu unilocularis, mono- vel pleiospermus.*
Keim gerade, in der Axe des fleischigen Eiweisses; Würzelchen nach der Fruchtspitze gewendet.	*Embryo rectus, in axi albuminis carnosi; radicula supĕra.*

Die Namen *Oleaceae, Oleĭnae, Oleĭneae*, womit diese Familie bezeichnet worden ist, sind von dem Namen der Gattung *Olĕa* entnommen, welche wiederum ihren Namen dem Oelreichthum ihrer Früchte (*olĕum*, Oel) verdankt.

Die Gattungen lassen sich nach der Art ihrer Frucht in solche mit beerenartiger (*Oleĭnae* Endl.) und in solche mit kapselartiger Frucht (*Fraxinĕae* Endl.) eintheilen. Zu der Unterfam. *Oleĭnae* gehören: *Olea* mit einer Steinfrucht, *Ligustrum* mit einer Beere, zu den *Fraxineae*: *Fraxinus* und *Syringa* mit Kapselfrüchten. Sämmtliche Gattungen gehören zur *Diandria Monogynia* L. (Kl. II. Ord. 1).

Um die Familiencharaktere zu studiren, giebt uns der allgemein als Zierstrauch angepflanzte Spanische Flieder, *Syringa vulgaris*, die bequemste Gelegenheit.

Gattung Syringa.

Kelch 4-zähnig.	*Calyx quadridentatus.*
Blumenkrone stieltellerförmig, die Befruchtungswerkzeuge verdeckend.	*Corolla hypocratērimorpha, stylum staminaque occultans.*
Frucht eine zusammengedrückte Kapsel, fachspaltigzweiklappig (oder beide Klappen tragen in ihrer Mitte die Scheidewände).	*Fructus capsularis compressus, loculicīdo-bivalvis (i. q. valvae gemĭnae, in medio septifĕrae).*

Fig. 664.

Syringa vulgaris. Fructus capsularis loculicīdo-bivalvis. a Fructus post dehiscentiam, b idem transverse sectus.

Fig. 665.

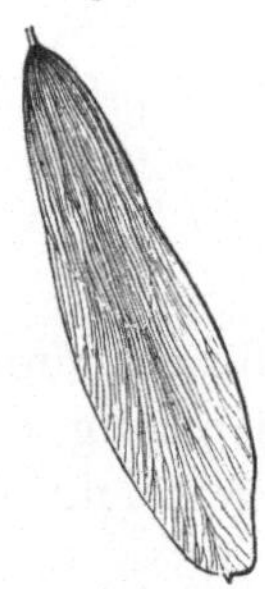

Fraxinus excelsior. Fructus antīce alatus.

Syringa vulgaris, zu erkennen an den herzförmigen, zugespitzten Blättern, hat wohlriechende lilafarbene oder weisse Blüthen und einen straussartigen Blüthenstand; (*foliis cordatis acuminatis, floribus odoratis lilacīnis vel albis, thyrsoïdĕis*).

Olĕa unterscheidet sich durch eine fast glokkenförmige Blumenkrone mit 4-spaltigem Saume und durch eine Steinfrucht mit Steinkern, *Ligustrum* durch eine trichterförmige Blumenkrone, fast kuglig-runde Beere mit hautähnlichem Endocarp, *Fraxĭnus* durch polygamische oder diöcische Blüthen, 3- oder 4-theiligen Kelch, der auch fehlen kann, 3 oder 4 linienförmige, sehr lange, oft am untersten Grunde zu zweien verwachsene Kronenblätter, welche auch manchmal fehlen, hypogynische Staubgefässe, eine vorn geflügelte, durch Fehlschlagen 1-fächrige, 1-samige, nicht aufspringende Kapsel.

Olea a Syringa differt: corollā subcampanulatā limbo quadrifido praeditā et drupā putamine osseo.

Ligustrum differt: corollā infundibŭliformi et baccā subglobōsa endocarpio membranaceo.

Fraxĭnus differt: floribus polygămis vel dioecis, calyce tri- vel quadripartito vel nullo, petălis ternis vel quaternis, linearibus, longissimis, saepe gemĭnis basi imā connatis (per paria imā basi connatis Berg), interdum dificientibus, staminibus hypogўnis, fructu antīce alato (samăra), abortu uniloculari, monospermo, non dehiscente.

Olĕa Europaea, Oelbaum, zu Sträuchern (♃) und Bäumen (♄)
auswachsend, trägt lederartige, längliche oder lancettförmige,
ganzrandige, stachelspitzige, oberhalb zerstreut-schuppige, unterhalb dicht-silberfarben-schülferige (grauweiss-seidenglänzende)
Blätter, achselständige Trauben, und elliptisch-geformte Steinfrüchte mit ölreicher Mittelfleischschicht und süssem Samen. Es
giebt eine grosse Menge Varietäten, aus deren Früchten das
Olivenöl (*Oleum Olivārum*, die beste Sorte: *Oleum Olivarum Pro-
vinciāle*) gewonnen wird; *Olea Europaea foliis coriaceis, oblongis vel
lanceolatis, integerrimis, mucronatis, supra sparsim squamulosis, subtus
dense argenteo-lepidōtis (incano-sericeis), racēmis axillaribus et drupis
ellipticis cum sarcocarpio oleōso seminibusque dulcibus.*

Es ist eine auffallende Erscheinung, dass die bei uns heimischen und cultivirten Oleaceen auch der Sammelplatz der im
Juni und Juli in Schaaren zuwandernden Canthariden sind,
denn diese sammeln sich nur und besonders auf der gemeinen
Esche (*Fraxĭnus excelsĭor*), der Rainweide, Hartriegel (*Ligū-
strum vulgāre*) und dem Spanischen Flieder (*Syringa vulgāris*).

Die Gattung *Fraxĭnus* wird geschichtet in Arten mit nackten Blüthen (*Fraxĭnus* Tournf.) und in Arten mit Kelch und
Blumenkrone (*Òr-
nus* Pers.). Zu den
ersteren gehört *Fra-
xĭnus excelsĭor* (ge-
meine Esche) mit
4- bis 7-jochigen un-
paarig-gefiederten
Blättern, mit kaum
gestielten länglich-
lancettförmigen, kurz
zugespitzten, gesäg-
ten, unbehaarten
Blättchen, und sei-
tenständigen früh-
zeitigen Blüthenrispen.

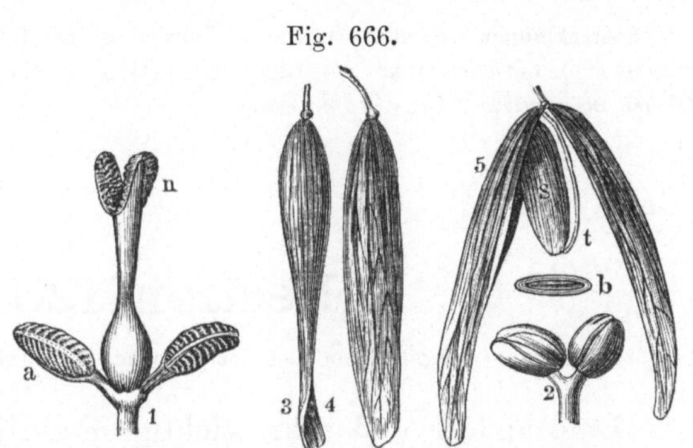

Fig. 666.

Fraxinus excelsior. 1. *Flos nudus hermaphrodītus,* a *antherae binae,*
n *stigmata bina,* 2 *flos nudus masculus* (1 u. 2 fünffache Lin.-Vergr.),
3 *samăra a margine et* 4 *a latere conspecta,* 5 *samăra hians,* s *semen,*
t *sporophorum,* b *facies secturae transversalis seminis.*

Die Abart mit hängenden Aesten ist
die Traueresche.

*Fraxĭnus excelsĭor dignoscitur: foliis impări-pinnatis, quadri-,
quinque-, sex- vel septemjŭgis, foliŏlis subpetiŏlulatis lanceolato-oblon-
gis, breviter acuminatis, serratis, glabris, paniculis lateralibus praecocibus.*

Fraxĭnus Ornus (Manna-Esche), im südlichen Italien einheimisch und dort angebaut. Ihr Zucker- und mannithaltiger Saft,

den sie freiwillig und auch nach künstlichen Einchnitten ausfliessen lässt, bildet getrocknet die officinelle Manna (*Manna*).
Diese Art unterscheidet sich, wie oben bemerkt ist, durch Blüthen mit Kelch und Blumenkrone, ferner durch 3- oder 4-jochige
Blätter mit gestielten und unterhalb in den Nervenwinkeln
zart-filzig-behaarten Blättchen, endständige, spät erscheinende Rispen mit weissen Kronenblättern.

Für den Nachweiss der Entwickelung eines Organs vor,
während oder nach der Entwickelung eines andern Organs giebt
es folgende Ausdrücke: frühzeitig (*praecox*), gleichzeitig
(*coaetaneus*), und spät (*serotĭnus*). Auf die Blüthe angewendet
ist *flos praecox*, frühzeitige Blüthe, eine solche, welche vor der
Entwickelung der Blätter erscheint. Wir treffen sie an bei
Daphne Mezerēum (Seidelbast), *Corȳlus Avellāna* (Haselstrauch),
Ulmus (Rüster), *Fraxinus excelsior* (Esche).

Flos coaetanĕus, gleichzeitige Blüthe ist die mit den Blättern
gleichzeitig erscheinende und

flos serotĭnus, späte Blüthe, die nach der Entwickelung der
Blätter hervorbrechende. Letztere treffen wir z. B. bei vielen
Lindenarten (*Tilia*), bei *Daphne Laureŏla*, *Fraxinus Ornus* an.

Bemerkungen. *Syrĭnga* (röhrige Pflanze), σύριγξ (syrinx), Röhre, Pfeife. — *Ligustrum* (*i. q. Ligusticum*), auf den Ligurischen (Genuesischen) Bergen wachsender Strauch
(*frutex in montĭbus Liguriae crescens*).

Lection 120.

Loganiaceen oder Strychneaceen.   Asklepiadeen.

Eine andere und sehr wichtige Familie in der *Endl.* Cohorte
Gamopetalae und der Kl. *Contortae* ist diejenige der *Loganiaceae
Endl.* oder der *Strychnaceae* Blume. Sie zeichnet sich durch ihre
giftigen Eigenschaften aus, denn ihre Gattungen enthalten unter
anderen die sehr giftigen und arzneilich gebrauchten Alkaloïde
Strychnin und Brucin. Die Samen von *Strychnos Nux vomica*,
Brechnussbaum (auf der Küste Coromandel und auf Ceylon), sind
als Brechnüsse, Krähenaugen (*Nuces vomĭcae, Semen Strychni*)
officinell, eben so die Samen von *Strychnos Ignatii* Berg (auf den
Philippinen) als Sanct-Ignaz-Bohnen (*Fabae Sancti Ignatii*).
Die giftige sogenannte falsche Angusturarinde, welche man
der wahren Angusturarinde vor 60 Jahren untergeschoben hatte,

war die Rinde von *Strychnos Nux vomica.* Das Schlangenholz (*Lignum colubrinum*) stammt von *Strychnos colubrina* (in Malabar). Es wird in Indien gegen den Biss der Brillenschlange gebraucht. *Strychnos Tieuté* Leschen (auf Java) liefert das Upaspfeilgift, *Strychnos toxifĕra* Schomb. und *Str. cogens* Benth., beide in Guiana, das Urari- oder Curare-Pfeilgift, *Str. Gujanensis* Mart. (in Guiana und Brasilien) das Curare der Amerikanischen Wilden.

Die Früchte der Loganiaceen sind entweder Kapselfrüchte oder Beerenfrüchte, durch Fehlschlagen 1-fächerig und zahlreiche schildförmige Samen einschliessend. Der Embryo ist gerade und entweder an der Basis oder in der Axe des Eiweisses, mit nach der Basis der Frucht gerichtetem Würzelchen. *Fructus vel capsulares vel baccati, abortu uniloculares, seminibus peltatis plurimis, embryōne recto in basi vel in axi albuminis, radiculā infĕrā.*

Die Frucht von *Strychnos Nux vomica* ist eine berindete kuglige Beere, in welcher die zusammengedrückten od. länglichen, stumpfeckigen Samen im Mark eingenistet liegen. Der Keim liegt am Grunde eines spaltbaren hornharten Eiweisses.

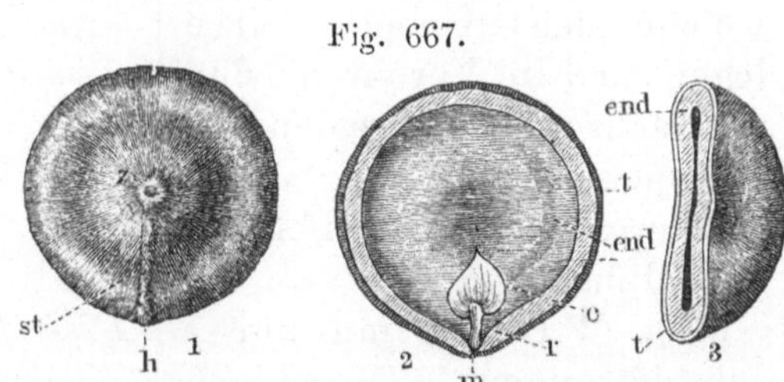

Fig. 667.

Strychnos nux vomica. 1. Samen in natürl. Grösse (*semen albuminosum*). *h* Nabel *hilum*), *st* Samenschwiele (*strophiŏla*), *z* innerer Nabel (*chalāza*). 2. Der Same im Längsdurchschnitt. *m* Nabel und Micropyle, *r* Würzelchen, *c* Cotyledonen, *t* Testa, *end* Inneneiweiss (*endospermium*). 3. Querdurchschnitt.

Fructus Strychni Nucis vomicae est bacca globosa corticata, seminibus compressis vel oblongiusculis, obtusangŭlis, in pulpā nidulantibus, embryone in basi albuminis cornĕi subbipartibilis.

Eine andere Familie der *Contortae*, welche sich durch einen besonderen Bau der Blüthe auszeichnet, bilden die *Asclepiadaceae* (Schwalbenwurzelartige). Diese zeigen meist brechenerregende, purgirende oder schweisstreibende, seltner giftige Wirkungen.

Asclepiadaceae.

Blätter gegenständig, ungetheilt, nebenblattlos.	*Folia opposita, intĕgra, exstipulata.*
Kelch 5-theilig, bleibend.	*Calyx quinquepartītus, persistens.*
Blumenkrone hypogynisch, regelmässig, 5-spaltig, abfallend, vor dem Aufblühen klappig oder gedreht.	*Corolla hypogўna, regularis, quinquefĭda, decidŭa, ante anthēsin (praefloratione) valvata vel contorta.*

Staubgefässe 5, am Grunde der Blumenkrone eingefügt, mit den Lappen derselben wechselständig; Staubfäden verbreitert und meist mit ihren Rändern zu einer die Stempel einschliessenden Röhre verwachsen und nach aussen mit blumenblattartigen Anhängseln (Nebenblumenblätt.) versehen; Antheren verbreitert, nach innen gewendet, über ihren Fächern mit den häutig verlängerten Connectiven, welche sich über die Narbe legen, und im Verein mit den verwachsenen Staubfäden eine Stempeldecke bildend. Jedes Antherenfach gewöhnlich mit 1 Pollinarie.

Pistill. 2 Griffel mit nur 1 schildförmigen, 5 - eckigen Narbe, an jeder Ecke, mit den Antheren abwechselnd, mit einem drüsigen, an der Basis zwei-schenkeligen Körperchen versehen. Während der Befruchtung hängen jene 10 Pollinarien zu je 2 den 5 Körperchen an. Karpellen 2, mit wandständigen gegenläufigen Eichen.

Kapselfrüchte 2, in der Bauchnath aufspringend, mit wandständigen, später freien Samenträgern.

Samen hängend, gegen den Nabel häufig geschopft.

Embryo gerade, in der Axe des dünnen Eiweisses, mit gegen die Spitze der Frucht gerichtetem Würzelchen.

Stamĭna quina, basi corollae inserta, cum laciniis hujus alternantia (epi- et alternipetăla); filamenta dilatata, marginibus plerumque ad tubum stylum circumcludentem connata et extrinsĕcus appendicĭbus petaloïdeis (parapetalis) instructa; anthērae dilatatae, introrsum versae, cum connectivis supra loculos in processum membranaceum productis stigma contegentem, unā cum filamentis connatis stylotegium formantem. Loculi singuli plerumque pollinarium solitarium continent.

Pistillum. Styli bini, tantum stigma unum peltatum pentagŏnum sustinentes, in singulis angulis corpusculis glandulosis solitariis, in basi crura duo formantibus et cum anthĕris alternantibus, instructum. Inter praegnationem pollinaria gemĭna quinis corpusculis adhaerent. Carpella duo ovulis parietalibus anatrŏpis.

Capsulae binae, suturā ventrali dehiscentes, sporophŏris parietalibus, tandem libĕris.

Semina pendula, ad umbilicum saepius comata.

Embryo rectus, in axi albuminis tenuis, radiculā superā (ad fructus apicem versā).

Fig. 668.

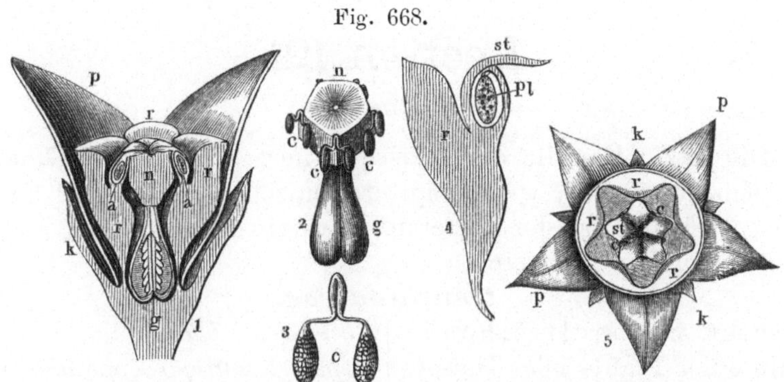

1. Blüthe von *Vincetoxĭcum officinūle* (Schwalbenwurz) im Verticaldurchschnitt.. 2. Stempel. 3. Corpusculum. 4. Verticaldurchschnittfläche eines Staubblattes. 5. Blüthe von oben gesehen. Letztere sechsf. Lin.-Vergr. *g* Fruchtknoten, *n* Narbe, *c* Corpuscula, *r* Staubblätter, *a* Antherenfach mit Pollinarien (*pl*), *st* das Connectiv, *k* Kelch, *p* Kronenblätter.

Die Asclepiadeen gehören sämmtlich in die *Pentandria Digynia* (Kl. V., Ord. 2). Bereits haben wir die Blüthe dieser Familie in der Lection 53 (Seite 186) näher betrachtet und in ihren Theilen kennen gelernt. Gattungen sind *Solēnostemma, Cynanchum, Vincetoxĭcum, Asclepias.* Unter diesen ist *Solēnostemma* durch eine gestielte Stempeldecke (*stylotegium stipitātum*) unterschieden.

Die Blätter von *Solēnostemma Argel* Hayne (*Cynanchum Argel* Del.) finden wir häufig zwischen den Sennesblättern. Sie sind lancettförmig, gleichseitig (Blattfläche auf der einen Seite der Mittelrippe so gross wie auf der anderen), kurzgestielt, lederartig, graugrünlich, die jüngeren weissgrau-flaumhaarig, die älteren fast kahl (*folia lanceolata, aequilatĕra, brevipetiolata, coriacea, glauca, juniora incano-pubescentia, adulta subglabra*).

Vincetoxĭcum officinale Moench (*Cynanchum Vincetoxĭcum* Pers., *Asclepias Vincetoxĭcum* L.) liefert die Schwalbenwurz (*Radix Vincetoxici*).

Bemerkungen. *Loganiaceae,* benannt nach der Gattung *Logania,* welche nach *James Loghan* (spr. dschehns loghän), † 1736 als Statthalter in Pensylvanien, ihren Namen erhielt. — *Strychnos, i, m.* u. *f.* griech. στρύχνος (Nachtschatten der Alten). — *Semen St. Ignatii,* nach dem Stifter des Jesuitenordens, *Ignatio de Loyóla,* benannt, weil dieser Samen durch die Jesuiten zuerst bekannt wurde.

Asclepias, ădis, f. (Heilkraut) von Ἀσκληπιός (asklĕpios), lat. *Aesculapius,* Gott der Heilkunst. — *Cynanche* (Hundswürger), griech. κυνάγχη (kynanchä), Hundebräune, von κύων (kyōn), Hund, und ἄγχω (anchŏ), würgen. — *Solēnostemma, ătis, n* (Röhrenkranz), σωλήν (sölän), Röhre, und στέμμα (stemma), Kranz.

30*

Lection 121.

Gentiancen.

Die letzte Familie der Klasse *Contortae*, bilden die *Gentianaceae* (Enzianartigen), welche bittere tonische Arzneimittel liefern. Wie es scheint, ist der Bitterstoff Gentianine bei den meisten ihrer Gattungen vertreten.

Gentianaceae.

Kräuter. Stengeltreibende mit einer Pfahl- oder Hauptwurzel und mit gegenständigen einfachen Blättern.	*Herbae. Caulescentes radīce palāri foliisque oppositis simplicibus.*
Stengellose mit kriechendem geringeltem Wurzelstock und zerstreuten scheidigen, zuweilen zusammengesetzten Blättern.	*Acaules rhizomăte repente annulato, foliis sparsis vaginantibus, interdum compositis.*
Kelch einblätterig, meist 5-spaltig, bleibend (ausdauernd).	*Calyx gamosepălus persistens, plerumque quinquefĭdus.*
Blumenkrone regelmässig, verwelkend, meist 5-spaltig, in der Knospe gedreht, seltner klappig gefaltet.	*Corolla regularis, marcescens, plerumque quinquefĭda, praefloratione contortā, rarius valvaceā.*
Staubgefässe soviel als Corollenzipfel, meist 5, mit denselben abwechselnd und der Blumenkrone eingefügt.	*Stamina tot quot laciniae corollae, plerumque quina, cum his alternantia et corollae inserta (alterni- et epipetala).*
Pistill mit 1 od. mit 2 mehr od. weniger mit einander verwachsenen Griffeln, und mit einem 1-fächrigen, oder durch Einbiegung der Fruchtblätter fast 2-fächrig. Fruchtknoten.	*Pistillum: styli solitarii vel bini, plus minusve connati; germen uniloculare vel valvis (carpophyllis) introflexis subbiloculare.*
Frucht eine 2-klappige, vielsamige Kapsel, mit kleinen eiweisshaltigen Samen.	*Fructus capsularis bivalvis polyspermus, seminibus parvis albuminosis.*
Keim in der Eiweissaxe liegend, walzig, sehr klein, mit kurzen, oft kaum getrennten Samenblättern und nach dem Nabel gewendetem Würzelchen.	*Embryo axilis, cylindricus minūtus; cotŷlae breves, saepe vix discretae; radicula hilum spectans (ad hilum versa).*

Die Gentianeen spalten sich in 2 Unterfamilien, in *Gentia-neae verae* und in *Menyantheae*.

Gentianeae verae sind jene *herbae caulescentes* mit gedrehter Blüthendeckenlage, *Menyantheae* jene *herbae acaules* mit klappiger Blüthendeckenlage.

Gentianeae verae: radix palaris vel fibrosa; folia opposita; prae-floratio contorta. Gatt. *Gentiana, Erythraea.*

Gattung *Gentiāna.*

Kelch 5-spaltig, bisweilen blumenscheidenartig.	*Calyx quinquefidus, interdum spathaceus.*
Blumenkrone m. 5-spaltigem Saume, glockenförmig oder radförmig.	*Corolla limbo quinquefido, campanulata vel rotata.*
Staubgefässe 5, mit unveränderten ausgestäubt. Antheren.	*Stamĭna quina; antherae defloratae immutatae.*
Pistill mit 2 Griffeln oder einem zweigetheilten Griffel und 2 Narben.	*Pistillum ex stylis binis vel uno bipartito et binis stigmatibus constitutum.*
Kapsel 1-fächerig, 2-klappig; Samenträger mit den Rändern der Klappen verwachsen.	*Capsula unilocularis bivalvis; sporophora marginibus valvarum affixa.*

Einen blumenscheidenartigen Kelch haben z. B. *Gentiana lutea* und *Gentiana purpurea*, einen gezähnten Kelch: *Gentiana Pannonica, punctata, Pneumonanthe, Amarella, campestris* etc.

Fig. 669.

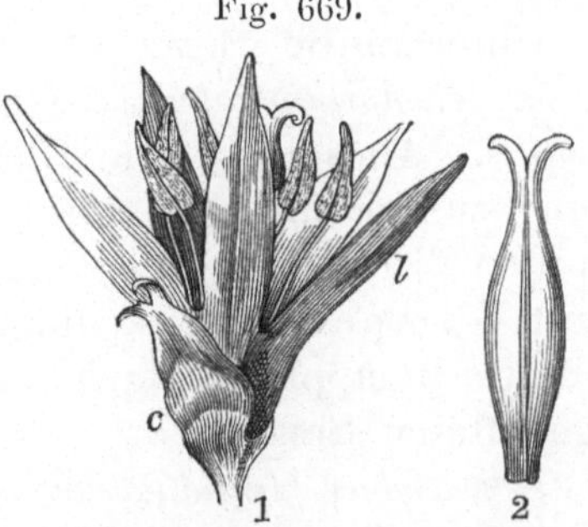

Gentiana lutea. 1. c *Calyx spathaceus,* l *laciniae corollae tubo triplo longiores. — Antherae liberae.* 2. *Pistillum.*

Fig. 670.

Gentiana Pneumonanthe. Corolla limbo decemfido, laciniis alternis minutis. Calyx quinquefidus.

Gentiana lutĕa: 5-nervige Blätter, gelbe Blüthen in axelständigen gestielten falschen Wirteln, Blumenkrone radförmig spitzzipflig (*folia quinquenervia; flores lutei, verticillastri axillares pedunculati; corolla rotata laciniis acutis*). *G. purpurea, G. Pannonica* und *G. punctata* liefern auch **Enzianwurzel** (*Radix Gentianae rubrae*), sämmtliche sind Alpenpflanzen.

Fig. 671.

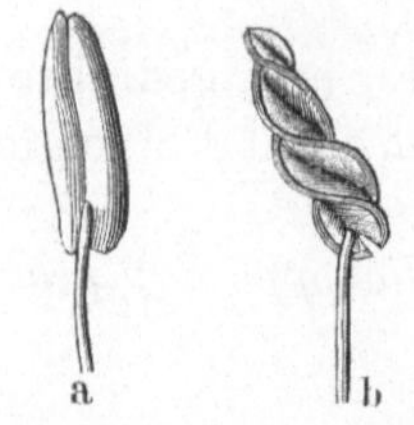

Erythraea Centaurium Pers.
a *Stamen pubes.* b *Stamen defloratum; anthera spiraliter torta* (7fache Lin.-Vergr).

Die Gattung *Erythraea* weicht von *Gentiana* ab: durch eine trichterförmige Blumenkrone, ausgestäubte spiralig gedrehte Antheren, 1 Griffel und linienförmige Kapseln mit nach innen gebogenen Klappenrändern.

Erythraea a Gentiana differt: corolla infundibuliformi, anthēris defloratis spiraliter tortis, stylo solitario, capsulis linearibus, marginibus valvarum introflexis.

Erythraea Centaurium Pers. (*Chironia Centaurium* Sm.) hat einen einfachen, 4-eckigen Stengel, länglich-ovale, 3-nervige Blätter, rosenrothe Blüthen und einen trugdolden-traubigen Blüthenstand. Das blühende Kraut ist das Tausendguldenkraut (*Herba Centaurii minoris*).

Fig. 672.

Erythraea Pulchella Fr.

Erythraea Centaurium dignoscitur: caule simplici quadrangulari, foliis ovali-oblongis, trinerviis, floribus roseis, ad corymbum cymosum congestis.

Diese einjährige ① Pflanze kommt auf Wiesen und Weideplätzen vor, zugleich mit der kleingestalteten *Erythraea pulchella* Fries, mit fast 5-nervigen Blättern.

———

Unterfamilie *Menyantheae: folia sparsa, praefloratio valvacea.* Gatt. *Menyanthes.* Ausser an dem Charakter der Unterfamilie ist diese Gattung zu erkennen an der trichterförmigen, innen durch lange Papillen flockig-gebärteten Blumenkrone, einem am Grunde mit Wimpernkranz umgürteten Fruchtknoten, nur 1 Griffel, einer 2-lappigen Narbe und an den der Mitte der Klappen angehefteten Samen.

Menyănthes differt ab reliquis generibus Gentianacearum: foliis sparsis, corolla infundibuliformi, intus papillis elongatis barbata, germine in basi annulo ciliato cincto, stylo solitario, stigmate bilobo, seminibus medio valvarum affixis.

Menyănthes trifoliata (Bitterklee) unterscheidet sich durch ein langes kriechendes geringeltes Rhizom, welches mit seiner Spitze aufwärts steigend 2 bis 3 Blätter und einen Blüthenschaft mit endständiger Blüthentraube trägt. Die Blätter sind gestielt, am Grunde scheidig, dreizählig, die Blättchen sind länglich, am

Rande schwach gekerbt. Die Blüthen erscheinen am Ende des Frühlings und sind weisslich oder rosenroth, der Bart weiss. Häufig in Sümpfen, auf feuchtem Torfboden und selbst in seichten stagnirenden Gewässern.

Menyänthes trifoliata rhizomate longo repente annulato, in apice adscendente, folia bina vel terna et scapum emittente, racemo terminali, foliis petiolatis in basi vaginantibus, ternatis, foliolis oblongis leviter crenulatis. Floret exeunte vere, floribus albidis vel roseis barbā albā. Frequens in paludibus, in turfosis udis et aquis tenuibus stagnantibus.

Die sehr bitteren Blätter werden gesammelt und als *Folia Trifolii fibrini s. aequatici*, Dreiblatt, Bitterklee oder Fieberklee, vorräthig gehalten.

Bemerkungen. *Gentiäna* soll nach *Gentius*, einem Könige der Illyrier (180 v. Chr.), benannt sein. — *Erythraea* (die Röthliche), von ἐρυθραῖος, α, ον (erythraios), röthlich, wegen der Farbe der Blüthe. — *Centaurium*, nach dem *Centaur Chiron* (κένταυρος χείρων). — *Menyanthes, is, f.* (Kurzblühende), μινυανθής (minyanthäs), kurze Zeit blühend.

Lection 122.

Convolvulaceen. Solaneen.

Convolvulaceae, Windenartige, zählen zu der *Endl.* Coh. *Gamopetalae* und der Kl. *Tubiflorae*, oder Röhrenblüthige (nicht zu verwechseln mit *Tubuliflorae*, einer Unterordnung der Compositen), nach DC. zu den *Corolliflorae*. Die Gattungen zeichnen sich zum Theil durch Gehalt an Milchsaft aus oder enthalten Harze von drastischer Wirkung. Andere sind reich an Stärkemehl und dienen selbst als Nahrungsmittel.

Convolvulaceae.

Kräuter, Sträucher, Bäume, häufig windend oder kletternd, viele milchsafthaltend.	*Herbae, frutices, arbores, saepe volubiles vel scandentes, multi lactescentes.*
Blätter zerstreut, nebenblattlos oder 0.	*Folia sparsa, exstipulata vel nulla.*
Kelch 4—5-spaltig, bleibend.	*Calyx quadri- vel quinque-fidus persistens.*
Blumenkrone unterständig, regelmässig, öfter gefaltet, am Saume 4—5-lappig, abfallend.	*Corolla hypogyna, regularis, saepius plicata, ad limbum quadri- vel quinqueloba, decidua.*

Staubgefässe 5, der Corolle eingefügt, mit den Lappen derselben abwechselnd.	*Stamina quina, corollae inserta, lobis corollae alternantia (epi- et alternipetala).*
Pistill, meist mit 1 Griffel, 2—4 Narben; Fruchtknoten frei, meist einer hypogynischen Scheibe eingefügt, 2- bis 4-fächerig; Fächer 2-eiig.	*Pistillum plerumque cum stylis singulis, stigmatibus binis, ternis vel quaternis, germine libero, plerumque disco hypogyno inserto, bi- vel quadriloculari, loculis biovulatis.*
Frucht eine Kapsel, mit Klappen oder mit einem Deckel aufspringend, seltner nicht aufspringend.	*Capsula valvis aut operculo dehiscens, rarius non dehiscens.*
Samen der Basis der Axe der Frucht angeheftet, einzeln oder aneinander liegend, aufrecht. Eiweiss spärlich, schleimig.	*Semina ad basin axis capsulae affixa, solitaria vel collateralia, erecta. Albumen parcum, mucosum.*
Keim gekrümmt, mit zerknitterten Keimblättern, oder spiralig gewunden und ohne Keimblätter, das Würzelchen nach dem Nabel gewendet.	*Embryo curvatus, cotyledonibus corrugatis, vel spiralis acotyledoneus; radicula hilum spectans.*

Link ordnete die Glieder dieser Familie als

Tribus 1. *Convolvulacĕae genuīnae* oder echte Convolvulaceen, mit Blättern und mit Cotyledonen begabte *(foliis et cotyledonibus praedĭtae).* Gatt. *Convolvŭlus, Ipomoea, Batātas. Pentandria Monogynia* (Kl. V. Ord. 1) L.

Tribus 2. *Cuscutĭnae* oder Flachsseidenartige, ohne Blätter und mit spiraligem keimblattlosem Embryo *(folia nulla, embryo spiralis acotyleus).* Gatt. *Cuscŭta.*

Gattung Convolvŭlus.

Blüthe mit 2 von ihr entfernt stehenden Deckblättern.	*Flos cum bracteis binis ab eo remotis.*
Kelch 5-theilig.	*Calyx quinquepartitus.*
Blumenkrone trichter-, büchsen- oder stieltellerförmig, 5-lappig und 5-fach gefaltet.	*Corolla infundibuliformis, pyxidata vel hypocratērimorpha, quinquelŏba, cum plicaturis quinis.*
Staubgefässe 5.	*Stamina quina.*
Pistill mit 1 Griffel und 2 linienförmig-cylindrischen, von einander abstehenden Narben.	*Pistillum: stylus unus et stigmăta bina lineāri-cylindrica, inter se distantia.*
Frucht eine 2-fächrige Kapsel.	*Fructus capsularis bilocularis.*

Die Arten der Gattung *Convolvulus* sind entweder windende (*C. arvensis, C. Scammonia*), oder nicht windende (*C. tricŏlor, C. scoparĭus, C. florĭdus*).

Convolvulus Scammonia, im Orient, liefert *Radix Scammoniae* und den eingetrockneten Milchsaft der Wurzel, das *Scammonium Halepense, Conv. scoparius* (auf Teneriffa) das Rosenholz, *Lignum Rhodii*. An der bei uns gemeinen A c k e r w i n d e, *Convolvulus arvensis*, giebt es Gelegenheit, den Charakter der Familie und der Gattung zu studiren. *Convolvulus sepĭum* L., Zaunwinde, heisst jetzt *Calystegĭa sepĭum* R. Brown. Die Gatt. *Calystegĭa* unterscheidet sich von *Convolvulus* durch ein den Kelch einschliessendes Bracteenpaar (*bracteis gemĭnis calycem includentibus*).

Die Gattung *Ipomoea* unterscheidet sich von der Gatt. *Convolvulus* nur durch eine kopfförmige 2-lappige Narbe (*differt stigmate capitato, bilŏbo*). Die Art *Ipomoea Purga* Hayne, in Mexiko, liefert die J a l a p e n k n o l l e n (*Tubĕra Jalāpae*). Sie hat grosse rothe stieltellerförmige Blüthen, windenden Stengel, herzförmige zugespitzte ganzrandige unbehaarte Blätter und 1—3-blüthige Blüthenstiele.

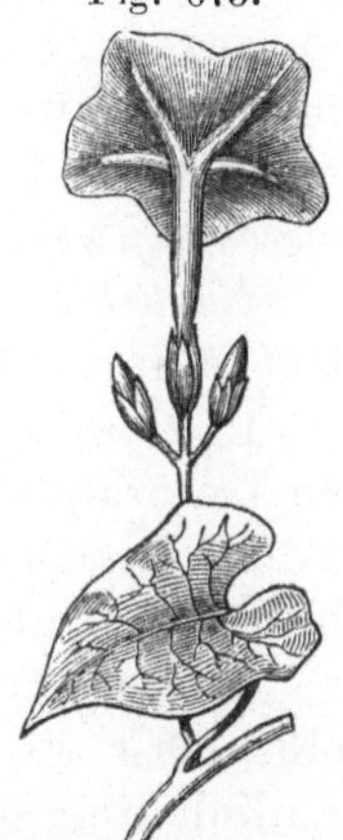

Blüthenzweig. (Trugdoldentraube) von *Ipomoea Purga Hayne.* ⅓ L.-Vergr.

Die Gattung *Batātas* ist in sofern von Wichtigkeit, als die in Ostindien heimische *Batātas edūlis* Chois. (*Convolvŭlus Batātas* L., *Ipomoea Batātas* Lam.) essbare Knollen (Bataten) hervorbringt, und *Batātas Jalāpa* Chois. (*Convolv. Jalāpa* L. f., *Ipomoea Jalāpa* Pusch), im wärmeren Amerika, die Mutterpflanze einer jalapenähnlich wirkenden Wurzel, der *Radix Mechoacannae*, ist.

Zu den *Convolvulacĕae-Cuscutĭnae*, welche sämmtlich unechte Schmarotzer sind (S. 93), gehört nur die Gattung *Cuscŭta*. Die Art *Cuscŭta Europaea*, Flachsseide, ist ein bei uns nicht seltener Stammparasit, welcher mit seinen fadenförmigen röthlichen Stengeln auf anderen Pflanzen, wie Hanf, Hopfen, Bohnen, Klee vegetirt und diese Pflanzen mit seinen Haustorien fest umklammert. *Cuscŭta Epithȳmum* finden wir besonders auf dem Thymian (*Thymus vulgāris*), *Cuscuta Epilīnum* auf dem Lein (*Linum usitatissimum*). Diese Arten waren früher officinell.

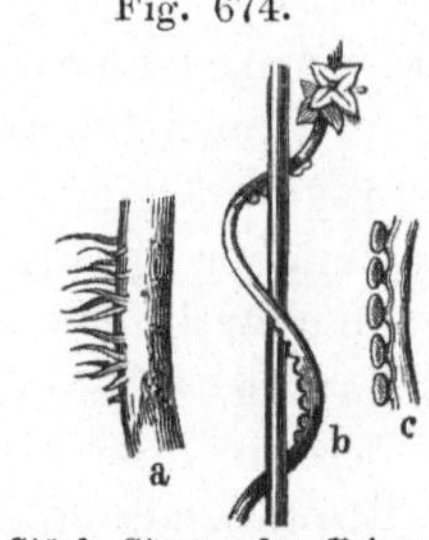

a Stück Stamm des Epheus mit Klammerwurzeln, *b* Stück des Stammes von *Cuscuta Europaea* mit Saugwurzeln (*haustoria*), *c* letztere vergr.

Eine zweite wichtige Familie aus der Kl. *Tubiflōrae* Endl. bilden die *Solanaceae* (Nachtschattenartige). Sie sind nach *DC.* Corollifloren, denn ihre Blumenkronen sind verwachsenblättrig und hypogynisch. Sie sind unter allen Himmelsstrichen zu finden, in grösster Menge aber in den wärmeren Zonen. Im Allgemeinen sind sie in grösserer oder geringerer Menge mit einem narkotischen Prinzip, welches bald ein Glycosid, bald ein Alkaloïd ist, begabt, es giebt aber auch Beispiele, wo dieses Prinzip nur in einem gewissen Theile der Pflanze vorhanden ist, und ein anderer Theil derselben Pflanze als Nahrungsmittel dient. In letzterer Beziehung ist nur an die Kartoffelpflanze (*Solanum tuberosum*) zu erinnern.

Endlicher schichtete die Gattungen der Solaneen nach der Gestalt ihres Embryo und zwar in Unterordnungen:

1. *Curvembrÿae* (*Curv-embrÿae*), mit gekrümmtem Embryo, mit den Unterabtheilungen *Nicotianeae, Datureae, Hyoscyameae, Solaneae.*

2. *Rectembrÿae* (*Rect-embrÿae*), mit geradem Embryo, mit den Unterabtheilungen *Cestrineae, Vestiĕae.*

Nur die Unterordnung *Curvembryae* liefert Arzneistoffe. Dieselbe lässt wieder eine Schichtung nach der Art der Frucht zu, nämlich Solaneen mit einer Kapselfrucht (*Hyoscyămus, Scopolĭa, Datūra, Nicotiāna*) und mit einer Beerenfrucht (*Atrŏpa, Mandragŏra, Solānum, Physălis, Capsicum*).

Solanaceae.

Meist Kräuter, mit zerstreuten oder abwechselnden Blättern.	*Plerumque herbae, foliis sparsis alternisve.*
Hochblätter öfter paarig, davon das eine immer etwas kleiner.	*Folia floralia saepius geminata, altero minora.*
Blüthenstand meist ausserhalb des Blattwinkels (ausserblattwinkelständig).	*Inflorescentia plerumque extraaxillaris.*
Kelch 5-theilig, bleibend.	*Calyx quinquefĭdus, persistens.*
Blumenkrone (unterständig u. verwachsenblätterig) meist regelmässig, abfallend, in der Knospe gefaltet oder ziegeldachartig.	*Corolla (hypogÿna gamopetalaque) plerumque regularis, decidŭa, praefloratiōne (proanthēsi) plicativā vel imbricatā.*
Staubgefässe 5, der Blumenkrone aufsitzend und mit den Zipfeln derselben abwechselnd; Antheren der Länge nach od. in Löchern aufspringend.	*Stamĭna quina, epipetăla et alternipetala, anthēris longitudinaliter vel poris dehiscentibus.*

Pistill. 1 Griffel; Narbe einfach; Fruchtknoten frei; Samenträger verdickt, mittelständig, der Scheidewand angewachsen: Eichen krummläufig. — *Pistillum. Stylus unus; stigma simplex; germen libĕrum; spermophŏrum incrassatum, centrāle, septo adnatum; ovŭla campy̆lotrŏpa.*

Frucht eine Kapsel oder Beere, vielsamig. — *Fructus capsularis vel baccatus, polyspermus.*

Samen nierenförmig oder eiförmig, mit Eiweiss. — *Semĭna reniformia vel oviformia, albuminōsa.*

Keim vom Eiweiss eingeschlossen, entweder bogenförmig oder gerade. — *Embryo albumini inclusus, aut arcuatus, aut rectus.*

Die Gattungen der Solanaceen welche nach *L.* der *Pentandria Monogynia* (Kl. V., Ord. 1) angehören, haben sämmtlich scharf unterscheidende Merkmale.

Subordo *Curvembryae*. *Germen simplex; semina reniformia; embry̆o subperiphericus, annularis vel spiralis*. Aus dieser Angabe folgt, dass die Samen von *Hyoscy̆ămus niger* und *Datūra Stramonium*, welche officinell sind, auch eine nierenförmige Gestalt und einen gekrümmten Embryo haben müssen.

Bemerkungen. *Convolvulus* (windende Pflanze), von *convolvo, volvi, volūtum, ĕre*, zusammenrollen, umwickeln. — *Scammonia*, griech. σχαμωνία, bei den Alten eine Winde, aus deren Wurzel ein abführender Saft und Weinaufguss bereitet wurde. — *Ipomoea* (Wurmähnliche), von ἴψ, gen. ἰπός (ips, ipos) ein Horn auffressender Wurm, und ὅμοιος (homoios), ähnlich, wegen Form und Gestalt der Wurzel. — *Epithy̆mum, Epilīnum*, von ἐπί (epi), an, auf, und *thy̆mum - Thymus*, Thymian, und *Linum*, (Lein). — *Calysteğia*, gebildet aus κάλυξ (calyx) und τέγος, εος, τό (tegos, eos, to), Dach, Decke, wegen der den Kelch deckenden Bracteen.

Lection 123.

Solanaceae-Curvembryae.

Hyoscy̆ămus.

Kelch nach der Basis zu bauchig, mit 5-spaltigem Saume. — *Calyx ad basin ventricosus, limbo quinquefĭdo.*

Blumenkrone trichterförmig, mit 5-lappigem schiefem Saume (mit einem unteren breiten Lappen). — *Corolla infundibŭliformis, limbo quinquelŏbo oblīquo (lobo inferiŏre latiŏre).*

Kapselfrucht 2-fächerig, am Grunde bauchig, gegen die Spitze deckelartig umschnitten (ringsum aufspringend). | *Capsŭla bilocularis, ad basin ventricōsa, ad apĭcem operculāte circumscissa (capsula operculata).*

Die schiefsaumige trichterförmige Blumenkrone und die bedeckelte Kapsel sind die beiden vorwiegenden Merkmale dieser Gattung, von welcher sich die von *Linné* auch als *Hyoscyămus* angesehene Gattung *Scopolia Jacquin* durch eine röhrig-glockenförmige Blumenkrone mit kurz 5-lappigem, aber aufrecht stehendem Saume genugsam unterscheidet (*Scopolĭa differt: corollā tubuloso-campanulatā limbo brevĭter quinquelobo erecto*) *Linné's Hyoscÿamus Scopolia* heisst jetzt *Scopolīna atropoŭdes Schult.* oder *Scopolĭa Carniolĭca Jacq.*

Hyoscyamus niger. Blühender Zweig.

Fig. 675.

Fig. 676.

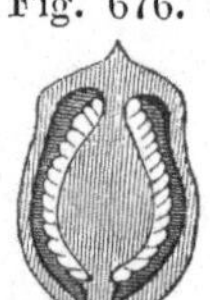

Pistill von *Hyosc. niger.* Vergr. *Sporophŏrum incrassatum centrale, dissepimento adnātum.*

Fig. 677.

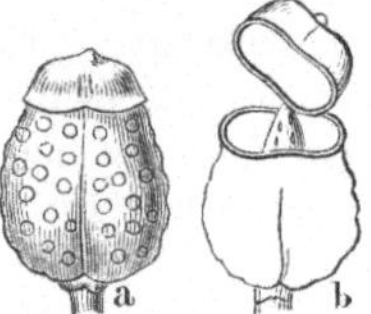

Die von dem bleibenden Kelche befreite Fruchtkapsel des Bilsenkrautes. *a Capsŭla operculāte circumscissa s. operculāta,* b dieselbe nach der Reife geöffnet.

Fig. 678.

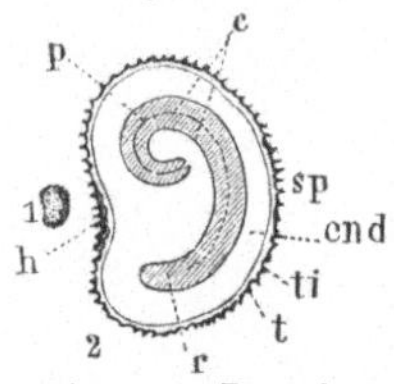

Hyosc. niger. 1. Der nierenförmige Same 1½fache Lin.-Vergr. 2. Längsdurchschnitt. *h* Basis oder Nabel, *sp* Spitze, *p c r* gekrümmter Embryo, *c* Cotyledonen, *r* Würzelchen, *end* Inneneiweiss, *t* äussere Samenhaut, *ti* innere Samenhaut.

Hyoscyamus niger, Bilsenkraut, von welchem sowohl die Blätter mit den blühenden Krautspitzen als *Herba Hyoscyămi*, wie die Samen, *Semen Hyoscyǎmi*, officinell sind und ein eigenes narkotisches Alkaloïd, Hyoscyamin, enthalten, ist klebrig-zottig und von unangenehmem Geruche. Die Blätter sind ei-förmig-länglich, buchtig gezähnt, die untersten gestielt, die Stengelblätter halbstengel-umfassend, die Blüthen fast sitzend, gewöhnlich Aehren bildend. Die Blumenkronen sind schmutzig-gelb mit bläulichen Adern gezeichnet und am Schlunde bläu-lich-purpurfarben. Es wächst bei uns auf Schutthaufen und unbebauten Orten, an Dörfern und Zäunen. In nassen Jahren verschwindet es gleichsam, und das dann wachsende ist von geringerer Wirksamkeit.

Hyoscyǎmus niger, planta viscǐdo-villōsa, odōris nauseōsi. Folia ovato-oblonga, sinuato-dentata, infǐma petiolata, caulǐna semiamplexi-caulia; flores subsessǐles plerumque in spicam disposǐti. Corollae sor-dide flavescentes, venis lividis pictae, ad faucem livǐde purpureae. Apud nos in ruderibus, locis incultis, ad pagos et sepes frequens.

Eine im südlichen Europa heimische Art, *Hyoscyǎmus albus*, weicht durch Blätter ab, die alle gestielt sind, und durch eine gleichmässig schmutzig-gelbe, am Schlunde schwarzviolette Blu-menkrone. (*Differt foliis omnibus petiolatis et corollā unicolōre lu-tescente, in fauce atro-violaceā*). Sie ist von derselben arzneilichen Wirkung wie *H. niger*.

Die Gattung *Datūra* weicht von *Hyoscyǎmus* durch einen über der Basis ringsumschnittenen und daselbst abfallenden Kelch und eine klappig aufspringende, meist bewaffnete Frucht-kapsel ab.

Datūra.

Kelch röhrenförmig, über dem Grunde ringsumschnitten und abfallend, mit dem Grunde bleibend.	*Calyx tubulosus, supra basin cir-cumscissus et decidǔus, basi per-sistente.*
Blumenkrone trichterförmig, mit gefaltetem Rande.	*Corolla infundibǔliformis, limbo plicato.*
Narbe 2-plattig.	*Stigma bilamellatum.*
Frucht eine Kapsel, weich-stachelig, stachelig oder un-bewaffnet, unterstützt von der vergrössert. Kelchbasis, halb-4-fächerig, 4-klappig.	*Fructus capsularis, muricatus, aculeatus vel·inermis, calȳcis basi auctā fultus, semiquadri-locula-ris, quadrivalvis.*

Datūra Stramonium, Stechapfel, aus Ostindien stammend, ist ein narkotisches Gewächs, welches ein dem Atropin ähnliches oder mit demselben identisches Alkaloid, Daturin, enthält. Der

Stechapfel ist eine 1½—3 Fuss hohe, einjährige (☉), im Sommer blühende Pflanze mit eiförmigen, buchtig-gezähnten, kahlen Blättern, einzeln stehenden, kurzgestielten, astwinkelständigen oder endständigen Blüthen, grossen weissen Blumenkronen und aufrechten eiförmigen igelstachligen Kapseln mit gleichen aufrechten Igelstacheln. Häufig auf Schutthaufen, um Düngergruben, an Wegen und Zäunen der Dörfer. Kraut und Samen, *Herba et Semen Stramonii*, sind officinell.

Fig. 679.

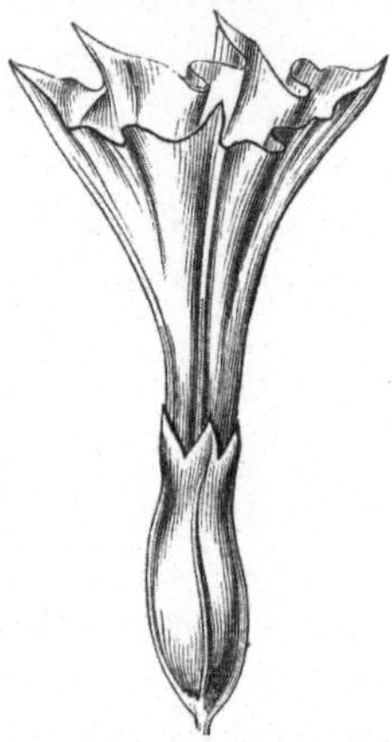

Fig. 680.

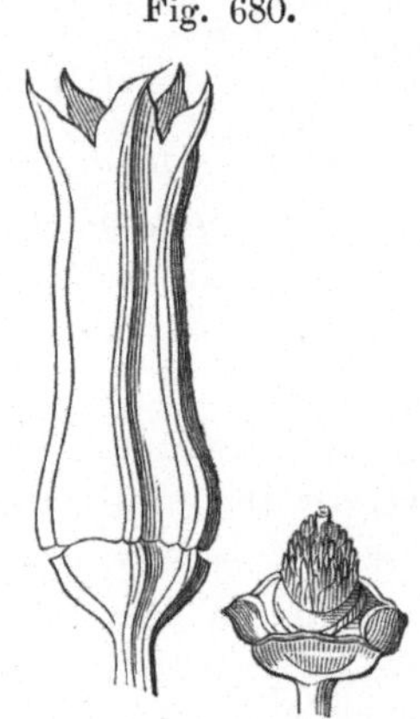

Fig. 681.

Nierenförmiger Same (*semen nephroideum*) vom Stechapfel (*Datura Stramonium*), *b* Basis. (2½ f. L.-V.).

Trichterförmige Blumenkrone (*corolla infundibuliformis*) des Stechapfels (*Datura Stramonium*). ½ Gr.

Der von der bleibenden Basis abgesprungene Kelch.

Datūra Stramonĭum. Planta bi- vel tripedālis, annŭa, aestāte florens, foliis ovatis, sinuato-dentatis, glabris, floribus solitariis, breviter pedunculatis, alaribus vel terminalibus, corollā magna alba, et capsula erecta ovata echinata, echīnis aequalibus erectis, frequens in ruderatis, circum finēta, ad vias et sepes pagorum.

Die Gattung *Nicotiāna*, Tabak, unterscheidet sich von *Hyoscyămus* und *Scopolĭa* durch eine klappig-aufspringende Kapselfrucht, von *Datūra* durch den nicht ringsumschnittenen, aber bleibenden Kelch und eine kopfförmige Narbe.

Nicotiāna.

Kelch röhrig-glockenförmig, bleibend.	*Calyx tubuloso-campanulatus, persistens.*
Blumenkrone trichterförmig, fast regelmässig, mit gefaltetem 5-lappigem Saume.	*Corolla infundibuliformis, subregularis, limbo plicato quinquelŏbo.*
Narbe kopfförmig.	*Stigma capitatum.*

Frucht eine Kapsel, 2- bis 4-fächerig, scheidewandspaltig-zweiklappig, mit später an der Spitze gespaltenen Klappen.

Fructus capsularis, bi- vel quadrilocularis, septicīdo-bivalvis, valvis postremo in apice bifidis.

Nicotiana zählt eine Menge Arten, welche sämmtlich narkotisch sind und ein giftiges, an Aepfelsäure gebundenes, sauerstofffreies Alkaloid, Nicotin, so wie eine ebenfalls giftige Kampferart, Nicotianine, enthalten. Letztere, eine neutrale Substanz, liefert bei der Destillation mit Kalilauge Nicotin. Das Vaterland des Tabaks ist das wärmere Amerika. *Jean Nicot*, franz. Gesandte in Lissabon, brachte den Samen 1560 zuerst nach Frankreich. Von den folgenden beiden Arten sind die Blätter officinell.

Nicotiāna Tabācum ist ① und zu erkennen an den länglich-lancettförmigen zugespitzten sitzenden, unteren herablaufenden Blättern und einer rothen Blumenkrone mit bauchig-aufgeblasenem Schlunde und zugespitzten Saumlappen, giebt *Herba Nicotianae*. Bei *Nicotiana rustica* (Bauerntabak) sind die Blätter alle gestielt, eirund und ganzrandig, der Corollensaum kurz und flach mit 5 rundlichen stumpfen Lappen, die Blumen grünlichgelb. Sie giebt *Herba Nicotianae rustĭcae*. (①).

Nicotiāna Tabācum differt: foliis oblongo-lanceolatis, acuminatis, sessilibus, inferioribus decurrentibus, corollā roseā, fauce ventricoso-inflatā, laciniis limbi acuminatis. Planta annua.

Nicotiana rustĭca differt: foliis omnibus petiolatis ovatis, corollae limbo brevi planoque, laciniis quinis subrotundis obtusis, floribus e flavescente viridibus. Planta annua.

Die Gattung *Atröpa* unterscheidet sich durch eine 2-fächrige, von dem vergrösserten Kelche gestützte Beerenfrucht, kurzglockige Corolle und fadenförmige am Grunde gebärtete Filamente.

Atröpa.

Kelch 5-spaltig.

Calyx quinquefĭdus.

Blumenkrone glockenförmig mit 5-spaltigem zurückgebogenem Saume.

Corolla campanulata, limbo quinquefĭdo revolūto.

Staubgefässe mit fadenförmigen, am Grunde bebärteten Staubfäden.

Stamĭna filamentis filiformibus, in basi barbatis.

Frucht eine Beere, vom vergrösserten Kelche unterstützt.

Fructus baccatus, calўce aucto fultus.

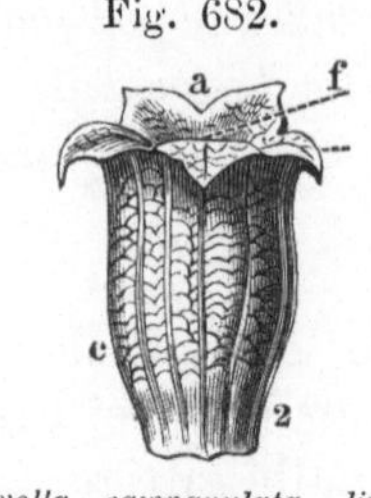

Fig. 682.

Corolla campanulata, limbo quinquefido revoluto.

Atropa Belladonna.

Fig. 683.

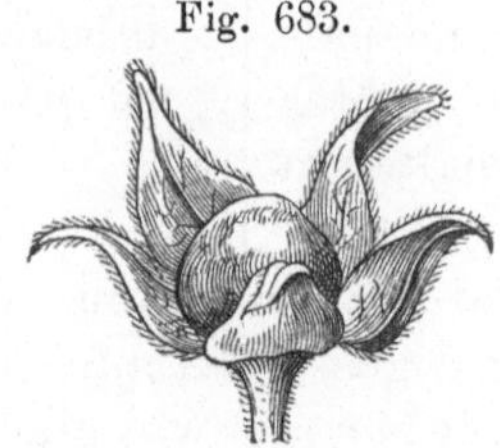

Fructus calyci persistenti inclusus.

Fig. 684.

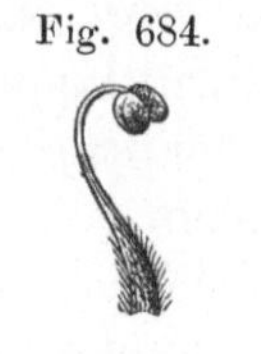

Stamen in basi barbatum.

Atröpa Belladonna, Tollkirsche, Belladonna, giebt *Radix* und *Herba Belladonnae.* Sie ist ein heftig narkotisches Kraut (4),

Fig. 685.

Blätterpaar an einem Aestchen von *Atröpa Belladonna.* Ein Blatt halb so gross wie das andere.

welches durch den Gehalt an A t r o p i n, einem die Pupille erweiternden Alkaloid, ausgezeichnet ist. Sie hat einen krautartigen Stengel, ovale zugespitzte ganzrandige, nach dem Blattstiel verschmälerte, unterhalb etwas weichbehaarte, an den Aesten gepaart stehende Blätter, einzeln- und achselständige nickende Blüthen mit eiförmigen zugespitzten Kelchlappen. Man findet sie in Gebüschen und besonders in Bergwäldern.

Atröpa Belladonna dignoscitur: caule herbaceo foliis ovalibus acuminatis integerrimis, in petiŏlum attenuatis, subtus subpubescentibus, ramealibus geminatis, floribus solitariis axillaribus nutantibus, calycis laciniis ovatis acuminatis. In frutētis, praecipŭe in saltibus reperitur.

Die Gattung *Physalis* ist besonders an der radförmigen Corolle und der weichen 2-fächrigen, von dem stark aufgeblasenen Kelche eingeschlossenen Beerenfrucht zu erkennen (*dignoscitur corollā rotata et baccā molli, biloculari, calyce valde inflato inclusā*).

Physălis Alkekengi, Judenkirsche, Schlutte, ist im mittleren Europa heimisch. Sie trägt weisse Blüthen und scharlachrothe, von einem mennigrothen Kelche eingeschlossene Beeren (*baccae globosae coccineae, calyce inflato miniato inclūsae*). Die Beeren (*Fructus Alkekengi*) waren früher officinell und wurden als Expectorans gebraucht. Sie sollen einen Bitterstoff, Physaline, enthalten.

Die Gattung *Solanum,* Nachtschatten, unterscheidet sich durch die zusammenneigenden und dadurch einen Kegel bildenden Antheren, welche in Löchern aufspringen, und eine Beerenfrucht. Bei den Solanumarten finden wir ein giftiges Glykosid, Solanine, besonders in den Beeren von *Solanum tuberosum, S. nigrum* und *S. Dulcamara,* in grösster Menge aber in den unter Lichtmangel wachsenden Kartoffelkeimen.

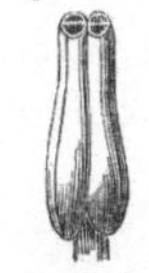

Eine 4-porig aufgesprungene Anthere von *Solānum.* Vergr.

Solānum.

Kelch gewöhnlich 5-theilig.	*Calyx plerumque quinquefĭdus.*
Blumenkrone radförmig, gefaltet.	*Corolla rotata plicata.*
Staubgefässe. Antheren zusammenneigend und einen hervorstehenden Kegel bildend, an der Spitze mit doppeltem Loche aufspringend.	*Stamĭna. Anthērae conniventes, conum exsertum formantes, in apĭce poro duplici dehiscentes.*
Frucht eine Beere, vom Kelch gestützt.	*Bacca calyce suffulta.*

Solānum tuberōsum, Kartoffel, unterschieden durch seine knollentragenden unterirdischen Ausläufer, die unterbrochen-fiedertheiligen Blätter und die endständigen doldigen Blüthentrauben, stammt aus Peru und wurde (angeblich von *Franz Drake,* spr. drehk) 1586 nach England gebracht. Die Kartoffelknolle giebt Stärkemehl.

Solānum nigrum, gemeiner Nachtschatten, wächst überall, kenntlich an seinen weichbehaarten eckigen krautigen Stengeln und Aesten, seinen eiförmigen ausgeschweift- oder buchtig-gezähnten Blättern und doldig zusammenstehenden zwischenblatt- oder ausserachselständigen Blüthen, und den abwärtsgebogenen, an der Spitze verdickten Fruchtstielen mit schwarzen Beeren.

Solānum Dulcamāra, Bittersüss (♃), dessen getrocknete Stengel als *Stipĭtes Dulcamārae* officinell, in dem trocknen Zustande aber nicht narkotisch sind, hat strauchartige klimmende Stengel mit herzeiförmigen geöhrten, oberen oft spiessförmigen oder leyerförmigen ganzrandigen kahlen Blättern, mit ausserachselständigen, an der Spitze gabelig-getheilten, vielblüthigen Blüthenstielen, violetten Blumenkronen und elliptischen rothen Beeren. Häufig an Gräben, Hecken, in Gebüschen.

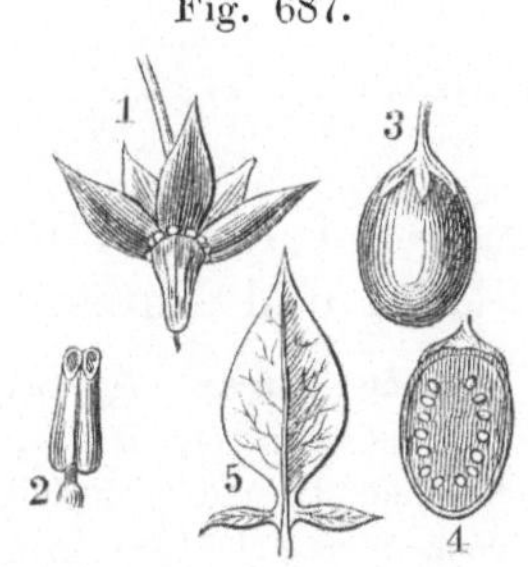

Solanum Dulcamara. 1. *Flos;* Anthērae conniventes, conum formantes. 2. *Anthēra poris binis in apĭce dehiscens.* 3. *Fructus.* 4. *Idem longitudinaliter persectum.* 5. *Folium auriculatum minuta forma exhibitum.*

Solānum tuberōsum differt: stolonibus subterraneis tuberifĕris, foliis interrupte-pinnatipartitis, racēmis corymbōsis terminalibus. 4.

Solānum nigrum differt: caulibus ramisque herbacĕis pubescentibus angulosis, foliis ovatis repando- vel sinuato-dentatis, floribus subumbellatis intrafoliaceis vel extraaxillaribus, pedicellis deflexis, in apĭce incrassatis, baccis nigris.

Solānum Dulcamāra differt: caulibus fruticosis scandentibus, foliis cordato-ovatis auriculatis, superioribus saepe hastatis, vel interdum lyratis, integerrimis, glabris, pedunculis extraaxillaribus, in apĭce dichotŏmis, multiflōris, corollis violaceis atque baccis ellipticis coccineis.

Die Gatt. *Capsĭcum* ist kenntlich an dem napfförmigen Kelch, der radförmigen Blumenkrone, den mit einer Längsspalte aufspringenden Antheren und einer saftlosen lederartigen aufgeblasenen 2- bis 3-fächerigen Kapselfrucht. Die gewöhnlich 5-zählige Blüthe ist häufig 6-zählig, wird aber doch wie die der anderen Schwestergattungen in die *Pentandria Monogynia* verwiesen.

Capsĭcum dignoscitur: calyce patelliformi, corollā rotatā, anthēris longitudinaliter dehiscentibus, baccā exsuccā inflāta, bi- vel triloculari. Flores plerumque pentamĕri, saepe hexamĕri reperiuntur.

Fig. 688.

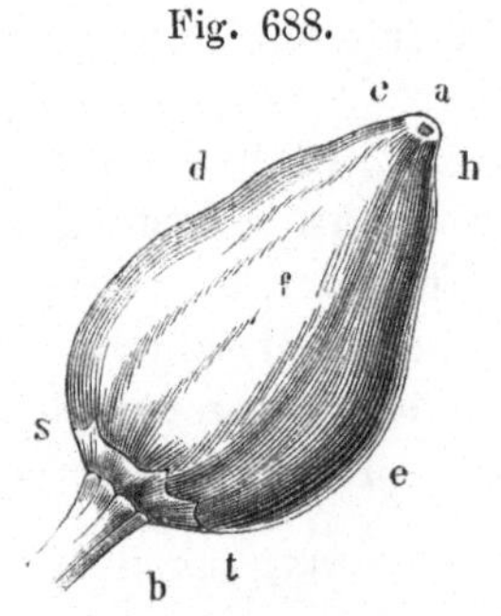

Beerenfrucht von *Capsicum annuum*.
½ Grösse.

Fig. 689.

Querschnitt der halblängsfächrigen Beerenfrucht von *Capsĭcum annŭum*.

Capsĭcum longum Fingerh. od. *Capsĭc. annŭum* L. (i. Ost- und Westindien heimisch, bei uns häufig in Töpfen gezogen) liefert in seinen Früchten den Spanischen Pfeffer, Schotenpfeffer (*Piper Hispanicum, Fructus Capsici annui*). Dieselben enthalten ein scharfes Weichharz, Capsicine, und auch rothen Farbstoff von harziger Beschaffenheit.

Sie sind nicht giftig, nur scharf. Der Staub erregt heftiges Niesen und Entzündung der Nasenschleimhäute.

Bemerkungen. *Hyoscyämus* (Schweinebohne); ὖς, gen. ὑός (hys, hyos), Schwein; κύαμος (kyämos), Bohne. — *Datūra.* Die Etymologie dieses Namens ist sehr schwankend; und man leitet ihn ab von dem arab. datora, oder von einem ähnlichen Worte des Sanskrits (der alten Religionssprache der Hindus und Braminen). Am wahrscheinlichsten ist die Ableitung von δασύς (dasys) dicht, rauh, und οὐρά (ura) Schwanz, Schweif, wegen der Beschaffenheit der jungen Frucht. Die Etymologie des Wortes *Stramonium* ist ebenso unsicher. — *Nicotiāna* nach *Nicot,* wie oben angegeben, und *Tabācum* von Tabágo, einer Insel unter den kleinen Antillen. —

Scopolïa, nach *Scopŏli,* einem ital. Naturforscher. — *Atrŏpa* (die Unerbittliche), von ἄτροπος, ον (atrŏpos, on) unerbittlich, unabwendbar; Ἄτροπος, eine der drei Parcen; wegen der den Tod herbeiführenden Giftigkeit der Pflanze. — *Dulcamāra: dulcis,* süss; *amarus,* bitter. — *Capsicum,* von κάψα (kapsa), Kapsel.

Lection 124.

Scrofularinen.

Die Familie Scrofularinen, *Scrofularinĕae s. Scrofulariacĕae,* hat ihren Namen von der Gattung *Scrofularia* erhalten. Da man nach altem Gebrauch, der gar keine Berechtigung hat, *Scrophularia* schreibt, so findet man auch die Schreibart *Scrophularinĕae.*

Diese Familie bildet im *Endl.* System eine Ordnung der Kl. *Personātae* (Maskirtblüthigen, Larvenblüthigen) aus der Cohorte *Gamopetalae;* im DC. System gehört sie zu der Unterklasse *Corolliflōrae.* Einige Schriftsteller fassen den grösseren Theil derselben in eine Familie, *Personatae* benannt, zusammen.

Scrofulariaceae (*Rob. Brown*).

Kräuter, seltner Halbsträucher.	*Herbae, rarius suffrutĭces.*
Blätter ohne Nebenblätter, meist gegenständig.	*Folia exstipulata, plerumque opposĭta.*
Kelch verwachsenblättrig, bleibend.	*Calyx gamosepálus, persistens.*
Blumenkrone einblättrig, unterständig, meist unregelmässig und lippig, abfallend, in der Knospe ziegeldachartig.	*Corolla monopetăla, hypogўna, plerumque irregulāris et labiata, decidŭa, praefloratione (proanthēsi) imbricatā.*
Staubgefässe meist 4 zweimächtige, seltner unter sich gleichlang, bisweilen 2 oder 5, der Blumenkrone aufsitzend.	*Stamĭna plerumque quaterna didynăma, rarius aequalia, interdum bina vel quina, semper epipetăla.*
Pistill. 1 Griffel; Fruchtknoten 2-fächerig, meist vieleiig, oft von einer Scheibe umgeben oder einer solchen aufsitzend; Eichen gegenläufig; der Samenträger mittelständig, der Scheidewand angewachsen.	*Pistillum. Stylus unus; germen biloculare, plerumque multiovulatum, saepe disco hypogўno cinctum vel eidem impositum; ovula anatrŏpa; sporophorum centrale dissepimento adnatum.*

<table>
<tr><td>

Frucht meist eine aufspringende, 2-fächrige Kapsel, sehr selten eine Beere.

Samen eiweisshaltend; Keim gerade, in der Axe des Eiweisses liegend; Würzelchen meist zum Nabel gewendet.

</td><td>

Fructus plerumque capsularis bilocularis dehiscens, rarissime baccatus.

Semĭna albuminosa; embryo rectus, axĭlis; radicula plerumque hilum spectans.

</td></tr>
</table>

Ein Theil der Scrofularinen, besonders die Gattungen mit lippiger Blumenkrone, scheinen mit den Labiaten eine Aehnlichkeit zu haben, und dennoch sind letztere mit leicht zu erkennenden unterscheidenden Merkmalen versehen. Bei den Labiaten finden wir erstens einen 4-eckigen Stengel, welchem die Blätter zwischen den Kanten des Stengels aufsitzen; zweitens einen Fruchtknoten aus 4 einsamigen Karpellen bestehend und einen grundständigen Griffel. Die Solaneen, besonders die mit etwas unregelmässiger Blumenkrone, weichen entweder durch zerstreut stehende oder abwechselnde Blätter, oder durch einen ausserachselständigen Blüthenstand, besonders aber durch den gekrümmten Embryo ab, denn der Embryo der Scrofularinen ist ein gerader.

Bei den Scrofularinen herrscht eine grosse Verschiedenheit der chemischen Bestandtheile. Einige werden wegen ihres Schleimgehaltes (*Verbascum*), andere wegen eines drastischpurgirend wirkenden Bitterstoffes (*Gratiŏla*), andere wieder wegen eines die Herzthätigkeit mächtig herabstimmenden Bitterstoffes (*Digitālis*) als Arzneimittel verwendet.

Diese Familie, welche eine grosse Menge Gattungen umfasst, ist in mehrere Unterfamilien geschichtet; z. B. in

Scrophularineae genuīnae (Braunwurzartige). Kapsel zweiklappig-scheidewandspaltig aufspringend (*capsula septicīdo-bivalvis*). *Verbascum, Scrophularia, Digitālis, Gratiŏla.*

Rhinanthaceae (Hahnenkammartige). Kapsel zweiklappigfachspaltig aufspringend; Corolle meist rachenförmig (*capsula loculicīdo-bivalvis; corolla plque ringens*). *Rhinanthus, Euphrasĭa, Pediculāris, Veronīca.*

Antirrhineae (Löwenmaulartige). Kapsel in Löchern oder mit Zähnen aufspringend; Larvenblume; (*capsula poris vel dentibus dehiscens; corolla personata*). *Antirrhīnum, Linarĭa.*

Die Gatt. *Verbāscum* (Wollkraut, Königskerze) gehört zur *Pentandria Monogynia* (Kl. V., Ord. 1) hat einige oder alle Staubgefässe gebärtet, herablaufende oder nicht herablaufende Blätter, und nach diesen Merkmalen schichten sich die Arten.

Verbascum.

Blätter zerstreut.	*Folia sparsa.*
Kelch 5-theilig.	*Calyx quinquepartītus.*
Blumenkrone fast radförmig, unegal 5-lappig.	*Corolla subrotata, quinquelŏba inaequalis.*
Staubgefässe 5, fruchtbar; 3 obere, 2 untere, die ersteren nur oder alle gebärtet.	*Stamĭna quina fertilia, terna superiōra, bina inferiōra, priōra tantum vel omnia barbata.*

Herablaufende Blätter und die 3 oberen Staubfäden nur weiss-gebärtet (*folia decurrentia et filamenta terna superiora albolanata*) haben *Verbascum thapsiforme* Schrad., *V. Thapsus* L., *V. phlomoïdes* L.

Es ist absichtlich gesagt, dass alle 5 Staubgefässe fruchtbar sind, denn bei der Schwestergattung *Scrophularĭa* findet man das 5. Staubgefäss, bei *Gratiŏla* 2 bis 3 Staubgefässe unfruchtbar.

Verbascum thapsiforme und *V. Thapsus* haben filzige gekerbte und nur herablaufende Blätter, bei der ersteren Art sind aber die Filamente der unteren Staubgefässe beinahe 2-mal so lang, als die von ihnen getragenen Antheren, bei der zweiten Art aber 4-mal so lang. Bei *V. phlomoïdes* sind die oberen Blätter nur halbherablaufend (*folia superiora semidecurrentia*).

Verb. thapsiforme und *phlomoïdes* haben grössere Corollen als *V. Thapsus*, welche daher auch allein nur eingesammelt werden (*Flores Verbasci*). Die Corollen sind gelb.

Verbascum nigrum hat keine herablaufenden Blätter, untere gestielt, obere sitzend, und alle Filamente violett gebärtet, überdies die kleinsten Blumen.

Fig. 690.

Blumenkrone von *Verbascum thapsiforme.*
st Pistillum.

Eine andere *Scrofulariacea-Scrofularinea* ist *Digitālis* (Fingerhut). Während *Verbascum* zur *Pentandria* gehört, zählt *Digitālis* zur *Didynamia Angiospermia* (Kl. XIV., Ord. 2), was für sich schon als eine bedeutende Abweichung zwischen beiden Gattungen derselben natürlichen Ordnung gelten kann. Dann ist *Digitalis* durch eine abwärts sich beugende und röhrig-glockenförmige Corolle gegen die radförmige *Verbascum*-Corolle unterschieden.

Digitalis.

Kelch 5-theilig.	*Calyx quinquepartītus.*
Blumenkrone abwärts - geneigt, vom röhrigen Grunde aus glockenförmig, mit fast 2-lippigem Saume.	*Corolla declinata, e basi tubulosā campanulata, limbo subbilabiato.*
Staubgefässe 2-mächtig.	*Stamĭna didynăma.*
Pistill mit 2-spaltiger Narbe.	*Pistillum stigmăte bifĭdo.*
Frucht eine scheidewandspaltig - 2 - klappig aufspringende Kapsel.	*Fructus capsula septicīdo - bivalvis.*

Digitalis purpurea, in Bergwäldern wildwachsend, liefert die durch ihren Gehalt an **Digitaline** wirksamen, aber auch narkotisch - scharfen Blätter, *Folia Digitalis*. Sie hat längliche oder ei - lanzettförmige, mehr oder weniger am Blattstiel herablaufende, runzlige, gekerbte, oberhalb weichhaarige, unterhalb filzige Blätter, trau-

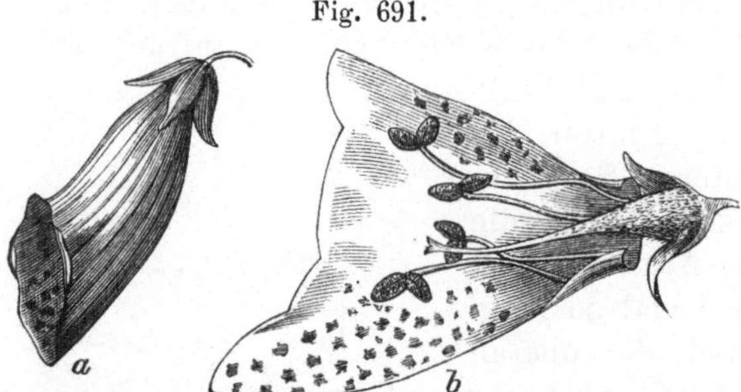

Fig. 691.

Digitālis purpurĕa. *a* Blüthe, *b* die Corolle aufgeschlitzt und ausgebreitet.

benständige, einseitswendige Blüthen, eiförmige, kurz-gespitzte Kelchlappen. Die Blumenkrone ist aussen unbehaart, meist purpurfarben und innen mit dunklen purpurfarbenen, weissgerandeten Flecken.

Digitālis purpurĕa dignoscitur: foliis oblongis vel ovato-lanceolatis, in petiŏlum plus minusve decurrentibus, rugōsis, crenātis, supra pubescentibus, subtus tomentosis, floribus racemosis secūndis, laciniis calycis ovatis, brevĭter acuminatis. Corolla extrinsecus glaberrima, plerumque purpurea, intus maculis saturate purpureis albo-marginatis picta.

Digitalis ambigŭa s. ochroleuca hat dicht gesägte, gewimperte und unterhalb weichhaarige Blätter, linien-lancettförmige Kelchzipfel und schwefelgelbe Blüthen.

Die letzte der bemerkenswerthen Gattungen der Familie *Scrofulariaceae-Scrofularineae* ist *Gratiŏla*. Dieselbe unterscheidet sich von *Digitalis* durch **gegenständige Blätter**, zwei Bracteen am Grunde des Kelches, und 4 oder 5 Staubgefässe, von denen nur 2 fruchtbar sind. Wegen des letzteren Umstandes zählt *Gratiŏla* zur *Diandria Monogynia* (Kl. II. Ord. 1).

Gratiola.

Blätter gegenständig.	*Folia opposita.*
Kelch 5-theilig, am Grunde mit 2 Deckblättern.	*Calyx quinquepartitus, in basi bibracteatus.*
Blumenkrone röhrig, mit 4-lappigem, fast zweilippigem Saume.	*Corolla tubulosa, limbo quadri-lŏbo subbilabiato.*
Staubgefässe 4 oder 5, von denen nur 2 fruchtbar sind.	*Stamina quaterna vel quina, quorum bina fertilia.*

Gratiŏla officinālis, **Gottesgnadenkraut**, enthält Glucoside von drastischer Wirkung, **Gratioline** und **Gratiosoline**. Sie findet sich bei uns auf feuchten Wiesen und an See- und Flussufern. Man erkennt sie an dem völligen Unbehaartsein, einem kriechenden weissen Wurzelstock (Vergl. Fig. 153), dem aufrechten, circa 1 Fuss hohen, nur oberhalb 4-kantigen Stengel, den gegenständigen, sitzenden, lancettlichen, weitläuftig gesägten, nach dem Grunde zu ganzrandigen, 3-nervigen Blättern, den einzelnen achselständigen gestielten Blüthen und den lanzettlichen Deckblättern, welche meist länger als der Kelch sind. Die aus dem Kelche hervorragende Blumenröhre ist innen unterhalb der Oberlippe mit keulenförmigen büschelförmigen Haaren besetzt. Die Narbe bildet 2 Plättchen; die Frucht ist eiförmig und zugespitzt. Die Samen sind länglich und getäfelt gezeichnet.

Gratiola officinalis apud nos in pratis humĭdis, ad ripas lacuum flumĭnumque provenit. Dignoscitur: glabritāte perfecta, rhizomāte albo repente, caule erecto circiter pedem alto, superne tantum tetragōno, foliis oppositis, sessilibus, lanceolatis, remōte serratis, ad basin integerrimis, trinerviis, floribus solitariis axillaribus pedunculatis, bractĕis gemĭnis lanceolatis, plerumque calyce longioribus. Corollae tubus ex calyce exstans, intus sub labio superiore pilis clavatis fasciculatis obsĭtus. Stigma bilamellatum; fructus ovatus acuminatus; semina oblonga tessellata.

Bemerkungen. *Scrophularia, Scrofularia*, vom latein. *scrofŭlae*, Halsdrüsen, Scrofeln, so genannt, weil die Schweine (*scrofae*) häufig an Halsanschwellungen leiden. Die Pflanze erhielt ihren Namen wegen der fast kugligen, einem dicken Halse ähnlichen Corollenröhre. — *Digitālis*, Fingerhut von *digĭtus*, Finger. — *Thapsus*, griech. θάψος, ein Kraut zum Gelbfärben von der Insel Thapsos, wegen der gelben Blüthen *Verbascum Thapsus* genannt. — *Phlomoïdes*, wollkrautähnlich; φλόμος (phlomos) Wollkraut. — *Gratiŏla*, von *gratia dei*, Gottesgnade.

Lection 125.

Scrofulariaceae-Rhinanthaceae. Asperifoliae. Borragineae.

Die *Scrofulariaceae-Rhinanthaceae* unterscheiden sich von der in voriger Lection besprochenen Unterfamilie durch fachspaltig-zweiklappig-aufspringende Kapseln. Ihren Namen haben sie von der Gatt. *Rhinanthus* erhalten, von welcher die Art *Rh. Crista galli* oder *Alectorolŏphus Crista galli* Hall., Hahnenkamm, Wiesenklapper, ein häufiger Bewohner unserer Wiesen ist. Gatt. *Veronica, Euphrasia, Pedicularis.*

Veronĭca zählt wegen der Art des Aufspringens der Frucht zu derselben Unterfamilie, obgleich ihre Blüthe, die fast radförmig ist, mit den rachenförmigen Blüthen der anderen Gattungen, wenig oder gar keine Aehnlichkeit hat.

Veronĭca u. auch Veronĭca.

Blumenkrone fast radförmig, mit 4-lappigem Saume und unterem schmälerem oder kleinerem Lappen.	*Corolla* subrotata, limbo quadrilobo et lobo inferiore angustiore vel minore.
Staubgefässe 2.	*Stamina bina.*
Narbe ungetheilt.	*Stigma intĕgrum.*
Kapsel von der Seite zusammengedrückt.	*Capsula a latĕre compressa.*

Fig. 692.

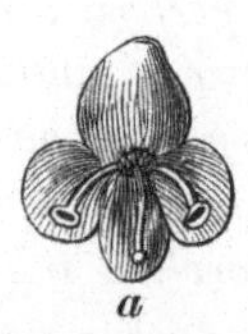

Veronĭca officinālis. *a* Blüthe von oben, *b* von unten gesehen (3-fache L.-Vergr.), *c* Kapsel. (3-f. L.-Vergr.).

Fig. 693.

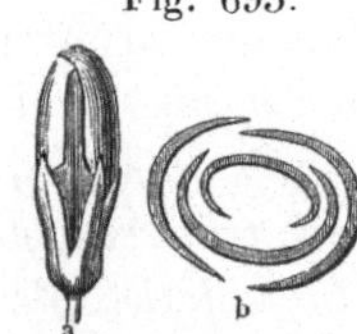

Veronĭca longifolĭa. *a praefloratio imbricata.* *b* Diagramm der Blüthendeckenlage.

Von den Arten dieser Gattung, welche wegen ihrer 2 Staubgefässe und nur eines Pistills der *Diandria Monogynia* angehört, giebt die in Laub- und Nadelwäldern häufige *Veronĭca officinālis*, Ehrenpreis, die officinelle *Herba Veronĭcae*. Diese Art unterscheidet sich von anderen ähnlichen durch den zottigen, kriechenden und nur oberhalb aufsteigenden Stengel, die gestielten, länglichen oder verkehrt-eiförmigen, kerbig-gesägten, haarigen Blätter und die 4-theiligen Kelche, welche kürzer als die drüsigbehaarten 3-kantig-verkehrtherzförmigen Kapseln sind.

Veronĭca officinalis differt: caule undique villoso, repente, superne adscendente, foliis petiolatis, oblongis vel obovatis, crenato-serratis, pilosis, et calycibus capsulā glanduloso-pilosā triangulari-obcordatā compressā brevioribus.

Veronica latifolia weicht ab durch einen 5-theiligen Kelch, *V. Chamaedrys* durch einen 2-reihig behaarten Stengel (*caule bifariam piloso*) und gewimperte Kapsel, *V. scutellata, V. Anagallis, V. Beccabunga* durch völliges Unbehaartsein.

Der Unterfamilie *Scrophulariaceae - Antirrhineae*, deren Früchte mit Löchern oder Zähnen aufspringen, gehören die Gattungen *Antirrhīnum* und *Linarĭa* an. Beide haben maskirte Blumenkronen (*corollae personatae*) und 5-theilige Kelche, aber bei

Fig. 694.

Frucht von *Antirrhīnum majus. Capsŭla in apice poris tribus dehiscens.* b Querdurchschnitt.

Antirrhīnum hat die Blumenkrone am Grunde einen Höcker und die Kapsel springt an der Spitze mit 3 Löchern auf (*corolla in basi gibba, capsula tripōro-dehiscens*);

Linarĭa hat dagegen eine am Grunde in einen Sporn verlängerte Blumenkrone und eine in Zähnen aufspringende Kapsel (*corolla in basi calcarata, capsula dentibus dehiscens*).

Antirrhīnum majus

Fig. 695.

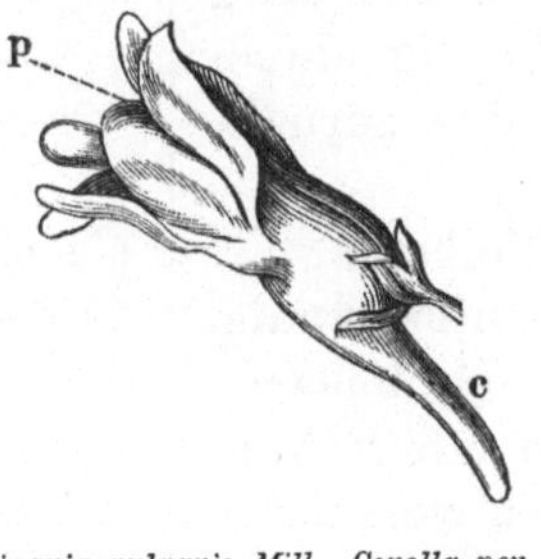

Linaria vulgaris Mill. Corolla personata; p palatum, c calcar.

Fig. 696.

Linaria vulgaris. An der Spitze mit Zähnen aufgesprungene Frucht, es sind aber 2 gegenüberstehende Zähne an der Scheidewand verbunden geblieben und bilden einen griffeltragenden Bügel (*arcus styliferus*).

mit seinen grossen purpurfarbenen, mit 2 gelben Flecken auf dem Gaumen gezeichneten Blumen, ist eine häufige Zierpflanze, dagegen treffen wir die *Linaria vulgaris* Mill. (*Antirrhinum Linaria* L.), Leinkraut, Frauenflachs, mit ihren schwefelgelben Blüthen mit safrangelbem Gaumen in Menge an Wegen und auf Feldern an. Die frischen linien - lancettförmigen Blätter des Leinkrautes (*Folia Linariae*) wurden früher zur Bereitung des *Unguentum Linariae* gebraucht.

Die *Endl.* Klasse *Nuculiferae* (Nüsschenträger) aus der Cohorte *Gamopetălae* umfasst unter anderen 2 für die Pharmacie wichtige Familien, *Labiatae* und *Asperifoliae*. Beide sind Glieder der DC. Unterklasse *Calyciflorae*, sie unterscheiden sich aber schon dadurch, dass die Labiaten gegenständige Blätter, eine lippenförmige Blumenkrone und meist didynamische Staubgefässe, die Asperifolien zerstreute Blätter und meist regelmässige Blumenkronen mit 5 epipetalen Staubgefässen haben. Ihre Aehnlichkeit, welche auch beide Familien in die Klasse der *Nuculiferae* verwies, besteht eben in der aus 4 einsamigen Nüsschen bestehenden Frucht.

Einen Theil der *Asperifoliae* L. bilden die *Borraginaceae* Desvaux. Unter den Arten dieser Familie giebt es keine giftigen, man müsste denn der Hundszunge, *Cynoglossum officinale*, narkotische Eigenschaften, welche sie nicht hat, beilegen. Die meisten Borragineen zeichnen sich durch Schleimgehalt, einige wenige (wie *Alkanna*) durch einen Gehalt eines rothen Farbstoffes aus.

Borraginaceae.

Meist rauhhaarige Kräuter oder Sträucher.	*Herbae plerumque hispĭdae vel frutĭces.*
Blätter zerstreut, ohne Nebenblätter, einfach, drüsenlos.	*Folia sparsa, exstipulata, simplicia, eglandulosa.*
Blüthenstand traubenartig oder schneckenförmig eingerollt (an der Spitze zurückgerollt).	*Inflorescentia racemosa vel circinalĭter involūta (in apĭce revoluta).*
Kelch 5-theilig, bleibend.	*Calyx quinquepartitus persistens.*
Blumenkrone unterständig, 5-spaltig, meist regelmässig, oft am Schlunde mit Schuppen oder Klappen versehen.	*Corolla hypogўna, quinquefĭda, plerumque regularis, saepe in summo tubo (fauce) squamis vel fornicibus instructa.*
Staubgefässe 5, der Blumenkrone eingefügt und mit den Zipfeln derselben abwechselnd.	*Stamĭna quina, epipetăla et alternipetăla.*
Pistill. 1 Griffel in der Mitte der Karpellen; Narbe einfach oder doppelt; Fruchtknoten aus 4 einfächrigen, 1-eiigen, einer unterständigen Scheibe oder Säule eingefügten Karpellen bestehend, selten verwachsen.	*Pistillum. Stylus unus in mediis carpellis; stigma simplex vel duplex; germen ex carpellis quaternis distinctis unilocularibus, uniovulatis constans, raro concretis, disco vel columnae hypogynae insertis.*
Frucht 4 Nüsschen (Schliessfrüchtchen), selten verwachsen und dann eine Steinbeere	*Fructus nucŭlae (achaenia) quaternae, raro concretae et tunc drupam formantes; semina exal-*

bildend; Samen eiweisslos mit geradem Keime und nach der Fruchtspitze gewendetem Würzelchen. | *buminosa embryōne recto et radiculā supĕrā.*

Einem hypogynen Säulchen aufgesetzt finden wir die Nüsschen bei *Cynoglossum*, bei den anderen Gattungen stehen sie auf einer hypogynen Scheibe. Eine unregelmässige und becherförmige Blumenkrone hat *Echĭum*, eine radförmige *Borrago*, eine trichterförmige *Anchŭsa, Pulmonaria, Cynoglossum, Lithospermum* und *Rhytispermum*, eine röhrige *Symphỹtum;* keine Deckklappen (*fornĭces*) haben *Rhytispermum, Echĭum, Pulmonaria.*

Borrago unterscheidet sich durch einen horizontal abstehenden, später geschlossenen Kelch, eine radförmige Blumenkrone, eine doppelte hervorstehende Nebenkrone, davon die äussere aus kurzen stumpfen, die innere aus lancettförmigen spitzen und die Staubgefässe tragenden Schuppen besteht. Die Antheren stehen hervor und bilden durch Zusammenneigung einen Kegel. Die Nüsschen sind am Grunde ausgehöhlt, am Rande erhaben und gekerbt.

Borrāgo dignoscitur: calyce patentissimo, demum clauso, corollā rotatā, paracorollā duplĭci exserta, exteriore e squamis brevibus obtusis, interiore e squamis lanceolatis acutis staminĭfĕris, anthēris exsertis, ad conum conniventibus, nuculis in basi excavatis, margĭne elevato, crenato.

Borrāgo officinalis, Boretsch, eine rauchhaarige, im mittleren und südlichen Europa heimische Pflanze, hat azurblaue Blüthen und schwarze Antheren. Blüthen und Blätter (*Flores et Folia Borragĭnis*) waren früher officinell.

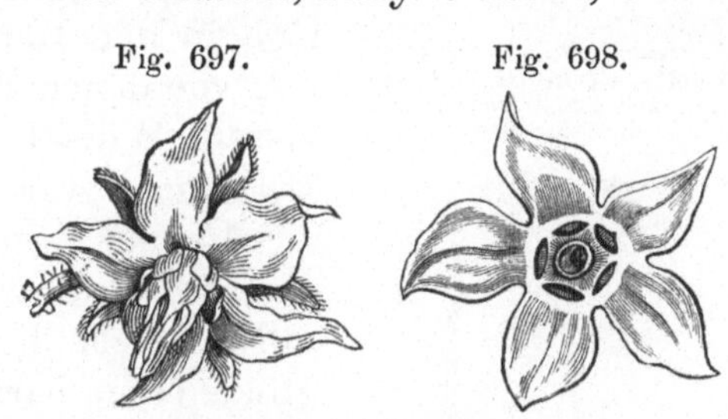

Fig. 697.   Fig. 698.

Borrago officinalis.

Blüthe.   Corolle von unten gesehen.

Die Gattung *Anchŭsa* unterscheidet sich durch eine trichterförmige Blumenkrone mit 5 stumpfen geschlossenen Deckklappen, und 4 runzlige und rauhe, am Grunde ausgehöhlte, am Rande erhabene und gekerbte Nüsschen.

Anchūsa differt ab reliquis generibus Borraginacearum: corolla infundibuliformi, fornicibus quinis obtusis ovatis clausa, nuculis quaternis rugosis et asperis, in basi excavatis et margĭne elevato crenatoque.

Anchūsa officinālis, Ochsenzunge (♃), lieferte die früher officinellen *Herbae, Flores, Radix Buglossi.* Sie ist an unbebauten

Orten häufig. Man erkennt sie an den blauen Blüthen mit eiförmigen, sehr kurzen, filzigen Deckklappen, den abstehenden
Haaren auf Blüthenstiel und Kelch, den
eirundlancettlichen Bracteen und den rauchhaarigen lancettförmigen Blättern.

Fig. 699.

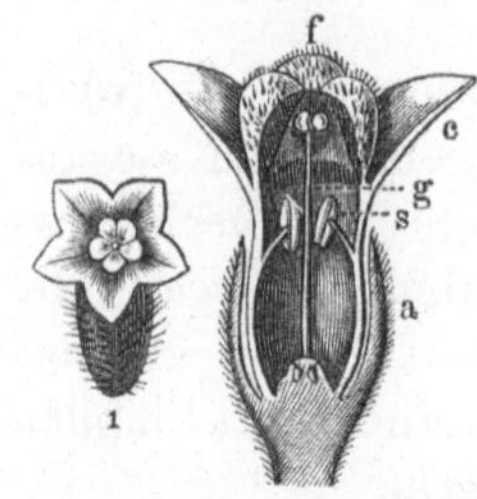

Anchusa officinalis. 1. Blüthe in
natürl. Grösse. 2. Durchschnitt
derselben, vergr., *f* Deckklappen
(*fornices*), *c* Blumenkrone, *a* Kelch,
s Staubgefässe, *g* Pistill.

Cynoglossum unterscheidet sich durch eine
trichterförmige Blumenkrone, am Schlunde
mit 5 aufrechtstehenden stumpfen Deckklappen, und 4 widerhakig-weichstach-
lige, der mittelständigen Griffelsäule oberhalb angewachsene Nüsschen, welche später von derselben von unten nach oben
zurückschnellen.

*Cynoglossum differt ab reliquis generibus:
corolla infundibuliformi, in fauce fornicibus
quinis erectis obtusis instructa, nuculis quaternis glochidato-muricatis, styli columnae centrali
superne adnatis, postea ab eadem a basi resilientibus.*

Fig. 700.

Cynoglossum officinale. *a* Frucht
mit Kelch, natürl. Gr., *b* dieselbe
vergr. nach dem Zurückschnellen
der Nüsschen.

Cynoglossum officinale, Hundszunge,
wächst an unbebauten Orten, und giebt
sich zu erkennen durch dunkelblutrothe
Blumen, längliche, wellige, dünnweissfil-
zige, in den Blattstiel verschmälerte Blätter, von denen die oberen den Stengel umfassen. Wurzel und Kraut (*Radix et Herba
Cynoglossi*) waren früher officinell.

Fig. 701.

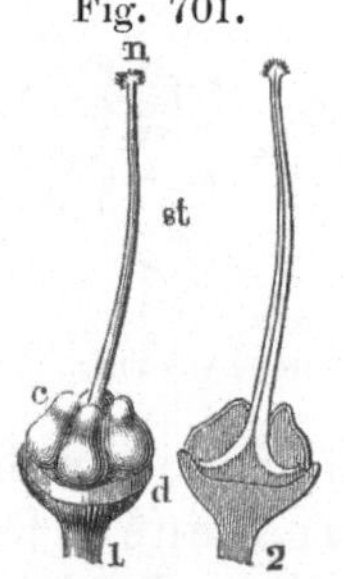

Symphÿtum officinale. *c* Vier Nüsschen (glatte) auf hypogynischer
Scheibe (*d*). *st* Griffel (*stylus in
mediis carpellis*), *n* Narbe. 2. Verticaldurchschnitt. (2-fache Lin.-
Vergr.).

Alkanna tinctoria Tausch (*Anchusa tinctoria* Desf.) in den Mittelmeerländern heimisch, giebt die Alkannawurzel, deren
Rinde einen harzähnlichen rothen Farbstoff
enthält.

Symphÿtum ist zu erkennen an der röhrigen Blumenkrone mit glockenförmigem,
5-lappigem, zurückgebogenem Saume, deren Schlund von 5 pfriemförmigen, zu einem Kegel sich zusammenneigenden Deckklappen geschlossen ist, ferner an den glatten Nüsschen.

*Symphÿtum dignoscitur: corollā tubulosā, limbo campanulato quin-
quelobo reflexo, fauce fornicibus quinis subulatis, conice conniventibus
clausa, nuculis laevibus.*

Symphўtum officinale, **Schwarzwurz**, **Beinwell**, giebt *Radix Consolĭdae majoris*, eine mit schwarzer Rinde bedeckte und schleimreiche Wurzel. Es wächst überall an Gräben.

Pulmonaria hat eine trichterförmige Blumenkrone und statt der Deckklappen den Schlund mit 5 pinselartigen Haarbüscheln besetzt, welche mit den Staubgefässen abwechseln.

Pulmonaria dignoscitur: corollā infundibuliformi, fauce nudā penicillis pilorum quinis, staminibus alternantibus, pilosā.

Pulmonaria officinalis mit blauen Blüthen und mit Blättern, welche häufig weisslich gefleckt sind (*folia maculis albentibus picta*). Die Blätter werden zuweilen als **Lungenkraut** (*Herba Pulmonaria maculosae*) gebraucht.

Echium hat eine becherförmige Blumenkrone mit **nacktem** Schlunde. *Echium vulgare*, **Natterkopf**, gab früher *Radix Viperīnae*.

Zu der *Endl.* Klasse der Personaten gehört auch die Familie der *Pedalineae* R. Br. oder *Sesamaceae* DC. Aus dieser Familie liefert *Sesămum orientāle*, **Sesam**, in Ostindien einheimisch und in Südeuropa angebaut, einen ölreichen Samen, welchen schon die alten Griechen als Nahrungsmittel schätzten. Aus dem Samen wird das **Sesamöl**, *Oleum Sesămi* gepresst, welches die Mitte zwischen trocknenden und nicht trocknenden fetten Oelen einnimmt. *Sesamum* gehört zur Klasse der *Didynamia Angiospermia*.

Fig. 702.

Blüthentraube (*racēmus*) von *Pulmonaria officinalis*.

Bemerkungen. *Veronĭca* (Siegesträgerin), wahrscheinlich von φερένιϰος, ον (pherenĭcos, on), Sieg bringend, tragend, νίϰη (nikä) Sieg, und φέρω (pherō) tragen, bringen. — *Antirrhīnum* (wie ein Schild), ἀντί, gleich wie, ῥινόν (rhinon) Schild, wegen des den Schlund schützenden Gaumens. — *Linaria* von *Linum*, wegen der Aehnlichkeit mit den Blättern des Leines. — *Rhinanthus* (Raspelblume), von ῥίνη (rhinä) Raspel, und ἄνθος (anthos) Blume, wegen des mit den scharfgesägten Bracteen untermischten Blüthenstandes. — *Cynoglossum* (Hundszunge); ϰύων, ϰυνός (kyōn, kynos) Hund, γλῶσσα (glōssa), Zunge, wegen Form und Rauhigkeit der Blätter. — *Anchūsa*, eine Pflanze, welche schon den Alten als Schminke diente, griech. ἄγχουσα.

Symphўtum (Pflanze, welche zusammenheilt), griech. σύμφυτον, von σύν (syn), zusammen, φυτόν (phyton) Gewächs, φύω (phyō), wachsen; ebenso *consolĭda* (*cum* u. *solĭdus*), weil die Wurzelabkochung zum Heilen und Vernarben der Wunden angewendet wurde. — *Pulmonaria* (der Lunge heilsame Pflanze), *pulmo*, Lunge. — *Echium* (gegen den Natternbiss heilsame Pflanze), griech. ἔχιον, von ἔχις (echis), Natter, Otter. — *Lithospermum*, *Rhytispermum* (Steinsame, Runzelsame), λίθος (lithos), Stein; ῥυτίς (rhytis), Runzel, σπέρμα (sperma), Same.

Lection 126.

Labiaten.

Die **Lippenblüthler**, *Labiātae*, bilden im *Endl.* System die vornehmste Ordnung der *Nuculifĕrae*, Cohorte *Gamopetălae*. Die Gattungen dieser Familie zeigen in Betreff des Habitus und der Blüthenform eine grosse Aehnlichkeit und Uebereinstimmung, und es ist auch die Anzahl der Hauptmerkmale, durch welche sich die Familie von anderen unterscheidet, nur eine sehr geringe. Hauptmerkmale sind: Einblättriger Kelch, einblättrige, meist lippenförmige Blumenkrone, gewöhnlich didynamische Staubgefässe, 1 Griffel, 4 Nüsschen, dann besonders aber ein 4-eckiger Stengel mit gegenständigen, zwischen den Ecken des Stengels angehefteten Blättern, welche häufig mit kleinen Drüschen durchsetzt sind (die Borragineen hatten drüsenlose Blätter).

Die officinellen Arten der Labiaten verdanken ihre Heilkräfte entweder einem Gehalt von flüchtigem, oft wohlriechendem Oele, oder in einigen Fällen mässigen Bitterstoffen. Narkotische oder giftige Pflanzen scheinen sich unter ihnen nicht zu finden.

Labiatae.

Kräuter oder Sträucher mit 4-eckigen Stengeln.	*Herbae vel frutices, caulibus quadrangularibus,*
Blätter gegenständig, meist klein-drüsig, zwischen den Ecken des Stengels angeheftet.	*Folia opposĭta, plerumque minūte glandulosa, inter angŭlos caulis affixa.*
Kelch verwachsenblättrig, bleibend.	*Calyx gamosepălus, persistens.*
Blumenkrone unregelmässig, meist ⅔-rachenförmig (⅔-lippig).	*Corolla irregularis, plerumque ringens labio superiore bilŏbo, inferiore trilŏbo.*
Staubgefässe 4 zweimächtige oder 2; Antheren meist 2-fächerig, meist mit divergirenden Fächern.	*Stamina quaterna didynăma vel bina; antherae plerumque biloculares, plerumque loculis divergentibus.*
Pistill mit 1 aus dem Blüthenboden entspringenden, an der Spitze 2-spaltig. Griffel, einem aus 4 gesonderten aufrechten 1-eiigen Karpell. bestehenden, einer unterständigen Scheibe aufsitzenden Fruchtknoten.	*Pistillum stylo uno gynobasĭco, in apĭce bifĭdo, germĭne ex carpellis quaternis discrētis erectis uniovulatis, disco hypogўno insertis constituto.*

<table>
<tr><td>

Frucht 4 einsamige Nüsschen mit eiweisslosem Samen mit geradem Embryo und nach der Fruchtbasis gerichtetem Würzelchen.

</td><td>

Fructus nuculae quaternae monospermae, seminibus exalbuminosis, embryōne recto radiculāque inferä.

</td></tr>
</table>

Wegen der didynamischen Staubgefässe und der einsamigen Nüsschen sind die Labiaten bis auf einige wenige Ausnahmen in die *Linné*'sche Klasse *Didynamia*, Ord. *Gymnospermia* (XIV, I) eingeschoben. Die Ausnahmen sind die Labiaten mit 2 fruchtbaren Staubgefässen, wie *Salvĭa, Rosmarīnus, Monärda, Lycŏpus*, bei denen die beiden anderen Staubgefässe als unfruchtbare meist nicht fehlen, und auch *Mentha* kann als Ausnahme gelten, denn bei den 4 Staubfäden derselben ist die Zweimächtigkeit kaum ausgeprägt. Dass *Linné*'s Vorstellung von nackten Samen keine richtige war, wurde bereits früher erwähnt. Wirklich nackte, d. h. von keinem Fruchtgehäuse umschlossene Samen finden wir nur bei den Cycadeen und Coniferen, dagegen fehlt dem nackten Samen (*semen nudum*) *Linné*'s das Gehäuse nicht, vielmehr ist dasselbe nur 1-samig und dem Samen wie angewachsen dicht anliegend.

Die Anzahl der Labiaten-Gattungen ist eine bedeutende, *Endlicher* zählt 113. Um eine geordnete Uebersicht zu gewinnen, ist die Eintheilung in Unterfamilien eine nothwendige. Die im folgenden angegebenen Unterfamilien hat der englische Botaniker *Bentham* (spr. bennthämm) aufgestellt. Soweit dieselben ein pharmaceutisches Interesse bieten, lassen sie sich eintheilen in diejenigen

   1. mit undeutlich-lippiger Blumenkrone (*corollä sublabiatä*); *Menthoïdĕae* (Minzen).

   2. mit 1-lippiger Blumenkrone (*corollä unilabiatä*); *Ajugoïdeae* (Günselartige).

   3. mit 2-lippiger Blumenkrone (*corollä bilabiatä*); *a* mit 2 fruchtbaren Staubgefässen, *Monardeae*; *b* mit didynamischen Staubgefässen; *Melissineae, Nepeteae, Ocimoïdĕae, Satureïneae, Scutellarineae, Stachydeae.*

Zu bemerken wäre hier der Unterschied zwischen *corolla labiäta* und *labiösa*. *Corolla labiäta*, Lippenblumenkrone, bedeutet eine verwachsenblättrige Blumenkrone mit lippig-getheiltem Saume, dagegen wird unter *corolla labiösa* nur eine aus freien lippig-gruppirten Blumenblättern zusammengesetzte Blumenkrone verstanden. Eine Labiate hat desshalb nie eine *corolla labiösa*.

Labiatae-Melissinĕae (oder *Melissĭnae*) sind *Melissa* und *Hyssŏpus*. *Melissa officinalis* (Citronenmelisse) liefert in ihrem blühenden Kraut *Herbae Melissae (citrĭnae)*, und *Hyssŏpus officinālis* (Ysop) die *Herba Hyssŏpi*, zwei Arzneistoffe ohne nennenswerthe Heilkraft.

Labiatae - Melissineae. *Corolla bilabiata; stamina quaterna non parallēla; loculi antherae rimā communi dehiscentes* (Blumenkrone 2-lippig, Staubgefässe 4, nicht parallel; die Fächer einer Anthere öffnen sich mit einem gemeinschaftlichen Spalt).

Gattung Melissa.

Kelch ³⁄₂-lippig, oberhalb flach (d. h. obere Lippe des Kelches 3-zähnig und flach, untere Lippe 2-spaltig).	*Calyx ³⁄₂-labiatus et superne planus (i. e. labio superiore tridentato plano, inferiore bifido).*
Blumenkrone mit oberer aufrechter ausgerandeter, und unterer 3-lappiger Lippe.	*Corolla labio superiore erecto emarginato, inferiore trilŏbo.*
Staubgefässe auseinanderstehend und sich in einem Bogen gegen einander neigend.	*Stamina distantia, arcuatim coniventia.*

Melissa officinalis, Citronenmelisse, im südlichen Europa zu Hause, enthält wenig flüchtiges Oel von angenehmem Geruch. Sie hat einen aufrechten, ästigen Stengel mit eiförmigen kerbig-gesägten Blättern, die unterständigen sind an der Basis fast herzförmig, im Ganzen lebhaft grün und mit dünnstehenden kurzen steifen Haaren bedeckt. Den Blüthenstand bilden halbirte achselständige Scheinwirtel mit weissen Blüthen. Die Blätter von

Fig. 703.

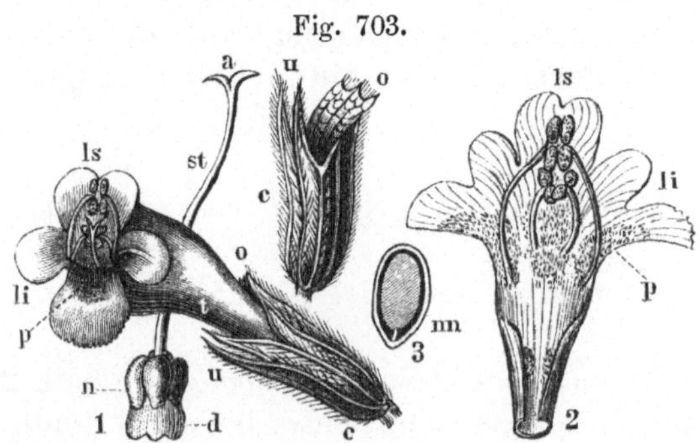

Melissa officinālis (Melisse). *t* Blumenröhre *(tubus)*, *ls li* Saum der Blumenkrone, ²⁄₃-gelippt. *ls* Oberlippe, *li* Unterlippe, *c* Kelch ³⁄₂-lippig, 3-zähnige flache Oberlippe und *u* 2-spaltige Unterlippe desselben. — 3-fache Lin.-Vergr. 2. Blumenkrone aufgeschlitzt und ausgebreitet, die in einem Bogen zusammenneigenden Staubgefässe zu zeigen. — *ad* Stempel, *a* Narbe, *st* Griffel, *n* Fruchtknoten (*germen quadripartītum*). 3. Verticaldurchschnitt eines Carpells oder Nüsschens.

Nepĕta Cataria, mit denen die Melissenblätter oft verwechselt werden, sind fast 3-eckig-herzförmig, unterhalb weissfilzig.

Melissa officinalis dignoscitur: caule erecto ramoso, foliis ovatis crenato-serratis, inferioribus in basi subcordatis, omnibus laete viridibus remōte hirtis; verticillastris (verticillis spuriis) axillaribus dimidiatis; floribus albis. Folia Nepetae Catariae, *quae foliis Melissae saepe substituuntur, sunt subtriangulari-cordata, subtus incāno-tomentosa.*

Hyssōpus weicht von *Melissa* ab durch einen ungleich 5-zähnigen Kelch und die oberhalb divergirenden Staubgefässe (*differt calyce inaequaliter quinquedentato staminibusque superne divergentibus*).

Hyssōpus officinalis, Ysop, hat lancettförmige ganzrandige Blätter und aufrechtstehende Kelchzähne (*dentes calycis arrecti*).

Labiatae-**Nepeteae** *diffĕrunt a Melissineis: staminibus sub labio superiore parallēlis approximatisque, superioribus longioribus.* (Staubgefässe unter der Oberlippe parallel und genähert, die oberen die längeren). Gatt. *Nepĕta, Glechōma.*

An den Parallelismus der Staubgefässe ist hier natürlich nicht der mathematische Maassstab zu legen, er giebt eben nur eine Stellung an, welche zwischen Divergenz und Connivenz der Staubgefässe liegt.

Nepĕta Catarĭa, varietas citriodōra, hat Melissengeruch und wird nicht selten mit *Melissa officinalis* verwechselt.

Glechōma hederacĕa, Gundermann, ist die niedliche kriechende Labiate mit stumpfen, herz- und nierenförmigen, grobgekerbten Blättern, welche im Frühlingsanfange an Wegen, Stegen und Grabenrändern ihre blauen Blüthen zwischen ihren Blättern hervorblicken lässt. Das Kraut war früher unter dem Namen *Herba Hedĕrae terrestris* officinell.

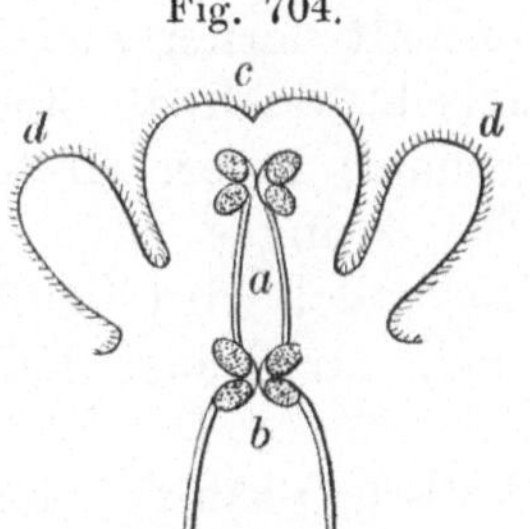

Fig. 704.

Schematische Figur. Ein Theil der aufgeschlitzten und ausgebreiteten Corolle von *Glechōma hederacĕa*. *a* Obere Staubgefässe, genähert u. parallel unter der Oberlippe (*c*), *b* untere Staubgefässe. Jedes Antherenpaar steht ein Kreuz bildend aneinander.

Glechōma.

Kelch 5-zähnig, röhrig.	*Calyx quinquedentatus, tubulosus.*
Blumenkrone mit oberer gerader 2-lappiger, und unterer 3-lappiger Lippe, beide Lippen flach.	*Corolla labio superiore recto bilöbo, inferiore trilobo, labio utroque plano.*
Antheren, jedes Paar in Form eines Kreuzes zusammenneigend (Antheren kreuzweise connivirend).	*Antherarum singula paria in formam crucis conniventia (antherae cruciatim conniventes).*

G l e c h ō m a *hederacĕa; herba subpubescens caule repente, foliis petiolatis, grosse crenatis, superioribus subcordatis, inferioribus renatis, verticillastris subsexflōris, corollis caeruleis, in tubo dilutioribus, labio inferiore intus guttis maculisque violaceo-purpureis picto. Floret primo vere.*

Labiatae-Ocimoideae. *Corolla bilabiata; anthērae reniformes, uniloculares, rima semicirculari transversim dehiscentes.* (Corolle 2-lippig; Staubbeutel nierenförmig, 1-fächerig, in einem halbzirkligen Spalt quer aufspringend).

Der Name dieser Unterfamilie ist der Gattung *Ocĭmum* entnommen, deren unterscheidende Merkmale in einem ¼-lippigen Kelche und einer ⁴/₁-lippigen Corolle bestehen, wo wir oft auch die oberen Filamente gegen die Basis mit einem pinselförmigen Fortsatze (*processus penicilliformis*) versehen antreffen (vergl. Fig. 313, 8; Seite 163). *Ocĭmum Basilĭcum*, Basilienkraut, in Asien und Afrika einheimisch, giebt die früher gebräuchliche *Herba Basilĭci majōris.*

Zu derselben Unterfamilie gehören *Pogostēmon Patchouly* Pellet, welche Pflanze circa 1,5 Proc. flücht. Oel, Patschouly-Oel, enthält, ferner *Lavandŭla*, deren Arten, im südlichen Europa heimisch, reich an flüchtigem Oel sind. *Lavandŭla officinālis* (Lavendel) liefert *Herba et Oleum Lavandŭlae*, und *Lavandŭla Spica*, das weniger angenehm riechende Spiköl, *Oleum Spicae*. Der Lavendel wird häufig in unseren Gärten gezogen. Es fehlt also nicht an Gelegenheit, den Charakter der Gattung zu studiren.

Gattung Lavandŭla.

Kelch 5-zähnig, der 5-te Zahn der grössere, röhrig, an der Frucht geschlossen.	*Calyx quinquedentatus, dente quinto majore, tubulosus, fructĭfer clausus.*
Blumenkrone ²/₃-lippig, obere Lippe die breitere.	*Corollae labium superius bilobum, inferius trilobum, labio superiore latiore.*
Staubgefässe u. Griffel durch d. Blumenröhre eingeschlossen.	*Stamina et stylus tubo corollae inclusa.*
Nüsschen unbehaart, glatt.	*Nuculae glabrae, laeves.*

Fig. 705.

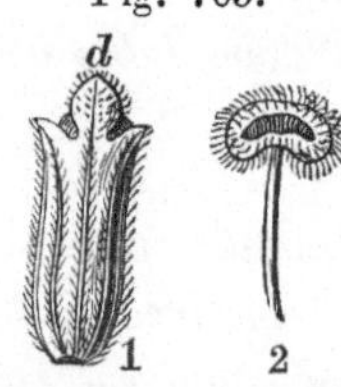

Lavandula off. 1. Kelch vergr. mit 5tem grösstem Zahne (*d*). 2. Staubgefäss, nierenförmig, im Beginn des Aufspringens (mit halbkreisförmiger Spalte). Vgr.

Lavandula officinalis Chaix (schmalblättriger Lavendel) hat linienförmige, am Rande zurückgerollte, an der jungen Pflanze weiss-filzige Blätter, dicht-zottigen Kelch und unterbrochene Blüthenschwänze mit feingespitzten, unteren 3-spitzigen Bracteen (*folia linearia, in margĭne revolūta, juniora incāno-tomentosa; calyx dense villosus; anthuri interrupti bracteis acuminatis, inferioribus tricuspidatis; flores caerulei*).

Lavandula Spica Chaix (breitblättriger

Lavendel) weicht ab durch die älteren länglich-lancettförmigen flachen Blätter, die dichten, am Grunde nur unterbrochenen Blüthenschwänze mit sämmtlich einfach-zuge-spitzten Bracteen, und durch mit sternförmigem Flaumhaare besetzte Kelche. *Differt: foliis adul-tioribus oblongo-lanceolatis planis (in margine non revolutis), anthuris densis, in basi interruptis, bracteis omnibus simpliciter acuminatis, calycibus stellatim puberulis.*

*Labiatae-**Satureineae**. Corolla bilabiata; stamina quaterna, non parallēla, distantia, recta vel conniventia, loculis antherarum connectivo discretis* (Corolle 2-lippig; Staubgefässe 4, nicht parallel, entfernt von einanderstehend, gerade oder zusammenneigend, Antherenfächer durch das Connectiv getrennt).

Fig. 706.

Blüthenähre von *Lavandula Stoechas* (in Griechenland heimisch), hat unter allen Lavandulaarten den feinsten Geruch.

Zu den *Satureïneae* gehören die Gattungen *Saturēja, Origănum, Thymus, Calamintha, Clinopodium.*

Satureja hortensis ist ein unter dem Namen **Pfefferkraut** bekanntes Küchengewürz.

Die Gattung *Origănum* ist zu erkennen an den 4-zeiligen Blüthenähren mit angedrückten ziegeldachartig-gestellten Bracteen und den auseinander gespreiteten Staubgefässen.

Origănum dignoscitur: spicis tetrastĭchis, bractĕis adpressis imbricatis, staminibus divaricatis.

Origănum Smyrnaeum (in Kleinasien) liefert den früher officinellen **spanischen Hopfen** (*Herba Origăni Cretĭci*),

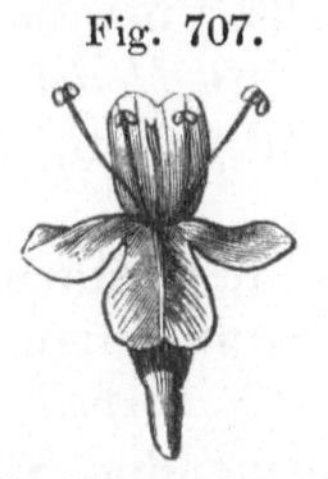

Fig. 707.

Fig. 708.

1 2

Corolle von *Origanum vulgare. Stamina divaricata.*

Loculi antherarum connectivo discreti. 1. *Origanum vulgare.* 2. *Calamintha officinalis.* (Vrgr.).

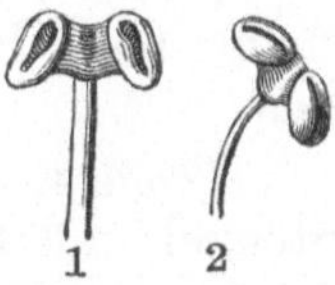

an welcher Drogue der Charakter der Gattung jeder Zeit studirt werden kann.

Origănum vulgāre, **Dosten, brauner Dost,** wird hier und da bei uns auf sonnigen Hügeln und in Laubwäldern angetroffen. Man erkennt diese Art leicht an den gestielten, eiförmigen, spitzen, weichbehaarten, kaum gezähnten Blättern, den länglichen gestielten doldentraubig-stehenden Blüthenähren, den eiförmigen schwachviolett-gefärbten Bracteen und den purpurrothen Blüthen mit 5-zähnigem Kelch. Davon *Herba Origani vulgaris. (Foliis pe-*

tiolatis ovatis acutis pubescentibus subdenticulatis, spicis oblongis pedunculatis corymboso-congestis, bractĕis ovatis subviolaceis, floribus purpureis, calyce quinquedentato).

Origanum Majorāna, **Mairan,** stammt aus dem nördlichen Afrika und ist bei uns ein in Gärten cultivirtes Küchengewürz. Es unterscheidet sich von der vorbenannten Art durch ovale stumpfe ganzrandige Blätter, die jüngeren auf beiden Seiten weissfilzig, durch dünn-weissfilzige rispige Blüthenköpfchen, einen halbirten und ungezähnten Kelch und weisse Blüthen. Das blühende getrocknete Kraut (*Herba Majoranae*) ist officinell.

Origanum Majorana differt: foliis ovalibus obtusis integerrimis, junioribus utrinque incāno-tomentosis, capitŭlis paniculatis tenuĭter cano-tomentosis, calÿce dimidiato edentŭlo, corollis nivĕis.

Die Gattung *Thymus* unterscheidet sich durch einen $^3/_2$-lippigen Kelch, dessen Schlund mit einem Ringe von convergirenden Haaren versehen ist, durch auseinanderstehende, oberhalb sich ausbreitende Staubgefässe, eine Corolle mit gerader ausgerandeter Oberlippe und 3-lappiger Unterlippe, und kleine ganzrandige Blätter.

Thymus. Calyx labio superiore trifido, inferiore bifido, in fauce annulo pilorum convergentium; stamina distantia, superne patŭla; corolla labio superiore recto emarginato, inferiore trilobo; folia parva integerrima.

Thymus vulgaris, **Thymian,** römischer Quendel, im südlichen Europa heimisch, liefert *Herba Thymi* (*vulgaris*), der bei uns gemeine Quendel, Feldthymian, *Thymus Serpyllum,* die *Herba Serpylli.*

Thymus vulgaris hat einen aufrechten oder aufsteigenden Stengel und länglich-eiförmige, am Rande zurückgerollte, unten weissgraue Blätter, *Th. Serpyllum* dagegen einen niedergestreckten, am Grunde kriechenden Stengel und an ihrer Basis gewimperte Blätter. Beide Arten sind Halbsträucher (♃).

Th. vulgaris dignoscitur caule erecto vel adscendente, foliis oblongo-ovatis, in margine revolutis, subtus incanis, Th. Serpyllum caule prostrato, foliis in basi ciliatis.

Bemerkungen. *Melissa,* griech. μέλισσα, Biene, Honig. — *Lavandula* wird von *lavāre,* waschen, abgeleitet. — *Serpyllum,* von *serpo, serpsi, serptum, serpĕre,* kriechen. — *Glechōma, ae, f.* und *ătis, n.,* von γλήχων (glächōn), Poley. *Linné* gebrauchte das Wort als Neutrum, was auch das Richtigere ist. Von den späteren Botanikern wird es zu einem Femininum gemacht.

Lection 127.

Labiaten. (Forts.).

*Labiatae-**Stachydeae***. *Corolla bilabiata; stamĭna didynăma, inferiora longiora, sub labio superiore parallēla approximataque.* Gattungen sind *Lamĭum, Galeōpsis, Stachys, Melittis, Betonĭca, Marrubĭum, Siderītis, Ballōta, Leonūrus.*

Gattung *Lamium.*

Kelch 5-zähnig, glockig.	*Calyx quinquedentatus, campanulatus.*
Blumenkrone mit einem Haarringe in der Röhre; Oberlippe gewölbt, Unterlippe 3-lappig mit zahnförmig. Seitenlappen, welche von dem breiten mittleren Lappen entfernt stehen.	*Corollae tubus intus annulo pilorum instructus; labium superius fornicatum, inferius trilŏbum, lobis lateralibus dentiformibus, ab lobo intermedio dilatato dimotis.*
Staubgefässe aus der Röhre d. Blumenkrone hervorstehend.	*Stamina e corollae tubo exserta.*
Nüsschen an der Spitze abgestutzt.	*Nuculae in apĭce truncatae.*

Lamium album, weisse Taubnessel, lieferte die früher officinellen **weissen Nesselblüthen** (*Flores Lamii albi*). Dieses Staudengewächs hat gestielte, ei-herzförmige, kerbig-gesägte zugespitzte Blätter, eine gekrümmte, über der eingeschnürten Basis bauchige Blumenröhre. Haarring und Einschnürung sind schief aufsteigend. Die Oberlippe (der Helm) ist ganzrandig, stumpf, zottig behaart. Blüthen weiss, Scheinwirtel fast 20-blüthig. Häufig auf Schutthaufen, an Zäunen, bebauten Orten, in Dörfern. Blüht Anfang Sommers.

Fig. 709.

Lamium album.
Blüthe.

Lamium album (4) *foliis petiolatis, cordatis, crenato-serratis, acuminatis, tubo corollae supra basim constrictam ventricoso. Annulus pilorum strictūraque oblīque adscendentes. Labium superius (galea) integerrimum, obtusum, villosum. Flores albi. Verticillastri subvigintiflōri. In ruderatis, ad sepes, in cultis, in pagis copiose reperitur. Floret ineunte aestate.*

Lamium maculatum weicht ab durch kaum 10-blüthige Scheinwirtel, eine spitze Oberlippe, querliegenden Haarring und Einschnürung und durch purpurfarbne Blüthen mit lilafarbner purpurfleckiger Unterlippe; (*differt verticillastris sub-decem-floris, labio superiore acuto, annulo pilorum stricturāque transversis, corollā purpureā, labio inferiore lilacino purpureo-maculato*).

Lamium purpurĕum weicht ab durch einen wenigblüthigen Scheinwirtel, eine über der Basis verengerte, fast gerade Blumenröhre, stumpfere Blätter, kleinere purpurfarbene, seltner weisse Blüthen; (*differt verticillastris paucifloris, tubo corollae subrecto, supra basin angustato, foliis obtusis, floribus minoribus purpureis, rarius albis*).

Die Gatt. *Galeopsis* unterscheidet sich von *Lamium* durch zwei hohle Höcker zwischen den Seitenlappen an der Basis der Unterlippe. *Galeopsis differt a Lamio: gibberibus geminis inter lobos laterales atque ad basin labii inferioris.*

Galeōpsis Tetrăhit und *G. versicŏlor* sind häufig und überall anzutreffen. *G. ochrŏleuca* Lmrk. liefert in dem getrockneten blühenden Kraute die sogenannten Lieber'schen Kräuter (*Herba Galeopsĭdis grandiflōrae*).

Die Gattung *Marrubĭum* unterscheidet sich von *Lamium* durch einen becherförmigen, 5- bis 10-zähnigen Kelch, eine linienförmige gerade 2-theilige Oberlippe, und eingeschlossene (nicht hervorstehende) Staubgefässe.

Fig. 710.　　Fig. 711.

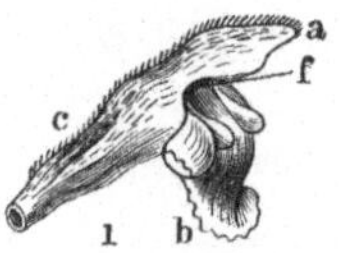

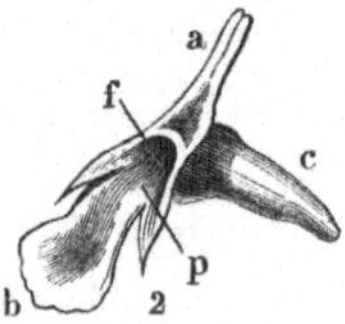

1. Corolle von *Galeōpsis ochroleuca Lmrk.*
2. Corolle von *Marrubium vulgare.*
a Oberlippe, *b* Unterlippe, *c* Röhre, *f* Schlund, *a b* Rachen.

Marrubium differt: calўce pyxidato, quinque- vel decemdentato, corollae labio superiore lineari, erecto, bifĭdo, staminibus inclusis.

Marrubium vulgare, weisser Andorn, enthält Bitterstoff und liefert in seinem getrockneten blühenden Kraute die *Herba Marrubii.* Man erkennt diese Art leicht an dem ästigen weissfilzigen Stengel, den eiförmigen gekerbten runzligen filzigen Blättern und dem Kelche mit 10 ungleichen, an der borstenartigen Spitze umgebogenen Zähnen. Die Blüthen sind klein und weisslich. Hier und da in Dörfern, auf Schutthaufen, an Zäunen, Mauern. (*Caule ramoso, albo-tomentoso, foliis ovatis crenatis rugosis tomentosis, dentibus calycĭnis denis inaequalibus, in apĭce setaceo uncinatis, floribus albĭdis parvis. Interdum in pagis, ruderatis, ad sepes, muros, vias reperitur*).

*Labiatae-***Monardeae.** *Corolla bilabiata; stamina bina fertilia* (Corolle 2-lippig, 2 fruchtbare Staubgefässe). Gatt. *Rosmarīnus, Salvĭa, Monārda.*

Salvia, Salvei.

Kelch lippig, mit ungetheilter oder 3-zähniger Oberlippe u. 2-theiliger Unterlippe.	*Calyx labiatus, labio superiore integro vel tridentato, inferiore bifido.*
Blumenkrone. Obere Lippe gewölbt, fast ungetheilt, untere 3-theilig.	*Corollae labium superius fornicatum subintĕgrum, inferius tripartītum.*
Staubgefässe 2 fruchtbare. Die Antherenfächer sind durch ein fadenförmiges, etwas langes bewegliches Connectiv getrennt, indem dasselbe auf der einen Seite ein fruchtbares, auf der anderen ein unfruchtbares Fach trägt.	*Stamina bina fertilia. Locŭli antherae connectivo filiformi longiore mobĭli disjuncti, hinc locŭlum fertĭlem, illinc sterĭlem gerente.*
Nüsschen eiförmig und kahl.	*Nuculae oviformes (ooĭdĕae), glabrae.*

Fig. 713.

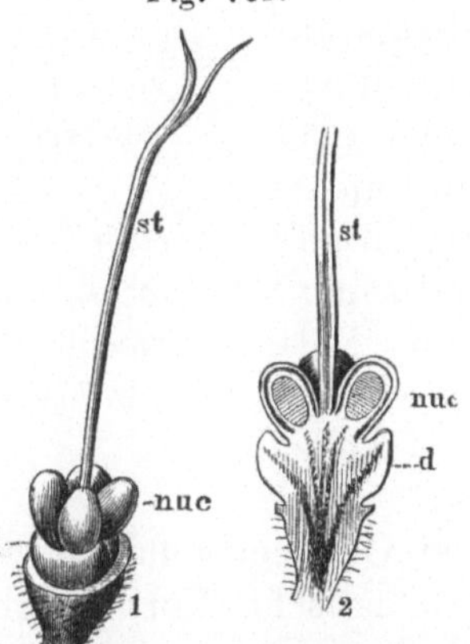

Fig. 714.

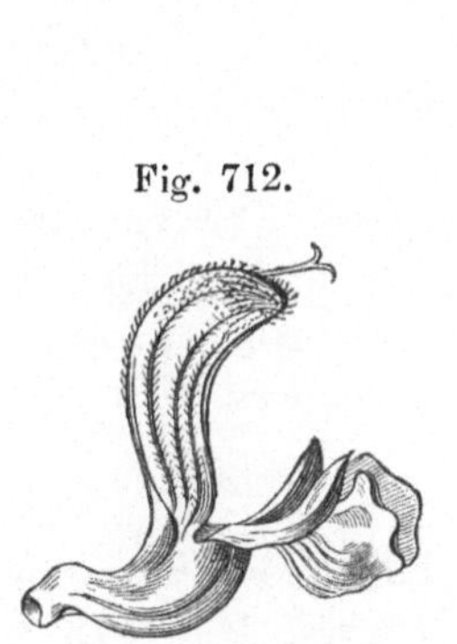

Fig. 712.

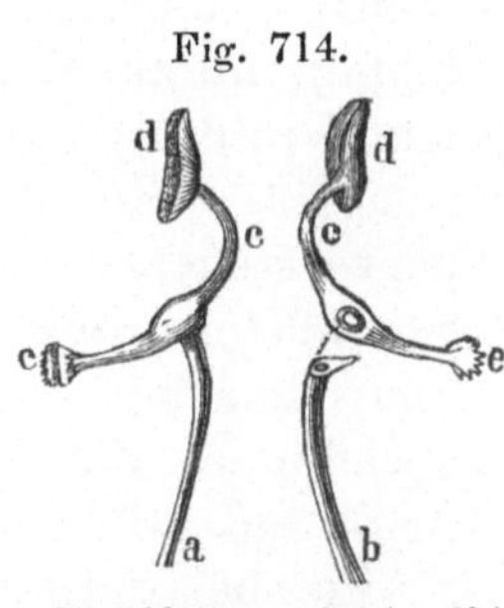

Corolle von *Salvia pratensis*.

Salvia officinalis. 1. Fruchtboden mit (*d*) hypogynischer Scheibe und vier Carpellen (*nuc*), in deren Mitte der gynobasische Griffel mit zweispaltiger Narbe steht. Vergr. 2. Verticalschnitt, um die Verbindung des Griffels mit dem Fruchtboden und den Carpellen zu zeigen. Vergr.

Staubblatt von *Salvia officinalis* (4 mal vergr.). *a* von der Seite gesehen, *b* von hinten gesehen, das Connectiv *c* getrennt von dem Filament (*b*) *d* das fruchtbare, *e* das sterile Antherenfach.

Interessant und auch wesentlich ist das lange bewegliche Querbalken-ähnliche Connectiv, welches die Gattung *Salvia* vor allen anderen Labiaten erkennen lässt. Das Connectiv der *Labiatae-Satureïneae* trennt zwar auch die Antherenfächer, es ist aber nicht lang, sondern kurz und auch nicht beweglich, und dann haben ja auch die Gattungen dieser Unterfamilie 4 fruchtbare Staubgefässe.

Salvia officinalis, Salbei, Salvei, im südlichen Europa einheimisch, bei uns eine Gartenpflanze, zeichnet sich durch Gehalt an flüchtigem Oel und besonders durch seinen Gerbstoffgehalt aus. Die vor der Blüthe gesammelten Blätter sind getrocknet die officinellen *Folia Salviae*. Der strauchige graufilzige Stengel trägt längliche, runzlige, schwach gekerbte, dünnfilzige Blätter (Vergl. Fig. 116, 5). Die Corollenröhre ist innen mit einem Haarringe versehen. (*Caule fruticoso incano-tomentoso, foliis oblongis, rugosis, crenulatis, tenui-tomentosis, corollae tubo intus annulo pilorum munito*).

Eine andere Monardee ist *Rosmarīnus*, von welcher die Art *Rosm. officinālis* wegen des Gehaltes an kampferartig riechendem flüchtigen Oele officinell ist.

Rosmarīnus.

Kelch ½-lippig (Oberlippe fast ungetheilt, Unterlippe zweispaltig).

Calyx labio superiore subintĕgro, inferiore bifido.

Blumenkrone. Oberlippe aufrecht u. 2-lappig, Unterlippe 3-lappig, mit mittlerem vertieftem herabhängendem Lappen.

Corolla labio superiore erecto, bilŏbo, inferiore trilŏbo, lobo medio concăvo, dependente.

Staubgefässe 2 fruchtbare, hervorstehend, gekrümmt. Staubfäden zwischen Mitte und Basis mit einem abwärts gerichteten Zahne versehen. Antheren 1-fächerig.

Stamina bina fertilia exserta curvata, filamentis inter medium et basin dente reverso instructis. Anthērae uniloculares.

Wie bei *Salvia* am Connectiv haben wir bei *Rosmarinus* am Filament eine charakteristische Vermehrung (vergl. Fig. 313, 7 S. 163), bei *Ocĭmum Basilicum* bestand diese Vermehrung in einem pinselförmigen Fortsatze (vergl. Fig. 313, 8).

Rosmarīnus officinalis, ein im südlichen Europa einheimischer Halbstrauch (♃), hat sitzende, linienförmige, lederartige, am Rande zurückgerollte, oberhalb runzlige, unterhalb weissfilzige, immergrüne Blätter (*foliis sessilibus linearibus coriaceis, in margĭne revolūtis, supra rugosis, subtus albo-tomentosis, sempervirentibus*).

*Labiatae-**Ajugoïdeae**. Corolla unilabiata (labio superiore brevissimo vel exciso); stamina quaterna didynăma, inferiōra longiora, rarius bina.* (Corolle 1-lippig wegen der fast verschwindend kurzen Oberlippe; 4 didynamische Staubgefässe, davon die unteren stets länger, selten nur 2). Gatt. *Ajŭga*, *Teucrĭum*.

Bei *Ajŭga* findet sich in der Corollenröhre ein Haarring (Haarleiste), eine eingedrückte (seicht ausgerandete), aus nur 2 sehr kleinen Lappen gebildete Oberlippe (welche eben wegen ihrer Kleinheit nicht als Lippe angesehen wird) und netzartig-runzlige Nüsschen. *Ajuga reptans* (kriechender Ginsel) mit ihren Ausläufertreibenden Stengeln ist eine überall bei uns häufige Pflanze.

Von der Gattung *Teucrium* geben *T. Scordium*, Lachenknoblauch, die *Herba Scordii*, und *T. Marum*, Katzengamander, Amberkraut, die *Herba mari veri*, welche zwar einen rosmarinartigen Geruch besitzt, doch kaum noch als Medikament, wohl aber als Lockmittel (Witterung) für Marder, Füchse, Katzen etc. gebraucht wird.

Teucrium.

Kelch 5-zähnig oder gelippt.	*Calyx quinquedentatus v. labiatus.*
Blumenkrone mit kurzer, tief ausgeschnittener Oberlippe, ohne Haarring in der Röhre. Unterlippe 3-lappig.	*Corolla labio superiore brevi, profunde exciso, intrinsecus in tubo annulo pilorum non instructo. Labium inferius trilŏbum.*
Staubgefässe aus dem Ausschnitt der Oberlippe hervorragend.	*Stamina e fissura labii superioris eminentia.*
Nüsschen meist netzartig-gerunzelt.	*Nuculae plerumque reticulato-rugosae.*

Teucrĭum Scordĭum, häufig auf feuchten Wiesen, hat einen zottigen, aufsteigenden oder niederliegenden, ziemlich einfachen Krautstengel, sitzende länglich-lancettförmige, grob-kerbig-gesägte, weichbehaarte Blätter, achselständige purpurrothe Blüthen. Die frische Pflanze ist von knoblauchartigem Geruche. (*Caule herbaceo, villoso, adscendente vel procumbente, subsimplĭci, foliis sessilibus oblongo-lanceolatis, grosse crenato-serratis, pubescentibus, floribus axillaribus purpurĕis. Planta recens odōris alliacĕi*).

Teucrium Marum, im Orient und südlichen Europa einheimisch, unterscheidet sich durch einen strauchigen ästigen aufrechten filzigen Stengel, kleine gestielte eiförmige ganzrandige, am Rande zurückgerollte, unten weisslich-filzige Blätter, durch einseitswendige lockere Blüthenschwänze. (*Caule fruticōso ramōso tomentoso, foliis par-*

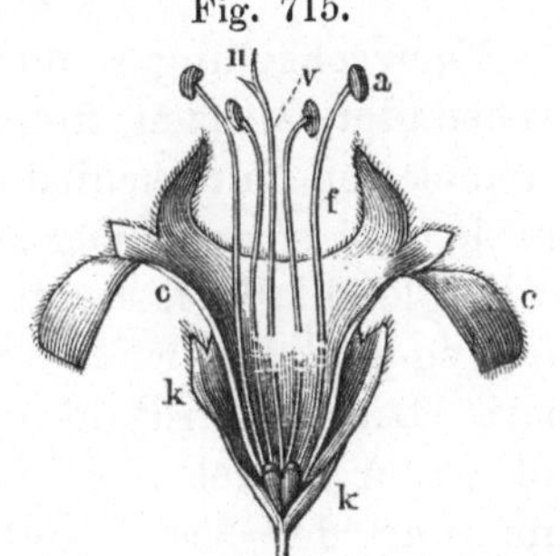

Fig. 715.

Teucrĭum Marum, Unterlippe und Röhre der Blüthe aufgeschlitzt (4 fache Linear-Vergr.). *k* Kelch, *c c* Unterlippe, *f* ausgeschnittene Oberlippe (*labium superius excisum*).

vis petiolatis ovatis integerrimis, in margĭne revolūtis, subtus albĭdo-tomen-tosis, anthūris laxis secundis).

*Labiatae-**Menthoïdeae*** (Minzen). *Corolla bilabiata, limbo par-tito, lobis subaequalibus; stamina distantia recta* (Corolle fast lippen-förmig, mit getheiltem Saume, fast gleichen Lappen; Staubge-fässe entfernt von einander stehend und gerade). Gattung *Mentha.*

Mentha, Minze.

Kelch 5-zähnig.	*Calyx quinquedentatus.*
Blumenkrone trichterförmig, fast gleichmässig 4-spaltig, mit oberem breiterem Lappen.	*Corolla infundibuliformis, quadri-fĭda, subaequālis, lobo superiore latiore.*
Staubgefässe 4, fast gleich lang, entfernt von einander stehend, gerade.	*Stamina quaterna, fere aequaliter longa, distantia, recta.*

Die *Mentha*-Arten haben weisse oder lilafarbene Blüthen. Sie zeichnen sich durch Gehalt an flüchtigem Oel aus. Dasselbe befindet sich besonders in kleinen, auf der Unterfläche der Blätter befindlichen oder eingesenkten Oeldrüschen.

Die wichtigste Art ist *Mentha piperīta*, welche angeblich in England einheimisch ist, aber überall angebaut wird, es hat aber das Englische Pfefferminzöl stets den feine-ren Geruch und besseren Geschmack.

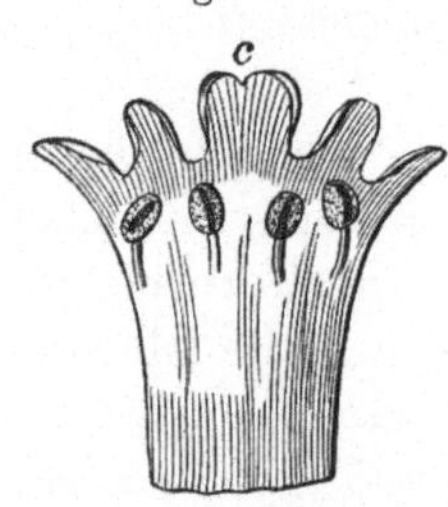

Corolle von *Mentha* ausge-breitet.

Mentha piperīta, Pfefferminze, hat ge-stielte, länglich-eirunde, scharf gesägte und kahle Blätter, längliche, an der Basis unter-brochene, lockere Blüthenschwänze. Die beim Beginn des Blühens gesammelten und getrockneten Blätter sind als *Folia Menthae piperītae* officinell. (*Foliis petiolatis, ovato-oblon-gis, argute serratis, glabris, anthūris oblongis, in basi interruptis, laxis*).

Verwechselungen der Pfefferminzblätter mit Blättern wild-wachsender Minzen kommen vor. Obgleich Geruch und Ge-schmack den Unterschied zeigen, so sind auch noch z. B. die Blätter von *Mentha silvestris* fast sitzend und unten weissfilzig, von *Mentha viridis* gleichfalls fast sitzend und länglicher, von *Mentha aquatica* eiförmig und auf beiden Seiten etwas rauhhaarig oder zottig-be-haart. Die Bastardbildung ist bei den Minzen sehr gewöhnlich, und daher findet man nicht nur eine Unsicherheit in der Be-stimmung der Arten selbst, man hat auch manche Abarten als Arten angenommen. Wachsen zwei Arten neben einander, so geht die kahlblättrige Art allmählich durch Bastardbildung in die rauhblättrige Art über. Aus der *Mentha piperita* sieht man nach einigen Jahren *Mentha crispa* entstehen.

Mentha crispa L. (*Mentha aquatica* γ. *crispa* Benth.) hat krausgefaltete, zerschlitzt-gezähnte, fast sitzende Blätter. Ebenso *Mentha crispata* Schrader (*Mentha viridis* γ. *crispa* Benth.). Die Blätter sind bald kahl, bald zottig behaart. Beide Arten geben die officinellen Krauseminzblätter, *Folia Menthae crispae.*

Bemerkungen. *Scutellaria* (Schüsselkraut), *scutella*, Schüsselchen. — *Galericulatus, a, um,* mit einer Perrücke versehen, bei *Scutellaria* wegen der behaarten Blumenkrone und der bewimperten Staubgefässe. — *Stachys*, gen. *stachÿos*, griech. στάχυς, Aehre, wegen des ährenförmigen Blüthenstandes. — *Lamĭum* soll aus *lamia*, Hexe, Unholdin, oder λάμια, ein fabelhaftes Ungeheuer, gebildet sein, es ist aber sicherer von dem Worte λάμος (lamos), Schlund, Höhle, wegen der rachenförmigen Blüthe (τὰ λάμια Erdschlünde), abgeleitet.

Galeōpsis, ĭdis, von γαλεός (galeos) Wiesel und ὄψις (opsis), Aussehen, Anblick, wegen der behaarten Oberlippe und der beiden wie Zähne vorstehenden Höcker im Schlunde der Corolle.

Monarda, nach *Monardes*, einem span. Arzte, st. 1578. — *Salvia*, von *salvus, a, um,* wohlbehalten, gesund, wegen der Heilkräftigkeit der Pflanze, welche schon von den alten Römern geschätzt wurde. — *Scordium*, griech. σκόρδιον, eine Pflanze mit Knoblauchsgeruch (σκόρδον, Knoblauch). — *Chamaedrys, ÿos,* (Zwergeiche), χαμαί (chamai), niedrig, an der Erde; δρῦς (drys) Eiche. — *Rosmarīnus*, Gen. *rorismarīni* und *rosmarini* (Meerthau), *ros, roris*, Thau, *marīnus, a, um,* zum Meere gehörig. — *Mentha*, M i n z e, griech. μίνθα (mintha).

Lection 128.

Polygoneen.

Mit den Knöterigartigen, P o l y g o n e e n, *Polygonaceae*, treten wir in die Unterklasse der *Monochlamydĕae* (Pflanzen mit einfacher Geschlechtsdecke), welche die dikotylen Pflanzen mit einfachem Perigon umschliesst. Nach dem *Endl.* System bilden die Polygoneen eine Unterordnung der *Oleraceae* (der Krautartigen), welche Klasse zur Cohorte der *Apetalae* oder Kronenblattlosen zählt. Eine apetale Blüthe hat keine Corolle, sie kann aber von einem Perigon umhüllt sein.

In chemischer und medicinischer Beziehung sind die Gattungen der Polygoneen unter sich sehr abweichend. Einige liefern Nahrungsmittel (*Fagopȳrum*), andere enthalten Gerbstoffe (*Coccolŏba, Polygŏnum*), andere liefern Farbstoffe (*Polygŏnum tinctorium*), andere enthalten freie Säure (*Rumex*), ein wichtiges Medicament liefert aber die Gattung *Rhēum.*

Polygonaceae Juss.

Meist Kräuter mit knotig-ge-gliedertem Stengel.

Blätter zerstreut, einfach, schei-dig, mit gefranster, der Blatt-scheide angewachsener Tute.

Blüthen zwitterig oder durch Fehlschlagen diclinisch.

Perigon unterständig, oft blei-bend, in der Knospe ziegel-dachartig.

Staubgefässe perigynisch, einem kurzen Unterkelch ein-gefügt.

Pistill. Fruchtknoten ober-ständig, 1-fächerig, 1-eiig; Eichen aufrecht, geradläufig, im Grunde des Faches ange-heftet; Griffel 3 oder 2.

Frucht 1-samig, nicht aufsprin-gend (eine Caryopse), von dem bleibenden Perigon um-hüllt.

Samen mit Eiweiss; der Keim vom mehligen Eiweisse um-schlossen oder ausserhalb des-selben, gerade oder gekrümmt. mit nach der Fruchtspitze ge-richtetem Würzelchen.

Plerumque herbae, caule nodoso-articulato,

Folia sparsa, simplicia, vaginata, ochrĕā fimbriatā, vagīnae adnatā, munīta.

Flores hermaphrodīti vel abortu diclīni.

Perigonium inferum, saepe per-sistens, praefloratione imbricata.

Stamina perigўna, hypanthio brevi inserta.

Pistillum. Germen superum, uni-loculare, uniovulatum; ovulum erectum, orthotrŏpum, fundo imo locŭli affixum; styli terni vel bini.

Fructus monospermus, non dehi-scens (caryopsis), perigonio per-sistente cinctum.

Semen albuminosum; embryo al-bumine farinaceo inclusus vel extrarius, rectus vel curvatus, radiculā superā.

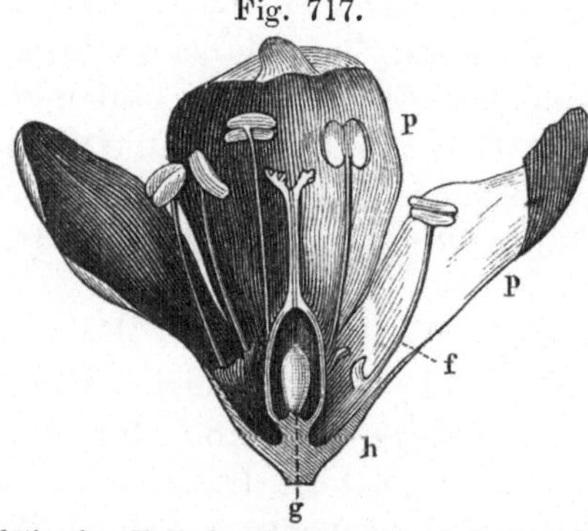

Fig. 717.

Blüthe eines Knöterigs (*Polygŏnum*) im Verticalschnitt, vergrössert. h p *Perigonium hypogўnum,* f *stamina perigўna,* g *germen supĕrum, uniloculare, uniovulatum.*

Die officinellen Gattungen der Familie lassen sich nach der Zahl der Theilung des Pe-rigons abschichten. Ein 5-theiliges Perigon haben *Cocco-lŏba, Polygŏnum, Fagopўrum,* ein 6-theiliges *Rumex, Rheum.*

Bei *Coccolŏba* verwächst das fleischig gewordene bleibende Perigon zum Theil mit der 3-kantigen Caryopse. (*C. uvifĕra* Jacq., im heissen Amerika, lie-fert in ihrem eingetrockneten

Safte das westindische Kino). Bei den anderen Gattungen
bedeckt das Perigon einfach die Frucht.

Gattung *Polygŏnum*, Knöterig.

Perigon meist 5-theilig und gefärbt.	*Perigonium plerumque quinquepartitum et coloratum.*
Staubgefässe 4 bis 8.	*Stamĭna octōna vel pauciōra.*
Pistill meist mit 3-kantigem Fruchtknoten und kopfförmigen Narben.	*Pistillum plerumque germĭne triangulari stigmatibusque capitatis.*
Keim der Ecke des hornartigen Eiweisses anliegend, seitenständig, gekrümmt.	*Embryo angŭlo albumĭnis cornĕi accumbens, lateralis, curvatus.*
Samenblätter flach u. schmal.	*Cotȳlae planae angustaeque.*

Polygŏnum Bistorta, Natterknöterig, mit einem fleischigen
S-förmig gebogenen, etwas zusammengedrückten Rhizom, einfachem aufrechten Stengel, eilancettförmigen, in
den Blattstiel herablaufenden, etwas welligen Blättern, endständigem dichten Blüthenschwanze, 8-männigen, 3-weibigen, fleischfarbenen Blüthen,
und 3-schneidiger Frucht. Das gerbstoffhaltige Rhizom (*Rhizōma Bistortae*) war früher officinell.

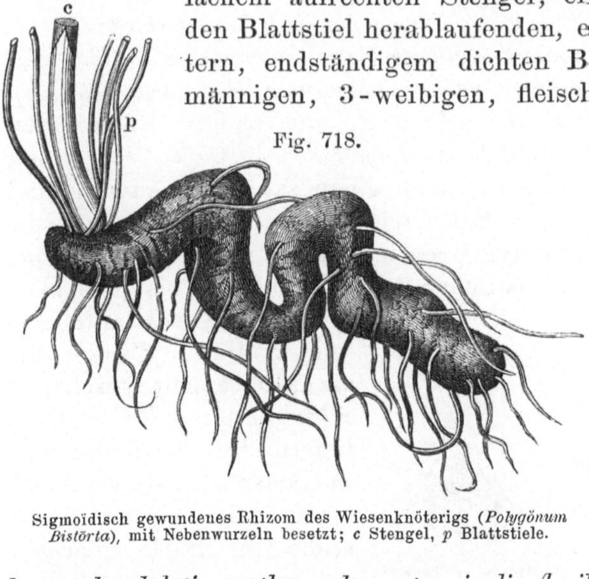

Fig. 718.

Polygŏnum Bistorta rhizomate carnoso sigmoïdeo-curvato subcompresso (bistorto), caule simplici erecto, foliis ovato-lanceolātis, in petiolum decurrentibus, subundulatis, anthuro denso terminali, floribus octandris trigȳnis carneis, fructu triquetro.

Sigmoïdisch gewundenes Rhizom des Wiesenknöterigs (*Polygŏnum Bistŏrta*), mit Nebenwurzeln besetzt; c Stengel, p Blattstiele.

Der kleine, selbst zwischen Steinpflaster wuchernde Vogelknöterig, *Polygŏnum aviculāre,* hat einen niederliegenden ästigen
Stengel und achselständige, weissliche oder röthliche Blüthen.

Fagopȳrum ist von der Gattung *Polygŏnum* abgetrennt, denn
am Grunde des Perigons finden wir 8 mit den Staubfäden abwechselnde Drüschen, einen achsenständigen Embryo mit grossen
blattartigen Keimblättern, welche das Eiweiss in 2 Theile spalten

und dasselbe halb umfassen. *Fagopȳrum esculentum* Moench (*Polygŏnum Fagopȳrum* L.), Buchweizen, liefert in seinen Samen ein Nahrungsmittel.

Die Gattung *Rumex* (Ampfer) weicht ab durch ein 6-blättriges Perigon, mit 3 inneren grösseren Blättern, durch 6 Staubgefässe, 3 Griffel, pinselförmige Narben, eine 3-kantige, von den 3 inneren ausgewachsenen, meist auf dem Rücken eine Schwiele tragenden Perigonblättern bedeckte und daher scheinbar 3-flüglige Caryopse, einen seitenständigen Embryo und schmale Samenblätter.

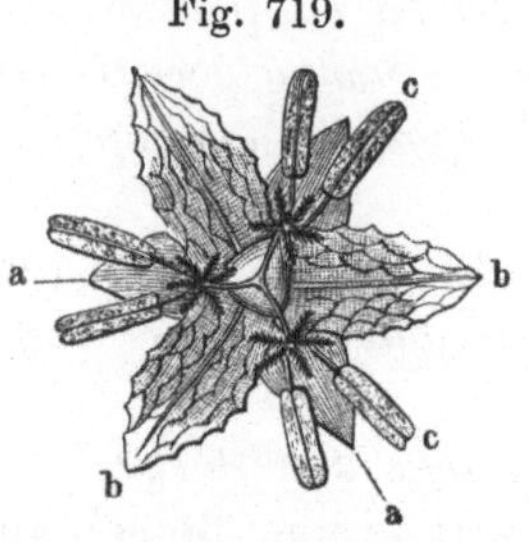

Blüthe von *Rumex obtusifolius*. (9 f. Lin.-Vergr.). *a* äussere, *b* innere und grössere Perigonblätter, *c* Staubgefässe, in der Mitte der Fruchtknoten mit den 3 pinselförmigen Narben.

Rumex ab reliquis generibus differt: perigonio hexaphyllo, phyllis tribus interioribus multo majoribus, staminibus senis, stylis ternis, stigmatibus penicilliformibus, caryopsi triangulari, perigonii phyllis tribus interioribus excrescendo auctis, dorso plerumque calligĕris (instar valvium) tectā et inde spurie trialatā, embryōne laterali cotȳlisque angustis. (Hexandria Trigynia).

Rumex obtusifolius, Grindwurz, und andere Rumexarten gaben die früher officinelle *Radix Lapăthi acūti s. Oxylapăthi*. *Rumex Acetōsa* und *Rumex Acetosella* haben einen sauren Geschmack und enthalten saure oxalsaure Salze wie die *Oxalis*-Arten.

Die wichtigsten Polygoneen umfasst die Gattung *Rhēum*, von welcher einige im östlichen Asien heimische, bis jetzt aber noch wenig bekannte Arten in ihrer Wurzel die als Medicament geschätzte Rhabarber (*Radix Rhei*) liefern. Bei uns findet man in Gärten öfter *Rheum*-Arten gepflegt, deren junge Blattstiele als Salat genossen werden, an denen sich aber auch der Charakter der Gattung recht gut studiren lässt.

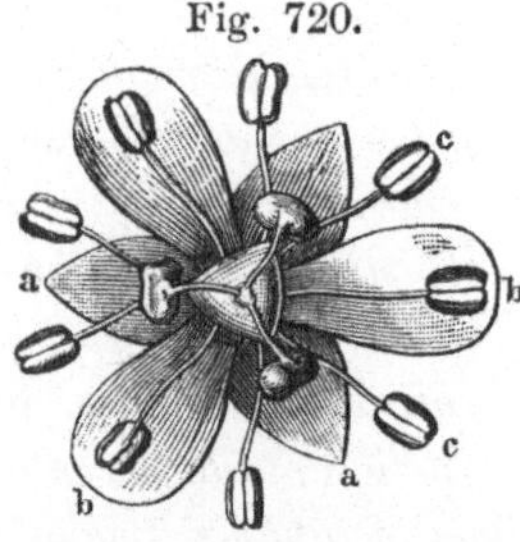

Blüthe von *Rheum rhaponticum* (9 fache Lin.-Vergr.). *a* äussere, *b* innere Perigonblätter, *c* Staubgefässe, in der Mitte der Fruchtknoten mit den 3 kopfförmigen Narben.

Rheum rhaponticum. Geflügelte Frucht im Querdurchschnitt (Vergr.).

Rheum.

Perigon 6-theilig, mit 3 inneren grösseren Theillappen, bleibend, aber nicht wie bei Rumex auswachsend.

Perigonium sexpartītum persistens, laciniis (phyllis) interioribus majoribus, nec ut in Rumĭce excrescentibus.

Staubgefässe 9.	*Stamina novēna.*
Pistill mit 3 nierenförmigen, auswärts gebogenen Narben.	*Pistillum stigmatibus ternis reni-formibus, extrorsum flexis.*
Frucht eine 3-kantige, 3-flügc-lige Schalfrucht.	*Fructus caryopsis triangularis trialātus.*
Embryo gerade, in der Achse des Eiweisses, mit flachen blattartigen Samenblättern.	*Embryo rectus, axĭlis, cotÿlis planis foliaceis.*

Enneandria Trigynia.

Von *Rumex* unterscheidet sich *Rheum* also durch die enneandrische Blüthe, die fast sitzenden nierenförmigen (also nicht pinselförmigen) Narben und die geflügelte Caryopse.

Rheum palmatum ist auf den Gebirgen Centralasiens *Rheum Emōdi* und *Rheum austrāle* Don, dessen Theile ausser den Blättern roth gefärbt sind, in der Tartarei zu Hause. *Rheum rhaponticum*, ursprünglich in Sibirien zu Hause, bei uns aber gezogen, giebt die Pferderhabarber (*Radix Rhapontici*). In Frankreich und Oesterreich hat man in hochliegenden Gegenden Rhabarberarten zur Erzielung der Rhabarberwurzel cultivirt, man hat aber nur dem Rhabarber äusserlich ähnliche Wurzeln gewonnen, die indess dennoch als deutsche und französische Rhabarber in den Handel kommen. Die officinelle Rhabarber (indische Sorte) ist die von der Rinde mehr oder weniger (halbmundirte) oder ganz befreite (mundirte) Wurzel in grösseren und kleineren Stücken. Sie enthält Chrysophansäure, Farb- und andere Stoffe, wie Aporetine, Phaeoretine, Erythroretine, Emodine, Stärkemehl, Gerbsäure, oxalsaure Kalkerde und andere Salze. Die Wirkung ist eine tonisirende, in grösserer Gabe abführend.

Den Polygoneen nähern sich die Chenopodeen, *Chenopodiaceae* Ventenat, oder *Salsolaceae* Moq. Tand, dieselben unterscheiden sich aber durch kleine, in Knäulchen stehende, meist pentandrische Blüthen, nierenförmige Caryopsen mit peripherischem Embryo und nach dem Nabel gerichtetem Würzelchen, besonders aber durch den Mangel der Scheiden und Tuten an den Blättern. Im Uebrigen gehören die Chenopodeen auch zur Unterklasse der *Monochlamideae* DC. und der Klasse *Oleraceae* Endl.

Chenopodiaceae.

Meist Kräuter mit nebenblatt-losen Blättern.	*Plerumque herbae foliis exstipulatis.*
Blüthen klein, in Knäueln stehend, zwitterig, seltner diclinisch.	*Flores parvi, glomerati, hermaphrodīti, rarius diclīni.*

Perigon gewöhnlich 5-theilig, meist unterständig, bleibend.	*Perigonium plerumque quinquepartītum, plerumque infĕrum, persistens.*
Staubgefässe dem kurzen Unterkelch eingefügt, und perigynisch, gewöhnlich von der Zahl der Perigonlappen und diesen gegenständig.	*Stamina hypanthio brevi inserta, perigўna, plerumque tot quot laciniae perigonii, iisdem opposita.*
Pistill. Fruchtknoten frei, selten unterständig, 1-fächerig, 1-eiig; Eichen im Grunde des Faches angeheftet, aufrecht, krummläufig oder an einem kurzen grundständigen Nabelstrange hängend und halb gekrümmt. Griffel einfach oder getheilt.	*Pistillum germine libĕro, rarius infĕro, uniloculari, uniovulato; ovulum fundo imo loculi affixum, erectum, campўlotrŏpum vel a funiculo brevi basilari pendulum et hemitrŏpum; stylus simplex vel partitus.*
Karyopse mit nierenförmigem Samen, peripherischem eiweisshaltigem oder spiraligem eiweisslosem Embryo und nach dem Nabel gewendetem Würzelchen.	*Caryopsis semine reniformi, embryōne peripherico albuminoso vel spirali exalbuminoso, radicula hilum spectante.*

Die Chenopodeen zerfallen je nach Lage und Form des Embryo in:

Spirolobĕae, mit schneckenförmigem Embryo (*embryo spiralis*). Gattung *Salsŏla*, Art *Salsŏla Kali* (Salzkraut), häufig.

Cyclobĕae mit peripherischem (den Eiweisskörper umschliessendem) Embryo. Gattungen mit Blüthen ohne Bracteen sind: *Chenopodĭum, Blitum, Spinacia;* mit männlichen bracteenlosen und weiblichen 2-deckblättrigen Blüthen: *Atrĭplex,* und mit 3-deckblättrigen Zwitterblüthen: *Beta.*

Chenopodium (Gänsefuss) hat bracteenlose polygamische oder Zwitter-Blüthen, ein 5-eckiges, 5-spaltiges Perigon, 5 Staubgefässe, 2 Narben, eine häutige niedergedrückte, vom Perigon eingeschlossene Caryopse, mit horizontalem (zum Samenträger in einem rechten Winkel stehenden), eiweisshaltendem Samen mit rindiger Samenschale.

Fig. 722.

Chenopodium Botrys. 1. Eine Blüthe mit dem 5-blättrigen Perigon, 2. dieselbe nach Entfernung zweier Perigonblätter, um die beiden Narben und den niedergedrückten Fruchtknoten zu zeigen. 3. Samen oberhalb quer durchschnitten, den peripherischen Embryo zu zeigen. Sämmtl. vergr.

Chenopodium dignoscitur: floribus polygamis vel hermaphroditis, perigonio pentagono quinquefido, staminibus quinis, stigmatibus binis, caryopse pericarpio membranaceo, depressā, perigonio inclusā, semine horizontali albuminoso, testā crustaceā.

Bemerkenswerthe Arten dieser Gattung sind *Chenopodium Vulvaria,* stinkender Gänsefuss, welches das übelriechende Trimethylamin aushaucht und früher als *Herba Vulvariae s. Atriplicis olĭdi* officinell war. *Chenopodium ambrosioides,* mexikanisches Traubenkraut, liefert *Herba Botrÿos Mexicānae.*

Fig. 723.

Erdbeerspinat (*Blitum capitatum*).

Die Gattung *Blitum* (Melde) weicht durch verticalstehende oder gleichzeitig theils vertical, theils horizontal stehende Samen ab. *Blitum Bonus Henricus* C. A. Meyer (*Chenopodium Bonus Henrĭcus*) war früher officinell.

Von der Gattung *Beta* liefert *Beta vulgaris,* variet. γ. *rapacea,* die Runkelrübe, welcher der bei uns gebrauchte Rohrzucker entnommen wird. *Spinacĭa oleracĕa* (Spinat), *Atrĭplex hortense* geben Gemüsekräuter.

Bemerkungen. *Polygonum,* griech. πολύγονον, ein Kraut, das sich stark vermehrt oder sich viel erzeugt; πολύ, viel, und γονόω (gonoö), zeugen. Andere verdeutschen dieses Wort mit: „vielknotige Pflanze" und leiten es ab von πολύ und γόνυ (gony), Knie. — Die Endung *-gōnus, a, um,* hat ein langes *o,* wenn es die Bedeutung winklig oder eckig hat; von γῶνος (gōnos), Winkel, Ecke. — *Coccoloba* (Kernkapsel, Beerenkapsel); κόκκος (kokkos), Beere, Kern; λοβός (lobos), Samenkapsel, Schale. — *Bistorta* (Doppeltgekrümmte); *bis,* 2mal; *tortus* (von *torqueo*) gewunden, gekrümmt.

Fagopȳrum (Buchweizen); *fagus,* Buche; πυρός (pȳros), Weizen. — *Rhēum,* griech. ῥῆον (rhäon) irgend ein Fluss (Wolga) jenseits des schwarzen Meeres (*Pontus*), von wo die Rhabarberwurzel bezogen wurde. *Rha,* griech. ῥα, ist jedenfalls die Grundform von *radix* und bedeutet nur „Wurzel". Daher auch *Rhaponticum* und *Rhabarbarum* (Wurzel aus dem Lande der Barbaren). — *Oleracĕae* von *olus, ĕris,* Gemüse, Kohl; *oleraceus,* krautig.

Chenopodium (Gänsefüsschen); χήν, gen. γηνός (chän, chänos), Gans; πόδιον (podion), Füsschen; πούς, ποδός (pus, podos), Fuss. — *Spirolobĕae,* von σπεῖρα (speira), Gewickeltes, Aufgerolltes, und λοβός (lobos), Samenkapsel, Hülse. — *Cyclolobeae,* von κύκλος (kyklos), Kreis.

Lection 129.

Laurineen. Daphnoïdeen oder Thymeläen.

Aus der *DC.* Unterklasse der *Monochlamydeae* oder vielmehr aus der *Endl.* Klasse der *Thymelaeae* (Kellerhalsartigen), in der Cohorte *Apetălae,* finden wir einige Familien, welche mehrere geschätzte, aber auch viele obsolete Arzneistoffe liefern, wie die *Laurinĕae, Santalacĕae, Daphnoidĕae.*

Die Familie der Lorbeerartigen, *Laurinĕae, Laureae, (Lauraceae)* gehört bis auf einige Arten in der gemässigten Zone besonders den heissen Gegenden Asiens und Amerikas an. Sie zeichnet sich im Allgemeinen durch einen reichlichen Gehalt an gewürzhaftem flüchtigen Oele aus, welches bei einigen Gattungen, wie z. B. den Zimmtbäumen, süss ist, bei anderen, wie z. B. bei dem Kampferbaum, nur aus Stearoptén besteht.

Laurineae.

Gewürzhafte Bäume, Sträucher mit abwechselnden Blättern, seltener blattlose parasitische Kräuter. Blätter ganzrandig.

Perigon einblättrig, unterständig.

Staubgefässe frei, perigynisch, den Perigonlappen gegenüberstehend, od. doppelt soviel, häufig 4-reihig, einem sehr kurzen Unterkelch eingefügt; Staubfäden: die nach innen stehenden meist unten mit häufig gestielten Drüsen besetzt; Antheren 2- od. 4-fächerig, mit von der Basis nach der Spitze zu aufspringenden Klappen.

Pistill einfach mit 1 Narbe und mit freiem Fruchtknoten mit 1 hängendem gegenläufigen Eichen.

Frucht eine Beere oder Steinfrucht, 1-samig, mit an der Spitze verdicktem Fruchtstiel, oder von dem verschieden veränderten Unterkelch gestützt oder eingeschlossen.

Samen ohne Eiweiss, mit geradem Embryo, grossen schildförmigen Samenblättern u. zurückgezogenem, nachd. Fruchtspitze gerichtetem Würzelchen.

Arbŏres, frutĭces aromatici, foliis alternis, rarius herbae aphyllae parasiticae. Folia integerrima.

Perigonium monophyllum inferum.

Stamina libera, perigўna, laciniis perigonii opposĭta, vel numero duplo quam laciniae, saepe quadriseriata, hypanthio brevissimo inserta; filamenta interiora plerumque infra glandulis saepe stipitatis munĭta; antherae bi- vel quadriloculares, dehiscentes valvulis a basi ad apĭcem revellentibus.

Pistillum simplex stigmate uno germĭneque libero, ovulo uno pendulo anatrŏpo.

Fructus baccatus vel drupaceus, monospermus, pedicello in apĭce incrassato vel hypanthio vario modo mutato fultus aut inclusus.

Semen exalbuminosum; embryo rectus, cotўlis magnis, peltatis, radiculā retractā superā.

Die Staubgefässe sind in dieser Pflanzenfamilie besonders charakterisirt, und zwar durch das klappige, schief-aufwärts stattfindende Aufspringen der Antheren, welche entweder alle nach innen gekehrt sind, oder die der dritten Reihe sind nach aussen und die der übrigen Reihen nach innen gewendet. Die innersten Antheren sind gewöhnlich rudimentär oder fehlgeschlagen und bilden Organe, welche man Staminodien zu nennen pflegt. Die Filamente tragen

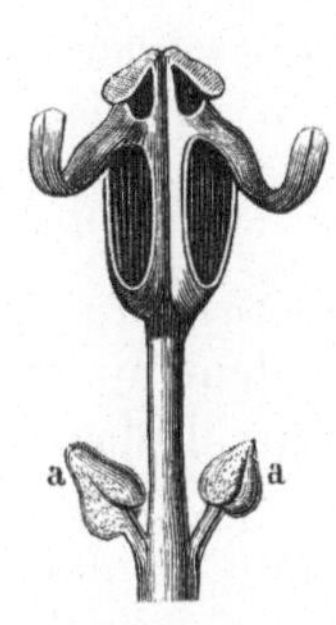

Vierklappig aufgesprungenes Staubgefäss von *Cinnamōmum acutum. aa* Drüsen.

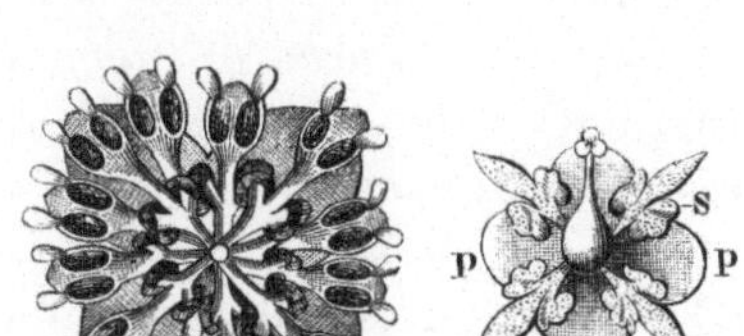

Fig. 724.

Laurus nobilis. 1. Männliche Blüthe (3 f. L.-Vergr.), 12 Staubgefässe. je am Grunde mit 2 Drüsen (Staminodien). 2. Weibliche Blüthe (2 f. L.-Vergr.). *p* Perigonblätter, *s* sterile Staubgefässe (Staminodien), in der Mitte das Pistill.

ferner sehr oft unterwärts auf beiden Seiten eine gestielte Drüse, welche von der Gestalt der Staminodien nicht wesentlich abweicht und daher auch Staminodie genannt worden ist. Es lässt sich nämlich annehmen, dass von 3 am Grunde verwachsenen Staubgefässen das mittlere zur Entwickelung gelangt ist, die seitlichen fehlgeschlagen sind und Drüsenform angenommen haben. In der Laurineenblüthe unterscheiden viele Botaniker letztere als Drüsen und nur die fehlgeschlagenen Staubgefässe der inneren Reihe als Staminodien.

Stamina Laurinearum florum: anthērae calvis oblīque adscendentibus dehiscentes, nunc omnes introrsae, nunc seriēi tertiae extrorsae, reliquae introrsae, intīmae saepe abortīvae, quae staminodia nominantur; filamenta infra utrinque uniglandulosa.

Staminodien (abortive Staubgefässe der innersten Reihe, *stamina sterilia*) haben die Gattungen *Cinnamōmum, Camphŏra, Nectandra*, sie fehlen bei *Sassafras* und *Laurus*. *Laurus* hat 2-fächrige, die anderen genannten Gattungen 4-fächrige Antheren. Alle diese Gattungen gehören der *Enneandria Monogynia* L. (Cl. IX, Ord. 1) an.

Cinnamōmum Zeylanĭcum Breyn liefert in dem Baste von der auf Zeylon heimischen Varietät α. *commune (Laurus Cinnamōmum* L.) den Ceylonzimmt (*Cinnamōmum acutum s. Cortex Cinnamōmi Zeylanici*). 5.

Cinnamōmum Cassĭa Fr. Nees (*Persĕa Cassia* Spr.), ein in China einheimischer Baum, liefert in seinem Baste die Zimmtcassie (*Cassia cinnamomea; Cortex Cinnamomi Cassiae*). 5.

Camphŏra officinarum Nees. (*Laurus Camphora* L.), in China und Japan einheimisch, giebt den gewöhnlichen Kampfer (*Camphŏra*, Laurineenkampfer), welcher aus allen Theilen des Baumes durch Destillation gewonnen wird. Der nicht in den Handel kommende Borneokampfer wird auf Sumatra und Borneo aus einer Diptĕrocarpee, *Dryobalănops Camphora* Colebr., gewonnen.

Nectandra Puchŭry major und *N. P. minor* Nees u. Mart. (in Brasilien) geben *Semen Pichŭrim majus* und *Semen Pichŭrim minus*. Beide sind obsolet.

Sassafras officinale Nees (*Laurus Sassafras* L.) (im gemässigten und wärmeren Amerika) liefert in dem an fenchelartigem flüchtigen Oele reichen Holze der Wurzel das sogenannte Sassafrasholz (*Lignum Sassafras*).

Laurus nobĭlis, Lorbeerbaum, in den Ländern um das mittelländische Meer einheimisch, giebt die Lorbeerblätter (*Folia Lauri*) und die Lorbeeren (*Fructus Lauri*). Letztere enthalten ein fettes Oel, Lorbeeröl (*Oleum laurīnum*) und ein flüchtiges Oel, *Oleum Lauri aethereum*.

Die Familie der Seidelbastartigen, *Daphnoïdeae* Vent. *s. Thymelaeaceae* Juss.) zeichnet sich durch scharfe, die Haut röthende, wegen der Schärfe selbst giftige Bestandtheile aus. Wie es scheint, besteht der scharfe Stoff in einem Glykosid, Daphnine.

Daphnoideae s. Thymelaeaceae.

Meist Sträucher mit zerstreut stehenden u. nebenblattlosen ganzrandigen Blättern.	*Plerumque frutices foliis sparsis exstipulatis integerrimis.*
Perigon 1-blätterig, unterständig, farbig, mit 4-, seltner 5-theiligem Saume, in d. Knospe ziegeldachartig.	*Perigonium monophyllum, inferum, coloratum, limbo quadri-, rarius quinquepartito, praefloratione imbricata.*
Staubgefässe epipetal, meist zweireihig und doppelt soviel als Perigonzipfel, die höher stehenden denselben gegenüberstehend; Antheren der Länge nach aufspringend.	*Stamina perigonio inserta, plerumque numero duplo quam laciniae perigonii, altiora (in serie superiore) iisdem opposĭta; antherae longitudinaliter dehiscentes.*
Pistill mit 1 Griffel, 1 Narbe und freiem 1 - fächerigem Fruchtknoten mit einem einzelnen hängenden gegenläufigen Eichen.	*Pistillum stylo uno, stigmate uno, germine uniloculari ovŭloque solitario pendulo anatrŏpo.*

Frucht 1-samig, Beere od. saft-los; Samen ohne od. mit nur spärlichem Eiweiss u. geradem Embryo; Würzelchen nach oben. | *Fructus monospermus, baccatus vel exsuccus; semen exalbuminosum vel albumine parco, embryone recto, radiculā superā.*

Daphne, Seidelbast.

Perigon trichterförmig, mit 4-theiligem Saume. | *Perigonium infundibuliforme, limbo quadrifido.*

Staubgefässe 8, in 2 Reihen gestellt, dem Schlunde des Perigons eingefügt. | *Stamina octona, biseriata, fauci perigonii inserta.*

Pistill mit sehr kurzem Griffel und kopfförmiger Narbe. | *Pistillum stylo brevissimo et stigmate capitato.*

Frucht. Beerenartige Steinfrucht. | *Drupa baccata.*

Samen ohne Eiweiss. | *Semen exalbuminosum.*

Daphne Mezerēum, ein in schattigen bergigen Wäldern Europas heimischer Strauch (♄), giebt, wie auch die beiden anderen unten genannten Arten, die Seidelbastrinde (*Cortex Mezerēi*) und die heute obsoleten Kellerhalskörner, Fischkörner (*Coccognidium, Fructus Coccognidii*). Sie unterscheidet sich von anderen Arten derselben Gattung durch verkehrt-eilancettförmige abfallende (jährige) Blätter, seitenständige, sitzende, gewöhnlich zu 3 stehende, frühzeitige, rosenfarbene Blüthen, ein weichbehaartes Perigon mit eiförmigen spitzen Saumzipfeln und durch rothe Beerenfrüchte.

Fig. 725.

Daphne Mezerēum.
1. Blühender Zweig. 2. Zweig mit den Beerenfrüchten.

Daphne Mezerēum foliis oborato-lanceolatis (obverse oblongis, Berg*), deciduis (annuis), floribus lateralibus sessilibus subternis praecocibus roseis, perigonio pubescente laciniis ovatis acūtis, baccis coccineis.*

Daphne Laureōla weicht durch immergrüne lederartige Blätter, späte überhängende achselständige 5—10-blüthige Trauben.

ein kahles grünliches Perigon mit lancettförmigen zugespitzten Zipfeln und durch schwarze Früchte ab.

Daphne Laureŏla differt: foliis sempervirentibus coriaceis, racēmis serotĭnis nutantibus axillaribus, quinque- rel decemflōris, perigonio glabro viridulo laciniis lanceolatis acutatis, baccis nigris.

Daphne Gnidĭum unterscheidet sich durch linien-lancettförmige feingespitzte Blätter, späte endständige Blüthensträusse, ein filzig behaartes weisses Perigon mit stumpfen Saumzipfeln und durch rothe ovale Beeren. Giebt *Cortex Gnidii.*

Daphne Gnidium differt: foliis lineari-lanceolatis cuspidatis, thyrsis terminalibus serotĭnis, perigonio tomentoso albo laciniis obtusis, baccis coccineis ovalibus.

Bemerkungen. *Thymelaeaceae,* benannt nach *Daphne Thymelaea L.* Θυμελαία (thymelaia) nannten die Griechen einen Strauch, dessen Beeren (κόκκος Κνίδειος, coccos knideios) stark abführen (unsere *Grana Gnidii*). — *Cinnamōmum,* griech. κιννάμωμον, Zimmt. Nach Herodot erhielten die Griechen den feinröhrigen Zimmt unter diesem Namen von den Phöniciern. *Cassĭa,* griech. κασσία, nach Herodot eine dem Zimmt ähnliche Rinde, von der man aber das Doppelte zum Gebrauch nehmen musste. — *Camphŏra* soll dem arab. *kafour* entnommen sein. — *Officīnārum,* gen. plur. von *officīna* (Apotheke).

Nectandra von νέκταρ (nektar), Nectar, und ἀνήρ, gen. ἀνδρός (anär, andros) Mann, wegen der Nectardrüsen an den Filamenten. — *Sassafras,* indecl., das spanische *salsafras* (saxifraga). — *Laurus,* von *laus,* das Lob, weil man mit Lorbeerkränzen die Sieger im Gesange, im Kampfe etc. auszeichnete.

Daphne, ēs, f. griech. δάφνη, der Lorbeerbaum der Griechen, dem Apoll heilig, welcher seine spröde Geliebte *Daphne* in einen Lorbeerbaum verwandelt haben soll. Zu der Uebertragung dieses Namens auf den Seidelbast scheint *Daphne Laureŏla* wegen der ähnlichen Blätter Veranlassung gewesen zu sein. — *Mezerĕum,* soll von dem persischen Namen des Strauches, *mazeriyn,* herkommen. — *Gnidium,* von *Cnidĭus (Gnidĭus), a, um,* cnidisch, der Venus gehörend. *Gnidus* (κνίδος) war eine Stadt in Carien, berühmt durch ihren Venuscultus und durch die Venusstatue, ein Meisterstück des Atheners *Praxitĕles.*

Lection 130.

Myristiceen. Lorantheen. Juglandeen.

Die Familie der Muskatartigen, *Myristiceae s. Myristicacĕae,* aus der DC. Unterklasse *Monochlamydeae,* zählt nur wenige in den Tropen einheimische Gattungen, von welchen *Myristĭca* die wichtigste ist, und sich besonders durch aromatische Bestandtheile, die sich in dem Samen concentriren, auszeichnet.

Der Charakter der Familie ist durch ein unterständiges 3-spaltiges Perigon, in eine dichte Säule verwachsene Staubgefässe, in einer Längsspalte aufspringende Antheren, eine 2-klappige Beere und einen mit zerschlitztem Samenmantel und gekautem (marmorirtem) Eiweisskörper versehenen Samen ausgeprägt.

Myristiceae dignoscuntur: perigonio infĕro trifido, staminibus in columnam solidam connatis, anthēris rimā longitudinali dehiscentibus, baccā bivalvi, semine arillo lacĕro et albumĭne ruminato.

Myristĭca fragrans Houttuyn (*Myristĭca moschāta.* Thunb.), auf den Sundainseln einheimisch, liefert in ihren von der Schale und dem Arillus befreiten Samen die Muskatnüsse (*Semina Myristicae; Nuces moschatae*). Der Arillus kommt als Macis, Macisblüthe (*Macis*), das aus den Samen durch Pressen gewonnene talgartige Oel als Muskatöl (*Oleum Myristicae; Oleum Nucistae*) in den Handel. Die rundlich-eiförmigen Samen von *M. fragrans* werden von dem gemeinen

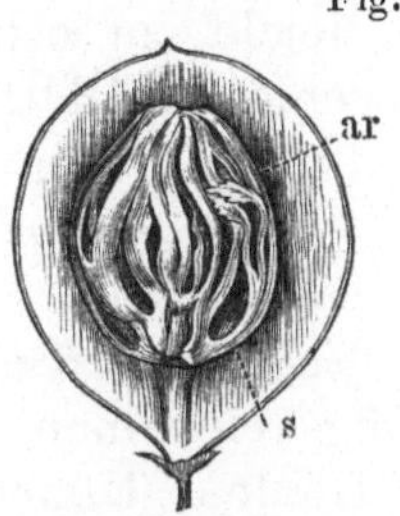

Fig. 726.

Myristica fragrans. Bacca bivalvis, pericarpium longitudinaliter persectum, semen arillo (ar) inclusum oculis praebens.

Semen Myristicae fragrantis Houttuyni longitudinaliter persectum, albumen ruminatum et embryonem (e) oculis praebens.

Manne zuweilen als weibliche, die weniger aromatischen länglichen Samen von *Myristĭca fatŭa* Houttuyn als männliche oder wilde Muskatnüsse unterschieden. Von Würmern zerfressene Samen nennt man Rompen. Aus der Macis destillirt man ein flüchtiges Oel, *Oleum Macĭdis. Myristĭca* gehört im Sexualsystem zur *Dioecia Monadelphia.* (Kl. XXII., Ord. 1).

Die Mistelgewächse *Loranthaceae*, aus der DC.'schen Unterklasse *Monochlamydeae*, zeichnen sich durch den Gehalt an einer klebrigen eigenthümlichen Substanz, Viscine, gewöhnlich Vogelleim genannt, aus.

Bei den Lorantheen waltet ein eigenes Verhältniss der Blüthen ob. Die männliche Blüthe ist eine nackte mit 4—5 nach innen gewendeten Antheren, auf deren Rücken das Connectiv blumenblattartig verbreitet ist, so dass dadurch ein 4—5 blättriges Perigon gebildet erscheint. Das Perigon der weiblichen Blüthe ist epigynisch, unter dem Rande des Unterkelches eingefügt. Die Lorantheen sind fast alle parasitische immergrüne gabelästige Sträucher mit meist gegenständigen, lederartigen Blättern, welche aber auch zuweilen fehlen.

Loranthaceae: flos masc˘ulus nudus antheris quaternis vel senis, introversis, dorso connectivo petaloid˘eo, perigonium imitanti, affixis; flos femineus perigonio epig˘yno, sub margˇine hypanthii inserto. Frutˇices fere omnes parasitici, sempervirentes, dichot˘ome ramosi, foliis plerumque oppositis coriaceis vel nullis. Gattungen: *Viscum, Lorânthus.*

Endlicher verlegte diese Familie in die Klasse der *Discanthae* (Scheibenblüthigen) aus der Cohorte *Dialypetalae* (Getrenntblumenblättrigen), indem er die becherförmige Ausdehnung des Randes des Blüthenbodens für einen ungetheilten Kelch und das Perigon als Blumenkrone, die Antheren den Perigonblättern aufsitzend ansah.

Viscum album, leicht zu erkennen an seinen gabelästigen Stengeln und nervenlosen Blättern, liefert in seinen jüngeren Zweigen und Blättern das einst als Epilepsie- und Krampf-Mittel geschätzte *Viscum album*, auch wohl Eichenmistel

Fig. 727.

Viscum album. Eine Anthere mit dem blumenblattartig erweiterten Connectiv. Anthere springt bienenzellig auf. Vergr.

(*Viscum quernum s. quercˇinum*) genannt, weil man es fälschlich für einen Parasiten der Eiche hielt. Häufig trifft man es auf Kiefern, zuweilen auch auf Linden, Ulmen, Obstbäumen an. Die wahre Eichenmistel giebt *Loranthus Europaeus*, welcher Strauch im südlichen Europa häufig auf *Quercus Cerris, Q. Austriˇaca, Castanˇea vesca* vorkommt. *Viscum* zählt im Sexualsystem zur *Dioecia Tetrandria*. (Kl. XXII., Ord. 4).

Vor Zeiten bereitete man aus den zerstampften Mistelpflanzen und den beerenartigen Früchten Vogelleim (*Viscum aucuparˇium*), heute macht man ihn durch Kochen und Eindicken von Leinöl oder aus Leinöl und Harzen, welche man zusammenschmelzt.

Die Wallnussartigen, *Juglandeae s. Juglandaceae*, sind besonders im gemässigten Nordamerika einheimische Bäume mit nebenblattlosen zerstreuten gefiederten Blättern und monöcischen Blüthen, von denen die männlichen Kätzchen bilden. Die männliche Blüthe ist blumenblattlos, von einer Bractee unterstützt, das Perigon oberhalb der Bractee angewachsen. Die weiblichen Blüthen stehen zu 1, 2, 3 an den Zweigenden und sind ohne Hülle, mit oberständigem 4-zähnigem Kelche, 4 kleinen Kronenblättern, welche auch zuweilen fehlen, 2 langen, oberhalb zerschlitzten Narben oder einer schildförmigen 4-lappigen Narbe. Der Fruchtknoten ist 1-fächerig, 1-eiig, das Eichen geradläufig, die Steinfrucht hat eine 2- oder 4-klappige Steinschale, der Samen ist ohne Eiweiss; Samenlappen buchtig-wulstig.

Juglandaceae: Arbŏres foliis non stipulatis, sparsis, pinnatis, floribus monoecis, masculis amentaceis apetălis bracteatis, perigonio bracteae supra adnato, floribus femineis solitariis, binis vel ternis terminalibus, haud involucratis, calyce supero quadridentato, petălis quaternis parvis vel interdum nullis, stigmatibus binis elongatis, supra lacĕris vel uno stigmăte peltato quadrilŏbo, germĭne uniloculari, uniovulato, ovulo orthotrŏpo, drupā putamĭne bi- vel quadrivalvi, semĭne exalbuminoso, cotylis sinuoso-torulosis.

Diese Familie zählt wenige Gattungen. *Juglans* hat männliche seitenständige hängende Blüthenkätzchen und eine Steinfrucht mit unregelmässig aufbrechender Schale und einer oberhalb fast 4-, unterhalb fast 2-fächrigen Steinschale. Bestandtheile sind gerbstoffartige Körper, im Samen ein mildes trocknendes fettes Oel.

Juglans regĭa, **Wallnussbaum**, aus Persien eingeführt, wird bei uns fast überall cultivirt. Davon sind die Blätter und die Rinde der Früchte officinell. (*Folia Juglandis; Cortex nucum Juglandis*). Blätter sind unpaarig-gefiedert, Blättchen 5—9, oval, kahl, schwach gesägt.

Bemerkungen. *Myristĭca*, μυριστικός, ή, όν, zum Salben geschickt. — *Loranthus* (Riemenblume), λῶρον (loron), Riemen, und ἄνθος (anthos), Blume. — *Juglans* zusammengezogen aus *Jovis glans* (des Jupiters Eichel).

Lection 131.

Cupuliferen.

Den Juglandeen nahe verwandt ist die Familie der Becherhüllfrüchtigen, *Cupŭlifĕrae*, deren Gattungen vorzugsweise in den gemässigten und kälteren Erdstrichen heimisch sind und wegen eines grösseren oder geringeren Gerbstoffgehaltes mehrere Arzneistoffe liefern. Einige enthalten Farbstoffe, andere haben Samen, welche als Nahrungsstoffe Verwendung finden. Die Cupuliferen zählen zur DC. Unterklasse der *Monochlamydeae* und zur Endl. Klasse der Kätzchenblüthigen, *Juliflŏrae*, aus der Cohorte der *Apetălae*.

Cupuliferae.

Bäume, seltner Sträucher mit zerstreuten einfachen Blättern u. mit hinfälligen Nebenblätt.	*Arbores, rarius frutices foliis sparsis simplicibus, stipulis cadŭcis.*

Blüthen einhäusig (monöcisch); männliche i. Kätzchen, nackt oder ohne Kronenblätter, 5 od. vielmännig, von Bracteen unterstützt (Kätzchen aus Bracteen gebildet); weibliche zu 1 oder mehreren zusammenstehend, von einer später zu einer Becherhülle auswachsenden gemeinschaftlichen Hülle umgeben. Perigon epigynisch.	*Flores monoeci; masculi amentacei, nudi vel apetäli, pentandri vel polyandri, bracteati (amenta ex bractĕis vel squamis composita); feminei solitarii pluresve, involucro communi, postremo in cupŭlam excrescente, cincti. Perigonium epigўnum.*
Pistill. Griffel fast fehlend; Fruchtknoten 2—6-fächerig, mit 1—2 hängenden Ei'chen im Fache. Narben soviel als Fächer.	*Pistillum. Stylus subnullus; germen loculis binis vel pluribus, ovulis singulis vel binis pendulis in loculo. Stigmăta tot quot loculi.*
Frucht eine durch Fehlschlagen 1-fächrige, 1- od. 2-samige Nuss, von d. bleibenden Hülle (Becherhülle) umgeben oder mehr oder weniger bedeckt.	*Fructus nux abortu unilocularis, mono- vel disperma, involucro persistente (cupŭla) cincta vel plus minusve obtecta.*
Samen eiweisslos, m. einfacher Samenhaut; Embryo gerade, Würzelchen nach der Fruchtspitze gerichtet.	*Semen exalbuminosum integumento simplĭci; embryo rectus, radicŭlā supĕrā.*

Die Cupuliferen gehören also sämmtlich der L. 21. Klasse, *Monoecia*, *Quercus* und *Castanĕa* der *Monoecia Polyandria*, die übrigen Gattungen meist der *Monoecia Pentandria* an. Sie lassen sich in Unterordnungen schichten, z. B. in *Quercĭnae* und in *Corylinĕae*.

I. **Quercinae**, Eichenartige; männliche Blüthen mit Perigon und 2-fächerigen Antheren; weibliche zu 1, 2 oder 3, mit Becherhülle; Fächer des Fruchtknotens 2-eiig (*flores masculi perigonio instructi (apetäli), anthēris bilocularibus; feminei solitarii, bini vel terni, cupulā cincti; loculi germinis biovulati*). Dazu gehören die Gattungen *Quercus* (Eiche), *Fagus* (Buche), *Castanĕa* (Kastanie).

Quercus, Eiche.

Kätzchen O locker (Kätzchen mit entferntstehenden Blüthen).	*Amentum floribus masculis laxis (amentum floribus remōtis).*
Männl. Blüthe mit mehrtheiligem Perigon (Kelche) und 6 bis 10 freien Staubgefässen.	*Mas. Perigonium (calyx) pluripartitum, stamĭna dena, pauciōra vel sena, libĕra.*

523

Weibl. Blüthe mit 1-blüthiger Hülle, 3 Narben, 3-fächerigem Fruchtknoten.

Frucht eine lederartige, 1-samige, am Grunde von einer innen gleichförmigen, aussen ziegeldachartig - schuppigen Becherhülle gestützte Nuss, Eichel genannt. (Becherhülle durch Verwachsung mehrerer Schuppen gebildet, ungetheilt).

Fem. Involucrum uniflorum; stigmāta terna; germen triloculare.

Fructus nux coriacea monospĕrma, in basi cupulā intrinsĕcus conformi, extrinsĕcus imbricato-squamōsā, fulta, quae glans dicitur. (Cupŭla ex squamis pluribus coalescentibus formata, intĕgra).

Fig. 728.   Fig. 729.   Fig. 730.

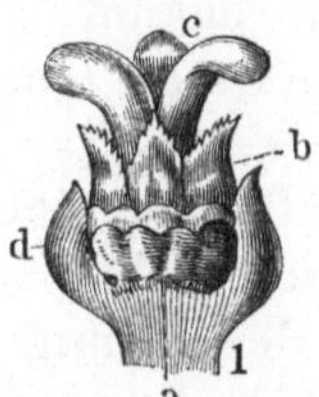 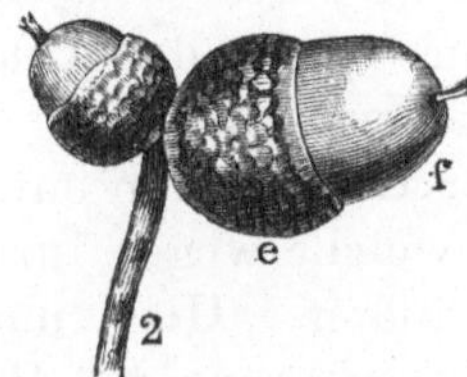 

Quercus. 1. weibliche Blüthe (12–14 f. L.-Vergr.). *a* Die Anlage zur Cupula, *b* Perigonblätter, *c* Narben, *d* Deckblatt. — 2. Früchte von *Quercus pedunculata.* e *Cupula.* f *glans.* — 3. Männliche Blüthe derselben Art (vergr.).

Je nachdem die Blätter bald nach der Vegetationsperiode abfallen (*folia decidŭa*), oder dieselbe überdauern (*folia perennantia*) theilt man die Eichenarten ab. *Folia decidŭa* finden wir bei *Quercus sessĭliflōra* Smith, *Q. pedunculata* Ehrh., *Q. Cerris*, dagegen *folia perennantia* bei *Q. Aegĭlops*, *Q. infectoria*, *Q. Suber*, *Q. tinctoria*, *Q. coccifĕra*. Die beiden ersten Arten mit abfallenden Blättern sind unter mehreren anderen bei uns heimischen Arten die bemerkenswerthesten. Nach *Linné* waren sie nur Abarten der Art *Quercus Robur.*

Quercus sessĭliflōra Smith.

Q. *Robur* β L. Steineiche.

Blätter gestielt, verkehrt-eiförmig länglich, gebuchtet, am Grunde keilförmig, unterhalb flaumhaarig, zuletzt kahl, mit abgerundet-stumpfen Lappen.

Früchte fast sitzend, elliptischlänglich. Schuppen d. Becherhülle angedrückt.

Folia petiolata, obovato-oblonga,

Quercus pedunculāta Ehrhart.

Q. *Robur* α L. Stieleiche.

Blätter fast sitzend, verkehrteiförmig länglich, gebuchtet, am Grunde herzförmig, stets kahl, mit abgerundet-stumpfen Lappen.

Früchte gestielt, länglich. Schuppen der Becherhülle angedrückt.

Folia subsessilia, obovato-ob-

sinuata, in basi cuneata, subtus puberula, tandem glabra, lobis rotundato-obtusis.	*longa, sinuata, in basi cordata, semper glabra, lobis rotundato-obtusis.*
Fructus subsessīles, elliptico-oblongi, squamis cupulae adpressis.	*Fructus pedunculati oblongi, squamis cupulae adpressis.*

Von beiden Arten werden die Rinde der jungen Aeste als Eichenrinde (*Cortex Quercūs*), welche circa 10 Proc. Gerbstoff enthält, ferner die von den Becherhüllen befreiten Früchte, Eicheln (*Glandes Quercus*) gesammelt. Die von dem Fruchtgehäuse befreiten Samen geben geröstet den Eichelkaffee (*Glandes Quercus tostae*). Sie enthalten etwas fettes Oel, circa 7 Proc. Gerbstoff, viel Stärkemehl, Zucker. Letzterer entspricht einigermaassen dem Mannit und wurde von *Dessaigne* Quercit genannt. Einen krystallisirbaren Bitterstoff aus der Rinde nannte *Gerber* Quercine.

In Folge des Stiches von einer Art *Cynips Quercus* in die jungen Früchte beider Eichenarten entstehen galläpfelartige Auswüchse, Knoppern, welche wegen ihres Gerbsäuregehaltes technische Anwendung finden. Hier möge die Bemerkung Platz finden, dass nur die Gerbsäure der Rinde die Fähigkeit besitzt Thierhaut (*corium*) in Leder zu verwandeln, weil diese Säure kein Glukosid ist und sich durch Gährung nicht in andere Producte spaltet. Die in den Galläpfeln und Knoppern enthaltene Gerbsäure ist ein Glukosid, gerbt daher nicht und spaltet sich durch Gährung in Gallussäure und Zucker (Glukose).

Quercus Aegilops, Ziegenbarteiche, im südl. Europa und der Levante, unterschieden durch weichstachelspitzige Blattlappen und sehr grosse Becherhüllen mit abstehenden Schuppen, ferner *Quercus infectoria* Oliv., Galläpfeleiche, in Syrien und Kleinasien, *Quercus Aescŭlus* und andere verwandte Arten geben die Galläpfel (*Gallae*). Diese sind Auswüchse auf den Blättern in Folge des Stiches der Gallwespe (*Cynips Gallae tinctoriae* Oliv. s. *Diplolĕpis Gallae tinctoriae* Fab.). Die sogenannten Japanischen und Chinesischen Galläpfel sind Auswüchse in Folge des Stiches von *Aphis*-Arten auf *Rhus semialāta* etc. Die Galläpfel enthalten 50 bis 75 Proc. Galläpfelsäure (*Acidum tannĭcum*).

Quercus Suber, Korkeiche, Pantoffelholzbaum, in Südeuropa und Nordafrika einheimisch, zeichnet sich durch eine rissigschwammige Rinde (*cortex rimoso-fungosus*) aus, welche das Korkholz bildet und woraus die Korkstopfen (*subĕres*) geschnitten werden.

Auf *Quercus coccifĕra*, Kermeseiche, im südlichen Europa und im Orient, lebt die Kermes-Schildlaus (*Coccus Ilicis* Fabr.), welche

getrocknet als Kermesbeeren (*Grana Chermes*) in den Handel
kommen, und wegen ihres rothen Farbstoffes Anwendung finden (z. B. zum *Syrupus kermesinus*).

Quercus tinctoria, Quercitroneiche, in Nord-Amerika, liefert
in ihrer Rinde das Quercitron (*Cortex Quercûs tinctoriae*), welches zum Gelbfärben verwendet wird.

Die Gattungen *Fagus* und *Castanĕa* unterscheiden sich von
Quercus durch 2—3-blüthige Becherhüllen und Nüsse, welche in
eine 4-klappige igelstachlige Hülle eingeschlossen sind, *Fagus*
durch kuglige Kätzchen und 3-schneidige Nüsschen, *Castanĕa*
durch Aehren bildende Kätzchen. Letztere hat späte Blüthen
(*flores serotĭni*), d. h. die Blüthen erscheinen erst nach der Entwickelung der Blätter.

Fagus silvatĭca, Rothbuche, gemeine Buche, liefert in ihren
ölreichen Nüsschen die Bucheckern (*Nuces Fagi*). Die Nüsse
der *Castanea vesca* Gaertn. *s. sativa* Mill. (*Fagus Castanea* L.), echte
Kastanie, sind die sogenannten Maronen oder echten Kasta-
nien. Letzterer Baum ist im südlichen Europa einheimisch und
wird daselbst, auch im südlichen Deutschland, viel cultivirt.

II. ***Corylineae,*** Haselartige; männliche Blüthen nackt, von
einer Bractee unterstützt, mit 1-fächrigen, an der Spitze bebärteten Antheren; jede einzelne weibliche Blüthe von einer Hülle
umgeben; Fruchtknotenfächer 1-eiig; (*flores masculi nudi, bractea
fulti, antheris unilocularibus, in apĭce barbatis; loculi germinis uniovu-
lati*). Hierher gehören z. B. *Corylus* und *Carpinus*.

Corylus ist charakterisirt durch eine glatte, von einer blattartigen 2-lappigen zerrissenen Becherhülle umgebene Nuss, *Carpinus* durch eine gerippte,
von einer 3-spaltigen, eine
falsche Becherhülle bil-
denden Bractee halbum-
fasste Nuss (*nux bractĕa
trifĭda semiamplexa*).

Corylus Avellāna, Haselstrauch, hat frühzeitige
Blüthen (*flores praecŏces*),
d. h. die Blüthen erscheinen vor den Blättern.
Aestchen und Blattstiele
sind mit drüsentragen-
den kleinen Borsten besetzt; die Hülle an der Frucht ist glok-
kenförmig, zweilappig und an der Spitze abstehend und zerrissen-

Fig. 732.

Corylus Avellāna.

Weiblicher Blüthenstand   Früchte. n *nux*, c *cupula*.
(8fache L.-Vergr.).   (Nat. Gr.).

gezähnt; (*ramŭli et petiŏli setŭlis glandulifĕris obsĭti; involucrum (cupŭla) campanulatum bilŏbum, in apĭce patŭlum, lacĕro-dentatum*). 5 (*frutex*).

Carpĭnus Betŭlus, Weissbuche, Hainbuche, hat gleichzeitige Blüthen (*flores coaetanĕi*), d. h. die Blüthen erscheinen zugleich mit den Blättern. Die ·Becherhüllen sind 3-spaltig mit einem mittleren verlängerten lancettlichen Lappen. 5 (*arbor*).

Bemerkungen. *Juliflōrus, a, um,* in Kätzchen blühend; *julus* (griech. ἴουλος) Milchhaar, Korngarbe, in der Botanik Zapfenkätzchen. — *Cupa, cupŭla,* Kufe, kleine Kufe. — *Aegilops* von αἴξ, αἰγός (aix, aigos), Ziege, und λώψ oder λώπη (lōps oder lōpä),

Fig. 733.

Blüthenstand der Hainbuche (*Carpĭnus Betŭlus*). *a* Kätzchen mit weiblichen, *b* mit männlichen Blüthen, *cd* männliche Blüthen, *e* weibliche Blüthe.

Mantel, Hülle. -- *Diplolĕpis* (Doppelschuppe), von διπλόος (diploos), doppelt, und λεπίς (lepis), Schuppe.

Lection 132.

Betulaceen. Urticaceen.

Andere Familien aus der *Endl.* Klasse *Juliflōrae* und auch gleichzeitig Monochlamideen sind *Betulineae s. Betulaceae* (Birkenartige), *Urticaceae* (Nesseln), *Salicineae s. Salicaceae* (Weidenartige).

Die in der vorigen Lection behandelte Cupuliferenfamilie, wie auch die Juglandaceen sind diclinische Gewächse, d. h. solche, deren Blüthen sich getrennt als männliche und weibliche entwickeln, welche beiden überdies keine Aehnlichkeit mit einander haben. Der Fruchtknoten ist ein unterständiger (*germen infĕrum*). Die am Eingange dieser Lection genannten Familien weichen von ihnen nur dadurch ab, dass ihr Fruchtknoten gemeinlich ein oberständiger (*germen supĕrum*) ist.

Vergleichen wir die *Betulaceae* mit den Cupuliferen, so finden wir, dass sowohl die männlichen wie die weiblichen Blüthen zu Kätzchen gruppirt sind (*flores monoeci amentacei*). Das männl. Kätzchen wird aus je 3 Blüthen stützenden schildförmigen Bracteen gebildet, und jede Blüthe, welche überdies 4-männig ist, wird (bei *Alnus*) wiederum von einer Neben-Bractee oder einem 4-theiligen Perigon getragen. Wie der männliche Blüthenstand so hat auch das weibl. Kätzchen Bracteen doppelter Art. Gattungen sind *Alnus*, *Betŭla*.

Alnus hat männliche Blüthen mit 4-theiligem Perigon. Die Hauptbracteen (*bracteae primariae*) des weiblichen Kätzchens sind 2-blüthig und werden holzig. Die Nuss ist zusammengedrückt und ungeflügelt (*nux compressa aptĕra*). Art: *Alnus glutinōsa*, Erle, Eller, Else ♄. Die Rinde ist gerbstoffhaltig.

Fig. 734.

Fruchtkätzchen der Erle (*Alnus glutinōsa*).

Betula hat männliche Blüthen mit 1 Bractee, und paarweise verwachsene Staubfäden. Die Hauptbracteen des weiblichen Kätzchens wachsen zwar lederartig aus, fallen aber ab. Die Nuss ist auf beiden Seiten geflügelt (*nux utrinque alata*). Art: *Betŭla alba*, Birke. Aus dem Holze derselben wird durch Schwehlung **Dagget** (*Oleum Rusci empŷreumatĭcum*) bereitet; ♄.

Wichtig für die Pharmakognosie ist die Familie der **Nesseln**, *Urticaceae*. *Jussieu* nahm in diese Familie mehrere unter sich stark divergirende Gruppen auf, welche andere Botaniker als besondere Familien unterschieden, die aber folgende gemeinsame Merkmale darbieten: ein unterständiges Perigon, demselben aufsitzende Staubgefässe, welche, von der Zahl der Zipfel des Perigons, diesen Zipfeln gegenüberstehen, meist diclinische Blüthen, ein 1-fächriger, 1-eiiger Fruchtknoten und eine Karyopse.

Urticaceae Jussieu.

Bäume, Sträucher, Kräuter, gegenständige und zerstreute Blätter, meist mit Nebenblättern.	*Arbores, frutices, herbae, foliis oppositis vel sparsis, plerumque stipulatis.*
Blüthen häufiger 2-bettig, mit unterständigem, oft 4-theiligem Perigon.	*Flores saepius diclīni, perigonio infĕro, saepe quadripartito.*
Staubgefässe dem untersten Theile des Perigons eingefügt, soviel als Perigonzipfel, diesen gegenständig.	*Stamina parti imae perigonii inserta, tot quot laciniae perigonii, iisdem opposita.*
Pistill mit 1 oder 2 Griffeln und einem 1-fächerigen, 1-eiigen Fruchtknoten. Eichen aufrecht oder hängend.	*Pistillum stylis binis vel uno, germĭne uniloculari, uniovulato. Ovulum erectum vel pendulum.*

Frucht eine Karyopse, oft von dem vermehrten Perigon eingeschlossen, nicht mit peripherischem Embryo. Würzelchen stets nach der Fruchtspitze gerichtet.

Fructus caryopsis, saepe perigonio aucto inclusus; embryo nunquam periphericus; radicula semper supera.

Die Unterordnungen lassen sich in solche schichten, deren Samen Eiweiss enthält (*Urticeae, Moreae*), und in solche, welchen der Eiweisskörper im Samen fehlt (*Artocarpeae, Ulmaceae, Cannabineae*).

*Urticaceae-***Moreae.** *Arbŏres et frutices plerumque lactescentes; flores dioeci, in capitula v. spicas v. amenta composĭti; stamina introrsus curvata, postremo elastĭce resilientia* (zurückspringend); *caryopses receptaculo vel perigonio demum excrescenti carnosoque inclusae; ovulum pendulum; embryo curvatus in axi albuminis.* Dazu zählen die Gattungen *Dorstenia, Ficus, Urostigma, Morus.*

Ficus ist durch ihren gemeinschaftlichen fleischigen hohlen, an seiner Spitze offnen und nur durch Schuppen geschlossenen Fruchtboden (*coenanthium*) ausgezeichnet, dessen innerer Höhlenwandung männliche und weibliche Blüthen aufsitzen. Als Mutterpflanze der Feigen (*Carĭcae*) wird gewöhnlich *Ficus Carĭca* angegeben, doch werden in den Ländern um das mittelländische Meer eine grosse Zahl Arten und Abarten cultivirt, welche die Feigen des Handels liefern.

Fig. 735.

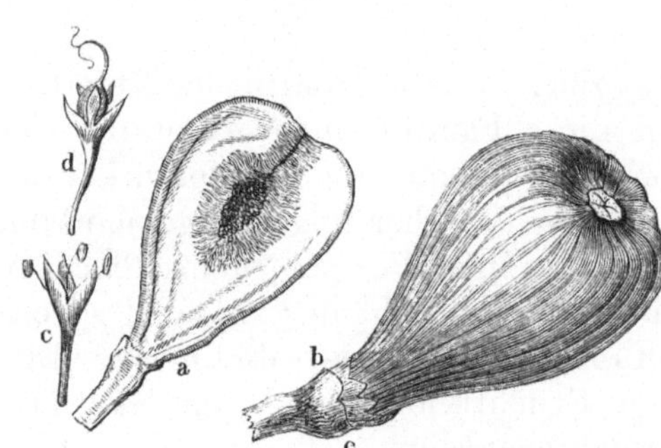

Ficus Carĭca. a Der gemeinschaftliche Fruchtboden. Verticaldurchschnitt, um die Höhlung mit den Blüthen zu zeigen; *b* derselbe zur Frucht gereift (nat. Gr.); *c* männliche, *d* weibl. Blüthe, beide vergrössert.

Urostigma elasticum Miq. (*Ficus elastica* Roxb., Gummibaum), ein Baum in Ostindien, liefert Kautschuk (*Resīna elastica*), *Urostigma Tjiela* Miq., auch in Ostindien, in Folge des Stiches von *Coccus Lacca* den Gummilack (*Resīna Lacca, Lacca in granis*), welcher einen rothen Farbstoff enthält und woraus auch der Schellack (*Lacca in tabŭlis*) bereitet wird.

Bei *Morus* (Maulbeerbaum) stehen die monöcischen Blüthen dicht in Köpfen zusammen (*flores dense capitati*). Durch fleischiges Auswachsen der 4-theiligen Perigone, welche die Nüsschen einschliessen, ist die Frucht eine Scheinbeere. Bei uns werden *Morus alba* und *Morus nigra* gezogen. Letztere liefert die schwarzen Maulbeeren (*Mora nigra*).

Fig. 736.

Männliche Blüthe des Maulbeerbaumes (*Morus*).Viertheiliges Perigon; die Staubgefässe stehen den Zipfeln des Perigons gegenüber. Etwas vergrössert.

Fig. 737.

Zusammengesetzte Frucht Maulbeere (*Morus nigra*).

---

*Urticaceae - **Urticeae*** (oder *Urticeae genuïnae*). *Flores polygămi vel diclīni; stamina quaternā, introrsum curvata, postremo elastice resilientia; stigma penicilliforme* (pinselförmig); *ovulum erectum orthotrŏpum; embryo rectus axilis* (in axi albuminis). Dazu die Gattungen *Urtĭca, Parietaria*.

Urtĭca. Perigon 4-theilig; die 2 inneren Zipfel des Perigons der weiblichen Blüthe wachsen zuletzt aus und bedecken die Frucht; (*perigonium quadripartitum, floris feminei laciniis binis interioribus, tandem excrescentibus et fructum obtegentibus*).

Urtica dioïca (grosse Brennnessel) unterscheidet sich durch diöcische Blüthen und herzförmige grob-gesägte Blätter, *Urtica urens* (kleine Brennnessel) durch monöcische Blüthen und rhombische eingeschnitten-gesägte Blätter. Die Blätter beider Arten sind mit Brennborsten (*setae urentes; stimŭli*) besetzt. Vergl. S. 35.

*Urticaceae-**Cannabineae***. *Herbae annuae vel perennes; flores dioici, feminei bractĕā foliaceā plus minusve involuti; perigonium maris pentaphyllum; stamina quina brevia recta; perigonium feminae tenuissime membranaceum, germen arcte obvestiens; stigmata bina filiformia: semen pendulum, embryone curvato aut spirali.* Dazu die Gattungen *Cannăbis, Humŭlus.* (*Dioecia Pentandria*).

Cannăbis, ursprünglich aus Persien und Ostindien kommend; weibliche Blüthe von einer am Grunde bauchigen, vorn gespaltenen Scheide umhüllt; Nüsschen glatt, von der vermehrten Scheide bedeckt, 2-klappig, aber nicht aufspringend; Embryo gekrümmt.

Cannabis: flos femineus spathā in basi ventricosā, antĭce fissa, involutus; nucula laevis spathā auctā illā obtecta, bivalvis, sed non dehiscens; embryo curvatus.

Cannăbis satīva, Hanf, überall angebaut, hat einen aufrechten rauh-scharfen Stengel mit oberen zerstreuten und unteren gegenständigen, gefingerten Blättern, lancettlichen gesägten Blättchen und traubenständigen männl. Blüthen. (*Caule erecto hirtoscabro, foliis superioribus sparsis, inferioribus oppositis, digitatis, foliolis lanceolatis serratis, floribus masc. racemosis*). Die von der Scheide

34

befreiten Früchte sind als **Hanfsamen** (*Fructus Cannăbis*), und die blühenden Spitzen der in Indien und Afrika wachsenden weiblichen Art als **indischer Hanf, Hachisch** (*Herba Cannăbis Indĭcae*), officinell. Letztere Drogue hat eine dem Opium ähnliche Wirkung und wird von den Orientalen als Berauschungsmittel benutzt. Wahrscheinlich brauten die alten Griechen daraus ihren köstlichen Trank *Nepenthes*. Die Faser des Hanfes ist bekanntlich sehr zähe und wird zur Fabrikation von Stricken, Seilen, Geweben verwendet.

Humŭlus. Die in Kätzchen stehenden weiblichen Blüthen bestehen aus ziegeldachartig gestellten Hauptbracteen mit je 2 Blüthen, und jede Blüthe ist wiederum von einer kleineren Nebenbractee, welche den Fruchtknoten am Grunde umfasst, unterstützt. Männl. Blüthen in Rispen. Nüsschen linsenförmig; Embryo spiralig; (*floribus fem. amentaceis, bractĕis primariis imbricatis, bifloris, floribus singulis bracteā secundariā minore, basin germinis amplectente, fultis. Flores dioeci, masculi paniculati. Nuculae lenticulares. Embryo spiralis*).

Fig. 738.

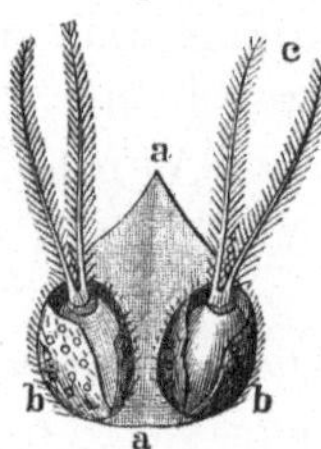

Eine Hauptbractee aus der weibl. Blüthenähre des Hopfens. a *Bractea primaria*; b *bractea secundaria*; c *stigmata bina elongata*. Vergr.

Fig. 739.

Weibliche Blüthenähre des Hopfens (vergr.).

Fig. 740.

Amentum fructifĕrum von *Humulus Lupulus.*

Humŭlus Lupŭlus, Hopfen, kommt bei uns wild vor und wird cultivirt. Stengel rechts windend, rauh; Blätter gegenüberstehend, obere zerstreut, 3—5-lappig, am Grunde herzförmig, scharf; (*caulis dextrorsum* (nach *Linné,* der das Rechts und Links des Beobachters auf die Windung übertrug: *sinistrorsum*) *volubĭlis, asper; folia opposita, superiora sparsa tri- vel quinque-lŏba, saepe intĕgra, in basi cordata, scabra*). Officinell sind die Fruchtzapfen (*Strobŭli Lupŭli*) und die auf den Nebenbracteen sitzenden Oeldrüsen, gewöhnlich **Lupuline** (*Glandŭlae Lupŭli*) genannt.

*Urticaceae-**Artocarpeae*** (Brotbaumfrüchtige) sind *Artocarpus incīsa L. fil.*, Brotbaum, auf den Südseeinseln, dessen geröstete Frucht den Eingeborenen unser Brot ersetzt, ferner *Antiaris toxicaria* Lesch., auf den Inseln des ostind. Archipels, deren Milchsaft das Pfeilgift *Upas Antjar* darstellt; *Galactodendron utĭle* Kunth, Milchbaum, in Caracas, dessen Milchsaft genossen wird.

*Urticaceae-**Ulmaceae,*** Rüster- oder Ulmengewächse, sind durch Zwitterblüthen mit Perigon, eine geflügelte Frucht, und geraden Embryo von den anderen Unterfamilien unterschieden. Von der Gattung *Ulmus*, mit glokkenförmigem Perigon, nach aussen gewendeten Antheren und ringsumflügelter Frucht, geben die Arten *U. campestris* (Feldrüster), mit fast sitzenden Blüthen, und *U. effusa* (schwarze Rüster), mit langgestielten Blüthen, die innere Ulmenrinde (*Cortex Ulmi interĭor*), ein wenig Gerbsäure enthaltendes Medicament.

Fig. 741.

Fig. 742.

Blüthe von *Ulmus effusa.* Vergr.

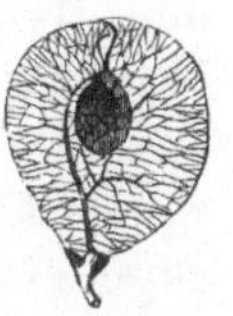

Ulmus campestris. Fructus peripterigius s. circumalatus.

Bemerkungen. *Urostigma* (Narbenschwanz); ὀυρά (ura), Schwanz, und *stigma*, wegen des *stigma caudatum* der Blüthe. — *Artocărpus* (Fruchtbrot); ἄρτος (artos), Brot, καρπός, Frucht.

Lection 133.

Salicineen. Piperaceen.

Die Familie der Weidenartigen, *Salicaceae* s. *Salicĭnae*, gehört wie die Cupuliferen, Urticeen, Betulaceen etc. zu der *Endl.* Klasse *Juliflōrae* (Kätzchenblüthige). Sie zeichnen sich durch einen besonders in der Rinde vorhandenen Gehalt an Gerbsäure und an glukosidischen Bitterstoffen, Salicine in der Weide und Populine in der Pappel, aus.

Salicaceae.

Bäume oder Sträucher mit zerstreuten einfachen Blättern und oft abfallenden Nebenblättern.	*Arbores v. frutices foliis sparsis, simplicibus, stipulatis, saepe stipulis decidŭis.*
Blüthenkätzchen entweder frühzeitig oder gleichzeitig, mit 1-blüthigen Deckblättern.	*Amenta vel ante folia (praecocia) vel unā cum foliis (coaetanea) provenientia; bractĕis unifloris.*
Blüthen zweihäusig, nackt, entweder mit 1 oder 2 Drüsen	*Flores dioeci, nudi, aut glandulā una vel binis aut disco urceolato,*

oder mit einer schief abgestutzten krugförmigen Scheibe versehen. **Männl.** Blüthe mit 2 od. mehreren Staubgefässen, **weibl.** mit einem sehr kurzen Griffel, 2 Narben, einem 1-fächerigen, vieleiigen Fruchtknoten. Eichen im Grunde des Faches zweien wandständigen Samenträgern angeheftet.

oblique truncáto, instructi. Mas: stamina bina vel plura, fem. stylo brevissimo, stigmatibus binis, germine uniloculari multioculato. Ovula in fundo loculi spermophŏris binis parietalibus (ad basin carpophyllorum adnatis) affixa.

Frucht eine 1-fächerige, 2-klappige, mehrsamige Kapsel. **Samen** sehr klein, eiweisslos, am Grunde haarig geschopft. Embryo gerade, mit nach dem Nabel gewendetem und nach der Fruchtbasis gerichtetem Würzelchen.

Fructus capsula unilocularis bivalvis pleiosperma. Semina minima, exalbuminosa, in basi pilis comata. Embryo rectus, radicula hilum spectante et inférà.

Dazu die Gattungen *Salix* (Weide) und *Populus* (Pappel). *Salix* hat ganze Bracteen, dann meist 2 Staubgefässe, entweder zwischen 2 Drüsen oder zwischen 1 Drüse und der Bractee angeheftet.

Populus hat geschlitzte und gestielte Bracteen, und in der männl. und weibl. Blüthe die oben erwähnte krugförmige, schief abgestutzte Scheibe, welche dem Bracteenstiel aufsitzt, ferner 8 und mehr Staubgefässe.

Salix dignoscitur: bractèis intègris, staminibus plerumque binis, aut inter glandulas binas (vel glandŭlam duplicem), aut inter glandulam solitariam et bractèam affixis, germĭne plerumque stipitato, inter glandulam et bractèam inserto.

Populus differt: bracteis stipitatis lacèris, in floribus et masculis et femineis disco urceolato, oblique truncato, stipĭti bractèae insidente, staminibus octonis vel multis.

Die Weiden unterscheidet man vom pharmakologischen Standpunkte aus als:

1. *Salĭces fragĭles*, mit grünlichweissem, bräunlichem Bast und vorwaltendem Gerbstoff; Arten: *Salix fragĭlis* (Bruchweide), *S. pentandra* (Lorbeerweide), *S. alba* (weisse Weide).

2. *Salĭces purpurĕae*, mit goldgelbem Baste und vorwaltendem Salicingehalt; Art: *Salix purpurea* (Purpurweide), *S. rubra* Huds.

Der Botaniker scheidet die Weiden je nach dem Vorhandensein nur einer oder zweier Drüsen, nach der Dauer und Hinfälligkeit der Bracteen der weibl. Blüthe, nach der gleichen Farbe oder der Verschiedenfarbigkeit der Bracteen etc.

Salix fragĭlis und *S. pentandra* geben hauptsächlich Weidenrinde (*Cortex Salicis*).

Die *Popŭlus*-Arten schichtet man je nachdem die Aestchen rauhhaarig (*ramuli hirti*) oder kahl sind, oder nur 8 oder 12—30 Staubgefässe vorhanden sind.

Rauhhaarige Aestchen, gewimperte Bracteen und 8 Staubgefässe haben z. B. *Popŭlus alba* (Silberpappel), *P. tremŭla* (Zitterpappel); kahle Aestchen und Bracteen und 12—30 Staubgefässe haben z. B. *P. pyramidālis* Rozier (Lombardische oder Pyramidenpappel), *P. nigra* (Schwarzpappel), *P. balsămifĕra* (Balsampappel). Die beiden letzten Arten geben die von balsamischem Harze strotzenden Pappelknospen (*Gemmae Popŭli*).

Fig. 743.

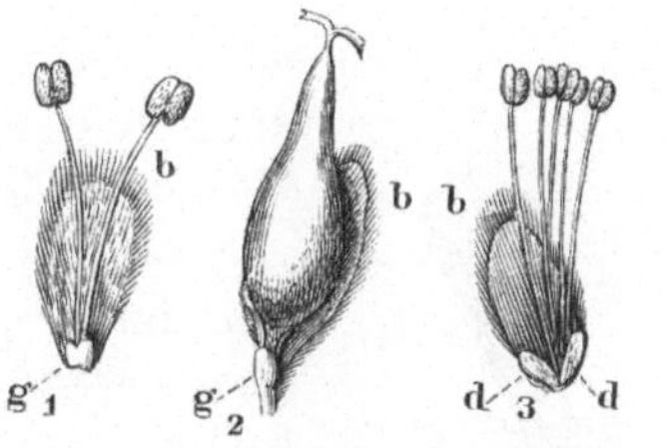

1, 2. *Salix fragĭlis*. 1. männl., 2. weibliche Blüthe, *g* Drüschen, *b* Deckblatt, 3. männl. Blüthe von *Salix pentandra*, *dd* Doppeldrüse.

Den Kätzchenblüthigen verwandt sind die Piperaceen, *Piperaceae*, dennoch verlegte sie *Endlicher* in die Klasse der *Piperītae* (Pfeffergewächse, Cohorte *Apetălae*).

Die Pfeffergewächsartigen, *Piperaceae*, sind in den heissen Zonen der alten und neuen Welt zu Hause. Sie enthalten flüchtiges Oel, scharfes Weichharz und viele (wie *Piper*) ein Alkaloïd, Piperin genannt, besonders in den Früchten, welches für sich geschmacklos ist, in weingeistiger Lösung aber pfefferartig schmeckt. Sie haben nackte, einem Kolben (*spadix*) aufgesetzte diclinische od. Zwitterblüthen mit einfachen 1-blüthigen Bracteen. Der Fruchtknoten ist sitzend, 1-fächerig, 1-eiig, aufrecht, der Samen mit Eiweisskörper, der Embryo spitzenständig, vom Endosperm eingeschlossen.

Unter den Piperaceen lie-

Fig. 744.

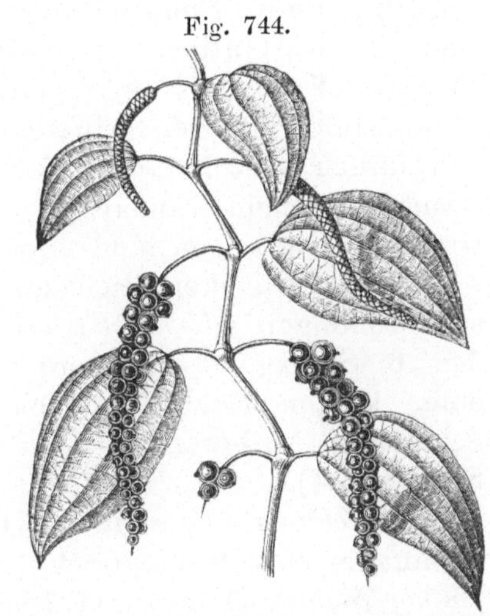

Piper nigrum. Ein Zweig mit den gegenblattständigen kolbenartigen Fruchtständen (*spadices*). ½ n.-Vergr.

fert das strauchartige *Piper nigrum*, in Ostindien, in seinen von der Aussen- und Mittelschicht des Fruchtgehäuses befreiten unreifen Samen den **schwarzen Pfeffer** (*Piper nigrum*), in seinen reifen den **weissen Pfeffer** (*Piper album*), *Chavīca offici-*

Fig. 745.

Getrocknete Frucht
von *Cubēba officinalis*
Miq.

narum Miq., auf den Molucken, in ihren kolbenartigen Fruchtständen den **langen** oder **Fliegen-Pfeffer** (*Piper longum*).

Cubēba officinālis Miq. (*Piper Cubēba* L.), ein Strauch auf Java, giebt in ihren Steinfrüchten (*drupae*) mit stielförmig verlängerter Basis die **Cubeben** (*Cubēbae*). Diese enthalten Cubebensäure, Cubebine und verschiedene Harze.

Artanthe elongāta Miq. (*Piper angustifolium*), ein Strauch Peru's, giebt **Matico** (*Folia Matĭco*).

Bemerkung. *Artanthe*, verdeutscht Brotblume, ἄρτος, Brot, ἄνθη, Blume.

Lection 134.

Aristolochien. Euphorbiaceen.

Die **Osterluzeiartigen**, *Aristolochiaceae* sind Monochlamydeen. *Endlicher* verlegte sie in die Klasse *Serpentariae* (Schlangenwurzartige), Cohorte *Apetălae*. Unterscheidende Merkmale sind: Zwitterblüthen, epigynisches, dem Fruchtknoten gerade oder schief aufgesetztes, regelmässiges oder unregelmässiges Perigon, säulenförmiger Griffel mit strahliger Narbe, unterständiger, gewöhnlich unvollständig 6-fächriger Fruchtknoten mit wandständigen scheidewandartigen, in der Mitte getrennten Samenträgern. Gattungen sind *Aristolochia, Asărum*.

Aristolochĭa, kenntlich an dem unregelmässigen, röhrigen, schiefsaumigen (*limbo oblīquo*), am Grunde bauchigen Perigon, den 6 Staubgefässen, deren Filamente mit dem Griffel zu einer kurzen Säule verwachsen sind, mit wirtelförmig angehefteten Antheren (*anthērae verticillatim affixae*). Arten meist Stauden (4).

Aristolochia Clematītis, im mittleren Europa, gab die früher officinelle Osterluzeiwurzel (*Rhizōma Aristolochiae vulgaris*), *A. pallĭda* Waldst. & Kit. und *A. longa*, beide im südl. Europa, gaben *Tubēra Aristolochiae rotundae et longae*).

Fig. 746.

Fig. 747.

Pistill von *Aristo-
lochia Clematītis. Fi-
lamenta cum stylo ad
columnam connāta.*

Aristolochia Clematītis. Flores axillares fasciculati. Folia reniformi-cordata.

Aristolochia Serpentarĭa L., ein Staudengewächs Nord‑Amerikas, mit S-förmig gekrümmtem Perigon und zurückgebogener Saumlippe, liefert die virginische Schlangenwurz (*Radix Serpentariae*), von kampferartigem Geruch und scharfem Geschmack.

Asărum unterscheidet sich von der vorigen Gattung durch ein regelmässiges lederartiges ausdauerndes 3-theiliges Perigon mit 12 freien, einer epigynischen Scheibe aufgesetzten Staubgefässen, mit über den Antherenfächern verlängertem pfriemförmigen Connectiv. (*Dodecandria Monogynia.* Cl. XI., Ord. 1).

Asărum Europaeum, Haselwurz, im mittleren Europa heimisches Staudengewächs, mit gabelästigem Rhizom, dessen Aeste aufsteigen, am Grunde schuppig, an der Spitze immer zweiblättrig sind. Blätter stehen zu 2 und sind nierenförmig und stumpf. Die Perigonblätter sind an der Spitze eingebogen. Giebt *Rhizōma Asări*, Haselwurz.

Fig. 748.

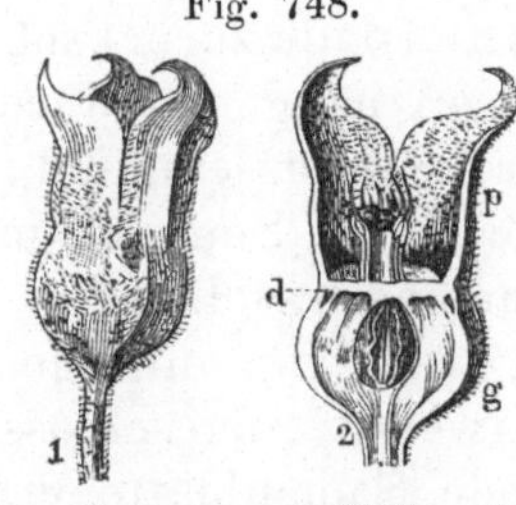

Asărum Europaeum. 1. Blüthe. 2. Verticaldurchschnitt derselben. p *Perigonium epigȳnum, persistens tripartītum*, g *germen inferum. Stamina disco epigyno* (d) *inserta.*

Eine letzte Familie der Monochlamydeen bilden die **Wolfs-milchartigen**, *Euphorbiaceae*, welche *Endlicher* wegen ihrer 3-knöpfigen Früchte in die Klasse *Tricoccae* (Cohorte *Dialypetalae*) verlegte. Man findet ihre Gattungen und Arten, welche sich durch einen sehr scharfen, meist giftigen Milchsaft auszeichnen, über alle Theile der Erde verbreitet. Die Samen der meisten Arten enthalten ein mildes fettes Oel, nur wenige, wie *Tiglium*, ein äusserst scharfes drastisches Oel.

Euphorbiaceae.

Bäume, Sträucher und Kräuter, oft Milchsaft führend; Stamm bisweilen fleischig und cactusartig. Blätter meist mit Nebenblättern.

Arbores, frutices, herbae saepe lactescentes, interdum caudĭce carnoso cactiformi, foliis plerumque stipulatis.

Blüthen diclinisch, mit Bracteen. Perigon unterständig oder fehlend.

Flores diclini, bracteati, perigonio hypogȳno vel nullo.

Staubgefässe mit 2-knöpfigen Antheren und freien oder verwachsenen Filamenten.

Stamina anthēris dicoccis, filamentis libĕris vel coalitis.

Pistill. Fruchtknoten sitzend oder gestielt, gewöhnlich 3-fächerig, in jedem Fache mit 1 oder 2 hängenden Eichen; Narben öfters getheilt.

Pistillum germine sessĭli, raro stipitato, plerumque triloculari, ovulis pendulis, singulis vel binis in loculis singulis; stigmatibus saepius partitis.

Frucht eine gewöhnlich 3-knöpfige Kapsel; Knöpfchen elastisch 2-klappig aufspringend meist von einer bleibenden Mittelsäule zurückschnellend.

Fructus capsula plerumque tricocca, coccis elastice bivalvibus, plerumque a columna centrali persistente resilientibus.

Samen hängend, durch einen grossen Aussenmund (warzenförmigen Samenmantel *Lk.*) samenschwielig.

*Semina pendula, exostomio magno (arillo verruciformi *Lk.*) carunculata.*

Embryo von ölig-fleischigem Eiweiss eingeschlossen, gerade. Samenblätter flach, blattartig.

Embryo albumini oleoso-carnoso inclusus, rectus (axĭlis). Cotyledŏnes planae foliaceae.

Die Euphorbiaceen werden in mehrere Unterfamilien abgeschichtet, von denen nur die *Buxeae* und *Phyllantheae* 2-eiige Fruchtknotenfächer haben. Die übrigen haben 1-eiige.

1. **Euphorbiaceae** (*genuīnae*) mit einem Kelchkätzchen (*cyathium*), und zwar männl. und weibl. Blüthen in einem glockenförmigen Perigon. Dazu die Gattungen *Tithymālus, Euphorbia*.

Die Arten der *Euphorbia* sind meist blattlose eckige Sträucher, an den Knoten mit 2 nebenblattartigen Dornen besetzt. *Euphorbia officinārum*, (Nordafrika), *E. resīnifĕra* Bg. (auf dem Atlas), *E. Antiquōrum* (Ostindien), *E. Canariensis* (auf den Canarischen Inseln) liefern das Gummiharz *Euphorbium*. (*Monoecia Monandria*, Cl. XXI, Ord. 1).

Tithymālus ist unbewaffnet, mit nebenblattlosen Blättern, wirtelförmig gestellten Hüllblättern, mit 3- und vielstrahligen Trugdolden mit gabelästigen Strahlen. Arten sind *T. Helioscopius, T. Cyparissias, T. Esŭla, T. Lathȳris* Scop., letztere gab die drastischen Springkörner (*Semina Cataputiae minōris*). (*Monoecia Monandria*; Cl. XXI, Ord. 1).

Fig. 749.

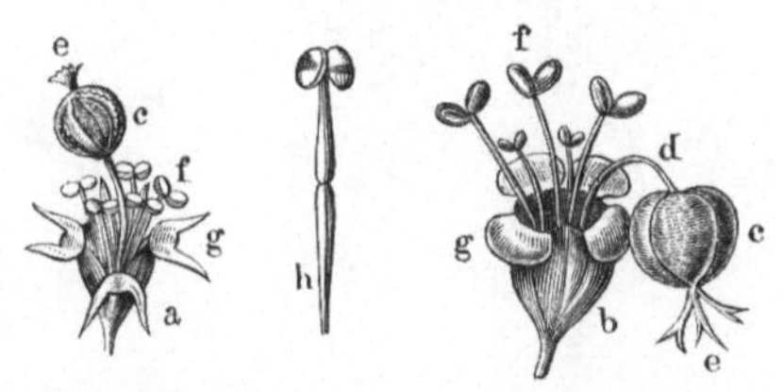

a *Tithymālus Peplus* Gaertn. *s. Euphorbia Peplus*, b *Tithymālus helioscopius s. Euphorbia helioscopia*, *a* und *b* Hülle, *g* Nectarien, *c* weibliche, *f* männliche Blüthen, *h* gestielter Staubfaden.

2. *Euphorbiaceae - Acalypheae* mit knäulig-ährenförmigem oder traubenartigem Blüthenstande. Hierher gehört das Bingelkraut, *Mercuriālis annŭa*.

Mercuriālis hat diöcische Blüthen mit 3-theiligem Perigon, 9—12 freien Staubgefässen, sitzendem, meist 2-fächrigem Fruchtknoten, auf beiden Seiten in der Furche mit einem verkümmerten Staubfaden versehen, (*germen utroque sulco stamine effoeto auctum*), mit 2 od. 3 verlängerten, oberhalb kammförmigen Narben, und meist 2-knöpfiger borstenhaariger Kapsel. Gebraucht wird mitunter das frische Kraut von *Mercurialis annua*, mit ästigem Stengel und gegenständigen, länglichen, am Rande scharfgewimperten Blättern, ①. *M. perennis*, weicht ab durch einen sehr einfachen Stengel und eiförmige Blätter, ♃. (*Dioecia Enneandria*).

3. *Euphorbiaceae-Crotoneae.* Blume sehr häufig mit einer Corolle versehen. Blüthenstand Aehrenbüschel, Trauben oder Rispen. Dazu die Gatt. *Siphonia, Aleurītes, Croton, Tiglĭum, Ricĭnus, Crozophŏra, Manihot*.

Die Gattung *Croton*, mit monöcischen Blüthen; männl. Blüthe mit 5-theiligem Kelch und mit Corolle, 5 Drüsen im Grunde der Blüthe, 10—15 freie Staubgefässe; weibl. Blüthe mit 5-theiligem Kelch, 5 Blumenkronenblättern und hypogynischer 5-strahliger Scheibe. *Croton Eluterĭa* Bennet (Bahamainseln), *C. Cascarilla* Bennet, *C. lineāre* Jacq. (Antillen) geben die bitteraromatische Cascarille (*Cortex Cascarillae*).

Tiglĭum; weibl. Blüthe mit 5 Drüsen in Stelle der Corolle und mit fadenförmigen Narbenlappen. *Tiglium officinale* Kl. (*Croton Tiglium* L), ostindisches Strauchgewächs ($\hbar$), giebt *Grana s. Semina Tiglii*, aus welchen das scharfe drastisch-wirkende Crotonöl (*Oleum Crotōnis*) gepresst wird.

Fig. 750.   Fig. 751.   Fig. 752.

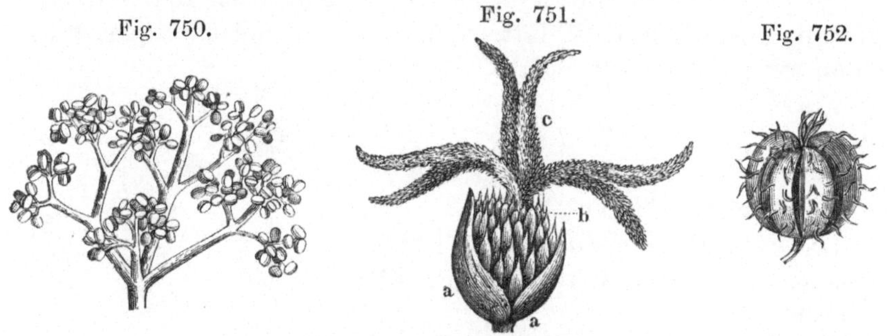

Ricĭnus communis.

Verästelung der Filamente (stark vergrössert).	Weibliche Blüthe (4-fache Lin.-Vergr.). *a* Perigon, *b* Fruchtknoten, *c* Narben.	*Capsula echinata tricocca matura.*

Ricĭnus, Wunderbaum; monöcische Blüthen mit Perigon und sehr vielen Staubgefässen, deren Filamente durch Verwachsung vielästige Stiele bilden. *Ricĭnus communis,* ein Baum oder Strauch aus Ostindien stammend und in warmen Gegenden angebaut, mit zerstreuten handförmigen, schildstieligen (*peltata fol.*) Blättern, mit Blattstielen, welche an der Spitze drüsig sind, purpurrothen Narben und igelstachliger oder glatter Fruchtkapsel, liefert *Semen Ricĭni s. Cataputiae majoris,* aus welchem das laxirend wirkende Ricinusöl, auch Castoröl oder Christi-Palmöl genannt (*Oleum Ricĭni*), ausgepresst wird. *Monoecia Monadelphia;* Cl. XXI., Ord. 9).

Manĭhot utilissima Pohl (*Jatrŏpha Manĭhot* L.), eine strauchartige Crotonee Brasiliens, enthält einen sehr giftigen Milchsaft und Blausäure, dennoch wird das Stärkemehl der Wurzel durch eigene Behandlungsweise abgesondert und frei von schädlichen Stoffen als Nahrungsmittel (Tapiocca) in den Handel gebracht.

Siphonia elastica Pers. (in Guiana) und *S. Brasiliensis* Willd. sind Bäume, deren Milchsaft zu Kautschuk eintrocknet. *Aleurītes laccifĕra* Willd. (auf den Mollucken) giebt in Folge des Stiches der Lackschildlaus (*Coccus Lacca*) ein harzartiges Exsudat, welches dieses Insekt wie eine Kapsel umgiebt und den Gummilack, Lack (*Lacca, Gummi Laccae*) oder geschmolzen und in dünne Tafeln gebracht den Schellack (*Lacca in tabŭlis*) darstellt. Es enthält einen rothen Farbstoff.

4. *Euphorbiaceae-**Buxeae**.* 2-eiige Fruchtknotenfächer und in der männl. Blüthe die Staubgefässe unterhalb eines rudimentären Pistills eingefügt (*stamina sub rudimento pistilli inserta*). Dazu die Gatt. *Buxus* mit monöcischen Blüthen und 3-blättrigem Perigon. Männl. Bl. mit 1 Bractee, weibl. mit 3 Bracteen. *Buxus sempervĭrens*, Buchsbaum, im südlichen Europa zu Hause, wird bei uns in Gärten gezogen. (*Monoecia Tetrandria*).

Bemerkungen. *Aristolochĭa*, griech. ἀριστολοχία, ein die Geburt (λοχεία) beförderndes Kraut; ἄριστος (aristos), sehr stark, sehr kräftig. — *Clematītis*, griech. κληματῖτις, ein rankendes Gewächs. — *Euphorbĭa*, von dem König Juba von Mauritanien (50 v. Ch.) nach seinem Leibarzte *Euphorbos* so genannt, oder von εὐφορβία, gute Nahrung, wegen des milchähnlichen Saftes. — *Tithymālus*, griech. τιθύμαλος, Wolfsmilch. — *Helioscopius* (nach der Sonne sehend); ἥλιος (hälios), Sonne, und σκοπέω (scopeō) schauen, sehen. — *Lathÿris* gen. *ĭdis*, griech. λαθυρίς, eine Art Wolfsmilch. — *Siphonia* von σίφων (siphōn), Röhre. — *Aleurītes*, ἀλευρίτης, von Weizenmehl (wie mit Weizenmehl bestäubt). — *Croton*, griech. κρότων, Hundelaus. — Die prosodische Bezeichnungen *Tithymälus* und *Tithymālus* scheinen eine gleiche Berechtigung zu haben.

Lection 135.

Cacteen. Ribesiaceen (Grossularien).

Die Reihe dikotylischer Pflanzenfamilien, welche in diesen Lectionen Erwähnung fanden, mögen noch einige Familien abschliessen, die zwar kein besonderes pharmakologisches Interesse bieten, deren Kenntniss aber dennoch gefordert werden dürfte.

Die Fackeldistelartigen, Cacteen, *Cactaceae*, zählen zur Unterklasse der Calycifloren *DC.*, also solcher, bei welchen die Kronenblätter dem Kelche eingefügt sind. Im *Endl.* System bilden sie die einzige Ordnung der Klasse *Opuntiae* (Feigendisteln), aus der Cohorte *Diälypetälae*. Ihr Habitus ist ein überaus seltsamer und ihre Blüthen sind oft von wunderbarer Schönheit, obgleich sie meist auf dem unfruchtbarsten Boden vegetiren. Ihr Vaterland ist das tropische Amerika. Man gebraucht die süss-säuerlichen und gewöhnlich rothen Früchte als Nahrung, und die getrockneten Stämme benutzt man in Oel getaucht als Fackeln (daher Fackeldistel). Einige Arten werden zur Zucht der Lackschildlaus cultivirt. Wegen des Saftreichthums hat man sie „Pflanzenquelle der Wüste" genannt.

Die Cacteen sind saftreiche oder milchsaftführende Sträucher mit dicker Rinde, gegliederten Aesten, und statt der Blätter mit büschliggestellten, spiralig um den Stamm geordneten Borsten oder Dornen. Blüthen stehen einzeln. Der Fruchtknoten ist unterständig und 1-fächerig mit mehreren, an wandständige Samenträger angehefteten Ei'chen. Kelchblätter mehrreihig, allmählig in die vielreihigen epigynischen Kronenblätter übergehend. Samen schwarz, in dem Mus der Beere nistend.

Cactaceae. *Frutices succulenti vel lactescentes, cortice incrassato, ramis articulatis, saepe loco foliorum spinis vel setis fasciculatis, fasciculis circum caules spiraliter dispositis. Flores solitarii, germine infero uniloculari, ovulis plurimis, spermophoris parietalibus affixis. Sepala pluriserialia, sensim in petala multiserialia perigyna abeuntia. Semina nigra in pulpa baccae nidulantia.*

Gattungen sind *Opuntia*, *Echinocactus*, *Melocactus*, *Manillaria*, *Cereus*, *Rhipsalis* etc., sämmtlich zur *Icosandria Monogynia* gehörend. *Opuntia vulgaris* Haw. ist in Süd - Europa verwildert. *Op. coccinellifera* Miller, in Jamaika, *Op. Tuna* Mill., in Mexiko u. a. werden zur Zucht der Cochenille oder Lackschildlaus (*Coccus Cacti*) cultivirt. Die mit einem schönen rothen Farbstoff angefüllten Cochenillekörner (*Coccionellae*) sind die getrockneten Weibchen der Lackschildlaus. *Cereus speciosissimus* ist die als Zimmerpflanze bei uns gepflegte Fackeldistel mit den prächtigen rothen Blüthen.

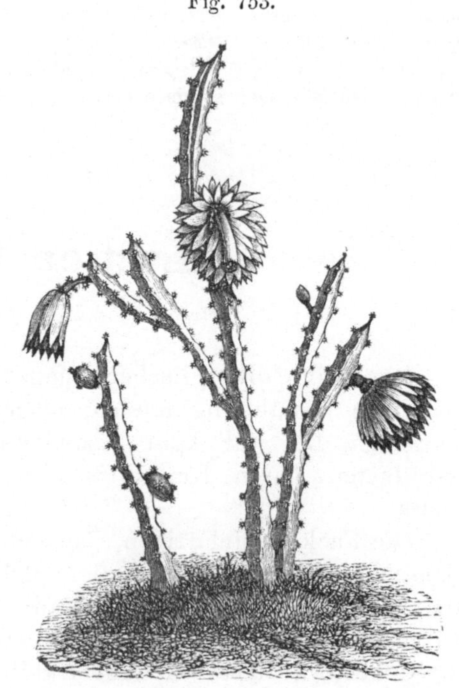

Fig. 753.

Cereus speciosissimus prächtigste Fackeldistel (⅕ l. Gr.).

Fig. 754.

Opuntia coccinellifera, Cochenille-Feigen-Cactus, mit darauf sitzenden Lackschildläusen.

Die Familie der Johannesbeerartigen, *Ribesiaceae Endl.* oder *Grossulariaceae DC.* zählt zur Unterklasse der Calycifloren *DC.* oder der *Endl.* Klasse *Corniculatae* (Gehörntfrüchtige) aus der Cohorte *Diälypetälae.* Die Früchte sind mehr oder weniger reich an Aepfelsäure, Citronensäure und Fruchtzucker und daher Nahrungsmittel.

Ribesiaceae (Grossulariaceae).

Sträucher, zuweilen dornig, mit zerstreuten einfachen Blättern.	*Frutices, interdum spinosi, foliis sparsis, simplicibus.*
Kelch oberständig, 5-spaltig, gefärbt.	*Calyx superus, quinquefidus, coloratus.*
Kronenblätter 5, perigynisch (d. Kelchschlunde eingefügt), klein, oft schuppenförmig.	*Petala quina perigÿna (fauci calycis inserta), parva, saepe squamiformia.*

Staubgefässe 5, mit den Kronenblättern abwechselnd.	*Stamina quina, cum petalis alternantia.*
Pistill mit 2- oder seltner 4-theiligem Griffel, unterständigem vieleiigem Fruchtknoten mit 2 wandständigen Samenträgern.	*Pistillum stylo bi-, rarius quadrifĭdo, germine infero multiovulato, spermophoris binis parietalibus.*
Frucht eine mit dem verwelkenden ausdauernden Kelche gekrönte Beere.	*Fructus bacca calyce marcescente persistente coronata.*
Samen horizontal, eckig, verkehrt-eifömig, an fadenförmigen Nabelsträngen hängend und mit gallertartigem Epitel. Embryo sehr klein, an der Spitze des Eiweisses.	*Semina horizontalia angulata obovata, funiculis filiformibus suspensa, epitelio gelatinoso. Embryo minutus, in apĭce albuminis.*

Die Merkmale der Gattung *Ribes*, *Linné's* Pentandria Monogynia angehörend, sind in vorstehender Charakteristik der Familie angegeben. *Ribes rubrum*, Johannisbeere, hat einen unbewaffneten Stamm, drüsenlose, 5-lappige, unten flaumhaarige Blätter, nach dem Abblühen hängende Blüthentrauben, einen schüsselförmigen Unterkelch, längliche zurückgebogene Kelchblätter, und eiförmige Deckblättchen, kürzer als das Blüthenstielchen.

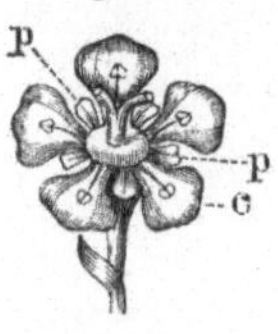

Fig. 755.

Blüthe von *Ribes rubrum*. *p* Blumenblätter, *c* der fünfspaltige Kelch. Die Staubgefässe alterniren mit dem Blumenblättern. Vergrössert.

Fig. 756.

Johannisbeere, Verticalschnitt, die beiden wandständigen Samenträger mit horizontalen Samen zu zeigen.

Ribes rubrum dignoscitur: caule inermi, foliis eglandulosis quinquelŏbis, subtus pubescentibus, racēmis post florescentiam (defloratis) pendulis, hypanthio pelviformi, sepalis oblongis reflexis, bractĕis ovatis, pedicello brevioribus.

Der Saft der schön-rothen Beeren (*Fructus Ribĭum; Ribesia*) wird zur Darstellung eines Syrups (*Syrŭpus Ribĭum*) gebraucht. Eine Varietät hat farblose Beeren.

Ribes nigrum, Ahlbeere, Gichtbeere, unterscheidet sich durch schwarze Früchte, kahle, unten mit Drüsen besetzte Blätter und glockenförmigen Kelch. In Hecken und Wäldern häufig.

Ribes Grossularia, Stachelbeere, unterscheidet sich durch Dornen (veränderte Blätter) unter den in Büschel stehenden, 3- bis 5-spaltigen, eingeschnitten-gekerbten Blättern, durch 1- bis 3-blüthige Blumenstiele und glockenförmigen Unterkelch.

Ribes nigrum differt: baccis nigris, foliis glabris, subtus glandulosis, hypanthio campanulato; R. Grossularia: spinis (foliis alienatis) sub foliis fasciculatis, tri-, quadri- vel quinquefidis, crenato-incisis, pedunculis uni-, bi- vel trifloris, hypanthio campanulato.

Von *Ribes Grossularia* giebt es mehrere Varietäten, wie mit drüsig-borstigen, mit flaumig-behaarten und mit kahlen glatten Beeren.

Lection 136.

Monokotylische Gewächse. Palmen. Aroïdeen.

Bisher hatten wir uns mit der Charakteristik der Dikotyledonen, Blattkeimer oder sogenannten Exogenen (*Exogĕnae*) des *DC* Systems beschäftigt, in der nächst folgenden Lection wollen wir unter den Monokotyledonen, Spitzkeimern oder Endogenen dieses Systems, soweit sie für die Pharmakologie von hervorragendem Interesse sind, eine Umschau halten.

Zunächst sei daran erinnert, dass Endogenen (*Endogĕnae*) im Sinne DC. heute eine veraltete Bezeichnung ist. *Decandolle* unterschied, wie uns bekannt ist, die Gefässpflanzen (*Vasculäres*) als *Exogĕnae* (nach der Peripherie zu neue Gefässe ansetzend und dadurch nach aussen wachsend) und als *Endogĕnae* (nach der Axe des Stammes zu neue Gefässe ansetzend und dadurch nach innen wachsend). Wie *Hugo Mohl* gezeigt hat, findet die Bildung der jüngeren Gefässbündel immer im Umfange der älteren statt. Diese Gewissheit steht mit *DC*. Begriff von endogen im directen Widerspruch. Daher wäre es richtiger, wenn wir *Exogĕnae* als Bezeichnung einer Klasse beseitigten und dafür die zweite Bezeichnung *Monocotyledoneae* annähmen. Auch an diese Bezeichnung heften sich eine Menge Bedenken, denn sie umfasst in diesem Systeme Pflanzen mit einem einzelnen, aber auch mit mehreren wechselständig stehenden Samenlappen, so wie endlich Cryptogamen, die keinen Embryo, also auch keine Samenlappen haben.

Monokotylische Gewächse ohne Rücksicht auf ihre Stellung in einem Pflanzensystem unterscheiden sich im Allgemeinen durch einen 1-samenlappigen Embryo, eine Zaserwurzel, einfache (nur bei den Palmen gefiederte) Blätter mit parallelen oder krummen Blattnerven (nur bei den Aroïdeen netzartig-winkelnervig), durch ein meist einfaches 3- oder 6-zähliges Perigon, und die ohne regelmässige Anordnung vertheilten Gefässbündel.

Die Monocotyledonen *DC.* finden wir im Systeme *Endl.* in grösster Zahl unter Sectio IV. *Amphibrÿa* oder Umsprosser, bei denen das Wachsthum der Gefässbündel von der Peripherie nach der Mitte der Spitze des Stammes stattfindet, die Blätter parallelnervig sind und nur ein Samenlappen vorhanden ist. Die Coniferen und Cycadeen, aus der Klasse der Nacktsamigen, von welchen die ersteren im System *DC.* zu der Unterklasse *Monochlamideae*, letztere zu den phanerogamischen Monocotyledonen *DC.* und den *Acrobrÿa protophÿta Endl.* zählen, mögen später unsere Aufmerksamkeit fesseln.

Eine sehr einfache und bequeme Eintheilung der Monokotylen ist (nach Prof. *Henkel's* Angabe) diejenige, welche sich auf die Zusammensetzung und Verschiedenheit der Blüthe bezieht, und zwar in 3 Unterklassen: 1. *Spadĭciflōrae* (Kolbenblüthige), 2. *Petaloïdeae* (Blumenblättrige), 3. *Glumiflōrae* (Spelzen- oder Balgblüthige).

Zu den *Spadĭciflōrae* (mit auf einem fleischigen Kolben, *spadix*, sitzenden Blüthen, zuweilen mit einer gemeinschaftlichen Blumenscheide, *spatha*, umgeben) zählen z. B. *Palmae*, *Aroïdeae*.

Zu den *Petaloïdeae* (mit einem meist aus zwei Wirteln zusammengesetzten, gewöhnlich blumenblattartigen Perigon) zählen *Smilaceae*, *Liliaceae*, *Asphodeleae*, *Asparagineae*, *Melanthaceae*, *Orchidaceae*, *Zingiberaceae*, *Iridaceae*.

Zu den *Glumiflōrae* (Spelzenblüthigen) zählen *Gramineae*, *Cyperaceae*.

Die Palmenartigen, *Palmaceae s. Palmae*, sind Kinder der wärmeren und heissen Zone, welche wegen der Schönheit und Mannigfaltigkeit ihrer Formen und der Produkte, welche sie in unzähliger Menge zur Befriedigung der menschlichen Bedürfnisse darbieten, den ersten Platz unter den Pflanzen einnehmen. Schon *Linné* nannte sie „Fürsten der Pflanzenwelt", und *Endlicher* verlegte sie in die 22. Klasse seines Systems, welcher er die Ueberschrift *Princĭpes* gab.

Die Merkmale der Palmen sind: ein einfacher baumartiger, nur in sehr wenigen Ausnahmefällen ästiger Stamm (*caulōma*), gefiederte oder fächerförmige Blätter (*folia flabelliformia*), Blüthen mit doppeltem Perigon, nämlich dem äusseren kleineren 3-theiligen Kelch und der inneren 3-blättrigen Corolle, einfache oder ästige Blüthenkolben, unterstützt von einer 1- oder mehrblättrigen Blumenscheide (*spatha*), eine 1-fächrige und 1-samige Beere oder Steinfrucht. Sie sind von *Martius* in mehrere Unterfamilien getheilt worden.

Palmaceae-Arecĭnae (Catechupalmen mit glatter Beerenfrucht). *Arēca Catĕchu*, in Ostindien, soll Catechu geben.

Palmaceae-Cocoïnae (Cocospalmen mit glatter Steinfrucht, *drupā laevi*). *Elaeis Guineensis* (Oelpalme) giebt das gelbe Palmöl (*Oleum Palmae*), *Cocos nucifĕra* (Cocospalme) das Cocosöl (*Oleum Cocoïs*).

Palmaceae-Lepĭdocarynĭnae (Schuppigfrüchtige) mit Beerenfrucht, bekleidet mit ziegeldachartig angewachsenen hornartigen Schuppen). *Metroxÿlon Rumphii* Mart. (*Sagus Rumphii* Willd. Sagopalme), auf den Moluccen, hat ein stärkemehlreiches Mark, aus welchem der Sago bereitet wird. *Calămus Draco* Willd. (Rotang), in Südasien, enthält in seinen Früchten ein rothes Harz (*Resīna Dracōnis*), welches den Namen Drachenblut erhalten hat. *Calămus verus* u. a. Arten geben in ihren dünneren Stämmen das sogenannte spanische Rohr.

Palm.-Coryphĭnae (*Corÿpha*-artige oder Hauptpalmen) mit Beerenfrucht, aus 3 einsamigen Karpellen bestehend oder durch Fehlschlagen einfächerig und 1-samig). *Phoenix dactylifĕra* (Dattelpalme) in Nordafrika und Südasien, giebt in ihren Beeerenfrüchten die Datteln (*Dactÿli*).

Die Arongewächse, *Aroïdeae*, gehören zur *Endl.* Klasse *Spadicĭflōrae*, Sectio *Amphibrÿa*. Die Wurzeln derselben sind reich an Stärkemehl und enthalten (*Acŏrus Calămus* ausgenommen) zugleich einen ätzenden scharfen, aber flüchtigen Stoff. Sie unterscheiden sich von den Palmen als meist stengellose Gewächse mit an der Basis scheidigen Blättern, diclinischen und zugleich nackten Blüthen oder Zwitterblüthen, mit 4—6-blättrigem unterständigem Perigon, einem Griffel oder einer Narbe, und mit einer 1- bis vielsamigen Beerenfrucht.

Aroïdeae: *plantae plerumque acaules, foliis in basi vaginantibus, spadīce carnoso simplĭci, saepe spathā fulto, floribus diclinis nudis, vel hermaphrodītis, perigonio tetra- vel hexaphyllo hypogÿno instructis, stylo vel stigmăte uno, baccā mono- vel polyspermā.*

Die Aroïdeen sondern sich wiederum in mehrere Unterfamilien, z. B. *Araceae, Acorineae.*

Aroïdeae-Araceae (*Aroïdeae verae* Brown). *Folia reticulatovenosa; flores diclini nudi.* Hier finden wir ausnahmsweise unter den Monokotylen netzadrige Blätter. Dazu die Gattungen *Calla, Arum, Dracuncŭlus.*

Călla hat eine etwas flache Blumenscheide, einen ganz mit Blüthen (Staubgefässen und Pistillen) besetzten Kolben und eine 1-fächrige, mehrsamige Beere. *Spatha planiuscula, spadīce undīque tecto floribus (staminibus pistillisque), baccā uniloculari pleiospermā.*

Calla palustris (Sumpfschlangenkraut), bei uns häufig in Sümpfen und Mooren, soll giftige Stoffe enthalten, welche durch Trocknen jedoch verloren gehen. Desshalb lässt sich das getrocknete Rhizom (wie im europäischen Norden) als Nahrungsmittel benutzen. Die Pflanze hat ein kriechendes gegliedertes Rhizom, gestielte wurzelständige, herzförmige, feinspitzige Blätter, eine aussen grüne, innen schneeweisse Blumenscheide und scharlachrothe Beerenfrüchte. *Rhizomăte repente, foliis radicalibus petiolatis cordatis cuspidatis, spathā extrinsĕcus virĭdi, intrinsĕcus niveā, baccis coccinĕis.*

Arum unterscheidet sich durch eine kapuzenförmig zusammengerollte Blumenscheide und einen Kolben, oberhalb nackt, in der Mitte mit Antheren und unten mit Pistillen bedeckt.

Arum a Calla discrepat: spathā cucullato-convolūta, spadīce in apĭce nudo, in medio anthēris, inferne pistillis tecto.

Arum maculatum, ein in schattigen Laubwäldern Deutschlands und der Schweiz heimisches stengelloses Staudengewächs (4) treibt einen knolligen Wurzelstock, hat spiesspfeilförmige, oft braungefleckte Blätter und einen oberhalb keulenförmigen, braunvioletten Kolben, kürzer als die grünliche Scheide, und scharlachrothe Beeren. Die **Aronswurzel, Zehrwurzel** (*Rhizōma Ari*) wird zuweilen noch gebraucht.

Fig. 757.

Fig. 758.

Arum maculatum. p Blüthenscheide, kapuzenförmige (*spatha cucullata*), s Blüthenkolben (*spadix*). (¹/₂ Lin.-Vergr.).

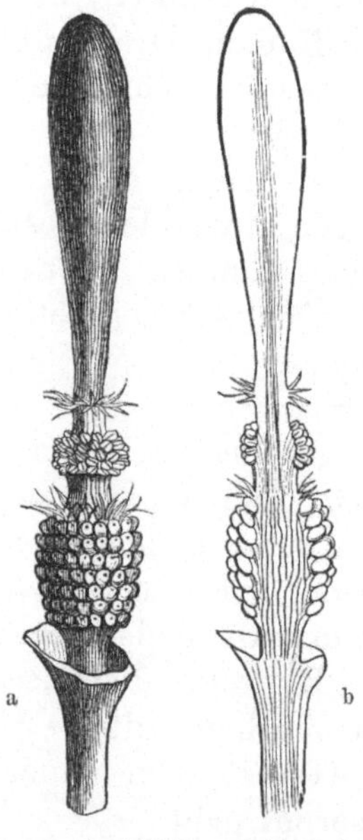

Der von der Blüthenscheide befreite Blüthenstand von *Arum maculātum.* b Längsdurchschnitt. — Der braunviolette obere Theil des Kolbens ist an seinem verschmälerten Theile mit einem Haarkranz, darauf folgend mit Kreisen von Staubblättern und dann wieder etwas weiter nach unten mit vielen gedrängten Kreisen dicht aneinander stehender Pistille umgürtet.

Arum maculatum rhizomăte tuberoso, foliis hastato-sagittatis, saepe macŭlis fuscis adspersis, spadĭce superne clavato, e fusco violaceo, breviore spathā virescente, baccis coccineis.

*Aroideae-**Acorineae**. (Folia parallelinervia); flores hermaphrodīti; perigonium hypogўnum; stamina hypogўna phyllis perigonii opposĭta; folia ensiformia.*

A c ŏ r u s.

Blumenscheide fehlend (oder Blüthenscheide blattartig, eine Fortsetzung des Schaftes).	*Spatha nulla (vel spatha foliacea, scapum continuans).*
Kolben (seitenständig) cylindrisch, ganz mit Blüthen bedeckt.	*Spadix lateralis cylindricus, undĭque floribus tectus.*
Perigon 6-blättrig mit 6 Staubgefässen und 3 - fächrigem Fruchtknoten mit sitzender Narbe. Blüthen grünlich-gelb.	*Perigonium hexaphyllum; stamina sena; germen triloculare stigmăte sessĭli. Flores e flavoviriduli.*
Frucht eine Beere.	*Fructus bacca.*

Acŏrus Calămus, Kalmus, ein überall an Rändern der Sümpfe und Seen, in Gräben und Lachen häufiges Staudengewächs (4), ursprünglich aus Ostindien stammend, hat ein horizontales geringeltes Rhizom, schwertförmige reitende Blätter, zusammengedrückten Schaft, welcher an der Spitze in ein langes schwertförmiges Blatt ausläuft, einen seitenständigen Kolben (oder einen gipfelständigen, aber durch die die Blüthenscheide vertretende blattartige Fortsetzung des Schaftes seitwärts gedrückt). Die 3-fächrige Frucht kommt bei uns nicht zur Reife. Blüthezeit im Sommer. Das geschälte Rhizom, Kalmuswurzel (*Rhizōma Calămi s. Calămi aromatĭci*) ist reich an aromatischem flüchtigem Oel und bitterem Harz.

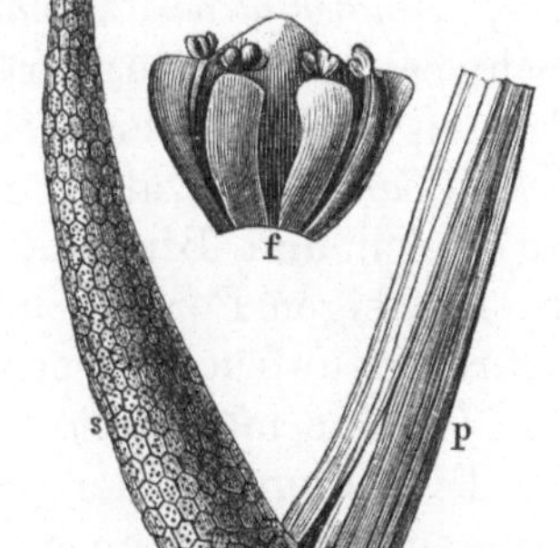

Fig. 759.

Acŏrus Calămus, p *folium spathanëum.* s *spadix* (nat. Gr.), *f* einzelne Blüthe (6 f. L.-Vergr.).

Acŏrus Calamus, herba redivīva, ubĭque ad margĭnes palūdum lacuumque, in fossis et lacūnis frequens, rhizomate horizontali annulato, foliis ensiformibus equitantibus, scapo compresso, in apĭce in folium longissimum continuato, spadīce laterali (sive terminali, sed processu spathaneo scapi ad latus posĭto), cylindrico-conico. Fructus apud nos nunquam maturescit.

35*

Bemerkungen. *Arēca*, von dem malabarischen *areec.* — *Elaeis* (eläis), *ĭdis*, schlechte Latinisirung des griech. ἐλαίς (eläis), Olivenbaum. — *Metroxӯlon, i, n.*, (Markiges Holz), von μήτρα (mätra), Mark, ξύλον, Holz. —

Rumphius, Georg Eberhard Rumpf, geb. zu Hanau 1637, Kaufmann in Ostindien, besonders auf Amboina, trieb Naturwissenschaften. Seine vortrefflichen Pflanzensammlungen verlor er durch Feuersbrunst und Schiffbruch. Er starb erblindet 1706. Sein *Het amboinsche Kruidbock* wurde von *Burmann* 1741 als *Herbarium Amboinense* herausgegeben.

Calämus, griech. κάλαμος, Rohr. — *Phoenix īcis f.* griech. φοίνιξ (phoinix), Palme, Dattelfrucht. — *Dactӯlus*, griech. δάκτυλος, Dattel. — *Acŏrus*, griech. ἄκορος, ein Pflanzenname (α priv. und κόρος, Sattwerden; wegen der magenstärkenden Wirkung).

Lection 137.

Smilaceen.

Zu den petaloïdischen Monokotylen zählen die Familien: *Smilaceae, Liliaceae, Melanthaceae, Iridaceae, Amaryllideae, Bromeliaceae, Zingiberaceae, Marantaceae (Cannaceae), Orchidaceae.*

Von diesen Familien sind *Smilaceae, Liliaceae* und *Melanthaceae* Ordnungen der Endl. Klasse *Coronariae* (Kronenblüthige; mit corollenartigem unterständigen Perigon). Dagegen sind *Irideae, Amaryllideae, Bromeliaceae* Ordnungen der Klasse *Ensātae* (Schwertelgewächse; Kräuter mit halb- oder ganz-oberständigem Perigon und mehreren Staubgefässen). *Zingiberaceae* und *Marantaceae (Cannaceae)* zählen zur Klasse *Scitamineae* (Bananengewächse; mit Kelch und Blumenkrone entsprechendem oberständigen unregelmässigen Perigon und einem fruchtbaren Staubgefäss neben mehreren unfruchtbaren). *Orchidaceae* zählen zur Klasse *Gynandrae* (Weibermännige).

Die Familie der Stechwinden, *Smilaceae*, ist nur in wenigen Arten in unserer heimischen Flora vertreten, die meisten Gattungen finden wir in Amerika. Nur diejenigen der Gattung *Paris* ähnlichen (*Parideae*) haben mehr oder weniger giftige Eigenschaften.

Smilaceae.

Blüthen zwitterig od. 2-häusig.	*Flores hermaphrodīti vel dioeci.*
Perigon corollenartig, seltner kelchartig, unterständig, häufig 6-blättrig, regelmässig.	*Perigonium corollaceum, rarius calycĭnum, infĕrum, saepe hexaphyllum, regulare.*
Staubgefässe 3 oder soviel als Perigonblätter, meist frei.	*Stamina terna vel tot quot phylla perigonii, plerumque libera.*

Pistill mit 1 Griffel und oberständigem, meist 3-fächrigem, sitzendem Fruchtknoten.
Frucht eine 1—4-fächerige, 1- bis mehrsamige Beere.
Embryo sehr klein, vom Eiweiss umschlossen.

Pistillum. Stylus unus; germen superum, plerumque triloculare, sessĭle.
Fructus bacca loculo uno ad quaternos, mono- vel pleiosperma.
Embryo minutus, albumini inclusus.

Gattungen sind *Paris, Ruscus, Smilax, Convallarĭa, Polygonătum, Majanthĕmum* etc.

Paris, Einbeere, unterscheidet sich durch eine tetramerische, nur höchst selten pentamerische Zwitterblüthe. Perigon bleibend, blattartig, ganz abstehend, 8-blättrig, mit äusseren breiteren lancettlichen, inneren schmäleren linienförmigen kürzeren Blättern; Staubgefässe 8, mit der Mitte der Filamente angewachsenen Antheren; Fruchtknoten 4-fächerig mit 2-reihig gestellten Ei'chen; Narben 4, sitzend; Frucht eine kugelige Beere, vielsamig.

Paris: flos hermaphrodītus tetramĕrus, rarius pentamĕrus; perigonium persistens foliaceum, patentissimum, octophyllum, phyllis exterioribus latioribus lanceolatis, interioribus angustioribus et brevioribus linearibus; stamina octōna, anthēris in medio filamentorum adnatis; germen quadriloculare, ovŭlis biseriatis; stigmăta quaterna sessilia; fructus bacca globosa, polysperma. Octandria Tetragynia.

Paris quadrifolia, vierblättrige Einbeere, Wolfsbeere, mit dünnem horizontalen kriechenden Rhizom, völlig einfachem Stengel, 4 sitzenden elliptischen netzadrigmehrnervigen Blättern, grüner endständiger einzelner vierzähliger Blüthe. Beere schwarzblau. ♃ an etwas feuchten schattigen Orten der Wälder u. Waldtriften. Blüht gegen Ende des Frühlings und im Anfange des Sommers.

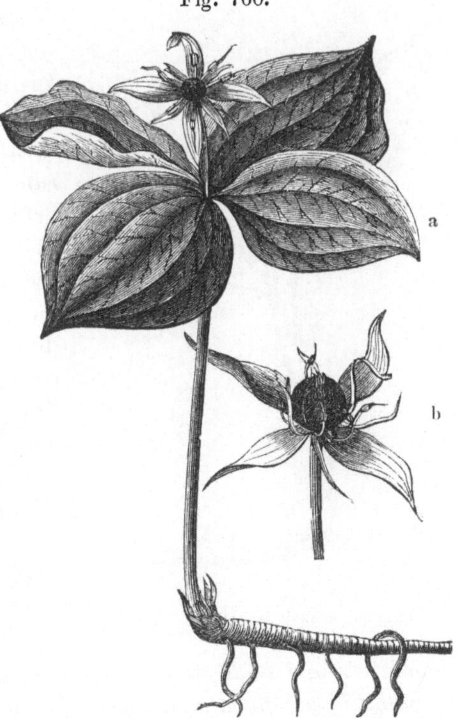

Fig. 760.

Paris quadrifolia. a ½ L.-Vergr., *b* Blüthe in nat. Grösse.

Paris quadrifolia rhizomăte horizontali tenui repente, caule simplicissimo, foliis quaternis sessilibus subrotundo-ellipticis subreticulato-plurinerviis, flore viridi terminali solitario. Bacca atro-purpurea. *Planta perennis in locis humidiusculis umbrosis silvarum nemŏrumque. Floret sub finem veris et prima aestate.*

Fig. 761.

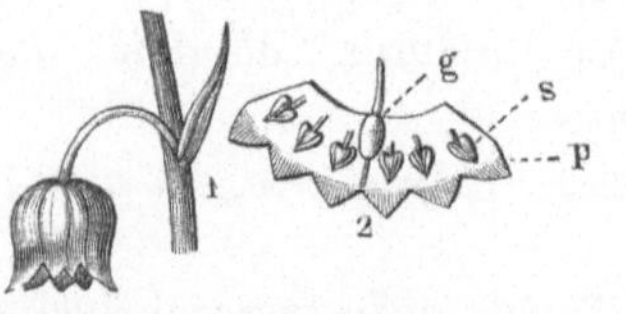

Convallaria majālis. 1. Glockenförmige, sechsspaltige Blüthenhülle. *Perianthium campanulatum, sexfīdum.* Blüthe nickend; *flos nutans.* 2. Blüthenhülle gespalten und auseinandergelegt, *p* Perianthium, *s* Staubblätter, *g* Pistill.

Die Gattung *Convallaria* unterscheidet sich durch traubenständige, mit Deckblättern versehene Zwitterblüthen, ein glockenförmiges 6-theiliges Perigon, 6 dem unteren Theile des Perigons angeheftete Staubgefässe, 3-fächrigen Fruchtknoten und eine kuglige 3- oder mehrsamige Beere. Der kleine Embryo liegt vom Nabel weit entfernt.

Convallaria discrĕpat: floribus racemosis bracteatis hermaphroditis, perigonio campanulato sexfīdo, staminibus inferiori parti perigonii insertis, germĭne triloculari et baccā globosā tri- vel pleiosperma. *Hexandria Monogynia.*

Fig. 762.

Convallaria majalis. ¹/₂ Lin.-Vergr.

Convallarĭa majālis, Maiblümchen, Lilienconvallien, ist das in der Mitte des Frühlings uns durch ihre wohlriechenden, als *Flores Liliorum convallium* officinellen Blüthen erfreuende Staudengewächs (4). Es ist zu erkennen an dem federkieldicken weisslichen, lange ästige Adventivwurzeln treibenden Wurzelstock, den 2 länglich-ovalen grundständigen Blättern, dem nackten halbrunden Blüthenschaft und den weissen wohlriechenden nickenden einseitswendigen Blüthen.

Convallarĭa majālis differt: rhizomate albido, crassitĭe pennae anserīnae, fibras ramosas longissimas agente, foliis radicalibus gemĭnis ovali-oblongis, scapo nudo semiterĕte, floribus albis suaveolentibus nutantibus secundis, baccā globosa coccineā. Planta perennis in nemoribus silvisque frondosis umbrosis, florens medio vere.

Polygonătum weicht von *Convallaria* ab durch blattachselständige Blüthen mit röhrenförmigem Perigon und die über der Mitte des Perigons angehefteten Staubgefässe (*differt: floribus axillaribus, perigonio tubuloso, staminibus supra medium perigonii insertis*). *Hexandria Monogynia.*

Polygonătum officinale All. (*Convallaria Polygonătum* L., grosse Maiblume) mit eckigem Stengel und 1- bis 2-blüthigen Blumenstielen gab früher in seinem fingerdicken weisslichen knollig-gegliederten Rhizom die Siegelwurzel (*Rhizoma Sigilli Salomōnis*).

Majanthĕmum unterscheidet sich durch ein Perigon mit vier abstehenden Blättern und 4 Staubgefässen, durch einen 2-fächerigen Fruchtknoten und 2-samige Beeren. *Maj. bifolium* DC. zweiblättrige Schattenblume, Einblatt, hat einen 2-blättrigen Stengel und gestielte herzförmige Blätter. *Tetrandria Monogynia.*

Smilax, Stechwinde, unterscheidet sich wesentlich von den anderen Arten durch halbstrauchartige kletternde, knotige, oft mit Stacheln versehene Stengel, 2-reihig stehende Blätter, 2-häusige Blüthen mit 6-theiligem Perigon, 6 freien Staubgefässen, 3-fächerigem Fruchtknoten und durch eine durch Fehlschlagen 1—2-samige Beerenfrucht.

Smilax a cetĕris generibus discrepat: caulibus suffruticosis, scandentibus nodōsis, saepe aculeatis, foliis distĭchis, floribus dioecis perigonio sexpartito, staminibus senis libĕris, germine triloculari baccāque abortu mono- vel dispermā.

Die meisten Smilaxarten sind im heissen Amerika zu Hause. *Smilax syphilitica, medica, officinalis* sind z. B. Arten welche Sarsaparillwurzel (*Radix Sarsaparillae*) liefern. *Smilax China*, in China, giebt die Chinawurzel (*Rhizōma Chinae*). Diese Droguen enthalten einen Bitterstoff, den man Smilacine genannt hat.

Bemerkungen. *Smilax* griech. σμῖλαξ, Eibenbaum. — *Polygonătum* griech. πολυγόνατον, ein vielknotiges Kraut. — *Convallaria* von *convallis* Thalniederung. — *Majanthĕmum* (Maiblüthe), *Majus*, Mai, und ἄνθεμον, Blüthe.

Lection 138.

Liliaceen. Asphodelaceen.

Die Liliengewächse, *Liliaceae* Juss., unterscheiden sich durch eine schuppige oder häutige Zwiebel, durch ein unterständiges 6-blättriges blumenartiges regelmässiges Perigon, 6 perigonständige Staubgefässe mit nach innen gewendeten Staubbeuteln, durch ein Pistill mit 1 Griffel, einfacher oder 3-lappiger Narbe, und 3-fächerigem oberständigen Fruchtknoten mit 2-reihig mittelständigen Eichen und durch eine fachspaltig-3-klappige vielsamige Kapsel. Gattungen *Lilium*, *Fritillaria*.

Liliaceae: *bulbus squamosus vel tunicatus; perigonium hexaphyllum corollīnum inferum; stamĭna sena perigonio inserta, anthēris introrsis; pistillum stylo uno, stigmăte simplĭci vel trilŏbo, germine triloculari supero, ovulis centralibus biseriatis; capsula loculicīdo-trivalvis (valvis medio septiferis), polysperma. (Hexandria Monogynia).*

Bei *Lilĭum*, Lilie, sind die Perigonblätter am Grunde mit einer drüsigen honigführenden Längsfurche, bei *Fritillaria* ebenfalls am Grunde, jedoch mit einer Nectargrube versehen. Die Zwiebel besteht aus dachziegelig gestellten Schuppen.

Lilium phyllis perigonii in basi sulco longitudinali nectarifero notatis, Fritillaria phyllis in basi fovĕā nectarifĕrā.

Fig. 763.

Fig. 764.

Fig. 765.

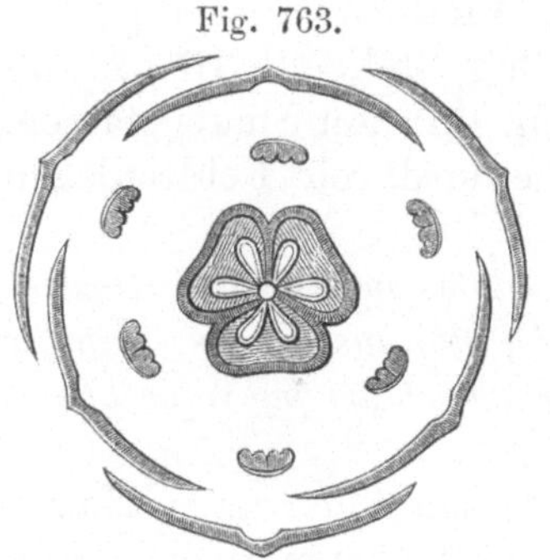

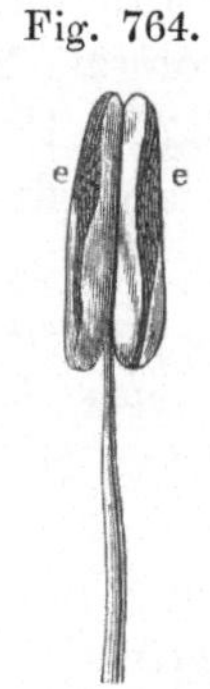

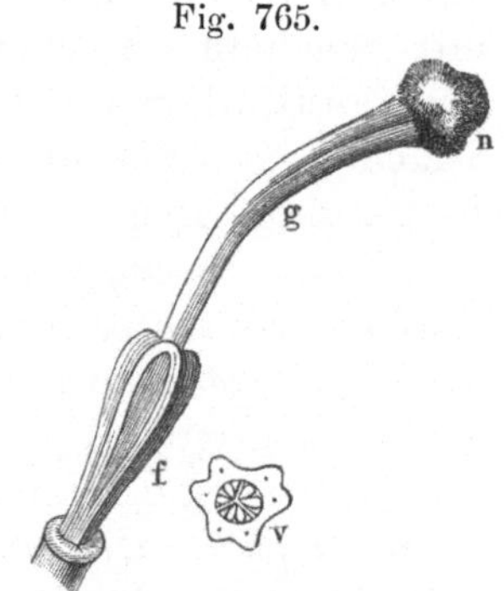

Diagramm der Blüthe von *Lilĭum candĭdum*. 2 Kreise Perigonblätter, 2 Kreise Staubgefässe, und in der Mitte der 3-eckige Fruchtknoten mit den 2-reihigen, mittelständigen Samen.

In der Längsnath aufgesprungene Anthere einer Lilie. 1½ fache Lin.-Vergr.

Pistill v. *Lilĭum Martăgon*. *n* Narbe, *g* Griffel, *f* Fruchtknoten, *v* Querdurchschnitt des Fruchtknotens.

Lilium candĭdum, weisse Lilie, mit zerstreuten Blättern, fast aufrechten weissen Blüthen und einem innen warzenfreien Perigon. *Lil. bulbifĕrum*, Feuerlilie, weicht durch die in den oberen Blattwinkeln befindlichen Zwiebelknospen (*bulbilli*) und die innen warzigen safrangelben braunroth gefleckten Perigonblätter, *Lil. Martăgon*, Türkenbund, durch fleckig-punktirten Stengel, wirtelständige Blätter, nickende Blüthen und die umgebogenen, innen rauchhaarigen Perigonblätter ab.

Lilium candidum foliis sparsis, floribus albis suberectis et perigonio intus haud verrucoso. Lilium bulbiferum differt: axillis superioribus bulbiferis, L. Martăgon: foliis verticillatis, floribus nutantibus, phyllis perigonii revolutis, introrsum hirsūtis.

Von letzterer Art werden zuweilen die Zwiebeln der Gold-
wurz (*Bulbus* (*Radix*) *Asphodĕli*) substituirt, welche eigentlich
von *Asphodĕlus ramosus* (im
südlich. Europa) entnommen
werden sollte.

Fritillaria imperiālis, Kaiserkrone, hat einen oberhalb
geschopften Stengel, wirtelständige Blätter, wirtelständige Blüthen mit gelbrothem
u. glockenförmigen Perigon.
(*Caule superne comato, foliis
verticillatis, floribus verticillatis
pendŭlis, perigonio plerumque
croceo-coccineo, campanulato*). ♃.
Stammt aus Persien und gilt
als eine giftige Pflanze.

Fritillaria imperialis (Kaiserkrone). ½ L.-Gr.

Der Charakter d. Asphodill-
artigen, *Asphodelaceae*, weicht
wenig von dem der Lilia-
ceen ab. Ist eine Zwiebel vorhanden, so ist sie meist häutig,
die Staubgefässe sind weit seltener perigonständig (epipe-
tal), die Kapsel vielsamig und
der Samen von einer häutigen oder krustenartigen und
zerbrechlichen (d. h. dürren, harten) oft schwarzen Schale (*testa
membranacea v. crustacea et fragilis, saepe atra*) bedeckt. Bei den
Liliaceen ist die Samenschale schwammig (*spongiosa*), verbreitert und nie schwarz. Die Asphodeleen werden von vielen Botanikern zu einer Unterfamilie der Liliaceen gemacht. Gattungen
sind: *Urginĕa, Allĭum, Asphodĕlus, Aloë, Phormium* etc. (*Hexandria
Monogynia*).

Urginĭa ist charakterisirt durch traubenständige, von Deckblättern gestützte Blüthen, 6 abstehende Perigonblätter, pfriemförmige, unter sich gleiche Filamente, einen 6-eckigen 3-fäche-
rigen Fruchtknoten und rundliche flache umflügelte Samen.

*Urginia floribus racemosis bracteatis, perigonii phyllis senis pa-
tentibus, filamentis subulatis aequalibus, germine hexagōno, triloculari,
seminibus rotundatis planis circumalatis.*

Urginĭa Scilla Steinh., oder *Scilla maritĭma* L., Meerzwiebel, an den sandigen Küsten des mittelländischen Meeres heimisch, wird nicht selten bei uns in Töpfen gezogen. Die häutigen fleichigen Schalen ihrer Zwiebel sind als Meerzwiebel (*Bulbus Scillae s. Squillae*) officinell. Dieses perennirende Zwiebelgewächs ist zu erkennen an dem frühzeitigen, sehr langen Blüthenschaft, der langen vielblüthigen Traube, den mit Anhängseln versehenen Deckblättern, kürzer als das Blüthenstielchen, und den breiten lancettförmigen grundständigen Blättern; (*scapo praecŏce elongato, racēmo longiore multiflōro, floribus albis, extrinsecus rubentibus, bractĕis appendiculatis, pedicello brevioribus, foliis radicalibus latis lanceolatis*).

Allĭum unterscheidet sich durch einen doldigen oder kopfförmigen von einer 1- oder 2-blättrigen Blüthenscheide (*spatha*) unterstützten Blüthenstand. Die Filamente sind fadenförmig oder die 3 äusseren verbreitert und auf jeder Seite mit einem Zahne versehen (siehe Fig. 313, 5). Die Samen sind eckig.

Allium discrĕpat a generibus ceteris: floribus in umbellam simplicem vel capitulum congestis, inflorescentiā spathā mono- vel diphyllā suffultā; filamentis filiformibus, saepe ternis exterioribus in basi dilatatis et in margine utrŏque instructis dente; seminibus angulatis.

Allĭum Victoriālis, Allermannsharnisch, giebt in seiner netzhäutigen Zwiebel *Bulbus Victoriālis longi*. *Allĭum Schoenoprāsum*, Schnittlauch: mit runden hohlen (*foliis fistulosis*) Blättern und einfachen Staubgefässen, *All. satīvum*, Knoblauch: mit zusammengesetzter Zwiebel, flachen breitlinienförmigen Blättern, geschnäbelter langer Blüthenscheide und Zwiebelknospen (*bulbilli*) tragender Dolde (*umbella bulbifĕra*). *All. Cepa*, gewöhnliche Zwiebel, mit bauchigem Schafte, bauchigen hohlen Blättern und einer kugligen kapseltragenden Dolde (*umbella capsŭlifĕra*,

Fig. 767.

Fig. 768.

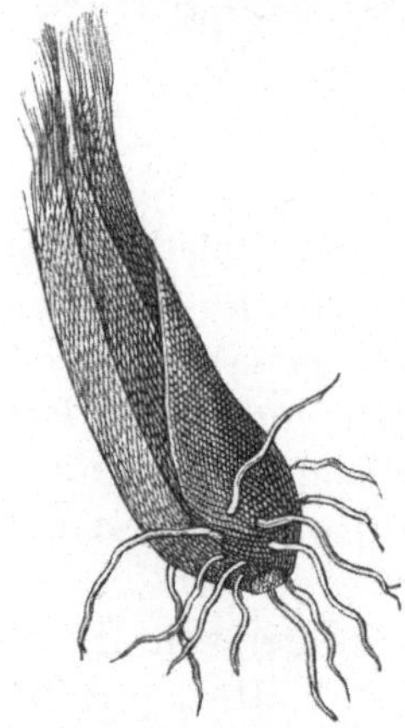

Allermannsharnisch, netzförmige Zwiebel v. *Allĭum Victoriālis*. Halbe Grösse.

Zusammengesetzte Zwiebel v. *Allĭum satīvum*, etwas verkleinert, zum Theil vom Tegment befreit, um die in einen Kreis gestellten Brutzwiebeln zu zeigen.

d. i. eine nicht Zwiebelknospen, sondern nur Blüthen tragende Dolde).

Hervorragende Bestandtheile der Alliumarten sind ein schwefelhaltiges Oel (Schwefelallyl oder ähnliche Verbindungen) und Schleim.

Aloë unterscheidet sich durch ein gerades, röhriges, in seinem inneren Grunde Honigsaft absonderndes, am Rande 6-theiliges Perigon, eine hautartige Kapsel, 2-reihig gestellte, bisweilen geflügelte Samen und saftreiche Blätter. *Hexandria Monogynia.* Der eingetrocknete Saft mehrerer in Afrika und Westindien heimischen Arten, wie *A. spicata, Aloë Soccotorīna, A. Barbadensis,* stellt die *Aloë* (*Aloë*) des Handels dar.

Aloë perigonio tubuloso, in fundo nectărifluo, limbo recto sexfido, capsulā membranaceā, seminibus biserialibus, interdum alātis, foliis succulentis, floribus racemosis, saepe caulomăte frutescente.

Die Spargelartigen, *Asparagaceae,* werden gewöhnlich auch als eine Unterfamilie der Liliaceen angesehen, jedoch unterscheiden sie sich von diesen durch ein Rhizom oder eine zusammengesetzte Wurzel, ein verwachsenblättriges, meist 6-theiliges Perigon, eine 1- bis 3-samige Beerenfrucht, und Samen mit schwarzer Testa. Gatt. *Dracaena, Asparăgus.* (*Hexandria Monogynia*).

Dracaena Draco, auf den canarischen Inseln und in Ostindien, mit genarbtem baumartigem Palmstamm (*caulōma arboreum cicatrisatum*), welcher im Alter an der Spitze sogar ästig wird. Aus dem Stamme fliesst freiwillig ein rothes Harz, welches als gewöhnliche Sorte Drachenblut (*Resīna Dracōnis Canariensis*) in den Handel kommt.

Asparăgus officinalis, an den Meeresküsten Europas, mit krautartigem Stengel mit je 6 bis 9 büschelartig-gestellten borstenartigen stielrunden Blättern und rothen Beeren, wird viel bei uns angebaut. Die schnell unter Abschluss des Lichtes aufschiessenden, mit Schuppen bedeckten Sprossen sind der als Delicatesse bekannte Spargel (*Turiōnes Asparăgi*).

Bemerkungen. *Urginĕa* soll von *urgēre,* drängen, hergeleitet sein, wegen der flachen, wie gedrückt aussehenden Samen. — *Dracaena,* griech. δράκαινα (drakaina), weiblicher Drache, wegen der an der Spitze in einen Dorn auslaufenden Blätter. *Schoenopräsum* (binsenartiger Lauch); σχοῖνος (schoinos), Binse, πράσον (präson), Lauch.

Lection 139.

Colchicaceen oder Melanthaceen.

Eine petaloïdische Monokotyledonenfamilie bilden die Germerartigen oder Giftlilien, *Melanthaceae* R. Br. oder *Colchicaceae* DC., zur *Endl.* Klasse *Coronariae* zählend. Diese in pharmakologischer Beziehung sehr wichtige Familie umfasst mehrere Gewächse, welche sich durch scharfe, drastisch purgirende oder brechenerregende Eigenschaften auszeichnen, und giftige Alkaloide, wie Colchicin, Veratrin, Sabadillin, Jervin enthalten.

Melanthaceae.

Gewächse mit Knollzwiebel, Wurzelstock od. Faserwurzel.	*Herbae bulbodio vel rhizomăte vel rarius radīce fibrōsa.*
Blätter zerstreut, ganzrandig, am Grunde scheidig.	*Folia sparsa, integerrima, in basi vaginantia.*
Blüthen meist zwitterig mit blumenkronenartigem, 6-blättrigem oder 6-theiligem, regelmässigem Perigon.	*Flores plerumque hermaphrodīti, perigonio corollaceo hexaphyllo vel sexfĭdo regulari.*
Staubgefässe 6, dem Perigon oder mitunter dem Fruchtboden eingefügt.	*Stamina sena perigonio aut interdum receptaculo inserta.*
Pistill. 3 Griffel, ebensoviel einfache Narben und 3 oberständige mehreiige Karpellen.	*Pistillum. Styli terni; stigmata totĭdem simplicia; carpella terna supera, pluriovulata.*
Frucht aus 3 einfächrig. Kapseln oder aus einer 3-theiligen, 3-fächrigen Kapsel bestehend.	*Fructus capsulae ternae uniloculares vel capsula tripartibilis trilocularis, introrsum dehiscens.*
Samen eiweisshaltig; Embryo klein, vom Eiweiss eingeschlossen.	*Semina albuminosa; embryo parvus, albumini inclusus.*

Hexandria Trigynia.

Diese Familie wird gewöhnlich in 2 Unterfamilien geschichtet, in:

Colchiceae (mit verkürztem Stamm und mit Knollzwiebel). Gatt. *Colchĭcum;*

Veratreae (mit verlängertem beblättertem Stamm und gehäuftem Blüthenstande). Gatt. *Verātrum, Sabadilla.*

Colchĭcum, Zeitlose.

Perigon trichterförmig mit sehr langer Röhre, mit 6-theiligem Rande, grundständig.

Staubgefässe im Schlunde der Perigonröhre befestigt, mit in der Länge aufspringenden Antheren.

Pistill: 3 sehr lange Griffel und ein Fruchtknoten aus 3 Karpellen bestehend.

Fruchtkapseln 3, einfächerig, bis zur Mitte zusammengewachsen und an der Spitze nach innen aufspringend.

Perigonium infundibuliforme, tubo longissimo, limbo sexpartīto, radicale.

Stamina fauci perigonii (summo tubo) inserta, anthēris longitudinaliter dehiscentibus.

Pistillum: styli terni longissimi et germen ex carpellis ternis constitutum.

Capsulae ternae, uniloculares, a basi ad medium usque connatae, in apĭce introrsum dehiscentes.

Colchĭcum autumnāle, Herbstzeitlose, auf Triften und Wiesen des mittleren Deutschlands, unterscheidet sich durch eine im Herbst aus einer Blumenscheide 1—4 Blüthen, im folgenden Frühling 3 bis 4 lancettliche straffe Blätter und nur von einem sehr kurzen Schafte gestützte Früchte treibende Knollzwiebel, meist lilafarbene Blüthen und fast kugelige runzlige schwarzbraune Samen. Die Knollen (*Bulbi Colchĭci*) werden im Herbst, die Samen (*Semina Colchĭci*) im Mai und Juni eingesammelt. Sie enthalten ein giftiges Alkaloïd, Colchicin, u. eine neutrale stickstoffhaltige giftige Substanz, Colchiceïne.

Colchĭcum autumnāle, ②; *bulbodium (bulbo-tuber) autumno ex spatha aliquot flores, vere subsequente folia tria vel quatuor lanceolata stricta atque fructus scapo brevi suffultos emittens; floribus plerumque lilacĭnis; seminibus subglobosis rugosis nigro-fuscis.*

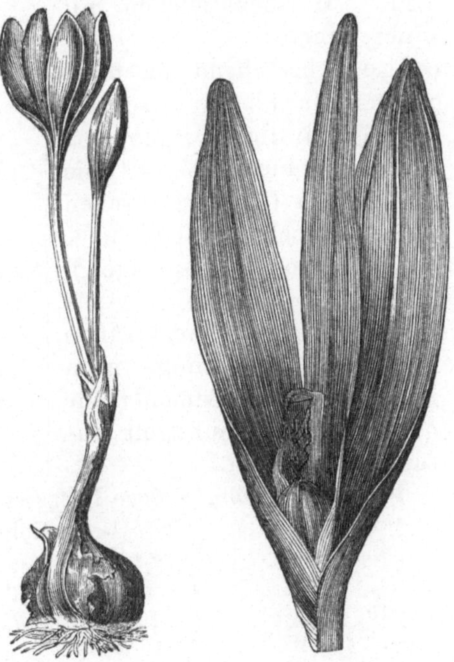

Fig. 769.

Colchicum autumnale.
1. Im Herbst.   2. Im Frühling.

Fig. 770.

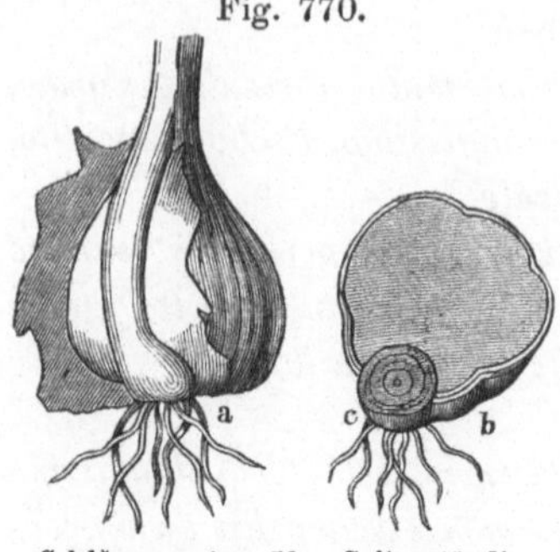

Fig. 771.

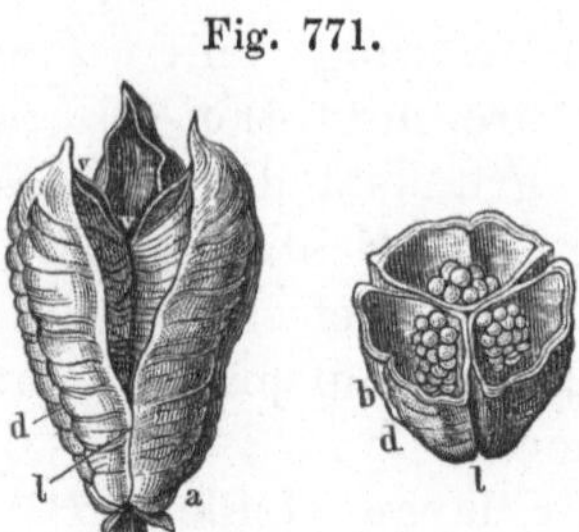

Fig. 772.

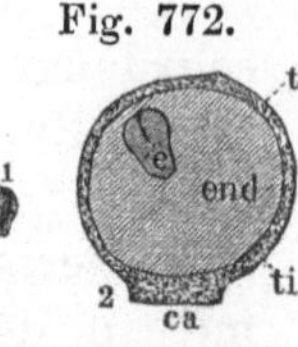

Colchĭcum autumnāle. Seitenständige Knollzwiebel (*bulbodĭum laterale*). *a* zum Theil von dem braunen Tegment befreit, *b* Querdurchschnitt, *c* zur neuen Knollzwiebel auswachsende Axe.

Frucht der Herbstzeitlose (*Colchĭcum autumnāle*) aus 3 Carpellen bestehend. *v* Bauchnath, *d* Rückennath, *l* Wandnath.

Samen von *Colchĭcum autumnale.* 1. Natürl. Grösse. 2. Längsdurchschnitt. *e* Embryo, *end* Inneneiweiss, *t* äussere, *ti* innere Samenhaut, *ca* Samenschwiele (*caruncŭla*).

Verātrum.

Blätter eirund, der Länge nach gefaltet.	*Folia ovata, longitudinalĭter plicata.*
Blüthen durch Fehlschlagen polygamisch, in Rispen stehend. Blüthenstielchen mit einer Bractee.	*Flores abortu polygămi, paniculati, pedicellis bractĕa suffultis.*
Perigon, bestehend aus 6 eirunden, am Grunde verschmälerten, parallelnervigen, am Rande mit einer drüsigen Linie versehenen (durch Drüschen fast gezähnelten) Blättern.	*Perigonium phyllis senis ovatis, ad basin attenuatis, parallelinervibus, in margĭne versū glandularum instructis (glandulis margini impositis subdenticulatis).*
Antheren quer-aufspringend.	*Anthērae transversim dehiscentes.*
Griffel 3 kurze.	*Styli terni breves.*
Fruchtkapseln 3, am Grunde verbunden, vielsamig, nach innen klaffend; Samen mehr oder weniger umflügelt zusammengedrückt.	*Fructus. Capsulae ternae, in basi coalescentes, polyspermae, introrsum hiantes; semina plus minusve circumalāta, compressa.*

Verātrum album, weisse Niesswurz, auf Alpenwiesen des südlichen und mittleren Deutschlands, in Varietäten mit weissen und grünen Blüthen, zuweilen in Gärten gezogen, unterscheidet sich durch die unten weichbehaarten Blätter (Fig. 183, 3), durch Bracteen, länger als das Blüthenstielchen und die abstehen-

Fig. 773.

Fig. 774.

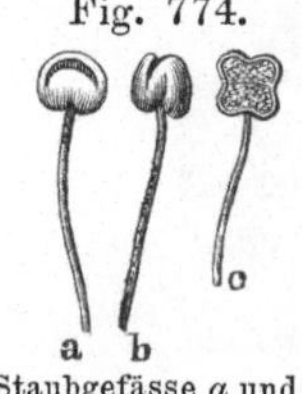

Zwitterblüthe von *Veratrum album.*

Staubgefässe *a* und *b* von zwei Seiten gesehen, *c* deflorirtes (vergr.).

den oder zusammenneigenden Perigonblätter. *Verātrum nigrum*
hat kahle Blätter, eine filzige Rispe, Bracteen kürzer als das
Blüthenstielchen und fast zurückgebogene, so wie den Staubgefässen gleich, schwarzbraune Perigonblätter.

*Verātrum album dignoscitur foliis subtus pubescentibus, bractĕis
pedicello longioribus, perigonii phyllis patentibus vel conniventibus. Verātrum nigrum differt: foliis glabris, paniculā
tomentosā, bractĕis pedicello brevioribus et phyllis
perigonii subreflexis, unā cum staminibus atro-fuscis.*

Von *Verātrum album* wird die weisse Niesswurz (*Rhizōma Verātri albi s. Radix Hellebŏri
albi*) eingesammelt. Sie enthält die scharfen
und Erbrechen bewirkenden giftigen Alkaloïde Veratrin und Jervin.

Sabadilla officinalis Brandt (*Verātrum officinale* Schldl.), in Mexiko, liefert die mit ungeflügelt säbelförmigen Samen (*sem. exalatis
acinaciformibus*) gefüllten Früchte, Sabadill
(*Fructus Sabadillae*), welche die giftigen Alkaloïde, Veratrin und
Sabadillin, enthalten.

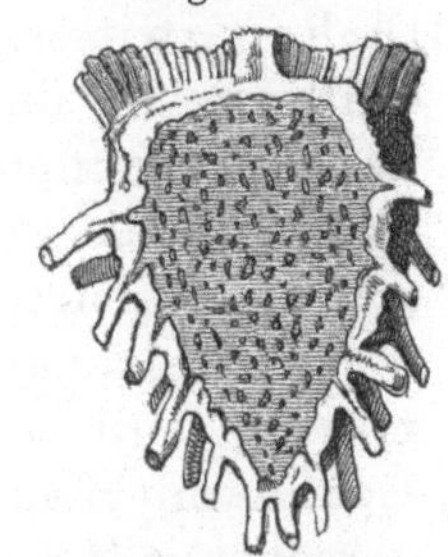

Fig. 775.

Verticaldurchschnitt des Rhizoms der weissen Niesswurz
(*Veratrum album*).

Bemerkungen. *Melanthium* (Schwarzblümchen), von μέλας (melas), schwarz, dunkel,
und ἄνθος, Blume. — *Colchicum*, griech. κολχικόν, nach der Landschaft Kolchis so genannt. — *Sabadilla* von d. span. *cebadilla*, Gerstenkörnchen.

Lection 140.

Orchideen.

Unter den Monokotylen mit petaloïdischem Perigon begegnen wir auch den Orchideen, *Orchidaceae*, einer der interessan-
testen Pflanzenfamilien, interessant theils wegen der Mannigfaltigkeit und der nicht selten an das Bizarre streifenden Schönheit ihrer Blüthen, theils wegen der Eigenthümlichkeit des Baues
und der Verbindung der Befruchtungsorgane. Wenn den Orchideen der deutsche Namen Fratzenlilien gegeben ist, so sind
damit auch die wunderbaren Formen der Blüthen angedeutet.
Die grösste Pracht entfalten besonders die Gattungen, welche
Bewohner der feuchten Urwälder der Tropen sind.

Die Orchideen sind theils Schmarotzer, theils kriechende Halbsträucher. Viele sind von vornehmlichem Wohlgeruch, welchen

sie dem Gehalte eines ätherischen Oels verdanken. Giftige Arten scheinen unter ihnen nicht vorzukommen.

Orchidaceae.

Erdgewächse oder Schmarotzer mit Rhizom oder Faserwurzel oder Knollen und mit einfachen ganzrandigen Blättern.

Blüthen zwitterig, mit Deckblättern, oft durch Drehung des Fruchtknotens oder des Blüthenstiels verkehrt.

Perigon oberständig, 6-blättrig, blumenkronenartig, unregelmässig, mit einer oft am Grunde mit Höcker oder Sporn versehenen Honiglippe od. unterem grösserem Perigonzipfel.

Staubgefässe 3, zugleich mit dem Griffel zu éiner Griffelsäule verwachsen, davon 1 oder 2 gewöhnlich unfruchtbar; Antheren endständig, 2-fächerig; Pollenkörner zusammengehäuft zu sitzenden od. gestielten Pollenmassen, welche mit ihrer Basis der Narbe oder deren doppelten Drüse (den Haltern) oder einer einfachen Drüse (dem Vorkleber) angeklebt sind.

Pistill mit einer am vorderen Theil der Griffelsäule gelegenen Narbe in Gestalt eines schleimig-klebrigen Fleckes (dem Narbenfleck), oberhalb häufig in einen Schnabel oder eine Platte verlängert, oft auch mittelst einer Falte die Halter einschliessend.

Fruchtknoten 1-fächerig, mit 3 in Platten gespaltenen, wandständigen Samenträgern.

Plantae terrestres vel parasiticae rhizomăte v. radīce fibrōsa aut tuberifĕra, foliis simplicibus integerrimis, in basi vaginantibus.

Flores hermaphrodīti, bracteati, saepe torsione germinis vel pedunculi resupinati.

Perigonium superum, hexaphyllum, corollĭnum, irregulare, laciniā inferiore majore vel labello, in basi saepe gibbo vel calcāre instructa.

Stamĭna terna atque cum stylo in gynostemĭum connata, quorum unum vel duo plerumque sterilia (staminodia); antherae terminales, biloculares; grana pollĭnis conglobata in pollinaria sessilia vel stipitata (caudiculā stipitata), per basin aut stigmati, aut ejus glandulae duplĭci (retinacŭlis), aut glandulae simplĭci (proscollae) agglutinata.

Pistillum stigmăte sito in anteriore parte gynostemii, arĕam mucoso-viscōsam (gynixum) exhibente, supra saepius in rostellum vel lamĭnam producto, interdum in sua plica (bursicŭlā) retinacula includente.

Germen uniloculare sporophoris ternis, in lamĭnas fissis, parietalibus.

<table>
<tr><td>

Frucht 1 Kapsel, meist fenster-
artig-3-klappig aufspringend,
mit in der Mitte samentra-
genden Klappen, und mit feil-
staubähnlichen eiweiss- und
samenlappenlosen, meist sehr
kleinen Samen; Samenkern
inmitten einer lockeren netz-
artigen Samenhaut.

</td><td>

*Capsula saepius fenestratim tri-
valvis, valvis in medio semini-
fĕris, seminibus scobiformibus
(i. e. minūtis linearibus rigĭdis),
exalbuminosis et acotyleis, ple-
rumque minutissimis, nucleo testā
laxiore reticulatā foto.*

</td></tr>
</table>

Die vorstehend erwähnten Verhältnisse der Befruchtungsorgane haben wir bereits in den Lectionen 45 und 52 (S. 157
u. 184) kennen gelernt. Die Diagnostik dieser Familie ist dar-
nach eben nicht so schwierig, wie man sonst zu glauben pflegt.

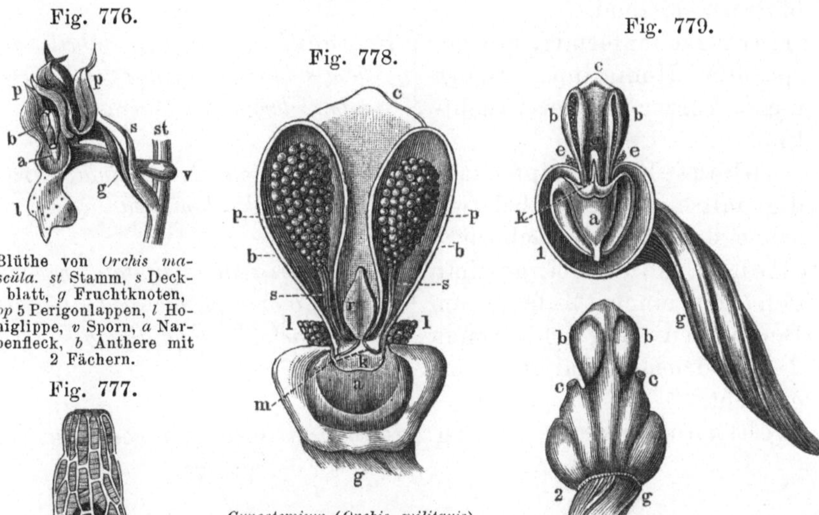

Fig. 776.

Fig. 778.

Fig. 779.

Fig. 777.

Blüthe von *Orchis ma-
scŭla. st* Stamm, *s* Deckblatt, *g* Fruchtknoten,
pp 5 Perigonlappen, *l* Honiglippe, *v* Sporn, *a* Narbenfleck, *b* Anthere mit
2 Fächern.

Orchis militaris. Ein von
einer netzartigen Samen-
haut locker eingeschlos-
sener Samenkern. Vergr.

Gynostemium (Orchis militaris),
vergr., in der Breitenlänge
durchschnitten, um die Pollinarien (*pp*) und die Klebdrüsen (*m*) in dem Beutelchen (*k*)
zu zeigen. *c* Connectiv, *r* Schnäbelchen (*rostellum*), *l* unfruchtbare Antheren (*staminodia*). *a*
Narbenfleck (*gynixus*).

Griffelsäule mit Fruchtknoten (*g*) von
Orchis mascula. Sie ist von den Perigonlappen befreit. *a* Narbenfleck (*gynixus*), *bb* die beiden Antherenfächer,
c Connectiv, *o* Schnäbelchen (*rostellum*),
k Beutelchen (*bursicŭla*), *ee* Staminodien. 2. Die Griffelsäule von hinten
gesehen. 3-fache L.-Vergr.

Nach der Zahl der fruchtbaren Antheren theilt man die
Orchideen ein in ***Orchideae monandrae*** (*Gynandria Monandria*), mit Gattungen, wie *Ophrys, Orchis, Platanthēra, Epipactis.
Gymnadenĭa, Vanilla,* und ***Orchideae diandrae*** (*Gynandria Diandria*), wie *Cypripedium.* Man kennt circa 2000 Orchideen, es ist
also erklärlich, dass man sie in mehrere Unterfamilien abschich-
tete, z. B.

*Orchideae-**Ophrydeae**. Herbae terrestres; tubĕra hypogaea bina (alterum quotannis praemoriens); anthera tota gynostemio adnata, pollinariis binis, granulosis, stipitatis.* Erdgewächse; 2 unterirdische Knollen (von denen eine jedes Jahr abstirbt); Staubbeutel ganz der Griffelsäule angewachsen, mit 2 körnigen, gestielten Pollenmassen. Dazu die Gattungen *Orchis, Ophrys, Gymnadenia, Platanthĕra.*

Die meisten und auch bei uns heimischen Ophrydeen, mit ungetheilten oder handförmigen Knollen, geben Salep, Salepknollen (*Tubĕra Salep*). Die frischen Knollen werden mit kochendem Wasser gebrüht und dann getrocknet in den Handel gebracht. Sie enthalten Schleim, Stärkemehl, Gummi etc.

Orchis, Knabenkraut.

Blüthen in Aehren, mit Deckblättern, sitzend.	*Flores spicati, bracteati, sessiles.*
Perigon rachenförmig, mit gespornter Honiglippe; Sporn meist kürzer als der Fruchtknoten.	*Perigonium ringens, labello in basi subtus calcarato; calcar germĭne plerumque brevius.*
Staubbeutel 1, fast gipfelständig, mit einem Schnabel zwischen den beiden Fächern.	*Anthera una subterminalis, rostello loculis binis interjecto.*
Pollenmassen zwei, gestielt, den von einem 2-fächrigen Beutelchen eingeschlossenen 2 Klebdrüsen (Haltern) aufgeklebt.	*Pollinaria dua stipĭtata, retinaculis binis, in bursicula biloculari inclusis, agglutinata.*
Fruchtknot. gedreht, 6-riefig.	*Germen tortum, sexcostatum.*

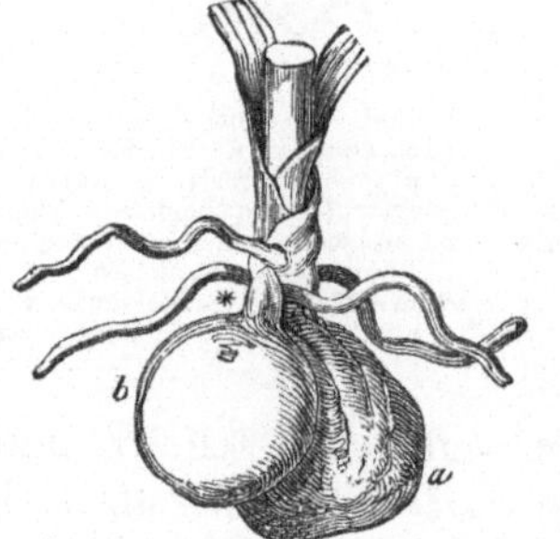

Fig. 780.

Ungetheilte Doppelknolle von *Orchis Morĭo.* Hodenförmige Knollen (*tubĕra testiculăta s. scrotiformia*). *a* Alte Knolle.

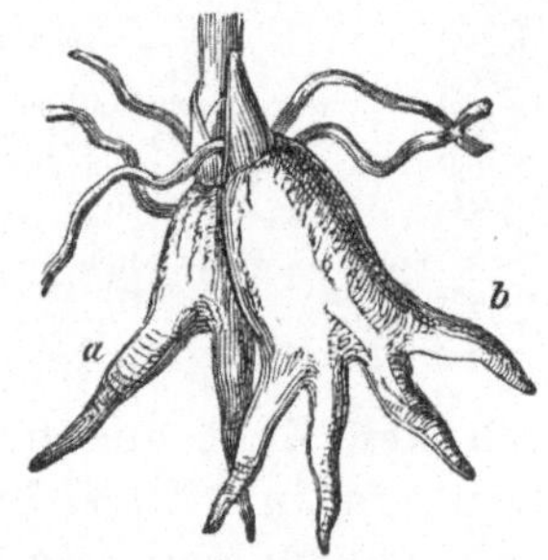

Fig. 781.

Handförmiggetheilte Orchisknollen (*tubĕra palmata*). *a* Alte Knolle, *b* jüngere.

Orchisarten mit ungetheilten Knollen sind: *Orchis Morĭo, mascŭla, militaris, palustris* Jacq., *purpurea* Huds., mit handförmigen Knollen: *Orchis latifolia, maculata.*

Orchis mascula, Knabenkraut, *foliis lanceolatis oblongisve; bractĕis uninerviis, germen aequantibus; perigonii laciniis acutis, superioribus tribus galeato-conniventibus, duobus exterioribus patentibus, labello trilobo, lobis latis crenulatis; calcāri obtuso adscendente, germen aequante; floribus purpureis.*

Orchis Morio differt: perigonii laciniis obtusis, omnibus in galeam conniventibus (stumpfe, zu einem Helm zusammengeneigte Perigonlappen).

Orchis militāris a praecedente differt: bracteis brevissimis, laciniis labelli lateralibus linearibus, calcāri descendente, quam germen duplo breviore. Floribus carnĕis.

Orchis latifolia ab Orche mascula differt: caule fistuloso, foliis oblongis, saepe fusco-maculatis, bracteis trinervibus, inferioribus flore longioribus; calcāri descendente, germine breviore.

Orchis maculata a praecedente differt: caule solĭdo, foliis oblongolanceolatis, bracteis in media spica germen aequantibus.

Alle diese Arten kommen bei uns auf Wiesen und waldigen Triften vor. *Orchis militaris* verbreitet getrocknet den Geruch von Cumărine. Ueberhaupt ist dieser indifferente krystallisirende Körper bei den Orchideen nicht selten, Reich daran ist z. B. der Fahamthee, die Blätter von *Angraecum fragrans* Thouars, einer Orchidee der Mascarenhasinseln.

Die Gattung *Platanthēra* weicht von Orchis ab: durch die von einander abstehenden Antherenfächer ohne dazwischen liegenden Schnabel und durch nackte Klebdrüsen. *Platanthēra bifolia* zeichnet sich durch angenehmen, besonders des Abends hervorbrechenden Geruch aus.

*Orchideae-***Neottieae.** *Anthēra terminalis; pollinaria farinosa sessilia.* Gattungen *Epipactis, Spiranthes, Neottia.*

*Orchideae-***Arethuseae.** *Anthēra terminalis, opercularis* (deckelartig aufspringend); *pollinaria granulosa.* Gattung *Vanilla.*

Vanilla: Ein gegliedertes Perigon, eine spornfreie Honiglippe, 5 abstehende Perigonblätter, eine verlängerte, oberhalb mit einem Rande versehene Griffelsäule und eine 2-klappige Fruchtkapsel mit Mus gefüllt, worin die von einer dichtanliegenden Samenschale umschlossenen Samen nisten.

Vanilla: perigonium articulatum, labello ecalcarato laciniisque quinis patentibus; gynostemium elongatum, superne marginatum; capsula longa bivalvis, pulpā farcta, seminibus arctae testae inclusis, in pulpa nidulantibus. Plantae parasiticae.

Vanilla aromatica Sw., in Südamerika, *V. planifolia* Andrw., in Mexiko, *V. Pompōna* Schiede in Mexiko und Guiana, geben

Vanilla aromatica. Mit Blüthen und Früchten.
(¼ L.-Gr.).

in ihren nicht ganz reifen Früchten Vanillensorten des Handels. Die besseren Sorten sind mit kleinen farblosen Krystallen der Vanilline, eines stearoptenähnlichen Körpers, bedeckt.

Orchideae - *Cypripedieae.*

Antherae duae laterales fertĭles, intermedia sterĭlis petaloïdĕa. Die Art *Cypripedĭum Calceŏlus*, Frauenschuh, findet sich bei uns hier und da auf Kalkboden in Laubwäldern. Sie ist interessant durch die schöne Form der Blüthe.

Bemerkungen. *Orchis*, Gen. *orchis*, griech. ὄρχις, Hode, wegen der hodenförmigen Wurzel. — *Platanthēra* (breite Anthere), πλατύς (platys), breit. — *Cypripedium* (Venusschuh), Κύπρις (Cypris), Beiname der Venus; *pes*, *pedis*, Fuss. — *Calceŏlus* Schuh. — *Neottia*, griech. νεοττιά, Nest, wegen der wie ein Nest gestalteten Wurzel.

Lection 141.

Irideen. Zingiberaceen. Junceen.

Die Schwertlilien, *Irideae*, *Iridaceae*, Monokotylen mit Perigon, zur *Endl.* Klasse *Ensatae* gehörend, bieten hauptsächlich in den Narben des *Crocus sativus* ein Medicament, und dann in dem Rhizom der *Iris Florentina* die indifferente und nur wohlriechende Veilchenwurzel (*Rhizoma Irĕos* s. *Irĭdis Florentīnae*).

Iridaceae.

Aestige Rhizome od. Zwiebelknollen, selten Faserwurzeln.	*Rhizomata ramosa vel bulbodia, rarius radĭces fibrosae.*
Blätter ganzrandig, schwertförmig, reitend, 2-reihig (ausgenommen bei *Crocus*).	*Folia integerrima, ensiformia, equitantia, distĭcha (Croco excepto).*
Blüthen von scheidenartigen Bracteen eingeschlossen.	*Flores bractĕis spathacĕis (spathis) inclusi.*

Perigon oberständig, 6-theilig, corollenartig, bisweilen ungleich und fast lippig.

Staubgefässe 3, dem Grunde der äusseren Perigonlappen eingefügt, mit nach aussen gewendeten Staubbeuteln.

Pistill mit 1 Griffel, 3 meist verbreiterten und blumenblattartigen Narben, einem 3-fächrigen Fruchtknoten, mit gegenläufigen 2-reihigen mittelständigen Ei'chen.

Frucht eine fachspaltig-3-klappige Kapsel mit eiweisshaltigen Samen.

Embryo häufig in der Axe des Eiweisses, mit nach dem Nabel gerichtetem Würzelchen.

Perigonium superum, sexpartitum, corollaceum, interdum inaequale et sublabiosum.

Stamina terna, basi laciniarum exteriorum perigonii inserta, anthēris extrorsum versis.

Pistillum. Stylus unus; stigmăta terna, plerumque petaloïdeo-dilatata; germen (carpophyllorum marginibus introflexis) triloculare, ovulis anatrŏpis biserialibus centralibus.

Fructus capsula loculicido-trivalvis (valvis medio septifĕris), seminibus albuminosis.

Embryo saepius axilis, radiculā hilum spectante.

Gattungen sind *Iris, Crocus, Gladiŏlus.* (*Triandria Monogynia*).

Fig. 783.

Diagramm der Blüthe einer *Iris*. In der Mitte das Pistill mit den blumenblattartigen Narben; den Narben gegenüber die nach aussen gewendeten Antheren und um den Staubblätterkreis das 6-theilige Perigon in 2 Wirteln, mit inneren aufrechtstehenden, und äusseren abwärtsgebogenen Perigonzipfeln. Letztere in der Mitte gebärtet.

Fig. 784.

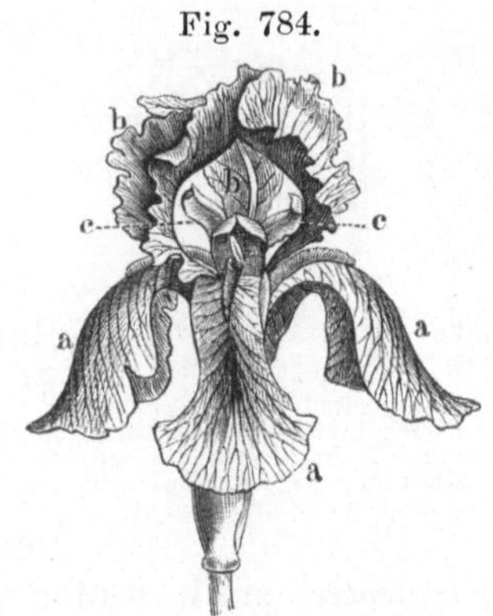

Flos Iridis. aaa *Laciniae perigonii exteriores reflexae,* b b b *interiores erectae,* c *stigmata.*

Iris unterscheidet sich durch die 3 äusseren herabgebogenen und die 3 inneren aufrechten Perigonlappen und die petaloïdischen Narben. Arten sind *I. pallĭda* Lmk. mit blassblauen Blüthen, *I. Florentīna*, weissblühend, (beide in Italien). Sie geben *Rhizōma Irĭdis*. Bei uns kommen vor *I. Germanica* mit dunkelblauen, und *I. Pseudacŏrus* mit gelben Blüthen.

Crocus ist charakterisirt durch ein regelmässiges, trichter-förmiges, sehr langröhriges, aus der Zwiebelknolle aufsteigendes

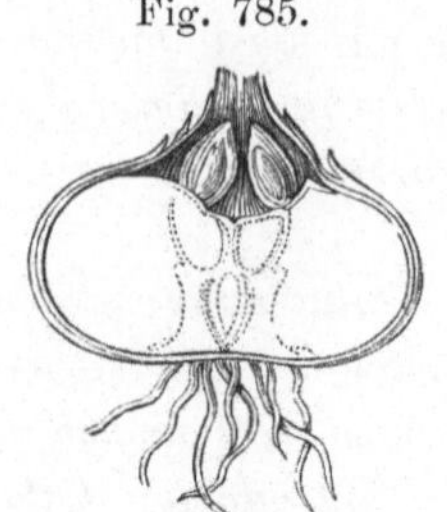

Fig. 785.

Perigon mit 6-theiligem Saume, 3 ober-halb breitere, röhrig- oder kapuzenför-mig-eingerollte Narben (*stigm. tubuloso-vel cucullato-involūta*) und einen der Zwie-belknolle fast aufsitzenden Fruchtknoten. — *Crocus satīvus*, mit 2-blättriger Blumen-scheide (*spatha diphylla*) liefert in seinen sehr langen Narben, welche mit dem Perigon gleich hoch stehen (*stigm. peri-gonium aequantia*) den Safran (*Crocus*). Diese Art wird besonders in Spanien, Frankreich und Oesterreich angebaut. — *Crocus vernus* (Frühlingssafran) unter-scheidet sich durch eine 1-blättrige Scheide und eine Narbe von ungefähr der halben Länge des Perigons.

Knollzwiebel (*bulbodium*) von *Crocus satīvus* im Verticaldurchschnitt, über der Zwiebelscheibe die Brutzwiebeln.

Gladiolus hat kurze flache Narben und ein rachenförmiges Perigon (*perig. ringens*). Arten sind *Glad. paluster* Gaud. und *G. communis* (Siegwurz), beide bei uns heimisch.

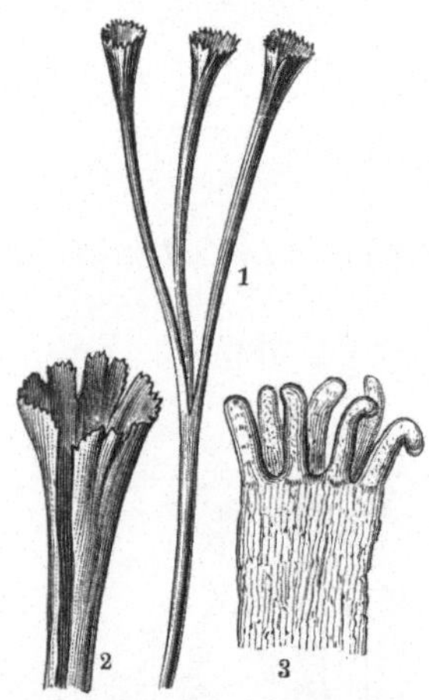

Fig. 786.

Crocus *satīvus* (Safran). 1. Narbe (*stigma trifĭdum cum lacinĭis incisis*), ½ mal vergr. 2. Narbe 4 fach vergr. 3. Ein Stück des Narbenrandes mit Papillen besetzt, 120 fach vergr.

Eine andere monokotylische Familie mit petaloïdischem Perigon, welche zu der *Endl.* Klasse *Scitaminĕae* (Gewürzlilien, Bananengewächse) und zur *Monandria Monogynia* gezählt wird, bilden die Zin-giberaceen, *Zingiberaceae* (oder *Scitami-naceae* Brown). Ihre Gattungen, von de-nen viele sehr gewürzreich (*herbae aro-māte scatentes*) sind, finden sich in grösster Menge in Ostindien, wenige in den heissen Erdstrichen anderer Erdtheile.

Alpinĭa Galanga Roscoe, ♃ auf den Sundainseln, giebt *Rhizoma Galangae majoris*, ferner *Zingĭber officinale* Rosc., in Ostindien, den Ingwer (*Rhizoma Zingibĕris*). *Curcŭma Zedoaria* Rosc. und *Curcŭma longa*, ♃ und in Ostindien zu Hause, geben Curcuma (*Rhiz. Curcŭmae*), *Elettarĭa Cardamōmum* Roxb. und andere *Elettaria*-Arten die Kardamomen, theils als Früchte, theils als die aus der Fruchtschale genommenen Samen (*Semen Cardamomi*). *Car-damōmum minus s. Malabaricum* ist die gewürzreichere und officinelle Sorte. Die **Paradieskörner** (*Grana Paradīsi*) sind die Samen von *Amomum granum Paradīsi* Afz. (in Guinea). Die gewürzhaften Bestandtheile bestehen meist in flüchtigem Oel, aromatischem Weichharz, indifferentem Bitterstoff. Die Rhizome enthalten ausserdem auch Stärkemehl, und aus einigen *Curcŭma*-Arten (*Curc. leucorrhīza, angustifolia*) wird sogar das ostindische **Arrowroot** (spr. ärroruht) dargestellt. Das Rhizom von *Curcŭma longa* enthält gelben Farbstoff (Curcumine).

Zu erwähnen wäre noch unter den Monokotylen mit petaloïdischem Perigon die Fam. der **Binsen** od. **Simsengräser**, *Junceae, Juncaceae.* Dieselbe bildet neben den Smilaceen, Liliaceen, Melanthaceen eine Ordnung der *Endl.* Klasse *Coronariae* (Kronenblüthige).

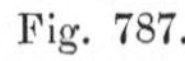

Fig. 787.

Blüthe einer Juncee (Hainsimse, *Luzŭla*). Vergr.

Die **Junceen** haben einen vollen (nicht hohlen) Stengel, am Grunde scheidige, alternirende, flache oder cylindrische Blätter, ferner Zwitterblüthen, ein 6-blättriges unterständiges regelmässiges bleibendes balgartiges Perigon, meistens 6 Staubgefässe, einen freien Fruchtknoten, einen 3-narbigen Griffel, eine 1- oder 3-fächrige, 3-klappige Kapselfrucht.

Juncaceae dignoscuntur: caule farto, foliis alternis, in basi vaginantibus, plus minusve planis v. cylindricis, floribus hermaphrodītis, perigonio hexa-phyllo glumaceo hypogyno regulari persistente, staminibus saepissime senis, germine uno libero, stylo uno, stigmatibus ternis, capsula uni- vel triloculari, trivalvi.

Das Perigon der Junceen nennt man **balgartig, spelzenartig** (*glumacĕum*), weil seine braunen Blätter mit den Deckblättern oder mit den Spelzen der Gräser viele Aehnlichkeit haben.

Juncus effūsus (mit weitschweifiger Trugdolde, *cyma effusa*), *Juncus conglomeratus* (mit geknäulter Trugdolde, *cyma conglomerata*), *Luzŭla vernalis* Desv., sind bei uns häufige Junceen.

Lection 142.

Gramineen. *Gramineae - Hordeaceae.*

Die Familie der **Gräser**, *Gramineae s. Gramĭna*, zum Unterschiede von den Cyperaceen auch wohl **Süssgräser** genannt, ist neben den Cyperaceen eine Ordnung der *Endl.* Klasse *Glumaceae* (Spelzenblüthige). Sie ist in einer grossen Menge von Arten mit Ausnahme des hohen Nordens über alle Himmelsstriche verbreitet und gewährt durch den Kleber- und Stärkegehalt ihrer Samen und den Zuckergehalt ihrer Stengel Nahrung für Menschen und Thiere. Genau genommen giebt sie keine Arzneistoffe, denn Zucker, Malz, Graupe, Hafergrütze, Stärkemehl etc. müssen wir den Nahrungsmitteln zuzählen.

Von der schwesterlichen Familie der **Sauergräser**, *Cyperaceae*, unterscheiden sich die Gramineen im Allgemeinen durch Stengel mit hervorstehenden Knoten, welche den Cyperaceen gänzlich fehlen. Die Gramineen haben gewöhnlich einen hohlen röhrigen Stengel und eine gespaltene Blattscheide, die Cyperaceen einen vollen, fast knotenlosen Stengel und eine ganze oder geschlossene Blattscheide. Beide Spelzenblüthige sind also auf den ersten Blick zu unterscheiden. Im Uebrigen bewahren beide Familien die Charaktere der Monokotylen.

Fig. 788.

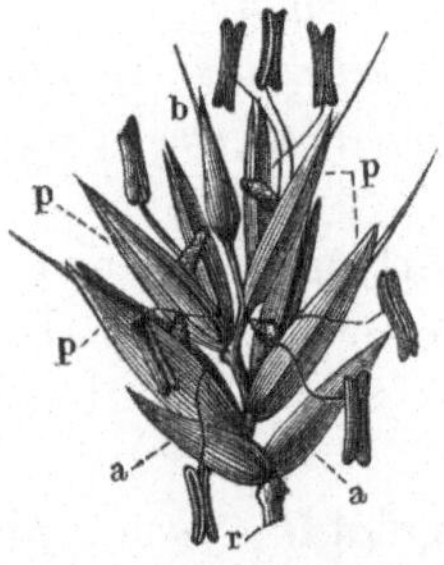

Fig. 789.

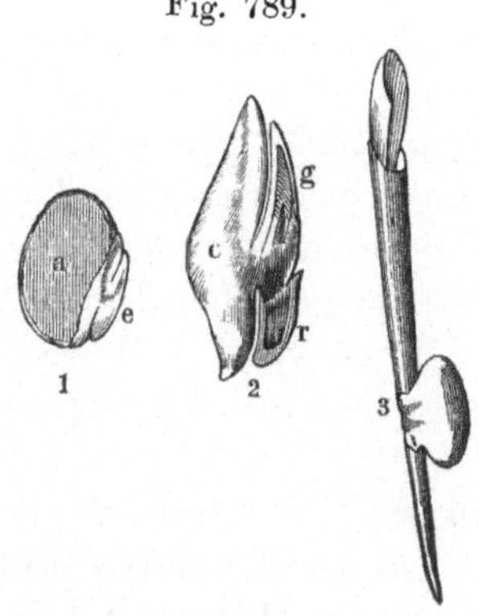

Ein blühendes Gras-Aehrchen (*spicŭla*). *aa* Balgspelzen (*glumae*), *b* unentwickeltes Blüthchen, *p* die Spelzen od. die die Blüthchen scheidenartig umfassenden Blätter (*palĕae*), *r* Spindelchen (*rhacheŏla*).

1. Längsdurchschnitt der Frucht des Mais (*Zea Mays*). *e* Embryo, seitlich vom Eiweiss, *a* Eiweiss. Vergr. 2. Der Embryo. *g* Federchen, *r* Würzelchen, *c* Cotyledone (*scutellum*). 3. Die Frucht, keimend.

Gramineae.

Faserwurzel. **Stengel meist** einfach, rund u. röhrig (*Saccha-* | *Radix fibrosa. Caulis plerumque simplex, teres, fistulosus,* *rum* ausgenommen), mit ringförmigen aufgetriebenen, innen geschlossenen Knoten (Halm).

nodis annularibus tumĭdis, intus clausis (culmus).

Blätter zweireihig abwechselnd, einfach, parallelnervig, ganzrandig, am Grunde scheidig; Scheide gespalten, oberhalb mit einem Blatthäutchen versehen.

Folia distĭche alterna, simplicia, parallelinervia, integerrima, in basi vaginantia; vagina antĭce fissa, ligulā membraneā munīta (superne ligulata).

Blüthen zwitterig oder diclinisch, in aus Aehrchen zusammengesetzten Aehren oder Rispen.

Flores hermaphrodīti vel diclini, spiculis spicati vel paniculati.

Das Aehrchen besteht aus 2 leeren abwechselnd stehenden Deckblättern (Balgspelzen) u. einer kleinen Spindel, welcher 1 od. mehrere Blüthen 2-zeilig aufsitzen; jede Blüthe, nur aus den Geschlechtsorganen bestehend, ist unterstützt von 2 Deckblättchen (Spelzen).

Spicula composita ex bracteis binis alternantibus (glumis, calyce glumaceo L.) et racheŏlā, cui flores singuli vel plures distĭche impositi sunt; singuli flores, tantum genitalia constituentes, bracteolis binis (palĕis; corollā glumaceā L.) fulti.

Staubgefässe gewöhnlich 3, unterständig, mit fadenförmigen Fäden; Antheren 2-fächerig, auf beiden Enden gespalten.

Stamina plerumque terna, hypogyna, filamentis filiformibus; antherae biloculares, utrinque bifidae.

Pistill. Fruchtknoten frei, 1-fächerig, 1-eiig; Griffel gewöhnlich 2, gegen ihre Basis zuweilen mit einander verwachsen; Narben 2, oft federartig oder pinselförmig.

Pistillum. Germen liberum, uniloculare, uniovulatum; styli plerumque bini, ad basin interdum coalescentes; stigmata bina, saepe plumosa vel penicillata.

Nebenblumenblätt. (Schüppchen, Nectarien) meist 2, an der Basis des Deckblättchens vor dem Pistill.

Parapetăla (squamulae, nectaria) plerumque bina, in basi bracteolae ante germen sita.

Schalfrucht (Balgfrucht, Pericarp mit dem Samen verwachsen) frei oder den Deckblättchen angewachsen (mit

Caryōpsis (pericarpio cum semĭne connāto) libĕra vel cum bracteolis connata (palĕis corticata), albumine farinaceo; embryo late-

Spreublättchen berindet), mit mehligem Eiweisskörper; Embryo seitlich vom Eiweiss, mit einem schildchenförmigen, aussen mit einer Längsfurche versehenen Samenlappen; Würzelchen nach unten gerichtet.

ralis, cotyledŏne scutŭliformi, exaratā extrinsĕcus sulco longitudinali; radicula infĕra (ad basin fructus versa).

Die Gramineen haben bis auf wenige Ausnahmen eine Stelle in der *Linné*'schen Klasse III, Ord. 2, *Triandria Digynia.* Ausnahmen sind z. B. *Anthoxanthum* (II., 2), *Orӯza* (VI., 2), *Bambūsa,* Bambusrohr (VI., 1). *Zēa,* Mays (*Monoecia Triandria*). Von *Kunth* wurde diese Familie in eine Menge Unterfamilien oder Tribus abgetheilt, welche je nach der Form des Blüthenstandes 2 Reihen bilden. Einen ährenförmigen Blüthenstand haben z. B. *Hordeaceae,* einen rispenartigen: *Phalarideae, Oryzeae, Paniceae, Arundinaceae, Avenaceae, Festucaceae, Andropogoneae, Olyreae.*

*Gramineae-***Hordeaceae.** *Spica terminalis solitaria, spiculis sessilibus.* Aehre endständig, einzeln, mit sitzenden Aehrchen. Gattungen *Hordĕum, Secāle, Trītĭcum, Lolĭum, Agropӯrum.*

Agropӯrum mit vielblüthigen Aehrchen, welche mit ihrer Breitenseite gegen die Spindel gerichtet sind; ferner mit 2 lancettlichen, 3- od. 5-nervigen Balgspelzen u. spelzrindiger Caryopse, ⚃; (*spiculis multifloris, latitudĭne rhachim spectantibus, glumis binis lanceolatis, tri- vel quinquenerviis, caryōpse cum paleis connatā. Herbae redivivae*).

Von *Agropӯrum* giebt es bei uns 2 Arten, *A. repens* und *canīnum,* von denen erstere in ihren zuckerhaltigen Stolonen die Queckenwurzel (*Rhizōma Gramĭnis*) liefert.

Agropӯrum repens Beauv. (*Trītĭcum repens* L.), Quecke, mit einem sehr lange kriechende Ausläufer treibenden, nach oben rauhen Stengel, 2-zeiliger Aehre, fast 5-blüthigen, von einander entfernten Aehrchen und flachen, oberhalb allein auf den Nerven rauhscharfen Blättern; (*caule stolonibus repentibus elongatis, superne*

Fig. 790.

Aehre (*spica*) der Quecke (*Agropӯrum repens* Beauv.). *Spiculae latēre latiore rhachim spectantes.*

Fig. 791.

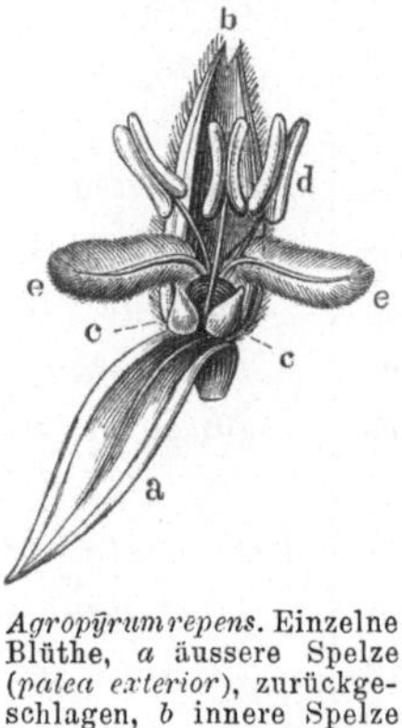

Agropӯrum repens. Einzelne Blüthe, *a* äussere Spelze (*palea exterior*), zurückgeschlagen, *b* innere Spelze (*palea interior*), *c* Saftschuppen (*squamulae*), *d* Staubgefässe, *e* fedrige Narbe (*stigma plumosum*). Vergr.

scabro, spicā distĭchā, spiculis subquinquefloris remotis, floribus plus minusve aristatis, et foliis planis, supra in nervis scabris).

Agropȳrum canīnum Beauv. (*Trītĭcum canīnum* Schreb.), Hundsweizen, weicht ab durch den Mangel der Stolonen, durch langgegrannte Blüthen und durch die scharfe Rauhigkeit auf beiden Blattseiten; (*differt: stolonibus deficientibus, floribus longe aristatis et foliis utrinque scabris*).

Die Abscheidung der Gatt. *Agropȳrum* von der Gatt. *Trĭtĭcum* war nöthig, denn letztere hat bauchige Balgspelzen und neben fruchtbaren stets unfruchtbare Blüthen im Aehrchen.

Trĭtĭcum (Weizen), *Secale* (Roggen) und *Hordeum* (Gerste) umfassen in ihren Arten meist Getreidegräser, denn sie geben in ihren Früchten wichtige Nahrungsmittel. Sie gehören wie *Agropȳrum* der Unterfamilie *Hordeaceae* an.

Fig. 729. Fig. 793. Fig. 794. Fig. 795.

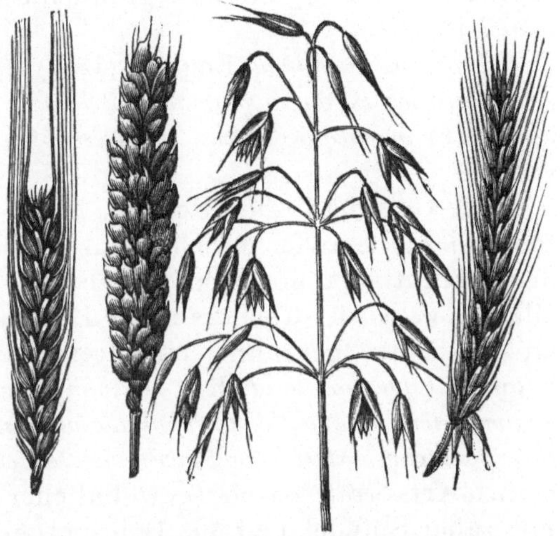

Aehre (*spica*) der zweizeiligen Gerste (*Hordĕum distĭchon*). — Aehre des Winterweizens (*Trĭtĭcum vulgare hibernum*). — Rispe (*panicŭla*) des Hafers (*Avēna satīva*). — Aehre des Roggens (*Secăle cereăle*).

Die Gatt. *Trĭtĭcum* weicht von anderen verwandten Hordeaceen ab durch eiförmige oder längliche bauchige Balgspelzen, einen birnförmigen, an seiner Spitze haarigen Fruchtknoten, eine freie oder berindete, an der Spitze haarige Caryopse; *(differt a reliquis: glumis ovatis vel oblongis, ventricosis, germĭne piriformi, in apĭce piloso, atque caryopse in apĭce pilosa, libĕrā (cum paleis non connata) vel corticatā.*

Arten mit freier Caryopse und zäher Spindel sind: *Trĭtĭcum vulgare, turgĭdum, durum, Polonicum*, mit einer mit Spelzen berindeten (den Spelzen angewachsenen) Caryopse: *Trĭtĭcum Spelta* (Dinkel, Spelz), *dicoccum* (Emmerweizen), *monococcum* (Einkorn).

Trĭtĭcum vulgare Vill., Weizen, mit stumpf-4-eckiger Aehre, fast 4-blüthigem Aehrchen, bauchigen, eiförmigen, abgestutzten, stachelspitzigen, auf dem Rücken undeutlich gekielten, abgerundet-convexen Balgspelzen (d. h. dieselben auf dem Rücken rundconvex mit undeutlich hervorragendem Mittelnerv); *spica tetragōna, spiculis subquadrifloris, glumis ventricosis ovatis truncatis mucronatis, in dorso obsolēte carinatis, rotundato-convexis (i. q. glumis in dorso rotundato-convexis nervo obsolete prominulo).*

Varietäten sind *Tr. vulgare aestīvum* (Sommerweizen ①) mit begrannten Blüthchen (*flosculis aristatis*), und *Tr. v. hibernum* (Winterweizen ②) mit fast grannenlosen Blüthchen (*floribus submutĭcis*).

Triticum turgĭdum (Engl. Weizen) *differt: carīnā totā prominente sub-alaeformi in dorso glumae ventricosae,* *Tr. Spelta* (Dinkel) *differt: spicā laxe imbricato-distĭchā compressā tetragonā et caryopse cum paleis connatā.*

Die Gattung *Secāle*, Roggen, hat 2-blüthige, mit der Breitenseite zur Spindel gerichtete Aehrchen mit dem Ansatz einer dritten Blüthe, 2 pfriemenförmige, fast hinterwärts stehende, die Blüthchen nicht umfassende Balgspelzen; 2 Spelzen, äussere an der Spitze gegrannt; eine freie, an der Spitze behaarte Caryopse; (*spiculae latidudine rhachim spectantes, biflorae, flore tertio rudimentario; glumae binae subulatae subpostĭcae, flosculos non amplexantes; palearum exterior in apice aristata; caryopsis libera, in apice pilosa*). Art *Secāle cereale* (gewöhnlicher Roggen, Korn, ① u. ②) mit zäher Spindel und mit Balgspelzen kürzer als das Aehrchen (*rhachi tenāci spiculisque glumas superantibus*). Es giebt als Abarten Winterroggen (*hibernum*), Sommerroggen (*vernum*), Staudenroggen (*multicaule*).

Die Gattung *Hordĕum*, Gerste, hat zu 3 stehende, 1-blüthige Aehrchen mit dem Ansatz einer zweiten Blüthe, 2 pfriemenförmige, den Spelzen entgegengesetzte, nebeneinander und nach vorn stehende Balgspelzen, nebst äusserer, nach vorn stehender, an der Spitze begrannter Spelze; eine am Scheitel behaarte, den Spelzen anhängende, selten freie Caryopse; (*spiculae ternae uniflorae cum flore altero rudimentario; glumae lanceolato-lineares, subulatae planiusculae subcollaterales antĭcae; palearum exterior aristā apicali; caryopsis in vertĭce pilosa, paleis adhaerens, rarius libera*).

Bei *Hordeum vulgare* (4-zeilige Gerste) und *H. hexastĭchon* (6-zeilige Gerste) halten die Aehrchen sämmtlich Zwitterblüthen, bei *H. distĭchon* (2-zeilige G.), *H. Zeocrĭthon* (Bartgerste), *H. murīnum* (Mäusegerste) haben die seitlich stehenden Aehrchen eine männliche oder geschlechtslose Blüthe.

Hordeum vulgare, mit fruchttragender 4-eckiger 6-zeiliger Aehre, je 2 Zeilen auf beiden Seiten stärker vorspringend (*spica fructifĕra tetragōna hexastĭcha, seriebus binis lateralibus utrinque pro-*

minulis). Bei *H. hexastĭchon* springen alle 6 Aehrchenreihen gleich stark vor, bei *H. distĭchon* sind nur die in der Mitte stehenden Aehrchen zwitterblüthig, fruchtbar und gegrannt und die seitenständigen männlich und wehrlos, *H. Zeocrīthon* unterscheidet sich von der vorhergehenden durch fächerförmig-abstehende Grannen, und *H. murīnum* durch seitliche männliche gestielte, mittlere sitzende zwitterblüthige und sämmtlich gegrannte Aehrchen.

H. hexastĭchon differt: seriebus spicularum senis aequaliter prominentibus, H. distĭchon spiculis lateralibus sterilibus, intermediis hermaphrodītis fertilibusque aristatis, H. Zeocrīthon aristis flabelliformi-patentibus. H. murīnum differt: spiculis lateralibus pedicellatis masculis, intermediis sessilibus hermaphrodītis, omnibus aristatis.

Die Gerstenarten geben in ihren von den Spelzen befreiten Früchten die Gerstengraupe (*Semen Hordei excorticatum*) und in den gekeimten und dann getrockneten Früchten das Malz (*Malthum Hordei*). — Weizenarten geben Weizenmehl (*Farina triticea*), und daraus bereitet man Semmelkrumme (*Mica panis*) und Stärkemehl (*Amylum triticeum*).

Bemerkungen. *Agropȳrum* (Ackerweizen); ἀγρός (agros), Acker, πυρός (pyros), Weizen. — *Zeocrīthon* (Speltgerste); ζεά (zea), Spelt, Dinkel; κριθή (krīthä), Gerste. — Die von Thieren abgeleiteten Adjectiva auf -*inus, a, um,* haben meist ein *ī*.

Lection 143.

Gramineen (Forts.). (*Phalarideae, Oryzace, Avenaceae, Andropogoneae, Olyreae*).

Die Unterfamilie oder der Tribus *Gramineae-Phalarideae* gehört zu der Abtheilung mit rispenartigem Blüthenstande.

*Gramineae-**Phalarideae**. Inflorescentia paniculata, spiculis a latĕre compressis, unifloris, cum rudimentis singulis vel binis floralibus, stigmatibus ex apĭce floris eminentibus.* Rispen mit von der Seite zusammengedrückten 1-blüthigen Aehrchen mit 1 oder 2 Blüthenansätzen, und Narben, welche aus der Spitze der Blüthe hervortreten. Gattungen: *Phalăris, Anthoxanthum.*

Bei *Phalăris* ist die Blüthe an ihrem Grunde durch 2 kleine Schüppchen (2 unfruchtbare kleine Blüthchen) vermehrt, die Balgspelzen sind schiffartig gekielt und länger als die Blüthe, die Spelzen nicht gegrannt und die Caryopsen berindet (von den Spelzen eng bedeckt); (*flos in basi sua squamis duabus minutis (flo-*

ribus binis sterilibus) auctus; glumae naviculari-carinatae, flore longiores; paleae muticae; caryopses paleis arcte obtectae).

Phalăris Canariensis (Kanarisches Glanzgras), im südl. Europa, mit auf dem Rücken geflügelten Balgspelzen, giebt den Kanariensamen (*Fructus Canariensis*), und *Phalaris arundinacea* (Rohrglanzgras), Variet. *picta*, mit ihren weiss gestreiften Blättern (*foliis albo-striatis*) ist das bekannte, in Gärten häufige Bandgras, Türkisches Gras.

Anthoxanthum hat Aehren mit 3 Blüthen, von denen die zwei unteren 1-spelzig (*unipaleacei*), geschlechtslos und gegrannt sind. Die mittlere Blüthe ist 2-spelzig, zwitterig und ungegrannt. Die Schüppchen (*squamulae s. parapetăla*) fehlen, und die Caryopse ist berindet. *A. odoratum*, Tonkagras, Melilotengras, theilt dem Heu den angenehmen Geruch mit.

*Gramineae-**Oryceae**. Inflorescentia paniculata, spiculis uni- vel subbi- vel subtrifloris, a latĕre compressis.* Rispen mit 1- oder fast 2-, oder fast 3-blüthigen, von der Seite zusammengedrückten Aehrchen. Antheren mehr als 3. Gatt. *Orȳza.*

Orȳza hat 1-blüthige Aehrchen, Balgspelzen sehr klein und weit kürzer als das Blüthchen, 6 Staubgefässe, 2 Schüppchen, und eine berindete Caryopse; (*spiculae uniflorae; glumae minūtae et flosculo multo breviores; stamina sena, squamulae binae et caryopsis paleis corticata*), *Hexandria Digynia* (VI., 2).

Orȳza sativa, Reis, unter warmen Himmelsstrichen angebaut, mit aufrechtem Halm, langen linienförmigen scharf-rauhen Blättern, aufrecht-ästigen Rispen, reihig-höckerig-rauhen Spelzen und länglich-eiförmiger leicht gestreifter hornähnlicher Frucht; (*culmo erecto, foliis elongatis linearibus scabris, paniculis ramis arrectis, paleis seriatim tuberculato-hirtis, caryopse oblongo-ovatā, leviter striatā, cornĕa*). Die von den Spelzen befreiten Früchte kommen unter dem Namen Reis (*Fructus Orȳzae*) in den Handel. Daraus wird unter Zuckerzusatz durch Gährung der Arrak gewonnen.

*Gramineae-**Avenaceae**. Inflorescentia paniculata, spiculis bi- vel multifloris; stigmata plumosa ad basin floris egredientia.* Rispen mit 2- oder vielblüthigen Aehrchen; Narben gegen die Basis der Blüthe hervortretend. Gatt. *Avēna.*

Avēna, Hafer, Aehrchen keineswegs pyramidenförmig, mit entfernt stehenden Blüthen und oberster vergehender (sich nicht vollständig entwickelnder) Blüthe; Balgspelze 2, zart-häutig, länger als die Blüthe, eine äussere, meist doppelt feinspitzige Spelze gewöhnlich mit rückenständiger, gekniet-abwärtsgebogener, an der Basis gedrehter Granne; Schüppchen 2, kahl, meist gross, gespalten; Karyopse von den Spelzen bedeckt, an der Spitze haarig; (*spiculae neutĭquam pyramidatae, floribus remōtis, flore summo tabescente; glumae binae tenues membranaceae, flore longiores; palĕa in apĭce plerumque bicuspidata, saepius arīstā dorsali geniculato-deflexā, in basi tortā; squamulae binae, plerumque magnae bifidae; caryopsis paleis obtecta, in apĭce pilosa*).

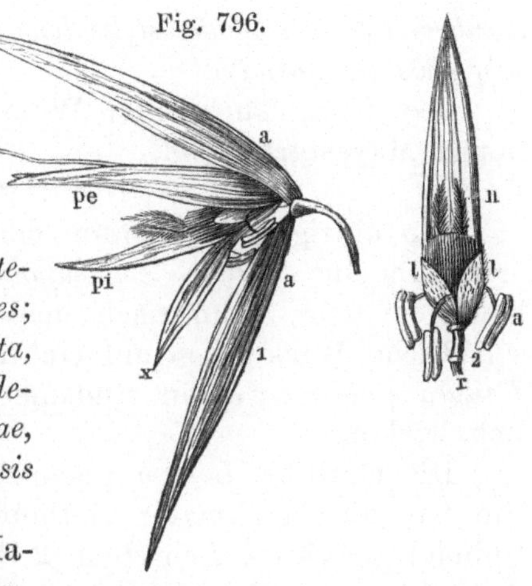

Fig. 796.

Aehrchen von *Avēna satīva* (Hafer). 1. 2-blüthiges Aehrchen (*spicŭla biflōra*), *a a* Balgspelzen (*glumae*), *pe, pi* Spelzen (*palĕae*), *x* steriles Blüthchen, *pe* äussere auf dem Rücken gegrannte Spelze (*palĕa in dorso aristāta*). Vergr. 2. Ein Blüthchen ohne die äussere Spelze. *r* Spindelchen (*rhacheola*), *n* fedrige Narbe (*stigma plumōsum*), *l* Schüppchen (*squamulae s. lodiculae*).

Avēna satīva, gewöhnlicher Hafer, ①, mit abstehender gleichmässiger Rispe mit 2 blüthigen hängenden Aehrchen, oberer 9- oder 10-nerviger Balgspelze und 1-grannigem od. nicht gegranntem Blüthchen; (*paniculā patente aequali, spiculis biflōris pendulis, glumā superiore novĭes- vel decies-nervata*). Abart α *aristata* (mit nur unterer gegrannter Blüthe) und β *mutica* (alle Blüthen ungegrannt).

*Gramineae-**Andropogoneae**. Spiculae a dorso compressae, subbiflorae, in basi villis stipatae (villiflorae), geminae fertĭles, altera sessĭlis, altera pedicellata; stigma aspergilliforme, sub apice floris emĭnens.* Aehrchen vom Rücken zusammengedrückt, fast 2-blüthig, von zottigen Haaren umgeben; fruchtbare Aehrchen zu zweien, eines sitzend, das andere gestielt; Narbe sprengwedelig, unter der Spitze der Blüthe hervorragend. Gatt. *Sacchărum, Andropōgon, Sorghum.*

Sacchărum officinarum, Zuckerrohr, in Ost und West-Indien, enthält einen Saft, welcher den indischen Rohrzucker liefert.

*Gramineae-**Olyreae**. Flores monoeci, masculi femineis dissimĭles.* Blüthen 1-häusig, die männlichen den weiblichen unähnlich. Gatt. *Zēa.*

Zēa. Männliche Blüthen in endständigen Rispen, weibliche in einfachen, achselständigen, von Blumenscheiden umhüllten Blüthenkolben mit abgestutzten, sehr breiten Balgspelzen und fleischig-häutigen eingerollten Spelzen, sehr langen endständigen Griffeln und freier fast-kugelig-nierenförmiger Caryopse. (*Flores masculi terminales paniculati, feminei in spadīces simplĭces axillares, spathis vel vagīnis involutos congesti, glumis latissimis, paleis carnoso-*

membranaceis convolūtis, stylis longissimis terminalibus, caryopse libera subgloboso-reniformi).

Zēa Mays, Türkischer Weizen, ①, aus Amerika stammend, liefert Maysstärkemehl.

Die einzig giftige unter den bei uns vorkommenden Grasarten scheint *Lolium temulentum,* Taumellolch oder Schwindelhafer, zu sein, denn nach dem Genuss der Früchte hat man schädliche Wirkungen auf Gehirn und Rückenmark beobachtet. *Festūca quadridentata* in Südamerika soll dem Taumellolch ähnlich wirken.

Die Gattung *Lolium* gehört zu der Unterfamilie *Hordeaceae.* Sie hat die Merkmale: vielblüthige, mit der Kante nach der Spindel gerichtete Aehrchen, 2 Balgspelzen in dem endständigen Aehrchen und nur eine oder keine in den seitenständigen; kahle Caryopse, mit der oberen Spelze berindet; (*spiculae multiflorae, rhachim acie spectantes; glumae binae in spicula terminali et unica tantum in spiculis lateralibus vel nulla; caryopsis glabra, paleā superiore corticata).*

Fig. 797.

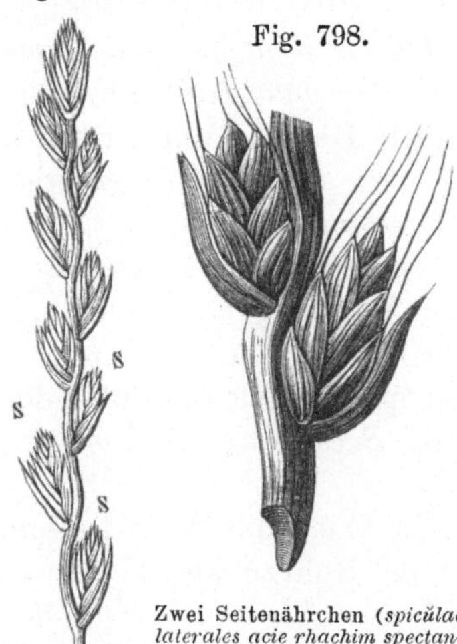

Fig. 798.

Zwei Seitenährchen (*spicŭlae laterales acie rhachim spectantes*) vom Taumellolch (*Lolium temulentum*), 2½ f. L.-Vergr.

Aehre (*spica*) von *Lolium perenne.*

Lolium temulentum, Taumellolch, mit 1-jähriger (①) Wurzel, einem oberhalb rauh-scharfen Stengel; Aehrchen 5- oder 7-blüthig, so lang als die Balgspelze; Blüthen lang gegrannt, die fruchttragenden elliptisch. Ueberall unter der Saat, besonders unter den Getreidegräsern häufig; *radīce annŭā, caule superne scabro, spiculis quinque- vel septemflōris, glumam aequantibus, floribus longe aristatis, fructifĕris ellipticis. Ubīque inter segĕtes, praesertim inter gramĭna frumentaria copiose occurrens).*

Das unschädliche *Lolium perenne* weicht ab durch eine perennirende Wurzel, einen glatten Stengel, kurze Ausläufer, grannenlose oder stachelspitzige lancettliche Blüthen und durch Aehrchen, länger als die Balgspelze (*differt radīce perenni, caule laevi, stolonibus brevibus, floribus lanceolatis mutĭcis vel breviter mucronatis, spiculis glumā longioribus,* 4), dagegen das auf Leinfeldern häufige *Lolium arvense* Schrad. (*L. linicŏla* Sonder.) durch zarteren Bau,

durch Aehrchen kaum länger als die Balgspelze und grannenlose,
selten weichstachelspitzige Blüthen (*differt formā tenuiore, spiculis
glumā vix longioribus, floribus muticis, rarius mucronatis* ①).

Bemerkungen. *Anthoxanthum;* ἄνθος, Blüthe; ξανθός, ή, όν (xanthos, ä, on), gelb.
— *Andropōgon* (Männerbart), Bartgras; ἀνήρ, Mann; πώγων, ωνος (pōgōn, ōnos), Bart.
— *Zēa,* griech. ζειά (zeia), Spelt. — *Mays* (spr. ma-ys), Mais, einheimischer Name.

Lection 144.

Cyperngräser (*Cyperaceae*).

Die zweite Familie oder Ordnung der *Endl.* Klasse *Glumaceae* (Spelzenblüthige) umfasst die sogenannten Sauergräser,
Cyperngräser, *Cyperaceae s. Cyperoïdeae.* Von den Gramineen
oder Süssgräsern unterscheidet sie sich durch den weit geringeren, oft ganz unbedeutenden Gehalt an Zucker. Obgleich sie
von grossem Umfange ist, so giebt sie kaum Arzneistoffe, denn
das officinelle Rhizom der Sandsegge (*Carex*) verdankt seine
diaphoretischen und diuretischen Eigenschaften dem Festhalten
mancher Aerzte an alten Ansichten. In morphologischer Beziehung unterscheiden sie sich von den Gramineen durch einen
eckigen, von vorstehenden Knoten freien, gefüllten Stengel, eine
nicht gespaltene Blattscheide und das mit der Testa nicht verwachsene Pericarpium.

Cyperaceae.

Voller, später lückiger, meist eckiger Stengel mit nicht hervorstehenden Knoten. — *Caulis fartus, postea lacunosus, plerumque angulatus, nodis non tumĭdis.*

Blätter 2-reihig wechselständig, einfach, am Grunde scheidig mit ungetheilter Scheide, ohne ein an seiner Spitze freies Blatthäutchen (Scheide innen mit einer Blatthäutchenähnlichen Haut ausgekleidet). — *Folia distĭche alterna, simplicia, in basi vaginantia, vaginā intĕgrā (marginibus coalescentibus clausā), ligulā in apīce suo liberā nullā (vagina intrinsĕcus membrana ligulari vestīta).*

Blüthen zwitterig od. diclinisch, unterstützt von 2-reihig oder ziegeldachförmig gestellten, verschieden gestalteten Deckblättern (Schuppen). — *Flores hermaphrodīti vel diclini, bractĕis (squamis) polymorphis distĭchis vel imbricatis suffulti.*

Perigon fehlend und in Stelle desselben unterständige Borsten oder Schüppchen, verschieden an Zahl, Form und Beschaffenheit. — *Perigonium nullum, loco ejus setae aut squamulae hypogўnae, numero, figura et consistentia variae (polymorphae).*

Staubgefässe 3, unterständig, mit an der Spitze ungetheilten, mit ihrem Grunde angegehefteten Antheren. — *Stamina terna, hypogyna; anthērae in apĭce intĕgrae, basifixae.*

Pistill mit 2- od. 3-spaltigem Griffel, 1-fächrigem, 1-eiigem, freiem Fruchtknoten mit 1 aufrechten gegenläufigen Eichen. — *Pistillum stylo bi- vel trifĭdo; germen uniloculare uniovulatum liberum, ovulo erecto anatrŏpo.*

Frucht eine nackte Caryopse (Schalfrucht) oder von einer Pistillscheide (*perigynium*) umgeben. Pericarp mit dem Samenkern nicht verwachsen. — *Caryopsis nuda vel perigynio cincta; pericarpium cum nucleo haud connatum.*

Embryo sehr klein, im Grunde des mehligen od. fleischigen Eiweisses; Würzelchen nach der Fruchtbasis gerichtet. — *Embryo minĭmus, basi albuminis farinacei vel carnosi inclusus; radicula infera.*

Die Frucht ist hier wie bei den Gräsern eine Caryopse, denn sie entsteht aus einem oberständigen Fruchtknoten. Eine Achänie entsteht bekanntlich aus einem unterständigen Stempel.

Das schlauchartige Gebilde, welches das Pistill z. B. bei den Caricinen bekleidet und aus der inneren Schuppe (*squama interior*) sich bildet, hat man Pistillscheide (*perigynium*) genannt.

Die Cyperaceen zerfallen in mehrere Unterfamilien od. Gruppen: z. B.

Cypereae (eigentliche Cyperngräser). *Flores hermaphrodīti; bracteae distĭchae.* Gattung *Cypĕrus, Papўrus.* (*Triandria Monogynia*).

Scirpeae (Simsen). *Flores hermaphrodīti; bractĕae undĭque imbricatae.* Gatt. *Scirpus, Eriophŏrum.* (*Triandria Monogynia*).

Caricĭnae (Riedgräser, Seggen). *Flores diclini; bracteae undĭque imbricatae.* Gatt. *Carex.* (*Monoecia Triandria*).

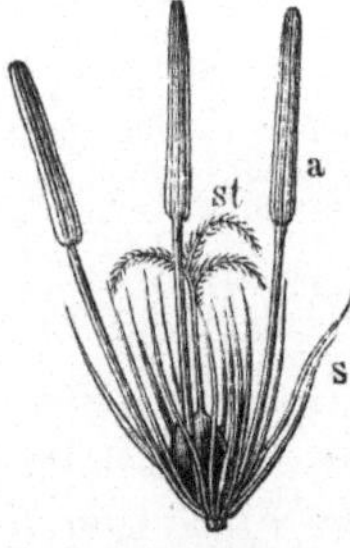

Fig. 799.

Zwitterblüthe einer Cyperacee (Simse). *s* Die das Perigon vertretenden Borsten, *st* Narben, *a* Antheren. Vergr.

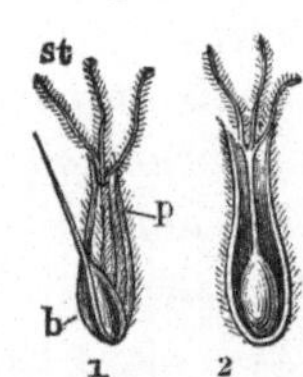

Fig. 800.

1. Weibliche Blüthe einer Cyperacee (*Carex hirta*). *b* Bractee, *p* Pistillscheide (*perigynium*), *st* Narben.
2. Dieselbe im Längsdurchschnitt.

Carex.

Stengel meist 3-schneidig.	*Caulis plerumque triquetrus.*
Blüthen in androgynischen od. in diclinischen Aehren mit ziegeldachartig gestellten, 1-blüthigen Deckblättern.	*Flores in spicas androgynas (i. q. flores masculi et feminei in eadem inflorescentia) vel diclinas dispositi, bractèis imbricatis unifloris.*
Männl. Bl. mit 3 Staubgefäss.	*Mas triandrus.*
Weibl. Blüthe mit einem in schlauchartiger Hülle eingeschlossenen Pistill und 2—3 vorstehenden Narben.	*Fem. pistillum utriculo (perigynio) inclusum; stigmata bina vel terna exserta.*
Schalfrucht m. einem flaschenförmigen Schlauche (Pistillscheide) bekleidet (berindet).	*Caryopsis utriculo (perigynio) lagenaeformi tunicata (corticata).*

Androgynisch, d. h. männlich-weiblich, werden diejenigen Blüthen genannt, in welchen Staubgefässe und Pistill sich nicht in hermaphroditischer Verbindung finden, welche aber als männliche und weibliche Blüthen zugleich einen und denselben engeren Blüthenstand bilden.

Die *Carex*-Arten sind ziemlich zahlreich. Man scheidet sie in solche mit 2-spaltigem und solche mit 3-spaltigem Griffel.

Fig. 801.   Fig. 802.

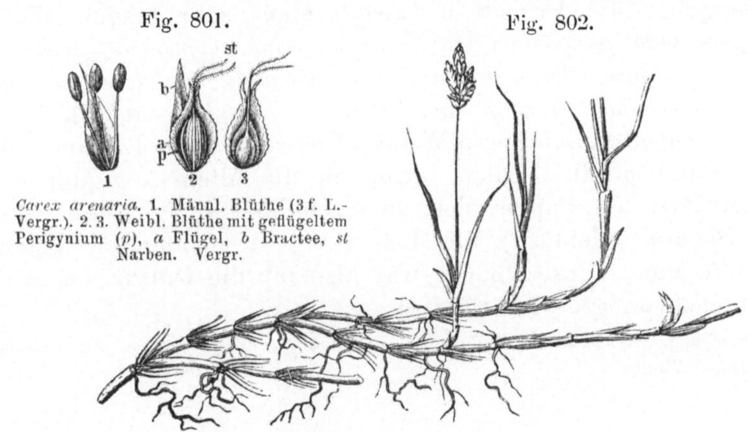

Carex arenaria. 1. Männl. Blüthe (3 f. L.-Vergr.). 2. 3. Weibl. Blüthe mit geflügeltem Perigynium (*p*), *a* Flügel, *b* Bractee, *st* Narben. Vergr.

Stolone der Sandsegge von Carex arenaria. (¹/₃ Gr.).

Carex arenaria, **Sandrietgras**, Sandsegge, sehr häufig auf trocknen sandigen Grasplätzen, selbst im Flugsande. Lang und gerade kriechende Ausläufer mit **Adventivwurzeln an den Knoten und mit Luftgängen**; Blüthenstand aus mehreren ährig zusammengedrängten, mit oberen männlichen, unteren weib-

37*

lichen, mittleren androgynischen Aehren; Narben 2; Pistillscheide eiförmig, kahl, am Rande oberhalb geflügelt.

*Carex arenaria, copiose occurrens in arenosis siccis graminosis
atque in arēna mobĭli. Stolōnes longe recteque repentes, radīces secundarias ex nodis emittentes, fistulis aërifĕris; inflorescentia composĭta ex
spiculis pluribus spicato-congestis, superioribus masculis, inferioribus
femineis, intermediis androgўnis; stigmăta bina; perigynium ovatum
glabrum, in margine superne alatum.* Die Stolonen werden als rothe

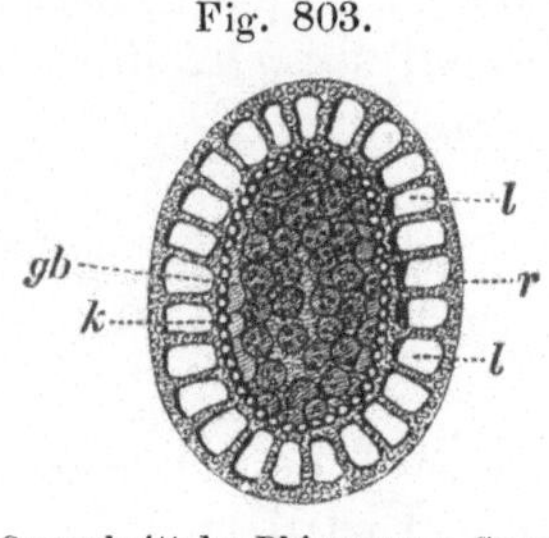

Fig. 803.

Querschnitt des Rhizoms von *Carex
arenaria. l* Luftgänge, *r* Rinde,
k Kernscheide, *gb* Gefässbündel.
Vergr.

Queckenwurzel, Rietgraswurzel
(*Rhizōma Carĭcis*) gesammelt. Frisch haben sie einen balsamischen, an Kiefernsprossen erinnernden Geruch. Verwechselt könnten sie werden mit den Stolonen
von *Carex hirta* und *Carex distĭcha* Huds.,
letztere unterscheiden sich jedoch durch
die Adventivwurzeln an den Internodien
und durch den Mangel der Luftgänge.

In der Unterfamilie *Scirpeae* (Simsen,
Binsen) finden wir bei der Gattung *Scir-
pus* 6, das Perigon vertretende hypogynische Borsten. Dieselben
sind bei der Gattung *Eriophŏrum* (Wollrietgras) nicht nur in
grösserer Zahl vorhanden, sondern sie wachsen auch lang aus
und umgeben die Frucht in Gestalt einer sehr langen Wolle
(*Scirpus setis perigonium supplentibus, senis, hypogўnis, postrēmo
non excrescentibus. Eriophorum setis hypogўnis numerosis, postremo
longe excrescentibus, fructum lanā longissimā cĭrcumstipantibus*).

Von *Papӯrus Antiquorum* Willd. (*Cypērus Papӯrus* L.), im südl.
Europa und nördl. Afrika, benutzten die alten Aegypter den
inneren Bast als Papier, den äusseren Bast zu Stricken, Bändern, Segeln, Kleidern; aus den Stengeln flochten sie Kähne
und Böte etc. Diese Pflanze war also für die Cultur des alten
Aegyptens von grossem Einfluss.

Bemerkung. *Eriophŏrum* (Wolle tragendes Kraut); ἐριοφόρος, ον, wolletragend;
ἔριον (erion), Wolle.

Lection 145.

Gymnospermen. Coniferen.

Endlicher subsumirte die Zapfenträger, *Coniferae*, unter die
acramphibryische Abtheilung der Monochlamydeen (*Monochlamydeae*), also unter die Gruppe, welche gar keine oder eine ein-

fache Geschlechtsdecke aufweist, und spaltete sie in mehrere Familien, wie *Cupressinae, Abietinae, Taxineae, Gnetaceae.* Andere Botaniker stellen die Coniferen als nur eine Familie auf und machen jene von *Endlicher* gesonderten Familien zu Unterfamilien.

Die Coniferen sind nebst den Cycadaceen, welche sich im *Endl.* System der phanerogamischen Klasse *Zamiae* (Zapfenfarne) unterordnen, nacktsamige Gewächse (*Gymnospermae*), denn ihre Samen sind von keinem Fruchtgehäuse umschlossen, auch bezeichnet man die Coniferen nicht selten, da sie meist mit 5 oder 6 Samenblättern keimen, als Polykotyledonen, die Cycadaceen dagegen sind Dikotyledonen.

Die Coniferen zeichnen sich durch reichen Gehalt an flüchtigem Oel und Harz aus.

Coniferae Juss.

Bäume oder Sträucher, meist mit immergrünenden Nadelblättern.	*Arbores vel frutices, plerumque foliis acerōsis sempervirentibus.*
Blüthen diclinisch (geschlechtlich getrennt), nackt.	*Flores diclini, (monoeci vel dioeci), nudi.*
Männl. Blüthen nackte Staubgefässe darstellend, kätzchenartig, bracteenlos, mit 2- oder vielfächrigen Antheren.	*Mares stamina nuda exhibentes, amentacei, ebracteati, antheris bi- vel multilocularibus.*
Weibl. Blüthen knospenartig, bracteenlos, zu 1, 2 oder 3 von einer Hülle unterstützt, oder kätzchenartig und meist durch Bracteen gestützt. Narbe punktförmig.	*Feminei gemmacei ebracteati, solitarii, bini vel terni involucro fulti, vel amentacei et plerumque bracteati. Stigma punctiforme.*
Fruchtblätter oft um eine Axe stehend, offen, schuppenförmig, seltner scheibenförmig, am inneren Grunde Ei'chen tragend.	*Carpophylla saepe circa axim posita, aperta, squamiformia, rarius disciformia, in basi interiore ovulifĕra.*
Ei'chen sitzend, umgekehrt oder aufrecht, gewöhnlich geradläufig (an der Spitze vom Eimund durchbohrt), mehrere secundäre Keimsäckchen enthaltend.	*Ovula sessilia, inversa vel erecta, orthotrŏpa, (in apĭce micropўlā perforata), corpusculis pluribus.*
Frucht zapfenartig, mit einzelnen oder mehreren offenen	*Fructus (syncarpium) strobilaceus pericarpiis apertis solitariis*

Fruchtgehäusen, welche zuweilen zuletzt mit den Rändern zu einer geschlossenen
Frucht verwachsen.

Samen nackt, zuweilen nuss-
artig, aufrecht oder umgekehrt, oft geflügelt, mit Eiweiss, mit in der Achse des
Eiweisses liegendem, geradem
Embryo, mit 2 und mehreren
Samenblättern; Würzelchen
mit der Basis od. der Spitze mit
dem Eiweisse verwachsen.

*vel pluribus, saepe postremo
marginibus ad fructum clausum
coalescentibus.*

*Semina nuda, interdum nucamen-
tacea, erecta vel inversa, saepe
alata, albuminosa; embryo in
axi albuminis, rectus, di- vel
pleiocotyledonĕus; radicula vel
basi vel apice albumĭni adnata.*

Die Unterfamilien der Coniferen lassen sich in 2 Reihen
ordnen:

1. mit schildförmigen Antheren und aufrechten Eichen; (*anthērae peltatae, ovula erecta*): *Taxineae, Cupressineae;*

2. mit ziegeldachartig gestellten Antheren und umgekehrten
Eichen; (*anthērae imbricatae, ovula inversa*): *Abietineae.*

Taxineae haben ein 1-blüthiges weibliches Kätzchen und eine
drupaähnliche Frucht, *Cupressineae* ein mehrblüthiges weibliches
Kätzchen, und bei den *Abietineae* stehen die Ei'chen umgekehrt,
auch ist die Form der Fruchtzapfen von derjenigen der *Cupressineae* abweichend.

*Conifĕrae-**Taxineae*** (*Taxĭnae*, Eiben). *Flores dioeci masculi
amentacei, anthēris bilocularibus hypocratērimorphico-peltatis (loculis
connectivo peltato subtus adnatis), subtus dehiscentibus; feminei flores
subsolitarii gemmacei uniflori; carpophyllum (s. germen) unum disciforme
uniovulatum, ovulo erecto orthotrŏpo superimposĭto; fructus drupaefor-
mis, ex cupŭla incrassata carnosa, semen nuciforme cingente vel includente compositus; embryo dicotyleus; folia acerōsa sempervirentia.*
Blüthen 2-häusig, männliche in Kätzchen mit stieltellerartig-
schildförmigen, unten aufspringenden, zweifächrigen Antheren
(Staubblättern); weibliche Blüthen fast einzeln, knospenartig,
1-blüthig; Fruchtblatt (Fruchtknoten) nur 1, mit einem darauf
gesetzten aufrechten geradläufigen Ei'chen; Frucht steinfrucht-
förmig; Keim mit 2 Keimblättern; immergrüne Nadelblätter.

Taxus.

Blüthen in achselständigen
(am Grunde mit Schuppen)
umhüllten Kätzchen, 2-häusig;
männliche mit schildförmi-

*Flores ad amenta axillaria in-
volucrata (in basi squamis va-
cuis vestīta) disposĭti, dioeci;
masculi anthēris peltatis pluri-*

gen mehrlappigen Antheren; Antheren (Staubblätter) mit soviel Fächern als Lappen aufspringend; weibl. Kätzchen mit 1 gipfelständigen, einem scheibenförmig. Fruchtblatte, welches später zu einer beerenartigen Becherhülle (offnen Beere) auswächst, aufsitzenden Blüthe.

lobatis, totĭdem loculis dehiscentibus quot lobi; amenta femine a flore uno terminali, insidente carpophyllo disciformi, demum ad cupŭlam bacciformem (baccam apērtam) excrescenti (s. germine uniovulato disciformi ad pericarpium baccatum, in apĭce pervium excrescente).

Von der Taxusfrucht giebt es verschiedene Erklärungen. *Brown* nannte sie einen nussförmigen Samen, von einem becherhüllenähnlichen fleischigen Perikarp umschlossen (*semen nuciforme, pericarpio carnoso cupuliformi occultum*). *Link* nannte sie eine Nuss mit beerenartigem Becher, *Berg* beschreibt sie dagegen als eine an der Spitze offene Beere und hält den das Epikarp vertretenden Fruchttheil (die Becherhülle) für den fleischig ausgewachsenen Fruchtknoten, der von anderen in der Blüthe als scheibenförmige Schuppe (*squama disciformis*), im Obigen als scheibenförmiges Fruchtblatt angenommen wird. *Schlechtendal* nannte die Taxusfrucht eine Nuss, zur Hälfte von einem beerenartig ausgewachsenen Fruchtboden umgeben.

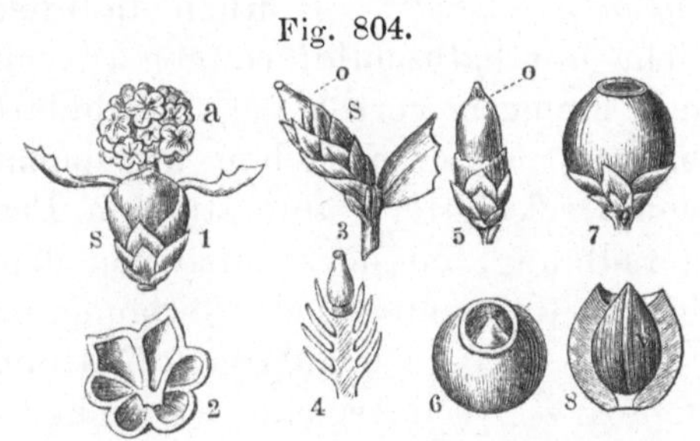

Fig. 804.

Taxus baccata. 1. Männlicher Blüthenstand, 2. eine Anthere von unten gesehen, 3. weiblicher Blüthenstand, *o* aufrechtes Eichen, *s* ziegeldachförmig gestellte Schuppen oder Bracteen, 4. Verticalschnittfläche der weibl. Blüthe, unter dem Eichen das scheibenförmige Fruchtblatt (Fruchtboden), und unter diesem die Bracteen, 5. mehr entwickeltes Eichen, 6. u. 7. Frucht, von oben und von der Seite gesehen, 8. Verticalschnitt durch die fleischige Cupula.

Die Theile der männlichen Blüthe der Coniferen sind wie die Früchte von so sonderbarer Gestalt, dass auch sie eine verschiedene Diagnostik erfahren haben. Wir betrachteten sie in Uebereinstimmung neuerer Ansichten als nackte Blüthe, bestehend aus einem Staubblatte von schuppiger Gestalt, bei *Taxus* z. B. von schildförmiger Gestalt, und von dem Werthe eines Connectivs mit seinen Antherenfächern. Andere sehen sie für eine Schuppe (*squama*) an, der die 1-fächerigen Antheren aufgesetzt sind. *Linné* hielt die in ein Kätzchen gruppirten Staubgefässe für adelphisch-verwachsen, wesshalb die Coniferen der Ordnung *Monadelphia* in der Klasse *Monoecia* oder *Dioecia* (*Sabina*) zugezählt sind.

Taxus baccata, **Eibenbaum,** trägt immergrüne, einzeln stehende, jedoch gegenseitig genäherte, zweireihig geordnete, linienförmige, spitze, auf beiden Seiten grüne und von einem auf beiden Seiten hervorstehenden Mittelnerven durchzogene Blätter und rothe Beerenfrüchte mit olivengrünem Samen. Selten im nördlichen Deutschland, häufiger in schattigen Gebirgswäldern des mittleren und südlichen Deutschlands.

Taxus baccata foliis sempervirentibus solitariis approximatis distĭchis linearibus acutis, utrinque et viridibus et nervo primario prominente perstrictis, fructibus baccatis rubris semĭne olivaceo. (Dioecia Monadelphia).

*Coniferae-***Cupressineae** (Cypressenartige). *Flores diclini, masculi et feminei amentacei; masculi anthēris semipeltatis (excentrĭce peltatis), subtus loculatis, non bracteatis; amenta feminea gemmacea pluriflora, carpophyllis non bracteatis; ovula erecta orthotrŏpa, in apĭce micropȳlā perforata; embryo bi- vel tricotylĕus; folia anguste linearia rigida perennantia.* Blüthen diclinisch, Kätzchen bildend; männliche mit halbschildförmigen (excentrisch schildförmigen), unten mit Fächern versehenen Staubblättern (Antheren), ohne Deckblätter; weibl. Kätzchen knospenartig, mehrblüthig, mit nicht von Deckblättern unterstützten Fruchtblättern; Eichen aufrecht geradläufig, an der Spitze von dem Eimund (Keimloch) durchbohrt; Keim mit 2 oder 3 Samenblättern; Blätter schmal-linienförmig, steif, ausdauernd. Gattungen: *Junipĕrus, Sabina, Thuja, Cupressus.* Immergrüne Sträucher oder Bäume.

Junipĕrus, Wachholder.

Blätter mit einem Harzgange. **Kätzchen** 2-häusig, mit Hüllblättern; männl. fast kugelig, vielblüthig; Antheren (Staubblätter) unterhalb am Rande 3- und mehrfächerig; weibl. mit 3 und mehreren offenen, ziemlich flachen Fruchtblättern, von denen die 3 inneren später fleischig über die Samen hinweg auswachsend mit den Rändern verwachsen und eine geschlossene, meist 3-samige Beere (Kugelzapfen) bilden.	*Folĭa ductu resĭnifero trajecta. Amenta dioeca involucrata; mascula subglobosa multiflōra, antheris subtus in margĭne tri- vel plurilocularibus; feminea carpophyllis ternis et pluribus, apertis, planiusculis, carpophyllis interioribus tribus, postremo carnosis, supra semina excrescentibus, unā in marginibus confluentibus et baccam clausam (galbulum), plerumque trispermam formantibus.*

Samen beinhart, meist 3 in der Zapfenbeere. | *Seminā ossĕa, plerumque terna in galbulo.*

Dioecia Monadelphia.

Junipĕrus commūnis, **Wachholder**, Kaddigstrauch, häufig auf Heiden und in Wäldern, ein Strauch mit baumähnlich auswachsendem Stamme (♄). Blätter dreiständig, horizontal abstehend, linienförmig-pfriemförmig, straff, stechend, oberhalb mit einer schwachen Rinne, blaugrün bereift, 2- bis 3-mal in ihrer Länge die schwarzen, blassblau bereiften kugligen Beeren überragend; Samen beinhart, fast 3-schneidig, gegen die Basis mit mehreren ölführenden Grübchen (Harzbehältern). Die Beerenfrüchte reifen im zweiten Jahre.

Junipĕrus commūnis, frutex arborescens; folia terna patentissima lineari-subulata stricta pungentia, supra leviter canaliculata, glauco-pruinōsa, baccas atras caesio-pruinosas globosas duplo vel triplo longitudĭnis superantia; semĭna ossea subtriquetra basin versus foreŏlis pluribus oleifĕris. Fructus altero anno maturantur.

Fig. 805.

Junipĕrus commūnis. 1. Männl. Blüthenkätzchen (4f. L.-Vergr.). 2. Ein Antherenwirtel von unten, 3. ein solcher von oben gesehen. 4. Anthere von der hinteren Seite gesehen, stärker vergr. *f* Filament, *c* Connectiv, *l* Antherenfächer.

Fig. 806.

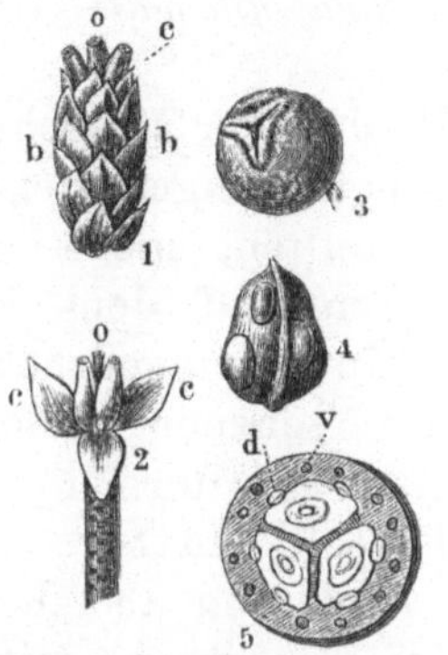

Junipĕrus commūnis. 1. Weibliches Kätzchen (3f. L.-Vergr.), *b* Bracteen, *c* Fruchtblätter (Karpellblätter, *carpophylla*), *o* 3 Ei'chen, jedes an der Spitze vom Keimloch (*micropўla*) durchbohrt. 2. Weibl. Kätzchen von den Bracteen befreit, *o* Ei'chen. 3. Frucht (nat. Gr.), an der Spitze die Spur der 3 verwachsenen Karpellblätter. 4. Ein mit den Oeloder Harzdrüsen besetzter Same (vergr.). 5. Querdurchschnitt der Zapfenbeere (*galbulus*), *d* Oeldrüschen am Samen, *v* Balsamgänge.

Vom Wachholderstrauch sind die reifen Früchte (*Fructus Junipĕri*) officinell, aus welchen durch Destillation auch ein flüchtiges Oel (*Oleum fructuum Juniperi*) dargestellt wird.

Lection 146.

Coniferen (Forts.).

Unter den *Conifĕrae-Cupressineae* nimmt nächst *Junipĕrus* die Gattung *Sabīna* unser Interesse in Anspruch, denn *Sabīna officinalis*, Sadebaum, liefert in seinen beblätterten Astspitzen die

Summitātes Sabīnae (Sadebaumkraut), aus welchen auch durch Destillation ein flüchtiges Oel (*Oleum Sabīnae*) gewonnen wird, welches als ein scharfes Emmenagogum (die Menstruation treibendes Mittel) von dem Pharmaceuten nur auf ärztliche Vorschrift dispensirt werden darf. *Sabīna* war früher von *Juniperus* nicht getrennt, daher ist *Juniperus Sabīna* L. ein Synonym von *Sabīna officinalis* Garcke.

Sabīna.

Bäume oder Sträucher mit schuppenförmigen, ziegeldachig gestellten, meist gegenständigen, auf dem Rücken mit einer eingedrückten Drüse versehenen, nicht eingelenkten Blättern.	*Arbores vel frutices foliis squamiformibus imbricatis, plerumque oppositis, in dorso glandulā impressis, articulatione non affixis (in Junipero folia articulatione affixa).*
Fruchtblätter meist zu 4, dick und abstehend.	*Carpophylla plerumque quaterna, crassa et patentia.*
Im Uebrigen mit Juniperus übereinstimmend.	*Reliqua ut Juniperi.*

Dioecia Monadelphia.

Sabīna officinalis Garcke (*Juniperus Sabīna* L.), Sadebaum, Sevenbaum, im südlichen Europa und Sibirien einheimisch. Ein mitunter niederliegender Strauch mit aufsteigenden angebogenen Aestchen. Blätter, ältere etwas von einander entfernt, abstehend, spitz, die jüngeren angedrückt, rautenförmig, etwas stumpf, verkürzt, 4-zeilig und ziegeldachig gestellt. Beerenartige Früchte blau, an einem nach unten gekrümmten Stiel herabhängend, mit 1 bis 3 Samen.

Fig. 807.

Fig. 808.

Fig. 809.

Beblätterter Zweig von *Sabīna officinālis. Folia opposita, ovalia, acuta, in dorso glandula impressa*, (a) *juniora 4-fariam imbricata.*

Beblätterter Zweig von *Thuja occidentalis. Folia 4-fariam imbricata rhomboidea, adpressa, in dorso unituberculata.*

Zapfen (*strobilus*) von *Cupressus sempervirens.*

Sabīna officinalis Garcke. *Caulis frutescens, interdum decumbens ramŭlis adscendentibus coarctatis. Folia adultiōra remotiuscula, patŭla, acūta, juniōra adpressa rhombea, obtusiuscula, curtata, quadrifariam imbricata. Baccae (galbuli) caeruleae, pedunculo recurvo pendulae, mono-, di- vel trispermae.*

Bei *Juniperus* finden wir die Blätter mit einem Harzgange, bei *Sabina* mit einer Rückendrüse versehen. Während bei beiden Gattungen die Fruchtblätter zu einer Beerenfrucht (Zapfenbeere) auswachsen, findet dies bei *Thuja* (Lebensbaum) und *Cupressus* nicht statt, sondern sie bleiben hier getrennt und constituiren bei der Reife der Samen einen Zapfen (*strobilus*). Bei *Thuja* sind sie lederartig, an ihrem Grunde 2-samig, bei *Cupressus* holzig und vielsamig. *Berg* nennt sie Pericarpien, *Link* u. A. Schuppen.

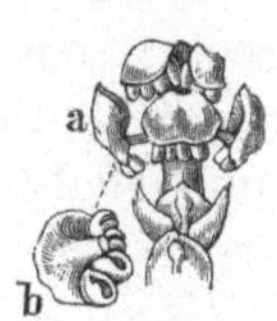

Fig. 810.

Thuja occidentālis.
a männl. Blüthe (vergr.), b schildförmig. Connectiv mit den Antherenfächern von unten oder der inneren Seite gesehen.

Die bei uns eingebürgerten *Thuja*-Arten sind *Thuja occidentalis* mit einem Höcker (Drüse) auf dem Rücken der Blätter (*foliis in dorso unituberculatis vel glandulā insignītis*), und *Thuja orientalis* mit auf dem Rücken 1-furchigen Blättern (*foliis in dorso unisulcatis*).

*Coniferae-**Abietineae** (Abietĭnae*, Tannenartige). *Arbŏres excelsae, rarius frutices divaricato-ramosi, foliis plerumque perennibus, acicularibus, fasciculatis, in basi plerumque vagīnā scariosā cinctis. Flores amentacei monoeci, interdum dioeci, masculi anthēris squamiformibus, rhachi undique insertis; flores feminei carpophyllis squamaeformibus bracteatis, in basi ovula inversa, anatrŏpa, singula, bina vel terna gerentibus. Strobilus ex carpophyllis (squamis) explanatis imbricatis, plerumque persistentibus constitutus. Semina inversa. Embryo di- vel polycotyleus, in axi albuminis.* Hohe Bäume, seltner Sträucher mit ausgespreiteten Aesten, mit meist dauernden, nadelförmigen, in Büschel stehenden, am Grunde gewöhnlich mit einer trocknen Scheide umgebenen Blättern. Blüthen in Kätzchen stehend, 1-häusig, bisweilen 2-häusig, männliche mit schuppenförmigen Antheren, einer Spindel überall aufgesetzt; weibliche Blüthen mit schuppenförmigen, von Bracteen gestützten Fruchtblättern, welche am Grunde 1, 2 oder 3 verkehrte gegenläufige Ei'chen tragen. Der Zapfen besteht aus flachen ziegeldachiggestellten, meist ausdauernden Fruchtblättern. Samen verkehrt sitzend. Embryo 2- oder vielsamenblättrig in der Axe des Eiweisses.

Diese Unterfamilie unterscheidet sich also von den beiden vorerwähnten durch die gewöhnlich durch Bracteen gestützten Fruchtblätter und durch die verkehrten Eichen oder Samen.

Die Abietinen gruppiren sich in:

1. *Pinastri*, Pinien, mit monoecischen Blüthen, 2-fächrigen Antheren, 2-eiigen Fruchtblättern und mit aneinander stehenden Ei'chen mit doppeltem (2-spaltigem) Aussenmunde (*floribus monoecis, anthēris bilocularibus, carpophyllis biovulatis, ovulis collateralibus exostomio duplo s. bifĭdo*). Gatt. *Pinus*, Kiefer; *Picĕa*, Fichte; *Abies*, Tanne; *Larix*, Lärche; *Cedrus*, Zeder. *Monoecia Monadelphia* (Kl. XXI., Ord. 9).

2. *Dammaraceae*, mit meist diöcischen Blüthen, mehrfächrigen Antheren, bracteenlosen Fruchtblättern, und am Ei'chen mit abgestutztem Aussenmund; (*floribus dioecis, antheris plurilocularibus, carpophyllis ebracteatis, exostomio ovuli truncato*). *Dammāra orientalis*, Dammarfichte, auf den Molukken, giebt **Dammarharz**. *Araucaria Brasiliensis* Lamb., brasilianische Schmucktanne.

Pinus, Kiefer, Föhre: Nadelblätter 2, höchstens 5 in Büscheln zusammenstehend; der Blattbüschel am Grunde von einer trockenhäutigen Scheide umgeben; Antheren meist in der Länge aufspringend; Zapfenschuppen (Pericarpien) an der Rückenspitze mit einem fast rhombischen pyramidalen Höcker (verdicktem Hofe); Samen gewöhnlich geflügelt.

Pinus: folia bina vel summum quina fasciculos formantia; fasciculi singuli in basi vagīnā scariosā amplexi; antherae plerumque longitudinalĭter dehiscentes; squamae strobilariae (pericarpia) in dorsi apĭce tuberculo subrhombeo pyramidali instructae (in apĭce dorsali incrassato-areolatae); semina plerumque alata.

Pinus silvestris, norddeutsche Kiefer; ausgespreitete Aeste; Blätter steif, zu 2 stehend; Zapfen ei-kegelförmig, bis zu 5 Centimeter lang, am Grunde sich wenig verjüngend, gestielt, abwärts gebogen, mit spitzen Schuppen. Samenflügel 3 mal so lang als der Samen.

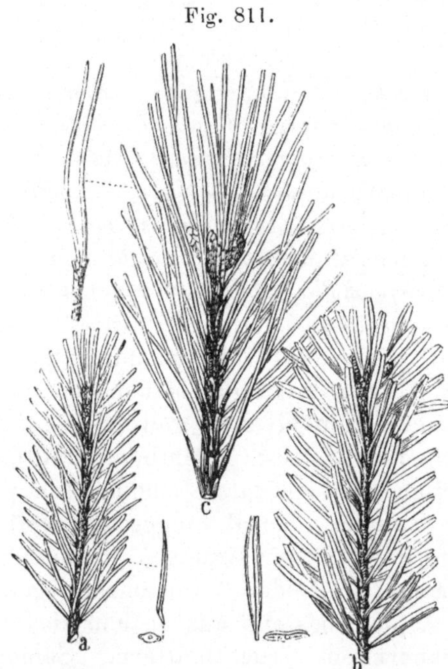

Fig. 811.

a Beblätterter Zweig von *Picea excelsa* (Fichte). *Folia solitaria subtetragōna: b.* ein solcher von *Abies alba* (Tanne). *Folia solitaria plana linearia retusa, subtus albo-bilineata; c* ein solcher von *Pinus silvestris* (Kiefer). *Folia bina fasciculata, in basi vaginulata.* Sämmtl. ½ L.-Grösse.

(*Rami divaricati; folia rigida bina; strobĭli ovato-conici, ad centĭmĕtra quinque longi, in basi parum attenuati, pedunculis recurvatis, squamis s. pericarpiis acutis; ala semine triplo longior*). Giebt Weisspech (*Pix alba*).

Pinus rotundāta Link, süddeutsche Kiefer, *differt: strobĭlis sessilibus oviformibus, in basi planis, squamis rotundatis.*

Pinus Mughus Scop. s. *Pinus Pumilio* Haenke (Knieholz, Krummholz) *differt: trunco humĭli,*

Fig. 812.

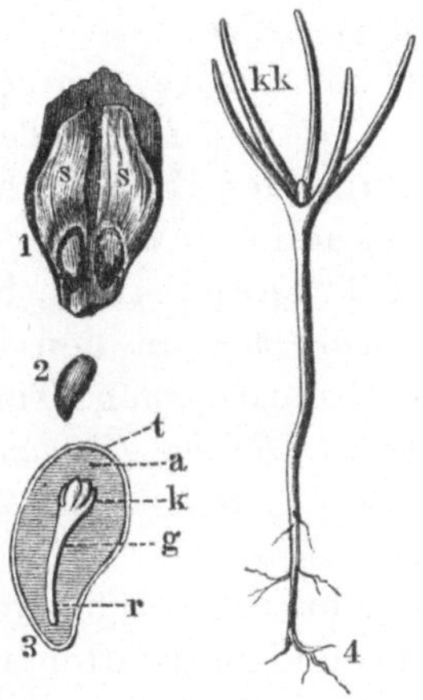

Fig. 813.

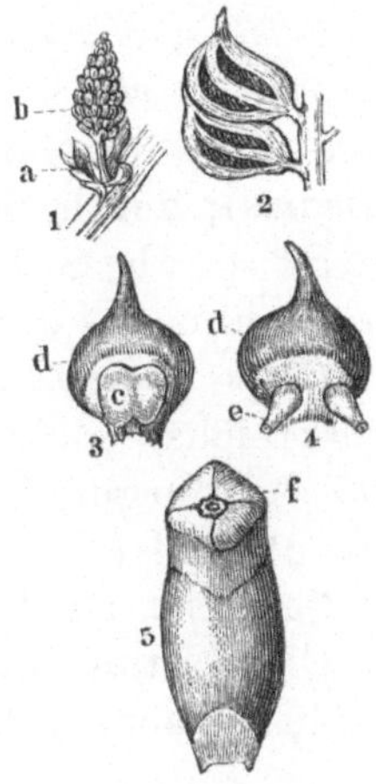

Pinus silvestris.

1. Samenschuppe (Fruchtblatt) mit zwei aufliegenden Samen von der Innenseite. *ss* Samenflügel. Nat. Grösse. 2. Ein von dem Flügel befreiter Same. Nat. Gr. 3. Ein Same im Durchschnitt (vergr.), *t* Samenhaut, *a* Sameneiweiss, *gr* Axe, Würzelchen, *k* Samenlappen, welche das Knöspchen umschliessen. 4. Junges Pflänzchen, *kk* Samenlappen als erste Blätter.

1. Männl. Kätzchen. *b* dachziegelige Antheren (nat. Gr.). 2. Zwei ausgestäubte Antheren an d. Spindel sitzend (vergr.). 3. Fruchtblatt (Samenschuppe) aus dem weibl. Kätzchen (4 f. L.-Vergr.), von der Unterfläche gesehen, *d* Fruchtblatt, *c* Bractee. 4. Ein Fruchtblatt von der oberen Seite gesehen (vergr.); *d* Fruchtblatt, *e* Ei'chen. 5. Fruchtblatt (Zapfenschuppe), an der Spitze mit dem rhomboidalen Höcker (*in apice dorsi arcā incrassatā*). Natürl. Gr.

ramis procumbentibus (niederliegend); *strobilis ovalibus nitĭdis erectis; squamis strobĭli rotundatis.* Auf hohen feuchten Bergrücken. Liefert das Krummholzöl (*Oleum templinum*).

Pinus Pināster Ait. (Strandkiefer) s. *Pinus maritima* Lamb. *differt: foliis tenuissimis, strobilis sessilibus, circa centimĕtra octo longis et centim. quinque latis, angulo recto patentibus* (im rechten Winkel abstehend), *squamis strobĭli rotundatis, in dorso laevibus.*

Pinus Strobus (Weimuthskiefer) *differt: foliis quinis tenuibus laxis, strobilis pendulis cylindricis, centimĕtra fere sedecim longis, centim. 2,75 latis, squamis in dorso laevibus; seminibus obsolēte alatis.* Liefert den amerikanischen Terpenthin. In Nordamerika einheimisch.

Pinus Pinĕa (Pinie), *in terris circum mare mediterraneum, differt foliis*

Fig. 814.

Pinus Pinea. Zapfen. ¼ L.-Gr.

binis, strobilis ovatis obtusis, centim. 15 longis, centim. 10 latis, pedunculis reflexis, alis seminum minoribus.

Pinus silvestris liefert die Kiefernsprossen (*Gemmae s. Turiōnes Pini*), Kiefernharz (*Resīna Pini*), Terpenthin (*Terebinthĭna communis*); durch Schwelung des Holzes Theer (*Pix liquĭda*) und Schiffspech, Schwarzpech (*Pix navalis*), durch Destillation des Terpenthins das deutsche Terpenthinöl, Kiehnöl (*Oleum Pini*).

Pinus Pinaster s. P. maritĭma, an den Küsten des südlichen Frankreichs, giebt den französischen Terpenthin (*Terebinthĭna Gallĭca*), Burgundisch-Harz (*Resīna Burgundica*, Gallipot), franz. Terpenthinöl (*Oleum Terebinthĭnae*). Auch andere Pinusarten geben ähnliche Produkte.

Die Gattung *Picĕa*, Fichte, unterscheidet sich von *Pinus* durch einzeln stehende, fast 4-eckige Blätter und hängende Zapfen mit flachen, an der Basis ausgehöhlten ausdauernden Schuppen an abfälliger Spindel. Samen geflügelt. (*Differt a reliquis generibus: foliis subtetragōnis, solitariis, strobilis pendŭlis, squamis (pericarpiis) in apice deplanatis, in basi excavatis (semina amplexantibus), persistentibus, rhachi deciduae insidentibus; semina alata.*

Picĕa excelsa Link s. *Pinus Abies* L., *Abies excelsa* DC., Rothtanne, Schwarztanne, im nördlichen Europa, mit zusammengedrückt - ziemlich - 4 - eckigen, auf beiden Seiten mit einer Rinne versehenen, fast einseitswendig stehenden Blättern, 12 bis 15 Centim. langen, 4 bis 5 Centim. breiten, cylindrischen, hängenden Zapfen mit an der Spitze benagten Schuppen. Rindenhaut braun. (*Foliis compressis subtetragōnis, utrinque canaliculatis, subsecundis, strobilis cylindricis pendulis, centimĕtra 12—15 longis, centim. 4 v. 5 latis, squamis in apice erōsis, rhytidomăte corticis fuscente*).

Fig. 815.

Rothtanne, Fichte, *Picea excelsa*. Ein junger Zapfen und männliche Blüthenkätzchen.

Die Gattung *Abies*, Tanne, weicht ab von *Picĕa* und *Pinus* durch einzeln stehende flache Blätter, queraufbrechende Antherenfächer, aufrechte Zapfen, mit flachen, am Grunde nicht ausgehöhlten, abfallenden Schuppen an einer ausdauernden Spindel; (*differt: foliis solitariis planis, antherae loculis transversim dehiscentibus, strobĭlis erectis, squamis in apĭce deplanatis, sed in basi non excavatis, semina non amplectentibus, deciduis, rhachi persistenti insidentibus*).

Abies alba Mill., Weisstanne, Edeltanne, s. *Pinus Picĕa* L. s. *Abies pectinata* DC., mit 2-zeilig gestellten, linienförmigen, flachen, seicht ausgerandeten, unten mit 2 weissen Linien gezeichneten Blättern und geraden cylindrischen, fast 15 Centim. langen, 4—5 Centim. breiten Zapfen mit gerundet-abgestumpften, anliegenden Schuppen, mit längeren (die Schuppen überragenden), an der Spitze zurückgebogenen Deckblättern; (*foliis distĭchis linearibus planis retusis, subtus lineis albis binis insignītis (albo-bilineatis); strobĭlis strictis cylindricis, fere centimĕtra 15 longis, centim. 4 vel 5 latis, squamis rotundato-truncatis adpressis; bractĕis squamā longioribus, in apĭce reflexis*). *Abies Canadensis* Michx. in Nordamerika liefert den Canadabalsam, eine Art sehr schönen Terpenthins.

Die Gattung *Larix*, Lärche, weicht von *Pinus* ab sowohl durch mehr denn 5 in pinselförmigen Büscheln stehende als auch zerstreutstehende einzelne, einjährige, am Grunde nicht bescheidete Blätter, aufrechte Zapfen mit flachen, innen mit einem behaarten Samenträger versehenen Schuppen; Samen geflügelt. (*Differt: foliis annuis, ultra quinis fasciculatis, fasciculum penicilliformem formantibus, et sparsis solitariis, strobĭlis erectis, squamis persistentibus, in apĭce deplanatis, intus sporophŏro piloso instructis. Semĭna alata*). *Monoecia Monadelphia*.

Larix decidua Mill. s. *Pinus Larix* L. s. *Larix Europaea* DC., Lärchenbaum, auf unseren Gebirgen, hat hinfällige, im Uebrigen flache linienförmige Blätter und kleine eiförmige Zapfen mit stumpfen Schuppen. Liefert den venedischen Terpenthin (*Terebinthĭna laricĭna s. Venĕta*).

Cedrus Libanotĭca Lk., Ceder, welche früher die Rücken und Thäler des Libanon schmückte, jetzt aber

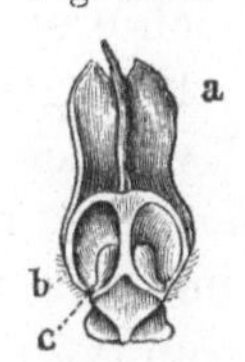

Fig. 816.

Larix decidŭa. Weibliche Blüthe. *a* Deckblatt, *b* Fruchtblatt (Karpellblatt), *c* Ei'chen.

Fig. 817.

Folia fasciculata. (*Larix decidŭa*).

nur in wenigen Exemplaren daselbst angetroffen wird, bildet auf den Vorbergen des Atlas herrliche Wälder. Sie liefert ein Harz und ein flüchtiges Oel (*Resīna, Oleum Cedri*).

Lection 147.

Kryptogamen. Pilze. Hautpilze. Löcherpilze.

Die Pflanzen, welche der Blüthen und eines Embryo ermangeln, pflanzen sich auch nicht durch Samen fort, wie die Monokotyledonen und Dikotyledonen, sondern durch Sporen. Man nennt sie daher Sporenpflanzen (*Sporophўta*), als Pflanzen ohne Samenblätter: Akotyledonen (*Acotyledŏnes*), als Pflanzen ohne Blüthen mit erkennbaren Geschlechtern: Kryptogamen (*Cryptogămae*).

Die Sporenpflanzen zerfallen in 2 grössere Ordnungen, nämlich in Zellkryptogamen und Gefässkryptogamen.

1. Zellkryptogamen, Thallusgewächse, *Cryptogamae cellulăres*, *Thallophўta* Endl., *Cryptophyta* Lk., *Angiospŏrae*, werden die Pilze (*Fungi*), Flechten (*Lichēnes*) und die Algen oder Tange (*Algae*) genannt, weil sie in Stelle des Stammes, der Wurzel und der Blätter nur einen Thallus, Trieblager, bilden. Viele überschreiten selbst nicht die niedrigste Ausbildungsstufe, indem sie nur aus einer einzigen Zelle bestehen. Die Sporen der Zellkryptogamen wachsen meist unmittelbar zu einer Pflanze aus.

2. Gefässkryptogamen, blattbildende Kryptogamen, *Cryptogămae foliōsae*, *Acrogenĕae*, *Mesophўta*, *Gymnospŏrae*, bilden aus einem vollkommenen Zellgewebe einen Stock, welcher meist als Stamm und Wurzel auswächst, oder sie bilden ein Laub, welches Wurzeln entwickelt. Ferner erfreuen sie sich der Antheridien und der Archegonien, in Stelle der Staub- und Fruchtblätter. Ihre Sporen wachsen zu einem Zwischengebilde, dem Vorkeim, aus, aus welchem sich erst das der Mutterpflanze ähnliche Gebilde entwickelt. Hierher gehören die Moose (*Musci*) und Farne (*Filices*). *Acrogenea* wurden sie genannt, da sie nur Spitzenwachsthum zeigen, *Mesophўta* nannte sie *Link*, weil sie eine Entwickelungsstufe einnehmen, welche ihren Platz zwischen Kryptophyten und Phanerophyten (Samenpflanzen) behauptet.

Angiospŏrae (Verhülltsporige) und *Gymnospŏrae* (Nacktsporige) bilden eine parallele Bezeichnung zu der Eintheilung der Keimblätterpflanzen in *Angiospermae* (Bedecktsamige) und *Gymnospermae* (Nacktsamige, wie die Coniferen). Während hier die Angiospermen eine höhere Organisationsstufe einnehmen, ist das Verhältniss bei den Kryptogamen ein umgekehrtes, denn die Angiosporen umfassen die Pilze, Flechten und Algen, bei denen die Sporen bis zu ihrer Trennung von der Mutterpflanze und oft noch darüber hinaus in ihrer Mutterzelle verharren. Bei den Gymnosporen, den Moosen und Farnen, werden die Sporen frühzeitig durch Resorption ihrer Mutterzelle frei und liegen auch frei in dem Sporangium bis zu dessen Entleerung zur Zeit der Reife. Diese Eintheilung der Sporenpflanzen wird übrigens wegen zahlreicher Ausnahmefälle selten angewendet.

Classis I. *Cryptophyta, Thallophȳta. Plantae arrhīzae. Thallus ex contextu celluloso imperfecto constitutus, vel cellulae aut solitariae, aut in seriem ordinatae. Antheridia nulla vel imperfecta, rarius perfecta. Sporae sporangio inclusae vel nudae, aut statim (immediate) aut per prothallium incompletum (s. protonēma) germinantes.*

Wurzellose Pflanzen, Lagerpflanzen. Ein Trieblager aus unvollkommenem Zellgewebe bestehend, oder entweder einzelne oder in eine Reihe geordnete Zellen. Antheridien fehlend oder unvollkommen, seltner vollkommen. Keimzellen oder Sporen in einem Sporengehäuse oder nicht, entweder direkt oder durch Bildung eines flockigen Trieblagers (Vorkeimes) keimend.

Subcl. 1. *Fungi,* Pilze. *Thallus ex floccis sive hyphis constitutus, rarissime nullus. Interdum spermogonia, spermatiis replēta; antheridia vera nulla. Stroma plus minusve circumscriptum, ex hyphis contextum, ascos, basidia vel ascobasidia gignens. Sporae cellulae matrīci inclusae vel nudae, interdum ad sporisoria concatenatae, inter germinationem saepius ad protonēma s. mycelium accrescentes.* Aus Flocken (fadenförmigen Zellen) gebildetes Trieblager, sehr selten fehlend. Bisweilen Spermogonien mit Spermatien angefüllt. Wirkliche Antheridien fehlen. Fruchtlager mehr oder weniger begrenzt, aus Flocken (Hyphen) zusammengesetzt, Asken, Basidien oder Askobasidien hervorbringend, Sporen in einer Mutterzelle eingeschlossen oder nackt, bisweilen zu Sporenketten verbunden (verkettet), während des Keimens häufig zu einem Trieblager auswachsend.

Die Pilze schichtet man je nach Art und Bildung der Fortpflanzungsorgane in Tribus.

Tribus I. *Basidiomycētes* (Basidienpilze), Sporen, an der Spitze von Basidien sich abschnürend (*sporae ab apĭcibus basidiorum secedentes*). Dazu — a) *Hyphomycētes* (Gewebepilze) mit Sporen auf den freien Flocken. *Penicillĭum glaucum* Lk. (Schimmelpilz). — b) *Coniomycētes,* Staubpilze, *Ustilago Carbo* (Flugbrand) auf Gerste, Hafer; *Tilletia Caries* Tul. (Schmierbrand) auf Weizen. — c) *Gasteromycētes* (Bauchpilze). *Bovista* (Bovist. — d) *Hymenomycētes* (Hautpilze, Pilze mit einem Hymenium); *thallus contextu vesiculoso vel floccoso, plerumque pileatus, hymenio (membrāna fructificante) totus vel ex parte obtectus; sporae in apīce basidiorum secedentes.* Trieblager aus blasigem oder flockigem Gewebe, meist einen Hut bildend, ganz oder zum Theil mit einer Schlauchschicht bedeckt; die Sporen schnüren sich an der Spitze der Basidien der Schlauchschicht ab.

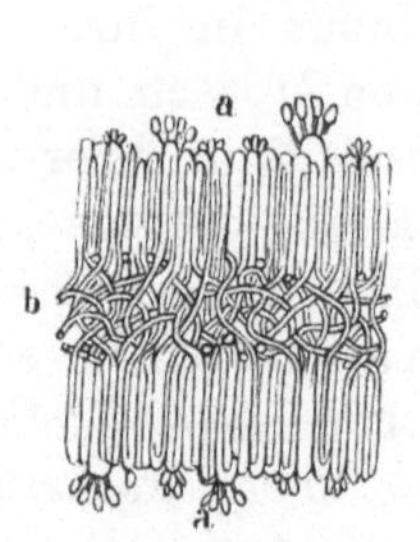

Fig. 818.

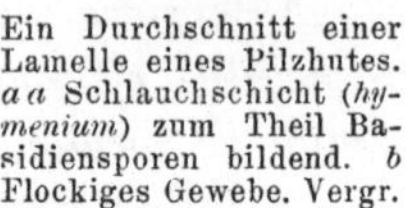

Ein Durchschnitt einer Lamelle eines Pilzhutes. *a a* Schlauchschicht (*hymenium*) zum Theil Basidiensporen bildend. *b* Flockiges Gewebe. Vergr.

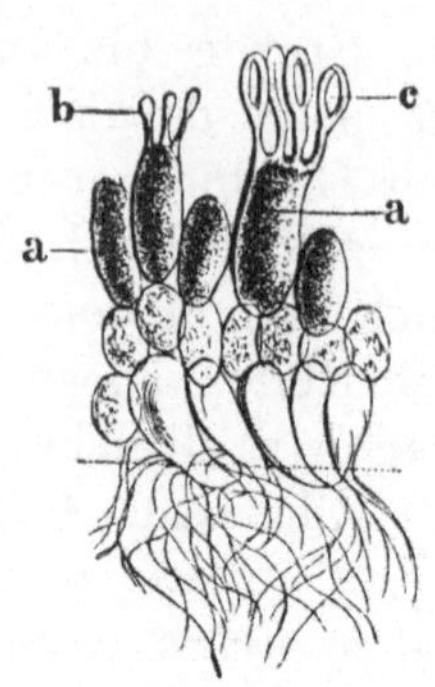

Ein Theil des Hymenium von *Agaricus campestris. a* Basidien, *b* dieselben im Begriff der Sporenbildung, *c* solche mit vollständig entwickelten Sporen. Vergr.

Eine Abtheilung der Hymenomyceten sind die **Blätterpilze**, *Agaricĭni*, mit blättrigem Hymenium (*hymenium pilei lamellosum*) und meist 4-sporigen Basidien. Dazu zählt die Gattung:

Amanīta. Pilĕus stipitatus; peridium (i. q. volva) stipĭtem pileumque primum involvens dein rumpens. Stipes saepe velo pileum initio cum stipĭte conjungente annulatus; lamellae hymenii intus subfloccosae, in margine acutae. Hut gestielt; Hüllhaut (d. i. Wulsthaut) zuerst Strunk (Stiel) und Hut einhüllend, dann zerreissend. Strunk oft von einem anfangs Hut und Strunk verbindenden Schleier geringelt. Hymeniallamellen nach innen etwas flockig, am Rande scharf.

Fig. 819.

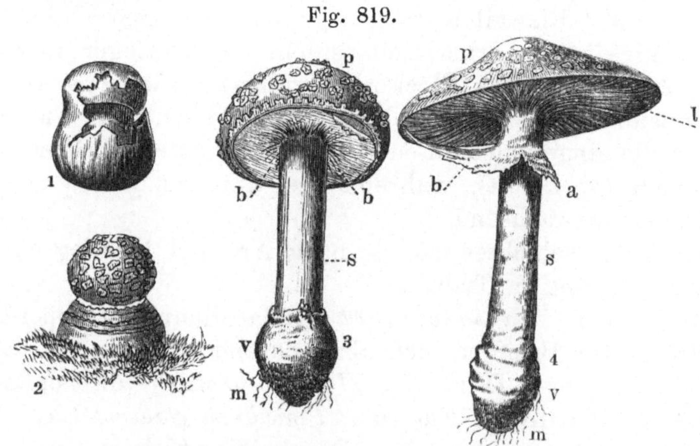

1. Ein junger Hymenomycet (*Agaricus campester*) die Wulsthaut oder Hülle (*volva; peridium*) sprengend. 2. Der in der Wulsthaut noch eingeschlossene Fliegenpilz (*Amanīta muscarĭa* Pers.). 3. Derselbe mehr entwickelt. *m* Mycelium, *v* Wulst (*volva*), *s* Strunk (*stipes*), *p* Hut (*pilĕus*), *b* Schleier (*velum*) an der einen Seite sich ablösend. 4. Derselbe Pilz noch mehr entwickelt. *a* Ring (*annŭlus*), der Schleier hängt in einem Punkte noch an dem Pilzrande, *l* Lamellen, von der Keimhaut (*hymenium*) bekleidet. Circa ½ L.-Vergr.

Art. *Amanita muscarĭa* Pers., Fliegenschwamm, s. *Agarĭcus muscarius* L.; *stipĭte in basi bulbōso, subfarto, postea cavo; volva (peridio) squamosa obliterata; pileo aurantiaco, in margine striato, lamellis candĭdis.* Strunk am Grunde zwiebelig verdickt, fast voll oder später hohl; Wulsthaut (Hüllhaut) schuppig, verschwindend; Hut orangeroth, am Rande gestreift, mit sehr weissen Lamellen. Häufig, giftig, Milchabkochung zum Tödten der Fliegen gebraucht.

Eine zweite Abtheilung der Hymenomyceten oder Hautpilze bilden die Löcherpilzartigen, *Polyporĕi*, bei denen die Schlauchschicht (*hymenium*) nicht Lamellen, sondern die Innenwände porenähnlicher Höhlungen, Röhren oder Buchten bekleidet (*hymenium in parietibus internis pororum, tubulorum vel sinuum vigens*). Basidien meist 4-sporig (*basidia plerumque tetraspŏra*).

Gatt. *Polypŏrus. Pileus cum hymenio poris instructo concretus, poris anăstomōsi creberrima adauctis et in pileum continuatis.* Hut mit einer porigen Schlauchschicht verwachsen; Poren durch eine häufige in einander mündende Verästlung vermehrt sich in den Hut fortsetzend.

Art. *Polypŏrus officinalis* Fries. s. *Bolētus Larĭcis* L., Lärchenschwamm, *pileo sessĭli subconico, supra albido suberoso-carnoso zonato, zonis lutescentibus et fuscentibus; poris minūtis lutescentibus.* Mit sitzendem, fast kegelförmigem, oberhalb weisslichem, korkigfleischigem, streifig-gegürteltem Hute mit gelblichen und bräunlichen Gürtelstreifen und sehr kleinen gelblichen Poren. In Ungarn und im südlichen und östlichen Russland an *Pinus Larix* (*Larix decidŭa* Mill.). Von der äusseren Rinde befreit und gebleicht liefert er den officinellen, sehr bitteren, drastisch wirkenden Lärchenschwamm (*Agarĭcum; Bolētus s. Fungus Larĭcis*).

Art. *Polypŏrus fomentarius* Fries, Feuerschwamm, *pileo sessĭli semirotundato, pulvinato vel subtriquetro, fuligineo-canescente zonato, intus suberoso-molli et lutescente; in margine poris minĭmis fuligineo-glaucis, dein ferrugineis.* Hut sitzend, halbrund, polsterförmig oder fast 3-kantig, russbraun-grauweiss, streifig gegürtelt, innen korkigweich und gelblich, aussen am Rande mit ausserordentlich kleinen russbraun-graugrünen, später rostfarbenen Poren. An Buchen- und Eichenstämmen. In Scheiben geschnitten, mit dünner Aschenlauge ausgekocht, abgewaschen, getrocknet und weich geklopft wird er in den als blutstillendes Mittel benutzten *Fungus igniarius*, Feuerschwamm, verwandelt. Der eigentliche Feuerschwamm zum Zünden ist mit Salpeterlösung getränkt. *Polypŏrus igniarius* Fries, mit dünnerer härterer Masse und dickem stumpfem Hute, auf Weiden, Kirschbäumen, Eschen etc. kann hierzu nicht gebraucht werden.

Polypŏrus destructor Fries, Hausschwamm, ist jener bekannte Pilz, dessen Mycelienfäden als Zerstörer feuchter Gebäude gefürchtet werden. Ein *Polyporeus* ist auch *Merulĭus lacrĭmans*, Feuchthausschwamm, wie der vorige nachtheilig für Gebäude. Beide an und im Holze wachsend.

Bemerkungen. *Amanita;* ἀμανῖται, Schwämme. — *Polypŏrus;* πολύ, viel, und πόρος, Durchgang, Oeffnung, Loch.

Lection 148.

Kryptogamen. Pilze. Mutterkorn.

Die zweite Tribus der Klasse der Pilze füllen diejenigen mit Sporenschläuchen oder Asken.

Fig. 820.

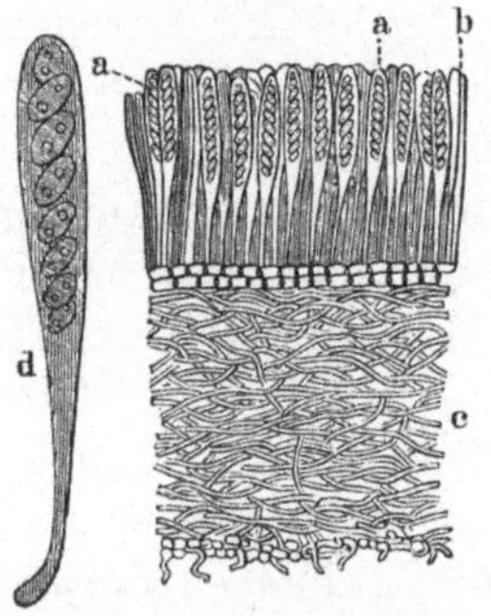

Querscheibe (vergr.) aus dem Hut eines Becherpilzes (*Pezīza*). *a* Sporenschläuche (*asci*), *d* ein solcher noch mehr vergrössert, *b* Paraphysen, *c* Pilzgewebe.

Tribus II. *Ascomycētes* (Askenpilze). Sporen in Schläuchen. *Sporae ascis inclūsae.*

In dieser Tribus ist für uns die Familie der **Kernpilze**, *Pyrēnomycētes*, insofern wichtig, als *Clavĭceps purpurĕa* in seinem Sclerotium-Stroma das officinelle Mutterkorn (*Secāle cornūtum*) darstellt.

Pyrēnomycētes. Asci octaspŏri, inclusi perithecio demum pertuso. Kernpilze. 8-sporige Schläuche, umschlossen von einem später durchbohrten Gehäuse. Gattung: *Clavĭceps.*

Clavĭceps purpurĕa Tulasne, Mutterkornpilz, purpurfarbener Nagelkopf, wuchert auf verschiedenen Gramineen, besonders auf den Aehren des Roggens (*Secāle cereāle*). Dieser Kernpilz durchläuft drei wesentlich unterschiedene Entwickelungsstadien. Im ersten Stadium tritt er zur Zeit der Roggenblüthen als sogenannter Roggenhonigthau auf, nämlich als ein zäher gelblicher süsser Schleim von unangenehmem Geruche, so dass ihn die Bienen nicht einmal aufsuchen; dagegen lockt er andere Insekten, wie Ameisen, besonders aber einen kleinen Käfer, *Rhagonўcha melanūra* Fabric., an, was die Ansicht aufkommen liess, dass dieser Käfer die Ursache zur Bildung des Mutterkorns gebe.

Jener Honigthau lagert auf dem Fruchtknoten oder in dessen nächster Nähe und ist auch das Zersetzungsprodukt der chemischen Bestandtheile des Fruchtknotens, dessen Stärkemehl verschwindet und dessen Gewebe eine völlige Auflockerung zu erkennen giebt.

Dieser Honigthautropfen, in welchem man mit dem Mikroskop unzählige Spermatien (Stylosporen) beobachtet, ist ein Secret, eine Absonderung, eines Myceliums (Trieblagers), dessen Hyphen (Fäden, Flocken) den unteren Theil des jugendlichen Fruchtknotens allseitig durchziehen. Zugleich ist der ursprüngliche Fruchtknotenkörper umgeformt, denn er zeigt innen Lücken und aussen verschieden gewundene Falten und Vertiefungen, welche ein Spermogoniumlager (*spermogonium*) darstellen.

Fig. 821.

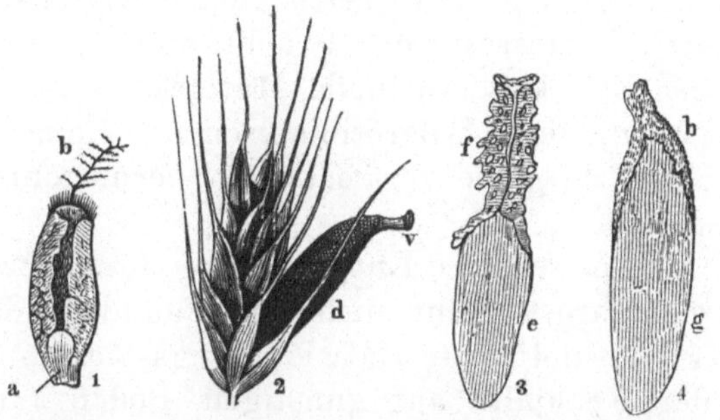

1. Roggenfrucht von Hyphen durchsetzt und ein Mycelium bildend; Verticalschnitt. 1½ f. Lin.-Vergr. *a* Ansatz des sterilen Fruchtlagers (*sclerotium*). 2. Aehrentheil des Roggens mit einem Mutterkorn (*sclerotium*), (natürl. Gr.). 3. Steriles Fruchtlager, steriles Stroma oder Sclerotium (*e*), als Mütze das Spermogonium (Sphacelia-Lager) tragend, im Verticaldurchschnitt (4 f. L.-Vergr.); 4. dasselbe mehr entwickelt; *g* Sclerotium, *b* Sphacelia-Lager. Verticaldurchschnitt (1½ f. L.-Vergr.).

Aus der zelligen Schlauchschicht oder Keimhaut (*hymenium spermatophŏrum*), welche jene Falten und Vertiefungen auskleidet, erheben sich gedrängt stehende basidenähnliche Schläuche (*sterigmăta*; *basidia*), an deren Spitze sich eine Kette kleiner länglich-ovaler Zellen (*spermatia*; *stylospŏrae*) abschnüren. Mycelium und Spermatien erscheinen nach dem Austrocknen der klebrigen Flüssigkeit wie ein weisses, den Fruchtknoten bedeckendes Pilzgewebe. *Leveillé* hielt dieses Gebilde für einen eigenen Pilz, den er *Sphacelĭa segĕtum*

Fig. 822.

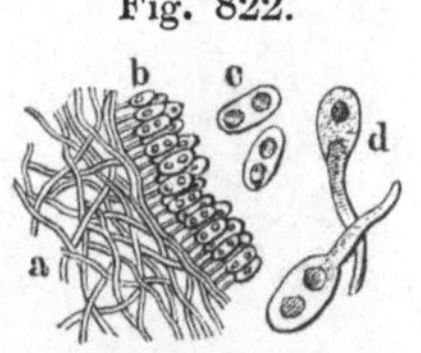

a b Schnittfläche aus dem Spermogonium. *a* Hyphen, *b* Keimhaut (*hymenium*) mit Spermatien oder Stylosporen, *c* Spermatien (vergr.), *d* Keimschläuche treibende Spermatien (vergr.).

nannte. Nach Ansicht Einiger sind die Spermatien nicht keimfähig, nach Anderen können sie auf geeignetem Medium, z. B. einem feuchten Roggenfruchtknoten keimen und wiederum das Muttermycelium bilden. *Leveillé's Sphacelĭa segĕtum* ist der Mutterkornpilz in seinem ersten Entwickelungsstadium.

Das zweite Entwickelungsstadium der *Clavǐceps purpurea* liefert in einem sterilen Stroma das officinelle Mutterkorn.

Der Fruchtknoten ist bis auf seine Spitze von dem Mycelium in seinem elementaren und anatomischen Aufbau total zerstört und daher seine Entwickelung abgebrochen. In seinem Grunde entsteht nun aber durch Anschwellung und Verdichtung der Mycelienfäden ein innen weisslicher, aussen dunkel violetter Kern, ein steriles Fruchtlager (*stroma sterǐle*), von DC. für einen besonderen Pilz, *Sclerotǐum Clavus*, gehalten, welches aus den Spelzen der Aehre hervorwachsend an seiner Spitze das verschrumpfende und vertrocknende Spermogonium (Fig. 821, 2, *v*), sowie Ueberreste der Fruchtknotenspitze wie ein Mützchen emporhebt. Das officinelle Mutterkorn ist also ein Pilzfruchtlager (*stroma*), ein Sclerotiumstroma. Beim Einsammeln fällt das schmutzig-gelbe vertrocknete Spermogonium (Mützchen) gewöhnlich ab.

Eine weitere Entwickelung des Sclerotiumstroma in der Getreideähre scheint nicht stattzufinden, dagegen tritt es in das dritte und letzte Entwickelungsstadium ein, wenn es im Herbst oder Frühjahr auf günstigen Boden (auf feuchten Sand, humöse Erde, höchstens mit wenig feuchtem Moose bedeckt) gelangt. Nach Verlauf mehrerer Wochen löst sich die violette Oberflächenschicht des Stroma hier und da in Läppchen ab, welche sich umlegen, und an den entblössten Stellen entspriessen kleine weisse Knöpfchen, welche sich anfangs graugelb, dann schmutzig-violett färben und zu dünnen glänzenden, blass-violetten, 3—4 Centim. langen Stielchen, 1-, seltner 2-warzige Knöpfchen an der Spitze tragend, erheben. Diese Knöpfchen mit den Stielchen sind die eigentlichen Pilzfrüchte und bilden den Kernpilz (*pyrēnomy̆ces*), welchen *Fries* als besonderen Pilz ansah und *Cordǐceps purpurĕa* nannte.

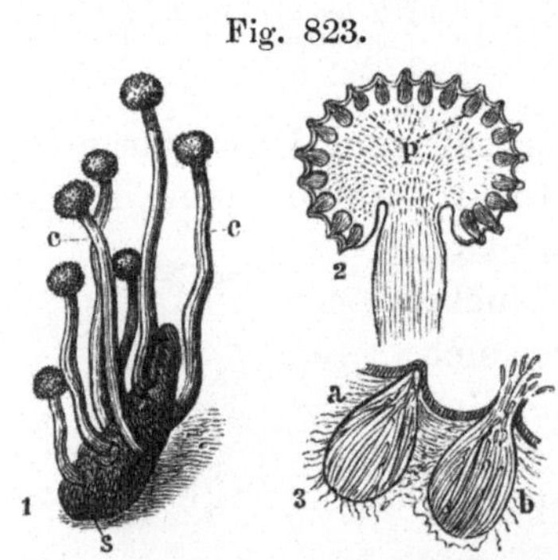

Fig. 823.

Claviceps purpurea im dritten Entwickelungsstadium (nat. Gr.). 1. Sclerotium mit Pilzfrüchten, *s* Sclerotiumlager (steriles), *c* fruchtbares Cordicepslager. 2. Ein Cordicepsköpfchen vergrössert, im Verticaldurchschnitt mit den Perithecien. 3. Zwei Perithecien stark vergrössert, 8-sporige Sporenschläuche enthaltend, *a* noch geschlossene Perithecie, *b* geöffnete, Sporen auswerfend.

Alle drei Entwickelungsstufen dieses Kernpilzes fasste *Tulasne*, welcher dieselben erforschte, mit dem Namen *Clavǐceps purpurea* zusammen. Lässt man auch die Namen *Sphacelǐa segĕtum*

Leveillé, *Sclerotium Clavus* DC. und *Cordĭceps purpurea* Fries gelten, so sind die Entwickelungsstadien der *Clavĭceps purpurea* kurz angedeutet, wenn wir sagen: das 1. Entwickelungsstadium besteht in der Sphaceliabildung, das 2. Stadium in der Sclerotiumbildung, das 3. in der Cordicepsbildung.

Jene Cordicepsknöpfchen oder fertilen Fruchtlager sind dicht von Wärzchen bedeckt und enthalten unter jedem Wärzchen einen eiförmigen Fruchtbehälter (Perithecie, *perithecium*), welcher mit zahlreichen, gegen den Scheitel convergirenden, linienförmigen, 8-sporigen Schläuchen (Sporenschläuchen, *asci, thecae*) gefüllt ist. Bei der Reife öffnet sich jede Perithecie mit einem Loche inmitten des deckenden Wärzchens, aus dem oberen Ende des Sporenschlauches (Aske) treten die fadenförmigen Sporen in Bündeln zusammenhängend aus und schieben sich durch die Perithecienöffnung nach aussen. Nach *Flückiger*'s Angabe kann ein Sclerotium 20—30 Kernpilzchen tragen, welche mehr denn eine Million Sporen entwickeln.

Das Mutterkorn enthält nach *Wenzel* zwei Alkaloïde, Ecbolin und Ergotin, ferner eine flüchtige Säure, Ergotsäure, und Trimethylamin in salziger Verbindung. Es wird als wehenbeförderndes und blutstillendes Mittel benutzt. In grösseren Dosen wirkt es giftig und nach längerem Gebrauch oder im Brod genossen soll es die Kribbelkrankheit (Ergotismus) erzeugen.

Die Besprechung des Kernpilzes *Clavĭceps purpurea* Tulasne verleitet uns, auch auf einige der oben in Lection 147 erwähnten Staubpilze (*Coniomycētes*), deren Ercheinen im gemeinen Leben mit Russ, Rost, Brand, Flugbrand bezeichnet wird, einen Blick zu werfen.

Endlicher legte bekanntlich nach *Linné*'s Vorgange den Palmen einen fürstlichen Rang unter den Gewächsen bei und überliess ihnen in seinem herrlichen System die 22. Klasse mit der Ueberschrift *Princĭpes*. Finden wir auch in demselben Systeme keinen Namen einer Klasse, welcher als Gegensatz der *Princĭpes* gelten könnte, so hat *Endlicher* es doch nicht unterlassen, der 12. Ordnung, den Nacktpilzen oder *Gymnomycētes*, den Beinamen *Proletarii* zuzufügen. Zu den Proletariern zählen jenes Mutterkorn und die Staubpilze.

Die Naturgeschichte der Staubpilze hat erst in neuerer Zeit durch die Forschungen *de Bary*'s weitere Aufklärung erhalten. Danach finden wir hier bei vielen Arten einen Pleomorphismus, eine Parallele zu dem Generationswechsel, wie wir ihn in der 78. Lection kennen lernten. Einige Staubpilzarten durchlaufen nämlich verschiedene Entwickelungsstadien, in welchen sie nothwendig die Nährpflanze oder den Wirth wechseln. Daher kommt es, dass manche Staubpilze früher als eigne Arten angesehen wurden, welche jetzt nur als besondere Entwickelungsstufen einer Art erkannt sind.

Auf unseren Getreidearten beobachtet man z. B. mehrere *Puccinia*-Arten, welche als echte Proletarier vom Landmann sehr gefürchtet werden, indem sie ihm seine Erndten mehr oder weniger schädigen. Erwähnenswerth sind *Puccinia Graminis* (Getreiderost, Streifenrost, Grasrost), *P. Straminis* (Fleckenrost), *P. coronata* (Kronenrost).

Puccinia Graminis kommt beinahe auf allen Getreide- und Grasarten vor, besonders aber auf der Quecke (*Agropyrum repens* Beauv.), doch hat man sie bisher auf dem französischen Raygrase (*Arrhenathērum elatius* Mert. & Koch) nicht angetroffen. Unzählige Fäden (Flocken, Hyphen) durchwuchern das Gewebe der Nährpflanze und bilden ein Myceliumgeflecht oder ein Fruchtlager (*stroma*), aus welchem zahllose einzellige Sporen (Basidiensporen, Stylosporen, Spermatien, Sommersporen) hervorbrechen, welche den Grastheil wie mit einer braunen oder russigen Staubdecke (gewöhnlich *uredo* genannt) überziehen. Diese Sporen sind keimfähig und wuchern auf eine andere Graspflanze übertragen zu einem Stroma und zu Basidien in gleicher Weise aus. Schon nach wenigen Tagen der Mycelienbildung schnüren sich unzählige Sporen ab. Im Herbst verlieren diese Sporen ihre Keimfähigkeit und verschwinden, dafür entwickeln die Fruchtlager Askobasidien, deren Sporen (Teleutosporen, Wintersporen) sich im Frühjahr zu einem vorkeimartigen Gebilde (*promycelium*) ausbilden, aus welchem sich Sporenschläuche (Sporidien) entwickeln. Letztere Sporen dringen nicht in die Graspflanze ein, finden aber ihren Vegetationsboden auf einer anderen Nährpflanze, hier bei *Puccinia Graminis* auf den Blättern des Sauerdorns (*Berbĕris vulgāris*), in deren Zellgewebe ihre Keimschläuche eindringen und zu einem Mycelium auswachsen, aus welchem auf der Unterseite der Blätter die Aecidiumbecherchen (Perithecien, Sporangien) hervortreten. Früher hielt man diese Uebergangsform des Grasrostes für einen eignen Pilz und nannte ihn **Sauerdornkelchrost** (*Aecidĭum Berberĭdis*). Im Grunde der Aecidiumsporangien entspringen Ascobasidien, deren Sporen beim Austritt auf feuchte Theile des Getreides fallend sich wie die Sommersporen (Stylosporen) verhalten und wieder den Grasrost (*urēdo*) hervorbringen. Die Uredoform geht also durch die Aecidiumform wiederum in die Uredoform über.

Puccinia Stramĭnis (Fleckenrost) tritt in ihrer Uredoform als ein orange- oder ziegelrother Rost auf, und ihre Aecidiumform ist der Kelchbrand auf rauhblättrigen Pflanzen (*Aecidium asperifolium* Pers.), wie auf *Anchūsa*, *Lycōpsis* etc.

Puccinia coronata (Kronenrost) kommt auf dem Hafer und englischen Reygrase vor. Ihre Aecidiumform ist *Aecidium Rhamni*.

Der auf der Erbse (*Pisum satīvum*) und auf der Pferdebohne (*Vicia Faba*) wohnende Rostpilz (*Uromў̆ces appendiculatus*, *Urēdo Fabae*) wechselt nicht, sondern entwickelt sein Aecidium auf derselben Nährpflanze.

Wie *Aecidium Euphorbiae* auf *Tithymālus Cyparissias* selbst von grossem Einfluss auf die Form der Nährpflanze ist, ersieht man an den eiförmig gestalteten Blättern, die doch ursprünglich linienförmig sind.

Bemerkungen. *Claviceps*, *cipĭtis; clavus*, Nagel; *caput*, Kopf. — *Sphacelĭa*, von σφάκελος (sphakelos), Entzündung, Beinfrass, Brand. — *Sclerotium*, von σκληρός, ά, όν (skläros), trocken, hart.

Pleomorphismus (vermehrte Formbildung), von πλέος, α, ον (pleos, a, on), voll, gesättigt, und μορφή (morphä), Form, Gestalt. — *Proletarii* hiessen im alten Rom die Bürger der untersten Klasse, welche dem Staate durch ihre Nachkommenschaft (*proles*) diente. In neuerer Zeit bezeichnet man diejenigen mit Proletarier, welche ihr Leben von der Hand in den Mund fristen. — *Aecidium*, von αἰκίζω (aikizō), verheeren, misshandeln.

Lection 149.

Lichenen oder Flechten.

Die zweite Unterklasse der Kryptophyten umfasst die Flechten (*Lichēnes*).

Subclassis II. *Lichenes* (Flechten).

Pflanzen (Erd- oder Luftgewächse) aus unvollkommenem Zellgewebe aufgebaut, ausdauernd.	*Plantae (terrestres sive aëreae) ex contextu celluloso imperfecto constitūtae, perennantes.*
Thallus (Trieblager) sehr verschieden, pulverig od. krustenartig od. laubartig od. stengelartig, zuweilen mit Haftfasern oder Haftscheiben.	*Thallus maxime varius, pulverulentus v. crustaceus v. frondosus v. caulescens, interdum rhizĭnas et patellas alligantes emittens.*

Brutkörner (in der gonimischen Schicht) als Bruthäufchen austretend, punktförmige mit zahlreichen kleinen Spermatien gefüllte Spermogonien darstellend.	*Gonidia (in strato gonimico) ad soredia congregata exsistentia, sistentia spermogonia (partes sexuales forsan masculas) punctiformia, spermatiis numerosis minutissimis replēta.*
Schlauchbehälter (Flechtenfrüchte), bestehend entweder aus einem thallusartigen Gehäuse oder einem besonderen Gewebe, und nackte, zu einem Kern zusammengeballte Sporen od. ein Asken-führendes Keimlager enthaltend.	*Apothecia constituta aut ex excipulo thallōde vel ex contextu proprio formato et sporas nudas, ad nucleum conglobatas, vel lamĭnam ascigĕram continente.*
Sporen beim Keimen zu einem vorkeimartigen Trieblager auswachsend.	*Sporae inter germinationem in thallum protonemoïdeum excrescentes.*

Wie uns aus der Lection 71 bekannt ist, unterscheidet man die Flechten als **heteromerische** (aus verschiedenen Zellschichten zusammengesetzte) und als **homöomerische** (aus nur einer gleichförmigen Zellenmasse gebildet). Heteromerische Flechten sind z. B. die *Lecanoraceae, Parmeliaceae, Ramalinaceae, Cladoniaceae.*

Fig. 824.

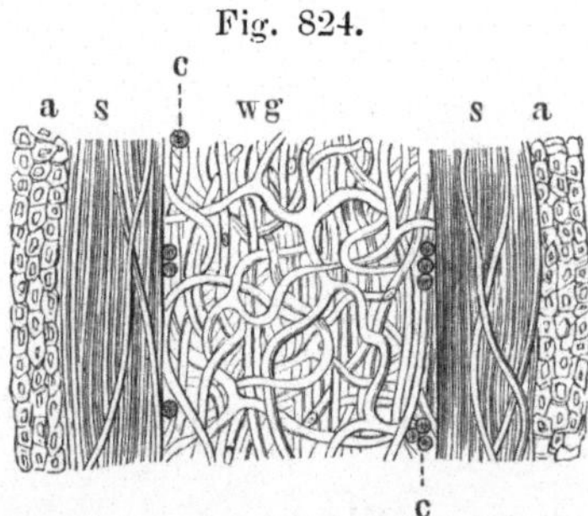

Längsdurchschnitt eines Theiles des Thallus der Isländischen Flechte, des *Lichen Islandĭcus* (*Cetraria Islandĭca Achar.*). *a* Rindenschicht, *s, wg, s* sogenannte Markschicht, *ss* straffes Gewebe (*contextus strictus*), *wg* wergartiges Gewebe (*contextus stupacĕus*), *c* Gonidien oder Brutkörner.

Fig. 825.

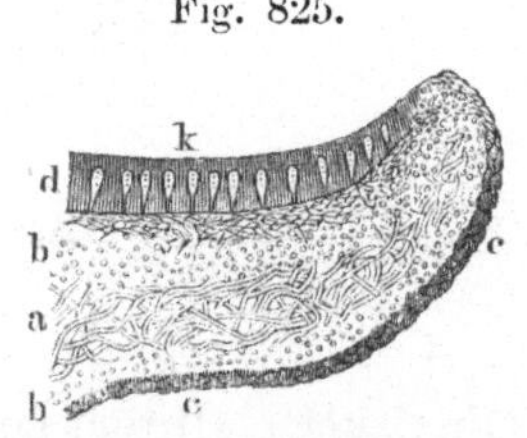

Ein Theil einer Apothecie (Schüsselchen) der Schildflechte (Verticalschnitt. Vergr.). *ab* Medullarschicht, *c* Corticalschicht, *b* grüne Brutschicht (*stratum gonimicum*); *k* Kern (*nucleus*) der Apothecie; *d* Saftfäden (*paraphÿses*) mit Sporenschläuchen (*asci*).

Zu der Familie der **Ramalinaceen**, welche sich der Abtheilung der Strauchflechten (*lichēnes thamnoblāsti*) unterordnet, zählt die Gattung *Cetraria*, deren Art *Cetraria Islandĭca* Acharius in ihrem blattartigen Thallus das als Medicament und Nahrungsmittel bekannte **Isländische Moos**, Isländische Flechte (*Lichen Islandĭcus*), liefert.

Ramalinaceae. *Lichenes thamnoblasti (thallum foliaceum ascendentem formantes) hetĕromerici, thallo foliaceo compresso (utrinque corticato), apotheciis disco persistente, concăvo, aperto (igitur lichenes gymnocarpi nominati).* Heteromerische Flechten und Strauchflechten, mit blattartig-zusammengedrücktem Lager (auf beiden Seiten berindet), mit Schlauchbehältern mit bleibender concaver offener Scheibe (daher nacktfrüchtige Flechten).

Bei den Lecanoraceen, Parmeliaceen und Peltidiaceen finden wir *apothecia disco primum clauso*, bei den Cladoniaceen offene convexe, bei den Usneaceen flache Apothecien.

Gatt. *Cetraria* mit aufsteigendem oder aufrechtem wurzellosem, blattartigem, glattem Lager. Schlauchbehälter randständig, anfangs vom Lager gerandet, dem Lagerrande schief aufsitzend; (*thallo ascendente vel erecto arrhīzo, foliaceo, laevi, apotheciis marginalibus, initio thallo marginatis, margine oblīque impositis*).

Art: *Cetrarĭa Islandĭca* Ach. mit meist aufrechtem, knorpelartigem, rinnigem, gabelig-gezipfeltem, gefranstem, olivengrünbraunem, an dem Grunde oft blutrothem, bisweilen krauslappigem Lager mit Spermatien-tragenden Fransen, mit vorderständigen (oberständigen), den breiteren Lappen angedrückten, von sehr schmalem Rande eingefassten braunen Keimfrüchten; (*thallo plerumque erecto, cartilagineo, canaliculato, dichotŏme laciniato, fimbriato, olivaceo-fuscescente, in basi saepe sanguineo; laciniis interdum crispatis, fimbriis spermatiigĕris; apotheciis adpressis, margine angustissĭmo cinctis, antīcis, lobis latioribus impositis, badiis*).

Die Isländische Flechte wächst im nördlichen Europa in der Ebene an trocknen freien Stellen und in Nadelholzwäldern, im südlichen Europa auf Gebirgen. Sie enthält Moosstärke, welche die Zellwände der Mittelschicht bildet, dann die bittere Cetrarsäure in der Rindenschicht, Lichenstearinsäure etc.

Die 3. Unterkl. der Kryptophyten umfasst die Algen od. Tange.

Subclass. III. ***Algae,*** Tange.

Pflanzen in Wasser oder Feuchtigkeit lebend, nackt oder in amorphem Schleim oder Gallerte nistend mit verschiedenartigem und verschieden gestaltetem Thallus, bisweilen auch nur eine einzelne einfache od. verzweigte Zelle darstellend.	*Plantae aquaticae vel hygrobiae, aut nudae aut in muco amorpho vel in gelatīna organica nidulantes, thallum diversum et dissimĭle formantes, interdum ad cellulam solitariam simplicem vel ramosam redactae.*

604

Antheridien vollkommen mit Phytozoen od. unvollkommen mit freien u. durch Wimpern sich bewegend. Microgonidien. **Sporangien** 1- od. vielsporig. **Sporen** öfter farbig, bisweilen von zweierlei Gestalt, die grösseren (weiblichen) keimend, die kleineren (Microgonidien) die männlichen. Die Vermehrung oft durch Theilung od. durch Sprossbildung od. durch Jochsporen stattfindend.	*Antheridia perfecta phytozöis vel imperfecta microgonidiis liberis, ciliis se moventibus.* *Sporangia mono- vel polyspöra. Sporae saepius pigmentiferae, interdum dimorphae, majores germinantes (femineae) et minöres (microgonidia) masculae. Propagatio individui saepe aut partitione, aut prolificatione, aut zygospöris effecta.*

Fam. **Florideae.** *Algae marīnae saepius violaceae vel purpurescentes. Thallus continŭus, ex cellulis minimis subaequalibus conflatus, membranaceus vel coriaceus, corticatus (stratum cellulare medullare strato corticali obtectum), planus vel filiformis saepe dichotŏmus, dioecus, saepe fulcro radiciformi, scutato vel filiformi affixus. Antheridia cystocarpiis inclusa, microgonidiis creberrimis hyalīnis uniciliatis, non germinantibus replēta. Asci tetraspöri (tetrachocarpia), sporis rubris.*

Die **Florideen**, Blüthentange, sind Meeralgen, häufig violett- oder purpurfarbig. Das Lager ist zusammenhängend, aus ziemlich gleichen, sehr kleinen Zellen bestehend, häutig oder lederartig, berindet (eine Corticalschicht bedeckt die Medullarschicht), flach oder fadenförmig, oft gabelästig, diöcisch, oft einer wurzel-, schild- oder fadenförmigen Stütze angeheftet. Antheridien, in den Blasenfrüchten, angefüllt mit ungemein zahlreichen wasserhellen (farblosen), 1-wimprigen, nicht keimenden Mikrogonidien. Vierlingsfrüchte mit rothen Sporen (Sporangien mit 4-sporigen Schläuchen). Gatt. *Sphaerococcus, Helminthochortos* (Wurmtang).

Gattung *Sphaerococcus. Cystocarpia undĭque in thallo dispersa, globosa, semiglobosa vel verruciformia, sessilia, vel stipitata, vel immersa, postremo in vertĭce poro aperta, antheridiis impleta. Tetrachocarpia subcorticalia.* Blasenfrüchte (Antheridangien) überall auf dem Lager, kugelig, halbkugelig oder warzenförmig, sitzend oder gestielt oder eingesenkt, zuletzt im Scheitel mit einem Loche geöffnet, mit Antheridien angefüllt. Vierlingsfrüchte (4-sporige Asken) unter der Rindenschicht liegend.

Art *Sphaerococcus crispus* Agardh. (*Fucus crispus* L., *Chondrus crispus* St. Greve). Knorpeltang, (*thallo plano dichotŏmo, crispato, laciniis plus minusve linearibus, cystocarpiis hemisphaericis, semiimmersis.* Lager flach, gabelästig kraus, mit mehr oder weniger linienförmigen Lappen (Abschnitten); Blasenfrüchte halbkugelig, halbeingesenkt.

Sph. crispus liefert in seinem Thallus das Caragaheenmoos (*Thallus Sphaerococci crispi*), es ist dasselbe aber gewöhnlich mit dem Thallus des *Sphaerococcus mamillōsus* untermischt, welcher nicht flach, sondern rinnig (*canaliculatus*), und meist mit vielen kugligen oder eiförmigen sitzenden oder gestielten Cystocarpien bedeckt ist.

Die Fucusarten, *Fucaceae*, unterscheiden sich von den Florideen durch einen olivengrünen Thallus und durch schwarze Sporen, so wie durch die Form der Sporangien (vergl. Fig. 501, S. 249).

Fig. 826.

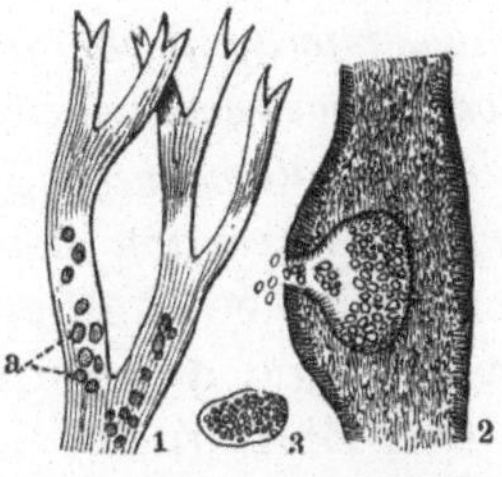

Sphaerococcus crispus Agardh. 1. Thallusstück (2 f. L.-Vergr.) mit Antheridienbehältern (*Antheridangĭa*), zum Theil schon geöffnet. 2. Eine Antheridangie im Verticalschnitt (15 f. L.-Vergr.), soeben geöffnet und die Antheridien ausschüttend. 3. Eine Antheridie mit Microsporen angefüllt. Stark vergr.

Bemerkungen. *Algae*, von *alligare*, sich festhalten, anbinden, weil die Tange alle von ihnen erreichten Gegenstände umschlingen. — *Lichen, ēnis, m.*, von λειχήν, Ausschlag, Flechte an Thieren und Bäumen. — *Cetrarĭa*, von *cetra*, kleiner Lederschild, wegen der lederartigen Beschaffenheit des Thallus. — *Ramalinaceae*, nach der Gattung *Ramalina* so benannt. *Ramalina tinctoria* enthält einen purpurrothen Farbstoff, *R. fraxinea* kommt an unsern Eschen vor. — *Sphaerococcus*, von σφαῖρα (sphaira), Kugel, und κόκκος, Beere, wegen der kugligen Cystocarpien.

Lection 150.

Moose. Farne.

Die zweite Klasse der Kryptophyten hat *Link* Mesophyten, *Mesophўta*, genannt.

Mesophyta. *Plantae propagatione utentes per sporas (sporophўtae), ex contextu cellulari perfecto constitutae, caule foliisque saepissime discretis, antheridiis loco staminum et archegoniis loco pistillorum, sporis sub germinatione primum ad protonēma s. sporophyllum excrescentibus.* Sporenpflanzen, aus vollkommenem Zellgewebe aufgebaut, meistens mit gesondertem Stamme und Blättern, in Stelle der Staubblätter mit Antheridien, in Stelle der Fruchtblätter mit Archegonien, und mit Sporen, welche keimend zuerst zu einem Vorkeim auswachsen.

Die Mesophyten scheiden sich in 2 Unterklassen, in **Moose** (*Musci*) und in **farnartige Gewächse** (*Filicāles*).

Subcl. I. *Musci*. *Radix capillaris, ex pilis (tubulis continŭis vel non septatis) composita; caulis vasis spiralibus (spiroïdĕis) non instructus, interdum cum foliis ad frondem foleaceam confluens; antheridĭa phytozoïs postremo elastĭce prosilientibus expleta; sporangĭa (thecae) e cellula centrali archegonii enascentia, tegumento (calyptra) munīta; protonēma confervaceum chlorophyllosum.* Haarwurzel, aus Haaren (ununterbrochenen Röhren, also ohne Scheidewände) zusammengesetzt; Stengel mit Spiroïden (Gefässen) nicht versehen, bisweilen mit den Blättern zu einem Blattwedel zusammenfliessend; Antheridien mit zuletzt elastisch herausspringenden Schwärmfäden angefüllt; Sporenfrüchte (Büchsen) aus einer Centralzelle des Archegons hervorwachsend, mit einer Decke (Mützchen) versehen; Vorkeim confervenartig (wasserfadenartig), mit Chlorophyll.

Die Moose theilt man ein in **Lebermoose** (*Hepatĭci*) und **Laubmoose** (*Frondosi*).

Hepatici (Jungermanniae) sporangīis (thecis) non operculatis, evalvibus et dentibus vel valvis dehiscentibus, saepissime columellā centrali destitutis, calyptrā in apĭce rumpente evanescenteque. Sporenfrüchte (Büchsen) nicht bedeckelt, nicht mit Klappen zahnig oder mit Klappen aufspringend, gewöhnlich ohne Mittelsäulchen, und mit einem an der Spitze zerreissenden und verschwindenden Mützchen. Gatt. *Marchantia*. *M. polymorpha* lieferte früher das Stein- oder Brunnenleberkraut (*Herba Hepaticae fontanae*). Vgl. Lect. 74.

Frondosi (Bryĭnae). Caulis et folia semper distincta; sporangĭa (thecae) operculata, columellā centrali instructa, calyptrā plerumque in basi circumcissā. Stengel und Blätter unterschieden; Sporenfrüchte mit Deckel, mit mittelständigem Säulchen und einem meist am Grunde ringsumschnittenen Mützchen. Vergl. Lect. 73. Gatt. *Polytrĭchum*. *Polytrichum commune L.*, *formosum, juniperĭnum* Hedwig gaben früher den güldnen **Widerthon** gelbes Frauenhaar (*Herba Adianti aurei*).

Unter den Lebermoosen ist bemerkenswerth.

Gatt. *Marchantia*. *Sporodochīa mascula et feminea pedunculata dioeca; sporangĭa evalvia, in apĭce dentibus dehiscentia; elatēres spirales sporis immixti.* Sporenträger männliche und weibliche gestielt, diöcisch; Sporenkapseln klappenlos, an der Spitze mit Zähnen aufspringend; Schleuderer den Sporen untermischt.

Art *Marchantia polymorpha* mit männlichen schildförmigen und mit weiblichen sternförmig-getheilten Sporodochien, und kriechendem gabelästigem Laube (*sporodochiis mascŭlis peltatis, femineis stellato-partītis, omnibus pedunculatis, fronde repente dichotŏma*).

Von den Gattungen der Laubmoose (*Frondosi*) sei erwähnt die Gattung:

Polytrĭchum. Sporangĭa (thecae) terminalia, plerumque longe stipitata, apophȳsi orbiculāri interdum instructa; peristomĭum simplex, dentibus 32 vel 64 brevibus, inflexis, epiphragmăte junctis; opercŭlum basi planā; calyptra cucullaris pilosa; orgăna reproductionis mascŭla terminalia discoïdea et rosulantia.

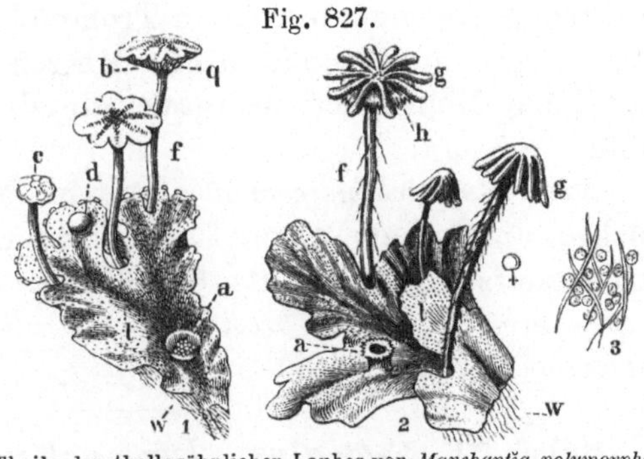

Fig. 827.

Theile des thallusähnlichen Laubes von *Marchantĭa polymorpha*. (Nat. Gr.). 1. männliche. 2. weibliche Pflanze. *l* Laub, *w* Wurzelhaare, *a* Brutbecher (*scypha*). *f b, f g* Träger (*sporodochĭa*); *c* ein halb ausgewachsenes, *d* ein hervortreibendes Sporodochium, *q* Sitz der Antheridien, *h* Sitz der Archegonien. 3. Die Schleuderer (*elateres*) mit den Sporen. Vergr.

Sporenfrüchte (Büchsen) gipfelständig, bisweilen mit kreisrundem Ansatze; Mündungsbesatz einfach, mit 32 od. 64 kurzen,

Fig. 828.

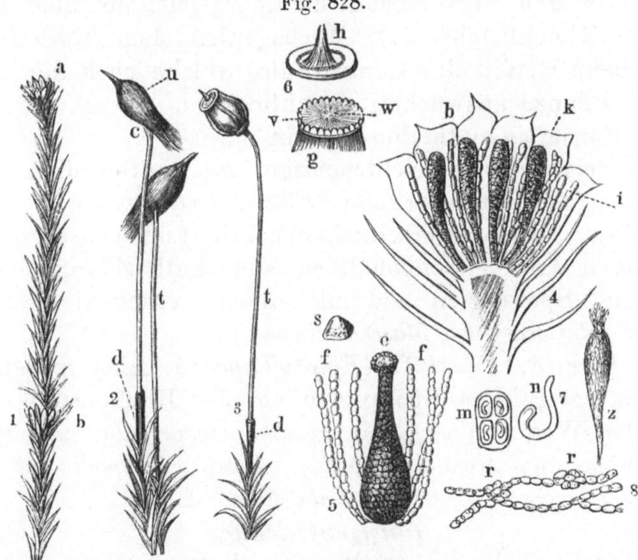

Gemeine Feldmütze, *Polytrĭchum commune*. 1. Der obere Theil der zweijährigen männlichen Pflanze. *a* diesjähriger, *b* vorjähriger Trieb, an der Spitze der männliche Blüthenstand (*flores discoïdĕi*). 2. Der obere Theil der weiblichen fruchttragenden Pflanze. *t* Fruchtstiel oder Borste (*seta*), *u* Haube (*calyptra*), *d* Scheidchen (*vaginŭla*), Rudiment des Archegons. Natürl. Grösse. 3. Die Frucht oder Büchse (*theca*) von der Haube befreit. Natürl. Grösse. 4. Männlicher Blüthenstand im Verticalschnitt. *k* Antheridien, *i* Saftfäden (*paraphȳses*), *b* Perigonia. Vergr. 5. Ein Archegon von Saftfäden umgeben. 6. Oberer Theil der Büchse, *v* äusserer Mundbesatz (*peristomĭum simplex*) aus 64 Zähnen bestehend, *w* das Zwergfell (*epiphragma*), *h* der Deckel (*opercŭlum*), 7. *z* eine Antheridie sich öffnend und ihren Inhalt ausstreuend, *m* Querschnitt einer Antheridie, jede Zelle schliesst ein Phytozoon ein, *n* ein Phytozoon oder Samenfaden. 8. Ein Vorkeim (*protonēma*). Verschied. Vergr.

einwärts gebogenen, durch ein Trommelfell verbundenen Zähnen; Deckelchen am Grunde flach; Mützchen kappenförmig, haarig; männliche Reproductionsorgane gipfelständig, rosettenartig gestellt.

Art: *Polytrĭchum commūne* mit einfachem Stengel, 4-eckiger Büchse und einem Deckel mit kurzer mittelständiger gerader Stachelspitze, Mundbesatz 64-zähnig; (*caule simplĭci, thecā tetragōna, opercŭlo mucrōne brevi recto centrali imposĭto, peristomio dentibus sexagēnis quaternis*).

Subcl. II. *Filicales.* *Plantae rhizomate, radīce fibrosā, trunco corticato; vasa spiroïdea, ad fasciculos vasarios consociata; sporongīa in fronde orientia, sporis inter germinationem ad prothallium excrescentibus; antheridia axillaria (in Hetĕrocarpeis) aut prothallio imposĭta (in Homocarpeis); archegonĭa prothallio imposita, maturescentiā cellulam centralem, post fructificationem ad plantam excrescentem, sepientia.* Faserwurzel; Gefässe zu Gefässbündeln vereinigt; Sporenbehälter (Sporangien) auf dem Wedel entstehend, mit Sporen, welche beim Keimen zu einem Vorkeim auswachsen; Antheridien axelständig (bei den Verschiedenfrüchtigen) oder auf dem Vorkeim (bei den Gleichfrüchtigen); Archegonien dem Vorkeime aufsitzend, beim Reifen eine Centralzelle, welche nach der Befruchtung zur Pflanze auswächst, einschliessend. Vergl. Lect. 75.

Die Farnartigen theilen sich in

1. *Homocarpeae* (Gleichfrüchtige) mit Antheridien und Archegonien tragendem Vorkeim (*Filĭces, Pelticarpĕae*).

2. *Heterocarpeae* (Verschiedenfrüchtige) mit achsel- oder wurzelständigen Antheridienbehältern oder Antheridangien (*anthēridangīa*) und Sporangien und mit einem Archegonien-tragenden Vorkeim (*Rhizocarpeae, Maschălocarpeae*).

Die **Farne**, *Filĭces* L. (*Epiphyllospermae* Lk.) tragen die zu Häufchen vereinigten Sporangien auf der Rückenseite oder am Rande des Wedels (*sporangīa ad soros congregata aut pagĭnae inversae, aut margĭni frondis imposita*). Famil. *Polypodiaceae, Osmundaceae, Ophioglosseae.* (*Cryptogamia Filĭces* L.).

Polypodiaceae.

Junge Wedel spiralig eingerollt. Sporangien, der Kehrseite des Wedels in Häufchen aufsitzend, geringt (von einem Gliederringe eingefasst), queraufspringend.	*Frondes tempore vernationis spirales. Sporangia in soris congregata, pagĭnae aversae frondis imposita (hypophÿlla), annulata (i. e. gyromăte cincta), in transversu dehiscentia.*

Gatt. *Polystĭchum*.

Haufen fast rund, in einfachen Reihen auf beiden Seiten des Mittelnerven der Wedelzipfel. Schleierchen nierenförmig, in seiner Mitte angeheftet, mittelständig.	*Sori subrotundi, ab utroque latĕre nervi medii laciniarum frondis serie simplici dispositi. Indusĭum reniforme, medium affixum, centrale.*

Fig. 829.

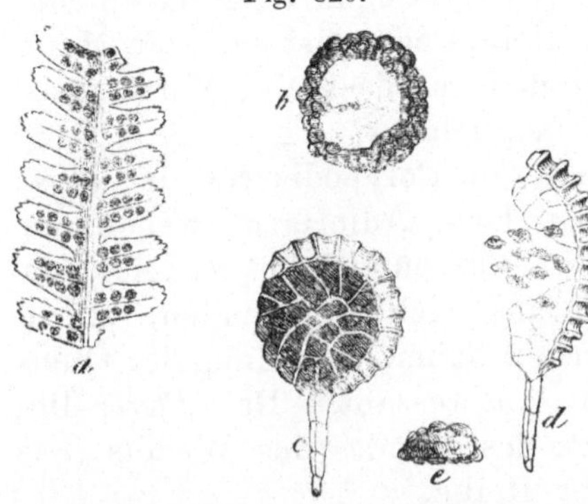

Polystĭchum Filix mas. a Ein Stück einer Wedelfieder, Rückseite mit den Fruchthäufchen (*sori*). (Natürl. Gr.). b Ein Fruchthaufen vom Schleierchen (*indusium*) bedeckt, (Vergr.). c Sporangie aus dem Fruchthaufen. (Stark vergr.); d eine solche aufgesprungen und Sporen ausstreuend. e Eine Spore (200 f. L.-Vergr.).

Fig. 830.

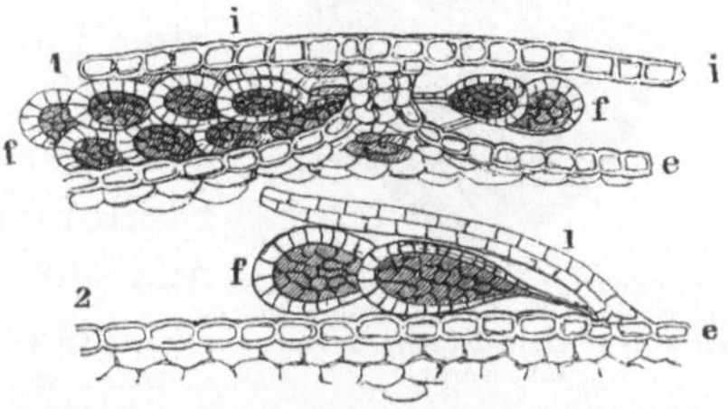

1. Verticalschnitt durch einen Fruchthaufen von *Polystĭchum Filix mas Roth*, stark vergr., i schildförmiges Schleierchen, an seiner Bucht angeheftet, f Sporangien, e Epidermis der Wedelfläche. 2. Verticalschnitt durch einen Fruchthaufen von *Asplenĭum Trichomänes*, stark vergr., i seitlich angeheftetes Schleierchen, f Sporangien, e Epidermis des Wedels.

Polystĭchum Filix mas Roth (*Aspidĭum Filix mas* Swartz, *Polypodĭum Filix mas* L.), Wurmfarn, hat einen langen dicken Wurzelstock, dessen dickes grünliches Mark frisch getrocknet ein vortreffliches Bandwurmmittel ist. Dieses Mark wird einfach mit *Rhizoma Filicis (degluptum s. decorticatum)* bezeichnet. Das noch mit den Wedelstielen und Schuppen besetzte Rhizom ist unter dem Namen Johanniswurzel bekannt.

Polystĭchum Filix mas Roth. Wedel 2-fach fiederschnittig, an Strunk und Spindel mit Schüppchen besetzt; Fiederschnittchen länglich, stumpf-abgerundet und

Fig. 831.

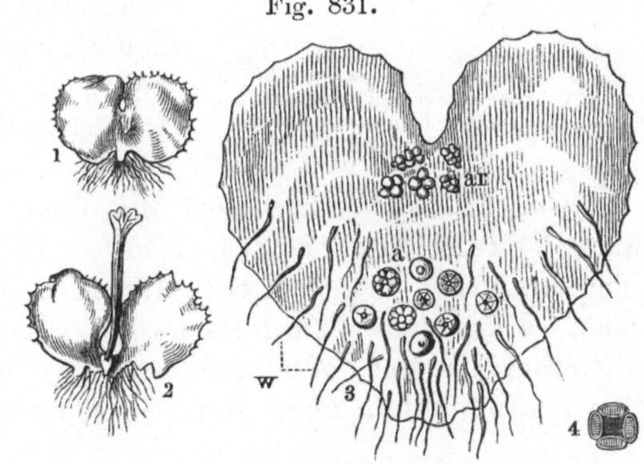

Vorkeim (*prothallium*) von *Polystĭchum Filix mas* Roth. 1. Vorkeim von der oberen Seite. 2. Derselbe mit sich entwickelndem Wedel. 3. Ein Vorkeim, mehrfach vergr., von der unteren Seite gesehen. a Antheridien, ar Archegonien, w Wurzelhaare. 4. Ein Archegon von oben gesehen.

spitz gekerbt. Rhizom wagerecht, lang, dick, ganz mit fleischigen Wedelstielen und spreuartigen Schuppen bedeckt und mit pistaciengrünem Marke. (*Frondes bipinnatisectae, in stipĭte rhachique squamulis obsĭtae; pinnulae oblongae rotundato-obtusae, acute crenulatae. Rhizōma horizontale longum crassum, undique residuis frondium et petiolis carnosis atque squamis paleaceis obtectum, medullā crassā subviridi fartum*). Die anderen bei uns einheimischen Polystichumarten haben entweder sehr kleines oder fast gar kein Mark in den Rhizomen, so dass eine Verwechselung kaum möglich ist.

Fig. 832.

Schräger Querschnitt gegen die Basis eines Wedelstieles des Adlerfarns (*Pteris aquilīna*). 3-4fach. Lin.-Vergr.

Von anderen Polypodiaceen ist *Pteris aquilīna* (Saumfarn, Adlerfarn) wegen der Stellung der Gefässbündel im Wedelstrunk und der daraus sich ergebenden, einem Doppeladler ähnlichen Zeichnung der Querschnittfläche interessant. Bei *Pteris* liegen die Sporangienhäufchen längs des Randes des Wedels (*sori marginales*) in zusammenhängender Reihe.

Adiantum Capillus Venĕris, im südl. Europa an Felsen und feuchten Mauern, liefert in seinen Wedeln das Frauenhaar (*Herba Capillōrum Venĕris*). Bei *Adiantum* liegen die Sporangienhaufen nicht in zusammenhängender Reihe am Rande des Wedels, sondern sind durch die Kerbeinschnitte des Wedels unterbrochen und von den zurückgebogenen und mit den Schleierchen verwachsenen Kerbzähnen überdeckt; (*sori marginales, incisūris frondis interrupti, crenatūris reflexis et cum indusiis connatis obtecti*).

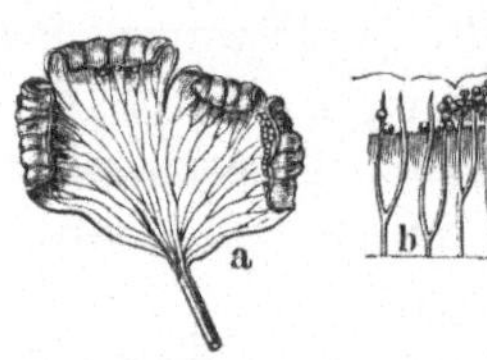

Fig. 833.

a Ein fruchttragendes Wedelstück v. *Adiantum Capillus Venĕris* (dopp. vergr.), die unechten Schleierchen zu zeigen, *b* ein Theil desselben mit aufgeschlagenem Schleier, die Sporangien zu zeigen.

Polypodium vulgare liefert in seinem Rhizom die Engelsüsswurz, Steinfarnwurzel (*Rhizoma Polypodii*), von anfangs süssem, hinterher bitterem Geschmack und nicht angenehmem Geruch. *Polypodium* (Tüpfelfarn) hat runde, auf beiden Seiten des Mittelnerven der Wedelfiedern ein- und mehrreihig gestellte Sporangienhaufen, aber ohne Schleierchen.

Von den heterokarpischen Farnartigen ist in der Gruppe *Maschălocarpeae* (Achselfrüchtige) *Lycopodĭum clavātum*, dessen Sporen officinell sind, bemerkenswerth.

Gruppe: *Maschalocarpeae*. *Trunci foliati, fasciculis vasorum centralibus impleti. Sporangĭa et antheridangĭa segregata, in axillis foliorum. Macrospŏrae intra sporangĭum ad prothallium crescentes. Archegonia in prothallio a planta matrīce soluto exorientia.* Stämme beblättert, mit mittelständigen Gefässbündeln. Sporangien u. Antheridangien getrennt, in den Achseln der Blätter. Macrosporen innerhalb der Sporangie zum Vorkeim auswachsend. Archegonien auf dem von der Mutterpflanze gesonderten Vorkeime entstehend. Familie *Lycopodiaceae* (*Cryptogamia Musci* L.).

Ein Theil dieser Charakteristik hat sich nur

Fig. 834.

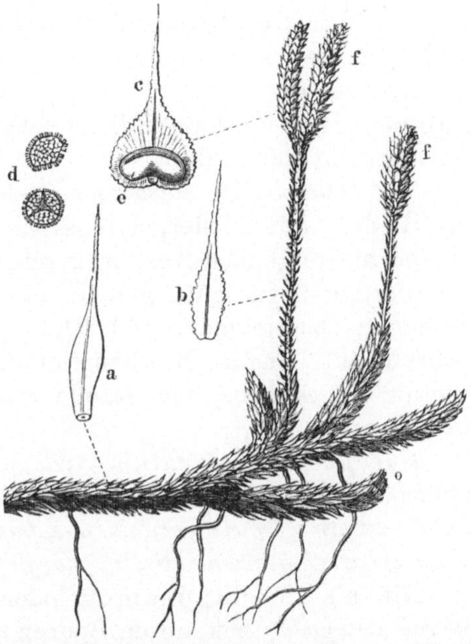

Lycopodium clavatum. d Ein Stück des Stengels mit Fruchtähren (*f*). ¹/₂ Grösse. — *a* Ein Stengelblatt, *b* ein Blatt des Fruchtährenstiels (beide vergr.), *c* Deckblatt aus der Fruchtähre mit der quer zweiklappig aufspringenden Antheridangie (*e*). — *d* Mikrosporen (?) aus der Antheridangie von verschiedenen Seiten gesehen, welche Sporen das pharmaceutische *Semen Lycopodii* darstellen. (Vergr.).

an einigen Arten aus der Reihe der Achselfrüchtigen beobachten lassen, an den anderen Arten wird sie der Analogie wegen vorausgesetzt. Vergl. auch Lection 77.

Lycopodiaceae.

Wurzel zusammengesetzt nebst Stengel mit centralem holzigem Gefässbündel, ohne Mark. Blätter spiralig Stengel und Aeste umsitzend, nie gestielt. Sporenbehälter blattachselständig oder von Bracteen unterstützt, eine Aehre bildend, entweder nur Antheridangien (Antheridienbehälter mit zahlreihen Microsporen) od. Antheridangien und Sporangien (Oophoridien, 4 Macrosporen enthaltend).

Radix composita et caulis cum fasciculo vasorum centrali lignoso; medulla nulla. Folia spiraliter caulem ramosque ambientia, nunquam petiolata. Conceptacŭla sporigĕra axillaria vel bractĕis fulta, ad spicam disposita, aut anthĕridangĭa (conceptacula antheridiorum vel microsporarum), aut antheridangĭa unā cum sporangiis (oophoridiis, macrospŏras quaternas foventibus).

Gatt. *Lycopodium.*

Antheridangien 1-fächerig, 2-klappig, mit unzähligen Microsporen angefüllt.	*Antheridangīa unilocularia, bivalvia, innumerabilibus microspŏris replēta.*
Sporangien (Oophoridien) noch nicht gekannt.	*Sporangia (oophoridia) adhuc ignōta.*

Art: *Lycopodium clavatum,* Bärlapp, in Fichtenwäldern und auf Haiden, mit niedergestrecktem, kriechendem Stengel, stielrunden aufsteigenden Aesten, zerstreut und dicht stehenden, fast linienförmigen ganzrandigen, in eine borstenähnliche Spitze auslaufenden (borstenspitzigen) Blättern, mit stielrunden paarigen Aehren auf langen Blüthenstielen, und mit eiförmigen, fast grannig-zugespitzen, am Rande ausgebissen-gezähnelten Deckschuppen.

Lycopodium clavatum caule prostrato repente, ramis adscendentibus teretibus, foliis sparsis confertisque sublinearibus integerrimis acutato-setigeris, spicis gemĭnis teretibus in pedunculis longis, bractĕis ovatis subaristato-acuminatis, in margine erose denticulatis.

Die als Bärlappsamen oder Hexenmehl (*Lycopodium; Sporae Lycopodii*) bekannten Sporen von *Lycopodĭum clavātum* sind die Antheridiensporen oder Microsporen, also diejenigen Sporen, welche nicht keimen. Sporangien wurden bei *Lycopodium* bisher nicht beobachtet.

Bemerkungen. *Marchantia,* nach *Marchant,* einem franz. Arzte, benannt. — *Poly̆rĭchum,* griech. πολύτριχον (dick- oder viel-behaart). — *Polystĭchum,* griech. πολύστιχον (vielzeilig). — *Lycopodium* (Wolfsfuss), λύχος, Wolf, ποῦς (pus), Fuss.

Erklärung der in botanischen Werken vorkommenden Abkürzungen der Autorennamen.

(D. = Deutscher. E. = Engländer. F. = Franzose. H. = Holländer. I. = Italiener. N. A. = Nord-Amerikaner. Schw. = Schwede. Schwz. = Schweizer. Sp. = Spanier. s. = sprich).

A. Br. Alex. Braun, Prof. in Berlin. D.

Ach. Acharius; † 1819. Schw.

Adans. Adanson; † 1806. F.

Adr. Juss. Adrien de Jussieu; † 1853. F.

Afz.; Afzel. Afzelius; † 1837. Schw.

Ag. Agardh; † 1858. Schw.

Ag. fil. Jac. G. Agardh, Sohn d. vorigen.

A. Gr. Asa Gray (s. greh). N. A.

Ainsl. Ainslie (s. ehnsli). E.

Ait. Aiton (s. eth'n); † 1793. E.

All. Allioni (allióni); † 1804. I.

Amm. Joh. Amman; † 1741. Schwz.

Andrw. Andrews (s. änndruhs); †. E.

Andrz. Andrzeiowski (s. andrschiowski); †. Pole.

Arn. Arnott (s. arnött). E.

Aubl. Aublet; † 1778. F.

Aut. i. q. Auctorum.

B. siehe Beauv.

Balb. Balbis; † 1831. F.

Banks. Banks (s. bänks); † 1820. E.

Bart. Barton (s. bart'n); † 1815. N. A.

Bartl. Bartling; †. D.

Bartr. Bartram. N. A.

Bast. Bastard (s. bässterrd). E.

Batsch. † 1802. D.

Bauh. Caspar Bauhin; † 1624. D. mit franz. Namen.

Baumg. Baumgarten; † 1843. D.

Beauv. Palisot-Beauvais; † 1820. F.

Benth. Bentham (s. bennthämm). E.

Berg. Bergius; † 1790. Schw.

Bernh. Bernhardi; † 1829. D.

Bert. Bertero. I.

Bert. od. **Bertol.** Bertoloni. I.

Bess. Besser; † 1842. D.

Bg. Otto Berg; † 1866. D.

Bge. A. v. Bunge, Prof. in Dorpat. D.

Bieb. Marschal v. Bieberstein. † 1826. D.

Big. Bigelow, Prof. in Boston. †. D.

Bisch. G. W. Bischof; † 1859. D.

Bl. K. L. Blume; † 1862. D.

Bluff et F. Bluff et Fingerhut. D.

Bluff. † 1837. D.

Boiss. Boissier. F.

Bonpl. Aimé Bonpland; † 1858. F.

Br. Robert Brown (s. braun); † 1858. E.

Bruc. James Bruce (s. bruhss); † 1794. E.

Bull. Bulliard; † 1793. F.

Burm. Burmann; † 1780. D.

C. A. Mey. Carl Anton Meyer; † 1852. D.

Cam. Joachim Camerarius, † 1598. D.

Casp. Bauh. siehe Bauhin.

Cass. Alex. Comte de Cassini; † 1832. F.

Cav. Cavanilles (s. kavanihljes); †1804. Sp.

Chaix. †. F.

Cham. A. v. Chamisso; † 1838. D. Franzose von Geburt.

Chois. Choisy; †. Schweizer mit franz. Namen.

C. Koch. Carl Koch, Prof. in Jena. D.

Clairv. De Clairville; †. F.

Colebr. H. Th. Colebrooke (s. kohl'bruk); † 1837. E.

Collad. Collado. Sp.

Coult. Thomas Coulter (s. kolt'r); †1843. E.

Crntz. H. J. v. Crantz, † 1722. D.

Curt. Curtis (s. körrtis); † 1799. E.

Cyrill. Cyrillo (s. ciriljo), † 1799. Sp.

DC. De Candolle, † 1841. F.

Del. Raffeneau-Delile († 1830—1840). F.

Desf. Desfontaines; † 1833. F.

Desm. Desmazières; †. F.

Desr. Desrousseaux. F.

Desv. Desvaux; †. F.

Dietr. Ad. Dietrich; † 1856. D.

Dill. Dillenius; † 1747. D.

Don. David Don (s. dann); † 1841. E.

Dry. Dryander; † 1811. Schw.

Dufr. P. Dufresne; †. F.

Eckl. Ecklon. D.

Eckl. et Zeyh. Ecklon u. Zeyher.

Ehrenb. Ch. G. Ehrenberg. D.

Ehr. Fr. Ehrhart; † 1795. D.

E. Mey. Ernst Meyer; † 1858. D.

Endl. Steph. Endlicher; † 1849. D.

Ettl. Ettlinger. D.

Falcon. Henry Falconer (s. fahkner). E.

Finght. Fingerhuth. D.

Forsk. Forskal (s. forskoll); † 1763. Schw.

Forst. G. Forster; † 1794. D.

Fr. Fries. Schw.

Fr. Nees. Th. Fr. L. Nees von Esenbeck;
† 1837. D.

Fras. Fraser (s. frehsĕr). E.

Fw. Jul. v. Flotow; † 1856. D.

Gaertn. Jos. Gärtner; † 1791. D.

Gaertn. fl. C. Fr. Gärtner; † 1850. D.

Gasp. Gasparrini. I.

Garke. Aug. Garke, Prof. in Berlin.

Gaud. Gaudin; 1833. F.

Gay. Jacques Gay (s. geh). E.

G. Don. Georg Don (s. dschahrsch dann);
† 1856. E.

Geig. Geiger; † 1836. D.

Ging. Gingins de Sassaraz. F.

Gmel. Gmelin; †. D.

G. Mey. G. F. W. Meyer; † 1856. D.

Goldb. Goldbach; † 1824. D.

Good. Goodenough (s. guddno). E.

Gou. Gouan; † 1821. F.

Grah. Graham (s. greh'ämm); † 1845. E.

Grcke. Garke. D.

Grev. Greville (s. grewwill). E.

Griseb. Grisebach, geb. 1814. D.

Gron. Gronovius; † 1760. H.

Guill. Guillemin; † 1842. F.

Hall. Al. v. Haller; † 1777. D.

Ham. Hamilton (s. hämmmilt'n); †. E.

Hanc. Hancock (s. hännköck). E.

Hart. Th. Hartig. D.

Hassk. Hasskarl. D.

Haw. Haworth (s. hauörs); † 1833. E.

H. B. K.
Hb. Bpl. Kth. } Humboldt. Bonpland. Kunth.

H. et B. Humbold u. Bonpland.

Hedw. Hedwig; † 1799. D.

Herit. L'Heritier de Brutelle, ermordet
1800. F.

Herm. Paul Hermann; † 1695. D.

Hil. Saint Hilaire; † 1861. F.

Hochst. Hochstetter; † 1860. D.

Hoffm. Georg Franz Hoffmann; † 1826. D.

Hook. Hooker (s. huhker), geb. 1785. E.

Hook. fil. Hooker filius; geb. 1817. E.

Hornem. Jens Wilken Hornemann; † 1841.
Däne.

Houtt. Houttuyn (s. hautteun); in der
letzten Hälfte des vorig. Jahrh. H.

Huds. Will. Huds. (s. hödd'sn); † 1793. E.

Humb. Alex. v. Humboldt; † 1859. D.

Jack. Will. Jack (s. dschäck); † 1827. E.

Jacq. Freiherr v. Jaquin; † 1817. In Ley-
den geb., in Wien Prof. Name franz.

Jacq. fl. Sohn des vorigen; † 1839. D.
Name französisch.

J. Bauh. Jean Bauhin; † 1613. D. mit
franz. Namen.

Jgh. Junghuhn, geb. 1812. D.

Juss. Antoine Laurent de Jussieu; † 1836. F.

K. siehe Koch.

Karst. Herm. Karsten, Prof. in Wien. D.

Kbr. Gust. Wilh. Koerber; geb. 1817. D.

Kit. Kitaibel; † 1817. Ungar.

Kl. Kltzsch. Klotzsch. D.

Koch. Wilh. Dan. Jos. Koch; † 1849. D.

Kost. Kostel. Kosteletzky, Prof. in Prag.

Kth. Kunth; † 1850. D.

Krombh. v. Krombholz; † 1843. D.

Krb. siehe Kbr.

Ktzg. Kütz. Kützing; geb. 1807. D.

Kze. Kunze; † 1851. D.

L. Carl v. Linné; † 1778. Schw.

L. fil. Sohn des vorigen; † 1783.

Lab., Labill. De la Billardière; † 1834. F.

Lam. siehe Lmk.

Lamb. Lambert (s. lämmbert); † 1841. E.

Lamx., Lamour. Lamouroux; † 1825. F.

Lap. de la Peyrouse; 1818. F.

L. C. Rich. Louis Claude Richard; † 1821. F.

Lej. Lejeune. Franz. Name.

Lesch., Leschen. Leschenault de la Tour; † 1836. F.

Less. Ch. Fr. Lessing; †. D.

Lev. Léveillé. F.

L'Herit. L'Heritier de Brutelle; † 1800. F.

Lightf. Lightfoot (s. leitfutt); † 1788. E.

Lindl. John Lindley (s. dschan lindli); geb. 1790. E.

Lk. Link; † 1851. D.

Lmk. Monnet, Chevalier de la Marck od. Lamarck. † 1829. F.

Lodd. Loddiges (s. láddidsches); †. E.

Loefl. Loefling; † 1756. Schw.

Lois. Loiseleur-Deslongchamps; † 1849. F.

Lour. de Loureiro (s. loreiru); † 1796. Portugiese.

Lyngb. Hansen Lyngbye; †.

Mack. Mackay (s. mäckeh). E.

March. Marchant. 1738. F.

Mart. K. Fr. Ph. v. Martius; † 1868. D.

Mart. et Bl. Martius u. Blane. D.

Mass. Massalongo; † 1860.

M. B., M. Bieb. Siehe Bieb.

M. et K. Mertens und Koch. D.

Mch. od. Mnch. Mönch; † 1805. D.

Mchx. Michaux; † 1802. F.

Meisn. Meisner. D.

Mer. Mérat. F.

Mert. Mertens. D.

Mey. Meyen; † 1840. D.

Mich. Siehe Mchx.

Mich. Micheli (s. mikähli); † 1737. I.

Mik. Mikan; † 1844. Böhme.

Mill. Miller; † 1771. E.

Miq. Miquel.

Mirb. Brisseau de Mirbel; † 1854. F.

Mol. Molina; †. Sp.

Moq. Moquin-Tandon. F.

Mor. Moretti. I.

Muell. Müller. D.

Murr. Murray, Profess. in Göttingen; † 1791. Schw.

Mut. Mutis; † 1809. Sp.

N. ab E. od. **Nees.** Nees von Esenbeck; † 1858. D.

N. et M. Nees v. Esenbeck u. Martius.

Neck. de Necker; † 1793. D.

Nest. Nestler, Prof. in Strassburg; †. D.

Nutt. Nuttal (s. nöttahl); † 1858. N. A.

Oerst. Oerstedt. Däne.

Oliv. Olivier; † 1814. F.

Orteg. de Ortega; † 1810. Sp.

P. Siehe Pav.

Pall. von Pallas; † 1811. D.

Pav. Pavon; † (um 1800). Sp.

P. Br. Patrik Browne (s. pättrick braun); † 1790. E.

Pell. Pellet. Pelletier. F.

Pers. Persoon (s. persuhn); † 1836. E.

Planch. Planchon.

Plum. Plumier; † 1706. F.

Poit. Poiteau; † 1854. F.

Pr. Pringsh. Pringsheim. (Berlin).

R. Br. Robert Brown (s. rabbert braun). Siehe Br.

Raf. Raffinesque-Schmaltz. Sicilianer. † in Nord-Amerika 1840.

Rb. Rchb. Reichb. Reichenbach †. D.

Ren. Paul Reneaulme.

R. et P. Ruiz et Pavon (s. ruis et pavón). Sp.

R. et Sch. Roemer et Schultes. D.

Retz. Retzius; † 1821. Schw.

Rich. Achille Richard. Geb. 1794. F.

Ried. Riedel; †. D.

Risso. Risso; † 1845. I.

Riv. Rivinus (Bachmann); † 1722. D.

Roehl. Roehling; † 1813. D.

Roem. Roemer; † 1819. D.

Rosc. Roscoe (s. rassko); † 1831. E.

Rottb. Rottboell; 1797. Däne.

Rottl. Rottler. D.

Roxb. Roxburgh (s. racksborgh); † 1814. E.

Rth. Roth; † 1834. D.

Rumph. Rumphius; † 1706. D.

Salisb. Salisbury (s. sahlsběri). E.

Schied. Schiede; † 1836. D.

Schk. Schkuhr; † 1811. D.

Schl. Schleiden; geb. 1804. D.

Schlchtdl. von Schlechtendal; †. D.

Schomb. Schomburgk; geb. 1804. D.

Schrd., Schrad. Schrader; † 1836. D.

Schreb. von Schreber. † 1810. D.

Schult. Schultes; † 1832. D.

Schum. Schumacher; † 1830. D.

Schwgg. Schweigger; 1821 bei Palermo ermordet. D.

Scop. Scopoli (scopŏli); † 1788. I.

Sibth. Sibthorp (s. sibbtörp); † 1796. E.

Sieb. Sieber; † 1844. D.

Sm. Smith (s. smiss); † 1816. E.

Spr. Sprengel; † 1833. D.

Stackh. Stackhouse (s. stäckhauss); †. E.

Stechm. Stechmann. D.

Steinh. Steinheil; † 1839. D.

Steud. von Steudel; 1856. D.

Stev. Steven; † 1820. Russe mit deutschen Namen.

St. Hil. Siehe Hil.

Sut. Suter; † 1827. D·

Sw. Swartz, † 1817. Schw.

Sweet. Sweet (s. swuitt); † 1839. E.

Tayl. Taylor (s. tehler). E.

Thon. Thonning.

Thbg. Thunb. Thunberg; † 1828. Schw.

Thuill. Thuillier. F.

Tourn. de Tournefort; † 1708. F.

Trev. Treviranus; †. D.

Trin. von Trinius; † 1844. D.

Tul. Tulasne. F.

Tuss. De Tussac; †. F.

Vahl. Vahl; † 1854. Norwege.

Vand. Vandelli.

Vauch. Vaucher; † 1841. Schweizer mit franz. Namen.

Vent. Ventenat; † 1808. F.

Vill. Villars; † 1814. F.

Vittad. Vittadini. I.

W. Siehe Willd.

Wahlb. Wahlenberg; † 1847. D.

Waldst. Graf v. Waldstein; † 1823. D.

Wall. Wallich; † 1854. Däne.

Wallr. Wallroth; † 1857. D.

Walp. Walpers; † 1853. D.

Web. Weber. D.

Webb. Webb (s. uwebber); † 1854. E.

Wedd. Weddell. D.

W. et Arn. Wight et Arnott (s. uwheit et arnött). E.

W. et Kit. Waldstein et Kitaibel.

White. White (s. uwheit). E.

Wigg. Wiggers, Prof. in Göttingen.

Willd. Willdenow; † 1812.

Willem. Willemet; † 1807. F.

W. et Grab. Wimmer et Grabowsky. D.

Wight. Wight (s. uweit). E.

Wimm. Wimmer; geb. 1803; † 1868. D.

With. Withering (s. uwhissering); † 1799. E.

Woodv. Woodville (s. wuddwill). E.

Woodw. Woodward (s. wuddward). E.

Wright. Wright (s. reit). E.

Wulf. von Wulfen; † 1804. Abt in Klagenfurt.

Zeyh. Zeyher; † 1843. D.

Index.

Erklärung der in der botanischen Kunstsprache vorkommenden lateinischen Adjectivendungen.

Endungen folgender Art bezeichnen:

-*acĕus, a, um,* die Art und Beschaffenheit.
-*alātus, a, um,* -geflügelt.
-*ālis, e,* die Abstammung oder Zugehörigkeit.
-*andrus, a, um,* -männig, die Staubblätter betreff.
-*anĕus, a, um,* -stellvertretend; z. B. *petiolaneus,* den Blattstiel vertretend.
-*angulāris, e,* -eckig.
-*anthius,* oder -*anthus, a, um,* -blumig, -blüthig.
-*ārĭs, e,* die Angehörigkeit od. die Abstammung.

-*ātus, a, um,* mit etwas versehen.
-*caulis, e,* den Stamm oder Stengel betreffend.
-*costātus, a, um,* -gerippt.
-*dentātus, a, um,* -gezähnt, -zähnig.
-*farius, a, um,* -reihig.
-*fer, -fĕra, -fĕrum,* das Tragen, Insichenthalten.
-*fĭdus, a, um,* -spaltig.
-*florus, a, um,* -blüthig, -blumig.
-*folius, a, um,* -blätterig.
-*formis, e,* -förmig, -gestaltet.

-*ger, gera, gerum*, wie -*fer*, -*fera*, -*ferum*.
-*gŏnus, a, um*, -eckig (stumpfeckig).
-*gy̆nus, a, um*, -weibig, die Pistille betreffend.
-*ibĭlis, e*, -bar, -sam, eine Eigenthümlichkeit.
-*ĭcus, a, um*, die Beschaffenheit, das Eigenwesen.
-*ĭdis* Gen. -*idis*, und *idĕus, a, um*, -ähnlich, -gestaltet.
-*inus, a, um*, die Beschaffenheit od. Abstammung.
-*jŭgis, e*, oder -*jŭgus, a, um*, -jochig, -paarig.
-*labiatus, a, um*, -lippig, -gelippt.
-*locularis, e*, -fächerig.
-*mĕres*, Gen. *is*, oder *mĕris, e*, oder *mĕrus, a, um*, -zählig, -theilig.
-*nervis, e*, oder -*nervus, a, um*, -nervig.
-*ōdes*, Gen. *is* (Form für *o-ides*), -artig, -förmig, -ähnlich.
-*ōsus, a, um*, -reich, die Fülle oder Grösse andeutend.
-*partītus, a, um*, -theilig, -getheilt.
-*petălus, a, um*, -blättrig (-blumenkronenblättrig), in Bezug zur Blumenkrone.
-*phyllus, a, um*, -blättrig, in Bezug zu den Blüthendecken (und nicht der *folia*).
-*pyrēnus, a. um*, -kernig, -steinkernig, in Bezug zur Steinfrucht (*drupa*).
-*queter, a, um*, -eckig.
-*sectus, a, um*, -schnittig.
-*sepălus, a, um*, -blättrig, in Bezug zum Blumenkelch, *calyx*.
-*septatus, a, um*, -fächerig.
-*serialis, e*, -reihig.
-*spermus, a, um*, -samig.
-*tŏmus, a, um*, -spaltig, -gabelig.

-*valvis, e*, -klappig.
-*vittātus, a, um*, -striemig.

Vorsetzsilben (*Praefixa*) vor Adjectiven bezeichnen:

a bei Adjectiven griechicher Abstammung: einen Mangel, ein Fehlen, ohne, -los.

e od. *ex* bei Adjectiven lateinischer Abstammung: einen Mangel, ein Fehlen, ohne, -los.

in-, ohne- un-.

hypo-, bei Adjectiven griech. Abstammung: unter-.

ob-, bei Adjectiven lateinischer Abstammung ein Verkehrtsein der Gestalt oder der Stellung.

peri-, bei Adjectiven griech. Abstammung eine Stellung um einen Gegenstand herum, um-.

sub-, einen nicht vollständig ausgeprägten Zustand oder solche Form; fast, beinahe, etwas. Dieselbe Bedeutung wird auch oft allein durch das Deminutiv des Adjectivs ausgedrückt.

Die **Zusammensetzung zweier Adjective** zu einem Worte der botanischen Kunstsprache geschieht oft, um das Vorhandensein zweier Eigenschaften oder Formen anzugeben. Das Vorderwort wird gewöhnlich in seiner Ablativform verbunden. Es beobachten einige ältere Schriftsteller hierbei den Gebrauch, dasjenige Adjectiv dem anderen vorzusetzen, welches die prädominirende Form oder Eigenschaft ausdrückt. Da das vorgesetzte Adjectiv eigentlich die Stelle eines Adverbs vertritt, so ist es richtiger, dem die prädominirende Eigenschaft ausdrückenden Adjectiv die letzte Stelle anzuweisen.

Druckfehler und Verbesserungen.

Seite 76. Zeile von unten lies *concăvus* statt *concāvus*.

„ 117, 202, 223 lies *umbilīcus* statt *umbilĭcus*.

„ 160, Fig. 299 lies Vierporig statt Viersporig.

„ 164, Fig. 318 lies *Aquilegĭa* statt *Aquilēga*.

„ 164. Zeile 23 von unten lies *sessĭle* statt *sessīle*.

„ 165, Fig. 321 u. 322 lies *Viŏla tricŏlor* statt *Viŏla odorata*.

„ 187. In der Ueberschrift der Lect. 54 streiche: Dichogamie.

„ 187. Zeile 9 u. 5 von unten: *monoclinis* und *diclinis* sind weniger gebräuchlich als *monoclīnus, diclīnus, a, um*.

„ 202. Zeile 1 u. 7 von oben lies *peridĭum* statt *peridīum*.

„ 210. Fig. 423 lies *o* Ei'chen statt *a* Eichen.

„ 214. Zeile 3 von oben lies *schizocarpĭci* statt *chizocarpĭci*.

„ 217. Fig. 444 ist } *v* zwischen *b* und *b* zu setzen.

„ 219. Fig. 447 lies *areŏla* statt *arĕola*.

„ 222. Zeile 15 von oben lies Fruchtarten statt Fruchtkarten.

„ 312. Zeile 17 von unten lies Weibermännige statt Mannweibige.

„ 314. Zeile 15 von unten lies *Gymnomycetes* statt *Gynomycetes*.

„ 342. Zeile 11 von unten wäre die Rubrik Fruchtknoten der Rubrik Pistill zuzusetzen.

Seite 351. Zeile 7 von unten, Spalte rechts, lies *petăla* statt *petaia*.

„ 374. Zeile 11 von unten, lies *petăla* statt *sepăla*.

„ 379. Zeile 2 von oben setze hinter *stamina* noch *libera*.

„ 380. Zeile 5 von oben lies kahl statt glatt.

„ 405 u. 406 wäre die Rubrik Fruchtknoten der Rubrik Pistill zuzufügen.

„ 425. Zeile 15 von unten, Spalte links, lies Nebenblätter statt Nebenbfätter.

„ 430. Zeile 17 von unten lies *uniseriales* statt *uniseriales*.

„ 448. Zeile 5 von oben, Spalte rechts, ist nach *feminei* das Komma zu streichen.

„ 466. Zeile 5 von oben, Spalte rechts, lies *stylos* statt *stylum*.

„ 471. Zeile 11 von oben lies *aquatici* statt *aequatici*.

„ 498. Zeile 19 von oben lies *Flores* statt *Herba*.

„ 508. Zeile 19 von oben lies *cinctus* statt *cinctum*.

„ 523. Zeile 1 u. 2 lies *stig-mata* statt *sti-gmata*.

„ 553. Zeile 3 u. 7 lies *Urginĕa* statt *Urginĭa*.

„ 566. Zeile 6 von unten hinter *Curcuma Zedoaria* Rosc. füge hinzu: giebt die Zittwerwurzel (*Rhizoma Zedoariae*). *Curcuma leucorrhiza* Roxb. und.

„ 573 u. 574. lies *Phalăris* statt *Phalāris*.

„ 607, Fig. 828, ₄, ist der Zeigestrich von *k* um 3 Millimeter zu verlängern.

Obgleich mehrere vortreffliche Werke in Betreff des Unterrichts in den pharmaceutischen Disciplinen existiren und sich auch im Anschluss an den heutigen vorgeschrittenen Standpunkt der Pharmacie befinden, so ist dennoch die sich immer wiederholende Nachfrage nach einem Werke, welches sich für den allerersten Unterricht des angehenden Pharmaceuten eignet, unerledigt geblieben. Dem den pharmaceutischen Verhältnissen nicht nahe genug Stehenden mag diese Nachfrage im Hinblick auf die vorhandenen literarischen Hilfsmittel völlig unmotivirt erscheinen, dennoch erkennt sie der Apotheker, welcher zur Heranbildung junger Pharmaceuten genöthigt oder verpflichtet ist, als eine nur zu berechtigte und dringende. Das Warum beantwortet sich aus den ganz besonderen Verhältnissen und Eigenthümlichkeiten der Beschäftigungen und des Geschäftsganges in den deutschen Apotheken einerseits, und aus den ruhepunktlosen Arbeiten und Thätigkeit fordernden Verpflichtungen der als Lehrherren fungirenden Apothekenbesitzer, welche theils als Führer und Beaufsichtiger des Apothekengeschäftes und anderer Nebengeschäfte, theils unter der Last der Besorgung verschiedener Gemeindeämter bis zur äussersten Ermüdung in Anspruch genommen sind. Es fehlt nämlich stets die Zeit zu einem geregelten Unterricht, welchem in der Mitte und am Ende jeder Woche wenigstens einige Stunden gewidmet werden müssten. Aber auch bei Erübrigung dieser Stunden kann der Unterricht für den unerlässlichen Selbstunterricht des jungen Mannes immer nur ein anleitender sein. Leistet er mehr, so gehört dies schon zu den Ausnahmefällen. Die Bestimmung des Umfanges und die Wahl der

Pensa in ihrer Reihenfolge und dem Uebergange vom Leichteren zum Schwereren ist überdies schwierig, besonders Denen, welchen lehrkünstlerische Routine abgeht.

Die Verwendung eines der vorhandenen Werke als Leitfaden erweist sich unthunlich, weil diese Werke in Bezug zu dem Lernvermögen des Anfängers immer an dem „zu viel des Stoffes und der Ueberfüllung des Systems" laboriren, so dass eine Ermüdung auf Seiten des Lernenden und des Lehrenden eintritt, bevor kaum ein geringer Theil des Volums bewältigt ist. In den kleineren Werken, welche genommen werden könnten, ist leider das Material zu trocken und unschmackhaft, weil die Verfasser derselben alle Kürze daransetzten, um möglichst viel der betreffenden pharmaceutischen Disciplin in ein kleines Volum zusammen zu pressen. Ein Bedachtsein auf eine dem Unterricht sich anschmiegende Form tritt in keinem dieser Werke hervor. Früher liebte man die Form der Katechismen, von welchen der Schulze'sche Apothekerkatechismus vor 80 Jahren Epoche machte, dann aber durch den Hermbstädt'schen Katechismus der Apothekerkunst verdrängt wurde, um später im Hanke'schen Leitfaden zur Vorbereitung auf die Preussische Apotheker-Gehilfen-Prüfung in sonderbarer Umschmelzung wieder in Ansehen gebracht zu werden. Heute, wo wir während des Unterrichts das Denkvermögen des Lernenden gern anzuregen suchen, ist die Katechismusform verworfen, wenigstens ist sie für junge Männer mit vorgeschrittener Schulbildung eine ganz ungeeignete.

Dass der Selbstunterricht dem angehenden Pharmaceuten als das vornehmste Mittel zur wissenschaftlichen Fachbildung dient, unterliegt keiner Frage, nur fordert er von dem Lehrherrn die richtige Leitung und Ueberwachung. Die für diese Zwecke geeigneten Lehrmittel treffen, wie die Erfahrung zeigt, die Lehrherren in den vorhandenen Leitfäden, Grundrissen und Lehrbüchern nicht an. Die kleineren Werke haben nichts Anziehendes und sind einschläfernd, vor den grösseren schreckt der junge Mann zurück, denn instinktmässig fühlt er die Unmöglichkeit, das umfangreiche Volum zu überwältigen. Eine vortheilhafte und für die Ausbildung gedeihliche Benutzung dieser Werke ist dagegen nicht fraglich, wenn der Anfänger in ihren Stoff eingeführt ist, wenn er für den Stoff eine gewisse Uebersicht und Vorbildung gewonnen hat.

Diese von Apothekern, welche die Ausbildung junger Männer zu Pharmaceuten übernommen haben, wiederholt ausgesprochenen Erfahrungen und Ansichten gaben zu der Herausgabe des ersten Unterrichts des Pharmaceuten die nächste Veranlassung. Dieses Werk sollte nicht nur die geeignete Fassung für den Selbstunterricht erhalten, es musste auch die Einrichtung bieten, dass es von dem Lehrherrn einerseits beim persönlichen Unterricht als Leitfaden benutzt werden kann, andererseits es die Controle des Selbstunterrichts erleichtert. Der in dem „ersten Unterricht des Pharmaceuten" behandelte Stoff ist daher in Lectionen (92) getheilt, und kann in der ersten kleineren Hälfte einer dreijährigen Lehrzeit mit Leichtigkeit überwunden werden, wenn im Wintersemester je eine Lection auf eine halbe, im Sommersemester auf eine ganze Woche als Pensum vertheilt wird. Der erste Unterricht des Pharmaceuten eröffnet also einen den pharmaceutischen Ausbildungsverhältnissen angemessenen Weg zu einem Ersatz eines geregelten Unterrichts.

Der Stoff umfasst in didactischer Behandlung Chemie und Physik in ihrer Beziehung zur Pharmacie, er erklärt die chemischen Processe und Theorien, erläutert die Experimente, Operationen und pharmaceutischen Apparate durch treffliche Holzschnitte, und hat dabei den Zuschnitt, dass er für den von der Realschule und von dem Gymnasium kommenden Anfänger in gleicher Weise instruktiv ist.

In der zweiten Hälfte der Lehrzeit, nachdem der junge Mann mit den wichtigsten Thatsachen und Theorien der chemischen Wissenschaft sich befreundet und eine Anschauung von chemischen Vorgängen erlangt hat, ist für ihn nicht nur das Verständniss des Stoffes umfassenderer Werke erleichtert, er hat auch dann überhaupt Lust zum weiteren Studium und die erweckte Wissbegierde treibt ihn von selbst zur Ausfüllung seiner Wissenslücken an.